U0323911

国家出版基金项目
NATIONAL PUBLICATION FOUNDATION

# 数字化核电厂人因可靠性

Human Reliability of Digitalized Nuclear Power Plants

张　力　戴立操　胡　鸿　青　涛
李鹏程　蒋建军　邹衍华　方小勇　　著
洪　俊　黄俊歆　王以群　陈青青

国防工业出版社
·北京·

# 内 容 简 介

新一代核电厂已经采用数字化控制系统。数字化以后，一方面提高了系统的信息化和自动化水平，另一方面，由于系统人-机界面、人-机交互模式等发生了很大变化，导致系统中人的行为特性随之变化，可能产生某些新的未知风险。本书专门研究数字化核电厂中人因可靠性新问题，揭示数字化控制系统与传统仪控系统在人因可靠性方面的变化，探究这种变化的内部机制和影响模式以及这种变化带来的后果，辨识潜在人因失误和新的风险，建立与之相适应的人的行为模型和人因可靠性分析（HRA）方法，并应用于岭澳二期核电厂工程和运行实践。

本书主要介绍作者在四项国家自然科学基金项目和岭东核电有限公司项目支持下于上述研究中获得的理论和应用成果：①数字化核电厂操纵员行为特性研究，包括数字化核电厂操纵员认知行为变化/特征与规律，数字化核电厂操纵员认知行为模型，数字化核电厂运行团队合作与交流，数字化核电厂人的失误模式，典型人因事件根原因等，通过这些研究辨识数字化技术下可能出现的新的人因问题及风险，也为建立科学的数字化控制系统 HRA 方法论以及提出人因失误综合预防方案奠定基础。②数字化核电厂 HRA 方法论，包括 DCS-HRA 方法与模型、DCS-HRA 数据库系统、DCS-HRA 分析软件系统、数字化核电厂人因失误分析技术。③为验证研究成果①中所发现的现象/事实和所得结果，及为成果②所建立的方法和模型提供相关数据，而进行的一系列专门的模拟机实验及人因工程实验。④岭澳二期核电厂应用，包括岭澳二期核电厂 HRA，数字化核电厂人因可靠性改进，核电厂主控室数字化人-机界面评价与优化，核电厂数字化报警系统评价模型等。

本书不仅适用于核电厂科技人员阅读，对其他大型复杂数字化控制系统的科学研究与工程应用人员也具有参考价值。

**图书在版编目（CIP）数据**

数字化核电厂人因可靠性/张力等著．—北京：

国防工业出版社，2019.1

ISBN 978-7-118-11782-0

Ⅰ.①数…　Ⅱ.①张…　Ⅲ.①核电厂—人—机系统—

系统可靠性　Ⅳ.①TM623

中国版本图书馆 CIP 数据核字（2018）第 285605 号

※

*国防工业出版社*出版发行

（北京市海淀区紫竹院南路 23 号　邮政编码 100048）

天津嘉恒印务有限公司印刷

新华书店经售

*

开本 889×1194　1/16　印张 51¼　字数 1250 千字

2019 年 1 月第 1 版第 1 次印刷　印数 1—1500 册　定价 298.00 元

**（本书如有印装错误，我社负责调换）**

国防书店：（010）88540777　　发行邮购：（010）88540776

发行传真：（010）88540755　　发行业务：（010）88540717

1979 年的美国三哩岛核电厂事故，使世界各国的核能界和核安全当局开始高度关注核电厂的人因问题，自此有关核电厂人因问题的研究成为核安全研究的重点领域之一，苏联的切尔诺贝利核电厂事故和日本福岛核电厂事故也再一次证明了人因问题的重要性。世界各国核电厂的运行经验也表明，人因失误是导致核电厂运行事件的重要原因。

张力教授和其所带领的研究团队长期从事核电厂人因问题的研究，积累了大量的实践经验，同时在一些理论问题上也提出了自己的独到见解。其诸多的研究成果已应用在核电厂的人-机接口设计、评价、操纵员行为和电厂运行改进及国家核安全局核安全监管的技术支持方面。

近年来，随着核电技术的发展，核电厂普遍采用了数字化控制和保护系统。数字化控制和保护系统的合理应用，既顺应了技术进步的需要，可以优化核电厂的控制，同时在主控室人-机界面、人-机交互模式、主控班组的构成和相互交流方面也带来了新的特点和重大变化。这些问题如果不能得到妥善处理，不但影响核电厂数字化控制和保护系统作用的有效发挥，也可能引入新的潜在核安全问题。

张力教授及其研究团队敏锐注意到了这个新的问题，在国家自然科学基金系列项目和中国广核集团有限公司支持下，结合岭澳二期核电厂数字化主控室的设计和运行，在国内率先开展了长期深入的研究，取得了丰硕成果，达到了国际先进和国内领先水平，为核电厂数字化主控室的人-机工程设计和核电厂安全运行提供了理论依据和评价方法。《数字化核电厂人因可靠性》集中体现了这些研究的成果，其出版不仅对于我国核电厂主控室的设计、评价和运行具有重要的参考价值和指导意义，而且对于我国核电走出去也会提供很好的技术支持。

汤搏

2018 年 5 月

---

汤搏，国家核安全局副局长、核电安全监管司司长。

# 序 二

　　人因可靠性是一门综合性学科，涉及技术、管理、文化等诸多方面。研究复杂系统的人因可靠性对大型武器装备系统（如核潜艇、核动力航母、复杂指挥系统）、高风险工业系统（如核电厂、大型化工厂、大型电网调度中心、铁路控制中心）等大型复杂系统的安全控制和使用有着不容忽视的重要意义。随着科技进步，大型复杂系统陆续采用了数字化控制技术。这一方面提高了系统的信息化和自动化水平；另一方面，也使得系统人-机接口更加多样化且高度集中，操作人员作业任务、作业模式、作业负荷和认知模式发生很大变化。现有关于人的认知行为模型已不能够较好地描述和反映数字化系统中人的行为规律，以往针对模拟控制技术系统的人因可靠性分析方法也已不适用于处理数字化控制系统中人的行为。

　　张力同志长期从事核电厂人因可靠性研究。本书详实介绍了他和他的团队近年来的主要研究成果，从理论和实践的结合上，以核电厂为例，阐明了大型复杂控制系统数字化后的人因新问题，论述了数字化控制系统与传统控制系统在人因可靠性方面的差异及产生机制和影响模式，探讨了由此可能带来的潜在人因失误和新的风险，介绍了与之相适应的人的行为模型和人因可靠性分析方法，最后还介绍了上述成果的实验检验和工程应用的情况。

　　本书是近年来国内人因可靠性领域不可多得的专著，相信不仅对于核电厂相关人员会有很大的帮助，对于从事其他大型复杂控制系统设计、运行的技术人员和管理人员以及人因可靠性领域的科研人员也有重要的参考价值。鉴此，我愿郑重向读者推介。

钱绍钧

2018 年 5 月

---

钱绍钧，中国工程院院士。

国际上核电厂出现过几次重大事故,如 1979 年美国三哩岛核电厂事故、1986 年苏联切尔诺贝利核电厂事故、2011 年日本福岛核电厂事故,这些事故对公众、社会、经济、环境造成了极大的伤害。事故的主要原因之一都同人因可靠性相关,包括福岛核电厂事故,尽管其是由地震海啸引发,但在应急处理过程中操作人员、管理者等都发生了失误/错误。因此世界各国核安全监管机构和核电业都高度重视人因事故的分析和预防,以最大限度降低人因风险,提升核电厂安全运行水平。

随着科技水平的提升,新一代核电厂主控室控制系统已由传统的模拟控制发展为数字控制系统(Digital Control System,DCS)。数字化使得核电厂的运行控制更加集中化、自动化与精确化,提高了系统的效率与安全性。但是数字化也带来了较基于模拟技术的传统仪控系统新的人因问题,如:主控室人-机接口更加多样化且高度集中,人-机交互模式多变复杂;操纵员作业任务、作业模式、作业负荷和作业行为与行为特性发生巨大变化;运行班组结构及运行机制较模拟主控室有显著差异。同时,许多 DCS 核电厂处理事故的规程也在原理、结构等方面发生了重大变化,如由基于单一事件的事件导向法事故处理规程(Event Oriented Procedure,EOP),发展为基于电厂系统物理状态的状态导向法事故处理规程(State Oriented Procedure,SOP)。核电厂主控室数字化以及采用新型事故规程后引起的上述变化,势必导致新的人因可靠性问题,可能出现新的失误模式,如果不予研究解决,则必将影响数字技术优势的发挥,产生新的未知人因风险,对核电厂安全运行带来不利影响。而国内外对此缺乏足够的研究,在工程实践中缺乏系统的、有效的理论指导。

岭澳二期核电厂是中国第一座全部采用 DCS 且使用 SOP 的核电厂,其于 2010 年投运以来,发现由于 DCS+SOP 中系统特征、人因特性、组织结构与人-机界面等有巨大变化,出现了许多前所未有的新的人因问题,以前针对模拟主控室的人因可靠性分析(Human Reliability Analysis,HRA)方法亦不能适应 DCS+SOP 情况下人因可靠性分析的要求和提升人因绩效的需求,而迫切需要建立新的 DCS-HRA 方法。为此,岭东核电有限公司特设立"岭澳二期核电厂 DCS+SOP 人因可靠性分析"项目,主要包括三项任务:一是识别 DCS+SOP 技术下可能出现的新的人因可靠性问题,查找出操纵员在事故工况下的潜在未知风险;二是建立 DCS+SOP 的 HRA 方法论与模型;三是采用新建立的方法完成岭澳二期核电厂 HRA。项目从 2010 年 1 月启动,2014 年 12 月结束,历时 5 年,圆满完成了项目任务,本书即是对其获得的主要研究成果进行总结,包括揭示数字化控制系统在人因可靠性方面的变化,探究这种变化的内部机制和影响模式以及这种变化带来的后果,辨识潜在人因失误和新的风险,建立与之相适应的人的行为模型和 HRA 方法,并应用于岭澳二期核电厂实践。

本书由 5 篇 28 章组成。第一篇,研究背景,包含 2 章,概述国内外人因可靠性研究的主要范

《数字化核电厂人因可靠性》

畴与发展历程,介绍、分析数字化核电厂主控室与传统主控室人因相关方面的变化,及这些变化对操纵员行为的影响。第二篇,数字化核电厂操纵员认知行为特性研究,包含5章,内容涉及数字化核电厂操纵员认知行为变化/特征与规律,数字化核电厂操纵员认知行为模型,数字化核电厂运行团队合作与交流,数字化核电厂人的失误模式,典型人因事件根原因等,通过这些研究辨识数字化技术下可能出现的新的人因问题及风险,也为建立科学的数字化核电厂HRA方法论以及提出人因失误综合预防方案奠定基础。第三篇,数字化核电厂HRA方法论,包含4章,内容涉及DCS-HRA方法与模型,DCS-HRA数据库系统,DCS-HRA分析软件系统,数字化核电厂人因失误分析技术。第四篇,模拟机实验和人因工程实验研究,包含10章,主要介绍为验证第二篇中所发现的现象/事实和所得结果,及为第三篇所建立的方法和模型提供相关数据,而进行的一系列专门的模拟机实验及人因工程实验。第五篇,人因可靠性在数字化核电厂的应用研究,包含7章,主要介绍岭澳二期核电厂HRA,数字化核电厂人因可靠性改进,核电厂主控室数字化人-机界面评价与优化,核电厂数字化报警系统评价模型等。

本书引用、列举了较多的参考文献,试图为读者提供更加宽广的视角。在此向各文献的作者致敬、道谢。

本书作者包括张力、戴立操、胡鸿、青涛、李鹏程、蒋建军、邹衍华、方小勇、洪俊、黄俊歆、王以群、陈青青。鄢跃勇、韦海峰、叶海峰、刘坤秀、李林峰、吴博、李振纲、周易川、李延庭、孙璐、郑龙、彭汇莲、邹萍萍、李琼、刘武、杨敏、顾玲玲、唐志勇、贺雯、袁科、张坤、周勇、杨大新、贺武正、陈景华、刘雪阳等一批博士、硕士研究生参与了现场或实验室研究,为本书的撰写提供了相关数据和资料。

本书项目的研究获得了中广核核电运营有限公司、大亚湾核电运营管理有限责任公司的大力支持与帮助,卢长申董事长、戴忠华副总经理亲自参与了项目立项论证、各阶段评估验收,帮助把握项目研究始终沿着正确方向前进。黄卫刚、张明、张志权、冯文彪、张锦浙、黄远征、王艳辉、赵二、王金众、王春晖等为本项目顺利完成付出了大量心血,给予了许多帮助,在此对他们表示衷心的感谢。

本书项目研究还受到国家自然科学基金四个项目的连续支持(70873040"复杂工业系统数字化对人因可靠性的影响研究"、71071051"大规模数字化控制系统中人的认知行为研究"、71371070"数字化工业系统人因可靠性分析方法研究"、71301069"核电厂数字化主控室中操纵员情景意识可靠性研究"),也对国家自然科学基金委表示感谢。

非常感谢国家核安全局副局长兼核电安全监管司司长汤搏研究员、中央军委装备发展部原科技委专职委员钱绍钧院士、中国航天系统科学与工程研究院科技委原副主任于景元研究员推荐本书申报国家出版基金项目。也感谢国家出版基金资助本书出版。

系统地进行数字化核电厂人因可靠性研究国际上尚未见报道。鉴于作者学识水平和时间有限,再加上人因可靠性研究是不断发展变化的,本书必然存在诸多不足,所以敬请有关专家、读者多提宝贵意见,以进一步完善相关理论、方法、模型、数据。

张 力

2018年5月

缩略词

ADS　事故动态模拟（Accident Dynamic Simulation）

ADS　层次分解空间（Abstraction-Decomposition Space）

ADS-IDAC　基于班组运行下信息、决策和执行模型的事故动态模拟（Accident Dynamic Simulation with the Information, Decision and Action in a Crew Context Operator Model）

AOI　信息源/兴趣区（Area of Interest）

ANN　人工神经网络（Artificial Neural Networks）

ASEP-HRA　事故序列评价-人因可靠性分析（Accident Sequence Evaluation Program- Human Reliability Analysis）

ATHEANA　人因失误分析技术（A Technique for Human Error Analysis）


BBN　贝叶斯置信网络（Bayesian Belief Network）

BHEP　基本人因失误概率（Basic Human Error Probability）

BN　布尔网络（Boolean Network）

BN　贝叶斯网络（Bayesian Network）


COCOM　情景控制模型（Contextual Control Model）

CPC　通用行为条件（Common Performance Condition）

CREAM　认知可靠性和失误分析方法（Cognitive Reliability and Error Analysis Method）

CPT　条件概率表（Conditional Probability Table）


DBN　动态贝叶斯网络（Dynamic Bayesian Network）

DCS　数字化控制系统（Digital Control System）

DDET　离散动态事件树（Discrete Dynamic Event Tree）

DOS　事故处理初始导向和稳定规程（Document of Orientation and Stabilization）

DAG　有向无环图（Directed Acyclic Graph）


EAR　事件分析报告（Event Analysis Report）

ECP　事件控制规程（Event Control Procedure）

EEM　外在失误模式（External Error Mode）

EFC　失误诱发情景（Error-Forcing Context）

EOC　执行型失误（Error of Commission）

EOP　事件导向法事故处理规程（Event Oriented Procedure）

EOO　疏忽型失误（Error of Omission）

EPC　失误产生条件（Error-Producing Condition）

EPRI　（美国）电力研究院（Electric Power Research Institute）

ERP　事件相关电位（Event Related Potentials）

ET　事件树（Event Tree）


FCE　模糊综合评判（Fuzzy Comprehensive Evaluation）

FT　故障树（Fault Tree）

FLB　给水管破裂（Feed Line Break）


GEMS　通用失误建模系统（Generic Error Modeling System）


HCI　人-机交互（Human-Computer Interaction）

HCR　人的认知可靠性（Human Cognitive Reliability）

HDT　整体决策树方法（Holistic Decision Tree Method）

HEART　人因失误评价与减少技术（Human Error Assessment and Reduction Technique）

HEP　人因失误概率（Human Error Probability）

HFACS　人因分析和分类系统（Human Factors Analysis and Classification System）

HFE　人因失效事件（Human Failure Event）

HMI　人-机界面（Human-Machine Interface）

HRA　人因可靠性分析（Human Reliability Analysis）

HSI　人-系统界面（Human-System Interface）

HTA　层次任务分析（Hierarchical Task Analysis）


IAEA　国际原子能机构（International Atomic Energy Agency）

I&C　仪表控制系统（Instrumentation and Control System）

IDAC　班组运行下信息、决策、执行模型（Information, Decision and Action in a Crew Context Operator Model）

INL　（美国）爱达荷国家实验室（Idaho National Laboratory）

INPO　（美国）核电运行研究所（Institute of Nuclear Power Operations）

IOER　内部运行事件报告（Internal Operating Event Report）

IPA　互动过程分析（Interaction Process Analysis）


KAERI　韩国原子能研究院（Korea Atomic Energy Research Institute）

LOCA　冷却水丧失事故（Loss of Coolant Accident）

LOER　执照运行事件报告（Licence Operating Event Report）

LSA　情景意识丧失（Loss of Situation Awareness）

LED　发光二极管（Light Emitting Diode）


MCR　主控室（Main Control Room）

MD　监视/察觉（Monitoring/Detecting）

MD　心智需求（Mental Demand）

MMPI　明尼苏达多维人格特质测量问卷（Minnesota Multiphasic Personality Inventory）

MSLB　主蒸汽管破裂（Main Steam Line Break）

MW　心理负荷（Mental Workload）


NHEP　标称人因失误概率（Nominal Human Error Probability）

NPP　核电厂（Nuclear Power Plant）


OAT　操纵员动作树（Operator Action Tree）


PD　体能需求（Physical Demand）

PHRA　概率人因可靠性分析（Probabilistic Human Reliability Analysis）

PRA　概率风险评价（Probabilistic Risk Assessment）

PSA　概率安全评价（Probabilistic Safety Assessment）

PSF　行为形成因子（Performance Shaping Factor）

PIF　行为影响因子（Performance Influencing Factor）


RCP　反应堆冷却剂系统（Reactor Coolant System）

RI　响应执行（Response Implementation）

RO　反应堆操纵员（Reactor Operator）

RO1　反应堆一回路操纵员（First Loop Reactor Operator）

RO2　反应堆二回路操纵员（Second Loop Reactor Operator）

RP　响应计划（Response Planning）


SA　状态评估（Situation Assessment）

SA　情景意识（Situation Awareness）

SD　系统动力学（System Dynamic）

SDT　信号检测论（Signal Detection Theory）

SG　蒸汽发生器（Steam Generator）

SGTR　蒸汽发生器传热管破裂（Steam Generator Tube Rupture）

SI　安全注入（Safety Injection）

SLB　蒸汽管破裂（Steam Line Break）

SLIM　成功似然指数法（Success Likelihood Index Method）

SLOCA　小破口失水事故（Small Loss of Coolant Accident）

SNA　社会网络分析（Social Network Analysis）

SNL　（美国）桑迪亚国家实验室（Sandia National Laboratory）

SOP　状态导向法事故处理规程（State Oriented Procedure）

S-O-R　刺激-调制-响应模型（Stimulus-Organism-Response）

SPAR-H　标准化电厂风险分析-HRA方法（Standardized Plant Analysis Risk-Human Reliability Analysis）

SRK　技能-规则-知识三级行为（Skill-Rule-Knowledge）

SS　值长（Shift Supervisor）

STA　安全工程师（Safety Technical Advisor）

STP　半张量积（Semi-Tensor Product）


THERP　人因失误率预测技术（Technique for Human Error Rate Prediction）


UA　不确定性分析（Uncertainty Analysis）

USNRC　美国核管理委员会（United States Nuclear Regulatory Commission）


VDU　视频显示单元（Visual Display Unit）


WANO　世界核电营运者协会（World Association of Nuclear Operators）

WDA　工作域分析（Work Domain Analysis）

# 目录

## 第一篇 研究背景

## 第四篇　模拟机实验和人因工程实验研究

第五篇 人因可靠性在数字化核电厂的应用研究

# 第一篇

# 研究背景

新一代核电厂主控室控制系统已由传统的模拟控制发展为数字控制。数字化以后,一方面提高了系统的信息化和自动化水平,另一方面,由于系统人–机界面、人–机交互模式等发生了很大变化,也带来了新的人因问题。本篇阐述数字化核电厂主控室与传统主控室人因相关方面的主要变化,分析这些变化对操纵员行为可能产生的影响,概述国内外人因可靠性研究的历史与发展,简介本书的写作基础与背景。

# 第1章 绪 论

随着一系列核电安全重大事故的发生,人的因素对核电厂这一类高风险复杂工业系统的可靠性、安全性的重要作用已成为人们的共识。"人"作为核电厂人-机系统重要组成部分,其绩效水平已经成为影响核电厂人-机系统可靠性的重要因素。核电安全技术从最初关注硬件设备的可靠性,到基于人因工程优化人-机界面,再到系统地考虑人因可靠性提升人因绩效,人因可靠性获得了越来越高的重视。同时,随着科技水平的提升,核电厂主控室系统从基于模拟技术,发展为模拟技术与数字技术混合,再发展为近年来的数字化控制系统,人因可靠性也不断面临新的问题和挑战。然而,也正是在这个过程中,人因可靠性(Human Reliability)的研究与应用得到持续发展。本章概述国内外人因可靠性研究的主要范畴与发展历程,简介本书的写作基础与背景。

## 1.1 人因可靠性研究的主要范畴与发展历程

人因可靠性也称人的可靠性或人员可靠性。人因可靠性有多种定义,如指人在规定的时间内(如果有要求)正确完成系统功能所规定的任务,并且没有发生使系统功能降级的额外行为的概率[1]。文献[2]定义人因可靠性为人对于系统的可靠性或可用性而言所必须完成的那些活动的成功概率。人因可靠性的概念还可以从研究产品的可靠性引出,即定义为:在系统工作的任何阶段中,工作者在规定的时间内和规定的条件下成功地完成规定作业的概率[3]。本书将人因可靠性定义为:人在给定的条件、限定的时间和可接受的限制范围内,完成任务的能力。它包括两个方面的含义:其一,可靠性水平受到人当时的状态、任务性质、任务时间和环境因素的影响;其二,能力度量表现为成功完成任务的可能性。人因可靠性分析(Human Reliability Analysis, HRA)是对人因可靠性进行分析和评价的方法或系统过程。人因可靠性研究的目的就是要分析、预测、提高人对系统可靠性的贡献,减少与预防人因失误(Human Error),保证系统运行安全可靠。

人因失误,亦称人的失误,或人误,是与人因可靠性对应的一个术语,如同一个硬币的两面。何为人因失误?也存在不同的理解,一种简洁的认识是"人所采取或忽略了的活动与其期望之间的差异"。本书在第2章对人因失误的定义进行了较详细的讨论。

人因可靠性研究与系统可靠性/风险评价研究密切相关,事实上,人因可靠性研究,特别是人因可靠性分析,很大程度上是应风险评价需求而诞生的。较系统的人因可靠性研究可追溯到20世纪50年代美国桑迪亚国家实验室(Sandia National Laboratory,SNL)开展的一项对复杂装备系统的风险分析项目,其评估了操作人员完成任务的概率[4]。而人因可靠性研究学科的正式确立是1964年8月于美国新墨西哥大学召开的人因可靠性研究第一次国际学术会议,美国人因工程学会会刊 Human Factors 出版了会议论文专辑[4]。1969年,美国国家航空航天局(National Aeronautics and Space Administration,NASA)的一个任务小组提出了用于评价"航天飞机计划"安全方针的"安全准则"建议。该建议中包括了定量的概率安全评价指标:每次飞行的完成率至少95%,每次飞行的人员受伤或死亡概率小于1%。1975年,Rasmussen 发布了题为"反应堆安全研究"的 WASH-1400 报告,在核安全领域第一次较全面地应用了概率安全评价(Probabilistic Safety Assessment,PSA)方法。1977年,美国国会建立一个专门的反应堆安全专家组,对 WASH-1400 报告进行审评,专家组由 Harold Levis 教授领导。审评报告不认可 WASH-1400 的研究结果,特别对报告得到的整个反应堆事故风险的数值结果认为是不可靠的。1979年美国三哩岛核电厂事故戏剧性地改变了这种情况。WASH-1400 已经预计到小破口失水事故和人因失效是电厂安全的主要威胁。美国核管理委员会(United States Nuclear Regulatory Commission,USNRC)于1981年发布了《故障树手册》,1983年发布了 PSA 程序导则,对人因可靠性分析等相关技术手段进行标准化。随后,有关人因可靠性的研究不断发展。如 Swain 正式发布了人因失误率预测技术(Technique for Human Error Rate Prediction,THERP),Hannaman 发表了人的认知可靠性(Human Cognitive Reliability,HCR)模型,Embrey 发布了成功似然指数法(Success Likelihood Index Method,SLIM),Hall 发布了操纵员动作树(Operator Action Tree,OAT),Williams 发布了人因失误评价与减少技术(Human Error Assessment and Reduction Technique,HEART)等。图1-1展示了20世纪 HRA 方法发布的情况,从一个侧面显示了三哩岛核电厂事故对人因可靠性研究的巨大促进作用。

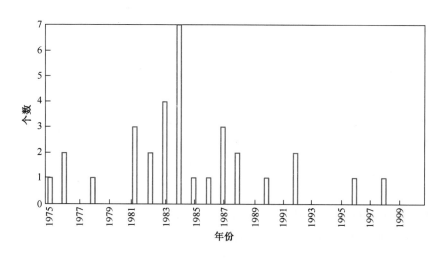

图1-1　20世纪 HRA 方法发布情况[5]

经过60余年的发展,人因可靠性研究已经从最初简单的人因失误率估算、人因可靠性分析方法建立向人因可靠性本质研究、基础理论创建和更广泛的应用发展,研究的广度和深度有了巨大的扩展,其研究范畴目前大致可划分为人因失误机理、认知行为模型、人因可靠性分析方法、人因失误数据、人因可靠性改进等领域/方面。

### 1.1.1　人因失误机理

人因失误机理是人因可靠性研究的理论基础之一,人因可靠性分析方法和人因失误减少均须基于人因失误机理以及认知模型。在人因失误机理研究领域,迄今为止最为经典的著作或许是 James Reason 于 1990 年出版的 *Human Error*[6]。Reason 在该著作中首次详细、深入、系统地讨论了人因失误的定义、性质、失误类型、失误形式、失误机制、失误检测、失误研究方法等人因失误研究中最基本的问题。该书还建立了至今仍在广泛使用的著名的瑞士奶酪模型的雏形,并且作者在随后的一系列研究中不断将其发展完善,揭示出正是各种人因因素与组织因素促成了一个复杂系统的崩溃。该研究结论推动了人因失误的研究从个体发展到班组、组织,从人的可靠性发展到人因可靠性。

人因失误分类是研究人因失误的关键问题之一,许多专家对其进行了相关研究并从不同的角度提出了相应的人因失误分类体系,但目前不存在一种统一的人因失误分类方法。事实上,某种分类常取决于其特定目的,出于不同的研究和应用角度,尚没有一种分类方法可以满足所有的需要。尽管如此,人因失误分类方法大致还是可以归并为两类:一类是基于工程的观点,如 Meister 的设计失误、操作失误、装配失误、检查失误、安装失误和维修失误[2,7],Swain 的执行型失误(Error of Commission,EOC)和疏忽型失误(Error of Omission,EOO)[1],以及近年在航空界被广泛使用的人因分析和分类系统(Human Factors Analysis and Classification System,HFACS)[8];另一类是基于认知行为角度,如 Reason 的偏离、遗忘、错误[6],Norman 的描述失误、激活失误和捕获失误[6],Rasmussen 的三级行为失误[6,9]。无论哪种分类方法都至少应该包含人因失误类型、人因失误模式、人因失误原因等要素。

Swain 在著名的 *NUREG/CR-1278*[1] 报告中使用行为形成因子(Performance Shaping Factor,PSF)来表征影响人的行为的因素,其 PSF 分为三大类:①外部 PSF,个人因素之外的;②内部 PSF,人员自身的;③应激水平。PSF 概念被广泛用于人因失误研究方法中,如 SLIM[10]、标准化电厂风险分析-HRA 方法(Standardized Plant Analysis Risk-Human Reliability Analysis,SPAR-H)[11] 和事故序列评价-人因可靠性分析(Accident Sequence Evaluation Program-Human Reliability Analysis,ASEP-HRA)[12] 等。后来发展起来的人因失误分析技术(A Technique for Human Error Analysis,ATHEANA)中的失误诱发情景(Error-Forcing Contexts,EFC)[13]、认知可靠性和失误分析方法(Cognitive Reliability and Error Analysis Method,CREAM)中的通用行为条件(Common Performance Conditions,CPC)[14] 以及班组运行下信息、决策和执行模型(Information,Decision and Action in a Crew Context Operator Model,IDAC)中的行为影响因子(Performance Influencing Factors,PIF)[15] 等均是基于 PSF,虽其名称有所差异,但本质上是相同的。

Reason 区分了人类认知的两个结构特征:工作空间或工作记忆和知识库。Reason 认为工作空间或工作记忆决定了人类认知的注意控制模式,而知识库支配着人类认知的图式控制模式。进而 Reason 建立了通用失误建模系统(Generic Error Modeling System,GEMS),详细分析了基于技能的疏忽、基于规则的错误、基于知识的错误的产生机制[6]。除了 Reason 外,Swain、Rasmussen、Hannaman、Hollnagel、Cooper 等也对人的失误机制进行了长期和深入的研究,如文献[1,9,16,

14,13]等。

人因失误分类、PSF、人因失误机制是人因失误机理研究的最重要课题,其经久不衰,但至今仍然尚未从根本上获得最终解决。近年来,随着人-机系统的发展和变化,人因失误机理研究从传统的人因失误分类、PSF、人因失误机制等延伸扩展到情景意识[17-23]、团队协调与沟通[24-26]、班组失误[27-34]、失误过程仿真[35-38]等领域。

### 1.1.2 认知行为模型

对人的认知行为模型的认识和理解是研究人因可靠性的又一重要基础,也是人因可靠性研究的一个长期重要方面。刺激-调制-响应(Stimulus-Organism-Response,S-O-R)模型[39]是早期经典的人的认知行为模型。它将人的认知响应过程分为三大部分:通过感知系统接收外界输入的刺激信号(Stimulation)、解释和决策(Organization)和向外界输出动作或其他响应行为(Response),这三大部分的支持功能为记忆。S-O-R 模型将人的行为解释为是外部刺激后的结果,并根据不同的调制状态,刺激能够引发不同的响应效果。它相似于人的"黑匣子"理论,在实际应用中重点仍放在具有可观察性的输入信号与输出行为上。

为了解决人的认知过程的"黑匣子"问题,部分专家借用计算机信息处理理论来描述人的认知活动,将人当作一个信息处理器,如 Wickens 提出了一种具有代表性的人的认知过程信息处理模型[40]。该模型中有若干模块,用来模仿和实现人的认知过程的"输入-处理-输出"三个主要阶段:

(1)输入/感知阶段,通过人的传感器(如眼、耳等)获取外部事件或刺激信息,形成可用的认知信息,包括对输入信号的探查和对刺激物的识别;

(2)判断/处理阶段,将输入的认知信息进行加工,进行决策和响应选择;

(3)响应/输出阶段,执行所确定的响应决策。

在人因可靠性研究中,特别是在人因可靠性分析中,影响最大、应用最广泛的或许是 Rasmussen 的 SRK 三级行为模型[9]。该模型根据认知心理学的信息处理理论将人的认知活动表征为基于技能的行为(Skill-Based)、基于规则的行为(Rule-Based)、基于知识的行为(Knowledge-Based)三种类型。基于技能的行为指在信息输入与人的反应之间存在着非常密切的耦合关系,它不依赖于给定任务的复杂性而只依赖于人员培训水平和完成该任务的经验。基于规则的行为是由一组规则或程序控制和支配的,它与技能型行为的主要不同点是来自对实践的了解或者掌握的程度。基于知识的行为是发生在当前情境不清楚、目标状态出现矛盾或者完全未遭遇过的新的情境下,作业人员无现成的规则可用,必须依靠自己的知识、经验进行分析、诊断和决策,这种知识行为的失误概率较大。

基于 SRK 三级行为模型,Reason 建立了通用失误建模系统(GEMS)[6]。GEMS 模型在 SRK 行为模型的基础上,将人的信息处理模型理论与人的"问题解决"模型相结合,因而可用于描述人的动态认知可靠性。

近年来,在人因可靠性研究领域影响较大的认知行为模型还有 Hollnagel 在 CREAM 方法中建立的情景控制模型(Contextual Control Model,COCOM)[14],Mosleh 团队在其基于班组运行下信息、决策和执行模型的事故动态模拟(Accident Dynamic Simulation with the Information, Decision and Action in a Crew Context Operator Model, ADS-IDAC)方法中构建的班组运行下信息、决策、执行模型(IDAC)[15,32,33]。2016 年 1 月,Whaley 等在美国核管理委员会的支持下,发布了名为 *Cognitive Basis for Human Reliability Analysis*(*NUREG-2114*)的研究报告[41],其中构建了一个包含有 5 个宏认知功能

的新型认知模型框架,这些宏认知功能为:①检测和注意;②理解和意会;③决策;④行动;⑤团队合作。该模型方法可对每个宏认知功能确定功能可能失效的原因、失效的认知机制以及影响认知机制的因素和可能导致的人因失误。该模型为理解人的行为提供了一个认知基础,为分析评估"在一个动态变化的事件情境中人员行为是怎样造成失误的"建立了一个结构化的框架。

### 1.1.3 人因可靠性分析方法

人因可靠性分析(HRA)方法起源于20世纪60年代,经过半个多世纪的发展,已经出现了数十种HRA方法。这些方法可以根据不同的维度进行分类,如根据方法的动态性可以分为静态和动态HRA方法,根据方法的基本特征可以分为任务相关、时间相关和情景相关三种[42],根据方法建立的时间可以分为第一代、第二代和第三代HRA方法。本书采用后者分类来介绍HRA方法的发展历程。

#### 1. 第一代HRA方法

从20世纪60年代到80年代中后期,所建立的HRA方法主要基于专家判断与统计分析相结合,它们被称为第一代HRA方法。第一代HRA方法的代表包括THERP[1]、SLIM[10,43]、HCR[16]、OAT[44]、HEART[45]、ASEP-HRA[46]等。其中最典型、也是使用最广泛的当属Swain建立的人因失误率预测技术(THERP)和Hannaman建立的人的认知可靠性(HCR)模型。

THERP创建了HRA事件树和PSF的概念,通过将人员行为分解为一系列由规程或系统功能所规定的子任务建立HRA事件树,并对每个子任务赋予经专家判断或统计分析所得到的标称人因失误概率(Nominal Human Error Probability,NHEP),同时使用PSF(包含环境特征、任务和设备特征、工作和任务指引、心理应激、生理应激等几大类)在不确定性范围内对NHEP进行修正,进而计算获得完成整个任务成功/失效的概率。该方法于20世纪70年代初首次在美国应用,分析评价了两座核电厂人的失误行为及其影响程度,成为国际核能界有广泛影响的核反应堆安全研究报告(*WASH-1400*)[47]极为重要的组成部分。THERP经过十余年的应用和多次修订后,于1983年正式在*NUREG/CR-1278*[1]中发布。目前该方法仍是军事装备系统、核电厂、石油化工、航空等复杂系统中应用最普遍的HRA方法[48-60]。该方法在应用过程中相对比较复杂,因而Swain又对其进行了简化,创建了简化版——ASEP-HRA,它是一种以时间可靠性相关(Time-Reliability Correlation)为基础来计算人因失误概率(Human Error Probability,HEP)的HRA方法,主要目的是为了获得HEP的数量级估计,其PSF主要关注培训和知识。

与需要进行任务分解的方法不同,HCR方法属于整体的HRA方法。HCR方法采用SRK三级行为模型作为认知模型框架,认为操作人员在规定的任务时间内没有对事故征兆进行响应的概率服从三参数威布尔(Weibull)分布,其中的参数取决于认知行为的类型。HCR方法考虑了操作人员PSF的影响,可以通过操作人员经验、应激水平、操作流程指南和人-机界面等PSF对差错概率进行调节。该方法在美国多个核电厂得到应用,主要用来处理事故后操纵员诊断方面的人因可靠性问题。

第一代HRA方法在很大程度上是应概率安全评价(PSA)的需要而发展起来的,如THERP伴随着世界上第一份PSA报告(*WASH-1400*)[47]而诞生和发展,这也使得它们比较强调使用结构化建模和数学计算方法来获取"精确"的分析结果,加之受制于认知科学、心理学、行为科学和计算机科学的发展水平,第一代HRA方法在人因失误机制分析能力、认知行为建模等方面普遍存在局限和不足:

(1)这些方法一般采用二叉树逻辑来描述人员行为,由于人在对系统的动态响应过程中可能有多种选择方式,因此采用二叉树描述复杂的人员行为(尤其是认知行为)显然是不够的;

（2）缺少 PSF 对人因可靠性影响的机理研究以及 PSF 与人因失误的因果关系研究；

（3）将人因可靠性分析类比于硬件可靠性分析，人因失误建模与量化存在局限性，如失误的相关性、恢复因子的考虑等，导致分析结果存在较大的局限性。

2. 第二代 HRA 方法

随着一系列大型复杂系统事故的发生，人们逐渐认识到系统运行过程中，特别是在事故进程中，人与系统的交互对于事故的缓解或恶化起着至关重要的作用，即不仅仅是在正常运行条件下，而且在复杂的事故演化动态过程中，人的可靠性分析更加具有重要的现实意义[61-67]。因而人因可靠性研究进入了结合认知心理学、以人的认知可靠性模型为研究热点的新阶段，着重研究人在应急情景下的动态认知过程，包括探查、诊断、决策等意向行为，核心思想是将人放在任务情境环境中去探究人的失误机理，认为任务所处的环境条件才是导致人因失误的决定因素。这些认为情景背景对人因可靠性的影响最为重要的方法多于 20 世纪 90 年代前后提出，也称为第二代 HRA 方法。此类方法中具有代表性的包括美国核管理委员会（USNRC）开发的人因失误分析技术[13]（ATHEANA），Hollnagel 提出的认知可靠性和失误分析方法[14]（CREAM），Spurgin 建立的整体决策树方法（Holistic Decision Tree Method, HDT）[42]，以及 USNRC 研发的标准化电厂风险分析-HRA 方法（SPAR-H）[11]等。

ATHEANA 方法是为了弥补第一代 HRA 方法中对执行型失误（EOC）[68]研究不足而发展起来的。ATHEANA 认为人因失误事件是由系统的具体条件与人本身因素共同引起，它将这些系统具体条件和人的因素统称为失误诱发情景。EFC 可能导致不安全动作（Unsafe Action, UA），UA 最终将导致人因失效事件。该方法将人的认知行为过程划分为感知、诊断、响应三个阶段，在这个认知模型基础上通过分析来确定 EFC 和 UA。ATHEANA 提供了 10 个 PSF 用于指导专家识别 EFC：规程、培训、交流、监督/管理、人员配置、人-系统界面、组织因素、压力、环境条件、策略因素。

CREAM 采用情景控制模型（COCOM）作为认知模型基础，将认知功能分为观察、揭示、计划和执行，将认知控制模式分为混乱型、机会型、战术型和战略型，每一类控制模式对应一个认知失效概率区间（Cognitive Failure Probability, CFP）。CREAM 方法提供了 9 类可能对人因失误概率产生影响的通用行为条件（CPC）：组织的充分性、工作环境、人-机界面和操作支持的充分性、程序可用性、同期目标的数量、可用时间、当日时间、培训和准备的充分性、班组协作质量，这些 CPC 与 PSF 的功能相似。

HDT 方法认为人们所处的情景/环境决定了其失误概率，而这些情景可用影响因子（Influence Factor, IF）来表征，因而采用了决策树的形式来综合展现、考虑所有情景影响因子对人因失误的影响。该方法主要用于分析班组在事故情景下整体的响应。

美国核管理委员会为了支持 ASP（Accident Sequence Precursor）项目实施，联合爱达荷国家实验室（INL）开发了 SPAR-H 方法，并在核电厂运行实践中获得了广泛应用。该方法认为情境环境通过影响人在完成任务时的诊断和执行功能而决定人因失误概率（HEP），因而可通过判定 PSF 量值的修正因子，并结合诊断和执行任务的标称失误概率来获得最终的 HEP。SPAR-H 方法中考虑的 PSF 有：可用时间、压力和应激、经验和培训、复杂度、工效学、规程、职责适应性、工作流程。虽然 SPAR-H 方法建立了一个明确的人员行为信息处理模型，且分析程序简洁易用，但其 HEP 的定量结果过于保守。

不同于第一代 HRA 方法那样强调任务的重要性，从人员所处情境环境的角度出发来分析人因可靠性代表了第二代 HRA 方法的发展方向。这一代方法侧重失误机理和失误原因辨识研究，尤其注重对认知失误的研究，基本都建立了认知模型，并在认知模型的基础上进行可靠性分析[30]。这种通过分析情境环境因素对认知流程各阶段的影响进而获得人因失误概率的分析方法相对于第一代 HRA

方法更全面也更准确。尽管第二代 HRA 方法取得了上述重要改进,但仍然存在诸多的局限性:

（1）未能说明人员行为与动态环境的交互特征;

（2）尽管一般不再采用 PSF 权重相乘的形式来表现影响机理,并提出了一些更为复杂的计算方式,但 PSF 的影响机理仍然没有彻底弄清楚;

（3）在已有的认知模型中未能阐明人–机交互过程中认知行为的演化机制;

（4）对 PSF 的考虑欠充分,缺少层次化的分类体系。

3. 第三代 HRA 方法

在第一代和第二代 HRA 方法不断发展完善的过程中,伴随着计算机技术的飞速发展,出现了一类基于仿真技术的动态 HRA 方法。这类方法通过将人员行动和决策的模拟仿真作为人员行为和绩效的评价依据,在任何指定的时间点上都可以动态分析 PSF 对人员行为和绩效的影响并获得对应的 HEP,同时也对复杂人–机系统中人与系统的动态交互特性进行了表征。这其中比较具有代表性的成果有:ADS-IDAC 系统[37]、MIDAS[35]（Man-machine Integration Design and Analysis System）以及 CO-SIMO[36]（Cognitive Simulation Model）。

ADS-IDAC 系统是由 Chang 和 Mosleh 开发的,该系统将认知模型、决策引擎（Decision Making Engine）、PSF,以及事故动模拟器（Accident Dynamics Simulator）结合在一起,可模拟分析在事故进程中各个可能人员动作和决策点的动态响应,包括班组响应。ADS-IDAC 系统中共有 6 个模块:班组模块、系统模块、指示模块、元件失效模块、调度模块、用户界面模块。其中系统仿真功能在调度模块实现,仿真方法采用离散动态事件树（Discrete Dynamic Event Tree,DDET）的仿真策略。另外,ADS-IDAC 将行为影响因子（Performance Influencing Factors,PIF）分为静态和动态两大类。静态影响因子主要是与组织相关的因素,其在事故进程中不会变化,如规程质量、培训水平等。动态影响因子则会在事故进程中依情景的变化而变化,如主控室环境、激发的警报等。总体说来,ADS-IDAC 方法可用于辅助识别显著的人因错误并对人的行为、绩效进行定量分析,能对 IDAC 模型产生的结果进行实验测试,还可用于操作人员培训。目前,ADS-IDAC 方法还在进一步研究和发展中。

MIDAS 提供了一个 3D 的人员绩效建模与仿真环境,可帮助在仿真操作环境中对复杂的人–机系统进行概念设计、可视化和计算评估。MIDAS 结合了图形设备原型、动态仿真和人员绩效建模,旨在缩短设计周期,支持对人–系统交互的有效性进行定量预测,并改进班组工作站及其相关操作规程的设计。MIDAS 可视作人因可靠性设计分析系统,能用于人员绩效测量和复杂人-机系统设计评价。

COSIMO 由欧共体委员会于 20 世纪 90 年代初研发,是一种使用 Agent 技术开发、面向解决问题的操作人员认知行为计算机仿真模型。该模型建立了包括监控、诊断和执行等在内的多种认知功能结构,能够模拟复杂人–机系统中的人员行为,主要关注事故处理过程中的人–机交互仿真。COSIMO 采用了黑板框架,运行着由不同控制器控制的多个不同类型的 Agent 去模拟操作人员认知过程并预测操作人员的行为。该黑板框架包括两个黑板:领域黑板和控制黑板。在仿真过程中,由控制黑板产生任务并交给领域黑板运行,控制黑板同时对任务的运行进行调度。控制黑板中的 Agent 负责控制操作人员的认知活动,包括黑板问题收集、停止问题、开始策略、更新策略、初始化焦点、更新焦点,领域黑板中的 Agent 负责实现操作人员的认知活动,包括环境读取、解码、筛选、解释、近似匹配、频率随机赋值、执行。遗憾的是 COSIMO 没有公开,其应用和后期发展资料不详。

4. HRA 方法研究的最新进展

尽管经过半个多世纪的发展,HRA 方法研究取得了长足的进步,但依然不能满足多方面的需求,于是美国核管理委员会于 2009 年发起了一项 HRA 国际合作研究项目,力图完成两项主要任务:一是现有主要 HRA 方法的比较研究,验证它们的有效性和一致性;二是建立一种适应性更强的新型 HRA 模型和方法。国际主要 HRA 研究机构参与了该项联合研究。项目历经数年,于 2014 年 8 月和 2016 年 6 月分别发布了研究报告 The International HRA Empirical Study(NUREG-2127)[69] 和 The U. S. HRA Empirical Study-Assessment of HRA Method Predictions against Operating Crew Performance on a U. S. Nuclear Power Plant Simulator(NUREG-2156)[70]。该研究提出一个较完善的 HRA 方法应至少具备下列 10 个属性:①足够的适用范围;②坚实的理论基础;③能够考虑人因事件之间相关性和可恢复性;④可根据各种应用需求建立不同分析深度和分析基础单元;⑤所给出的人因失误概率可通过实证方式验证其合理性;⑥方法的可靠性;⑦可追溯性和透明度;⑧可测试性;⑨分级分析能力;⑩较好的可操作性和可实践性[71]。对已有方法的研究评价表明,目前的 HRA 方法都不能够完全满足上述全部准则[72]。国际原子能机构(International Atomic Energy Agency,IAEA)也于 2017 年 11 月召开专门技术会议,对原于 1995 年发布的技术导则《核电厂概率安全评价中人因可靠性分析》[48]进行修订。

2017 年 3 月,美国核管理委员会联合美国电力研究院等单位发布了新开发的 IDHEAS(Integrated Human Event Analysis System)方法[73],该方法整合了先进的人员行为和认知心理学的知识,通过构建班组响应树(Crew Response Tree,CRT)和决策树来提供一个具有可追溯性的 HRA 计算模型。NUREG-2114 对该方法的认知理论基础进行了详细阐述[41]。

2013 年,Ekanem 在其博士论文中提出了一种基于模型的 HRA 方法(PHOENIX 方法)[74]。该方法借鉴了行为影响因子(PIF)、班组响应树(CRT)、班组失效模式(CFM)和人员响应模型(I-D-A 模型)的概念和处理框架,进一步构建了一个分层的 PSF 集合,并利用贝叶斯网络(Bayesian Network,BN)建立了因果模型用于人因失效事件(Human Failure Event,HFE)之间和影响因素间的相关性分析。

韩国原子能研究院(Korea Atomic Energy Research Institute,KAERI)在 THERP 和 ASEP-HRA 方法上拓展了一种新的 HRA 方法:K-HRA(The Korean Standard HRA)[75]。该方法采用 PSF 来考虑基于计算机的设计特征对人因可靠性的影响,如计算机化规程、软控制操作等。此外,该方法还专门针对紧急任务下的疏忽型失误(EOO)进行了相关研究。

目前 HRA 方法研究的前沿包括数字化控制系统 HRA 方法[76-81]、多机组 HRA 方法[81-92]、动态 HRA 方法[93-103]、严重事故背景下 HRA 方法[104-106]、小型堆 HRA 方法[107,108],以及针对不同对象等的新型 HRA 方法[109-114]。

概率安全评价与管理国际会议(International Conference on Probabilistic Safety Assessment and Management,PSAM)是国际人因可靠性分析研究交流的重要论坛,从近几届会议所提交的论文来看,HRA 研究所占比重正在进一步增加[115-117]。最近一次于韩国首尔召开的 PSAM 13 会议上还专门针对 HRA 组织召开了特别研讨会[117]。此外,2017 年 6 月在慕尼黑,由世界人因可靠性分析协会(HRA Society)组织召开的 PSAM 主题会议上,与会专家代表集中讨论了与人因可靠性、人因定量分析以及风险管理有关的问题[118],这也是近几年来较大规模的一次专门针对 HRA 的国际学术研讨。

### 1.1.4 人因可靠性/人因失误数据

对于任何一种工程技术其基本数据都是非常重要的,没有基本数据,技术便失去支撑,成为无本之木。人因可靠性数据包含定性数据和定量数据两个方面。定性数据用于理解人因失误机理、支持

HRA 建模、确定 PSF,定量数据则支持人因事件的定量评价。不同的研究目标对人因可靠性数据的需求不同,如,若研究目标是改进系统绩效,则需要人因特性、人因失误类型和人因失误原因等数据;若目标是 PSA 中 HRA,则还需系统特性、任务分析等数据。再者,不同领域的研究人员对人因可靠性数据的需求也不尽相同,心理学家主要关注人因失误背景及心理原因,而工程技术人员则着眼于人因失误的后果。另外,不同的 HRA 模型需要的数据也不尽一致。

人因可靠性数据研究包括数据的采集、分析和使用。国际上相关机构和组织非常重视人因可靠性数据研究,如国际原子能机构在 20 世纪就发布了多份人因可靠性数据研究技术导则[119-121]。然而,由于人因事件过程的动态性,使得人因可靠性数据的采集极度困难,人因可靠性研究长期缺乏较充分的可用数据。世界经合组织核能署报告认为,人因可靠性数据的稀缺性是影响 PSA 结果不确定的关键因素[122]。迄今为止,使用最普遍的人因可靠性数据库仍是 Swain 等于 1983 年出版的《人员可靠性分析手册(*NUREG/CR-1278*)》中所建立的数据库[1]。目前,较大型的人因可靠性数据库还有美国核管理委员会开发的 NUCLARR[123],英国伯明翰大学(University of Birmingham)开发的 CORE-DA-TA[124],美国电力研究院开发的 ORE 数据库[125],日本的 IHF 和 HFC 库[126],法国电力公司 M310 中的人因数据子库等。

人因可靠性数据的来源主要为运行经验、事件/事故分析报告、实验室实验、仿真实验、模拟机实验及培训、专家判断等。但事实上来源于实际的原始数据并不多,更多的是专家的判断数据或从原始数据再依据某类法则外推获得的数据,而专家的判断和外推法则是否合理,却常难以给出令人信服的证明。因此,近年来业界更加重视从模拟机上来获得有关数据,如文献[127,128]。人因可靠性数据研究的最新进展是美国核管理委员会正在研发的 SACADA 数据库[129,130]。该数据库系统具有场景创作、特性描述、行为进程表征/分析和多种类型报告自动生成等功能。美国核管理委员会与南德克萨斯项目核运营公司(South Texas Project Nuclear Operating Company,STPNOC)签订了长期合同,采集操纵员培训行为数据,以支持 SACADA 数据库项目。韩国原子能研究院、挪威哈尔登反应堆项目/实验室等机构参与了 SACADA 项目。除参与美国的 SACADA 项目外,韩国原子能研究院近年来也一直在努力开发自主的操纵员行为和可靠性分析(Operator Performance and Reliability Analysis,OPERA)数据库,以期为 HRA 提供电厂特定数据,提高 HRA 定量预测结果,以及为发展新型 HRA 方法提供重要的基础支持[131]。

不仅数据匮乏,人因可靠性数据分析方法和工具也极为缺乏,制约了人因可靠性数据的使用。近年来,新技术的发展也给人因数据的采集带来了不少新途径,如眼动仪、脑电仪、多道生理仪、行为捕捉系统、全过程行为监控系统等,使人因数据采样率增大,数据量剧增,数据多样性、多源异构性突出,价值密度低,数据关联关系复杂,统计和算法难度变大,数据抽取与集成、数据分析、数据解释难度增大。虽然人因数据具有大数据特征,但缺乏相应的先进的数据处理分析工具。目前急需研发的大数据背景下人因数据关键技术至少包括:海量及低价值密度数据的抽取、集成、分析、解释,非结构化数据的处理,新型的数据表示方法,数据的有效融合,数据的关联关系与因果关系分析,数据的可用性,智能化分析等。

## 1.1.5　人因可靠性改进

人因可靠性研究的最终目的是预防和减少系统中人因失误,改进和提升人因可靠性,进而改进和提升人-机系统的性能和绩效。改进人因可靠性有多种途径。早期人因可靠性改进的目标主要为减少个体的人因失误,方法着眼于提升个体的素质和技能,如人员选拔、培训等,国际原子能机构(IAEA)、美国核电运行研究所(Institute of Nuclear Power Operations,INPO)等机构在该领域出版了大量的导则、指导文件[132-142]。在该过程中,INPO 由最初的注重个体、注重技术逐步发展为个体、班组、组织、技术一体化、系统化,将"人因可靠性"发展为"人因绩效",于 1997 年发布了第一版《人因绩效参考手册》[143],用于指导企业的高层、中层、一般员工如何提升人因绩效。随着对人因绩效理解的深入和提高,该手册经过 7 次修订,于 2006 年发布了其正式版,并编写了一系列配套资料文献[144-150]。《人因绩效参考手册》对世界核电工业影响巨大,并且其作用已经扩大到了其他行业。美国能源部也于 2009 年发布标准《人因绩效改进手册》[151]用于指导和规范全美能源行业人因绩效工作。2011 年日本福岛核电厂事故进一步表明,对于大型复杂社会-技术系统,其可靠性和安全性必须充分考虑人、组织和技术因素之间的相互作用,为此,国际原子能机构在《福岛第一核电厂事故 IAEA 总干事报告》中提出 H+O+T(Human,Organizational and Technical Factors)系统性安全方案,通过考虑系统的所有相关因素内部和相互之间的动态相互作用来解决整个系统问题,这些因素包括个人因素(如知识、思想、决定、行动)、技术因素(如技术、工具、设备)和组织因素(如管理系统、组织结构、治理、资源)[152]。

美国核管理委员会则极力推行人因工程来提升人因可靠性和系统安全性,1994 年发布了著名的《人因工程审查大纲(NUREG-0711)》,对核电领域相关的人因工程方法进行系统化归纳和整理,定义了各个人因工程要素以及它们之间的交互关系,其核心思想是,通过提升人-系统界面可用性来最大限度减少人因失误,提高人因绩效。该文件已经再版 3 次,至今仍是最为重要的人因工程应用指导文件之一[153]。为配合 NUREG-0711 的使用,美国核管理委员会还编写了一系列人因可靠性/人因工程技术文件,将人因可靠性研究和应用从原来主要集中于 HRA/PSA 扩展到核电厂设计、建造、运行、维修等各个环节和防止人因失误、改进人因绩效等多个方面[154-158]。

同时人因可靠性研究与应用也逐步从核电行业扩展到航空、航天、航海、石油、化工、交通、医疗等行业[159-182]。

### 1.1.6 控制系统数字化对人因可靠性带来的挑战

随着科技进步,工业、武器装备等的控制系统越来越多地采用了数字控制技术。但核电厂这样的以"核安全第一"考虑的大型复杂系统决定了其以采用成熟技术为第一原则,而对新技术的使用非常谨慎,特别是美国作为核电技术最先进、核电规模最大的国家之一,从 1979 年三哩岛核电厂事故后直至 2015 年才新建核电厂,因此数字化控制技术在核电厂应用推广十分缓慢。美国核管理委员会于 2010 年 1 月批准了美国杜克公司奥科尼核电厂 3 台机组的数字化升级改造申请,该项目 2013 年底结束,奥科尼核电厂成为美国首座在役数字化核电厂。世界上最先进的第三代核电厂均采用了数字化控制系统(Digital Control System,DCS),如美国的 AP1000,法国的 EPR。岭澳二期核电厂、田湾核电厂是我国最早的数字化核电厂。

主控室是核电厂的神经中枢,信息显示、数据处理、指令下达、操作控制……,对核电厂各系统的监控都要通过主控室的人-机界面(Human-Machine Interface,HMI)来完成。三哩岛核电厂事故表明,传统的报警屏、显示器和控制装置使得操作人员无法处理核电厂系统中的大量复杂信息,因此新一代核电厂主控室仪表控制系统已逐渐由传统的模拟控制系统发展成为 DCS。图 1-2 为核电厂主控室的演变。与传统的基于模拟控制技术的主控室控制系统相比,核电厂 DCS 具有如下特点:

(1)控制的自动化程度和综合性能大大提高,从单一参数、单一目标控制发展到多参数、多目标

(b) (c)

**图1-2 核电厂主控室的演变**

(a)模拟技术;(b)混合式;(c)数字化。

控制;

(2)能够对数据多层次加工处理,从而以集成、耦合和简明的方式提供电厂系统设备工作状态、运行参数、重要安全功能状态;

(3)操作方式软件化,多层次的分布式结构使系统功能分散;

(4)具有操纵员实时决策支持系统,人工操作和干预减少;

(5)人机功能分配发生变化。

数字化进一步推进了核电厂系统管理控制的集中化、自动化、精确化,也使得主控室人-机接口更加多样化且高度集中,操纵员作业任务、作业模式、作业负荷和作业行为发生巨大变化,运行班组结构及其运行机制较模拟技术主控室亦有显著差异。同时,DCS核电厂处理事故的规程也在原理和结构上发生了重大变化,如由基于单一事件的事件导向法事故处理规程(EOP)发展为基于电厂系统物理状态的状态导向法事故处理规程(SOP)。这些变化带来了较基于模拟技术、传统控制系统新的、更复杂的与更深层次的人因相关的问题,其可以概括为以下五个方面。

(1)人-机界面逐渐演变为人-系统界面。传统人-机界面中,系统信息的显示和控制由单个模拟显示和控制设备提供,人员的控制行为是由人对单个固定的信息进行综合判断并通过控制设备逐个或者单元化输入,实现系统功能目标。DCS中,数字化的人-机界面可以提供更加多样和综合性的信息显示,自动化的设备可以提供系统层级的控制输入。人-系统界面中,人与系统各元素交互更加多元化、综合化和自动化。

（2）人-系统界面中,人在系统中的功能和作用发生变化。人的传感器功能、信息处理功能和操纵功能由于系统自动化水平的提高和人-机界面的物理状态的改变而发生变化。人-机交互过程中,人的作用由系统控制向系统状态监视和系统紧急情况处理转化。

（3）人-系统界面中,人员行为模式变化,出现新的失误模式与风险。随着操纵员在系统中功能和作用的变化,其作业模式和行为方式及内容发生变化,从而导致作业任务和作业负荷也随之发生巨大变化,可能产生新的人因问题及新的失误模式。如 DCS 中出现了界面管理任务,界面管理任务加之信息过载使得操纵员容易产生模式混淆,降低情景意识水平。操纵员成为系统中被动和有限能力信息加工中心,其能动作用被弱化。运行班组构成及成员间关系和团队协作模式变化,由此带来交流和沟通问题。

（4）数字化显著地影响/改变了操纵员的认知模式和作业模式,系统中人的作用和地位与人的自然属性及社会属性既互相调和又有冲突,对人的认知行为及人因可靠性产生了极大影响,DCS 中人因可靠性对系统运行和安全性起着至关重要的作用。

（5）现有的人的认知行为模型已不能够较好地描述和反映数字化系统中人的行为规律,以前针对模拟控制技术工业系统的人因可靠性分析方法也不适合处理数字化工业系统中人的行为。

上述问题说明,当前迫切需要研究系统数字化后所引起的人-机交互行为变化的内部机制和影响模式及这种变化带来的后果,以及 DCS 中人因的特征和人的行为可靠性规律,建立与之相适应的人的行为模型和人因可靠性分析方法,以确保数字化核电厂运行的可靠性和安全性。

一些国际组织和专家已经为此开展了一系列研究。国际上人因可靠性研究和核电安全技术的最大推动者——美国核管理委员会从优化核电厂主控室数字化人-系统界面、提升系统中人因可靠性的角度发布了一系列数字化控制系统的技术文件、研究报告,涉及数字化控制系统信息呈现方式、控制方式、计算机化规程、作业任务、人-系统界面、围绕主任务的界面管理、应急技术等与操纵员和运行班组行为及绩效相关多个方面[153,154,182-197]。韩国原子能研究院（KAERI）在数字化主控室软控制、情景意识、认知负荷和人因失误概率等方面进行了研究[198-201]。世界人因研究领域著名的哈尔登实验室/项目也于 2015 年开始研究 DCS 后的人因可靠性相关问题[202]。由中国国家能源局主办的中美 PSA 第 5 次研讨会（2014 年 1 月,苏州）专题讨论了核电厂数字化后的人因可靠性相关问题,中美专家一致认为需要对此问题高度重视,给予专门研究。

但国际上尚未见系统地解决数字化核电厂人因可靠性新问题、新机理、新风险和新分析方法的大型研究项目和应用案例。特别是缺乏适用于 DCS 的 HRA 方法和数据,已使数字化核电厂安全性分析评价受到影响。如美国西屋公司设计的第三代核电厂 AP1000 的概率安全评价（PSA）报告,其人因可靠性分析部分不得已而不适合地采用了 THERP 方法,西屋公司在该 PSA 报告中表达了明确的遗憾。美国核管理委员会发布的 2015—2017 年研究计划中再次提出要建立新的 HRA 方法,以适用于 DCS 和相应的人因数据[203]。

国内,清华大学李志忠教授团队围绕数字化工业系统中人-机交互行为、复杂度与失误、计算机化应急操作规程、个体和班组诊断任务绩效影响等方面开展了一系列研究[204-224]。中国广核集团、中国核工业集团和国家电力投资集团旗下的研究设计院在 HRA 方法的验证及应用上做出了不少的努力和尝试。本书作者团队于 2008 年开始连续承担了数字化系统人因可靠性研究方面 4 项国家自然科学基金项目,以及岭澳二期核电厂 DCS-HRA 等企业项目,研究 DCS 中人因可靠性新问题,揭示 DCS 与传统控制系统在人因可靠性方面的变化,探究这种变化的内部机制和影响模式以及这种变化带来的后果,辨识潜在人因失误和新的风险,建立与之相适应的人的行为模型和 HRA 方法,并应用于岭澳二期核电厂工程和运行实践[225-302]。

## 1.2 国内外人因可靠性研究主要机构/团队

国际上(核电)人因可靠性研究的主要机构至少有:国际原子能机构、美国核管理委员会、美国桑迪亚国家实验室、爱达荷国家实验室、布鲁克海文国家实验室、美国电力研究院、美国马里兰大学、伊利诺伊大学香槟分校(University of Illinois at Urbana-Champaign, UIUC)、挪威哈尔登实验室、芬兰国家技术研究中心、瑞士保罗谢尔研究所(Paul Scherrer Institute, PSI)、英国劳氏集团有限公司、韩国原子能研究院、日本京都大学、日本原子力研究所等。著名的专家包括 J. Rasmussen、A. D. Swain、J. Reason、G. W. Hannaman、E. Hollnagel、S. E. Cooper、J. O'Hara、A. Mosleh、B. Kirwan、J. Park、R. L. Boring、A. J. Spurgin、Y. Kim、G. Petkov 等。

国内对人因可靠性的研究始于 20 世纪 90 年代初期,较早的研究团队有清华大学黄祥瑞团队,赵炳全、何旭洪团队,北京核安全中心杨孟琢团队,西南交通大学王武宏团队,南华大学+湖南工学院张力团队等。近年来还出现了清华大学李志忠团队、童节娟团队,炮兵防空兵学院(郑州校区)庞志兵团队,国防科技大学谢红卫团队,上海核工程研究设计院(仇永萍)团队,中国核电工程公司(田秀峰)团队,中广核研究设计院(刘燕子)团队,中国航天员科研训练中心(王春慧、肖毅)团队,台湾清华大学黄雪玲团队,台湾科技大学纪佳芬团队等。

## 1.3 本书成书基础与背景

岭澳二期核电厂是中国第一座采用全数字化控制系统(DCS)且使用状态导向法事故处理规程(SOP)的核电厂,其于 2010 年投运以来,发现由于 DCS+SOP 中系统特征、人因特性、组织结构与人-机界面等有巨大变化,出现了许多前所未有的新的人因问题,以前针对模拟技术主控室的 HRA 方法亦不能适应 DCS+SOP 情况下 HRA 的要求和提升人因绩效的需求,而迫切需要建立新的 DCS+SOP-HRA 方法。为此,岭东核电有限公司特设立"岭澳二期核电厂 DCS+SOP 人因可靠性分析"项目,委托湖南工学院完成。该项目还受到国家自然科学基金(70873040、71071051、71371070、71301069)的连续支持。项目包括 3 项主要目标:

(1)识别 DCS+SOP 技术下可能出现的新的人因可靠性问题,查找出操纵员在事故工况下的潜在未知风险,研发人因失误预防方案;

(2)建立 DCS+SOP 的 HRA 方法论与模型;

(3)建立岭澳二期核电厂 HRA 模型,完成 HRA。

本书主要介绍作者在 4 项国家自然科学基金项目和岭东核电公司项目支持下于上述研究中所获得的理论和应用四个方面的成果:

（1）数字化核电厂操纵员行为特性研究，包括数字化核电厂操纵员认知行为变化/特征与规律，数字化核电厂操纵员认知行为模型，数字化核电厂运行团队合作与交流，数字化核电厂人的失误模式，典型人因事件根原因等，通过这些研究辨识数字化技术下可能出现的新的人因问题及风险，也为建立科学的 DCS 人因可靠性分析方法论以及提出人因失误综合预防方案奠定基础。

（2）数字化核电厂 HRA 方法论，包括 DCS-HRA 方法与模型，DCS-HRA 数据库系统，DCS-HRA 软件系统，数字化核电厂人因失误分析技术。

（3）为验证研究成果（1）中所发现的现象/事实和所得结果，及为成果（2）所建立的方法和模型提供相关数据，而进行的一系列专门的模拟机实验及人因工程实验。

（4）岭澳二期核电厂应用，包括岭澳二期核电厂 HRA，数字化核电厂人因可靠性改进，核电厂主控室数字化人–机界面评价与优化，核电厂数字化报警系统评价模型等。

本著作中将主控室采用数字化仪控系统的核电厂简称为数字化核电厂，其主控室称为数字化主控室。

# 参考文献

［1］ Swain A D, Guttmann H E. A handbook of human reliability analysis with emphasis on nuclear power plant applications［R］. NUREG/CR-1278. Washington D. C.：U.S.Nuclear Regulatorg Commission, 1983.

［2］ 何旭洪,黄祥瑞. 工业系统中人的可靠性分析:原理、方法与应用［M］. 北京：清华大学出版社,2007.

［3］ Spurgin A J. Human reliability assessment：theory and practice［M］. New York：CRC Press, 2010.

［4］ Swain A D. Human reliability analysis：need, status, trends and limitations ［J］. Reliability Engineering & System Safety, 1990, 29（3）：301-313.

［5］ 张力. 概率安全评价中人因可靠性分析技术研究［M］. 北京：原子能出版社,2006.

［6］ Reason J. Human error ［M］. Cambridge：Cambridge University Press, 1990.

［7］ Hollnagel E. The phenotype of erroneous actions［J］. International Journal of Man-Machine Studies, 1993,39（1）：1-32.

［8］ Wiegmann, D A, Shappell S A. A human error analysis of commercial aviation accidents using the human factors analysis and classification system（HFACS）［R］. Washington D. C.：Office of Aviation Medicine Washington, 2001.

［9］ Rasmussen J. Skills, rules and knowledge：signals, signs and symbols, and other distinctions in human performance models［J］. IEEE transactions on systems, Man & Cybernetics, 1983,13（3）:257-266.

［10］ Embrey D E, Humphreys P, Rosa E A, et al. SLIM-MAUD：an approach to assessing human error probabilities using structured expert judgement, Vol. I：overview of SLIM-MAUD, Vol. II：detailed analyses of the technical issues［R］. NUREG/CR-3518. Washington D. C：U.S.Nuclear Regulatorg Commission,1984.

［11］ Gertman D, Blackman H, Marble J, et al. The SPAR-H human reliability analysis method［R］.NUREG/CR-6883. Washington D. C.：U. S. Nuclear Regulatory Commission,2005.

［12］ Swain A D. Accident sequence evaluation program human reliability analysis procedure［R］. NUREG/CR-4772. Washington D. C.：U. S. Nuclear Regulatory Commission, 1987.

［13］ Cooper S E, Ramey-Smith A M, Wreathall J, et al. A technique for human error analysis（ATHEANA）［R］.NUREG/CR-6350. Washington D. C.：U.S.Nuclear Regulatory Commission, 1996.

［14］ Hollnagel E. Cognitive reliability and error analysis method（CREAM）［M］. Oxford：Elsevier Science Ltd, 1998.

［15］ Chang Y H J, Mosleh A. Cognitive modeling and dynamic probabilistic simulation of operating crew response to complex system accident. Part 2：IDAC performance influencing factors model［J］. Reliability Engineering & System Safety, 2007, 92（8）：1014-1040.

［16］ Hannaman G W, Spurgin A J, Lukic Y. Human cognitive reliability model for HRA ［R］.NUS-4531. San Diego：Electric Power Research Institute, 1984.

［17］ Endsley M R. A taxonomy of situation awareness errors［C］. Western European Association of Aviation Psychology 21st Conference,Ireland, 1994.

［18］ Jones D G, Endsley M R. Investigation of situation awareness errors［C］. Proceedings of the 8th International Symposium on Aviation Psychology, Columbus,1995.

［19］ Kaber D B, Perry C M, Segall N, et al. Situation awareness implications of adaptive automation for information processing in an air traffic control-related task［J］. International Journal of Industrial Ergonomics, 2006,36（5）：447-462.

［20］ Kim S K,Suh S M,Jang G S,et al. Empirical research on an ecological interface design for improving situation awareness of operators in an advanced control room［J］. Nuclear Engineering and Design, 2012,253：226-237.

［21］ Kaber D, Zhang Y, Jin S, et al. Effects of hazard exposure and roadway complexity on young and older driver situation awareness and performance［J］. Transportation Research Part F, 2012,15（5）：600-611.

[22] Lin C J, Hsieh T L, Yang C W, et al. The impact of computer-based procedures on team performance, communication, and situation awareness[J]. International Journal of Industrial Ergonomics, 2016,51: 21-29.

[23] Lee S W, Park J, Kim A R, et al. Measuring situation awareness of operation teams in NPPs using a verbal protocol analysis [J]. Annals of Nuclear Energy, 2012,43:167-175.

[24] Arrow H, et al. Small groups as complex systems: formation, coordination, development, and adaptation[M]. Thousand Daks: Sage Publication, 2000.

[25] Kim Y, et al. Empirical investigation of communication characteristics under a computer-based procedure in an advanced control room[J]. Journal of Nuclear Science and Technology, 2012, 49(10):988-998.

[26] Lei Z, et al. Team adaptiveness in dynamic contexts contextualizing the roles of interaction patterns and in-process planning[J]. Group & Organization Management, 2015:1-35.

[27] Kanno T, Nakata K, Furuta K. A method for conflict detection based on team intention inference[J]. Interacting with computers, 2006, 18: 747-769.

[28] Paris C R, Salas E, Cannon-Bowers J A. Teamwork in multi-person systems: a review and analysis[J]. Ergonomics,2000, 43 (8): 1052-1075.

[29] Sasoua K, Reason J. Team errors: definition and taxonomy[J]. Reliability Engineering and System Safety, 1999, 65: 1-9.

[30] Brannick M T, Eduardo E, Prince C. Team performance assessment and measurement-theory, methods, and applications[M]. London: Lawrence Erlbaum Associates,1997.

[31] Stahl G. Perspectives: group cognition factors in sociotechnical systems[J]. Human Factors, 2010, 52(2): 340-343.

[32] Chang Y H J, Mosleh A. Cognitive modeling and dynamic probabilistic simulation of operating crew response to complex system accident. Part 1: overview of the IDAC model[J]. Reliability Engineering & System Safety, 2007, 92(8): 997-1013.

[33] Chang Y H J, Mosleh A. Cognitive modeling and dynamic probabilistic simulation of operating crew response to complex system accident. Part 3: IDAC operator response model[J]. Reliability Engineering & System Safety, 2007, 92(8): 1041-1060.

[34] Mosleh A, Forester J A, Boring R L, et al. A model-based human reliability analysis framework[C]. Proceedings of 10th International Probabilistic Safety Assessment and Management Conference (PSAM10),Seattle,2010.

[35] Gore B F. Man-machine integration design and analysis system (MIDAS) v5: Augmentations, motivations, and directions for aeronautics applications [J]. Human modeling in assisted transportation,2011: 43-54.

[36] Cacciabue P C, Decortis F, Drozdowicz B, et al. COSIMO: a cognitive simulation model of human decision making and behavior in accident management of complex plants [J]. IEEE Transactions on Systems, Man, and Cybernetics, 1992, 22(5): 1058-1074.

[37] Coyne K, Mosleh A. Modeling nuclear plant operator knowledge and actions: ADS-IDAC simulation approach[C]. ANS PSA Topical Meeting-Challenges to PSA during the nuclear renaissance,2008.

[38] Boring R, Mandelli D, Rasmussen M, et al. Integration of human reliability analysis models into the simulation-based framework for the risk-informed safety margin characterization Toolkit[R]. Idaho Falls:Idaho National Laboratory, 2016.

[39] Woodworth R S. Dynamic psychology[M]. New York: Columbia University Press, 1918.

[40] Wickens C D. Engineering psychology and human performance[M]. New York: Harper Collins, 1992.

[41] Whaley A M, Xing J, Boring R L, et al. Cognitive Basis for human reliability analysis [R]. NUREG-2114. Washington D. C. : U.S.Nuclear Regulatory Commission, 2016.

[42] Spurgin A J. Human reliability assessment theory and practice[M]. Boca Raton: CRC Press, 2010.

[43] Park K S, Jae in Lee. A new method for estimating human error probabilities: AHP-SLIM[J]. Reliability Engineering & System Safety, 2008, 93(4):578-587.

[44] Hall R E, Fragola J, Wreathall J. Post-event human decision errors: operator action tree/timereliability correlation[R].NUREG/CR-3010. US Nuclear Regulatory Commission, 1982.

[45] Williams J C. A data-based method for assessing and reducing human error to improve operational performance[C]//Proceedings of the IEEE 4th Conference on Human Factor in Power Plants, Monterey, California: Institute of Electronic and Electrical Engi-

neers, 1988.

[46] Swain A D. Accident sequence evaluation program human reliability analysis procedure[R]. NUREG/CR-4772. Washington D. C.:U.S.Nuclear Regulatory Commission, 1987.

[47] USNRC. Reactor safety study-an assessment of accident risks in US commercial nuclear power plants[R]. NUREG-75/014. WASH-1400. Washington D. C.:U. S. Nuclear Regulatory Commission,1975.

[48] IAEA. Human reliability analysis in probabilistic safety assessment for nuclear power plants[R]. Safety Series No. 50-P-10. Vienna, 1995.

[49] Elms D. Rail safety[J]. Reliability Engineering and System Safety, 2001,74(3):291-297.

[50] Hokstad P, Jersin E, Sten T. A risk influence model applied to North sea helicopter transport[J]. Reliability Engineering and System Safety, 2001,74(3): 311-322.

[51] Pate-Cornell E, Dillon R. Probabilistic risk analysis for the NASA space shuttle:a brief history and current work[J]. Reliability Engineering and System Safety,2001,74(3): 345-352.

[52] Johnson C. A case study in the integration of accident reports and constructive design documents[J]. Reliability Engineering and System Safety,2001,71(3): 311-326.

[53] Rognin L, Blanquart J P. Human communication, mutual awareness and system dependability lessons learnt from air-traffic control field studies[J]. Reliability Engineering and System Safety, 2001,71(3): 327-336.

[54] 阿部清治. 概率安全评价的概念与现状[J]. 系统、控制与信息,1992,36(3):141-149.

[55] 田道文. 概率安全评价中人员行为处理[J]. 系统、控制与信息,1992,36(3):171-179.

[56] Holy J. Some insights from recent applications of HRA methods in PSA effort and plant operation feedback in Czech Republic[J]. Reliability Engineering and System Safety, 2004, 83(2):169-177.

[57] Yang K, Tao L, Bai J. Assessment of flight crew errors based on THERP[J]. Procedia Engineering, 2014, 80: 49-58.

[58] Yang D, Liu H. Application of THERP HCR model for valve overhaul in nuclear power plant[C]. AIP Conference Proceedings, AIP Publishing, 2017, 1839(1): 020045.

[59] Boring R L. Fifty years of THERP and human reliability analysis[R]. Idaho Falls:Idaho National Laboratory, 2012.

[60] Hashimoto A, Nishizaki C, Mitomo N. A study on application to marine accident of human reliability analysis method[C]. 2015 International Conference on Informatics, Electronics & Vision (ICIEV),IEEE, 2015: 1-4.

[61] Jae M. A new dynamic HRA method and its application [J]. International Journal of Reliability and Applications, 2001, 2(1): 37-48.

[62] Sträter O. Evaluation of human reliability on the basis of operational experience[R].GRS-170. Gesellschaft für Anlagenund Reaktorsicherheit (GRS) mbH., 2000.

[63] Boring R L, Herberger S M. Testing subtask quantification assumptions for dynamic human reliability analysis in the SPAR-H Method [C]//Proceedings of the Human Factors and Ergonomics Society Annual Meeting,Los Angeles: SAGE Publications, 2016, 60(1): 1504-1508.

[64] Joe J C, Shirley R B, Mandelli D, et al. The development of dynamic human reliability analysis simulations for inclusion in risk informed safety margin characterization frameworks [J]. Procedia Manufacturing, 2015, 3: 1305-1311.

[65] Boring R L, Joe J C, Mandelli D. Human performance modeling for dynamic human reliability analysis[C]. International Conference on Digital Human Modeling and Applications in Health, Safety, Ergonomics and Risk Management. Cham:Springer, 2015: 223-234.

[66] Boring R, Mandelli D, Rasmussen M, et al. Integration of human reliability analysis models into the simulation-based framework for the risk-informed safety margin characterization toolkit[R]. Idaho Falls:Idaho National Laboratory, 2016.

[67] Boring R L. Dynamic human reliability analysis:benefits and challenges of simulating human performance[R]. Idaho Falls:Idaho National Laboratory, 2007.

[68] Girardi L N. Are errors of commission better than errors of omission? [J]. Journal of Thoracic & Cardiovascular Surgery, 2016, 152(3): 818-819.

[69] Forester J , Dang V N, Bye A,et al. The international HRA empirical study: lessons learned from comparing HRA methods predictions to HAMMLAB simulator data[R]. NUREG-2127.Washington D.C.:U.S.Nuclear Regulatory Commission,2014.

［70］John Forester J, Liao H, Dang V N,et al. The U. S. HRA empirical study- assessment of HRA method predictions against operating crew performance on a U. S. nuclear power plant simulator［R］. NUREG-2156. Washington D.C.:U.S.Nuclear Regulatory Commission,2016.

［71］Boring R L, Hendrickson S M L, Forester J A, et al. Issues in benchmarking human reliability analysis methods: a literature review［J］. Reliability Engineering and System Safety, 2010, 95: 591-605.

［72］Mosleh A, Forester J A, Boring R L, et al. A model-based human reliability analysis framework［C］.Proceedings of 10th International Probabilistic Safety Assessment and Management Conference (PSAM10), Seattle,2010.

［73］Xing J, Parry G, Presley M,et al. An integrated human event analysis system (IDHEAS) for nuclear power plant internal events At-power appplication［R］.NUREG-2199. U. S. NRC,2017.

［74］Ekanem N J. A model-based human reliability analysis methodology(phoenix method)［D］. Maryland:University of Maryland, 2013.

［75］Jung W. A standard HRA method for PSA in nuclear power plant: K-HRA method［R］.KAERI/TR-2961/2005. Daejeon:KAERI,2005.

［76］张力, 杨大新, 王以群. 数字化控制室信息显示对人因可靠性的影响［J］. 中国安全科学学报, 2010, 20(9): 81-85.

［77］Leea S W, Haa J S, Seonga P H, et al. A review of various performance shaping factors for use in advanced control rooms［R］. Daejeon: KAERI,2009.

［78］Yanhua Zou, Li Zhang. Study on dynamic evolution of operators'behavior in digital nuclear power plant main control room-Part I: Qualitative analysis［J］. Safety Science, 2015, 80: 296-300.

［79］Yanhua Zou, Li Zhang, Pengcheng Li. Reliability forecasting for operators'situation assessment in digital nuclear power plant main control room based on dynamic network model［J］. Safety Science, 2015, 80:163-169.

［80］juiius J A, Moieni P, Grobbelaar J, et al. Next generation human reliability analysis-addressing future needs today for digital control systems［C］. Probabilistic Safety Assessment and Management Conference,2014.

［81］Li P C, Zhang L, Dai L C, et al. Study on operator's SA reliability in digital NPPs. Part 1: the analysis method of operator's errors of situation awareness［J］. Annals of Nuclear Energy, 2017, 102:168-178.

［82］Germain S St, Boring R, Banaseanu G, et al. Multi-unit considerations for human reliability analysis［R］. Idaho Falls:Idaho National Lab, 2017.

［83］Heo G, Kim M C, Yoon J W, et al. Gap analysis between single-unit and multi-unit PSAs for Korean NPPs［C］. 13th International Conference on Probabilistic Safety Assessment and Management (PSAM 13), Seoul,2016.

［84］Canadian Nuclear Safety Commission. Summary report of the international workshop on multi-unit probabilistic safety assessment［R］. CNSC,2015.

［85］Bareith A, et al. A pilot study on developing a site risk model［C］. 13th International Conference on Probabilistic Safety Assessment and Management (PSAM 13), Seoul,2016.

［86］Kim I S, Jang M, Kim S R. Holistic approach to multi-unit site risk assessment: status and issues［J］. Nuclear Engineering and Technology, 2017, 49(2): 286-294.

［87］Jang S C, Lim H G. The use of importance measures for quantification of multi-unit risk［C］. Transactions of the Korean Nuclear Society Autumn Meeting (KNS 2015), Gyeongju,2015.

［88］Zhang S, Tong J, Zhao J. An integrated modeling approach for event sequence development in multi-unit probabilistic risk assessment［J］. Reliability Engineering & System Safety, 2016, 155: 147-159.

［89］Dennis M, Modarres M, Mosleh A. Development of integrated site risk using the multi-unit dynamic probabilistic risk assessment (MU-DPRA) methodology［C］. PSA 2017, Pittsburgh,2017.

［90］Mandelli D, et al. Dynamic PRA of a multi-unit plant［C］. PSA 2017, Pittsburgh,2017.

［91］Jang S,Yamaguchi A. Dynamic approach on multi-unit probabilistic risk assessment using continuous MARKOV and MONTE CARLO method［C］. PSA 2017, Pittsburgh,2017.

［92］Le Duy T D, Vasseur D, Serdet E. Probabilistic safety assessment of twin-unit nuclear sites: methodological elements［J］. Reliability Engineering & System Safety, 2016, 145: 250-261.

［93］Kim A R, Park J, Kim Y, et al. Quantification of performance shaping factors (PSFs), weightings for human reliability analysis (HRA) of low power and shutdown (LPSD) operations［J］. Annals of Nuclear Energy, 2017, 101:375-382.

［94］ Boring R L. Dynamic human reliability analysis: benefits and challenges of simulating human performance ［J］. Risk, Reliability and Societal Safety, 2007, 2: 1043-1049.

［95］ Luyun Chen, Yufang Zhang, Lijun Zhang. The study of human reliability analysis based on dynamic bayesian networks theory［C］. The Twenty-second International Offshore and Polar Engineering Conference. International Society of Offshore and Polar Engineers, 2012.

［96］ Zwirglmaier K, Straub D, Groth K M. Capturing cognitive causal paths in human reliability analysis with Bayesian network models ［J］. Reliability Engineering & System Safety, 2017, 158:117-129.

［97］Karanki D R, Dang V N. Quantification of dynamic event trees - a comparison with event trees for MLOCA scenario ［J］. Reliability Engineering & System Safety, 2016, 147:19-31.

［98］ Zhao B, Tang T, Ning B. System dynamics approach for modeling the variation of organizational factors for risk control in automatic metro ［J］. Safety Science, 2017, 94:128-142.

［99］ Boring R L, Herberger S M. Testing subtask quantification assumptions for dynamic human reliability analysis in the SPAR-H method ［C］//Proceedings of the Human Factors and Ergonomics Society Annual Meeting. Los Angeles, SAGE Publications, 2016, 60(1): 1504-1508.

［100］ Joe J C, Shirley R B, Mandelli D, et al. The development of dynamic human reliability analysis simulations for inclusion in risk informed safety margin characterization frameworks ［J］. Procedia Manufacturing, 2015, 3: 1305-1311.

［101］ Boring R L, Joe J C, Mandelli D. Human performance modeling for dynamic human reliability analysis［C］. International Conference on Digital Human Modeling and Applications in Health, Safety, Ergonomics and Risk Management. Cham. Springer, 2015: 223-234.

［102］ Boring R, Mandelli D, Rasmussen M, et al. Integration of human reliability analysis models into the simulation-based framework for the risk-informed safety margin characterization toolkit［R］. Idaho Falls:Idaho National Laboratory, 2016.

［103］ Karanki D R, Dang V N, MacMillan M T, et al. A comparison of dynamic event tree methods-Case study on a chemical batch reactor ［J］. Reliability Engineering & System Safety, 2018, 169: 542-553.

［104］ Mohaghegh Z, Kazemi R, Mosleh A. Incorporating organizational factors into Probabilistic Risk Assessment (PRA) of complex socio-technical systems: a hybrid technique formalization［J］. Reliability Engineering & System Safety, 2009, 94(5): 1000-1018.

［105］ Mkrtchyan L, Podofillini L, Dang V N. Bayesian belief networks for human reliability analysis: a review of applications and gaps ［J］. Reliability engineering & system safety, 2015, 139: 1-16.

［106］ 张力. 日本福岛核电站事故对安全科学的启示[J]. 中国安全科学学报, 2011, 21(4): 3-6.

［107］ O'Hara J, Higgins J, Pena M. Human-performance issues related to the design and operation of small modular reactors［R］. NUREG/CR-7126, Washington D. C. :U.S.Nuclear Regulatorg Research,2012.

［108］ O'Hara J, Higgins J, D'Agostino A. NRC reviewer aid for evaluating the human-performance aspects related to the design and operation of small modular reactors［R］:NUREG/CR-7202. Washington D. C. :U.S.Nuclear Regulatorg Research,2015.

［109］ Park J, Kim Y, Jung W. Calculating nominal human error probabilities from the operation experience of domestic nuclear power plants ［J］. Reliability Engineering & System Safety, 2018, 170: 215-225.

［110］ Park J, Jung J Y, Heo G, et al. Application of a process mining technique to identifying information navigation characteristics of human-operators working in a digital main control room - feasibility study［J］. Reliability Engineering & System Safety, 2018, 175: 38-50.

［111］ Kim A R, Kim J H, Jang I, et al. A framework to estimate probability of diagnosis error in NPP advanced MCR［J］. Annals of Nuclear Energy, 2018, 111: 31-40.

［112］ Seong C, Heo G, Baek S, et al. Analysis of the technical status of multiunit risk assessment in nuclear power plants［J］. Nuclear Engineering and Technology, 2018, 50(3): 319-326.

［113］ Zhou Q, Wong, Y D, Hui Shan Loh H S, et al. A fuzzy and Bayesian network CREAM model for human reliability analysis - The case of tanker shipping［J］. Safety Science, 2018, 105: 149-157.

［114］ Queral C, Gómez-Magán J, París C, et al. Dynamic event trees without success criteria for full spectrum LOCA sequences applying the integrated safety assessment (ISA) methodology［J］. Reliability Engineering & System Safety, 2018, 171: 152-168.

［115］ PSAM. Proceedings of the 11th international conference on probabilistic safety assessment and management (PSAM11) ［C］. Helsinki,2012.

［116］ PSAM. Proceedings of the 12th international conference on probabilistic safety assessment and management （PSAM12）［C］. Hawaii, 2014.

［117］ PSAM. Proceedings of the 13th international conference on probabilistic safety assessment and management （PSAM11）［C］. Seoul,2016.

［118］ PSAM. Proceedings of the PSAM topical conference on human reliability, quantitative human factors, and risk management［C］. Munich, 2017.

［119］ IAEA. Models and data requirements for human reliability analysis［R］.IAEA-TECDOC-499.Vienna,1989.

［120］ IAEA. Human error classification and data collection［R］.IAEA-TECDOC-538. Vienna,1989.

［121］ IAEA. Collection and classification of human reliability data for use in probabilistic safety assessments［R］. IAEA-TECDOC-1048. Vienna,1998.

［122］ OECD NEA. Simulator studies for HRA purposes［R］.NEA/CSNI/R. Hungary：Nuclear Energy Agency,2012.

［123］ Gertman D I, Gilmor W E, Galtean W J, et al. Nuclear computerized library for assessing reactor reliability［R］. NUREG/CR-4639. Washington D.C.：U.S.Nuclear Regulatorg Commission,1988.

［124］ Taylor-Adas S. The use of the computerized operator reliability and error database(CORE-DATA) in the nuclear power and electrical industries［C］. IBS Conference on Human Factors in the Electrical Supply Industries, London,1995.

［125］ Moieni P, Gaddy C D, Parry G, et al. Operator reliability experiments using power plant simulators, Electric Power Research Institute （EPRI）［R］.EPRI NP-6937. EPRI,1990.

［126］ 吉川荣和,古田一雄,等. 原子能领域人因模型研究的现状和应用展望[J]. 日本原子力学会会刊,1999,41(1):2-14.

［127］ Hallbert B, Whaley A, Boring R, et al. Human Event Repository and Analysis （HERA） system ［R］. NUREG/CR-6903. NUREG,2007.

［128］ Hallbert B, Morgan T, Hugo J, et al. A formalized approach for the collection of HRA data from nuclear power plant simulators［R］// NUREG/CR-7163. NUREG,2014.

［129］ Chang Y J, Bley D, Criscione L, et al. The SACADA database for human reliability and human performance［J］. Reliability Engineering and System Safety, 2014, 125：117-133.

［130］ Park J, Chang Y J, Kim Y, et al. The use of the SACADA taxonomy to analyze simulation records：insights and suggestions［J］. Reliability Engineering & System Safety,2017,159:174-183.

［131］ Park J, Jung W. OPERA-a human performance data- base under simulated emergencies of nuclear power plants［J］. Reliability Engineering and System Safety, 2007, 92：503-519.

［132］ IAEA. A systematic approach to human performance improvement in nuclear power plants：training solutions［R］.IAEA-TECDOC-1204. Vienna,2001.

［133］ IAEA. Nuclear power plant personnel training and its evaluation［R］. Vienna：IAEA,1996.

［134］ IAEA. Guidebook on the education and training of technicians for nuclear power［R］. Vienna：IAEA, 1989.

［135］ IAEA. Engineering and science education for nuclear power［R］. Vienna：IAEA, 1986.

［136］ IAEA. Staffing of nuclear power plants and the recruitment, training and authorization of operating personnel［R］. Vienna：IAEA, 1991.

［137］ IAEA. Selection, specification, design and use of various nuclear power plant training simulators ［R］. IAEA-TECDOC-1024. Vienna,1998.

［138］ IAEA. IAEA word survey on nuclear power plant personnel training［R］.IAEA-TECDOC-1063. Vienna,1998.

［139］ INPO. Excellence in human performance［R］. Atlanta：INPO,1997.

［140］ IAEA. Selection, competency development and assessment of nuclear power plant managers［R］.IAEA-TECDOC- 1024. Vienna,1998.

［141］ IAEA. Experience in the use of a Systematic Approach to Training （SAT） for Nuclear Power Plant Personnel［R］.IAEA- TECDOC-1057.Vienna,1998.

［142］ IAEA. Human performance improvement in organizations：Potential application for the nuclear industry［R］.IAEA-TECDOC-1479. Vienna,2005.

［143］ INPO. Human performance reference manual［R］.INPO 06-003.INPO,2006.

[144] INPO. Guidelines for effective nuclear supervisor performance[R].INPO 04-003. INPO,2004.

[145] INPO. Human performance tools for engineers and other knowledge workers[R].INPO 05-002.INPO,2005.

[146] INPO. Performance objectives and criteria[R].INPO 05-003.INPO,2005.

[147] INPO. Guidelines for performance improvement at nuclear power stations[R].INPO 05-005.INPO,2005.

[148] INPO. Human performance tools for workers[R].INPO 06-002.INPO,2006.

[149] INPO. Human performance tools for managers and supervisors[R].INPO 07-006.INPO,2007.

[150] INPO. Leadership fundamentals to achieve and sustain excellent station performance[R]. INPO,2007.

[151] U. S. DOE. Human performance improvement handbook[S]. DOE-HDBK-1028-2009,2009.

[152] IAEA. The fukushima daiichi accident report by the director general[R]. IAEA,Vienna,2015.

[153] O'Hara J M, Higgins J C, Fleger S A, et al. Human factors engineering program review model[R]. NUREG-0711(Rev. 3).Washington D.C.U.S.Nuclear Regulatory Commission, 2012.

[154] O'Hara J M, Brown W S, Lewis P M, et al. Human-system interface design review guidelines[R]. NUREG-0700(Rev. 2).Washington D.C.U.S.Nuclear Regulatory Commission, 2002.

[155] Higgins J C, O'Hara J M, Lewis P M, et al. Guidance for the review of changes to human actions[R].NUREG-1764.Washington D.C. U.S.Nuclear Regulatory Commission, 2007.

[156] O'Hara J M. Advanced human-system interface design review guideline. General evaluation model, technical development, and guideline description[R].NUREG/CR-5908.Washington D.C.U.S Nuclear Regulatory Commission,1994.

[157] Barriere M T, Wreathall J, Cooper S E, et al. Multidisciplinary framework for human reliability analysis with an application to errors of commission and dependencies[R].NUREG/CR-6265.Washington D.C.U.S Nuclear Regulatory Commission,1995.

[158] Barnes V, Haagensen B. The human performance evaluation process: a resource for reviewing the identification and resolution of human performance problems[R].NUREG/CR-6751.Washington D.C.U.S Nuclear Regulatory Commission,2001.

[159] Sakurahara T, Mohaghegh Z, Reihani S, et al. An integrated methodology for spatio-temporal incorporation of underlying failure mechanisms into fire probabilistic risk assessment of nuclear power plants[J]. Reliability Engineering & System Safety, 2018, 169: 242-257.

[160] Perez P, Henry Tan H. Accident Precursor Probabilistic Method (APPM) for modeling and assessing risk of offshore drilling blowouts-a theoretical micro-scale application[J]. Safety Science, 2018, 105: 238-254.

[161] Ung S T. Human error assessment of oil tanker grounding[J]. Safety Science, 2018, 104: 16-28.

[162] Olivares R D C, Rivera S S, Leod J E N M. A novel qualitative prospective methodology to assess human error during accident sequences[J]. Safety Science, 2018, 103: 137-152.

[163] Refflinghaus R, Kern C. On the track of human errors-procedure and results of an innovative assembly planning method[J]. Procedia Manufacturing, 2018, 21: 157-164.

[164] Kim Y, Park J, Jung W, et al. Estimating the quantitative relation between PSFs and HEPs from full-scope simulator data[J]. Reliability Engineering & System Safety, 2018, 173: 12-22.

[165] Kyriakidis M, Majumdar A, Ochieng W Y. The human performance railway operational index—a novel approach to assess human performance for railway operations[J]. Reliability Engineering & System Safety, 2018, 170: 226-243.

[166] Donnell D M, Balfe N, Pratto L, et al. Predicting the unpredictable: consideration of human and organisational factors in maintenance prognostics[J]. Journal of Loss Prevention in the Process Industries, 2018, 54:131-145.

[167] Bevilacqua M, Ciarapica F E. Human factor risk management in the process industry: a case study[J]. Reliability Engineering & System Safety, 2018, 169: 149-159.

[168] Bandeira M C G S P, Correia A R, Martins M R. General model analysis of aeronautical accidents involving human and organizational factors[J]. Journal of Air Transport Management, 2018, 69: 137-146.

[169] Bearman, C. Key technology-related human factors issues[M].Bearman C, Naweed A, Dorrian J. (Eds.) Human factors in road and rail transport: Evaluation of ail technology: A practical human factors guide. Aldershot:Ashgate Publishing Ltd,2013: 9-22.

[170] Stojiljkovic E, Glisovic S, Grozdanovic M. The role of human error analysis in occupational and environmental risk assessment: a serbian experience[J]. Human and Ecological Risk Assessment: An International Journal, 2014, 21(4): 1081-1093.

[171] Wreathall J, Brown W S, Militello L, et al. A risk-informed approach to understanding human error in radiation therapy[R]. NUREG-2170. Washington D.C.: U.S. Nuclear Regulatorg Commission, 2017.

[172] Linda T, Kohn J M, Molla S. To ERR is human: building a safer health system[R]. U.S. National Academy of Science, 2000.

[173] Xie A, Carayon P A. Systematic review of human factors and ergonomics (HFE)-based healthcare system redesign for quality of care and patient safety[J]. Ergonomics, 2015, 58(1): 33-49.

[174] Carayon P, Wetterneck B, Rivera J, et al. Human factors systems approach to healthcare quality and patient safety[J]. Applied Ergonomics, 2014, 45: 14-25.

[175] Carayon P, Kianfar S, Li Y, et al. A systematic review of mixed methods research on human factors and ergonomics in health care [J]. Applied Ergonomics, 2015, 51: 291-321.

[176] Mitchell R, Williamson A, Molesworth B. Application of a human factors classification framework for patient safety to identify precursor and contributing factors to adverse clinical incidents in hospital[J]. Applied Ergonomics, 2016, 52: 185-195.

[177] Taib I, Mcintosh A, Caponecchis C. A review of medical error taxonomies: a human factors perspective[J]. Safety Science, 2011, 49(5): 607-615.

[178] Baysari T, Caponecchia C, McIntosh S, Wilson R. Classification of errors contributing to rail incidents and accidents: a comparison of two human error identification techniques[J]. Safety Science, 2009, 47: 948-957.

[179] Mitchell R, Williamson A, Molesworth B. Use of a human factors classification framework to identify causal factors for medication and medical device-related adverse clinical incidents[J]. Safety Science, 2015, 79: 163-174.

[180] Schnock K, Dykes P, Albert J, et al. The frequency of intravenous medication administration errors related to smart infusion pumps: a multihospital observational study[J]. BMJ Quality and Safety, 2017, 26: 131-140.

[181] Sujan M, Spurgeon P, Cooke M, et al. The development of safety cases for healthcare services: practical experiences, opportunities and challenges[J]. Reliability Engineering & System Safety, 2015, 140: 200-207.

[182] Jin H, Munechika M, Sano M, et al. Operational process improvement in medical TQM: a case study of human error in using devices[J]. Total Quality Management & Business Excellence, 2016, 28(8): 875-884.

[183] O'Hara J M, Higgins J C, Kramer J. Advanced information systems design: technical basis and human factors review guidance [R]. NUREG / CR-6633. Washington D.C.: U.S. Nuclear Regulatorg Commission, 2000.

[184] O'Hara J M, Higgins J C, Stubler, W F, Kramer J. Computer-based procedure systems: technical basis and human factors review guidance [R]. NUREG / CR-6634. Washington D.C.: U.S. Nuclear Reualatorg Commission, 2000.

[185] Stubler W F, O'Hara J M, Kramer J. Soft controls: technical basis and human factors review guidance[R]. NUREG / CR-6635. Washington D.C.: US NRC, 2000.

[186] Stubler W F, Higgins J C, Kramer J. Maintainability of digital systems: technical basis and human factors review guidance[R]. NUREG / CR-6636. Washington D.C.: U.S. Nuclear Regulatorg Commission, 2000.

[187] Stubler W F, O'Hara J M, Higgins J C, et al. Human systems interface and plant modernization process: technical basis and human factors review guidance[R]. NUREG / CR-6637. Washington D.C.: U.S. Nuclear Regulatorg Commission, 2000.

[188] Brown W S, O'Hara J M, Higgins J C. Advanced Alarm Systems: Revision of Guidance and Its Technical Basis[R]. NUREG / CR-6684. Washington D.C.: U.S. Nuclear Regulatorg Commission, 2000.

[189] O'Hara J M, Brown W S, Lewis P M, et al. The effects of interface management tasks on crew performance and safety in complex, computer-based systems: overview and main findings[R]. NUREG/CR-6690. Washington D.C.: U.S. Nuclear Regulatorg Commission, 2002.

[190] Roth E, O'Hara J M, Lewis P M. Integrating digital and conventional human-system Interfaces: lessons learned from a control room modernization program[R]. NUREG / CR-6749. Washington D.C.: U.S. Nuclear Regulatorg Commission, 2002.

[191] Wood R T, Arndt S A, Easter J R, et al. Advanced reactor licensing: experience with digital I&C technology in evolutionary plants[R]. NUREG / CR-6842. Washington D.C.: U.S. Nuclear Regulatorg Commission, 2004.

[192] Aldemir T, Miller D W, Stovsky M P, et al. Current state of reliability modeling methodologies for digital systems and their acceptance criteria for nuclear power plant assessments[R].NUREG / CR-6901. Washington D. C. :U.S.Nuclear Regulatorg Commission,2006.

[193] Aldemir T,Stovsky M P, Kirschenbaum J, et al. Dynamic reliability modeling of digital Instrumentation and control systems for nuclear reactor probabilistic risk assessments [R]. NUREG / CR - 6942. Washington D. C. : U. S. Nuclear Regulatorg Commission,2007.

[194] O'Hara J M, Higgins J C, Brown W S, et al. Human factors considerations with respect to emerging technology in nuclear power plants[R].NUREG / CR-6947. Washington D. C. :U.S.Nuclear Regulatorg Commission,2008.

[195] Hallbert B, Kolaczkowski A. The employment of empirical data and bayesian methods in human reliability analysis: a feasibility study[R].NUREG / CR-6949. Washington D. C. :U.S.Nuclear Regulatorg Commission,2007.

[196] Chu T T L, Martinez-Guridi G, Yue M. Traditional probabilistic risk assessment methods for digital systems[R].NUREG / CR-6962. Washington D. C. :U.S.Nuclear Regulatorg Commission, 2008.

[197] Aldemir T, Guarro S, Kirschenbaum J, et al. A benchmark implementation of two dynamic methodologies for the reliability modeling of digital instrumentation and control systems[R].NUREG / CR-6985. Washington D. C. :U.S.Nuclear Regulatorg Commission, 2009.

[198] Park J, Jung J Y, Heo G, et al. Application of a process mining technique to identifying information navigation characteristics of human operators working in a digital main control room-feasibility study[J]. Reliability Engineering & System Safety, 2018, 175: 38-50.

[199] Kim Y, Park J, Jung W, et al. Estimating the quantitative relation between PSFs and HEPs from full-scope simulator data[J]. Reliability Engineering & System Safety, 2018,173:12-22.

[200] Kim A R, Kim J H, Jang I, et al. A framework to estimate probability of diagnosis error in NPP advanced MCR[J]. Annals of Nuclear Energy, 2018, 111: 31-40.

[201] Jang I, Kim A R, Jung W, et al. Study on a new framework of human reliability analysis to evaluate soft control execution error in advanced MCRs of NPPs[J]. Annals of Nuclear Energy, 2016, 91: 92-104.

[202] IFE. The institute for energy technology (IFE)[R]. Halden, 2015.

[203] Office of Nuclear Regulatory Research. Research activities FY 2015-FY 2017[R].NUREG-1925, Rev. 3. Washington D.C.: U. S. Nuclear Regulatory Commission. 2016.

[204] Wu Xiaojun, She Manrong, Li Zhizhong, et al. Effects of integrated designs of alarm and process information on diagnosis performance in digital nuclear power plants[J]. Ergonomics, 2017, 60(12): 1653-1666.

[205] She Manrong, Li Zhizhong. Design and evaluation of a team mutual awareness toolkit for digital interfaces of nuclear power plant context[J]. International Journal of Human-Computer Interaction, 2017, 33(9): 744-755.

[206] Liu Peng, Lv Xi, Qiu Yongping, et al. Identifying key performance shaping factors in digital main control rooms of nuclear power plants: a risk-based approach[J]. Reliability Engineering and System Safety, 2017, 167: 264-275.

[207] Chen Yue, Gao Qin, Song Fei, et al. Procedure and information displays in advanced nuclear control rooms: experimental evaluation of an integrated design[J]. Ergonomics, 2017, 60(8): 1158-1172.

[208] Wu Xiaojun, Li Zhizhong, Song Fei, et al. An integrated alarm display design in digital nuclear power plants[J]. Nuclear Engineering and Design, 2016, 305 (8): 503-513.

[209] Yuan Xihui, She Manrong, Li Zhizhong, et al. Mutual awareness: enhanced by interface design and improving team performance in incident diagnosis under computerized working environment[J]. International Journal of Industrial Ergonomics, 2016, 54: 65-72.

[210] Hwang Sheue-Ling, Li Zhizhong. Human factors in digital industrial systems[J]. International Journal of Industrial Ergonomics, 2016, 51(1): 1.

[211] Liu Peng, Li Zhizhong. Comparison between conventional and digital nuclear power plant main control rooms: a task complexity perspective, Part I: Overall results and analysis[J]. International Journal of Industrial Ergonomics, 2016, 51(1): 2-9.

［212］Liu Peng, Li Zhizhong. Comparison between conventional and digital nuclear power plant main control rooms: a task complexity perspective, Part II: detailed analysis and results［J］. International Journal of Industrial Ergonomics, 2016, 51(1): 10-20.

［213］Wu Xiaojun, Yuan Xihui, Li Zhizhong. et al. Validation of "alarm bar" alternative interface for digital control panel design: a preliminary experimental study［J］. International Journal of Industrial Ergonomics, 2016, 51(1): 43-51.

［214］Gao Qin, Yu Wenzhu, Jiang Xiang, et al. An integrated computer-based procedure for teamwork in digital nuclear power plants ［J］. Ergonomics, 2015, 58(8): 1303-1313.

［215］Chen Kejin, Li Zhizhong. How does information congruence influence diagnosis performance? ［J］Ergonomics, 2015, 58(6): 924-934.

［216］Ding Xuansheng, Li Zhizhong, Dong Xiaolu, et al. Effects of information organization and presentation on human performance in simulated main control room procedure Tasks［J］. Human Factors and Ergonomics in Manufacturing & Service Industries, 2015, 25(6): 713-723.

［217］Liu Peng, Li Zhizhong. Human error data collection and comparison with predictions by SPAR-H［J］. Risk Analysis, 2014, 34 (9): 1706-1719.

［218］Liu Peng, Li Zhizhong. Comparison of task complexity measures for emergency operating procedures: convergent validity and predictive validity［J］. Reliability Engineering & System Safety, 2014, 121: 289-293.

［219］Dong Xiaolu, Song Fei, Li Zhizhong, et al. Data extraction and analysis for integrated system validation of a nuclear power plant ［J］. Nuclear Engineering and Design, 2013, 265: 826-832.

［220］Gao Qin, Wang Yang, Song Fei, et al. Mental workload measurement for emergency operating procedures in digital nuclear power plants［J］. Ergonomics, 2013, 56(7): 1070-1085.

［221］Liu Peng, Li Zhizhong. Task complexity: a review and conceptualization framework［J］. International Journal of Industrial Ergonomics, 2012, 42 (6): 553-568.

［222］Dong Xiaolu, Li Zhizhong. A study on the effect of training interval on the use of computerized emergency operating procedures［J］. Reliability Engineering & System Safety, 2011, 96(2): 250-256.

［223］Zhang Yijing, Li Zhizhong, Wu Bin, et al. A spaceflight operation complexity measure and its experimental validation［J］. International Journal of Industrial Ergonomics, 2009, 39(5): 756-765.

［224］Xu Song, Li Zhizhong, Song Fei, et al. Influence of step complexity and presentation style on step performance of computerized emergency operating procedures［J］. Reliability Engineering & System Safety, 2009, 94(2): 670-674.

［225］Zhang Li, He Xuhong, Dai Licao, et al. The simulator experimental study on the operator reliability of qinshan nuclear power plant ［J］. Reliability Engineering & System Safety, 2007, 92(2): 252-259.

［226］Dai Licao, Zhang Li, Ouyang Jun. Modeling of operator's workload in a nuclear power plant［J］. Engineering Sciences, 2008, 6 (1): 31-37.

［227］Li Peng-cheng, Chen Guo-hua, Dai Li-cao, et al. Fuzzy logic-based approach for identifying the risk importance of human error ［J］. Safety science, 2010, 48:902-913.

［228］Dai Licao, Zhang Li, Li Pengcheng . HRA in China: model and data. safety science［J］. Safety Science, 2011, 49(3):468-472.

［229］Jiang Jian-jun, Zhang Li, Wang Yi-qun, et al. Markov reliability model research of monitoring process in digital main control room of nuclear power plant［J］. Safety Science, 2011, 49(6):843-851.

［230］Jiang Jian-jun, Zhang Li, Wang Yi-qun, et al. Association rules analysis of human factor events based on statistics method in digital nuclear power plant［J］. Safety Science, 2011, 49(6):946-950.

［231］Zhou Yong, Mu HaiYing, Jiang Jianjun, et al. Investigation of the impact of main control room digitalization on operators cognitive reliability in nuclear power plants［J］. Work, 2012, 41(s 8-9):714-721.

［232］Li Pengcheng, Cheng Guohua, Dai Licao, et al. A fuzzy Bayesian network approach to improve the quantification of organizational influences in HRA frameworks［J］. Safety Science, 2012, 50 (7):1569-1583.

［233］Zou Yanhua, Zhang Li. Study on dynamic evolution of operators'behavior in digital nuclear power plant main control room-part I:

qualitative analysis[J]. Safety Science,2015,80:296-300.

[234] Zou Yanhua,Zhang Li,Li Pengcheng. Reliability forecasting for operators' situation assessment in digital nuclear power plant main control room based on dynamic network model[J]. Safety Science,2015,80:163-169.

[235] Li Peng-cheng,Chen Guo-hua,Dai Li-cao,et al. Methodology for analyzing the dependencies between human operators in digital control systems[J]. Fuzzy Sets and Systems, 2016, 293:127-143.

[236] Jiang Jianjun,Wang Yiqun,Zhang Li,et al. Optimal design method for a digital human-computer interface based on human reliability in a nuclear power plant part3: optimization method for Interface task layout[J]. Annals of Nuclear Energy, 2016, 94(8):750-758.

[237] Jiang Jianjun,Zhang Li,Wang Yiqun,et al. Optimal design methods for a digital human-computer interface based on human reliability in a nuclear power plant part 1: optimization method for monitoring unit layout[J]. International Journal of Industrial Ergonomics, 2016,(49):90-96.

[238] Li Peng-cheng,Zhang Li,Dai Li-cao,et al. Study on operator's SA reliability in digital NPPs. Part 1: the analysis method of operator's errors of situation awareness[J]. Annals of Nuclear Energy,2016,102(3):168-178.

[239] 黄曙东,张力,戴立操. 复杂人机系统人因失误分析技术研究[J]. 工业工程与管理,2007,(4):70-74.

[240] 刘绘珍,张力,王以群. 人因失误原因因素控制模型及屏障分析[J]. 工业工程,2007,10(6):13-17.

[241] 王以群,李鹏程,张力. 复杂社会-技术系统中人因失误演变过程[J]. 人类工效学,2008,14(1):38-41.

[242] 张力,宋洪涛,王以群,等. 复杂人-机系统中影响作业人员行为的组织因素[J]. 工业工程, 2008,11(5):6-11.

[243] 李鹏程,张力,王以群. 灰色理论在人因失误严重度识别模型中的应用[J]. 核动力工程,2009,30(3):122-125.

[244] 李鹏程,张力,王以群. 框架式人因失误原因分析技术评价研究[J]. 人类工效学,2009,15(1):44-47.

[245] 李鹏程,张力,肖东生,等. 人因失误模式、人因失误影响以及严重度定量分析方法[J]. 核动力工程,2009,30(6):80-85.

[246] 张力,邹衍华,黄卫刚. 核电站运行事件人因失误因素交互作用分析[J]. 核动力工程,2010,31(6):41-46.

[247] 张力,杨大新,王以群. 数字化控制室信息显示对人因可靠性的影响[J]. 中国安全科学学报,2010,20(9):81-85.

[248] 高文宇,张力. 人因可靠性数据库基础架构研究[J]. 中国安全科学学报,2010,20(12):63-67.

[249] 李鹏程,陈国华,戴立操,等. 基于模糊逻辑方法的人因失误风险严重度识别[J]. 原子能科学技术,2010, 44(5):571-577.

[250] 李鹏程,陈国华,张力,等. 一种整合组织因素的人因可靠性分析方法[J]. 核动力工程, 2010,31(4): 82-86.

[251] 戴立操,张力,李鹏程. PSA中人因失误模型化研究[J]. 中国安全科学学报,2010(20)3:76-81.

[252] 廉士乾,张力. 基于模糊层次分析法的组织因素影响度识别[J]. 中国安全科学学报,2010,20(1):50-55.

[253] 戴立操,张力,李鹏程. 工程化人因可靠性分析方法探讨[J]. 人类工效学,2010,16(4):69-72.

[254] 张力. 日本福岛核电站事故对安全科学的启示[J]. 中国安全科学学报,2011,21(4):3-6.

[255] 张力,高文宇. 人因可靠性仿真[J]. 高技术通讯,2011,21(8):873-878.

[256] 李鹏程,张力,戴立操,等. 核电厂数字化人-机界面特征对人因失误的影响研究[J]. 核动力工程,2011,32(1):48-52.

[257] 高文宇,张力. 基于UML的核电厂操纵员行为工作流建模方法[J]. 核动力工程,2011,32(2):132-136.

[258] 周勇,张力. 应激情景下数字化系统操纵员认知行为失误分析[J]. 人类工效学,2011,17(2):31-36.

[259] 周勇,张力. 应激状态下核电厂操纵员认知控制模式及失误分析[J]. 心智与计算,2011,5(1):1-14.

[260] 李鹏程,戴立操,张力,等. 核电厂数字化控制系统中操纵员行为相关性分析方法研究[J]. 核动力工程,2011,32(6):17-22.

[261] 高文宇,张力. 人因可靠性分析中的概率因果模型[J]. 安全与环境学报,2011,20(5):236-240.

[262] 张力,戴立操,赵明,等. 秦山第三核电厂人因可靠性分析[J]. 原子能科学技术,2012,46(4):416-421.

[263] 袁科,张力,戴立操. 数字化核电站SGTR事故操纵员认知分析[J]. 安全与环境学报,2012,12(1):224-227.

[264] 蒋建军,张力,王以群,等. 考虑人因的核电厂主控室认知可靠性模型研究[J]. 核动力工程,2012,33(1):66-73.

[265] 周勇,张力. 基于认知过程的核电厂操纵员诊断任务分析[J]. 核动力工程,2012,33(5):69-75.

[266] 蒋建军,张力,王以群,等.基于隐马尔可夫的核电厂半数字化人-机界面事故诊断过程人因可靠性模型[J].核动力工程,2012,33(5):79-83.

[267] 戴立操,肖东生,陈建华,等.核电厂操纵员情景意识评价模型[J].系统工程,2012,30(11):83-88.

[268] 周勇,张力,牟海鹰,等.核电厂主控室数字化对人执行状态评估任务影响[J].中国安全科学学报,2013,23(1):41-47.

[269] 张力,李林峰,卢长申,等.数字化核电厂主控室操纵员监视行为转移规律研究[J].核动力工程,2013,34(6):92-96.

[270] 张力,韦海峰,胡鸿,等.数字化主控室操纵员监视过程中目标识别失误实验研究[J].工业工程与管理,2013,18(6):21-26.

[271] 胡鸿,张力,蒋建军,等.核电厂数字化人-机界面监视转移路径预测方法及其应用[J].核动力工程,2014,35(3):105-110.

[272] 李鹏程,陈国华,张力,等.基于ANFIS的人因失误风险严重度识别[J].中国安全科学学报,2014,24(1):72-77.

[273] 李鹏程,张力,戴立操.核电厂操纵员的SA模型与失误辨识研究[J].中国安全科学学报,2014,24(4):56-61.

[274] 张力,刘坤秀,黄俊歆,等.数字化控制系统中目标搜索过程眼动特征研究[J].工业工程与管理,2014,19(3):116-121.

[275] 张力,李琼,方小勇.核电站主控室报警系统安全评估模型研究[J].工业工程与管理,2014,19(2):110-115.

[276] 戴立操,张力,李鹏程,等.核电厂DCS人因失误研究[J].工业工程与管理,2014,19(2):116-119.

[277] 李鹏程,戴立操,张力,等.一种基于HRA的数字化人-机界面评价方法研究[J].原子能科学技术,2014,48(12):2340-2347.

[278] 李鹏程,张力,戴立操,等.基于模拟机实验的核电厂数字化主控室人因失误辨识[J].原子能科学技术,2014,48(11):2085-2093.

[279] 张力,叶海峰,李鹏程,等.核电厂数字化主控室操纵班组沟通内容特征的研究[J].原子能科学技术,2015,49(4):750-754.

[280] 张力,彭汇莲.数字化人机界面操作员听觉失误实验验证研究[J].工业工程与管理,2015,20(3):103-108.

[281] 郑龙,张力.WANO人因失误研究平台[J].计算机系统应用,2015,24(3):110-114.

[282] 蒋建军,张力,王以群,等.核电厂数字化人机界面事故下监视转移马尔可夫可靠性研究[J].南华大学学报(自然科学版),2015,29(1):6-9.

[283] 蒋建军,张力,王以群,等.基于人因可靠性的核电厂数字化人机界面功能布局优化方法研究[J].原子能科学技术,2015,49(9):1666-1672.

[284] 蒋建军,张力,王以群,等.基于人因可靠性的核电厂数字化人机界面功能单元数量优化方法[J].原子能科学技术,2915,49(10):1876-1881.

[285] 张力,胡鸿,李鹏程,等.数字化核电厂操纵员监视行为可靠性分析及其应用[J].原子能科学技术,2015,49(5):921-929.

[286] 鄢跃勇,张力,青涛,等.基于SOP的核电厂操纵员监视过程马尔可夫工程模型[J].人类工效学,2015,24(4):47-51.

[287] 张力,刘雪阳,洪俊,等.基于熵的数字化人机交互复杂度研究[J].中国安全科学学报,2015,25(10):65-70.

[288] 张力,鄢跃勇,戴立操,等.基于SOP的核电厂数字化主控室操纵员监视行为可靠性研究[J].核动力工程,2015,36(6):109-114.

[289] 李鹏程,张力,戴立操,等.数据驱动的操纵员情景意识因果模型研究[J].原子能科学技术,2015,49(11):2062-2068.

[290] 张力,鄢跃勇,青涛,等.基于SOP的核电厂操纵员监视过程马尔可夫模型[J].核科学与工程,2015,35(3):581-587.

[291] 李鹏程,张力,戴立操,等.核电厂数字化主控室操纵员的情景意识可靠性模型[J].系统工程理论与实践,2016,36(1):243-252.

[292] 李鹏程,张力,戴立操,等.核电厂操纵员的情景意识失误与预防控制研究[J].原子能科学技术,2016,50(2):323-

331.

[293] 蒋建军,王以群,张力,等.核电厂数字化规程在屏之间布局方法及评价研究[J].工业工程,2016,19(3):71-76.

[294] 张力,韦海峰.数字化人机界面操纵员监视过程中信息搜集失误试验研究[J].安全与环境学报,2016,16(5):191-195.

[295] 张力,周易川,贾惠侨,等.数字化控制系统显示特征对操纵员信息捕获的影响及优化研究[J],中国安全生产科学技术,2016,12(10):62-67.

[296] 张力,周易川,贾惠侨,等.基于信息熵表征的数字化控制系统信息提供率研究[J],工业工程与管理,2016,21(4):13-19.

[297] 张力,青涛,戴立操,等.核电厂数字化SOP对人因失误的影响[J].核科学与工程,2017,37(3):427-433.

[298] 张力,彭汇莲.数字化人机界面操作员目标定位眼动试验[J].安全与环境学报,2017,17(2):557-581.

[299] 李鹏程,陈国华,张力,等.核电厂操纵员人因失误影响因素分析[J].中国安全科学学报,2017,27(07):42-47.

[300] 青涛,张力,戴立操.HRA方法对核电厂数字化事故规程的适用性研究[J].核动力工程,2017,38(03):94-98.

[301] 青涛,张力,周杰,等.核电厂事故规程自动化水平对人员心智负荷和作业绩效的影响研究[J].核科学与工程,2017,37(03):450-457.

[302] 李鹏程,张力,戴立操,等.复杂工业系统中班组情景意识的研究进展与发展趋势[J].原子能科学技术,2017,51(05):879-889.

# 第2章　数字化核电厂与人因失误

核电厂技术系统中,人因失误已成为引发事故的最主要原因之一。国内外事故统计资料表明,人因失误对事故的贡献率达到了80%左右,如何预防人因失误的发生以避免严重的后果已成为国内外核安全界的重要问题。

## 2.1 人因失误的概念

所谓人因,简言之就是指与人有关的因素。国际电工委员会(IEC)将人因定义为:会影响整个系统性能,与系统和/或其组件设计、运行与维修相关的人的能力、局限性及其他各种人类特性[1]。

对于人因失误,Reason[2]认为"人因失误包括所有的人的心智行为和体力行为未能达到预期目的的情形"。Rigby[3]则认为,人因失误指"人的行为如果导致设备系统的要求未能满足或未能适当满足,则行为的结果为人因失误"。Swain[4]的定义基本相同,只是把人的行为细分为"人的所有行为"和"无行为(Omission)",这个定义补充说明了"系统需要你响应的时候而没有响应(无行为)"也属人因失误。Swain进一步认为"人因失误产生的主要原因源于系统和环境,如人–机界面(HMI)的工效学缺陷、规程、培训或者上述因素的互相影响,对人因失误的分析是以系统和环境为背景的,即分析的对象是已经存在的系统中的人员行为"。Swain甚至认为"可能是系统设计导致了人的失误后果,人自己本身行为是无可责怪的"。在概率安全分析/评价(PSA)中,系统的状态是已经存在的,人对系统不恰当或不正确的输入行为是导致系统功能降级或失效的主要原因,这种不恰当或不正确的人的行为被称为"人因失误"。总结以上定义,本书将人因失误定义为:人未能恰当地、充分地、精确地、可接受地完成所规定的绩效标准范围内的任务。

人因失误具有如下特点:

(1)人因失误具有重复性。人的失误常常会在不同甚至相同条件下重复出现,其根本原因之一是人的能力与外界需求不匹配。人的失误不可能完全消除,但可以通过有效手段尽可能地避免或者降低其发生的可能性。

(2)人因失误的发生往往与情境环境有关。人在系统中的行为绩效与系统–环境有关。紧迫的时间压力,不恰当的信息显示,不合适的控制设备,不恰当的培训等会导致人因失误的发生或者增加人因失误发生的概率。情境环境因素的确定和影响研究是目前研究人因失误的热点课题。

（3）人的行为存在固有可变性。一个人在不借助外力情况下不可能用完全相同的方式（指准确性、精确度等）重复完成一项任务，这是人的行为的一种固有特性。人员行为的固有变化特性会造成绩效的随机波动而足以产生失效。

（4）人因失误的自恢复性。人的失误会导致系统故障或失效。然而，许多事件分析表明，人有可能发现先前的失误并给予纠正。在核电厂概率安全评价中，人的恢复因子的计算直接影响核电厂风险值的结果。

（5）人具有学习能力因而可以主动减少同类失误。人能够通过不断的学习以改进他的工作绩效、减少失误，而机器一般无法做到这一点。在执行任务过程中适应环境和进行学习是人的重要行为特征，但学习的效果又受到多种因素的影响，如动机、态度等。

## 2.2 人因失误机制

人因失误的产生主要来源于人的两种不同的认知控制模式影响，第一种为注意模式，第二种为图式模式。

人的注意是指人对于情境中的众多刺激，只选择其中一个或一部分去反应，从而获得知觉经验的心理活动。影响注意的因素复杂，主要有两个因素：

（1）个体的动机或需求，在有动机和需求的情况下，会对满足需求的目的特别注意；

（2）刺激本身的特征，如刺激的强度（如声音、光亮）、变化（如报警灯的变化）以及醒目性等，均将特别引起注意。注意模式需要人自觉地监视注意以及反馈的驱动。

图式是指个体通过一段时间对环境直接或间接的经验而获得的各种经验、意识、概念等不断积累、综合构成的与外在现实世界相对应的抽象的认知结构或知识结构，它储存在人的记忆之中，是对外在事物的一个整体的抽象，是人认知世界的基本模式之一。当个体遇到外界刺激情景时，他使用此架构去核对、了解、认识环境。与注意模式相比，图式模式使用行为的预先程序化序列，例如，一个有经验的操纵员可以非常容易地处理核电厂的日常运行工作。当核电厂控制室的某种刺激出现时（例如报警或者 DCS 中的行为命令），操纵员头脑中的相应的图式被激活，他会立即执行相应的行为。图式模式比注意模式对个人信息处理能力的要求低得多，人员凭以往的经验可以处理更多的信息，但人因失误概率可能增加，例如相似情景发生时，就可能激活错误的图式。

与图式模式相关的人因失误通常产生于自动检索过程中的相似匹配和频率博弈。

相似匹配是各种记忆理论中经常提及的记忆搜索理论。人员通过外部环境收集检索线索到长期记忆（知识库）中去进行检索。一旦所需要解决的问题与长期知识库中的知识匹配或者假定匹配，人员就会做出行为输出。

图 2-1 简要展示了认知控制的两种模式：与工作记忆（或有意识的工作空间）相关的注意力控制和从知识库（长期记忆）中获得的图式控制。

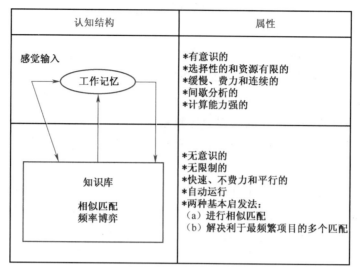

图 2-1　产生人因失误机制的认知结构和属性[2]

频率博弈的实质是从长期记忆(知识库)中选择时偏向应用频率更高的图式。因为人员的认知资源非常有限,人员必须采取一定的策略来进行选取。

## 2.3　数字化核电厂主控室与传统主控室人因相关方面的变化

数字化主控室是整个核电厂系统运行的中枢神经,数字化人-机界面是系统运行的"窗口",人机界面除了能对核电厂运行状态进行监督,还能通过人-机界面操作,使核电厂能够维持在安全状态,或在事故工况条件下,使之恢复到正常状态。与传统控制室(主要指基于模拟控制技术)相比,数字化控制具有以下特点:

(1)控制的自动化程度提高。即使在多种情况的扰动下,系统仍然可以自动进行校正和补偿,容错性能也大大提升,需要操纵员干预系统运行的情况大幅减少,并且系统可为操纵员提供决策支持。但这也使得系统更加不透明。

(2)操作方式计算机化。数字化技术改变了操纵员在人-机界面的操作方式,主要采用基于计算机的软操纵方式,如打开相应的软件、点击操作指令等,这种操作方式降低了操纵员的体力负荷。

(3)信息集成显示。数字化人-机界面是多元化的信息显示系统,人-机界面不受限于界面的物理空间,通过相关的指令就可以查看相关的信息、调用相关的画面,信息集中显示也有利于操纵员获取相关的信息,报警方式更具灵活性和多样性,相比传统主控室的人-机界面在信息的完整性和安全性方面也都得到了很大的提高。但信息获取的直观性下降,操纵员认知负荷上升。

在采用数字化主控室之前,核电厂操纵员是通过旧式的模拟主控室来监控核电厂运行状态和进行事故处理,如图 2-2(a)所示。数字化主控室(图 2-2(b))主要组成部分是数字化的工作站、后备盘、大屏幕等。表 2-1 为传统人-机界面与数字化人-机界面中的信息显示与控制操作比较。

(a)　　　　　　　　　　　　　　　　(b)

**图2-2　核电厂模拟主控室和数字化主控室**

(a)核电厂模拟主控室;(b)数字化主控室。

表2-1　传统人-机界面与数字化人-机界面中的信息显示与控制操作比较

| | 类别/特征 | 传统的人-机界面 | 数字化人-机界面 |
|---|---|---|---|
| 信息显示 | 信息显示媒体与表达形式 | 测量仪表、模拟图、记录仪、指示灯等实体,表达形式单一 | 操纵员工作站VDU,主控室大屏幕,运行参数,流程图,操作画面,画面显示采用多种导航形式,表达形式多样、丰富 |
| | 信息量 | 相对较少 | 巨量的信息,数千幅相关画面 |
| | 信息冗余编码 | 单一或没有 | 多种多样(颜色、字体、闪烁、声音) |
| | 搜索/获取信息模式 | 直接查看仪表、状态指示灯 | 直接查看画面信息或调用画面并查看相关信息 |
| | 信息布局 | 固定布置在仪表盘、控制盘台上,不易改进布局 | 布置在大屏幕或显示屏上(小空间容纳大量信息),可方便改变布局 |
| | 报警方式 | 常规光牌报警窗固定不变,因受布置空间局限,设有多个综合报警 | 大屏幕和VDU显示的报警内容可根据系统功能分配和操纵员的需求分组显示和变更,单一报警,可设计优先级别 |
| 控制操作 | 控制模式 | 控制器:旋钮、按键、调谐器 | 控制器:鼠标、软按钮、软控制器,对计算机高度依赖 |
| | 操作方式 | 在盘台前巡盘监测状态与进行控制 | 坐姿操作 |
| | 界面管理 | 画面显示空间固定连续可见,较少的界面管理 | 无空间固定连续可见,需要进行大量的界面管理(配置、导航、画面调整、查询、快捷方式) |

控制室的数字化引起了人因诸多方面的变化。这些变化主要包括:操纵员作业模式、认知行为和认知负荷的改变;运行组织结构和运行机制及人员在操纵员班组中的作用和功能的改变;操纵员班组成员之间的交流机制和交流方式的改变;操纵员执行规程的行为模式发生了改变,这些变化有可能导致新的人因失误的产生。

## 2.4 数字化核电厂主控室中行为形成因子对操纵员行为影响分析

主控室的数字化引起了主控室人因方面诸多的变化。这些变化本质上表征出来就是主控室中操纵员行为形成因子(PSF)发生了变化。需要研究这些新的 PSF 或 PSF 的变化对操纵员的行为产生了什么样的影响,以及如何影响的,特别是那些变化显著的 PSF,如技术系统、人-计算机界面、基于计算机的规程、直接需处理的任务、班组交流与合作、所处的主控室工作环境等。

### 2.4.1 技术系统因素

**1. 技术系统的"自动化水平"对操纵员行为的影响**

随着计算机硬件和软件技术的发展,自动化系统逐渐取代人员操纵的某些功能,包括信息分析(如推理、工作记忆等认知功能的自动化),决策和行动选择(如从决策备选方案中进行选择),以及行为执行方面。自动化不仅替代人的行为,而且也改变了人的行为方式,这种改变通常是自动化的设计者非意向的和非预期的[5],并且将新的协调要求强加于操作者[6]。因此,在自动化实施的过程中,如何考虑人的绩效问题是非常重要的。Parasuraman 等[7]认为不同的系统应采取不同的自动化水平和不同的自动化类型,否则,就会影响人的心智负荷、情景意识、自满情绪(Complacency)以及弱化人的技能水平。Woods、Kaber 和 Endsley[8-10]研究了自动化水平(Level of Automation)和自适应自动化(Adaptive Automation)对人的绩效、工作负荷和情景意识的影响,并指出,由于自动化水平提高,操纵员不能及时地和精确地获得某些重要信息,从而导致错误的认知、错误的操作,最终引起严重后果,这就是处在"控制回路之外(Out-of-the-loop)"。控制回路之外的行为的典型特征就是当需要操纵员监视和控制自动化系统时,操纵员对系统控制回路的干预被弱化。

**2. 技术系统的"复杂性"对操纵员行为的影响**

数字化技术系统的信息表达不同于传统技术系统的信息表达。传统主控室内显示的信息更多的是底层的具体的参数(组件层的),而数字化控制室内显示的更多的是通过综合集成的抽象信息(系统层)。自动化系统本质上的复杂性(技术系统的复杂性)对操纵员的高层情景意识(如理解和映射)提出了新的挑战。另外,自动化的另外一个表征是采用计算机自动执行的规程。规程自动执行,使得操纵员没有参与到该类任务中,容易丧失该类任务的情景意识[11]。

**3. "可用时间"对操纵员行为的影响**

用于事故缓解的"时间窗口"主要由技术系统设计决定。极端瞬态提供较短的操纵员时间窗口,它是影响人因可靠性的一个重要因素。如果可用时间比较少,则会给操纵员带来很大压力[12],引起操纵员生理失衡和心理紧张状态,可能引发多种人因失误。

**4. 系统响应的"速度/延迟"对操纵员行为的影响**

技术系统的响应速度应符合人的反应特征,如果响应速度过快,则可能增加操纵员的紧张程度,减少操纵员的认知时间和操作精度;如果响应速度过慢,则会增加操纵员的等待时间,导致延长操纵员实际完成任务的时间,减少后续任务的可用时间,可能影响操纵员的心理情绪(导致求快心理等)和心理压力,降低操纵员的警戒水平并分散注意力。

**5. 技术系统自动化后的可靠性水平对操纵员行为的影响**

如果自动化技术系统不可靠,则由自动化带来的操纵员心智负荷、情景意识的有利方面难以保持。系统是否实现自动化的决定性因素之一是系统能否具备高可靠性的硬件和软件。因为自动化可靠性的高低影响人的信心[13,14]。不可靠则会降低操纵员对技术系统的信任,从而逐渐削弱由自动化带来的系统绩效。如报警系统经常发出虚假的报警,则操纵员会因为不信任而禁用或未充分利用该系统。另外,如果显示的信号是错误的,则会误导操纵员,产生错误的理解和误操作,如操作错误的对象,输入错误的数值。

### 2.4.2 系统界面因素

**1. 信息显示方面对操纵员行为的影响**

数字化人-机界面的显示系统是图形化的信息显示系统,通过几个(目前通常为4个)大屏幕对电厂全貌进行电厂系统总体显示以及计算机工作站的5~6个显示屏进行部分画面显示。基于计算机的信息显示与传统的模拟信息显示相比,在信息的全面性、可靠性等方面得到了明显的改善。信息显示不受限于物理空间,可以通过卷动显示、重叠画面、分层显示等手段来显示大量的信息。

信息可以按照功能、工艺流程、使用频率、时间次序等来进行布局。传统控制室的信息显示相对固定,操纵员一般习惯性地一眼看过去,即可在固定的仪表板面上搜索到自己希望关注的信息。数字化以后,数千幅画面必须显示在有限的几个显示屏上,其结果是,同一时间所显示的或操纵员所能观察到的信息明显减少。操纵员为完成监视与探测、状态评估、响应计划、响应执行等任务,其常常不得不调用多达几十张次的画面。"巨量信息,有限显示"这一矛盾突出。

**2. 画面的结构关系对操纵员行为的影响**

复杂的电厂系统通常由很多的显示画面来描述,包括状态显示画面、命令控制画面、跟踪画面、辅助监视画面以及辅助分解画面等。不同系统的信息由不同的画面显示。应急情况下,操纵员需要获取不同画面的不同信息以获取系统状态,从而需要反复进行画面切换。如果在有限的时间窗口下,操纵员对画面之间的复杂结构不甚了解,则会增加切换时间。如果结构关系复杂,也会影响操纵员响应速度。因此,为了让操纵员对画面间的结构和关系有更好的认知和理解,并且尽快地定位到实现功能所需要的画面,则需对画面之间的结构进行合理的组织。例如,在可用时间不太充分的情况下(如安全注入系统事故),最好将所需的信息集成到一个或若干个画面上,设计成"任务型画面",单独为某种紧急任务服务,以减少导航切换和信息搜索的时间。

**3. 画面信息显示方式对操纵员行为的影响**

信息显示方式是指画面中信息的布置和呈现方式。总体布局是否合理,显示元素之间的组织性和关联性,重要的信息是否布置在最易观察的区域,信息对比度是否明显(色彩对比、明亮对比),重要的信息是否比较醒目,突出显示的信息是否与其重要性相对应等,这些因素都会影响操纵员对信息的识别、理解和记忆。采用统一的有组织的布置,有利于减少画面的复杂性,增加信息的易区分性。

**4. 信息的易理解性对操纵员行为的影响**

信息含义应该清晰准确,符号及术语标准化,画面文字与所描述的对象具有一致性,否则容易诱发人因失误。例如,如果在某个画面中有信号灯存在点亮与熄灭两种状态,但没有明确标注其对应的含义,并且不同画面的信号灯有不同的意义,则极易使操纵员产生误解或疑惑。又如,数字化人–机界面有不少信息采用英文表达,研究已经发现,对于不是以英语为母语的操纵员而言需要花费较多的认知努力去解读英文信息,并且英文字母大写对于认读增加了困难,如INTERVALIDATED DATA,增加了认读的困难度,还容易产生字母混淆,如 W 与 VV。

5. 显示的信息量对操纵员行为的影响

单个画面显示的信息过多会给操纵员在信息过滤、筛选、分类、重组、整合等方面带来比较大的认知负荷和干扰,容易产生信息搜索方面和感知方面的失误,如遗漏某些需感知的重要元素或参数。另外,传统控制面板的仪表显示对于操纵员理解整个电厂的状态是有益的,而数字化控制系统的显示在这方面存在局限性。操纵员为了获得特定信息,必须通过"界面管理任务"进入许多单个画面以获取所需信息;操纵员需对信息进行检索、记忆、整合等,很大程度上增加了操纵员的工作负荷和认知需求,分散了操纵员的注意力。过高的认知负荷会引起操纵员遗漏、过滤一些重要的信息。再者,画面信息过多会增加画面密度,减少画面字体的大小,为参数和曲线的认读带来困难,会产生误认读和解释延迟。反之,如果信息过少,则会增加画面数量和规程中的备注单,致使增加导航和画面配置等次数,为获取系统整体状态,需多次界面管理来完成,这样会带来繁重的工作,同时会产生视觉疲劳,严重的会产生锁孔效应,导致情景意识丧失。因此,画面的信息应该充分而不过量,应该与操纵员根据运行需要所产生的预期相吻合。

6. 信息的一致性对操纵员行为的影响

同一信息在不同画面上显示的位置不同,容易产生记忆错误和误判断,从而引起模式混淆。画面信息标注不明确,如在两个指示灯中间标注 SATURATION,指示灯指向不明确,在应急情况下,会造成对系统状态的错误判断。如果画面上显示与控制的对应关系(相合性)不明显,容易产生错误的理解。

## 2.4.3 人–机交互因素

用户界面交互与管理或称人–机交互,是指操纵员通过人–机交互的方式从界面中获取信息,向人–机界面输入指令控制信息,以及管理与输入和输出相关的信息。

1. 锁孔效应对操纵员行为的影响

操纵员从有限宽度的显示屏/视频显示单元(VDU)来观察信息,会产生锁孔效应(Keyhole Effect)[15],即从一个门的锁孔看外面的世界,只能看到很小的一部分。由于计算机界面的区域比较小,显示与任务相关的信息较少,很多信息被隐藏。因此,为了获取更多、更详细的信息,操纵员需要反复导航和检索来获取信息,过多画面的导航和信息检索会影响操纵员对整个任务和电厂状态的情景意识。锁孔效应被认为是给操纵员绩效带来诸多挑战的根原因。在紧急情况下,当操纵员需要执行多个程序时,数字化规程系统中的锁孔效应也变得更为明显。当执行规程的时候,有限的屏幕窗口只能显示一部分规程,而在整套规程中操纵员可能失去对它们所处规程位置的感知。因此,基于VDU显示的数字化控制系统,对于同时观察多个规程,以及同时观察与任务相关的诸多电厂数据来说是不充分的。

2. 界面管理任务对操纵员行为的影响

数字化控制系统操纵员采用坐姿在计算机屏幕上获取信息。为了获取信息,操纵员必须执

行界面管理任务,即二类任务。界面管理任务对操纵员行为主要有两类不良的影响:

(1) 界面管理任务占据了操纵员的注意资源,弱化了操纵员对第一类任务或主任务的认知;

(2) 在高负荷工作期间,操纵员为了减少界面管理任务的操作,可能放弃访问和检索一些对第一类任务重要的信息。

另外,通过对数字化人-机界面的评估发现,画面在设计中也存在影响界面管理任务顺利执行的一些设计问题,容易导致二类任务错误,如:导航条的设计缺乏时序性;导航布局缺乏一致性;导航目标有些不是很容易被识别;导航路径有时存在混淆,这些设计上的缺陷会产生操作延时、模式混淆和导航到错误的目标。

### 3. 软控制对操纵员行为的影响

传统的模拟控制是基于实物的按钮、调节旋钮和操纵杆等对电厂进行操纵控制,而数字化的控制是通过鼠标对虚拟的图标进行软操作,通过键盘输入指令或数据(如键入设定值)等。Stubler 和 O'Hara[16]认为,软控制的特性引发的人因失误主要表现在两个方面,即控制行为疏忽和控制执行受限(Control Execution Constraints)。软控制对操纵员行为的影响有以下几个方面。

#### 1) 控制器的易识别性

传统的硬控制器在面板上的位置是固定的,按系统的结构进行组织,这为控制器的身份和功能的识别提供了很好的线索。不同的控制方法使用不同的物理控制设备(如按压按钮、转动旋钮等),为操纵员提供了各种各样的触觉线索来防止控制错误。而软控制器则不存在这样的线索,操纵员接触的只是键盘、鼠标和触摸屏,输入方式单一化(只是按键),软控制在设计上也没有显著的可区分性,因此,控制器缺乏视觉上的差异,容易产生操作失误(操作到错误的组件上)。如果同一控制回路采用同样的画面显示格式,那么这种相似性会提高失误的可能性[17]。因此,软控制器的设计应该采用合适的编码方式(如颜色、形状等),增大差异化使其容易识别,以减少操纵员的搜索时间和错误辨识,防止操作到错误的目标上。为了在操作画面中能清晰地辨别出控制的对象,控制画面的设计应该规范化,以免产生模式混淆。如果控制画面中的软控制设计不规范,如有效值(Effective Value,EV)和设定值(Set Value,SV)的量程不一致,易使操纵员产生混淆,缺乏对照而产生对系统的置疑。再者,软控制的布局应该考虑操作的时间顺序,以便于搜索。另外,控制器的设计如果与操纵员的习惯性思维不符合,也会增加操纵员的认知负荷。

#### 2) 控制器在画面的位置

位置不固定的软控制键容易导致操纵员选择错误的控制点,操作到错误的组件上。因此,子系统中的组件与标识、显示信号与标识、信号与控制对象状态之间的映射关系应保持高度的一致性才有利于对控制器的正确识别。在数字化人-机界面中,软控制弹出的对话框可能会覆盖与任务相关的重要信息,这对信息的查看会带来一定的影响。软控制的操作对话框也有被覆盖的情况,需要拖动才能操作,会产生操作延时。

#### 3) 控制器的易操作性

软控制相对传统的硬控制来说,操作更为复杂。操纵员需打开虚拟设备的操作窗口、点击操作指令(开/关,启/停等)或输入数据、确认操作指令(安全设备)、执行操作指令、关闭操作窗口等,这种频繁的操作增加了操纵员的工作负荷,减少完成任务的可用时间。尽管这种控制的单个操作需要的绝对时间不多,但是连续的访问和操作容易产生混乱,特别是在紧急且需同时操纵多个组件的情况下,如此的高节奏可能会妨碍操纵员的及时响应[17]。

4)控制器的类型

软控制应该考虑不同的控制类型选用不同的控制器形状/形式,如画面控制、导航控制、过程控制等控制器要容易识别,否则,在连续访问控制器之后,可能在它们之间产生混淆。软控制的选择应该考虑操作的时间问题,响应的及时性和可靠性。如果系统响应延迟,则可能引发执行的顺序错误,如疏忽执行某个步骤或按错误的序列执行。研究中曾发现,如果所要求执行的序列与培训中经历过的序列相似,则当系统响应延迟时就可能产生捕获失误(Capture Errors),即导致操纵员执行培训中经历过的序列,从而导致控制设备的非期望操作。对系统至关重要的虚拟控制按钮,应采用二次操作来实现,以免由于误操作或误碰带来不必要的影响。对于最频繁操作的控制应采用更为高级的控制方式。

5)控制器数据输入和控制状态的反馈

在数字化控制系统中,存在许多的数据输入和调定值的控制操作。在输入数据的过程中,容易由于疏忽和不注意引起输入的数据错误。Kletz对计算机控制的过程工业进行了人因失误调查,调查结果表明输入错误的数据是最典型的人因失误之一[18]。如要求操纵员将给水率(Feed Rate)从75加仑/min(1加仑=3.7854L)改变到100加仑/min,但操作者不经意将数字1000输入到系统中,超过给水阀的最大量程,产生过压引起安全阀打开。因此,在计算机控制的系统中,应该对输入的数据进行二次确认操作或系统检测。如移动光标输入数据,再由计算机程序进行意见征询或范围检测。另外,系统(数据输入)精度的提高会增加操纵员的工作负荷,提高失误的可能性[19]。状态反馈的时间延迟可能使操纵员忽视对操作完成的确认。

总之,在数字化控制系统中,软控制可能给操纵员带来一些新的非意向(疏忽)失误,如操作错误的控制器、控制器的偶然触发、输入错误的数据、捕获失误、操作延迟等。

4. 报警系统对操纵员行为的影响

当电厂发生异常时,报警系统是提醒操纵员注意系统状态的主要方式之一。传统的模拟控制室中的报警系统是马赛克式(Tile-Style)的光牌报警系统以及蜂鸣器,各种报警光字牌直接可观察到,报警直观且一目了然。数字化主控室报警通过列表管理,且具有报警处理功能,包括报警分类、过滤、抑制和优先级区分,如所有的报警分为五类,分别用不同的颜色(紫、红、黄、白、绿)进行区分,对应不同的优先级。数字化报警系统对操纵员行为产生了如下影响。

1)报警的易区分性

计算机画面显示的区域有限,致使同一画面布置报警的数量较多,且编码不充分,报警难以区分,增加了认读时间。因此,对于电厂安全运行很重要的报警应纳入相关的规程画面,避免操纵员眼睛在画面之间来回移动,以减轻视觉疲劳,减少搜索和报警确认时间。

2)报警的易搜索性

操纵员的主要任务之一就是监控电厂的运行状况和通过相关报警识别电厂的异常状态。尽管数字化控制系统中的报警相比于传统模拟控制系统减少了报警器的数量,并且采用报警抑制技术也减轻了报警干扰作用。但是,当核电厂发生异常情况时,仍然会产生大量的报警,而报警屏画面非常有限,某些关键报警需导航或搜索才能获取。同时,通过导航搜索关键报警,将增加操作时间和眼动距离,容易产生视觉疲劳。

### 2.4.4 规程因素

规程为操纵员的监视、决策和控制行为提供指导。传统控制室中的事故规程采用的是纸质的且是事件导向法事故处理规程(EOP),而纸质规程对规程信息表达存在局限性,包括难以以连续的形式表达信息,需要大量的步骤重复,警告和注意事项并非对于所有的系统状态都适用,一些与电厂控制任务无关的信息也强加给操纵员等。在数字化控制室中,应急规程被电子化或计算机化,采用的是状态导向法事故处理规程(SOP),主要特征是从安全观点出发,在机组的某一时刻,通过系统特征物理参数的集合以及状态功能的综合来最终确认状态。在显示屏上直接调用和认读,操纵员不需要诊断事件和过程扰动的具体原因就能恢复和维持电厂安全功能。但计算机化的规程常常需要辅助执行界面管理任务,可能弱化操纵员的情景意识,增加耗费操纵员注意资源。

### 2.4.5 任务因素

在 HRA 分析中,诸多的 HRA 方法强调任务对人因可靠性的重要影响,特别是以任务为导向的第一代 HRA 方法,如 THERP 强调任务特征对操纵员行为可靠性的重要作用。数字化控制室与传统控制室相比,操纵员的任务特征发生变化,传统控制室中操纵员是来回走动获取模拟控制盘台上的信息,观察过程参数,与设定值进行比较,并且将结果向值长报告。而在数字化主控室中,操纵员可直接从数字化界面获取经系统整合后的高层信息,操纵员的主要任务倾向于监视和辨识系统参数。

#### 1. 任务的类型

操纵员需要操纵的任务很多,不管是正常的、异常的还是应急操作规程都包含有大量的任务,这些任务有一步一步操作的任务,有动态变化的任务,有枯燥的、单调的任务,有新颖的任务。不同的任务类型对人的认知能力、知识、经验和技能的要求不同,从而会对人因失误或可靠性产生不同的影响。如新型和动态的任务增加了人的认知负荷,单调的反复执行的任务减少了人的警觉性并且容易产生疲劳。在事故情境下,系统行为和参数动态变化,信息量很大,操纵员需要执行的任务类型更多,不仅仅是一类认知任务,还有二类界面管理任务,且数字化控制系统中操纵员信息获取不够直观,隐藏在屏幕后的信息不能及时得到,操纵员巡盘难度加大,可能使得重要缺陷引发的报警和参数信息没有及时监视到,从而会延误处理和判断。因此,任务的多样性和动态性、与任务相关的信息显示的非完整性、操作导航和画面配置的复杂性,都增加了操纵员的认知负荷和时间压力。

#### 2. 任务的复杂性

任务的复杂性是指在给定的情境下,操纵员完成任务的困难程度。任务的复杂性涉及多个方面,不仅指人的认知负荷(如任务的模糊性/易理解性,心理计算、记忆要求、表征系统运行的心智模型等),而且包括人的身体动作负荷(如复杂的动作模式、动作精度、力量的要求等)。Gertman 和 Blackman 等总结了影响任务复杂性的多种因素,包括多重任务、心理计算、多个设备不可用、指示器的缺乏或误导、多个程序之间的转换、任务需要大量的交流、低水平的故障容许程度、需要进行大量的操作、多个故障、需要高度记忆、大量的干扰出现、一个故障掩盖其他故障、系统内部关系没有很好地定义以及控制室需要与外部进行合作共同完成任务等。一般来讲,完成越复杂的任务需要越高的认知负荷。任务步骤多且逻辑复杂,会增加人的认知负荷,影响操纵员对任务的理解,可能会丧失情景意识。在执行复杂的任务时,会延长执行时间,增加操纵员的紧张心理,增加失误的可能性。

### 2.4.6 班组因素

在复杂、不确定和高风险的系统中(如航空、核电厂、石油化工厂以及大规模的制造系统),任务通常是由班组来完成,特别是在紧急情况下的应急操作规程(如 EOP)。因此,在高负荷和高压力情况下,有效的班组技能以及交流与合作水平是成功处置异常事件的前提。研究表明,数字化控制系统改变了班组成员的结构、角色、班组交流和班组合作水平,这些因素影响着班组的绩效和完成任务的可靠性。

1. 班组结构和人员配置水平

传统的核电厂主控室人员一般由值长、反应堆操纵员、辅助操纵员、汽轮机操纵员、电力系统操纵员、安全工程师等 5~6 人构成,值长具有绝对的权威,属于"集中式结构";而数字化主控室一般由一回路操纵员、二回路操纵员、协调员/值长和安全工程师等 4~5 人构成,执行层为一、二回路操纵员和协调员,值长负责监管,安全工程师起纠正和恢复作用,基本属于"平行式结构"。Sebok[20]的研究表明,在传统控制室中,班组成员多则班组绩效高,而在数字化控制室,大班组和小班组绩效却相当,但小班组比大班组具有更好的情景意识。Huang 等[21]的研究也证实了这一点,由两个操纵员组成的班组和三个操纵员组成的班组绩效是一样的。一般来讲,先进控制室的班组的绩效相对传统控制室的班组绩效更好,但是工作负荷更高。

2. 班组的角色与责任

在传统的主控室中,各子系统操纵员必须观察过程参数、与设定值进行比较,向值长报告结果。值长整合这些报告结果来评估子系统或系统状态,确定系统的安全功能是否得到满足。相反,在数字化主控室中,操纵员的任务更集中于监视和辨识系统状态,因为操纵员可直接从先进的数字化界面获取转化后的高层信息[22]。例如,在失水事故(LOCA)场景中,传统主控室的操纵员必须在若干个显示-控制面板上监视各种各样的过程参数以确认 LOCA 的入口条件是否满足。而在数字化主控室中,操纵员通过监视视觉显示终端上的高层综合信息就能迅速获取整个状态,基于低层信息能确认具体的异常条件,一步一步进行确认,直到获取电厂条件的全部特征。因此,传统主控室与数字化主控室相比,班组的角色发生了很大的变化,传统主控室操纵员主要角色是观察信息、报告信息,值长需评估电厂状态,责任比较大。而数字化主控室操纵员需独自分析电厂状态,做出各种认知和行为响应,协调员则监控一回路操纵员的工作,安全工程师负责状态控制和失误恢复,而值长从整体上关注和把握电厂系统的变化趋势。

3. 班组的交流

在大规模复杂系统中,班组之间的交流是班组操作最基本的构成要素。在航空工业中,交流失误是引发航空事故的最主要原因之一。研究表明,航空灾难中有 70% 以上的事故是由口头信息交流失误引起的[23]。

通过数字化主控室现场观察,发现由于电厂的信息操纵班组共享,协调员、安全工程师与操纵员之间的交流不像传统主控室值长与操纵员的交流那么频繁,并且操纵员都是自己进行程序处理。交流的减少使得除了协调员外其他操纵员或安全工程师都不知道另外操纵员的操作位置和行为,孤立的操作改变了操纵员的角色和责任,在应急情况下可能弱化班组绩效[24]。另外,交流的基础假设是信息共享,但也可能存在共享的信息是错误的。一回路操纵员和二回路操纵员使用计算机化的规程系统来处理异常事件时,几乎都依据自己对电厂状态的认知来完成任务,但也在SOP程序设计中增加了大量的信息记录(如可用性、支持功能、现场操作等)和信息沟通点(如冷却、隔离、定位报警、改变程序等),以确保对关键点的交流。与传统的控制室相比,数字化控制室信息处理和交互方式的变化,使班组交流方式、内容、交流的程度均发生了变化。

4. 班组的合作与协调

在数字化主控室中,操纵员必须共享信息并通过合作来完成任务以达到预期目标,这就需要共同了解系统状态和每个操纵员的行为和意向,才能更好地发觉失误和纠正失误。在数字化控制室中,由于基于单个的计算机工作站进行操作,可能将操纵员隔离开来,操纵员很难获得其他操纵员的信息和控制行为,从而使他们的合作受到一定的影响。Hutchins[24]发现传统的模拟技术具有"宽广的视野(Horizon of Observation)",工具使用的开放性(Openness of Tools)以及交互的开放性(Openness of Interaction),这有利于班组绩效的提高,而基于计算机的技术则让这些正面的特征大受影响,如计算机工作站中屏幕空间尺寸有限的画面显示减少了观察的视野;不能看到其他操纵员的操作行为则减少了交流和合作的开放性;由于一次性提供与任务相关的信息有限而使操纵员根据信息推理其他操纵员正在进行的任务受到限制,从而影响工具使用的开放性。

### 2.4.7 其他重要的因素

1. 知识、经验、技能与培训

培训是使员工具有一定技能和知识的过程,只有具有一定技能和知识的员工才能保证安全有效地完成工作[25]。先进的人-系统界面主要基于数字化技术设计,新技术给操作者带来便利的同时,也可能产生诸多改变和不利的影响,其中操纵员的培训就是被改变之一。由于数字化控制系统的自动化水平的提高,增加了系统的复杂性(如操纵员支持系统的引入)。因此,操纵员为了明白自动化系统的运行机制则需要更多的培训,以达到对系统行为形成一个良好的心智模型。如果缺乏自动化系统运行的合适的心智模型,可能产生不期望的结果,如操纵员会忽视自动化系统、对自动化系统不信任、意向的行为被错误地计划、产生非意向的操纵员行为等,因此,培训的充分性对操纵员的知识和技能有重要的影响。

2. 安全文化、组织的充分性与操纵员的固有特性

1986年苏联切尔诺贝利核电站事故之后,国际原子能机构(IAEA)首次提出了"安全文化"一词,此后,安全文化得到了广泛的关注[26]。IAEA的国际核安全咨询组(INSAG)在《安全文化》(INSAG-4)一书中对核安全文化做出了如下定义:核安全文化(Nuclear Safety Culture)是存在于单位和个人中的种种特性和态度的总和,它建立一种超出一切之上的观念,即核电厂安全问题由于它的重要性要保证得到应有的重视[27]。

安全文化是整个组织共同的问题,涉及很多层次,如决策层、管理层以及操作层。国际核安全咨询组对安全文化体制中的三个不同层次(决策层、管理层和个体)就它们在安全上所承担的不同责任和义务进行了明确和具体的划分,如图2-3所示。

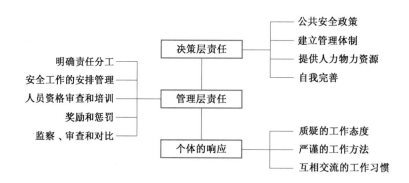

图 2-3　安全文化对组织和个体的要求

Hollnagel 在 CREAM 方法中定义的"组织的充分性"包括班组成员的角色和责任的质量、额外的支持、交流系统、安全管理系统、外部行为规范、外部机构的角色等。因此,从广义上说,安全文化和组织的充分性涉及组织、班组和个体的各种人因。良好的安全文化有利于个体的固有属性向好的方向发展,包括质疑的安全态度、严谨的工作方法、良好的工作习惯等,它们对个体的固有属性的形成是潜移默化的,而不是瞬息就起作用的。但不可否认,有些组织的问题会直接引起人的问题,如工作时间安排过于紧张会诱发操纵员的求快心理。人力资源的缺乏会给操作员带来更重的工作负荷,容易产生疲劳和抱怨情绪等问题。

3. 工作时段与人员完成任务的合适性

工作时段是指任务执行的时间段,不同的工作时段人员的状态(生理节律)不一样,可能影响操纵员绩效,典型的例子就是凌晨交接班带来的不利影响。引发著名的帕波尔-阿尔法(Piper-Alpha)事故的主要原因之一就是交接班问题[28]。不同的工作时段对于人的绩效和行为可靠性有重要的影响,一般白天工作比晚上工作的绩效要高,上午比下午的要高,如果人的生理节律被打乱,其绩效明显降低。

任务的合适性是指操纵员在执行某项任务时,其生理和心理状态满足完成任务要求的程度。影响合适性的因素可能包括疲劳、生病、药物使用(合法或非法)、过度自信、个人问题以及分心。任务的合适性主要涉及与个体有关的因素,但不涉及训练、经验或压力。生病或者滥用药物(如吸毒)可能延长决策和行动的时间,提高失误率。

4. 工作条件和环境

环境因素可分为内部环境与外部环境。其中:内部环境包括认知、工作、行为和技术环境;外部环境包括家庭、组织和社会环境[29]。

人类自身如何看周围事物,将会影响其行为,这种对事物心理认知的不同称为认知环境。工作环境一般指个体工作所处的物理环境,如温度、声音、湿度、照明、振动、工作场地设计布置、气味、辐射等。行为环境指操作者之间直接行为的影响,如操作者之间的交流。技术环境是由技术要素与非技术要素构成,人是技术环境的组成部分之一。这些内部环境如果不良将直接影响操作者的行为。家庭、组织和社会环境会影响人的情绪、积极性、思想、精神和素质等,如家庭中的夫妻不和、组织中的不良安全文化、社会环境中的社会风气不良等都会影响操作者的行为,使人的失误率提高。

## 2.5 本 章 小 结

　　数字化控制系统不同于传统的模拟控制系统,尽管数字化控制系统具有很多的优点,但是数字化技术在先进控制室中的应用,使得在技术系统、人-机界面、规程、任务以及班组等情境环境因素方面发生了变化,这些变化的特征会给操纵员的行为带来正反两方面的影响。本章较详细地分析了这些变化可能对操纵员行为产生的不利影响。

# 参考文献

[1] IEC 62508：2010Guidance on human aspects of dependability[S]. Swiss,2010.

[2] Reason J. Human error[M]. Cambridge：Cambridge University Press, 1990.

[3] Rigby L. The Nature of Human Error[C]. Annual technical conference transactions of the ASQC,Milwaukee,1970.

[4] Swain A D. Quantitative Assessment of Human Errors[C]. Protokoll des Vortrages bei der GRS im Juni 1992,Koln,1992.

[5] Dusic M. Safety Issues for Digital Upgrades in Operating NPPs[C]. IEEE SIXTH ANNUAL HUMAN FACTORS MEETING, 1997, 4：1-6.

[6] Lee S J, Seong P H. Experimental investigation into the effect of decision support systems on operator performance[J]. Journal of Nuclear Science and Technology, 2009, 46(12)：1178-1187.

[7] Parasuraman R, Riley V A. Humans and automation：Use, misuse,disuse, abuse[J]. Human Factors, 1997, 39(2)：230-253.

[8] Woods D D. Decomposing automation：Apparent simplicity, real, complexity[C].Parasuraman R, Mouloua M(Eds). Automation and Human Performance：Theory and Applications, Mahwah,1996.

[9] Parasuraman R, Sheridan T B, Wickens C D. A model for types and levels of human interaction with automation[J]. IEEE transactions on systems, man, and cybernetics—Part A：systems and humans, 2000, 30(3)：286-297.

[10] Kaber D B, Endsley M R. The effects of level of automation and adaptive automation on human performance, situation awareness and workload in a dynamic control task[J]. Theor. Issues in Ergon. SCI. , 2003；1-40.

[11] Andresen G, Collier S, Nilsen S. Experimental studies of potential safety-significant factors in the application of computer-based procedure systems[C]. IEEE 7th human factors meeting Scottsdale Arizona, Arizona,2002.

[12] Boring Ronald L, Gertaman David I. Human error and available time in SPAR-H[R]. INEEL/CON-04-01630.Idaho, Falls：INL.2004.

[13] Lee J D, Trust M N. control strategies, and allocation of function in human-machine systems[J]. Ergonomics, 1992, 35(10)：1243-1270.

[14] Masalonis A J, Parasuraman R. Trust as a construct for evaluation of automated aids：Past and present theory and research[C]. Human Factors and Ergonomics Society 43rd Annual Meeting, Santa Monica, 1999.

[15] Woods D, Roth E, Stubler W, et al. Navigating through large display networks in dynamic control applications[C]. Proceedings of the Human Factors Society 34th Annual Meeting, Santa Monica,1990.

[16] Stubler W, O'Hara J M. Human factors challenges for advanced process control [R]. New York：Brookhaven National Laboratory, 1996.

[17] Shaw J. Distributed control systems：Cause or cure of operator errors[J]. Reliabiltiy Engineering and System Safety, 1993, 39 (3)：263-271.

[18] Kletz T A. Human problems with computer control in process plants[J]. Journal of Process Control, 1991, 1(2): 111-115.

[19] O'Hara J M, Stubler B, Kramer J. Human factors considerations in control room modernization: trends and personnel performance issues[C]. Proceeding of the 1997 IEEE Sixth Conference on Human Factors and Power Plants, Orlando, 1997.

[20] Sebok A. Team performance in process control: influences of interface designand staffing levels[J]. Ergonomics, 2000, 43(8): 1210-1236.

[21] Huang F H, Hwang S L. Experimental studies of computerized procedures and team size in nuclear power plant operations[J]. Nuclear Engineering and Design, 2009, 239(2): 373-380.

[22] Roth E M, O'Hara J M. Exploring the Impact of Advanced Alarms, Displays, and Computerized Procedures on Teams[C]. Processdings of the human factors, and ergonomics society, 1999.

[23] Chung Y H, Min D, Kim B R. Observations on emergency operations using computerized procedure system[C]. IEEE 7th Human Factors Meeting, Scottsdale Arizona, 2002.

[24] Hutchins E. The technology of team navigation[C]//Galegher J, Kraut R, Egido (Eds.). Intellectual teamwork: Social and technological foundations of cooperative work, Hillsdale, 1990.

[25] Nuclear energy agency committee on the safety of nuclear installations. Identification and assessment of organisational factors related to the safety of NPPs[R]. NEA, 1999.

[26] 张力. 核安全文化的发展与应用[J]. 核动力工程, 1995, 16(5):443-446.

[27] International Nuclear Safety Advisory Group. Safety Culture[R]. IAEA Saety Series75-INSAG-4. Vienna, 1991.

[28] Kontogiannis T, Leopoulos V, Marmarsa N. A comparison of accident analysis techniques for safety-critical man-machine systems [J]. Industrial Ergonomics, 2000, 25(4): 327-347.

[29] 李鹏程, 王以群, 张力. 人因失误模式与原因因素分析[J]. 工业工程与管理, 2006, 11(1): 94-99.

# 第二篇

# 数字化核电厂操纵员认知行为特性研究

　　核电厂主控室数字化以后,人-机界面发生了巨大变化,信息的显示方式和操纵员获取信息的方式发生改变,使得操纵员获取、储存、加工和输出信息的方式及做出相应响应的控制操作行为发生改变,即操纵员的认知行为也发生较大改变,本篇着重研究这些改变。其包含5章内容,涉及数字化核电厂操纵员认知行为变化/特征与规律,数字化核电厂操纵员认知行为模型,数字化核电厂运行团队合作与交流,数字化核电厂人的失误模式,典型人因事件根原因等,通过这些研究辨识数字化技术下可能出现的新的人因问题及风险,也为建立科学的数字化核电厂人因可靠性分析方法论以及提升系统中人因可靠性奠定基础。

# 第3章　数字化核电厂操纵员认知行为分析

核电厂运行和操纵任务主要通过核电厂主控制室人-机界面完成。主控室数字化以后,人-机界面变化巨大,信息显示从仪表、光字牌和报警器转变成大屏幕和计算机终端显示,操纵员从在传统模拟控制盘台操纵控制转换为采用坐姿在计算机终端前监视控制。

操纵员人因失误会影响核电厂安全运行。操纵员没有执行安全相关操作时(疏忽型失误)会发生错误。操纵员对条件的误判以及采取了错误的操作(执行型/指令型失误)也可能会发生错误。研究人员一直在寻找失误发生的原因,研究结果显示:小部分电厂事故属于随机事件,大部分事故是由于人员的认知失误导致的[1,2]。

核电厂数字化主控室中,操纵员的角色是监视控制。电厂的绩效是人员和自动控制相互作用的结果。人员在电厂正常运行和处理事故的过程中,除了控制过程有可能失效,自动控制系统和人-机接口也可能失效。事故发生后,操纵员采用规程通过人-机接口对电厂运行实施过程控制。核电厂设计时,制订了纵深防御体系,并在此基础上制订了正常运行和异常运行时使用的规程。即使使用规程,操纵员在正常运行和事故后处理过程中仍然需要高级认知功能[3,4]。

操纵员对电厂的功能、过程、系统和组件的影响,是由他们的生理和认知过程、任务绩效以及最终通过操纵员对人-机接口的操纵所产生的人-机系统行为链来实现的(图 3-1)。人-机界面设计(包括规程)通过操纵员实施电厂任务影响电厂绩效。数字化主控室中,操纵员主要涉及两类任务[5]:主任务/一类任务和界面管理任务/二类任务。主任务/一类任务是操纵员为实现电厂功能目标而执行的任务,包括四种主要的认知任务:监视/察觉、状态评估、响应计划和响应执行。为完成上述四种主任务,操纵员必须同时执行界面管理任务/二类任务,进行计算机画面配置,搜索信息,布置信息等。操纵员使用认知资源同时执行主任务和界面管理任务。

数字化主控室中,操纵员为完成运行任务,通过生理因素(包括视觉因素和听觉因素等)获得外界信息,这些信息通过认知因素(包括注意力和记忆力等)进行加工,在以计算机屏幕显示和控制的人-机界面中执行任务,满足电厂功能的需求。

操纵员在执行正常运行任务时,如监测蒸汽流量、启泵或者关/开阀门,需要耗费信息加工资源,如注意力和记忆力等。操纵员执行主任务的认知过程如图 3-2 所示。

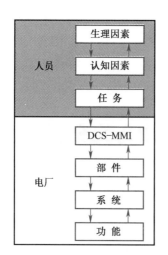

图 3-1　数字化控制系统中人员行为对电厂绩效的影响图

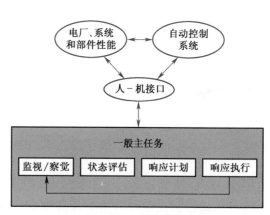

图 3-2　操纵员主任务认知过程图

## 3.1 数字化主控室操纵员认知行为变化及其影响

### 3.1.1　数字化主控室操纵员认知行为变化

人的认知行为本质上是一个信息加工的过程(图 3-3)。信息通过感觉和知觉系统进行输入,通过工作记忆调用长时记忆的知识对信息进行加工输出,触发反应选择和反应执行。其基本过程是信息编码→短期记忆存储→从长时记忆中提取信息→信息比对和决策。信息加工表现为一系列的阶段,每一阶段的功能在于把信息转化为下一步的加工和操纵。核电厂操纵员运行任务的本质就是对电厂信息流动进行追踪和处理。

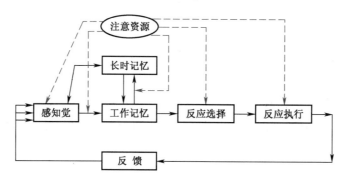

图 3-3　人的信息加工模型

核电厂数字化主控室中操纵员对电厂信息的处理机制与传统主控室存在较大差异。传统主控室主要基于模拟控制技术,由 MIMIC 盘、报警窗、显示仪表、记录仪、控制盘、控制按钮等组成,操纵员能够直接、即时获得信息并反馈给电厂系统。数字化主控室中,操纵员工作站由多个操纵员控制站、四个液晶大屏幕和后备盘组成。每个控制站包括数个数据显示单元(计算机屏幕),数据显示单元提供整个电站的信息显示和操纵控制。表 3-1~表 3-3 对于传统主控室和数字化主控室中操纵员主要认知过程变化做了比较。

核电厂主控室信息显示是操纵员通过感觉和知觉获得信息的主要途径。数字化控制系统使用数字化仪表和大量的辅助决策图来显示电厂的状态信息,传统的主控室使用刻度盘、仪表、打印机等进行状态显示。表3-1为数字化主控室与传统主控室信息显示比较。

表3-1　数字化主控室与传统主控室信息显示比较

| 数字化主控室 | 传统主控室 |
|---|---|
| 传统主控室中操纵员的信息加工模型与电厂系统模型之间的匹配程度较高,操纵员的心理模型与动态的真实物理系统之间具有较好的生态兼容性 ||
| 数字显示的读取精确性较好 | 模拟量显示 |
| 图示在紧急情况下比较有效 | 当与操纵人员任务相关的显示元素发生紧急变化时,产生突出的特征,以满足操纵人员加工的需要 |
| 能提供PT图等综合信息 | 采用SPDS系统提供辅助 |

工作记忆是认知加工的核心和认知加工的"工作平台",操纵员通过感觉和知觉系统获得信息,通过工作记忆加工输出。表3-2为数字化主控室与传统主控室工作记忆机制比较。

表3-2　数字化主控室与传统主控室工作记忆机制比较

| 数字化主控室 | 传统主控室 |
|---|---|
| 数字化主控室系统中,数字符号信息向模拟的概念表征的转换会增加额外的加工步骤,这一步骤将导致比传统主控室需要更长的注视、更长的加工时间,以及可能产生更大的失误率 ||
| 工作记忆容量受限于7±2组块 | 由于存在信息线索的直接提示和工作记忆组块的物理空间切割,工作记忆更容易重新组块 |
| 中央执行系统会对人员绩效产生影响 | 对工作记忆绩效的影响可能来自控制室多重物理信息刺激 |

注意资源的分配和控制贯穿操纵员认知活动整个过程,信息资源能否有效分配和控制注意资源是人员认知绩效的决定因素之一。表3-3为数字化主控室与传统主控室注意机制比较。

表3-3　数字化主控室与传统主控室注意机制比较

| 数字化主控室 | 传统主控室 |
|---|---|
| 在计算机屏幕上存在报警信息但有可能忽略 | 存在明显可见的物理表征(报警或其他刺激信息)呈现在显示位置上 |
| 不具有显著性 | 具有视觉的明显的显著性 |
| 注意由长时记忆中操纵员知识驱动 | 长时记忆中提取注意驱动与强迫性注意驱动相结合,有利于获得非预期的信息 |
| 注意的对象在同一深度,容易受到注意目标上其他线索的干扰 | 注意目标与背景在深度上有差异,搜索时间较短,且不易受干扰 |

数字化主控室中人-机界面的变化改变了人员通过感觉和知觉系统感知信息的方式。传统主控室中,具有一定的空间物理结构的控制盘台呈现直观的信息,这些直观的信息与电厂系统的状态指示有着良好的兼容性。数字化主控室中,计算机屏幕呈现的是图形、数字和符号。数字化主控室中大部分电厂信息隐藏在当前显示屏幕背后,这些在屏幕上呈现的有用的和执行任务所需要的图形、数字和符号信息多数需要同时执行二类管理任务来获得。为此,操纵员需要耗费一定的认知资源。

数字化主控室中人-机界面的变化改变了控制室人员行为对系统反馈的方式。数字化主控室中,操纵员主要采用鼠标和键盘对电厂系统进行控制和操纵。这种软控制操纵与传统的模拟盘台上的按钮、按键操纵在动作方式、操作信息反馈、操作失误恢复等方面产生了较大的变化。

### 3.1.2 数字化主控室认知行为变化影响分析

上述认知行为的变化对于操纵员的一类主任务和二类管理任务的执行都会产生影响。这些影响分析如下。

#### 1. 二类管理任务的影响分析

数字化主控室中,为了成功执行主任务,如从计算机工作站获取信息,操纵员必须与系统界面发生交互,执行界面管理任务。界面管理任务一般包括导航、配置、画面调整、查询、自动化/设置快捷方式[6-8]。

导航是指人-系统界面中某个领域的进入与返回,如进入一个计算机屏幕的特定画面。这包括在信息系统中基于对当前的状态或位置的理解,发展和跟随一条路径以达到期望的目标或对对象进行检索。

配置是指以一种期望的布置方式建立人-机接口。在工作站、单个画面以及单个功能(如模式调节)等方面都可配置期望的布置。在控制室中,可对单个工作站安排唯一的显示和控制的组织成员(如反应堆操纵员或汽轮机操纵员),工作站可指定控制授权或只指定为监视站点。单个画面也可配置成用趋势图的形式描述特定的变量。

画面调整是指操纵员对信息进行调整,包括调整跨画面的和画面内的显示。例如,一旦一个具体的画面被检索并且将其置于某个屏幕上,信息可能需要重新安排,使其以一种期望的顺序以支持正在进行的任务或减少操纵员的信息混乱。在一个屏幕上多个窗口的安排和协调就属此类。另外,操纵员也可能在一页画面或窗口中调整条目,如抑制(清除)画面的条目或冻结正在更新的画面。

查询是指对与任务相关的人-机接口产生质疑以确定信息状态的行为,如当前显示与其余显示网络的关系或与当前文件数据的关系。也包括帮助系统的使用(如安全参数显示系统),特别是当操纵员对复杂界面或对界面不太熟悉的时候。

自动化/快捷方式在此是指为使界面管理任务更容易执行而设置的捷径方式。例如,操纵员可能指定一个特定的功能键对应一个特定的显示以减少检索时间和工作负荷。对于频繁执行的任务,可以使用快捷方式功能以减少键击的次数。

操纵员在执行任务时需要耗费认知资源,而人的认知资源是有限度的。随着需要使用的认知资源的增加,任务绩效会维持在一个较高水平。但如果超过某一临界点,任务绩效需要更多的资源,超出人的能力范围,任务绩效开始下降。由此可见,如果操纵员在执行任务时,主任务和二类管理任务同时耗费认知资源,二类管理任务将会影响人员绩效。

二类管理任务会给操纵员带来较高的工作负荷,干扰操纵员的主任务执行过程,从而影响电厂的安全。数字化主控室是基于计算机界面的信息显示,其显示的范围较小,导致形成"锁孔效应"。由于操纵员在执行任务时往往是连续的任务,而显示的信息却常常是离散的,操纵员需要不断地执行二类管理任务来获得完整的连续的信息,加重了操纵员的认知负荷,可能导致人因失误。

Norman[9]等关于注意资源和工作记忆方面的讨论可以较好地解释界面管理任务如何影响人因可靠性。Norman 等基于认知行为机制,将人因失误分成三类:①第一类是描述失误,指操纵员对于一个行为缺乏详细的描述,或许操纵员本身不十分清楚该行为的内涵和特征,其发生是因为操纵员投入的精神努力不足以构成一个详细的描述;②第二类是激活或引发失误,其发生于当一个意图激活了长期记忆中的相关知识,但操纵员却没有实施相应的行为,或者被另外一个行为中断了原定的行为序列;③第三类是捕获失误,它发生于环境线索,非常类似于较常见的但在此却是不适当的行为模式,如新旧控制室中信息显示模式的相似性极易导致捕获失误。基于 Norman 的理论,界面管理任务很可能对这三类失误都有贡献,这种贡献产生的途径可能存在以下四种方式:

(1)剥夺第一类任务的资源,从而使得第一类任务可用资源不足;

(2)以减慢执行的方式降低第一类任务绩效,从而引起步骤缺失或不清楚,或完全分散操纵员的注意力;

(3)错误地控制或显示另外一个任务而引起失误;

(4)对操纵员附加的负担,使得在高工作量条件下他们不情愿去执行第二类任务。

2. 数字化主控室对主任务的影响分析

(1)人员认知行为的改变使得操纵员班组的作用和功能发生变化。

数字化主控室中基于计算机的人-机界面操纵改变了单个操纵员的操纵行为,因而改变了人员在班组中的作用和功能。数字化主控室中,两名操纵员(一回路操纵员和二回路操纵员)各自作为一个完整的认知单元,承担对电厂系统进行操纵和干预的责任。协调员/机组长对操纵员的行为进行监护和协调。而安全工程师和值长作为独立完整的认知单元,对电厂状态和响应行为的适合性进行独立核查。

(2)操纵员认知行为的变化使得操纵员班组成员之间的交流机制和交流方式发生改变。

数字化主控室人-机界面的变化改变了单个操纵员行为的同时,也改变了操纵员班组的组织结构以及班组中的个体各自所承担的责任,从而影响了主控室中操纵员们作为一个操纵班组而进行的交流和合作行为。数字化主控室中的计算机显示终端解决了信息共享方式的问题,但对于操纵员们各自进行的人员活动,例如操纵员在其计算机终端上所做的活动,以及人员活动进程和预期,由于数字化控制室中使用各自的工作终端,操纵员们对这些活动的互相了解状况发生了变化。这种变化改变了操纵员班组成员之间的交流内容和交流方式。交流的内容从传统控制室中控制盘台信息的传递,当前状态的确认,未来状态的变化等转变为数字化控制室中操纵员交流各自回路的信息,重要设备状态改变信息和重要状态参数的趋势变化信息等。

(3)应用数字化主控室人-机界面的操纵员班组的各个成员之间如何保持对规程执行状态和电厂系统状态的正确的共同理解与传统主控室操纵员班组有区别。

在传统主控室中操纵员使用纸质规程,而数字化主控室中操纵员使用基于计算机屏幕操纵的电子规程或计算机化规程。纸质规程与电子规程的呈现方式不同,从而对操纵员的作业绩效产生影响。首先,基于计算机屏幕执行的电子规程的呈现方式会对操纵员在执行规程的过程中获得信息、步骤连续性、执行步骤确认等人员具体行为产生不同的影响。其次,纸质规程的呈现方式可以让操纵员很方便地对已经执行的规程部分和将要执行的规程的后续页进行回顾和预测,这有利于操纵员对规程当前项的研判、前项的确认、后项的预期,从而保持操纵员对当前规程执行时电厂状态的理解,保持良好的情景意识。数字化主控室中的电子规程操纵员如果同样需要获得类似信息,保持对电厂状态良好的情景意识,则需要执行大量的界面管理任务才能获得。在人员有较大心理压力的情况下,这种导航和配置等界面管理任务叠加规程本身的任务执行,操纵员的失误可能性会增加。岭澳二期核电厂的实际观察表明,操纵员在模拟机上复训所采取的策略是减少二类管理任务的执行,专注执行每一步规程。操纵员由此有可能丧失电厂其他重要信息,从而给电厂安全带来影响。

## 3.2 数字化控制系统中操纵员认知活动的四个阶段

如图 3-2 所示,DCS 中操纵员完成主任务过程中的认知行为活动包括四个阶段:监视/察觉、状态评估、响应计划和响应执行。

### 3.2.1 监视/察觉

监视/察觉是指从环境中提取信息所涉及的活动。监视指检查电厂的状态以确定系统是否正常运行,包括观察显示装置呈现的电厂参数,从其他操纵员获得口头报告,以及向电厂其他区域派遣人员以核查设备等。数字化主控室中,操纵员的监视行为主要是通过计算机屏幕显示的参数来进行。察觉是操纵员认识到系统某些参数、信号异常。操纵员通过使用规程来识别重要系统的参数来指导监视/察觉。监视/察觉是数字化主控室操纵员最常规、最频繁和最重要的工作。

操纵员的监视/察觉活动受两类因素影响:①环境特征;②操纵员的知识和期望。这些因素导致两种类型的监视:数据驱动和模型驱动。由环境特征驱动的监视通常被称为数据驱动监视。数据驱动监视受到信息呈现的显著性(如尺寸、颜色和响度)的影响。例如,警报系统本质上是自动化的监视器,旨在通过使用物理的显著性吸引注意力来影响数据驱动的监视。听觉警报、闪烁和颜色编码是物理特征,使操纵员能够快速识别重要的新警报。数据驱动的监视也受到信息行为的影响,例如信息信号的带宽和变化率;观察员更频繁地监视快速变化的信号。

操纵员可以根据他们对最重要信息的知识和期望(模型驱动)启动监视。模型驱动的监视可以视为主动监视。操纵员不仅对报警系统进行响应,而且需要将注意力引向特定的信息区域。模型驱动的监视可能存在多种驱动因素。首先,它可以通过规程或技术规格书来进行指导。其次,可以通过状态评估或响应计划活动来触发,受到操纵员心智模型的强烈影响。操纵员心智模型可以让操纵员有效地引导注意力并进行监视活动。但是,模型驱动的监视可能会导致操纵员错过重要信息。不完备的心智模型可能会将操纵员的注意力集中在错误的地方,导致他们无法观察到系统出现的重要信息。

操纵员面临的信息环境包含的变量多于实际监视的变量。电厂事故发生后,操纵员需要处理大量的信息。操纵员首先要确定哪些信息非常重要[10],在此基础之上,操纵员才能监视目标以及注意力指引目标。这些决策受操纵员心智模型和/或目前心理电厂状态模型的驱动,并受到认知机制中的相似度匹配和频率博弈的强烈影响。正常情况下,通过将从监视中获得的信息映射到心理电厂状态模型中的元素,从而进行状态评估。对于有经验的操纵员,这种比较是相对容易的。在不熟悉的情况下,这个过程要复杂得多。判断当前电厂条件与状态模型不一致的第一步是察觉表示当前情况的信息与监视的信息之间的差异。这个过程由报警系统触发。

### 3.2.2　状态评估

核电厂运行时,操纵员根据电厂的状态参数情况构建一个连贯的、合乎逻辑的解释来评估电厂状态,判断该状态是否可接受,或是当系统出现异常时,判断其产生原因,作为后续的响应计划和响应执行决策的依据。这一系列过程称为状态评估。状态评估涉及两个相关的概念:操纵员电厂系统状态模型和操纵员心智模型。操纵员通过人-机界面获得信息,在某一时间点上会形成一个电厂状态的心理表征模型,该模型是操纵员对电厂系统特定状态的理解,称为操纵员电厂系统状态模型(以下简称为状态模型)。操纵员状态模型会随着新接收的信息而时刻变化并且不断更新。为了构建状态模型,操纵员会试图利用自己的知识来解释接收到的信息,理解电厂当时的状态。知识不足可能会形成错误的状态模型,从而做出错误的响应计划。心智模型是指经验丰富的操纵员对系统的物理和功能特性及其操作的内在表征。心智模型是通过正规教育、系统特定的培训和操纵经验建立起来的,并不一定准确或完整。建立在长期记忆知识基础上准确完备的心智模型是专家表现的一个典型特征[11-15]。准确的心智模型对于电厂事故处理非常重要。操纵员使用心智模型驱动技能级行为的发生,使用认知努力控制规则型行为和知识型行为过程[14]。

心智模型和状态模型分别具有不同的认知基础。心智模型是长期记忆形成的,而状态模型的认知基础是工作记忆。心智模型是相对永久的。相比之下,操纵员的状态模型是当前对电厂状态的解释,随时可以更新。

当操纵员的状态模型准确地反映了电厂的状态时,操纵员具有良好的情景意识。情景意识的准确性取决于操纵员的状态模型与电厂实际状态之间的相关性。操纵员可以拥有一个良好的心智模型(例如,了解电厂的功能),但情景意识较差。

当人-机界面提供易于映射到操纵员心智模型中的知识信息时,经验丰富的操纵员能够形成准确的状态模型。如果操纵员进行匹配的难度较高,状态评估会需要耗费更多的工作记忆和注意力,从而消耗更多的认知资源[16-18]。状态评估除了消耗工作记忆中认知资源之外,DCS中,人员的其他活动会消耗相对应的认知资源,比如二类管理任务和响应执行。如果工作记忆中资源消耗过高,则情景意识可能会受到影响。

高度复杂的事故情况下,操纵员的认知负荷可能增加,导致操纵员情景意识水平下降。心智模型使操纵员能够进行状态评估并建立状态模型。良好的状态模型包括了解当前电厂重要的状态因素,理解它们如何相互关联以反映操纵员对电厂状态的总体理解。Endsley 把情景意识水平划分为三级[16]。良好的状态模型的前述两个方面分别对应于 Endsley 划分的一级(感知)和二级(解释)情景意识[18]。

心智模型使操纵员能够做出预期并形成预测。对未来状态的预测对应于 Endsley[17] 三级情景意识。操纵员对于事故处理的过程是"自下而上"处理(数据驱动)和"自上而下"处理(模型驱动)的综合行为[9]。当操纵员监控人–机界面并处理来自人–机接口的数据以确定电厂状态,这是数据驱动的人员行为。同时,这些数据形成的假设或期望构成感知过程和数据收集的驱动刺激,这是模型驱动的人员行为。两者混合递进,形成操纵员的状态模型。

事故处理过程中,操纵员基于当前系统状态的状态模型最终所形成的行为是一种"开环"行为[13]。开环行为不太受反馈驱动,而更多受操纵员对未来系统行为和期望目标的预测控制。核电厂操纵员的心智模型包括运用诸如电厂系统之间的物理连接(例如,考虑管道和阀门互连状态)以及系统中的质量和能量变化的知识来预测对第二个系统的影响(例如,预测二次侧蒸汽发生器水位和温度变化对主系统冷却的影响)。操纵员心智模型提供了进行预测的能力和规则,但状态模型提供了预测的起点。

操纵员的状态模型借助于心智模型来对事故的发展进行预测,但这种预测预期可能损伤操纵员对当前系统故障的判断能力。三哩岛核电厂事故充分说明了这一点。当新的症状与操纵员的预期不一致时,操纵员可能会忽略导致这种不一致产生的原因,以使其与当前状态模型的预期保持一致。操纵员可能因此无法检测到关键信号,或者有意忽略关键信号。如果新的状态模型明显不能与电厂状态匹配,操纵员可能会重新进行新的状态评估,以更好地解释当前的观察结果。当接收到新的信息和对状态理解发生变化时,状态模型会不断更新。在核电厂中,维护和更新状态模型需要跟踪影响电厂过程的变化因素,包括故障、操纵员行为和自动系统的响应。

心智模型和状态模型非常重要。它们不仅管理状态评估,而且在指导监视、使用程序和制订响应计划以及实施响应方面发挥着重要的作用。

状态评估过程就是操纵员状态模型与心智模型不断匹配的过程。状态评估在数字化系统监控任务序列中有着独特而重要的地位,其不仅直接决定着后续响应计划活动的可靠性,还会反过来影响操纵员的监视行为。Endsley 进一步认为状态评估是提高复杂系统中班组人员绩效的最重要因素[16]。

### 3.2.3 响应计划

响应计划是指决定处理事件的行动方案。响应计划可以像选择报警响应或应急规程一样简单,或者当现有规程不完整或无效时,可能需要重新制订计划。

一般而言,响应计划要求操纵员使用他们的状态模型来确定目标状态以及实现目标状态所需的转换。目标状态可能会有所不同,例如识别适当的规程,评估冗余系统的状态或诊断问题[21]。为了实现目标,操纵员生成替代响应计划,对其进行评估,并选择最适合当前状态模型的计划。

这是响应计划中认知活动的基本顺序。操纵员在特定情况下可以跳过或修改这些步骤。操纵员根据当前情况取得可用的规程时,则不需要进一步实时生成新的响应计划。然而,即使如此,响应计划仍然需要继续进行。例如,操纵员仍然需要:

(1)根据他们自己的情况评估确定目标;

---

---

（2）选择适当的规程步骤；

（3）评估程序定义的行动是否足以实现这些目标；

（4）必要时根据情况调整规程。

涉及状态评估和响应计划的决策，特别是在可用规程不能满足的复杂情况下，操纵员会承受巨大的认知负荷，并且严重依赖工作记忆、长期记忆和注意力资源。由于工作记忆能力非常有限，注意力资源很难持久（或将信息传递给长期记忆），操纵员获得信息和处理信息的能力会迅速衰减。这是由于：

（1）注意力不足以保持信息活跃，信息可能会丢失；

（2）工作记忆容量过载；

（3）工作记忆中其他信息的干扰。

为了提高工作记忆容量，操纵员往往会使用记忆启发式方法，如形成具有一定意义的组块。操纵员会设法将信息聚集和组织到更高级别、有意义的单元中。Dien 等认为操纵员在使用规程时高级认知功能非常重要[3]。操纵员必须弥补规程的不足之处，填补空白，并解决规程中规定的控制目标。操纵员必须设法评估控制目标之间的冲突。操纵员有时必须实施比规程中更实际的策略。他们还必须考虑是否应该预计操作行为，或者是否应该让自动设备运行。

Roth 等[4]认为，操纵员在电厂实际操纵中需要保持监督作用。他们调查了操纵员如何处理认知要求高的紧急事件，其目的是检查状态评估和响应计划在使用应急规程时指导班组人员行为的作用。案例来自两个不同核电厂操纵员在训练模拟机上执行界面失水事故（ISLOCA）和热量散失的情况。研究中，由于操纵员面临复杂的人-机界面，他们难以简单地执行规程。研究结果表明，操纵员在使用应急规程期间高级认知功能极具重要性。这些认知活动使他们能够评估应急规程的适当性，以实现当前情况下状态评估所规定的高层目标。Roth 等注意到班组人员的互动和沟通对这些高级认知功能的重要性，部分原因是需要从不同的人-机界面上获取信息。此外，交流和通信让操纵员了解应急规程中当前状态没有包含的其他重要信息。

因此，Roth 等认为，操纵员必须理解该规程的基础及预期的更高层次的系统功能目标[4]。Roth 考虑了研究设计操纵员支持系统的影响[21]。首先，要求状态评估和响应计划独立于规程，这表明操纵员必须保持对电厂异常症状的认识，确定可能产生的不正常现象，并了解正在进行的手动操作和系统行为及其影响。其次，由于班组人员必须预测其行动的后果，因此操纵员支持系统可以帮助识别后果和副作用。最后，操纵员必须了解程序背后的假设和逻辑，即它们的意图，它们的总体策略以及它们之间的转换逻辑。由于操纵员不可能在规程之间进行快速切换（规程逻辑所决定的），因此 DCS 中计算机导航系统对于复杂紧急情况下计算机规程的成功实施至关重要。

### 3.2.4 响应执行

响应执行是指完成响应计划所确定的动作或行为序列，如选择控制，提供控制输入，监视系统和过程响应。针对电厂不同的任务，响应执行可能需要不同程度的班组交流与合作，需要相互配合，要求对任务进行分配和安排。对于非常规的和复杂的控制行为，特别是当响应计划没有规则型的模式进行指导，则需要根据电厂状态来改变或建立行为的优先次序，并且需要在多个地点多个人员之间的合作与协调来完成。

## 3.3 本 章 小 结

随着核电厂自动化水平的提高,数字化主控室操纵员的认知行为发生改变。本章分析了数字化主控室中新的人-机界面对操纵员和操纵员班组产生的影响。数字化主控室人-机界面扩大了操纵员可用数据的来源,提供给操纵员更多系统可用信息,操纵员亦可以更加灵活地对信息进行组合以判断系统的状态。数字化主控室降低了操纵员收集和整合信息的认知负荷。电厂模拟机试验反映出操纵员乐于使用新的人-机界面,不愿意回到传统的控制室盘台界面。经过培训后,操纵员可以很快地适应新的人-机界面,甚至经过很短时间(大约一个星期)的培训即可以在模拟机上处理动态的核电事件。

数字化主控室中人-机界面的变化改变了人员通过感知系统感知信息和加工信息的方式,操纵员角色转变成监视性控制。操纵员认知过程包括四个阶段,即监视/察觉、状态评估、响应计划和响应执行。操纵员通过数字化人-机界面来监视和控制系统。当系统状态处于异常情况时,系统将通过报警提示以及通过传感器将异常情况在显示器中显示出来。操纵员可通过显示系统从人-机界面获取系统的状态信息,并依此评估系统当前状态。然后依据评估和诊断结果确定系统是否为异常状态,选择操作程序和路径,最后执行控制响应任务。在上述各个阶段都有可能出现各种认知失误和行为失误。

为了完成以上四个阶段的认知任务,操纵员需要执行界面管理任务。界面管理任务的实施会消耗操纵员的认知资源,从而产生额外的认知负荷,增大操纵员发生人因失误的机会。

## 参考文献

[1] Reason J. Modeling the basic error tendencies of human operators[J]. Reliability Engineering and System Safety, 1988,22:137-153.

[2] Rasmussen J. Information processing and human-machine interaction: an approach to cognitive engineering[M]. New York: North-Holland,1986.

[3] Dien Y, Montmayeul R, Beltranda G. Allowing for human factors in computerized procedure design[C]. Proceedings of the Human Factors Society 35nd Annual Meeting. Santa Monica. CA: Human Factors Society,1991.

[4] Roth E, Mumaw R, Lewis P. An empirical investigation of operator performance in cognitively demanding simulated emergencies [R].NUREG/CR-6208. Washington D. C.:U. S. Nuclear Regulatory Commission,1994.

[5] O'Hara,Brown W S. The effects of interface management tasks on crew performance and safety in complex, computer-based systems: detailed analysis[R]. Washington D. C.:U.S.Nuclear Regulatory Commission, 2002.

[6] Sarter N N, Woods D D. How in the world did I ever get into that mode: mode error and awareness in supervisory control[J]. Human Factors , 1995,37(1): 5-19.

[7] Ha J S, Seong P H. A human-machine interface evaluation method: a difficulty evaluation method in information searching(DEMIS)[J]. Reliability Engineering and System Safety, 2009, 94(10): 1557-1567.

［8］ Woods D，Roth E，Stubler W，et al. Navigating through large display networks in dynamic control applications［C］. Proceedings of the Human Factors Society 34th Annual Meeting. Santa Monica，1990.

［9］ Norman D A. Reflections on cognition and parallel distributed processing［M］//Rumelhart，McClelland J（Eds.）. Parallel Distributed Processing（Vil. 2）. Cambridge：MIT Press，1986.

［10］ Wickens C. Engineering psychology and human performance［M］. Columbus：Merrill Publishing Company，1984.

［11］ Bainbridge L. What should a good model of the nuclear power plant operator contain?［C］. Proceedings of the International Topical Meeting on Advances in Human Factors in Nuclear Power Systems. LaGrange Park：American Nuclear Society，1986.

［12］ Moray N. Monitoring behavior and supervisory control［M］//Boff K，Kaufman L，Thomas J（Eds.）. Handbook of Human Perception and Performance. New York：Wiley，1986.

［13］ Rasmussen J. Skills，rules，knowledge：Signals，signs，and symbols and other distinctions in human performance models［J］. IEEE Transactions on Systems，Man，and Cybernetics，1983，13，257−267.

［14］ Sheridan T.：Toward a general model of supervisory control［M］//Sheridan T，Johannsen G（Eds.）. Monitoring behavior and supervisory control. New York：Plenum Press，1976.

［15］ Endsley M. Design and evaluation for situation awareness enhancement［C］. Proceedings of the Human Factors 32nd Annual Meeting. Santa Monica：Human Factors Society，1988.

［16］ Endsley M. Toward a theory of situation awareness in dynamic systems［J］. Human Factors，1995，37：32−64.

［17］ Endsley，M. Situation awareness and workload：flip sides of the same coin［C］. Proceedings of the 7th International Symposium on Aviation Psychology. Rovira，1993.

［18］ Fraker M. A theory of situation awareness：implications for measuring situation awareness［C］. Proceedings of the Human Factors Society 32nd Annual Meeting. Santa Monica：Human Factors Society，1988.

［19］ Neisser U. Cognitive psychology［M］. New York：Appleton−Century Crofts，1967.

［20］ Rasmussen J. Models of mental strategies in process plant diagnosis［M］//Rasmussen J，Rouse W（Eds.）. Human detection and diagnosis of system failure. New York：Plenum Press，1981.

［21］ Roth E. Operator performance in cognitively complex simulated emergencies：implications for computerbased support systems［C］. Proceedings of the Human Factors and Ergonomics Society 38th Annual Meeting. Santa Monica：Human Factors and Ergonomics Society，1994.

# 第4章 数字化核电厂操纵员认知行为模型

人员在数字化核电厂的认知行为分为四个阶段:监视、状态评估、响应计划和响应执行。通过深入分析数字化核电厂操纵员的认知行为过程、影响操纵员认知行为的因素及其作用机制,构建了数字化核电厂操纵员认知行为模型,包括监视模型、状态评估模型、响应计划模型和响应执行模型。其中,监视模型包括三个子模型:监视行为的动力学模型、监视转移模型和定量分析模型。监视行为动力学模型揭示监视行为的动力学机制;监视转移模型揭示操纵员的监视活动转移机制,模拟和预测监视转移轨迹;监视行为定量分析模型计算监视行为失败的概率。状态评估作为一种内在的思维过程,具有复杂性、内隐性、动态性等特征,影响其行为过程的因素非常多,机制也十分复杂。状态评估本质上属于多假设动态分类问题,还具有典型的不确定性。为此,建立了基于贝叶斯网络状态评估模型和基于模糊认知图的状态评估模型,进而构建了一种新的、侧重于分析内在认知过程的操纵员状态评估模型。制定响应计划受到多维因素的影响,具有非线性、非局限性、动态性和多态性等特征。建立了响应计划贝叶斯网络模型。以THERP 模型为基础、充分考虑 DCS 中人员作业模式和失误模式的变化建立了响应执行模型。

## 4.1 监 视 模 型

感觉系统是人从外部环境获取(接收或输入)信息的渠道,是人员接受外部刺激和传入信息形成感觉经验的通道。主要的信息感觉通道有视觉、听觉、嗅觉、味觉与触觉等五种,分别对应于人的视觉系统、听觉系统、嗅觉系统、味觉系统与触觉系统等生理感觉器官,以获取外部环境的视觉(形状与颜色等)、听觉(声音)、嗅觉(气味)、味觉(味道)与触觉(压力、温度、疼痛等)等信号。在一般作业活动中,约有 80%~90% 的信息通过视觉获取,5%~10% 的信息通过听觉获取,其他 5%~10% 信息通过嗅觉、味觉与触觉等感觉通道获取。

根据 *NUREG/CR-6633*[1] 与 *NUREG/CR-6634*[2] 描述,监视行为是指操纵员从核电厂主控室环境中获得电厂信息的认知行为。传统模拟技术主控室呈现的信息主要为模拟图形、仪表信息、纸质文件与语言信息等,系统组件或设备显示的模拟状态或参数信息具有明确的"一一对应"的空间地理位置属性(即任何一组件或设备其状态信息或参数显示都是通过其固定显示装置来实现),其相关设备信息显示均对应于其系统组件或设备固定的空间位置显示装置,操纵员通过反复培训可达到信息空间位置与信息内容直接对应关系,并可转化为操纵员的知识经验,对操纵员监视行为绩效提升有明显促进作用。但是,模拟信息显示装置与其系统组件或设备在空间位置布置上一般是就近或邻近的,这导致组件或设备的状态信息显示相对分散,操纵员获取信息的空间范围相对增加,会导致操纵员体力与精力消耗增加;并且,核电厂系统组件、设备数以千计,相关控制阀门开关与输送管道数以万计,这些设备、开关、管道对应的状态或参数信息类型(如模拟数字信息、刻度信息、指针信息、模拟各类不同图形信息、文本信息、各类不同颜色的状态信息、各类逻辑符号等)与数量都非常之多,操纵员监视活动的认知与记忆负荷很大,会对监视行为可靠性与绩效带来不利影响。

对数字化核电厂而言,操纵员主要通过操纵员工作站与电厂进行人–机交互,绝大部分交互信息均是通过操纵员工作站数字化的视频显示器(Video Display Unit,VDU)呈现,信息呈现高度的信息化、数字化、动态化、全面化与密集化。因此,数字化核电厂操纵员监视行为定义可进一步界定为:操纵员从数字化核电厂主控室环境中获取电厂相关信息(如核电厂状态参数、设备状态、系统状态、运行趋势等)的认知行为,包括系统运行状态或组件设备运行参数的检查与确认、系统状态及组件设备参数变化的警戒与追踪、系统及组件设备报警信息发现与确认,以及部分操纵指令与流程阅读等。在核电厂处于正常状态时,控制操纵很少,操纵员主要行为是对电厂系统运行状态或关键设备参数的监视。异常状态下,对电厂监视更复杂、更困难,操纵员必须密切关注、跟踪核电厂系统功能参数及相关信息的变化,确认它们是否处于安全容许范围内。

### 4.1.1 监视行为及其认知基础理论

#### 1. 监视行为的视觉信息生物学基础

眼睛是人类心灵的窗户,人们日常生活、工作与学习等活动需要不断获取外界信息,都得依靠视觉来实现,如阅读书籍、使用计算机做设计、获取机床加工参数、驾驶时获得道路与交通标志信息等。从生理解剖学来看人类视觉系统主要由角膜、视网膜、玻璃体、瞳孔、晶状体与视神经等构成。生物学与神经学已经证明进入眼睛的视觉信息会按照一定的通路在大脑中进行传递,首先视网膜细胞接收外界信息的信号,然后视网膜上的神经节细胞将接收到的信号通过视神经交叉和视束传到中枢的侧膝体,并通过视神经系统传递到大脑的皮层细胞,然后视觉信息在大脑主皮层内,按照"单细胞→复杂细胞→超复杂细胞→更高级的超复杂细胞"流程自简单低级到复杂高级的序列进行分级进行处理(图 4–1)[3]。

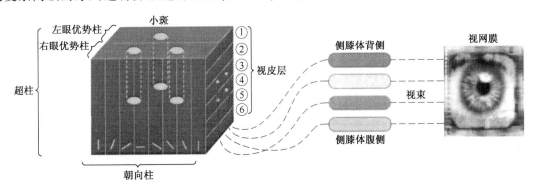

**图 4–1 人员视觉信息获取与加工生物学过程**

### 2. 人员信息认知机制与模式

传统认知心理学认为人的认知控制模式为注意模式与图式模式两种。现代心理学研究证明这两种控制模式在认知过程中进行相互作用与转化。注意是指人员面对环境中的多个刺激,只选择其中一个或一部分去反应,并从而获得知觉经验的心理活动。影响注意的因素非常多且复杂,最主要的因素是"人员的动机或需求"与"刺激本身物理特征(如颜色、形状、大小等)"。注意模式在认知过程中需要人主动自觉地监视注意以及反馈的驱动,需要占用部分人的信息处理资源或能力。图式模式即个体基于遗传基础而学习获得各种经验、意识、概念等所综合构成与外在世界相对应的抽象认知架构,储存在人的长时记忆中。

#### 1) S-O-R 认知模型

经典的 S-O-R 认知模型基于人员认知活动中可观察到的输入信号与输出行为,把人的认知过程划分"刺激-调制-响应"三阶段或认知要素,其刻画出人员认知行为的一般性结构,任何复杂的人员行为可被解释为多个 S-O-R 环节的同步交叉进行,其中 S、O 与 R 的释义如表 4-1 所列。

表 4-1　S-O-R 模型各要素意义

| 序号 | 要素 | 认知内容与活动 |
|---|---|---|
| 1 | 刺激 | 通过感知器官(如眼睛、耳朵、手指、鼻子等)接收外界输入的物理刺激信号(如树木、图像、汽车、文字、数字、设备等)过程 |
| 2 | 解释与决策 | 人员对接收的物理刺激加工过程或活动,如信息比对、注意、记忆,决策和解释等 |
| 3 | 响应 | 人员对刺激经过加工后向外界输出动作或其他响应行为,如手脚等执行器官根据决策信息执行开闭阀门、发出指令、启动设备、转动方向盘等响应任务 |

#### 2) Wickens 信息处理模型[4]

1984 年 Wickens 基于 S-O-R 模型提出人员信息处理模型,基于"信息流"来描述人员信息认知行为,把 S-O-R 认知过程进一步延伸为"信息接收→信息加工→执行",并将注意资源与记忆等认知活动引入,较为系统构建起人员信息处理认知模型(图 4-2),得到业界广泛认可与引用。该模型核心在于对人员自环境中获取的物理信息的分析加工与识别,基于注意机制与记忆原理构建起外界刺激信息的过滤机制,有效地解决了个体怎么从接受的众多刺激信息中选择获得有用的信息,根据获取的信息判断系统状态,做出相应的任务计划并提交执行。

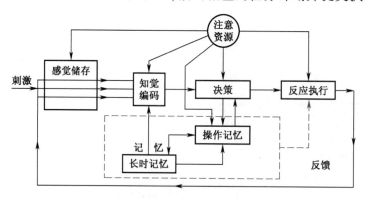

图 4-2　Wickens 信息处理模型示意图

3）IDAC 模型[5]

IDAC 模型是美国马里兰大学研究人员基于信息处理模型,综合认知心理学、行为科学、神经科学、人因工程,以及 HRA 方法等理论方法开发出的人员信息认知模型(图 4-3),主要用于模拟核电厂操纵员行为及可靠性分析,包括信息处理模块(I)、诊断与决策模块(D)、动作执行模块(A)和心理状态模块,模型把认知模块视为不断循环的交互过程,突出心理状态(把注意力与记忆纳入心理状态模块)对认知过程的作用,并考虑心理状态与其他认知模块的动态交互作用。

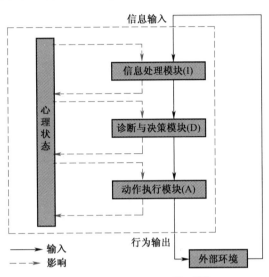

图 4-3 人员 IDAC 模型[5]

4）大规模复杂人-机-环境系统人员认知行为模型[6]

2004 年,张力基于大规模复杂人-机-环境系统(如核电厂等)运行控制特征,参考 Rasmussen 三级行为模型与 Wickens 信息处理模型,构建了面向大规模复杂人-机系统中操纵员认知行为模型(图 4-4)。

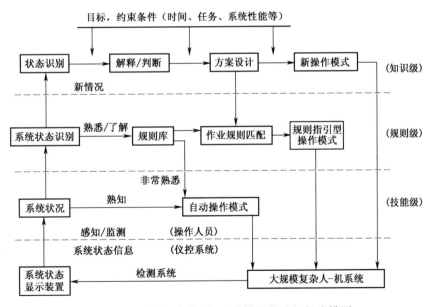

图 4-4 大规模复杂人-机系统操纵员认知行为模型

该模型把"技能型、规则型、知识型"三种行为视为作业人员完成操作任务时不同的、往复的认知层次,体现了人类认知的多层次性、由浅入深与往复循环的客观规律,并对各个层次失误类型特点和原因进行了分析。

5）人的信息模式识别

模式识别是人的感知信息与长时记忆中的有关信息比对或匹配活动,并基于匹配结果完成信息认知,目前主要有模板匹配模式、原匹配模式与特征分析模式(表4-2)。

表4-2　典型的人的信息识别模式

| 序号 | 类型 | 主要观点 | 属性特征 |
|---|---|---|---|
| 1 | 模板匹配模式 | 刺激作用于感官获得编码信息与人脑中储存的各种信息模板自动进行匹配,以完成信息自动识别过程 | 速度快,自动进行,可直接完成;<br>注意要求不高,不需付出努力;<br>知识驱动,与知识经验紧密相关 |
| 2 | 原型匹配模式 | 外部刺激只需同某一原型(一类客体的内部表征)进行比较有最近似的匹配 | 速度较快,需要对注意有要求;<br>有感知、处理等信息加工过程;<br>知识驱动,与知识经验直接相关 |
| 3 | 特征分析模式 | 先抽取刺激相关特征,然后将抽取的特征合并,再与长时记忆中的各种刺激的特征进行比较与匹配,完成对外部刺激的识别加工 | 速度相对慢,需要选择性注意;<br>遵循典型的感知、处理与反应等信息加工模式;<br>知识驱动与数据驱动共同作用,与知识经验相关 |

### 3. 人的注意力与注意机制

人们总是面临着外界大量的信息刺激,但人们也总是有"指向性"地选择与关注有关信息,并对选择的信息进行加工。现代认知心理学与神经生理学已经研究证实这是因为"注意"在起作用。注意是心理活动对一定对象的指向和集中。注意作为人类大脑信息处理的重要参与(即注意力资源与分配),注意机制作为一种人类行为的生理和心理活动的调节活动,自20世纪50年代起就得到学术界持续关注,基于"外界信息是海量,但人感觉器官接受信息与信息加工能力都是有限"的事实,发展了以下典型的注意力机制理论或模型(表4-3)。

表4-3　典型的人的注意选择机制或模型

| 序号 | 类型 | 主要观点 | 代表人及发表时间 | 备注 |
|---|---|---|---|---|
| 1 | 过滤器模型 | 基于"全或无"原则,只允许一条通道上信息经过并进行加工,其余通道全部关闭 | Broadben,<br>1958年 | 知觉选择模型:<br>过滤器-衰减模型 |
|  | 衰减模型 | 过滤器并不是按照"全或无"的原则工作的,信息在通路上并不完全被阻断,而只是被减弱 | Treisman,<br>1960年 |  |
| 2 | 反应选择模型 | 注意不在于选择知觉刺激,而是对刺激的反应,刺激都可进入被识别,但只对重要刺激采取反应 | Deutsch,<br>1963年 | 感知觉阶段 |
| 3 | 容量分配模型 | 注意是资源且容量有限,只要不超标,资源可以灵活地分配去完成各种各样的任务 | Kahneman,<br>1973年 | 未阐述分配原则 |
| 4 | 特征整合模型 | 依据预注意和集中注意的观点,把注意与知觉加工的内部过程结合,突出集中注意的增强作用 | Treisman,<br>1980年 | 引导注意机理没阐述清楚 |
| 5 | 整合竞争假设 | 视觉通道中的物体通过竞争获得注意,一般对当前行为重要的物体会获得胜利,视觉信息处理资源被会分配到该物体,且会抑制对其他竞争物体的注意 | J. Duncan,<br>1998年 | 强调注意过程中的竞争 |

注意具有选择、保持，以及调节与监督三项基本功能，一般可以划分为无意注意、有意注意与有意后注意三种。现代认知心理学试验表明，注意是一种有序的心理资源（即注意力资源、容纳信息的容量），注意力资源可以根据认知任务进行分配（即注意力分配），同时注意是有广度的，注意资源容量与工作记忆的容量基本相当，一般为 $7\pm2$ 个组块。

视觉是人类获取外界信息的主要通道与手段，受"注意"的作用，人的视觉认知也表现出是主动的与选择性的。

1）注意的特征整合理论（Feature-Integration Theory of Attention）

该理论提出视觉加工可以分为前注意与后注意两个阶段。前注意阶段主要完成刺激信息的特征登记，对人员的注意力要求不高（不需要经过努力），视觉系统从光刺激模式中抽取颜色、尺寸、形状、结构、方向与线端点等刺激物体的物理特征，是一种自动的平行认知加工模式。该阶段主要在人的视感觉系统内完成，形成对刺激信息的物理特征表征。

后注意阶段即对前阶段的物理特征整合，主要对应于人的视知觉，也可以延伸到视知觉的深度加工处理（思维与决策）等。该阶段要对刺激信息特征进行定位，因此对人员注意要求很高，需要付出较大努力完成特征信息组合处理，如注意力不集中或注意资源超负荷可能会导致刺激信息特征不恰当地结合，造成视错觉。该阶段是一种序列非自动化视觉信息认知加工过程。

最后把整合的信息与在识别网络中已储存的"物体描述"进行比较完成刺激信息的察觉，类似于模板或模式识别。

该理论较为完整地阐述了刺激信息依据特征进行加工过程，同时，也承认知识经验等心智模型在视觉认知中的现实作用，能够较好地解释与阐述各种人员的视觉认知行为。

2）注意选择性理论

人不可能对所有进入视觉系统的刺激信息都能给予注意与识别，认知心理学已证明受人的信息加工系统结构限制，注意具有选择性。这是由注意力资源的有限性导致的，因此，科学家设想在信息加工过程中存在着过滤器或有限通道对外界刺激信息进行选择，于是先后形成注意选择的过滤器、衰减、晚期选择等理论，现代注意力实验越来越多证实注意选择性理论模型应该属于上述三种的综合，即多阶段选择理论，在实际注意选择加工中难以分清楚到底属于哪种，但是注意选择性是客观存在的，且对刺激信息选择行为不局限于人的信息处理的任何一个阶段（如感觉、知觉、思维、决策、反应等），且可以在一次信息认知过程中多次出现，即逐级选择。

3）双重加工理论

基于资源限制理论，谢夫林（Shiffrin）等提出双重加工理论。该理论把人的信息加工方式划分为"自动加工"和"控制加工"两种，较好地解释了人对熟练任务可在不经意下（不需要太多努力或注意）就轻易完成，而对陌生的任务往往要付出很大努力和给出高度注意才能完成的现象。

自动加工是由刺激信息自动引发的无意识的认知加工，刺激信息与某种深层类别（如特定物体或形状的认知模板）的信息间存在一致性映射关系，对资源的需求较低，信息加工速度特别快，一般不需要占用人的认知资源，且不会受认知资源的限制，一般也不影响其他的加工过程。自动认知加工过程与人的知识经验和心智模型直接相关，其认知加工驱动方式为典型的知识驱动，信息识别模式属于典型的"模板识别"。自动加工模式的形成一般可通过反复培训或训练形成,该种加工模式可有效提升操纵员监视行为绩效,对监视行为可靠性也有促进作用。该理论也对工作中的熟能生巧(如专业篮球运动员带球过人)、一心二用,或同时做几件事情(如边开车边听音乐)等现象做出了较好的解释。

控制加工是一种需要"注意"积极参与且受人的意识控制的信息加工,这种加工模式更为主动、灵活,可根据任务性质或变化随时调整资源分配策略。一般学习与培训过程就是属于典型的控制加工。控制加工可以逐步发展成为自动加工模式,最终经过充分学习或反复练习控制加工可转化为自动加工,这对提升操纵员监视行为绩效是一种有意义的借鉴。

核电厂数字化后,操纵员面对的信息总量在急剧增加,操纵员信息获取可靠性直接影响到操纵员行为可靠性,双重加工理论一方面给出了操纵员资源分配合理解释,同时也肯定了操纵员知识经验及其准确良好的电厂状态心智模型对监视行为的重要性。

4)注意力分类

一般将注意力划分为选择性注意、分配性注意和持续性注意三种。选择性注意是指把注意集中到重要事件上的能力,忽略其他,主要受刺激通道、显示因素和环境期望等影响;分配性注意是指必须对同时输入的两种或两种以上刺激做出反应的能力,注意力资源需要进行多次分配,主要受需要注意的刺激数量(数量越多注意难度越大)、刺激相似度、刺激类型(如视觉或听觉)等因素影响;持续注意是指长时间对刺激保持注意与警惕的能力,主要受到目标显著性、多通道加工、时间压力和心理负荷等因素影响。

### 4.1.2 核电厂数字化对操纵员监视行为影响分析

数字化核电厂是以计算机、网络通信为基础的集中监控系统,且引入和开发了面向状态的诊断技术、智能化报警技术、数据库技术、符合人因工程要求的人-机界面、先进主控室等现代技术,并采用系统化的控制室功能分析和分配、操纵员作业分析等设计技术,以及面向核电厂运行安全的操纵员支持系统,包括智能诊断与智能报警为基础的计算机化操作规程等。界面物理性状的不同改变了操纵员获取信息、处理信息和反馈信息的方式。

数字化核电厂采用自动化与智能化技术,使得电厂系统操纵性与可靠性显著提高,但与此同时,核电厂数字化改变了传统的电厂人-机接口状态。控制室数字化以后带来的主要问题包括:情景意识水平的改变、锁孔效应及大量的二类管理任务。

(1)操纵员执行"二类界面管理任务"对监视行为带来不利影响。

数字化核电厂操纵员在执行监视行为、状态评估、响应计划与执行操纵一类任务过程中,其为完成一类操纵任务必须完成大量与之关联的页面导航与链接,窗口管理(开、关与查找等),页面配置(规程界面、操纵界面、系统界面等),说明信息阅读,界面覆盖处理等辅助性二类界面管理任务,相对传统模拟电厂增加了大量信息认知负荷,一定程度上影响了操纵员注意资源分配,给信息获取带来潜在失误风险,且在数字化后操纵员事实上频繁遭遇"界面覆盖"现象,导致信息被忽略带来的潜在失误风险急增。

(2)计算机化规程执行过程中过多、过于细节的信息管理与确认,显著增加操纵员监视负荷,同时操纵员可能会对计算机规程过度依赖。

操纵规程由纸质变成电子版,事故规程由事件导向(EOP)变成状态导向(SOP),操纵员完成同一任务需要获取、处理的信息较模拟核电厂显著增多,操纵员监视认知负荷显著增加。

电厂处于事故状态下,操纵员一边要执行SOP规程、一边要关注与判断系统不断出现的警报信息,还要对系统状态发展进行判断、对操纵反馈信息进行确认,操纵员信息获取量剧增,监视行为认知负荷显著增加;此外,操纵员需要同时执行多个程序时,对操纵员的知识、能力和经验提出了更高的要求,也给操纵员监视行为可靠性带来不利影响。

基于计算机的规程执行电厂监控与操纵任务,操纵员容易陷于规程步骤的执行从而丧失对电厂整体情况的情景意识。一方面,单张规程画面只显示对应几个规程步骤,容易导致其丧失对规程整体性理解;另一方面,操纵员对操纵规程内容或步骤的记忆、大量页面与过程切换间导航操作,以及对相关操纵辅助信息的获取等活动,会导致操纵员注意力被分散,给电厂状态监视与关键信息获取带来不利影响。

计算机化规程可能存在提供错误信息或将操纵员引向错误途径的情况,即规程误导现象,当然规程偶尔误导现象并不是计算机化规程所特有,纸质规程也存在误导现象,但是误导现象在计算机化规程中问题更突出。一方面,计算机规程倾向于直接按字面解释步骤;另一方面,操纵员很容易接受基于计算机规程的操纵引导,如计算机化规程引导下一步操纵步骤,操纵员可能就不会对其进行评估和确认而直接执行,因此,计算机化规程会助长操纵员对系统高度信任,削弱操纵员监视行为积极性和内驱动力,这会给监视行为可靠性带来较为严重后果。

(3)"巨量信息,有限显示"导致操纵员监视"锁孔效应"。操纵员获取电厂信息的方式发生改变,由传统对模拟仪表的监控变成对VDU的监视,这使得操纵员信息获取媒介与认知方式发生变化,且其VDU显示高度集中(巨量信息有限空间显示),类型方式(文本、数字、图表等混编呈现)更为多样。

此外,数字化主控室操纵员监视行为获取的信息来源于VDU显示的功能画面,需要监视的系统的信息比较分散,如操纵员需要从组件的失效来确定某个系统失效,操纵员需要同时监视多个组件参数(输入到控制器的误差信号、控制器传输到组件的需求信号、组件的实际状态等),相对传统主控室操纵员信息获取难度与监视认知负荷显著增加。

基于计算机的数字化信息显示相比传统模拟盘的信息显示具有显著的全面性、形象性、大容量与丰富性等优势,且信息显示不受限于物理空间,界面设计与信息组织广泛应用滚动呈现、叠加画面、多层显示与导航链接管理等来解决"巨量信息有限显示"困境,但一定情景下信息密度与负荷过大会给操纵员信息获取与认知,如过滤、筛选、分类、重组与整合等,带来负荷过载和干扰,容易导致监视失误(如信息遗漏或未能及时找到当前画面信息等)。

(4)"信息失去其空间位置"属性增加了操纵员监视信息获取与认知难度。

有限的VDU界面显示使得信息失去了传统模拟显示的空间位置属性,操纵员信息获取直观性显著下降,且信息视窗变得更狭窄,信息获取难度增加,使得信息"锁孔效应"放大,操纵员仅仅局限于当前有限显示信息的监视认知风险增大。

(5)狭窄的视窗显示给报警信息及时发现与判断带来困难。

核电厂运行异常报警是基于系统运行中某个状态参数异常而触发,因电厂系统状态参数是相互关联的,单个参数异常也可能会触发一系列状态或参数异常警报信息,这时操纵员很难区分最新报警信息,报警信息爆发式连续呈现(短时间内触发几十甚至上百条状态异常报警信息),有限的报警显示区域无法显示所有报警信息而自动进行叠加与覆盖,可能会导致重要与原发性报警信息被后续与次要报警信息淹没的风险。

与传统模拟技术系统不同,数字化监控系统操纵员一般无法基于"警报窗口空间位置"来判断警报来源、性质与内容,操纵员必须去调取与阅读警报信息以获得相关状况;由于电厂系统复杂,报警出现的分级、分类与筛选等比较困难,使得操纵员及时获得有效警报信息难度增加,这一方面增加操纵员监视认知负荷、压力与时间;另一方面,使得操纵员对电厂异常警报信息获取与判断变得更困难,导致人因失误的风险急剧上升。

(6)"系统高度自动化与信息管理智能化"可能会降低操纵员监视行为的主动性和积极性。

数字化核电厂操纵员在监控电厂过程中可能会过度信赖与依赖自动化与智能化技术,主动去获取系统状态信息或重要设备参数的监视动机或监视行为内驱动力显著下降,同时其对电厂状态趋势警戒监视注意力也会削弱,导致操纵员消极监视行为增长。已有多项研究表明,系统自动化程度越高,操纵员越倾向于高度信赖系统及其呈现的信息,其监视的时间间隔或许变得越来越长,监视积极性显著下降,例如操纵员过度依赖报警就会减少基于模型驱动的监视行为。

### 4.1.3 操纵员监视行为认知机制与模型

#### 4.1.3.1 操纵员监视行为概念、特征与分类

国内外核电人因领域对监视行为的定义与描述主要源于美国核管理委员会(USNRC)的 *NUREG/CR-6633* 报告与 *NUREG/CR-6634* 报告,即监视行为是指操纵员从核电厂主控室环境中获得电厂信息的认知行为,操纵员监视行为获取信息的方式主要为视觉与听觉。操纵员监视行为可划分为主控室环境目标信息获取物理过程(主要包括目标信息定位与视觉成像)与对获取的物理信息进行加工的认知过程(主要包括对获取物理信息进行识别、对比、注意、确认等过程)。操纵员监视活动有三个主要目标:

(1)对核电厂状态进行观察与巡视,获取电厂运行整体状态信息,以判断与确认电厂的运行状态,如电厂正常工况运行的巡视、重要参数监测等。

(2)对核电厂系统异常工况进行识别与跟踪监视,以及对某些组件或设备设施参数变化状况进行识别、确认与跟踪,如观察 VDU 和 PDS 显示的系统运行参数、图表与警报等电厂状态参数、操纵员间交流、从电厂其他区域的其他操纵员获得口头报告,以及向电厂其他区域派遣人员来核查设备等。

(3)为操纵员执行核电厂运行时的某项功能性操纵或试验提供相应信息支持,如执行某具体运行操纵任务(如降负荷、调节硼浓度、调功率、启动安全注入系统、启堆操纵、开关阀门、调节流量与启停泵等),执行试验任务(如达临界、甩负荷、升温降温等),以及操纵员间交流与浏览操纵任务单等。

1. 操纵员监视信息获取途径与方式

数字化核电厂主控室操纵员通过以下方法/途径获得信息。

1)操纵员工作站显示器

数字化核电厂主控室操纵员工作站配置有多个基于计算机控制与辅助管理的 VDU 显示器(一般为 5~6 个,如岭澳二期核电厂为 6 个),用于呈现电厂的状态参数、控制设备状态与位置、控制指令发出与反馈、控制信息、系统运行趋势与图表、现场设备状态参数、警报信息(屏显警告信息与声讯警报)、导航信息、操纵记录或日志、数据搜索、页面配置与管理等信息内容,操纵员绝大部分电厂信息的获得均发生在操纵员与 VDU 的交互过程,VDU 是操纵员监视的主要对象。

2）大屏幕

数字化主控室一般有多个(如岭澳二期核电厂为4个)依次相连的LED显示大屏幕,主要用于显示LDP画面、电厂回路示意图、主要设备状态、电厂重要参数与趋势,以及电厂安全功能等状态信息。

3）人员交流

主要包括操纵员班组间口头报告、通信联络、现场操纵员报告与班组交接等。

4）其他

主要包括操纵员工作日志、备忘录,以及特殊工况或设备操纵经验反馈报告,一般以电子文档形式呈现,以纸质文件留档保存。

数字化核电厂操纵员通过以上四种途径从主控室环境获得所需要的目标信息,操纵员监视信息获取方式与通道具体如表4-4所列。

表4-4 数字化核电厂操纵员监视信息获取方式与通道

| 序号 | 监视信息获取方式 | 获取信息的主要内容 | 信息类型 | 获取通道 | 备 注 |
|---|---|---|---|---|---|
| 1 | 操纵员工作站显示器 | 电厂系统运行状态与趋势信息;<br>组件或设备位置与运行参数;<br>控制指令或控制信号反馈信息;<br>系统或设备警报信息;<br>现场设备状态参数;<br>电子规程与操纵任务信息;<br>二类管理任务(页面导航与配置等)信息;<br>操纵记录或日志;<br>等等 | 数字化虚拟仿真的图形、数字、文本与状态等信息 | 视觉 | 监视信息获取主要方式,获取90%~95%信息 |
| 2 | 工作站前大屏幕 | 电厂系统结构回路示意图信息;<br>主要设备状态信息;<br>电厂重要参数与趋势信息;<br>电厂安全功能信息;<br>等等 | 数字化虚拟仿真的图形、数字等信息 | | |
| 3 | 工作日志或经验反馈 | 操纵员操纵或试验的关键参数信息;<br>同类机组、组件或设备经验反馈报告;<br>等等 | 电子或纸质文本信息 | | |
| 4 | 人员交流 | 操纵员间口头交流;<br>班组讨论或会议;<br>就地操纵员电话通信联络、文本报告或当面口头报告;<br>班组交接会议、口头工作交接或提示;<br>等等 | 语言信息 | 听觉为主,视觉为辅 | 监视信息获取辅助方式,获取5%~10%信息 |

2. 操纵员监视目标对象及其内容

信息是存在于事物中能消除事先不能确定的情况(即先验不确定性)的信号或知识。操纵员监视行为是以核电厂特定信息为目标对象的认知行为,其核心内容是操纵员对电厂某种信息的接受与认知加工,操纵员通过监视活动获取电厂信息的根本目标就是消除对电厂动态状态或变化现象的不确定性,从而达到对电厂准确与及时的认知、诊断与操控。信息根据不同标准有不同的分类,目前还没有一种方法或标准可穷尽所有信息分类,如按照信息是否变化可分为静态信息与动态信息,根据信息量化程度可分为定性信息与定量信息,根据信息维度/容量可分为单一信息与复杂信息。监视目标对象与内容可按照信息类别、信息功能与信息属性对监视行为的目标对象进行归纳分类。

① 根据人的感觉系统来划分:视觉信息、听觉信息、触觉信息、嗅觉信息、味觉信息五大类。

② 根据操纵员信息来源与作用来划分:电厂系统状态信息、组件设备参数信息、警报信息、规程信息、操纵信息与其他管理辅助信息六大类。

③ 根据数字化核电厂主控室电厂信息自身属性、形态与信息呈现形式来划分:状态信息、图形信息、文本信息、数字信息、语音信息与其他信息六大类。

3. 操纵员监视行为分类

1) 按电厂运行工况来划分

监视可划分为电厂常态下对电厂状态以巡视为主的监视行为(如操纵员对信息显示单元显示状态参数监视、查询电厂操作记录等),电厂异常状况下(包括瞬态与事故状态)的监视活动(如 SGTR 事件处理过程的监视行为等),以及完成某单一或独立任务的监视活动(如执行定值、试验与维修等任务的监视行为等)。

2) 按操纵员监视行为过程与信息获取阶段来划分

核电厂数字化主控室主要通过操纵员工作站计算机视频显示单元(VDU)和前方 LED 屏呈现信息。随着电厂系统高度自动化、网络化与数字化,大量现场设备设施与检测仪表实现远程网络自动控制,并直接接入电厂主控室中央控制系统,加之操纵规程、日志与管理文件等完全电子化,核电厂运行操控与管理信息高度信息化与自动化,需要通过听觉获取信息占比减少,绝大部分电厂运行操控与管理信息都可以在主控室通过视觉通道获取。据不完全统计数字化核电厂操纵员获取电厂信息中视觉信息占 90%~95%,听觉信息主要作为操纵员相互监督与状态确认获取信息的补充手段,占比不到 10%。基于视觉行为过程来刻画监视行为,可将数字化核电厂主控室操纵员监视行为划分为信息搜索与监视转移,以及信息注视与察觉两类。

(1) 信息搜索与监视转移。

操纵员在主控室环境内搜索与定位目标信息的行为,也可称为信息搜索或视觉搜索。基于上述对数字化核电厂主控室特征分析可知,操纵员从主控室通过视觉通道获取电厂信息主要媒介是操纵员工作站、主控室正前方大的 LED 屏,以及少量纸质文档(如管理文件、程序文件、任务单等),操纵员基于对电厂状态跟踪警戒与操控信息需求,必须在操纵员工作站 VDU 与前方 LED 屏搜索与定位目标信息,因此监视转移大致可分为确定监视目标(制订监视行为计划的一部分)、目标信息搜索与目标信息定位三个阶段,监视转移区域或路径主要集中在操纵员工作站多个 VDU、前方多个 LED 屏,以及操纵员需要翻看的纸质文档,根据监视路线是否需要超出同一个屏幕来划分可分为同屏转移与跨屏转移两种。

① 监视同屏转移。操纵员信息搜索活动发生在操纵员工作站的特定某一个 VDU 内或某一个 LED 屏内的视觉转移行为,即操纵员在某一个屏幕区域内搜索目标信息,其转移路径为同一屏幕处于不同位置信息间视觉搜索活动或不同目标信息间的视觉搜索轨迹(图 4-5)。

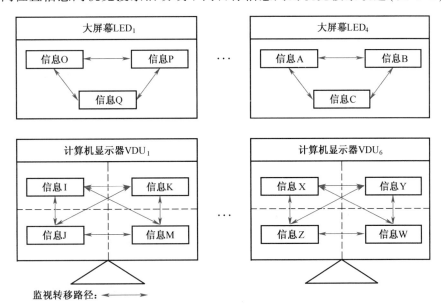

图 4-5 操纵员同屏监视转移示意图

② 监视跨屏转移。操纵员信息搜索活动发生在不同屏幕之间或在屏幕与纸质文档之间的监视转移行为,监视转移路径跨越两个不同的屏幕(图 4-6)。

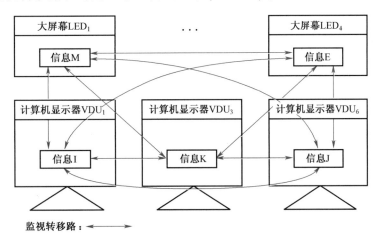

图 4-6 操纵员跨屏监视转移示意图

(2)信息注视与察觉。

操纵员自主控制室接受电厂物理信息(如 SG 温度与水位参数、堆芯温度与功率)对锁定的目标信息主动进行登记的视觉认知活动称为注视;如果在注视的基础上还予以识别确认,则称该视觉活动为信息察觉(信息理解),操纵员察觉的目标信息包括文本信息、图形信息、状态信息、数字信息,以及其他组合或特殊的视觉信息。

察觉是以电厂客观物理目标为监视对象,基于视觉系统获取物理目标的客观属性(如形状、图像、大小、颜色、结构与方位等)对其进行信息认知加工以完成对目标信息的登记、识别与确认,从而获得对目标信息整体属性的认知与特定释义的理解,因此察觉行为属于操纵员典型动态认知行为,核心活动是对登记的外界目标物理信息与自身已有的知识/经验进行匹配/比对与理解,主要受到目标物理信息固有的物理特征(如形状、颜色、大小等)与操纵员自身知识经验的影响。

4.操纵员监视行为特征

(1)监视行为概念内涵与本质是"信息获取",根据其获取信息通道可界定监视行为外延,即通过所有感觉通道(如视觉、听觉、嗅觉、触觉与味觉等)获取信息为广义监视行为,若仅仅通过"视觉与听觉"通道获取信息即狭义监视行为。本著作研究狭义监视行为,监视行为主体对象仅为数字化核电厂主控室操纵员,不包括现场操纵员等其他核电厂作业人员的信息获取行为,即核电厂操纵员从数字化主控室环境获取电厂信息的行为或活动。

(2)操纵员监视行为属于典型的人员认知活动,其遵循"S(刺激输入)-O(组织调解)-R(输出反应)"基本人员认知模式,以主控室环境物理信息为刺激,开展目标信息的接受与登记、信息比对与匹配,以及信息输出等一系列加工活动,具有人员认知活动的注意选择、注意资源分配与转移、思维与决策,以及记忆等基本属性。

(3)数字化核电厂操纵员监视行为具有目的性、主动性与计划性三项基本属性。数字化核电厂主控室操纵员监视行为是基于电厂状态开展的一项复杂的、连续的与动态的信息获取认知活动,信息获取是直接以满足操纵员对电厂状态诊断或操纵需求为目的的,其获取的"目标信息"一般是基于操纵员需要执行的操控或诊断任务而预先计划的,获取的"目标信息"是明确的与唯一的;且操纵员的"信息获取"行为是其基于电厂监控任务的主观要求,具有显著的主动意愿。本著作研究的监视行为仅局限于操纵员主动从主控室环境获取信息的认知行为,操纵员为完成"主动获取目标信息"行为而开展的辅助性、管理性与非目标性的"被动式"信息浏览与识别活动则不属于本研究的监视行为范畴,如操纵员执行调节蒸汽发生器(SG)水位操纵任务,其在获取"SG水位"目标信息过程中,需要阅读的"任务指令""操纵规程"与"窗口管理"等相关辅助性信息,这些辅助性信息浏览或识别活动不纳入研究的监视行为范围。

(4)操纵员对核电厂监控与操纵活动都必须以获取相应信息为前提与基础,监视行为重要性是显而易见的,监视活动是操纵员基本、常规和重要的活动。对数字化核电厂而言,主控室协调员、安全工程师与值长等人员因岗位职责和任务要求,他们对电厂监控活动实质上就是对电厂状态的监视行为。

(5)数字化核电厂操纵员信息主要来源于操纵员计算机工作站、大的LED屏与班组成员间交流,监视目标信息来源于视觉与听觉通道。数字化核电厂主控室操纵员行为观察试验结果表明,操纵员获取信息的主要来源为电厂信息系统中的视觉信息(图形、图像、表格文本、数字、状态信息等),而听觉(声音警报、交流等)信息为辅。

(6)监视行为主要功能是获取电厂相关信息,为电厂运行状态监控与功能调控提供信息支持,是操纵员与电厂进行交互的第一环节与窗口,监视行为一旦失效意味着目标信息获取错误或未完成或没有获取到,给操纵员后续对电厂诊断与操纵带来严重负面影响,甚至导致后续行为失败。因此,监视行为对电厂稳定与安全运行具有以下两方面重要作用与意义:①为操纵员诊断与监控电厂运行状态提供直接的信息支持,减少操纵员对电厂状态理解的不确定性;②监视行为获取的信息是操纵员执行后续电厂调控与管理等行为的基础,获取信息的准确性与可靠性直接影响到操纵员随后一系列行为,对确保电厂安全、经济运行显得尤为重要。

(7) 核电厂数字化后,巨量信息有限显示导致的信息显示"狭窄性"与操纵员信息获取遭遇的"锁孔效应"困境进一步凸显。核电厂主控室采用数字化技术后,自动化、信息化、智能化传感技术、网络化技术等大量应用,使得电厂运行所有信息都集中到操纵员工作站显示终端来呈现。电厂信息高度细分、系统运行控制复杂逻辑关系的图视化、现场系统组件设备管道虚拟仿真显示与参数远程传感控制、大量纸质规程与操纵员指令电子化,以及基于计算机操作而大量增加的界面管理任务,一方面,使得电厂系统结构与组件设备显示更为系统与全面,同时可为操纵员任务执行与决策提供更详细的信息支持;另一方面,操纵员执行电厂监控任务不得不面对相关信息成倍增加而增加信息选择与管理难度;此外,计算机工作站显示屏大小十分有限,面对电厂系统的巨量信息显示需求,导致数字化后操纵员必须面临"巨量信息有限显示"不利局面,大量信息只有通过"逻辑关联与分层显示技术"隐藏在虚拟工作站,使得操纵员不能直接基于视觉通道获取,而需要借助搜索与导航等辅助手段来获取。

(8) 核电厂数字化后,监视过程中存在着大量的非目标性的辅助性监视活动,给操纵员监视行为带来一些不利影响。核电厂采用信息化技术与大量电子规程,操纵员对电厂监控活动变化为基于操纵员工作站计算机来进行,操纵员在操纵活动中需要执行大量二类管理任务,给操纵员带来大量的辅助性信息获取活动,一方面增加了操纵员监视与操纵负荷,另一方面给监视行为带来新的失误风险。

(9) 操纵员监视行为都是以主控室物理信息为目标,监视活动过程与结果不仅受到目标信息自身物理特征(如目标信息大小、结构、颜色、形状等)的直接影响,主控室的作业环境条件(如光照、温度、噪声、震动与风速等),以及操纵员自身知识经验、培训水平、心理压力与班组合作水平等主观因素也会对监视活动带来直接或间接影响。

(10) 相对传统模拟技术核电厂,数字化核电厂主控室采用计算机视频显示单元(VDU)显示电厂相关信息,电厂系统、组件设备等状态参数信息呈现在VDU屏幕上难以有固定位置与空间方位,信息显示失去了"空间位置属性",操纵员不能像传统模拟电厂那样通过培训而建立起组件设备信息与其空间位置的相对固定的一一对应关系(即传统模拟主控室设备在仪表盘台位置是固定的,操纵员可通过培训把信息呈现与设备空间位置对应起来,以提升信息获取绩效与提高信息认知可靠性),可导致操纵员监视情景意识丧失与脑力工作负荷增加的趋势。

(11) 基于数字化核电厂主控室特征与操纵员行为规范,电厂处于正常工况运行时,操纵员基于行为规范中的监盘、巡盘要求,以及个人巡盘习惯来实施对电厂状态与重要系统设备参数等常规性定期监视活动,并对电厂系统报警信号保持警戒,以判断电厂当前运行状态与执行部分电厂运行状态调控操纵任务。操纵员监视活动一般是基于对电厂运行状态整体判断或报警信息引导而展开。当电厂处于异常工况下运行时,操纵员基于电厂异常参数(如系统"六大状态参数"等)与报警信息经事故处理初始导向和稳定规程(Document of Orientation and Stabilization, DOS)序列诊断,然后进入SOP对应事故处理序列,根据SOP指引来处理系统事故或故障以控制或消除电厂异常运行状态,显然SOP是操纵员处理异常的纲领性文件,操纵员监视、状态评估、响应计划与响应执行均须基于SOP,操纵员监视行为与规程指引信息及其关联的状态参数直接相关。

### 5. 操纵员监视行为影响因素

操纵员监视行为主要目的是获取电厂监控与操纵相关信息,而核电厂数字化后电厂信息自身属性(数字化、虚拟化)与呈现方式较传统核电厂发生很大变化,因此"信息特征"是监视失误最重要影响因素之一。基于核电厂数字化主控室特征与操纵员监视活动面临环境情景特征变化,参考经典人因可靠性分析(HRA)方法的行为形成因子(PSF)体系,从系统因素、个体因素、环境因素与组织管理因素四个方面来辨识与剖析监视行为影响因素、方式与结果等(表4-5),为后续监视行为可靠性分析中 PSF 选取提供支持。

表4-5  数字化主控室操纵员监视行为影响因素、影响方式及其影响结果

| 类别 | 影响因素 | 影响因子 | 影响途径 | 影响结果<br>(负面影响) |
|---|---|---|---|---|
| 系统<br>因素 | 人-系统界面 | 信息特征:信息显著性、信息数量、信息密度、信息呈现方式(静态/动态、视觉/语言等)、信息类型等 | 信息感知与识别环节 | 注意力消耗大,增加信息获取负荷,降低可靠性 |
| | | 人-机界面:界面友好度、显示界面(屏)大小-和形状(正方/长方)、信息密度、信息布置、关键信息呈现、页面导航、画面调用等 | 信息感知与搜索环节 | 难以搜索到目标信息,降低监视绩效 |
| | 二类管理任务 | 规程导航、链接、页面管理、页面覆盖、画面搜索、窗口调节等 | 信息搜索与感知环节 | 分散注意力,增加认知负荷,降低绩效 |
| | 任务性质 | 任务复杂度与难度、任务自动化程度、任务熟悉程度、并行任务等 | 信息识别环节 | 增加心理压力,占用注意力,降低可靠性 |
| | 报警系统 | 有无报警、报警显著性、声光冗余、报警管理、报警规模、报警覆盖等 | 信息感知环节 | 降低警觉性,导致漏看报警信息 |
| | 规程体系 | 规程完备性、规程导向性、规程可执行性、规程复杂性、SOP 规程特征、电子化与自动管理水平等 | 信息搜索环节 | 增加监视负荷,占用注意资源 |
| | 时间压力 | 任务总体执行时间、信息获取时间充裕性、系统自动化水平等 | 信息搜索与识别环节 | 增加心理压力,降低心智水平 |
| 个体<br>因素 | 培训水平 | 培训水平与效果、复训频率、防人因失误培训及其内容等 | 信息处理与搜索环节 | 弱化心智模型,占用注意资源增加认知负荷,降低可靠性 |
| | 知识经验 | 执业资质、电厂状态心智模型、从业时间、操纵经验、培训水平、数字化系统操控水平等 | 信息处理与搜索环节 | 弱化心智模型,占用注意资源增加认知负荷,降低可靠性 |
| | 心理压力 | 期望、个人情绪、情感、抗压能力、心理状态、突发事件等 | 信息识别环节 | 分散注意,降低认知能力,降低绩效与可靠性 |
| | 生理状态 | 性别、视力水平、色弱、色盲、体力、健康状态等 | 信息感知环节 | 增加信息辨识难度,降低可靠性 |

（续）

| 类别 | 影响因素 | 影响因子 | 影响途径 | 影响结果<br>（负面影响） |
|---|---|---|---|---|
| 环境因素 | 光照 | 照明水平、光线太强天弱、色彩不协调、反光或强光等 | 信息感知环节 | 增加信息辨识难度，降低绩效 |
| | 噪声 | 噪声过大、环境扰动大等 | 信息感知环节 | 分数注意力<br>降低可靠性 |
| 组织管理因素 | 交流合作 | 交流方式、交流频率、互相监督、分工合作、安全文化等 | 信息识别环节 | 分散注意力<br>降低可靠性 |

系统因素主要有人-系统界面（包括人-机界面与信息特征）、界面管理任务、计算机化规程、任务性质、时间压力与报警系统 6 个 PSF；个体因素主要有培训水平、知识经验、心理压力与生理状态 4 个 PSF；环境因素主要有光照条件与噪声环境 2 个 PSF；组织管理因素主要有合作交流 1 个 PSF，数字化主控室共计有 4 大类 13 个 PSF 对操纵员监视行有影响。

### 4.1.3.2 操纵员监视行为注意机制及其模型

注意是一种有意识的和受控制的心理活动，具有指向性和集中性。指向性是指心理活动有选择的反映一些现象而离开其余对象。由于注意的指向性人员才能选择对个体具有意义的外界信息，并在头脑中对它继续加工。集中性是指心理活动停留在被选择对象上的强度或紧张程度。注意的指向性和集中性能力即为注意力。指向性表现为对出现在同一时间的许多刺激的选择，表征注意的方向特征；集中性表现为对干扰刺激的抑制，表征注意的强度特征。注意可分为选择性注意、分配性注意和持续性注意三种。

#### 1. 数字化对监视注意资源的影响

在人的信息处理过程中，注意力的限制是最难克服的瓶颈。决策者在做决策的时候，选择的线索有时候是那些比较突出的线索，而不是比较有用的或者诊断性的线索，常会因选择而忽略了其他更重要的信息，当意识到的时候往往已经太迟了。注意力会随着压力与工作负荷的增加而降低，但是通过适当的激励常常能提升注意选择与分配的效率。

在监视过程中，注意被不停地中断，然后又重新定位、聚焦。特别是在紧急状态下，操纵员可能会因注意力资源不足而出现注意力不集中或注意分散等情况。这些状况极易导致人因失误，例如，在监视过程中，注视点转移可能会导致操纵员遗漏掉某个关键步骤，从而犯疏忽型失误或次序颠倒型失误。

与传统人-机界面相比，数字化人-机系统界面最根本的变化就是信息显示的变化，也正是由于信息显示的变化而引起控制模式、操作方式、界面管理发生变化。表征数字化信息显示特征的主要指标可划分为画面功能、显示页面、显示格式、显示元素，以及数据更新等。信息显示的特征是否符合人的认知行为规律将极大地影响操纵员是否能有效地获取作业所需的信息。信息显示若存在诸多问题（如信息组织结构不清晰、无突出显示、数据更新速率不当等），操纵员就难以准确、快速地搜索到相关信息，从而可能造成相关的人因失误。以下主要从信息数量、信息布局以及由此而产生的信息界面管理等角度来分析，它们覆盖了监视行为过程中与人因失误相关的主要问题。

1) 对选择性注意的影响

选择性注意是指将注意转移到重要事件或忽略不相关事件。由于注意能力的有限性,操纵员使用这种认知技能来克服此缺陷。选择性注意主要受到三个因素的影响:刺激通道、显示因素和环境期望。

Woodworth 和 Schlossberg 研究发现听觉刺激的简单反应时间比视觉刺激的简单反应时间快 30~50ms,分别约为 130ms 和 170ms。这种差异归因于两种通道的感觉加工速度的差异。在双通道任务作业下,听觉通道(如警报声和其他操纵员的交谈)会更加容易唤起操纵员的注意。

某些显示特征容易吸引视觉注意,影响注意的选择与分配。数字化控制室中的信息系统显示内容的颜色、字体大小、符号、闪烁等都能影响操纵员注意力资源的选择和分配。在监视过程中,与目标可能被发现的位置期望有关的认知因素在某种程度上驱使着对目标的搜索。操纵员更倾向于注视那些包含着更多重要信息的区域。此外,操纵员扫视路径的变化主要依赖于其期望提取的信息的内容。期望驱动了选择性注意,能将注意力配置到能提供有用信息的特定信息源上。当操纵员监测到某个刺激后,信息就会与其基于知识和经验的心智模型相匹配。因此,操纵员的期望源自于其心智模型,从而能有效地选择监视的信息源。监视期望和显示因素,即知识驱动和数据驱动共同激发、驱动了操纵员的选择性注意。

2) 对分配性注意的影响

分配性注意是指人们在面临两种或两种以上的刺激输入时,必须同时注意这些刺激,并做出相应的反应。因为人的信息加工和注意资源容量是有限的,所以必须采取有效的分配策略对注意力资源进行分配。注意力的分配和选择是相辅相成的。

操纵员的主要信息来源是显示电厂全貌的大屏幕和显示重点部分画面的工作站小显示屏。操纵员的注意资源在大屏幕和工作站小屏幕之间的分配对监视的影响极为重要。以某数字化核电厂主控室操纵员工作站的屏幕为例,屏幕画面的位置安排便于操纵员的沟通和交流,有助于操纵员注意力资源的分配。

操纵员可借助听觉通道,通过多重通道提供更多的冗余信息来促进对目标任务的平行加工,从而提高监视绩效。在数字化系统中,操纵员听觉通道主要有警报系统及现场操纵员的交谈。警报系统的优先级设计和诊断及相应功能帮助操纵员将注意力分配在重要的信息源上。通过多通道的信息加工,减轻了操纵员的负担,使操纵员能更高效快捷地监视诊断事故问题。

操纵员在控制室中的自动加工活动是在刺激与某种深层类别之间存在一致映射关系的基础上形成的,其反应迅速并准确,对资源的需求较低。Schneider 和 Fisk 发现,训练被试者学习将资源从自动化任务转移到其他任务的技能,可实现自动化任务与需要的资源进行有效的时间分配。

3) 对持续性注意的影响

警戒(Vigilance)是持续性注意中一种特殊形式,也是持续性注意中研究最多的一个领域。它是指在一段时间内将注意维持在那些不经常出现的和预期想不到的目标上。在监视任务中,操纵员需要长时间地检测信号。信号往往是间歇出现,不可预测的。警戒操作的稳定状态的水平定义为警戒水平。大量的现场行为观察和实验已经证明,数字化主控室操纵员的警戒水平通常比理想状态要低,并在运行值班最初的半小时后有明显的下降。

目标的突出性、多通道加工、时间压力和心理负荷等都能影响持续性注意。数字化系统条件下的软件操作系统用虚拟开关代替了传统的硬件接线的开关,操作地点集中,降低了对操纵员的操纵动作要求,有效缓解了操纵员操纵的时间压力。但是多次鼠标确认可能容易产生惯性思维,降低操纵员的警戒水平,使操纵员产生认知混淆而出现新的失误模式。同时,由于显示界面的限制,出现了"锁孔效应",影响操纵员对核电厂当前状态的情景感知,使得心理负荷成为影响警戒水平的一个极其重要的因素。

2. 操纵员监视行为注意认知机制与模型

在对监视行为内涵和注意力资源理论等研究的基础上,结合人的信息处理模型,构建了操纵员监视行为注意认知机制与模型(图4-7)。

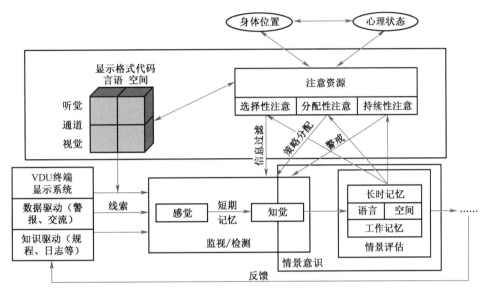

图4-7　操纵员监视行为注意机制

操纵员的注意资源有选择地分配给感觉材料的加工通道,如对视觉信息来说,这种有限的资源通过眼动指向环境内的不同通道。

操纵员监视行为是从感觉到知觉的加工系列认知活动。操纵员要了解电厂状态必须先从电厂环境中获取信息。左上方的立方体是根据代码(言语和空间)和通道(视觉和听觉)确定的四种不同的信息显示方式。信息显示的锁孔效应使得监视任务要求操纵员具备空间工作记忆,工作记忆中的"言语-语音"代码与"视觉-空间"代码更多地以合作性而非竞争性的形式发挥功能。合作性指两种代码并不竞争相同的、有限的注意资源。操纵员可以通过各种代码和通道从数字化主控室的VDU终端显示系统中获取信息进行监视。当然,在实际操作中,常常会遇到跨通道的平行信息输入,如操纵员可以一边与值长交流一边监视显示屏。所有的感觉系统都是与存在脑内的短期记忆储存相联系的。这就是持续时间为0.5s(视觉短时储存)至2~4s(听觉短时储存)的原始刺激表征的暂时机制。对有效的监视任务感觉加工是必需的但不是足够的。感觉信息在大脑中必须通过知觉阶段加以解释。知觉加工具有两个特点:①它一般是自动地和快速地进行;②它由感觉输入(环境显示性刺激)和操纵员自身的期望输入所驱动。知觉加工部分取决于刺激或环境的输入,通过感觉或较低级神经信息通道从感官接收器进入的(数据驱动)。信息的突出性,即它吸引注意的特性或加工的容易性,能影响该信息受到注意的程度和在信息整合时取得的权重程度。当感觉证据贫乏时,知觉主要以经验为基础的期望来驱动(知识驱动),而这种过去的经验储存在长时记忆中。图中的阴影框是情景意识(指知觉、工作记忆和长时工作记忆的组合),能使个人对外部环境形成其独有的心智模型,是注意力进行有效选择分配的基础。

监视过程中存在着内部期望,内部期望驱动了选择性注意。选择性注意在监视过程中起到了极其重要的作用。这样的选择是以过去的经验(长时记忆)为基础的,需要消耗注意资源。长期记忆能够容纳大量的信息并将这些信息维持一段相当长的时间,保存着操纵员所掌握的核电厂运行知识。与长时记忆相对应的短期记忆是感觉加工到知觉加工的桥梁,其容量是有限的,所获得的信息也会因为衰退而变得无法检索。而工作记忆的时间和容量比短期记忆长,工作记忆中存有思维的判断和信息处理以及长期记忆中被激活的信息。工作记忆中被复述的材料能够进入不易受损坏因而也更持久的长时记忆中。在实际操作中,常常要求操纵员对多个任务迅速做出反应,但操纵员记忆容量是有限的,所以要采取适当的分配策略对注意资源进行有效分配,比如改变不同任务的资源分配策略,可以成功地实现有区别的注意分配或多任务监视。研究表明,跨通道的注意分配优于通道内的注意分配。监视行为是一个连续的、动态性的过程,具有不确定性。在相对较长的一段时间内,操纵员要保持对电厂中偶然出现的某些信号的警觉与做出反应的持续准备状态。在这个过程中,操纵员更多的是基于其长期记忆中的知识将持续性注意指引到某些潜在或已出现的信息源上。图4-7中底部的反馈回路表明操纵员的信息加工过程没有固定的起始点,可以从左边的环境输入开始,或者是从操纵员期望的某个环节开始。

该机制能较好地解释监视行为与注意力资源的三种形式之间的交互过程,有助于操纵员在电厂的实际运行过程对注意力资源进行合理选择与分配。

#### 4.1.3.3　操纵员监视行为认知模型

#### 1. 视觉认知模式、要素与属性特征

根据人的 S-O-R 模型与认知心理学关于信息处理器的相关假设,人类信息处理系统可划分为感受器、效应器、记忆处理器与处理器四部分:感受器负责感知外界刺激信息;效应器负责对感知到的信息做出响应与决策;记忆处理器负责信息处理全过程的相关信息的存储和提取;处理器负责对表征外部信号的符号和符号结构的建立、复制、改变和销毁等事项。学者单列综合认知心理学关于人的信息处理相关理论,以人的视觉认知活动为对象,构建了人员视觉认知活动过程示意图(图4-8)[8],可为进一步剖析操纵员监视行为认知机制与过程提供借鉴。

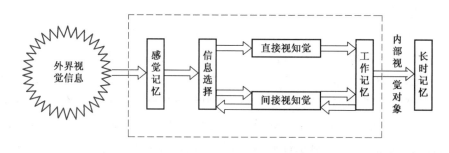

**图4-8　人员视觉认知活动过程示意图**

依据经典的人员信息处理模型,综合认知心理学对人类信息处理认知过程相关论述,参考相

关文献[3,4,7-9]可归纳出视觉刺激、视感觉、视知觉、记忆、注意、思维、决策七个与人类信息处理直接关联的认知要素,结合核电厂主控室操纵员视觉信息特征,并以视觉认知为例,就主控室操纵员监视认知活动涉及以上七个要素的内涵外延及其属性特征进行归纳阐述(表4-6),可为操纵员监视行为认知过程描述与认知机理模型构建奠定基础。

表4-6 主控室操纵员监视行为认知基本要素及其属性特征

| 序号 | 认知要素 | 概念与认知过程 | | 属性与特征 | 功能与作用 |
|---|---|---|---|---|---|
| 1 | 视觉刺激 | 能被人的眼睛感觉并引起视觉系统发生反应的主控室环境变化,如人-机界面信息、设备参数、规程信息、状态曲线、设备图形等,为信息获取初始阶段 | | 客观性与多样性(信息类型与呈现方式);存在视觉绝对阈限;源自主控室环境 | 操纵员开展监视认知活动的信息来源与对象 |
| 2 | 视感觉 | 人脑对直接作用于视觉系统(眼睛)的事物个别属性反映,一般包括视觉登记与视感觉储存,信息认知的初级加工 | | 具体的;取决于刺激物物理特征;并行加工;与瞬时记忆相关 | 把物理信息转化为认知信息 |
| 3 | 视知觉 | 是操纵员获得视感觉信息意义的过程,一般包括信息选择、信息特征提取与编码 | | 受注意与知识经验影响;选择性与整体性;串行加工;转化为工作记忆 | 非目标信息过滤与目标信息特征提取 |
| 4 | 记忆 | 即经过加工的信息在人脑存入(信息存储)与取出(信息提取)的过程,即对输入的刺激进行进一步编码、储存、提取等 | 感觉/瞬时记忆 | 临时存储视觉感觉信息;是视感觉储存形式;受信息物理特征影响 | 为特征提取、信息整合和模式识别提供可能 |
| | | | 工作记忆 | 容量小:5~9个组块;保持时间很短(小于20s),易受干扰;复述可提高工作记忆;受注意选择与容量影响 | 存储当前视觉信息感觉和语意代码;支持视知觉 |
| | | | 长时记忆 | 操纵员的经验和知识;容量巨大,保持时间长;与操纵员电厂状态心智模型互相影响 | 对任务执行提供支持;是思维与决策的基础 |
| 5 | 注意 | 是伴随人的认识、情感、意志等心理认知活动对一定对象的指向和集中,具有选择功能、保持功能和调节及监督功能 | 选择性注意 | 指向性、集中性与稳定性;注意广度(7±2个组块);选择性;信息过滤;可分性;受到操纵员期望、努力与心智模型直接影响;容易收到干扰;涉及操纵员信息认知所有环节 | 支持对感觉信息的过滤;锁定当前目标信息 |
| | | | 分配性注意 | | 支持操纵员完成多目标信息监视活动 |
| | | | 持续性注意 | | 支持操纵员对对电厂状态与报警信号监视 |
| 6 | 思维 | 对获取的感知信息进行更深层次加工,包括信息整合、模式识别(模板匹配、原型匹配与特征分析模型)/对比,对视觉信息在感知与记忆阶段的加工结果进行抽象等 | | 信息抽象加工高级阶段;整体与综合性认知;受到操纵员知识经验、电厂状态心智模型的影响;单通道串行处理,信息处理瓶颈 | 形成感觉信息的概念、解决问题,并检验假设 |

(续)

| 序号 | 认知要素 | 概念与认知过程 | 属性与特征 | 功能与作用 |
|------|----------|----------------|------------|------------|
| 7 | 决策 | 是人为达到一定目标选择行动方案的过程,即对输入、选择与加工信息的最终理解与识别 | 决策时间慢;受工作与长时记忆限制;受操纵员对电厂期望与干预的努力程度的影响 | 形成视觉信息意义;决定视觉信息输出结果 |

操纵员对刺激"感知觉"活动是其对目标信息初步认知加工的第一阶段,"思维与决策"是操纵员监视行为最为复杂与核心的认知环节;此外,"记忆"与"注意"两个要素基本贯穿了操纵员信息处理各个环节,在操纵员信息处理过程中扮演十分重要角色;"记忆"是操纵员信息处理得以维持和输出的基础,特别是"工作记忆"是保障操纵员所有视觉活动的支撑平台,以及信息认知各环节的联络桥梁,信息处理各环节的形成的认知映像或结果都要通过工作记忆加以固化与传递到下一个认知环节。"注意"既是操纵员信息处理的引导力,也是其重要制约因素,是操纵员视觉信息处理绩效提升必须面对的瓶颈之一。

**2. 操纵员监视行为认知模型**

基于上述对操纵员监视活动涉及的七个基本要素的阐述与归纳,以 Wickens 信息处理模型为基础,结合人员视觉认知活动过程与其他相关人员认知模型,以及本著作第 2 章对数字化主控室特征归纳,构建了数字化主控室操纵员监视行为认知模型,如图 4-9 所示。

(1)操纵员监视行为认知活动与人的信息加工本质是一致的,即对源自主控室环境的视觉信息进行登记、选择、感知、处理与响应,操纵员监视行为认知过程可划分为感知、认知加工、响应反应三个阶段,为操纵员监控电厂运行与完成操纵任务提供准确、有效与及时的信息支持。

(2)操纵员基于特定的信息认知需求(与任务、电厂状态诊断或规程要求有关)通过视觉系统接受显示装置呈现的各种物理视觉信息,视觉系统对来自主控室的视觉刺激原则上没有数量、形状与特征等限制,视觉系统对进入的刺激进行登记以形成刺激视感觉,该过程认知信息是并行的,视觉系统具有强大的接受与登记能力,几乎能接受所有进入视觉系统的刺激,并及时转化为感觉记忆。感觉记忆属于瞬时记忆,记忆留存时间非常短暂,最长只有 20~30ms,因此,操纵员可以通过视觉系统观察到很多视野范围内的视觉信息,但只有那些被操纵员无意或有意注意到的、操纵员期望获取与熟悉的,或者特征明显或醒目的信息才能被留存下来,进入到后续视觉深度认知环节。

核电厂数字化后,操纵员自主控室环境通过视觉感觉系统获取刺激信息,一方面,视觉信息获取受制于视觉系统生理结构与特性,如视力水平、照明条件、观察距离与角度等;另一方面,操纵员基于工作台坐姿与计算机显示器进行信息交互,因"巨量信息有限显示"导致信息密度成倍增大。相对传统核电厂主控室,操纵员同等大小的视野信息进入的信息刺激数量成倍增加,增加了视感觉系统处理量,也给视觉选择带来一定干扰。

(3)对于通过视感觉登记留存并进入视知觉处理器的刺激信息,操纵员会运用注意力选择与过滤机制,自动筛选与选择需要的刺激信息,确定这次监视行为的认知对象(受注意力资源容量限制及运行规程约束,操纵员同一时刻注意的目标信息约为 3~5 个组块),并对其进行自动的信息特征提取与编码等工作,以支持信息后续深度加工。

在前段的信息感知过程中,操纵员会建立起刺激信息整体的大致轮廓映像或认知意识,但是无法完成对刺激信息特征属性重构及其语义理解的深度识别活动。显然,进入操纵员视野的刺激越多,相似刺激干扰就越多,操纵员对特定目标信息成功注意到的难度就会增加,目标信息的物理特征被其他信息淹没或耗损等效应就越明显,这对操纵员监视行为目标信息选择或定位是不利的。

(4) 特定刺激信息通过直觉加工后,会以对应的工作记忆形式短时间留存在操纵员大脑神经中枢,通过感知系统排队进入"思维与决策"信息整体理解识别深加工环节。为了确保目标信息深度认知处理所需要的充足注意力资源与记忆容量,信息处理模式自动由"并行处理"转化为"串行处理"模式,目标信息逐个在大脑信息处理器进行复杂的"信息整合""模式识别/比对"与"信息察觉"等深度认知活动,最终确定加工目标信息的整体与语义,获得对目标信息属性与意义的整体理解,完成对目标信息最终的"识别与理解"活动,并通过视觉神经系统输出视觉响应结果,即目标信息所代表的现实意义察觉,并为操纵员后续"状态评估、响应计划或响应执行"行为提供信息支持。

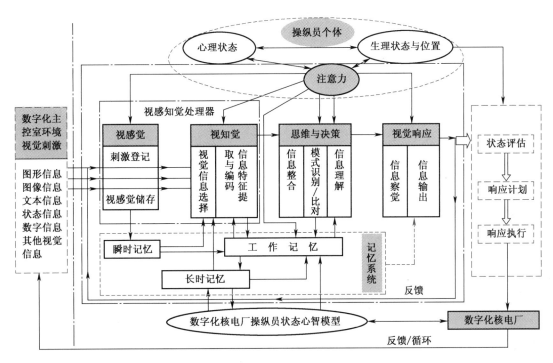

图4-9 数字化核电厂操纵员监视行为认知模型

(5) "记忆"是人的信息加工得以持续与输出的基础保障,人的记忆可分为瞬时记忆、长时记忆、工作记忆三种。

① 瞬时记忆是与操纵员对主控室环境的刺激感觉相对应,容量趋向无穷大,但是留存时间极其短暂。

② 长时记忆是操纵员知识经验留存在大脑的载体,与操纵员对电厂熟悉程度紧密相关,操纵员对电厂的长时记忆在很大程度上决定其内心形成的电厂状态心智模型的准确度。视觉认知过程中,操纵员的"知识经验"是通过作用于长时记忆而间接影响视觉信息处理。如操纵员基于自己电厂状态心智模型来获取特定参数信息,在参数信息获取与加工过程中,操纵员会通过

长时记忆给出该参数的"特征模板"并输送到工作记忆,工作记忆会主动把"特征模板"在视感知觉认知过程中进行模板匹配。若外部刺激信息与该"特征模板"完成匹配,视觉加工就会跳过或直接通过"视觉信息思维与决策"深度认知环节,直接完成对刺激信息的察觉。这将能有效提升操纵员监视行为绩效与可靠性,降低操纵员监视负荷。

长时记忆也是操纵员提取与存储信息的重要资源库,长时记忆是操纵员培训时获得的知识,不容易遗忘。

③ 工作记忆是人的信息认知加工过程中最活跃与最基本的记忆活动单元,是操纵员开展视觉认知活动的"平台",以及信息认知各环节的联络桥梁。信息处理各环节形成的认知映像或结果都要通过工作记忆加以固化与传递到下一个认知环节。但因"工作记忆"存在容量与时间限制,因此要提高操纵员监视行为认知可靠性与效率,就要充分尊重工作记忆的"容量与时间"限制这一属性。

(6) 认知心理学认为,注意是人类信息处理瓶颈,只有引起操纵员注意的刺激信息才能引起主动的信息认知加工活动,但是人的注意力资源是有限的。注意力贯穿操纵员认知活动整个过程,视觉信息的加工过程事实上也是由操纵员注意引导的。

在图 4-9 中,为简化起见,且因核电厂操纵员的监视行为主要基于视觉活动,因此仅列出了与视觉相关的认知活动过程,但这并不失一般性,事实上,将图中所有"视觉"变换为"视听觉",该模型也是成立的。

### 4.1.3.4　操纵员监视行为一般认知过程

监视行为作为操纵员认知活动的一部分,是电厂操纵员的信息来源。基于数字化核电厂操纵员监视行为的特征与规律可把数字化核电厂操纵员监视活动划分为信息察觉与监视转移两个阶段。

第一阶段:信息察觉,即操纵员对锁定的(当前时刻唯一的监视识别对象)监视目标(信息源,即数字化主控室监视单元或信息区域进行信息认知加工的过程。操纵员信息察觉行为过程包含的认知阶段及其特征如表 4-7 所列。

表 4-7　操纵员信息察觉行为的认知阶段及其特征

| 序号 | 信息察觉认知阶段 | 认知过程与特征 | 举例说明 |
|---|---|---|---|
| 1 | 接受监视任务 | 触发操纵员监视活动的始发事件或初始活动 | 如报警信号或任务指令等 |
| 2 | 选择监视目标 | 定位与监视任务相对应的目标信息的活动 | 如电厂某设备的参数等 |
| 3 | 监视状态评估 | 对锁定的监视目标信息进行"信息属性"等认知加工 | 对目标信息特征提取与比对等 |
| 4 | 制订监视响应计划 | 制订对应的监视策略与选择监视路径等 | 拟定监视转移与信息获取路径等 |
| 5 | 监视响应 | 完成对目标信息的察觉认知活动,并输出监视认知结果,以工作记忆形式将信息察觉结果输出给状态评估等后续的操纵员行为 | 为操纵员其他操纵行为提供信息支持等 |

第二阶段:监视转移,即操纵员在目标(信息源)间的观察点/关注点转移,以完成对信息搜索或监视路径转移的动态过程。

基于电厂当前状态,操纵员在监视过程中反复循环以上两个阶段认知活动,以实现对电厂连续与动态监视,为电厂状态评估、响应计划与响应执行提供信息支持。参考人的信息认知理论与 Wickens 信息处理模型,依据归纳的操纵员监视行为特征,可构建数字化核电厂操纵员监视行为一般认知过程(图 4-10)。

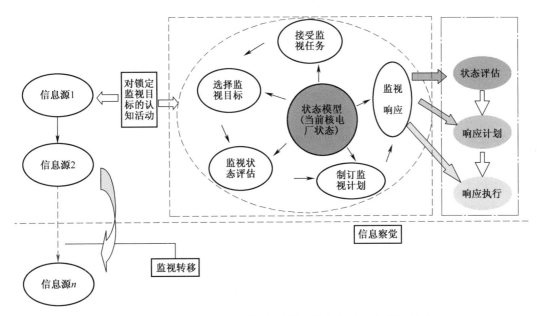

图 4-10 数字化核电厂主控室操纵员监视行为一般认知过程

主控室操纵员监视行为是一个复杂与动态的认知过程,特别是在复杂事故工况下,操纵员监视行为是与状态评估、响应计划与响应执行不断交叉与融合的(详见本书第 8 章),很难单独分开进行,这也使得操纵员监视行为影响因素增多,监视行为的认知机制更趋复杂,对监视行为绩效与可靠性是不利的。但是这种认知过程与行为的相互交叉与融合也是操纵员监视行为本质特征属性决定的,因为操纵员在执行对核电厂任何操纵行为时都离不开对电厂状态信息获取与外部知识资源的支持,因此,通过深入剖析操纵员监视行为过程可以发现,监视行为在操纵员整个操纵过程中是一种基础的与前提性的行为。

### 4.1.4 操纵员监视行为动力学机制

操纵员为了实现对电厂监测与控制,需要从主控室环境获取信息,这种信息获取行为是操纵员"有意识的"与"主动的",而且获取信息也是"有目标的"和"有指向性的"。不可否认,操纵员通过视听觉获取信息过程中,难以避免存在许多与操纵员主动获取的目标信息处于同一视野、听觉范围的其他信息也会同时以刺激形式被操纵员视听觉感受到,虽然这种非目标信息刺激进入视听感觉器是"自动的"与"无意识的"。前文部分阐述的监视行为认知模式与注意力机制表明,这类非目标刺激最终(绝大部分)会被操纵员视听觉加工系统"过滤或处理"掉,但是这类非目标刺激进入操纵员感觉器还是会对操纵员目标刺激的认知带来一定影响与干扰。因为人的注意力资源是有限的,人们无法完全排除这类非目标刺激的进入与干扰,但是可以加强对目标刺激的引导,强化目标刺激认知特征与努力。而这就需要研究阐明是什么因素在推动或引导操纵员信息获取与加工? 亦即操纵员监视行为的驱动机制。

人类视听觉信息的获得是外部视听觉刺激和人自身知识经验共同作用的结果,从信息处理加工方式来看主要有自下而上与自上而下两种。自下而上加工模式是 Lindsay 和 Norman 于 1977 提出的,又称为数据驱动模式。该模式信息加工源于由外部视听觉刺激,它既依赖于感官获取的刺激信息属性(如强度、物理特征与空间分布等),也离不开人的记忆参与(即知识经验)。自上而下加工模式是指人对信息加工处理依赖于人的知识经验结构,又称为知识驱动/模型驱动模式。现代认知心理学研究证实,人的这两种信息加工模式不是绝对截然分开的,而是常常相互作用、交叉并存的,当然,一般情况下可以基于面临的任务差异划定哪种模式处于主导地位。相关研究表明,在人的不同信息加工阶段,两种驱动模式作用也是不相同的,一般而言,在信息加工初级阶段(感觉登记),数据驱动起主要作用;在信息后续深入加工阶段(信息识别与决策),知识驱动可能起主要作用[10]。

数字化核电厂操纵员监视行为主要受两类影响因素影响或驱动:①外在环境刺激的属性与特征,主要包括主控室 VDU 等显示的信息自身特征(如 SG 水位显示是否有颜色醒目性等),以及电厂系统状态参数的变化(如报警信号出现)等;②操纵员自身知识经验和期望,与操纵员电厂状态心智模型和长时记忆紧密关联。前一种影响因素导致的监视行为称为数据驱动的监视行为,后一种称为知识驱动或者模型驱动的监视行为。

**1. 数据驱动监视行为**

主控室操纵员受到信息特征的引导/驱动的监视行为是数据驱动监视行为,如被动接收警报、接收通信和沟通等。数据驱动的监视主要受信息显示的醒目性影响(如信息显示大小、颜色和辅以语言等)。由于数字化采用 VDU 终端显示,与传统主控室相比,数据驱动的作用力下降。数据驱动的监视还受信息本身的特性影响,如信息的频带宽度和信息信号的变化速率,如事故始发事件发生后,操纵员更倾向观察快速变化的信号。

数据驱动的监视行为对于操纵员来说属于一种被动的信息获取模式,操纵员不是主动搜索、跟踪有关信息,而是由于电厂系统或设备某些信号信息的变化提示/引导操纵员去关注这些信号信息。数据驱动的监视需要注意力的高度参与与支持,信息认知速度与效率都比知识驱动的监视行为差,但是其可以有效应对核电厂突发情况或事件处理,有效弥补知识驱动对新的或突发状态/情景难以应对的局面。通过反复训练与培训,某些数据驱动的监视也可以逐步转化为知识驱动模式。

**2. 模型驱动监视行为**

在传统的主控室中,事故后状态下,由于信息显示的直接接近性,操纵员监视行为容易受到数据的驱动。在数字化主控室中,信息具有较强的物理显示局限性,操纵员须采取主动的监视行为获取信息,亦即知识/模型驱动的监视行为。知识驱动的监视行为中,操纵员调用长期记忆中的经验、知识和对相关系统形成的心智模型,主动地把注意力导向特定的信息。

知识驱动的监视行为主动积极,在这种驱动模式要获取的信息是操纵员想要的,对目标信息有较高的期望,通常该目标信息在操纵员大脑长时记忆中有较为清晰的整体认知模板。因此,知识驱动的监视行为一般占用注意力资源不多,认知速度也很快。但是知识驱动对操纵员知识经验和心智模型具有高度依赖性,操纵员在知识驱动模式下执行监视任务,有可能导致监视失误风险,如操纵员基于错误的心智模型就可能导致操纵员将注意力分配到错误的信息源。

知识驱动的监视行为有两个主要影响因素:①操纵员经过长期培训获得的储存在长时记忆中的知识经验;②操纵员基于对电厂状态反复诊断与操纵形成的电厂状态心智模型。

数字化主控室操纵员监视行为于数据驱动与知识驱动两种模式下的比较分析如表4-8所列。

表4-8 数据驱动与知识驱动的监视行为比较

| 类 型 | 数据驱动监视 | 知识/模型驱动监视 |
|---|---|---|
| 影响因素 | 环境显著性,如信息自身特征 | 操纵员知识经验与期望 |
| 获取信息方式 | 被动与消极获取 | 积极与主动获取 |
| 信息加工的过程 | 自下而上加工 | 自上而下加工 |
| 信息加工速度 | 相对慢,绩效相对低 | 快速,绩效高 |
| 阶 段 | 信息加工的初期 | 信息深度加工期 |
| 注意资源 | 占用注意资源多 | 占用注意资源少 |
| 特 征 | 受信息显著性影响<br>(如屏幕显示、警报、交流等) | 受情景意识或心智模型的影响,可能会使操纵员遗漏一些重要信息 |
| 相互作用 | 两种加工方式难以截然分开,可以在不同认知阶段相互转化,也可以在同一监视活动共同作用 | |

**3."数据-模型"混合驱动监视行为**

由上述分析可知,在模拟技术控制系统,由于其信息显示系统的物理特性显著、信号信息变化特征瞩目,容易引起操纵员注意,所以操纵员监视行为以数据驱动为主。而在数字化控制系统,显示信息的这种物理特性的显著性下降,使得数据驱动的作用力下降,操纵员常常须采取主动的监视行为获取信息,表现为模型驱动的监视行为。然而,数据驱动和模型驱动不是绝对的,它们经常交替、迭代,表现出数据-模型混合驱动监视行为。从整体上看,数字化主控室操纵员监视行为驱动机制就属于这种数据驱动与模型驱动共同作用的"混合驱动"。如果做进一步细分,则有,当电厂处于正常工况下,操纵员对电厂状态进行监控时,操纵员的监视行为以模型驱动为主,长时记忆深度参与此驱动过程;当电厂处于事故运行状态与执行特定的操纵任务或试验时,操纵员监视行为是基于SOP或任务规程/指令的引导而开展的,则变为以数据驱动为主,工作记忆深度参与此驱动过程。

操纵员在电厂处于正常工况与事故工况,以及执行专门操纵或试验任务时其监视行为驱动机制的差异列于表4-9。

表4-9 数字化核电厂处于不同运行工况下操纵员监视行为驱动机制比较

| 比较维度 | 正常运行工况 | | 异常工况 | 执行专门操纵<br>或试验任务 |
|---|---|---|---|---|
| | 巡盘 | 报警处理 | | |
| 信息加工<br>主要方式 | 自下而上<br>自动加工 | 自上而下<br>控制加工 | 自上而下<br>控制加工 | 视任务与信息特征而定 |
| 主要驱<br>动模式 | 知识驱动 | 数据驱动 | 数据驱动 | 混合式驱动 |

（续）

| 比较维度 | 正常运行工况 | | 异常工况 | 执行专门操纵或试验任务 |
|---|---|---|---|---|
| | 巡盘 | 报警处理 | | |
| 原始驱动信息 | 操纵员形成的巡盘路径与参数 | 报警信号或信息 | 六大状态参数或 SOP 规程指令 | 任务或操纵指令要求 |
| 主要注意方式 | 选择性注意 | 持续注意 | 选择与分配注意 | 选择与分配注意 |
| 转化可能性 | 可能转化 | 可能转化 | 可能转化 | 自动转化 |
| 主要影响方式 | 操纵员巡盘习惯路径与经验 | 是否辅以声光冗余报警 | 信息特征、人-机界面水平与努力程度 | 操纵熟练程度与信息特征等 |

### 4.1.5　操纵员监视转移机制及其马尔可夫模型

在一个随机过程中，如果在某一时刻，由一种状态发展到另一种状态的转移概率只与当前所处的状态有关，而与该时刻之前所处的状态完全无关，这种过程称为马尔可夫(Markov)过程。

**定义 1**：设 $\{X_n, n \in N\}$ 是一个任意序列 $N$ 是时间参数，$N = \{1,2,3,\cdots\}$，$S$ 是状态空间，$S = \{S_1, S_2, \cdots, S_m\}$，$m = \{1,2,3,\cdots\}$，则马尔可夫链可表示为

$$P\{X_n = S_m | X_1 = S_1, X_2 = X_2, \cdots, X_{n-1} = S_{m-1}\} = P\{X_n = S_m | X_{n-1} = S_{m-1}\} \quad (4-1)$$

**定义 2**：设 $\{X_n, n \in N\}$ 是马尔可夫链，条件概率：$P\{X_{m+n} = S_j | X_m = S_i\} = P_{ij}(m, m+n) = P_{ij}(n)$ 是马尔可夫链的第 $n$ 步转移概率。特别地，$P_{ij}$ 看成是第一步转移概率。第 $N$ 步转移概率，$P_{ij}$ 可以根据 Chapman-Kolmogorov 等式推导，第一步转移概率 $P_{ij}$ 是关键点，转移概率如下：

$$P_{ij} = \begin{bmatrix} P_{11} & P_{12} & \cdots & P_{1N} \\ P_{21} & P_{22} & \cdots & P_{2N} \\ \cdots & \cdots & \cdots & \cdots \\ P_{N1} & P_{N2} & \cdots & P_{NN} \end{bmatrix} \quad (4-2)$$

该矩阵有如下两个特征：

① $0 \leq P_{ij} \leq 1$，$i,j \in \{1,2,3,\cdots,N\}$

② $\sum_j P_{ij} = 1$，$i,j \in \{1,2,3,\cdots,N\}$

#### 1. 监视转移机制

核电厂操纵员的监视行为是从复杂动态的工作环境中获取信息的行为。在正常或异常工况条件下，尽管操纵员对信息的监视可能受信息重要性的影响，但是，操纵员监视活动是在电厂状态信息与操纵员心智状态信息驱动下展开的，是一个连续、动态过程。从监视行为活动本身来看，虽然监视目标具有一定的预期性（特别是事故状态下），但是监视路径与转移过程没有预期性与明显的规律，具有较明显的随机性，因此，监视过程可近似视为随机过程。一般而言，操纵员对系统状态监视的转移去向，通常取决于本次监视点的状态和因素，而与系统以前的状态无关，因此监视转移过程具有马尔可夫性。文献[11]，以及本著作作者进行的监视行为转移眼动

实验结果(本书第 14 章)均支持该论断。

基于操纵员监视行为特性,考虑监视转移过程的系统状态、人因因素、警报系统、二类管理任务和 SOP 等 5 个因素的影响,把数字化主控室操纵员工作站 VDU(操纵员主要监视单元,以 5 个为例,作为 5 个监视单元)、大屏幕 LED(将 4 个 LED 视为一个整体,作为 1 个监视单元)、班组成员沟通方式(即班组的口头交流、通信系统等视为 1 个监视单元)与其他部分(如就地操纵员异地活动监视等),作为操纵员监视活动获取信息的 8 个主要监视单元,以此为基础来描绘与构建数字化核电厂监视过程的马尔可夫模型(图 4-11)。图中每个监视目标单元有 $n$ 个"信息区域",操纵员监视转移活动将以下两种方式实现。

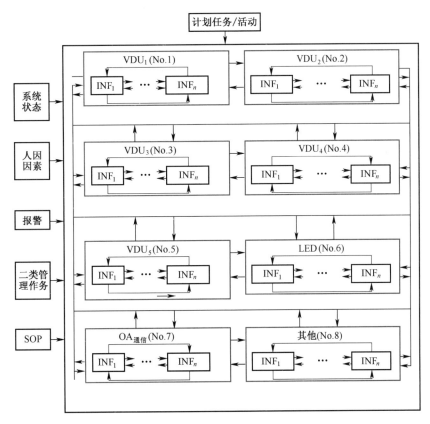

图 4-11 数字化核电厂主控室监视过程马尔可夫模型

(1)操纵员监视活动在图 4-11 中 8 个单元(No.1,…,No.8)之间转移,称为异构转移(即跨屏转移);

(2)操纵员监视活动在图 4-11 的每个单元内的不同"信息区域"或"信息源"(如 $INF_1$,$INF_2$,…,$INF_n$,其中 $INF_i$ 代表目标单元中第 $i$ 个信息区域)间转移,称为同构转移(即同屏转移)。

显然,在数字化核电厂操纵员监视转移马尔可夫模型中存在同构马尔可夫链及异构马尔可夫链两种类型。

2. 监视转移马尔可夫模型

1)监视转移可尔可夫性的进一步讨论

操纵员监视转移行为核心任务是要确定下一个监视目标的具体位置,并成功定位到该目标,

根据是否有规程引导,可分为以下两种情况:

(1)在电厂正常运行情况下,没有相应规程来引导操纵员监视转移行为,操纵员必须根据自己知识经验来开展监视活动,属于知识驱动的监视转移。操纵员一般依据所获取的当前控件状态或参数情况选择下一监视节点,那么在电厂主控室计算机显示屏中有限的控件或参数中,由当前监视节点转移到其中任意一个监视节点都符合一定的概率分布,且只与当前节点有关,与之前监视节点无关,符合马尔可夫性。

(2)电厂处于事故工况下,操纵员是按照SOP引导来执行操纵行为,监视转移也是在SOP指引下进行的,属于典型的数据驱动。操纵员下一时刻或下一步要获取什么目标信息,目标信息在什么位置SOP都会清楚地呈现给操纵员,并通过链接、导航等二类管理活动帮助操纵员定位到目标信息位置,完成监视转移行为。该过程操纵员自始至终都是基于当前电厂信息在SOP引导下去定位下一个目标信息,监视转移路径与对象显然仅仅与当前的信息有关,没有后效性,符合马尔可夫性。

2)监视转移行为马尔可夫定量模型

蒋建军、胡鸿和张力自2011年开始一起关注监视转移规律与机制研究[12,13],在剖析监视转移无后效性基础上,建立了监视转移马尔可夫模型(监视转移的逻辑同构马尔可夫模型及逻辑异构马尔可夫模型)及其转移概率计算模型。在此基础上蒋建军又对基于模糊免疫分段进化算法数字化人-机界面马尔可夫监视转移的优化模型进行了研究,建立了基于数字化人-机界面事故下规程自动布局最短移动路径算法的神经网络人因可靠性优化模型,并将所建立的数字化人-机界面优化模型对核电厂安全注入系统失误事件进行了应用性研究。

(1)数字化核电厂操纵员带条件监视过程的同构马尔可夫转移失败计算模型。

考虑操纵员监视行为的影响因素,如系统状态、人因状态、报警状态等,可构建带条件的隐马尔可夫模型(图4-12)。

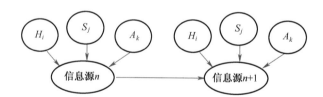

**图4-12 带条件的隐马尔可夫模型**

图4-12中,$H_i$表示人因状态处于第$i$种状态($i=1,2,\cdots,n$),$S_j$表示系统处于状态$j$($j=1,2,\cdots,m$),$A_k$表示报警为$k$状态($k=1,2,\cdots,s$)。那么操纵员监视行为同构转移失败的概率可依据以下公式计算。

$$P\{TR_{mn}^v, H_i, S_j, A_k\} = p\{T_a^v, H_i, S_j, A_k \mid T_m^v\}$$
$$= P\{T_n^v \mid H_i, S_j, A_k\}[P\{H_i(t)\} + P\{S_j(t) \mid S_j(t-1)\} + P\{A_k(t) \mid A_k(t-1)\}] \tag{4-3}$$

式中 $S_j(t)$ ——时刻$t$第$j$种系统状态;

$H_i(t)$ ——时刻$t$人因处于第$i$种状态;

$A_k(t)$ ——时刻$t$报警处于第$k$种状态;

$TR_{mn}^v$ ——操纵员监视第$v$个模块,从第$m$个信息转移到第$n$个信息的可靠性;

$P\{TR_{mn}^{v}, H_i, S_j, A_k\}$ ——操纵员在 $H_i, S_j, A_k$ 状态下,监视 $v$ 模块从第 $m$ 个信息转移到第 $n$ 个信息的可靠性概率;

$P\{T_n^v \mid H_i, S_j, A_k\}$ ——在 $H_i, S_j, A_k$ 状态下,监视 $v$ 模块中第 $n$ 个信息的可靠性概率;

$P\{H_i(t)\}$ ——人因处于第 $i$ 个状态时对系统的可靠性概率;

$P\{S_j(t) \mid S_j(t-1)\}$ ——在 $t-1$ 时刻系统处于第 $j$ 个状态的条件下,$t$ 时刻系统处于第 $j$ 个状态下的概率;

$P\{A_k(t) \mid A_k(t-1)\}$ ——在 $t-1$ 时刻警告处于第 $k$ 个状态的条件下,$t$ 时刻警告处于第 $j$ 个状态下的概率。

(2)数字化核电厂监视过程的异构马尔可夫转移失败计算模型。

对异构的马尔可夫转移过程是指监视转移行为发生在不同的单元之间(如 5 个 VDU 之间、VDU 与大屏幕 LED 之间等)的监视转移,其转移失败的概率定量模型可表达为

$$P(\lambda_{gy}^{uw}) = q_e(t+\Delta t) P\{B_y^g S_i, H_j, A_k\} \tag{4-4}$$

式中    $\lambda_{gy}^{uw}$ ——在时刻 $t$,系统状态为 $i$,人因状态为 $j$,警告状态为 $k$ 前提下,从第 $u$ 块的第 $w$ 个构件转移到第 $g$ 块的第 $v$ 个构件转移过程;

$B_y^g$ ——在系统状态为 $i$,人因状态为 $j$,警告状态为 $k$ 前提下,监视第 $g$ 块的第 $y$ 个构件;

$P(\lambda_{gy}^{uw})$ ——在时刻 $t$,系统状态为 $i$,人因状态为 $j$,警告状态为 $k$ 前提下,从第 $u$ 块的第 $w$ 个构件转移到第 $g$ 块的第 $v$ 个构件转移失败的概率;

$q_e(t+\Delta t)$ ——在时刻 $t+\Delta t$,系统状态为 $i$,人因状态为 $j$,警告状态为 $k$ 前提下,监视第 $e$ 块的权重系数;

$P\{B_y^g \mid S_i, H_j, A_k\}$ ——在系统状态为 $i$,人因状态为 $j$,警告状态为 $k$ 前提下,监视第 $g$ 块的第 $v$ 个构件失败概率。

### 4.1.6    操纵员监视行为可靠性分析模型

基于前述对核电厂监视行为过程分类,将监视行为过程图 4-10 中的第一阶段对锁定监视目标(信息)的 5 个监视认知活动(确定任务、信息获取、监视状态评估、监视计划与监视响应)视为一个连续整体的监视认知模块,定义为监视活动的"察觉",监视活动过程可以抽象为对监视目标的"察觉"与在不同监视目标间获取信息的"监视转移"两个过程,如此循环,直到操纵员完成当前认知任务(监控电厂某个系统状态、处理电厂某个异常事件等),如图 4-13 所示。

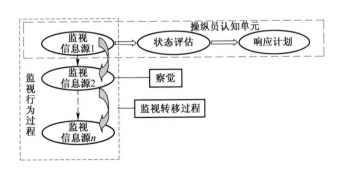

**图 4-13    数字化核电厂操纵员监视行为定量分析框架模型**

### 1. 监视行为可靠性分析原理

操纵员在非单一(独立)任务下的监视行为(包括电厂正常运行状态与异常)为动态与连续的,对给定的监视任务(如对某电厂事件/事故监视、对电厂某一特定系统的监视等),基于图4-13可以将操纵员监视行为按照监视活动固有的先后逻辑顺序(如关键信息呈现时间、结构顺序,或者规程规定的操纵节点顺序等),把连续、动态的监视过程依据过程中的监视目标(监视任务中特定的信息源或目标,如电厂运行中的某一状态/设备温度参数的即时($T_i$时刻)监视)将其划分为对应的监视点(称为监视节点或转移节点,记为$N_i,i=1,2,\cdots,n$)(图4-14),并基于以下假设与逻辑规则。

**图4-14　监视过程的监视节点(转移节点)逻辑示意图**

(1)监视活动按照图示监视节点逻辑关系自左到右依次开展,操纵员在监视过程中是不能自动跳过前面节点而进入下一个监视节点(即不考虑监视活动跳跃监视节点情况)。

(2)监视过程成功与否,由操纵员对图4-14中的各监视节点的察觉,以及对在相邻监视节点间监视转移成功与否决定,即任何一个节点监视失败将导致监视任务失败。

(3)不考虑监视失败的修复因子。则基于布尔代数逻辑运算规则,整个监视过程失败的概率$P_M^F$为各监视节点失败概率之和;每个节点信息的监视失败概率,可通过对该节点监视成功概率$P_{Mi}^S$取逻辑补来获取,而每个节点信息的成功概率由跟该节点信息直接相关的两类监视行为(即为对节点的察觉认知行为与从上个节点成功转移至该节点的监视转移行为)的成功转移概率决定,即操纵员对第$i$个节点信息的察觉成功概率与自上一个节点信息转移到节点信息$i$的成功概率,分别记为$P_{Di}^S$与$P_{Ti}^S$。

### 2. 监视行为可靠性定量分析程序

基于操纵员监视行为分析要求,以及监视行为各节点的逻辑关系,构建了监视行为可靠性定量分析程序(图4-15)。

步骤1:"判断电厂运行状态",即开始确定监视任务,进行监视分析前需要确定电厂的当前运行状态,只取"正常"与"异常"两种。

步骤2:"监视过程分解",即基于监视任务将操纵员监视过程按照一定规则与逻辑进行分解,划出监视过程的(转移)节点($N_i$)。①若电厂状态为"正常",基于监视任务、关键监视参数、操作规程与操纵员监视该类任务经验,采取专家判断方法合理地确定监视节点;②若电厂状态为"异常",对于核电厂概率安全风险评价(PSA)框架下的HRA监视任务,依据分析事件/事故的SOP规程来划分监视节点;③对于节点划分还可基于对操作流程与事件处理规程的知识表征方法来实现。

步骤3:"确定监视行为时间窗口",即划分监视活动的起点$T_0$与终点$T_E$,确定监视活动的时间段(窗口)。在核电厂概率安全风险评价的人因可靠性分析中,监视起点可设置为操纵员进入 SOP 时刻(记 0 时刻);在其他分析中要基于实际情况合理确定监视起点时刻。

步骤 4:"确定监视转移节点",即可基于上面步骤,划出监视过程的监视节点(转移节点)逻辑示意图,确定监视转移节点 $N_i$。

步骤 5:"计算第 $i$ 个节点信息操纵员监视成功的概率",即分别计算操纵员节点 $i$ 的察觉成功概率 $P_{Di}^S$ 与操纵员自节点 $i-1$ 转移到节点 $i$ 操纵员监视转移成功概率 $P_{Ti}^S$,并取两者概率乘积得到第 $i$ 节点信息操纵员监视成功概率。

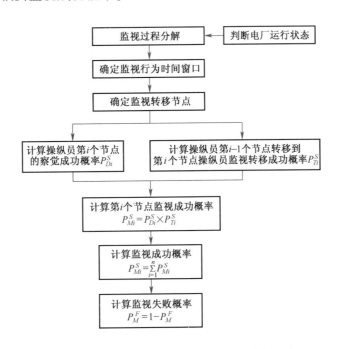

**图 4-15  操纵员监视行为可靠性定量分析程序**

3. 监视可靠性定量计算方法

1)操纵员对第 $i$ 个节点信息察觉成功概率 $P_{Di}^S$ 计算

操纵员对于第 $i$ 个节点信息的监视认知活动,可以视为操纵员对固定信息资源的监视认知活动,即操纵员对信息的察觉,其失败概率有两种方法可以得到:

(1)基于传统核电站监视失误经典概率值,结合数字化信息显示特征,采取外推方法来获得监视察觉失败概率值区间,然后取补得到察觉成功概率 $P_{Di}^S$。

(2)基于信号检测论(SDT)理论,结合模拟机试验统计结果来获得数字化操纵员对信息察觉失误概率均值与范围,然后依据相应的节点信息特征与影响因素来确定第 $i$ 个节点信息察觉成功概率 $P_{Di}^S$。

① 信号检测论。在信号和噪声两者处于离散状态而不容易分辨的情况下,可以应用信号检测论。信号必须由操作者检测,在检测的过程中会出现"有"(我检测到了信号)和"没有"(我没有检测到信号)两类反应模式,将操纵员在试验中的反应划分为四种:击中、虚报、漏报和正确拒斥。

在信号检测论中,可以用概率值表示这四类事件的值。各类事件的值等于该事件发生的数值除以图中每一列事件发生的总数,即 $P_{(hit)} + P_{(miss)} = 1$ 与 $P_{(fa)} + P_{(cr)} = 1$

② 基于信号检测论来计算操纵员节点 $i$ 的察觉成功概率 $P_{Di}^{S}$

操纵员在监视的察觉信息过程,实质上就是从大量的背景信息(电厂状态参数、图、表等)准确获得监视对象信息,若对该过程作如下处理:

a. 假设操纵员准确获得节点信息视为察觉成功,没有正确地获得节点信息就视为察觉失败。

b. 将节点所处的背景信息视为 SDT 中的噪声,则监视过程中需要操纵员察觉的信息就是可以视为操纵员的刺激。

c. 对应操纵员察觉节点信息失败概率就是 SDT 模型中操纵员漏报的概率,操纵员察觉第 $i$ 个节点信息的察觉成功概率 $P_{Di}^{S}$ 就是 SDT 模型中操纵员击中的概率 $P_{(\text{hit})}$。

操纵员漏报的概率 $P_{(\text{hit})}$ 是基于操纵员在噪声背景中漏报刺激(监视节点信息)反应实验的统计概率值 $P_{(\text{miss})}$,则操纵员察觉第 $i$ 个节点信息的察觉成功概率:

$$P_{Di}^{S} = 1 - P_{(\text{miss})} \tag{4-5}$$

2) 操纵员监视活动自第 $i-1$ 个节点转移到第 $i$ 个节点监视转移成功概率 $P_{Ti}^{S}$

转移成功概率可以参照上述 4.1.5 部分"监视转移机制及其马尔可夫模型"中关于监视转移失败概率计算方法来计算。

(1) 同构马尔可夫转移失败概率 $P_{Ti}^{S}$。

$$P_{Ti}^{S} = 1 - p\{T_{j}^{k} | H_{i}, S_{j}, A_{k}\}[p\{H_{i}\} + p\{S_{j}(t) | S_{j}(t-1)\} + p\{A_{k}(t) | A_{k}(t-1)\}] \tag{4-6}$$

(2) 异构马尔可夫监视转移失败概率 $P_{Ti}^{S}$。

$$P_{Ti}^{S} = 1 - p(\lambda_{jk}^{im}) = q_{j}(t + \Delta t) P\{B_{k}^{j} | H_{i}, S_{i}, A_{i}\} \tag{4-7}$$

3) 计算第 $i$ 个节点监视成功概率计算第 $i$ 个节点监视成功概率 $P_{Mi}^{S}$

$$P_{Mi}^{S} = P_{Di}^{S} \times P_{Ti}^{S} \tag{4-8}$$

4) 监视成功概率 $P_{M}^{S}$

$$P_{M}^{S} = \sum_{i=1}^{n} P_{Mi}^{S} = P_{M1}^{S} + P_{M2}^{S} + \cdots + P_{Mi}^{S} + P_{MN}^{S} \tag{4-9}$$

式中　$N$ ——监视节点数, $N = 1, 2, \cdots, n$。

则监视失败概率为

$$P_{M}^{F} = 1 - P_{M}^{S} \tag{4-10}$$

5) 单一(独立)任务操纵员监视失败定量分析

操纵员单一任务指的是操纵员执行定值、试验或维修等相对独立的特殊操纵任务。操纵员的监视行为主要为对操纵任务中的异常信息进行发现(察觉)。若假定操纵员发现任务操纵中的异常信息就视为监视成功,没有发现异常信息就视为监视失败,那么也可以利用信号检查论(SDT)方法,参照"操纵员第 $i$ 个节点信息察觉成功概率 $P_{Di}^{S}$ 的计算原理与方法来计算单一(独立)任务操纵员监视失败概率 $P_{M}^{F}$。

$$P_{M}^{F} = P_{(\text{miss})} = 1 - P_{(\text{hit})} \tag{4-11}$$

## 4.2 状态评估模型

状态评估是数字化核电厂操纵员认知行为过程的第二个重要阶段。操纵员获得必要的监视信息并对其含义理解之后,需要评价系统当前的状态是否可接受,或是当系统出现异常时,要判断其产生原因。影响状态评估行为过程的因素非常多,机制也十分复杂。状态评估的正确性反映出操纵员对电站当前运行状态的识别和理解程度,从而直接决定了其干预行为的有效性。Nullmeyer[14] 和 Endsley[15] 等的研究表明,因状态评估错误而造成的人因失误是导致许多重大事故的主要因素之一。

目前状态评估方面的研究主要集中于航空等领域,核能领域的相关研究较少。特别是在数字化条件下,操纵员所处的认知环境、所采用的工作模式及与系统交互的方式等已经发生了重大变化,操纵员在正常运行工况情况下和异常运行工况下对电厂状态判断的认知条件发生改变,有可能发生新的人因失误。

(1)状态评估的结果会反馈影响监视行为。虽然状态评估过程建立在监视所获得的信息基础之上,但其本身可以作为一种信息需求,能反过来驱动和影响操纵员的信息选择行为。主要表现在操纵员构造出针对电厂某一异常状况的假设或解释之后,会进一步寻求相关的信息对其假设的合理性进行验证和确认。

(2)状态评估会影响后续的响应计划及决策等活动。研究表明,在高度的时间压力下,个体的决策行为并不遵循经典决策理论中的期望效用理论,而是遵循以状态评估为导向的决策范式[16]。即个体并不会去详细计算和比较众多方案的效用值,而是把主要精力放在当前状态或情景的评估上。一旦辨明状态,应对策略及方案便会自然而快速地在头脑中产生。

### 4.2.1 操纵员状态评估过程的认知模拟

Endsley 认为状态评估是在特定的时间与空间条件下对环境中各种信息的知觉,对其意义的理解,并能预测其变化趋势[17]。

以核电厂的监控为例,操纵员首先需要通过信息搜索和注意模式调整等途径对系统运行状况的变化进行辨识;接着通过参照和整合各种相关信息来确定系统的运行状况是否与原计划相符,并对当前的系统状态是属于正常范围还是不可接受的异常状况做出明确的评价和判断;最后对引发该状况的原因进行解释和验证,并能够在上述基础之上对电厂状态的进一步演化趋势做出某种程度的预测。状态评估的结果就是在操纵员的头脑中形成对于电厂当前运行状况的情景意识或状态意识。状态意识反映出操纵员对电厂当前状态的理解水平,其从低到高可依次划分为感知、理解及预测三个层次或水平。

状态评估过程会随电厂状况的演变而循环往复地进行,相应地,操纵员的状态意识也会得以持续更新。状态评估的核心认知成分是推理。例如,对异常工况下电厂状态的理解需要进行诊断推理活动,而对电厂状况的演化趋势的预测则需要进行因果推断活动。因而可将状态评估过程抽象为一种不确定性状态下的认知推理活动,利用某些数学模型对该过程进行认知模拟。

### 1. 基于贝叶斯网络的操纵员状态评估过程模拟

贝叶斯网络[18-20]也称信度网络,是概率论和图论相结合的产物。贝叶斯网络的推理原理基于贝叶斯概率理论,推理过程实质上就是概率计算过程。贝叶斯网络的主要应用是作为一个用于计算事件信念(Beliefs of Event)的推理机,主要任务是计算"在给定的证据(或观察数据)的条件下,某些事件的发生概率"。作为一种基于概率推理的图形化网络,贝叶斯网络不仅提供了将知识图解可视化的方法,而且还能运用概率推理技术来处理不同知识成分之间因条件相关等因素而产生的不确定性。

从表现形式上看,贝叶斯网络是一种有向无环图,网络中每个节点对应于问题领域的某一变量或假设,节点之间的有向边则表示各变量间的因果影响关系,同时每个节点都对应着一个条件概率分布表,指明了子节点与父节点之间概率依赖的数量关系。贝叶斯网络是一种典型的不确定性知识表达与推理模型。

从知识表达来看,贝叶斯网络图能同时从定性和定量两个角度来表达某一领域知识。定性主要是指网络的拓扑结构形式能直观地表现出变量间的关联情况;定量主要是指依附在各节点上的条件概率表能体现出变量间的关联强度。

从推理来看,贝叶斯网络是基于概率论的严格推理,这种扎实的数学理论基础能够保证整个推理的完备性和一致性。

将贝叶斯网络的知识表征及推理机制与操纵员具体的状态评估过程进行比较,可发现二者具有相当大程度的可结合性。具体来讲,可以用贝叶斯网络的拓扑结构形式及其每个节点所附的概率表格以可视化的方式对某一时刻操纵员的心理电厂系统状态模型(操纵员头脑中对于电站当前发生的事件、事件线索以及电厂目前的可能状态等相互关联情况的认知)进行定性和定量的表征。而用贝叶斯网络的各种推理算法来刻画操纵员在其心理电厂系统状态模型基础之上所进行的一系列认知操作活动,即状态评估过程。

在检测到某一新证据信息后,该事件所代表的含义及其出现的缘由可以通过贝叶斯逻辑的后向推理而得以查询,该过程本质上是种诊断推理活动,代表着操纵员对于故障事件的解释。同时,该事件对于电厂近期状态的影响则可以通过贝叶斯逻辑的前向推理来预测,该过程本质上是种因果推理活动,代表着操纵员对于即将出现的相关事件的一种预期。当操纵员感知到有新的事件线索出现时,就会随即进行新一轮的状态评估,相应的反映电厂上一时刻状况的心理电厂系统状态模型也会在这一过程中随之而得到更新。

以一个例子来说明贝叶斯网络模拟状态评估过程[21]。图4-16是对操纵员在某一紧急工况下初始时刻的心理电厂系统状态模型表达,操纵员的感知、理解、推理等状态评估活动就是在图中所示这些因素所组成的关联模式基础上进行的,状态评估的结果表现在操纵员心理电厂系统状态模型的变化,即对电厂当前所处的状态的理解水平发生了改变。其中图4-16(a)是对操纵员经验知识的拓扑结构表示,其由线索、事件及状态这三个层次的要素构成。一个完整的操纵员心理电厂状态模型还应包括隐藏在每个节点后的条件概率表,它们体现了操纵员对各因素之间条件依赖关系的认知,图4-16(b)反映了稳压器压力水平节点的条件概率信息。

假设操纵员经过短时间的检查和确认后已经确信蒸汽管道的放射性报警不是伪信号,即蒸汽管道放射性报警这一事件线索已发生的概率从0.657上升至1。接收到这一证据信息后,蒸汽管道的放射性水平这一事件节点的概率值也随之更新,从0.674增至0.975,同时,该节点还

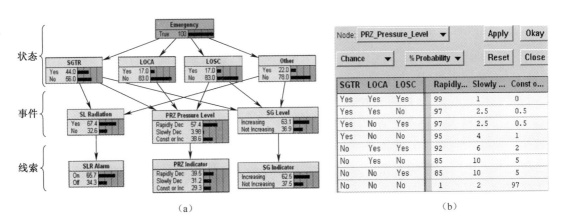

**图 4-16　操纵员在某一紧急工况下初始时刻的心理电厂系统状态模型**

（a）操纵员心理电厂系统状态模型的拓扑结构形式；（b）稳压器压力水平节点的条件概率表。

向其父节点蒸汽发生器传热管破裂和其他状态发送相关信息。两个父节点在接收到有关信息后，按照给定的公式[21]进行置信度更新，从图 4-17（a）中可看出两个状态节点的概率从 0.44、0.22 分别更新至 0.583、0.278。通过将更新后的状态概率值与相应的条件概率矩阵相乘，还可预测相关的事件及线索节点的概率值随电厂状态的改变而演化的情况。如本例中，蒸汽发生器传热管破裂和其他状态这两个节点的状态值发生改变后，相关的稳压器压力水平及蒸汽发生器液位等所处的状态概率值都发生相应变动。若假设蒸汽管道的放射性报警是一假信息，即其真实发生的概率已经从 0.657 下降至 0，相应的其余各节点概率值的变动情况如图 4-17（b）所示。

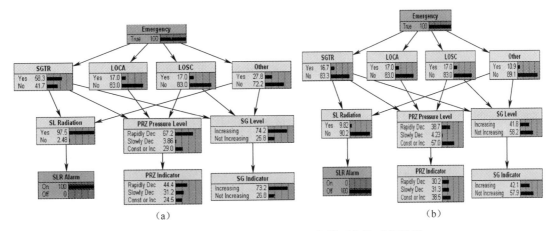

**图 4-17　操纵员心理电厂系统状态模型变化过程模拟**

（a）操纵员心理电厂系统状态模型的拓扑结构形式；（b）SLR 报警概率降低时状态意识的改变情况。

### 2. 基于模糊认知图的操纵员状态评估模拟

模糊认知图是 Kosko 提出的一种对动态系统进行分析和建模的人工智能方法，其建立于 Axelord 的认知图方法和 Zadeh 的模糊集理论基础之上[22,23]，通过在概念间的因果关系中引入模糊测度，模糊认知图将传统认知图中概念或变量间单纯的二值或三值逻辑关系扩展为区间 [-1,1] 上的模糊关系，可以处理传统认知图中不易被定义的概念间的作用关系，具有更强的表达和推理能力。

从图论的角度来看,一个模糊认知图的拓扑结构是一个三元序组 $G = \{C, E, W\}$,其中 $C = \{C_1, C_2, \cdots, C_n\}$,表示模糊认知图的概念节点集合。每个概念节点可视作模糊集合,可以表示系统中的某一现象、事件、状态和倾向等。每个概念通过状态值来刻画它的属性。$E = \{ < V_i, V_j > | V_i, V_j \in V \}$ 表示所有节点间的因果关联有向弧,每条有向弧实际上是定义了一条模糊规则。$W = \{W_{ij}\}$ 表示节点 $V_i$ 对 $V_j$ 的关联或影响强度,$W_{ij} > 0$ 表示概念节点 $C_i$ 对概念节点 $C_j$ 有正向的影响,$W_{ij} > 0$ 则表示概念节点 $C_i$ 对概念节点 $C_j$ 有负向影响,$W_{ij} = 0$ 则表示二者不存在因果影响关系。从知识的表示方式来看,模糊认知图主要通过将专家知识存储在概念节点自身的状态值及概念节点之间的影响关系中来实现对知识的表征。从推理过程或知识的使用机制来看,模糊认知图则是通过概念间因果关系的传播来模拟模糊推理。模糊认知图框架结构中各概念节点间的连接表示了概念间的柔性约束,其作用既是表示规则又是执行推理。

模糊认知图中每个概念节点的输出与概念节点自身所处的状态水平及外部因果关系强度等因素相关。当某一概念节点被激活后,其释放出因果信息流,经过模糊因果有向边而传至模糊认知图中的其他概念节点。模糊认知图通过整个网络各概念节点的状态值及权重的相互作用来产生对系统动态行为的模拟,其运作相当于一个非线性动力系统,其能够将输入映射为输出平衡态,每个输入都可看作是在虚拟空间中开辟一条通路。与类神经网络的神经元相似,模糊认知图能够将非线性的转换权重汇总换算为数值输出。

因果知识蕴含着事物间广泛存在的相互联系、相互制约和相互影响关系。人的联想、判断、推理等认知活动也大多以记忆中存储的因果知识为基础。从某种程度上讲,人的智能行为主要表现为建立和使用因果知识的过程。操纵员的状态评估过程就是一个典型的模糊因果关系推理过程,可运用模糊认知图来分析和模拟其对各种变量间模糊关系的认知过程。

同贝叶斯网络一样,模糊认知图的结构本身具有很强的语义,其表现问题直观,能与操纵员头脑中的知识结构形成很好的映射关系,图 4-18 就是一个简化了的操纵员的心理电厂系统状态模型的抽象表示。图中的方框代表各个概念或变量,箭头及所附数值则表示因果影响的方向及大小。

各个变量间的关联情况构成一个影响关系权重矩阵 $\boldsymbol{W}$。

$$\boldsymbol{W} = \begin{array}{c} \\ A \\ B \\ C \\ D \\ E \\ F \\ G \\ H \\ I \end{array} \overset{\displaystyle A \quad B \quad C \quad D \quad E \quad F \quad G \quad H \quad I}{\begin{bmatrix} 0 & 0 & 0 & 0 & 0 & 0 & 0 & 0 & 0 \\ 0 & 0 & 0 & 0 & 0 & 0 & 0 & 0 & 0 \\ 0 & 0 & 0 & 0 & 0 & 0 & 0 & 0 & 0 \\ 0.75 & 0 & 0 & 0 & 0 & 0 & 0 & 0 & 0 \\ 0 & 0.75 & 0 & 0 & 0 & 0 & 0 & 0 & 0 \\ 0 & 0 & 0.75 & 0 & 0 & 0 & 0 & 0 & 0 \\ 0.45 & 0.45 & 0 & 0 & 0 & 0 & 0 & 0 & 0 \\ 0 & 0.45 & 0.45 & 0 & 0 & 0 & 0 & 0 & 0 \\ -0.85 & 0 & 0 & 0.7 & 0 & 0 & 0 & 0 & 0 \end{bmatrix}}$$

图 4-18 中变量间的影响关系权值不代表实际情景,若要获得更为精确的变量间影响关系权值或真实情景下更为复杂的操纵员心理电厂系统状态模型,可通过采用 Hebbian 等训练算法从样本数据中进行学习得到。

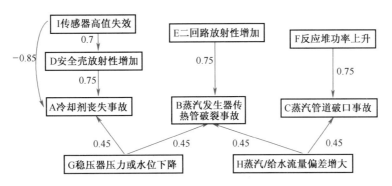

**图4-18　操纵员在某一情景下心理电厂系统状态模型的简化表示**

图4-18以外化的方式展现了操纵员在某一情景下头脑中正处于活跃状态的知识结构,而在此知识结构基础上所进行的一系列动态操作或计算过程可视为状态评估过程。被激活的概念节点会将自己的输出通过连接权传递给其他的节点,同时接收其他节点传递过来的因果影响。通过各概念节点间状态值及关系权重值的相互作用,最终获得一种关于某一情景的较为稳定的认知结果。

有关模糊认知图推理的数学模型和方法可详见文献[24,25],其有关核电厂应用的示例可见文献[26]。

**3. 两种状态评估模拟方法比较分析**

贝叶斯网络和模糊认知图都属于人工智能领域的建模方法。虽然两者都能够在某种程度上对人的信息整合及推理判断行为进行模拟,但在模型原理上有较大差别。下面对两种状态评估模拟方法各自所呈现的特点进行对比分析。

贝叶斯网络的计算过程实际上是一种严密的概率推理过程,属于精确推理范畴,由于任意一个节点的概率值改变都会导致所有相关节点的概率值按照贝叶斯法则进行动态更新,从而能够保证整个推理过程的一致性。贝叶斯网络的良好特性使其能够较好地匹配和模拟状态评估这种动态的认知推理活动。但其也存在不足或局限性,主要表现如下。

(1) 贝叶斯网络是一种理想的计算模型,它只适合于具有完全理性的"理想人",而并不完全适合于真实的人。根据Simon的思想[27],现实中的人往往有着有限的知识、有限的认知资源和有限的信息处理能力,因而只具备有限的理性,而有着有限理性的人的判断过程常常又会受信息呈现格式的影响,其推理过程及判断标准也会时常缺乏连贯性和一致性。Kahneman认为朴素的推理者无法正确解决基本的条件概率推理问题,因为他们根本就不具备处理概率问题的能力[28]。贝叶斯网络的推理需借助于对各节点条件概率表的查询及操作来实现,对于复杂的问题,每个节点所对应的条件概率表会很大,甚至可能超过人的短时记忆容量,这不仅使人无法全面和准确地考虑各因素间的条件概率关系,更没有能力进行复杂的条件概率推算。

(2) 不是任何条件下都能无约束地运用贝叶斯网络模型。首先,贝叶斯网络结构的问题域蕴含着一致条件独立性,当某些问题域中存在非一致条件独立性时,无法用现有模型来描述[29]。其次,条件概率表要求给定在父节点不同组合情况下子节点的概率值,其项数随着该节点的父节点的增加呈指数增长,当条件概率表的规模增长过快时,其计算复杂度迅速上升[30]。最后,贝叶斯网络是一个有向无环结构,不能处理存在因果环路的问题,而现实中由于变量间的复杂交织,这种因果环路大量存在。

模糊认知图的计算过程实际上是一种数值推理过程,属于近似推理范畴。相关事实的结论可以从其直接相连的节点中推导出来,而不必遍历整个知识库。与贝叶斯网络模型相比,模糊认知图不需要各个节点都对应一个条件概率表,而只需要一个表征各变量间相互影响关系大小的权重矩阵。模糊认知图的另一显著特点是系统间满足简单的可加性,并能够表示很难用贝叶斯网络及马尔可夫网络等表示的具有反馈回路的动态因果系统。

相对于贝叶斯条件概率推理,人更擅长于处理简单的数值计算问题,这在关系矩阵是稀疏矩阵时表现得尤为明显。基于模糊认知图的状态评估过程模拟具有自然、直观的特点,更接近于操纵员在真实情景中的认知行为表现,因此它更适合于模拟人的直觉推理过程。

Edwards[31]认为,人在主观概率的估算中大体上遵循贝叶斯法则。与 Simon 和 Kahneman 的思想相比,该观点对人的限定显得更为宽松。综合两者来看,操纵员在某些时候或条件下的推理判断活动是近似符合贝叶斯理论的,关键取决于操纵员所面临的情景特征及当时所处的认知状态。

前文提到基于贝叶斯网络的状态评估过程需要耗费相当多的记忆、计算等认知资源,如果操纵员面临的情景不是特别复杂严峻,并且处于很好的认知状态,那么他是有可能按照贝叶斯法则来整合和加工信息的;反之,若操纵员当时的心理负荷已经很高、时间压力又特别大,即操纵员正处于较差的认知状态,其就会倾向于运用基于经验的直觉推理来解决问题,这种情景下采用模糊认知图来模拟分析操纵员的状态评估过程将更合适。

综上所述,结合采用贝叶斯网络和模糊认知图两种方法来对不同情景下的状态评估过程进行分析是可行与有效的,可全面地揭示不同条件下操纵员状态评估过程的特点。

### 4.2.2　操纵员状态评估模型

状态评估任务是一种复杂的不确定性推理活动,属于高层次的问题解决活动。事故情景下,操纵员需要解决的问题常常具有高度的变异性。按照 Reason 的理论,可将其划归于“多重动态结构(Multiple-Dynamic Configuration)”类问题[32],即问题的结构不是静止不变的,一方面,若操纵员未在规定的时间做出正确响应,则问题的性质就会发生变化;另一方面,操纵员中途的临时干预行为及系统状态的自然演进等,也会使问题的结构发生变化。

状态评估任务的复杂性还受系统自身的特征的影响,如系统的构成、运行等。从系统构成来讲,核电厂的规模庞大、结构复杂、子系统数量众多,操纵员难以建立起完整和准确的心理模型,不易对故障做出精确的定位。从核电厂的运行来讲,整个系统具有很强的耦合性和动态性,系统运行的速度及产生的信息,远远地超过人的信息处理速率和信息获取带宽,使得操纵员在进行状态评估时,只能注意和考虑到有限的系统参数信息,一些症状信息可能还未来得及被操纵员处理,就已经再次发生了变化。

1. 操纵员状态评估模型构建

操纵员心理电厂系统状态模型的基本功能是对事件、现象等进行描述、解释和预测[33],也与 Endsley 关于状态评估的三个层次或水平的界定相一致[17]。将心理电厂系统状态模型形式化地定义为

$$M = f(R, C) \tag{4-12}$$

式中 $M$ ——操纵员心理电厂系统状态模型；

$\quad\quad R$ ——表征；

$\quad\quad C$ ——计算。

该定义把心理电厂系统状态模型看作一种认知函数,该函数的功能是对事物进行描述和解释,要实现该功能,则必须依赖于表征和计算两个基本的认知操作。

心理表征作为一种感知过程或心理结构,其主要由两部分构成:当前时刻感知到的新信息;上一时刻状态评估所得的结论等记忆信息。心理表征的主要功能是对所观察到的现象进行简化、概括及抽象,并将它们以命题、表象等数据结构或数据形式存储在人脑的短期记忆中,在头脑中建构起对整个事故情景的一种定性或定量的描述。而计算作为一种思维加工过程,其主要功能是对头脑中业已形成的表征内容,做进一步的计算推理操作,如诊断某类事故现象的原因,对整个事故情景构建出一种合理而又一致的解释。计算过程推动着心理电厂系统状态模型的不断更新。

由于实际任务中,操纵员主要依赖假设检验策略来进行状态评估或诊断,故心理表征可被具体表示为由证据信息集、假设信息集和判断的信心水平三部分组成的一个集合(式(4-13))。而对应的计算过程,也可被表示为由假设产生、假设验证这二项认知思维活动组成。

$$R = \{E, H, C\} \tag{4-13}$$

式中 $E$ ——征兆或证据等与电厂异常状态有关的信息；

$\quad\quad H$ ——假设,它是操纵员对征兆产生原因的解释；

$\quad\quad C$ ——操纵员对自己所做的某一判断或假设的信心程度或置信水平。

关于假设产生过程,研究表明[34,35],人在任意时刻,只能就某个问题情景产生有限数量的假设,即产生的假设通常只是该问题所有可能的假设集中的一个子集。Mehle 和 Elstein 等的研究表明,专业的机械师和医生在进行较复杂的故障判别或疾病诊断时,一般只能考虑到 4~6 种可能的假设或解释[36,37]。这主要是由于人认知能力的限制,尤其是短时记忆容量有限[38]。人在高认知负荷及时间压力下,产生的假设数量会更少[39]。本章将操纵员产生的假设集合作如下定义:

$$H = \{h_1, h_2, \cdots, h_n\}, 0 \leqslant n \leqslant 8 \tag{4-14}$$

该集合是动态的,其大小及内容会随新接收到的信息或任务情景的演进而变化,如有的假设可能因被证伪而从记忆中消退,而有时又会产生新假设。

对于操纵员的假设验证过程,本章采用贝叶斯公式对其进行刻画。因为以它为基准,既能够揭示人的诊断推理行为是否合乎理性,如假设验证推理的系统性、连贯性及一致性等,又能对推理过程中产生的认知失误的性质、来源等进行辨识。此外,考虑到人的思维特点,本章采用信心水平大小替代绝对的概率值,并将信心水平定义为集合:$C_L =$ (非常低,较低,中等,较高,非常高)。它们表征了操纵员对其所作判断或所持假设正确性的自信水平。为便于运算,将它们表示为

$$P = \{0, \rho, \mu, \sigma, 1\} \tag{4-15}$$

在上述分析的基础上,构建出以下操纵员的状态评估模型(图4-19)。该模型侧重于从人与系统相互作用的角度来界定操纵员的状态评估活动,以体现状态评估的动态性、复杂性等特征。状态评估任务主要涉及人的三大认知功能:注意力、长时记忆和短时记忆。注意力主要负

责信息接收和信息搜寻;长时记忆主要负责与当前任务或情景相关的知识经验等的提取,如各类异常事件或事故的典型特征以及发生的可能性大小等;短时记忆主要负责表征和计算,如构建出某类事故情景的心理表象、进行诊断推理及假设验证等。

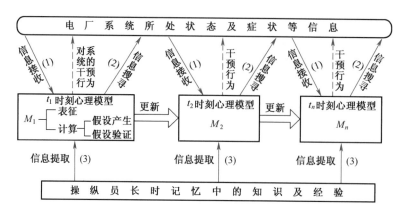

**图 4-19  核电厂主控室操纵员状态评估模型**

(注:图中,(1)代表显著性偏差;(2)代表确认偏差;(3)代表记忆信息提取偏差)

从图 4-19 中可以看出,操纵员的状态评估活动主要是一种对电厂系统状态认知的心理模型的创建及更新过程。虽然上文将心理电厂系统状态模型划分为表征和计算两个层面,但二者并非完全独立,上一阶段计算的结果通常会转化为下一阶段初始时刻的心理表征。即上一阶段的状态评估的结果,会成为下一阶段状态评估的基础,并在新获取的证据信息的基础上,作进一步更新,不断循环,直到对系统做出正确的把握、诊断,或建构起对系统准确的心理模型。这种认知循环,既是状态评估任务的动态连续性特征的反映,也是心理模型随情景变化而得以更新的内部机制。本章假定操纵员按照贝叶斯法则对其心理模型进行计算更新,且当出现支持某一假设的证据信息后,操纵员会按如下原则增加其对该假设的信心:

$$P(h_{n(t_{i+1})}) = P(h_{n(t_i)}) \left[ 1 + \frac{P[e_{t_{i+1}} | h_{n(t_i)}]}{P(e_{t_{i+1}})} \right] \qquad (4-16)$$

式中  $n$ ——假设序号;

  $i$ ——某一时刻;

  $P(h_{n(t_i)})$ 、$P(h_{n(t_{i+1})})$ ——操纵员在 $t_i$、$t_{i+1}$ 时刻对假设 $h_n$ 所持的信心水平,或认为假设
      $h_n$ 成立的主观概率大小;

  $P(e_{t_{i+1}} | h_{n(t_i)})$ ——操纵员认为 $t_i$ 时刻的假设 $h_n$ 如果成立的条件下,其会在 $t_{i+1}$ 时刻观察
      到证据现象 $e_{t_{i+1}}$ 的可能性大小;

  $P(e_{t_{i+1}})$ —— $t_{i+1}$ 时刻某物理现象 $e_{t_{i+1}}$ 出现的概率值。

由于本章所讨论的证据信息 $e$,都是已被操纵员所观察或感受到的物理现象,即有 $P(e_{t_{i+1}})=1$,式(4-16)可进一步简化为

$$P(h_{n(t_{i+1})}) = P(h_{n(t_i)}) [ 1 + P(e_{t_{i+1}} | h_{n(t_i)}) ] \qquad (4-17)$$

一般而言,操纵员的信息搜寻行为、对系统的干预行为等,并非完全随机地进行,而是有某种行动的依据或是驱动力,而心理电厂系统状态模型恰好充当了这一角色,即操纵员通常会基于自己的心理电厂系统状态模型来决定对哪些信息予以关注或进行哪项操作。若构建的心理

电厂系统状态模型与系统的实际状况不符合或有误,就会引发确认偏差和错误操作。确认偏差会误导操纵员,使其将主要精力投放到错误的假设及不相关的信息上,进而会更远地偏离对系统状态的正确把握。错误操作会使系统的状态发生进一步的改变,而这些信息又可能会与原事故信息相混合,造成症状信息之间的掩盖和混淆,使操纵员不容易做出区分和解释。总之,上一阶段的错误诊断或错误操作,可能会被传递到下一阶段,或是增加后续阶段的状态评估任务的难度和所用时间。

图4-19描述了典型的认知偏差类型及其产生的主要阶段。显著性偏差是指人倾向于将注意力主要或优先投入到那些物理特征特别显著,而信息重要度却不高的刺激信息上[40],一般发生在信息的输入及其初始表征阶段。显著性偏差与系统的界面设计密切相关,如信息的布置、显示设计不当,则那些很容易获取,或是非常凸显的信息就会被捕获、占用或消耗人有限的注意力,进而无法及时地注意到其他的关键信息,造成这种偏差。此外,干扰因素,如问题解决过程中突然接收到的某条信息等,也易引发该类偏差。尽管前面提到的确认偏差也属一种信息输入偏差,但二者有一定区别。前者主要是一种认知上的过滤偏差,即倾向于接收与原有心理模型相符合的信息;而后者则主要属于一种物理上的过滤偏差。

记忆信息提取偏差是第三类认知偏差。该认知偏差主要发生在假设产生阶段。它很大程度上决定着操纵员在面临某类事故情景时,会产生哪些与之相关的事故原因假设,以及它们的主观先验概率分布等。影响该类偏差的主要因素有:代表性(Representativeness)[29]、可得性(Availability)[41]、临近性(Recency)及发生频率(Frequency)[35]。那些非常典型的、容易被回想起的、刚发生过不久的、曾在操作中常遇到过的事件或征兆有关的知识,一般会被优先从记忆中提取出来,造成思维定势,不利于问题的有效诊断和解决。Kang等曾提出了衡量记忆库中的某一知识框架,是否能被成功激活或提取的公式[42],本章对其作适当修改,用作计算某一假设是否能够被操纵员有效产生或提出的概率,即

$$P(R_{h_i}) = \begin{cases} 1, & \text{当 } t - T_i \text{ 非常小} \\ e^{-r(t-T_i)/(n_i+f_i+1)}, & \text{其他} \end{cases} \tag{4-18}$$

式中　$P(R_{h_i})$ ——第 $i$ 个假设能被有效地从记忆中提取出来的概率;

　　　$t$ ——目前所处的时间;

　　　$T_i$ ——与假设 $i$ 有关的知识距现在最近一次被使用时所处的时间;

　　　$r$ ——与假设 $i$ 有关的知识被遗忘的速率;

　　　$n_i$ ——与假设 $i$ 相关的知识被运用过的次数;

　　　$f_i$ ——在实际操作或培训中,遇到过多少次与假设 $i$ 有关的事件。

2. 案例分析

以美国 Crystal River 核电厂发生的一次意外停堆事件为例[43-45],采用上述模型对该事件中操纵员当时的状态评估过程进行微观的重构分析。该事件的大致情况为:在反应堆启动后不久的功率提升过程中,因冷却剂系统出现压力瞬态,稳压器喷淋自动开启,并且因其阀门出现机械故障而一直未被停闭,但主控室的显示面板上却指示该阀门处于关闭状态。操纵员一直未能有效地识别出阀门存在的故障,且将问题误诊断为反应堆功率过低而引发的一二回路间功率失配,还采取了一系列的错误操作。

1）$t_1$ 时段

（1）表征：操纵员注意到冷却剂系统的压力正在不断下降，即有：

$e_{(t_1)}$（反应堆冷却剂系统压力正逐步下降）。

（2）计算：操纵员对该现象做出了四种可能的解释，即产生了四种假设：

$h_{1(t_1)}$（稳压器喷淋控制阀被意外开启或未完全关闭）；

$h_{2(t_1)}$（稳压器泄压阀未完全关闭或有泄漏）；

$h_{3(t_1)}$（反应堆功率过低而不能匹配二回路的负荷要求，进而导致冷却剂处于过冷状态）；

$h_{4(t_1)}$（失水事故（LOCA））。

操纵员对上述各假设赋予的信心水平值分别为

$$P(h_{1(t_1)}) = \sigma \; ; P(h_{2(t_1)}) = \mu \; ; P(h_{3(t_1)}) = \sigma \; ; P(h_{4(t_1)}) = \rho$$

之所以会产生上述假设及先验信心水平值，主要是因为操纵员的思维活动，极大地受到其已有记忆经验、当时的情景等因素的影响。首先，电厂刚进行过一次短期的检修，加之受三哩岛核电厂事故经验的深刻影响，操纵员自然会对阀门相关的问题予以关注；其次，从电厂所处的工况来看，当时反应堆正处于启动后不久的功率提升阶段，稳压器喷淋阀在该阶段常常会被自动开启；另外，从当时的任务情景来看，操纵员正在进行冲转汽轮机的操作，依照操纵员的经验，该阶段的操作通常都会伴随有因一二回路间功率失配而导致的压力瞬态。而失水事故与前三个假设相比，其本身属于小概率事件，一般不会发生。

假定操纵员认为以上各种假设成立的条件下都可能出现系统压力下降现象，即有先验信心水平：

$$P(e_{(t_1)} \mid h_{1(t_1)}) = \mu \; ; P(e_{(t_1)} \mid h_{2(t_1)}) = \mu \; ; P(e_{(t_1)} \mid h_{3(t_1)}) = \mu \; ; P(e_{(t_1)} \mid h_{4(t_1)}) = \mu$$

如果操纵员的诊断推理是理性的，即其对心理表征所进行的认知操作或计算是符合贝叶斯法则的，那么当观察到 $e_{(t_1)}$ 发生时，即 $P(e_{(t_1)}) = 1$，则会得到如下结果：

$$P(h_{1(t_1)} \mid e_{(t_1)}) = \mu \cdot \sigma \; ; P(h_{2(t_1)} \mid e_{(t_1)}) = \mu \cdot \mu \; ; P(h_{3(t_1)} \mid e_{(t_1)})$$
$$= \mu \cdot \sigma \; ; P(h_{4(t_1)} \mid e_{(t_1)}) = \mu \cdot \rho$$

这是操纵员在该阶段对事故情景所形成的最终心理电厂系统状态模型，可以看出操纵员认为最可能解释系统压力下降症状的假设是 $h_1$ 和 $h_3$。由于人的思维认知过程是连续进行的，所有未被明显证伪的假设，将会继续被保留在短时记忆中，成为下一时段操纵员的心理模型或心理表征的基础。

2）$t_2$ 时段

（1）表征：

上一时段心理模型的结果会转化为 $t_2$ 时刻操纵员的心理表征，即

$$P(h_{1(t_1)} \mid e_{(t_1)}) = P(h_{1(t_2)}) = \mu\sigma$$
$$P(h_{2(t_1)} \mid e_{(t_1)}) = P(h_{2(t_2)}) = \mu^2$$
$$P(h_{3(t_1)} \mid e_{(t_1)}) = P(h_{3(t_2)}) = \mu\sigma$$
$$P(h_{4(t_1)} \mid e_{(t_1)}) = P(h_{4(t_2)}) = \mu\rho$$

$t_2$ 时段新观察到的证据信息为：

$e_{(t_2)}$（控制面板上指示稳压器喷淋控制阀处于关闭状态）。

（2）计算：

如果有 $P(e_{1(t_2)}|h_{1(t_2)}) = \rho$，即操纵员根据已有记忆经验，认为在假设 1 出现的条件下，$e_{(t_2)}$ 现象产生的先验概率为"较低"，那么根据贝叶斯法则有 $P(h_{1(t_2)}|e_{1(t_2)}) = \rho\mu\sigma$，即操纵员对假设 $h_1$ 成立所具有的信心水平下降。操纵员对其他假设的信心水平值暂时保持不变。

3）$t_3$ 时段

（1）表征：

在 $t_2$ 时刻心理模型基础上，操纵员在 $t_3$ 时刻对事故情景有如下心理表征或认识：

$$P(h_{1(t_3)}) = P(h_{1(t_2)}|e_{1(t_2)}) = \rho\mu\sigma$$

$$P(h_{2(t_3)}) = \mu^2$$

$$P(h_{3(t_3)}) = \mu\sigma$$

$$P(h_{4(t_3)}) = \mu\rho$$

理性的操纵员一般会按其对各假设的信心水平值、验证的复杂性程度（所需的证据数量）等，以决定假设验证的顺序或证据信息搜寻的优先级。尽管有：

$$P(h_{1(t_3)}) < P(h_{4(t_3)}) < P(h_{2(t_3)}) < P(h_{3(t_3)})$$

即操纵员对 $h_3$ 所持的信心水平比 $h_2$ 稍高，但由于对 $h_2$ 的验证比 $h_3$ 简单得多，理性的操纵员经过权衡之后，一般会优先选择对 $h_2$ 进行验证。

$t_3$ 时段新获取的证据信息为：$e_{(t_3)}$（控制面板上指示稳压器泄压阀处于关闭状态且稳压器泄压箱水位正常）。

（2）计算：

操纵员根据此刻观察到的证据信息和已有知识经验，有先验概率值 $P(e_{2(t_3)}|h_{2(t_3)}) = 0$，即基于假设 $h_2$，操纵员认为其不可能观察到证据信息 $e_{(t_3)}$，按贝叶斯法则可进一步计算得到 $P(h_{2(t_3)}|e_{2(t_3)}) = 0$，即 $h_2$ 被证伪，下一时刻它将不再被纳入考虑范围。

4）$t_4$ 时段

（1）表征：

上一时段的心理模型转化为 $t_4$ 时刻操纵员的心理表征，即

$$P(h_{1(t_4)}) = \rho \cdot \mu \cdot \sigma ; P(h_{3(t_4)}) = \mu \cdot \sigma ; P(h_{4(t_4)}) = \mu \cdot \rho$$

按照证据信息获取的优先法则，下一步操纵员应该搜寻与假设 3 相关的证据信息，对其进行验证，但在此时段，一现场操作人员突然主动向操纵员报告了一条错误的信息：$e_{(t_4)}$（一稳压器的加热器处于零功率状态），操纵员的注意力被这条突然插入的信息所捕获，原信息获取和假设验证顺序被打乱。

（2）计算：

当稳压器喷淋阀开启而流入太多冷水时，为保持稳压器内的水处于饱和状态，加热器会自动启动，将多余的冷水加热至饱和状态。而目前加热器正处于零功率状态，显然与操纵员基于 $h_1$ 所形成的对系统状况的先验预期不符，即 $P(e_{(t_4)}|h_{1(t_4)}) = 0$，进而操纵员遵循贝叶斯法则会得出判断 $P(h_{1(t_4)}|e_{(t_4)}) = 0$，因此 $h_1$ 被拒绝，稳压器将不再属于被操纵员关注的重点。

5）$t_5$ 时段

（1）表征：

上一时段的心理模型转化为 $t_5$ 时刻操纵员的心理表征,即

$$P(h_{3(t_5)}) = \mu\sigma \; ; \; P(h_{4(t_5)}) = \mu\rho$$

此时段新获取的证据信息为:$e_{(t_5)}$(反应堆冷却剂系统的平均温度有所下降),这也属虚假信息,事故后调查发现,系统温度一直是相对稳定的,这可能是操纵员读错了数据或是产生了错觉,也可能是系统温度的确出现过短暂的小幅波动,但却被操纵员有所夸大,并将其作为对假设3的一种确认验证信息。

(2)计算:

如果操纵员根据已有记忆知识有先验概率 $P(e_{(t_5)} | h_{3(t_5)}) = \sigma$,也即若假设3成立,则其认为能观察到证据信息 $e_{(t_5)}$ 的概率非常高,那么操纵员按照式(4-17)更新其对相关假设成立的信心水平,就会得出判断:

$$P(h_{3(t_5)} | e_{(t_5)}) = \mu\sigma + \mu\sigma^2$$

同样地,如果操纵员对假设4具有先验概率 $P(e_{(t_5)} | h_{4(t_5)}) = \rho$,那么按贝叶斯法则其会得出判断 $P(h_{4(t_5)} | e_{(t_5)}) = \mu\rho^2$。由于 $P(h_{3(t_5)} | e_{(t_5)}) > p(h_{4(t_5)} | e_{(t_5)})$,故操纵员更可能将问题诊断为反应堆功率过低,且基于此操纵员还采取了增加反应堆功率操作,但随后又因对该诊断不完全确定等原因,而终止了该项错误操作。

6)$t_6$ 时段

(1)表征:

操纵员在上一时段的心理模型,构成了其在 $t_6$ 时刻的心理表征基础,即

$$P(h_{3(t_6)}) = \mu\sigma + \mu\sigma^2 \; ; \; P(h_{4(t_6)}) = \mu\rho^2$$

正当操纵员在仔细观察系统反应状况的时候,此刻一个辅助设备操作员却报告说,其观察到排往除氧水箱的蒸汽流量增大,操纵员的注意力随即被转移到了这条证据信息上,即此时段新获取的证据信息为:$e_{(t_6)}$(排往除氧水箱的蒸汽流量增大)。

该操纵员报告的应该是事实,因为根据事故报告,操纵员在未完全弄清楚冷却剂出现瞬态的原因之前,曾不止一次地提放过反应堆控制棒,这可能会引起蒸汽流量的瞬间变化,但这种波动只是种短暂的现象,而控制室操纵员却误将其当作对假设 $h_3$ 正确性的支持证据。

(2)计算:

如果操纵员根据已有记忆知识有先验概率 $P[e_{(t_6)} | h_{3(t_6)}] = \sigma$,也即若假设3成立,则其认为能观察到证据信息 $e_{(t_6)}$ 的概率非常高,那么操纵员遵循式(4-17)所提供的法则进行推断,就会得到:

$$P(h_{3(t_6)} | e_{(t_6)}) = \mu\sigma + 2\mu\sigma^2 + \mu\sigma^3$$

至此,操纵员已非常确信 $h_3$ 的正确性,并基于该心理模型执行了增加反应堆功率的错误操作。

7)$t_7$ 时段

(1)表征:

上一时段的心理模型转化为 $t_7$ 时段操纵员的心理表征,即

$$P(h_{3(t_7)}) = \mu\sigma + 2\mu\sigma^2 + \mu\sigma^3 \; ; \; P(h_{4(t_7)}) = \mu\rho^2$$

新获取的证据信息为:$e_{(t_7)}$(反应堆冷却剂系统压力继续下降)。

（2）计算：

增加反应堆功率并未减缓系统压力下降的速度，与操纵员对系统演化趋势的预测不符，即有 $P[e_{(t_7)}|h_{3(t_7)}] = 0$，则 $P(h_{3(t_7)}|e_{(t_7)}) = 0$，操纵员由此放弃了 $h_3$ 假设。由于无法对系统出现的异常现象做出合理的诊断及解释，操纵员因此通知了电厂其他相关人员予以援助。

8）$t_8$ 时段

随着新成员加入到问题的协同解决中，某些操纵员再次把关注的焦点转移到了稳压器喷淋控制阀上，并产生新假设：$h_{5(t_8)}$（稳压器喷淋阀的开关指示有问题）。

一般来讲，操纵员会认为这种事件出现的概率也很低，但当前情景下，由于最有把握的假设 $h_3$ 已被拒绝，而对 $h_4$ 的确信度又极低，因此对 $h_5$ 假设所赋予的信任水平还是很高的，即 $P(h_{5(t_8)}) = \sigma$。基于该心理模型，操纵员手动关闭了稳压器喷淋阀 RCV-14。

9）$t_9$ 时段

关闭喷淋阀以后，系统压力继续下降的现象并不见好转，即有证据信息：$e_{(t_9)}$（系统压力下降现象仍在继续）。这与操纵员基于 $h_5$ 而产生的对系统状态的预期不符，即 $P(e_{(t_9)}|h_{5(t_9)}) = 0$，则 $P(h_{5(t_9)}|e_{(t_9)}) = 0$，说明假设 5 不成立。

10）$t_{10}$ 时段

事件发生 18min 后，系统压力下降至 12.41MPa，引发反应堆紧急停堆且压力仍继续下降，有触发专设安全设施的可能。此时，某操纵员人为地将高压安全注入系统设置为旁通（不安全动作和违规操作），其这样做是基于错误的心理模型，即 $P(h_{6(t_9)})$（系统未出现异常事件），压力下降尚属正常运行范围内的瞬态，其很快会恢复至正常状况。在压力降至 10.69MPa 时，值长为安全起见，令操纵员解除旁通，此时高压安全注入系统启动，系统压力才开始回升。可以看出，基于错误的心理模型非常容易导致执行类人因失误，进而引发系统安全冗余度的降低。

在关闭高压安全注入系统后不久，操纵员又关闭了稳压器喷淋管线上的另一个控制阀门 RCV-13（其与操纵员先前所关注的那个阀门串联，且离稳压器更近）。该操作只是种随机行为，而非基于假设 $h_{true}$（RCV-14 可能已经坏掉且仍有流量继续通过该阀门）。关闭 RCV-13 后该事件才被偶然解决。

由上述认知过程分析可知，从局部来讲，操纵员的推理是符合逻辑的，在接收到新的证据信息后，基本上都遵循贝叶斯法则对其原有心理模型进行了更新；而从整体来讲，操纵员对系统状态的推断过程又并不完全符合理性法则，这包括进行假设验证的方式以及验证的系统性等方面，表现为：强烈的证实倾向、难以产生完备的假设集合、群体思维定式和锚定效应、假设验证缺乏系统性等。

人们在对假设进行验证的时候，普遍存在一种证实的倾向，即更多地去寻求支持自己假设的证据，而很少去搜寻那些否定自己假设的信息[46]。若操纵员自认为对某一假设非常有信心或特别偏好于某一假设，则这种倾向会表现得更突出。如上例中，操纵员对假设 3 就存在强烈的证实倾向，这使得操纵员忽略了与该假设明显相矛盾的"稳压器液位上升"这一重要信息。Reason 通过对美、日两国核电厂的相关事故资料及模拟机数据的分析发现[47]，与证实倾向相关的人因失误比例高达 15.2%，与症状解释或假设产生相关的人因失误比例则占到 13.9%。

上例中，操纵员针对症状所产生的假设集合极为有限，且始终未能产生正确的假设。这既与操纵员自身的知识经验水平相关，又与当时任务情景所施加的时间压力等因素有关。

在具有较大的模糊性或不确定性的问题场景中,一个似是而非的解释往往容易在整个班组中形成一种群体思维定式[48],使得各成员难以摆脱这种群体一致性偏差的束缚。信息获取的顺序也会严重地影响到推理所得结果[49]。最初获得的信息常常会产生锚定效应,使操纵员形成某种思维定势。上例中的假设 3 就属于这样一种解释。操纵员在 $t_4$ 时段获得的关于加热器的错误信息,不仅使得操纵员过早地将注意力从稳压器上移开,而且间接地增强了其对假设 3 的信心,使得其对该假设形成了一种思维定势,并在 $t_5$ 时段利用不正确的伪信息来证实它。

操纵员一般会按其对各假设的信心水平及验证的复杂性等因素,以决定其对各假设进行验证的优先级顺序,但实际情景中,状态评估活动经常会受到记忆消退、信息干扰等因素的影响,它们都会导致操纵员的假设验证活动缺乏系统性,如状态评估任务因被其他任务干扰、中断而遗忘原假设检验活动的进度,因别人突然提供某一信息而打乱原信息获取顺序或假设验证次序等。上例中,操纵员在 $t_4$ 时段获得的关于加热器的错误信息,不仅使得操纵员过早地将注意力从稳压器上移开,而且间接地增强了其对假设 3 的信心,使得其对该假设形成了一种思维定式,并在 $t_5$ 时段利用不正确的伪信息来证实它。另外,操纵员有时会放弃对那些发生可能性小,或是信心水平值低的假设进行验证,这也是导致假设检验缺乏系统性的原因,如上例中操纵员对假设 $h_4$ 的验证过程就属此类。由于判别 LOCA 的核心参数之一就包括稳压器的液位,若操纵员继续对该假设进行系统验证,则很有可能会发现"稳压器液位上升"这一信息。

基于前文提出的操纵员状态评估模型,能较细致地刻画出操纵员进行状态诊断时的思维过程,并能对该过程中产生的各类认知偏差及相关的认知机制等做出具体分析。按 Reason 的理论,操纵员之所以会出现这些认知偏差或失误,主要是因为他们在问题解决活动中,经常运用各种启发式策略[50]来对复杂的认知任务进行过度简化,走各种认知捷径,如按记忆信息的可得性、事件的代表性、发生频率及临近性来产生假设,对假设进行验证时存在证实的倾向等,都属于此类策略。

启发式策略虽然不能保证问题的成功解决,但却比较省时省力。在高认知负荷和高时间压力状态下,操纵员运用该策略其实是合乎情理的。有研究指出,操纵员之所以偏好使用证实策略,主要是因为该策略符合"认知经济"法则,并且能降低推理过程产生的不确定性[51,52]。由于产生的假设数目本身有限,且它们是操纵员自认为最能解释当前系统症状的原因,抛开它们到无限的不确定的空间中去寻找反例,自然是不经济的。这表明,根本不可能完全消除操纵员在问题解决活动中使用这些启发式策略,但却可以采取一些措施来防止因这些启发式而造成的认知偏差,如在系统设计、操纵员选拔培训等方面,就应该将人的这些认知特点纳入考虑。

以决策支持系统的界面设计为例,在提供相关的结论及操作建议时,应特别注意信息格式、呈现方式、语气等的优化,如应特别凸显某些不一致的重要信息让操纵员加以注意,以避免出现确认偏差失误。

在操纵员选拔方面,除注重专业知识外,也应将人的认知能力、认知方式等纳入测试范围。如人短时记忆的广度,它是航空航天领域选拔人才时的一个重要测试项目,大量研究表明[53],其对人的推理能力,如产生的假设数量、概率判断的准确性等有重要影响。

此外,在 Crystal River 核电厂发生的意外事件中,操纵员之所以将事件理解为功率不匹配而导致的瞬态,很大程度上是受当时正在启动汽轮机这一任务场景的影响。这种主要以情景因素为参照来进行推理判断的认知方式被称为场依存性,反之则为场独立性。各类认知方式都有自已的优点和缺点,但若能在班组成员之间将其做到合理搭配,则既能避免群体思维定势,又能提高整个班组的绩效水平。

### 4.2.3 核电厂主控室数字化对操纵员状态评估任务的影响

核电厂主控室正逐渐引入基于计算机的信息显示及控制系统、计算机化的电子规程、先进的智能报警系统及操纵员支持系统等,它们都是数字化主控室中的典型构成元素。先进技术的引入极大地改变了人与系统、人与人之间的交互模式,在提高整个电厂运行绩效的同时,也引入了一些新的人因问题。它们可能会削弱操纵员实施状态评估任务的可靠性,因而有必要对数字化主控室中影响状态评估的相关因素做出辨识和分析。

#### 1. 影响状态评估的因素分析

基于 Adams[54]关于状态评估的知觉环观点,将状态评估视为在短时记忆中,将从环境中获得的刺激信息与长时记忆中储存的图式进行联接、匹配、整合、推理等认知操作,进而得出某种结论的过程(图4-20)。图中的图式是认知科学中的一个常见概念,Minsky[55]将其定义为一种知识的框架,它是操纵员通过长期的学习和训练积累的,存储于长时记忆库中的一种有组织、动态的结构化知识。图式有各种形态,可以是概念、命题,如有关维持蒸汽发生器功能状态完整性的一组条件命题;也可以是为对象、场景、事件,如某类事故情景下的典型特征等。图式的数量、正确性及完整性反映出人的知识经验水平。图式是人接受、理解新信息及形成推理的基础,环境中的刺激输入信息则用于激活长时记忆库中的特定图式,或是作为构建新图式的组成元素。

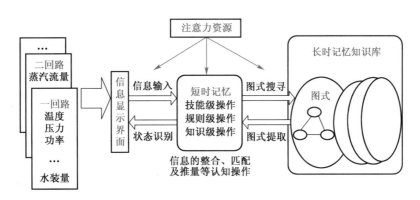

**图4-20 状态评估过程的认知示意图**

根据 Rasmussen 的 SRK 三级行为理论[53],状态评估活动中的认知操作可划分为三个层次。第一层是技能级的状态评估活动,即直接将面临的情景模式与记忆中的已有图式相匹配,以判定系统所处状态,适于操纵员非常熟悉的任务情景;第二层是规则级的状态评估活动,操纵员需将当前的任务情景,与记忆中若干个相似的图式进行匹配,进行一定的区分和选择,有时甚至需对已有图式进行简单的修正后才能对电厂状态做出判断,适应于一般的任务情景;第三层是知识级的状态评估活动,操纵员面临的是完全新颖的任务情景,无现成的图式可用,操纵员需将长时记忆库中的大量相关图式,按任务情景的要求,提取到短时记忆中,进行图式的重新组合、推理等复杂的认知操作。与 Endsley 的感知、理解及预测三层划分方式相比,基于 SRK 的状态评估划分更符合核电厂实际,便于将状态评估纳入人因可靠性分析模型。

认知活动的顺利完成依赖于可用认知资源及可用信息,状态评估也不例外。最基本的认知资源是人的注意力资源。短时记忆是对信息进行暂时储存及加工的平台。短时记忆在任意时刻只能存储7±2个单位的信息[57]。注意力资源不足会削弱人的认知处理能力,进而降低状态评估的可靠性,如因短时记忆容量不足,不能全面地考虑到造成某一事故状态的所有可能原因。Norman等将制约认知加工的因素区分为资源限制和数据限制[58],这里的数据不仅指当前环境中存在的刺激输入信息,也指记忆中存储的图式信息。具体对状态评估任务来讲,所需的信息不仅包括当前环境中存在的刺激输入信息,而且包括存储在记忆中的知识经验,即图式信息。状态评估过程中,还需耗费人大量的注意力、记忆力资源,这些基本认知资源的匮乏,也会影响到状态评估任务的顺利完成。这样,影响状态评估可靠性的主要因素就可归纳为三类:信息输入的完整性和正确性、认知资源的充足性、图式的完整性和正确性。

2. 基于贝叶斯网络的状态评估影响因素模型

贝叶斯网络能定性和定量描述变量之间的依赖关系,被广泛用于不确定性知识表达和推理。影响状态评估的因素众多,不仅有核电厂系统当时所处的状态、任务特征等情境变量,还有知识经验、认知负荷等主观变量。以前文中所归纳的影响状态评估可靠性的三类主要因素为基础,结合数字化主控室的新特征,在参考相关文献及访谈有关人因专家及操纵员的基础上,基于贝叶斯网络构建了以下状态评估可靠性影响因素模型,如图4-21所示。

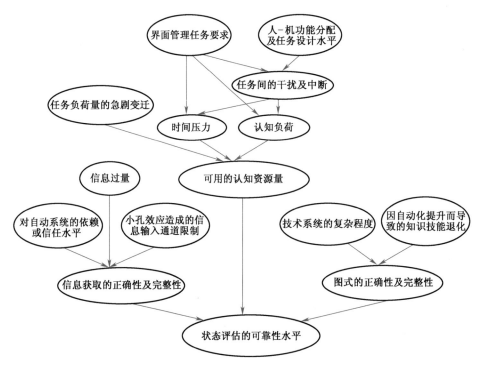

**图4-21 主控室数字化以后影响状态评估可靠性的因素模型**

1)影响信息获取完整性和正确性的因素

(1)对自动系统的信任不当而导致的信息遗漏或信息错误。

人对自动控制系统的信任和依赖程度是非常重要的人-机关系,直接决定了操纵员对该系统所持的态度以及在运用该系统时所采取的方法和策略。Sheridan等归纳了若干影响操纵员对系统信任程度的因素[59,60],如系统本身的可靠性、健壮性、可用性,操纵员对系统的熟悉程度、可理解程度等。操纵员一般倾向于信任那些可靠性高、更具有可理解性和可预测性的系统。在数字化主控室,增强和削弱操纵员对系统信任水平的因素同时存在,如系统的不透明性、复杂性会降低操纵员对其信任程度,但系统可靠性的增强及功能的提升又会增加操纵员对其信任程度,且后者显得更为明显。

对系统的信任水平过高或过度依赖系统,会降低操纵员的警觉意识[61,62],进而导致其主动的信息获取及确认活动减少,对系统采取更为被动的监视策略;而对系统的信任水平过低或不信任,又可能造成操纵员忽视系统提供的某些关键信息,尽管这些信息最终被证明是正确而有用的。前者容易导致重要的信息被遗漏,或是不加质疑地接受系统呈现的伪信息;后者则可能会造成操纵员不正确地拒绝系统提供的正确信息。从信息输入的角度来讲,两者都会导致信息获取不完整或错误。

(2)锁孔效应造成的信息获取通道限制。

操纵员在执行状态评估任务时,必须时刻注意电厂状态信息的动态变化。在传统模拟主控室中,所有的电厂运行态势信息都同时显示在各种仪表盘上,它们在主控室中拥有稳定的空间位置,操纵员只需移动视线就能获得全部所需信息。而在数字化主控室中,有限的信息显示窗口使得操纵员一次只能获取到部分反映系统状态的信息,大部分的信息都隐藏于计算机系统中,这就造成新的人因问题——锁孔效应,即如同通过一个锁眼来观测整个房间所发生的事件一样。锁孔效应成为制约操纵员信息获取的一道瓶颈,削弱对电厂信息的感知能力[63]。

(3)信息过量。

现今的核电厂控制室已经存在信息过量的问题,而在主控室数字化之后其表现得更为明显[64]。数字化仪控系统在数据的收集、传输、处理等方面具有更快的速度和更高的精度,在内容上,能够显示更多细节信息,信息量明显增大,加之各类决策支持系统及信息管理系统的引入,它们可能会生成大量不符合操纵员具体任务需求的冗余信息。另外,数字化主控室中各类信息的呈现方式也更具多样性和复杂性,同一内容的信息往往以不同的表征形式在多处同时出现。这就造成操纵员面临大量不同类别、不同层次、不同方式、不同形式、不同手段、不同详细程度的核电厂运行态势信息可以选择,操纵员必须通过信息过滤、分类及选择等认知操作后,才能间接地获得符合要求的目标信息。这些都会导致操纵员所面临的信息过量或是超负荷。

2)影响图式完整性和正确性的因素

(1)技术系统复杂程度增加。

先进的计算机及自动控制等新技术系统的引入,不但增加了整个电厂的子系统数量,而且加剧了它们之间相互作用的耦合性和不透明性,系统呈现的状态及其相应的成因更加复杂多样,整个系统变得更不容易把握,操纵员难以建立起关于各系统运行原理及其相互间作用规律的完备心理图式。Halden人-机实验室的调查也表明[65],数字化主控室中,操纵员普遍感到电厂系统的复杂性程度增加,操纵员有时会因缺乏系统运行相关的原理图式或知识经验,而出现对系统运行状态理解困惑的情形。

(2)自动化大幅提升导致操纵员知识技能退化。

一般来讲,随着操纵经验的积累,操纵员的认知结构会得到极大的优化和完善,头脑中图式的数量和质量会得到提高,图式变得更加完备、精细和富有针对性,在面临特定情景时,常常会自动被触发。然而,在数字化主控室中,先进的自动控制技术及智能信息处理技术大幅地提升了整个系统的自动化、智能化水平,由系统自动判别及执行的任务数量显著上升,包括认知层次的任务所占的比重逐渐增大,造成操纵员直接运用其知识和技能的机会减少[64,66],无法对头脑中的相关知识技能图式进行更新和完善,而一旦自动系统出现故障,需要完全依赖人工控制时,操纵员就会因图式缺乏或错误而难以对系统状态作出快速而正确的评估。

3)影响认知资源充足性的因素

(1)任务负荷量的急剧变迁对认知资源影响。

任务负荷量的急剧变迁是指人由较低的工作负荷状态突然进入较高的工作负荷状态,或者相反[67]。核电厂处于不同的运行状态或运行工况下操纵员所需完成的任务的数量、任务的复杂程度等有着较大区别。数字化主控室中,这种任务负荷分配不均或任务负荷急剧转变的情形表现得更加突出。一方面,随着自动化水平提升,系统能自动完成相当数量的工作,造成操纵员在正常工况下的任务负荷明显降低,有时甚至是过低;另一方面,在事故工况下,操纵员又经常面临任务负荷量的急剧攀升,且比传统控制室多执行一项界面管理任务,特别是在面临某些自动系统失效,需要由人工替代执行某些操作时,任务负荷的急剧变迁问题就更为严重。

任务负荷量的急剧变迁,无论是突然增加或突然减少,都会严重地降低操纵员执行后续任务的绩效水平,如出错率更高、耗费更多时间等[68,69]。Goldberg 等提出了短时记忆超载理论[70]来解释操作者为何在任务要求被降低后,其绩效表现仍不能及时得以有效恢复的原因。Hockey及 Matthews 等则提出了认知资源的调节理论[71,72],解释任务量急剧变迁所造成的认知效应。他们认为,突然进入极高或极低的工作负荷状态,会超越人的认知适应能力,使其无法在短时间内调动出适合新任务要求的认知资源量,或无法立即对原认知资源的分配方案及策略进行适当的修正,以符合新的任务要求。

(2)界面管理任务对认知资源影响。

与传统模拟控制室相比,数字化主控室中人与系统之间的交互模式发生了很大变化,操纵员需借助计算机系统间接地对电厂状态进行监控,因此,增加了额外的界面管理任务,如信息查询、画面配置、页面导航等。

由于界面管理任务和状态评估任务在信息输入的形态、信息加工和反应的通道结构等方面极为相似,按照多重认知资源理论的观点[73],这种相似性加剧了一类任务和二类任务在认知资源需求方面的竞争。当操纵员把较多的精力分配给界面管理任务时,其用于进行状态评估的认知资源就必然会减少。同理,由于系统容许的响应时间有限,若在界面管理上耗费过多时间,则操纵员用于状态评估的时间就会减少,而可用时间的减少,会增加操纵员的心理压力,压力状态下人的注意范围又会变窄,工作记忆的容量也会减小,对记忆信息的提取能力也下降[74]。因此,界面管理任务的引入,增加了操纵员的认知负荷和时间压力,减少了进行状态评估的可用认知资源和时间,对操纵员状态评估的可靠性有极大影响。

(3)任务中断干扰对认知资源影响。

Corragio 将任务中断定义为由外界事件引发的,使个体不能将认知的焦点集中在主任务上,从而打断其任务执行连续性的现象[75]。在个体再次回复到原认知任务的过程中,会造成额外的任务转换成本[76],与无中断的连续任务执行方式相比,其需要耗费更多的认知加工时间,个体体验到的认知负荷也更高。在数字化主控室中,由于新增了界面管理任务,状态评估任务经常被其临时中断,然后再继续进行。导致大量认知资源浪费,如注意力不断被干扰和中断,然后又重新定位;需要在短时记忆中保持诸如任务目标、任务被中断的位置及任务进度等大量临时信息等。另外,人-机功能分配及任务设计不当也会加剧任务中断问题。当前,许多系统设计者在进行人-机功能分配和任务设计时,大多采用以技术为中心的范式,即主要关注技术实现的可能性,而并未充分地从人因的角度考虑,某项任务该不该由机器做、做到什么程度等,容易导致操纵员的功能和角色被错误地定位,造成其执行的任务过于离散和凌乱,缺乏连贯性或常被中断等问题。

虽然任务中断造成的转换成本与前述的界面管理任务所造成的影响相同,即都是增加操纵员的时间压力和认知负荷,但它们在影响机制上有着较大区别。前者是一种静态的间接影响,即界面管理任务占用的时间及认知资源越多,状态评估等主任务所能利用的时间及资源就会相应地减少;而后者则是一种动态的直接影响,即大量认知资源和时间直接被消耗在了任务转换过程本身当中,如注意力被不停地中断,然后又重新定位;需要在短时记忆当中保持诸如任务目标、任务顺序及进度、任务被中断的位置及背景线索等大量临时信息;需要花时间和精力去记忆中回想这些内容等。任务中断的频率越高、时间越久,造成的影响也越严重。

4) 模型的定量分析

主要基于以下公式进行概率推算。

联合概率:

$$P(X_1, X_n) = P(U) = \prod_{i=1}^{n} P(X_i \mid \pi(X_i)) \qquad (4-19)$$

边缘概率:

$$\pi(X_i) = \sum_{U \setminus \{X_i\}} P(U) \qquad (4-20)$$

假设已知证据信息 $e$,则有:

$$P(X_i \mid e) = \frac{\sum\limits_{U \setminus \{X_i\}} \prod\limits_{i=1}^{n} P(X_i \mid \pi(X_i)) \prod\limits_{j=1}^{m} e_j}{P(e)} \qquad (4-21)$$

式中　　$X_i$——第 $i(i = 1, 2, \cdots, n)$ 个变量;

　　　　$P(U)$——所有变量的联合概率;

　　　　$\pi(X_i)$—— $X_i$ 的父节点;

　　　　$U \setminus \{X_i\}$——除 $X_i$ 外的所有剩余变量;

　　　　$e_j$——第 $j(j = 1, 2, \cdots, m)$ 个证据信息;

　　　　$P(e)$——证据信息的概率。

(1) 确定节点变量的先验概率和条件概率。

首先确定图 4-21 中各节点变量的概率值。由于数字化核电厂兴起和运行的时间还不太长,因此,本章未能获取关于人员操作失误的实际概率数据,而只能通过访谈一线的操纵员、安全专家、人因专家等来获得一些经验性的数据,或请他们对网络中节点变量的概率进行赋值,作为后续进行贝叶斯推理的先验概率。由于专家和操纵员在知识、能力及经验方面的有限性,往往难以给出先验概率和条件概率的确切值,而更偏向于使用描述性语言或用范围值来进行表述,因此,本章各专家及操纵员对每种状态的概率值采用模三角模糊数表示。由专家给出每个节点状态的最小可能概率和最大可能概率,然后采用德尔菲递归法以保证评估结果的收敛,并通过进一步的讨论和访谈对收敛的结果进行调整,确定最终收敛结果。表4-10列出了各个根节点变量的状态等级水平及主观先验概率的三角模糊数表示。

为了下一步能进行贝叶斯推理和计算,下式采用三角形重心解模糊法,将三角模糊数转换为确切的概率数值。

$$F_i = \frac{(u_i - l_i) + (m_i - l_i)}{3} + l_i \tag{4-22}$$

表4-10中,还列出了通过三角形重心解模糊法得到的确切值(斜体字所示)。表4-11给出了中间变量"任务间中断"解模糊化后的条件概率,表中省略了三角模糊数的表示。

表4-10 根节点的模糊先验概率

| 变量 | 状态及概率 | | |
|---|---|---|---|
| 界面管理任务<br>(Interface Management Tasks) | 复杂的 | 一般的 | 简单的 |
| | (0.08,0.12,0.16) | (0.76,0.87,0.98) | (0.009,0.01,0.011) |
| | *0.12* | *0.87* | *0.01* |
| 任务负荷量的急剧变迁<br>(Task Workload Transition) | 严重的 | 可接受的 | 不严重的 |
| | (0.06,0.10,0.14) | (0.78,0.87,0.96) | (0.02,0.03,0.04) |
| | *0.10* | *0.87* | *0.03* |
| 人-机功能分配及任务设计水平<br>(Task Design Level) | 不适当的 | 可接受的 | 很适当的 |
| | (0.01,0.04,0.07) | (0.28,0.54,0.80) | (0.36,0.42,0.48) |
| | *0.04* | *0.54* | *0.42* |
| 对自动系统的依赖或信任水平<br>(Trust Level) | 不信任的 | 适度的 | 过度信任的 |
| | (0.02,0.05,0.08) | (0.75,0.85,0.95) | (0.08,0.10,0.12) |
| | *0.05* | *0.85* | *0.10* |
| 信息过量<br>(Information Overload) | 严重的 | 可接受的 | 不严重的 |
| | (0.05,0.08,0.11) | (0.79,0.88,0.97) | (0.02,0.04,0.06) |
| | *0.08* | *0.88* | *0.04* |
| 锁孔效应造成信息输入通道限制<br>(Keyhole Effect) | 严重的 | 可接受的 | 不严重的 |
| | (0.10,0.12,0.14) | (0.79,0.86,0.93) | (0.01,0.02,0.03) |
| | *0.12* | *0.86* | *0.02* |
| 技术系统的复杂程度<br>(System Complexity) | 高 | 可接受的 | 低 |
| | (0.05,0.10,0.15) | (0.78,0.87,0.96) | (0.01,0.03,0.05) |
| | *0.10* | *0.87* | *0.03* |
| 自动化提升导致知识技能<br>退化的严重程度<br>(Skills and Knowledge Degradation) | 高 | 可接受的 | 低 |
| | (0.02,0.10,0.18) | (0.74,0.86,0.98) | (0.02,0.04,0.06) |
| | *0.10* | *0.86* | *0.04* |

表4-11   变量"任务间中断"的条件概率 $P($ 任务中断频率 $|$ 界面管理任务要求,人-机功能分配 $)$

| 变量 | | 状态及概率 | | | | | | | | |
|---|---|---|---|---|---|---|---|---|---|---|
| 界面管理要求($I_M$) | | 复杂($I_{M1}$) | | | 一般($I_{M2}$) | | | 简单($I_{M3}$) | | |
| 人机功能分配($F_A$) | | 不适当 ($F_{A1}$) | 可接受 ($F_{A2}$) | 很适当 ($F_{A3}$) | 不适当 ($F_{A1}$) | 可接受 ($F_{A2}$) | 很适当 ($F_{A3}$) | 不适当 ($F_{A1}$) | 可接受 ($F_{A2}$) | 很适当 ($F_{A3}$) |
| 任务中断频率 ($T_I$) | 高 ($T_{I1}$) | 0.95 | 0.74 | 0.58 | 0.47 | 0.28 | 0.17 | 0.30 | 0.14 | 0.10 |
| | 中 ($T_{I2}$) | 0.03 | 0.18 | 0.28 | 0.42 | 0.50 | 0.53 | 0.42 | 0.20 | 0.10 |
| | 低 ($T_{I3}$) | 0.02 | 0.08 | 0.14 | 0.11 | 0.22 | 0.30 | 0.28 | 0.66 | 0.80 |

（2）贝叶斯推理计算。

① 因果推理/预测性推理。因果推理是一种自上而下的推理。在给定原因或证据的条件下,使用贝叶斯网络进行计算,求得该类结果可能发生的概率。基于各根节点变量的先验概率分布信息,根据式(4-20)可计算出各对应子节点变量的概率。以"任务中断频率高( $T_{I1}$ )"为例:

$$
\begin{aligned}
P(T_{I1}) = &\ P(I_{M1}) \times [P(F_{A1}) \times P(T_{I1}|I_{M1},F_{A1})] + P(I_{M1}) \times [P(F_{A2}) \times P(T_{I1}|I_{M1},F_{A2})] + \\
& P(I_{M1}) \times [P(F_{A3}) \times P(T_{I1}|I_{M1},F_{A3})] + P(I_{M2}) \times [P(F_{A1}) \times P(T_{I1}|I_{M2},F_{A1})] + \\
& P(I_{M2}) \times [P(F_{A2}) \times P(T_{I1}|I_{M2},F_{A2})] + P(I_{M2}) \times [P(F_{A3}) \times P(T_{I1}|I_{M2},F_{A3})] + \\
& P(I_{M3}) \times [P(F_{A1}) \times P(T_{I1}|I_{M3},F_{A1})] + P(I_{M3}) \times [P(F_{A2}) \times P(T_{I1}|I_{M3},F_{A2})] + \\
& P(I_{M3}) \times [P(F_{A3}) \times P(T_{I1}|I_{M3},F_{A3})]
\end{aligned}
$$

$$
\begin{aligned}
= &\ 0.12 \times (0.04 \times 0.95 + 0.54 \times 0.74 + 0.42 \times 0.58) + \\
& 0.87 \times (0.04 \times 0.47 + 0.54 \times 0.28 + 0.42 \times 0.17) + \\
& 0.01 \times (0.04 \times 0.30 + 0.54 \times 0.14 + 0.42 \times 0.10)
\end{aligned}
$$

$$
= 0.081744 + 0.210018 + 0.001296
$$

$$
= 0.293058
$$

按照同样的方式,可得到任务中断频率处于中、低状态的概率分别为 $P(T_{I2}) = 0.470758$, $P(T_{I3}) = 0.236192$。假设所有的根节点变量处于最差状态,如界面管理任务要求极为很复杂;人-机功能分配不合理、任务负荷量变迁严重等,可推算出在这些不利因素的综合影响下,状态评估可靠度水平为低的概率为0.8227。

② 诊断推理/回溯性推理。回溯性推理是由结论推知原因,是一种自下向上的推理过程。已知发生了某一结果,反推导致该后果的原因的后验概率。假设数字化控制室中,操纵员实施状态评估任务的可靠性水平低( $S_{A1}$ ),则根据式(4-21)可推算出各个根节点处于"最差状态"的后验概率值。以"界面管理任务复杂( $I_{M1}$ )"为例:

$$
P(I_M = I_{M1}|S_A = S_{A1}) = \frac{\sum\limits_{U \setminus \{I_{M1}\}} P(U, S_{A1})}{P(S_{A1})} \tag{4-23}
$$

$$\sum_{U \setminus \{I_{M1}\}} P(U, S_{A1}) = \sum_{U \setminus \{I_{M1}\}} P(T_I | I_M, F_A) \times P(C_G | I_M, T_I) \times P(T_P | I_M, T_I) \times$$
$$P(C_G | C_W, T_P, W_T) \times P(I_A | A_T, I_O, K_E) \times P(M_S | L_C, K_D) \times$$
$$P(S_{A1} | I_A, C_G, M_S) \times P(I_M) \times P(F_A) \times P(W_T) \times P(A_T) \times$$
$$P(I_O) \times P(K_E) \times P(L_C) \times P(K_D)$$

由于式(4-23)中的每个变量都可取3种不同的状态值,计算较为复杂,可采用贝叶斯数学软件进行计算,得到 $P(I_M = I_{M1} | S_A = S_{A1}) = 0.134335$。同理可计算得到其他根节点的后验概率值,结果见表4-12第3行。

(3)敏感性分析。

将计算得到的后验概率,分别与它们的先验概率进行比较,可得到各变量变化的百分比(表4-12)。从表中可看出,当已经确定状态评估的可靠性处于较低水平时,各根节点变量的概率变动比例从大到小的排序依次为:界面管理任务过于复杂,任务负荷量急剧变迁,锁孔效应造成的信息获取限制严重,对自动系统过度信任倾向,技术系统造成的认知复杂增加,自动化导致的知识技能退化问题严重,信息过量问题,人-机功能分配及任务设计不当。可以看出,状态评估的可靠性水平对"界面管理任务要求复杂"和"任务负荷量急剧变迁"表现得最为敏感,这表明它们对状态评估可靠度的影响较大,需特别重视。

表4-12　变量先验概率与后验概率对比得到的变化百分比

| 状态<br>变量 | 界面管理<br>任务复杂 | 任务负荷量<br>急剧变迁 | 任务设计<br>不适当 | 对自动系统<br>过度信任 | 信息过量<br>现象严重 | 锁孔效应<br>问题严重 | 技术系统<br>复杂度高 | 知识技能<br>退化严重 |
|---|---|---|---|---|---|---|---|---|
| 先验概率 | 0.12 | 0.10 | 0.04 | 0.10 | 0.08 | 0.12 | 0.10 | 0.10 |
| 后验概率 | 0.134335 | 0.109356 | 0.0404124 | 0.106307 | 0.0838913 | 0.128383 | 0.106183 | 0.105683 |
| 变化比例/% | 11.9458 | 9.356 | 1.031 | 6.307 | 4.864 | 6.9858 | 6.183 | 5.683 |

本节基于人的一般信息处理模型,从认知的角度对数字化主控室中影响状态评估可靠性的新因素进行了结构化分析。基于ATHEANA的思想,这些新因素结合在一起,极可能构成一种失误-迫使情景,导致操纵员在状态评估过程中出现失误。数字化主控室中对状态评估影响最为突出的是认知资源的充裕性,其次是信息获取方面的问题,最后是图式水平。具体来讲,界面管理任务、工作负荷的急剧变迁,对状态评估可靠度的影响最为显著。

3. 基于模糊认知图的状态评估影响因素模型

由于系统中各因素间的影响关系具有模糊性和不确定性,且难以用精确的数值进行量化,这就限制了包括微分方程在内的许多定量分析方法的运用,但这不影响模糊认知图的运用,因为模糊认知图的典型特征之一就是能以模糊化、直观化的方式动态地模拟系统中各变量间的互动影响关系。此外,模糊认知图还能够很好地分析马尔可夫链、贝叶斯网络等方法所不能处理的具有反馈环路及非线性叠加效应的复杂因果系统,因此本节选用模糊认知图,建立了基于模糊认知图的操纵员状态评估影响因素模型,并用其分析了各影响因素间的交互作用及对状态评估可靠性的影响路径。

1)状态评估影响因素模糊认知图的构建

状态评估是建立在操纵员与系统及环境之间紧密交互基础之上的复杂认知过程。影响该过程的因素有许多,不仅有系统状况、任务特征等情境变量,还有知识经验、认知负荷及应激水平等主体特征变量。这些因素间的某种结合很可能会形成一种失误-迫使情景,并导致操纵员作出错误的电站状态评估。

通过操纵员及专家的经验访谈,以及相关文献研究[77,78],构建出了具有 20 个概念节点的状态评估影响因素系统,具体包括人-系统界面设计不当、相关信息无法或很难获得、不恰当的信息突显设置、注意分配失效、短时记忆功能下降(容量减小及信息干扰等造成的遗忘)、信息遗漏、电厂真实状态被不正确感知、应激水平过高、认知负荷过高、知识经验水平低、系统过于复杂、人-机功能分配或系统自动化水平不适当、人长时间地处于控制环路之外、心智模型缺乏或错误、错误地解释和理解电厂当前状态、错误地预测电厂状态的演变趋势、SA1(表示第一层次,即感知层级的状态意识)水平低或不正确、SA2(表示第二层次,即理解层级的状态意识)水平低或不正确、SA3(表示第三层次,即预测层级的状态意识)水平低或不正确、不恰当的干预行为及电厂状态恶化。

精确的模糊认知图的构建除了要确定上述各因素间因果影响关系的方向外,还要进一步地确定各因素间的影响程度,即对各概念节点间的关系强度赋值。具体赋值可以根据专家意见综合得到,也可以通过基于历史数据的学习得到。这里采用前者。由于各影响因素间的关系并非绝对,并且专家常常使用语言值对主观事件进行评价,因此本节采用语言值及其相应的隶属度来表示各因素间的因果影响程度。设语言值集合 LC = {很少,有时,经常,几乎总是,总是}来表示概念间因果影响关系的语言评价。各语言变量对应的隶属度函数可通过 Delphi 法获得,结果如图 4-22 所示。

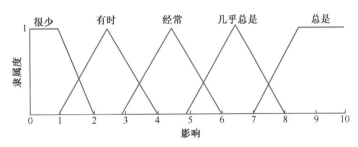

**图 4-22　各语言变量相应的隶属度函数**

图 4-23 为较为完整的操纵员状态评估影响因素的模糊认知图,其既反映了各因素间的关联结构又包括了具体的影响关系强度值。前文已经提到过应激影响的非线性效应,即应激水平过高容易导致认知判断失误,而状态判断失误又会导致错误的干预行为,并可能使整个事态出现恶化,又反过来进一步加剧操纵员自身的应激水平。

应激与认知负荷的关系十分复杂和微妙[79]。尽管对于许多工业控制系统,特定条件下源于任务本身的复杂要求是操纵员面临的主要应激源之一,但一般来讲,高工作负荷不一定必然导致高应激,而处于高应激状态下的个体却往往具有较高的认知负荷,这可能是因为应激本身会造成个体可用的认知资源减少及认知功能下降。为了能近似地处理二者间的这种模糊关系,将应激对认知负荷的影响强度定义为"经常"(隶属值为 0.8),而将认知负荷对应激的影响强度定义为"有时"(隶属值为 0.5)。

另外,操纵员的状态评估过程,从某种程度上讲也是一种假设-检验过程。操纵员对电厂未来状态所作出的某种预测实质上等同于产生了一种待验证的假设,操纵员会进一步地搜寻相关信息来考查该假设的正确性。因此,对电厂状态的错误预测会误导操纵员去关注那些不太重要、甚至无关的信息,即造成注意分配失效。从变量间影响关系的赋值来看,未采用"强""弱"之类的自然语言,而是采用"很少""总是"等具有频率特征的语言变量来表征各因素间因果联系的强度,这样更能反映出状态评估影响因素间因果关系的不确定性,也更有利于专家结合自身经验进行判断赋值。

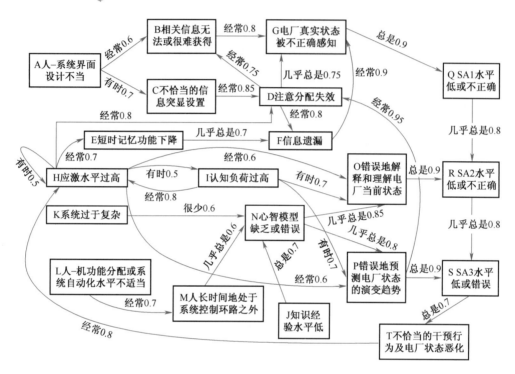

图 4-23　操纵员状态评估影响因素的模糊认知图

2）状态评估影响因素模糊认知图的计算模拟及分析

基于建立的影响因素模糊认知图进一步对状态评估影响因素间的交互作用及影响路径进行计算模拟分析。首先进行数值模拟分析。为了能更直观地看出整个系统随时间动态演化情况,也为了简化起见,假设各概念节点的状态值空间及运算时所用的阈值函数都为 0 或 1 取值的开关函数,各节点间的影响情况也简化为完全的"有"或"无"关系,而无论其具体的影响程度。这样,图 4-23 中各因素间的关联情况就构成一个由 0、1 状态值组成的影响关系权重矩阵 $W$,其是一个 $20 \times 20$ 的稀疏矩阵,此处略。假设"人-系统界面设计不当"节点处于激活状态,此时系统的初始状态向量和具体的数值推理过程如下:

$X_0 = [1,0,0,0,0,0,0,0,0,0,0,0,0,0,0,0,0,0,0,0]$

$X_1 = f(X_0 W) = [1,1,1,0,0,0,0,0,0,0,0,0,0,0,0,0,0,0,0,0]$（概念节点 B、C 被激活）

$X_2 = f(X_1 W) = [1,1,1,1,0,0,1,0,0,0,0,0,0,0,0,0,0,0,0,0]$（概念节点 D、G 被激活）

$X_2 W = [0,2,1,1,0,1,2,0,0,0,0,0,0,0,0,0,1,0,0,0]$（概念节点 B、G 再次被激活）

$$X_3 = f(X_2W) = [1,1,1,1,0,1,1,0,0,0,0,0,0,0,0,0,1,0,0,0]（概念节点 F、Q 被$$
激活）

$$X_3W = [0,2,1,1,0,1,3,0,0,0,0,0,0,0,0,0,1,1,0,0]（概念节点 G 第三次被激活）$$

$$X_4 = f(X_3W) = [1,1,1,1,0,1,1,0,0,0,0,0,0,0,0,0,1,1,0,0]（概念节点 R 被激活）$$

$$X_5 = f(X_4W) = [1,1,1,1,0,1,1,0,0,0,0,0,0,0,0,0,1,1,1,0]（概念节点 S 被激活）$$

$$X_6 = f(X_5W) = [1,1,1,1,0,1,1,0,0,0,0,0,0,0,0,0,1,1,1,1]（概念节点 T 被激活）$$

$$X_7 = f(X_6W) = [1,1,1,1,0,1,1,1,0,0,0,0,0,0,0,0,1,1,1,1]（概念节点 H 被激活）$$

$$X_7W = [0,2,1,2,1,1,3,2,1,0,0,0,0,0,0,0,1,1,1,1]（概念节点 D、H 再次被激活）$$

$$X_8 = f(X_7W) = [1,1,1,1,1,1,1,1,1,0,0,0,0,0,1,1,1,1,1,1]（概念节点 E、I、O、P 被$$
激活）

$$X_9 = f(X_8W) = [1,1,1,1,1,1,1,1,1,0,0,0,0,0,1,1,1,1,1,1] = X_8$$

以上演算过程模拟了人因界面设计不当而在系统中造成的连锁效应问题，以及最终导致状态评估失误的具体过程。同理可分析应激水平过高、知识经验水平低等其他因素对状态评估的影响过程。正式的模糊认知图运算结果最终都必须经过某种形态阈值函数的变换，但有时未经阈值函数处理的中间运算结果却蕴含着更能反映系统动态的信息，如第三次推算的结果 $X_2W$ 能够反映出 B、G 节点因 D 节点的激活而再次被激活或增强的信息，而经过阈值函数处理后，该类信息却被过滤了。为了说明各种变量间存在的复杂交互作用现象，上述的运算过程也保留了几项阈值函数处理前的中间运算结果。

除了能从数值计算的角度对模糊认知图系统进行分析外，Kosko 还发展了一种基于图论的模糊因果代数（Fuzzy Causal Algebra）法，来分析概念节点间因果关系的传递及整合过程[80]。该方法主要是对概念间影响关系集合的偏序关系、图的连通性特征等进行分析。具体来讲，一个简单的模糊因果代数法可以在各概念节点因果影响关系所构成的偏序集合 $P$ 的基础之上，通过将间接影响关系算子 $I$ 和总体影响关系算子 $T$ 分别定义为取最小和最大操作而得以确立。记 $\wp$ 为概念节点空间，并记 $e:\wp \times \wp \to P$ 为模糊因果边函数，若 $C_i \to C_j:(i,k_1^r,\cdots,k_m^r,j),1 \leqslant r \leqslant m$，表示从概念节点 $C_i$ 到 $C_j$ 有 $m$ 条因果关系路径，则 $C_i$ 通过第 $r$ 条因果路径作用于 $C_j$ 的间接影响大小及两节点间总影响大小的计算公式如下：

$$I_r(C_i,C_j) = \min\{e(C_p,C_{p+1}):(p,p+1) \in (i,k_1^r,\cdots,k_m^r,j)\} \qquad (4-24)$$

$$T(C_i,C_j) = \max_{1 \leqslant r \leqslant m} I(C_i,C_j) \qquad (4-25)$$

以图 4-23 中"人-系统界面设计不当"（A 节点）对"电厂真实状态被不正确地感知"（G 节点）的影响为例，两者间共存在三条因果关联路径 $\{(A,B,G),(A,C,D,G),(A,C,D,B,G)\}$，$P = \{$很少 $\leqslant$ 有时 $\leqslant$ 经常 $\leqslant$ 几乎总是 $\leqslant$ 总是$\}$。运用式（4-24）进行间接影响大小分析：

$$I_1(A,G) = \min\{e_{AB},e_{BG}\} = \min\{0.6,0.8\} = 0.6$$

由于 $I_2(A,G)$ 和 $I_3(A,G)$ 中各条因果影响边的语言变量并不完全一致，不能直接采用 Kosko 的公式进行比较，必须先进行解模糊化处理。选用计算效率较高且运用广泛的加权平均法作为解模糊化的方法[81]，其计算公式如下：

$$z^* = \frac{\sum \mu_{\underset{\sim}{C}}(z_j) \cdot \bar{z}_j}{\sum \mu_{\underset{\sim}{C}}(z_j)} \qquad (4-26)$$

式中　$\bar{z}_j$——第 $j$ 个模糊集合对应的隶属函数达到其最大隶属度并且位于最中心点的支持值，其相当于一个权重值；

　　$\mu_{\underset{\sim}{C}}(z_j)$——第 $j$ 个模糊集合的隶属度。

运用式（4-26）来解模糊化处理第二条因果影响路径的关系值得到：

$$z^* = \frac{0.7 \times 2.5 + 0.85 \times 4.5 + 0.75 \times 6.5}{0.7 + 0.85 + 0.75} = 4.543$$

再将该结果代入"经常"语言变量的隶属函数得到：

$$\mu_{\underset{\sim}{C}}(z) = (6 - z)/1.5 = 0.971$$

即 A 节点通过第二条因果路径作用于 G 节点的间接影响大小为"经常"，隶属度为 0.971。同样，第三条因果影响路径经解模糊化处理后可得 $z^* = 4.048$，将其代入下式计算得到：

$$\mu_{\underset{\sim}{C}}(z) = (z - 3)/1.5 = 0.699$$

即 $I_3(A, G) = 0.699$，运用式（4-24）计算 A 节点对 G 节点的总影响大小如下：

$$T(A, G) = \max\{I_1(A, G), I_2(A, G), I_3(A, G)\} = \max\{0.6, 0.971, 0.699\} = 0.971$$

可见，人-系统界面的设计状况对操纵员正确获取电厂状态信息有重要影响，设计不当（具体关联强度为 0.971）会经常导致电厂真实状态被错误感知，影响的主要方式或途径是干扰和削弱操纵员正常的注意分配能力。按照同样的方式，可对图中其他概念节点间的作用路径及影响大小进行分析。

状态评估过程受许多因素的影响，它们通过各种方式和路径影响着操纵员状态评估的可靠性。模糊认知图能够以模糊化、直观化的方式处理非线性问题的特性。本节建立了基于模糊认知图的状态评估影响因素模型，利用该模型，各影响因素间的互动影响情况，某一因素最终对状态评估可靠性造成的影响及其作用的方式等，都能较清晰地被模拟和呈现，有利于对有关影响因素进行优化和控制。

### 4.2.4　操纵员状态评估过程的认知失误模式分析

状态评估作为一种复杂的认知过程，研究者们对其有着多种理解。Endsley[15,17]认为状态评估是在特定的时间与空间条件下对环境中各种信息的知觉，对其意义的理解，并能预测它们随后的变化趋势。Adams[54]等则提出了知觉/行动环理论来解释状态评估过程，认为状态评估主要是图式指引下的信息搜寻活动。基于核电厂的实际情况，在 Endsley 和 Adams 研究结论的基础上，本章将操纵员的状态评估活动划分为四个认知子阶段，即电厂异常状态信息探测及觉察、电厂状态信息搜寻与整合、状态理解及判别、状态预测及确认。

与 Endsley 的感知、理解、预测三阶段划分方式相比，本章增加了信息搜寻这一阶段。它是操纵员从事状态评估任务时所必不可少的一项活动，并且正如 Adams 的观点，其还是一个持续进行着的活动，若不将其纳入分析模型，显然会低估整个状态评估任务发生失误的风险。

在复杂的任务情景中，整个状态评估任务充满着相当大的不确定性。在系统恢复正常之前，操纵员往往难以断定其对状态的理解绝对正确，因而会进一步地收集信息，以对自身判断的正确性做出验证。该过程实际上就是状态确认阶段，即操纵员基于第三阶段中对电厂状态的理解，而对下一时刻系统即将出现的症状或状态等做出某种预测，并将电厂实际呈现出的状态特征与之进行比较。

将状态确认作为一个独立的认知阶段,既是出于保守考虑,也使本章提出的分析模型,能更真实地反映出操纵员的某些行为特征,如实际任务情景中,操纵员一旦对系统的状态形成某种理解或假设,就会偏向于收集与已有假设相一致的信息来证实它,而极少去关注与假设相矛盾的信息。这些认知偏差既会耗费更多的可用时间,又会使操纵员难以纠正其对系统状态的错误理解。

1. 状态信息探测及觉察阶段的认知失误

该认知子阶段的各类失误表现模式、其相应的行为形成因子(PSF)、认知成因等整理于表4-13。

表 4-13　电厂异常状态信息探测及觉察阶段的认知失误

| 失误表现模式 | 失误PSF | 失误的认知成因 | 失误影响或失误传递 |
|---|---|---|---|
| 未觉察到系统出现异常状况 | 认知状态;人-机界面质量,信噪比;状态参数的变动特征与人的知觉阈限的匹配程度 | 警觉丧失导致的信号遗漏;信息缺乏,无法正确地区分或辨识出信号;超出人的知觉阈限或不在人的最佳的知觉阈限之内等 | 直接导致整个状态评估任务失败 |
| 状态探测及觉察过晚 | 认知状态;人-机功能分配的合理性;电厂系统的动态性 | 因缺乏足够的认知资源而无法及时进行认知响应,认知反应迟钝;因环路外症状而导致的状态探测延迟;重要的症状信息无法及时获得等 | 导致信息收集延迟、状态解释延迟及状态解释复杂度增加等 |

1) 第一类失误模式中各 PSF 作用的认知机制

认知状态是一个最常出现的 PSF,本章将其作为多个失误模式的基本 PSF,其含义基本类似,但具体使用时所指的侧重点及对人因失误的影响机制可能有所不同。此处的认知状态侧重指人的警觉水平,其越低,则越容易遗漏掉系统传递出的异常信号。一般来讲,疲劳状况、负荷水平、生物节律等都会影响到人的警觉性。

人-机界面的质量,如是否提供了相关的信息、信息的位置及易获取性等,极大地影响着操纵员是否能够正确而及时地探测到系统出现的异常信号。操纵员对异常信号的探查,还与信息间的可区分性、易辨别性等密切相关,可利用信噪比进行度量,若将反映系统异常状态的声音、视觉等信号作为信息,则整个信息空间中其他的无关信息就是噪声。信噪比与人-机界面中信息的布置及组织的合理性成正比,如有的设计将某些关键安全参数的组合值,设计成特殊形状来表示,一旦系统出现异常,则形状立即发生变化,操纵员很容易做出区分和觉察。

操纵员通常以一定的监视频率来监测各类状态参数,当参数的变动过小、过快,且缺乏比较的参照标准时,操纵员可能不会觉察出状态参数发生的变化,因此,状态参数信息的声音特征、位置特征、运动特征等与人的知觉阈限的匹配程度,也影响着异常信号被正确觉察的概率。

2) 第二类失误模式中各 PSF 作用的认知机制

当操纵员处于高负荷状态,如面临大量待处理的信息,或正处于多任务工作状态中,可能由于认知能力已达到极限或正忙于其他任务,而无法立即对系统的异常症状进行探测。这种情况在多重事故条件下表现得更加明显,即操纵员可能正确地觉察到了初始事件的征兆信息,但因随后认知负荷的不断攀升,而未能及时地探测到事故进程中发生的其他事件信息,这种状态觉察延迟就会增加后续状态评估的难度。

不合理的人-机功能分配,如自动化水平设计得过高、操纵员的功能和角色被错误地定位、需执行的任务过于单调、凌乱而缺乏连贯性等,会导致操纵员出现环路外症状。许多研究表明,处于控制任务环路之外的操纵员,往往不能及时地对系统的异常进行探察和响应[78]。在某些较为复杂和严重的事故情景中,电厂系统的状态一般会出现快速的动态演变,后续出现的症状往往会覆盖先前出现的信息,因此某些重要的信息,可能需要额外的界面管理等操作,才会被发觉和处理。

**2. 状态信息搜寻及整合阶段的认知失误**

该认知子阶段各类失误表现模式、其相应的 PSF、认知成因等如表 4-14 所列。

表 4-14    电厂状态信息搜寻与整合阶段的认知失误

| 失误表现模式 | 失误 PSF | 失误的认知成因 | 失误影响或失误传递 |
| --- | --- | --- | --- |
| 信息收集不完整 | 认知状态;人-机界面的质量;系统的动态性 | 视野狭窄、注意分配及管理失效、信息获取缺乏系统性、记忆失效及遗忘;信息难以获取或获取的认知成本过高导致的信息放弃访问等 | 状态理解片面或不全面等 |
| 获取的信息有误 | 认知状态;电厂系统的动态性;班组成员间沟通质量 | 感知错觉,看错信息;信息传递错误;不恰当地接受错误的信息等 | 状态混淆;状态解释错误等 |
| 获取了不重要的信息 | 人-机界面质量;心理模型的正确性水平 | 不恰当的信息强调,心理模型错误 | 会增加后续状态理解任务的难度及所用时间,出现状态解释错误和延迟 |

**1)第一类失误模式中各 PSF 作用的认知机制**

此处的认知状态可根据操纵员当时的心理压力、认知负荷等决定。心理压力过大会导致操纵员的注意范围变得狭窄,注意分配缺乏系统性;信息过量容易造成记忆失效或记忆衰退,即新获取的信息将先前所获得的信息挤出短时记忆空间,造成记忆信息维持失效,从而遗漏部分信息;认知负荷过高会导致操纵员可用的认知资源减少,当信息不易获取时,操纵员就会放弃对部分信息的收集,导致信息获取的不完整。

人-系统界面的质量,如信息的布置、信息的组织、导航的设计等,决定着信息收集的方便性、易获取性等。较差的人-系统界面质量,一方面会潜在地增加注意失效的概率,从而遗漏部分信息;另一方面还会增加额外的信息获取的认知成本,当操纵员的认知状态欠佳时,如负荷过高等,会增加信息被有意或无意遗漏的概率。

系统的动态性,如短时间内众多状态参数值同时发生变化,超过人的处理能力;需要进行收集和核查的信息源众多而分散;某些实时的重要信息若未被及时获取,则系统状态的迅速演变,会导致相关的症状信息被遮挡或者消失。这些都容易造成操纵员的信息获取不完整。

操纵员对系统信任水平,直接决定着其对系统提供的信息的态度。影响操纵员对系统的信任水平的因素较多,既包括系统本身的可靠性、健壮性,又包括操纵员对系统的经验历史,如近期是否出现过故障。当系统提供的信息本身是正确的,而操纵员却不大信任时,则导致某些关键的信息被遗漏掉。

2）第二类失误模式中各 PSF 作用的认知机制

这里的认知状态,可根据操纵员当时的疲劳程度等来加以判定。若操纵员在认知能力处于低水平时进行作业,则其很可能产生认知失误,如产生感知上的错觉、将信息看错等。电厂状态的快速演变,使得系统呈现的信息有可能只是一种暂时的现象,操纵员在该类情景中获得的信息,有可能是不准确的。当其他人员作为主要的信息源时,信息获取的错误则主要源自于信息传递错误等。

3）第三类失误模式中各 PSF 作用的认知机制

人-机界面的设计极大地影响着人的信息获取行为,若界面设计不当,如信息布置凌乱而无重点,往往容易误导操纵员将注意力无意识地优先投放到那些容易获得、特别吸引人注意的信息上,而忽略了信息本身是否符合任务要求。操纵员的知识经验或心理模型,决定着操纵员有意识的目标信息选取行为。他们会凭借经验来选取自认为比较重要、符合任务要求的信息。知识经验不完整或心理模型错误,也会导致信息获取错误。

3. 状态理解及判别阶段的认知失误

该认知子阶段的各类失误表现模式、其相应的 PSF、认知成因等如表 4-15 所列。

表 4-15　状态理解及判别阶段的认知失误

| 失误表现模式 | 失误 PSF | 失误的认知成因 | 失误影响或失误传递 |
| --- | --- | --- | --- |
| 状态解释不当或有误 | 培训及经验状况;认知状态;系统的动态性;规程的质量 | 获取的信息有误;知识经验不正确;从记忆中提取出错误的知识经验;代表性、临近性等认知偏差;规程理解错误等 | 对系统状态形成错误的情景模型,做出错误的状态预测 |
| 状态混淆 | 认知状态;规程的质量 | 获取了不重要或无关的信息;信息混淆;相似性匹配偏差;因规程的表达及逻辑不清晰而出现的理解上混淆等 | 状态预测及确认中出现混淆或错误 |
| 状态理解片面 | 培训及经验状况;认知状态 | 信息收集不完整;知识经验不全面或心理模型不完整;记忆知识提取不完整;有限理性,仅考虑到有限的可能等 | 状态确认不系统、不完整 |

1）第一类失误模式中各 PSF 作用的认知机制

操纵员缺乏相关的知识经验,或知识经验中存在错误,都可能造成状态解释不正确。认知状态,如应激水平、认知负荷、生物节律等,会影响到操纵员的记忆信息提取能力、理解推理能力、认知加工策略等。操纵员在认知状态欠佳时,往往会利用各种启发式策略来加工信息,如仅凭症状在记忆中的代表性、发生过的频次大小及临近性等,就对事件的性质做出了判断,因而容易在电厂状态的理解上出现认知偏差[79]。一般来讲,如电厂系统的动态性越强,状态参数值的波动也就越频繁,这就容易导致参数值匹配时,出现错误。规程的质量,如应对特定事件的针对性、可理解性等,对状态的理解及判别,也有着较大的影响。

2）第二类失误模式中各 PSF 作用的认知机制

这里的认知状态,主要是指操纵员的认知负荷及时间压力水平。在高负荷及高压力状态下,操纵员往往会采用一定的认知策略,节约认知资源和时间,如采用相似性匹配策略,盲目地将感知到的症状信息,与自己在模拟培训及实际操作中遇到过的熟悉事件,进行简单匹配,而忽略了它们间的区别。规程的质量较差,如表达不清晰,存在模棱两可的用词等,也容易导致出现状态的混淆。

3）第三类失误模式中各 PSF 作用的认知机制

知识经验是状态理解的基础,若操纵员的知识经验不全面或心理模型不完整,则越容易出现对电厂状态的片面理解。认知状态欠佳,如认知资源缺乏、应激水平过高等,容易使人的思维变得片面和狭窄,仅考虑到造成某一事件的有限可能原因。

4. 状态预测及确认阶段的认知失误

该认知子阶段的各类失误表现模式、其相应的 PSF、认知成因等如表 4-16 所列。

表 4-16　状态预测及确认阶段的认知失误

| 失误表现模式 | 失误 PSF | 失误的认知成因 | 失误影响或失误传递 |
| --- | --- | --- | --- |
| 状态预测及确认错误 | 认知状态;过度自信;人-机界面的质量 | 因思维片面、推理方式不当等而导致状态预测错误;因记忆遗忘而未进行状态确认;因过度自信而未进行状态确认等 | 状态评估错误得不到纠正 |

操纵员对系统状态的理解,从认知上讲,就是在头脑中形成关于系统目前运行状况的一种心理模型。在该心理模型的基础之上,操纵员通过“心理模拟”,从而实现对电厂演化状态的推断或预测。在高负荷及应激等认知状态下,操纵员可能因忙于其他任务,而忘记进行状态确认活动。认知状态欠佳时,操纵员的认知推理能力也会下降,在进行“心理模拟”操作时,可能会因对任务情景的约束条件考虑不周等,而出现状态预测错误。

操纵员从事状态确认活动的系统性程度,通常与操纵员的信心水平密切相关。若操纵员对自身的知识经验、状态判别结果的正确性等,存在过度自信的倾向,则越有可能出现状态确认遗漏或状态确认不全面的问题。人-机界面的质量,尤其是当决策支持系统的界面存在问题时,会增加确认偏差发生的概率。

本节基于上述对核电厂数字化后操纵员状态评估产生了新的变化,依据操纵员对电厂状态的实际认知活动与过程,充分考虑电厂状态、主控室环境因素、规程电子化、人-机界面变化、时间与心理等相关因素对操纵员状态评估的影响,依据贝叶斯网络与模糊认知图构建起对应的操纵员状态评估计算模型与推理逻辑,期望能为数字化核电厂操纵员状态评估活动风险定性、定量分析提供有效合适的技术方法。

## 4.3　响应计划模型

响应计划是指为解决异常事件而制订行动方针、方法或方案的决策过程[1]。操纵员完成状态评估之后,操纵员应该对即将执行的行动进行计划和决策。在异常条件下,操纵员为了识别合适的方法来实现目标,应该识别或建立可供选择的备选方法、策略和计划,并对它们进行评估,选择最优的或可行的响应计划。

操纵员的响应计划也是一种信息处理过程,针对不同的事件或事故场景,响应计划的复杂性不一样。因此,响应计划也对应上述信息处理类型,包括技能型的响应计划、规则型的响应计划以及知识型的响应计划。例如,如果响应计划足够简单,不需要或很少需要人的认知努力就能对外界环境做出响应,则为技能型响应计划,如对报警的响应,当出现某个报警,行为直接对应某个动作。对于给定的电厂状态,如果存在有效的规程适用于给定的电厂状态的处理,那么这个过程就属于规则型的响应计划。反之,如果没有对应的规程、程序和规则来处理,或现有的规程已经证明不完全或无效的时候,则需要操纵员重新构建新的响应计划,并对计划的可行性和有效性进行评估,这个过程属于知识型的响应计划。

### 4.3.1 响应计划失误分类

在应急条件下,操纵员先识别目标,为了完成目标,就会产生一种或多种可供选择的响应方案,评估可供选择的方案,选择最优的行为方案执行以达到目标。一般来说,核电厂有正式的纸质和电子规程来指导操纵员的响应,但是多年的实践和大量的案例表明操纵员不一定完全按规程办事,并且尽管有规程的指导,但规程不一定完全正确[84]。因此,操纵员在制订、评价和选择响应计划的过程中,可能出现各种人因失误。如果存在响应计划,操纵员可能在选择响应计划时出现错误,或者没能做出选择;选择之后,操纵员需跟随响应计划,在跟随的过程中可能出现失误;如果没有响应计划,操纵员需要重新评估做出新的响应计划,但响应计划可能是错误的、不充分的、无法做出以及延迟做出等。具体的分类见表4-17。

表 4-17 核电厂数字化主控室操纵员的响应计划失误分类

| 认知 | 认知功能 | 人因失误 | 具体的失误(用关键词来表述) |
| --- | --- | --- | --- |
| 响应计划 | C10:目标识别 | E10:目标识别失误 | 没有,延迟,错误 |
| | C11:计划构建 | E11:计划构建失误 | 没有,延迟,错误 |
| | C12:评价 | E12:计划评价失误 | 没有,延迟,错误 |
| | C13:选择 | E13:计划选择失误 | 没有,延迟,错误 |
| | C14:跟随 | E14:计划跟随失误 | 没有,延迟,错误 |

### 4.3.2 响应计划影响因素及失误机制分析

针对不同认知行为的影响因素分析,不同的研究有不同的分析方法,影响人的行为可靠性的因素分类也不同,有些方法采用的因素很少,如 HCR 模型[85]仅含 3 个;有些方法采用的因素则达到几十上百个,如 IDAC 模型[86]。因此,如何确定合适的响应计划的影响因素,用于建立响应计划模型来评估响应计划的可靠性,是值得探讨的重要议题。操纵员在系统异常情况下做出的响应有的简单、有的复杂,不同的任务特征对应不同的响应策略,如技能型策略:本能响应、直接匹配;基于规则的策略:跟随口头指令、跟随书面规程;基于知识的策略:归纳和演绎推理、有限推理、询问意见、等待和监控、试误等[44]。尽管核电厂数字化主控室存在纸质规程和电子规程,但是,也会存在其他规程没有覆盖的情况,如复杂的叠加事故等。严重事故管理决策情况的 2 级 PSA,就没有确切的规程来指导操作[87]。因此,在没有规程的指导下,制订响应计划是一个复杂的认知过程,需要借助操纵员自身的知识、经验、团队合作来进行事故的处置。在此过程中,操纵员受各种因素的影响,不仅包括个体因素、情境环境因素,而且包括组织因素。

就技能型的响应计划来看,如操纵员对报警信号、设备或系统的信号和征兆进行直接的响应,或得到简单的若干线索就能立即进行相似性匹配而紧急处理。像这些简单的响应则与操纵员的知识、经验、技能有关,也与人-机界面的设计有关,只有设计良好的人-机界面才能更好地正确地获取信息。对于规则型的响应计划来说,如响应其他班组成员的指令,或者按照规程相对应的系统状态进行事故缓解操作,但是,依据纸质或电子规程进行操作,也需要在操作过程中进行一些参数的判断,以决定规程所走的路径正确,并且规程也难以做到非常精确地与事故状态相吻合,因此,也需要操纵员做出判断。另外,很多实例分析也显示出,操纵员有时由于缺乏风险意识等原因,而走错规程。因此,在规则型响应计划中,影响操纵员的影响因素不仅涉及个体的知识、经验、技能、人-机界面等,而且涉及班组交流与合作、规程、安全态度等因素。对于知识型响应计划来说,由于没有规程的指导,属于遇见的新型事物或系统状态,因此,操纵员在处理这样的异常事件过程中,需要用到归纳演绎推理。归纳是产生一系列可能的诊断结果,演绎是需要收集信息来验证诊断结果,然后在此基础上产生响应计划。在此过程中,也可能用到规程、咨询班组意见、不断地尝试操作直至问题解决,但是对于比较严重的事故或事件,由于事件的严重性、处理事情的复杂性、可用时间有限、个人的知识经验又难以快速识别系统到底发生了什么,这样,操纵员容易产生较大的心理压力,影响操纵员的响应可靠性。一般来讲,对于没有规程指导的新型事件,基于知识型的行为容易产生人因失误。通过上述分析可知,在此过程中涉及的影响因素包括个体的知识、经验、技能、安全态度,班组交流与合作,事件的严重性,可用时间,任务的复杂性,规程,人-机界面,安全文化等。Whaley、Xing、Boring[88]在分析前人工作的基础上,认为操纵员在响应计划或决策过程中可能存在的失效原因主要有以下三个方面:

**1. 不正确的目标或优先级设置**

当某个目标被确定为决策应实现的目标时,该目标就成为决定决策是否成功的测量对象。虽然目标在任何决策过程中都可形成,但它们在新出现的情况下尤为关键,因为没有先前的经验可与当前的状态和决定行动获得的结果进行比较。如果在多个目标中进行选择,则需要确定解决问题的目标的优先顺序,存在优先级顺序分配。设置什么目标以及如何分配目标优先级时,可能出现失误的认知机制包括:

(1)选择了不正确的目标。其认知机制是操纵员选择了不可能实现的目标或不可信的目标。

(2)目标的优先级不正确。目标可能在操纵员的头脑中错误地排序,或者给出错误的优先级,使得重要的目标不能得到及时解决。

(3)目标是否成功的判断错误。操纵员用来判断目标成功与否的阈值可能设置得太低,或者当目标还不满足时不正确地确定为满足。

**2. 内部模式匹配不正确**

在理解和感觉阶段,操纵员形成当前状态的心理/心智模型。在模式匹配期间,操纵员将状态与存储的计划、脚本和故事进行匹配以判断当前情况的典型性,并且根据需要制订或修订计划。如果操纵员将当前情况判断为典型的状态,则可以使用先前的响应计划。如果情况是新颖的,则操纵员需要找到适应于描述当前状态的类似状态。模式匹配期间发生的错误可能的认知机制包括:

(1)没有更新心理电厂系统状态模型来反映系统的变化状态。核电厂事件可能发展很快,操纵员必须更新其心理电厂系统状态模型以反映这种动态性质。

（2）无法检索以前的经验。在模式匹配期间,操纵员将当前情况与先前遇到的情况进行比较以设计适当的响应计划。在此过程中,如果操纵员不能唤起适当的先前经验,则在该回忆过程中可能发生错误。

（3）以前经验被不正确地回忆。类似于前面的认知机制,在处理对先前经验的回忆时,由于对先前经验的不正确回忆而可能发生错误。也即,操纵员可能不正确地记住以前的经验是对应何种响应的。

（4）将心理电厂系统状态模型与以前遇到的情况进行不正确地比较。在与以前遇到的情况进行比较的过程中可能会导致错误,因为比较的不完整或可能在比较中发生错误。

（5）认知偏见。确认偏差和可用性偏差在此阶段容易发生。确认偏差表明人们倾向于寻找证实其当前位置的证据。可用性偏差是指信息条目可以带出记忆的容易程度将影响分配记忆的值的大小。这些偏见可能影响以前遇到的状态的记忆,心智模型与以前遇到的情况的比较,或心理电厂系统状态模型的更新。

**3. 错误的心理模拟或选择评估**

为了评估不同建议的动作适当性,操纵员会对应用的动作进行心理模拟。操纵员可能不会对所有建议的解决方案执行彻底的测试,但会选择第一个可接受的选项进行心理模拟。在选择的动作/方案评估或心理模拟期间可能发生的错误的认知机制包括:

（1）动作的不准确描述。这种认知机制包括错误地表征动作(即在心理分析期间忘记行动的步骤)或对如何实现动作的不正确的预测。

（2）备选方案不正确。操纵员可能忘记应该考虑的一些备选方案。

（3）系统对建议的行动反应的描述不准确。这种认知机制表现在操纵员不能正确预测系统将如何响应所提出的动作。

（4）误解规程。因为不正确的规程选择或不准确的解释或规程的复杂逻辑使其难以使用和理解,从而容易产生失误。

（5）认知偏差。过度自信和锚定效应可能对这种认知机制的影响特别普遍。过度自信会影响操纵员在操作时对能力的信心。特别地,如果操纵员通过该动作在以前操作是成功的,则其可能在当前状态下过度相信自己能力。锚定效应表明人们偏向于他们看到的第一选择或他们做出的第一判断。因此,操纵员可能偏向于他们选择的第一动作,而这可能是不适当的动作。

上面描述了操纵员在做响应计划时可能产生失误的认知机理,与上述认知机理相关的PSF如表4-18~表4-20所列。

表 4-18　不正确的目标或优先设置的可能 PSF

| 可能原因 | 认知机理 | 影响因素 PSF |
| --- | --- | --- |
| 不正确的目标或优先设置 | 选择了不正确的目标 | 知识/经验/专业水平 |
| | | 培训 |
| | | 系统响应 |
| | | 规程 |
| | | 时间负荷 |
| | | 安全文化 |

（续）

| 可能原因 | 认知机理 | 影响因素 PSF |
|---|---|---|
| 不正确的目标或优先设置 | 矛盾的目标 | 知识/经验/专业水平 |
| | | 培训 |
| | | 系统响应 |
| | | 规程 |
| | | 感知到的决策影响 |
| | | 安全文化 |
| | 目标的优先级不正确 | 知识/经验/专业水平 |
| | | 培训 |
| | | 资源 |
| | | 规程 |
| | | 任务负荷 |
| | | 安全文化 |
| | 目标是否成功地判断错误 | 知识/经验/专业水平 |
| | | 培训 |
| | | 规程 |
| | | 时间负荷 |
| | | 人-系统界面 |

表 4-19　不正确的模式匹配的可能 PSF

| 可能原因 | 认知机理 | 影响因素 PSF |
|---|---|---|
| 不正确的模式匹配 | 没有更新心理模型来反映系统的变化状态 | 知识/经验/专业水平 |
| | | 培训 |
| | | 规程 |
| | 无法检索到以前的经验 | 知识/经验/专业水平 |
| | | 培训 |
| | | 系统响应 |
| | 以前经验不正确地回忆 | 知识/经验/专业水平 |
| | | 培训 |
| | | 时间负荷 |
| | 心理模型与以前遇到的情况进行不正确地比较 | 知识/经验/专业水平 |
| | | 培训 |
| | | 任务复杂性 |
| | | 对任务的注意 |
| | | 时间负荷 |
| | 认知偏见 | 知识/经验/专业水平 |
| | | 培训 |
| | | 时间负荷 |

表4-20 错误的心智模拟或方案选择评估的可能PSF

| 可能原因 | 认知机理 | 影响因素PSF |
|---|---|---|
| 错误的心智模拟或方案选择评估 | 动作/行为的不准确描述 | 知识/经验/专业水平 |
| | | 培训 |
| | | 记忆负荷 |
| | | 时间负荷 |
| | 备选方案不正确 | 知识/经验/专业水平 |
| | | 培训 |
| | | 时间负荷 |
| | 建议的行动产生的系统反馈描述不准确 | 知识/经验/专业水平 |
| | | 培训 |
| | | 程序 |
| | | 知识/经验/专业水平 |
| | 对程序的错误理解 | 知识/经验/专业水平 |
| | | 培训 |
| | | 规程 |
| | | 系统响应 |
| | | 时间负荷 |
| | 认知偏差 | 知识/经验/专业水平 |
| | | 培训 |
| | | 时间负荷 |

　　上述影响因子分析比较全面,但是没有考虑PSF的相互影响关系。因此,依据本书建立的组织定向的"结构-行为"分析模型,构建了包括组织因素、情境状态因素以及个体因素在内的PSF分类体系,识别它们之间的影响关系,并进行一些补充。建立的影响因素因果关系模型如图4-24所示。在图4-24中,响应计划的可靠性首先主要直接受一线操纵员的心理状态、记忆中的信息以及个性固有属性的影响。操纵员的知识/经验/专业水平丰富,则会认识到对特定的电厂状态应该采取何种响应策略或计划。知识/经验/专业水平主要受组织培训和班组的交流与合作的影响;如果培训或实践不够,则会对操纵员的知识/经验/专业水平造成消极影响,班组的交流与合作可以弥补操纵员个体的知识/经验/专业水平的不足。此外,压力水平对响应计划的制订也会有很大影响,压力水平主要受感知到的事件严重度、任务的复杂性及可用时间的影响,事件越严重,压力越大,任务处理越复杂,压力越大,可用时间越少,则产生的压力更大。同样,任务的复杂性主要受任务本身、数字化规程设计的优劣与数字化人-机界面设计的优劣程度的影响,事故的严重性也影响任务的复杂性。规程中的操作步骤复杂则操纵员需要完成的任务复杂,规程设计完美有利于指导操纵员做出正确的响应计划,人-机界面的设计存在缺陷,则操纵员难以获取有利于响应计划制订的有用信息。再者,响应计划还要受到操纵员态度的影响,操纵员的态度好、责任心强,则注意力集中,不会主动违规。其中,操纵员的态度主要受组织的安

全文化和管理水平的影响,如果安全文化没有深入人心,则操纵员的风险意识淡薄、安全态度较差。组织管理规范,操纵员的决策也会规范,从而可减少失误。通过上述分析,响应计划可以受到班组的交流与合作水平、培训水平、数字化规程、数字化人-机界面、事件的严重度、事故处置的可用时间、安全文化与组织管理水平等因素的影响。另外,需要说明的是,操纵员的知识/经验/专业水平也影响着操纵员的压力水平,如果操纵员的知识/经验/专业水平高,哪怕再复杂的事情,他们都有可能进行正确处置,从而压力会减少。同样,压力水平也会影响他们知识/经验/技能水平的发挥,如果压力很高,他们都不知如何进行合理分析,如何更好地利用他们的知识和经验来建立响应计划。再者,压力也会影响操纵员的安全态度,如果压力高,使得他们需要注意的安全和风险事情,而没有注意,从而产生低的风险意识,也使响应计划过程中产生误判断。除此之外,响应计划的可靠性还受信息呈现或状态呈现的影响。响应计划在执行过程中,需要不断同系统状态进行互动,以识别响应计划是否正确,这需要通过系统反馈来进行确认,如果不正确,还需要及时纠正来满足当前状态的要求,如操纵员面临新型情况时。系统状态呈现水平受人-机界面或人-系统界面优劣的影响和系统有无及时反馈的影响,另外,系统状态呈现水平的好坏也影响操纵员的压力水平。如果系统状态呈现的信息清晰、全面,操纵员会及时理解系统状态,相对压力会减小。

总之,响应计划受多种因素的影响,且影响因素之间存在较为复杂的相互作用。图 4-24 表征了主要的影响因素及其主要的交互作用。

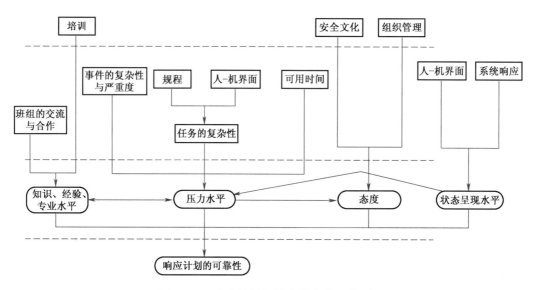

**图 4-24 响应计划的影响因素交互模型**

### 4.3.3 响应计划可靠性评估模型

响应计划,在此也可称为决策,决策就是决定应该做什么。Yates[89] 认为决策就是决定进行意向中的行动而产生的结果可能满足特定的需求,以达成目标。决策在实验室和真实环境中已经研究多年。早期源于经济学、数学和哲学的尝试是基于规范模型(Normative Model)。这些模型将人类决策描述为"理性的",要使决策效用最大化,即试图选择最大化收益的备选方案,这些模型通常被称为规范模型。理性选择理论是最早的例子之一,并以理性规则为指导。这种模型考虑在不确定性环境中或确定性环境中做出决定,但很多决策是在不确定性环境中做出的,如购买彩票可能让你中奖,但不确定,在不确定性环境中做出决策的一个重要的模型就是期望效用理论(Expected Utility Theory,EUT)。规范模型说明人是理性的,但有时人不是理性的,不能说明客观现实中的决策问题。描述性/说明性模型(Descriptive Model)的发展是想阐释现实中的决策问题,规范型模型说明了决策者应该如何做决策,但描述性模型说明了一个决策如何做出。西蒙认为人的信息处理能力有限,从而导致人的有限理性,做出决策是追求最优,还是追求达到目标的满意解。为了解释以前规范模型未能解释的一些行为,Kahneman 和 Tversky 发展了前景理论(Prospect Theory),它属于描述性的决策理论和模型。前景理论不仅考虑了风险寻求和风险厌恶(有些人追求风险,有些人厌恶风险),而且考虑了损失厌恶。前景理论在设计好的相对简单的环境中,其预测结果很理想,但是面对复杂的环境,难以做出现实环境中的决策,也不能说明决策者是如何评估环境、评审选择方案以及决定现实中的行动过程。为了使决策更符合实际,自然决策(Naturalistic Decision Making,NDM)试图拓宽决策的情境环境,更多考虑真实的情境环境,如时间压力、不确定性、复杂性等。Lipshitz 等[90]认为 NDM 有四个基本特征:

(1)更加关注于认知过程而不是仅仅预测决策结果;

(2)更加关注达到目标的方案的适用性,而不是对方案进行一一比较;

(3)关注于专家决策而不是新手,并且认为做出决策的情境环境非常重要;

(4)决策者评价的备选方案应是现实中可以执行的方案。

一个典型的自然决策模型就是以辨识为主的决策模型(Recognition-Primed Decision,RPD)[91,92]它主要用于解释复杂环境下和时间压力环境下的专家决策,它也是寻找满意解决方案而不是最优解决方案。RPD 包括三个阶段:情境/状态识别,连续备选方案评估和心理模拟,用来描述真实环境中的决策过程。

对核电厂操纵员来说,规范性模型和描述性模型都不能明确说明决策过程,核电厂需要明确决策过程是如何形成的,并且如何发生决策失误。因此,为了研究真实环境中的操纵员如何使用他们的知识和经验来做出决策的行为以及环境或影响因子是如何影响操纵员的决策问题,就需要求助于自然决策方法,自然决策提供了一个很好的建模框架,可描述真实环境中操纵员决策的过程或机理,如 Greitzer、Podmore、Robinson 等[93]针对核电厂主控室操纵员制订了 NDM 模型。

### 1. 模型假设

由上述的分析可知,核电厂操纵员的响应计划是一个复杂的过程,不仅只是包括响应计划本身,而且受其他认知行为的影响,如信息感知、状态理解、动作执行的影响,响应计划仅是该过程最主要的认知行为。核电厂异常情况发生后,操纵员的决策方式多样化,不仅有简单的决策、也有复杂的决策。操纵员在做出决策的过程中还受各种情境环境因素的影响,且不同的任务特征决定了其影响程度各异,影响关系交互复杂。另外,随着时间的推移,事件在进展,操纵员面临的决策环境在变化,因此,响应计划是一个动态多变的过程。为了更好地研究核电厂操纵员的响应计划可靠性,现做出如下假设:

(1)操纵员的响应计划决策方式主要有三种:技能型决策、规则型决策和知识型决策。

(2)操纵员的响应计划决策过程是动态的,随着系统状态的变化、影响因素及其影响程度的变化而变化,影响因素的权重随着决策类型的变化而变化。

（3）操纵员的认知行为是复杂的认知过程,存在不同认知功能的交互作用,但响应计划决策行为过程中,响应计划决策占主导作用,而不考虑其他行为可靠性的影响。

2. 响应计划可靠性评估程序

（1）首先识别响应计划类型:技能型、规则型、知识型,具体参考标准见表4-21。

表4-21　不同类型的响应计划评价准则

| 序号 | 响应计划类型 | 评价准则 |
|---|---|---|
| 1 | 技能型 | 不需要认知努力的本能响应 |
| 2 | 规则型 | 有规程指导的响应计划 |
| 3 | 知识型 | 没有规程指导的响应计划 |

（2）识别响应计划的影响因素及其相互影响关系,见图4-24。

（3）识别影响响应计划的因素的权重。不同类型的响应计划,各种影响因素的权重不一样,因此,需要针对不同类型的响应计划进行权重识别,可采用层次分析法等进行。本章通过专家组判断识别的各影响因素的权重见表4-22。显然,不同的任务特征,各影响因素所起的重要性不同。例如,技能型响应计划,明显没有心理压力的影响,或影响很小,但知识型响应计划,则心理压力水平很大,对响应计划有较大的影响。

表4-22　各种类型响应计划的影响因素及其权重

| 比较对象 | 技 能 型 | | 规 则 型 | | 知 识 型 | |
|---|---|---|---|---|---|---|
| | 影响因素 | 权重 | 影响因素 | 权重 | 影响因素 | 权重 |
| 知识、经验、专业水平 | 培训 | 0.8 | 培训 | 0.8 | 培训 | 0.8 |
| | 班组交流 | 0.2 | 班组交流 | 0.2 | 班组交流 | 0.2 |
| 任务复杂性 | 事件复杂性和严重度 | 0.1 | 事件复杂性和严重度 | 0.2 | 事件复杂性和严重度 | 0.6 |
| | 规程 | 0.1 | 规程 | 0.6 | 规程 | 0.1 |
| | 人-机界面 | 0.8 | 人-机界面 | 0.2 | 人-机界面 | 0.3 |
| 工作态度 | 安全文化 | 0.6 | 安全文化 | 0.5 | 安全文化 | 0.2 |
| | 组织管理 | 0.3 | 组织管理 | 0.3 | 组织管理 | 0.3 |
| | 压力水平 | 0.1 | 压力水平 | 0.2 | 压力水平 | 0.5 |
| 状态呈现 | 人-机界面 | 0.6 | 人-机界面 | 0.6 | 人-机界面 | 0.6 |
| | 系统响应 | 0.4 | 系统响应 | 0.4 | 系统响应 | 0.4 |
| 压力水平 | 知识、经验、专业水平 | 0.2 | 知识、经验、专业水平 | 0.2 | 知识、经验、专业水平 | 0.2 |
| | 任务复杂性 | 0.3 | 任务复杂性 | 0.3 | 任务复杂性 | 0.4 |
| | 状态呈现 | 0.1 | 状态呈现 | 0.1 | 状态呈现 | 0.1 |
| | 可用时间 | 0.4 | 可用时间 | 0.4 | 可用时间 | 0.3 |

（续）

| 比较对象 | 技 能 型 | | 规 则 型 | | 知 识 型 | |
|---|---|---|---|---|---|---|
| | 影响因素 | 权重 | 影响因素 | 权重 | 影响因素 | 权重 |
| 响应计划可靠性 | 知识、经验、专业水平 | 0.4 | 知识、经验、专业水平 | 0.3 | 知识、经验、专业水平 | 0.4 |
| | 压力水平 | 0.1 | 压力水平 | 0.3 | 压力水平 | 0.4 |
| | 工作态度 | 0.2 | 工作态度 | 0.2 | 工作态度 | 0.1 |
| | 状态呈现水平 | 0.3 | 状态呈现水平 | 0.2 | 状态呈现水平 | 0.1 |

（4）确定各影响因素的状态等级评价标准。不同的影响因素有不同的状态等级，影响因素处于不同的状态，对响应计划的影响程度不一样，为了对响应计划的可靠性进行定量评价，对影响因素进行等级划分，建立影响因素等级的评价准则，见表4-23。同样，其他中间变量也划分为三个等级（用 a、b、c 代表好、中、差），如任务的复杂性分别划分为复杂、一般、简单。

表 4-23　根节点的等级划分与评价准则

| 变量 | 状态等级 | 准则/描述 |
|---|---|---|
| 班组的合体与交流 | 好（a） | 除按数字化规程中规定的要求进行交流之外，就质疑的问题进行交流和询问，且得到有益的结果 |
| | 中（b） | 操纵员之间按数字化规程中规定的要求进行交流，并且得到有益的结果 |
| | 差（c） | 操纵员之间很少进行交流，或者交流了但没有得到有益的结果，或者得到了错误的结果 |
| 培训 | 好（a） | 属于高级操纵员，具有多年工作和事故处置经验，并接受过2年以上的数字化规程和事故模拟的培训，并在很广泛的范围接受过培训 |
| | 中（b） | 属于执照操纵员，超过6个月的数字化规程和事故模拟培训，提供了大量的正式的培训和事故处置的培训，具有一定的事故处置经验 |
| | 差（c） | 属于执照操纵员，低于6个月的数字化规程和事故处置的技能培训。进行必要的技能、知识和事故处置培训的次数很少，没有提供充分的事故处置培训实践和各种事故处置实践 |
| 事件的复杂性和严重度 | 简单（a） | 技能型事件，一般的扰动，常规事件，可能有简单的规则进行指导，需要很少的认知努力来进行事件处理 |
| | 一般（b） | 规则型事件，有规程的指导来进行事件的处理 |
| | 严重（c） | 知识型事件，从来没有碰到过的新型事件，没有程序的指导，只能依靠操纵员的知识和经验以及班组的交流来建立响应计划进行处理 |
| 规程 | 好（a） | 规程可用且是状态导向的规程，能提供保持关键安全功能的手段，不需要精确诊断发生的事件而能使电厂保持在安全的状态，需要做的只是缓解事件。如果关键的安全功能得到保持，则不会带来灾难性后果（如堆芯熔化）。满足人因工程设计要求，能有效地完成任务 |
| | 中（b） | 规程可用且基本满足人因工程设计要求，能完成任务 |
| | 差（c） | 规程不可用或者不完整，没有包含必要的信息或没有满足人因工程设计要求，难以完成任务 |

（续）

| 变量 | 状态等级 | 准则/描述 |
|---|---|---|
| 人-机界面 | 好（a） | 界面的设计能提供所需的信息和能以一种简单且少失误的方式执行任务，能提高人员绩效。满足人因工程设计要求，有利于操纵员的监视、状态评估、响应计划和动作执行，能又快又好地完成任务 |
| | 中（b） | 界面的设计能支持正确的绩效，但不能提高人员绩效或使任务更容易地执行，满足人因工程设计要求，能基本完成任务 |
| | 差（c） | 需要的信息没有支持诊断或者会产生误导，界面设计没有满足人因工程设计要求（如错误的标识），影响任务绩效，难以完成任务 |
| 可用时间 | 充分的（a） | 可用时间是正常完成时间的2倍或者更多 |
| | 一般的（b） | 平均来说，有足够的时间来诊断问题和操作，可用时间超过完成时间 |
| | 不充分的（c） | 可用时间小于完成时间，操纵员在可用时间内不能诊断问题 |
| 安全文化 | 好（a） | 组织定期进行安全文化建设和学习，使操纵员都具有良好的责任心、有很强的风险意识、安全态度以及质疑态度，并熟练掌握防人因失误工具的使用 |
| | 中（b） | 组织有时会进行安全文化建设和学习，使操纵员意识到自己的重要性，要具有责任心、风险意识、安全态度以及质疑态度，并会使用防人因失误工具来进行操作 |
| | 差（c） | 组织很少进行安全文化建设和学习，对操纵员是否具有良好的责任心、风险意识、安全态度以及质疑态度关心不够，很少见操纵员使用防人因失误工具进行操作 |
| 组织管理 | 好（a） | 具有很好的激励措施来提高操纵员的积极性，有很好的行为规范来指导操纵员的行为，有适当的监督措施和失误恢复策略 |
| | 中（b） | 有一般的激励措施来提高操纵员的积极性，指导操纵员的行为规范不够全面具体，有一定的监督措施和失误恢复策略来防止人因失误 |
| | 差（c） | 基本没有激励措施来提高操纵员的积极性，行为规范不具体，不全面，没有合适的监督措施和失误恢复策略来进行失误预防 |
| 系统响应 | 高（a） | 系统对重要的行为都有响应 |
| | 中（b） | 对部分重要行为有响应 |
| | 低（c） | 基本没什么响应 |

（5）确定中间变量条件概率分布。

为了确定中间变量的概率分布，不失一般性，可构建简单的贝叶斯网络图如图4-25所示，变量 $Y_j$ 受 $X_{ij}$（$i = 1,2,\cdots,n$；$j = 1,2,\cdots,m$）的影响，则可通过以下步骤来确定节点变量 $Y_1$ 的状态值和处于对应的"好""中"和"差"状态的概率。

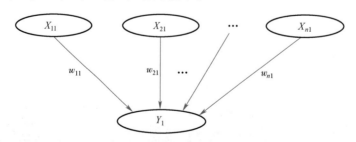

图4-25　基本的网络结构影响图

① 确定中间变量的父节点的状态确切值。假设所有的节点变量都有三种状态,分别抽象为"好""中"和"差",具体对每个变量的状态不一定用"好""中"和"差"来描述。每种状态采用模糊集合来表示(图4-26),对应的具体数值分别采用三角形重心解模糊法(式(4-22))来确定。

因此,可得到每个变量的父节点的各个状态 $x_{i1}(i=1,2,\cdots,n)$"好""中"和"差"的确切值分别为:5/3、5 和 25/3。

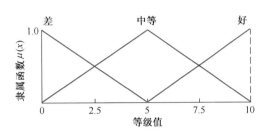

图4-26 因素状态等级隶属函数

② 结合 PSF 的权重,确定中间节点变量 $Y_1$ 的状态确切值为

$$y_1 = x_{11} \times w_{11} + x_{21} \times w_{21} + \cdots + x_{n1} \times w_{n1} \qquad (4-27)$$

③ 将确切值转化为状态等级的概率值。为了将得到的确切值转化为所对应的三种状态等级的概率值,以确定相应的条件概率,通过专家讨论选用常用的三角形隶属函数表示的模糊集来描述因素状态等级值,建立状态确切值与对应的状态等级"好""中"和"差"的隶属函数关系,如图4-26所示。

设对于节点变量 $a$,其三角形隶属函数的论域为 $[0,u]$,则三角形隶属函数可确定为 $A^* = (a^l, a^m, a^u)$,其中 $0 \le a^l \le a^m \le a^u \le u$,则其隶属函数为

$$\mu_{A^*}(x) = \begin{cases} \dfrac{x-a^l}{a^m-a^l}, & a^l \le x \le a^m \\ \dfrac{a^u-x}{a^u-a^m}, & a^m \le x \le a^u \\ 0, & 其他 \end{cases} \qquad (4-28)$$

将确切的状态等级值代入式(4-28)可得到相应的隶属度,即属于某种状态的程度。如,培训"差"(对应的值为5/3)、班组交流"一般"(对应的值为25/3)。且父节点培训和班组交流对子节点工作负荷的影响权重分别为0.8和0.2。由式(4-27)可得到工作负荷的确切值为 $5/3 \times 0.8 + 25/3 \times 0.2 = 3.0$,代入式(4-27)并根据图4-26可知,知识、经验与专业水平处于"中等"的概率为0.6,处于"差"的概率为0.4,处于"好"的概率为0。同理可得"培训"和"班组交流"在其他状态组合下"知识、经验与专业水平"所处不同状态的概率,可以获得中间变量"知识、经验"的条件概率。同样可以获得任务复杂性概率分布。据此,可获得不同类型响应计划的不同参数的概率分布。

(6)响应计划可靠度计算。

① 确定响应计划失误的基本概率。在大多数情况下可使用历史通用数据结合一个模型来确定。由 CREAM 方法[94],对应其 PSF 计划优先性失误、计划不充分,可取响应计划的基本失误概率为 $P_{basis}=0.01$,低边界为0.001,高边界为0.1。在本章中,将响应计划分类为三种行为:技能型行为、规则型行为以及知识型行为。不同类型的行为其一般的失误概率可能不同,依据

HEART 方法[95]，对于技能型的行为，如那些完全熟悉的、富有经验实践的行为失误概率为 $4\times 10^{-3}$，不确定性区间为 $(8\times10^{-4},9\times10^{-3})$；常规的、经常训练的、需要快速处理的低层认知的任务（相当于基于规程的任务）的失误概率为 $2\times10^{-2}$，不确定性区间为 $(0.007\sim0.045)$；对于复杂的需要高层认知努力的任务，其失误概率为 0.16，不确定性区间为 $(0.12,0.28)$。不同的 HRA 方法对情境环境的定义不尽一致，因而给出的基本人因失误概率也有所差异。结合现有 HRA 方法的相关判断，并结合专家意见，本章给出不同类型的响应计划的基本失误概率如下：

$$\begin{cases} p_1 = 1\times10^{-3} \\ p_2 = 2\times10^{-3} \\ p_3 = 1\times10^{-2} \end{cases} \quad (4-29)$$

式中　$p_1$、$p_2$、$p_3$——对应技能型响应计划的失误概率、规则型响应计划的失误概率、知识型响应计划的失误概率。

这里主要考虑了在核电厂数字化主控室中，技能型响应计划是非常简单的、常规的，只是针对那些经常实践的扰动的响应，因此考虑采用较小的失误概率。对于规则型的响应计划，由于考虑到数字化规程比纸质规程更详细且认知更简单，因此也采用较小的失误概率。对于复杂的需要高层认知努力的新型的故障或事故，由于诸多研究表明，对于新型的事件或故障，失误概率都非常高，因此，采用较高的失误概率。

② 确定响应计划的父节点的最差状态和最好状态对不同响应计划基本失误概率偏离的最大值。这可依据专家判断、模拟机实验数据和 HRA 方法来确定。如果父节点的 PSF 处于极端状态（a 和 c）时，确定一个因子来调整基本概率。在 CREAM 方法中，对于各个因子最好的状态来说，可以降低响应计划（相当于 CREAM 方法中的解释失误）的失误，使失误概率降低 10 倍，对于其他像 THERP[96] 等方法中，各个 PSF 的最好状态使失误概率降低都超过 100 倍。因此，折中考虑，选用 0.01（即降低 100 倍）。同样，对于 PSF 都处于"差"的状态，会提高响应计划的失误率，因此，对处于不利状态（c）建议调整因子的值为 100，即可能使响应计划失误概率达到 1。基本失误概率的调整因子取值见表 4-24。

表 4-24　响应计划基本概率的调整因子

| 父节点影响因素的状态 | 调整因子 $Q$ |
| --- | --- |
| a | 0.01 |
| b | 1 |
| c | 100 |

③ 定量计算响应计划失误的条件概率。条件概率是基于父节点 PSF 的状态和调整因子来计算，可采用以下公式：

$$P_j = P_t \sum_{i=1}^{n} w_i \sum_{k=a}^{c} \mathrm{Max}(P_{ik}) Q_{ik}, P_j \in [0,1] \quad (4-30)$$

式中　$P_t$——不同类型的响应计划，$t = 1,2,3$，分别对应技能型、规则型和知识型；

　　　$P_{ik}$——第 $i$ 个父节点 PSF 处于不同状态 $k(k=a,b,c)$ 的概率；

　　　$\mathrm{Max}(\cdot)$——取最能反映当前父节点所处状态的概率，用于概率计算；

　　　$Q_{ik}$——对应的调整因子；

$w_i$——第 $i$ 个父节点的权重,所有父节点的权重和等于1;

下标 $j$——所考虑的响应计划可能的两种状态:成功和失败(成功:$j=1$,失败:$j=2$)。

3. 应用实例

选取事故为:反应堆余热排出系统(RRA)连接状态下发生大破口失水事故,压力容器水位低于热段顶部(THL),根据规程指引启动安全注入(SI)进入事件控制规程4(ECP4)程序进行缓解。

已知获得的数据和建立的定量评价程序,由图4-24可知,子节点"响应计划可靠性"的父节点为"知识、经验和专业水平""压力水平""工作态度"以及"状态呈现水平",由于事故由规程来进行计划操作,因此属于规则型响应计划,它们的权重分别为0.3、0.3、0.2和0.2。针对"破口失水事故"进行分析,根据任务的需要分析和操纵员访谈情况获得根节点 PSF 的状态等级见表4-25。

表4-25　大破口失水事故情境下访谈得到的 PSF 状态的等级

| PSF | 培训 | 班组交流 | 事件严重度 | 规程 | 人-机界面 | 可用时间 | 安全文化 | 组织管理 | 系统响应 |
|---|---|---|---|---|---|---|---|---|---|
| 状态 | 好 | 中 | 严重 | 好 | 好 | 中 | 中 | 中 | 好 |

依据上述数据,当培训为"好"、班组交流与合作为"中",由表4-26可知"知识、经验和专业水平"处于好、中、差状态的概率分别为:0.53、0.47、0;当事件的严重程度为严重、规程为好、人-机界面为好时,由表4-27可知"任务的复杂性"处于不同状态,即简单、一般、复杂的概率分布为0.4、0.6、0;同理可按前面的计算要求,依式(4-26)可算得其他变量的概率分布,见表4-26所示。

表4-26　失水事故中响应计划模型中间变量的概率分布

| 中间变量 | 概率分布 |
|---|---|
| 知识、经验、专业水平 | 好、中、差<br>0.53、0.47、0 |
| 任务复杂性 | 简单、一般、复杂<br>0.4、0.6、0 |
| 状态呈现/信息显示 | 好、中、差<br>0.67、0.33、0 |
| 压力水平 | 高、中、低<br>0.2、0.8、0 |
| 工作态度 | 好、中、差<br>0、1、0 |

表4-27　知识和经验、压力水平、状态呈现水平、工作态度的概率分布及响应计划可靠性

| 影响因素 | 权重 | 概率分布 | 情景意识可靠性 |
|---|---|---|---|
| 知识经验与专业水平 | 0.3 | 好、中、差<br>0.53、0.47、0 | 0.992678 |
| 压力水平 | 0.3 | 高、中、低<br>0.2、0.8、0 | |

（续）

| 影响因素 | 权重 | 概率分布 | 情景意识可靠性 |
|---|---|---|---|
| 状态呈现水平 | 0.2 | 好、中、差<br>0.67、0.33、0 | |
| 工作态度 | 0.2 | 好、中、差<br>0、1、0 | |

因此，在具体的响应计划可靠性计算中，只需知道特定情境下直接影响响应计划可靠性的操纵员的四个父节点"知识和经验、压力水平、状态呈现水平、工作态度"所处的状态以及它们之间的相对权重，就可采用式（4-30）来计算响应计划可靠性。如上例的计算如下：

$$P_j = P_t \sum_{i=1}^{n} w_i \sum_{k=a}^{c} \mathrm{Max}(P_{ik}) Q_{ik}$$

$$= 0.01 \times [\, 0.3 \times (0.53 \times 0.01) + 0.3 \times (0.8 \times 1) + 0.2 \times (0.67 \times 0.01) + 0.2 \times (1 \times 1)\,]$$

$$= 0.01 \times [\, 0.00159 + 0.24 + 0.00134 + 0.2\,]$$

$$= 0.01 \times 0.44293$$

$$= 0.0044293$$

$$= 4.4293 \times 10^{-3} \approx 4.43 \times 10^{-3}$$

需要说明的是，在一个事故的响应过程中，可能存在多种响应计划，不仅有技能型的响应计划，而且有规则型和知识型的响应计划，因此，需要综合考虑，这里只是考虑了破口失水事故中的主要响应计划——基于规程的规则型响应计划来作为案例说明该方法的具体应用。

## 4.4 响应执行模型

响应执行就是执行在响应计划中确定的动作或行为序列。这个过程可以非常简单，如操纵员按下一个控制按钮或虚拟的图标进行操作，但值得一提的是，这个简单的过程也包含一个完整的认知功能过程，如在屏幕上寻找图标信息（监视）、识别所要找到图标（解释评估）、确定执行方式（是按压还是旋转？）或步骤序列，执行按压操作等，或许还需要确定是否完成（通过信息反馈）。响应执行行为可以是具体的单个动作，也可以是连续的控制行为。针对电厂不同的任务，响应执行也可能需要不同程度的班组交流与合作，需要相互配合，要求对任务进行分配和安排。对于那些非常规和复杂的控制行为，特别是当响应计划没有规则型的模式进行指导时，则需要根据电厂状态来改变或建立行为的优先次序，并且需要在多个地点多个人员之间的合作与协调来完成。因此，响应执行行为既有复杂的行为，也有简单的响应执行行为，交流与合作可看作响应行为的一种。响应执行是在不断地人-机交互过程中完成的，成功的动作执行，需要监视、状态评估等认知行为的支持，执行的结果也需要通过系统的反馈来监视。在核电厂中，存在两个重要的方面影响响应计划的执行，即响应时间与间接观察，响应时间延迟会影响操纵员响应执行的绩效，因为反馈延迟使得操纵员难以及时发现动作或行为执行的效果，另外，因为系统响应的行为难以直接观察到，所以系统行为或所处的状态只有通过观察到的反馈参数来进行推理进行识别。在这些认知过程中均可能产生失误。

### 4.4.1 响应执行失误分类

早期的人因可靠性分析方法,如人因失误率预测技术(THERP)[96],将人的响应执行失误分为两大类,即疏忽型失误(EOO)与执行型失误(EOC),如表4-28所列。该分类指的人因失误是各种认知功能失效的结果,如监视、状态评估、响应计划等认知失效,可能会引起行为的失效。而本章所考虑的只是在响应行为过程中所发生的失误或失效,而假设在监视、状态评估、响应计划等认知行为是正确的,并且只考虑可观察到的行为失误。

表 4-28  THERP 对响应执行行为失误分类

| 可观察到的失误 | 类　型 | 具体分类 |
|---|---|---|
| 响应执行 | 疏忽型失误 | 遗漏整个任务 |
| | | 遗漏整个任务中的一步 |
| | 执行型失误 | 选择失误 |
| | | 序列失误 |
| | | 时间失误 |
| | | 质量失误 |

Lee 等[97]分析了核电厂数字化控制系统中的操纵员在进行软控制操纵时的失误模式,包括操作疏忽、错误的目标、错误的操作、模式混淆、不充分的操作、延迟操作六类。由于模式混淆是操作失误的原因,不是直接可观察的人因失误,因此,对 Lee 的分类进行如下改进:行为失误发生在四维时空中,可用外在失误模式(External Error Mode, EEM)来表示。行为失误模式可以分为操作遗漏、错误的目标、错误的操作、不充分的操作和操作延迟五大类,其中操作遗漏包括遗漏规程中的步骤、没有认识到没有执行的动作、遗漏规程步骤中的一个指令等;错误的目标包括正确的操作在错误的目标上、错误的操作在错误的目标上;不充分的操作包括操作太长/太短、操作太大/太小、操作不及时、操作不完整、调节速度太快/太慢;错误的操作包括操作在错误的方向上、错误的操作在正确的目标上、操作序列错误、数据输入错误、记录错误,操作延迟包括操作太晚。另外,对于班组之间的交流错误,可以归类到行为响应失误分类中,包括错误的交流,不充分的交流,没有交流。具体的分类见表4-29。

表 4-29  响应执行行为失误分类

| 认知 | 认知功能 | 人因失误 | 具体的失误(用关键词来表示) |
|---|---|---|---|
| 响应执行 | C1:操作(空间) | E1:操作疏忽 | 疏忽 |
| | C2:操作(时间) | E2:没有及时操作 | 太早、太晚 |
| | C3:操作(目标) | E3:操作目标错误 | 正确的操作到错误的目标 |
| | C4:操作(方式选择) | E4:不充分的操作 | 太长/太短,太多/太少,不完全的,调节速度太快/太慢 |
| | | E5:错误的操作 | 错误的操作到正确的目标,操作在错误的方向、错误的序列、错误的输入、错误的记录 |
| | C5:信息交流 | E6:信息交流失误 | 没有,不清楚,不正确 |

针对界面管理任务,也可能产生各种失误。一般的界面管理任务包括配置、导航、画面调整、查询和设置快捷方式。在执行界面管理任务的过程中,可能发生一系列的人因失误,见表4-30。

表4-30 界面管理任务的可能失误

| 界面管理行为 | 失误分类 | 举 例 |
|---|---|---|
| 导航 | 导航选择错误 | 导航条的相似性 |
| | 导航延迟 | 规程中的任务与导航条的一致性差 |
| | 不合理的导航 | 导航到不合适的屏幕 |
| | 导航路径跟随错误 | 导航路径的复杂性 |
| 配置/设定 | 没有设定 | 没有进行设定 |
| | 设定错误 | 错误的设定 |
| | 设定不充分 | 与期望不一致 |
| 画面调整 | 没有调整 | 如没有抑制报警 |
| | 调整目标错误 | 如画面覆盖重要参数 |
| | 调整顺序错误 | |
| 查询 | 没有查询(或质疑) | 没有进行质疑或查询 |
| | 查询目标错误 | 查错对象(相似性) |
| | 多余的查询 | 不必要的查询 |
| | 查询延迟 | 干扰因素过多 |
| 快捷方式 | 没有使用快捷方式 | 因不熟悉而没有执行 |
| | 快捷方式目标错误 | 因相似性带来的目标错误 |
| | 使用错误的快捷方式 | 错误的指令 |
| | 不合适的快捷方式 | 查询的信息放在不利于观察的显示屏上 |

### 4.4.2 响应执行影响因素及失误机制分析

响应执行就是按照响应计划对核电厂系统进行控制操作,在数字化主控室中,其一般都是通过软控制来进行的。就主控室操纵员来说,存在两种形式的响应执行:一是操纵员执行响应计划中的主任务和界面管理任务;二是为协调好任务完成,班组之间需要的交流与合作,其也属于可观察到的行为,故将其归于响应执行。

不同的响应执行,其影响因素的类型和重要性各不相同,如界面管理任务中的响应执行主要受人-机界面设计好坏的影响多一些,而班组的交流与合作则主要受班组因素、组织管理方面的影响多一些,但都涉及组织中的各种影响因素。总体来看,涉及响应执行方面的因素主要包括与人相关的因素、与机/系统相关的因素,以及与环境相关的因素、与组织相关的因素等。不同的HRA方法对各种PSF已经进行识别,考虑的影响因素各不相同,典型的HRA方法中考虑的影响因素见表4-31。由表4-31可知,影响人的可靠性的因素不尽相同,对它们研究的方法也多种多样,关键是要识别影响人行为可靠性的PSF集和影响机制。以下对响应执行的失误机理与影响因素分析。

表 4-31　典型的 HRA 方法中的 PSF

| 序号 | HRA 方法 | PSF |
|------|---------|-----|
| 1 | THERP[96] | THERP 将 PSF 分为外部的 PSF、压力 PSF 以及内部的 PSF,每一类都含有若干项 PSF |
| 2 | HCR[85] | HCR 模型主要考虑三个 PSF 对人因可靠性的影响,即操纵员经验、压力水平及控制室人-机界面 |
| 3 | CREAM[94] | CREAM 方法中用于人因失误原因辨识 PSF 分为与人相关的因素,与技术相关的因素以及与组织相关的因素;用于 HRA 的共同绩效条件包括九个因素:练习和经验的充分性、人-机界面的充分性和操作的支持性、组织的充分性、程序或计划的可用性、需同时响应的目标数、可用时间、工作时机(生物节律)、员工间的协作质量和工作条件 |
| 4 | SPAR-H[98] | SPAR-H 考虑的 PSF 有:可用时间、压力、复杂性、经验/培训、规程、人-机界面、工作的合适性、工作流程 |
| 5 | IDAC[5,44,86] | 涉及的 PSF 分别从心理状态、身体状态、记忆的信息、固有的内在特征、环境因子、条件事件、班组和组织因素等大类 |

**1. 执行型失误机制与原因分析**

此处的执行型行为指前述响应执行的第一种形式,即操纵员执行响应计划中的主任务和界面管理任务。Reason[32]对执行型失误的心理原因进行了详细的分析。他把执行型失误分为两种主要形式:偏离/做错(Slips)和疏忽/遗忘(Lapses)。依据 Reason 的表述:"无论实现其目标的指导操作计划错误与否,偏离和遗忘是在动作序列的执行和/或存储阶段发生的失误。"

偏离就是执行的动作"未按计划进行的失误",通常发生在由熟练操纵员在熟悉的条件下进行高度自动化的任务中,尤其当注意力被转移的时候(因为分心或过度集中)。

"捕获失误(Capture Error)"是一种常见的偏离失误类型,当预备执行类似但不熟悉的动作时,其行为可能被一种更加频繁的执行行为"接管"。当计划中执行的行为(预期的动作或动作序列)与更加频繁或常规的动作有些许不同,且行为序列的自动化程度比较高、注意力也没有很集中时,捕获错误是最有可能发生的失误。

执行型失误的一个密切相关的心理失误原因是负迁移(Negative Transfer)。当人们对需要一个特定的响应动作的任务训练有素时,然后非常相似的条件下需要执行不同的操作响应时,这就会受负迁移的影响而产生执行型失误。例如,习惯在道路的右侧开车,然后在有的国家需要在道路的左侧开车,那么就会产生这种影响。

情境环境因素也会引起偏离的产生,典型的例子就是响应相容性原则(Response Compatibility Principle)。Wickens 和 Hollands[99]辨别出一些重要的响应相容性原则,包括:

(1)位置相容性。这涉及控制器的物理位置和相应显示器的位置之间的映射关系。人有直觉走向或访问刺激源的趋势,如果设计的显示器与控制器违背人的直观或直觉趋势,则容易发生失误。如果控制器接近对应的显示器,则很少会失误。

(2)运动的兼容性。这指被控制的控制器移动方向和相应的值之间的映射关系。当在操纵员移动的位置开关,旋转或滑动控制,对显示值将如何动作要像预期的一样,符合行为习惯。

(3)人们习惯。这是指基于经验和约定俗成的东西与预期的相一致。如果使用红色表示"走"和绿色表示"停止",这就会使经验中的与预期的不一致,容易产生失误。

（4）感官形式的相容性。这是指刺激的模态与所要求响应的模态的映射关系。如果刺激是以听觉方式呈现，当要求响应时，相比采用手动响应来说，声音响应方法的绩效更好。相反，当刺激是视觉的，那么相比声音响应，手动响应速度更快，更准确，绩效更好。

遗忘/疏忽的重要心理原因是记忆丢失/遗忘，个体可能忘记了要执行的意向操作。这种失误更加隐蔽，主要涉及记忆失效/故障，不一定体现在实际行为本身，也许只有经历过的人才能明显察觉。

模式失误（Mode Error）[88]是失误的一种形式，包含有偏离和遗忘的要素。例如，对于系统不同的状态，需要不同的行为，不同的行为会产生不同的结果，此时行为模式失误是指操纵员未能追踪到系统处于何种状态的情况。如当汽车变速器处于"倒退"模式下，驾驶员还加速向前。模式失误在其他高风险领域已有研究，在核电厂中，也存在这样的现象，如由于系统一些复杂的互锁，使得意向中的动作已经做了，但没有产生意向的影响。如果显示器没有充分的信息显示，并且有互锁来阻止动作产生意向中的后果，那么操纵员就有可能没有意识到他意向中的动作执行没有完成。

执行失误的另一个心理原因涉及连续过程中的人工控制问题。术语"手动控制缺陷"（Manual Control Deficiencies）指在一个连续过程中手动控制问题的心理原因。在核电厂，操纵员经常需要在特定的时间空间中控制动态系统（如以一定的速率增加或递减蒸汽发生器水位到特定目标值），在此过程中，可能存在各种因素给手动控制带来挑战，主要表现在系统的动态性、期望中的系统状态变化、信息显示。Wickens 和 Hollands[99]总结了人的信息处理局限性影响手动控制的可靠性。这些影响因素包括处理时间、信息传输速率、预测能力、处理资源、兼容性等。

Whaley 等[88]在总结前人的研究基础上列出了行为执行失误的可能原因，见表4-32，主要对两类响应执行失误的可能原因进行了分析，即未能执行期望中的行为以及错误地执行了期望中的行为。

表 4-32　动作执行失效的可能原因

| 可能原因 | 认知机理 | 影响因素 |
| --- | --- | --- |
| 未能执行期望中的行为 | 工作记忆失效 | 知识/经验/专业水平 |
| | | 任务负荷 |
| | | 非任务负荷 |
| | | 可用时间 |
| | 前瞻性记忆失效 | 人-系统界面 |
| | | 记忆负荷 |
| | | 任务负荷 |
| | | 非任务负荷 |
| | | 可用时间 |
| | 分散的注意 | 任务负荷 |
| | | 非任务负荷 |
| | | 可用时间 |

（续）

| 可能原因 | 认知机理 | 影响因素 |
|---|---|---|
| 不正确地执行期望中的行为 | 双重任务干扰 | 人-系统界面 |
| | | 任务负荷 |
| | | 非任务负荷 |
| | | 可用时间 |
| | 负迁移/习惯性干扰 | 知识/经验/专业水平 |
| | | 任务负荷 |
| | | 培训 |
| | 模式混淆 | 人-系统界面 |
| | | 知识/经验/专业水平 |
| | 动作学习 | 培训 |
| | | 知识/经验/专业水平 |
| | 刺激响应相容性 | 人-系统界面 |
| | 连续控制缺陷 | 人-系统界面 |
| | | 系统动态性 |
| | 失误监控和纠正 | 人-系统界面 |
| | | 疲劳 |
| | | 焦虑 |
| | | 可用时间 |
| | 任务转换干扰 | 知识/经验/专业水平 |
| | | 任务负荷 |
| | | 非任务负荷 |
| | | 可用时间 |
| | 自动化控制 | 知识/经验/专业水平 |
| | | 培训 |
| | | 人-系统界面 |
| | | 任务负荷 |
| | 人们的习惯或群体的刻板印象 | 人-系统界面 |
| | | 培训 |
| | | 知识/经验/专业水平 |
| | | 压力 |
| | 再认失误 | 人-系统界面 |
| | 手动控制问题 | 人-系统界面 |
| | | 工作场所的充分性/工效学 |

### 2. 班组交流合作失误机制与原因分析

针对班组交流与合作,很多研究都在尝试识别有效的班组具有的特征。例如,O'Hara 和 Roth[100]通过调查识别班组绩效在核电厂中的重要性以及支持和妨碍班组工作的技术的角色。Salas 等[101]识别班组的特点,像"相互绩效监控""备份行为""适应性"等。Paris、Salas 和 Cannon-Bowers[102]从多个领域总结了有效班组的 10 种班组合作技能:适应性、共享情景意识、相互绩效监控、激励团队成员/团队领导、任务分析、沟通、决策、自信、人际关系和冲突解决。O'Connor等[103]将核电厂班组的工作分成 5 类,即建立情景意识、以班组为重点的决策、沟通、协作和协调,建立情景意识和班组决策是班组合作的目标,而沟通/交流、协作和协调才是班组功能,它为核电厂班组功能提供了一个有效的建模框架。

(1)交流。交流是指不同的班组成员之间的信息交换。交流包括自信(即:以一种有说服其他团队成员的方式来交流思想和看法)和以清楚、准确地和其他团队成员之间交换信息[103]。交流信息和协调行动的失效是一个区分好班组与坏班组之间的重要因素[104]。

(2)协调。协调是指对团队成员的联合行为进行组织以实现一个共同目标。特别是,核电厂班组成员必须支持团队的其他成员的要求并监控自己和其他人的工作负荷。O'Connor等[103]使用的协调是指活动之间的暂时关系。协调包括灵活达到不断变化的任务或状态的要求,在成员需要帮助的情况下给予帮助,并优先考虑和协调相关任务和资源。

(3)协作。协作是指在一个团队的成员一起工作的方式。O'Connor 等[103]认为刻画班组协作特征的元素包括领导(指导和协调班组成员活动,并激励其他团队成员,评价团队绩效,并建立一种积极的气氛)、合作(两个或更多的团队成员在没有领导的情况下,由于任务相互依存/依赖,而需要在一起工作)和跟随(在更高级或更有经验的团队成员的指导下合作完成一个任务)。

从理论上看,对于班组合作失败的近似原因可以归因于三个基本班组合作过程:交流、协作和协调。然而,对于控制室中团队合作的失效的认知功能可能是唯一的,并且班组成员之间也是相互独立的,因此可以更简单地分为两类因素:交流和领导力(它是合作的要素之一)。交流可以从信息的发送者和信息的接收者两方面进行分析,可识别基本的认知机制,包括信息源上的疏忽(发送者没有发送/交流信息)、信息源上的偏离失误(发送者发送了错误的信息)、对象上的疏忽型失误(接收者没有发觉信息或理解信息)、对象上的偏离失误(接收者听到错误信息源的信息,或者听到错误的信息)。

Whaley 等[88]在总结前人的研究基础上列出了班组工作中失误的可能原因,见表 4-33。

表 4-33　班组交流合作失误的可能原因

| 可能原因 | 认知机理 | 影响因素 |
|---|---|---|
| 班组交流失效 | 信息源上的疏忽(发送者没有发送/交流信息) | 时间压力 |
| | | 资源上的缺陷/任务管理上的缺陷 |
| | | 领导风格 |
| | | 班组凝聚力 |
| | | 社会压力,群体思维 |
| | | 知识/经验/专业水平 |

(续)

| 可能原因 | 认知机理 | 影响因素 |
|---|---|---|
| 班组交流失效 | 信息源上的疏忽(发送者没有发送/交流信息) | 风险感知 |
| | | 角色意识 |
| | | 身体或心理损伤 |
| | | 培训 |
| | | 通信协议 |
| | | 对信息的信心 |
| | | 知识的假设 |
| | | 错位的信任 |
| | 信息源上的偏离(发送者发送了错误的信息) | 时间压力 |
| | | 知识/经验/专业水平 |
| | | 培训 |
| | | 任务的复杂性 |
| | | 资源上的缺陷/任务管理上的缺陷 |
| | | 感知、理解上的缺陷 |
| | 对象上的疏忽(接收者没有发觉信息或理解信息) | 环境(噪声) |
| | | 任务负荷 |
| | | 感知、理解上的问题 |
| | 对象上的偏离(接收者听到错误信息源的信息,或者听到错误的信息) | 知识/经验/专业水平 |
| | | 培训 |
| | | 规程 |
| | | 角色意识 |
| | | 环境(噪声) |
| | | 任务负荷 |
| | | 感知、理解、不正确的整合上的问题 |
| | 交流时间不正确 | 知识/经验/专业水平 |
| | | 时间压力 |
| | | 任务负荷 |
| 领导/监管失效 | 决策失误 | 领导风格/时间压力 |
| | 未能确认其他操纵员正确地执行了他们的任务或完成了他们的责任 | 时间压力 |
| | | 领导风格/类型 |
| | 未能考虑某个操纵员提供的信息 | 时间压力 |
| | | 领导风格/类型 |
| | | 班组的动态性 |
| | 未能充分地复述整个交流过程 | 知识/经验/专业水平 |
| | | 时间压力 |
| | | 领导风格/类型 |

### 4.4.3 响应执行可靠性评估模型

传统的硬控制是基于实物的按钮、调节旋钮和操纵杆等对电厂进行控制,而数字化控制是基于计算机通过鼠标对虚拟的图标进行软操作,通过键盘输入指令或数据(如键入设定值)以及软控制等与系统发生交互。软控制相对传统的硬控制来说,操作更为复杂,需打开虚拟设备的操作窗口,点击操作指令(开/关、启/停等)或输入数据,确认操作指令(安全设备),执行操作指令,关闭操作窗口等,这种频繁的操作增加了操纵员的工作负荷,减少完成任务的可用时间。对于软控制,操纵员接触的只是键盘、鼠标和触摸屏,输入方式单一化,在设计上也没有明显的可区分性。因此,数字化控制系统缺乏视觉上的差异,容易产生操作失误(操作到错误的组件上),可能给操纵员带来一些新的非意向失误,如操作错误的控制器、控制器的偶然触发、输入错误的数据、捕获失误、操作延迟等。

迄今为止,存在诸多的 HRA 方法用于响应执行的可靠性分析,但这些方法基本上都是针对传统的模拟控制系统建立的,核电厂数字化带来的新特征,如多路径访问(Multiple Locations for Access)、序列访问(Serial Access)、输入和信息显示的脱钩(Physical Decoupling of Input and Display Interfaces)、界面管理控制(Interface Management Control)、多种模式(Multiple Modes)等,使得执行响应计划的情境环境发生变化,而原来的方法对这些变化几乎不能处理,并且变化了的情境环境可能改变基本的人因失误概率,如由于界面管理任务的复杂性,可能会增加失误的概率[105]。因此,传统的方法和数据可能不能满足核电厂数字化主控室操纵员响应计划可靠性评价的要求,需要重新建立模型和收集数据来对数字化主控室操纵员的响应执行可靠性进行评价。

#### 1. 模型假设

响应执行的可靠性分析,在传统的 HRA 中,需要确定基本的人因失误概率,并考虑 PSF 的影响来进行修正,但是动作的执行受诸多因素的复杂影响,考虑所有 PSF 的影响在现实中几乎是不可能,因为数据缺乏和复杂机理难以辨识。因此,本章在对响应执行进行可靠性评价时只考虑主要的 PSF。另外,软控制在执行过程中虽然涉及各种认知功能,如信息收集、理解、操作,但操作是最主要的功能,因此,假设在监视、状态评估和计划是正确的前提下进行响应执行,则可只考虑响应执行时的可靠性。再者,事故情境下,操纵员在作好充分的响应计划之后,需要采取必要的动作进行事故的缓解,在此过程中,不仅需要执行主任务,而且需要执行界面管理任务。主任务的响应执行如果发生操作失误且没有得到恢复,则可能会带来安全级的严重后果,界面管理任务虽然是非安全级的操作,但是如果其发生操作失误而没有得到及时恢复,则可能使系统状态在容许的时间内未能及时得到缓解,也会使事故进一步恶化。因此,在建模响应执行时,需要考虑主任务中控制操作,也需要考虑为响应执行提供支持的界面管理任务的操作可靠性。通过上述分析,为建立响应执行可靠性模型提出如下假设:

(1)响应执行可靠性只考虑操作可靠性,不考虑辨识、理解等非动作的认知可靠性;

(2)响应执行不仅考虑主任务的控制操作,也要考虑界面管理任务中的控制操作;

(3)由于交流失误可能不会对系统产生直接的影响,故在此不考虑交流失误;

(4)操作有多种失误模式,不同的模式有不同的基本失误概率,并且操作可靠性受各种 PSF

的影响,每个 PSF 影响权重不一样,因此,考虑控制操作基本失误概率的同时,还需要考虑主要 PSF 的修订,以使结果更符合实际。

2. 响应执行可靠性评估程序

建立以下响应动作执行的可靠性分析程序:

1) 通过层次任务分析,构建事件序列,识别任务中的操作行为

对待分析的响应执行行为,利用层次任务分析(Hierarchical Task Analysis,HTA)[106]构建任务或子任务序列,获得具体工作的任务结构,对任务结构中主要的操作行为进行详细分析,识别具体的操作动作,扩展的层次任务分析示意图如图 4-27 所示。

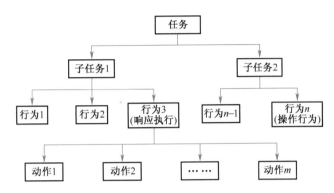

图 4-27 分析到具体动作的层次任务分析结构图示例

2) 对任务中的动作行为进行情境环境分析,预测可能的操作失误模式

由表 4-29 所示,动作失误主要包括 5 种类型:操作遗漏/疏忽、操作目标错误、操作时间失误、操作不充分、操作错误。由表 4-32 可知,产生这些的失误的原因主要包括与人相关的因素有知识/经验/专业水平、记忆负荷、疲劳、焦虑以及压力;与情境环境相关的因素有任务负荷、非任务负荷、可用时间、人-系统界面、系统动态性、工作场所的充分性/工效学;与组织因素相关的有组织培训。明确影响操纵员动作执行的影响因素之后,从资源需求的观点来看,需要对完成任务需求进行分析,在此,资源的概念指的是信息处理过程中的资源,如视觉、听觉、认知和精神资源,知识,技术,甚至时间等要求[107-110]。在资源或任务需求上,与评价的情境环境进行对比,找出情境环境存在的差距与缺陷,从而对最有可能的动作响应失误进行预测,这主要依据操纵员或专家的知识和经验进行判定。

3) 确定行为执行失误模式的基本失误概率

不同的 HRA 方法,对于动作执行有不同的基本的失误概率,但是现有的 HRA 方法中的响应执行失误概率基本都是针对模拟控制系统的,直接用于数字化主控室操纵员的动作响应会产生偏差。为此,Inseok 等[111]针对核电厂数字主控室的数字化特征,设计模拟机实验,获得数字化主控室操纵员的行为响应的基本失误概率,见表 4-34。这些基本失误概率相对传统的 HRA 方法来说,可能更符合数字化主控室实际情况。

表 4-34 软控制的基本人因失误概率

| 失误模式 | 失误/机会数 | 失误概率 | 95%的置信区间 | 误差因子 |
|---|---|---|---|---|
| E1 操作疏忽/遗忘 | 5/1281 | 0.0039 | 0.0005~0.0073 | 3.87 |
| E2 错误的目标 | 11/756 | 0.01455 | 0.0060~0.0231 | 1.96 |

（续）

| 失误模式 | 失误/机会数 | 失误概率 | 95%的置信区间 | 误差因子 |
|---|---|---|---|---|
| E3 操作延迟 | 71/504 | 0.01389 | 0.0037～0.0241 | 2.56 |
| E4 不充分的操作 | 12/504 | 0.02381 | 0.0105～0.0371 | 1.88 |
| E5 错误的操作 | 5/441 | 0.01134 | 0.0015～0.0213 | 3.82 |

4）对操纵员所处的情境环境进行评价，识别可能的影响

对操纵员的动作响应进行分析，在此采用 SPAR-H 方法[98]，该方法考虑的情境因子包括八个行为影响因素，即可用时间、压力、复杂性、经验/培训、规程、人-机界面/工效学、工作适应性、工作流程。不同的影响因素分成不同的等级，不同的等级对应不同的调整值，见表 4-35。如果不能收集到更多的信息来判断某个 PSF 处于何种等级，则设定的调整值为 1。具体的评断标准参见文献[98]。

表 4-35  PSF 的等级及对应的调整值

| PSF | PSF 的等级 | 调整值 |
|---|---|---|
| 可用时间 | 不充分的时间 | 1.0 |
| | 可用时间约等于需要的时间 | 10 |
| | 正常时间 | 1 |
| | 可用时间大于 5 倍需要的时间 | 0.1 |
| | 可用时间大于 50 倍需要的时间 | 0.01 |
| | 不充分的信息 | 1 |
| 压力 | 非常大 | 5 |
| | 高 | 2 |
| | 正常 | 1 |
| | 不充分的信息 | 1 |
| 复杂性 | 高复杂性 | 5 |
| | 中等复杂性 | 2 |
| | 正常的 | 1 |
| | 不充分的信息 | 1 |
| 程序 | 不可用 | 50 |
| | 不完整 | 20 |
| | 可用但比较差 | 5 |
| | 正常 | 1 |
| | 不充分的信息 | 1 |
| 人-机界面 | 疏漏/误导 | 50 |
| | 差 | 10 |
| | 正常 | 1 |
| | 好 | 0.5 |
| | 不充分的信息 | 1 |

（续）

| PSF | PSF 的等级 | 调整值 |
|---|---|---|
| 工作适合性 | 不适合 | 1 |
| | 非常不适合 | 5 |
| | 正常 | 1 |
| | 不充分的信息 | 1 |
| 工作流程 | 差 | 5 |
| | 正常 | 1 |
| | 好 | 0.5 |
| | 不充分的信息 | 1 |

5）建立响应执行的可靠性分析模型，进行可靠性评价

针对任务中的具体动作，可以采用如 THERP 方法中的人因事件树来进行建模，对于具体动作的失误概率计算，可用基本的 HEP，再考虑选用 SPAR-H 方法中的 PSF 来对基本的 HEP 进行修正，因此，单个响应执行的动作的可靠性可用如下公式来计算：

$$P_i = \text{BHEP}_i \times \prod_{j=1}^{8} \text{PSF}_j \qquad (4-31)$$

式中　$P_i$——第 $i$ 个动作失误的概率；

　　　$\text{BHEP}_i$——第 $i$ 个动作的基本失误概率；

　　　$\text{PSF}_j$——第 $j$ 个 PSF 的调整值。

## 4.5 本章小结

本章通过深入分析 DCS 中操纵员的认知行为过程、影响操纵员认知行为的因素及其作用机制，构建了 DCS 操纵员认知行为模型，包括监视模型、状态评估模型、响应计划模型和响应执行模型。

（1）监视模型。监视是指从 DCS 环境提取信息的行为。研究了操纵员监视行为的分配机制、注意机制、转移机制、影响因素及作用机制，在此基础上，建立了监视模型，包括三个子模型：监视行为的动力学模型、转移模型和定量分析模型。监视行为动力学模型揭示监视行为的动力学机制，研究结果表明，监视行为具有两种动力学机制：模型驱动和数据驱动。在模拟技术控制系统中，监视行为以数据驱动为主；在 DCS 中，当系统正常运行时，监视行为以模型驱动为主；而在 DCS+SOP 下，监视行为以数据驱动为主。更一般而言，DCS 操纵员监视行为驱动机制表现为数据驱动与模型驱动共同作用的混合驱动模式。监视行为转移模型揭示监视行为的转移机制，它是一个马尔可夫过程。监视行为定量分析模型是基于信号检测论和马尔可夫转移模型建立的，定量分析计算监视行为失效的概率。这三个模型较深刻地刻画了监视行为的本质和规律。

（2）状态评估模型。状态评估是指对监视获得的信息，操纵员需要对其进行评价，判断系统当前状态属于可接受还是已出现异常。分别基于贝叶斯网络和模糊认知图对操纵员状态评估

过程进行了分析模拟,构建了操纵员状态评估模型。探讨了数字化对操纵员状态评估任务的影响,建立了基于贝叶斯网络和模糊认知图的状态评估影响因素模型。还对操纵员状态评估过程的认知失误模式进行了分析。

(3)响应计划模型。响应计划是指针对评估出的状态而制订相应的行动方案。将响应计划分为技能型、规则型和知识型三类,建立了响应计划影响因素模型,识别出主要的 PSF 以及它们的相互影响关系。建立了响应计划可靠性评估模型。

(4)响应执行模型。响应执行是指执行响应计划中的行为或行为序列。通过对数字化核电厂操纵员的操作行为分析,识别了行为响应的失误模式及其可能的认知机制、影响因素,建立了操纵员响应执行评估模型。

# 参考文献

[1] O'Hara,J M Higgins J C,Kramer J. Advanced information systems design:technical basis and human factors review guidance [R]. NUREG/CR-6633. Washington D. C. :U. S. Nuclear Regulatory Commission,2000.

[2] O'Hara J M,Higgins J C,Stubler W F,et al. Computer-based procedure system:technical basis and human factors review guidance [R]. NUREG/CR-6634. Washington D. C. :U. S. Nuclear Regulatory Commission,2002.

[3] 单列. 视觉注意机制的若干关键技术及应用研究[D]. 合肥:中国科学技术大学,2008.

[4] 威肯斯,霍兰兹. 工程心理学与人的作业[M]. 朱祖祥,译. 上海:华东师范大学出版,2003.

[5] Chang Y H J,Mosleh A. Cognitive modeling and dynamic probabilistic simulation of operating crew response to complex system accidents:Part 1:overview of the IDAC model [J]. Reliability Engineering & System Safety,2007,92(8):997-1013.

[6] 张力. 概率安全评价中人因可靠性分析技术[M]. 北京:原子能出版社,2005.

[7] 李军令. 基于视中枢神经机制的视觉信息处理模型研究[D]. 长春:吉林大学,2008.

[8] 罗四维. 视觉感知系统信息处理理论[M]. 北京:电子工业出版社,2006.

[9] 金银花,李桢业,古辉,等. 基于人的信息处理模型分析操作人员视觉信息处理过程[J]. 中国工程科学,2007,9(5):57-61.

[10] 张鹏. 图像信息处理中的选择注意机制研究[D]. 长沙:国防科学技术大学,2004.

[11] 贺武正. 数字化系统中操纵员的监视模型——以数字化核电站为例[D]. 衡阳:南华大学,2010.

[12] Jiang Jian-jun,Zhang Li,Wang Yi-qun,et al. Association rules analysis of human factor events based on statistics method in digital nuclear power plant[J]. Safety Science,2011,49(6):946-950.

[13] 胡鸿,张力,蒋建军,等. 核电厂数字化人-机界面监视转移路径预测方法及其应用[J]. 核动力工程,2014(3):105-110.

[14] Nullmeyer R T,Stella D,Montijo G A,et al. Human factors in Air Force flight mishaps:implications for change[C]// Paper presented at Proceedings of the 27th Annual Interservice /Industry Training,Simulation,and Education Conference. Arlington,2005.

[15] Endsley M R. Errors in situation assessment:Implications for system design [M]// Human error and system design and management. London:Springer,2000:15-26.

[16] Mcdaniel W C. Naturalistic group decision making:overview and summary[M]// Castellan N J,Hillsdale. individual and group decision making. New Jersey:Lawrence Erlbaum Associates,1993:293-300.

[17] Endsley M R. Toward a theory of situation awareness in dynamic systems[J]. Human Factors,1995,37(1):32-64.

[18] Judea P. Fusion,propagation,and structuring in belief networks[J]. Artificial Intelligence,1986,29(3):241-288.

[19] Judea P. Probabilistic reasoning in intelligent systems:networks of plausible Inference[M]. San Mateo:Morgan Kaufmann publish-

ers,1988.

[ 20 ] Judea P. Causality:models,reasoning,and inference[ M ]. Cambridge:Cambridge University Press,2009.

[ 21 ] Miao A X,Zacharias G L. A computational situation assessment model for nuclear power plant operaters[ J ]. IEEE Transaction on System,Man and Cybernetics,Part A,1997,27( 6 ):728-742.

[ 22 ] Kosko B. Fuzzy engineering[ M ]. Englewood Cliffs Prentice-Hall,1997.

[ 23 ] Dickerson J,Kosko B. Virtual worlds as fuzzy cognitive map[ J ]. Presence,1994,3( 2 ):173-189.

[ 24 ] 林春梅. 模糊认知图模型方法及其应用研究[ D ]. 沈阳:东华大学,2007.

[ 25 ] Mohr S T. The use and interpretation of fuzzy cognitive maps[ D ]. New York:Rensselaer Polytechnic Institute,1997.

[ 26 ] 周勇. 核电厂操纵员的状态评估模型研究[ D ]. 衡阳:南华大学,2011.

[ 27 ] 西蒙. 现代决策理论基石——有限理性说[ M ]. 北京:北京经济学院出版社,1991.

[ 28 ] Kahneman D,Tversky a. Subjective probability:a judgment of representativeness[ J ]. Cognitive Psychology,1972,3( 3 ):430-454.

[ 29 ] Dagum P,Luby M. Approximating probabilistic inference in Bayesian belief networks is NP-hard[ J ]. Articial Intelligence,1990,60( 1 ):141-153.

[ 30 ] Jensen F V. An introduction to Bayesian networks[ M ]. Berlin:Springer-Verlag,1996.

[ 31 ] Edwards W. Conservatism in human information processing [ M ]// Formal representation of human judgment. New York:Wiley,1968.

[ 32 ] Reason J. Human error [ M ]. Cambridge:Cambridge University Press,1990.

[ 33 ] Rouse W,Morris N. On looking into the black box:prospects and limits in the search for mental models[ J ]. Psychological Bulletin,1986,100 ( 3 ):349-363.

[ 34 ] Gettys C F,Pliske R M,Manning C,et al. An evaluation of human act generation performance[ J ]. Organizational Behavior and Human Decision Processes,1987,39( 1 ):23-51.

[ 35 ] Weber E U,Bockenholt U,Hilton D J,et al. Determinants of diagnostic hypothesis generation:effects of information,base rates,and experience[ J ]. Journal of Experimental Psychology:Learning,Memory and Cognition,1993,19( 5 ):1151-1164.

[ 36 ] Mehle T. Hypothesis generation in an automobile malfunction inference task[ J ]. Acta Psychologica,1982,52( 1 ):87-106.

[ 37 ] Elstein A S,Schwartz A. Clinical problem solving and diagnostic decision making:selective review of the cognitive literature [ J ]. British Medical Journal,2006,324( 7339 ):729-732.

[ 38 ] Dougherty M R,Hunter J E. Probability judgment and subadditivity:the role of working memory capacity and constraining retrieval [ J ]. Memory & Cognition,2003,31( 6 ):968-982.

[ 39 ] Flin R,Slaven G,Stewart K. Emergency decision making in the offshore oil and gas industry[ J ]. Human Factors,1996,38( 2 ):262-277.

[ 40 ] Endsley M R,Bolte B,Jones D G. Designing for Situation Awareness:an approach to human-centered design[ M ]. London:Taylor & Francis,2003.

[ 41 ] Libby R. Availability and the generation of hypotheses in analytical review[ J ]. Journal of Accounting Research,1985,23( 2 ):648-667.

[ 42 ] Seong P H. Reliability and risk issues in large scale safety-critical digital control systems[ M ]. London:Springer-Verlag,2009.

[ 43 ] AEOD ( Human Factors Team ). Crystal River Unit 3,December 8,1991,On-site analysis of the human factors of an event ( pressurize spray valve failure ) [ R ]. Washington D. C. :US Nuclear Regulatory Commission,1992.

[ 44 ] Chang Y H J,Mosleh A. Cognitive modeling and dynamic probabilistic simulation of operating crew response to complex system accidents Part 3:IDAC operator response model[ J ]. Reliability Engineering & System Safety,2007,92( 8 ):1041-1060.

[ 45 ] Cooper S E,Ramey-Smith A M,Wreathall J. A technique for human error analysis[ R ]. NUREG/CR-6350. Washington D. C. :U. S. Nuclear Regulatory Commission,1996.

[ 46 ] Evans J St B T. Bias in human reasoning :causes and consequences[ M ]. London:Lawrence Erlbaum Associates,1989.

[ 47 ] Takano K,Reason J. Psychological biases affecting human cognitive performance in dynamic operational environments [ J ]. Journal

of Nuclear Science and Technology,1999,36(11):1041-1051.

[48] Barnes M J,Bley D,Cooper S. Technical basis and implementation guidelines for a technique for human event analysis [R]. NUREG-1624. Washington D. C. :U. S. Nuclear Regulatory Commission,2000.

[49] Adelman L,Bresnick I,Black P,et al. Research with patriot air defense officers:examining information order effects[J]. Human Factors,1996,38(2):250-261.

[50] Tvenky A,Kabneman D. Judgment under uncertainty:heuristics and biases[J]. Science,1974,185(4157):1124-1131.

[51] 张庆林,王永明,张仲明. 假设检验思维过程中的启发式策略研究[J]. 心理学报,1997,29(1):29-36.

[52] Nickerson R S. Confirmation bias:a ubiquitous phenomenon in many guises[J]. Review of General Psychology,1998,2(2): 175-220.

[53] Dougherty M R,Hunter J E. Hypothesis generation,probability judgment,and individual differences in working memory capacity [J]. Acta Psychologica,2003,113(3):263-282.

[54] Adams M J,Tenney Y J,Pew R W. Situation awareness and the cognitive management of complex systems[J]. Hum Factors,1995, 37(1):85-104.

[55] Minsky M. A framework for representing knowledge[M]//The Psychology of Computer Vision. New York:McGraw-Hill,1975.

[56] Rasmussen J. Skills,Rules,and knowledge; signals,signs,and symbols,and other distinctions in human performance Models[J]. IEEE transactions on systems,man,and cybernetics,1983,13(3):257-266.

[57] Miller G A. The magical number seven,plus or minus two:some limits on our capacity for processing information[J]. Psychological Review,1957,63 (2):81-97.

[58] Norman D A,Bobrow D G. On data-limited and resource-limited processes[J]. Cognitive Psychology,1975,7(1):44-64.

[59] Sheridan T B. Trustworthiness of command and control systems[C]// Proceedings of IFAC Man-Machine Systems. Oulu,Finland, 1988:427-431.

[60] Lee J D,See K A. Trust in automation:designing for appropriate reliance[J]. Human Factors,2004,46(1):50-80.

[61] Parasuraman R,Manzey D. Complacency and bias in human use of automation:an attentional integration[J]. Human Factors,2010, 52(3):381-410.

[62] Jha P D,Bisantz A M,Drury C G,et al. Air traffic controllers' performance in advanced air traffic management systems:part II. workload and trust[J]. The Journal of Air Traffic Control,2009,51(2):46-52.

[63] Woods D,Roth E,Stubler W,et al. Navigating through large display networks in dynamic control applications[C]// Proceedings of the Human Factors Society 34th Annual Meeting. Santa Monica,1990:396-399.

[64] O'Hara J M,Higgins J C,Brown W S,et al. Human factors Considerations with Respect to Emerging Technology in Nuclear Power Plants[R]// BNL-79947. New York:Brookhaven National Laboratory,2008.

[65] Anon. Research on human factors in new nuclear plant technology [R]// CSNI Technical Opinion Papers,NEA-6844. OECD/ NEA,2009.

[66] O'Hara J M,Stubler,W F,Higgins J C. Human factors evaluation of hybrid human-system interfaces in nuclear power plants[M]// Handbook of Human Factors Testing and Evaluation. Mahwah:CRC Press,2002.

[67] Shields J L,Maddox M E. Workload transition:job design and training issues[C]// Proceedings of the Human Factors Society 35th Annual Meeting. Santa Monica,1991:982-986.

[68] Ungar N R,Matthews G,Warm,J S,et al. Demand transitions and tracking performance efficiency:structural and strategic models [C]// Proceedings of the Human Factors Society 49th Annual Meeting. Santa Monica,2005:1523-1527.

[69] Squire P N,Parasuraman R. Effects of automation and task load on task switching during human supervision of multiple semiautonomous robots in a dynamic environment[J]. Ergonomics,2010,53(8):951-961.

[70] Goldberg R A,Stewart M R. Memory overload or expectancy effect? 'Hysteresis' revisted [J]. Ergonomics,1980,23 (12), 1173-1178.

[71] Hockey G R J. Compensatory control in the regulation of human performance under stress and high workload:a cognitive-energetical framework[J]. Biological Psychology,1997,45(3):73-93.

[72] Matthews G, Desmond P A. Task-induced fatigue states and simulated driving performance[J]. Quarterly Journal of Experimental Psychology, 2002, 55(2): 659-686.

[73] Wickens C D. Multiple resources and mental workload[J]. Human Factors, 2008, 50(3): 449-455.

[74] Huber O, Kunz U. Time pressure in risky decision making: effect on risk defusing[J]. Psychology Science, 2007, 49(4): 415-426.

[75] Corragio L. Deleterious effect of intermittent interruptions on the task performance on knowledge workers: a laboratory investigation[D]. TUcson: University of Arizona, 1990.

[76] Monsell S. Task switching[J]. Trends in Cognitive Sciences, 2003, 7(3): 134-140.

[77] Mogford R H. Mental models and situation awareness in air traffic control[J]. The International Journal of Aviation Psychology, 1997, 7(4): 331-341.

[78] Vidulich M A. Mental workload and situation awareness: essential concepts for aviation psychology practice[M]// Principles and practices of aviation psychology. Mahwah: Erlbaum, 2003.

[79] Hancock P A, Warm J S. A dynamic model of stress and sustained attention[J]. Human Factors, 1989, 31(5): 519-537.

[80] Kosko B. Fuzzy cognitive maps[J]. International Journal of Man-Machine Studies, 1986, 24: 65-75.

[81] Ross T J. Fuzzy logic with engineering applications[M]. Chichester: John Wiley & Sons Ltd, 2004.

[82] Endsley M, Kiris E. The out-of-the-loop performance problem and level of control automation[J]. Human factors, 1995, 37(2): 381-394.

[83] Tvenky A, Kabneman D. Judgment under uncertainty: heuristics and biases[J]. Science, 1974, 185(4157): 1124-1131.

[84] 张力, 赵明. WANO 人因事件统计及分析[J]. 核动力工程, 2005, 26(3): 291-296.

[85] Hannaman G W, Spurgin A J, Lukic Y. A model for assessing human cognitive reliability in PRA studies[C]. IEEE third conference on human factors in nuclear power plants, Monterey, 1985.

[86] Chang Y H J, Mosleh A. Cognitive modeling and dynamic probabilistic simulation of operating crew response to complex system accidents—part 2. IDAC performance influencing factors model[J]. Reliability Engineering and System Safety, 2007, 92(8): 1014-1040.

[87] Pyy P. An approach for assessing human decision reliability[J]. Reliability Engineering and System Safety, 2000, 68: 17-28.

[88] Whaley A M, Xing J, Boring R L. Cognitive Basis for human reliability analysis[R]. NUREG-2114. Washington D C.: U. S. Nuclear Regulatory Commission, 2016.

[89] Yates J F. Decision management: how to assure better decisions in your company[M]. San Francisco: Jossey-Bass, 2003.

[90] Lipshitz R, Klein G A, Orasanu J, et al. Taking stock of naturalistic decision making[J]. Journal of Behavioral Decision Making, 2001, 14(5): 331-352.

[91] Klein G A. A recognition-primed decision (RPD) model of rapid decision making[M]// Klein G A, Orasanu J, Calderwood R, et al(Eds.). Decision making in action: Models and methods. Westport, CT US: Ablex Publishing, 1993: 138-147.

[92] Klein G A. Sources of power: how people make decisions[M]. Cambridge: MIT Press, 1998.

[93] Greitzer F L, Podmore R, Robinson, M, et al. Naturalistic decision making for power system operators[J]. International Journal of Human-Computer Interaction, 2010, 26(2-3): 278-291.

[94] Hollnagell E. CREAM—cognitive reliability and error analysis method[M]. Amsterdam: Elsevier, 1998: 340.

[95] Williams J C. A data-based method for assessing and reducing human error to improve operational performance[C]. Proceedings of the IEEE fourth conference on human factors in nuclear power plants, Monterey, 1988.

[96] Swain A D, Guttmann H E. Handbook of human reliability analysis with emphasis on nuclear power plant applications[R]. NUREG/CR-1278. Sandia National Laboratories, USA, 1983.

[97] Lee S J, Kim J H, Jang S C. Human error mode identification for NPP main control room operations using soft controls[J]. Journal of Nuclear Science and Technology, 2011, 48(6): 902-910.

[98] Gertman D, Blackman H, Marble J, et al. The SPAR-H human reliability analysis method[R]. NUREG/CR-6883. Washington D C.: U. S. Nuclear Regulatory Commission, 2005.

［99］ Wickens C D, Hollands J G. Engineering Psychology and Human Performance［M］. 3rd ed. New Jersey: Prentice-Hall, 2000.

［100］ O'Hara J M, Roth E M. Operational concepts, teamwork, and technology in commercial nuclear power stations［R］//Clint Bowers, Eduardo Salas, Florian Jentsch（Eds.）. Creating High-Tech Teams: Practical guidance on work performance and technology. Washington D. C. : American Psychological Association, 2005: 139-159.

［101］ Salas E, Sims D E, Burke C S. Is there a "Big Five" in teamwork?［J］. Small group research, 2005, 36（5）: 555-599.

［102］ Paris C R, Salas E, Cannon-Bowers J A. Teamwork in multi-person systems: a review and analysis［J］. Ergonomics, 2000, 43（8）: 1052-75.

［103］ O'Connor P, O'Dea A, Flin R, et al. Identifying the team skills required by nuclear power plant operations personnel［J］. International Journal of Industrial Ergonomics, 2008, 38（11）: 1028-1037.

［104］ Driskell J E, Salas E. Collective behavior and team performance［J］. Human Factors: The Journal of the Human Factors and Ergonomics Society, 1992, 34（3）: 277-288.

［105］ Inseok Jang, Ar Ryum Kim, Mohamed Ali Salem Al Harbi, et al. An empirical study on the basic human error probabilities for NPP advanced main control room operation using soft control［J］. Nuclear Engineering and Design, 2013, 257: 79-87.

［106］ StantonN A . Hierarchical task analysis: developments, applications, and extensions［J］. Applied Ergonomics, 2006, 37（1）: 55 -79.

［107］ Braarud P Ø. Subjective task complexity and subjective workload: criterion validity for complex team tasks［J］. International Journal of Cognitive Ergonomics, 2001, 5（3）: 261~273.

［108］ Wickens C D, McCarley J. Applied Attention Theory［M］. BocaRaton: Taylor & Francis, 2008.

［109］ Park J. The Complexity of Proceduralized Tasks［M］. London: Springer, 2009.

［110］ 吴优. TACOM 方法在 SPAR-H 中的应用［D］. 天津: 天津大学, 2013.

［111］ Jang Inseok, Kim Ar Ryum, Harbi Mohamed Ali Salem Al, et al. An empirical study on the basic human error probabilities for NPP advanced main control room operation using soft control［J］. Nuclear Engineering and Design, 2013, 257: 79-87.

# 第5章 数字化核电厂操纵员作业行为动态演化规律

本章探究数字化主控室情境环境中操纵员的作业行为特征,揭示操纵员作业行为的逻辑动态演化机制,建立用于描述操纵员作业行为动态演化规律的布尔网络模型。本章试图将操纵员作业行为动态演化的过程用布尔网络来描述,并通过利用矩阵的半张量积来实现对布尔网络的建模。本章旨在提出该建模方法并验证该方法的有效性,考虑到人员行为的无序性以及实验数据的片面性等问题,若拟推导出具有一般性地可用于分析操纵员作业行为动态演化规律的布尔网络模型,则还需在后续的研究中进一步充实实验数据并对模型进行适当修订。

首先,通过问卷调查、操纵员访谈和现场观察等研究手段定性分析核电厂数字化主控室操纵员的四种作业行为特征;其次,设计不同的实验场景并在岭澳二期核电厂全尺寸模拟机上开展实验研究,采集不同实验场景下操纵员作业行为的状态转移数据;再次,基于矩阵的半张量积理论对拟构建的布尔网络模型进行变分,获得布尔网络的代数表达形式;最后,求取布尔网络模型中的状态转移矩阵,并依此确定各布尔方程表达式中的结构矩阵。

## 5.1 矩阵的半张量积和布尔网络

矩阵的半张量积(Semi-Tensor Product,STP)是一种新的矩阵乘法[1-5],它可以将普通矩阵乘法推广到前阵列数与后阵行数不等的情况。推广后的乘法不仅保留了原矩阵乘法的主要性质,还具有伪交换性等比推广前更好的性质。目前这一便捷而有力的新的数学工具正逐步在泛代数、多线性代数、布尔函数与布尔矩阵、系统生物学、博弈论以及数学物理等领域得到广泛的应用。本章将利用矩阵的半张量积这一技术来构建布尔网络模型。

为了叙述方便,本章通用记号列举如下:

(1) $D_k := \left\{0, \dfrac{1}{k-1}, \cdots, \dfrac{k-2}{k-1}\right\}, k \geqslant 2; D := D_2 = \{0,1\}$。

(2) $\delta_n^i$:单位矩阵 $I_n$ 的第 $i$ 列。

(3) $f: D^n \to D$ 称为逻辑函数。

(4) $\Delta_n = \{\delta_n^i \mid i = 1, 2, \cdots, n\}$,当 $n = 2$ 时 $\Delta := \Delta_2$。

(5) $\mathrm{COL}(A)$:矩阵的列集合。

（6）设矩阵 $M = [\delta_n^{i_1}, \delta_n^{i_2}, \cdots, \delta_n^{i_s}]$ 是一 $n \times s$ 维矩阵，它的列 $COL(M) \subset \Delta_n$，$M$ 称为逻辑矩阵，为简洁起见，记为 $M = \delta_n[i_1, i_2, \cdots, i_s]$。

（7）$\otimes$ 表示矩阵的张量积。

### 5.1.1　半张量积的定义和性质

**定义 1**　设 $T$ 是一个 $np$ 维行向量，$X$ 是一个 $p$ 维列向量。将 $T$ 分割成个 $p$ 等长的块 $T^1, \cdots, T^p$，它们都是 $n$ 维行向量。定义左半张量积 $\otimes$ 为

$$T \otimes X = \sum_{i=1}^{p} T^i x_i \in \mathbf{R}^n \tag{5-1}$$

**定义 2**　（Ⅰ）设 $X = [x_1, \cdots, x_s]$ 是一个行向量，$Y = [y_1, \cdots, y_t]^T$ 是一个列向量。

情形 1：如果 $t$ 是 $s$ 的因子，即 $s = t \times n$，则 $n$ 维行向量

$$\langle X, Y \rangle_L := \sum_{k=1}^{t} X^k y_k \in \mathbf{R}^n \tag{5-2}$$

称为 $X$ 和 $Y$ 的左半张量内积，这里，$X = [X^1, \cdots, X^t]$，$X^i \in \mathbf{R}^n$，$i = 1, \cdots, t$。

情形 2：如果 $s$ 是 $t$ 的因子，即 $t = s \times n$，则 $n$ 维列向量

$$\langle X, Y \rangle_L := (\langle Y^T, X^T \rangle_L)^T \in \mathbf{R}^n \tag{5-3}$$

也称为 $X$ 和 $Y$ 的左半张量内积。

（Ⅱ）设 $M \in M_{m \times n}$，$N \in M_{p \times q}$。如果 $n$ 是 $p$ 的因子或者 $p$ 是 $n$ 的因子，称 $C = M \otimes N$ 是 $M$ 和 $N$ 的左半张量积，如果 $C$ 由 $m \times q$ 个块组成，即 $C = (C^{ij})$，并且

$$C^{ij} = \langle M_i, N_j \rangle_L, i = 1, \cdots, m, j = 1, \cdots, q$$

注：在第一条中，如果 $t = s$，则左半张量内积就变成标准内积；在第二条中，如果 $n = p$，则矩阵的左半张量积就退化成普通矩阵乘法。因此，左半张量积是普通矩阵乘法的推广。

给定两个矩阵 $M_{m \times n}$ 和 $N_{p \times q}$，$M \otimes N$ 有定义当且仅当下列两种情况之一成立：

（1）如果 $n\%p = 0$，则此时乘积 $M \otimes N$ 的维数是 $m \times \dfrac{nq}{p}$；

（2）如果 $p\%n = 0$，则此时乘积 $M \otimes N$ 的维数是 $\dfrac{mp}{n} \times q$。

注：当时 $n = p$，称 $M$、$N$ 满足等维数条件；当 $n\%p = 0$ 或 $p\%n = 0$ 时，称 $M$、$N$ 满足倍维数条件。半张量积就是将矩阵乘法从满足等维数条件的矩阵对推广到满足倍维数条件的矩阵对。

**定义 3**　给定一个矩阵 $A \in M_{p \times q}$。假设 $p\%q = 0$ 或 $q\%p = 0$，递推地定义 $A^n$，$n > 0$ 为

$$\begin{cases} A^1 = A, \\ A^{k+1} = A^k \otimes A, k = 1, 2, \cdots \end{cases} \tag{5-4}$$

（Ⅰ）如果 $X$ 是一个行向量或列向量，则根据定义 3，总是有定义的。当 $X$、$Y$ 都是列向量时有

$$X \otimes Y = X \otimes Y \tag{5-5}$$

当 $X$、$Y$ 都是行向量时，有

$$X \otimes Y = Y \otimes X \tag{5-6}$$

（Ⅱ）设 $X \in \mathbf{R}^m$，$Y \in \mathbf{R}^p$ 都是列向量，给定两个矩阵 $A \in M_{m \times n}$，$B \in M_{p \times q}$，则

$$(AX) \otimes (BY) = (A \otimes B)(X \otimes Y) \qquad (5-7)$$

（Ⅲ）设 $X$、$Y$ 是行向量，$A$、$B$ 是两个有合适维数的矩阵，则

$$(XA) \otimes (YB) = (X \otimes Y)(B \otimes A) \qquad (5-8)$$

结合律与分配率是普通矩阵乘法的基本性质，推广相应乘法到半张量积，它们仍然成立。本书所有的矩阵乘法都是半张量积，因此，后面部分式子将省去符号 $\otimes$。

**命题 1** 只要 $\otimes$ 有定义，即矩阵有合适的维数，则 $\otimes$ 满足：

（Ⅰ）分配率对任意的 $a, b \in \mathbf{R}$，有

$$F \otimes (aG \pm bH) = aF \otimes G \pm bF \otimes H$$

$$(aF \pm bG) \otimes H = aF \otimes H \pm bG \otimes H$$

（Ⅱ）结合律

$$(F \otimes G) \otimes H = F \otimes (G \otimes H)$$

**命题 2** （Ⅰ） $\qquad\qquad (A \otimes B)^{\mathrm{T}} = B^{\mathrm{T}} \otimes A^{\mathrm{T}} \qquad (5-9)$

（Ⅱ）设 $A$、$B$ 可逆，则

$$(A \otimes B)^{-1} = B^{-1} \otimes A^{-1} \qquad (5-10)$$

**定义 4** 给定 $A_{m \times n}$ 和 $B_{p \times q}$，则：

（Ⅰ）如果 $n \% p = 0$，就记 $A > B$；如果 $p \% n = 0$，记为 $A < B$；如果 $A \otimes B$ 有定义，就有 $A > B$ 或 $B < A$。

（Ⅱ）如果 $A > B$ 且 $n = tp$，为了强调 $t$，记为 $A >_t B$；相反，如果 $A < B$ 且 $nt = p$，记为 $A <_t B$。

**定理 1** （Ⅰ）设 $A >_t B$，则

$$A \otimes B = A(B \otimes I_t) \qquad (5-11)$$

（Ⅱ）设 $A <_t B$，则

$$A \otimes B = (A \otimes I_t)B \qquad (5-12)$$

式中 $\quad I_t$ —— $t$ 阶单位矩阵。

**命题 3** 给定 $A \in M_{m \times n}$，则：

（Ⅰ）设 $Z \in R^t$ 为一列向量，有

$$ZA = (I_t \otimes A)Z \qquad (5-13)$$

（Ⅱ）设 $Z \in R^t$ 为一行向量，有

$$AZ = Z(I_t \otimes A) \qquad (5-14)$$

**命题 4** $X \in R^m$，$Y \in R^n$ 为两个列向量，则

$$W_{[m,n]} \otimes X \otimes Y = Y \otimes X$$

$$W_{[n,m]} \otimes Y \otimes X = X \otimes Y$$

式中 $\quad W_{[m,n]}$、$W_{[n,m]}$ ——换位矩阵。

**命题 5** 设 $x \in \Delta$，则

$$x^2 = M_r x$$

式中 $\quad M_r = \delta_4[1,4]$。

## 5.1.2 逻辑的矩阵表达

本节给出逻辑的矩阵表示和逻辑运算的半张量积方法，以及通过这种形式和半张量积运算

所得到的关于逻辑的许多性质。这种表示方法将在本书后续研究工作中发挥至关重要的作用。

一个逻辑变量是指一个命题,一般地如果这个命题为真,就将该逻辑变量取值为"真"或"1";反之,如果这个命题为假,则称该逻辑变量取值为"假"或"0"。在经典逻辑中,逻辑变量只能取$\{0,1\}$这两个值。但在现实生活中,有时命题很难仅用"真"或"假"这两个值来刻画,此时就需要考虑模糊逻辑。下面先讨论各种逻辑变量的取值空间。

在本书中,记$T \equiv 1$和$F \equiv 0$分别表示"真"和"假"。

**定义5** 称$2 \times 2^r$矩阵$M_\sigma$为$r$元逻辑算子$\sigma$的结构矩阵,则有

$$\sigma(P_1, P_2, \cdots, P_r) = M_\sigma P_1 P_2 \cdots P_r \qquad (5-15)$$

考虑四个基本的二元逻辑算子:析取,$P \vee Q$;合取,$P \wedge Q$;蕴含,$P \rightarrow Q$;等值,$P \leftrightarrow Q$。它们的真值表如表5-1所列。首先考虑构造各逻辑算子的结构矩阵。

表5-1 真值表

| $P$ | $Q$ | $P \vee Q$ | $P \wedge Q$ | $P \rightarrow Q$ | $P \leftrightarrow Q$ |
|---|---|---|---|---|---|
| 1 | 1 | 1 | 1 | 1 | 1 |
| 1 | 0 | 1 | 0 | 0 | 0 |
| 0 | 1 | 1 | 0 | 1 | 0 |
| 0 | 0 | 0 | 0 | 1 | 1 |

根据真值表,可以很容易得到这几个二元逻辑算子的结构矩阵。以"析取"算子为例,它在真值表中的值为$[1,1,1,0]^T$,于是可以定义矩阵

$$M_d = \begin{bmatrix} 1 & 1 & 1 & 0 \\ 0 & 0 & 0 & 1 \end{bmatrix}$$

通常,如果$r$元算子$\sigma$的真值表是$[s_1, s_2, \cdots, s_{2^r}]^T$,则它的结构矩阵是

$$M_\sigma = \begin{bmatrix} s_1 & s_2 & \cdots & s_{2^r} \\ 1-s_1 & 1-s_2 & \cdots & 1-s_{2^r} \end{bmatrix} \qquad (5-16)$$

**定理2** 式(5-16)中定义的$M_\sigma$是$\sigma$的结构矩阵,即对于$M_\sigma$,式(5-15)成立。

利用定理2,可以得到四个基本二元逻辑算子的结构矩阵如下:

$$M_\vee := M_d = \begin{bmatrix} 1 & 1 & 1 & 0 \\ 0 & 0 & 0 & 1 \end{bmatrix} \qquad M_\wedge := M_c = \begin{bmatrix} 1 & 0 & 0 & 0 \\ 0 & 1 & 1 & 1 \end{bmatrix}$$

$$M_\rightarrow := M_i = \begin{bmatrix} 1 & 0 & 1 & 1 \\ 0 & 1 & 0 & 0 \end{bmatrix} \qquad M_\leftrightarrow := M_e = \begin{bmatrix} 1 & 0 & 0 & 1 \\ 0 & 1 & 1 & 0 \end{bmatrix}$$

逻辑算子与其结构矩阵之间有如下关系。

**定理3** (Ⅰ)一个逻辑算子具有唯一的结构矩阵。

(Ⅱ)一个$2 \times 2^r$矩阵是一个逻辑算子的结构矩阵,当且仅当它的所有列都属于$D_l$。

**定理4** 一个含有自由变量$P_1, P_2, \cdots, P_r$的逻辑表达式$L(P_1, P_2, \cdots, P_r)$都可以唯一地表示成规范型:

$$L(P_1, P_2, \cdots, P_r) = M_L P_1 P_2 \cdots P_r, \tag{5-17}$$

其中，$M_L$ 是一个 $2 \times 2^r$ 的结构矩阵。

**定理 5** 设 $f(x_1, \cdots, x_n)$ 为一个逻辑函数，在向量形式下 $f: \Delta_{2^n} \to \Delta$，则存在唯一逻辑矩阵 $M_f$，称为 $f$ 的结构矩阵，使得

$$f(x_1, \cdots, x_n) = M_f x \tag{5-18}$$

其中，$x = \otimes_{i=1}^n x_i$。

### 5.1.3 布尔网络

布尔网络最初由 Kauffman 提出并用于基因调控网络的研究。布尔网络是一种简单的离散型基因调控网络，其网络图含有若干节点及若干有向边，记为 $(N, \varepsilon)$，其中 $N$ 是节点集合，$\varepsilon$ 是有向边集合。任一节点的输出依赖于所给定的布尔函数以及其输入节点的布尔值，即在离散时刻 $t = 0, 1, \cdots, n$，一个节点可以从 $(0, 1)$ 中取得一个逻辑值[6]。

网络的动态过程是由 $n$ 个状态布尔函数决定的，每个节点由一个函数决定。布尔网络的动态方程可表示为

$$\begin{cases} x_1(t+1) = f_1(x_1(t), \cdots, x_n(t)) \\ x_2(t+1) = f_2(x_1(t), \cdots, x_n(t)) \\ \qquad \cdots \\ x_n(t+1) = f_n(x_1(t), \cdots, x_n(t)) \end{cases} \tag{5-19}$$

其中，$x_i(t) \in D, i = 1, 2, \cdots, n$，为状态变量；$f_i: D^n \to D, i = 1, 2, \cdots, n$，为逻辑函数。

## 5.2 操纵员作业行为单元

核电厂主控室操纵员为了履行自己的工作职责需要执行两大类任务：主要任务和二类任务。主要任务包括监视电厂参数、执行规程、对报警进行响应，以及开关阀门等作业行为；二类任务主要指的是界面管理任务，包括计算机的页面配置和导航等[7]。

主要任务中有许多共同的认知要素，而这些认知要素覆盖了主控室主要的运行过程，它们分别是：监视/察觉（MD）、状态评估（SA）、响应计划（RP）和响应执行（RI）。这些是数字化主控室操纵员四种最基本的作业行为单元[8]。图 5-1 阐述了这四者之间的关系。

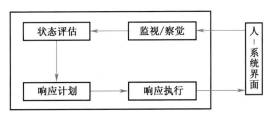

**图 5-1 主控室操纵员的主要任务**

### 1. 监视/察觉(MD)

在一个高度自动化的数字化核电厂,操纵员的许多工作任务都涉及监视与察觉。监视是以一种主动的和积极的方式来获取电厂状态数据,而察觉是以一种被动的方式来获取电厂状态数据。

在任何大规模复杂系统中,由于含有大量的参数信息、组件信息、系统功能信息,因此监视和察觉任务经常面临较大的工作负荷。为了帮助解决这一问题,核电厂通过设置报警系统来帮助操纵员及时发现电厂的异常。对于数字化主控室的操纵员而言,监视是其非常重要的一项作业行为,他们必须做到:

(1) 对正常情形进行监视以确定什么是所期望发生的;

(2) 监视具体操纵后的反馈信息;

(3) 监视自动系统的运行情况;

(4) 监视有问题的设备;

(5) 监视相关人员(如测试和维修人员)的活动。

与监视/察觉有关的人员行为形成因子(PSF)主要有:工作负荷、压力、外部环境条件,以及人-机界面情况(如仪表显示)等。

### 2. 状态评估(SA)

操纵员需要对核电厂当前状态进行评估以判断其状态是否满足电厂安全运行标准以及演化趋势,或者是当异常状况出现时确定其发生的潜在原因。操纵员利用心智模型和状态模型对他们所观测到的现象尝试建立一个连贯的、合乎逻辑的解释。状态模型反映了操纵员对特定的当前状态的理解。当操纵员接受新的信息时状态模型就会被不断更新。为了支持操纵员对电厂做出正确的状态评估,人-系统界面帮助提供了报警和显示信息,此外人-系统界面还以操纵员支持系统的形式来支持状态评估行为。

操纵员利用自己的知识以及对电厂状态的理解来构建状态模型,然后用它来对所观测到的信息做出合理的解释。但是自身知识的局限性和不充分的当前信息将会使得状态模型不完整或不精确。心智模型通常由操纵员所具备的基础知识、系统的理论知识、专门知识技能、以往的操作运行经验所构成,它能够控制经验丰富的操纵员个体的绩效。

与状态评估有关的PSF主要有:培训、规程、交流、压力、心理应激、人-机界面情况以及可用时间等。

### 3. 响应计划(RP)

操纵员完成对电厂系统的状态评估后,即基于其心智模型和状态模型来判定电厂系统应该达到的目标状态。为了达到这些目标,操纵员首先给出可供选择的响应计划,然后对它们进行评价,最后选择最适合当前系统状态模型的响应计划。响应计划可能很简单,例如,只需选择一个报警响应;也可能很复杂,例如,当现有方案被证明是不完整或是不适用之时,操纵员就需要制订一个详细的计划方案用以应对当前的电厂状态。

在核电厂中,响应计划通常有规程帮助。当可用规程被评估为适用于当前电厂状态时,基本上不需要制订实时的响应计划。然而,即使核电厂拥有良好的规程,操纵员仍然需要执行某些方面的响应计划,例如,①操纵员仍然需要基于他们的状态评估结果识别电厂目标;②选择适当的规程;③对规程所定义的行动进行评估以确定其是否足以达到系统功能目标;④如果有需要的时候要对规程进行适当的改编以使其适用于当前现状。

与响应计划有关的PSF主要有:培训、规程和监管等。

#### 4. 响应执行（RI）

响应执行是执行响应计划所制订的行动,这些行动包括选择一个控制、提供控制输入,以及监视系统和响应过程等。对于采用数字化技术的核电厂而言,在响应执行过程中可能出现一些模拟控制技术系统中未曾出现过的新的失误模式,例如模式错误。模式失误发生在当操纵员对控制系统进行评估以确定其在某一模式并对此采取相应的行动,但事实上系统却是处于另外一种模式并且系统对操纵员行为的响应不是他们所预期的。

与响应执行有关的 PSF 主要有:交流与协作、规程,以及人-机界面情况(如软控制操作对参数调节的精确度)等。

## 5.3 操纵员作业行为演化过程实验案例研究

假设 $x_1(t)$、$x_2(t)$、$x_3(t)$、$x_4(t)$ 分别代表 MD、SA、RP、RI,如果 $x_i(t)$($i = 1,2,3,4$) 的取值为 1,则代表操纵员在 $t$ 时刻正在执行此项任务;如果取值为 0 则意味操纵员在 $t$ 时刻并未执行此项任务。例如,如果在某一确定时刻 $t$,$\{x_1(t),x_2(t),x_3(t),x_4(t)\}$ 的取值为 $(0,1,1,0)$,则意味着操纵员在此刻执行 SA 和 RP。

基于上述表达,操纵员在任一时刻的作业行为执行与否均能够用一四维数组来表示,即操纵员作业行为的演化过程等同于数组的演化过程。采用这种抽象的表示方法,使得可以以数学形式分析操纵员作业行为的动态演化过程。

### 5.3.1 实验数据来源

为了收集操纵员状态评估可靠性相关数据,在岭澳二期核电厂全尺寸模拟机上开展实验研究,主要进行的实验场景有蒸汽发生器传热管破裂事故(Steam Generator Tube Rupture,SGTR)、主蒸汽管破裂事故(Main Steam Line Break,MSLB)、小破口失水事故(Small Loss of Coolant Accident,SLOCA)及失电事故。操纵员班组由 4 名高级操纵员和 4 名初级操纵员构成,专家判断团队由 4 名人因专家和 3 名培训教员构成。本案例分析中的实验数据取自 SGTR 实验。

为避免实验数据的特殊性,每一组实验数据表格中的第一个时间点都是在始发事件后在时间轴上的随机节点。本节中所指的时间点并不仅仅表示某一时刻,它也可表示持续几分钟的一个短暂过程。在每一个时间点上,操纵员是否执行了各项操作均由专家进行判别,判别依据为 *NUREG/CR-6947*[9] 中的有关作业行为的定义。

对每个实验过程按照时间进程进行离散化处理,通过专家判断对所确定的观测点上的操纵员行为进行评价并记录。表 5-2 是用于本章分析所提取的实验数据。

表 5-2 实验数据

| 第 1 组实验数据 | | | |
|---|---|---|---|
| 时间点 | MD | SA | RP | RI |
| $t = 0$ | 1 | 0 | 1 | 1 |
| $t = 1$ | 1 | 1 | 0 | 1 |

（续）

| 第 2 组实验数据 | | | | |
|---|---|---|---|---|
| 时间点 | MD | SA | RP | RI |
| $t=0$ | 0 | 0 | 1 | 0 |
| $t=1$ | 0 | 0 | 0 | 1 |
| $t=2$ | 1 | 0 | 0 | 0 |
| $t=3$ | 0 | 1 | 0 | 0 |
| $t=4$ | 1 | 0 | 0 | 1 |
| $t=5$ | 1 | 1 | 0 | 0 |
| $t=6$ | 1 | 1 | 1 | 1 |
| 第 3 组实验数据 | | | | |
| 时间点 | MD | SA | RP | RI |
| $t=0$ | 0 | 1 | 1 | 0 |
| $t=1$ | 1 | 0 | 0 | 1 |
| 第 4 组实验数据 | | | | |
| 时间点 | MD | SA | RP | RI |
| $t=0$ | 0 | 0 | 1 | 1 |
| $t=1$ | 1 | 1 | 0 | 1 |
| $t=2$ | 1 | 1 | 1 | 1 |
| 第 5 组实验数据 | | | | |
| 时间点 | MD | SA | RP | RI |
| $t=0$ | 1 | 1 | 1 | 0 |
| $t=1$ | 1 | 1 | 1 | 1 |
| 第 6 组实验数据 | | | | |
| 时间点 | MD | SA | RP | RI |
| $t=0$ | 1 | 0 | 1 | 0 |
| $t=1$ | 0 | 1 | 0 | 1 |
| $t=2$ | 1 | 0 | 0 | 1 |
| 第 7 组实验数据 | | | | |
| 时间点 | MD | SA | RP | RI |
| $t=0$ | 0 | 0 | 0 | 0 |
| $t=1$ | 0 | 0 | 0 | 0 |
| 第 8 组实验数据 | | | | |
| 时间点 | MD | SA | RP | RI |
| $t=0$ | 0 | 1 | 1 | 1 |
| $t=1$ | 1 | 0 | 0 | 1 |
| $t=2$ | 1 | 1 | 1 | 1 |

在上述 8 组实验数据中，所有的时间点都是离散的，但在每一组实验数据中各时间点在时间轴上却是连续的；时间节点之间的间隔定义为该时刻与下一时刻操纵员的作业行为发生改变；由于设计的实验伴有叠加事故，所以在事故处理进程中操纵员在一些时间节点上四种作业行为

同时进行;对于第7组数据解释为,当某一时刻操纵员未执行任何作业行为时,事故即得到缓解,下一时间点仍然保持同样的作业情形。

### 5.3.2 模型构建

#### 1. 布尔网络的代数表达形式

由式(5-19)可知,建立上述四个变量间动态关系的关键在于确定四个对应的逻辑函数。而由定理5可知,每个逻辑函数都有唯一的结构矩阵 $M_i(i = 1,2,3,4)$ 与之相对应。

设 $x(t) = \otimes_{i=1}^4 x_i(t)$ ,联立式(5-18)和式(5-19),有

$$\begin{cases} x_1(t+1) = M_1 x(t) \\ x_2(t+1) = M_2 x(t) \\ x_3(t+1) = M_3 x(t) \\ x_4(t+1) = M_4 x(t) \end{cases} \tag{5-20}$$

则

$$x(t+1) = \otimes_{i=1}^4 x_i(t+1) = M_1 x(t) M_2 x(t) M_3 x(t) M_4 x(t) \tag{5-21}$$

由文献[1,3,4]及5.1.1节命题4与命题5可知,式(5-20)可化为如下形式:

$$x(t+1) = L x(t) \tag{5-22}$$

其中, $L \in L_{2^n \times 2^n}$ 称为状态转移矩阵。

这样,布尔网络模型式(5-19)有代数表达式(5-22),由文献[3]可知,若可以由实验数据确定状态转移矩阵,则相应地可建立各作业行为间的动态逻辑关系。

如果直接构建形如式(5-19)的布尔网络模型似乎很困难,所以本章选择通过计算结构矩阵 $M_i(i = 1,2,3,4)$ 或状态转移矩阵 $L$ 来构建模型式(5-21)或式(5-22)。

#### 2. 操纵员作业行为动态演化模型

本节采用程代展教授团队开发的 STP Toolbox 来计算矩阵的半张量积,并求解式(5-20)中的各个结构矩阵。

以第一组实验数据为例,为了方便后续计算,将采用向量形式:

记 $(0,0,1,0) = X^1(0) = \delta_2[2,2,1,2]$ ,并且 $x^1(0) = \delta_2^2 \otimes \delta_2^2 \otimes \delta_2^1 \otimes \delta_2^2 = \delta_{16}^{14}$ ,类似地可以计算出:

$x^1(1) = \delta_{16}^{15}$ ; $x^1(2) = \delta_{16}^8$ ; $x^1(3) = \delta_{16}^{12}$ ; $x^1(4) = \delta_{16}^7$ ; $x^1(5) = \delta_{16}^4$ ; $x^1(6) = \delta_{16}^1$

利用下面的命题6可确定转移矩阵 $L$ 的每一列。

**命题6** 若 $x(t) = \delta_{2^n}^i$ , $x(t+1) = \delta_{2^n}^j$ ,则转移矩阵 $L$ 的第 $i$ 列为

$$\text{Col}_i(L) = \delta_{2^n}^j \tag{5-23}$$

由式(5-23)可计算出 $\text{Col}_{14}(L) = \delta_{16}^{15}$ ; $\text{Col}_{15}(L) = \delta_{16}^8$ ; $\text{Col}_8(L) = \delta_{16}^{12}$ ; $\text{Col}_{12}(L) = \delta_{16}^7$ ; $\text{Col}_7(L) = \delta_{16}^4$ ; $\text{Col}_4(L) = \delta_{16}^1$ ;这样可确定转移矩阵 $L$ 的6列。

对其他7组数据重复上述过程,可计算出转移矩阵 $L$ 的每一列。

则有

$$L = \delta_{16}[1,1,1,1,3,11,4,12,3,7,7,7,3,15,8,16] \tag{5-24}$$

相应地伴随退化矩阵为

$$S_1^4 = \delta_2[1,1,1,1,1,1,1,1,2,2,2,2,2,2,2,2]$$
$$S_2^4 = \delta_2[1,1,1,1,2,2,2,2,1,1,1,1,2,2,2,2]$$
$$S_3^4 = \delta_2[1,1,2,2,1,1,2,2,1,1,2,2,1,1,2,2]$$
$$S_4^4 = \delta_2[1,2,1,2,1,2,1,2,1,2,1,2,1,2,1,2]$$

由文献[3],式(5-20)中的 4 个结构矩阵分别为

$$M_1 = S_1^4 L = \delta_2[1,1,1,1,1,2,1,2,1,1,1,1,1,2,1,2]$$
$$M_2 = S_2^4 L = \delta_2[1,1,1,1,1,1,1,1,1,2,2,2,1,2,2,2]$$
$$M_3 = S_3^4 L = \delta_2[1,1,1,1,2,2,2,2,2,2,2,2,2,2,2,2]$$
$$M_4 = S_4^4 L = \delta_2[1,1,1,1,1,1,2,2,1,1,1,1,1,1,2,2]$$

对于 $x_1(t+1) = M_1 x(t)$,经验证有

$$M_1(M_n - I_2) = 0$$
$$M_1 W_{[2,2]}(M_n - I_2) \neq 0$$
$$M_1 W_{[2,4]}(M_n - I_2) = 0$$
$$M_1 W_{[2,8]}(M_n - I_2) \neq 0$$

则 $x_1(t)$,$x_3(t)$ 为虚假变量。

令 $x_1(t) = x_3(t) = \delta_2^1$,则有

$$
\begin{aligned}
x_1(t+1) = M_1 x(t) &= M_1 x_1(t) x_2(t) x_3(t) x_4(t) \\
&= M_1 x_1(t) W_{[2,2]} x_3(t) x_2(t) x_4(t) \\
&= M_1(I_2 \otimes W_{[2,2]}) x_1(t) x_3(t) x_2(t) x_4(t) \\
&= M_1(I_2 \otimes W_{[2,2]})(\delta_2^1)^2 x_2(t) x_4(t) \\
&= \delta_2[1,1,1,2] x_2(t) x_4(t)
\end{aligned}
$$

所以,$x_1(t)$ 的逻辑表示为

$$x_1(t+1) = (\neg x_2(t)) \rightarrow x_4(t)$$

对 $x_2(t)$、$x_3(t)$、$x_4(t)$ 分别采用上述步骤,则用于描述操纵员作业行为动态演化的布尔网络模型为

$$
\begin{cases}
x_1(t+1) = (\neg x_2(t)) \rightarrow x_4(t) \\
x_2(t+1) = x_1(t) \vee [x_3(t) \wedge x_4(t)] \\
x_3(t+1) = x_1(t) \wedge x_2(t) \\
x_4(t+1) = x_2(t) \vee x_3(t)
\end{cases}
\tag{5-25}
$$

它的网络图如图 5-2 所示。

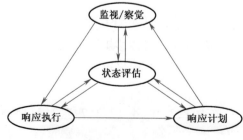

图 5-2　网络图

### 5.3.3 结果分析

由布尔网络模型式(5-25)可知:①若操纵员在某时刻($t$)同时执行了监视和状态评估行为,则下一时刻($t+1$)操纵员会进行响应计划;②若操纵员在某时刻执行了状态评估或响应计划,则下一时刻将进行响应执行;③若操纵员在某时刻进行了监视活动或者是同时执行了响应计划和响应执行,则下一时刻操纵员将对系统进行状态评估;④若操纵员在某时刻对系统进行了状态评估或是有响应执行,则下一时刻操纵员将对系统进行监视。

由图5-2可知:①状态评估在整个四种作业行为中起着至关重要的作用,因为它不仅直接决定着后续的响应计划和响应执行,同时还影响着监视行为;②响应计划和响应执行之间有着很强的相关性,因为一旦操纵员做出了响应计划则其需要立即得到执行;③在该模型中监视行为仅仅只表现出与状态评估和响应执行有关,但是参考最新的有关研究可知[10],它应该也与响应计划行为相关,这可能是由于该案例的实验数据样本不够充分所导致;④图5-2中存在一个子回路,如图5-3所示,它蕴含着操纵员作业行为演化的最基本模式,即一步接一步;而由布尔网络模型式(5-25)所推导出的一组数据也证明了这一点,即$(1,0,0,0) \rightarrow (0,1,0,0) \rightarrow (0,0,1,0) \rightarrow (0,0,0,1)$;这也正好与作者在岭澳二期核电厂模拟机上所观测到的现象相吻合,即,在采用状态导向法事故规程的数字化核电厂中,主控室操纵员需要反复执行"监视/察觉→状态评估→响应计划→操作执行"这四个步骤,同时上述四种作业行为还伴随着嵌套执行。

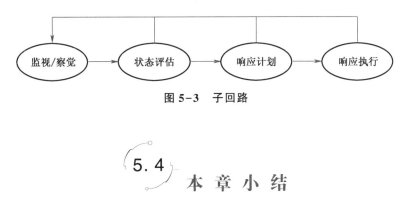

图5-3 子回路

## 5.4 本 章 小 结

随着数字化控制技术的引入,核电厂自动化程度得以显著提升,核电厂人-机系统的可靠性也越来越取决于操纵员的作业行为可靠性。由于操纵员的作业行为有着无序性和突发性的特点,因此如何对其可靠性进行定性分析及定量研究是目前的研究重点。在本章,利用矩阵的半张量积这一工具,构建了能够用于描述操纵员作业行为动态演化规律的布尔网络模型,该模型可以揭示操纵员各作业行为之间的内在逻辑关系。使用本章中所提出的建模方法可以基于实验观测数据建立一般性的布尔网络模型,从而获取操纵员作业行为间的动态关系,进一步可以用于揭示操纵员作业行为的动态演化机制。基于模型的分析结论可以帮助电厂管理人员/值长/教员来评价操纵员的作业绩效。必须指出的是,在本章的研究中仅只考虑了核电厂主控室的操纵员,且并未完全涵盖电厂的各类运行工况,所以,如果拟要建立可适用于不同运行工况阶段、可用于描述不同类别操纵员作业行为动态演化规律的布尔网络模型则还需要大量的实验数据样本来进行模型构建。此外,基于本章的研究结果,并结合系统动力学(System Dynamics,SD),在后续可以完成对操纵员作业行为可靠性的定量评价。

# 参考文献

［1］ Cheng D,Qi H. Semi-tensor product of matrices—theory and applications［M］. Beijing:Science Press,2007.

［2］ Qi H,Cheng D. Analysis and control of Boolean networks:a semi-tensor product approach［C］. Asian Control Conference,2009. ASCC 2009. 7th. IEEE,2009:1352-1356.

［3］ Cheng D,Qi H,Li Z. Model construction of Boolean network via observed data［J］. Neural Networks,IEEE Transactions on,2011,22(4):525-536.

［4］ 程代展,齐洪胜,赵寅. 布尔网络的分析与控制-矩阵半张量积方法［J］. 自动化学报,2011,37(5):529-540.

［5］ Zhao Yin,Gao Xu,Cheng Daizhan. Some application of the matrix expression of Boolean function via semi-tensor product［J］. Journal of Graduate University of Chinese Academy of Science,2012,29(6):743-749.

［6］ McCluskey E J,Parker K P,Shedletsky J J. Boolean network probabilities and network design［J］. IEEE Transactions on Computer,1978,27(2):187-189.

［7］ O'Hare J M,James C. Higgins,Joel Kramer. Advanced information system design:technical Basis and human factors review guidance［R］. NUREG/CR-6633. Washington D. C. :U. S. Nuclear Regulatory Commission,2000.

［8］ O'Hare J M,James C. Higgins,William F. Stubler,et al. Computer-based procedure systems:technical basis and human factors review guidance［R］. NUREG/CR-6634. Washington D. C. :U. S. Nuclear Regulatory Commission,2000.

［9］ O'Hare J M,Higgins J C,Brown W S,et al. Human factors considerations with respect to emerging technology in nuclear power plants［R］. NUREG/CR-6947. Washington D. C. :U. S. Nuclear Regulatory Commission,2008.

［10］ 胡鸿,张力,蒋建军,等. 核电厂数字化人-机界面监视转移路径预测方法及其应用［J］. 核动力工程,2014,35(3):105-110.

# 第6章　数字化核电厂人因失误事件统计分析

本章收集并整理了世界核电营运者协会（World Association of Nuclear Operators，WANO）在1999—2011年间1475份事件分析报告（Event Analysis Report，EAR）以及2000—2011年间的WANO年度运行经验报告，其中包括核电大国如美国、法国、日本以及俄罗斯等国家的核电厂各种运行人因事件。针对国内数字化核电厂，搜集并整理了岭澳核电厂（半数字化）2001—2011年间的56份执照运行事件报告（LOER）以及岭澳二期核电厂（数字化）2010—2011年间的24份执照运行事件报告。选择EAR的主要原因是，EAR中提供了根原因分析，是各电厂吸收外部经验反馈信息极为重要的来源；选择WANO年度运行经验报告的主要原因是它反映了该年度WANO运行事件的整体状况；而岭澳二期核电厂作为国内第一座数字化核电厂，其运行事件报告具有重要的研究价值。采用WANO的根原因及原因因子分类标准及分类方法，对这些报告中筛选出的运行人因事件进行了分类统计及分析，总结其人因失误发生的特点，对于提高核电厂安全，预防事故发生有重要意义。

## 6.1　人因事件分类体系和标准

WANO的事件分析报告将根原因和原因因子分为以下3大类：

（1）人员行为相关因子。该因子包含口头交流、工作实践、工作安排、环境条件、人-机接口、培训/授权、程序文件、监督方法、工作组织、人员个体因素10个方面。

（2）管理相关因子。该因子包含管理方针、交流或协调、管理监督和评估、决策过程、资源配置、变更管理、组织/安全文化和应急管理8个方面。

（3）设备相关因子。该因子包含设计配置和分析、设备技术规范/制造和安装、维修/实验/监督、设备性能4个方面。

依据WANO的原因分类体系，在本章的分析中定义：如果一个事件分析报告中的根原因和原因因子中含有上述与人员相关因子或与管理相关的因子，则认为该事件为一个人因事件。

人员行为和管理相关的各根原因及原因因子的简要描述见表6-1。

表6-1　WANO的根原因及原因因子描述

| 根原因及原因因子 | 描　　述 |
| --- | --- |
| 口头交流 | 班组间或班组内的人员交流不正确或者不充分等 |

（续）

| 根原因及原因因子 | 描　　述 |
|---|---|
| 工作实践 | 没有有效执行或实施人员行为自检、对系统运行方式的改变或系统隔离没有进行确认、要求使用的规程、图册等没有得到使用、脱离行政管理或故意不执行、工作前没有对任务进行充分的研究、没有保持好记录、使用不安全的操作习惯、不注意细节、缺乏质疑的态度等 |
| 工作安排 | 过度加班、在非工作时间内召集人员、频繁换班、数小时连续工作、长时间没有休息日的工作、不熟悉工作流程等 |
| 环境条件 | 照明不足、噪声大、环境不适宜、高放射性、狭窄的工作空间、分心的事等 |
| 人−机接口 | 对执行任务的接口设计不合理、控制提供不充分、存在或出现的报警太多、报警设置不充分、报警装置被遮挡或取消、指示及标示不够或丢失等 |
| 培训/授权 | 没有提供如何去完成某类工作任务的培训、没有提供如何使用专用设备/工具的培训、没有提供有关系统/部件的培训、未参加培训、再培训不够、培训标准不适当、资格认证前对执行任务的熟悉程度未进行论证等 |
| 程序文件 | 语句/格式不清、不足的技术审查、没有提供使用帮助说明和充分的安全评价、技术上不正确/不完备、没有适用的文件等 |
| 监督方法 | 责任、义务和任务没有说明清楚、进程没有得到充分的监督、执行任务前监督的标准没有得到确定、监督人员过分参与任务执行、对承包商的控制不够、在完成任务的人选上考虑不够等 |
| 工作组织 | 不切合实际的工作计划、特殊的条件和要求没有得到考虑、相关部门没有达到较好的配合、工作开始前没有确保技能、配件、工具、仪表的可用性、工作人员/专业人员太少、厂内外相关部门配合不够等 |
| 人员个体因素 | 疲劳、压力大/时间紧/厌倦、技能不足/不熟悉工作性能标准 |
| 管理方针 | 电厂政策、导则、管理目标、行政管理不适合或没有得到发展和执行 |
| 交流或协调 | 电厂政策、导则、管理目标及行政管理在组织间没有得到充分的交流、电厂部门之间不足的交流与合作、没有确认员工对相关政策、导则的熟悉程度、管理部门与电厂员工交流不足等 |
| 管理监督和评估 | 不足的相关管理水平、程序和进程没有得到充分的建立和支持、对程序和进程的有效性监督不够、没有充分的监督决策/分派地结果、对纠正行动的有效性没有充分的评价等 |
| 决策过程 | 电厂规定的职责和义务不清楚、决策过程耗时太长、决策前的信息不够、决策前没有对决策的风险和后果进行确认和评价、不完整的经验反馈实施过程、改进效果不佳等 |
| 资源配置 | 对于确定的项目没有给予充分的人力、财力等资源 |
| 变更管理 | 没有确定需要变更或进一步变更的项目、不足的变更资源、没有在正常时间内完成变更、变更的结果没有得到充分的评价、变更相关的设备没有得到保证等 |
| 组织/安全文化 | 对真实的疏忽或错误的惩罚性反应、缺少不带有批评报告的文化、允许/容忍采取走捷径的工作方法、电厂员工士气低落、重复违反规章制度、缺少不懂就问的态度等 |
| 应急管理 | 应急准备的不足、意外应急计划的不足、管理上不重视电厂员工对意外事件的解决、没有准备意外事件的处理 |

## WANO 人因事件分析和统计

根据以上人因事件定义,对 WANO 的 1475 份事件分析报告进行分析,筛选获得人因事件 960 件,人因事件率为 65.08%。具体各年代各中心所收集的事件报告及对应的人因事件数详见表 6-2。

表 6-2　WANO 各中心人因事件分布

| 年代 | 事件分析报告数 | | | | 人因事件数 | | | |
|---|---|---|---|---|---|---|---|---|
| | 亚特兰大 | 莫斯科 | 巴黎 | 东京 | 亚特兰大 | 莫斯科 | 巴黎 | 东京 |
| 1999 | 23 | 36 | 39 | 13 | 21 | 28 | 25 | 8 |
| 2000 | 17 | 19 | 27 | 8 | 12 | 15 | 20 | 3 |
| 2001 | 24 | 16 | 43 | 9 | 15 | 9 | 33 | 5 |
| 2002 | 15 | 13 | 32 | 11 | 10 | 9 | 27 | 4 |
| 2003 | 19 | 22 | 73 | 10 | 16 | 16 | 52 | 4 |
| 2004 | 14 | 25 | 59 | 15 | 12 | 15 | 42 | 6 |
| 2005 | 13 | 15 | 85 | 21 | 8 | 12 | 61 | 11 |
| 2006 | 15 | 8 | 48 | 44 | 10 | 4 | 27 | 19 |
| 2007 | 7 | 11 | 71 | 18 | 4 | 9 | 52 | 8 |
| 2008 | 15 | 10 | 74 | 37 | 10 | 7 | 53 | 15 |
| 2009 | 4 | 6 | 100 | 52 | 3 | 2 | 76 | 20 |
| 2010 | 17 | 8 | 79 | 15 | 8 | 3 | 61 | 6 |
| 2011 | 11 | 9 | 91 | 9 | 1 | 4 | 56 | 3 |

根据 WANO 根原因和原因因子分类标准体系(表 6-1),对 960 件人因事件进行分析和分类统计,其具体的根原因和原因因子分布如图 6-1 所示。

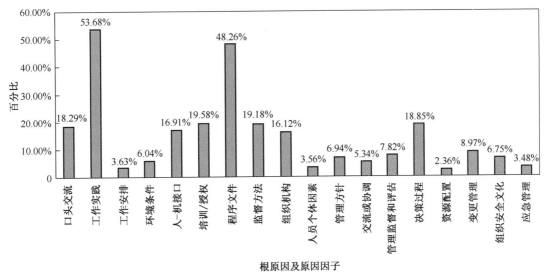

图 6-1　各类根原因及原因因子所占比例(分类不独立)

对筛选出的人因事件进行深入分析并结合对 WANO 的年度运行经验报告的分析,总结其人因事件的发生具有以下的规律及特点。

### 6.2.1 相关性分析

为了对两个或多个具备相关性的变量进行分析,从而衡量两个变量的相关密切程度,本节采用相关性分析对各根本原因和原因因子之间的紧密程度进行辨识。利用统计分析软件 PASW Statistics[1]对上述统计分析所得数据进行相关性分析[2],得到各因素间的相关系数,如表 6-3 所列。

对表 6-3 中各因素间的相关系数和显著性水平进行分析,可知:

(1) 口头交流同工作实践、工作组织,环境条件同交流或协调,培训授权同监督方法、管理监督和评估、应急管理、管理方针,人员个体因素同资源配置,这些因素间表现出较为明显的相关性,尤其是培训授权与管理相关的四个因子间所表现出来的紧密联系更进一步说明良好的培训是便捷有效管理的基础。

(2) 口头交流、工作实践、程序文件这 3 个因素非常重要,并且它们经常捆绑性地同时出现。这说明,如果核电厂拟进行其中某一方面的改进工作,就必须同时考虑其他与之关联性很强的因素,否则其改进很可能无效。

(3) 在分析中,组织安全文化并未表现出与其他各因素间具有较为明显的相关性,但这并不意味着组织安全文化不重要,可以被忽视;相反,组织安全文化对于防止人因事件的发生所起到的作用是潜在的,加强核安全文化教育对于培养员工良好工作习惯具有重要的意义。

(4) 培训授权受到多因素的制约,培训工作是一个系统性的工作,只靠单一的措施是不行的,需要多方面的支持。

表 6-3 相关系数

| 根原因及原因因子 | | 口头交流 | 工作实践 | 工作安排 | 环境条件 | 人-机接口 | 培训授权 |
|---|---|---|---|---|---|---|---|
| 口头交流 | Pearson 相关性 | 1 | -0.636[①] | -0.081 | 0.678[①] | -0.295 | 0.435 |
| | 显著性(双侧) | — | 0.048 | 0.825 | 0.031 | 0.408 | 0.209 |
| 工作实践 | Pearson 相关性 | -0.636[①] | 1 | 0.229 | -0.548 | 0.246 | -0.267 |
| | 显著性(双侧) | 0.048 | — | 0.525 | 0.101 | 0.493 | 0.455 |
| 工作安排 | Pearson 相关性 | -0.081 | 0.229 | 1 | -0.076 | -0.652[①] | -0.018 |
| | 显著性(双侧) | 0.825 | 0.525 | — | 0.835 | 0.041 | 0.960 |
| 环境条件 | Pearson 相关性 | 0.678[①] | -0.548 | -0.076 | 1 | -0.418 | 0.266 |
| | 显著性(双侧) | 0.031 | 0.101 | 0.835 | — | 0.229 | 0.458 |
| 人-机接口 | Pearson 相关性 | -0.295 | 0.246 | -0.652[①] | -0.418 | 1 | -0.073 |
| | 显著性(双侧) | 0.408 | 0.493 | 0.041 | 0.229 | — | 0.840 |
| 培训授权 | Pearson 相关性 | 0.435 | -0.267 | -0.018 | 0.266 | -0.073 | 1 |
| | 显著性(双侧) | 0.209 | 0.455 | 0.960 | 0.458 | 0.840 | — |

（续）

| 根原因及原因因子 | | 口头交流 | 工作实践 | 工作安排 | 环境条件 | 人-机接口 | 培训授权 |
|---|---|---|---|---|---|---|---|
| 程序文件 | Pearson 相关性 | 0.517 | -0.242 | -0.527 | 0.323 | 0.257 | 0.461 |
| | 显著性（双侧） | 0.126 | 0.501 | 0.118 | 0.363 | 0.474 | 0.180 |
| 监督方法 | Pearson 相关性 | -0.143 | -0.050 | 0.145 | 0.198 | -0.398 | -0.752[①] |
| | 显著性（双侧） | 0.694 | 0.890 | 0.690 | 0.583 | 0.255 | 0.012 |
| 工作组织 | Pearson 相关性 | 0.686[①] | -0.596 | -0.353 | 0.207 | 0.191 | 0.108 |
| | 显著性（双侧） | 0.028 | 0.069 | 0.317 | 0.567 | 0.596 | 0.766 |
| 人员个体因素 | Pearson 相关性 | 0.047 | -0.472 | 0.138 | 0.432 | -0.251 | -0.287 |
| | 显著性（双侧） | 0.897 | 0.168 | 0.703 | 0.213 | 0.484 | 0.422 |
| 管理方针 | Pearson 相关性 | 0.366 | -0.320 | 0.027 | -0.226 | 0.038 | 0.635[①] |
| | 显著性（双侧） | 0.298 | 0.368 | 0.941 | 0.531 | 0.916 | 0.049 |
| 交流或协调 | Pearson 相关性 | 0.277 | -0.343 | -0.091 | 0.816[②] | -0.368 | 0.358 |
| | 显著性（双侧） | 0.438 | 0.332 | 0.803 | 0.004 | 0.296 | 0.309 |
| 管理监督和评估 | Pearson 相关性 | -0.233 | -0.068 | -0.052 | 0.115 | 0.111 | -0.767[②] |
| | 显著性（双侧） | 0.517 | 0.852 | 0.887 | 0.753 | 0.761 | 0.010 |
| 决策过程 | Pearson 相关性 | -0.308 | -0.136 | -0.015 | 0.183 | -0.483 | -0.064 |
| | 显著性（双侧） | 0.387 | 0.708 | 0.967 | 0.613 | 0.157 | 0.862 |
| 资源配置 | Pearson 相关性 | -0.361 | -0.051 | 0.391 | 0.194 | -0.120 | -0.142 |
| | 显著性（双侧） | 0.305 | 0.890 | 0.264 | 0.591 | 0.742 | 0.696 |
| 变更管理 | Pearson 相关性 | 0.137 | -0.069 | 0.357 | -0.266 | -0.328 | 0.000 |
| | 显著性（双侧） | 0.705 | 0.849 | 0.312 | 0.458 | 0.355 | 1.000 |
| 组织安全文化 | Pearson 相关性 | 0.427 | -0.016 | 0.324 | 0.627 | -0.592 | -0.274 |
| | 显著性（双侧） | 0.218 | 0.964 | 0.361 | 0.052 | 0.071 | 0.443 |
| 应急管理 | Pearson 相关性 | 0.336 | -0.064 | 0.011 | 0.495 | 0.094 | 0.676[①] |
| | 显著性（双侧） | 0.342 | 0.860 | 0.976 | 0.146 | 0.797 | 0.032 |

| 根原因及原因因子 | | 程序文件 | 监督方法 | 工作组织 | 人员个体因素 | 管理方针 | 交流或协调 |
|---|---|---|---|---|---|---|---|
| 口头交流 | Pearson 相关性 | 0.517 | -0.143 | 0.686[①] | 0.047 | 0.366 | 0.277 |
| | 显著性（双侧） | 0.126 | 0.694 | 0.028 | 0.897 | 0.298 | 0.438 |
| 工作实践 | Pearson 相关性 | -0.242 | -0.050 | -0.596 | -0.472 | -0.320 | -0.343 |
| | 显著性（双侧） | 0.501 | 0.890 | 0.069 | 0.168 | 0.368 | 0.332 |
| 工作安排 | Pearson 相关性 | -0.527 | 0.145 | -0.353 | 0.138 | 0.027 | -0.091 |
| | 显著性（双侧） | 0.118 | 0.690 | 0.317 | 0.703 | 0.941 | 0.803 |

（续）

| 根原因及原因因子 | | 程序文件 | 监督方法 | 工作组织 | 人员个体因素 | 管理方针 | 交流或协调 |
|---|---|---|---|---|---|---|---|
| 环境条件 | Pearson 相关性 | 0.323 | 0.198 | 0.207 | 0.432 | −0.226 | 0.816[②] |
| | 显著性（双侧） | 0.363 | 0.583 | 0.567 | 0.213 | 0.531 | 0.004 |
| 人机接口 | Pearson 相关性 | 0.257 | −0.398 | 0.191 | −0.251 | 0.038 | −0.368 |
| | 显著性（双侧） | 0.474 | 0.255 | 0.596 | 0.484 | 0.916 | 0.296 |
| 培训授权 | Pearson 相关性 | 0.461 | −0.752[①] | 0.108 | −0.287 | 0.635[①] | 0.358 |
| | 显著性（双侧） | 0.180 | 0.012 | 0.766 | 0.422 | 0.049 | 0.309 |
| 程序文件 | Pearson 相关性 | 1 | −0.360 | 0.239 | −0.324 | 0.331 | 0.198 |
| | 显著性（双侧） | — | 0.307 | 0.506 | 0.362 | 0.350 | 0.584 |
| 监督方法 | Pearson 相关性 | −0.360 | 1 | −0.156 | 0.459 | −0.742[①] | 0.060 |
| | 显著性（双侧） | 0.307 | — | 0.666 | 0.182 | 0.014 | 0.870 |
| 工作组织 | Pearson 相关性 | 0.239 | −0.156 | 1 | −0.074 | 0.323 | −0.118 |
| | 显著性（双侧） | 0.506 | 0.666 | — | 0.840 | 0.362 | 0.745 |
| 人员个体因素 | Pearson 相关性 | −0.324 | 0.459 | −0.074 | 1 | −0.252 | 0.244 |
| | 显著性（双侧） | 0.362 | 0.182 | 0.840 | — | 0.482 | 0.497 |
| 管理方针 | Pearson 相关性 | 0.331 | −0.742[①] | 0.323 | −0.252 | 1 | −0.304 |
| | 显著性（双侧） | 0.350 | 0.014 | 0.362 | 0.482 | — | 0.393 |
| 交流或协调 | Pearson 相关性 | 0.198 | 0.060 | −0.118 | 0.244 | −0.304 | 1 |
| | 显著性（双侧） | 0.584 | 0.870 | 0.745 | 0.497 | 0.393 | — |
| 管理监督和评估 | Pearson 相关性 | −0.433 | 0.710[①] | −0.018 | 0.739[①] | −0.647[①] | −0.091 |
| | 显著性（双侧） | 0.211 | 0.021 | 0.960 | 0.015 | 0.043 | 0.802 |
| 决策过程 | Pearson 相关性 | −0.295 | 0.460 | −0.441 | 0.212 | −0.388 | 0.496 |
| | 显著性（双侧） | 0.409 | 0.181 | 0.203 | 0.557 | 0.268 | 0.144 |
| 资源配置 | Pearson 相关性 | −0.405 | 0.276 | −0.436 | 0.675[①] | −0.400 | 0.325 |
| | 显著性（双侧） | 0.245 | 0.441 | 0.207 | 0.032 | 0.252 | 0.359 |
| 变更管理 | Pearson 相关性 | −0.333 | −0.101 | 0.398 | −0.411 | 0.292 | −0.198 |
| | 显著性（双侧） | 0.347 | 0.782 | 0.254 | 0.238 | 0.412 | 0.583 |
| 组织安全文化 | Pearson 相关性 | −0.157 | 0.498 | 0.070 | 0.254 | −0.465 | 0.385 |
| | 显著性（双侧） | 0.665 | 0.143 | 0.847 | 0.479 | 0.176 | 0.272 |
| 应急管理 | Pearson 相关性 | 0.374 | −0.411 | −0.064 | 0.099 | 0.094 | 0.425 |
| | 显著性（双侧） | 0.288 | 0.238 | 0.860 | 0.785 | 0.796 | 0.220 |

（续）

| 根原因及原因因子 | | 管理监督和评估 | 决策过程 | 资源配置 | 变更管理 | 组织安全文化 | 应急管理 |
|---|---|---|---|---|---|---|---|
| 口头交流 | Pearson 相关性 | −0.233 | −0.308 | −0.361 | 0.137 | 0.427 | 0.336 |
| | 显著性（双侧） | 0.517 | 0.387 | 0.305 | 0.705 | 0.218 | 0.342 |
| 工作实践 | Pearson 相关性 | −0.068 | −0.136 | −0.051 | −0.069 | −0.016 | −0.064 |
| | 显著性（双侧） | 0.852 | 0.708 | 0.890 | 0.849 | 0.964 | 0.860 |
| 工作安排 | Pearson 相关性 | −0.052 | −0.015 | 0.391 | 0.357 | 0.324 | 0.011 |
| | 显著性（双侧） | 0.887 | 0.967 | 0.264 | 0.312 | 0.361 | 0.976 |
| 环境条件 | Pearson 相关性 | 0.115 | 0.183 | 0.194 | −0.266 | 0.627 | 0.495 |
| | 显著性（双侧） | 0.753 | 0.613 | 0.591 | 0.458 | 0.052 | 0.146 |
| 人机接口 | Pearson 相关性 | 0.111 | −0.483 | −0.120 | −0.328 | −0.592 | 0.094 |
| | 显著性（双侧） | 0.761 | 0.157 | 0.742 | 0.355 | 0.071 | 0.797 |
| 培训授权 | Pearson 相关性 | −0.767[②] | −0.064 | −0.142 | 0.000 | −0.274 | 0.676[①] |
| | 显著性（双侧） | 0.010 | 0.862 | 0.696 | 1.000 | 0.443 | 0.032 |
| 程序文件 | Pearson 相关性 | −0.433 | −0.295 | −0.405 | −0.333 | −0.157 | 0.374 |
| | 显著性（双侧） | 0.211 | 0.409 | 0.245 | 0.347 | 0.665 | 0.288 |
| 监督方法 | Pearson 相关性 | 0.710[①] | 0.460 | 0.276 | −0.101 | 0.498 | −0.411 |
| | 显著性（双侧） | 0.021 | 0.181 | 0.441 | 0.782 | 0.143 | 0.238 |
| 工作组织 | Pearson 相关性 | −0.018 | −0.441 | −0.436 | 0.398 | 0.070 | −0.064 |
| | 显著性（双侧） | 0.960 | 0.203 | 0.207 | 0.254 | 0.847 | 0.860 |
| 人员个体因素 | Pearson 相关性 | 0.739[①] | 0.212 | 0.675[①] | −0.411 | 0.254 | 0.099 |
| | 显著性（双侧） | 0.015 | 0.557 | 0.032 | 0.238 | 0.479 | 0.785 |
| 管理方针 | Pearson 相关性 | −0.647[①] | −0.388 | −0.400 | 0.292 | −0.465 | 0.094 |
| | 显著性（双侧） | 0.043 | 0.268 | 0.252 | 0.412 | 0.176 | 0.796 |
| 交流或协调 | Pearson 相关性 | −0.091 | 0.496 | 0.325 | −0.198 | 0.385 | 0.425 |
| | 显著性（双侧） | 0.802 | 0.144 | 0.359 | 0.583 | 0.272 | 0.220 |
| 管理监督和评估 | Pearson 相关性 | 1 | 0.068 | 0.505 | −0.384 | 0.272 | −0.182 |
| | 显著性（双侧） | | 0.852 | 0.136 | 0.273 | 0.447 | 0.615 |
| 决策过程 | Pearson 相关性 | 0.068 | 1 | 0.215 | −0.049 | 0.070 | −0.211 |
| | 显著性（双侧） | 0.852 | | 0.550 | 0.893 | 0.849 | 0.558 |
| 资源配置 | Pearson 相关性 | 0.505 | 0.215 | 1 | −0.365 | 0.000 | 0.294 |
| | 显著性（双侧） | 0.136 | 0.550 | | 0.299 | 1.000 | 0.409 |

（续）

| 根原因及原因因子 | | 管理监督和评估 | 决策过程 | 资源配置 | 变更管理 | 组织安全文化 | 应急管理 |
|---|---|---|---|---|---|---|---|
| 变更管理 | Pearson 相关性 | −0.384 | −0.049 | −0.365 | 1 | 0.118 | −0.537 |
| | 显著性（双侧） | 0.273 | 0.893 | 0.299 | — | 0.746 | 0.109 |
| 组织安全文化 | Pearson 相关性 | 0.272 | 0.070 | 0.000 | 0.118 | 1 | 0.000 |
| | 显著性（双侧） | 0.447 | 0.849 | 1.000 | 0.746 | — | 1.000 |
| 应急管理 | Pearson 相关性 | −0.182 | −0.211 | 0.294 | −0.537 | 0.000 | 1 |
| | 显著性（双侧） | 0.615 | 0.558 | 0.409 | 0.109 | 1.000 | — |

①在 0.05 水平（双侧）上显著相关；
②在 0.01 水平（双侧）上显著相关

### 6.2.2 聚类分析

聚类分析是一种建立分类的多元统计分析方法,利用该方法可以将各因素在性质上的亲疏程度在没有先验知识的情况下进行分类。为了进一步挖掘各类根原因和原因因子之间的关联性,并分析其在不同聚集情况下的分组情况,因此考虑在该部分采用聚类分析。各类根原因及原因因子的层次分析聚类过程如表 6-4 所列,聚类的冰挂图如图 6-2 所示,将样本聚成 4、5、6 类时的群集成员如表 6-5 所列。

表 6-4　聚类表

| 阶 | 群集组合 | | 系数 | 首次出现阶群集 | | 下一阶 |
|---|---|---|---|---|---|---|
| | 群集 1 | 群集 2 | | 群集 1 | 群集 2 | |
| 1 | 15 | 18 | 18.000 | 0 | 0 | 4 |
| 2 | 11 | 16 | 26.000 | 0 | 0 | 6 |
| 3 | 4 | 17 | 30.000 | 0 | 0 | 9 |
| 4 | 10 | 15 | 37.000 | 0 | 1 | 7 |
| 5 | 8 | 14 | 41.000 | 0 | 0 | 12 |
| 6 | 11 | 13 | 49.000 | 2 | 0 | 9 |
| 7 | 3 | 10 | 49.000 | 0 | 4 | 8 |
| 8 | 3 | 12 | 63.250 | 7 | 0 | 14 |
| 9 | 4 | 11 | 88.667 | 3 | 6 | 14 |
| 10 | 1 | 6 | 99.000 | 0 | 0 | 13 |
| 11 | 5 | 9 | 115.000 | 0 | 0 | 12 |
| 12 | 5 | 8 | 139.500 | 11 | 5 | 13 |
| 13 | 1 | 5 | 203.750 | 10 | 12 | 16 |
| 14 | 3 | 4 | 247.760 | 8 | 9 | 16 |
| 15 | 2 | 7 | 567.000 | 0 | 0 | 17 |
| 16 | 1 | 3 | 1217.100 | 13 | 14 | 17 |
| 17 | 1 | 2 | 13310.375 | 16 | 15 | 0 |

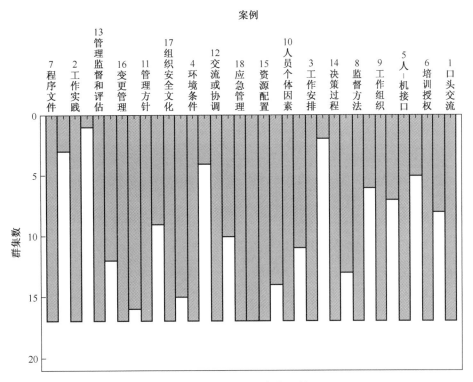

图 6-2  层次分析聚类的冰挂图

表 6-5  层次聚类分析中的类成员

| 案例 | 群集成员 | | |
|---|---|---|---|
| | 6 群集 | 5 群集 | 4 群集 |
| 1. 口头交流 | 1 | 1 | 1 |
| 2. 工作实践 | 2 | 2 | 2 |
| 3. 工作安排 | 3 | 3 | 3 |
| 4. 环境条件 | 4 | 4 | 3 |
| 5. 人-机接口 | 5 | 1 | 1 |
| 6. 培训授权 | 1 | 1 | 1 |
| 7. 程序文件 | 6 | 5 | 4 |
| 8. 监督方法 | 5 | 1 | 1 |
| 9. 工作组织 | 5 | 1 | 1 |
| 10. 人员个体因素 | 3 | 3 | 3 |
| 11. 管理方针 | 4 | 4 | 3 |
| 12. 交流或协调 | 3 | 3 | 3 |
| 13. 管理监督和评估 | 4 | 4 | 3 |
| 14. 决策过程 | 5 | 1 | 1 |
| 15. 资源配置 | 3 | 3 | 3 |
| 16. 变更管理 | 4 | 4 | 3 |
| 17. 组织安全文化 | 4 | 4 | 3 |
| 18. 应急管理 | 3 | 3 | 3 |

从分析中可以看出,工作实践、程序文件这两个因素无论是在聚集为几类时都是独自成为一类,这与其在各年度根原因统计中所具有的高比例性相关;工作安排与人员个体因素、交流或协调等几个因素聚为一类说明好的工作安排计划应该充分考虑人员个体因素,班组协调沟通能力;由于人-机接口设计不合理或者人-系统界面设计不友好所导致人因事件在各年度均占有较大的比例,而好的工作组织和监护方法将大大降低这类人因事件的发生,所以人-机接口、工作组织、监督方法这几个因素聚为一类。

### 6.2.3 各类人因事件分布

国际原子能机构(IAEA)将所有的人因事件分为 3 类:A 类(事故前人因事件),B 类(激发始发事件的人因事件)和 C 类(事故后人因事件)[3]。

按照 IAEA 的分类,在所分析的 960 件运行人因事件中,A、B 和 C 类人因事件数分别为 556、59 和 345 件,在人因事件总数中所占比例分别为 57.92%、6.15% 和 35.93%。该数据提供了两方面的重要信息:维修、调试、试验活动中所产生的人因失误导致系统潜在失效而最终诱发系统事故已成为人因事故较为重要的原因,必须给予高度重视;过去,在对系统进行安全分析时,注意的重点是事故后的人员行为,而较少考虑事故前的人因事件,现在应加强对事故前人因事件的关注。

### 6.2.4 核电厂运行各阶段人因事件分布

根据核电厂反应堆运行时堆芯功率情况将事故发生时的状态分为以下几种:超功率运行(堆功率>100%)、满功率运行(堆功率=100%)、功率运行(0<堆功率<100%)、停堆期间和启动阶段 5 个状态。这 5 个阶段所发生的人因事件数依次为 5、53、498、365、39 件,图 6-3 展示了反应堆在这 5 个阶段的人因事件分布。由图 6-3 可知,功率运行阶段和停堆阶段发生的事故所占的比例很高。超功率运行时的人因事件只有 2 件,这是由于反应堆超功率运行本身就是不允许的,其时间极短,人因事件数量少并不意味着超功率运行时人因事件发生概率低。反应堆启动阶段的人因事件也不容忽视,在该阶段,由于准备工作不充分或者在停堆阶段潜在的人因失误都可以在此时引发事故。由于启动阶段所用时间相对于反应堆运行时间要短得多,所以启动阶段的人因失误概率实际上远大于运行阶段的人因失误概率。

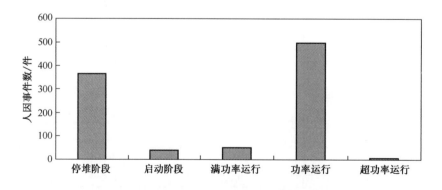

**图 6-3　反应堆运行各阶段人因事件分布**

### 6.2.5　年度运行经验报告分析

对年度运行经验报告进行分析,并结合上述分析统计结果,结论如下:

(1) 对人因事件进行分类统计分析后发现促使核电厂发生人因失误的主要根原因及原因因子有:语言(口头)交流、工作实践、人-机接口、培训、规程制度和文件、工作组织管理。

(2) 核电厂机组在大修期间由于现场维修活动较多,存在于这阶段的人因事件较为集中,形成一个较为明显的高峰。

(3) 个人工作实践是最主要的根本原因,由此所引发的人因事件所占的比例是最大的。对"个人工作实践"分解成一个更详细并不能再分解的次级编码,发现其有四个主要因素:没有有效执行或实施人员行为的自检,没有实施或有效执行人员间的相互独立验证,不注意细节,要求使用的规程、图册等没有得到使用。这些都是发生在对他们自己工作任务非常熟悉的熟练工作人员身上的错误类型。

(4) 程序文件的缺陷是引发人因事件的另一个主要因素。对"程序文件"分解成一个更详细并不能再分解的次级编码,发现其有两个主要因素:技术上的不完整、没有包括注意事项等信息。

## 6.3　国内核电厂人因事件分析和统计

根据 WANO 根原因和原因因子分类标准体系,对岭澳一期核电厂及岭澳二期核电厂的 80 件运行人因事件进行分析和分类统计,其具体的根原因和原因因子分布如图 6-4 所示。

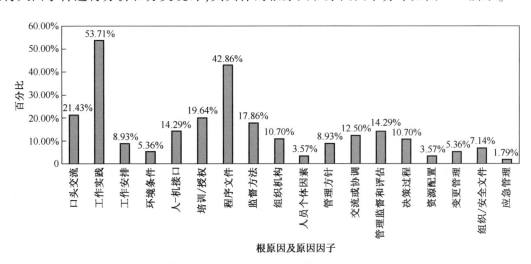

图 6-4　各类根原因及原因因子所占比例(分类不独立)

对筛选出的运行人因事件进行深入分析,总结其人因事件的发生具有以下的规律及特点。

(1) 各类人因事件(A、B、C 类)分布。按照 IAEA 的分类,在所分析的 80 件运行人因事件中,A、B 和 C 类人因事件在人因事件总数中所占比例分别为 64.29%、5.36% 和 30.35%。

(2) 反应堆运行各阶段人因事件分布。图 6-5 展示了岭澳二期核电厂和岭澳一期核电厂在超功率运行、满功率运行、功率运行、停堆期间和启动阶段的人因事件分布。在所搜集的岭澳二期核电厂和岭澳一期核电厂的 LOER 中并未发现在超功率运行阶段的人因事件,但这并不意味着超功率时发生人因事件的概率就很低,这是因为反应堆超功率运行本身就是不允许的,而且其时间极短,所以人因事件数为零并不等于其发生概率低或者不发生。

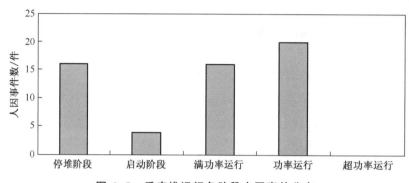

图 6-5　反应堆运行各阶段人因事件分布

（3）反应堆运行各阶段人因事件分布对人因事件进行分类统计分析后发现岭澳一期核电厂主要人因失误模式有:语言(口头)交流不够、工作实践不足、人-机接口存在缺陷、培训不够、规程、制度和文件不完善、工作组织管理缺陷。而岭澳二期核电厂由于其采用的是数字化控制系统,除了存在上述的人因失误模式外还出现了许多新的人因失误模式,如误点击鼠标、数据输入错误、页面配置错误、监视失效等。

（4）通过对具体事例分析发现,造成人因事件发生的主要原因为:未严格执行操作监护制度、未有效实施自检、未开展独立验证、没有遵守相应的沟通交流规程、工前会对程序的审查和风险的分析不足、缺乏严谨的工作习惯和质疑的工作态度、与程序不一致时没有采取独立的验证工具、规程缺失不足、人员的工作实践经验不足。

（5）不同于传统模拟控制系统,数字化控制系统中,由于操纵员基于工作站工作,其操作行为难以被其他操纵员观察(除非操作失误并有信息反馈),操作存在监管缺失,由此造成的人因事件相对有所增加。

## 6.4　本 章 小 结

本章分别对所收集的国内外人因事件进行统计分析,通过对比分析发现数字化核电厂人因事件具有以下的特征及规律。

（1）超过一半以上的人因事件都属于事故前人因事件;

（2）功率运行阶段所发生的人因事件的比例最高;

（3）工作实践、程序文件、培训/授权是促成人因事件的 3 个最为主要的影响因素;

（4）相关性分析与聚类分析的结果显示,人因事件往往都是由 2 个或 2 个以上的因素所促成,因而在对人因事件进行分析时应当考虑影响因素间的相关性;

（5）由于人-系统界面设计不良而导致的人因事件在数字化核电厂中占有较高的比例。

　　此外,本章所采用的 WANO 根本原因及原因因子分类体系是自 20 世纪 90 年代开始使用并逐步完善的一套用于事件分析的根原因及原因因子分类方法。对于采用传统模拟控制系统的核电厂上述分类方法能较好地帮助分析人员对事件进行直接原因及根原因分析。但由于近些年来我国的新建核电厂均逐步采用数字化控制系统,并且国内外很多的在役核电厂也在对控制系统进行数字化改造,而这套分类体系中却没有涵盖数字化控制系统中的一些新的人因失误模式和失误类型,所以在今后的工作中有必要对该套分类方法进行适当补充和完善,以便更好地用于事件分析。其一,可考虑在上述分类体系框架下,分析并总结导致数字化控制系统中操纵员出现新的人因失误的根本原因,对相应的根原因及原因因子进行适当补充,例如考虑到基于视频显示单元的信息显示以及基于鼠标和触摸屏的过程控制中所出现的失误模式,应当对"人-机接口"这一原因因素进行对应的补充完善;考虑到操纵员使用的传统纸质规程转变为计算机化的规程系统,则应当对"程序文件"这一原因因素进行补充等。其二,因为在数字化控制系统中,操纵员的主要任务表现为认知任务,所以可以考虑从基于 Rasmussen 的三层次失误模型对数字化控制系统中的操纵员认知行为模型进行扩展,建立扩展的认知行为模型,包括三大部分:主要的认知行为、界面管理行为和认知功能模型,据此具体分析在主任务各阶段扩展的内容,获得基于模型的人因失误分类并总结各失误的促成因素,从而对现有的分类体系重新进行梳理,以便获取更为合理的分类方法。

# 参考文献

[1] 薛薇. SPSS 统计分析方法及应用[M]. 北京:电子工业学版社,2004.

[2] 张力,邹衍华,黄卫刚. 核电厂运行事件人误因素交互作用分析[J]. 核动力工程,2010,31(6):41-46.

[3] Hirschberg S. Human reliability analysis in probability safety assessment for nuclear power plants [J]. Safety & Reliability,2005,25(2):13-20.

# 第7章 数字化核电厂操纵员人因失误模式分析

数字化主控室中的人因失误模式研究可分为三个层次进行,即心理失误机制,人员行为形成因子和失误外在表现形式[1]。心理失误机制是人因失误发生的人的内在原因,包括注意失效,记忆失效等[2]。人员行为形成因子是影响或诱发人因失误的因素,包括人-机界面、时间压力和培训等。失误外在表现形式是人因失误的结果,一般以特定的任务为表征,例如触发错误控制键,或者阀门被错置等。人因失误模式划分最直接的方法是对人因失误的"外在表现形式"进行辨识和分类。其"外在表现形式"也因为分析的详细程度而形成不同的等级,最基本的等级与人员的基本"任务单元"相对应,例如,"点击鼠标"或者"按下一个控制键"。人因失误研究中高等级的"任务单元"包括为实现电厂系统的某一特定功能目标而实施的操纵员行动的"集合"或者为实现系统的某一功能而进行的"一连串行动"的总和。这些高等级的"外在表现形式"在人因可靠性分析中可以以故障树顶事件的形式出现[3,4],例如"操纵员未能隔离破损蒸汽发生器","操纵员未能使用完好蒸汽发生器降温、降压"等。人因可靠性分析方法中,高等级的"外在表现形式"通过事件树分解成基本的"任务单元",在对这些基本的"任务单元"的人因失效率进行统计分析的基础上,计算高等级的"外在表现形式"的失效概率。

## 7.1 研究方法

文献研究:研究小组做了大量的文献研究。文献研究对象主要包括:ISI Web of Knowledge 数据库[5]、USNRC 公开出版物[6-8]、EPRI 程序[9]、WANO 事件分析报告、Science Direct 文献数据库。

模拟机观察与实验:研究小组于 2010 年 10 月至 2014 年 5 月,在岭澳二期核电厂主控室对10 余个运行班组进行了约 50h 的行为观察;在岭澳二期核电厂主控室 DCS 全尺寸模拟机上对20 个运行班组的复训进行了共计 600h 行为观察和录像,其场景包括正常运行和事故场景,对其中 60h 的录像还使用专门软件工具进行了相关分析。

主控室运行行为调查:研究小组对岭澳二期核电厂主控室 2010—2012 年运行中的人因失误偏差进行收集和研究。

访谈:研究小组采用与操纵员交流和口头报告的方式[10]对操纵员班组进行了大量的访谈。

访谈的问题单是在已有研究的基础上做出的。访谈的目标主要包括三个:提出问题、信息收集、信息确认。

## 7.2 人因失误模式研究

Rasmussen[11,12]将核电厂中的人员行为分为三类:技能型行为、规则型行为和知识型行为,代表了人的三种不同的认知水平。这三类人员行为的定义和特性如下。

(1)技能型行为,指在信息输入与人的响应之间存在非常密切的耦合关系,它不完全取决于给定任务的复杂性,而只依赖于人员的实践水平和完成该项任务的经验。它是个体对外界刺激或需求的一种条件反射式、下意识的反应,是人的自动行为,意识要求较低,且是日常的、常规的人员行为,如操纵员对一些控制器的简单操作或将仪表从某个位置调整到另一位置,操纵员对这些操作非常熟练,无需作任何思考。如果操纵员有很好的培训,有完成任务的动机,清楚地了解任务并具有完成任务的经验,这类行为就属于技能型。偏离和遗忘/疏忽是技能型行为失误的主要表现形式。

(2)规则型行为,指人的行为由一组规则或协议所控制、所支配,它与技能型行为的主要不同点是来自对实践的了解或者掌握的程度。规则型行为包括操纵员要根据规程的要求实施某种操作或行动或判断。规则型行为失误的主要原因是对情景的误判断或不正确的选择规则。

(3)知识型行为,指当遇到新鲜情景,没有现成可用的规程,操纵员必须依靠自己的知识和经验,理解电厂状态条件,对复杂条件和状态进行分析、判断和解释,做出某种困难的诊断及处理的行为。由于知识的局限性和不完整性,该水平上的失误很难避免,失误概率较大,其结果往往也很严重。在一般的人员行为研究中,通常可以按照 Reason 的方法将人员行为简单地分为两个部分:意向形成(计划阶段)和动作执行(执行阶段)。本书依据核电厂主控室操纵员执行运行任务的特征,将操纵员行为分为了四个部分/阶段:监视、状态评估、响应计划、响应执行。监视、状态评估、响应计划大致可以归为意向形成即计划阶段。发生在意向形成阶段的失误是错误,发生在动作执行阶段是偏离或者遗忘。偏离是任务执行过程中的注意失效,以一种不合适的方式执行了任务;而遗忘是任务执行过程中的记忆失效,主要是短时记忆或者工作记忆失效[2],动作执行者未能执行要求的任务。

在数字化主控室中,所有以任务为单元的人员行为,即使是知识型行为,其中必定包括大量的技能型和规则型行为。例如,操纵员需要执行一项复杂的诊断任务,那么操纵员需要移动鼠标,配置屏幕,调用参数等日常的技能型行为,同时需要采用一定的规则型行为,如若观察到稳压器压力低,则判断主回路压力低。从数量上来说,核电厂日常运行行为中存在大量的技能型和规则型行为。根据 Reason 的认知理论,技能型和规则型行为的绩效可以用来对操纵员在复杂工况下知识型行为绩效的判断。

为了了解数字化主控室对操纵员人员行为产生的实际影响,研究人员的数据收集来源主要包括数字化主控室运行中操纵员小偏差报告、模拟机观察、模拟机实验、访谈和问卷调查。操纵员的小偏差报告是日记式的自我报告,由于人员日常运行行为中存在大量的技能型行为和规则型行为,但观察和记录这些行为非常困难,所以操纵员以行为后果为基础进行考量,即操纵员在运行行为中产生了可以观察到的失误后果,例如按错按钮,输入错误的数字,定向到错误的屏幕等,采用后果记录的方式记录这些已经发生的小偏差。

本书作者研究团队共收集和分析了400多份小偏差报告,观察和录制操纵员模拟机培训600余小时,与操纵员班组,操纵员个人以及模拟机培训教员访谈近100人次,分析总结了人因失误小偏差428个。研究人员对这些收集到的电厂实际数据进行了统计分类。分类的依据基于有关文献和人员行为的相似性、行为产生的原因及导致的后果等,同时考虑数字化主控室中人因失误预防的工作实践和概率安全评价中人因可靠性分析需求[13-15],本书将电厂人员行为共分为10类,包括:工作准备、文件管理、工作实践、操作失误、规程执行、交流通信、监盘巡盘、人-机界面、看错输错和报警响应,如表7-1所列。

表7-1　小偏差记录的分类

| 序号 | 分级 | 人员行为分类 | 数量/个 | 比例/% |
|---|---|---|---|---|
| 1 | 组织因素有关 | 工作准备 | 41 | 9.5 |
| 2 | | 文件管理 | 68 | 15.8 |
| 3 | | 工作实践 | 81 | 18.8 |
| 4 | 个体因素有关 | 操作失误 | 29 | 6.7 |
| 5 | | 规程执行 | 27 | 6.1 |
| 6 | | 交流通信 | 46 | 10.7 |
| 7 | | 监盘巡盘 | 18 | 4.2 |
| 8 | | 人-机界面 | 22 | 5.8 |
| 9 | | 看错输错 | 5 | 1.2 |
| 10 | | 报警响应 | 9 | 2.1 |
| 其他 | | | 82 | 19.1 |
| 合计 | | | 428 | 100 |

### 7.2.1　技能型和规则型行为与人因失误模式

为了重点观察数字化主控室中人-机界面发生改变以后对人员行为的影响,研究人员重点对发生在人-机交互过程中的操纵员活动进行了分析。研究考虑了主控室数字化以后操纵员基于新的人-机接口的低认知水平的人员行为,包括数字化主控室环境下日常的操作,正常运行活动等基础人员行为,主要有:操作失误、规程执行、交流通信、巡盘监盘、人-机界面、看错输错、报警响应等7类人员行为。

1. 操作失误

操作失误是数字化主控室人-机界面中定义的一种重要的人员失误类型。新的人-机界面改变了操纵员的认知,从而改变了操纵员在人-机界面上的操纵方式。操作失误是数字化主控室人因失误发生的主要外部表现形式,即行为失误或内部人因失误呈现出来的可观察到的现象。观察操作失误有助于了解操纵员的认知改变。由于操纵员的行为发生在四维时空中,因此该类型失误可分为四类:时间错误类、行为错误类、目标错误和顺序错误类。研究小组一共分析了29件操作失误事件(表7-2),其中20件事件发生在日常运行期间,占69%,其他发生在模拟机复训期间或者通过访谈获得。

表7-2 DCS操纵员操作失误模式

| 序号 | 失误行为 | 数据来源(事件报告,模拟机培训,访谈记录) | 失误类型 |
|---|---|---|---|
| No. 1 | RSS上操作导致三号机主控室L3KIC全部失去 | K-LOER-3-20100002 | 目标错误 |
| No. 2 | 4REA130VD气源误隔离 | K201207050 | 目标错误 |
| No. 3 | 隔离操作单中错误设置开关状态 | K201207038 | 目标错误 |
| No. 4 | 送电后忘记恢复报警连片 | K201207018 | 顺序错误(未执行) |
| No. 5 | 错误将开关推入合闸 | K201206066 | 顺序错误(颠倒) |
| No. 6 | 错误点开L4RIS064VP控件 | K201206046 | 目标错误 |
| No. 7 | 隔离顺序错误导致供气中断 | K201206044 | 顺序错误(颠倒) |
| No. 8 | 开关隔离状态设置错误 | K201206040 | 顺序错误(未执行) |
| No. 9 | 流量调节不准确 | K201206019 | 行为错误 |
| No. 10 | 现场启动设备时阀门状态设置错误 | K201205013 | 目标错误 |
| No. 11 | 在执行稀释操作时跳项 | K201205003 | 顺序错误(未执行) |
| No. 12 | 试验时差点误动L4RAZ095VZ | K201202038 | 目标错误 |
| No. 13 | T3AHP002试验中擅自执行其他操作 | K201202024 | 目标错误 |
| No. 14 | 泄压操作时对重要参数不清楚 | K201202020 | 目标错误 |
| No. 15 | ADG压力控件操作 | 访谈 | 行为错误(力量不当) |
| No. 16 | 主控误开L4RCP011PO的控件 | 访谈 | 目标错误 |
| No. 17 | 操作过快GCT-C阀门突然开启 | 访谈 | 行为错误(力量不当) |
| No. 18 | R棒置手动后未恢复自动 | 模拟机 | 顺序错误(未执行) |
| No. 19 | 误点"<=0"按钮,导致SVA/VVP进汽同时关闭 | 模拟机 | 目标错误 |
| No. 20 | 错点开DEG101GF控件 | 模拟机 | 目标错误 |
| No. 21 | 操作SG3大阀时误操作了SG2大阀 | 模拟机 | 目标错误 |
| No. 22 | 一名RO同时控制2/3台SG水位时,需同时打开2/3个SG调节阀的控件,出现误操作的现象 | 访谈 | 目标错误 |
| No. 23 | 一名RO同时控制2/3台SG水位时,需同时打开2/3个SG调节阀的控件,控件遮挡了YCD画面上的重要参数,出现误操作的现象 | 访谈 | 目标错误 |
| No. 24 | 微调阀门时,点击开启2~3次都看不到阀门开度有变化,直接采用快开,结果阀门直接全开(如RCP001VP) | 访谈 | 行为错误(力量不当) |
| No. 25 | 误停L3DVN007ZV导致L8DVN全停 | DEEFR-2011-12 | 目标错误 |
| No. 26 | 执行T3LHQ001(柴油机定期试验)导致L3RIS002PO非预期启动 | DEFFR-2010-032 | 顺序错误(未执行) |
| No. 27 | L3RIS003VP开启后未放自动位置 | ESSNS201000014 | 顺序错误(未执行) |
| No. 28 | L4RRA安全阀动作6次 | 报告 | 行为错误(力量不当) |
| No. 29 | 机组进行降功率的操作过程中,误将"AC ON"点成"OFF" | 模拟机 | 目标错误 |

主控室发生的操作失误主要发生在对控件的操作上。对控件操作的主要失误类型包括两类:目标错误和行为错误。目标错误主要指点击了错误的控件,这类人因失误一共发生15起,失误往往是由于操纵员行为目标发生错误。发生在主控室的目标操作错误一般是操纵员执行界面管理任务过程中的失误,如操纵员打开了错误的画面或者在一幅画面内操作了错误的部件。行为错误主要指操纵员忽略了运行规程中所规定步骤中的某一步或某几步,或者操作的顺序错误,或者操作的力度不合适。

从失误发生时操纵员执行的任务来看,操纵员在执行设备/系统隔离操作时发生较多失误(如表7-2中,No.2,3,6,7,8),设备状态设置错误发生也较多(如表7-2中,No.3,8,10,27),包括界面操作单状态设置错误,现场开关状态设置错误等。

从失误发生的原因来看,由于操纵员本身的注意偏差和记忆偏差导致的人因失误占大部分,但也有一部分是由于其他原因叠加导致失误的产生,例如,操纵员现场已经对状态进行核实,但未料到既达状态是由于其他原因导致的(表7-3中No.8);由于人-机界面设计的原因,叠加操纵员对控件不熟悉,导致主蒸汽系统(VVP)蒸汽压力波动而致使水位大幅波动(表7-3中No.15);DEG三台冷冻机在画面上布置为从上到下分别为301GF、201GF、101GF,不符合常规(表7-3中No.20)。

从失误后果(表7-3)来看,有5起事件(No.1,25,26,27,28)导致了严重的后果:L3KIC全部失去;误停L3DVN007ZV导致L8DVN全停;执行T3LHQ001(柴油机定期试验)导致L3RIS002PO非预期启动;L3RIS003VP开启后未放自动位置,该事件电厂发生多次(7次);L4RRA安全阀动作6次;No.29造成机组甩负荷,功率迅速下降,后经操纵员恢复。

从失误恢复来看,在29起事件中有13起在事件发生后很快恢复。由于数据缺失的原因,其他事件恢复状况不详。但整体数量看来,操作失误无论何种原因,恢复的可能性非常大。值得注意的是,事件27(L3RIS003VP开启后未放自动位置)在大亚湾核电厂和岭澳一期核电厂也曾发生过,由于放两个电厂主控室都设有模拟盘因而较容易发现RIS泵启动、柴油机加载信号和DVK风门动作等异常症状,因此能较快地进行相关恢复操作,而岭澳二期核电厂则因DCS没有设置模拟盘不易发现相关异常症状,没有及时恢复失误。

从人因失误模式来看,操作失误可以分为疏忽型失误(EOO)和执行型失误(EOC)。疏忽型失误来源于人员行为的遗忘,也就是因记忆失误而导致人员在执行任务过程中忘记或者没有做任务的某一部分。执行型失误有两个来源:一是人员在执行任务过程中意向形成的错误;二是人员在执行任务过程中因为注意力资源分配的问题而导致任务未能以正确的方式执行。THERP手册认为,操纵员执行操作时的主要失误模式为疏忽型失误。但在本分析的29起人因失误中,操纵员共发生17起执行型失误,占整体失误的59%。由于工作记忆导致的疏忽型失误一共6起,只占21%。违章发生1起,占3%。

某些情况下,操纵员似乎不知道如何操作或者对数字化主控室人-机界面控件的力度或反馈把握不好,既不是由于注意偏差也不是由于记忆偏差导致。分析认为,主控室数字化以后,由于人-机界面控件的多样化,操作失误本身并不一定是由于操纵员认知中记忆和注意力资源分配偏差导致,操纵员对于界面控件的不熟悉也可能导致失误。传统主控室人-机界面的技能型行为,例如按按钮、旋动选择键等技能型行为在数字化主控室中有可能转化为需要意识水平较高的知识型行为(不熟悉的环境条件和新的任务)。无论从产生的原因来看,还是从动作的表征来看,这一类失误似乎不能归于 Rasmussen、Reason 的偏离型失误和遗忘型失误,这是在数字化主控室中出现的一种新型的人因失误模式,本书将它称为知识-偏离/遗忘型失误(KB-SLIP/LAPSE)。

29 个操作失误事件中的可能失误原因和失误模式列于表 7-3。

表 7-3　DCS 操纵员操作失误原因及失误模式

| 序号 | 可能原因 | 时间 | 失误恢复 | 失误模式 |
|---|---|---|---|---|
| No. 1 | 注意力失误 | 日常 | 无 | EOC-SLIP |
| No. 2 | 注意力失误,人-机界面 | 大修 | — | EOC-SLIP |
| No. 3 | 注意力失误,人-机界面 | 日常 | — | EOC-SLIP |
| No. 4 | 记忆力失误 | 日常 | 监护 | EOO-LAPSE |
| No. 5 | 记忆力失误 | 大修 | 监护 | EOC-SLIP |
| No. 6 | 人-机界面,注意力失误 | 大修 | 自我恢复 | EOC-SLIP |
| No. 7 | 注意力失误 | 日常 | — | EOC-SLIP |
| No. 8 | — | 日常 | — | EOO-LAPSE |
| No. 9 | | 日常 | 主控恢复 | EOC-SLIP |
| No. 10 | 注意力失误,人-机界面 | 日常 | — | EOC-SLIP |
| No. 11 | 记忆力失误 | 日常 | 监护 | EOO-LAPSE |
| No. 12 | 注意力失误,人-机界面 | 日常 | 监护 | EOC-SLIP |
| No. 13 | — | 日常 | — | VIOLATION |
| No. 14 | — | 日常 | 主控恢复 | KB-SLIP |
| No. 15 | — | 日常 | 自我恢复 | KB-SLIP |
| No. 16 | 注意力失误 | 日常 | 自我恢复 | EOC-SLIP |
| No. 17 | — | 日常 | 自我恢复 | KB-SLIP |
| No. 18 | 记忆力失误 | 模拟机 | — | EOO-LAPSE |
| No. 19 | 注意力失误 | 模拟机 | — | EOC-SLIP |
| No. 20 | 注意力失误 | 日常 | 监护 | EOC-SLIP |
| No. 21 | 注意力失误 | 模拟机 | 自我恢复 | EOC-SLIP |
| No. 22 | 注意力失误 | 访谈 | — | EOC-SLIP |
| No. 23 | 注意力失误 | 访谈 | — | EOC-SLIP |
| No. 24 | — | 日常 | 自我恢复 | KB-SLIP |
| No. 25 | 注意力失误 | 日常 | 无 | EOC-SLIP |
| No. 26 | 记忆力失误 | 日常 | 无 | EOO-LAPSE |
| No. 27 | 记忆力失误 | 日常 | 无 | EOO-LAPSE |
| No. 28 | — | 日常 | 无 | KB-SLIP |
| No. 29 | 注意力失误 | 模拟机 | RO2 恢复 | EOC-SLIP |

## 2. 规程执行

核电厂操纵员在执行任务时必须依据事先拟定的规程性文件。这种规程性文件在电厂正常运行时和电厂应急状态时为操纵员提供指导。主控室数字化以后,对于就地操作行为,其操作指令、规程或其他操作指导性文件的执行/操作方式基本没有变化。本研究重点关注基于计算机的规程(即电子规程)的执行,特别是关注事故发生后,操纵员在执行电厂应急操作规程的人员活动特征。

核电厂的应急操作规程对核电厂的安全至关重要。规程为操纵员的监视、控制和决策行为提供指导。传统主控室中,采用的是纸质的且是事件导向的规程,而纸质规程对规程信息表达存在局限性,包括难以以连续的形式表达信息,需要大量的步骤重复、警告和注意事项对于某些系统状态可能不适用,一些与电厂控制任务无关的信息也强加给操纵员等。在岭澳二期核电厂数字化主控室中,应急规程被电子化或计算机化,采用的是状态导向事故规程,主要特征是从安全观点出发,在机组的某一时刻,通过系统特征物理参数的集合以及系统状态功能的综合来最终确认当前的电厂系统状态。信息可在显示屏上直接调用和认读,操纵员不需要诊断事件和过程扰动的具体原因就能恢复和维持电厂安全功能。

一共分析了45件与规程执行有关的事件。分析结果表明,操纵员在执行规程过程中,未能执行规程的某一步(有意忽略规程某一步+无意执行规程跳项)一共发生16起,占整个收集事件的35.6%。其中,操纵员有意忽略规程的某一步共9起,执行规程跳项7起。操纵员在执行任务时未使用规程9起,占整个收集事件的20%。执行规程未画勾/确认7起,占15.6%。规程中有错误4起,占8.9%。其次为提前画勾而未执行实际步骤,规程理解错误,执行规程中没有的操作,执行规程过程中的操作失误,使用错误规程,执行规程异常未停止,规程执行条件不足。上述数据显示出,操纵员具有很强的偏好习惯性地忽略规程步骤,同时操纵员执行规程中跳项的现象大量存在。45件与规程执行有关的失误事件分布列于表7-4。

表7-4　与规程执行有关的人误类型分布

| 序号 | 失误行为 | 频率 | 比例/% |
|------|---------|------|--------|
| 1 | 忽略规程某一步 | 9 | 20.0 |
| 2 | 未使用规程 | 9 | 20.0 |
| 3 | 执行规程跳项 | 7 | 15.6 |
| 4 | 执行规程未画勾/确认 | 7 | 15.6 |
| 5 | 规程中有错误 | 4 | 8.9 |
| 6 | 提前画勾而未执行实际步骤 | 2 | 4.4 |
| 7 | 规程理解错误 | 2 | 4.4 |
| 8 | 执行规程中没有的操作 | 1 | 2.2 |
| 10 | 规程执行过程中操作失误 | 1 | 2.2 |
| 11 | 使用错误规程 | 1 | 2.2 |
| 12 | 执行规程异常未停止 | 1 | 2.2 |
| 13 | 规程执行条件不足 | 1 | 2.2 |
| | 合计 | 45 | 100 |

从失误发生的原因看,正常情况下,操纵员发生单一规程执行失误的可能性较小。往往是由于规程本身的因素,叠加执行人员的外部压力因素,包括工作计划(大修)或者工作时间(夜班)等导致规程执行过程中发生人因失误。从人员本身的角度看,人员在执行规程时有意违规为一大失误致因因素。有意违规的大量存在有可能是由于工作实践或者组织结构,或者工作计划等原因促成。分析人员从事件报告中发现,由于人员本身的注意力和记忆力问题也导致了一部分

的人因失误,规程执行人员忘记了或者是由于注意力不集中而导致规程执行失误。这种情况有些是由于规程执行步骤之间连续性不够,间断执行,从而使得后续步骤被遗忘。例如,L3RCV001PO 的油泵 L3RCV004PO 需在 10min 之后停运;容空箱的吹扫跨度时间比较长因而操纵员未(忘记)把 L4RCV286VY 及时放回自动。

从失误纠正/恢复的角度上分析,由于许多规程执行都在现场或者就地执行,设备状态的改变(主控室报警或显示)或者组织屏障(主控室恢复或现场检查)而使规程执行中的失误得以纠正/恢复。其次为规程执行人员在后续操作中发现问题而纠正/恢复。收集数据很少发现在规程执行过程中执行人员本身的自行纠正/恢复。进一步研究发现,这可能是源于数据收集的方式导致的,原因是操纵员自身如果发生失误并且立刻恢复,未产生后果的情况下其通常不会在报告中列出。

从人因失误模式来看,很大一部分(41%)是违规。其次是由于操纵员记忆或者注意力偏差而引致的技能-遗漏型失误或者技能-偏离型失误,由于规程执行人员对规程的不理解,也有规则型错误。以失误后果来划分失误模式,疏忽型失误(EOO)占很大一部分,这与 THERP 手册基本一致。但 THERP 认为,疏忽型的原因往往是"规程过长",本研究发现,数字化主控室中疏忽型失误的原因大部分是"执行规程的时间过长",或者是"执行规程的形式复杂",例如,别的成员或者班组已经执行完规程的某一部分,而新的班组继续接手执行。

### 3. 交流通信

传统主控室中,操纵员们同时面对固定的人-机界面,其交流通信的指向性和目的性容易清楚地表达出来,交流的对象和内容很容易得到迅速的确认和核实。事故状态下,传统主控室中,由操纵员执行规程,协调员或值长对规程执行进行监督,辅助操纵员协助从盘台获得信息。事故状态下,传统主控室操纵员的交流主要是执行规程的反应堆操纵员与其他操纵员对于电厂状态信息的交流,这种规程执行过程中的实时交流有利于操纵员班组保持较好的情景意识。数字化主控室中,事故状态下,操纵员独立执行事故规程,协调员或机组长与安全工程师及值长作为第二、三道防线独立对机组状态进行判断,执行各自相应的规程。因此,数字化主控室中,操纵员班组成员各自承担的责任、各自的工作目标发生变化,操纵员班组成员之间的交流方式发生改变。这种改变主要表现在下述 4 个方面。

(1)操纵员对机组独立操作,但机组的核岛和常规岛部分的操作很多时候需要协调进行,一回路操纵员和二回路操纵员之间的交流手段、交流方式、交流目的发生改变。

(2)事故状态下,操纵员独立对机组进行认知判断。其执行操纵任务的过程中,由于各自单独负责自己的计算机界面,那么在各自界面中操作一旦失误,恢复的可能性降低,而在传统主控室中即时交流有时候是重要的恢复因子。

(3)数字化主控室模拟机实验/培训观察发现,事故后,操纵员很有可能陷于规程的执行,从而导致操纵员在数字化主控室中情景意识可能降低。如何保持班组整体的情景意识,交流和通信起着重要的作用。

(4)操纵员班组在对于事故状态后机组设备的重大缺陷,单个操纵员对机组的控制行为输入以及电厂的实时状态变化等方面为了保持一致的认识,如何保持合适的交流方式、交流内容和交流时机等方面均与传统主控室有较大差异。

一共分析了 46 个与交流有关的事件。分析结果显示,电厂运行期间主控室与现场交流频繁,发生失误的频率较高,占到整体收集数据的 50%。由于主控室与现场工作交流频繁,而且对于系统安全的影响至关重要,从人因失误预防的角度出发,需要非常重视主控室与现场的交流。主控室与现场的沟通失效往往导致的后果是工作重复,设备状态发生变化,工作被遗漏,对现场信息无法掌握,错误操作等。与交流有关的人因失误分布见表 7-5。

表 7-5 与交流有关的人因失误类型分布

| 序号 | 任务 | 频率 | 比例/% |
|------|------|------|--------|
| 1 | 主控室与现场之间沟通不足 | 23 | 50.0 |
| 2 | 3/4 号机组交流失效 | 4 | 8.7 |
| 3 | 班值之间沟通不足 | 3 | 6.8 |
| 4 | RO 间交流失效 | 3 | 6.8 |
| 5 | 组织之间交流失效 | 2 | 4.3 |
| 6 | 交流方法缺陷 | 8 | 17.4 |
| 7 | RO 与 US 交流 | 1 | 2.2 |
| 8 | 现场交流失效 | 1 | 2.2 |
| 9 | 其他 | 1 | 2.2 |
| | 合计 | 46 | 100 |

主控室与现场交流沟通问题可以发生在工作的任何期间。包括:①现场工作准备期间与主控室的交流(例如,现场操作员配合主控室操纵员执行 T4LHP006 试验时,主控室操纵员与现场操作员沟通不到位,主控室操纵员在未预先通知现场操作员情况下启动负荷,而现场操作员也未及时发现主控室操纵员进行了负荷加载);②现场开始工作未通知主控室(例如,现场操作员执行 RX 厂房气闸门泄压操作时开工前未及时通知主控室);③现场工作结束未通知主控室;④现场工作过程中与主控室的交流(例如,交流中沟通失效,现场操作员将乏池气闸门压力误为堆池气闸门压力)。

主控室与现场的交流沟通问题产生的原因主要包括以下 4 种情况。

(1)操纵员/操作员明确知道存在交流需求,但交流过程中由于交流方式等原因没有达到交流的效果。

(2)现场操作员没有意识到与主控室,与其他机组,和与其他现场人员需要交流。例如,现场操作员在使用 L4CEX 给 L3ASG001BA 补水前没有意识到需要通知 4 号机主控室;又如,现场 L3MX 区域早班巡视发现 L3GFR024LP 压差达 1.1MPa,现场操作员未能意识到需要通知主控室。

(3)应该采用别的工作方式,如工作单方式,但采用了口头交流的方式。例如,主控室操纵员担心现场操作员从泵站返回主控室取隔离操作单太辛苦,同意现场操作员要求的使用电话指令的形式进行解除隔离,分两次下达电话指令。

(4)信息在交流过程中经多重传递后失真,例如,工作结束后,工作负责人仍持票观察,信息通知了 BM,BM 将信息传达给主控室,但主控室人员以为工作负责人已还票,信息经多重传递后失真。

由于岭澳二期核电厂 2 台机组共用一部分公共设施,2 台机组间的交流非常重要。在收集的数据中,2 台机组间交流失效一共发生 4 次。

班值之间的交流失效有可能对电厂产生重要影响,研究人员一共收集到3件因班值之间的交接班导致的信息交流失效事件。第一件发生在大修期间,由于上一班值与当班值沟通不足,加上大修组准备文件有缺陷,导致4RPE027VP关闭后被当班值进行中压安全注入管线排气后恢复在线阶段开启,致使一回路排水到工艺废水。第二件事件中,主控室班组交接班,前班班组虽记录日志并留交接信息进行跟踪,但事隔一天,后班对信息跟踪不到位,导致设备延迟启动。第三件事件发生在现场班值之间的交流。

主控室数字化以后,主控室操纵员之间的交流方式发生改变,一共收集到3件主控室内操纵员之间的交流失效事件。第一件事件中,启动L8TEP002EV,到状态3时要求化验。一回路操纵员得知信息后没有通知二回路操纵员。后因化学组有其他工作拟推迟取样,通知二回路操纵员并得到二回路操纵员同意推迟取样,但此时现场反馈已经到状态3必须进行取样,重新要求化学组进行取样。一、二回路操纵员沟通不到位导致信息丢失。第二件事件中主控室操纵员在查看L8SEL001BA化验结果合格后,在未通知值长的情况下自行批准,进行L8SEL001BA排放工作,操纵员与值长之间的交流失效。第三件事件中一名操纵员在安排工作时未能与另外一名操纵员进行沟通。

电厂系统各级组织之间的交流问题在收集的数据中发生2件。第一件发生在大修期间,临时大修组与主控室之间信息交流失效。第二件为主控室与电网之间交流失效。

交流方法缺陷一共收集7起事件,占17.4%。包括:三段式沟通不足,沟通时,九字码没有说全;现场有疑问时未能停止;三段式沟通失效。

操纵员与协调员交流失效发生一件,反应堆操纵员并未意识到需要与协调员进行交流;现场交流发生一件;还有一件是由于操纵员注意力疏忽而导致与他人交流失效。

### 4. 监盘巡盘

监盘巡盘是日常运行时操纵员的主要活动之一,对反映数字化主控室与传统主控室之间的区别有着重要的鉴别意义。对其进行研究和分析有助于提出适宜的人因失误预防方案,同时,也有助于研究数字化主控室中操纵员对于信息的监视和判断情况,为人因可靠性分析提供支持。

一共分析了18件监盘巡盘事件,其中,主控室监盘巡盘11件,占61%;现场监盘巡盘7件,占39%。从收集到的数据来分析,主要可分为两类情况:

(1)操纵员在对设备或者系统进行操作时或者操作结束后,未能对设备或者系统状态进行跟踪,对系统或者设备状态失去监视,共发生8件。

(2)在正常运行活动中,设备或者系统出现异常,操纵员在监盘或者巡盘活动中未能发现异常,共发生8件。还有2件为其他类型人因事件。

从失误原因来看,时间压力似乎为主因。首先,主控室在交接班时,或者下班前的操作容易对设备或者系统状态失去监控。其次,与工作计划有关;与人-机界面有关。

从失误纠正/恢复来看,主控室显示、第三者或者其他组织屏障对于监盘巡盘的失误有较强的恢复性。

从失误模式来看,监盘巡盘是电厂运行人员重要的日常任务,属于低水平意识的人员活动,其主要失误模式是偏离型失误或者遗忘型失误,即主要是由于注意力或者记忆力的问题而导致的人因失误。

18 件监盘巡盘人因事件列于表 7-6。

表 7-6　操纵员监盘巡盘失误事件

| 序号 | 任务 | 数据来源 | 失误类型 |
|------|------|---------|---------|
| 1 | L4RCV002BA 补水期间监视不力导致液位计失去监视 | K201207030 | 主控室对状态失去监视 |
| 2 | 接班后未及时巡视 BUP 盘未及时发现异常 | K201207007 | 主控室未能发现异常 |
| 3 | L3GGR301MT 温度异常上涨,主控巡盘没有发现 | K201207003 | 主控室未能发现异常 |
| 4 | 高温巡视 L3DVE A 列蓄电池房间温度 34℃ 接近技术规范限值,主控没有质疑并采取相关的措施 | K201207002 | 主控室未能发现异常 |
| 5 | 三废值班员在 L3TEP001DZ 停运过程中未及时发现 L8TEP001PO 还在运行的故障 | K201206018 | 现场未能发现异常 |
| 6 | 现场 L3LHQ001MN 趋势查看时未严格遵守提示信息要求导致出现 L3LHA451KA | K201205071 | 未按规程执行 |
| 7 | L4KIC 报警被闭锁未及时发现 | K201205069 | 主控室未能发现异常 |
| 8 | 执行 L3GST001CW 吹扫监盘不力,导致压力过高 | K201205019 | 主控室对状态失去监视 |
| 9 | 现场主管没有做到每天检查巡视仪有无异常数据 | K201204021 | 未按规程执行 |
| 10 | 现场在工作时遗漏低温巡视工作 | K201202059 | 现场对状态失去监视 |
| 11 | L4ASG001BA 补水过程中主控未关注 L4ASG001BA 液位 | K201202043 | 主控室未能发现异常 |
| 12 | L8DVN003LP 超标现场检查未发现 | K201202040 | 现场未能发现异常 |
| 13 | 配置 L4RRI B 列流量,关闭 L4RRI020VN,忘记恢复 | K201206047 | 主控室对状态失去监视 |
| 14 | 硼化停止后未及时恢复 | K201206033 | 主控室对状态失去监视 |
| 15 | 启动 L8TEP 蒸发器时没有跟踪参数 | K201204001 | 现场对状态失去监视 |
| 16 | L8TEP001/002EV 启动过程失去监控 | K201203049 | 现场对状态失去监视 |
| 17 | 主控室通过间断开启 RCV366VP 为一回路倒水,未及时发现容控箱水位高 | 内部事件报告 | 主控室未能发现异常 |
| 18 | L3GGR301MT 上漂没有及时发现 | 内部事件报告 | 主控室未能发现异常 |

**5. 人-机界面**

从人因的角度,人-机界面主要反映出设计阶段对于人-机交互的考虑。由于主控室操纵员的日常活动通常都在主控室的人-机界面(基于计算机的控制操作)进行,人-机界面的状态决定着主控室的人员绩效和人因可靠性,人-机界面的优劣是人因可靠性分析需要考虑的重要因素,同时也是人因失误预防的重点。

一共分析了 22 件与人-机界面相关的人因事件,见表 7-7。数据显示,人-机界面上反映的主要问题是控制器显示不良,一共有 10 件,占总收集数据的 43%。控制器显示不良的情形包括:

(1)控件位置相似和相近,画面线条过多,控件位置显示不符合习惯等;

(2)其次为联锁和锁定不当,控件与系统响应匹配性差,控件输入设置不合理等。

从人因失误发生的原因来看,主要是人-机界面设计的缺陷导致。由于计算机界面的显示范围狭窄,显示维度单一,再加上操纵员在计算机界面上的操作绝大多数是一种技能型行为,人-机界面的控件操作在计算机的单维屏幕上很容易造成操纵员的注意力和记忆力失误。

虽然数字化主控室中,人-机界面显示所带来的操纵员失误较多,有较强的失误倾向,但从失误恢复来看,基于计算机界面的技能型和规则型失误基本可以通过操纵员自行发现而恢复从而减少失误后果的产生。

从失误模式来看,目前收集到的数据基本都是由于操纵员的注意力资源的问题(从系统角度而言是人-机界面的问题)而导致的执行型失误。

表 7-7  由于人-机界面导致的人因失误事件

| 序号 | 任 务 | 数据来源 | 失误类型 |
|---|---|---|---|
| 1 | 执行 T4RIS002,准备开启 L4RIS061VP,结果由于刚刚开启了 L4RIS062VP,由于画面布置的原因,认为此两个阀门位置应该是类似的,但在画面上其位置正好相反,导致点开 L4RIS064VP 控件 | K201206046 | 控制显示不良 |
| 2 | 在启动 L8ASG001DZ 为 L8REA002BA 制水时,现场配合 OPC 测量氧含量,由于现场空间较狭窄且光线较暗,OPC 指着一取样阀要求现场配合开启测氧含量,现场未加质疑也未核实,开启了旁边一个疏水阀,发现有水流出后立即关闭 | K201205021 | 环境不良 |
| 3 | KIC 中出现报警,但由于系统为英文显示,且全称缩写严重,不能第一时间理解报警卡的名称 | 访谈 | 控制显示不良 |
| 4 | 画面上 L4RIS064VP 与 L4RIS061VP 位置相同,本应开启 L4RIS063VP,结果因位置相同的原因打开了 L4RIS061VP 的控件 | 访谈 | 控制显示不良 |
| 5 | RCV002YCD 中 RCP007MN/ RCP008MN/ RCP01 1MN/012MN 位置距离太近,易引起误解 012MN 为 RCP012MN | 访谈 | 控制显示不良 |
| 6 | CEX001YCD 上 CEX025/206VL 并联显示,CEX026VL 在上,205VL 在下,不符合一般习惯。打算操作 CEX025VL 时却点开了 026VL 的操作控件 | 访谈 | 控制显示不良 |
| 7 | 校正因子改变后,已经生效,但 082KM 的显示不变,需要使用 007KC 进行生效后才改变,可能导致 RO 不能及时发现 G 棒动作 | 访谈 | 操作反馈不良 |
| 8 | G 棒置自动后还必须使用 005KC 进行生效后 G 棒才能真正接受自动指令 | 访谈 | 联锁和锁定不当 |
| 9 | R 棒置自动后还必须使用 002KC 进行生效后 R 棒才能真正接受自动指令 | 访谈 | 联锁和锁定不当 |
| 10 | RCP001/002VP 手动调节时,脉冲开/关响应太慢,快开/快关幅度太大,不利于瞬态控制响应 | 访谈 | 控件与系统响应匹配性差 |
| 11 | 一名 RO 同时控制 2 台或 3 台 SG 水位时,需同时打开 2 个或 3 个 SG 调节阀的控件,容易出现误操作的现象 | 模拟机 | 控制显示不良 |
| 12 | 一名 RO 同时控制 2 台或 3 台 SG 水位时,需同时打开 2 个或 3 个 SG 调节阀的控件,控件遮挡了 YCD 画面上的重要参数,不利于 RO 操作 | 模拟机 | 控制显示不良 |
| 13 | 操作设备时,如快开一个阀门,在阀门快开的过程中切换画面(使原操作画面被覆盖) | 模拟机 | 控制显示不良 |
| 14 | DCS 中的 SOP 画面内容较多,画面走线过多而走错规程 | 访谈 | 控制显示不良 |
| 15 | 通风系统 SFZ＊＊＊KG 控件设计不合理,例如 DVN 系统画面上的某些 SFZ＊＊＊KG 控件不单是操作 DVN 系统风门,可能还涉及 DVW、DVH 等系统风门,若操作错误,有人为引入第一组 IO 的风险。建议取消通风系统相关 SFZ＊＊KG,需操作此控件到 SFZ 画面操作,上面有提示动作的相关风门 | 访谈 | 控制显示不良 |

（续）

| 序号 | 任　　务 | 数据来源 | 失误类型 |
|---|---|---|---|
| 16 | RGL 的棒位输入控件也不合理,例如 R 棒控制时不能上提半步,这对控制 DLTA I 时不方便,且控件输入数字也容易失效 | 访谈 | 联锁和锁定不当 |
| 17 | SG 水位控制时,微调阀门时,点击开启 2 次或 3 次都看不到阀门开度有变化,只能等待通过流量来稳定 SG 水位,无法精确输入阀门的开度值来控制水位 | 访谈 | 联锁和锁定不当 |
| 18 | SG 水位控制时,将 ARE 大小阀放手动控制时,无法精确输入阀门的开度值来控制给水流量,尤其在采用快开的方式时,容易超调,采用微调阀门开度又有可能超处最佳的干预时间窗口 | 访谈 | 控件与系统响应匹配性差 |
| 19 | L401 大修期间执行 T4RRA006 试验时,点开 L4RRA507KC 后,核实细节操作窗口显示为 L4RRA608KS,未及时停止试验,导致试验不符合预期,MIC 核实为画面链接错误 | 访谈 | 画面链接错误 |
| 20 | 执行 REA 稀释操作时,点开控键操作窗口后,核对控键窗口设备编码是否与控键编码一致后再进行操作 | 访谈 | 控件输入设置不合理 |
| 21 | 执行 1MW 升降功率操作时,将目标功率设定到需求功率后,整定功率不随目标功率变化,以降功率为例,需要先将目标负荷设低 3MW 后,然后再设高 2MW,达到改变 1MW 目标负荷,确认整定功率到达需要的功率后,投入 PROGRAM DEVICE,使机组功率真实变化 | 访谈 | 控件输入设置不合理 |
| 22 | 手动启动 L4GHE101PO 后,在将顺控组件 L4GHE001KG 投入时,L4GHE101PO 会先停运然后重新启动 | 访谈 | 控件与系统响应匹配性差 |

### 6. 看错输错

人-机界面存在的问题可以导致操纵员在计算机界面中对信息的阅读错误和对界面的控制操作输入错误。从操纵人员的角度而言,数字化控制系统中,操纵员对于单个信息的阅读和单个输入的行为基本属于技能型行为,属于基本的操纵员人员行为单元。

一共收集到 17 件看错输错事件,分析过程中进行了筛选,大部分事件与数字化主控室或者类似的计算机界面无关。

数字化主控室中人-机界面的观察/阅读信息和输入信息的行为是最基本的人员日常行为。通过对电厂操纵员的访谈和模拟机实验/培训观察得知,这种观察/阅读和输入的动作在主控室运行中时时刻刻发生,但很多情况下操纵员能够对看错和输错通过自检或者后续的操作行动发现而自我恢复(由于收集的事件采用汇报制,所以这样的案例没有收集到),这占了很大一部分。同时也可以明确,这些观察/阅读和输入的行为发生失误的后果并不严重或者基本没有产生严重的后果。另外,也有由第三者发现并恢复的情况。

### 7. 报警响应

报警响应是电厂运行人员的基本技能。报警系统的功能主要包括提醒操纵员,指导操纵员的行为,帮助操纵员监视电厂事件,改善操纵员与电厂系统的交互。研究收集到 9 件与报警有关的人因事件,其中 7 件与主控室报警响应中的人员行为有关。包括不恰当地复位报警,未仔细核查报警,未及时响应报警,响应未使用报警卡以及报警界面设计不良。发生的原因主要包括两个:一是操纵员未能遵从相关规程和良好的工作实践;二是与人-机界面设计有关。

### 7.2.2　知识型行为与人因失误模式

知识型行为分析的是数字化主控室发生的具有更高意识水平的人员行为和操作。知识型失误往往会产生后果,使得某些部件失效或者系统处于某种偏差状态。一共收集获得 7 件知识型人因事件,列于表 7-8。

表 7-8　主控室知识型人因失误事件

| 序号 | 报告编号 | 失误行为 | 事件描述 |
|---|---|---|---|
| 1 | K-LOER-3-20100011 | 失去参数监视 | L3 NS/RRA 模式下一回路压力超过运行 $p$-$t$ 图范围 |
| 2 | K-LOER-3-20100039 | 失去参数监视 | 降温时 L3 稳压器液位低导致下泄隔离 |
| 3 | K-IOER-3-20100005 | 未正确预期数字化主控室控制指令 | BAS54 期间启动 L3RCP001PO 时一回路压力上升过快导致安全阀 L3RCP020VP 开启 |
| 4 | DEEFR-2011-005 | 未能形成正确意向 | L4APG 投运过程中造成 SG 水位低至−1.2m |
| 5 | DEFFR-2010-019 | 未能识别异常显示 | KCS 机柜中的 48V 电源没有投运导致 L3RCP 安全阀隔离阀在 KIC 中无法操作 |
| 6 | DEFFR-2011-16 | 状态判断失误 | L4GCT-A 切至 L4GCT-C 时触发 SG 液位高(P14)导致主给水隔离 |
| 7 | K-IOER-20100034 | 未能预期工作票延期风险 | 3GCT-C 手动隔离阀开启信号被强制后未及时恢复 |

7 起事件的过程描述如下:

事件 1,由于操纵员在监视一回路参数过程中,更为关注稳压器的液位变化,和一回路压力切换点的选择,对压力下降没有预期。操纵员进入操作单后,操纵员没有再次核对压力的控制方式。

事件 2,操纵员对 L3RCV046VP 调节滞后预期不足。

事件 3,稳压器喷淋阀手动开启功能的数字化主控室参数设置不符合当时一回路压力快速上升的控制需要,操纵员对此未能正确预期。

事件 4,交接班时期,操纵员对于重要的信息交流出现失误;操纵员没有认识到需要关注 SG 水位,未能形成正确的行动意向。

事件 5,操纵员未能正确判断阀门状态,KCS 机柜中的 48V 电源没有投运导致 L3RCP 安全阀隔离阀在 KIC 中无法操作。

事件 6,操纵员在进行操纵时未能确认初始条件是否具备;SG 从 L4ASG 供水切至 L4ARE 供水后,水位较高,未稳定时立即进行转汽操作;操作前未确认 L4GCTC 压力定值(402KU 内部设定)即进行 L4GCT-a 切至 L4GCT-c。

事件 7,操纵员对于工作票延期风险未能预期,导致潜在的保护信号不可用。

以上事件发生的过程具有类似的特点,反映出数字化主控室中知识型行为和其失误的特征,包括:

(1) 所有事件都发生在解决某一问题的过程中,这与 7.2.1 节所分析的大部分人员行为是例行工作中的人员行为的性质和难度不同。例如:事件 1 是在 3 号机进行灭汽腔操作的过程中发生的;事件 2 是在执行负荷线性变化试验 TP RRC 60 过程中发生的。

(2) 操纵员的行为是有意识的目标明确的人员行为。

（3）事件发生的情形变量较多,情境因素复杂。

（4）所有失误都产生了后果。

数字化控制系统人-机界面导致人员的感觉和运动特性发生变化,这种变化致使人员行为的意识水平也发生变化。事件3中,主控室数字化后,稳压器喷淋阀手动开启功能的数字化主控室参数设置不符合当时一回路压力快速上升的控制需要,操纵员对此未能正确预期;事件5中,操纵员未能识别计算机界面的灰框。这两种人员行为对象在传统主控室中对应的是按钮、调节钮和状态显示灯,属于意识水平较低的技能型行为,其发生的主要原因是由于注意力和记忆力发生偏差。而数字化主控室中发生的事件3和事件5主要原因并不是注意力和记忆力发生偏差,而是对控件操纵后系统状态的判断有误,属于需要较高认知水平的行为。传统的低意识水平的技能型行为在数字化主控室中有可能转化为较高意识的知识型行为。

### 7.2.3　人因失误事件组织因素分析

在表7-1中,与组织因素有关的小偏差包括3类:工作准备、文件管理和工作实践。统计数据显示,工作准备类小偏差一共41个,占10.1%,包括文件的准备,工具的准备,计划的准备,设备、流程的准备等,该类型的偏差实际是在操纵员自述中作为管理控制的目的而提出的,这些偏差可能导致人因失误,对此进行分析,有助于对人因失误预防方案的研究。文件管理类小偏差主要是指工作票的签章,规程的签字,文件包的准备,各项试验后的签章等,一共发生68起,占16.8%。文件管理主要发生在"任务"执行后的文件收集,整理和存档过程中。工作实践类小偏差主要包括没有采用自检或者未曾有效地自检,对隔离的情况没有验证,工作前没有验证工作的有效条件,没有遵守放射性工作实践,缺乏询问质疑的工作态度等。工作实践类小偏差一共记录81项,占偏差总数的20%。组织因素在整个小偏差报告中占44.1%。

## 7.3
# 主控室数字化对主控室人员绩效的影响

执照操纵员一般认为数字化主控室中人员的整体人因绩效要优于传统的主控室。与传统主控室相比,数字化主控室操纵员们更多的是采用坐姿,日常运行中对电厂的监盘和巡盘的体力负荷减轻。而且,基于计算机界面的数字化主控室能够提供更多的数据以及更加强大的控制能力和控制自由度。事故后,基于计算机的人-机界面能够减轻收集和整合电厂事故后信息的工作负荷。数字化主控室在以下五个方面会对人员绩效产生影响。

### 7.3.1　对班组绩效的影响

传统主控室中,值长需要靠询问操纵员获取当前电厂的主要参数、设备信息,一、二回路操纵员执行具体操作的过程中需要从值长处获取决策支持,因而值长相当于与操纵员一起执行事故处理。在较高相关性情况下,三者具有一致的思维,值长未能够作为独立的监护屏障。

数字化主控室中,协调员、值长无需询问操纵员就能从自己的工作站中获取所有的电厂信息,交流内容由以往的较低层次的电厂基本信息为主转换为以更高层次的诊断、决策信息为主。

事故后操纵员执行事故处理具体操作,协调员不直接参与事故的处理,而是在协调员工作站对事故进行独立诊断,并且作为两名操纵员的监督者,值长/安全工程师主要关注电厂关键安全功能,三者形成了主控室人员纵深防御的三道屏障。在组织上,明确了协调员是事故处理的现场指导者,除协调员外任何人不得直接向操纵员发送指令,所有指令都必需通过协调员传达至操纵员,以保障较高心理压力下操纵员信息来源的唯一性。可以看出,在数字化主控室中,协调员是事故处理的核心。

传统的主控室中,操纵员必须观察过程参数、与设定值进行比较,并且将结果向机组长/值长报告。然后,机组长/值长整合这些报告结果来评估子系统或系统状态,并且确定系统的安全功能是否得到满足。在数字化主控室中,操纵员可直接从先进的数字化界面获取转化后的高层信息。例如,在事故场景中,传统主控室的操纵员必须相互辅助,在若干个控制盘台上监视各种各样的过程参数以确认事故规程的入口条件是否满足。而在数字化主控室,单个操纵员可以通过监视计算机上的高层综合信息就能迅速获取整个电厂状态,基于低层信息能确认具体的异常条件,一步一步进行确认,直到获取电厂条件的全部特征,进而做出决策。因此,传统主控室与数字化主控室相比,班组的角色发生了很大的变化,传统主控室操纵员主要角色是观察信息、报告信息,机组长/值长需评估电厂状态,责任比较大。而数字化主控室中操纵员需独自分析电厂状态,做出各种认知和行为响应,协调员监控操纵员的工作,安全工程师/值长则负责状态控制和失误恢复。操纵员独自形成第一层安全屏障;协调员形成第二层安全屏障,而安全工程师/值长则是第三层安全屏障。

### 7.3.2 对班组交流的影响

由于班组共享电厂的信息,通过现场观察,发现协调员、安全工程师与操纵员之间的交流不像传统主控室机组长与操纵员的交流那么频繁,并且操纵员都是自己进行规程处理,交流的减少使得操纵员或安全工程师都不知道其他操纵员的操作位置和行为。班组成员孤立的操作改变了操纵员的角色和责任,在紧急情况下可能弱化班组绩效。一回路操纵员和二回路操纵员使用计算机化的规程系统来处理异常事件时,几乎都依据自己对电厂状态的认知来完成任务,但也在规程设计中增加了大量的信息记录(如可用性、支持功能、现场操作等)和信息沟通点(如冷却、隔离、定报警、改变规程等),以确保对关键点的交流。

在模拟机观察、模拟机实验和操纵员访谈中发现,电厂事故后对事故的处理的过程中,操纵员与协调员和安全工程师的交流严格按照规程提示,交流意愿下降,这可能是由于操纵员们承担更大的责任,由此带来更大的工作负荷,从而降低其交流的意愿。

### 7.3.3 对情景意识的影响

传统主控室中所有信息是直接呈现的,操纵员、机组长和监护者会相互仔细确认已经获得信息。在执行规程过程中或者遇到执行规程过程中的决策点,操纵员和机组长更有可能共同对机组当前状态进行判断,保持较好的班组情景意识。

从认知的角度而言,操纵员如果连续执行大量低意识水平的技能型和规则型行为会降低对机组的状态判断。而为了使得操纵员从更高意识水平的角度对电厂事故进行诊断和决策,整个班组必须保持较高的情景意识。由于事故规程无法覆盖所有可能的事故情景,且操纵员在连续执行低意识水平的任务过程中有可能由于"想"的缺失而出现失误。从收集的电厂经验数据来看,这种低意识水平的失误大量存在,操纵员班组中的协调员和值长必须保持较好的情景意识,良好地把握机组状态,在知识型行为中做出判断和决策。

### 7.3.4 对电子规程的影响

分析表明,操纵员在执行规程过程中,未能执行规程的某一步占整个收集案例的 35.6%。同时,操纵员习惯性地不按照规程执行也占收集案例的较大比例。

电子规程的视野窄小。与纸质规程相比,操纵员在电子规程上只能打开一个有限的窗口,每次只能提供有限的步骤。与纸质规程相比,电子规程往前和往后翻页查看都显得比较困难。

与纸质规程相比,电子规程走错路径的可能性加大。访谈和观察得知,模拟机复训期间,走错状态导向规程大约在一次复训期间每周要发生一次以上。在一次执行规程时,操纵员核对 THL 水位灯是否点亮时出现失误,从而导致走错路径。与传统的主控室相比,操纵员在规程中核对数值和设备状态的时候似乎更加容易混淆和出现错误,操纵员似乎不愿意从其他途径来验证已经获得的信息(操纵员不愿意执行过多的二类管理任务)。

与纸质规程相比,电子规程似乎更加详细。在复杂任务处理过程中,详尽的事故规程并不一定能够给操纵员带来益处。例如,在纸质规程中,"水位稳定或增加"一般留给操纵员根据当时的情况自己判断。在电子规程中,操纵员执行的准则非常细致、准确量化,其判断的依据范围很窄,无法考虑当时情况下的系统场景。因为,操纵员除了需要考虑所处理问题的"参数"之外,还需要考虑,例如:①其他系统因素(例如,主回路冷却暂时使 PZR 液位下降);②操纵员可能已经决定做还没有做的事情(例如,准备提高冷却速率),这样的行为会使得参数发生预期的变化。这些预期的变化操纵员是清楚的,例如,冷却会影响 RCS 水位和压力,SG 液位,SG 压力等。

### 7.3.5 对界面管理任务的影响

界面管理任务主要指操纵员在数字化主控室中为执行主任务,即操纵任务,需要对屏幕和画面进行导航、配置、组织等人-机界面管理[16]。界面管理任务本身可以对系统安全产生严重的后果。界面管理任务对于人员绩效的影响主要是通过对主任务的影响来体现的。前述分析的事件报告中包含了由于界面管理任务导致的失误,例如,执行规程时,用规程画面中的链接功能后,导致显示该规程画面的屏幕被覆盖,从而失去正在执行的规程,必须重新调用规程画面;或者操纵员混淆 RCV001PO 和 RCV003PO 的画面;或者操纵员点击了错误的控件。

在操纵员访谈和模拟机观察中发现,操纵员对于界面管理任务普遍存在一定的畏避心理。由于操纵员的记忆和注意资源有限,在执行主任务过程中,操纵员似乎不愿意分心去执行其他任务,而且似乎任务越复杂,操纵员越不愿意在计算机屏幕上执行界面管理任务,这在某些严重事故的操纵员复训期间可以观察到。如果这个观察结论是准确的话,那么数字化主控室先进技术系统能够提供的大量信息在某些情况下不会起到应有的作用,数字化主控室中,"巨量信息,有限显示"对于操纵员来说就会变成"巨量信息,有限获得",从而导致执行任务时操纵员所需要获得的有些信息会被遗漏,从而产生更多的遗漏型失误。

## 7.4　本 章 小 结

数字化主控室中存在大量的低意识水平的人员行为,即技能型和规则型行为。技能型行为的执行来自于记忆且不需要耗费有意识的思想或者注意力。当技能成为一种自动化行为之后,操纵员工作记忆负荷较低。技能型行为的主要失误是由于在操纵员执行任务过程中对于任务需求的变化,系统响应或者设备状态的变化未能察觉而导致的。技能型行为是低意识水平的,没有变化的。如果工作是处于一个变化的环境中,且行动或行为比较复杂,人们会考虑这种变化,预先设定程序或规则。规则型行为所需要的意识活动是在规则型行为和知识型行为之间。规则型行为遵循 IF-THEN 逻辑。在执行规则型行为的过程中,操纵员也许不能充分理解或者发觉设备或者系统的状态条件,做出特定的响应,失误主要包括偏离规程,对特定状态使用错误的规程,或者在错误的情景下使用错误的规程。知识型行为是人员处于一个完全不熟悉的环境中。在传统主控室中,经过培训较易形成技能型行为。而数字化主控室由于其人-机界面经常需要配置而不固定,导致操纵员常常处于一个相对不熟悉的环境中,形成知识型行为。传统主控室中的知识型行为绝大多数发生在解决问题或者对问题的诊断过程中,而不是发生在对系统的反馈操作过程中。数字化主控室中,知识型行为有可能发生在对系统的操作中。这是由于计算机画面的变化和控件位置及控制导致操纵员的心智模型不稳定和不匹配而形成的。

先进主控室技术系统的信息表达不同于传统主控室中技术系统信息的表达。传统主控室内的信息显示的更多的是低层的具体的参数(组件层的),而先进主控室内的信息显示更多的是通过综合集成的抽象信息(系统层)。自动化系统本质上的复杂性(技术系统的复杂性)对操纵员的高层情景意识(如理解和映射)提出了新的挑战。另外,计算机化的程序也被认为是一类自动化。在核电厂中,程序的自动化水平被认为是关系到电厂安全的一个重要的问题。因为,由于自动化而使得程序的某些步骤被计算机自动执行,从而操纵员没有参与到该类任务中,容易丧失情景意识。

在数字化主控室执行主任务过程中需要执行界面管理任务。界面管理任务本身可以对系统安全产生严重的后果。但界面管理任务对于人员绩效的影响主要是通过对执行主任务的影响来体现的。数字化主控室中,"巨量信息,有限显示"对于操纵员来说会变成"巨量信息,有限获得",从而导致执行任务时操纵员所需要获得的有些信息会被遗漏;界面管理任务增加了操纵员的工作负荷。

## 参考文献

[1] Swain A D. Accident sequence evaluation program human reliability analysis procedure [R]. NUREG/CR - 4772. Washington D. C.:Sandia National Laboratories,1996.

[2] Baddeley A D,Hitch G J. Working memory[M]// Bower G( ed. ). The psychology of learning and motivation,Vol. VIII. New York:

Academic Press,1974.

［3］ Kirwan B. A guide to practical human reliability assessment［M］. Oxford：Taylor & Francis,1994.

［4］ Hollnagel E. Reliability analysis and operator modeling［J］. Reliability Engineering and System Safety,1996,52：327~337.

［5］ Cooke N J. Varieties of knowledge elicitation techniques［J］. International Journal of Human-computer Studies, 1994, 41：151-173.

［6］ US Nuclear Regulatory Commission. Reactor safety study：an assessment of accident risks in US commercial nuclear power plants ［R］// WASH-1400,NUREG-75/014. Washington D. C. ,1975.

［7］ U S Nuclear Regulatory Commission. Safety goals for the operations of nuclear power plants［R］. Washington D. C. ,1986.

［8］ U S Nuclear Regulatory Commission. Probabilistic risk analysis procedures guide［R］. NUREG/CR - 2300. Washington D. C. ,1983.

［9］ Hannaman G W,Spurgin A J. Systematic human action reliability procedure（SHARP）［R］. EPRI NP-3583. Palo Alto Electric Power Research Institute,1984.

［10］ Ericsson KA,Simon H A. Protocol analysis：verbal reports as data［M］. Cambridge：MIT Press,1984.

［11］ Rasmussen J. Information processing and human-machine interaction：an approach to cognitive engineering［M］. New York：North Holland,1986.

［12］ Rasmussen J,Vicente K J. Coping with human errors through system design：Implications for ecological interface design［J］. International Journal of Man-machine Studies,1989,31：517-534.

［13］ IAEA. Procedures for conducting probabilistic safety assessments of Nuclear Power Plants（Level 1）［R］. IAEA-Safety Series 50-P-4. Vienna,1992.

［14］ Sanderson P M. Cognitive work analysis［M］// Carroll J M（Ed. ）. HCI models,theories,and frameworks：Toward a multi-disciplinary science. San Francisco：Morgan Kaufmann,2008.

［15］ Spurgin A J. Human reliability assessment［M］. Boca Raton：CRC Press 2009.

［16］ O'Hara J M. ,Brown W S. The effects of Interface management tasks on crew performance and safety in complex［R］. NUREG/CR-6690. Computer-based Systems：Detailed Analysis,2002.

# 第三篇

# 数字化核电厂人因可靠性分析方法论

数字化显著地影响/改变了操纵员的认知模式和作业模式,系统中人的作用和地位与人的自然属性及社会属性既互相调和又有冲突,对人的认知行为及人因可靠性产生了极大的影响,以前针对模拟控制技术工业系统的人因可靠性分析方法已不适合处理数字化工业系统中人的行为。本篇针对 DCS 的特征,建立 DCS-HRA 方法体系,包含 4 章内容:DCS-HRA 方法与模型,DCS-HRA 数据库系统,DCS-HRA 分析软件系统,数字化核电厂人因失误分析技术。

# 第8章 DCS-HRA方法与模型

主控室的数字化引起了人因诸多方面的变化,信息的显示方式和操纵员获得信息的方式发生改变,引致操纵员获取、储存、加工和输出信息的方式发生改变[1,2]。操纵员的主要任务表现为认知任务,操纵员的认知活动对操纵员执行任务的可靠性影响很大[3-5]。

DCS-HRA 模型以操纵员在数字化控制室中内部认知行为过程为主线,描述、刻画主控室数字化后人员认知行为的变化和人员认知的特点,识别在人因失误演化过程中人员活动的影响因子对各认知阶段可靠性的影响。模型考虑影响人员可靠性的主要因素(外部 PSA 情景和操纵员内部认知),研究这些因素如何影响人员行为,最终计算人的可靠性(图 8-1)。

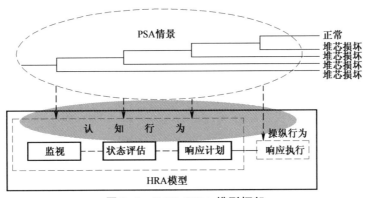

**图 8-1  DCS-HRA 模型框架**

PSA 中考虑的人员行为主要包括三类:始发事件前影响系统或设备可用性的人因事件(A类)、导致始发事件的人因事件(B 类)、始发事件后的人员响应的人因事件(C 类)[6]。C 类人因失误通常是 PSA 分析中所要考虑的最重要的人员行为,本章提出的 DCS-HRA 方法与模型也只针对 C 类事件。

## 8.1 基于认知行为的 DCS-HRA 模型

### 8.1.1 始发事件后操纵员行为阶段分析

本书第 4 章将操纵员在运行过程中的认知行为划分为四个阶段/模式——监视、状态评估、响应计划、响应执行,分别建立了它们的认知行为模型,这是为了从理论上对操纵员的一般认知行为过程进行深入分析而做的形式上的抽象分解。实际上操纵员认知行为的四个阶段/模式是交叉、循环的,并非各阶段顺次独立,特别是在核电厂事故状态下这种交叉性、循环性更为突出。

为了更接近实际情况和更直观反映能观察到的行为表象,同时为了建立更加结构化和具有较强可操作性的 HRA 定量模型,作者把操纵员从通过监视电厂系统信息觉察出异常发生到开始事故诊断,再到完成操作动作的整个事故处理过程使用另外的四个术语来表达,划分为四个阶段/模式:觉察、诊断、决策、操作,专门用于对操纵员事故处理过程的认知行为分析。事故处理中的操纵员认知行为过程模式"觉察、诊断、决策、操作"与一般认知行为过程模式"监视、状态评估、响应计划、响应执行"存在如下的对应和关联关系:操纵员通过视觉和听觉功能监视系统信息的变化、获取系统的相关信息,当系统信息出现异常时,他还需要"觉察到"该异常,即"觉察"是"监视"在系统特别情况下(这里专指系统出现异常信息)的一种结果;操纵员存在未能及时觉察到系统异常/事故发生而未能对事故进行诊断及完成后续操作的可能性,而只有当操纵员觉察到异常已经发生,才会有后续的事故处理行为;诊断阶段存在"监视+状态评估"两个认知行为过程,"监视"为外在表征,"状态评估"为内在表征;决策阶段存在"监视+响应计划"两个认知行为过程,"监视"为外在表征,"响应计划"为内在表征;操作阶段也至少包含了"监视+响应执行"两种认知行为。

**1. 觉察阶段**

系统异常/事故发生后,操纵员可能存在未能成功觉察到系统异常/事故的情况,若觉察失败,则可能导致不能及时对异常/事故进行诊断,从而,也可能导致诊断、决策、操作的失败。

**2. 诊断阶段(监视+状态评估)**

核电厂事故后,操纵员根据报警信号或其他判据进入诊断程序,在诊断程序中根据机组主要设备状态及参数水平判断机组所发生的异常,据此作为后续决策的主要依据。

从操纵员的认知过程分析,当系统状态发生变化时,操纵员需要通过观察/监视某些系统参数的变化/状态来确定机组当前所处的状态水平。在 $t$ 时刻,系统可能提供 $N$ 个参数来表征系统的变化/状态,每个参数都是一个监视点,操纵员依据事故处理规程或自己的经验按顺序来观察/监视这些参数,每观察一个参数,操纵员都会根据其对参数的理解和其心智模型的支持,来更新自己的心理电厂系统状态模型。不失一般性,假设操纵员在 $t_1$ 时刻观察参数 1,获得心理电厂系统状态模型 1,状态模型 1 在 $t_2$ 时刻驱动操纵员监视转移至参数 2、通过观察获得心理电厂系统状态模型 2,状态模型 2 驱动操纵员在 $t_3$ 时刻监视转移至参数 3、通过观察获得心理电厂系统状态模型 3……在 $t_i$ 时刻观察参数 $i$、获得心理电厂系统状态模型 $i$。随着观察参数、更新状态模型过程的演进,操纵员对系统状态的认识逐步逼近(操纵员认为的)系统的真实状态,最终在 $t_n$ 时刻($n \leqslant N$),作出对系统状态的最终评估判断,即该序列的终点是操纵员确认的系统状态。然后,操纵员据此做出"响应计划"。该过程见图 8-2。根据不同电厂的情况,操纵员的监视转移可能有数据驱动与知识驱动两种类型。

因此,基于上述对操纵员认知过程的描述和分析,可以认为:监视与状态评估并非独立,而是交叉进行的一个序列过程,该序列的终点是操纵员确认的系统状态。而"响应计划"是依据最终的"状态评估"做出的,即"响应计划"尾随"状态评估"之后。

操纵员通过观察参数、更新状态模型的过程,其对系统状态的认识逐步逼近操纵员认为的系

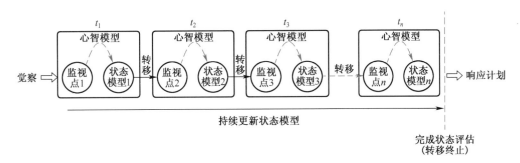

**图8-2 监视与状态评估的交互过程**

统的真实状态,最终在 $t_n$ 时刻,做出了对系统状态的最终判断。这个最终形成的"操纵员认为的系统真实状态"可能是真实的系统状态,也可能是错误的系统状态即非真实的,而是操纵员的误解。因而,操纵员可能出现状态评估失误及诊断失误。诊断失误源于不断更新的状态模型的错误,而状态模型的错误主要源于两方面:监视信息的获取和操纵员的心智模型。监视中,信息获取的充分性、完整性、可靠性会直接影响状态模型的正确性;心智模型则通过影响对新获取信息的解释来影响状态模型。

上述过程可描述为:设参数集 $A$ , $A$ 中有 $N$ 个参数: $X_1,X_2,\cdots,X_N$ 。 系统状态模型集 $B$ , $B$ 可以是有限集也可以是无限集。在 $t_i$ 时刻, $x_j$(操纵员观察参数 $X_j$)取值于 $A$ , $1 \leqslant j \leqslant N$ ,获得状态模型 $y_m$ , $y_m$ 属于 $B$ 。 则操纵员观察参数、更新状态模型的过程,即监视+状态评估的过程可以表达为: $y_m = f(t_i,x_j)$ ,存在时刻 $t_n$ ,使该系列终止。

3. 决策阶段(监视+响应计划)

与诊断阶段类似,决策阶段操纵员依然要通过监视不断获取信息来支持自己对响应做出正确的计划,不同的是,诊断阶段主要考察"电厂系统状态发生了什么变化",即操纵员是综合各参数信息评估电厂目前所处的状态水平,决策阶段则是重点考察"什么样的响应方案最有效?其会引起什么?",据此选择相应的应对策略,即:一方面根据诊断结论分析可能的应对策略;另一方面依靠监视寻找新的信息来支撑、印证自己的猜想,确定最终的处理方案。

4. 操作阶段(响应执行)

觉察到机组发生异常/事故后,操纵员通过监视获取信息对机组进行状态评估和诊断,根据诊断结果做出响应决策,制定出解决问题的最优策略,以上过程完成之后,操纵员根据制定的策略进行操作。DCS中,操纵员利用鼠标配置信息显示画面,并点击计算机界面上相应的控件完成响应方案中的操作。前三阶段都没有直接的后果,觉察、诊断、决策都是为最后的具体操作做准备,只有这些具体操作才会产生直接的后果,但前三阶段任何一阶段的失误都可能导致后一阶段的失误,人因事件的成功路径如图8-3所示。

操纵员进入操作程序后,根据规程的指引完成操作动作,由于操作的后果往往会引起机组部分重要参数的波动,因此操作前需要先判断某些相关参数信息,以保证操作能达到状态功能目标的同时,不至于让系统产生太大异常波动,如:高压安全注入转上充时,需要稳压器水位和堆芯过冷度在一定的安全范围内,以保证操作后稳压器不被排空且堆芯依旧有足够安全的过冷度。

在数字化控制系统中,操纵员的操作除主任务的操作(开/关阀门,启/停泵等)外,还包括界

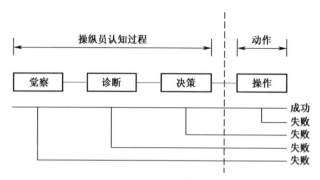

**图 8-3　DCS-HRA 中人因失误路径**

面管理任务(画面的配置、导航等),操纵员需要通过执行界面管理任务来辅助主任务的完成[9,10]。

反应堆一回路操纵员(RO1)在实现机组目标的操作过程中,往往需要反应堆二回路操纵员(RO2)协助对一回路进行温度控制,因此,在操作过程中需要两位操纵员的协作。另外,还需考虑协调员、安全工程师、值长等的合作。

### 8.1.2　操纵班组认知行为分析

#### 8.1.2.1　操纵员行为

数字化主控室中的两名操纵员,RO1 负责具体事故的诊断、决策以及一回路相关系统的操作,RO2 则通常不涉及事故的诊断、决策,主要协助 RO1 对一回路进行温度控制、保持蒸汽发生器(SG)完整性等辅助性控制操作,因此这里主要分析 RO1 的行为过程。

RO1 执行处理事故时,在执行具体操作动作前,需要先对机组异常情况进行诊断[11,12],根据诊断结论从多种事故处理策略中选择一种最有利于事故缓解的策略(决策);完成决策的选择后再在序列中执行具体操作(图 8-4)。

对于采用状态导向法事故处理规程(SOP)的核电厂,操作完成后还需执行下一轮的诊断,直到完成事故处理;对于采用事件导向法事故处理规程(EOP)的核电厂,操作完成后即事故处理终止。

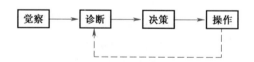

**图 8-4　操纵员事故处理过程**

在诊断阶段,RO1 需要不断获取电厂主要参数信息,并对此进行评估以得到当前状态功能降级水平,因此,如 8.1.1 节所述,诊断阶段相当于存在"监视+状态评估"两个认知行为过程,其中,"监视"为外在表征,"状态评估"为内在表征。

同样,在决策阶段,操纵员不断获取电厂参数信息,据此决定功能目标的优先程度,选择相应的策略,对具体的操作构建合理的响应计划,因此,决策阶段相当于存在"监视+响应计划"两个认知行为过程。类似的,"监视"为外在表征,"响应计划"为内在表征。

操作阶段,操纵员根据确定的策略,按照规程的要求执行具体的操作动作,对应认知行为过程中的"响应执行",这是外在表征。

因此,操纵员对事故处理的具体的外在行为过程与内在的认知行为过程事实上也是相对应的(图8-5)。

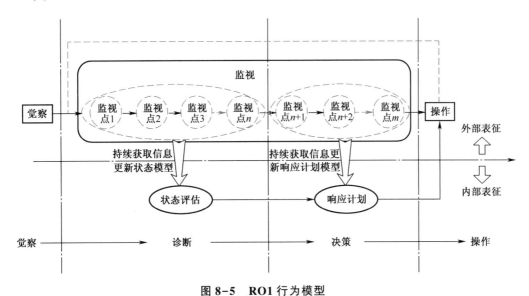

图8-5 RO1行为模型

### 8.1.2.2 协调员行为

在组织上,协调员(US)是事故处理的现场指挥者,所有现场信息必须通过协调员,操纵员主要接受协调员的指令。

由于数字化带来的信息共享,提升了数字化主控室中协调员这道人员屏障的独立性,协调员不再是单纯的规程执行者,而是在规程辅助下的主动认知判断者。操纵员主要是基于规程的行为,即"如果x,那么y"。在规则型行为下,"如果x"部分经常都是操纵员设想的,并做了y,那么,他将会放弃对条件是否真正存在做仔细的分析评价,结果可能引起基于规程的错误。因此,设置协调员作为一道独立屏障,跳出规程,以主动认知为主,规程为辅助。

协调员规程的结构与RO1规程的结构是一致的,即任何时候协调员与RO1均处于相同的事故处理阶段,以方便协调员对操纵员可能的失误进行纠正。

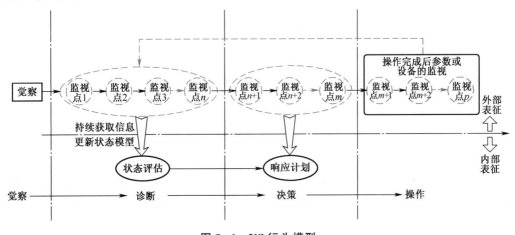

图8-6 US行为模型

由图 8-6 可知,协调员的行为过程也可分为四个阶段:觉察、诊断、决策、对操作的监视。只是相对于操纵员,协调员没有具体的操作,而仅是对于操纵员操作行为及其后果的监视。

协调员在与操纵员一起处理事故的过程中,还承担了与主控室其余人员交流的任务,主要包括:遇到诊断困难时与值长/安全工程师协商处理方案,值长对事故处理的意见也通过协调员传达至操纵员等。

### 8.1.2.3 值长/安全工程师行为

事故发生后,值长会立即由主控室旁的值长办公室到达主控室,开始执行值长/安全工程师规程,对机组关键安全参数进行监视。安全工程师约 5~10min 内到达主控室并接替值长执行值长/安全工程师规程。值长和安全工程师主要观察执行层能否顺利地对事故进行处理,同时关注机组关键安全功能,当发现问题时及时与协调员沟通予以纠正。

值长和安全工程师可以在数字化工作站、也可以在没有"锁孔效应"的基于模拟技术的仪控系统后备盘上来获取所需的信息。

### 8.1.2.4 班组行为

此处只分析执行层的班组行为,即 US/RO1/RO2 的班组行为。

数字化主控室中,事故后操纵员可以独立于主控室其余人员执行对事故的处理,协调员作为一道独立的屏障对操纵员事故处理过程进行监护。协调员任何时候均与 RO1 保持在同一规程序列内,因此组合二者行为,如图 8-7 所示。

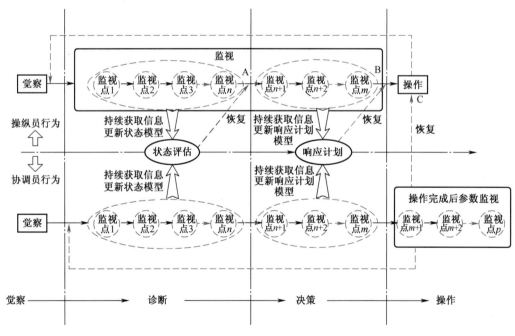

**图 8-7 班组行为模型**

协调员对操纵员的监护主要体现在三个方面:

(1)诊断完成后 RO1 需向 US 交流汇报。如操纵员根据规程得出诊断结论,协调员会根据自己的诊断结果与之匹配,若二者诊断结果不能一致匹配,则至少有一人发生诊断失误,需要重新对事故进行诊断,直至达成一致。

(2)SOP 序列策略选择完成后 RO1 需向 US 交流汇报。监护过程同(1)中。

（3）RO完成操作后,US会对其操作结果进行监视。协调员会查看操纵员应当执行的操作是否已完成且达到操作效果,这样的检查一般是在自己的工作站中查看相关控件是否已处于操作后的状态。

### 8.1.2.5 各成员认知分配

在核电厂事故后的紧急情况下,操纵员心理压力陡然增大,加上需关注的信息量巨大,操纵员通常需要对有限的注意力资源进行有意识或无意识的分配,将更多的注意力资源分配至其认为更重要的认知活动中[8]。

在数字化主控室,信息的共享让三道屏障的主控室人员(RO1/RO2、协调员、值长/安全工程师)确定更加明确的分工、保证各道屏障的独立性提供了可能。数字化主控室中,事故后操纵员主要任务为根据规程完成操作动作的执行,即操纵员作为规程的执行者;协调员则作为监护者和领导者,主要任务为对电厂状态进行判断,确保机组的控制;值长/安全工程师主要独立地监视系统关键安全参数的变化。

## 8.2 DCS-HRA 计算方法

所有的HRA模型都包含人因失误概率(HEP)的计算,这是对人的可靠性/人因失误的测量,也是HRA对PSA的主要贡献之一。

HEP定义如下:

$$HEP = \frac{人因失误实际发生的次数}{人因失误可能发生的机会数}$$

事故后主控室的人员行为极其复杂,且人员行为具有极大的随机性,为便于计算并突出各岗位人员的主要行为特征,本章的HRA量化模型基于Rasmussen的SRK(技能型、规则型、知识型)[15]认知行为模型对主控室人员行为的分类。8.2.1节介绍基于Rasmussen认知行为模型的人员行为分类,8.2.2节~8.2.5节则基于此分类分别从事故信号发生到事故处理结束整个过程中班组成员的四个行为过程(觉察、诊断、决策、操作)阐述具体计算方法,由于RO1与US的行为过程一致,因此阐述中不区分操作岗位。

### 8.2.1 人员行为分类

Rasmussen将人的信息处理阶段和人的实践技能、知识的熟练程度结合起来,整合为一个模型(图8-8)[15]。

Rasmussen将人对知识的组织形式分成三个层次:技能型、规则型和知识型。

核电厂在正常运行时操纵员的较多活动都属于技能型,只对外界信息做浅层处理(即习惯性反应),偶尔才会根据运行程序进行部分核查,这类经长期训练和实践获得的技能水平可以最大限度地减轻操纵员在实际工作中的心理负荷[17]。当核电厂进入异常状态并且操纵员注意到这种异常状态时,即进入问题解决阶段,首先检查这些信息是否属于已知的异常模式,如果是,则转入已有的事故规程按照程序处理事故,即规则型问题的解决;如果不是,则操纵员需要使用

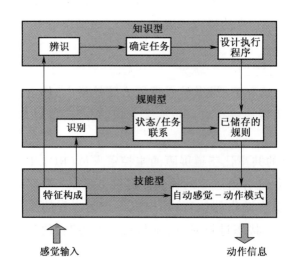

图 8-8　Rasmussen 的三层次行为模型

所掌握的知识深入分析造成异常工况的原因,而进入认知过程第三层次水平,即知识型问题解决的过程。

Reason[8]将行为失误定义为两类:偏离(Slip)和遗忘(Lapse)、错误(Mistake)。对应于 Rasmussen 的三种行为水平,主要的失误模式如表 8-1 所列。

表 8-1　三种行为类型下的主要失误模式

| 行为类型 | 失误模式 |
| --- | --- |
| 技能型 | 偏离和遗忘 |
| 规则型 | 规则型错误 |
| 知识型 | 知识型错误 |

基于以上行为类型和失误模式,本章采用 HCR 中人员行为分析树(图 8-9)分析数字化主控室中人员行为的类别。

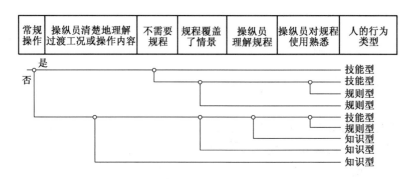

图 8-9　人员行为类别分析树

事实上这三种行为类型间并没有明确的界限,如协调员的知识型行为中也包含需要执行规程的部分,操纵员的操作动作中也包含主动的认知判断,但是在主要的行为类型之外,其余的行为类型均是辅助性的,因此在HRA计算中只考虑其主要的行为类型,以此界定其可能的失误模式。

## 8.2.2 觉察行为可靠性

对于事故的觉察失误概率以班组为单位取值,可分为以下两种情况:

### 1. 在正常工况下发生的事故

正常工况下,操纵班组未能在巡盘中发现事故,或未能觉察到相关的报警信号,则会导致操纵班组未能成功进入事故规程,丧失对事故的诊断。对于操纵班组未能察觉报警等信号而未能进入事故规程的概率,取截断值 $P_1 = 0.00001$。

### 2. 事故处理过程中发生的事故

对于采用事件导向法事故处理规程(EOP)的核电厂,虽然事件导向规程本身逻辑难以处理叠加事故,但班组未能觉察到相关的报警信号的概率亦可认为极低,取截断值 $P_1 = 0.00001$。

对于采用状态导向法事故处理规程(SOP)的核电厂,进入事故规程之后突发的事件(如突然丧失二次侧冷却),事件开始时操纵员已经处于事件控制规程 ECPi 的某一序列中,虽然也会有新的报警信号,但即使班组成员未能察觉该报警,也会在短时间内根据规程指引进入诊断部分,因此可认为不存在未能察觉到该事件的可能性,对于这类事件,取 $P_1 = 0$。

## 8.2.3 诊断行为可靠性

基于8.2.1节,操纵员的诊断行为可以区分为规则型诊断和知识型诊断。

### 8.2.3.1 规则型诊断行为可靠性计算方法

依据前述,诊断过程包含监视和状态评估两个行为环节。对于规则型诊断过程,操纵员的监视依赖于规程的引导,操纵员对参数的监视和转移完全由规程指定,其监视转移主要为数据驱动,监视转移路径及对象仅与当前的信息有关。在状态评估环节,由于事故后操纵员具有较高的心理压力,对规程的执行(包括对参数的监视等)占用了工作记忆的主要部分,操纵员难以分配足够的注意力资源使用心智模型解释参数,心智模型的作用已经大大弱化,而更多由设计时已经过充分研究的规程内容替代心智模型对参数进行解释,其不断更新的状态模型相当于储存在已经执行的规程步骤中,操纵员只需根据获取的信息与规程中确定的数据进行不断匹配。因此,在规程指引下的诊断属于规则型行为。在4.1节的基础上,规则型诊断行为可靠性的计算可采用如下方法。

用 $P_{ij}$ 表示在状态模型和心智模型驱动下操纵员由参数 $a_i$ 转移至参数 $a_j$ 的概率,$n > 1, n \in Z$,$1 \leq i \leq n, 1 \leq j \leq n, i, j \in Z, i \neq j$,有 $0 \leq P_{ij} \leq 1, \sum_j P_{ij} = 1$ 即有

$$P_{ij} = P(X_{t+1} = a_j \mid X_t = a_i) \tag{8-1}$$

由图8-2可知,若要操纵员的监视点由参数 $a_i$ 成功转移至参数 $a_j$,前提是对参数 $a_i$ 的监视也需成功。因此,若要操纵员诊断成功,则需对参数 $a_i$ 监视成功且在心智模型、状态模型联合驱动下转移至参数 $a_j$,两者同时成立,即有

$$P_{\text{diag}}^i = P_{\text{mon}}^i P_{ij} \tag{8-2}$$

式中 $P_{\text{diag}}^i$ ——该步骤监视成功与状态评估(包含状态模型与心智模型)驱动转移至 $a_j$ 同时成

立的概率,亦即诊断成功的概率;

$P'_{mon}$ ——对参数 $a_i$ 监视成功的概率;

$P_{ij}$ ——在心智模型与状态模型(即状态评估结果)驱动下由参数 $a_i$ 转移至 $a_j$ 的概率。

对于规则型诊断,如果需要由参数 $a_i$ 成功转移至参数 $a_j$,需同时满足:对参数 $a_i$ 监视成功;参数 $a_i$ 数值与规程中已经设定好的值匹配(即规程路径选择,替代状态模型)正确。这样的基于规程的匹配行为,其失误概率小至可忽略(低于 THERP 的截断值 $10^{-4}$)[14],即 $p_{ij}$ 无限接近于 1,因此在 HRA 中可将式(8-2)近似简化为

$$P'_{diag} = P'_{mon}P_{ij} \approx P'_{mon} \tag{8-3}$$

假设所有步骤的监视失误标称概率均相同(为 $P''_{mon}$),则有

$$P''_{mon} = 1 - P'_{mon} \tag{8-4}$$

对于数据驱动即规则型监视,监视过程中监视对象的显著性成为影响监视可靠性的重要因素,而不同的目标其显著性可能不一致,因此,在 HRA 中对每个监视点的监视可靠性均需考虑目标显著性对其的影响,设其影响因子为 $k'$,则每个监视点的基本失误率为

$$P_{mon} = P''_{mon}k' \tag{8-5}$$

由于 DCS 下环境发生巨大改变,以往研究中基于传统主控室的监视失误数据对于 DCS-HRA 是不合适的,考虑到基于规程的监视行为均为简单的信息搜索,作者认为在校大学生经过大量培训和练习后的熟练程度可近似于核电厂操纵员,因此建设实验仿真平台,征集在校大学生为实验被试者开展监视失误率求证实验,共得到 96200 组实验数据,共计出现监视失误 282 次,监视失误率 $P''_{mon}$ 为 0.0029,取近似整数 0.003,带入式(8-5),则有监视失误率:

$$P_{mon} = 0.003k' \tag{8-6}$$

对于诊断行为,心理压力($k_1$)和可用时间($k_2$)都会在整体上显著影响其可靠性,考虑这两个因素,如果一个事故的诊断过程中存在 $n$ 个监视点,则其诊断失误概率为

$$P_{diag} = \left[ 1 - \prod_{i=1}^{n} (1 - P_{mon \cdot i}) \right] k_1 k_2 \tag{8-7}$$

再由式(8-6),可得操纵员诊断失误概率计算公式:

$$P_{diag} = \left[ 1 - \prod_{i=1}^{n} (1 - 0.003k'_i) \right] k_1 k_2 \tag{8-8}$$

式中　$n$——诊断过程监视节点数;

　　　$k'$——目标显著性修正因子;

　　　$k_1$——心理压力修正因子;

　　　$k_2$——可用时间修正因子。

$k'$ 取值见表 8-2,$k_1$、$k_2$ 的取值参考表 8-3。

表 8-2　监视目标显著性修正因子取值

| | PSF 水平 | 调整因子 |
|---|---|---|
| 目标显著性 | 该控件周围存在外形一样的控件或管线 | 5 |
| | 该控件周围存在外形相似的控件或管线 | 2 |
| | 该控件周围无外形相似的控件或管线 | 1 |

由式（8-8）可知，在一个诊断序列中，其包含的监视节点数量越多，其监视失误率就越高，这与操纵员的经验是一致的。事故越严重，其特征越明显，往往通过少数参数就能迅速诊断出状态功能降级水平，因此其监视也相对容易。而对于征兆不太明显或不太严重的事故，首先需要不断排出是否有更严重的事故，其次向较轻的降级程度排查，需要观察较多的参数才能最终确定事故类型及原因，任何一个参数的监视失误都可能导致诊断失误。因此，在一定程度上，需要监视的节点数量反映出了诊断的难度，诊断的难度越大，需要监视的节点数量就越多。

同时也可以看出，此时操纵员的诊断失误概率已近似由其监视失误概率替代，其状态评估过程中的心智模型和状态模型对 HRA 的影响也大大弱化，这也是规则型行为下人员行为的显著特征。

另外，在计算建模过程中还需考虑关键监视点的筛选。尽管系统异常信号出现后操纵员需要执行的监视内容非常多，但并非所有监视节点都需要在 HRA 定量计算中考虑，由式（8-8）可知，筛选出的监视节点的数量将显著影响 HRA 中诊断可靠性的计算结果，因此如何选取重要的监视节点非常重要。

基于各监视节点对系统异常/事故诊断的影响，可确定如下监视节点筛选原则：

（1）不考虑系统自动动作后对设备状态的后续监视；

（2）不考虑有明确报警信号（如语音提示等）辅助的监视节点的失效；

（3）选取的监视节点能够为操纵员诊断当前系统异常/事故提供必要且充分的信息，特别是需要有助于操纵员能够确认是否存在比当前异常/事故更为严重的事故；

（4）对电厂事故诊断不构成显著影响的监视节点，或其结论不影响计算结果，这类节点都予以忽略。

### 8.2.3.2　知识型诊断行为可靠性计算方法

由8.1节可知，操纵班组中协调员的诊断是典型的知识型诊断行为。对知识型诊断行为可靠性从理论上说也可采用式（8-2）计算。但是，由于知识型诊断行为主要为综合的认知判断，其监视转移概率值难以获得，因此要采用式（8-2）来计算其失误率在实际应用上不可行。故对知识型诊断行为可靠性的分析和计算不再像规则型诊断那样做分解，而从整体上考虑，参照 SPAR-H 方法[16]，设置基本失误概率，然后由 PSF 对基本失误概率进行修正。

由于知识型诊断行为中存在对事故的未知，且需要关注的信息较多，工作任务较多，参照 SPAR-H 方法有关准则，对于知识型诊断行为取基本失误概率 0.01。

本 HRA 方法中考虑 6 个 PSF 对"诊断"的影响：压力、可用时间、人-系统界面、任务复杂度、培训/经验水平、规程。这些 PSF 的取值可采用 SPAR-H 方法提供的数据，如表 8-3 所列。

表 8-3　PSF 取值[16]

| PSF | PSF 水平 | 调整因子 |
| --- | --- | --- |
| 压力 | 极高 | 5 |
|  | 高 | 2 |
|  | 一般 | 1 |

(续)

| PSF | PSF 水平 | 调整因子 |
|---|---|---|
| 可用时间<br>(满功率下) | 时间不足 | $P(\text{failure}) = 1.0$ |
| | 时间刚刚够(小于 20min) | 10 |
| | 通常时间(约 30min) | 1 |
| | 充足时间(大于 60min) | 0.1 |
| | 很多时间(大于 24h) | 0.01 |
| 可用时间<br>(停堆和低功率下) | 时间不足 | $P(\text{failure}) = 1.0$ |
| | 时间基本充足(约 2/3 倍标称时间) | 10 |
| | 标称时间 | 1 |
| | 有多余时间(大于标称时间,且大于 30min) | 0.1 |
| 人–系统界面 | 差 | 10 |
| | 一般 | 1 |
| | 好 | 0.5 |
| 任务复杂度 | 高度复杂 | 5 |
| | 中等复杂 | 2 |
| | 正常 | 1 |
| | 很容易诊断 | 0.1 |
| 培训/经验水平 | 低 | 10 |
| | 一般 | 1 |
| | 高 | 0.5 |
| 规程 | 不完整 | 20 |
| | 完整,但较差 | 5 |
| | 一般 | 1 |
| | 状态导向规程 | 0.5 |

各 PSF 的定义和描述如下。

1. 压力

压力对操纵员行为是极为重要的影响因素,直接影响操纵员行为的可靠性。

压力对人员行为可靠性存在正向与负向的影响,在 SPAR-H 中,压力主要指对人员有负向影响的情景、环境。压力可以包括精神紧张,过度工作量,或生理上的压力。适当的压力水平可以提高人员绩效,这样的压力水平称为标称压力,而高和极高的压力水平将对人员行为产生负面影响。

测量压力的方法主要有客观法和主观/经验法。客观法如测试有关生理指标:皮肤电反应、心脏心率、血容量脉冲等。本研究主要基于核电厂运行实际以及人因工程的实践经验,对特定情境下的特定任务分配相应的压力水平,并做出具体解释。

极高:极具破坏性的压力水平,会严重降低大多数人的行为可靠性水平。可能产生于紧急情况突然发生时或某些压力因素长时间存在时。极高水平的压力可能会影响人员的身体健康状态或其专业技能,如此定性区别于高压力水平的人员表现。例如灾难性核电厂事故下可能因为放射性泄漏导致人员的极高心理压力。

高:高于一般水平的压力水平。例如,多台设备、报警器在同一时间报警;高声、连续的噪声影响人员集中注意力执行任务的能力;任务失败会对电厂产生安全威胁。

一般:该压力水平利于人员保持良好行为能力。

## 2. 可用时间

可用时间是指系统容许操纵员或机组人员可用于诊断/处理事故的时间长度,它可表征时间的紧张程度。时间短缺可能会影响操纵员的思考能力或匆忙做出判据并不充分的诊断结论。

时间不足:失误概率 $P=1.0$。如果操纵员不能在系统允许时间内完成事故诊断,那么事故诊断是必定失败的。

时间基本充足:约 $2\sim3$ 倍标称时间,是诊断事故的必需时间。

标称时间:一般水平,有足够的时间诊断事故。

时间充足:大于标称时间,且大于 30min。

特别的,SPAR-H 中对于时间极度充裕时的修正因子划定 $0.1\sim0.01$ 的范围,由 HRA 分析人员根据诊断的复杂性、可能获得的帮助等判断具体取值,本书基于保守原则,统一取值 0.1。

## 3. 人-系统界面

人-系统界面主要指操纵员工作站计算机屏幕上信息显示、操作控件等的配置和布局等。当必要的电厂状态信息显示在不良的位置或以不适当的方式呈现给操纵员时,可能对操纵员的诊断带来负面影响。

差:人-系统界面设计不满足人因工程要求,对操纵员完成任务产生了负面影响,如不良的标注,需关注的设备信息操纵员不能在自己工作站监控,不良的界面管理模式等。

一般:人-系统界面设计基本符合人因工程要求,支持操纵员完成任务,但不提高绩效水平或使任务比通常预期的更容易执行,如界面管理模式虽然不太好用,但完整且易学。

好:人-系统界面设计符合人因工程要求,支持操纵员顺利完成任务,且能降低失误概率。

## 4. 任务复杂度

复杂度是指在给定的环境下任务执行的困难度。任务的复杂度包括任务本身以及环境带来的复杂度。执行越复杂的任务,人越容易犯错。

复杂度也包含认知的努力程度,如执行心算,调用记忆,理解底层系统的运作模型,因此复杂度主要依赖于操纵员耗费知识的程度,而不是培训或实践的经验。所以,基于规则的诊断一般具有较低的复杂度,基于知识的诊断则复杂度较高。复杂度越高的任务需要耗费更多的认知资源,需要更多的技能和理解力去完成。复杂的任务常常包含更多变量,诊断多个并发的事件或在同一时间执行多个诊断任务,需要更多的知识和更高的诊断技巧。

高度复杂:很难执行。诊断和执行过程中可能存在较多的不确定性。

中等:稍难执行。需要诊断或执行的任务可能存在不确定性。可能有一些并发事件的诊断或存在多个变量。

正常:不难执行。任务存在较少不确定性,涉及单个或几个变量。

很容易诊断:诊断非常简单,操纵员很难发生误诊的可能。可能的原因是,系统自动将整合好的信息呈现给操纵员,或者操纵员直接通过视觉、听觉就能完成任务的诊断,在这样的情况下,诊断的复杂性就大大降低了,对于经过训练的操纵员来说,结论是显而易见的。

通常,越严重的事故表现出来的特征越明显,诊断复杂度越低,而相对越不严重的事故,其表现出的特征往往越不明显,其诊断复杂度往往越高。

5. 培训/经验水平

该 PSF 表示操纵员具有的培训和经验水平,其可以用电厂对相关事件的培训频率来表征,以及考察操纵员是否具有多年的经验,是否对这种类型事故曾获得过充分训练,是否该事故场景是全新的或独特的(即是否操纵员在培训中已参与了类似的事故场景培训)。培训/经验水平可以反映操纵员对相关事件的敏感程度。

低:不到 6 个月的经验和/或培训。该水平不能为操纵员提供足够的知识以深度理解需要执行的任务,操纵员难以处理异常工况。

一般:6 个月以上的经验和/或培训。这一水平的培训/经验水平为操纵员提供足够的知识,可以确保操纵员能熟练执行日常操作,并具备处理异常工况的能力。

高:丰富的经验水平,公认的精通者。这一培训/经验水平的操纵员具有广博的知识和丰富的实践经验,能够处理潜在的事故场景。

6. 规程

对于规则型行为,规程的重要性毋庸置疑,操纵员应当完全按照规程规定的步骤执行对事故的诊断。对于知识型行为,如果依然需要规程的部分支持,那么规程本身存在的问题(如内容不充分,指示不明确等),在对规程进行评估时应对其给予较低的评级。

不完整:规程中未包含需要的信息,或部分内容缺失。

完整,但较差:存在可使用的规程,但由于规程格式不规范、表达有歧义、缺乏一致性等原因,导致规程较难使用。

一般:规程可使用,并能在一定程度上增强操纵员完成任务的能力。

状态导向规程:状态导向规程允许操纵员无需诊断出具体事故,就为下一步决策提供支持,维持机组处于安全状态,减轻事故后果。如果安全功能得以维持,就不会有灾难性后果。因此,当采用状态导向规程时,该行为形成因子 PSF 对标称失误概率有正向的修正。但并非所有采用状态导向规程都对诊断有正面影响,当状态导向规程不准确时,也可能对事故有负面影响。

## 8.2.4 决策行为可靠性

### 8.2.4.1 规则型决策行为可靠性计算

在决策阶段,操纵员需要继续获取信息不断更新其响应计划模型,如前面分析,此阶段也存在监视与响应计划交叉进行的序列过程,且两者之间存在相互的行为驱动,因此此处将监视与响应计划一并分析。

规则型决策阶段的监视行为亦为数据驱动,类似于诊断阶段的分析,可得操纵员决策失误概率计算公式:

$$P_{\text{dec}} = \left[ 1 - \prod_{i=1}^{n} (1 - 0.003k_i') \right] k_1 k_2 \tag{8-9}$$

式中  $n$ ——决策过程监视节点数；

$k'$ ——目标显著性修正因子；

$k_1$ ——心理压力修正因子；

$k_2$ ——可用时间修正因子。

$k'$ 取值见表 8-2, $k_1$、$k_2$ 的取值参考表 8-3。

#### 8.2.4.2  知识型决策行为可靠性计算

对于知识型的决策行为,诊断完成后的决策主要是根据已有的信息确定系统功能目标,由此制定相应策略,决策过程具有更加稳定的思维过程,通过与培训教员、操纵员以及人因分析专家讨论研究,并对比诊断与操作阶段任务难度水平,结合核电厂实际,确定决策阶段基本失误率为 0.001。并且只考虑 5 个 PSF 对"决策"的影响:心理压力、可用时间、任务复杂度、培训/经验水平、规程。对各 PSF 的定义和描述与 8.2.3.2 节相同,其取值也采用表 8-3。因为决策阶段主要是对诊断阶段已经获取的信息进行认知再加工,而主要的信息在诊断阶段已经获取,因此决策阶段未再考虑"人-系统界面"因子的修正。

### 8.2.5  操作行为可靠性

在操作阶段,协调员负责对操纵员操作的监护,对协调员失误取值参考 *NUREG/CR-1278*[14] 中 20~13 页取 0.003。对具体执行的班组成员行为视为规则型。为体现 DCS 下人员行为特征,量化界面管理任务对人员可靠性的影响,建立操纵员动作树对响应计划的执行进行表征。具体分析过程包括:

(1)建立操纵员动作树分解操纵员操作动作;

(2)确定操纵员动作树各分支标称人因失误概率;

(3)确定 PSF,采用 PSF 对操纵员动作树各标称人因失误概率值进行修正。

#### 1. 建立操纵员动作树

对于 DCS 下的每一步操作,操纵员的行为过程可以分为四个阶段:操作选择→屏幕/画面选择→控件选择→控件操作,各阶段定义如下。

操作选择:操纵员选择当前操作的规程步骤,操作选择失败意味着遗漏规程步骤,即遗漏该操作步骤。

屏幕/画面选择:操纵员选择当前操作的屏幕/画面,由于 DCS 下,操纵员需要在不同画面间切换,不同的画面(尤其是同一系统的列之间)布置结构较为相似,因此存在选择错误屏幕/画面的可能。

控件选择:操纵员在画面中选择当前需要操作的控件,DCS 画面中同类型的控件外形相似且部分控件按列布置,存在选择错误控件的可能。

控件操作:操纵员完成对控件的操作(如开/关、调大/小等),由于疏忽等原因,存在未能成功完成操作的可能。

考虑协调员恢复,建立操纵员动作树如图 8-10 所示。

图 8-10 中:

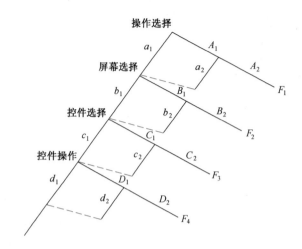

**图 8-10 操纵员动作树**

$a_1$——操纵员成功完成规程规定的操作选择；

$A_1$——操纵员未成功完成规程规定的操作选择；

$a_2$——协调员成功纠正操纵员错误的操作选择；

$A_2$——协调员未成功纠正操纵员错误的操作选择；

$b_1$——操纵员成功完成屏幕选择；

$B_1$——操纵员未成功完成屏幕选择；

$b_2$——协调员成功纠正操纵员错误的屏幕选择；

$B_2$——协调员未成功纠正操纵员错误的屏幕选择；

$c_1$——操纵员成功完成控件选择；

$C_1$——操纵员未成功完成控件选择；

$c_2$——协调员成功纠正操纵员错误的控件选择；

$C_2$——协调员未成功纠正操纵员错误的控件选择；

$d_1$——操纵员成功完成控件操作；

$D_1$——操纵员未成功完成控件操作；

$d_2$——协调员成功纠正操纵员错误的控件操作；

$D_2$——协调员未成功纠正操纵员错误的控件操作。

2．确定操纵员动作树中的标称失误率

数字化控制系统中，由于信息的独立性，协调员主要在自己工作站查看参数及设备状态，难以对操纵员的具体动作做出可靠监护，因此可认为操作阶段协调员与操纵员为低相关性。参考文献[14]中相关数据表，各阶段失误概率取值列于表 8-4。

表 8-4　DCS 中软操作可能存在的失误模式及其人因失误概率

| 序号 | 行为动作 | 失误模式 | 标称 HEP | EF | 来源 |
|---|---|---|---|---|---|
| 1 | 操作选择 | 遗漏规程规定的操作步骤（清单短，小于等于 10 项） | 0.001 | 3 | 注释 1 |
| 2 | $P_{A_1}$ | 遗漏规程规定的操作步骤（清单长，大于 10 项） | 0.003 | 3 | |

（续）

| 序号 | 行为动作 | 失误模式 | 标称HEP | EF | 来源 |
|---|---|---|---|---|---|
| 3 | 屏幕选择 $P_{B_1}$ | 程序画面直接导航至控件画面的选择失误 | 0.001 | 3 | 注释2 |
| 4 | | 在系统中定位控件画面 | 0.001 | 3 | |
| 5 | 控件选择 $P_{C_1}$ | 对只通过文本框标记的控件选择错误 | 0.003 | 3 | 注释3 |
| 6 | | 画面清楚地显示模拟管线 | 0.0005 | 10 | 注释4 |
| 7 | 控件操作 $P_{D_1}$ | 两状态控件的点击错误 | 0.0001 | 10 | 注释5 |
| 8 | | 两状态控件未点击 | 0.0001 | 10 | 注释6 |
| 9 | | 按住控件直至其改变至预期状态 | 0.003 | 3 | 注释7 |
| 10 | | 两状态的实体按键向错误方向旋转或置于错误位置 | 0.0001 | 10 | 注释6 |

注释1：根据文献[14]表20-7第1条、第2条。

注释2：根据文献[14]表20-7。

注释3：根据文献[14]表20-12第2条。

注释4：取自文献[14]表20-9，认读显示数据时的失误概率。作者认为，如果存在主动认读的行为，执行行为是后续连续的和自然的行为，依次外推，结果取0.0005。

注释5：类似于文献[14]表20-12的第5条、第6条、第7条。

注释6：根据文献[14]表20-12的第8条。

注释7：根据文献[14]表20-12的第10条。

3. 采用PSF对操纵员动作树各标称人因失误概率值进行修正

数字化主控室中，在考虑表8-4中界面管理任务的基础上，操纵员操作失误主要还受可用时间和心理压力两个PSF的影响，因此有操作失误概率：

$$P_{\text{act}} = P'_{\text{act}} \times K_1 \times K_2 \qquad (8-10)$$

式中　$P'_{\text{act}}$——操作基本失误概率；

　　　$K_1$——可用时间修正因子；

　　　$K_2$——心理压力修正因子。

$K_1$、$K_2$的取值参考表8-5，该表中数据主要源于SPAR-H方法提供的数据。

表8-5　PSF取值[16]

| PSF | PSF水平 | 调整因子 |
|---|---|---|
| 可用时间$K_1$（满功率下） | 时间不足 | $P(\text{failure}) = 1.0$ |
| | 可用时间等于标称时间 | 10 |
| | 通常时间 | 1 |
| | 充足时间（大于等于5倍标称时间） | 0.1 |
| | 很多时间（大于等于50倍标称时间） | 0.01 |
| 可用时间$K_1$（停堆和低功率下） | 时间不足 | $P(\text{failure}) = 1.0$ |
| | 可用时间等于标称时间 | 10 |
| | 通常时间 | 1 |
| | 充足时间（2~3倍标称时间） | 0.1 |
| | 可用时间大于3倍标称时间 | 0.01 |

(续)

| PSF | PSF 水平 | 调整因子 |
|---|---|---|
| 压力 $K_2$ | 极高 | 5 |
| | 高 | 2 |
| | 一般 | 1 |

### 8.2.6 操纵班组可靠性

本节将 8.2.2 节~8.2.5 节中关于操纵班组觉察行为可靠性、诊断行为可靠性、决策行为可靠性、操作行为可靠性的计算模型/方法进行集成,建立操纵班组行为可靠性定量计算模型。考虑到反应堆一回路操纵员(RO1)与协调员(US)均具有完整的、结构相似的事故情景,且二者在任何时候均保持在同一序列内,操纵员执行规程,协调员在每个规程节点都通过交流或者查看系统信息对操纵员形成监护,而由于人员相关性,值长/安全工程师所在的第三道人员屏障在事故处理中不再具有核心作用,所以 DCS-HRA 模型中只选择具体执行层的 RO1 和 US 行为进行定量分析计算。8.2.6.1 节介绍 RO1 和 US 作为独立个体的可靠性定量计算模型,后两小节将二者集合为班组可靠性计算模型。

#### 8.2.6.1 班组成员行为可靠性计算模型

对于主控室操纵班组中各成员的行为可靠性定量计算模型,采用两分支事件树进行综合集成。系统异常发生后,班组成员需觉察到异常/事故发生,然后对电厂状态进行有效诊断并做出决策,执行操作动作(图 8-11)。

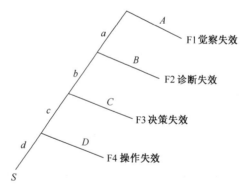

**图 8-11 DCS-HRA 模型集成框架**

对于班组中各成员,失效路径共有 4 条:F1、F2、F3 和 F4。

#### 8.2.6.2 失误的恢复

**1. 可能的再循环中的自我恢复**

对于采用状态导向法事故处理规程的核电厂,完成一轮事故处理过程后,操纵员会根据规程中的再定向部分对系统状态重新诊断,在前一轮事故处理中的错误,可能会在再定向程序中发现,也可能发现状态功能是否存在新的降级。

核电厂模拟机实验表明,发生在规则型水平上的失误,自我恢复的概率很低,即之前对某参数判断失误,之后很可能存在同样的失误模式;对于知识型水平上的失误已在 PSF 中"规程"一项中考虑。在本研究中作为适当保守,对操纵员诊断、决策和操作失误的自我恢复均不予以考虑。

2. 班组成员的恢复

班组的失误有两个阶段:失误形成和失误恢复。Sasou 和 Reason[8]认为,在出现失误后,班组中监护者对失误的恢复主要有三个过程节点:察觉、指出和纠正(图 8-12)。只有当这三个节点均成功时,操纵员的失误才能得以恢复。

**图 8-12 班组失误屏障**

协调员对操纵员的恢复表现在诊断、决策、操作三个阶段。对于操纵员的操作已在图 8-10 中考虑了协调员的恢复功能,因此在集成模型中仅考虑协调员对操纵员诊断和决策失误的恢复功能。协调员未能成功恢复操纵员诊断、决策失误的概率采用表 8-6 中的公式计算。

表 8-6 对应不同的相关度,给定"$N$-1"任务成功或失败时,
"$N$"任务成功或失败的条件概率公式[14]

| 相关度 | 成功公式 | 失败公式 |
|---|---|---|
| ZD | $P_r[S_N \mid S_{N-1} \mid \text{ZD}] = n$ | $P_r[F_N \mid F_{N-1} \mid \text{ZD}] = N$ |
| LD | $P_r[S_N \mid S_{N-1} \mid \text{LD}] = \dfrac{1 + 19n}{20}$ | $P_r[F_N \mid F_{N-1} \mid \text{LD}] = \dfrac{1 + 19N}{20}$ |
| MD | $P_r[S_N \mid S_{N-1} \mid \text{MD}] = \dfrac{1 + 6n}{7}$ | $P_r[F_N \mid F_{N-1} \mid \text{MD}] = \dfrac{1 + 6N}{7}$ |
| HD | $P_r[S_N \mid S_{N-1} \mid \text{HD}] = \dfrac{1 + n}{2}$ | $P_r[F_N \mid F_{N-1} \mid \text{HD}] = \dfrac{1 + N}{2}$ |
| CD | $P_r[S_N \mid S_{N-1} \mid \text{CD}] = 1.0$ | $P_r[F_N \mid F_{N-1} \mid \text{CD}] = 1.0$ |
| 注:"$N$-1 任务"指 $N$ 任务之前的任务 | | |

### 8.2.6.3 DCS-HRA 班组可靠性计算模型

数字化核电厂主控室班组结构是一个多级纵深防御体系。人因失效需突破三级屏障,即一、二回路操纵员,协调员和安全工程师。

对于值长/安全工程师的恢复,由于数字化主控室内的班组结构特点,其首先需要对协调员进行恢复,再通过协调员恢复 RO,经过传递,值长/安全工程师的恢复对诊断失误率的影响已非常小,因此,在计算模型中不再考虑值长/安全工程师的恢复。

根据以上分析,建立 DCS-HRA 班组可靠性计算模型,如图 8-13 所示。

采用本节前部分有关计算方法对需要考虑的不同班组成员不同行为阶段的人员可靠性分别计算失误概率后,再通过人员相关性计算班组在不同阶段失误概率,则有事件失误率:

$$P = P_1 + P_2 + P_3 + P_4 \qquad (8-11)$$

式中 $P_1$——操纵班组未能觉察到该事件的概率;

$P_2$——诊断失误概率；

$P_3$——决策失误概率；

$P_4$——操作失误概率。

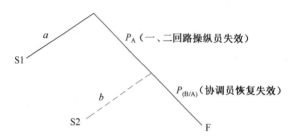

**图 8-13  DCS-HRA 班组可靠性计算模型**

### 8.2.7  相关性

人员或动作间往往具有关联性，如连续的动作或相关的思考模式等，HRA 中考虑的相关性包含三类：①同一人因事件内人员动作间的相关性；②同一人因事件内不同人员间的相关性；③同一序列中前后人因事件间的相关性。

#### 8.2.7.1  人员相关性

一、二回路操纵员之间不考虑对对方操作或指令的监督作用，只考虑协调员对两名操纵员的监督作用，人员相关性水平的判定依据可参考文献[14]中表 20-4 和表 10-1 等相关内容，但总体上看，数字化主控室中的人员相关性低于模拟主控室。

#### 8.2.7.2  动作相关性

动作相关性依据文献[14]第 10 章，在 THERP 中，动作之间相关程度定义为 P(B|A)，即 A 动作失败（或成功）下 B 动作失败（或成功）的可能性，相关性水平共分为五级：完全相关（CD）、高相关（HD）、中相关（MD）、低相关（LD）、零相关（ZD）。

图 8-14 描述了动作相关性水平的判断依据。

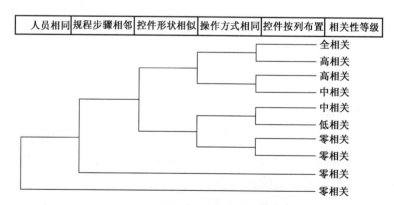

**图 8-14  动作相关性水平判断准则**

**（同一节点的两条路径中，向上为"是"，向下为"否"）**

在图 8-15 中，对于串联事件，根据成功路径即可知道其事件失误率，对于并联事件，则需计算出其失败路径即可知其事件失误率。

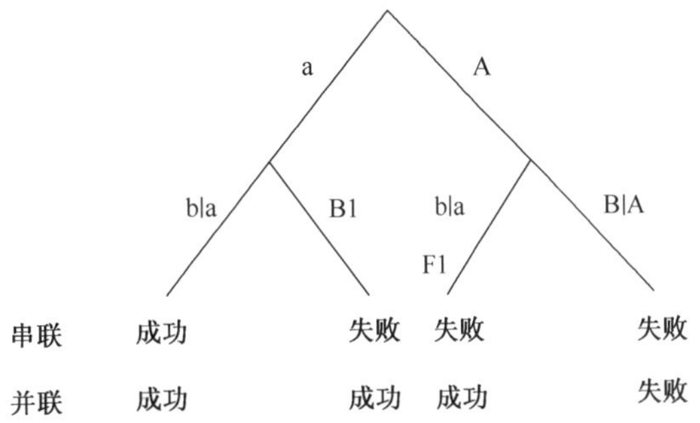

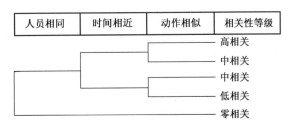

图 8-15　操纵员动作事件树

　　由表 8-6 可知,对于在前一任务成功时考虑后续任务的相关性,相对于不考虑相关性,其结论偏乐观;在前一任务失败的基础上考虑后续任务的相关性,相对于不考虑相关性,其结论偏保守。

　　由于事故后人员动作大多为串联型操作,即所有动作成功才算最终操作成功(图 8-15 事件树左边第一条路径),且部分事件中的操作步骤较多,计算时累积效应明显,加之在事件基本计算过程中已经采用了保守原则,所以,为了更加真实地反映电厂实际情况,避免不必要的过度保守,在此所有动作间均需考虑相关性。

### 8.2.7.3　同一序列中的事件相关性

　　对于一个给定的事故序列,如果该序列中存在多个人因事件,则需要考虑后一事件与前一事件的相关性。

　　仅考虑同一事故序列中先后人因事件间的相关性。当一个事故序列中存在两个以上的人因事件时,如按序先后出现的三个人因事件 A、B、C,在形式上只直接考虑 B 与 A 的相关性和 C 与 B 的相关性,而不直接考虑 C 与 A 的相关性,但在计算 C 与 B 的条件概率时,B 采用其考虑了与 A 的相关性后的条件概率,亦即本质上仍考虑了 A 对 C 的影响。

　　序列中人因事件的相关性分析与前面所述的动作间相关性分析的方法和过程相同,不同的是相关性水平判断依据,序列中事件相关性水平判断依据如图 8-16 所示。

| 人员相同 | 时间相近 | 动作相似 | 相关性等级 |
| --- | --- | --- | --- |
| | | | 高相关 |
| | | | 中相关 |
| | | | 中相关 |
| | | | 低相关 |
| | | | 零相关 |

图 8-16　事件相关性判断准则

　　对于同一事故序列中的两个人因事件,若前一个人因事件是成功的,作适当保守处理,不考虑后一个人因事件与之的相关性;如果前一人因事件是失败的,则视其具体关系考虑事件之间的相关性;对于前一人因事件不论成功或者失败均有同一后续人因事件,则保守地选取其成功路径,不考虑事件间相关性。

　　由文献[14]可知,如果一个人因事件的基本失误率 BHEP $\leqslant 10^{-2}$,对其相关性下的条件失败概率修正为:0.05(对低相关)、0.15(对中相关)0.5(对高相关)。

在对人因事件按以上的方法进行分析后，人因分析人员还将就各人因事件分析模型与系统分析人员进行综合讨论与分析，以确认分析没有出现理解方面的偏差，就分析结果与运行专家（模拟机教员、操纵员）讨论，以确认分析结果合理反映实际情况。

### 8.2.8 不确定性

估计 HEP 取值不确定性范围的一般原则参见表8-7。

表8-7 不确定度取值原则[14]

| 编号 | 任务与 HEP 原则 | EF |
|---|---|---|
| 4 | 估计 HEP<0.001 | 10 |
| 5 | 估计 HEP>0.001 | 5 |
| 注:表中只选择了参考文献[14]中针对如下任务的部分:任务包括诸如可能涉及停堆或停机,不能按常规按部就班地执行规程的情况,紧张程度为较高 | | |

## 8.3 DCS+SOP-HRA 方法与模型

核电厂事故处理规程主要有两类:事件导向法事故处理规程(EOP)和状态导向法事故处理规程(SOP)。早期核电厂大都采用EOP,EOP是确定论方法的直接延伸,基于电厂设计基准假设来确定可能的事故,通过对预计中的每一个事件/事故瞬态过程的研究,确定所需要的保护措施以及专设安全设施,以满足相关的安全准则要求。1979年美国三哩岛核电厂事故暴露出EOP的明显不足:必需先成功判断出始发事件,才能进入与该始发事件对应的规程进行操作;每一个规程只能处理一个单一事故。为此,1986年法国电力公司与法马通公司合作开发了基于物理状态的SOP,目前,法国的CPY型(900MW)机组已经全部采用了SOP,我国自岭澳二期核电厂开始采用SOP后,后续建设的多个电厂也采用SOP,部分运行电厂也在开展EOP向SOP的切换。SOP无需判断始发事件,只需通过对系统当前物理状态的识别来判断电厂系统所处状态,决定操纵员应采取的操作;通过反复诊断设备状态和电厂物理状态,可实现差错容忍和自我纠正。

核电厂控制系统实现数字化的过程中,相当大部分核电厂的事故规程也同步实现了数字化,事故后操纵员对事故的处理,由以往的通过翻阅纸质的EOP、在传统模拟控制技术的仪表控制系统上操作,转变为通过数字化的SOP在相关的数字化配套计算机界面上操作。数字化与SOP这两项新技术各有其特点,当两者特征结合在一起时,既显著提升了系统的技术水平,但在某些方面也可能会对操纵员的事故处理带来负面影响,如两者都有大量操作动作,大大增加了操纵员执行事故处理的时间,尤其在事故后操纵员极大的心理压力和时间压力下,可能存在导致严重后果的风险。

因而,数字化SOP的应用相较于以往技术带来先进性的同时,也带来了诸多新的人因问题,特别是在事故后的紧急情况下,任何人因失误都可能对事故后果产生极大影响,对此必须予以高度重视。而以往HRA方法的提出大多基于传统的模拟控制技术和EOP,而SOP的应用则显著改变了操纵班组执行事故处理的逻辑,因此,如果再采用以往的HRA方法来对基于DCS+SOP

技术的核电厂开展人因可靠性分析显然是不合适的。鉴于以往 HRA 方法应用到新技术上的不足,同时为验证本章前部分提出的 DCS-HRA 模型的有效性和可扩展性,本节在 DCS-HRA 模型的基础上提出 DCS+SOP-HRA 方法模型。本节首先介绍分析 SOP,其次分析数字化 SOP 对人因失误的影响,最后在此基础上建立 DCS+SOP-HRA 模型与计算方法。

## 8.3.1 SOP 分析

### 8.3.1.1 SOP 设计思想

#### 1. 状态导向

SOP 的设计是基于核电厂六个基本状态功能(表8-8)范围,这六个状态功能必要且充分地描述了核电机组在某时刻所有可能的状态特征,事故处理的目标就是恢复和/或保持每个状态功能相关参数在安全范围内。SOP 根据状态参数定义出反应堆的状态,并据此选择行动策略控制相应的功能目标,将机组后撤至安全状态或向安全状态过渡。

表 8-8 SOP 的六个状态功能

| 状态功能 | 特征 | 具有代表性的物理参数 |
|---|---|---|
| 次临界(S/K) | 核功率水平 | 中间量程通道的功率 |
| 功率的排放(WR($p,t$)) | 一回路热量 | 一回路温度欠饱和度/过冷度($\Delta T_{sat}$) |
| 一回路水装量(IEp) | 堆芯热量 | 压力容器液位 |
| 蒸汽发生器完整性(INTs) | 放射性物质扩散 | 蒸汽发生器放射性、蒸汽发生器间压差 |
| 二回路水装量(IEs) | 一回路热量排出 | 蒸汽发生器液位 |
| 安全壳完整性(INTe) | 放射性物质扩散 | 安全壳内压力、剂量率 |

事故控制中要做的决定是恢复和/或保持每种状态功能在令人满意的安全范围内,这在每个时刻都是同时性的,一个功能目标对应一个状态功能,功能目标是对状态功能的控制,因此有六个功能目标,其列于表8-9。

表 8-9 SOP 六大功能目标

| 位置 | 功能目标 |
|---|---|
| 一回路 | 核功率的控制 |
| | 水装量的控制 |
| | 一回路的剩余功率排放的控制 |
| 二回路 | 蒸汽发生器完整性的控制 |
| | 蒸汽发生器水装量的控制 |
| 安全壳 | 安全壳完整性的控制 |

#### 2. 循环结构

SOP 最大的特点是"闭环原理",实现了对机组状态的定期诊断,在事故处理过程中,通过多次循环反复诊断设备状态和电厂物理状态,操纵员可以检查自身是否正在使用正确的程序,当发生非预期故障时也能及时响应,能够很好地避免人因失误或减小人因失误的后果。SOP 与 EOP 的基本结构对比见图 8-17。

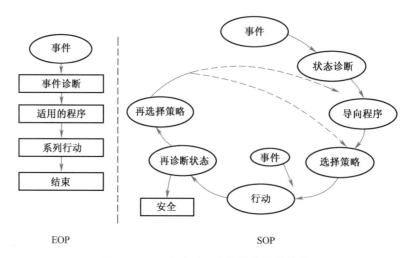

图 8-17　SOP 与 EOP 的基本结构比较

在以往的 EOP 中,操纵员需要首先根据诊断规程确定发生的事件,由于部分事件间的诊断标准并不十分清晰,所以操纵员存在较高的对事件诊断失误的风险,如果操纵员在诊断完成后的操作中发现了之前的诊断失误而需要切换规程,则需要通过值长向上级组织申请,而上级组织对机组实际情况的掌握不直接,导致这样的过程较为困难,因此难以纠正人因失误。

而操纵员执行 SOP 时,即使之前对机组状态诊断错误,在规程中结束每个序列后都能对机组状态重新诊断,导向至符合当前机组状态功能的程序,因此操纵员按照规程要求执行即可纠正之前的诊断失误,通过多次循环反复诊断设备状态和电厂物理状态,实现了差错容忍和自我纠正。

#### 8.3.1.2　SOP 组成

SOP 主要组成及运行条件见表 8-10。

表 8-10　SOP 组成

| 项目 | | 一回路关闭 | | 一回路打开 |
|---|---|---|---|---|
| | | RRA 未连接 | RRA 连接 | |
| 初始诊断规程 | | DOS | DOS | DOS |
| 一回路操纵员规程 | 状态参数未降级 | ECP1 | ECPR1 | ECPRO |
| | 至少一个状态参数部分降级 | ECP2/ECP3 | ECPR2 | |
| | 至少一个状态参数严重降级 | ECP4 | | |
| 二回路操纵员规程 | | ECS | | ECSO |
| 协调员规程 | | ECT1/ECT2/ECT3/ECT4 | | — |
| 值长/安全工程师规程 | | SPE | | SPEO |

操纵员在初始诊断规程 DOS 中判断机组物理状态。SOP 在 DOS 中将机组状态划为四种清晰明确的状态功能降级程度,按照 ECP1、ECP2、ECP3、ECP4 的顺序递进严重性,由表 8-10 可知,ECP1 为状态功能未降级,ECP2、ECP3 为状态功能部分降级(由于 SGTR 事故发生频率较高且后果严重,因此设计 ECP3 为 SGTR 事故专用规程),ECP4 为状态功能严重降级。各个降级层

次间存在明确的判断标准。

在同样的降级水平下,可能存在多个功能目标,为满足各功能目标而确立的行动,在某些情况中可能是相互矛盾的,因此 SOP 建立了功能目标的优先级,以便消除可能的矛盾。对优先级的考虑不在于满足一个单独的优先功能目标,而是尽可能寻求同时满足全部的功能目标,但同时给予优先的目标以优先权。这些优先级自身是机组总体的状态功能,SOP 根据不同状态功能的降级程度设计了多种事故处理策略(表 8-11),在 ECPi 的初始导向中,根据状态功能不同的优先级,选出当前最优先的事故处理策略。在 ECPi 规程中存在不同的序列,每个序列都是一种策略。

表 8-11　SOP 规程策略

| 状态功能 | 策略 | 目标 |
|---|---|---|
| 六个状态功能未降级 | 稳定 | 进入正常运行工况或在后撤状态等待 |
| 六个状态功能未降级但有不可用或轻微泄露 | 平缓后撤 | 向后撤状态过渡,接近正常运行工况 |
| 部分状态功能降级 | 快速后撤 | 迅速向后撤状态过渡,减轻事故后果 |
| 一回路严重过冷 WR$(p,t)$降级:($\Delta T_{sat}$ >140℃) | 减少 $\Delta T_{sat}$ | 避免热应力和返回压力-温度图($p$-$t$ 图)区域 |
| WR$(p,t)$严重降级:丧失二回路,无法排出余热 | 恢复堆芯余热排出 | 用充排模式排出余热 |
| S/K 降级 | 稳定及控制核功率 | 返回次临界和达到冷停堆硼浓度 |
| IEp 严重降级:IEp 严重不足 | 恢复 IEp | 保持一回路水位在热管段以上以便进行快速冷却 |
| IEp 严重降级:堆芯完全裸露 | 堆芯最终保护 | 用一切可能的补水方法避免或延迟堆芯的融化 |

#### 8.3.1.3　SOP 控制方法

核电厂事故处理一般以一回路控制为主,二回路操纵员辅助一回路操纵员进行操作(控制一回路温度、维持 SG 完整性和水位等),因此此处只分析一回路操纵员规程。

操纵员根据 DOS 报警信号或其他判据(如一回路泄漏率等)进入 DOS 诊断程序,在 DOS 中根据机组六个基本状态功能相关参数范围确定相应状态功能降级水平,由此导向至对应的事故处理程序 ECPi 或直接在 DOS 中稳定。

所有的 ECP 程序具有类似的逻辑结构,都是由"初始导向"和多个"序列"组成。"序列"又是由"行动""系统监视""再导向"组成,每个序列都对缓解当前事故提供一种策略,所有序列的组合则为机组在某种状态条件下提供了完整的处理策略。

"初始导向"是操纵员进入 ECP 规程后,判断功能目标的优先顺序,选择最优先的执行策略,即选择该规程中的某一合适的"序列"处理事故。

"行动"是策略的具体执行。"系统监视"是对与操作相关的主要系统设备进行监视,确保相关系统按照操作指令在运行。"再导向"分为两部分:

(1)通过"规程间导向"判断系统降级水平是否还处于当前的 ECPi 范围内,是否有继续降级,若继续降级则转入更高级别的规程,若未降级则继续本规程。

(2)在本规程中进入"序列间导向",即在程序内各序列间导向,若该序列的功能未实现,则导向至序列起点重新执行该序列直到序列功能完成;若该序列功能实现,则导入另一个序列或余热排出系统连接的 ECPi 规程以最终将反应堆带到冷停堆状态。

当实现全部功能目标后,亦即系统六个基本状态参数达到规定范围后,导出 SOP、结束事故处理,形成以六个基本状态参数为导向的闭环事故处理过程。

SOP 控制流程如图 8-18 所示。

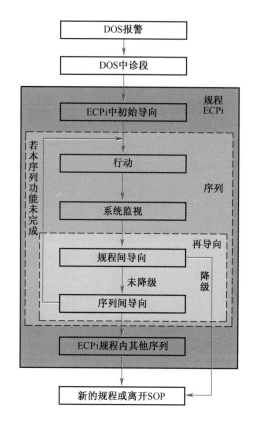

图 8-18　SOP 控制流程

组织方面,SOP 大大加强了协调员在事故处理中的作用。在 SOP 中,只有协调员的规程能够管理丧失支持功能的叠加事故,操纵员规程中则无此内容;在清楚操作目标的前提下,协调员有权终止操纵员正在进行的操作或错误的操作,转入协调员认为更重要的操作或正确的操作;且明确强调协调员是现场操作的指导者,操纵员只接受协调员的指令(不接受值长指令)。

## 8.3.2　数字化 SOP 对人因失误的影响

与传统的基于纸质的 EOP 系统相比,SOP 的引入改变了操纵员进行事故诊断的内在认知过程,数字化的引入改变了操纵员进行信息接收和动作输出的方式,由于人的内在认知与外在的信息输入输出是相互影响的,因此两者带来的变化也不是彼此孤立的,其交互作用对人因失误的影响尤其值得重视,本节将数字化 SOP 作为一个整体,以核电厂主控室现场调研、行为观察、模拟机实验和操纵员访谈为依据,综合分析其对人因失误的影响。

作者从操作控制、信息显示等方面分析数字化 SOP 对操纵员个人行为的影响,从沟通方面分析对班组合作的影响,它们覆盖了与主控室人因失误相关的主要问题。

### 8.3.2.1 对操作控制的影响

操作控制上主要有两方面的变化:①SOP 逻辑上要求的操作和确认动作远多于 EOP;②数字化的应用带来了大量的界面管理任务,包括寻找画面,打开操作窗口,点击操作指令(开/关、启/停等),确认操作指令(安全设备),执行操作指令,关闭操作窗口等,因此其操作比模拟技术控制系统更加复杂。操作任务的大量增加对操纵员人因失误的影响至少表现在以下几方面[18]:

(1)频繁的操作以及操作数量剧增使操纵员发生操作失误的可能性更高,增加了操作失误风险。基于数字化的设备操作,任何一个指令发出或取消都需要操纵员确认(除非设计专门的逻辑),操纵员操作某个设备后可能忘记将该设备的操作模块放回正确位置,设备自动动作无法生效,或者允许信号一直存在,导致设备不能正确动作或者出现误动作等。甚至还出现了本书第7章所述的新型的人因失误模式,如知识-偏离/遗忘型失误(KB-SLIP/LAPSE)。

(2)增加了时间压力。作者在对相关核电厂的人因可靠性分析中发现,时间压力的增大导致操纵员操作失误(或不能完成操作)的可能性大大增加,在个别事故背景下,操纵员在热工允许时间内甚至不能完成操作。如丧失热阱事故,根据热工水力学计算,实施反冷操作的允许时间是 10min,但通过模拟机实验和培训观察与操纵员访谈,操纵员通过 SOP 执行相关诊断和操作平均需要约 13min,给事故处理带来极大风险。

(3)执行 SOP 时,存在没有监控到机组重要异常的可能。执行 SOP 时,操纵员任务繁多,除非规程指引或者应急组织同意,操纵员循环执行规程不能停止,事故情况下,电厂系统动作和参数持续演变,信息量很大,再加上在数字化界面中操纵员信息获取不直观,不能及时获取隐藏在屏幕后的信息,操纵员巡盘难度很大,如果重要缺陷报警和参数信息没有及时监视到,则会延误事故处理和判断,恶化事故后果。

(4)忙于操作,丧失情景意识(Situation Awareness,SA)。人因研究中用情景意识来解释复杂人-机系统中操纵员理解系统和环境正在发生什么和如何发生的,良好的情景意识水平是保持有效决策和较高绩效水平的先决条件。核电厂在运行过程中系统状态持续变化,主控室操纵员需要在动态的环境中处理大量的信息,理解系统的当前状态并及时做出正确决策以确保核电厂安全,因此,保持良好的情景意识对于确保核电厂安全至关重要。根据注意资源论[12],由于注意资源总量一定,当额外的操作内容消耗的注意资源过多时,必然会降低其他的注意资源,因此过多的操作动作可能导致操纵员丧失主动思考的能力,丧失对电厂当前状况的情景意识,导致电厂纵深防御中操纵员这道人员屏障失效。

### 8.3.2.2 对信息显示的影响[18]

(1)不同界面上参数位置不固定增加了读错参数的风险。数字化背景下,SOP 通过数字化界面获取信息、操作设备,为了快速执行 SOP 程序,设计了许多配套画面,画面数量增加,同一参数在不同画面中出现的位置不固定,增加了操纵员读错参数的风险;不同的参数在同一画面中区分不明显也可能造成读取参数失误。

(2)同时打开多个画面,忘记了正在进行的监视。SOP 情况下,操作要求连贯进行(不需等待),并存在大量的操作和确认动作,按程序要求打开多个画面,且需要连续监视某些参数,因操作任务繁重,操纵员可能忘记正在进行的监视。

(3)程序结构的复杂性增加了执行程序跳项或错误的风险。SOP 程序包括主程序和操作单,执行主程序时经常调用操作单来完成某项具体操作(如投运上充),采用数字化程序后,主体程序和数字化操作单分离,增加了程序调用的次数和层级,若操纵员未养成操作后标记的习惯或忘记标记,在不断更换程序后容易出现程序跳项或使用错误的操作单和程序。

(4)数字化控制系统的故障信息不能及时甄别,导致执行程序错误。SOP 情况下,因任务繁重,信息获取不够直观,设备的故障信息很难引起操纵员关注,执行 SOP 程序时,操纵员会直接引用配套画面中数字化控制系统的诊断结果,因设备异常导致操纵员误用系统中错误的诊断信息,从而执行错误的程序。

(5)因画面覆盖,未能确认设备是否达到要求状态。SOP 大量的操作情况下,操纵员忙于完成程序的各项指令,操作不同设备需要切换不同的画面,上一个操作的画面将被新的操作画面覆盖,操纵员没有确认上一操作的效果,而设备可能并未操作成功。

#### 8.3.2.3 对班组合作的影响

信息共享和沟通量大增,失误概率增加。SOP 程序设计增加了大量的信息记录(如可用性、支持功能、现场操作等)、信息沟通点(如冷却、隔离、定报警、改变程序等),信息共享和沟通在主控室人员之间以及主控室人员与现场人员和应急组织之间进行,信息共享和沟通量的增加,以及沟通模式的变化[19]也使操纵员失误的概率增加。

### 8.3.3 基于认知行为的 DCS+SOP-HRA 模型

本节基于人员认知行为过程的四个阶段分析 DCS+SOP 下主控室人员行为。

#### 8.3.3.1 DCS+SOP-HRA 理论框架

通过前述分析可以知道,SOP 各阶段都有非常清晰的控制任务,如果把每个阶段的控制任务对应数字化系统中操纵员第一类任务(事故处理的主任务)的各认知行为阶段(表8-12),可以发现,每项控制任务都能很明确地对应相应的认知行为功能。

表 8-12　SOP 各部分控制任务及对应认知阶段

| 规程 | 控制任务 | 认知行为阶段 |
|---|---|---|
| DOS | 由报警或其他信号进入事故规程 | 觉察 |
| | 系统自动动作确认 | —— |
| | 监视六大状态功能,分析系统状态功能的降级水平 | 监视+状态评估 |
| ECPi 初始导向 | 根据当前降级参数及降级水平,发现并选择处理事故的最优策略 | 监视+响应计划 |
| 行动 | 初始导向中所选策略的具体执行 | 响应执行 |
| 规程间导向 | 根据当前主要相关状态参数的评估,分析当前机组物理状态是否还处于原水平,是否需要降级导入更高级别的规程 | 监视+状态评估 |
| 序列间导向 | 若该序列的功能未实现,则导向至序列开始重新执行该序列直到序列功能完成;若该序列功能实现,则选择新的策略或导向至余热排出系统连接的 ECPRi 规程以最终把反应堆带到冷停堆状态 | 监视+响应计划 |
| 行动 | 序列间导向中所选策略的具体执行 | 响应执行 |

表 8-12 的过程可更清晰地由流程图表示出来(图 8-19)。

由图 8-19 可见,第一类任务的四个认知行为阶段可以完整包含执行 SOP 处理事故的全过

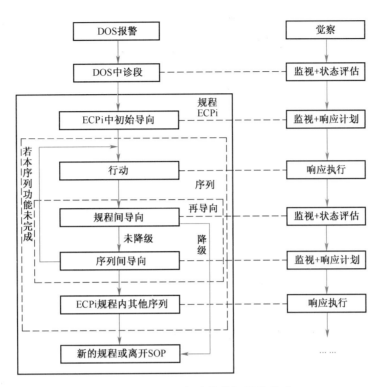

图 8-19    SOP 各阶段认知行为模式

程并且充分考虑 SOP 的循环结构,操纵员执行 SOP 的认知行为过程实际上是第一类任务的多次完整循环。基于这样的认知行为过程,在采用 SOP 作为事故规程的核电厂人因可靠性分析中,可以相应地把操纵员的认知行为失误划分为四类模式:监视失误、状态评估失误、响应计划失误、操作失误。从而以此四类认知行为失误模式为单元,分析相关核电厂的人因可靠性。

### 8.3.3.2    操纵班组认知行为分析

**1. 操纵员行为**

两名操纵员中,RO1 负责具体事故的诊断、决策以及一回路相关系统的操作,RO2 则不涉及事故的诊断、决策,主要辅助 RO1 对一回路进行温度控制、保持 SG 完整性等,可见 RO2 的行为主要为辅助控制操作,因此此处主要分析 RO1 的行为过程。

由 8.3.1 节可知,在进入序列执行操作之前,操纵员需要首先在 DOS 中对状态功能降级水平作出诊断,根据当前的状态功能降级水平进入适当的 ECPi;在 ECPi 的初始导向阶段操纵员通过对过程的观察,对功能目标进行优先分级,选择最优先的功能目标对应的操作序列(策略);完成策略的选择后操纵员需要在序列中执行具体操作。操作完成后执行下一轮诊断。因此可知,DCS+SOP 下操纵员的事故处理过程与 DCS 相同,主要有三个阶段:诊断、决策、操作。

执行完操作后,操纵员进入下一轮认知循环,在再定向中判断六大状态功能是否存在继续降级(诊断),然后根据第一轮操作后的机组状态水平判断当前状况下新的功能目标,确定新的优先级(决策),执行下一步操作。

基于第 8.2.3 节的分析,诊断阶段相当于存在"监视+状态评估"两个认知行为过程,决策阶段相当于存在"监视+响应计划"两个认知行为过程。操作阶段,操纵员执行具体的操作动作,对应认知行为过程中的"响应执行",如图 8-20 所示。

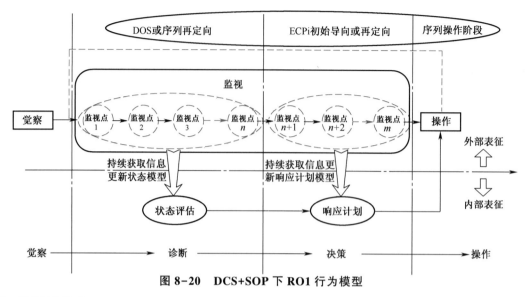

**图 8-20 DCS+SOP 下 RO1 行为模型**

### 2. 协调员行为

协调员规程的结构与 RO1 规程的结构是一致的,这是为了方便协调员对操纵员失误的纠正,即任何时候协调员都必须与 RO1 保持在同一序列内,不能先于操纵员进入下一规程序列中。结合 SOP 后的协调员(US)行为过程如图 8-21 所示。

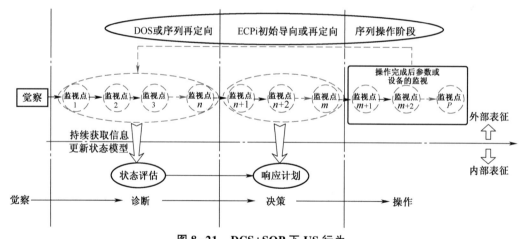

**图 8-21 DCS+SOP 下 US 行为**

在 SOP 规程执行过程中,为了响应机组状态的演变,在清楚规程目标的前提下,US 可以中止操纵员正在执行的步骤,转入他认为的更重要的操作,从而提高规程执行效率。

### 3. 班组行为

此处只分析执行层的班组行为,即 US/RO1/RO2 的班组行为。

1)班组协作

基于前文分析,DCS+SOP 下的班组行为模型如图 8-22 所示。

根据 8.1.2.4 节的分析可知,US 对 RO 的监护主要体现在 A、B、C 三处。

2)班组各成员认知分配

某项工作中,操纵员的工作负荷通常反映了操纵员在该任务中的认知努力程度,即操纵员工作负荷较高的部分,往往意味着操纵员分配了较多的注意力资源,将更多的注意力资源集中在

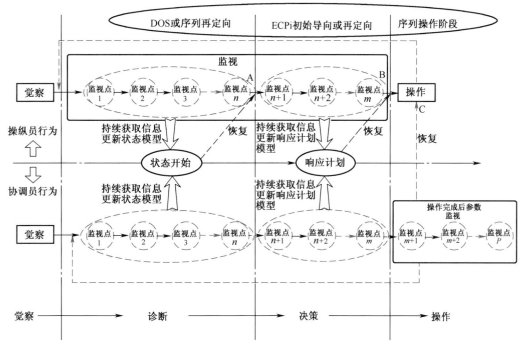

图 8-22　DCS+SOP 下班组行为模型

该项工作中,本书作者在相关研究中已得到以下结论[20]。

（1）SOP 中程序步骤繁多,较高的心理压力下,操纵员忙于执行规程,难以将有效的注意力资源分配到内在的认知过程,而在执行规程的过程中,为了让规程的执行更加准确,操纵员需要努力通过监视获得正确的信息,在响应执行阶段需要努力让规程规定的操作动作执行正确。在DCS+SOP 下,原本应由操纵员内在认知进行的状态评估和响应计划部分则更多表现为与规程内容进行正确的匹配。

（2）DCS+SOP 背景下主控室各道人员屏障间实现了更清晰的任务分工,协调员主要进行脱离于规程的主动的思考,需要关注的信息更多以及更加动态。

（3）不论是 SOP 的设计理念还是在模拟机培训中,都大大强调了协调员在事故处理中的核心作用和协调员作为独立屏障的重要性,这样的强调加强了协调员岗位人员的责任,使其在各认知阶段均消耗较高的注意力资源。

## 8.3.4　DCS+SOP-HRA 计算方法

本研究的计算方案,考虑到 RO1 与 US 均具有完整的、结构相似的事故情景,且二者在任何时候均保持在同一序列内,操纵员执行规程,协调员在每个规程节点都通过交流或者查看系统信息对操纵员形成监护,此处针对 RO1 和 US 行为进行详细分析。

### 8.3.4.1　觉察阶段

觉察阶段失误概率依据 8.2.2 节取值。

### 8.3.4.2　诊断阶段

1）RO1 诊断失误计算方法

事故后操纵员根据 SOP 执行事故处理,且 SOP 完整包含了当前 C 类人因失误中考虑的全部人因事件,根据操纵员的经验水平,认为操纵员能完全理解规程的意义,相比以往的 EOP,SOP 中需要操纵员执行的步骤数量大大增加,且电厂对事故规程的培训有限(以本研究考察的核电厂为例,操纵员每年在模拟机上开展的事故场景培训为 3 星期,每星期培训时间为 4.5 天,进入事故规程后的时间更为有限),操纵员难以熟悉规程所有步骤,事故后必须按照规程逐步执行,在事故状态下操纵员的监视任务依赖于 SOP 的引导,操纵员对参数的监视和转移则完全由规程指定,即由数据驱动的监视转移,它不是典型的马氏链。

由此可见,在 SOP 引导下的"监视+状态评估"过程,与非 SOP 指引下的该过程的转移机制发生了变化,结合图 8-9 可知,RO1 的诊断均是非常典型的规则型行为,其失误主要是执行规程过程中的规则型失误,因此可采用 8.2.3.1 节提供的针对规则型诊断的计算方法。

2)US 诊断失误计算方法

在有两名操纵员执行事故处理操作的情况下,协调员主要关注机组关键安全功能,能够预见可能出现的任何状况,根据图 8-9,可以认为协调员行为主要为知识型,其失误主要是知识型的诊断失误,因此可采用 8.2.3.2 节提供的针对知识型诊断的计算方法。

为便于计算,结合对各 PSF 的定义,本书作者针对相关核电厂开展了大量模拟机实验和培训观察以及操纵员和教员的问卷、访谈,考虑到 DCS+SOP 下的实际,对以下 PSF 取值进行进一步的定义或说明。

(1)压力。

根据 SOP 规程的原则,不同的 ECPi 通常可以代表事故的不同严重程度,进入不同的 ECPi 将给主控室人员带来相应的直接的压力反应,经与模拟机教员和操纵员访谈,认为采用 ECPi 来表征主控室人员压力水平是合适的,如表 8-13 所列。

表 8-13　SOP 规程各部分对应的压力水平

| 规程 | 说　明 | 压力水平 |
| --- | --- | --- |
| DOS | 诊断过程中操纵员对事故严重程度未知 | 高 |
| ECP1 | 没有状态功能降级 | 高 |
| ECP2 | 有状态功能降级 | 高 |
| ECP3 | 有状态功能降级(SGTR) | 高 |
| ECP4 | 有状态功能严重降级 | 极高 |

(2)任务复杂度。

通常,越严重的事故表现出来的特征越明显,诊断复杂度越低,而相对越不严重的事故,其表现出的特征往往越不明显,要对其进行精确诊断的复杂度往往越高。这也体现在 SOP 中,对于状态功能降级水平较高的事故,其诊断逻辑越简单,而对于状态功能降级水平较低的事故,其诊断逻辑越复杂。因此,为清晰定义任务复杂度,以监视节点数量来定义复杂度是较为合理的(表 8-14)。

表 8-14　SOP 中不同监视节点数量对应的复杂度

| 监视节点数量 | 说　明 | 复杂度水平 |
| --- | --- | --- |
| 无 | 仅需报警信号便能做出诊断 | 很容易诊断 |
| 1~2 步 | 事故特征极为明显 | 正常 |
| 3~10 步 | 事故特征一般明显 | 中等复杂 |
| 10 步以上 | 事故特征不明显 | 高度复杂 |

需要说明的是,事故后协调员行为主要表现为知识型,此处之所以仍然以规程中监视节点数量来确定复杂度,是因为协调员对事故的诊断总体上依旧遵循规程的逻辑,因此监视节点的数量可以从客观上反映知识型诊断行为的复杂程度。

（3）规程。

在8.2.3.2节中提到,状态导向规程对事故诊断有积极影响,其PSF均取值0.5,但在实际进行HRA时不能盲目选取,作者在研究中发现,部分事件的诊断虽然包含在SOP中,但其并未体现"状态导向"的特征,这种情况需HRA人员在具体分析中识别。

### 8.3.4.3 决策阶段

#### 1. RO1决策失误计算方法

与RO1诊断阶段类似,在SOP引导下的"监视+响应计划"过程,与非SOP指引下的该过程的转移机制发生了变化,结合图8-9可知,RO1的决策均是非常典型的规则型行为,其失误主要是执行规程过程中的规则型失误,因此可采用8.2.3.1节提供的针对规则型决策的计算方法。

#### 2. US决策失误计算

结合图8-9和本章8.1.2.2节可知协调员的决策行为为知识型,其失误主要是知识型的决策失误,可采用8.2.4.1节提供的针对知识型决策的计算方法。

### 8.3.4.4 操作阶段

#### 1. RO操作失误计算方法

核电厂数字化控制系统中操作控件的类型是有限的,按照其操作方式主要可以分为两类:两状态控件(如隔离阀、主泵控件等只有开/关两种状态的控件)和需持续点击操作型控件(如控制GCTa阀门开度的控件,需对控件持续操作才能实现某中间位置的开度)。为便于计算,此处对所有控件进行分类,归纳出不同控件类型在不同的操作过程中操纵员的失误概率,实际计算中可直接从表8-15和表8-16中选取每步骤操作失误数据。

表8-15 不同类型控件基本失误概率(数字化操作)

| 控件类型 | 操作选择失误概率 $P_{A1}$ | 屏幕选择失误概率 $P_{B1}$ | 控件选择失误概率 $P_{C1}$ | 控件操作失误概率 $P_{D1}$ | 操作人因失误概率 $P_{AC}$ ($P_{AC} = P_{A1} + P_{B1} + P_{C1} + P_{D1}$) | 编号 |
|---|---|---|---|---|---|---|
| 两状态控件 | 连续操作步骤小于等于10项,$P_{A1}=0.001$ | $P_{B1}=0.001$ | 控件独立布置,$P_{C1}=0.003$ | 两状态控件的点击失误,$P_{D1}=0.0001$ | 0.0051 | (1) |
| | | | 有模拟管线,$P_{C1}=0.0005$ | | 0.0026 | (2) |
| | 连续操作步骤大于10项,$P_{A1}=0.003$ | | 控件独立布置,$P_{C1}=0.003$ | | 0.0071 | (3) |
| | | | 有模拟管线,$P_{C1}=0.0005$ | | 0.0046 | (4) |
| 需持续操作型控件 | 连续操作步骤小于等于10项,$P_{A1}=0.001$ | | 控件独立布置,$P_{C1}=0.003$ | 持续操作直至改变状态,$P_{D1}=0.0030$ | 0.0080 | (5) |
| | | | 有模拟管线,$P_{C1}=0.0005$ | | 0.0055 | (6) |
| | 连续操作步骤大于10项,$P_{A1}=0.003$ | | 控件独立布置,$P_{C1}=0.003$ | | 0.0100 | (7) |
| | | | 有模拟管线,$P_{C1}=0.0005$ | | 0.0075 | (8) |

表 8-16 不同类型控件基本失误概率(硬件操作)

| 控件类型 | 操作选择失误概率 $P_{A1}$ | 控件选择失误概率 $P_{C1}$ | 控件操作失误概率 $P_{D1}$ | 操作人因失误概率 $P_{AC}$ ($P_{AC} = P_{A1} + P_{C1} + P_{D1}$) | 编号 |
|---|---|---|---|---|---|
| 两状态控件 | 连续操作步骤小于等于10项, $P_{A1} = 0.001$ | 控件独立布置, $P_{C1} = 0.003$ | 两状态控件的操作失误, $P_{D1} = 0.0001$ | 0.0041 | (1) |
| | | 有模拟管线, $P_{C1} = 0.0005$ | | 0.0016 | (2) |
| | 连续操作步骤大于10项, $P_{A1} = 0.003$ | 控件独立布置, $P_{C1} = 0.003$ | | 0.0061 | (3) |
| | | 有模拟管线, $P_{C1} = 0.0005$ | | 0.0036 | (4) |
| 需持续操作型控件 | 连续操作步骤小于等于10项, $P_{A1} = 0.001$ | 控件独立布置, $P_{C1} = 0.003$ | 持续操作直至改变状态, $P_{D1} = 0.0030$ | 0.0070 | (5) |
| | | 有模拟管线, $P_{C1} = 0.0005$ | | 0.0045 | (6) |
| | 连续操作步骤大于10项, $P_{A1} = 0.003$ | 控件独立布置, $P_{C1} = 0.003$ | | 0.0090 | (7) |
| | | 有模拟管线, $P_{C1} = 0.0005$ | | 0.0065 | (8) |

**2. 操作阶段的 US 行为量化**

操作阶段,US 负责对操纵员操作的监护,对该阶段 US 自身失误取值参考文献[14]中 20~13页取 0.003。

**8.3.4.5 模型集成**

模型集成采用 8.2.6 节中的集成方法,计算人因事件的最终 HEP。

特别的,通过分析、调查,作者认为 DCS+SOP 背景下协调员与操纵员相关性低,依据表 8-6 的公式的相关性水平公式,DCS+SOP-HRA 模型中计算每阶段人员相关性时主要选用表 8-6 中 "LD"相关公式。

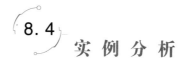

# 8.4 实 例 分 析

采用本章建立的 DCS+SOP-HRA 方法对某采用 DCS+SOP 技术的核电厂 PSA 中一 C 类人因事件进行分析。

事件:主给水管道小破口,二次侧冷却丧失,未及时执行 ECP4 规程进行充排。

**1. 事件过程描述**

(1) 功率工况,发生给水管道破口,安全壳压力高 2 引发安全注入动作,进入 DOS,确认停堆、安全注入以后，操纵员根据 DOS 第 5 页一回路过冷度超过 140℃ 或安全壳压力高于 1.2MPa 判断进入 ECP2 规程。

（2）如果二次侧失效，在蒸汽发生器水位低于 -10m 信号出现后，协调员根据 ECT2 规程判断三台蒸汽发生器不可用后，通过执行再定向发现需要更换到 ECP4 规程处理事故，之后通知一回路操纵员执行 ECP2 再定向程序并确认转为执行 ECP4。

（3）一回路操纵员也可以根据 ECP2 再定向同样判断进入 ECP4 规程。

（4）进入 ECP4 规程后，一回路操纵员根据堆芯出口温度高于 330℃ 进入 S04 序列进行充排，在 BUP 盘手动打开稳压器的三个安全阀并确认安全注入系统运行，以确保堆芯的安全。

（5）协调员执行 ECT2/4 规程监督以上过程。

2. 操纵班组行为分析

该事件中操纵员、协调员行为主要可分为四个阶段：

（1）第一阶段，根据蒸汽发生器水位低于 -10m 信号，协调员执行 ECT2 再定向程序判断三台蒸汽发生器不可用，需要更换到 ECP4 规程处理事故，之后通知 RO1 转入 ECP2 再定向程序。

（2）第二阶段，RO1 根据 ECP2 再定向程序对系统状态进行持续的监视和判断；与此同时，协调员执行 ECT2 规程，诊断电厂状态，并通过自身知识经验，对 RO1 进入 ECP4 请求进行确认并对可能发生的失误进行恢复。此时，操纵员的主要行为是对状态功能降级水平进行诊断。

（3）第三阶段，ECP4-IO 中 RO1 根据规程指引继续监视系统参数，进入 S04 序列；协调员执行 ECT4 规程，进一步确认电厂状态并做出缓解电厂故障的决策措施，通过自身知识经验，对操纵员选择的 S04 序列进行确认对可能发生的失误进行恢复。此时，操纵员的主要行为是做出决策。

（4）第四阶段，进入 ECP4 的 S04 序列后，RO1 打开稳压器保护阀并投运高压安全注入系统和低压安全注入系统，进行充排操作。协调员执行 ECT4 规程对操纵员操作的效果进行监督。此时，操纵员主要行为是操作动作的执行。

3. 事件成功准则

操纵员在事故发生后的 45min 内根据 ECP4 规程实施充排冷却。

对于主给水管道破口事故，充排操作的成功准则为至少打开三个稳压器保护阀中的一个，至少成功操作两个安全注入系统投运按键中的一个。

4. 调查与访谈结论

（1）根据热工水力计算，对于主给水管道破口事故，实施充排冷却的允许时间是 45min。根据访谈，协调员执行 ECP2 再定向时间为 5min；RO1 执行 ECP2 再定向时间为 5min，执行 ECP4 初始导向程序为 5min，执行充排操作需要 2min。因此：诊断、决策所需时间：5+5+5=15min；诊断、决策的可用时间：45-2=43min；操作所需时间：2min；操作的可用时间：45-15=30min。

（2）根据访谈，操纵员诊断阶段心理压力高；决策阶段心理压力极高；操作阶段心理压力极高。

（3）根据调查，该任务诊断阶段和决策阶段的复杂度均为中等复杂。

（4）根据访谈，操纵员对该事件培训水平为一般。

（5）根据调查，规程为状态导向规程。

（6）根据系统假设，人-机界面水平为一般。

### 5. 建模与计算

事件失误率:

$$P = P_1 + P_2 + P_3 + P_4$$

式中  $P_1$——操纵员未能觉察到该事件的概率;

$P_2$——诊断失误概率;

$P_3$——决策失误概率;

$P_4$——操作失误概率。

(1) 根据该核电厂 HRA 报告中系统假设与边界,$P_1 = 0$。

(2) 诊断阶段。

① 对于操纵员,诊断失误概率为

$$p_{\text{diag}} = \left[ 1 - \prod_{i=1}^{n} (1 - 0.003 K_i') \right] K_1 K_2 \tag{1}$$

诊断阶段操纵员监视节点见表 8-17。

表 8-17  诊断阶段操纵员监视节点列表

| 序号 $i$ | 1 | 2 | 3 | 4 | 5 |
|---|---|---|---|---|---|
| 监视节点 | 压力容器水位 | $\Delta T_{\text{sat}}$ | 安全壳放射性 | SG 放射性 | SG 水位 |
| 人-机界面 PSF 取值 $K'$ | 1 | 1 | 1 | 1 | 1 |

$K_1 = 0.1$(有多余时间);$K_2 = 2$(心理压力高);代入式(1),得 $P_{\text{diag}} = 3.0 \times 10^{-3}$。

② 对于协调员,诊断失误概率为

$$P_{\text{diag}}' = 0.01 \times K_1 \times K_2 \times K_3 \times K_4 \times K_5 \times K_6 \tag{2}$$

其中,$K_1 = 0.1$(有多余时间);$K_2 = 2$(心理压力高);$K_3 = 2$(中等复杂度);$K_4 = 1$(一般培训水平);$K_5 = 0.5$(状态导向规程);$K_6 = 1$(一般水平的人机界面);代入式(2),得 $P_{\text{diag}}' = 2.0 \times 10^{-3}$。

③ 协调员未能成功恢复 RO1 诊断失误的概率:

$$P_{\text{rec}} = \frac{1 + 19 \times P_{\text{diag}}'}{20} = 5.2 \times 10^{-2} \text{(人员低相关性水平)}$$

④ 班组诊断失误概率:

$$P_2 = P_{\text{diag}} \times P_{\text{rec}} = 1.6 \times 10^{-4}$$

(3) 决策阶段。

① 对于操纵员,决策失误概率为

$$P_{\text{dec}} = \left[ 1 - \prod_{i=1}^{n} (1 - 0.003 K_i') \right] K_1 K_2 \tag{3}$$

决策阶段操纵员监视节点见表 8-18。

表 8-18  决策阶段操纵员监视节点列表

| 序号 $i$ | 1 | 2 | 3 | 4 | 5 |
|---|---|---|---|---|---|
| 监视节点 | 主泵状态 | 压力容器水位 | $\Delta T_{\text{sat}}$ | 反应性 | 堆芯出口温度 |
| 人-机界面 PSF 取值 $K'$ | 1 | 1 | 1 | 1 | 1 |

$K_1 = 0.1$（有多余时间）；$K_2 = 5$（心理压力极高）；代入式（3），得 $P_{dec} = 7.5 \times 10^{-3}$。

② 对于协调员，决策失误概率为

$$P'_{dec} = 0.001 \times K_1 \times K_2 \times K_3 \times K_4 \times K_5 \times K_6 \qquad (4)$$

其中，$K_1 = 0.1$（有多余时间）；$K_2 = 5$（心理压力极高）；$K_3 = 2$（中等复杂度）；$K_4 = 1$（一般培训水平）；$K_5 = 0.5$（状态导向规程）；$K_6 = 1$（一般水平的人–机界面）；代入式（4），得 $p'_{dec} = 5.0 \times 10^{-4}$。

③ 协调员未能成功恢复 RO1 决策失误的概率：

$$P'_{rec} = \frac{1 + 19 \times P'_{dec}}{20} = 5.0 \times 10^{-2}（人员低相关性水平）$$

④ 班组决策失误概率：

$$P_3 = P_{dec} \times P'_{rec} = 3.8 \times 10^{-4}$$

（4）操作阶段。

操纵员操作失误概率为

$$P_4 = P'_4 \times K_1 \times K_2 \times P''_{rec} \qquad (5)$$

操纵员操作动作及考虑成功路径和相关性的失误率见表8-19。

表8-19　操纵员操作动作及考虑成功路径和相关性的失误概率

| 功能 | 操作动作 | 基本人因失误概率（BHEP） | 来源 | 相关性等级 | 人因失误概率（HEP） |
|---|---|---|---|---|---|
| 打开稳压器保护阀 | 打开 RCP020VP | 0.0041 | 表8-16(1) | — | 0.0041 |
| | 打开 RCP021VP | 0.0041 | 表8-16(1) | 完全相关 | 0 |
| | 打开 RCP022VP | 0.0041 | 表8-16(1) | 完全相关 | 0 |
| 投运高压安全注入系统 | 操作 RPA058TO | 0.0041 | 表8-16(1) | 零相关 | 0.0041 |
| | 操作 RPB058TO | 0.0041 | 表8-16(1) | 完全相关 | 0 |

根据成功准则，操作基本人因失误概率：$P'_4 = 0.0041 + 0.0041 = 8.2 \times 10^{-3}$，又 $K_1 = 0.1$（可用时间 $\geq 5$ 倍所需时间）；$K_2 = 5$（心理压力极高）。根据该核电厂 HRA 报告中系统假设与边界，协调员未能察觉操纵员操作失误的概率为 $P_{det} = 0.003$，则协调员未能成功恢复操纵员操作失误的概率：$P''_{rec} = \dfrac{1 + 19 \times P_{det}}{20} = 5.3 \times 10^{-2}$。代入式（5）得：$P_4 = P'_4 \times K_1 \times K_2 \times P''_{rec} = 2.2 \times 10^{-4}$。

6. 本事件人因失误概率

本事件人因失误概率为

$$P = P_1 + P_2 + P_3 + P_4 = 7.6 \times 10^{-4}$$

## 8.5　本章小结

数字化技术的应用使核电厂系统特征、人因特性、组织结构与人–机界面等方面产生了巨大变化，出现了许多前所未有的新的人因问题。本章分析了在核电厂事故工况下主控室班组各成员执行事故处理的认知行为特征,探明了操纵员监视转移机制,以此为基础分别建立了操纵员和协调员事故处理过程中的认知行为模型,进而以班组认知行为过程为基础建立了 DCS-HRA 模型,并给出了量化方法。以 DCS-HRA 模型为基础,研究了数字化 SOP 对人因失误的影响,提出工程化的 DCS+SOP-HRA 方法模型。应用该模型对某核电厂一人因事件进行了 HRA,验证了 DCS-HRA 模型的可扩展性和工程化能力,满足 PSA 对 HRA 的本质需求。

# 参考文献

[1] 张力. 概率安全评价中人因可靠性分析技术研究[D]. 长沙:湖南大学,2004.

[2] 李鹏程,陈国华,张力,等. 人因可靠性分析技术的研究进展与发展趋势[J]. 原子能科学技术,2011,45(3):329-340.

[3] Pasquale V D,Iannone R,Miranda S,et al. An overview of human reliability analysis techniques in manufacturing operations [M]. London:INTECH Open Access Publisher,2013.

[4] Felice F D,Petrillo A,Carlomusto A,et al. Human reliability analysis:a review of the state of the art [J]. IRACST-International Journal of Research in Management & Technology (IJRMT),2012,2(1):35-41.

[5] Hart S,Wickens C. Workload assessment and prediction. [M]// Booher H(Ed.). MANPRINT:an emerging technology,advanced concepted for integrating people,machine,and organization. New York:Van Nostrand Reinhold,1990.

[6] 何旭洪,黄祥瑞. 工业系统中人的可靠性分析:原理、方法与应用[M]. 北京:清华大学出版社,2007.

[7] Hollnagel E. Human reliability assessment in context [J]. Nuclear Engineering and Technology,2005,37(2):159.

[8] Reason J. Human error [M]. Cambridge:Cambridge university press,1990.

[9] Liu P,Li Z. Comparison between conventional and digital nuclear power plant main control rooms:a task complexity perspective,part II:detailed results and analysis,international journal of industrial ergonomics [J]. Internation Journal of Industrial Ergonomics,2016,15:10-20.

[10] Liu P,Li Z. Comparison between conventional and digital nuclear power plant main control rooms:a task complexity perspective,part I:overall results and analysis,international journal of industrial ergonomics [J] Internation Journal of Induslrial Ergonomics,2016,51:2-9.

[11] 谷鹏飞,张建波,孙永滨. 基于核电站事故处理的人因可靠性研究[J]. 科技导报,2012,30(21):51-55.

[12] Kim J W. Human reliability analysis in large-scale digital control systems [M]// Reliability and Risk Issues in Large Scale Safety-critical Digital Control Systems. London:Springer,2009.

[13] Boring R L. Human reliability analysis for digital human-machine interfaces:a wish List for future research[C]. Proceedings of the Probabilistic Safety Assessment and Management (PSAM 12) Conference,2014.

[14] Swain A D,Guttmann H E. A handbook of human reliability analysis with emphasis on nuclear power plant applications[R]. NUREG/CR-1278. Washington D. C.:U. S. Nuclear Regulatory Commission,1983.

[15] Rasmussen J. Information processing and human-machine interaction:an approach to cognitive engineer[M]. New York:North-Holland,1986.

[16] Gertman D I,Blackman H S,Marble J L,et al. The SPAR-H human reliability analysis method[C]. American Nuclear Society International Topical Meeting on Nuclear Plant Instrumentation,Controls and Human-Machine Interface Technologies. 2004.

[17] Boring R L,Gertman D I. Human reliability analysis for computerized procedures,part two:applicability of current methods [C]. Proceedings of the Human Factors and Ergonomics Society Annual Meeting,SAGE Publications,2012,56(1):2026-2030.

[18] 张力,青涛,戴立操,等. 核电厂数字化 SOP 对人因失误的影响[J]. 核科学与工程,2017,37(03):427-433.

[19] 张力,叶海峰,李鹏程,等. 核电厂数字化主控室操纵班组沟通内容特征的研究[J]. 原子能科学技术,2015,49(4):750-754.

[20] 青涛,张力,周杰,等. 核电厂事故规程自动化水平对人员心智负荷和作业绩效的影响研究[J]. 核科学与工程,2017,37(03):450-457.

# 第9章  DCS-HRA数据库

数据是 HRA 的基础[1,2]。人因可靠性数据库的相关研究历来已久[3,4]。结合数据库运用 HRA 方法可以确定核电厂运行的安全性和风险性有关的人因因素,为核电厂 PSA 提供人因事件定量化分析结论,并找出对系统风险存在重要贡献的人因失误相关的技术、管理、规程等电厂的薄弱环节,为电厂系统分析、预防人因失误和提高系统安全水平提供有效支持。

一个设计合理、足够详细、可扩展性好的人因可靠性数据库,能对人因可靠性分析提供良好的数据支持,同时也为认知科学的研究提供数据支持[3,4]。本章针对 DCS 背景下核电厂人因数据的收集,给出了一种人因数据搜集的方法,构建了结构化表示的人因数据结构模型,介绍了该数据库程序平台具备的人因事件检索、编辑和分析等功能。该人因数据库系统同样适用于基于模拟控制技术的核电厂。

## 9.1  数据库软件系统简介

针对本数据库人因事件分析的主要思想是对于从核电厂执照事件报告、内部事件报告、专项事件分析报告等相关报告中获取事件描述,从事件报告中按事件序列择取子事件(如果事件可划分,在计算模型中,子事件相当于监视节点事件)并对其进行详细分析。

### 9.1.1  数据库构建理论基础

DCS-HRA 模型的描述依次有四个过程:监视、状态评估、响应计划和响应执行。从数据角度而言,模型考虑的因素包括操纵员(及班组)内部认知因素和外部情景因素,这些数据都会体现在模型的四个过程。从数据分析角度(主要针对始发事件后人员响应过程中的人误事件),需要根据人员认知行为的变化和人员认知的特点,识别在人因失误演化过程中人员活动的影响因子对操纵员各认知阶段可靠性的影响,最终计算人的可靠性。

总体而言,DCS-HRA 方法给出了一个过程化的分析平台。在数据库构建过程,需要在该平台框架下,一方面客观记录外部情景因素(包括监视信息以及状态评估、响应计划和响应执行过程的既定数据),这部分数据记录在数据库的主事件和子事件描述数据中;而对于内部认知因素的数据,则转化以 PSF 进行相应的刻画。因此,数据库的构建实际上是以过程模型为基础,以分析接口(PSF)为重心,一方面能够刻画事件,另一方面也能为 DCS-HRA 模型无缝地提供数据基础。

本章所构建的数据采集模型,基于作者团队长期开展人因可靠性研究的相关基础和成果,具有良好的扩展性。为使数据库描述足够详细,给出了更详尽的 PSF 描述,给出了结构化的数据分析模型,有助于数据采集人员方便地采集 HRA 所需的数据,同时有助于 HRA 人员有效地使用这些数据。该模型也可以为其他行业人因可靠性数据采集提供参考。

### 9.1.2 数据库的主要功能

数据库主要包含两部分功能:

(1)给出一个数据存储、检索和更新的数据库平台,该平台能够将电厂的具体人因事件进行记录存储,并进行相关的数据操作;

(2)给出一个数据分析框架:提供一系列详尽的积极 PSF 和消极 PSF 用于对事件及子事件进行刻画,分析人员或数据采集人员对比相应的 PSF 描述可以明确事件或子事件的对应 PSF 水平,进而录入并存储相关 PSF 数据。另外,平台还提供一些数据分析和报表的接口。

开发的主要目的是给出一个数据库平台,并且让分析人员在事件发生后能快速并准确地记录事件,对导致人的行为问题的 PSF 给出更客观准确的描述和记录。

### 9.1.3 结构化数据分析

目前核电厂获取人因失误数据的主要手段是搜集相关的人因事件报告,这些报告包括执照事件报告、内部运行事件报告、值班日志、电厂维修报告、24h 事件单、PRA 报告及模拟数据报告等。但是这些获取的报告格式往往不严格统一,获取的信息无法进行同构存储,为数据的计算和分析带来了困扰。为此,将人因事件的共性进行提炼,采用统一的结构化数据来表示报告中所描述的事件,可以为人因数据的进一步应用提供更广阔的空间。

图 9-1 给出了 DCS-HRA 核电厂人因数据库技术实现的示意图,从图中可以看出数据分析是获取结构化数据、构建数据库的最重要环节。

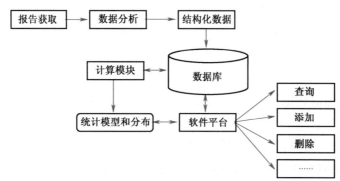

图 9-1 DCS-HRA 核电厂人因数据库系统技术实现示意图

#### 9.1.3.1 结构化数据划分

结构化数据是针对不同事故报告所描述的人因事件,由于不同报告描述的客观对象和角度不同,事件的相关数据获取没有统一的框架,结构化数据类型就是提供一种框架,能够在该框架下对事件报告进行分析,提取所需数据。结构化数据包括主事件的描述数据、子事件的描述数据以及子事件之间的关联数据三大部分。在结构化数据框架下,子事件是描述主事件的基本单元,子事件的数据表示对描述整个人因事件非常重要。在本平台中,子事件的事件描述除了事件的时间、地点、参与人物等客观描述外,还包括了正面的 PSF 和负面的 PSF 的主观描述,并且给出了 PSF 权值接口,用于权衡各个 PSF 在事件发生过程中所起的作用大小。

### 9.1.3.2 结构化数据描述

#### 1. 主事件的特征数据描述

主事件的特征包括电厂和事件概况、子事件索引及发展趋势、子事件之间关联分析、事件摘要及注释几个主要部分。其中电厂及事件概况可以由以下属性特征描述:主要源文档、次要源文档、电厂名、电厂类型、电厂运行模式及功率水平、事件类型、是否始发事件、事件时间/日期、潜在丧失的功能、实际丧失的功能、潜在丧失的系统、实际丧失的系统、不可用部件、报告来源以及是否存在类似事件。事件摘要及注释是对整个事件进行摘要撰写,对需要备注的情况进行注释。

#### 2. 子事件数据描述

子事件索引数据包括子事件代码、日期/时间、工作类型、涉及人员、是否始发、是否显性事件、失误类型(疏忽型失误还是执行性失误)、人员行为分类、是否可恢复、是否作为子事件详细描述、事件注释;事件发展趋势可以选择的选项包括程序(如多次未能执行或遵守规程)、约定俗成的操作实践、严重失配(如操纵员的心智模型与事件的实际进展之间不匹配)、与预先的分析或培训场景存在偏差、存在极端或异常情况、出现明显的信号或征兆、存在误导或错误信息(如指示器错误或规程错误)、信息被拒绝或忽略、多个硬件失效、正在交接班、不良的安全文化、图纸或技术规范等配置管理失效(设置或管道的误配置)、交流或资源分配失效等。

子事件特征描述分为子事件描述、子事件涉及人员、起作用的电厂条件、正面的影响因子/PSF 细节、负面的影响因子/PSF 细节、PSF 水平赋权、失误类型检查、子事件注释。

子事件描述包括所属主事件、子事件的类型、电厂名及时间等。

子事件涉及人员可以分为以下几类:运行人员、维护和实验人员、管理人员、电厂支持人员、现场其他人员及非电厂人员。运行人员可以分为:操作监管人员、主控室操纵员、主控室外操纵员、技术支持中心人员;维护和实验人员包括维护监管/计划人员、机械人员、电气人员、仪控人员;电厂支持人员包括行政支持人员、化学支持人员、应急计划/响应人员、工程人员、职业适应性管理人员、燃料处理人员、保健物理人员、规程撰写人员、质量分析/监督人员、安全人员、培训人员、运输人员、专门任务人员、工作控制人员、执照/管理事务人员;非电厂人员包括承包商、制造商、安全当局监管人员、交易商。

起作用的电厂条件包括设备安装不满足所有标准和要求、制造商的制造/建造不充分、制造商提供的说明书不充分、制造商提供的文档、图纸、信息等不准确或不充分、替代部件/材料达不到说明书要求、材料使用不合适、在采购流程没有根据或达不到质量保证要求、没有根据/执行采购后要求、缺乏合适的工具或材料、安装工艺不足、设备失效、系统/设备不可用、仪器故障问题或不准确、控制问题、电厂/设备状态异常、功率模式之间的电厂状态变化、电厂失电及反应堆停堆/电厂瞬态。

1) 积极 PSF

积极 PSF 包括可用时间、压力及压力因素、复杂度、经验和训练、规程和参考文档、工效学和人-机界面、职业适应性/疲劳、工作进程、交流和通信、环境、班组动态/特性。可用时间包括时间充足;压力及压力因子包括警戒强化/无消极效果;复杂度包括失效具备单重/多重影响、因果关联明显、相关性定义明确、同步任务少或无、直接的行动(少或无记忆负担);经验和训练包括执行频率高/实践良好的任务、具备良好资质或良好培训;规程和参考文献包括使用了合适的文件且正确地指导行动或响应;工效学和人-机界面包括人-机界面的特点适用于当前情形;职责适应性/疲劳包括职业适应性良好;工作进程包括几个子类:计划/制订时间表、监督/管理、工作实施、问题鉴别和解决,其中计划/制订时间表包括工作过程安排正确、工作计划/人员安排良好;监督/管理包括行为准则明确、任务中有恰当的监管、监管是否提醒了操纵员已经疏忽的问题、工前会重点关注了实际可能发生的事故情境以及直接可用的响应计划、工前会对潜在问题发生的情境进行了提醒;工作实施包括快速识别关键信息、有二重核查人员、班组或工作组发现错误、关键信息易分辨、在特定情况下采用了正确的程序、识别并完成了复杂的系统交互、记起了遗漏的步骤、很好地理解了复杂或潜在的混乱情况、识别和理解了安全隐患、理解并合适地使用了可接受准则解决复杂情况、实施合适的变更后测试并确保问题解决;问题鉴别和解决包括问题发展趋势良好,有益于诊断/修订响应计划、行业警示和实践经验经过验证、良好的纠正行为计划避免了严重问题;通信和交流包括通信和交流实践对解决问题起到关键作用;环境包括环境对于任务成功至关重要;团队动态/特色包括良好的团队协作和分工、采取了特别的协作/交流手段解决问题。

2)消极 PSF

消极 PSF 同样也包括以下几类:可用时间、压力及压力因素、复杂度、经验和训练、规程和参考文档、工效学和人-机界面、职业适应性/疲劳、工作进程、交流和通信、环境、班组动态/特性。可用时间包括没有足够的时间、完成任务具有时间压力、可用时间过多等。压力及压力因子包括高压力;复杂度包括警报数目多、出现模糊或令人误解的信息、提供的信息没有针对性、获取反馈困难、事件不明、电厂的物理布局需要大量知识、多人及多地点之间的协作、情境要求操纵员将进程中不同部分的信息与信息系统进行整合、工作人员分心/被干扰、需要追踪和记忆信息、主次信息分辨存在问题、需要高度注意力的任务同时发生、部件失效产生多重影响、因果关联很弱、电厂功能恢复复杂度高、系统相关性定义不好、出现多重错误、要求或计划类似的维修任务、事件发生引发设备运行与正常运行时不同、子事件造成对事件理解混乱;经验和训练包括职业适应性培训缺失或不足、培训不足、培训过程问题、个人知识问题、模拟机培训不足、工作实践或职业技巧不足、对工作行为准则不熟悉、对任务不熟悉或练习不充分、对工具不熟悉、不胜任分配的任务、培训不当、当前情形不在培训范围内;规程和参考文档包括没有规程/参考文档、规程/参考文件技术内容不足、规程/参考文件包含人因缺陷、规程/参考文件开发和维护不足、规程未覆盖情形;工效学和人-机界面包括警报和信号器不足、控制/输入设备不足、显示器不足、仪表板或工作站布局不合适、设备不足、工具和材料不足、标签分类不合适;职业适应性/疲劳包括连续工作时间过长、没有休息日的长时间工作、不熟悉工作周期、换班过于频繁、夜班相关问题、生理因素/个体差异、生理缺陷;工作进程包括几个子类:计划/制订时间表、监督/管理、工作实施、问题鉴别和解决,其中计划/制订时间表包括工作计划未能控制连续工作时间、员工配置和/任务分工不适当、时间表和计划不适当、工作整体计划质量不高;监督/管理包括个人能力和资质不合适、监管/命令和控制不合适、管理期望或导向不合适、职责和任务解释不清楚/工作指令不明、进程监控不充分、对承包商的监管不力、任务重新分配过于频繁、工作前行动不合适、未强调任务的安全因素、管理制裁不正规、正式被批准的替代方法导致了问题;工作实施包括自我检查不充分、选择/提供/使用的工具或材料不当、没有提供或使用必要的工具/材料、未适当使用所提供的信息、未适当地协调多重任务/任务分工/任务中断、职业适应性的自我声明不足、职业适应性不一致、维修结束,但主控未能执行相关程序、标签不足、没有使用或没有第二独立核查员、工作时间不合适(例:过长或过晚)、内务处理不足、日志保管或日志回顾不足、独立验证/电厂巡查不足、规程遵循不充分、未能采取行动/达到要求、行动执行不充分、对不利情景识别/质询不充分、未能停止工作/未能停止非保守决策、非保守行动、未能应用知识、未能获取有用信息源、变更后实验不足、维修后实验不足、没有指定再实验要求、再实验推迟、实验验收标准不合适、实验结果审查不充分、未能遵守监督计划、没有实施情景监督、未安排必要的监督/实验、安装/使用了不恰当的部件/耗材、未能消除异物、维修/隔离/实验后电厂未恢复到正确状态、单独决定工作变通或规避;问题鉴别和解决包括问题没有被完全/准确地辨识、问题分类或区分优先级不当、运行经验审查不充分、未能遵循行业警示或行业惯例、追踪/趋势判断不足、根原因开发不充分、评估不足、纠正行动不足、行动未开始或不及时、没有行动方案、纠正性行动计划的程序缺陷、提高警惕的意愿不足、防范和察觉反馈不足、未能立即解决已知问题、未能按规范标准维修设备、审查/自我评估/有效性评价不足;通信和交流包括没有交流和通信/信息未能传递、错误理解或解析信息、交流和通信不及时、交流和通信内容不充分、交流和通信设备不适当;环境包括温度/湿度不适当、照明不足、噪声、辐射、工作区域布局或可接近性不合适、标识/标志不合适、任务设计/工作环境不合适;团队动态/特色包括监督者过度参与任务造成监督不足、班组成员互动方式不恰当、班组成员互动不足。

3)PSF赋权

行为形成因子赋权,赋权对象为可用时间、压力和压力因素、复杂度、经验和培训、规程和参考文档、工效学、职业适应性/疲劳、工作进程、通信、环境及团队动态/特殊。对PSF赋予权值,评价依据是积极、消极的PSF对这个事件产生的影响力。权值赋值越大说明该PSF影响越大,PSF水平越高。

针对上述PSF的确定和赋权,分析人员基本可以较为客观地对事件或者子事件进行PSF和其重要性认定,在录取数据的过程,实际上也是对事件进行分析的过程。也就是说,本章提供格式化数据的框架,有助于专业人员对不同事件类型的不同报告进行客观分析,并且有效地进行数据统一。但是,这里提供的PSF不是代表所有的情形,因此平台提供了相关接口,可以添加相关的PSF。

3. 事件内因及关联分析

子事件之间关联性分析需要考虑其子事件间是否存在:相似的任务、相同的参与人员、发生时间相近、发生在相同的位置/设备上、没有独立的监管、相同的线索、前后因果关系、相似的环境条件、不可靠的系统反馈、同一设备上曾出现过相同的人因失误、文化相关性、心态、工作实践等。如果两个事件之间有上述存在的任意相关因素,那么两个事件存在关联。

### 9.1.4 数据库开发平台简介

基于Microsoft Visual Studio 2010构建了系统的软件平台,软件平台是一个基于MFC构建的单文档应用程序,采用 Microsoft SQL Server 2008 进行了数据库的设计和相关数据操作。

Microsoft Visual Studio 2010 是微软公司推出的开发环境,也是目前流行的 Windows 平台应用程序开发环境。Microsoft Visual Studio 2010 版本于 2010 年 4 月 12 日上市,其集成开发环境(IDE)的界面被重新设计和组织,变得更加简单明了。Microsoft Visual Studio 2010 同时带来了 NET Framework 4.0、Microsoft Visual Studio 2010 CTP(Community Technology Preview,CTP),并且支持开发面向 Windows 7 的应用程序,能非常良好地支持 Microsoft SQL Server,当然它还支持 IBM DB2 和 Oracle 数据库。

Microsoft SQL Server 2008 在 Microsoft 的数据平台上发布,可以组织管理任何数据。可以将结构化、半结构化和非结构化文档的数据直接存储到数据库中。可以对数据进行查询、搜索、同步、报告和分析之类的操作。数据可以存储在各种设备上,从数据中心最大的服务器一直到桌面计算机和移动设备,它都可以控制数据而不用管数据存储在哪里。

Microsoft SQL Server 2008 允许使用 Microsoft . NET 和 Microsoft Visual Studio 开发的自定义应用程序中使用数据,这使得所建开发平台能够无缝地进行数据库程序的开发。

## 9.2 数据库软件系统设计

DCS-HRA 核电厂人因数据库的设计是结合软件工程方法进行的。核电厂人因数据的搜集是一项长久的任务,因此未来数据应用可能存在数据的各种应用问题,包括信息安全、信息存储爆炸、信息获取效率等。基于软件工程方法,结合 Microsoft SQL Server 2008 进行数据库的构建和实现,SQL Server 2008 提供了一个解决方案来满足上述数据应用的需求,能够将人因数据安全可靠地应用于将来的核电厂数据应用中。

### 9.2.1 数据库软件模块设计

DCS-HRA 核电厂人因数据库按模块划分为五个部分:

(1)用户登录模块:主要用于用户管理,每个用户拥有用户名和密码,除此之外,还有安全级别。不同安全级别对于数据操作的程度是不一样的,例如管理员用户可以直接对用户进行管理,而一般用户没有权限。

(2)数据录入模块:对主事件信息、子事件信息、子事件关联信息、PSF 信息等进行录入。这是数据库进行数据采集的核心部分。该部分可以对数据进行添加、删除及修改。并可以录入不同类型报告的数据,提供了详细分析的界面。

(3)数据检索模块:对主事件和子事件按特征,可以是单个特征,也可以是多个特征同时进行数据检索。

(4)属性修改模块:提供积极 PSF 和消极 PSF 的添加操作,一些 HEP 数据及工程化 PSF 权值的设定。

(5)数据分析模块:提供一些特征的检索数据分析。

## 9.2.2 数据库 ER 模型

数据库的实体关联(Entity-Relation,ER)模型是软件工程方法中概念设计的主要内容,反应数据库的概念结构,即概念模型。将核电厂人因数据进行模块化分为主事件及其划分的子事件,还可以进行更细节的划分,包括子事件关联、积极 PSF、消极 PSF、PSF 权值等模型,模型直接存在的相应联系,通过图 9-2 所示的 ER 模型能够描述出各个模型之间的属性关系(用箭头表示),其中的数字表示对应的模型数目对应关系,如主事件的"1"与子事件的"n"表示 1 个主事件存在 n 个子事件。

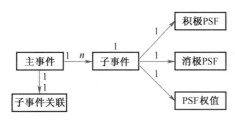

图 9-2 实体联系 ER 图

## 9.2.3 数据库表格设计及关系模型

根据 9.2.2,给出六个描述人因事件的表格,分别是 PrimaryEvent(主事件)、SubEvent(子事件)、Relation(子事件关联)、PositivePSFs(积极 PSF)、NegativePSFs(消极 PSF)和 WeightingPSFs(PSF 权值)等。它们在 SQL Server 2008 里的关系模型如图 9-3 所示。该关系模型构建了各个

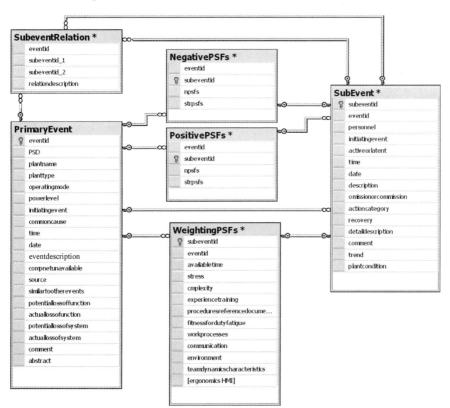

图 9-3 数据库事件描述表格关系模型

表格之间的关联,对于与主事件相关的所有表格的关联执行"级联"的更新和删除策略,亦即,一旦主事件信息删除,其他表格中对应主事件的所有信息都将删除。

表9-1~表9-6六个表格描述了DCS-HRA核电厂人因数据库的数据表示,表格中列举了所有的事件及子事件属性,并且对其属性的数据表示类型、是否主键、自定义约束及属性的说明给出了描述,属性的更详细的描述基于SQL Server进行描述。

表9-1　主事件信息

| 列名 | 数据类型 | 键 | 是否可空 | 自定义约束 | 说明 |
|---|---|---|---|---|---|
| eventid | char(30) | 主键 | 否 | | 事件编号 |
| PSD | char(30) | | 否 | | 主源文档 |
| plantname | char(20) | | 否 | | 电厂名 |
| planttype | char(10) | | 否 | BWR、PWR或者其他 | 电厂类别 |
| operatingmode | char(20) | | | | 运作模式 |
| powerlevel | number(2) | | | | 级别 |
| initiatingevent | bool | | | | 事件类型:是否初始事件 |
| commoncause | bool | | | | 事件类型:是否共因 |
| time | time | | 否 | | 时间 |
| date | date | | 否 | | 日期 |
| eventdescription | char(MAX) | | 否 | | 事件描述 |
| compnetunavailable | char(30) | | | | 失效组件 |
| source | vchar2(12) | | | 填LER、ASP Analysis、AIT或者Other | 报告类型 |
| similartootherevents | bool | | | | 类似其他事件 |
| potentiallossoffunction | char(20) | | | | 潜在功能失效 |
| actuallossofunction | char(20) | | | | 显性功能失效 |
| potentiallossofsystem | char(20) | | | | 潜在系统失效 |
| actuallossofsystem | char(20) | | | | 显性系统失效 |
| comment | char(50) | | | | 备注 |
| abstract | char(MAX) | | 否 | | 事件摘要 |

表9-2　子事件信息

| 列名 | 数据类型 | 键 | 是否可空 | 说明 |
|---|---|---|---|---|
| subeventid | char(10) | 主键 | 否 | 子事件编号 |
| eventid | char(30) | | 否 | 事件编号 |
| personnel | char(40) | | 否 | 涉及人员 |
| initiatingevent | bool | | | 是否始发事件 |
| activeorlatent | bool | | | 是否显性事件 |
| time | time | | 否 | 时间 |

（续）

| 列名 | 数据类型 | 键 | 是否可空 | 说　明 |
|---|---|---|---|---|
| date | date | | 否 | 日期 |
| description | char(MAX) | | 否 | 事件描述 |
| omissionorcommission | bool | | | 疏忽型失误还是执行性失误 |
| actioncategory | uint | | | 人员行为分类 |
| recovery | bool | | | 是否可恢复 |
| detaildescription | bool | | | 是否详细论述（子事件分析） |
| comment | char(MAX) | | | 事件注释 |
| trend | char(5) | | 否 | 事件趋势 |
| plantcondition | char(5) | | | 起作用的电厂条件 |

表 9-3　子事件之间关联性

| 列名 | 数据类型 | 键 | 是否可空 | 说　明 |
|---|---|---|---|---|
| eventid | char(30) | 外键 | 否 | 主事件编号 |
| Subeventid_1 | char(30) | 外键 | 否 | 子事件1编号 |
| Subeventid_2 | char(30) | 外键 | 否 | 子事件2编号 |
| relationdescription | char(30) | | 否 | 关联描述 |

表 9-4　消极 PSF

| 列名 | 数据类型 | 键 | 是否可空 | 说　明 |
|---|---|---|---|---|
| subeventid | char(30) | 主键 | 否 | 子事件代码 |
| eventid | char(30) | 外键 | 否 | 主事件代码 |
| npsfs | tinyint | | 否 | PSF个数 |
| strpsfs | char(3000) | | 否 | PSF描述，多个PSF以"/"隔开 |

表 9-5　积极 PSF

| 列名 | 数据类型 | 键 | 是否可空 | 说　明 |
|---|---|---|---|---|
| subeventid | char(30) | 主键 | 否 | 子事件代码 |
| eventid | char(30) | 外键 | 否 | 主事件代码 |
| npsfs | tinyint | | 否 | PSF个数 |
| strpsfs | char(3000) | | 否 | PSF描述，多个PSF以"/"隔开 |

表 9-6　PSF 权值

| 列名 | 数据类型 | 键 | 是否可空 | 说　明 |
|---|---|---|---|---|
| subeventid | char(30) | 主键 | 否 | 子事件编号 |
| eventid | char(30) | 外键 | 否 | 事件编号 |
| availabletime | float(4) | | 否 | 可用时间 |
| stress | float(4) | | 否 | 压力和压力因素 |
| cmplexity | float(4) | | 否 | 复杂度 |

(续)

| 列名 | 数据类型 | 键 | 是否可空 | 说明 |
|---|---|---|---|---|
| experiencetraining | float(4) | | 否 | 经验和培训 |
| proceduresreferencedocuments | float(4) | | 否 | 规程和参考文档 |
| fitnessfordutyfatigue | float(4) | | 否 | 职业适应性/疲劳 |
| workprocesses | float(4) | | 否 | 工作进程 |
| communication | float(4) | | 否 | 通信 |
| environment | float(4) | | 否 | 环境 |
| teamdynamicscharacteristics | float(4) | | 否 | 团队动态/特征 |
| ergonomics HMI | float(4) | | 否 | 工效学 |

除此之外,我们还有一个 Users(用户数据)表格,主要用于系统登录以及在一些属性更改操作时的验证,如表 9-7 所列。

表 9-7  用户数据表

| 列名 | 数据类型 | 键 | 是否可空 | 说明 |
|---|---|---|---|---|
| UserName | char(30) | 主键 | 否 | 用户名 |
| UserPwd | char(30) | | 否 | 密码 |
| UserType | tinyint | | 否 | 用户级别 |

### 9.2.4  软件系统数据结构设计

从软件开发层面,系统基于面向对象编程(Object-Oriented Programming,OOP)思想,结合 MFC,设计的数据结构主要分为如下四类:

(1)登录管理类:CUsers、CLoginDlg、CUserManDlg、CUserEditDlg 类,其中,CUsers 是用户类, CLoginDlg 是登录对话框类、CUserManDlg 是用户管对话框理类、CUserEditDlg 是用户管理类。

(2)数据库接口类:ADOConn、CColumn、CColumns0、CDataGrid 类,其中,ADOConn 是数据库连接管理类,CColumn、CColumns0 和 CDataGrid 都是组件数据显示 DataGrid.ocx 的相关类,该组件用于绑定和显示数据表格。

(3)界面设计类:主要是以 CDBForm 开头的类,包括 CDBFormDataMapping、CDBFormEvent-Division、CDBFormIndexEvent、CDBFormIndexSubevent、CDBFormPassivePSFs、CDBFormPositivePS-Fs、CDBFormPSFWeights、 CDBFormStart、 CDBFormStatisticComputing、 CDBFormSubeventRelation、CDCSDBFormSubEvent、CDBFormParaEdit 等,分布代表了不同的调用界面,在本章 9.3 节会介绍到相关界面的调用。

(4)系统自动生成的类:包括 CAboutDlg、CDCSApp(应用程序类,程序初始化和一些应用程序设置)、CDCSDoc(文档类,数据管理等)、CDCSView(视图类,客户区显示)以及 CMainFrame (框架类,界面相关设置等)。

### 9.2.5  外接接口设计

首先,将数据导出到数据分析模块,然后给予基于 SQL 语句的数据库连接字段的设置接口。

## 9.3 DCS-HRA 数据库系统的运行

### 9.3.1 用户登录管理

启动系统时,首先会弹出一个系统登录对话框,如图 9-4 所示。在这个界面,需要输入正确的用户名和密码才能登录到系统。登录之后的界面如图 9-5 所示。

图 9-4 系统登录对话框

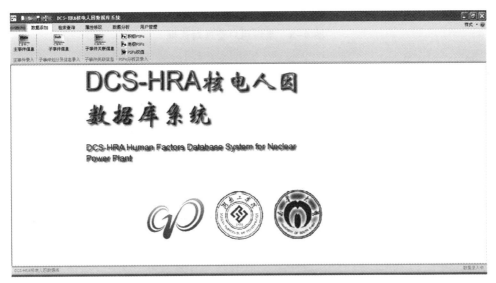

图 9-5 系统登录后的初始界面

用户管理包含对用户的增加、删减和修改等操作,如图 9-6 所示。点击菜单栏的"用户管理"选项卡,出现如图 9-6 的工具栏,点击"用户管理"图标按钮。如果当前用户的级别不是管理员级别,那么会出现图 9-7 所示的验证对话框,需要输入管理员级别的用户名和对应的密码,否则不可以更改用户数据。

图 9-6 用户管理工具栏

图 9-7　管理员身份验证对话框

验证完用户管理员身份后,会出现图 9-8 所示的"系统用户管理"对话框,可以添加新用户、删除选中用户、修改用户属性(包括密码和权限)等操作。

图 9-8　系统用户管理对话框

### 9.3.2　主事件录入及删除

该模块主要实现主事件的录入和删除,也可以通过从数据表格中选择当前事件(选中当前事件时,会将当前事件所有信息填写到录入界面的相关控件中),再到录入界面进行修改而实现对事件的编辑。

在菜单栏的"数据添加"选项卡点击"主事件信息"按钮,客户区会转换为图 9-9 所示的界面。

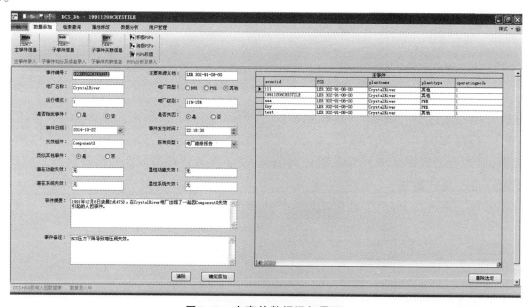

图 9-9　主事件数据添加界面

该界面可以分为两个区域,左边为事件特征信息的输入界面,称为"数据输入区",右边是数据记录集的展示,称为"数据展示区"。通过选择相应的记录,可以将记录里的相关事件信息更新在左边相应的控件内,以助于查看,同时也可以更改特定的项进行添加,添加后实际上是替换了当前记录,从而实现更新。

在输入区输入完所有数据后,可以点击按钮"确定添加",点击按钮后会执行数据保存程序,将当前数据保存到数据库中,并会实时显示在"数据展示区"。如果当前记录的主事件 ID 在数据库中有相同的主事件 ID 记录,会提示保存出错。在数据展示区,点击数据表格空间的左侧行头或者第一列数据会选中当前记录,同时会将当前记录的所有数据更新到数据输入区。

值得注意的是,当前正在编辑的主事件或者通过数据表格选定的主事件会被显示到标题栏(图 9-10)。这是因为一般而言,当前主事件一般需要添加、编辑或者查看其子事件、子事件之间的关联信息甚至是 PSF 的相关信息。

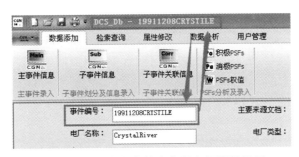

**图 9-10   当前主事件会在程序标题栏显示**

### 9.3.3   子事件录入及删除

该模块主要实现当前子事件的录入和删除,也可以通过从数据表格中选择当前子事件(选中当前事件时,会将当前主事件对应的该子事件所有信息填写到录入界面的相关控件中),再到录入界面进行修改而实现对事件的编辑。

在菜单栏的"数据添加"选项卡点击"子事件信息"按钮,客户区会转换为如图 9-11 所示的界面。

和主事件界面类似,该界面也分为两个区域,左边为事件特征信息的输入界面,称为"数据输入区",而右边是数据记录集的展示,称为"数据展示区"。通过选择相应的记录,可以将记录里的相关事件信息更新在左边相应的控件内,以助于查看。对于特定子事件的编辑,在数据表格中选定子事件的项,在数据输入区进行更改,删除当前项后再添加,从而替换了当前记录,实现了当前子事件数据的更新。

值得注意的是,每一个子事件都有一个关键的描述特征:是否详细分析。如果该特征的值选定为"是",就可以根据菜单"PSF 分析及录入"中提供的三个菜单按钮"积极 PSF""消极 PSF"和"PSF 权值",它们对应于三个 PSF 分析界面,进入这些界面可以详细地对当前子事件进行分析,见 9.3.5 小节。

### 9.3.4   子事件关联分析

当前主事件可以划分为多个子事件,而子事件之间可能存在数据发生的因果关联,这可为事件发生过程中的 HRA 提供重要的信息。

子事件关联分析界面下,可以添加当前事件各个子事件之间的关联,而可以添加的关联在 9.1.2 中有描述。在菜单栏的"数据添加"选项卡(图 9-11)点击"子事件关联信息"按钮,客户区会转换为图 9-12 所示的界面。

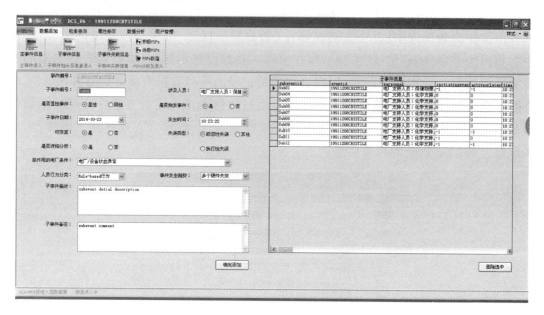

图 9-11　子事件数据添加界面

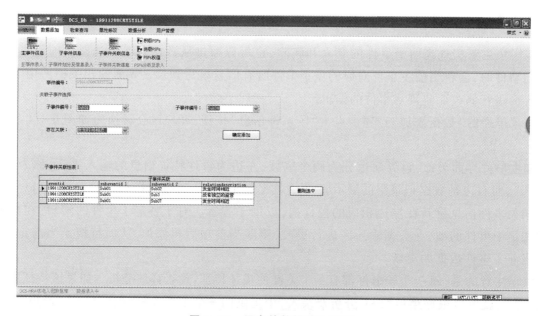

图 9-12　子事件数据添加界面

如图 9-12 所示,可以选定当前主事件下的任意两个不同的子事件,选定存在的关联,点击"确定添加"后会显示到数据表格中,同时保存到数据库中。也可以通过点击"删除选中"按钮删除数据表格中的选定记录,同时从数据库中删除当前子事件关联数据信息。

### 9.3.5　子事件 HRA 分析

子事件的 HRA 分析是根据需要对子事件特征"是否详细分析"为"是"的子事件进行进一步分析。分析可以分为积极 PSF 分析、消极 PSF 分析和 PSF 权值录入。下面分别就该三个方面的分析进行介绍。

#### 9.3.5.1　积极 PSF 的确定

在菜单栏的"数据添加"选项卡点击"PSF 分析及录入"区域中的"积极 PSF"按钮,客户区会转换为图 9-13 所示的界面。

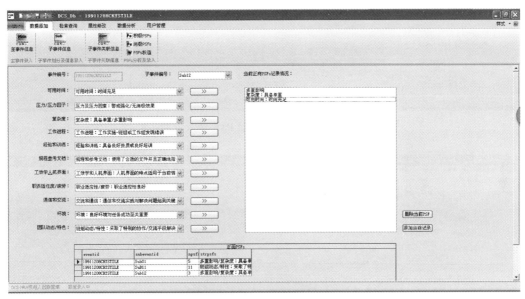

**图 9-13　子事件的积极 PSF 录入界面**

该界面可以分为三个区域,上面为数据输入区,包括左边的子事件选定和积极 PSF 的选定的相关控件,以及右侧的积极 PSF 选定的展示区;下面为当前事件的积极 PSF 数据展示区,包括当前事件的所有需要"详细分析"的子事件积极 PSF 记录。该界面提供了对数据库记录的增加、删减及编辑接口,可以非常方便地进行数据录入和编辑。

#### 9.3.5.2　消极 PSF 的确定

在菜单栏的"数据添加"选项卡点击"PSF 分析及录入"区域中的"消极 PSF"按钮,客户区会转换为图 9-14 所示的界面。

该界面的区域划分以及操作和 9.3.5.1 节类似,在此不再赘述。

#### 9.3.5.3　PSF 权值的确定

PSF 权值的确定是对当前子事件的 PSF 按类进行赋值。在菜单栏的"数据添加"选项卡点击"PSF 分析及录入"区域中的"PSF 权值"按钮,客户区会转换为如图 9-15 所示的界面。

在该界面,针对主事件下的特定子事件,可以进行 PSF 权值的添加、修改和删除。本系统改变了传统 PSF 评价方法(如分为 3 个等级:好、一般和差),而定义 PSF 权值于[0,1]区间,在这个区间可以更详细地为 PSF 赋值。当然,该赋值也可以和传统 PSF 赋值方法进行转换,如 [0,0.333]为差,(0.334,0.666]为一般,(0.667,1)为好。

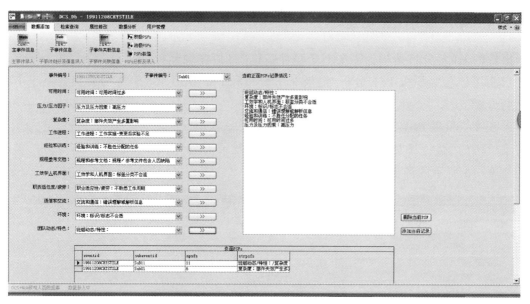

**图 9-14　子事件的消极 PSF 录入界面**

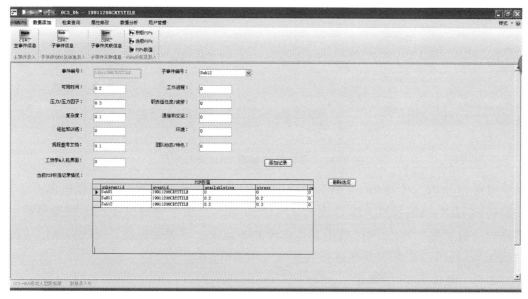

**图 9-15　PSF 权值录入界面**

### 9.3.6　数据库检索

虽然在前面数据录入的过程中,用户也可以通过"数据展示区"的数据表格查看数据库的相关记录,但是这是一种相对被动的数据查询方法。DCS-HRA 数据库系统提供了两个检索界面:基于主事件特征的检索查询以及基于子事件的检索查询,用户可以更便捷地检索所需信息。

在菜单栏的"检索查询"选项卡点击"主事件特征"按钮,客户区会转换为如图 9-16 所示的界面。

如图 9-16 是进入该操作的初始画面,显示所有的主事件记录。在上部的数据输入区可以根据不同的特征输入相应的数据,在输入过程中会提示输入的格式。可以添加多个检索特征进

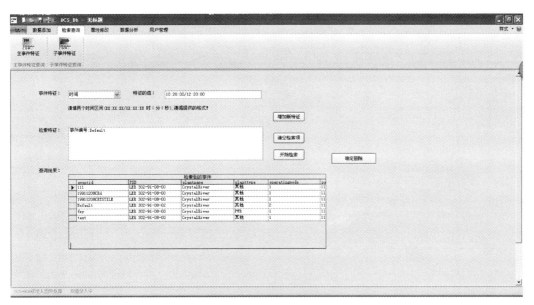

图 9-16　主事件特征检索

行检索,以缩小检索范围。

同样的,子事件特征检索方法类似,不在此赘述。

### 9.3.7　属性修改

系统提供的属性修改模块主要包括两个界面:属性增删(图 9-17)和参数修改(图 9-18)。属性增删主要针对 PSF 的添加,随着电厂软硬件环境的改善、操作人员工作方式的改进以及数据搜集方法手段的提升,在数据采集过程中可能会发现新的 PSF。因此系统提供了一个接口添加新的 PSF。

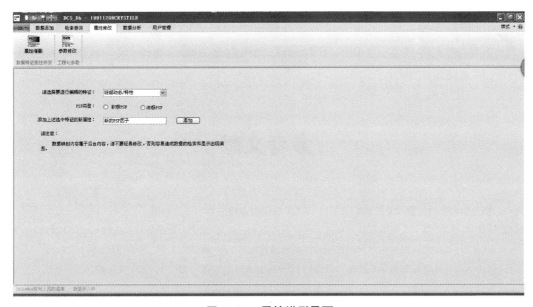

图 9-17　属性增删界面

图 9-18 给出了基于工程化的人因可靠性参数设置界面,包括对觉察失误概率的值、在诊

断、决策和操作过程中的 PSF 值、标称失误概率和决策失误概率等进行设置,具体的数据设置信息可以参看本书第 8 章。

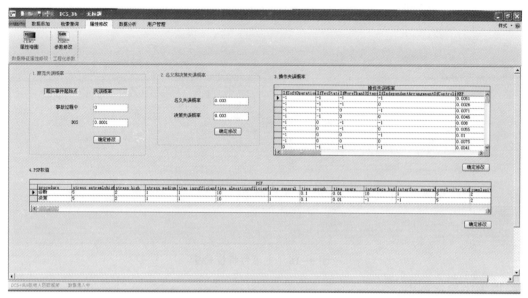

图 9-18　参数修改界面

## 9.4　本章小结

　　本章结合主控室数字化之后的 DCS-HRA 研究背景,给出了 DCS-HRA 模型框架下的数据库系统设计方法,并基于 Visual Studio 2010 构建了系统的软件平台,采用 SQL Server 2008 进行了数据库的设计和数据存储,实现了操纵员及班组失效概率的定量计算功能以及核电厂人因数据的采集、存储、检索等技术,为 DCS-HRA 研究提供数据方面的支持,也为核电厂人因事故预防提供了一种信息交流的平台。

## 参考文献

[1] 张力. 人因分析面临的问题及发展趋势[J]. 中南工学院学报,1999,13(2):3-10.
[2] 李鹏程,陈国华,张力,等. 人因可靠性分析技术的研究进展与发展趋势[J]. 原子能科学与技术,2011,45(3):329-340.
[3] 张力,张宁,王晋,等. 大亚湾核电站人因数据管理系统结构设计[J]. 核动力工程,2000,21(2):167-172.
[4] 高文宇,张力. 人因可靠性数据库基础架构研究[J]. 中国安全科学学报,2010,20(12):63-67.

# 第10章　DCS-HRA软件系统

第8章针对数字化后的人因可靠性计算问题,建立了一种新的 HRA 计算模型(DCS-HRA模型),本章旨在采用计算机语言实现该模型并编制相应的分析软件系统。软件系统的形成,需要经过需求分析、模型构建、算法提炼及实例验证等阶段,最终才能进行编码实现。

## 10.1　DCS-HRA 软件系统需求分析

DCS-HRA 软件系统作为数字化主控室的风险管理工具,它应达到三个基本目标:辨识什么失误可能发生;这些失误发生的概率;如何减少失误和/或减轻其影响。因此,一个功能完备的DCS-HRA 软件系统需要满足以下要求[1]。

(1)提供输入描述主控室 MCR 中人员行为的主要认知特点及描述人因失效模式和失效机制的特征变量的接口。

(2)模型输入和输出必须清楚,可以追溯,并且分析可以复制,尽量减少歧义和异议,尽可能少地采用专家判断。

(3)根据输入的人员行为的主要认知特点及描述人因失效模式和失效机制的特征变量,调用 DCS-HRA 计算模块来对人因事件进行定性、定量分析和计算。

(4)必须能够支持数据收集、实验验证和 PSA 的应用。数据和模型紧密相连,模型必须是数据驱动的,而数据收集和分析必须是模型驱动的,亦即有固定的收集和分析的框架。

以下内容主要介绍 DCS-HRA 计算模型的算法描述及编码实现。

## 10.2　DCS-HRA 计算原理

所有的 HRA 模型都包含人因失误概率(HEP)的计算,这是对人的可靠性/人因失误的测量,也是 HRA 对 PSA 的主要贡献之一。

HEP 可定义如下:

$$HEP = \frac{人因失误实际发生的次数}{人因失误可能发生的机会数} \quad\quad (10-1)$$

核电厂主控室运行班组人员主要由操纵员(RO)和协调员/机组长(US)组成,其中 RO 主要涉及的任务有:觉察系统异常/事故、诊断(监视+状态评估)、决策(监视+响应计划)、操作(响应执行),而 US 从 RO 的一系列操作中做出综合的认知判断,并及时纠正 RO 做出的错误操作。事件的人因失误概率与班组诊断失误概率、班组决策失误概率、操作失误概率相关,而班组诊断、班组决策及操作又可进一步分解为 RO 和 US 在完成上述各阶段任务的子任务的集合。定义各子任务的基本失误概率,同时考虑班组作业过程中相应的 PSF,并引入 US 与 RO 的相关性,如 8.2 节所述,可将计算事件的人因失误概率的原理流程描述如图 10-1 所示。

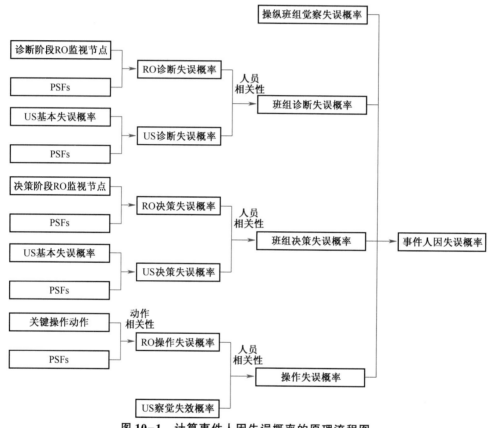

图 10-1　计算事件人因失误概率的原理流程图

分别用 $P_1$、$P_2$、$P_3$、$P_4$ 表示 RO 察觉失误概率、US 诊断失误概率、US 决策失误率、RO 操作失误概率,则事件人因失误概率 $P_{HEP}$ 为

$$P_{HEP} = P_1 + P_2 + P_3 + P_4 \quad\quad (10-2)$$

## 10.3　算法描述

列出事件过程中的操纵员行为,提取其中的人因事件,分析每个人因事件中 RO 的动作,将这些动作分解为基本事件,查相关表获取这些基本事件的标称失误概率。同时,必须考虑 RO 操

作时的心理压力、时间压力、培训水平、人-机界面水平等一系列因素,并据此确定相应的 PSF;除此之外,还须考虑协调员和 RO 之间的相关性,综合上述各因素计算出班组人因失误概率。算法具体描述如下。

**第 1 步**:按顺序列出事件过程中的人因事件。

**第 2 步**:确定察觉失误概率 $P_1$。若事故是在正常工况下发生,$P_1 = 10^{-5}$;若事故是在事故处理过程中发生,$P_1 = 0$。

**第 3 步**:计算 RO 诊断失误概率 $P_{\text{Rdiag}}$。列出诊断阶段 RO 监视节点,设该节点数 $N_1 = n$。确定该过程中 RO 的心理压力修正因子 $k_{n1}$、时间压力修正因子 $k_{n2}$ 及每个节点的目标显著性修正因子 $k'_n$,则 $P_{\text{Rdiag}} = \left[1 - \prod\limits_{i=1}^{n}(1 - 0.003k'_{ni})\right]k_{n1}k_{n2}$。

**第 4 步**:计算 US 诊断失误概率 $P_{\text{Udiag}} = 0.01k_1 \cdot k_2 \cdot k_3 \cdot k_4 \cdot k_5 \cdot k_6$,协调员未能恢复 RO 诊断失误的概率 $P_{\text{rec}} = \dfrac{1 + 19 \times P_{\text{Udiag}}}{20}$。

**第 5 步**:班组诊断失误概率 $P_2 = P_{\text{Rdiag}} \cdot P_{\text{rec}}$。

**第 6 步**:计算 RO 决策失误概率 $p_{\text{dici}}$。列出决策阶段操纵员监视节点,设该节点数 $N_2 = m$。并确定该过程中操纵员的心理压力修正因子 $k_{m1}$、时间压力修正因子 $k_{m1}$ 及目标显著性修正因子 $k'_m$,则 $p_{\text{Rdici}} = \left[1 - \prod\limits_{i=1}^{m}(1 - 0.003k'_{mi})\right]k_{m1}k_{m2}$。

**第 7 步**:计算 US 决策失误概率 $P_{\text{Udiag}} = 0.01k_1 \cdot k_2 \cdot k_3 \cdot k_4 \cdot k_5 \cdot k_6$,协调员未能恢复 RO 诊断失误的概率 $P_{\text{rec}} = \dfrac{1 + 19 \times P_{\text{Udici}}}{20}$。

**第 8 步**:班组诊断失误概率 $P_3 = p_{\text{Rdici}} \cdot P_{\text{rec}}$。

**第 9 步**:构建 RO 动作树,树中第 $i$ 个节点所对应的相关变量用下标 $i$ 表示。根据树中每个操作的控件类型、操作步骤数、屏幕选择类型、控件选择类型及控件操作类型,查第 8 章表 8-15 和表 8-16 确定相应的操作选择失误概率 $P_{A1i}$、屏幕选择失误概率 $P_{B1i}$、控件选择失误概率 $P_{C1i}$ 和控件操作失误概率 $P_{D1i}$,则 RO 操作第 $i$ 个动作的失误概率 $P_{\text{Ropi}} = P_{A1i} + P_{B1i} + P_{C1i} + P_{D1i}$;

**第 10 步**:计算 RO 的操作失误概率。考虑心理压力 $k_{1i}$、时间压力 $k_{2i}$ 两个 PSF 对 $P_{\text{Ropi}}$ 进行修正:

$$P'_{\text{Ropi}} = k_{1i} \cdot k_{2i} \cdot P_{\text{Ropi}}$$

**第 11 步**:根据相邻动作间的动作相关性,查表 8-6 确定 $P'_{\text{Ropi}}$ 的修正方法,并得到修正后的 RO 操作失误概率 $P_{\text{Ropi}}$。

**第 12 步**:US 未能察觉 RO 操作失误的名义概率 $P_{\text{det}} = 0.003$,US 与 RO 间的人员相关性为低相关,因此 US 未能察觉 RO 操作失误的概率为

$$P_{\text{Uopi}} = \frac{1 + 19 \times P_{\text{det}}}{20} = 5.3 \times 10^{-2}$$

**第 13 步**:计算第 $i$ 个动作的操作失误概率 $P_{4i} = P_{\text{Ropi}} \cdot P_{\text{Uopi}}$。

**第 14 步**:遍历动作树中所有节点,所有节点的操作失误概率累加即为班组操作失误概率 $P_4 = \sum\limits_{i} P_{4i}$。

**第 15 步**：班组失误概率为 $P_{HEP} = P_1 + P_2 + P_3 + P_4$。

上述算法的流程图如图 10-2 所示。

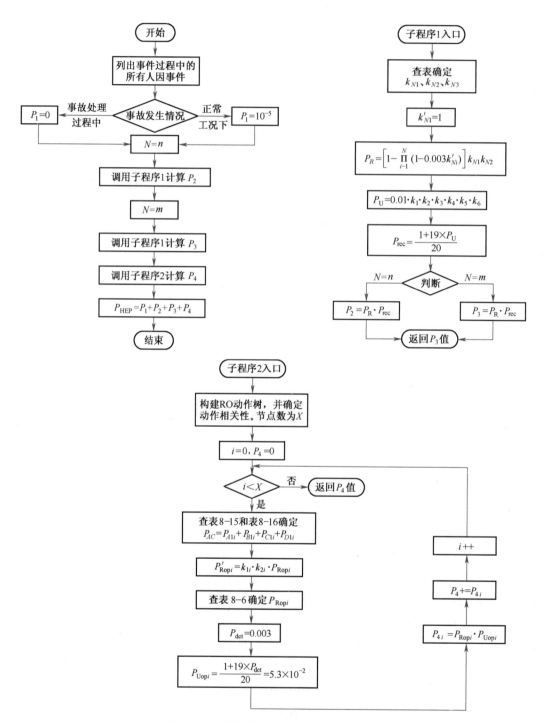

**图 10-2　事件人因失误概率算法流程图**

## 10.4 应用实例

利用一个实际案例来说明事件的人因失误概率算法的使用方法以及 DCS-HRA 计算模型的可行性。

事件描述:蒸汽发生器 1 根传热管断裂,二次侧失效,未及时进入 ECP4 规程实施充排。

### 10.4.1 事件过程描述

(1) SGTR 事故后,RO 根据二次侧 N16 放射性的 DOS 信号,进入 DOS。RO1 根据蒸汽发生器放射性信号确认破损 SG 并进入 ECP3 规程,RO2 使用 ECS 规程配合处理事故。

(2) 由于辅助给水系统启动或运行失效,使得完好蒸汽发生器丧失水源,最终 SG 排空后,二次侧无法带热,导致一回路温度上升,过冷度下降。

(3) 如果二次侧失效,在蒸汽发生器水位低于-10m 信号出现后,协调员根据 ECT3 规程判断三台蒸汽发生器不可用,通过执行再定向发现需要更换到 ECP4 规程处理事故,之后通知一回路操纵员执行 ECP3 再定向模块并确认转向执行 ECP4。

(4) RO1 也可以根据 ECP3 再定向同样判断进入 ECP4 规程。

(5) 进入 ECP4 规程后,RO1 根据堆芯出口温度高于 330℃ 进入 S04 序列进行充排,在后备盘(BUP)手动打开稳压器的三个安全阀并确认安全注入系统运行,以确保堆芯的安全。

(6) 协调员执行 ECT3/4 规程监督以上过程。

### 10.4.2 操纵员行为分析

该事件中 RO 行为主要可分为四个阶段:

(1) 第一阶段,根据蒸汽发生器水位低于-10m 信号,协调员执行 ECT3 再定向程序判断三台蒸汽发生器不可用,需要更换到 ECP4 规程处理事故,之后通知 RO1 转入 ECP3 再定向模块。

(2) 第二阶段,RO1 根据 ECP3 再定向模块对系统状态进行持续的监视和判断。此时 RO 的主要行为是对事件进行诊断;与此同时,协调员执行 ECT3 规程,诊断电厂状态,并通过自身知识经验,对 RO1 进入 ECP4 请求进行确认并对可能发生的失误进行恢复。此时,RO 的主要行为是对状态功能降级水平进行诊断。

(3) 第三阶段,ECP4-IO 中 RO1 根据规程指引继续监视系统参数,进入 S04 序列;协调员执行 ECT4 规程,进一步确认电厂状态并做出缓解电厂故障的决策措施,并通过自身知识经验,对 RO1 选择的 S04 序列进行确认并对可能发生的失误进行恢复。此时,RO 的主要行为是做出决策。

(4) 第四阶段,进入 ECP4 的 S04 序列后,RO1 打开稳压器保护阀并投运高压安全注入系统和低压安全注入系统,进行充排操作。协调员执行 ECT4 规程对 RO1 操作的效果进行监督。此时,RO 主要行为是操作动作的执行。

### 10.4.3 事件成功准则

RO 在 60min 内根据 ECP4 规程实施充排冷却。

对于 1 根传热管断裂的 SGTR 事故，操作的成功准则为至少打开三个稳压器保护阀中的一个，至少成功操作两个安全注入系统投运按键中的一个。

### 10.4.4 调查与访谈结论

（1）根据热工水力计算，对于 1 根 SG 传热管断裂，实施充排冷却的允许时间是 60min。根据访谈，协调员执行 ECP3 再定向时间为 5min；RO1 执行 ECP3 再定向时间为 5min，执行 ECP4 初始导向程序为 5min，执行充排操作需要 2min。

因此有：

诊断、决策所需时间：$5+5+5=15(\min)$

诊断、决策的可用时间：$60-2=58(\min)$

操作所需时间：$2(\min)$

操作可用时间：$60-15=45(\min)$

（2）根据访谈，RO 诊断阶段心理压力高；决策阶段心理压力极高；操作阶段心理压力极高。

（3）根据调查，该任务的复杂度为中等复杂。

（4）根据访谈，RO 对该事件培训水平为一般。

（5）根据调查，规程为状态导向规程。

（6）根据系统假设，人-机界面水平为一般。

### 10.4.5 建模与计算

事件失误率：

$$P = P_1 + P_2 + P_3 + P_4$$

式中　$P_1$——操纵员未能觉察到该事件的概率；

$P_2$——诊断失误概率；

$P_3$——决策失误概率；

$P_4$——操作失误概率。

（1）根据系统假设与边界，$P_1 = 0$。

（2）诊断阶段。

① 对于操纵员，诊断阶段监视节点如表 10-1 所列。

表 10-1　诊断阶段操纵员监视节点表

| 序号 $i$ | 1 | 2 | 3 | 4 |
|---|---|---|---|---|
| 监视节点 | 压力容器水位 | $\Delta T_{\text{sat}}$ | 安全壳放射性 | SG 水位 |
| 目标显著性 PSF 取值 $K'$ | 1 | 1 | 1 | 1 |

$K_1 = 0.01$　　（很多时间）

$K_2 = 2$　　　（心理压力高）

得

$$P_{\text{Rdiag}} = 2.4 \times 10^{-4}$$

② 对于协调员,其诊断过程 PSF 取值分别为

$k_1 = 0.01$　　（很多时间）

$k_2 = 2$　　（心理压力高）

$k_3 = 2$　　（中等复杂度）

$k_4 = 1$　　（一般培训水平）

$k_5 = 0.5$　　（状态导向规程）

$k_6 = 1$　　（一般水平的人-机界面）

得

$$P_{\text{Udiag}} = 2 \times 10^{-4}$$

③ 协调员未能成功恢复 RO 诊断失误的概率（人员相关性水平为低相关）为

$$P_{\text{rec}} = \frac{1 + 19 \times P_{\text{Udiag}}}{20} = 5.0 \times 10^{-2}$$

④ 班组诊断失误概率为

$$P_2 = P_{\text{Udiag}} \times P_{\text{rec}} = 1.2 \times 10^{-5}$$

（3）决策阶段。

① 对于操纵员,决策阶段监视节点如表 10-2 所列。

表 10-2　决策阶段操纵员监视节点表

| 序号 $i$ | 1 | 2 | 3 | 4 | 5 | 6 |
|---|---|---|---|---|---|---|
| 监视节点 | 主泵状态 | 压力容器水位 | $\Delta T_{\text{sat}}$ | 反应性 | 停堆时间 | 堆芯出口温度 |
| 人-机界面 PSF 取值 $K'$ | 1 | 1 | 1 | 1 | 1 | 1 |

$K_1 = 0.01$　　（很多时间）

$K_2 = 5$　　（心理压力极高）

得

$$P_{\text{dec}} = 8.9 \times 10^{-4}$$

② 对于协调员,其决策过程 PSF 取值分别为

$k_1 = 0.01$　　（很多时间）

$k_2 = 5$　　（心理压力极高）

$k_3 = 2$　　（中等复杂度）

$k_4 = 1$　　（一般培训水平）

$k_5 = 0.5$　　（状态导向规程）

$k_6 = 1$　　（一般水平的人-机界面）

得
$$p_{\text{Udici}} = 5 \times 10^{-4}$$

③ 协调员未能成功恢复 RO 决策失误的概率（人员相关性水平为低相关）为

$$P_{\text{rec}} = \frac{1 + 19 \times P_{\text{Udici}}}{20} = 5.0 \times 10^{-2}$$

④ 班组决策失误概率为

$$P_3 = P_{\text{Udici}} \times P_{\text{rec}} = 4.51 \times 10^{-5}$$

（4）操作阶段。

操纵员操作失误概率为

$$P_4 = P_4' \times K_1 \times K_2 \times P_{\text{rec}}''$$

操纵员操作动作及考虑成功路径和相关性的失误率如表10-3所列。

表10-3 考虑了成功路径和相关性的失误率

| 功能 | 操作动作 | BHEP | 来源 | 相关性等级 | HEP |
|---|---|---|---|---|---|
| 打开稳压器保护阀 | 打开 RCP020VP | 0.0041 | 表8-16(1) | — | 0.0041 |
| | 打开 RCP021VP | 0.0041 | 表8-16(1) | 完全相关 | 0 |
| | 打开 RCP022VP | 0.0041 | 表8-16(1) | 完全相关 | 0 |
| 投运高压安全注入系统 | 操作 RPA058TO | 0.0041 | 表8-16(1) | 零相关 | 0.0041 |
| | 操作 RPB058TO | 0.0041 | 表8-16(1) | 完全相关 | 0 |

根据成功准则,有操作基本失误概率:

$$P_4' = 0.0041 + 0.0041 = 8.2 \times 10^{-3}$$

又 $K_1 = 0.01$　　（很多时间）

　$K_2 = 5$　　（心理压力极高）

由22.3节假设与边界,设协调员未能察觉操纵员操作失误的概率为 $P_{\text{det}} = 0.003$,则协调员未能成功恢复操纵员操作失误的概率为

$$P_{\text{rec}}'' = \frac{1 + 19 \times P_{\text{det}}}{20} = 5.3 \times 10^{-2}$$

得

$$P_4 = P_4' \times k_1 \times k_2 \times P_{\text{rec}}'' = 2.2 \times 10^{-5}$$

### 10.4.6　本事件人因失误概率

本事件人因失误概率为

$$P = P_1 + P_2 + P_3 + P_4 = 7.88 \times 10^{-5}$$

## 10.5　算法实现

采用VC 2008作为开发工具,实现本报告中所述的工程化算法,开发了计算软件(DCS-HRA 1.0),其软件界面及操作方法介绍如下。

### 10.5.1　菜单界面

事件人因失误概率的计算包括察觉失误概率、诊断失误概率、决策失误概率和操作失误概率四个方面的计算;然后,汇总计算出事件人因失误概率;最后,可将该人因事件存储到本地文件或者存储到数据库中。因此,在软件菜单中分别设置"察觉失误概率""诊断失误概率""决策失

误概率""模型集成""保存到文件""保存到数据库"七个功能按钮,如图 10-3 所示。

（a）                              （b）

**图 10-3   DCS-HRA 1.0 分析软件菜单界面**

（a）"数据管理"菜单；（b）"计算"菜单。

## 10.5.2   功能界面及使用方法

以 10.4 节中的案例为例,将案例中各参数输入 DCS-HRA 1.0 分析软件进行计算,其计算过程描述如下。

1. 计算觉察失误概率

该人因事件为事故处理过程中发生,在"觉察失误概率计算"对话框中选择对应选项,其相应界面及计算结果如图 10-4 所示。

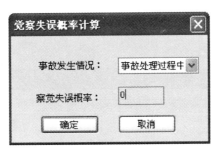

**图 10-4   察觉失误概率计算界面及计算结果**

2. 计算诊断失误概率

将第 8 章中的相关参数输入到"班组诊断失误概率计算"对话框中,其相应界面及计算结果如图 10-5 所示。

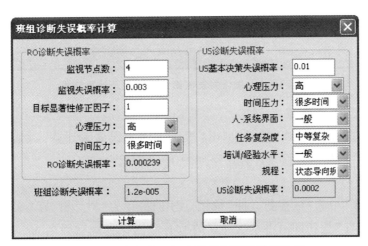

**图 10-5   诊断失误概率计算界面及计算结果**

### 3. 计算决策失误概率

将第8章中的相关参数输入到"班组决策失误概率计算"对话框中,其相应界面及计算结果如图10-6所示。

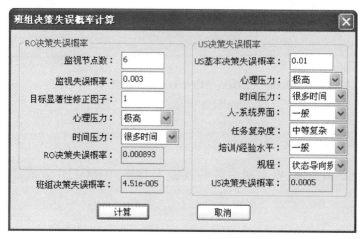

**图 10-6    决策失误概率计算界面及计算结果**

### 4. 计算操作失误概率

将第8章中的相关参数输入到"操作失误概率计算"对话框中,其相应界面及计算结果如图10-7所示。

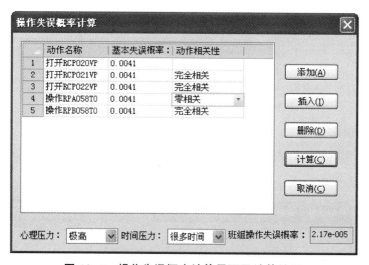

**图 10-7    操作失误概率计算界面及计算结果**

### 5. 计算事件人因失误概率

点击菜单栏中的"模型集成"按钮,弹出"事件人因失误概率计算"对话框,系统自动计算出事件人因失误概率,其相应界面及计算结果如图10-8所示。

### 6. 保存成文件

点击"数据管理"中的"保存到文件"按钮,调用"另存为"对话框,在"文件名"文本框内输入文件名,再点击"保存"按钮即可将本次计算的所有数据保存成后缀名为.dhf的二进制文件,方便以后随时查询、修改。其界面如图10-9所示。

图 10-8 事件人因失误概率计算界面及计算结果

图 10-9 "保存到文件"界面

#### 7. 保存到数据库

点击"数据管理"中的"保存到数据库"按钮,此时系统会询问是否确定将数据保存到数据库(图 10-10),点击"是",系统自动将所有数据保存到后台数据库中;点击"否",即放弃保存到数据库。

图 10-10 询问是否将数据保存到数据库

#### 8. 打开文件

点击"数据管理"中的"打开文件"按钮,调用"打开"对话框,在该对话框中打开已保存的 *.dhf文件,即可将之前保存的数据读取到 DCS-HRA 软件中,操作界面见图 10-11,选择已保存的 sample.dhf 文件,再点击"打开"按钮。

图 10-11 "打开文件"操作界面

### 9. 导入数据库记录

点击"数据管理"中的"导入数据库记录"按钮,系统弹出"数据库"对话框,此对话框中会显示所有保存到后台数据中的数据,在该对话框中可以对数据库记录进行浏览、删除、导入等操作。其操作界面如图 10-12 所示。

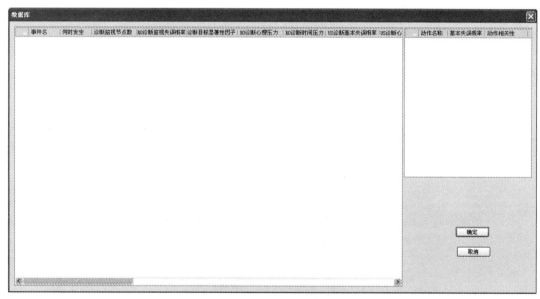

图 10-12 "数据库"对话框

## 10.6 本 章 小 结

提出了一种新的适用于数字化主控室人因失误概率计算的工程化方法,并采用 VC2008 为开发工具予以实现,编制了 DCS-HRA 1.0 软件。本章详细阐述了该算法的基本原理、执行步骤,并结合一个实例说明了该算法的使用方法以及采用 DCS-HRA 1.0 软件进行计算的具体步骤,其计算结果与实际情况相吻合,若将所有采用该软件进行分析的人因事件输出到数据库中,该数据库将对日后的 HRA 起到较好的指导作用,为数字化主控室中的事件人因失误概率的计算提供了一种新的可靠计算及分析工具。

# 参考文献

[1] Versteeg M F. Procedures for conducting probabilistic safety assessments of nuclear power plants ( level 1 ) [R]. IAEA No. 50-p-4, Vienna,1992.

[2] Swain A D,Guttmann H E. Handbook of human reliability analysis with emphasis on nuclear power plant applications[R]. NUREG/CR-1278,Washington,D. C. ,1983.

# 第11章　数字化核电厂人因失误分析技术

人因事故调查技术主要有三类：第一类从系统工程技术角度，关注重要事件和技术失效分析，如故障树和事件树等[1-3]。第二类从心理学角度，关注人因失误及其机理的分析技术，研究者们对失误类型、失误机理和失误产生条件（EPC）做了大量的评价和实用的分类[4-6]，如针对核电厂、化工厂、航空、航海等高风险行业所产生的人因失误开发了大量的分析技术[7-10]。第三类关注工作环境和组织管理因素对人因失误的影响分析，它将人因失误看作一个结果，分析引起人因失误的原因，预防和减少人因失误的发生。

尽管现有多种人因失误分析技术，但受历史的发展、技术、环境的动态变化以及对问题认识的深入程度等诸多原因的影响，这些分析技术存在诸多不足，其主要表现在以下几方面[11-17]。

（1）人因失误分析技术的多样性、复杂性以及适用条件的局限性，同时缺乏各种技术的评价标准，致使分析人员很难选取适当的技术对人因失误事件/事故进行分析。

（2）许多分析技术基于事件/事故模型进行调查分析，但由于模型的适用条件不同以及自身不够完善，如可用性差、缺乏分析框架、分类不完善，过多的专业术语等，因而使其分析结果不完全，一致性差，有时甚至大相径庭。

（3）许多方法虽然分析了事件/事故原因，但没有进一步分析最根本的原因。因此，依据这样的分析技术制订的事件/事故报告，其提供有价值的信息有限，不利于经验、知识的学习和数据的收集，从而对预防人因失误作用不大。

（4）调查人因失误发生的原因，必须了解人因失误的基本组成部分：外在失误模式、心理失误机理以及人因失误影响因素，然而没有一个技术完整、全面地包含上述三个方面（注：人因失误影响因素等同于人因失误原因因素）。

（5）通过分析得到影响人因失误的根原因，但没有考虑各因素的重要度。尽管现在研究者认识到这一点的重要性，并正在着手研究，但大部分研究是基于数理统计分析或专家判断来确定影响因素的重要度。然而，数理统计分析需要大量的样本，专家判断难免不包含专家的主观看法。

在过去的30年里，发展了数十种人因失误分析技术[18]，包括人因失误辨识技术、人因失误原因分析技术和预测分析技术。特别是由于高风险系统中相继发生的重大事故，更促进了人因失误预测技术的发展，如危险和操作可靠性研究技术（HAZOP）[19]、THERP[20]、系统化的人因失误减少和预测技术（SHERPA）[21]、人的可靠性管理系统（HRMS）[22]、认知和恢复任务调查（INCORRECT）[7]、CREAM[9]、ATHEANA[23]、认知失误的回溯性和预测性分析技术

（TRACEr）[15]等。从系统安全和可靠性角度来看，人因失误预测技术比人因失误原因分析技术具有更好的实践应用价值[24]。尽管在人因失误预测技术方面有了很大的发展，但是事实上，考虑到发展中工作量的问题，现有的技术比预期使用的更少[25]。Johnson[26]认为人因可靠性分析方法在很多工业系统中产生的影响很小，因为人因失效的研究过多考虑的是系统发展中的问题。根据Johnson的观点，日益难以理解的认知模型和组织失效模型对实践的指导性意义不大，如不良的方法指导，分析人员的主观性，不良的失误预测，关注事故而非事件，关注个别操纵员或系统，潜在的失效的情境影响因子很难达成一致等。尽管Johnson的评论有待商榷，但也说明现在的技术用于安全关键系统的设计和运行阶段存在严重的问题。Kirwan[13,15]首次建立评估标准对常用的人因失误辨识技术进行了评价，如表11-1所列。综上可知，当前的人因失误预测技术的主要问题表现在[15,27]：

（1）低可用性，由于缺乏结构、过多的专业术语或过度的分解；

（2）低情境有效性，没有充分考虑重要的情境环境因子；

（3）低应用范围，如只能应用于技能型、规则型的绩效分析，或只能应用于特定的领域或小规模系统；

（4）低预测精度，由于缺乏人因失误模式与情境影响因子之间的因果关系的说明，使得预测精度低；

（5）缺乏可支持性的证据来验证它们的有效性、一致性、可靠性和可验证性。

表11-1 人因失误辨识技术的比较评价

| 维度 | SHERP | TAFEI | CREAM | GEMS | HEIST | PHEA |
|---|---|---|---|---|---|---|
| 全面性 | M | L | H | H | H | L |
| 结构化程度 | H | H | M | L | M-H | H |
| 各阶段的应用能力 | H | L | H | L | M-H | M |
| 交互评价的可靠性 | H | H | H | L | N/K | M |
| 预测的精确性 | M | M-H | M | L | N/K | N/K |
| 理论上的有效性 | H | H | H | H | H | M |
| 情境的有效性 | L | L | M-H | L | L | L |
| 弹性 | M | L | M | L | M | M |
| 有效性 | M | L-M | H | M | M-H | M-H |
| 资源效率（培训） | M | M | L | L | M | L-M |
| 资源效率（时间） | M | L-M | L | L | M | L |
| 资源效率（专家） | M | M | L-M | L | M | L |
| 可用性 | M | M | L-M | L | M | M |
| 可审计性 | M-H | H | M-H | M | M | M-H |
| 注：L表示低，M表示中等，H表示高，N/K表示不清楚 | | | | | | |

随着计算机技术、控制和信息技术的快速发展和日益成熟，核电厂中的仪表和控制系统由传统的模拟控制发展为数字控制，控制室人-机界面由以常规监控盘台为主发展为以计算机工作站为主。国外已经完成先进主控制室设计的核电厂及其供应商有：N4（法国电力集团（EDF），APWR21000（美国西屋公司、日本三菱公司），ABWR（美国通用电器（GE）公司、日本东芝与日

立公司),系统80+(美国燃烧工程(ABB2CE)公司)。韩国通过技术引进消化也在开发标准型压水堆核电厂设计,其先进主控制室的(类似于系统80+)设计与验证也正在进行中。目前已经完成样机制作并完成设计功能、操作功能验证的有:N4(法国EDF),APWR(日本三菱,西屋公司),ABWR(美国GE公司、日本东芝与日立公司),系统80+(美国ABB2CE公司)。已投入实际核电厂使用的有N4(法国EDF),ABWR(美国GE、日本东芝与日立公司)[28]。我国正在运行的田湾核电厂和岭澳二期核电厂都是数字化控制系统,并且在建核电厂基本都采用数字化控制系统。数字化控制系统与传统的模拟控制系统相比,在技术系统、人-系统界面、规程系统、报警系统、分析和决策支持系统、班组之间的结构和交流路径等影响人的可靠性的情境环境发生变化,改变了操纵员的认知过程和行为响应方式等[29,30]。人与自动化的仪表和控制系统的交互作用也越来越复杂,人的角色从操作者逐渐转变到监控、决策和管理者,多方面共同作用使人因失误出现了新的特征(如模式混淆、情景意识丧失)和新的人因失误分布(如执行型失误(EOC)的增加)以及新的人因失误数据和失误机理等,而使传统的HRA模型和方法难以满足人因失误和可靠性分析的要求。因此,数字化技术在核电厂等高风险系统的广泛应用以及人-机系统的动态交互过程,为人因失误分析提出了新的要求和挑战:

(1)数字化控制系统日益进入高风险系统,情境环境的变化改变了操纵员的认知和行为方式,使传统的人因失误模型难以体现真实情境下的人的认知和行为过程,需发展新的认知模型来满足新的分析要求。

(2)情境环境的变化对人因失误产生新的影响,它们之间的交互和影响关系发生变化,因此,需发展新的模型来分析人因失误机理。

(3)情境环境的变化使得传统的人因失误分析技术中的模型、分类、方法都难以满足当前人因失误分析的需求,需要发展新的人因失误分析技术。

## 11.1 核电厂数字化控制系统带来的人因失误机理变化

从人因失误的视角来看,数字化控制系统的新特性,改变了操纵员所处的情境环境,可能对操纵员产生新的影响,导致人因失误及其失误机理等也发生变化。

(1)操纵员角色和认知行为的变化。先进的数字化控制系统中操纵员角色不同于传统的模拟控制系统中的人员角色。传统控制室操纵员的角色一般是监视和操作系统,而在数字化主控室中,操纵员的角色从手动控制者转变成监控者和决策者,并且操纵员的任务中包括更多的认知工作,是通过一系列的认知行为来执行任务的[31]。

(2)操纵员所处的情境环境的变化。数字化的人-机界面改变了信息的呈现方式(如巨量信息有限显示)[32]、规程(如计算机化的操作规程)[33]、控制(如软控制)[34]、任务(如增加界面管理任务)[35]、班组的结构、交流与合作[36]等情境环境,由此可能带来新的人因问题。例如,上述特性会增加操纵员的认知负荷、消耗注意力资源和产生"锁孔效应"(Keyhole Effect)等[37],使操纵员处于控制环之外(Out-of-the-Loop)[38]。

(3)人因失误模式的变化。在传统的模拟控制室,操纵员需要来回走动,从大的显示-控制面板上的仪表读取信息、操作按钮和调节旋钮等。而数字化主控室由于情境环境因子发生变化（如基于视频显示单元（VDU）的信息显示、基于鼠标和触摸屏的过程控制、计算机化的规程系统、增加了界面管理任务的任务特征、决策支持系统带来的系统复杂性、班组结构及交流合作水平的变化等）也可能对操纵员的行为和绩效带来不利的影响，并出现新的人因失误类型（如模式混淆、数据输入错误、情景意识丧失）和新的人因失误分布（如执行型失误的增加）等[39,40]。

（4）人因失误机理的变化。人因失误机理是指引发人因失误的影响因素及其相互作用关系或产生人因失误的原理或规律。在数字化核电厂中，由于产生人因失误的情境环境的变化，使得引发人因失误的影响因素发生了变化，并且它们之间的因果关系也发生了变化，从而使人因失误的机理发生了变化。为了识别人因失误机理，为人因失误预防提供理论基础，需要通过大量的人因事件报告分析、仿真实验、核电厂模拟机实验以及操纵员访谈来进行科学和系统地识别。

## 11.2 组织定向的人因失误因果模型

人因失误模型可以分为三类：人的行为/认知模型、人-机交互模型以及人因失误事件模型。Reason[6]将失误定义为：在任何情况下，已计划好的人的心理和身体行为后果没能达到意向中的结果都称为人因失误，但是，此时的这些失误不能归因于某些偶然事件的干扰。既然人因失误不是一种偶然事件，那么就能够找到失误的机理，依此追溯人因失误的根原因。

引起人的不安全行为的前因是人的心理前因，如人的动机、期望、推理方式以及态度等，影响人的心理前因是不利的情境环境条件，称为潜在失效。这些潜在失效从根本上看是处于组织的管理控制之下。当组织管理控制不当，就会引发事故。高风险系统中发生的灾难性事故（如Flixborough泄露爆炸事故（1974），Seveso化学污染事故（1976），三哩岛核电厂事故（1979），Bhopal毒气泄漏事故（1984），挑战者号航天事故（1986）和切尔诺贝利核电厂事故（1986）]的调查已经表明组织和管理因素是引发人因失误的根原因[6,41,42]。因此，人因失误因果模型应该包括组织根原因，才有利于从源头上预防人因失误的发生。Mosleh等[43]认为组织和管理因素对人员绩效影响机理的识别需包括组织的结构和行为两方面。因为，组织/系统或组件的交互是通过"一线"人员（如操纵员、维修人员）的行为进行的，一线人员处于特定的情境环境中，其行为受各种组织因素和状态因素的影响。每个组织由不同的子组织（或部门）、团队/班组、单元以及不同的人员构成，具有自身的结构和功能，包括决策者、管理者、安全官员、工作计划制订人员等，这些不同结构层级的人的行为通过激励、设计人-机界面、教育、指导、管理和限制等手段来为操作者准备工作条件和管理"一线"操纵员的行为[44]。子组织中各层级之间也存在垂直相互影响，各层级内部单元之间以及子组织之间存在水平影响，这些影响关系是通过人的行为活动关联的。因此，建立一个有效的人因失误因果模型必须考虑组织"结构"和组织"行为"两方面，并且能系统说明组织错误和人因失误的因果机理。因此，本章建立一种组织定向的"结构-行为"模型，见图11-1，其包括四个子模型，即组织子模型、情境状态子模型、个体因素子模型以及人因失误子模型。

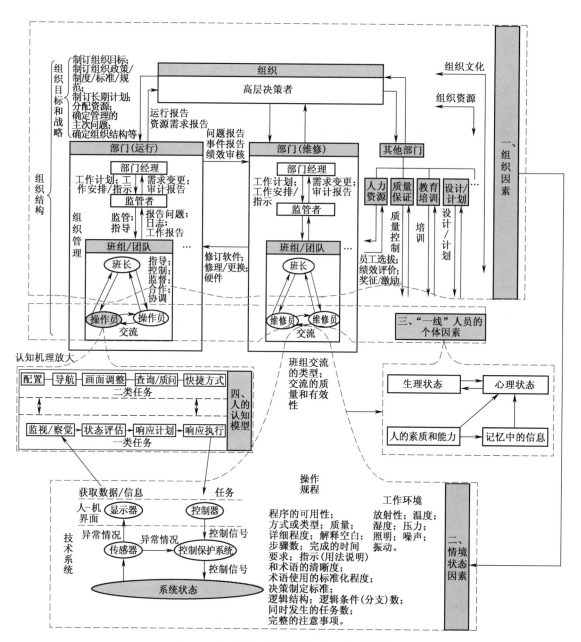

图 11-1    组织定向的"结构–行为"模型

## 11.2.1    组织子模型

组织因素子模型共分为七类:组织的目标和战略、组织结构、组织管理、组织培训、组织资源、组织设计/计划和组织文化,并分为三个层次:组织目标指导层、组织结构元素层以及组织安全、绩效支持层,见图 11-2。在组织子模型中,组织的目标和战略是由组织高层决策者制定的。部门或个人目标应该尽力服从组织目标和战略。它是制订和评价中层和低层计划、相关管理活动、确定组织结构、资源配置、管理主次问题以及提升安全水平等的指导性框架。组织结构主要由组织各组件(如人员、各部门或单元等)构成的,涉及活动、权力、责任以及资源的分配等,以达到组织功能的有效运行。组织绩效/安全支持层主要包括对个人和组织绩效以及系统安全起支持作用的组织因素。包括组织资源、组织管理、组织设计和计划、组织培训和组织文化。

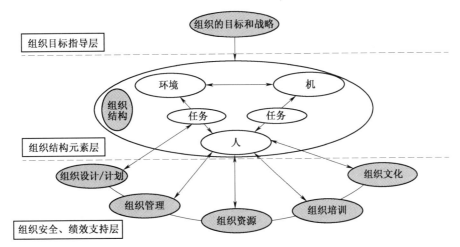

**图 11-2 组织因素相互作用和分类的概念框架**

## 11.2.2 情境状态子模型

在核电厂主控室中,人的操作行为都是在特定的场景中执行的,不同的场景中可能涉及不同的情境环境,如来自显示-控制屏上的线索或执行一个动作的可用时间等[45]。这些直接对操纵员的生理、心理状态产生影响的外部状态因素称为情境状态因素。根据定义可知,操纵员直接面对的任务特征、规程特征、工作环境特征、技术系统特征、人-机界面特征、班组交流与合作特征等都直接作用于操纵员,影响操纵员的认知和行为可靠性,情境状态子模型见图 11-3。如任务过于复杂,则会增加操纵员的认知负荷。规程的局限性则会导致操纵员的误操作,如规程没有完整的风险分析和指引,可能会导致操纵员误碰其他的开关或设备。技术系统的响应速度过慢则会给操纵员完成任务带来时间压力。不良的人-机界面设计会引发操纵员的误识别、误诊断和误操作等。与其他操纵员(如值长)交流的正确性是保证操纵员行为正确性的一个重要的影响因素。不良的工作环境(如噪声)会引起操纵员心理和生理状态的波动,导致人因失误。

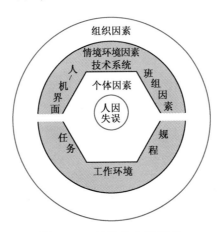

**图 11-3 情境状态子模型**

上述情境状态子模型中的各因素并不完全独立,它们之间存在相互的影响关系,如不良的人-机界面会影响班组交流和合作的有效性,技术系统的复杂性水平会影响人-机界面的设计等。另外,也有组织因素会影响操纵员的生理和心理因素,如维修计划时间安排过于紧张,则会加重维修人员的工作负荷,导致求快心理等。

### 11.2.3 个体因素子模型

电厂的状态受人的行为的影响,人的行为又受人的心理和身体状态的影响,人的心理状态和身体状态受情境环境的影响[46]。在个体因素子模型中,操纵员的可靠性除了受到外部动态的情境环境因素的影响之外,还受自身内在因素的影响,并且这些因素与情境环境和组织因素有着复杂的作用关系,个体因素是最直接导致人因失误发生的因素。人因失误直接由个体因素触发,主要是因为受情境环境因素的影响而产生个体生理、心理等因素失衡,从而导致人的认知和行为失误。尽管难以通过改变人的自身条件来提高人的认知和操作的可靠性,但是应该认识到,自身因素的优劣是相对的,这种相对的优劣程度可以通过情境环境(如良好的人-机界面有助于减轻操纵员的工作负荷)和部分组织因素(如安全文化的好坏直接影响操纵员对风险的态度)的作用来调节,因此,通过控制情境环境和组织因素的优劣可以提高人的可靠性,减少人因失误。Chang 和 Mosleh[47]建立的 IDAC 模型中将与个体有关的内部影响因素分为三类,即心理状态(Mental State)、记忆中的信息(Memorized Information)和物理因素(Physical Factors),并且给予比较详细的分类。本书补充了生理因素,从而将其分为四类,即包括心理状态、生理状态、记忆中的信息以及人的素质和能力等四类。生理状态、人的素质和能力以及记忆中的信息都会影响人的心理状态,如生理疲劳会影响人的警觉性。心理状态也会反过来影响人的生理状态,如紧张心理会引起人的生理运动机能失调等。它们之间的关系见图 11-4。

**图 11-4 个体因素内部影响子模型**

### 11.2.4 人因失误子模型

在数字化控制系统中,操纵员的主要任务表现为认知任务,主要包括监视/察觉、状态评估、响应计划、响应执行。尽管在监视阶段系统行为高度自动化,但在监视阶段也需要对收集到的信息进行辨认,决定如何处理这些信息,如筛选、保留、重组等。在状态评估阶段,操纵员仍然需要不停地监视等。因此,需要在认知模型中内嵌认知功能模型,其目的是为了分解复杂的认知任务为简单的认知子任务,直至最表层出现自动化的监视/察觉、状态评估、响应计划和响应执行。最表层的认知行为模型见图 11-5。

为了便于人因事件/事故分析和预防,可将上述模型(图 11-1)简化为图 11-6 所示的形式,称为人因失误因果概念模型。模型中各因素可能存在跳跃式影响,如组织因素影响个体因素(如变更计划时间安排过紧,则容易产生变更人员的求快心理)。另外,还包括失误恢复和屏障。就个体而言,人具有自省、识别等能力,如果个体感知到自己的某个认知、行为失效,那么就会及

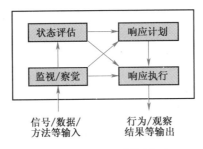

图 11-5　认知功能模型

时纠正;就整个系统和组织而言,系统可以通过系统反馈和其他人员的监管来纠正操作者的失误,这就存在失误恢复的可能。屏障是用来预防人因失误或者保护目标免受伤害的任何措施,包括硬屏障和软屏障。操作员的认知过程一般为:首先监视/察觉信息,其次通过对信息进行解释和对系统状态进行/做出评价、确定解决策略并制订执行计划,最终执行。如果发生的人因失误被及时恢复,则产生的是未遂事件,如果没有得到及时恢复,则产生的是不期望事件或人因事故。

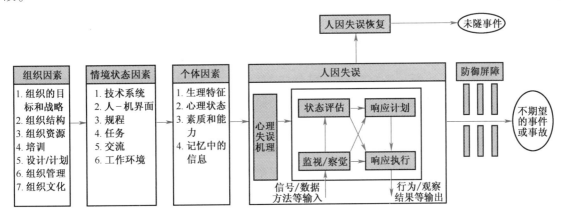

图 11-6　简化后的人因失误因果概念模型

## 11.3　基于认知行为模型的人因失误分类

### 11.3.1　人因失误分类

**1. 认知域的界定**

监视/察觉是指从复杂动态的工作环境中获取信息的行为[36]。当察觉到电厂发生异常状态后,操纵员将根据电厂的状态参数情况构建一个合理的和合乎逻辑的解释,来评估电厂所处的状态,作为后续的响应计划和响应执行决策的依据,该过程涉及操纵员两个相关的心理模型,即电厂状态模型和心智模型[48]。响应计划是指为解决异常事件而制订行动方针、方法或方案的决策过程[49]。响应执行就是执行在响应计划中确定的动作或行为序列。

对各种人因失误分类进行区分是非常重要的,因为不同的失误类型有不同的基本的失误机制(不同的心理起源),发生在不同的系统部位,由不同的失误原因引起以及需要不同的方法来进行失误管理和纠正[50]。

**2. 监视/察觉认知失误分类**

监视/察觉主要目标是获取信息和搜索信息。这种监视行为主要有数据驱动的监视(环境主导、从现象到本质、从微观到宏观)和知识驱动的监视(知识经验主导、从规律到数据、从宏观到微观)。数据驱动的监视受人-机界面设计特征或信息特征的影响,如信息的表现形式、信息的醒目性(尺寸、亮度、声音的大小等)以及信息行为(如信息信号的频宽及变化率等),例如,信号变化会迅速被操纵员频繁注意。由于这种监视是受信息的特征驱动的,因此,一般来讲该类监视被认为是"被动的",而知识驱动的监视一般看作是"主动的"监视,因为操纵员不仅仅对环境特征(如报警、系统参数异常)做出响应,而且操纵员会有意将自己的注意力导向能完成特定目标的特定信息呈现区。由于受感知到的报警、系统参数异常或备选目标的影响,故也称为模型驱动的信息搜索[7,49]。事故状态下,核电厂操纵员需要监视许多信息,但是操纵员只有有限的注意资源和记忆能力,因此,如果没有合理地分配注意资源和记忆力,则会导致信息搜索失误,从而引起各种认知失误。

在数字化控制系统中,操纵员需要从画面(报警画面、规程画面、状态画面等),后备盘,电厂记录日志和纸质规程中等获取信息。操纵员为了获取信息,首先要产生监视行为(看、听,有主动看,有被动察觉),然后视觉需定位到监视目标、对目标进行辨认,再从画面中找信息,进行认识。假设针对事故后规程中的基本任务"确认反应堆冷却剂系统(RCP)016KG处于自动",则操纵员首先需要执行监视行为(看、听、读),然后需要对这个基本任务的认识,再者需要在画面中定位或搜索到RCP016KG,最终完成单个信息的监视,如果对于复杂的任务,需要搜集多个信息,不过也是重复单个信息的认知过程。在此过程中可能产生的监视失误见表11-2。如针对多个信息搜索有:遗漏信息、收集到不相关的信息、收集到多余的信息、信息收集不充分,分别采用关键词列于表11-2中。

表11-2 核电厂数字化主控室人因失误分类

| 认知域 | 认知功能 | 人因失误 | 具体的失误(用关键词来表述) |
|---|---|---|---|
| 监视/察觉 | C1:看/听 | E1:看/听失误 | 没有,延迟,错误 |
| | C2:认识 | E2:认识失误 | 没有,延迟,错误 |
| | C3:信息定位/搜索 | E3:信息定位失误 | 没有,延迟,错误,丧失(找不到信息) |
| | C4:多个信息搜索 | E4:多个信息搜索失误 | 遗漏,不相关,不充分,多余 |
| 状态评估 | C5:对比 | E5:对比失误 | 没有,延迟,错误 |
| | C6:信息整合 | E6:信息整合失误 | 过滤、关联与分组、优先性区分失误 |
| | C7:诊断/状态解释 | E7:诊断/状态解释失误 | 没有,延迟,错误、丧失(未能做出解释) |
| | C8:原因辨识 | E8:原因辨识失误 | 没有,延迟,错误 |
| | C9:状态预计 | E9:状态预计错误 | 没有,错误 |
| 响应计划 | C10:目标识别 | E10:目标识别失误 | 没有,延迟,错误 |
| | C11:计划构建 | E11:计划构建失误 | 没有,延迟,错误 |
| | C12:评价 | E12:计划评价失误 | 没有,延迟,错误 |
| | C13:选择 | E13:计划选择失误 | 没有,延迟,错误 |
| | C14:跟随 | E14:计划跟随失误 | 没有,延迟,错误 |

（续）

| 认知域 | 认知功能 | 人因失误 | 具体的失误（用关键词来表述） |
|---|---|---|---|
| 响应执行 | C15：操作（空间） | E15：操作疏忽 | 疏忽 |
| | C16：操作（时间） | E16：没有及时操作 | 太早、太晚 |
| | C16：操作（目标） | E17：操作目标错误 | 正确的操作到错误的目标 |
| | C17：操作（方式选择） | E18：不充分的操作 | 太长/太短，太多/太少，不完全的，调节速度太快/太慢 |
| | | E19：错误的操作 | 错误的操作到正确的目标，操作在错误的方向、错误的序列、错误的输入、错误的记录 |
| | C18：信息交流 | E20：信息交流失误 | 没有，不清楚，不正确 |

**3. 状态评估认知失误分类**

在核电厂数字化控制系统中，由于自动化水平的提高，许多复杂任务都被自动化所取代（如安注的自动启动，辅助给水的自动启动等）。事故情况下，操纵员的认知行为主要表现在信息比较（如温度、压力大小的比较）、简单的判断（如确认报警是否出现，至少一个蒸发器被隔离）、简单的计算（两个蒸汽发生器（SG）的压差）等。因此，对于这些简单任务的评估称为"信息比对"，即监视中识别的参数与规程中所规定的参数的比较或系统组件的状态确定。若干简单任务的组合可以识别出系统组件的状态（如是否关闭反应堆冷却剂系统（RCP）泵需判断一系列标准）。通过简单任务的比对，可得到单一参数的结果，然后将这些结果进行信息整合（涉及理解和推理），识别更大的组件或子系统的状态，这一系列行为过程可能涉及的认知功能包括"信息比对""信息整合""状态理解"。操纵员对于系统整体状态的判断需要对各种子系统的状态的组合来进行理解和推理。同样，对于不同的故障、失效或事故的原因需要识别，才有利于响应计划的选择和制订。另外，事故的严重性、组件、子系统和系统未来发展的情况需要做出预测。对于新的情况，操纵员也需要根据自己的知识和经验，以及有限的数据，进行状态预计和深层次的推理来评估当前状态。因此，状态评估中还涉及的认知功能有"原因识别""状态预计"。同样，在越高级和复杂的状态的情景意识中越需要"监视""响应计划"以及"响应执行"的认知功能的支持。

操纵员对信息进行比对和判断，识别参数是否异常，容易产生信息的比对失误，如：没有比对或者比对延迟。针对复杂的任务，在搜集若干的信息（在监视中完成）并进行比对之后，对这个信息进行整合，综合考虑系统的状态，有可能产生对状态的解释错误、对状态的解释不充分、对状态的解释延迟，以及解释的丧失，比如有些参数与许多系统相关，则需要进一步搜集相关信息才能做出进一步的解释。其他具体的分类见表11-2。

**4. 响应计划认知失误分类**

事故情况下，操纵员先识别目标。为了完成目标，就会产生一种或多种可供选择的响应方案，评估可供选择的方案，选择最优的行为方案执行以达到目标。核电厂有正式的纸质和电子规程来指导操纵员的响应。尽管有规程的指导，但规程不一定完全正确等[51,52]。因此，操纵员在制订、评价和选择响应计划的过程中，可能出现各种人因失误。如果存在响应计划，操纵员可能在选择响应计划时出现错误，或者没能做出选择，选择之后，操纵员需跟随响应计划，在跟随的过程中可能出现失误,如果没有响应计划,操纵员需要重新评估做出新的响应计划,但响应计划可能是错误的、不充分的、无法做出以及延迟做出等。具体的分类见表11-2。

5. 响应执行失误分类

行为执行涉及可观察到的行为失误。行为失误是指在事件/事故发生之前,"一线"操纵员失误的外在表象。行为失误发生在四维时空中,可用外在失误模式(EEM)来表示。行为失误模式可以分为操作遗漏、错误的目标、错误的操作、不充分的操作和操作延迟五大类,其中操作遗漏包括遗漏规程中的步骤、没有认识到没有执行的动作、遗漏规程步骤中的一个指令等;错误的目标包括正确的操作在错误的目标上、错误的操作在错误的目标上;不充分的操作包括操作太长/太短、操作太大/太小、操作不及时、操作不完整、调节速度太快/太慢;错误的操作包括操作在错误的方向上、错误的操作在正确的目标上、操作序列错误、数据输入错误、记录错误;操作延迟包括操作太晚。另外,对于班组之间的交流错误,可以归类到行为响应失误分类中,包括错误的交流、不充分的交流、没有交流。具体的分类见表11-2。

6. 界面管理行为失误分类

一般的界面管理任务包括配置、导航、画面调整、查询和设置快捷方式。在执行界面管理任务的过程中,可能发生一系列的人因失误,见表11-3。

表11-3 界面管理行为失误分类

| 界面管理行为 | 失误分类 | 举例 |
|---|---|---|
| 导航 | 导航选择错误 | 导航条的相似性 |
| | 导航延迟 | 规程中的任务与导航条的一致性差 |
| | 不合理的导航 | 导航到不合适的屏幕 |
| | 导航路径跟随错误 | 导航路径的复杂性 |
| 配置/设定 | 没有设定 | 没有进行设定 |
| | 设定错误 | 错误的设定 |
| | 设定不充分 | 与期望不一致 |
| 画面调整 | 没有调整 | 如没有抑制报警 |
| | 调整目标错误 | 如画面覆盖重要参数 |
| | 调整顺序错误 | |
| 查询 | 没有查询(或质疑) | 没有进行质疑或查询 |
| | 查询目标错误 | 查错对象(相似性) |
| | 多余的查询 | 不必要的查询 |
| | 查询延迟 | 干扰因素过多 |
| 快捷方式 | 没有使用快捷方式 | 因不熟悉而没有执行 |
| | 快捷方式目标错误 | 因相似性带来的目标错误 |
| | 使用错误的快捷方式 | 错误的指令 |
| | 不合适的快捷方式 | 查询的信息放在不利于观察的显示屏上 |

### 11.3.2 人因失误的心理失误机理

认知失误与人的认知功能失效密切相关,可用认知失误模式来描述,表示认知功能失效及其失效方式。认知功能失效有其对应的心理失误机理(或称失误的心理原因),机理描述每个认知域中产生的认知失误模式的内在心理本质。众所周知,认知上的偏见能影响人的行为。如果能对不同的认知失误模式找到与其对应的心理失误机理,那么对于寻找失误的原因以及减少和消除失误意义重大。但是,将认知失误模式与心理失误机理一一对应存在困难,因为现存的心理学分析工具尚不足以支持对失误的心理方面有更深的理解,而且事件/事故报告中也很少涉及这种一一对应关系。在分析前人的研究成果[6,8,15]的基础上,对其进行修订和整合,将各个认知行为的认知失误与心理失误机理列于表11-4。

表11-4　认知行为失误及心理失误机理

| 认知行为 | 监视/察觉(失误) | 状态评估(失误) | 响应计划(失误) | 响应执行(失误) |
|---|---|---|---|---|
| 认知失误机理 | 感知偏爱;<br>感知混淆;<br>分心/入神;<br>任务过载;<br>感知的隧道效应;<br>空间混淆;<br>警惕心不高;<br>不合时宜的注意检测;<br>视觉疲劳;<br>频度偏爱;<br>锁孔效应等 | 知识不足;<br>没有考虑副作用;<br>整合失效;<br>错误理解;<br>认知固化(晕轮效应);<br>错误假设;<br>相似性干扰;<br>记忆阻塞;<br>记忆能力过载;<br>位置丧失;<br>锁孔效应等 | 知识不足;<br>没有考虑副作用;<br>整合失效;<br>错误理解;<br>认知固化(晕轮效应);<br>错误假设;<br>决策冻结;<br>记忆阻塞;<br>记忆能力过载等 | 手工操作的易变性;<br>空间混淆;<br>习惯性干扰;<br>相似性干扰;<br>感知混淆;<br>环境干扰;<br>意识降低;<br>过度自信;<br>责任意识差;<br>贪图方便,走捷径;<br>侥幸心理;<br>不流畅;<br>不合适的语调等 |

### 11.3.3 行为形成因子的分类

#### 1. 行为影响因素分类的依据

人因可靠性受到多种因素的影响和作用,为了较全面地考虑和分析这些因素,作者详细研究了典型的第一代、第二代和第三代 HRA 方法中的行为形成因子(PSF)(表11-5),以及 SPAR-H[53]、HFACS[55] 和 HRA 良好实践[54]、WANO 的相关分类,结合前面已识别出的数字化控制系统中主要的情境环境因素分类和作者早期关于组织因素分类的研究结果[56],作为数字化控制系统中行为影响因素分类的依据。

表11-5　PSF 分类资料

| HRA | 名称 | 描　述 |
|---|---|---|
| 第一代 | THERP | 人因失误率预测技术(THERP)[67]是由美国核管理委员会开发出来的,到目前为止是使用得最为广泛的 HRA 方法。它将人员的工作任务划分为一系列的如读数、操作等动作单元,利用人的可靠性分析事件树将各单元连接起来,在事件树中确定失效途径后进行定量计算。THERP 将 PSF 分为外部的 PSF、压力 PSF 以及内部的 PSF |

（续）

| HRA | 名称 | 描　述 |
|---|---|---|
| 第一代 | HCR | 人的认知可靠性（HCR）模型[58]是以认知心理学为基础,着重研究人在应急情景下的动态认知过程,包括探查、诊断、决策等意向行为,探究人的失误机理并建立模型,定量分析作业班组对系统异常情况未能在有限时间内做出正确响应的概率。认知可靠性模型主要考虑三个 PSF 对人因可靠性的影响,即操纵员经验、压力水平及控制室人-机界面 |
| | SLIM | 成功似然指数法（SLIM）[59]由美国核管理委员会资助开发的一类情境环境导向的 HRA 方法。应该是考虑情境环境影响的第一个 HRA 方法。在给定的事故情境下,SLIM 通过专家判断选取特定情境下和特定任务下的一套影响人的可靠性的 PSF 并确定它们的权重。然后结合考虑它们的影响得到的加权值用于修订 HEP 等。最初的 SLIM 中一个实例中包括的 PSF 有:设计的质量、规程的意义、操作的功能、班组、压力、动机/士气、能力、其他 |
| | HEART | 人因失误评价与减少技术（HEART）[60]是由 Williams 于 1985 年开发的,它考虑了人、机、任务和环境因素对人的绩效的影响,并提供了具体的 38 个失误产生条件（EPC）来对名义上的人因失误概率进行修订 |
| 第二代 | CREAM | 认知可靠性和失误分析方法（CREAM）[9]是 Erik Hollnagel 于 1998 年在其著作 Cognitive Reliability and Error Analysis Method 中提出来的,是基于认知模型的第二代 HRA 方法的典型代表。基于同样的分类系统提供了一新的人因失误分析框架用于回溯性分析和预测性分析,主要功能是通过评价通用行为条件（CPC）来识别认知功能失效并进行定量分析。共包括 9 个 CPC。练习和经验的充分性、MMI 的充分性和操作的支持性、组织的充分性、规程或计划的可用性、需同时响应的目标数、可用时间、工作时机（生物节律）、员工间的协作质量和工作条件 |
| | ATHEANA | 人因失误分析技术（ATHEANA）[61]是由美国核管理委员会资助开发,其目的是开发一个 HRA 定量化过程和 PSA 模型的接口,分析真实核电厂事件中发生的人因失误。它提供了一个全面的框架来描述了 EOC 和疏忽型失误（EOO）。强调对 EOC 失误的处理及失误诱发情景（EFC）对人因失误的影响,一种失误诱发情景主要包括:电厂条件和各种 PSF,即规程、培训、交流、监管（Supervision）、人员配置、人-机界面、组织因素、压力和环境条件 |
| | CAHR | Sträeter O[62]提出的事故分析和认知可靠性分析方法（CAHR）所提出的影响因素有 30 个 |
| 第三代 | OPSIM | 操纵员-电厂仿真模型（Operator-Plant Simulation Model, OPSIM）[63]建立单个操纵员的认知模型,并动态模拟操纵员与电厂之间的交互,模拟操纵员根据规程进行操作的过程中可能出现的认知行为以及识别可能的决策失误。分别从仿真模型中的基本构成部分:人-机界面、规程、电厂状态、个体模型及外部交互特征来进行归类 |
| | IDAC | 班组运行下信息、决策和执行模型（IDAC）[47,64-66]是美国马里兰大学风险与可靠性研究中心在 IDA 的基础上发展的基于仿真 8 的 HRA 方法。涉及的 PSF 分别从心理状态、身体状态、记忆的信息、固有的内在特征、环境因子、条件事件、班组和组织因素等大类进行分类 |

**2. 具体行为影响因素分类指导**

分类框架是描述事件细节、数据记录、确保分析结果一致的基础。分类应遵循以下 5 个分类原则,对各模块进行分类:

（1）分类的具体性;

（2）分类的可评价性和可测量性;

（3）分类的非重复性和非交叉性;

（4）分类的一致性;

（5）分类的全面性。

为了满足上述分类原则,对于具体的行为影响因素的分类需要一个分类方法的指导。各种因素的具体分类可能是表示一个过程(或大类因素),如计划制订、任务分配等;可能表示一种状态,如缺乏目标、缺乏规程等;可能表示大类因素的属性,如培训方式,也可表示属性的程度,如不充分的培训等。本研究拟从四个方面对具体的因素进行分类,即组分(Component)、存在状态(Existing State)、属性(Property)和程度(Level)(图11-7),称为组分、状态、属性和程度(CEPL)分类法。可以采用连续提问的方式来确定某类因素的子类,如以组织战略为例:

（1）组织战略可分为哪几个组成部分或过程?

（2）分解后的组成部分还可分解吗?

（3）可分解后的组成部分包括哪几个组成部分?（可重复这个问题）

（4）不可分解后的组成部分在组织中处于什么状态?（有或无）

（5）不可分解后的组成部分具体包括哪些影响人因失误的属性?

（6）各个属性可从哪几个程度来进行分类描述? 如不充分、不可用、错误等。

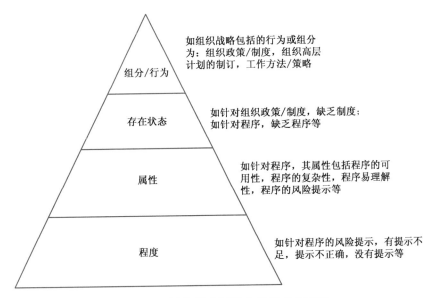

图11-7 具体影响因素分类考虑的维度

又如,针对组织目标来进行详细分类,则可认为组织目标没有包括具体的其他组成部分,对于存在状态,可分为缺乏目标,但一般组织目标是存在的(如零失误目标),具体的目标体系也是存在的,接下来,对于目标存在的情况下,目标包括的属性,如目标的完整性,目标的一致性,目标的具体性等。如果针对属性的程度来分,则一般认为引起人因失误,可能是因为目标的不完整,目标的不一致,目标的不具体等。有些分类可能只表示过程或组分,而没有状态,有些可能只表示属性,而没有程度来进行形容。

3. 具体行为影响因素的分类

依据已建立的分类的结构-行为框架(该框架是基于组织定向的人因失误因果模型发展起来的,确定组织因素、情境状态因素、个体因素的分类,见表11-6)和分类指导原则对行为影响因素进行分类。组织从组织的目标和战略、结构、资源、管理、教育/培训、文化、计划/设计进行分类。情境环境从技术系统、人-机界面、工作任务、操作规程、工作环境和班组交流与合作等六个方面进行分类。个体因素从人的生理、心理状态、记忆中的信息、素质和能力等固有特征进行分类。分类结果见表11-6。

表11-6　个体、情境状态因素和组织因素分类

| 影响因素 | 子类 | 影响因素 |
|---|---|---|
| 个体因素 | 心理状态 | 认知模式及倾向:警觉性、对当前任务的注意力、对周围环境的注意力、认知偏见。<br>压力:挫折、矛盾、紧迫、不确定性带来的压力。<br>紧张情绪和情感:时间限制带来的负荷、有关任务的负荷、任务之外的负荷、消极的信息带来的负荷;感知到的当前诊断/决策的后果的严重性、感知到当前系统条件的临界点、感知到的状态的熟悉程度、感知到的系统证实的/矛盾的响应、报警的感知(数量、强度、重要性)、感知到决策的职责、感知到策略的复杂性、感知到任务的复杂性、感知到解决问题的资源、对角色/责任的理解;求快/习惯心理。<br>固有的内在特征:动机(愿望、需求);态度;士气;人格/性格;自信心;情感状态;解决问题的方式 |
| | 生理状态 | 身体突感不适、疼痛或发病;疲劳;饥饿或口渴;身体运动受限;缺乏身体锻炼;生理节律混乱;感官丧失;个体尺寸/身体条件;年龄;性别差异 |
| | 记忆的信息 | 对感知到的信息的回忆,对先前执行行为的记忆,当前执行行为(诊断、行动和结果)的记忆,预期执行行为序列的记忆,已存储信息的记忆 |
| | 素质和能力 | 知识;经验;技能/能力;社会角色;道德水平 |
| 情境状态因素 | 系统 | 系统的自动化程度;系统的复杂性;系统的冗余性;系统/设备的可靠性;软件的可靠性;系统配置的兼容性和耦合程度;系统输出的检查和测试;系统反馈;系统响应的速度/延迟;信息呈现的数量及速度;信息干扰;需同时响应的目标数量;需要进行的判断超出人的能力和经验水平;系统设计带来的时间压力 |
| | 人-机界面 | 显示器和控制器的可靠性;画面的结构关系;显示的范围;显示的精度;显示的信息易识别性;显示信息的易理解性;控制设备的易接近性;控制设备的可操作性/可用性;控制定位的准确性;特殊工具的需要;界面管理任务的复杂性;信息显示的格式;信息显示的数量;信息在不同画面上的一致性;软控制图标的易识别性;软控制在画面的位置;软控制的易操作性;软控制类型;控制的数据输入与状态反馈;报警信息的易区分性;报警的易搜索性;锁孔效应 |
| | 任务 | 任务对感知的要求;任务对动作的要求(速度、力量、精度);任务期望的要求;任务的解释;任务的复杂性;任务的狭窄性(Narrowness of Task);任务的频率和重复性;任务的临界点(Criticality);任务的长时和短时记忆;任务计算的要求;任务结果的反馈(结果的知识);任务的类型(动态的对应一步一步的活动);任务完成速度要求;任务的高风险性;任务的威胁(失效、丢掉工作);任务的性质(单调的、可耻的,或毫无意义的工作) |
| | 规程 | 规程的类型;规程的逻辑结构;规程的呈现方式;规程的可用性/功能/有效性;规程的复杂性;规程的详细程度;规程对行为精度的要求;规程对警告和注意描述的充分性和完整性;执行规程的行为标准;规程的易理解性;解释空白;步骤数;完成的时间要求;指示(用法说明)和术语的清晰度;术语使用的标准化程度;决策制定标准;逻辑结构;逻辑条件(分支)数;同时发生的任务数 |
| | 工作环境 | 物理环境的易接近性;温度;湿度;空气质量;放射性;照明;颜色;噪声;振动;清洁程度;重力极端(G-Force Extremes);大气压力极端;氧缺乏;外部干扰/分心事件 |
| | 班组因素 | 班组结构和人员配置;班组交流的类型;交流的质量和有效性;班组凝聚力;班组领导;班组协作;班组的动态特性;班组成员的角色和责任 |

（续）

| 影响因素 | 子类 | 影响因素 |
|---|---|---|
| 组织因素 | 目标和战略 | 目标(安全、绩效):缺乏目标;目标体系的完整性;目标体系的一致性;目标体系的主次性;目标的具体性;当前目标和长远目标矛盾。<br>战略:组织政策/制度;组织高层计划的制订;工作方法/策略;组织决策的集权化;管理的主次问题;问题辨别与解决方案;组织结构、责任、权力的确定;组织/车间实践 |
| | 组织结构 | 人员数量;控制幅度;组织层次数量;决策/权威所处的位置;角色与责任;授权;交流路径 |
| | 组织资源 | 信息资源:上级指令;分析方法中的信息;过程中的信息;有关行为对象、方法、工具的说明书。<br>物质资源:设备;工具;零件;材料等。<br>人力资源:员工选拔;绩效评价;奖惩/激励。<br>经济资源:可用资金。<br>时间资源:有效时间;可用时间。<br>其他资源:如空间资源 |
| | 组织管理 | 组织:任务分配;人员配置;资源配置;时间安排;换班的组织;工作准备;员工安置。<br>管理:人力资源等各方面的管理水平。<br>控制:监督;控制(如质量控制);审核与评价。<br>领导:领导力。<br>协调:合作与协调 |
| | 教育/培训 | 培训方式;培训方案;培训工具;培训所需资源的分配;专门的教育支持;培训过程的监管;培训效果评价;培训质量保证 |
| | 组织文化 | 组织氛围:组织凝聚力;组织知识;组织学习;信息共享;员工归宿感;群体认同。<br>安全文化:安全和经济之间的权衡;安全的标准和规则;安全的态度;安全实践;安全措施;经验反馈;违规;文档记录 |
| | 组织计划/设计 | 战略规划;安全规划;目标的设计;系统设计;工作过程设计;规程设计;工作设计 |

### 11.3.4 失误恢复分类

失误恢复经历三个过程[67]:失误察觉;失误解释或定位;失误纠正。在失误恢复过程中有可能存在各种失误恢复失效。因此,根据失误恢复的过程来确定可能的失误恢复失效的类型,见表11-7。

表 11-7 失误恢复失效分类

| 失效类型 | | 失效子类型 | 解释 |
|---|---|---|---|
| 失误察觉 | 自检 | 期望与可观察到的结果误配 | 由于受系统设计、工作负荷重等工作特性的影响,很难确定、记住期望中的结果或很难注意到、获得事实上的结果 |
| | | 自身失误与设备失效的责任问题(因偏见而没有自检) | 对失误责任、态度的"偏见"容易阻碍失误的察觉,容易将不期望的结果归因于设备失效而不是自身的失误 |
| | | 计划中的行为与正在执行中的行为误配 | 行为执行中的失误察觉,依靠的是个体的本体感受能力和自省能力 |
| | | 意向中的行为与计划中的行为误配 | 在概念性或计划阶段,没有认识到错误的意向(如目标定得太高)或没有认识到所制订的计划不适合完成目标 |
| | 外检 | 系统反馈失效 | 系统没有提供失误外化功能或外化功能失效 |
| | | 外部人员的失误察觉失效 | 外部人员对失误的监控、评价以及交流不充分等 |

（续）

| 失效类型 | 失效子类型 | 解释 |
|---|---|---|
| 失误解释 | 没有在状态解释中查明失误 | 为建立纠正计划,必须精确评价失误发生的状态,查明失误原因,故在该过程中可能产生解释失效、新的失误 |
| | 没有查明目标或计划中的失误 | 受时间等限制条件的影响没有查明目标、计划中的错误 |
| | 没有查明任务序列中存在的失误 | 没能查明执行的任务序列中的错误 |
| 失误纠正 | 状态重新评价失效 | 失误纠正过程中对状态重新评价时发生失误 |
| | 开发纠正计划失效 | 对状态进行评价之后,开发失误纠正计划时产生错误,使计划不完善 |
| | 执行纠正计划失效 | 纠正计划在执行过程中没有成功执行 |

### 11.3.5　防御屏障分类

屏障是用来保护目标免受伤害的所有措施,一般存在着两种基本的类型:物理屏障和管理屏障[68]。屏障一方面能阻止一个行为的执行或一个事件的产生,另一方面能阻碍或减轻后果的影响。事故分析的结果常常是对一个或更多相互影响的系列原因的描述。作为原因分析的补充,事故也可描述成一系列已经失效的屏障,尽管屏障失效很少包含到已辨识的一套原因当中。根据 Hollnagel 的分类[69],屏障有四类,即物理屏障(Material Barriers)、功能屏障(Functional Barriers)、符号屏障(Symbolic Barriers)以及非物质屏障(Immaterial Barriers),详细的分类见表 11-8。物理屏障是从物理上防止动作被执行或事件的发生(如建筑物、墙、栏杆);功能屏障是指在功能上阻止行为的发生,如建立互锁(Interlock),无论是逻辑上的还是时间上的互锁;符号屏障是一种为了达到其目的需要解释的行为,因此,某些"智能"单元对这类屏障(标识和信号)做出响应,因而,功能屏障的工作原理就是需要建立实际的先决条件,在进一步的行为执行前,系统或用户都必须满足其先决条件,而符号屏障就是对或可能被忽视的行为进行限制;非物质屏障或无形屏障是不以物质形式存在的,为了达到目的需依赖用户的知识,典型的像规则、指南、规程等。

表 11-8　防御屏障分类

| 屏障系统 | 屏障功能 | 例　子 |
|---|---|---|
| 物质或物理屏障 | 牵制或保护。物理屏障,一方面预防从一种现在所处的位置(状态)(如释放)进入另一种状态(如突破)进行物质的传输 | 墙,门,建筑物,严格限制的物理通道,栏杆,围墙,过滤器,容器,箱,阀,整流器等 |
| | 抑制或预防移动或传输 | 安全带,甲胄,围墙,笼子,严格限制的物理运动,空间距离(海湾、缝隙等) |
| | 保持一起。结合,有弹力,不灭 | 组分没有破裂或容易破碎,如安全玻璃制品 |
| | 分散能量,保护,结束,熄灭 | 空气袋,区域划分,洒水装置,洗刷物,过滤器等 |
| 功能屏障 | 预防移动或行为(机械的,硬件的) | 锁,设备联结,物理性联锁,设备匹配,刹车,等 |
| | 预防运行或预防行为(逻辑的,软件的) | 路径,输入电码,行为序列,前提条件,生理匹配(虹膜、指纹)等 |
| | 阻碍或阻止行为(时间空间的) | 距离(太远以致个体难以达到),持续,延迟,同步等 |

(续)

| 屏障系统 | 屏障功能 | 例 子 |
|---|---|---|
| 符号屏障 | 反对,预防或阻碍行为(视觉的和触觉的界面设计) | 功能译码(颜色、形状、空间布置)划分,标记和警告(静态的)等。有利促进正确的行为执行 |
| | 规范行为 | 用法说明,规程,防范/条件,对话等 |
| | 表明系统状态和位置(信号,标记和符号) | 标记(如交通灯)信号(视觉的、听觉的)警语,警报等 |
| | 许可或权威(或者缺乏这种设置) | 工作许可,工作次序(命令) |
| | 交流,人们之间的依赖性 | 清除,同意,在线或离线在某种意义上说缺乏清除等,是一个屏障 |
| 非物质的 | 监管或监督 | 检查(即可以自检,或其他人的检查,又叫视察)。清单,警告(动态的)等 |
| | 规定:规则,法律,方针,禁止 | 规则,限制条件,法律(所有的即可是条件的也可是非条件的),道德规范等 |

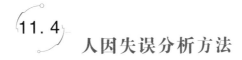

# 11.4 人因失误分析方法

人因失误分析包括回溯性分析和预测性分析。通过对人因失误的回溯性分析,找到失误的原因,从而有利于知识、经验的学习,防止人因失误的重复发生。预测性分析就是预测特定情境下可能发生的人因失误、失误事件发生的可能性以及预测它们对系统和环境的影响,识别人因失误风险。人因失误分析是 HRA 的首要阶段,在涉及 HRA 的整个过程中,人因失误分析一般需要识别特定情境下可能的人因失误模式、失误的原因(PSF)以及心理失误机理等。其目的就是确保 HRA 的准确性和全面性,确保正确理解潜在的人因失误产生的原因,为采取减少人因失误的措施提供决策依据,为 HRA 和评估提供有效的数据。本书前面已经建立了人因失误模型和人因失误分类,在此基础上,本节建立人因失误分析方法,包括回溯性人因失误分析技术和预测性人因失误分析技术,以为人因失误分析提供有效的指导,见图 11-8。

## 11.4.1 回溯性人因失误分析技术

**1. 人因失误原因分析步骤**

(1)收集信息。采用结构化的信息收集方法。包括任务分析:确定任务步骤、任务类型和任务结构,从而确定该事故涉及的人员、系统、设备等各种组分以及它们之间的相互关系;目标-方法分析:关注任务或子任务本身,确定任务目标以及任务目标完成所需的方法和资源;认知功能分析:人员完成给定任务所需的认知功能信息;情境环境分析:针对特定的任务收集情境环境信息,可获得各种状态、环境以及更加抽象的组织管理信息。

(2)确定行为和认知失误模式。根据行为和认知失误的详细分类,结合收集到的信息和人因失误外在的具体表现形式,确定最有可能表征事件特征的人因失误模式,以及经推理、论证找到合理的认知失误模式。

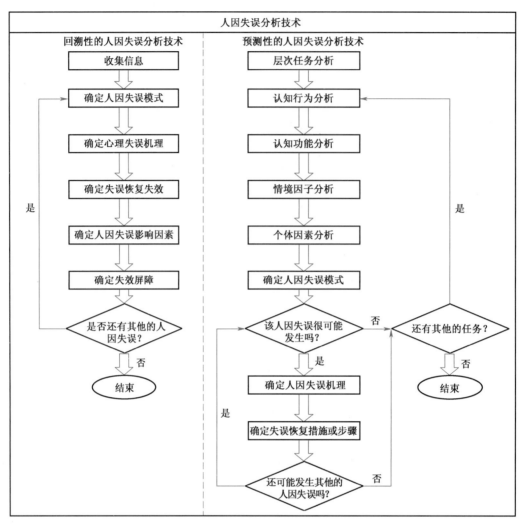

**图 11-8　人因失误分析技术**

（3）确定心理失误机理。由所确定的行为和认知失误以及失误恢复失效特征,经分析和推理确定心理失误机理。心理失误机理的识别有助于理解一个特定的任务情境环境是如何影响人的认知和行为,有助于原因因素的寻找与失误的预防。

（4）确定失误恢复失效。根据已确定的人的失误模式,逐一查找核对,确定可能的失误恢复失效类型。

（5）确定人因失误原因因素。根据上述分析及对失误情境环境的调查与核对,可从人因失误原因因素分类中找到相应的原因,并追溯到组织根原因。如果还有其他的人因失误存在,类似的分析继续进行下去,直到将所有的人因失误分析完成为止。

（6）确定失效屏障。依据屏障分类,以及组织存在的屏障,可确定失效屏障。

2. 人因失误原因分析实例

以某核电厂 4 号机 2 号蒸汽发生器(SG)水位高高叠加 P7 信号导致反应堆自动停堆运行事件为例进行分析。

（1）事件描述。

2011 年 5 月 22 时 13∶54,某核电厂四号机反应堆临界。

14：30,二回路操纵员(R62)开始对 4 号机组主蒸汽系统(L4VVP)进行暖管。

16：00,开启 L4VVP 主蒸汽隔离阀,然后开始升功率以便在 8.5%平台进行 4 号机组汽轮机旁路系统-C(L4GCT-C)第二组阀门的冲洗工作。

16：10,二回路操纵员开始执行吊车主蒸汽系统 03(PT4VVP03),并进行 L4GCT/给水除气器系统(ADG)/汽轮机轴封系统(CET)的转汽操作。

17：44,反应堆核功率达到 8.0%核电厂额定功率(Pn)(汽机未并网),期间三台蒸汽发生器水位和 4 号机组电动主给水泵系统 102 泵(L4APA102PO)转速一直置于手动控制状态。

17：45,三台蒸汽发器水位开始缓慢下降,一回路操纵员(RDI)手动开大 4 号机组给水流量控制系统(L4ARE)三个小流量调节阀,控制蒸汽发生器水位。

17：47,由于堆芯氙(Xe)毒消毒,核功率开始缓慢上升,一回路操纵员通过硼化降功率。

17：53,机组长发现 4 号机组给水流量控制系统 DO1 压力测量(L4ARE001MP)得汽水压差仅有 1.2bar(1bar=$10^5$Pa),要求二回路操纵员调整 4 号机组电动主给水泵系统(L4APA)泵转速,以便将 L4APA 转速控制置自动。

17：54,二回路操纵员开始提升 L4APA102PO 泵转速,由 4206r/min 开始逐渐提升转速,17：56,转速达到 4357r/min。

17：57,蒸汽发生器水位开始快速上升,一回路操纵员开始关小 L4ARE 小阀控制蒸发器水位,由于存在滞后效应,蒸汽发生器水位继续上升。

17：58,由于堆芯消毒再加上蒸汽发生器水位较高导致一回路过冷,核功率快速上升超过10%Pn,P7 信号出现,操纵员开始通过插棒降功率。

17：59,2 号蒸汽发生器达到高高水位(+0.9m),P14 信号出现,因 P7+P14 信号,反应堆自动停堆,操纵员开始执行 DOS 控制机组,最终进入稳定序列。

18：57,机组状态稳定,根据规程要求,退出 DOS。

(2)收集信息。通过信息的收集和分析,依时间进程可构建如图 11-9 所示事故的关键路径。由图 11-9 可知,该事故中主要包括两个人因失误事件,即一回路操纵员操作给水流量控制系统(ARE)小阀的开度错误,二回路操纵员调节电动主给水泵系统 102 泵的转速过快。然后针对特定的人因失误进行任务分析,确定完成任务所需的认知功能及认知失效。然后进行情境环境分析,确定失误的原因。以"一回路操纵员操作 ARE 小阀的开度错误"为例。收集到的基本信息为①任务:手动调节 ARE 三个小流量调节阀;②目标和方法:控制三台 SG 的水位,需要基本的手动操作;③认知功能:察觉(发现水位变化)、解释(水位变化状态)、决策(调节到什么程度)和执行(采取调节响应);④情境环境:SG 水位在缓慢下降、与调节阀相关的人-机界面、等待核实结果。

(3)确定行为和认知失误模式。对于"一回路操纵员操作 ARE 小阀的开度错误"人因失误,可确定行为失误模式是"调节错误"。引起行为错误的原因是"操纵员没有做出预计"——二回路操纵员的认知失误模式,即没有预计开度调到 80%是否正确,是否对系统产生影响。

(4)确定心理失误机理。由于一回路操纵员没有对调节的开度的合理性进行评估,其心理失误机理为"知识不足",并且没有对调节的开度进行风险分析,可认为其心理失误机理为"没有考虑副作用"。

(5)确定失误恢复失效。根据失误恢复失效分类以及得到的人因失误模式,可知属于自检的失误恢复失效为"期望与可观察到的结果误配"。由情境环境分析可知,该失误存在外检的失误恢复失效,只是机组长没有关注。

（6）确定人因失误的原因因素。根据二回路操纵员的认知和行为失误模式及收集的情境环境资料,可推知引起失误的个体因素为"知识经验不足"和"缺乏风险意识"。引起"知识经验不足"的原因是由于组织因素中的"培训问题"和"人-机界面设计特性问题",因为"人-机界面设计特性使该场景下二回路操纵员的任务负荷过大,使其安排一回路操纵员为二回路操纵员分担本来不属于他最熟悉的任务。引起"缺乏风险意识"的原因是由于"安全文化不良"引起的。另外,对于二回路操纵员的人因失误属于"调节过快导致的错误",过快产生的原因从心理认知来看,是由于没有认识到过快会产生的不利后果或风险。因此,这些失误产生的原因可归因于缺乏风险意识和缺乏知识经验,风险意识不强产生的原因是因为时间过于紧迫和安全文化不良,缺乏知识经验产生的原因是培训不充分以及规程中没有做出相应的规定。最终得到如图11-9所示的"扩展的事件-原因因素图（E&CF图）",该图中包含了人因失误模式、心理失误机理及失误恢复失效。

（7）确定失效屏障。依据屏障分类,屏障主要有功能方面（预防运行、包括逻辑的和软件的）,符号方面（反对、预防或阻止行为、规范行为、表明系统状态和位置、许可或权威、交流）,以及非物质方面的屏障（包括监管和监督,以及规定）。在此人因失误事件中,基本上都缺乏监督,如属于"规范行为"中的操作规程就是不完善的。具体的分析结果见图11-9。

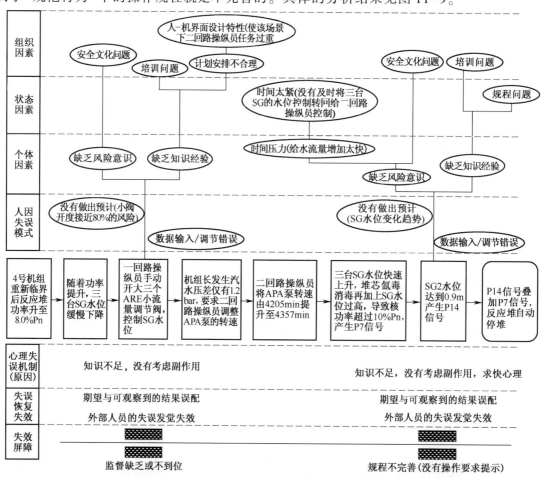

图11-9 SG高高水位叠加P7信号导致反应堆自动停堆运行事件事故扩展的E&CF图

## 11.4.2 预测性人因失误分析技术

1. 预测性人因失误分析步骤

（1）通过层次任务分析,构建事件序列。针对复杂人-机系统中的操作或维修等某类具体工作,利用层次任务分析(HTA)构建任务或子任务序列,获得具体工作的任务结构,见图11-10。

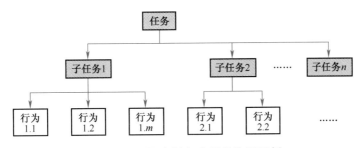

**图 11-10  层次任务分析结构图示例**

（2）确定认知行为。每个基本任务单元都需要某种具体的人的认知行为。认知行为的确定有利于确定具体任务所需的认知功能,操纵员任务中表现的主要认知行为有协调、交流、比较、诊断、评估、执行、辨识、保持、监控、观察、计划、记录、调整、扫描和确认以及数据输入等(表11-9)。

表 11-9  认知行为列表

| 认知行为 | 一般的描述 |
| --- | --- |
| 协调 | 把系统状态/或控制结构调整到执行任务步骤的必须状态,如分配或选择资源,校准设备等 |
| 交流 | 用口头的、电子的或机械的方式传递、接收信息 |
| 比较 | 检查两个或多个部件/实体(如测量仪)以发现他们之间的异同,可能需要进行计算 |
| 诊断 | 对信号或征兆进行推理或适当测试,认识或确定产生/处于某个条件的本质特性或某种情况的原因或影响 |
| 评估 | 不需要具体操作,只是基于可用信息了解或评估一个真实或假定的环境。类似"检查"和"视察" |
| 执行 | 执行具体的行为或计划,如:开/关、开始/停止/给水/排水等 |
| 辨识 | 确定系统状态或子系统(组件)状态,包括进行特定的操作,去获得信息和调查细节。"识别"比"评估"更为彻底 |
| 保持 | 维持一个特定的操作状态(与一般的离线维修不同) |
| 监控 | 随时追踪系统状态或监视一套固定参数的发展情况 |
| 观察 | 寻找或阅读测量仪数值或系统显示 |
| 计划 | 规划或组织一套可以成功实现目标的行为,计划可以是短期的也可以是长期的 |
| 记录 | 记下或记录系统事件、测量值等 |
| 调整 | 为了达到某个目标,而改变控制器(系统)的速度或方向,调整或将组件或子系统置于合适的位置以达到目标状态 |
| 扫描 | 快速扫视一些显示或其他信息以获得关于系统或子系统状态的一般印象 |
| 确认 | 通过检查或测试来确定系统条件或测量值的正确性,这也包括检查先前操作的反馈信息 |
| 数据输入 | 向系统中输入确切的数据值 |

（3）认知功能分析。认知行为一般包括若干个认知功能,因为本章的认知功能模型与

CREAM中的简单认知模型是相似的,也包括观察(察觉)、解释(状态评估)、计划(响应计划)、执行(响应执行),因而采用CREAM的模式来分析认知行为和认知功能之间的联系,如表11-10所列。

表11-10　认知行为与认知功能间的联系

| 行为类型 | COCOM功能 | | | |
|---|---|---|---|---|
| | 观察 | 解释 | 计划 | 执行 |
| 协调 | | | ◆ | ◆ |
| 交流 | | | | ◆ |
| 比较 | | ◆ | | |
| 诊断 | | ◆ | ◆ | |
| 评估 | | ◆ | ◆ | |
| 执行 | | | | ◆ |
| 识别 | | ◆ | | |
| 保持 | | | ◆ | ◆ |
| 监控 | ◆ | ◆ | | |
| 观察 | ◆ | | | |
| 计划 | | | ◆ | |
| 记录 | | ◆ | | ◆ |
| 调整 | ◆ | | | ◆ |
| 扫描 | ◆ | | | |
| 确认 | ◆ | ◆ | | |
| 输入 | ◆ | | | ◆ |

注:◆表示"有联系"

（4）情境环境因素分析。主要分析对操纵员有直接影响的情境环境因素(包括组织因素和情境状态因素),在特定情境下识别操纵员所处的情境环境,并根据情境环境因素的分类来评估各情境环境因素的等级,重点识别对操纵员有影响的等级低的情境环境因素,因为它对人因失误起重要作用。在情境环境因素分析中,情境状态因素是分析的重点,因为情境状态因素一般是可评估和可测量的,但也不能忽略组织因素的分析,因为组织因素也可以直接作用于个体因素,如安全文化不良可引起个体缺乏风险的意识或态度等。

（5）个体因素分析。主要分析情境环境因素对个体因素的影响。等级低的情境环境因素可能对个体因素(包括认知因素)产生不良的影响,从而容易导致人因失误。在此分析过程中需要依据"情境环境因素与个体因素的因果关系"以及"个体因素与人因失误的因果关系"研究为指导来识别它们之间的影响关系[40]。

（6）人因失误辨识。根据个体因素与人因失误的映射关系(可能是一对多,多对一或者多对多)及人因失误分类,识别存在弱点(或等级低)的因素最可能引发的人因失误模式,包括监视、状态评估、响应计划和响应执行的失误模式。

（7）确定人因失误的心理失误机理。针对最有可能发生的人因失误模式,尽可能分析引发该失误模式的心理失误机理,这对人因失误的预防和失误恢复是很有帮助的。

（8）确定失误恢复的措施或步骤。对不同的人因失误模式需从系统、组织、班组以及个体等多方面入手提出失误恢复的措施或步骤,对人因失误预防提出建设性意见、设定多重屏障对失误进行察觉和恢复。

2. 预测性人因失误分析实例

在安全注入系统人因失误事件场景下,会产生紫色报警,一回路操纵员执行 DOS,以 DOS 第一页操作模式单（MOP）——预先行为（PRE-ACT）中一回路操纵员行为为例,介绍该方法在人因失误识别中的具体应用。

（1）通过层次任务分析,构建事件序列。

根据 DOS 中的 PRE-ACT 的 MOP 和安全注入系统人因失误事故工况条件下操纵员所进行的操作行为,通过分析整个 PRE-ACT 任务中共包括 9 个子任务,即"1. 确认化学和容积控制系统 017（RCV017）回路冷却剂阀门（VP）连接到化学和容积控制系统 002（RCV002）储罐/稳压器（BA）上""2. 确认 RCV030VP 处于自动"等。要完成任务 1——确认 RCV017VP 连接到 RCV002BA 上,操纵员必须通过以下行为活动才能完成,即 1.1 调用 RCV002 命令控制画面（YCD）画面、1.2 确认 RCV017 处于何种状态（如果没有连接到 RCV002BA,则需要操作来完成）以及 1.3 操作 RCV017 阀使其连接到 RCV002BA 上。因此,子任务 1 共包括 3 种具体的行为活动。同理,可分析得到完成其他的子任务所需的具体行为活动,整个分析结果见图 11-11,得到 PRE-ACT 的层次任务分析框图。

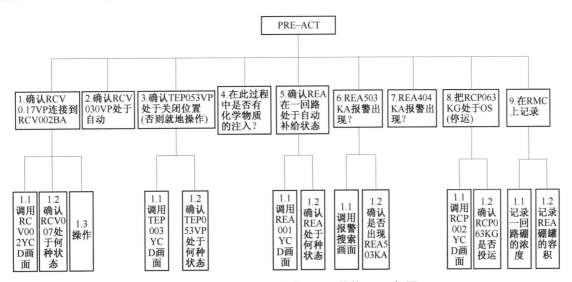

**图 11-11　PRE-ACT 操作 MOP 单的 HTA 框图**

（图中,TEP:硼回收系统,REA:反应堆硼和水的补给系统）

（2）确认具体行为/活动的认知行为需求。

根据具体的行为活动确定认知行为,根据 16 类行为分类、其具体的描述以及 PRE-ACT 中具体行为的描述,可得到具体行为所对应的主要的认知行为,分析结果见表 11-11。但是,在某些情况下,可能难以确定事件序列中某些基本子任务的单个认知行为,这时必须判断出最能表征事件序列的最主要的行为。否则,就必须重新构建事件序列,基本子任务也可以再细分。

表 11-11　PRE-ACT中人因失误分析和量化结果

| 任务 | 子任务 | 认知行为 | 认知功能 | 最可能的失误模式 |
|---|---|---|---|---|
| 1. 确认 RCV 017VP 连接到 RCV002BA（旁路除盐的 RCV） | 1.1 调用 RCV 画面 | 执行 | 执行 | 动作目标错误（导航在不适当的屏） |
| | 1.2 确认 | 确认 | 观察 解释 | 错误辨识（读错） |
| | 1.3 操作 | 执行 | 执行 | 动作顺序错误（有很多的操作，可能顺序出错） |
| 2. 确认 RCV030VP 处于自动 | 2.1 确认 | 确认 | 观察 解释 | 读错 |
| 3. 确认 TEP053VP 处于关闭位置（否则，就地操作） | 3.1 调用 TEP 画面 | 执行 | 执行 | 动作目标错误（导航在不适当的屏） |
| | 3.2 进行确认 | 确认 | 观察 解释 | 读错 |
| 4. 在此过程中是否有化学物质的注入？ | 4.1 操纵员根据机组情况和化学注入（人员是否有通知确定，需要记忆或记录） | 评估 | 解释/计划 | 延迟解释 |
| 5. 确认 REA（反应堆硼和水补给系统）在一回路处于自动补给状态 | 5.1 配置 REA 画面 | 执行 | 执行 | 动作目标错误（导航在不适当的屏） |
| | 5.2 确认 | 确认 | 观察 解释 | 读错 |
| 6. REA503KA 报警出现？ | 6.1 搜索 REA403 报警 | 执行 | 执行 | 动作目标错误 |
| | 6.2 确认 | 评估 | 解释 计划 | 解释延迟 |
| 7. REA404KA 报警出现？ | 7.1 确认 | 评估 | 解释 计划 | 解释延迟 |
| 8. 把 RCP（反应堆冷却剂系统）063KG 处于 OS（停止）状态 | 8.1 配置 RCP 画面 | 执行 | 执行 | 动作目标错误（导航在不适当的屏） |
| | 8.2 判断 063KG 是否处于 OS 状态 | 确认 | 观察 解释 | 读错 |
| 9. 在 RMC 上（一个记录小本）记录 | 9.1 记录一回路硼的浓度 REA 硼罐的容积 | 记录 | 解释/执行 | 动作遗漏 |
| | 9.2 记录 REA 硼罐的容积 | 记录 | 解释/执行 | 动作遗漏 |

（3）确定认知功能失效模式。

确定具体认知行为之后，根据表11-10，可知道认知行为与认知功能之间的对应关系，然后识别出相应的认知功能，如对于活动"1.1 调用 RCV 画面"，我们知道该活动的认知行为为"执行"，那么查表11-10可得，执行所对应的认知功能为"执行"。确定对应的认知功能之后，就可根据情境环境因素分析，以及表11-2基本的人因失误分类，可评估出最有可能的人因失误模式，如对于活动"1.1 调用 RCV 画面"，操纵员所处的情境环境主要包含任务的特性、人-机界面、系统特征，人-机界面设计较好，但系统的特征要求在不同的显示屏上放置信息画面，但是放置在哪个显示屏上合适，使得该任务存在一定的复杂性，因此，通过情境环境分析可得最可能的失效模式应该是：动作目标错误，即最有可能的失误即是将 RCV 画面调用到不适当的屏幕上。

## 11.5 基于模拟机实验的人因失误分析

为了识别核电厂数字化控制系统中发生的主要人因失误模式,作者采用全尺寸模拟机实验并结合操纵员访谈来对人因失误模式及原因进行识别。模拟机模拟真实事故环境。模拟的事故主要是单个严重事故(如失电、燃料包壳破损泄漏、一回路管道破口、二回路管道破口、失去热阱、失去给水等)或这些事故的叠加,主要考察操纵员及其班组对事故的监视、诊断和处理能力。模拟机实验主要场景如表11-12所列。

表11-12 主要的模拟机实验场景

| 序号 | 事故背景 | 事故场景 |
| --- | --- | --- |
| 1 | 之前满功率运行超2月,小修后要升功率至满功率 | 主蒸汽管断+蒸汽发生器传热管破裂事故(SGTR) |
| 2 | 之前满功率,要降功率到800MW,停8h | 一回路破口 |
| 3 | 之前满功率运行,要降功率到830MW,停2天 | SGTR+失去核岛重要生水系统(SEC) |
| 4 | 之前满功率运行超2月,因台风尽快降功率至830MW,停8h,机组正常 | 包壳破损+失电 |
| 5 | 之前满功率运行1月,无异常,维持状态 | 安全壳内主蒸汽管断 |
| 6 | 因故障后撤到RCS模式,维修好后开始升功率 | 失冷事故(LOCA)+失去热阱 |

通过录相分析与讨论,依据表11-2的人因失误分类,识别出主要人因失误模式与引发失误的原因见表11-13。依据上述模拟机实验结果可知,在每个认知域中都发生了人因失误模式。

在监视的认知阶段,发生的主要人因失误包括"信息定位丧失""没有监视到(看到或听到)""监视延迟"和"未能认识",引起这些失误的原因主要涉及"信息所在的画面被覆盖""需要的信息在画面中的位置不固定""信息之间的关联性由成百上千的一张张画面被分隔,操纵员看起来需要完成复杂的'拼图游戏'一样来对信息进行关联",这些数字化主控室的新特征将增加操纵员的认知负荷(如记忆负荷和注意负荷)。另外,这也是操纵员不能遵从特定的行为规范的原因之一。

在状态评估认知阶段,识别的主要的人因失误包括"状态的误解""未能对状态做出解释,即解释丧失""不充分的解释"和"原因辨识失误"。引发这些问题的原因主要包括"人-机界面的问题,如信息的相似性""技术系统的问题,如自动化水平的高低和系统响应的延迟等"。例如,有些规程被计算机自动执行,使得操纵员没有参与到这些规程任务的执行中,从而使操纵员容易丧失对这类任务的情景意识。再者,大量的信息有限显示,会产生一个新的问题——"锁孔效应",操纵员需要复杂导航并且只能看到画面的一小部分,而对整个电厂状态缺乏认识,这就像通过门上的一个小孔来看外面的世界,只能看到一部分一样。"操纵员完成任务的时间与系统确定的可用时间不是很匹配,有时操纵员的工作很闲,有时操纵员的任务忙不过来,如在安全注入系统人因失误的情况下",这将给操纵员带来心理负荷和压力。此外,不充分的培训、知识、经验和技能也是引发状态评估失误的主要原因之一。

在响应计划阶段,发生的主要人因失误包括"计划跟随失误""计划选择失误",其主要原因在于"时间压力",例如,由复杂的界面管理任务带来的时间压力,和操纵员没有遵从行为规范以及故意违规等引起响应计划失误。

在响应执行阶段,发现主要的失误模式包括"操作遗漏""调节失误""操作延迟""操作在错误的方向""不充分的信息交流"和"错误的信息交流"。引发这些失误的原因涉及"人-机界面问题,如画面的相似性""技术系统问题,如系统反馈延迟""由任务的复杂性和紧急性带来的负荷""班组结构,如变化的班组交流路径和角色"等。详细的有关组织根原因的分析结果见表11-13(原因分析框架采用本章建立的分析框架)。由表11-13还可知,前面的认知功能失误不仅可以引发后续的认知功能失误,而且可能在下一阶段得到发现和恢复。

表 11-13　模拟机实验识别的主要人因失误模式及原因

| 认知阶段 | 主要的人因失误 | 举　例 | 可能失误的原因 |
|---|---|---|---|
| 监视 | 信息定位丧失 | 如当失去所有的热阱时,操纵员未找到规程中的反应壳喷淋系统(EAS)泵,因规程需翻二十多页之后才能发现 | 个体方面的原因:操纵员对规程不熟。<br>情境状态方面的原因:EAS泵在数字化规程的二十多页之后,操纵员需不停地翻页和导航,难寻找。<br>组织方面的原因:缺乏培训;规程设计问题 |
| | 没有产生监视或察觉行为 | 如500kA所在的画面被别的画面覆盖了该画面,报警铃声都不会响,操纵员没有查报警卡 | 个体方面的原因:技能不足;缺乏警觉。<br>情境状态方面的原因:信息显示问题。<br>组织方面的原因:培训或画面设计问题;安全态度问题 |
| | 监视延迟 | 如二回路操纵员一直在等结果,没有主动监视 | 个体方面的原因:动机不够;不充分的知识。<br>情境状态方面的原因:没有。<br>组织方面的原因:不充分培训;安全文化问题 |
| | 没目标没有进行识别 | 低压交流电源380V系统—系列B(LLD)失电,对用户与值长讨论后未能独立核实,操纵员需要独立进行确认 | 个体因素:认知偏见;违规。<br>情境状态方面的原因:没有。<br>组织方面:组织文化问题 |
| 状态评估 | 对状态的解释错误 | 功率测量值,还是参考值,难以区分,报警原因识别错误 | 个体方面的原因:知识和经验不够;任务负荷过重;主观臆断(缺乏风险意识)。<br>情境状态:任务复杂性;人-机界面问题。<br>组织方面的原因:培训不充分;任务的设计;安全文化 |
| | 丧失对状态的解释 | 蒸汽出入口(VAP)流量没有,但VAP画面被覆盖了 | 个体因素:知识、经验和技能不够。<br>状态因素:人-机界面和技术系统特性。<br>组织因素:人-机界面和技术系统设计;培训不充分 |
| | 对状态的解释不充分 | 向大气排气,对一回路快速冷却,降温速率过大 | 个体因素:技能不够。<br>状态因素:人-机界面和技术系统特性。<br>组织因素:培训不充分;人-机界面和技术系统设计 |

（续）

| 认知阶段 | 主要的人因失误 | 举例 | 可能失误的原因 |
|---|---|---|---|
| 状态评估 | 状态预计错误 | RO2说水位波动是由汽水分离再热器系统（GSS）引起的，其实是由汽轮机旁路系统（GCT）引起。 | 个体因素：知识经验不够；缺乏风险意识。<br>组织因素：培训；安全文化 |
| 响应计划 | 计划跟随错误 | 规程要他干，他也不干，没有严格按规程干 | 个体因素：缺乏风险意识；时间压力。<br>状态因素：可用时间少。<br>组织方面：不良的组织文化和技术系统设计 |
| 响应计划 | 计划选择错误 | 每个规程都有关键点，对规程的关键理解不够，把握不准确，容易走错规程 | 个体因素：缺乏风险意识；不充分的知识经验。<br>状态因素：可用时间少。<br>组织方面：不良的组织文化和技术系统设计 |
| 响应执行 | 操作遗漏 | 合上电网，遗漏二步就合了；投了孔板，没投加热器（规程上没写要投加热器）；故障维修人员（BM）答复化学和容积控制系统001泵（RCV001PO）试验不合格，RCV001PO需维修，应先查技术规范再断电 | 个体因素：认知偏见、时间压力或知识和经验不够。<br>情境状态：任务负荷、可用时间、不充分的规程。<br>组织方面：不充分的培训；不良的组织文化；任务设计和界面设计问题 |
| 响应执行 | 调节错误 | 阀门开启太快 | 个体因素：时间压力、技能不足。<br>情境状态：可用时间。<br>组织方面：不充分的培训；系统设计问题 |
| 响应执行 | 操作延迟 | 安全注入（SI）控制不够及时 | 个体因素：时间压力、技能不足。<br>情境状态：可用时间、人-机界面、任务负荷。<br>组织方面：不充分的培训；系统、人-机界面、任务设计问题 |
| 响应执行 | 操作在错误的方向 | 3号泵放手动（操作方向反了） | 个体因素：缺乏质疑态度；认知偏差。<br>情境状态：画面的相似性。<br>组织方面：人-系统画面的设计问题；安全文化问题 |
| 响应执行 | 信息交流不充分 | 值长交待的，再传递给操纵员的信息减少或失真；一回路与二回路交流过少，各自可能专注于自己的事情过多，对关键信息的把握不够 | 个体因素：任务负荷过重；交流技能不充分；记忆的信息太多。<br>情境状态：任务的复杂性；班组结构；交流质量。<br>组织方面：班组结构设计；任务设计和分配；交流技能培训不足 |
| 响应执行 | 信息交流错误 | RO2说水位波动是由GSS引起的，从而导致信息在RO1到协调员（US）到值长（SS）/安全工程师（STA）错误传递，将RCP039MP下漂，汇报成RCP139MP | 个体因素：知识和经验不够；缺乏风险意识；不充分的注意；记忆中的信息丧失。<br>情境状态：不充分的班组交流。<br>组织因素：组织文化；班组设计问题 |

## 11.6 本章小结

由于核电厂数字化,改变了操纵员的行为方式和他们工作的情境环境,从而对人因失误带来新的影响和失误机理。本章为了调查数字化核电厂的人因失误并识别它们的组织根原因以及预测特定情境环境下可能发生的人因失误,从模型、分类和方法三个方面建立了组织定向的人因失误分析技术,为预防和减少数字化核电厂的人因失误提供技术支持。

(1)基于系统理论建立的组织定向的"结构-行为"模型共包括四个子模型,即组织因素子模型、情境环境因素子模型、个体因素子模型、人因失误子模型。为了便于理解和应用,简化为人因失误因果概念模型。模型中各层次之间的因果关系为:组织因素→情境环境因素→直接触发人因失误的个体因素→人的认知和行为失误。人因失误因果模型的建立为人因事件/事故的纵深分析、预防和控制提供了结构性指导框架。

(2)基于建立的人因失误因果模型,将人因失误置于一个更加丰富的情境环境之中,建立了一种多层面的基于情境环境的人因失误分类体系,从失误的外在表现、内在失误机理到外部原因因素等整个行为和事件过程进行建模和分类。该分类体系强调包括人在内的整个系统组分之间的复杂相互作用,可收集到更多关于引发人因失误的情境环境条件的定性和定量信息,因而其不仅提供了一个结构性的分类框架,而且有利于识别组织中的潜在错误以及因果传递关系。

尽管建立的方法克服了传统方法的一些缺点,但本方法仍然存在一些缺陷,如:不同组分之间的分类可能存在重复;组织定向的人因失误因果模型还不是很具体,更为具体的影响因素之间的因果关系的识别需要通过大量的事件报告分析或实验来进行识别。这些都需要进一步研究。

# 参考文献

[1] 张力,王以群,黄曙东.人因事故纵深防御系统模型[J].中国安全科学学报,2002,12(1):34-37.

[2] Hollnagel E. The phenotype of erroneous actions[J].Man-Machine Studies,1993,39(1):1-32.

[3] Kontogiannis T,Leopoulos V,Marmarsa N.A comparison of accident analysis techniques for safety-critical man-machine systems[J]. Industrial Ergonomics,2000,25(4):327-347.

[4] Rasmussen J.Information procesing and human machine interaction:an approach to cognitive engineering[M].Amsterdam:North-Holland,1986.

[5] Hale A R,Glendon A I.Individual behaviour in the control of danger[M].Amsterdan:Elsevier,1987.

[6] Reason J. Human error[M]. New York:Cambridge University Press, 1990.

[7] Kontogiannis T.A framework for the analysis of cognitive reliability in complex systems:a recovery centred approach[J].Reliability Engineering and System Safety,1997,58(3):233-248.

[8] Kirwan B.Human error identification techniques for risk assessment of high risk systems-Part 2:towards a frame work approach[J].

Applied Ergonomics, 1998, 29（5）:299-318.

[9] Hollnagel E.Cognitive reliability and error analysis method[M]. Oxford:Elsevier Science Ltd.,1998.

[10] Gordon R,Flin R,Mearns K.Designing and evaluating a Human factors investigation tool(HFIT)for accident analysis[J].Safety Science, 2005, 43（3）:147-171.

[11] Leplat J,Rasmussen J.Analysis of human errors in industrial incidents and accidents for improvement of work safety[J]. Accid. A-nal.&Prev, 1984, 16(2):77-88.

[12] Benner Jr L.Rating accident models and investigation methodologies[J].Journal of Safety Research,1985,16(3):105-126.

[13] Kirwan B. Human error identification in human reliability assessment. Part 1:overview of approaches[J].Applied Ergonomics, 1992,23(5):299-318.

[14] Johnson C.Why human error modeling has failed to help systems development[J]. Interacting with Computers, 1999,11（5）:517-524.

[15] Shorrkck S,Kirwan B.Development and application of a human error identification tool for air traffic control[J].Applied Ergonomics, 2002,33(4):319-336.

[16] Lee Y S,Kim Y,Kim S H,et al.Analysis of human error and organizational deficiency in events considering risk significance[J]. Nuclear Engineering and Design,2004,230(1-3):61-67.

[17] 李鹏程,王以群,张力.人因失误原因因素灰色关联分析[J].系统工程理论与实践,2006,26(3):131-134.

[18] Kirwan B. Human error identification techniques for risk assessment of high risk systems.Part 1:review and evaluation of technique[J]. Applied Ergonomics,1998,39(3):157-177.

[19] Kleta T. HAZOP and HAZAN.Notes on the identification and assessment of hazards of chemicalengineers[R].Rugby,1974.

[20] Swain A D,Guttmann H E.Handbook of human reliability analysis with emphasis on nuclear power plant applications[R].NUREG/CR-1278.Washington D.C.:Sandia National Laboratories,1983.

[21] Embrey D E. SHERPA:A systematic human error reduction and prediction approach[C]. the international meeting on advances in nuclear power systems,Knoxville,1986.

[22] Kirwan B.The development of a nuclear chemical plant human reliability management approach:HRMS and JHEDI[J]. Reliability Engineering and System Safety,1997,56:107-133.

[23] Cooper S E,Ramey-Smith A M,Wreathall J.A Technique for human error analysis[R].NUREG/CR-6350.Washington D C.:US-NRC,1996.

[24] Hollnagel E,Kaarstad M,Lee Hyun-Chul.Error mode prediction[J]. Ergonomics,1999,42(11):1457-1471.

[25] Lucas D.Human error prediction and controls:demonstrations made in COMAH safety cases[C]. Proceedings of an IBC Conference on Human Error. London,2001:27-28.

[26] Johnson C.Why human error modeling has failed to help systems development[J]. Interacting Comput,1999,11:517-524.

[27] Stanton N A,Stevenage S V.Learning to predict human error:issues of acceptability,reliability and validity[J]. Ergonomics,1998,41(11):1737-1756.

[28] 郑明光,张琴舜,徐济鋆,等.核电厂先进主控制室的发展概况与自主设计研究的内容和目标[J].核科学与工程,2000,20(4):297-303.

[29] Committee on Application of Digital Instrumentation and Control Systems to Nuclear Power Plant Operations and Safety,National Research Council. Digital instrumentation and control systems in nuclear power plants:safety and reliability issues[M].Washington D.C.:The National Academies Press,1997.

[30] O'Hara J M,Brown W S,Lewis P. M,et al. The effects of interface management tasks on crew performance and safety in complex, computer-based systems:detailed analysis[R].Washington D.C.:U.S.Nuclear Regulatory Commission,2002.

[31] Ha J S,Seong P H. A human-machine interface evaluation method:a difficulty evaluation method in information searching(DE-MIS)[J]. Reliability Engineering and System Safety,2009,94(10):1557-1567.

[32] 张力,杨大新,王以群.数字化控制室信息显示对人因可靠性的影响[J].中国安全科学学报,2010,20(9):81-85.

[33] Huang F H,Hwang S L. Experimental studies of computerized procedures and team size in nuclear power plant operations[J]. Nu-

clear Engineering and Design,2009,239(2):373-380.

[34] Lee S J.,Kim J,Jang S C. Human error mode identification for NPP main control room operations using soft controls[J]. Journal of Nuclear Science and Technology,2011,48(6):902-910.

[35] O'Hara J M,Brown W S,Lewis P M,et al. The effects of interface management tasks on crew performance and safety in complex,computer-based systems:detailed analysis[R]. NUREG/CR-6690, Vol 2, Washington D. C.:U. S. Nuclear Regulatory Commission,2002.

[36] O'Hara J M,Higgins J C,Stubler W F,et al. Computer-based procedure systems:technical basis and human factors review guidance[R]//NUREG/CR-6634,Washington D.C:US Nuclear Regulatory Commission,2000.

[37] Seong P H. Reliability and risk issues in large scale safety-critical digital control systems[M]. New York:Springer,2009.

[38] Kaber D B,Perry C M,Segall N,et al. Situation awareness implications of adaptive automation for information processing in an air traffic control-related task[J]. International Journal of Industrial Ergonomics,2006,36(5):447-462.

[39] Sarter N N,Woods D D. How in the world did I ever get into thatmode?:mode error and awareness in supervisory control[J]. Human Factors,1995,37(1):5-19.

[40] 李鹏程.核电厂数字化控制系统中人因失误与可靠性研究[D].广州:华南理工大学,2011.

[41] Reason J. Managing the risks of organizational accidents[M]. Aldershot:Ashgate Pub Ltd,1997.

[42] Øien K. A framework for the establishment of organizational risk indicators[J]. Reliability Engineering and System Safety,2001,74(2):147-167.

[43] Mosleh A,Goldfeiz E B,Shen S. The ω-factor approach for modeling the influence of organizational factors in probabilistic safety assessment[C].Proceedings of the IEEE sixth conference on human factors and power plants,Orlando,FL:IEEE,1997:9/18-9/23

[44] Rasumussen J. Risk management in a dynamic society:a modeling problem[J]. safety science,1997,27(2-3):183-213.

[45] Dougherty E. Context and human reliability analysis[J]. Reliability Engineering and System Safety,1993,41(1):25-47.

[46] Jin Y,Yamashita Y,Nishitani H. Human modeling and simulation for plant operations[J]. Computers and Chemical Engineering,2004,28(10):1967-1980.

[47] Chang Y H J,Mosleh A. Cognitive modeling and dynamic probabilistic simulation of operating crew response to complex system accidents—part 4. IDAC causal model of operator problem-solving response[J]. Reliability Engineering and System Safety,2007,92(8):1061-1075.

[48] O'Hara J M,Higgins J C,Kramer J. Advanced information systems:technical basis and human factors review guidance[R]. NUREG/CR-6633.Washington D.C.:USNRC,2000.

[49] Vicente K J,Mumaw R J,Roth E//M. Operator monitoring in a complex dynamic work environment:a qualitative cognitive model based on field observations[J]. Theoretical Issues in Ergonomics Science,2004,5(5):359-384.

[50] Reason J,Maddox M E. Human factors guide for aviation maintenance[M]. Washington D.C.:Federal Aviation Administration/Office of Aviation Medicine,1996.

[51] 张力,赵明. WANO 人因事件统计及分析[J]. 核动力工程,2005,26(3):291-296.

[52] 张力,邹衍华,黄卫刚. 核电站运行事件人误因素交互作用分析[J]. 核动力工程,2010,31(6):41-46.

[53] Gertman D,Blackman H,Marble J,et al.The SPAR-H human reliability analysis method[R]. Washington D.C.:U.S Nuclear Regulatory Commission,2005.

[54] Kolacakowski A,Forester J,Lois E,et al. Good practices for implementing human reliability analysis(HRA)[R]. Washington D.C.:U.S. Nuclear Regulatory Commission,2005.

[55] Naval Safety Center. Human factors analysis and classification system-HFACS[R].DOT/FAA/AM-00/7.Washington D.C.:Office of Aviation Medicine,2000.

[56] 李鹏程,肖东生,陈国华,等. 高风险系统组织因素分类与绩效评价[J]. 中国安全科学学报,2009,19(2):140-147.

[57] Swain A D,Guttmann H E.A handbook of human reliability analysis with emphasis on nuclear power plant applications[R]. Washington D.C.:USNRC,1983.

[58] Hannaman G W,Spurgin A J,Lukic Y.A model for assessing human cognitive reliability in PRA studies[C].IEEE third conference

on human factors in nuclear power plants,Monterey,1985.

[59] Embrey D E. SLIM－MAUD:a computer－based technique for human reliability assessment[J].International Journal of Quality & Reliability Management,1986,3(1):5－12.

[60] Williams J C. A data－based method for assessing and reducing human error to improve operational performance[C].Proceedings of the IEEE fourth conference on human factors in nuclear power plants,Monterey,1988.

[61] USNRC.Technical basis and implementation guidelines for a technique for human event analysis(ATHEANA)[R].Washington D.C.:USNRC,2000.

[62] Sträter O.Evaluation of human reliability on the basis of operational experience[D].Köln,Germany:GRS,2000.

[63] Dang V N. Modeling operator cognition for accident sequence analysis:development of an operator－plant simulation[D].Cambridge Massachusetts:Massachusetts Institute of Technology,1996.

[64] Chang Y H J,Mosleh A. Cognitive modeling and dynamic probabilistic simulation of operating crew response to complex system accidents—part 2. IDAC performance influencing factors model[J]. Reliability Engineering and System Safety,2007,92(8):1014－1040.

[65] Chang Y H J,Mosleh A. Cognitive modeling and dynamic probabilistic simulation of operating crew response to complex system accidents—part 3. IDAC operator response model[J]. Reliability Engineering and System Safety,2007,92(8):1041－1060.

[66] Chang Y H J. Cognitive modeling and dynamic probabilistic simulation of operating crew response to complex system accident(ADS－IDACrew)[D]. Maryland:University of Maryland,1999.

[67] Kontogiannis T.User strategies in recovering from errors in man－machine systems[J].safety Science,1999,32:49－68.

[68] 高进东,冯长根.危险辨识方法的研究[J].中国安全科学学报,2001,11(4):57.

[69] Hollnagel E. Accidents and barriers[M].Valencia:Presses Universitaires de Valenciennes,1993.

# 第四篇

# 模拟机实验和
# 人因工程实验研究

为验证和解释第二篇中所发现的现象/事实及所得结果,并为第三篇所建立的方法和模型提供相关数据,进行了一系列专门的模拟机实验和人因工程实验。本篇介绍这些实验,共有10章。

# 第12章　核电厂数字化主控室操纵员情景意识实验

Endsley 将情景意识(Situation Awareness,SA)定义为人员在特定的时间和空间内对环境中各种要素的知觉,对其意义的理解以及对其未来状态的预测[1]。Lee 等强调人因研究中的情景意识主要是用来解释复杂人-机系统中操纵员理解系统和环境正在发生什么和如何发生的,是保持有效决策和高绩效的先决条件[2]。在复杂工业系统事故的处置过程中,因情景意识丧失(Loss of Situation Awareness,LSA)而不能正确完成后续复杂行为可能会带来灾难性后果,如三哩岛核电厂事故中操纵员未能保持对一回路状态的正确理解等[3]、各种航空飞行事故中飞行员丧失对飞行状态的正确理解等[4]。Endsley 研究指出,由人因失误导致的商用航空事故中,88%的事故原因都涉及 LSA[1]。Jones 和 Endsley 对空中交通管制发生的事件报告分析指出,69%的事件报告包含有空管人员情景意识在信息收集方面的失效等[5]。

核电厂在运行过程中系统状态持续变化,主控室操纵员需要在动态的环境中处理大量的信息,理解系统的当前状态并及时做出正确决策以确保核电厂安全,因此,保持良好的情景意识对于确保核电厂安全至关重要。随着信息技术和自动化水平的提高,核电厂数字化的人-系统界面(Human-System Interface,HSI)改变了信息的呈现方式(巨量信息有限显示)[6]、规程(计算机化的规程)[7]、控制(软控制)[8]、任务(界面管理任务)[9]、班组的结构、交流与合作[10]等情境环境,由此可能带来新的人因问题,特别是操纵员的情景意识问题[11]。例如,传统主控室中控制面板的信息显示直观且空间固定,对于操纵员理解整个电厂的状态是有益的,而数字化 HSI 中的信息在画面中的位置不固定,信息的关联性被分割,显示更为抽象的上层信息,并且信息显示不会受限于物理空间,显示的信息量大,但通过计算机屏幕可直接观察到的信息有限,很多动态的信息被隐藏。为了获取电厂状态信息,操纵员必须通过导航、配置画面等复杂的"界面管理任务"来完成,上述特性会增加操纵员的认知负荷、消耗注意力资源和产生"锁孔效应"等[12],影响操纵员的情景意识,使操纵员处于控制环之外[13]。因此,核电厂数字化主控室相对传统主控室,操纵员的情景意识问题更为突出。特别在高风险系统中,操纵员的情景意识问题已成为研究的热点问题。Endsley[14],Bendy 和 Meister[15],以及 Adams[16] 等发展了情景意识模型,定性描述了主控室(Main Control Room,MCR)中操纵员的情景意识发生的内部过程,描述了操纵员处理信息和环境进行交互以获得情景感知的基本原理和一般的特征,在阐明情景意识的认知机理及影响情景意识的主要因素方面做出了贡献。但是这些模型没有考虑数字化控制系统中操纵员情景意识的环境特征,并且它们只是定性的分析,而没有对情景意识的水平进行量化。Miao 等[17]以及 Kim 和 Seong[18]发展了定量分析操纵员情景意识评估方法,HCR[19]和 CREAM[20]等人因可靠性方法中也对情景意识进行定量计算,但所采用的数据只是基于假设,并且没有充分考虑操纵员本身所受的情境环境因子的影响以及它们之间的相互影响关系,从而可能带来重复计算其影响的可能,对情景意识失误概率可能造成错误的估计。因此,为了更为客观地反应情景意识可靠性对人因风险的贡献,本研究基于作者建立的数字化核电厂操纵员的人因失误分析技术(见第 11 章)对收集到的小偏差事件报告和人因事件报告进行分析,获得样本数据,并对样本数据采用统计方法进行相关性分析和因子分析建立操纵员的情景意识因果模型,并基于模拟机实验来获取情景意识失误数据,以识别特定情境下的操纵员的情景意识水平/可靠性,为核电厂的 HRA 提供更为可靠的数据支持。

## 12.1 操纵员情景意识因果模型

当核电厂发生异常状态时,操纵员将根据核电厂的状态参数情况构建一个合理的和合乎逻辑的解释,来评估电厂所处的状态,作为后续的响应计划和响应执行决策的依据[21]。操纵员对系统异常状态保持正确的情景意识对于操纵员正确地评估系统状态至关重要。

由于组织定向的人因失误分析技术中的行为形成因子(PSF)分类不是完全独立和正交的,因此,它们之间存在相关关系或因果关系。传统的情景意识分析方法没有考虑 PSF 的因果关系,从而对 PSF 的影响可能存在双重计算,难以得到更加精确的估计或结果。为了考虑 PSF 的因果关系,提高情景意识水平/可靠性的分析精度,识别核电厂数字化主控室操纵员情景意识的影响因素的因果关系,本研究收集岭澳二期核电厂 2011—2013 年共 132 件"小偏差事件"报告和人因事件报告,通过人因事件再分析,建立样本数据,发展基于数据的情景意识因果模型。毋庸置疑,可观察到的人因失误(如操作失误)是由于操纵员的认知失误(如情景意识)产生的结果,因此,基于第 11 章建立的人因失误分析技术对人因失误进行原因分析,得到用于统计分析的 132 个样本数据。

每个样本数据(情景意识失误事件)包含一个或多个情景意识失误(Error of Situation Awareness,ESA)的影响因素,同一大类的影响因素归于一类(如规程的复杂性、规程不可用则同样归于规程因素)。如果同一事件中含有重复的影响因素,则合并为 1 个影响因素。某一事件中受某个影响因素的影响对应取值为 1,不涉及的影响因素取值为 0。对样本数据进行统计分析,通过相关性分析识别影响因素之间的相关关系或因果关系,通过因子分析识别公共因子或 PSF 的结合模式,最终建立 ESA 的因果模型,为情景意识水平/可靠性分析研究奠定基础,见图 12-1[22]。由图 12-1 可知,引发 ESA 的场景或主要的 PSF 结合模式有 4 个(可看成分解后的公共因子),分别命名为:操纵员的心智水平、工作态度、压力水平和系统状态呈现水平。

(1)在 PSF 结合模式 1 中,涉及的因素包括操纵员的素质和能力、培训水平、班组交流与合作水平。显然,培训不良和班组交流与合作不充分则会影响操纵员的心智水平,如操纵员的心智水平可通过班组合作来弥补其自身心智水平的不足。

(2)在 PSF 结合模式 2 中,只有安全文化一个 PSF,如果安全文化不良,会影响操纵员的工作态度,如缺乏风险意识和质疑的态度等,从而容易产生情景意识失误。

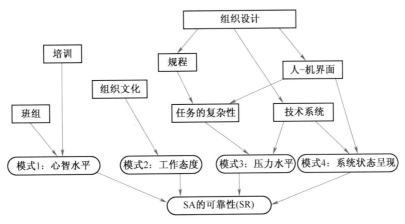

图 12-1 基于数据的情景意识因果模型

（3）在 PSF 结合模式 3 中，涉及的 PSF 包括组织设计，规程，技术系统（如复杂性、可用时间），人-机界面，任务复杂性等。如果组织设计方面（如系统设计、规程设计）存在缺陷，则会导致规程设计、技术系统设计以及人-机界面设计不良。规程是用来指导操纵员处置事故的程序书，规程的优劣影响任务的复杂性水平。同样，人-机界面设计也影响任务的复杂性，如信息的醒目性差、过多的界面管理任务等。再者，技术系统的设计（系统设计确定的处置事故的可用时间有限）也会给操纵员带来压力，同样任务的复杂性也影响操纵员的压力水平。

（4）在 PSF 结合模式 4 中，涉及的因素包括组织设计、技术系统、人-机界面等因素。人-机界面设计的优劣影响系统信息呈现的醒目性和易理解性等，好的人-机界面有利于操纵员对电厂系统状态的理解，同样，技术系统的自动化水平的高低，也影响操纵员能否更好地参与到系统的控制中，系统自动化水平越高，则容易使操纵员处于控制环之外，丧失对系统运行机理和状态的理解。综上所述，最有可能发生 ESA 的风险场景可能由上述 4 个方面构成以及它们共同结合的结果。

由于组织设计是一个非常抽象和复合的因子，难以在实验中进行测量，并且组织设计主要直接影响规程的设计、人-机界面的设计、技术系统的设计，而没有直接影响操纵员个体特征，如心理状态、压力水平等。因此，可以直接通过其他因子的测量来计算情景意识水平/可靠性而不影响情景意识水平/可靠性计算结果，故根据专家组意见，为更好地收集实验数据，组织设计因子在实验中没有进行考虑；由实验数据分析可知，技术系统给操纵员带来的压力水平主要由于时间压力的影响，因此，在实验过程中只考虑技术系统的设计带给操纵员的时间压力；事件分析中有些报告是由组织文化引起的人因失误，但在实验过程中假设操纵员都是认真负责对待实验，故不考虑操纵员的工作态度的影响。基于上述 3 个方面的考虑和假设，对操纵员的情景意识因果模型进行了简化，也方便实验数据的采集和数据分析，其简化后的操纵员情景意识因果模型如图 12-2 所示。

电厂所呈现的状态的易识别性（状态模型的另一种解释）主要受数字化人-机界面和系统的自动化水平的影响，如果数字化人-机界面设计好，则信息醒目，容易搜集信息和识别出系统所处的状态。如果系统自动化水平高，则操纵员没有参与到具体的任务中，则容易丧失与任务相关的系统状态的理解。另外，压力水平对操纵员在状态模型和心智模型之间的匹配有很大的影响，压力水平主要受任务的复杂性及可用时间的影响，同样任务的复杂性主要受数字化规程设计的优劣与数字化人-机界面设计的优劣的影响。规程中的任务复杂则操纵员需要完成的任务

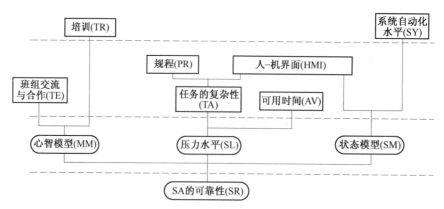

**图 12-2　操纵员的情景意识因果(贝叶斯网络)模型**

复杂,好的规程或程序有利于指导操纵员做出正确的响应计划和理解任务,不良的人-机界面(如诸多的界面管理任务)则使操纵员难以获取有利于任务完成的有用信息。最后,既定的完成任务的可用时间越短,则会给操纵员造成更大的心理压力。

## 12.2　情景意识水平/可靠性定量评价基础原理

### 12.2.1　贝叶斯推理

贝叶斯网络(BN)是由节点和边组成的有向无环图(Directed Acyclic Graph,DAG),可以用 $N = <<V, E>, P>$ 来描述。离散随机变量 $V = \{X_1, X_2, \cdots, X_n\}$ 对应的节点表示具有有限状态的变量,节点可以是任何抽象的问题,如设备部件状态、测试值、组织因素、人的诊断结果等。有向边 $E$ 表示节点间的概率因果关系,有向边的起始节点 $i$ 是终节点 $j$ 的父节点,$j$ 称为子节点,没有父节点只有子节点的节点称为根节点。DAG 蕴涵了一个条件独立假设:给定其父节点集,每一个变量独立于它的非子孙节点。$P$ 为定量部分,是 $V$ 上的概率分布,对于离散情况,可用条件概率表(Conditional Probability Table,CPT)来表示,用于定量说明父节点对子节点的影响。根节点的概率分布函数为边缘概率分布函数,由于该类节点的概率不以其他节点为条件,故其概率为先验概率,其他节点为条件概率分布函数。贝叶斯网络的计算是基于父节点所处的状态的概率和条件概率表(CPT)进行的[23]。

操纵员的情景意识可靠性受诸多 PSF 的影响,它们之间存在相互的影响。图 12-1 描述了情景意识与各个 PSF 之间的因果关系,可用贝叶斯网络理论来进行情景意识可靠性的定量评价。其推理算法是基于下列 4 个方程[24,25]:

(1) 条件独立:

$$P(X_1, X_2, \cdots, X_n) = \prod_{i=1}^{n} P(X_i | \mathrm{Parents}(X_i)) \qquad (12\text{-}1)$$

(2) 联合概率:

$$P(Y = y_j, X = x_i) = P(X = x_i) \cdot P(Y = y_j | X = x_i) \qquad (12\text{-}2)$$

（3）边缘化定理：

$$P(Y = y_j) = \sum_i P(X = x_i) \cdot P(Y = y_j | X = x_i) \qquad (12-3)$$

（4）贝叶斯定理：

$$P(X = x_i | Y = y_j) = \frac{P(X = x_i) \cdot P(Y = y_j | X = x_i)}{P(Y = y_j)} \qquad (12-4)$$

## 12.2.2 情景意识影响因素等级

由图12-2可知,影响情景意识的因素包括班组交流与合作、培训、规程、人-机界面、可用时间、系统自动化水平等。影响因素处于不同的状态,对情景意识的影响程度不一样,为了情景意识水平/可靠性的定量评价,对影响因素进行等级划分（为了简化与便于评价,每个影响因子划分为三个等级）,建立影响因素等级的评价准则,以便于操纵员进行合理评价,见表12-1。同样,其他中间变量也划分为三个等级,如任务的复杂性分别划分为复杂、一般、简单等,见表12-2。

表 12-1 影响因素等级水平划分准则（根节点）

| 变量 | 状态等级 | 准则/描述 |
|---|---|---|
| 1. 班组合作与交流（TE） | 充分的(a) | 除按规定的要求进行交流之外,就质疑的问题进行交流和询问,且得到有益的结果 |
|  | 可接受的(b) | 操纵员之间按规定的要求进行交流,并且得到有益的结果 |
|  | 不充分(c) | 操纵员之间很少进行交流,或者交流了,但没有得到有益的结果,或者错误的结果 |
| 2. 培训（TR） | 好(a) | 事故处置非常有经验,在很广泛的范围接受过培训和具有多年的事故处置经验。 |
|  | 中(b) | 超过6个月的事故培训,提供了大量的正式的培训和事故处置的培训,具有一定的事故处置经验 |
|  | 差(c) | 低于6个月的数字化事故处置的技能培训。进行必要的技能、知识和事故处置培训的次数很少,没有提供充分的事故处置培训实践和各种事故处置实践 |
| 3. 规程（PR） | 好(a) | 规程可用且是状态导向的规程,能提供保持关键安全功能的手段,不需要精确诊断发生的事件而能使电厂保持在安全的状态,需要做的只是缓解事件。如果关键的安全功能得到保持,则不会带来灾难性后果（如堆熔）。满足人因工程设计要求,能有效地完成任务 |
|  | 中(b) | 规程可用且基本满足人因工程设计要求,能完成任务 |
|  | 差(c) | 规程不可用或者不完整,没有包含必要的信息或没有满足人因工程设计要求,难以完成任务 |
| 4. 人-机界面（HMI） | 好(a) | 界面的设计能提供所需的信息和能以一种简单且少失误的方式执行任务,能提高人员绩效。满足人因工程设计要求,有利于操纵员的监视、状态评估、响应计划和动作执行,能又快又好地完成任务 |
|  | 中(b) | 界面的设计能支持正确的行为,但不能提高人员绩效或使任务执行的更容易,满足人因工程设计要求,能基本完成任务 |
|  | 差(c) | 需要的信息没有支持诊断或者会产生误导,界面设计没有满足人因工程设计要求（如错误的标识）,影响任务绩效,难以完成任务 |
| 5. 可用时间（AV） | 充分的(a) | 可用时间是正常完成时间的2倍或者更多以上 |
|  | 正常的(b) | 平均来说,有足够的时间来诊断问题和操作,可用时间超过完成时间 |
|  | 不充分的(c) | 可用时间小于完成时间,操纵员在可用时间内不能诊断问题 |

（续）

| 变量 | 状态等级 | 准则/描述 |
|------|----------|-----------|
| 6. 系统自动化水平（SY） | 高（a） | 任务基本由机器完成 |
| | 中（b） | 部分任务由机器完成 |
| | 低（c） | 任务基本由人来完成 |

表 12-2　影响因素的等级水平划分准则（中间节点或中间变量）

| 变量 | 状态等级 | 准则/描述 |
|------|----------|-----------|
| 1. 任务复杂性（TA） | 简单（a） | 在此任务情境下，操纵员的诊断和执行相当简单。有明显的线索来支持任务的诊断和执行，因此，将很难发生误诊断和错误的操作。几乎不占用认知资源，也不需要太多的专业知识 |
| | 一般（b） | 在此任务情景下，任务的诊断和操作可能面对一些困难。在诊断和操作过程中，需要对一些信息进行加工处理，有可能存在一些必需的且模糊的信息，或者若干个变量包含在任务诊断和执行中。存在若干操作步骤，稍显复杂的逻辑等，需要一些认知努力或领域知识来进行诊断与操作 |
| | 复杂（c） | 任务执行相当困难。在任务的诊断与执行过程中，存在大量的信息需要处理；有许多模糊的地方；包括诸多变量，需同时处理和执行；存在许多任务步骤，逻辑关系复杂等；在此情境下，任务需要大量的认知努力，消耗大量的认知资源，并且需要丰富的专业知识和经验来进行诊断和执行 |
| 2. 心智模型（MM） | 好（a） | 心智模型是通过正式的教育、培训和实践经验建立起来。一个好的心智模型意味着操纵员能在给定的时间和给定的任务情境下，能完全懂得系统的特性、状态和运行功能特性，并且基于他们的知识和经验精确预测系统或电厂的未来发展状态 |
| | 中（b） | 一个中等的心智模型意味着操纵员不一定能在给定的时间和给定的任务情境下，能较明确地懂得系统的特性、状态和运行功能特性，并且基于他们的知识和经验也难以精确预测系统或电厂的未来发展状态 |
| | 差（c） | 一个差的心智模型意味着操纵员几乎不能在给定的时间和给定的任务情境下，能懂得系统的特性、状态和运行功能特性，并且基于他们有限的知识和经验不能精确地预测系统或电厂的未来发展状态 |
| 3. 压力水平（SL） | 低（a） | 由于任务相当简单并且可用时间是充分的，在此情况下，操纵员的压力处于低水平。但是，低压力水平的操纵员不一定就有好的绩效，有可能由于压力水平低，他们容易因自身的疏忽、不注意或单调的工作引起人因失误 |
| | 中（b） | 中等水平的压力有益于产生好的绩效。在此情况下，操纵员在一定的认知和身体负荷下，能提升他们的注意力，并且能懂得系统状态，更能有效地执行他们的任务 |
| | 高（c） | 由于严重的失效或后果、同时有多个非期望的报警、大的持续的环境噪声、不充分的信息显示、复杂的任务、有限的可用时间等，都可能导致操纵员处于高的压力水平 |
| 4. 状态（呈现）模型（SM） | 好（a） | 如果界面的设计能提供必要的、精确的信息以及信息之间的关联性很好，有利于状态模型的理解与构建；或者系统的自动化设计能精确地反映出系统或电厂的状态等。在此情况下，操纵员更能精确地懂得系统或电厂的真实状态，那么认为状态模型处于"好"的水平 |
| | 中（b） | 如果界面的设计能提供必要的、精确的信息，但信息之间的关联性不是很好，难以直接懂得系统的状态；或者系统的自动化设计不能直接或精确地反映出系统或电厂的状态等。在此情况下，操纵员能精确地懂得系统或电厂的真实状态存在一些困难，那么我们认为状态模型处于"中"的水平 |

（续）

| 变量 | 状态等级 | 准则/描述 |
|------|---------|----------|
| 4. 状态（呈现）模型（SM） | 差（c） | 如果界面的设计未能提供必要的、精确的信息以及信息之间的关联性不好，很难构建状态模型以及很难懂得系统的状态；或者系统的自动化设计不能反映出系统或电厂的状态等。在此情况下，操纵员非常难理解系统或电厂的真实状，那么我们认为状态模型处于"差"的水平 |

## 12.3 情景意识水平测量方法

迄今为止，情景意识水平的测量方法很多，至少存在 30 种以上，Salmon 和 Stanton 等[25]从不同的维度（不同的人因方法标准：如应用的领域；训练与应用时间；需要的工具；可靠性与有效性；优点；缺点等）选择了 17 种情景意识测量方法进行了比较分析，并将这些方法分成以下几个大类进行分析，即情景意识需求分析、暂停检测技术、实时检测技术、自我评价技术、观察者评价技术、绩效测量、过程指标技术（眼动追踪）等 7 类，具体的比较结果见表 12-3（结出了主要的情景意识测量方法的比较）。由比较分析结果可知，不同的方法都有其优缺点，由综合评分可知，情景意识全面评估技术（Situation Awareness Global Assessment Technique，SAGAT）与 SART 方法评价最高（10+），由于 SAGAT 方法具有实时检测的优点，并且被广泛应用，因此，结合核电厂的实际情况，本研究选用 SAGAT 方法做为情景意识的测量方法。

SAGAT 是一个评估情景意识的完整工具，基于操纵员的情景意识需求的完全评价来识别所有的元素。作为一个完整的测量技术，SAGAT 包括的问题涉及所有的情景意识需求，包括层次 1、2 和 3 的元素，并且考虑了系统的功能和状态，以及外部环境的相关特征。

用 SAGAT 测量操纵员的情景意识的程序：

（1）根据实验需要，选择操纵员、给定事故场景及其问题（和根据需要人为设计关键的暂停点），设计问题打分标准或规则。

（2）对操纵员和 SAGAT 实验控制过程进行测试运行练习，使操纵员熟悉实验过程（如果操纵员培训过，则不需要）。

（3）及时在一些随机时间点上，模拟机暂停运行，并停止显示器中的运行内容显示（要注意时间点的间隔和暂停时间的长度）。

（4）操纵员回答一些问题（这些问题需与情景意识的要求相对应）来测量他/她对当前时刻的状态认知（这些问题回答的方式需要确定，如：离开模拟机面对面回答问题；直接在暂停的显示器上显示出问题回答；用纸笔在控制台上直接回答等）。

（5）需要全面了解操纵员对模拟机运行状态的认知，可能需要回答多个问题，但在一次短暂的暂停时间中不能全部完成回答，因此可以在每次暂停时随机的选择一些问题回答。有些问题可能是非常重要的情景意识问题，有些可能是一般重要的情景意识问题（问题的随机选择根据需要可以控制，如在某个暂停点有特别需要关心的，而且问题的随机性或取样方法能满足一致

表12-3 情景意识测量方法的比较

| 方法 | 方法类别 | 应用领域 | 班组 | 需要SME(特定领域的专家) | 培训时间 | 应用时间 | 需要工具 | 验证研究 | 优点 | 缺点 |
|---|---|---|---|---|---|---|---|---|---|---|
| 班组意识评价量表(CARS) | 自评价技术 | 军事领域(步兵操作) | 否 | 否 | 低 | 低 | 笔和纸 | 是(2) | (1)发展应用于步兵作战环境;(2)比在线技术干扰少;(3)只需很少的培训就能快速答易使用 | (1)构建验证问题表;(2)使用的验证的证据有限;(3)实验后收集情景意识(SA)数据,会带来问题,如与绩效关联,忘记低SA那段时间 |
| 任务意识评价量表(MARS) | 自评价技术 | 军事领域(步兵操作) | 否 | 否 | 低 | 低 | 笔和纸 | 是(2) | (1)发展应用于步兵作战环境;(2)比在线技术干扰少;(3)只需很少的培训就能快速答易使用 | (1)构建验证问题表;(2)使用的验证的证据有限;(3)实验后收集SA数据,会带来问题,如与绩效关联,忘记低SA那段时间 |
| 情景意识行为评价量表(SABARS) | 观察者评价 | 军事领域(步兵操作) | 否 | 是 | 高 | 中 | 笔和纸 | 是(2) | (1)SABARS行为产生于步兵需求练习;(2)没有干扰 | (1)在多大的程度上观察者能正确评价SA的内部结构是的商榷的;(2)观察者的存在可能会影响被试者的行为;(3)需要SME和现场设备 |
| 情景意识控制室调查(SACRI) | 暂停在线检测技术 | 核电 | 否 | 否 | 低 | 中 | 模拟计算机 | 是(1) | (1)实验后删除与收集SA数据相关的问题;(2)是一种直接的测量方法 | (1)需要昂贵的模拟机;(2)对主任务绩效有干扰;(3)不能应用于"现场" |
| 情景意识整体评估技术(SAGAT) | 暂停在线检测技术 | 航空 | 否 | 否 | 低 | 中 | 模拟计算机 | 是(10+) | (1)是一种直接的测量验证研究;(2)属于大量的验证研究;(3)实验后删除与收集SA数据相关的问题 | (1)需要昂贵的模拟机;(2)对主任务绩效有干扰;(3)不能应用于"现场"和"实时" |
| 情景意识评定技术(SART) | 自评价技术 | 航空和军事领域 | 否 | 否 | 低 | 低 | 笔和纸 | 是(10+) | (1)快速,易于管理,成本也低;(2)一般来说,可应用于其他领域;(3)在很多领域得到广泛应用 | (1)实验后存在收集SA数据的问题,如与绩效相关,忘记低SA时段;(2)关于技术的灵敏度问题 |

（续）

| 方法 | 方法类别 | 应用领域 | 班组 | 需要SME（特定领域的专家） | 培训时间 | 应用时间 | 需要工具 | 验证研究 | 优点 | 缺点 |
|---|---|---|---|---|---|---|---|---|---|---|
| 情景呈现评价方法（SPAM） | 实时检测技术 | 空间交通管制 | 否 | 是 | 高 | 低 | 模拟计算机，电话 | 是(4) | (1) 不需要暂停；<br>(2) 在验证研究中已经显示可暂停的结果；<br>(3) 实时检测则不需要对任务暂停，该技术可应用于"现场" | (1) 低的结构效度；<br>(2) 有限的使用；<br>(3) 注意力可能被引导到需要SA元素上 |
| SA需求分析 | SA需求分析 | 通用 | 否 | 是 | 中 | 高 | 视频和音频记录设备 | 否 | (1) 输出能具体说明包含操纵员SA的元素；<br>(2) 输出能用来发展SA测量 | (1) 这个程序需要消耗大量的时间，包括观察、访谈和任务分析；<br>(2) 常时间需要大量的SME，这可能存在困难 |
| 绩效测量 | 绩效测量 | 通用 | 否 | 否 | 低 | 低 | 计算机 | 否 | (1) 数据收集比较简单；<br>(2) 提供一个客观的测量；<br>(3) 没有干扰 | (1) 可能不会反映事实上的SA水平，如在低SA水平下，不良的绩效可能会一直发生；<br>(2) SA的间接测量；<br>(3) 存在诊断和灵敏度问题 |
| 眼动追踪 | 过程指标 | 通用 | 否 | 否 | 中 | 高 | 眼动追踪设备，相关的计算机软件 | 否 | (1) 相对对主任务没有干扰；<br>(2) 能用来确定那个环境元素需要处理；<br>(3) 广泛使用 | (1) 设备具有特性且难以操作，不能应用于"现场"，并且进行数据分析所需时间是十分耗时间的；<br>(2) "看了（过程）但没有看到（结果）"这个现象需要考虑 |
| 口头报告分析法 | 过程指标 | 通用 | 否 | 否 | 中 | 高 | 录音设备等 | 是 | (1) 语言表达对认知过程提供了一个真正的洞察；<br>(2) 口头报告分析提供了丰富的数据资源；<br>(3) 简化的过程 | (1) 数据分析相对费时费力；<br>(2) 容易出现偏差；<br>(3) 口头说明有时会改变任务的本质 |
| 情景意识定量分析（QUASA） | 检测/自我评价技术 | 军事领域 | 否 | 否 | 低 | 低 | 笔和纸 | 是 | (1) 结合了主观评价与SA检测；<br>(2) 特别发展用于军队指令与控制环境；<br>(3) 提供了对事实参与者的SA的评价和他们感知到SA（他们的信心） | (1) 对任务有干扰；<br>(2) 没有满足班组；<br>(3) 使用和验证的证据有限 |

性和统计的有效性。从而使得情景意识水平的得分在不同的停止点、不同的试验或场景、不同的人员以及不同的任务之间容易进行比较)。

（6）在一次测试完成时，基于模拟机中实际发生的情况来对被试者回答的问题的结果进行评价，这通过由模拟机中收集的数据和被试者回答的情况进行比较来完成（其中：描述性的可以采取专家组判断的方式；一些状态参数可以与暂停时模拟机记录的数据进行比较）。这为操纵员的情景意识感知到的状态与真实的状态的比较提供了一个客观的测量。

（7）通过 SAGAT 可获得操纵员的情景意识水平的综合得分，从得分的高低可对操纵员的情景意识水平得到更客观的评价。另外，通过比较，可对其他具体影响情景意识的因素进行考察，也提供了更为详细的有关的信息（如人-机界面）。

（8）在模拟机上按照 SAGAT 实验原则重复进行测试，获取足够多的数据以满足统计的需要。

## 12.4 情景意识实验

核电厂数字化主控室操纵员的情景意识受诸多情境环境因素的影响，为了识别这些因素对情景意识的影响，并且对情景意识水平/可靠性进行定量评价，在数字化核电厂主控室开展情景意识实验研究。具体的实验设计如下。

（1）实验目的：为了定量评价情景意识水平/可靠性，以建立的数据驱动的情景意识失误因果模型中确定的影响因素为实验变量，识别不同状态水平的影响因素（如培训水平、人-机界面质量等）对操纵员情景意识的影响，通过统计分析识别情景意识失误的基本失误概率，并获取不同状态水平的影响因子与情景意识失误的定量数据，以识别变量的概率分布。

（2）被试者：共有 15 位核电厂操纵员参与实验研究，共分为 5 组，每组 3 人，每组包括一回路操纵员、二回路操纵员以及协调员（由于客观原因，没有包括值长的角色在内），年龄在 24～35 岁之间，平均年龄在 28 岁左右。他们的数字化系统和规程操作经验在 6 个月以上到 5 年以下之间。所有被试者的裸眼或者矫正视力满足操作需要。

（3）实验平台：本研究平台使用岭澳二期核电厂全范围模拟机，它是数字化控制系统（DCS），其主控室的整体设计特征见图 12-3。前面有四个大屏幕分别显示一回路、二回路、电气系统、压力-温度图等的主要参数，主控室中央有四个基于计算机的工作站，分别对应一回路操纵员、二回路操纵员、机组长（协调员）、值长/安全工程师。其中 RO1 主要负责一回路的系统控制，RO2 主要负责二回路的系统控制，协调员主要负责两位操纵员的协调和监护，值长主要负责对电厂状态的重要决策。相对传统的模拟主控室，数字化控制室是基于计算机工作站的操作和控制。采用电子化或计算机化的运行规程和应急规程，部分规程任务可以被系统自动执行。事故规程使用状态导向法事故处理规程（SOP），其主要特征是从安全观点出发，在机组的某一时刻，通过系统特征物理参数的集合以及状态功能的综合来引导和确认系统处于安全状态。

（4）任务设计：2013—2014 年，课题组研究人员与岭澳二期核电厂培训中心模拟机教员经共同讨论，选取了有代表性的核电厂事故后风险场景进行实验，包括蒸汽发生器传热管破裂事

图 12-3 核电厂先进的数字化主控室

件(SGTR)、主蒸汽管道破口事件、失去厂外电,以及小破口失水事件(SLOCA)四个典型的事件进行实验,并针对上述四个事件,制订了相关情景意识测量表,测量表样例见本章附录(其余类似)。实验中操纵员需要对系统产生的异常进行响应,并对情景意识的测量问题进行回答。需要说明的是,本研究是以 DCS 主控室系统整体为研究的环境背景,而不是针对某些具体的影响因子的不同状态进行的研究。

(5)变量设计:由操纵员的情景意识因果模型可知,影响操纵员的情景意识的因素很多,本研究的自变量就是情景意识因果模型中的影响因素,包括操纵员的知识和经验、班组的交流与合作、人-机界面设计特征、规程特征、完成任务的可用时间、系统的自动化水平等。因变量就是操纵员的情景意识水平/可靠性。

(6)实验程序:由于操纵员都具有一定的核电厂数字化模拟机培训经验,因此,①对参与实验的操纵员进行为期 2h 的培训,介绍实验流程,对不懂的问题进行解答等;②进行预实验以检验实验设计程序中可能存在的问题以及检验实验测量工具的可信度,然后随机选择任务场景(如 SGTR、LOCA、全厂失电等);③进行正式实验,实验过程中采用实时的情景意识测量技术——SAGAT 进行情景意识水平测量,重复实验,使数据具有统计意义。部分测量结果见表 12-4。

表 12-4 部分情景意识实验数据

| 序号 | 事故场景 | 操纵员 | SA水平/可靠性 | 任务的复杂性 | 可用时间 | 规程质量 | 压力水平 | 人-机界面 | 自动化水平 | 状态模型 | 交流与合作水平 | 培训水平 | 心智模型 |
|---|---|---|---|---|---|---|---|---|---|---|---|---|---|
| 1 | SGTR (8.5) | RO1(6个月~2年) | 61% | 复杂 | 比较紧迫 | 高 | 中 | 差 | 中 | 中 | 中(需要) | 差 | 一般 |
| | | RO2(2~5年) | 90.32% | 一般 | 不充分 | 中 | 中 | 中 | 低 | 差 | 需要 | 好 | 一般 |
| | | US(2~5年) | 77.42% | 一般 | 比较紧迫 | 中 | 高 | 中 | 低 | 差 | 需要 | 好 | 充分理解 |

（续）

| 序号 | 事故场景 | 操纵员 | SA水平/可靠性 | 任务的复杂性 | 可用时间 | 规程质量 | 压力水平 | 人-机界面 | 自动化水平 | 状态模型 | 交流与合作水平 | 培训水平 | 心智模型 |
|---|---|---|---|---|---|---|---|---|---|---|---|---|---|
| 2 | 主蒸汽管破裂（第一次暂停） | RO1(2~5年) | 93.33% | | | | | | | | | | |
| | | RO2(6个月~2年) | 33.33% | | | | | | | | | | |
| | | US(2~5年) | 80% | | | | | | | | | | |
| | 主蒸汽管破裂（第二次暂停） | RO1(2~5年) | 100% | 简单 | 充分 | 中 | 中 | 中 | 中 | 中 | 不需要 | 中 | 充分理解 |
| | | RO2(6个月~2年) | 90.32% | 一般 | 比较紧迫 | 中 | 中 | 中 | 高 | 中 | 需要 | 好 | 充分 |
| | | US(2~5年) | 87.10% | 一般 | 充分 | 高 | 中 | 差 | 中 | 中 | 需要 | 中 | 理解一般 |
| 3 | 主蒸汽管破裂（第一次暂停） | RO1 | 94.74% | 一般 | 比较紧迫 | 中 | 高 | 中 | 低 | 中 | 需要 | 好 | 充分 |
| | | RO2(6个月~2年) | 84.21% | 一般 | 充分 | 中 | 中 | 中 | 中 | 中 | 需要 | 中 | 充分 |
| | | US(6个月~2年) | 94.74% | 一般 | 比较紧迫 | 中 | 中 | 中 | 中 | 中 | 需要 | 中 | 一般 |
| | 主蒸汽管破裂（第二次暂停） | RO1 | 78.95% | 一般 | 比较紧迫 | 中 | 高 | 中 | 低 | 中 | 需要 | 好 | 一般 |
| | | RO2(6个月~2年) | 84.21% | 一般 | 充分 | 中 | 中 | 中 | 中 | 中 | 需要 | 中 | 充分 |
| | | US(6个月~2年) | 84.21% | 一般 | 比较紧迫 | 中 | 中 | 中 | 低 | 中 | 需要 | 好 | 充分 |
| 4 | 主蒸汽管破裂（第一次暂停） | RO1(2~5年) | 92.86% | | | | | | | | | | |
| | | RO2 | 85.71% | | | | | | | | | | |
| | | US(2~5年) | 100% | | | | | | | | | | |
| | 主蒸汽管破裂（第二次暂停） | RO1(2~5年) | 84.38% | 一般 | 比较紧迫 | 中 | 中 | 中 | 高 | 好 | 需要 | 中 | 充分理解 |
| | | RO2 | 71.88% | 一般 | 比较紧迫 | 中 | 中 | 中 | 中 | 中 | 需要 | 好 | 一般 |
| | | US(2~5年) | 78.13% | 复杂 | 比较紧迫 | 中 | 中 | 中 | 中 | 高 | 需要 | 好 | 充分 |
| 5 | 主蒸汽管破裂（第一次暂停） | RO1(6个月~2年) | 92.86% | | | | | | | | | | |
| | | RO2(2~5年) | 85.71% | | | | | | | | | | |
| | | US(2~5年) | 100% | | | | | | | | | | |
| | 主蒸汽管破裂（第二次暂停） | RO1(6个月~2年) | 93.94% | 复杂 | 比较紧迫 | 中 | 中 | 中 | 中 | 好 | 需要 | 好 | 充分 |
| | | RO2(2~5年) | 93.94% | 复杂 | 比较紧迫 | 中 | 中 | 中 | 中 | 好 | 需要 | 好 | 充分 |
| | | US(2~5年) | 93.94% | 复杂 | 比较紧迫 | 中 | 中 | 中 | 中 | 好 | 需要 | 好 | 充分 |
| 6 | 失去厂外电（第一次暂停） | RO1(6个月~2年) | 61.90% | | | | | | | | | | |
| | | RO2(6个月~2年) | 66.67% | | | | | | | | | | |
| | | US(2~5年) | 90.48% | | | | | | | | | | |
| | 失去厂外电（第二次暂停） | RO1(6个月~2年) | 60.07% | 一般 | 比较紧迫 | 高 | 低 | 中 | 低 | 差 | 需要 | 中 | 充分 |
| | | RO2(6个月~2年) | 51.72% | 一般 | 充分 | 中 | 中 | 中 | 中 | 中 | 需要 | 中 | 一般 |
| | | US(2~5年) | 89.66% | 一般 | 充分 | 中 | 低 | 中 | 中 | 中 | 需要 | 好 | 充分 |

## 12.5 情景意识可靠性定量评价方法

基于建立的情景意识水平/可靠性模型、收集到的实验数据来做情景意识可靠性定量评价，首先需要识别中间变量的条件概率分布。条件概率表和节点之间的弧描述了贝叶斯置信网络（BBN）中节点的因果关系，即使对于相对小的 BBN，需确定的条件概率的数量也是相当大的，因而难以通过有限的模拟机实验数据来识别情景意识的中间变量的条件概率分布。因此，本章建立一种规范化的程序来进行条件概率表的确定，实验数据对确定过程给予一定的数据支持。

1. 确定 PSF 的相对重要性

不同影响情景意识可靠性的 PSF 之间的重要程度不同，根据图 12-2 描述的情景意识因果模型以及核电厂历史的统计数据[23]与专家的判断（通过层次分析法的两两比较），确定 PSF 之间的相对重要性。如通过对 2002—2008 年世界核营运者协会（WANO）人因事件的行为影响因素的频率分析结果，针对 318 个人因事件，得到因培训因素影响的人因事件频度为 174，班组因素为 42，因此，相对操纵员的心智模型来进行相互比较，可认为培训和班组的交流与合作的因素权重分别为 0.8 和 0.2，其结果的合适性也可通过专家进行核实和修正。同样可得其他 PSF 的相对权重，见表 12-5。

表 12-5　影响操纵员情景意识的 PSF 的相对权重

| PSF | 相对权重 | PSF | 相对权重 | PSF | 相对权重 | PSF | 相对权重 | PSF | 相对权重 |
|---|---|---|---|---|---|---|---|---|---|
| 培训 | 0.8 | 规程 | 0.7 | 任务的复杂性 | 0.4 | 人-机界面 | 0.6 | 心智模型 | 0.5 |
| 班组的交流与合作 | 0.2 | 人-机界面 | 0.3 | 可用时间 | 0.6 | 系统自动化水平 | 0.4 | 压力水平 | 0.3 |
| | | | | | | | | 状态模型 | 0.2 |

2. 确定考虑权重的父节点状态与子节点状态的距离

在已知父节点处于特定状态的情况下，来确定子节点 PSF 处于某个状态的概率的过程中，如果对待定的 PSF 的状态明显不同于或没有接近其父节点的状态，则该子节点 PSF 所处该状态与其他状态（接近或者等于其父节点的状态）相比，其概率应该取更小，这应该是合理的。如针对操纵员心智模型三个不同的状态"好""中""差"来说，如果心智模型的两个父节点"培训"和"班组的交流与合作"都处于"好"的状态，则子节点 PSF"心智模型"处于"好"状态的概率（可能性）要大于处于"中"和"低"状态的概率。Røed 和 Mosleh 等[26]认为无论所考虑的 PSF 的状态好于或差于父节点的状态，都可采用距离的绝对值来反映相对距离，这意味着在两种方向上的变化给予同样的重要性，但这有些不符合实际。因为，它们没有考虑正距离和负距离可以相互抵消。假设子节点受两个父节点的影响，相对权重一样，一个处于"好"的状态，一个处于"差"的状态，那么一般认为子节点处于"中"状态的概率最高，但是按它们的计算式得到三者之间的概率是一样的，因为算得的距离一致，故对它们的公式进行改进。因此，可以考虑用"父节点状态与子节点状态之间的加权距离"（简称加权距离）的绝对值来分配 PSF 处于不同状态之间的概率。加权距离绝对值可用下式来计算：

$$D_j = \left| \sum_{i=1}^{n} D_{ij} w_i \right|, \quad D_j \in [0,2] \tag{12-5}$$

式中　$D_{ij}$——第 $i$ 个父节点的状态与子节点 PSF 的正考虑的状态之间的"距离"，如父节点"培训"处于"好"的状态，子节点"心智模型"正在考虑的状态为"好"，则 $D_{ij}=0$。$n$ 是父节点 PSF 的个数，$j$ 是所考虑的 PSF 的可能的状态，$j = a, b, c$。

下面举例说明如何计算加权距离,同样选择图12-2中子节点"心智模型(MM)"为例,假设其父节点"培训(TR)"和"班组合作与交流(TE)"分别处于"好(a)"和"中(b)",则有$TR=a$和$TE=b$。此时,考虑"心智模型(MM)"处于不同状态的加权距离,假设最先考虑的是$MM=a$的情况,即$j=a$,那么考虑$TR=a$时,$a$到$a$的距离相隔0个状态,因此,$D_{aa}=0$。同样,$TE=b$时,$a$到$a$的距离相隔1个状态,因此,$D_{ba}=-1$。根据表12-4所得到的"培训(TR)"和"班组的合作与交流(TE)"的权重$w_{TR}=0.8$,$w_{TE}=0.2$,可得其加权距离为$D_a=|0.8\times0+0.2\times(-1)|=0.2$。同样依据式(12-5),可得$D_b=|0.8\times1+0.2\times0|=0.8$,$D_c=|0.8\times2+0.2\times1|=1.8$。

**3. 基于模拟机实验数据确定子节点处于不同状态的条件概率分布**

针对不同的$D_j$值如何进行概率分配问题,采用Røed和Mosleh等[26]建议的概率分布的计算公式进行计算:

$$P_j = \frac{e^{-RD_j}}{\sum_{j=a}^{c} e^{-RD_j}}, P_j \in [0,1] \tag{12-6}$$

其中,分子确定子节点PSF处于三个不同状态之间的概率分布,分母就是用于标准化或归一化的因子,使得三个$P_j$的和加起来等于1。其结果分布情况由定义的分布指数$R$(Distribution Index)进行控制。如果$R$指数定得越高,则子节点PSF处于远离它的父节点的状态的某个状态的概率更低。这意味着如果分析人员分配一个高的$R$指数值,则表示子节点PSF正处于远离它的父节点的状态的某个状态得一个低的概率。为了减少确定$R$指数值的不确定性,使用模拟机实验结果来确定$R$指数值,其确定步骤如下:

(1)根据模拟机实验的结果,选取其中最有代表性的某类统计数据(样本最多的情况)作为参考数据(如培训处于"好"的状态,班组交流和合作处于"中"的状态,心智模型处于"中"的状态的统计数据)。

(2)选择该类数据概率分布的上限值和中间状态值进行计算,确定$R$指数的值。如针对父节点"培训水平"处于"好"的状态,"班组的交流与合作水平"处于"中"的状态,子节点"心智模型"处于"中"的状态的概率分布,通过模拟机实验数据分析,操纵员在情景意识(SA)实验中认为培训"好"的共有24个,交流合作处于"需要,即中等"的有24个,得到心智模型处于"好"的有21个,处于"中"的有3个,即得到心智模型处于"好"的为$21/24=0.875$,处于"中"的为$3/24=0.125$,处于"差"的为0。因此,可采用上限概率数值0.875和中间状态概率值0.125进行计算,代入式(12-6)可得

$$\frac{P_a}{P_b} = \frac{\dfrac{e^{-RD_a}}{\sum_{j=a}^{c} e^{-RD_j}}}{\dfrac{e^{-RD_b}}{\sum_{j=a}^{c} e^{-RD_j}}} = \frac{0.875}{0.125} = 7.0 \tag{12-7}$$

然后将$D_a$、$D_b$、$D_c$的值低入上式可得

$$\frac{P_a}{P_b} = \frac{e^{-0.2R}}{e^{-0.8R}} = 7.0 \Rightarrow e^{0.6R} = 7.0$$

$$\Rightarrow 0.6R = \ln 7.0 \Rightarrow R = \frac{1.9459}{0.6} = 3.2432$$

(12-8)

（3）选用第二步计算出的 $R$ 值用于同父节点和子节点的其他概率分布的计算,确定它们的概率分布。如:针对父节点"培训水平"处于"好"的状态,"班组的交流与合作水平"处于"好"的状态,在此情景下,则子节点操纵员的"心智模型水平"处于不同状态水平"好""中""差"的条件概率分布。先使用式（12-5）分别确定其父节点状态与子节点状态的距离为:父节点"培训"处于"好"的状态与子节点"心智模型"处于"好"状态的距离 $D_{aa} = 0$;父节点"班组交流与合作"处于"好"的状态与子节点"心智模型"处于"好"状态的距离 $D_{aa} = 0$;且其父节点权重分别为 $w_{TR} = 0.8$, $w_{TE} = 0.2$,可得其加权距离为 $D_a = |0.8 \times 0 + 0.2 \times 0| = 0$。

同理可得子节点"心智模型"处于"中"和处于"差"的加权距离分别为 $D_b = |0.8 \times 1 + 0.2 \times 1| = 1$ 和 $D_c = |0.8 \times 2 + 0.2 \times 2| = 2$。然后将 $R = 3.2432$ 代入式（12-6）得

$$P_a = \frac{e^{-RD_a}}{\sum_{j=a}^{c} e^{-RD_j}} = \frac{e^{-0R}}{e^{-0R} + e^{-1R} + e^{-2R}} = \frac{1}{1 + e^{-3.2432} + e^{-2 \times 3.2432}}$$

$$= \frac{1}{1 + 0.039 + 0.0015} = \frac{1}{1.0405} = 0.9611$$

$$P_b = \frac{e^{-RD_b}}{\sum_{j=a}^{c} e^{-RD_j}} = \frac{e^{-1R}}{e^{-0R} + e^{-1R} + e^{-2R}} = \frac{e^{-3.2432}}{1 + e^{-3.2432} + e^{-2 \times 3.2432}}$$

(12-9)

$$= \frac{0.039}{1 + 0.039 + 0.0015} = 0.03$$

$$P_c = \frac{e^{-RD_c}}{\sum_{j=a}^{c} e^{-RD_j}} = \frac{e^{-1R}}{e^{-0R} + e^{-1R} + e^{-2R}} = \frac{e^{-2 \times 3.2432}}{1 + e^{-3.2432} + e^{-2 \times 3.2432}}$$

$$= \frac{0.0015}{1 + 0.039 + 0.0015} = 0.01$$

从而可得其条件概率分布分别为 0.96、0.03 和 0.01。

同理,可得两个父节点状态的两两结合使得子节点变量处于不同状态的条件概率分布,见表 12-6,括号中的数值代表权重。

表 12-6　中间变量"心智模型"的条件概率 $P$(心智模型|培训,班组的交流与合作)

| 变量 | | 状态及概率 | | | | | | | | |
|---|---|---|---|---|---|---|---|---|---|---|
| 培训(0.8) | | 好 | | | 中 | | | 差 | | |
| 班组的交流与合作(0.2) | | 好 | 中 | 差 | 好 | 中 | 差 | 好 | 中 | 差 |
| 心智模型 | 好 | 0.96 | 0.87 | 0.65 | 0.12 | 0.04 | 0.13 | 0.01 | 0.01 | 0.01 |
| | 中 | 0.03 | 0.12 | 0.34 | 0.85 | 0.92 | 0.85 | 0.34 | 0.12 | 0.03 |
| | 差 | 0.01 | 0.01 | 0.01 | 0.13 | 0.04 | 0.12 | 0.65 | 0.87 | 0.96 |

　　同理依照上述步骤可确定其他子节点 PSF 的条件概率分布。基于情景意识因果模型,针对父节点"规程"质量处于"中"的状态、"人-机界面"质量处于"中"的状态,模拟机实验数据中共有 38 个这样的评价,其中评价"任务复杂性"为"复杂"的有 6 个,评价为"一般"的 30 个,评价为"简单"的有 2 个;另外,针对父节点"任务的复杂性"为"一般"、"可用时间"为"一般"的评价共 27 个,在这些样本数据中,对子节点变量"压力水平"评价为"高""中""低"状态的样本数分别为 4、21 和 2;再者,针对父节点"人-机界面质量"处于"中","系统自动化水平"处于"中"的样本数据为 20 个,在 20 个样本数据中,对子节点变量"状态模型"评价为"好""中""差"的样本数分别为 4、15、1。因此,依据上述最具统计意义的模拟机实验数据,可算得父节点在特定状态下,其子节点处于不同状态的条件概率分布,从而可计算出用于识别其他条件概率分布的分布指数 $R$ ,具体用于计算的数据以及确定 $R$ 值见表 12-7。同样可计算得到其他中间变量 PSF 的条件概率分布,计算结果分别列于表 12-8、表 12-9 和表 12-10 中。

表 12-7　依据模拟机实验数据确定的分布指数 $R$ 值

| 序号 | 父节点变量 | 所处状态 | 子节点变量 | 所处状态 | 对应的概率分布 | 计算得到的分布指数 $R$ |
|---|---|---|---|---|---|---|
| 1 | 规程 | 中 | 任务的复杂性 | 复杂 | 0.16 | 1.6094 ≈ 1.61 |
| | 人-机界面 | 中 | | 一般 | 0.80 | |
| | | | | 简单 | 0.04 | |
| 2 | 任务的复杂性 | 一般 | 压力水平 | 高 | 0.15 | 1.6487 ≈ 1.65 |
| | 可用时间 | 一般 | | 中 | 0.78 | |
| | | | | 低 | 0.07 | |
| 3 | 人-机界面 | 中 | 状态模型 | 好 | 0.20 | 1.3216 ≈ 1.32 |
| | 系统自动化水平 | 中 | | 中 | 0.75 | |
| | | | | 差 | 0.05 | |

表 12-8　中间变量"任务的复杂性"的条件概率 $P$(任务的复杂性|规程,人-机界面)

| 变量 | | 状态及概率 | | | | | | | | |
|---|---|---|---|---|---|---|---|---|---|---|
| 规程(0.7) | | 好 | | | 中 | | | 差 | | |
| 人-机界面(0.3) | | 好 | 中 | 差 | 好 | 中 | 差 | 好 | 中 | 差 |
| 任务的复杂性 | 简单(好) | 0.8 | 0.62 | 0.38 | 0.30 | 0.14 | 0.10 | 0.10 | 0.06 | 0.04 |
| | 一般(中) | 0.16 | 0.32 | 0.52 | 0.60 | 0.72 | 0.60 | 0.52 | 0.32 | 0.16 |
| | 复杂(差) | 0.04 | 0.06 | 0.10 | 0.10 | 0.14 | 0.30 | 0.38 | 0.62 | 0.8 |

表 12-9　节点变量"压力水平"的条件概率 $P$(压力水平|任务复杂性,可用时间)

| 变量 | | 状态及概率 | | | | | | | | |
|---|---|---|---|---|---|---|---|---|---|---|
| 任务的复杂性(0.4) | | 简单 | | | 一般 | | | 复杂 | | |
| 可用时间(0.6) | | 充分的 | 一般的 | 不足的 | 充分的 | 一般的 | 不足的 | 充分的 | 一般的 | 不足的 |
| 压力水平 | 低(L) | 0.81 | 0.37 | 0.12 | 0.54 | 0.14 | 0.07 | 0.24 | 0.11 | 0.03 |
| | 中(M) | 0.16 | 0.52 | 0.64 | 0.39 | 0.72 | 0.39 | 0.64 | 0.52 | 0.16 |
| | 高(H) | 0.03 | 0.11 | 0.24 | 0.07 | 0.14 | 0.54 | 0.12 | 0.37 | 0.81 |

表 12-10　节点变量"状态模型"的条件概率 $P$(状态模型|人-机界面,系统自动化水平)

| 变量 | | 状态及概率 | | | | | | | | |
|------|------|------|------|------|------|------|------|------|------|------|
| 人-机界面(0.6) | | 好 | | | 中 | | | 差 | | |
| 系统自动化水平(0.4) | | 低 | 中 | 高 | 低 | 中 | 高 | 低 | 中 | 高 |
| 状态模型 | 好 | 0.75 | 0.50 | 0.26 | 0.38 | 0.17 | 0.13 | 0.16 | 0.11 | 0.05 |
| | 中 | 0.20 | 0.39 | 0.58 | 0.49 | 0.66 | 0.49 | 0.58 | 0.39 | 0.20 |
| | 差 | 0.05 | 0.11 | 0.16 | 0.13 | 0.17 | 0.38 | 0.26 | 0.50 | 0.75 |

#### 4. 计算事件/变量的条件概率

由于所进行的实验有限,直接用获得的情景意识数据进行情景意识可靠性计算难以具有统计意义,并且不同班组的操纵员存在各方面的差异,如培训水平等。因此,结合 HRA 方法的特点,采用如下计算步骤进行确定:

(1)确定 SA 失误的基本概率。在大多数情况下可使用历史的通用数据结合一个模型来确定。但是由于模拟机实验数据有限,本文采用 HRA 方法来确定,由 SPAR-H 方法[27]可知(相当于 SPAR-H 方法中的诊断),对于 SA 可靠性评定的基本概率,确定为 $P_{basis} = 0.01$。

(2)确定 SA 的父节点的最差状态和最好状态对 SA 基本失误概率偏离的最大值。这可依据专家判断、模拟机实验数据和 HRA 方法来确定,如果父节点的 PSF 处于极端状态(a 和 c 状态)时,确定一个因子来调整基本概率。在 CREAM[20]方法中,对于各个因子最好的状态来说,可以降低 SA(相当于 CREAM 方法中的解释失误)的失误,使失误概率降低 10 倍,对于其他像 THERP[28]和 SPAR-H 等方法中,各个 PSF 的最好状态使失误概率降低都超过 100 倍。因此,可以折衷考虑,选用 0.01(即降低 100 倍)。同样,对于 PSF 都处于"差"的状态,会提高 SA 的失误率,在此对处于不利状态 c 建议的调整因子的值为 100,即可能使 SA 失误概率达到 1。基本失误概率的调整因子取值见表 12-11。

表 12-11　基本概率的调整因子

| 父节点影响因素的状态 | 调整因子 $Q$ |
|------|------|
| a | 0.01 |
| b | 1 |
| c | 100 |

(3)定量计算 SA 失误的条件概率。基于父节点 PSF 的状态和调整因子 $Q_i$ 对条件概率进行计算,采用以下计算公式:

$$P_j = P_{basis} \sum_{i=1}^{n} w_i \sum_{k=a}^{c} \text{Max}(P_{ik}) Q_{ik}, P_j \in [0,1] \tag{12-10}$$

式中　$P_{ik}$——第 $i$ 个父节点 PSF 处于不同状态 $k(k=a,b,c)$ 的概率;

　　　Max——取最能反映当前父节点所处状态的概率,用于概率计算;

　　　$Q_{ik}$——对应的调整因子(见表 12-10);

　　　$w_i$——第 $i$ 个父节点的权重,所有父节点的权重和等于 1;

　　　下标 $j$——所考虑的 SA 可能的状态($j$ 有两种状态,即成功和失败,$j=1$ 表示成功,$j=2$ 表示失败)。

## 12.6 应用实例分析

已知获得的数据和建立的定量评价程序,由图12-2可知,子节点"SA可靠性"的父节点为"心智模型""压力水平"以及"状态模型",它们的权重分别为0.5、0.3和0.2。选取"蒸汽发生器一根传热管断"事故进行分析,根据操纵员访谈情况获得根节点PSF的状态等级见表12-12所示。

表12-12 SGTR事故情境下访谈得到的PSF状态的等级

| PSF | 培训 | 班组的交流与合作 | 规程 | 人-机界面 | 可用时间 | 自动化水平 |
|---|---|---|---|---|---|---|
| 状态 | 好 | 中 | 中 | 中 | 中 | 低 |

依据上述数据,当培训为"好"、班组的交流与合作为"中",由表12-5可知"心智模型"处于不同状态(好、中、差)的概率分布分别为:0.87、0.12、0.01;由表12-7可知"任务的复杂性"的概率分布为0.14、0.72、0.14;由表12-9可知"状态模型"的概率分布为0.38、0.49、0.13;当可用时间为"中(一般)"时,则"可用时间"处于不同状态(充足、一般、不够)的概率分布为0、1、0,在"任务的复杂性"的概率分布已知的情况下,可由边缘化定理式(12-3)来求解。

"任务的复杂性"和"可用时间"引起操纵员"压力水平"处于"低"状态的概率,可根据式(12-3)有

$$P(S_L = S_{L,1})$$
$$= P(T_A = T_{A,1}) \times [P(A_V = A_{V,1}) \times P(S_L = S_{L,1} | T_A = T_{A,1}, A_V = A_{V,1}) + P(A_V = A_{V,2}) \times$$
$$P(S_L = S_{L,1} | T_A = T_{A,1}, A_V = A_{V,2}) +$$
$$P(A_V = A_{V,3}) \times P(S_L = S_{L,1} | T_A = T_{A,1}, A_V = A_{V,3})] +$$
$$P(T_A = T_{A,2}) \times [P(A_V = A_{V,1}) \times P(S_L = S_{L,1} | T_A = T_{A,2}, A_V = A_{V,1}) +$$
$$P(A_V = A_{V,2}) \times P(S_L = S_{L,1} | T_A = T_{A,2}, A_V = A_{V,2}) +$$
$$P(A_V = A_{V,3}) \times P(S_L = S_{L,1} | T_A = T_{A,2}, A_V = A_{V,3})] +$$
$$P(T_A = T_{A,3}) \times [P(A_V = A_{V,1}) \times P(S_L = S_{L,1} | T_A = T_{A,3}, A_V = A_{V,1}) +$$
$$P(A_V = A_{V,2}) \times P(S_L = S_{L,1} | T_A = T_{A,3}, A_V = A_{V,2}) + P(A_V = A_{V,3}) \times$$
$$P(S_L = S_{L,1} | T_A = T_{A,3}, A_V = A_{V,3})]$$
$$= 0.14 \times [0 \times 0.81 + 1 \times 0.37 + 0 \times 0.12] + 0.72 \times [0 \times 0.54 + 1 \times 0.14 + 0 \times 0.07] +$$
$$0.14 \times [0 \times 0.24 + 1 \times 0.11 + 0 \times 0.03]$$
$$= 0.14 \times 0.37 + 0.72 \times 0.14 + 0.14 \times 0.11$$
$$= 0.0518 + 0.1008 + 0.0154$$
$$= 0.168$$

同理可得"压力水平"处于"中"的概率为0.664,"压力水平"处于"高"的概率为0.168。因此,得到了中间变量"压力水平"的概率处于不同状态的概率分布分别为0.168、0.664和

0.168。因此,在已知"SA 可靠性"的三个父节点的权重,每个父节点处于不同状态的概率分布的情况下(表 12-13),可计算特定情境下的操纵员 SA 可靠性。

表 12-13  心智模型、压力水平、状态模型的概率分布及 SA 可靠性

| 影响因素 | 权重 | 概率分布 | 情景意识可靠性 |
|---|---|---|---|
| 心智模型 | 0.5 | 好、中、差<br>0.87、0.12、0.01 | |
| 压力水平 | 0.3 | 低、中、高<br>0.168、0.664、0.168 | 0.992678 |
| 状态模型 | 0.2 | 好、中、差<br>0.38、0.49、0.13 | |

由式(12-10)得

$$
\begin{aligned}
P_2 &= P_{\text{basis}} \sum_{i=1}^{n} w_i \sum_{k=a}^{c} \text{Max}(P_{ik}) Q_{ik} \\
&= 0.01 \times [0.5 \times (0.87 \times 0.01) + 0.3 \times (0.664 \times 1) + 0.2 \times (0.49 \times 1)] \\
&= 0.01 \times [0.5 \times 0.87 + 0.3 \times 0.664 + 0.2 \times 0.49] \\
&= 0.01 \times (0.435 + 0.1992 + 0.098) \\
&= 0.7322 \times P_{\text{basis}} \\
&= 0.007322
\end{aligned}
$$

则 SA 可靠性 $P_1 = 1 - P_2 = 1 - 0.007322 = 0.992678$

## 12.7  本 章 小 结

核电厂数字化之后,操纵员的情景意识问题更为突出,为了更为客观地测量操纵员的情景意识水平/可靠性,本章基于建立的人因失误分析框架/方法,对人因事件报告进行分析,对样本数据采用相关性分析和因子分析方法,建立了数据驱动的情景意识因果模型,并且开发了操纵员情景意识测量表来对操纵员的情景意识水平进行测量,测量获得的相关数据用于定量评估操纵员的情景意识水平,基于上述研究,提出一种基于贝叶斯网络理论的情景意识水平/可靠性定量评价的模型或方法。

(1)建立的考虑 PSF 因果关系的情景意识水平/可靠性的贝叶斯网络模型能克服传统的像 CREAM 和 SPAR-H 方法在考虑 PSF 影响时,没有考虑 PSF 的因果关系,从而可能存在双重计算其影响的不足,给人因失误概率带来错误的估计。

(2)基于模拟机实验数据来确定情景意识可靠性模型中的 PSF 的条件概率分布,使数据更加客观可靠,克服传统 HRA 需要专家判断带来的不确定性等问题,提高分析的精度。

(3)建立的规范化情景意识水平/可靠性定量评价程序可为数字化核电厂的 HRA 分析提供理论和实践支持。

尽管本章克服了诸多困难获得了操纵员的情景意识可靠性模拟机数据,但是,数据量还有

限,还需不断补充模拟机实验进行更多的规律探索。

# 参考文献

[1] Endsley M R.A taxonomy of situation awareness errors[C].Western European Association of Aviation Psychology 21$^{\text{st}}$ Conference, Dublin,Ireland,1994.

[2] Lee S W,Park J,Kim A R,et al.Measuring situation awareness of operation teams in NPPs using a verbal protocol analysis [J].Annals of Nuclear Energy,2012,43:167-175.

[3] 何旭洪,黄祥瑞.工业系统中人的可靠性分析:原理、方法与应用[M].北京:清华大学出版社,2007.

[4] Woodhouse R,Woodhouse R A.Navigation errors in relation to controlled flight into terrain (CFIT) accidents[C].Proceedings of the 8$^{\text{th}}$ International Symposium on Aviation Psychology,Columbus,OH,1995.

[5] Jones D G,Endsley M R.Investigation of situation awareness errors[C].Proceedings of the 8th International Symposium on Aviation Psychology.Columbus,OH,1995.

[6] 张力,杨大新,王以群.数字化控制室信息显示对人因可靠性的影响[J].中国安全科学学报,2010,20(9):81-85.

[7] Huang F H,Hwang S L.Experimental studies of computerized procedures and team size in nuclear power plant operations[J].Nuclear Engineering and Design,2009,239(2):373-380.

[8] Lee S J,Kim J,Jang S C.Human error mode identification for NPP main control room operations using soft controls[J].Journal of Nuclear Science and Technology,2011,48(6):902-910.

[9] O'Hara J M,Brown W S,Lewis P M,et al.The effects of interface management tasks on crew performance and safety in complex,computer-based systems:detailed analysis [R].NUREG/CR-6690,Vol 2.Washington D.C.:U.S.Nuclear Regulatory Commission,2002.

[10] O'Hara J M,Higgins J C,Stubler W F,et al.Computer-based procedure systems:technical basis and human factors review guidance [R].NUREG/CR-6634.Washington D.C.:U.S.Nuclear Regulatory Commission,2000.

[11] O'Hara J M,Higgins J C,Brown W.Identification and evaluation of human factors issues associated with emerging nuclear plant technology[J].Nuclear Engineering and Technology,2009,41(3):225-236.

[12] Seong P H.Reliability and risk issues in large scale safety-critical digital control systems[M].New York:Springer,2009.

[13] Kaber D B,Perry C M,Segall N,et al.Situation awareness implications of adaptive automation for information processing in an air traffic control-related task[J].International Journal of Industrial Ergonomics,2006,36(5):447-462.

[14] Endsley M R.Toward a theory of situation awareness in dynamic systems[J].Human Factors,1995,37:32-64.

[15] Bendy G,Meister D.Theory of activity and situation awareness[J].International Journal of Cognitive Ergonomics,1999,3:63-72.

[16] Adams M J,Tenney Y J,Pew R W.Situation awareness and the cognitive management of complex systems[J].Human Factors, 1995,37:85-104.

[17] Miao A X,Zacharias G L,Kao S-P.A computational situation assessment model for nuclear power plant operations[J].IEEE Trans Syst Man Cybern Part A,1997,27:728-42.

[18] Kim M C,Seong P H.An analytic model for situation assessment of nuclear power plant operators based on Bayesian inference [J]. Reliability Engineering and System Safety,2006,91:270-282.

[19] Hannaman G W,Spurgin A J,Lukic Y D.Human Cognitive Reliability Model for PRA Analysis[R].NUS-4531.California:NUS Corporation,1984 :125-130.

[20] Hollnagel E.Cognitive reliability and error analysis method [M].Oxford:Elsevier Science Ltd.,1998.

[21] John M O,James C G,Joel K.Advanced information systems design:technical basis and human factors review guidance[R].Washington D.C.:U.S.Nuclear Regulatory Commission,2002.

［22］李鹏程,张力,戴立操,等.数据驱动的操纵员情景意识因果模型研究［J］.原子能科学技术,2015,49(11):2062-2068.

［23］李鹏程.核电厂数字化控制系统中人因失误与可靠性研究［D］.广州:华南理工大学,2011.

［24］Ren J,Jenkinson I,Wang J,et al.A methodology to model causal relationships on offshore safety assessment focusing on human and organizational factors［J］.Journal of Safety Research,2008,39:87-100.

［25］Salmon Paul,Stanton Neville,Walker Guy,et al.Situation awareness measurement:A review of applicability for C4i environments ［J］.applied ergonomics,2006,37:225-238.

［26］Røed W,Mosleh A,Vinnem J E,et al.On the use of the hybrid causal logic method in offshore risk analysis［J］.Reliability Engineering and System Safety,2009,94:445-455.

［27］Gertman D,Blackman H,Marble J,et al.The SPAR-H human reliability analysis method［R］.NUREG/CR-6883.Washington D,C,:U.S.Nuclear Regulatory Commission,2005.

［28］Swain A D.Accident sequence evaluation program human reliability analysis procedure［R］.Washington D.C.:U.S.Nuclear Regulatory Commission,1987.

# 附录  情景意识测量表

情景意识测量表

问卷说明：

　　本问卷纯属学术研究，请您尽可能客观回答。我们承诺将对您提供的所有信息保密，调查所得数据仅供学术研究使用，不会用于其他任何商业用途。

被调查者基本情况（请在符合的选项后划"√"；没有选项的请作答）：

　　G1. 核电站工作经验：□小于 1 年　□1～5 年　□5～10 年　□10 年以上

　　G2. 从事操纵员工作经验：□0～6 个月　□6 个月～2 年　□2～5 年　□5 年以上

　　G3. SOP 操作经验：□0～6 个月　□6 个月～2 年　□2～5 年　□5 年以上

　　G4. 便于回访，请留下您的姓名和联系方式：姓名_____；电话_____；

　　　　岗位_____，取得执照时间_____。

操纵员情景意识实验（SLOCA 第一次）

1. 反应堆是否处于停堆状态？

　　□是　　　　　　　　□否　　　　　　　　□不确定

3. 一回路压力变化情况？

　　□增加　　　　　　　□减少　　　　　　　□稳定　　　　　　　□不确定

4. 一回路水位变化情况？

　　□增加　　　　　　　□减少　　　　　　　□稳定　　　　　　　□不确定

5. 一回路温度变化情况？

　　□增加　　　　　　　□减少　　　　　　　□稳定　　　　　　　□不确定

6. 安全壳内的压力情况？

　　□增加　　　　　　　□减少　　　　　　　□稳定　　　　　　　□不确定

7. 安全壳内的温度情况？

　　□增加　　　　　　　□减少　　　　　　　□稳定　　　　　　　□不确定

8. 安全壳内的放射性水平情况？

　　□增加　　　　　　　□减少　　　　　　　□不变　　　　　　　□不确定

10. 二回路是否存在放射性？

　　□是　　　　　　　　□否　　　　　　　　□不确定

11. SG 压力变化情况？

　　□增加　　　　　　　□减少　　　　　　　□稳定　　　　　　　□不确定

12. 蒸器发生器水装量变化情况？

　　□增加　　　　　　　□减少　　　　　　　□稳定　　　　　　　□不确定

13. 主蒸汽阀隔离情况？

　　□隔离　　　　　　　□没有隔离　　　　　□不确定

14. 供电电源情况?

 ☐厂变    ☐辅变    ☐柴油机    ☐不确定

15. 主泵运行情况?

 ☐三台运行   ☐两台运行   ☐一台运行   ☐全部停运

 ☐不确定

16. 辅助给水系统主泵运行情况?

 ☐二台电动泵   ☐二台汽动泵   ☐一台电动泵   ☐一台汽动泵

 ☐二台汽动泵和一台电动泵    ☐一台汽动泵和二台电动泵

 ☐没有    ☐不确定

19. 一回路冷却剂过冷度 $\Delta T_{sat}$ 情况?

 ☐过热    ☐饱和    ☐欠饱和    ☐不确定

18. 压力容器水位 $L_{vsl}$ 情况?

 ☐高于 THL 水位  ☐低于 THL 水位  ☐不确定

20. 次临界度情况?

 ☐不降级    ☐降级    ☐不确定

操纵员情景意识实验(SLOCA 第二次)

1. 一回路压力变化情况?

 ☐增加    ☐减少    ☐稳定    ☐不确定

2. 一回路压力处于什么范围($1\,bar = 10^5\,Pa$)?

 ☐0~50bar   ☐50.1~100bar  ☐100.1~150bar  ☐150.1~200bar

3. 一回路稳压器水位变化情况?

 ☐增加    ☐减少    ☐稳定    ☐不确定

4. 一回路稳压器水位处于什么范围?

 ☐-5m 以下   ☐-5~-3m   ☐-3~0m   ☐0~3m

 ☐3m 以上

5. 一回路温度变化情况?

 ☐增加    ☐减少    ☐稳定    ☐不确定

6. 一回路冷却剂温度 $T_{ric}$ 处于什么范围?

 ☐280℃ 以下  ☐280~290℃  ☐290~300℃  ☐300℃ 以上

7. 安全壳内的压力变化情况?

 ☐增加    ☐减少    ☐稳定    ☐不确定

8. 安全壳的绝对压力处于什么范围?

 ☐小于 1.1bar  ☐1.1~1.3bar  ☐1.3~2.4bar

 ☐大于 2.4bar

9. 一回路冷却剂过冷度 $\Delta T_{sat}$ 情况?

 ☐过热    ☐饱和    ☐欠饱和    ☐不确定

10. 一回路冷却剂 $\Delta T_{sat}$ 处于什么范围？

    □ -100℃ 以下        □ -100~0℃        □ 0~50℃        □ 50~150℃

    □ 150℃ 以上

11. 主泵运行情况？

    □ 三台运行        □ 两台运行        □ 一台运行        □ 全部停运

    □ 不确定

12. 安全壳喷淋泵有几台投运？

    □ 三台运行        □ 两台运行        □ 一台运行        □ 全部停运

    □ 不确定

13. 安注控制情况？

    □ 两台高压泵运行        □ 一台高压泵运行        □ BIT 隔离        □ 不确定

14. SG1 压力变化情况？

    □ 增加        □ 减少        □ 稳定        □ 不确定

15. SG1 压力处于什么范围？

    □ 30bar 以下        □ 30~50bar        □ 50~60bar        □ 60~76bar

    □ 76bar 以上

16. SG2 压力变化情况？

    □ 增加        □ 减少        □ 稳定        □ 不确定

17. VVP 主阀隔离情况？

    □ 隔离        □ 没有隔离        □ 不确定

18. SG2 压力处于什么范围？

    □ 30bar 以下        □ 30~50bar        □ 50~60bar        □ 60~76bar

    □ 76bar 以上

19. SG3 压力变化情况？

    □ 增加        □ 减少        □ 稳定        □ 不确定

20. SG3 压力处于什么范围？

    □ 30bar 以下        □ 30~50bar        □ 50~60bar        □ 60~76bar

    □ 76bar 以上

21. SG1 水装量变化情况？

    □ 增加        □ 减少        □ 稳定        □ 不确定

22. SG1 的窄量程水位在什么范围？

    □ -1.8m 以下        □ -1.8~0.9m        □ -0.9~0m        □ 0~0.9m

    □ 0.9m 以上

23. SG2 水装量变化情况？

    □ 增加        □ 减少        □ 稳定        □ 不确定

24. SG2 的窄量程水位在什么范围？

    □ -1.8m 以下        □ -1.8~-0.9m        □ -0.9~0m        □ 0~0.9m

    □ 0.9m 以上

25. SG3 水装量变化情况?

　　□增加　　　　　　□减少　　　　　　□稳定　　　　　　□不确定

26. SG3 的窄量程水位在什么范围?

　　□-1.8m 以下　　　□-1.8~-0.9m　　　□-0.9~0m　　　□0~0.9m

　　□0.9m 以上

27. 安全壳内的温度情况?

　　□增加　　　　　　□减少　　　　　　□稳定　　　　　　□不确定

28. KRT022MA 指示变化情况?

　　□增加　　　　　　□减少　　　　　　□不变　　　　　　□不确定

29. 二回路是否存在放射性报警?

　　□是　　　　　　　□否　　　　　　　□不确定

30. 供电电源情况?

　　□厂变　　　　　　□辅变　　　　　　□柴油机　　　　　□不确定

31. 辅助给水系统主泵运行情况?

　　□二台电动泵　　　□二台汽动泵　　　□一台电动泵　　　□一台汽动泵

　　□二台汽动泵和一台电动泵　　　　　　□一台汽动泵和二台电动泵

　　□没有　　　　　　□不确定

32. 次临界度情况?

　　□不降级　　　　　□降级　　　　　　□不确定

33. 中间量程 013MA 的指示范围?

　　□$10^{-11}$A　　　　□$10^{-10}$A　　　　□$10^{-9}$A

　　□$10^{-8}$A　　　　□$10^{-7}$A　　　　□$10^{-7}$A 以上

34. 判断分析发生的事故是?

　　□LOCA　　　　　　□SGTR　　　　　　□主蒸汽管道破口　　□全厂失电

　　□不确定

35. 在这个事故场景中的关键点做出评价。

　　请写出这个事故中关键点的关键任务是(如果感觉事故没有做完,可做完再写):

36. 在该关键暂停点,你对刚才的任务做出评价:

　　①这个关键点所有任务的复杂性水平?

　　□复杂　　　　　　□一般　　　　　　□简单

　　②完成任务的可用时间?

　　□充分　　　　　　□比较紧迫　　　　□不充分

　　③您在完成该关键任务的心理压力水平是?

　　□高　　　　　　　□中　　　　　　　□低

　　④完成该关键任务所涉及的人-机界面的设计的好坏?

　　□好　　　　　　　□中　　　　　　　□差

　　⑤完成该关键任务所涉及的规程的设计的好坏?

□好　　　　　　　　□中　　　　　　　　□差

⑥该关键任务对应的系统或任务的自动化水平如何？

□高　　　　　　　　□中　　　　　　　　□低

⑦显示的信息能很好地表征系统\子系统\组件所处的状态吗？

□好　　　　　　　　□中　　　　　　　　□差

⑧在完成该关键点任务是否还需要增加交流合作？

□不需要　　　　　　□需要　　　　　　　□可要可不要

⑨您觉得您对该关键任务所受到的培训如何？

□好　　　　　　　　□中　　　　　　　　□差

⑩请您评价您对该任务的特征是否理解透彻？不会和其他关键任务相混淆？

□充分理解　　　　　□理解一般　　　　　□没有很好理解

# 第13章 数字化控制系统操作员视听觉特征实验

随着自动控制和信息技术飞速发展,工业系统(如新建或改建核电厂、火电厂、大型化工厂、船舶制造、大型控制/指挥中心等)广泛采用数字化控制技术,数字化人-机界面逐渐取代了传统人-机界面[1]。数字化人-机界面使得系统信息呈现格式、显示方式等发生变化,操作员主要通过操作员工作站计算机显示屏、LED 大屏幕等数字显示装置来获取系统运行、组件/设备状态、操作规程与指令,以及页面管理等信息,有利于操作员更加准确、方便与直观地完成对系统的监测与控制操作等任务[2]。

视听觉是操作员感知/获取外界信息最主要通道,但视听觉信息获取均要基于操作员的注意(即人的心理活动对一定对象的指向和集中)功能的指引来实现,而人的注意资源又是有限的[3]。在复杂工业控制系统中,操作员不但要监视系统运行状态信息、设备显示参数与管理辅助信息,而且要执行相应的操作任务,加之系统数字化后带来的界面管理等辅助信息大量出现(具体见第 4 章,系统数字化给信息呈现带来的变化),系统呈现给操作员的信息成倍增加,操作员注意常常会被干扰、分散或中断,导致操作员视听觉绩效(效率与可靠性)下降,甚至引发监视或操作失误,给系统运行或设备操作带来潜在风险或引发事故。尤其是在系统处于事故或异常情况下,操作员需要监视的目标信息更多、执行的操作任务更为频繁,操作员视听觉工作负荷明显增加,注意分散或中断更为频繁与严重,给操作员视听觉信息获取或监视活动带来更大挑战与风险。因此,探究控制系统数字化后给操作员视听特征带来的潜在影响,分析辨识其视听特征,对提高操作员视听觉绩效与系统安全性具有重要意义。

为了获得数字化控制系统操作员视听觉基本特征,探究其视听觉信息获取的影响因素,拟以数字化控制系统(主要为数字化核电厂或火电厂)特定功能的人-机界面及其虚拟运行环境为平台,运用眼动仪、视频行为分析等设备软件,开展操作员目标信息搜索眼动特征、目标信息识别、信息搜集、目标信息定位与听觉绩效等五方面测试/验证实验,借助 SPSS 等统计软件对实验数据进行统计分析与挖掘,以获得操作员在获取数字化信息过程中其视听觉活动的基本规律、失误形式,及其影响因素等,为进一步研究操作员视听觉信息获取绩效(效率与可靠性)奠定基础,为数字化控制系统的视听觉信息设计与显示布置优化提供指导。在本章,对于核电厂主控室的控制操作人员采用其专门术语——操纵员,对于一般控制系统则采用操作员。

### 13.1.1 视觉行为基础理论

**1. 视觉行为与要素**

人类视觉系统主要由角膜、视网膜、玻璃体、瞳孔、晶状体与视神经等构成,进入眼睛的视觉信息会按照一定的通路在大脑中进行传递,按照"单细胞-复杂细胞-超复杂细胞-更高级的超复杂细胞"流程自简单低级到复杂高级的序列进行分级进行处理[4]。

根据人的"S-O-R"模型与认知心理学关于信息处理器的相关假设(如第4章所述),人类信息处理系统可划分为"感受器""效应器""记忆处理器"与"处理器"四部分:"感受器"负责感知外界刺激信息;"效应器"负责对感知信息做出响应与决策;"记忆处理器"负责信息处理全过程的相关信息的存储和提取;"处理器"负责对表征外部信号的符号和符号结构的建立、复制、改变和销毁等活动。而与人类信息处理直接相关的视觉认知要素可归纳为刺激、感觉、知觉、记忆、注意、思维、决策等七个(表4-6)。这为操作员视觉行为活动绩效测试与影响因素分析/验证实验提供了理论基础和指导思想。

人员对外部刺激"感知觉"活动是其对目标信息初步认知加工的第一阶段,为操作员对外部刺激信息的"思维与决策"核心认知加工活动提供支持;此外,"记忆"与"注意"两个要素基本贯穿了操作员信息处理各个环节,在人员信息处理过程中扮演十分重要角色。"记忆"是人员信息处理得以维持与输出的基础,信息处理各环节形成的认知映像或结果都需要通过工作记忆加以固化及传递到下一个认知环节;"注意"既是人员信息处理的引导力,也是其重要制约因素,是人员视觉信息处理绩效提升必须面对的瓶颈之一。

**2. 视觉的注意机制**

人类的生活每天都被大量的信息所围绕,而人类信息的获取80%是由视觉得来的[3]。但是,人们不可能同时对所有视觉获取的信息以同等数量的注意资源进行加工,而只能选择与当前行为密切相关的部分信息进行加工,这种选择性就是注意的基本功能。人类的注意限制是一个无法克服的障碍,使得人类在注意过程中会出现注意力不集中、分心等现象。工程心理学将最常见、最典型的注意现象归纳为三类,即选择性注意、集中注意和分散注意。

1)选择性注意

选择性注意是指由于人脑计算资源的有限性,人脑在信息处理时必须有针对性地选择,以便对与当前行为密切相关的信息进行采集和处理。对于环境中信息的加工,有两种加工过程:自下而上和自上而下,前者的加工是自动的,后者则是控制性的加工[5]。

(1)视觉取样。

视觉取样是指操作员搜索信息、寻找目标的过程。即使凝视方向没有变化,选择性注意也可能发生,但在绝大多数情况下,人的凝视受到其意向的驱使[6]。在视觉取样过程中,扫视行为是人的主要取样方法,它主要分为跳动和固视两种。在跳动中,视觉系统压制了视觉输入[7],所以,只有在固视的过程中,信息显示才会被加工。操作员能不能有效率地取样决定了其视觉搜索效率。在视觉取样过程中,扫视行为能够反映操作者对环境的心理模型,因此也能够反映操作者认知策略的偏向。例如,在一个模拟过程控制工厂的研究中[8],莫雷和罗腾伯格用一个扫描分析证明了操作者在系统失效时就会陷入认知隧道。当一个系统在监控状态下失效了,操作者对失效系统进行监测诊断的时候会停止对其他系统状态的监测。并且当一个系统做了控制调整后,操作者会把视觉注意转换到能得到反馈期望反应的指示装置上。他们的固视经常停留在那个指示装置上,直到那个装置对控制输入发生了反应。如果输入时间太长,就会造成注意的持续浪费。贝伦克斯等人在驾驶舱研究中发现了类似的情况。他们发现,新手飞行员在做高负荷工作的操作时,一般都把注意力集中在那些比较重要的装置上而不能仔细地监控其他的装置,尽管其他装置上的信息对安全飞行也很重要[9]。

（2）目标搜索。

操作员视觉搜索行为会受到一些显示因素及其显著性的影响。大的、亮的、有颜色编码的、闪动的目标比较容易引起视觉注意。这种变化特征有利于视觉警告的定位,但是某些时候可能会影响决策。操作员视觉搜索行为有时会受到显示中位置的引导。例如,Megaw 和 Richardson 发现,当被试者在搜索目标中采用扫视模式时,他们倾向于从左上开始[10]。人们在阅读时,眼动也同样有这种倾向。搜索更集中于视野的中央区而不是显示边缘。帕拉修拉曼称这种效应为"边缘效应"。在监视控制取样中,扫视也比较多地集中在毗连的显示因素,垂直或者水平扫视比对角线扫视更为普遍。

（3）指引注意。

通过线索提示可以引起操作者的注意,以帮助操作者快速而准确地找到目标。但当线索不是绝对有效地指示目标时,就会产生一种损益的关系[11]。假如线索在指示目标的正确方向上的可靠性为80%,观察者在线索准确时可以借助线索快而准地找到目标,但还是要付出20%的代价。如果线索不准确,那么就需要更长的时间进行目标检测和犯更多的错误。

而正是这些选择性注意有时导致操作员选择了环境中不恰当的信息进行认知加工。例如,1972 年发生在佛罗里达大沼泽地坠毁的东方航空公司 L-1011 航班上全体飞行员的行为。因为他们全神贯注地注意着飞机驾驶舱里另一个地方的故障,机舱里没有一个人去关注关键的高度仪表和随后的警告,结果飞机直接坠地[12],这种极端的注意选择性情形被称为"认知隧道"。

2）集中注意和分散注意

集中注意是指有意识地把注意聚焦在适当的刺激源上,而努力"屏蔽"非关键性信息[13]。分散注意特指注意力分配。分散注意和平行加工通常对人们的工作绩效有所帮助,特别是在高负荷的环境下,如空中交通管制中心。但是有时分散注意模式却不能缩小注意的焦点范围,抵御无关信息的输入。因此很多有益于分散注意的显示原则常常被认为会削弱集中注意。

（1）注意的平行加工。

平行加工是指不同的刺激信息可以在不同的信息加工单元中同时进行加工的一种方式。很多工程心理学家认为,对于多元素的视觉加工存在两个阶段:一个是自动化的前注意阶段,即把视觉世界组织成一个物体或是一类物体;然后由选择性注意对前注意阵列中的某一对象进行进一步加工[14,15]。有研究表明空间上的接近性或封闭性也能导致平行加工和注意分散,例如飞机驾驶舱的平视显示,这种显示是把重要设备信息叠加到一个前视挡风玻璃上,以保证飞行员在没有进行视觉扫描的情况下可以对飞机内外的信息同时进行加工。虽然空间上的闭合性和接近性在某些条件下可以促成成功的分散注意,但是当需要立即集中注意的项目与不需要集中注意的项目同时呈现时却可能产生视觉混淆与冲突。如果两个刺激通道联系紧密,即使只有其中一个需要被加工,两者也将会被同时加工,这种加工将导致知觉的竞争。通过设计,把各个显示元素组织起来以形成视觉对象时,这些显示元素被知觉和注意的方式与不组织时的方式不同,因此,在显示设计时必须仔细考虑如何使显示元素构成视觉的对象。

(2)知觉的颜色编码。

Teisman 指出人对不同颜色的加工或多或少是自动加工的,而且和形状、动作特征的加工是平行的[16]。利用颜色自动加工的特征可知:①彩色很容易在黑色背景中突显。②一定颜色编码在总体中具有既定的符号意义。例如,在特定的环境背景下,不同的颜色具有不同的意义,如在中国,红色表示停止、危险等意思。因而颜色编码可以利用这些既定的符号意义整体定型。③颜色编码可以将空间上彼此独立的元素整合起来。④颜色如果作为形状、大小、位置的冗余编码可以使颜色编码的自动性得到加强。为了使冗余编码发挥最大作用,有必要提示用户存在着冗余的信息。颜色编码在很多显示器中广泛应用。

选择性注意和集中注意失败的原因是不同的。选择性注意失败是不明智地选择了外在环境中非关键性信息进行加工。而集中注意失败是在外部环境信息驱动下操作员的注意没有被聚焦在适当的刺激源上,操作员对非关键信息进行了加工,而没有努力去屏蔽这些非关键信息[17]。对于分散注意失败,是指人们不能在其期望加工的刺激或者任务中分配他们的注意力。分散注意的限制有时可以说明人们在同时操作两个或多个任务时分配任务的有限能力,有时也可以用来说明整合多个信息源时的能力限制。

### 13.1.2 视觉眼动测量原理与技术

眼的运动存在三种基本形式:注视、跳动和追随运动[18]。人们平时察看物体,其实是眼睛在不断地以不同的形式运动。首先,必须保持对准物体,以使物像能恰好落在视网膜的中央凹处,才能获得清晰的视觉。这种将眼睛对准对象的活动称为注视。为了实现和维持对物体的注视,眼睛还必须进行跳动和追随运动。

1.视觉眼动原理

1)注视

注视的最终目的是将眼睛最灵活的部位(中央凹)对准观看的物体。注视时,眼睛并不是完全不动的,而是伴有三种微弱的运动:漂移、震颤和微小的不随意眼跳。

注视中的这三种微弱运动在短时间的观察中都对视敏度造成影响。有研究表明,随着视敏度的下降,眼睛漂移的幅度越大,眼震颤也会越多。然而,就长时间的注视来看,这些微弱的不规则的运动却能提高视觉能力。因为这些微弱的眼运动可以变化视网膜被刺激的部位,避免视网膜疲劳,从而提高视觉能力。

2)跳动

眼球跳动现象是1878年巴黎大学教授 L. E. Javal 发现的。人们一般感觉不到眼睛的微弱跳动,觉得它是在进行平滑的运动。事实上,在观看目标的时候,眼睛最先在目标的某一部分停留一会儿,注视之后便跳到另一部分,再对这新的部分进行注视。

3）追随运动

眼球的追随运动是指人在注视一个移动的目标时,如果想保持头部固定,为了使人总能看到这个目标,那么眼睛必须随着物体移动。此外,如果身体或者是头部发生移动时,为了将注视点固定在目标上,眼球的运动方向就要与身体或头部相反,此时,眼球运动实际上是对头部或身体运动的一种补偿,这种眼动被称为补偿眼动。以上两种眼睛运动的目的都是为了使被注视的移动目标在视网膜上的成像正巧落在中央凹上。如果目标移动过快或过慢,追随运动就会难以实现。当移动目标太远,眼球追随到一定距离之后,就会突然往相反方向跳回原处,再追随新的对象。

4）眼动信息加工模型

目前眼动信息的加工模型大部分来自对阅读问题的眼动研究。因为人的眼睛在观测其他视觉目标时的眼动轨迹与阅读时的眼动轨迹有很多共同点,因此这些模型对于研究阅读之外的眼动信息加工规律也具有重要意义。

（1）视觉缓冲加工模型。

视觉缓冲加工模型[19]是由 Bouma 等学者提出。该模型认为,阅读者的眼动过程不直接受阅读文本的局部特征的影响。在对文本进行阅读时,眼球是按照一定的速度均匀向前挪动的,故此,文本内容的难度不能通过注视时间的长短来表征。在每次进行阅读时,阅读者会将之前所提取的视觉信息储存在记忆缓冲区中,随着眼睛注视点的移动,大脑对前面阅读时所存储的信息加工还在继续。如果大脑加工的内容有一定的难度时,所储存的信息就来不及加工,这时,眼睛的运动速度就会慢下来。

（2）眼-脑加工模型。

眼-脑加工模型[20]是由 Just 和 Carpenter 提出,只要阅读者在大脑中对所读内容进行加工,那么其眼睛就正在注视着这些大脑加工的内容,眼睛注视某一内容的时间,代表了大脑加工该内容的时间;如果眼睛没有注视某一内容,那么大脑就没有对其进行加工。阅读者只要将注视点注视到某一单词,大脑就会立刻对它进行几个维度上的加工（如音、形、义等）,而不是在得到更多的信息后再进行加工。

（3）平行眼动程序模型。

Morrison 提出的平行眼动程序模型[21],基于三个重要假设:①被试者对某一内容的加工达到一定程度后,它会发出眼跳动,使视觉空间注意转到边缘视觉;②眼跳完成后,在某个固定的时间间隔内,注意会转向视觉的边缘部位以获取其他信息;③在单个注视时间内,可产生多个注意的转变（即多个眼跳动的平行计划）。在这一模型中,第二次注意转变既可以发生在已计划的眼跳之前,也可以发生在它之后。如发生在它之前,则第一个眼跳被取消而由第二个替代。如果第一个眼跳发生在第二个注意转变之前,则完成第一个眼跳,停留时间较短（小于150ms）,接着进行第二个眼跳。根据这一理论,小于150ms的注视点,是事先计划好的,这类注视点基本不受阅读材料的语言和视觉加工的影响,而大于150ms的注视点则因不是事先计划好的而受到视觉和语言加工的影响。

（4）快速眼跳程序模型。

快速眼跳程序模型[22]是 Fischer 和 Weber 提出,他们认为,当眼睛自由移动时（即注意的重点没有位于注视点附近）,眼跳的预备可迅速产生,即快速眼跳,其眼跳潜伏期约为100~120ms。

但是,当视觉空间注意集中在注视点附近时,眼跳也可以先预备,但它的执行却要等到注意从当前的注意中释放出来后才能够进行,这种眼跳的潜伏期约为 150~300ms。即在阅读中,150ms以下的注视点表明注意没有集中在该注视点上,因而不会获得有用的视觉和语音信息;相反,较长时间的注视点则表明注意已集中在注视点上,因而可以获得语言的信息。

2. 视觉眼动测量技术

眼球运动与人的认知心理活动密切相关。眼动技术是利用眼球运动及呈现的特征规律来探索认知心理活动的技术,是研究视觉信息加工的有效手段。眼动技术可以记录眼动轨迹,并提取注视信息、眼跳距离、瞳孔大小等数据,可以用来研究人的视觉内在认知过程。随着技术的不断进步,尤其是视线跟踪技术和视线控制技术的发展[23],研究眼动方面的仪器设备也越来越多,功能更加强大,信息量更多,成本更低,使用更加简单方便。

眼动仪是最常用的眼动技术仪器,有固定式和便携式两种,常用参数主要包括:注视点轨迹图,注视持续时间,注视点个数、瞳孔大小和眨眼等。眼动仪使得收集更加准确和可靠的数据成为可能[24]。如实验中常用的以 Tobii X120 型固定式眼动仪为主体的视觉桌面追踪系统,具有使用方便,易操作,记录大量眼动数据与精度高等特点。实验中用到的主要眼动指标及说明如表 13-1 所列。

表 13-1 实验中所用眼动指标及其含义

| 眼动指标 | 说明 |
| --- | --- |
| 注视轨迹图（Gaze Plot） | 显示人眼注视轨迹;圆圈代表注视点,数字代表注视的顺序,圆圈大小与注视时间成正比 |
| 集簇图（Cluster） | 显示图形中注视点集中的区域 |
| 兴趣区（Area of Interest，AOI） | 可将被研究的区域定义为兴趣区,能显示该区域内注视指标,如注视点个数,注视时间总长度等 |
| 首次注视时间（Time to First Fixation） | 记录实验开始到第一个注视点进入兴趣区所用的时间,时间越长,捕获信息越难,表示被试者受其他信息源干扰越大 |
| 注视持续时间（Fixation Duration Time） | 反映被试者在每个兴趣区内注视时间的长短、提取信息的难易程度;时间越长,则信息获取越难,区域加工越多 |
| 注视点个数（Fixation Counts） | 显示的被注视信息的数量 |

### 13.1.3 听觉行为基础理论

1. 听觉掩蔽与距离知觉

两个声音同时出现时,人们对这两个声音中单个声音的感受性就会发生变化。听觉掩蔽就是指一个声音的阈值由于另一个声音的存在而提高的现象。心理学中对听觉掩蔽的研究,不仅是为了说明这两个声音之间是如何影响的,还为了有助于了解人耳的频率分辨力。

不同强度和不同频率的声音所产生的掩蔽,可以看作一个纯音引起的掩蔽,掩蔽效应取决于它的强度和频率,低频声能有效地掩蔽高频声,但高频声对低频声的掩蔽作用不明显;最大的掩蔽效应出现在掩蔽声频率附近;掩蔽量随掩蔽声的增强而加大;掩蔽曲线的形状决定于掩蔽声的强度和频率。

掩蔽也可以发生在强度和频率未同时作用的情况下。被掩蔽声在后称为前掩蔽,前掩蔽与

听觉疲劳有些相似,区别在时距的不同,前掩蔽一般出现于掩蔽声停止后几百毫秒。前掩蔽和后掩蔽具有以下特点:

(1)被掩蔽声在时间上越接近掩蔽声,阈值提高越大。掩蔽常发生在掩蔽声级为40dB以上时。

(2)掩蔽声和被掩蔽声相距很短时,后掩蔽作用大于前掩蔽作用。

(3)单耳的掩蔽作用比双耳的掩蔽作用明显。

(4)掩蔽声强度的增加并不会导致掩蔽量的相应增加。

可用于判断声源距离的线索很多,如声音的熟悉性,声强和距离的反比关系。在某种距离下的多种重合声音,由于空气具有吸收声音的特性,高频率的声音会比低频率的声音被吸收得更多,此时,多种声音的综合频谱就会随距离变化,这是距离知觉的一条重要线索。此外,声波波前曲率也可以判断距离的远近,距离近的声源,它的波前曲率大;远的声源的波前曲率近似平面。波前曲率影响到耳间的强度差和时间差。这两者信息的结合,为距离知觉提供了又一个线索。总之,距离的听知觉有多个线索:强度、频谱变化、波前曲率和反射声等。一般来说,声音的距离知觉不十分准确,常有20%的误差,尤其是听不熟悉的声源。

2. 响度与音高

声音的强度超过听觉阈值后,随着声音强度逐渐增加,主观上的响度感受也会相应地由弱到强地变化。声强和响度虽存在这种相关关系,但是不能混同,声强是声音的客观物理量,而响度则是主观的心理量。

Stevens开发了一套心理物理量表来直接定量表征响度[25]。响度的单位是宋(Sone)。1个宋表示声级为40dB的1000Hz纯音的响度。Stevens发现以宋为单位的响度$L$和物理强度$I$之间呈幂函数关系:$L = kI^{0.3}$。

短声的响度与时长有关,时长如果增加,它的响度将随着增加。实验的方法同确定等响线相似,即调整不同声长的短声使它们和一标准声等响。伴着测试声长的增加,所需要的等响声级在减少,在80ms前变化较大,此后变化渐趋缓和。

音高是一种听觉的主观心理量。随着声音频率的高低变化,听觉会产生相应的从低到高的不同程度的音高的变化。声音频率对音高有着直接制约作用,声强也对音高产生影响。

音高随声频变化,两者间的关系可以用音高量表来表征,该量表可借助心理物量法来建立,包括多分法和等分法两种方法。多分法让听者将一可变纯音的音高,调到标准音高的1/2,再给标准音以不同的频率,直至包括整个可听范围的频率;等分法是给听者一个高频声和一个低频声$S_1$、$S_5$,让他在两者之间调出三个音$S_2$、$S_3$、$S_4$,使相邻两音(即$S_1$和$S_2$、$S_2$和$S_3$、$S_3$和$S_4$)的音高距离相等,这两种方法所确定的音高量表是一致的。

3. 听觉实验测试方法

1)视觉提示刺激对听觉掩蔽效应的影响

陈瑜和谢凌云在一项研究中,用恒定刺激法考察了视觉刺激对听觉掩蔽效应的影响[26]。该实验分为两个部分:第一部分用窄带噪声掩蔽纯音;第二部分采用宽带噪声掩蔽纯音。两部分实验只有噪声信号不同,其他信号完全一样。

2)时间判断的视听通道效应

时间判断的视听通道效应是指人们对于同一物理时距,听觉的估计高于视觉估计,听觉估计比视觉估计较精确。为验证通道效应是否存在,黄希庭等[27]采用再现法以真正的时间信息来验证,并尝试对其产生机制进行探究,实验采用 IBM-PC286 计算机来呈现,被试者为 16 名在校大学生,研究所采用的控制指标为:

(1)视觉刺激呈现的时距,包括 1s、1.5s、2s 的短时距系统,也包括 10s、11s、12s 的长时距系列。

(2)时距呈现后到要求被试者再现之间的延迟时间,包括立即再现和延迟 5s 后再现。

(3)被试者接收时间信息的感觉通道包括听觉的和视觉的,以视觉刺激呈现时,计算机屏幕中央依次出现红、黄、蓝三个小方块;以听觉刺激呈现时,用计算机音响发出 do、re、mi 的音乐声代替颜色方块。

3)视听双任务下注意对视觉和听觉掩蔽效应的影响

为研究在视听交互环境中,掩蔽效应是否会变化,以及导致变化的原因,并探索视觉与听觉掩蔽效应间的相互关系,中国传媒大学传播声学研究所对此进行了实验研究[25]。实验分为单任务实验和视听双任务实验,共分为三组,第一组需要验证注意状态的有效性,将视听进行场景分类;第二组采用刺激时间较短的视觉和听觉掩蔽;第三组为刺激时间相对较长的视觉掩蔽和听觉掩蔽组合。掩蔽效应的研究有助于音视频编码的完善和信息隐蔽技术中掩蔽模型的应用,对于建立视听交互模型也有一定的参考价值。

4)听觉注意

听觉注意与视觉注意之间存在着以下不同:

(1)听觉器官可以从不同方向接受输入信号,它没有类似于视觉扫视这样的机制来作为选择性注意的牵引。

(2)大多数的听觉输入是短暂的,一个词或语音在听到后就会消失,而与之相比,大多数的视觉输入则更为持久。

Norman 等的听觉注意模型认为[28],未加注意的听觉通道输入的信息在前注意听觉短时记忆中存储时间为 3~6s,在注意意识到时,存储内容可以得到检验或重现,例如,你在与别人交流时,即使你的注意力没有集中到交流信息,但当你的注意转回来时,你仍然可记忆起刚刚听到的部分信息。听觉目标可视为具有多个维度的声音,可以进行平行加工,如人们可同时注意到一首歌的歌词和歌曲。

听觉信息在音调、位置、声音强度和语义内容等维度上彼此区分。两侧听觉信息在某一维度上的差异程度越大并且不同维度的数目越多,就越容易集中注意于其中一个声音信息而忽略另一个,当某个信息被忽略时,对它的知觉在随后一个短暂的时间里将受到抑制。听觉注意可基于空间听觉线索移动到某个特定的位置,且转移的距离不会影响转移时间。

## 13.2 数字化目标信息搜索活动眼动特征实验

操作员通过工作站的显示屏等信息显示设备/装置来获取系统或组件设备的运行状态信息,监视行为绩效(信息获取速度与准确性等)直接影响到操作员对系统/设备组件的状态判断与运行操控,了解和掌握操作员对数字化信息搜索活动特征与规律对提高操作员监视行为绩效有着重要意义。

本实验以某数字化核电厂特定任务为实验测试平台,运用视线追踪系统对操作员在执行电厂控制过程中的目标信息搜索活动开展眼动测试实验。该实验选取 SOP 规程中的操作界面,辅以不同的操作任务,组成 16 个任务操作界面,组织 28 名学生参加实验测试,获得所有被试者实验过程中的眼动数据,利用 SPSS 软件对数据进行分析,主要研究目标位置、颜色特征与图像特征对被试者眼动特征的影响,以探索操作员对数字化目标信息搜索的眼动特征,归纳其目标信息搜索的视觉规律。

### 13.2.1 实验目的

实验选取某数字化核电厂 SOP 规程下特定作业任务为实验背景,运用眼动仪来追踪被试者执行给定的操作任务过程中对数字化目标信息搜索活动的眼动特征,以实时获得被试者目标信息搜索活动的眼动数据,通过对比分析目标信息搜索过程中的界面颜色特征、形状特征和目标位置对视觉搜索活动的影响,以获得操作员对目标信息搜索活动中的眼动特征和规律。

### 13.2.2 实验设计

**1. 实验装置及要求**

实验在安静、明亮的室内进行,照明强度为 120lx,噪声不超过 45dB。采用 Tobbi X120 型眼动仪和 19 英寸戴尔计算机组成的桌面视线追踪系统。眼动仪物理大小为 44cm×30cm×22cm。利用眼动仪配套软件 Tobbi Studio 来导出实验数据。计算机液晶显示器尺寸为 44.5cm×24.3cm,像素为 1152×864,此外,还有配套的键盘和鼠标。

**2. 实验刺激与背景**

计算机显示器随机呈现 16 个任务界面,由 4 个界面×4 种操作组合而成,其中,4 个界面源自于国内某数字化核电厂操作规程中常用的控制界面 RCP、RCV、REA、TEP;4 种操作:点击、关闭、打开、自动。

每个任务界面都有兴趣区 AOI 1(任务指令)和 AOI 2(任务目标)。其中,AOI 1 位于界面中心,位置固定不变,字体大小为 28 号宋体或 Times New Roman;AOI 2 是界面中的阀门符号,位置变动。

实验中将任务界面设置为随机出现,以减少前任务操作情况影响后操作任务,即不考虑短时记忆影响。

**3. 实验变量**

界面中兴趣区 AOI 1 和 AOI 2 为实验自变量,被试者眼动指标为因变量,主要有注视轨迹、集簇图、首次注视时间、注视持续时间与注视点个数等。

**4. 实验任务**

根据本实验设定程序,被试者先搜索 AOI 1,获取任务指令(包括任务目标和操作指令),然后根据该指令搜索任务目标 AOI 2,搜索到后再执行相应的操作指令。被试者通过左手按动F1~F4 中相应按键来完成操作指令,具体位置:小指-F1(点击)、无名指-F2(关闭)、中指-F3(打开)、食指-F4(自动)。成功完成一个界面的操作后,系统自动进入下一界面。如果按键错误,则界面保持不变,当次操作失效,可重复操作,直至任务完成,系统自动记录失误次数。

### 5. 实验程序

#### 1) 实验前

实验前,被试者需阅读实验指导语,了解实验流程和背景材料,并在主试者指导下进行练习,熟悉实验基本操作与背景材料。每次实验前被试者需在眼动仪上进行校准,以确保所捕获眼动数据的精确性。被试者坐入实验椅,双眼正对显示屏,视距保持(65±10)cm,调节眼动仪目镜位置和焦距,校准标尺水平和垂直都显示绿色,即双眼运动能被捕捉,这是初始校准,如图13-1所示。点击"开始"之后,计算机屏幕上会出现红色移动的小圆圈,被试者需注视红色圆圈,校准之后,会出现校准结果(图13-2)。如果校准结果符合要求,则进入实验测试;如果该次校准结果是不符合要求,则需重新校准眼动仪。被试者在整个实验中保持自然状态,头部不能有较大移动。

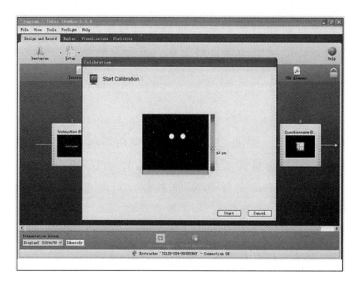

图 13-1　眼动仪校准

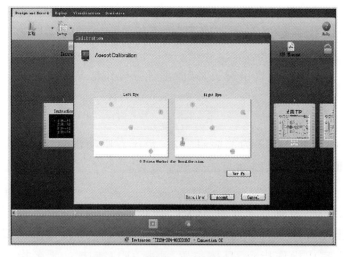

图 13-2　眼动仪可接受的校准

2）实验过程

实验过程中,室内保持安静、温度适宜(22~26℃)。每位被试者集中注意力,以最短的时间完成任务。每位被试者按照实验任务要求进行操作,直至实验完成。每位被试者需要对16个任务界面进行相应的操作,每个任务界面操作时间没有给定,被试者正确完成上一个任务界面操作后,界面才会自动转入下一个任务界面。眼动仪软件会自动记录注视时间在100ms以上时间的所有眼动轨迹和眼动时间等相关数据,实时监控眼球运动情况。每位被试者依次进行该目标搜索实验,按照实验要求进行定标、搜索、反应、操作等,并保存实验结果。被试者操作任务简单,且无时间压力,图13-3是实验中的某个测试界面示意图。

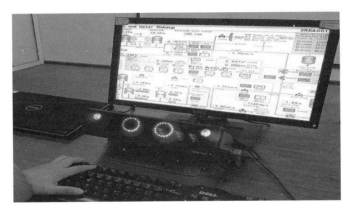

图13-3 实验操作图

3）数据搜集

每位被试者在完成了16个任务界面的操作后,系统会在5s内将其实验结果自动保存下来。实验结束后,通过眼动分析软件分组导出不同被试者的相关眼动数据,以便进行后续分析与归纳。

6. 被试者

被试者28名,均为在校大学生,年龄平均为20.5岁,工科背景,无眼动实验经验,右利手,裸眼或矫正视力正常,能熟练操作计算机。

### 13.2.3 实验结果与分析

为了方便分析目标信息源与非目标信息源的关系,在眼动仪软件中,将目标信息源标出,注视轨迹图和集簇图中AOI 1和AOI 2及其周围深绿色颜色部分组成矩形区域即为目标信息源,其中AOI 1占操作界面总区域的2%,AOI 2占1%;其他信息源区域则定为非目标信息源。拟从目标位置、颜色或形状特征、颜色-形状共同特征来分析被试者目标信息搜索的眼动特征与规律。

1. 目标位置的眼动分析

1）象限划分

为了研究目标位置对任务执行的影响,将操作界面分为四个象限(图13-4)。实验中AOI 1位置固定且位于界面中心,因此按照操作界面中AOI 2位置来定义象限。

位于第一象限内的操作主要有:点击RCP、打开RCP、关闭REA、点击RCV、关闭TEP、关闭

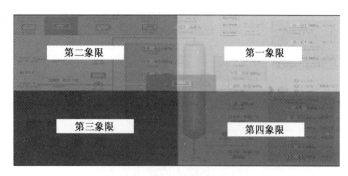

**图 13-4　操作界面象限划分**

RCP；位于第二象限内的操作主要有：打开 RCV、自动 TEP、自动 RCV、自动 REA；位于第三象限内的操作主要有：打开 REA、自动 RCP、点击 TEP、打开 TEP；第四象限内的主要操作有：点击 REA、关闭 RCV。

　　运用 CAD 软件画出 AOI 1 和 AOI 2 的分布情况（图 13-5）。其中，AOI 1 为阴影部分所示；AOI 2 位置分布为 A～P 字母所示，具体说明如下：A——点击 RCV、B——关闭 TEP、C——关闭 RCP、D——打开 RCP、E——点击 RCP、F——关闭 REA、G——自动 RCV、H——打开 RCV、I——自动 TEP、J——自动 REA、K——打开 REA、L——自动 RCP、M——点击 TEP、N——打开 TEP、O——点击 REA、P——关闭 RCV。

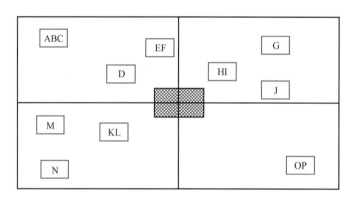

**图 13-5　AOI 2 位置分布图**

　　2）目标象限与非目标象限眼动注视时间之和对比

　　实验中获得的眼动数据表明，不是所有的被试者在目标搜索过程中都注视了四个象限内的信息源，为了客观描述被试者目标搜索活动特征，实验导出 28 名被试者在不同界面中注视持续时间并进行求和（表 13-2）。

表 13-2　全体被试者执行不同任务操作过程中注视持续时间在不同象限的分布

| 象限 | 操作任务 | 注视持续时间/ms | | | |
|---|---|---|---|---|---|
| | | 第一象限 | 第二象限 | 第三象限 | 第四象限 |
| 第一象限 | 打开 RCV | 102.7325 | 29.1525 | 8.7825 | 9.1725 |
| | 自动 TEP | 63.62 | 44.32 | 13.395 | 4.625 |
| | 点击 REA | 76.86 | 40.94 | 13.35 | 20.75 |
| | 打开 RCV | 71.545 | 32.675 | 10.215 | 9.475 |

（续）

| 象限 | 操作任务 | 注视持续时间/ms | | | |
|------|----------|------|------|------|------|
| | | 第一象限 | 第二象限 | 第三象限 | 第四象限 |
| 第二象限 | 打开 RCP | 21.87 | 107.67 | 11.2 | 9.92 |
| | 点击 RCP | 16.23 | 87.36 | 9.1 | 7.18 |
| | 关闭 REA | 17.275 | 109.185 | 8.425 | 9.075 |
| | 点击 RCV | 13.2375 | 79.0275 | 8.1975 | 7.2975 |
| | 关闭 RCP | 13.35 | 96.5 | 7.75 | 7.09 |
| | 关闭 TEP | 17.395 | 100.455 | 11.205 | 8.575 |
| 第三象限 | 打开 REA | 34.76 | 33.26 | 70.5 | 13.11 |
| | 自动 RCP | 20.785 | 38.435 | 86.185 | 8.865 |
| | 点击 TEP | 21.545 | 32.155 | 71.555 | 10.065 |
| | 打开 TEP | 22.0925 | 34.6625 | 74.3525 | 11.4925 |
| 第四象限 | 点击 REA | 35.895 | 24.4275 | 13.995 | 67.535 |
| | 关闭 RCV | 32.04 | 29.65 | 13.24 | 82.39 |

基于图 13-5 和表 13-2 可知，被试者搜索不同象限内的目标信息源时，其在四个不同象限中的注视持续时间存在差距（当然，这里不排除因不同被试者在搜索不同象限内的目标信息源时，可能出现对某个象限内的信息源没有注视，导致注视持续时间为零）；且被试者在目标位置所在象限的注视持续时间值最多，其他象限注视持续时间相对要少。

当目标信息源 AOI 2 位于第一象限时，被试者在不同象限注视持续时间和依次为：第一象限>第二象限>第三象限>第四象限。

AOI 2 位于第二象限时，被试者在不同象限注视持续时间和依次为：第二象限>第一象限>第三象限>第四象限。

AOI 2 在第三象限时，被试者在不同象限注视持续时间和依次为：第三象限>第二象限>第一象限>第四象限。

AOI 2 位于第四象限时，被试者在不同象限的时间和依次为：第四象限>第一象限>第二象限>第三象限。

综上所述，目标位置所在象限对被试者目标搜索时间具有显著影响，且目标位置所在象限相邻两个象限的注视持续时间比不相邻象限的要长，被试者对目标信息的注视持续时间可能受到任务驱动影响。

3）目标象限与非目标象限被试者注视持续时间的 $t$ 检验分析

利用 SPSS 软件对被试者搜索 AOI 2 在不同目标象限内的注视持续时间（表 13-2）与非目标象限进行 $t$ 检验（见本章附录 1）。

检验结果表明，被试者搜索不同象限内的目标信息源时，被试者在非目标象限的四个象限内的注视持续时间和具有显著性差异；目标位置、视野范围影响非目标象限注视情况，在布置非目标信息源时,应着重避免与目标位置相近区域和上视野范围,但可把需要搜索但不关键的信息安排在与目标位置相关区域或上视野范围内,有助于非关键目标信息搜索或获取。

**2. 颜色特征与形状特征的眼动分析**

颜色和形状是图形基本属性,TEP界面搜索背景中形状特征显著,REA界面搜索背景中颜色特征显著,因此,分别选择这两幅界面作为眼动实验测试素材,以研究颜色和形状特征对被试者眼动行为的影响。

1)基本统计分析

实验中每名被试者在每个界面上反应正确率达到96%以上。根据观察,REA界面中四种不同操作界面分别位于四个不同的象限内,其中自动REA位于第一象限,关闭REA位于第二象限,打开REA位于第三象限,点击REA位于第四象限。对比REA四个操作界面,被试者搜索AOI 1之后至搜索AOI 2过程中的眼动数据,被试者首次注视时间平均值依次为:第二象限(1.4611s)<第三象限(1.9403s)<第一象限(2.1021s)<第四象限(2.2321s)。

四个TEP操作界面分别位于三个不同的象限内,其中自动TEP位于第一象限内,关闭TEP位于第二象限内,打开TEP和点击TEP均位于第三象限内。对比TEP四个操作界面,被试者搜索AOI 1之后至搜索AOI 2过程中的眼动数据,被试者首次注视时间平均值依次为:第二象限(1.2804s)<第三象限(1.7496s)<第一象限(2.1925s)。因此,在同一颜色或形状特征下,被试者进行目标信息搜索时,第二象限所需搜索时间最短,其次是第三象限。

2)注视轨迹图分析

注视轨迹图显示被试者在目标搜索过程中的眼动轨迹,图中显示的彩色圆点记录的是眼球搜索信息源的情况,圆点大小代表注视时间长短,圆点中的数字代表注视顺序。导出被试者执行界面TEP和REA中的操作任务过程中其眼动注视轨迹,如图13-6~图13-11所示。

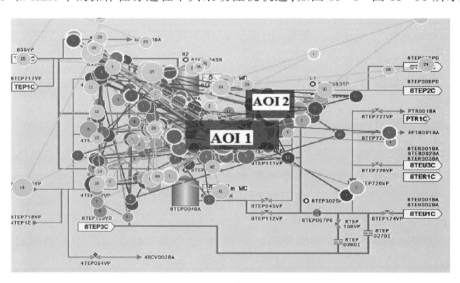

**图13-6 自动TEP界面中被试者注视轨迹图**

由上述眼动轨迹图可知,被试者在目标信息搜索过程中,也会对周围的信息源进行搜索,即会无意识地对非目标信息源进行捕获和加工。如果被试者对目标信息源的位置不熟悉,则需要对周围的非目标信息源进行逐一排除,以完成目标搜索任务。因此,为了能在更短的时间内完成搜索任务,界面中要尽可能少地布置非目标信息源。

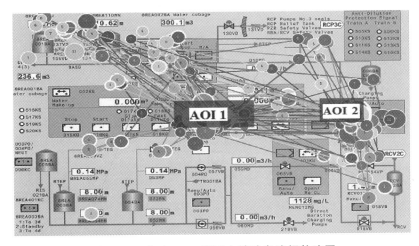

图 13-7　自动 REA 界面中被试者注视轨迹图

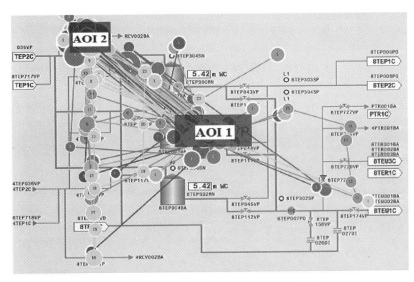

图 13-8　关闭 TEP 界面中被试者注视轨迹图

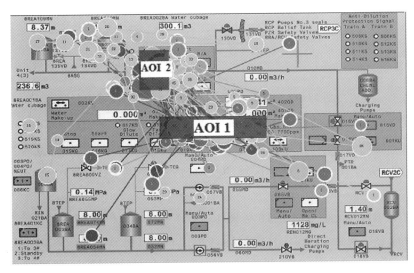

图 13-9　关闭 REA 界面中被试者注视轨迹图

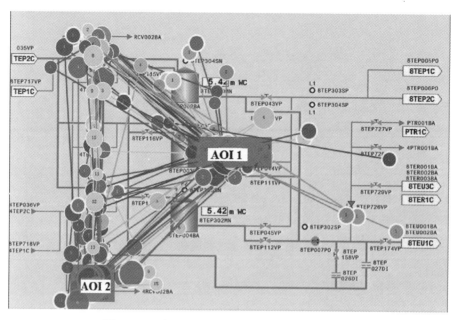

图 13-10　打开 TEP 界面中被试者注视轨迹图

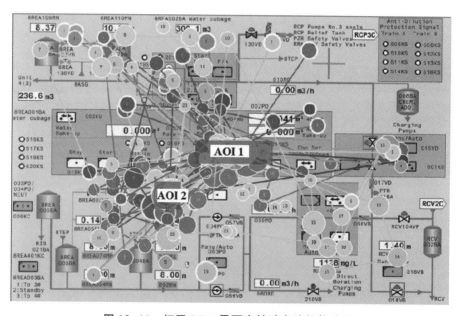

图 13-11　打开 REA 界面中被试者注视轨迹图

图 13-6～图 13-9 中,眼动轨迹更多集中于界面的左侧和上侧,这反映出被试者进行目标搜索时主要受到目标驱动的影响,同时也受到空间方位和图像特征影响,被试者往往更加倾向于注视界面的左边、上方位置,因此,这个区域的眼动轨迹较密集;图 13-10 和图 13-11 中眼动轨迹相对较为分散。

以打开 TEP 和 REA 界面(图 13-10 与图 13-11)来具体分析被试者注视点分布情况。

(1) TEP 界面总注视点 228 个,其中目标区域注视点 143 个,占总数 62.72%;非目标区域注视点 85 个,占总数 37.28%。REA 界面总注视点 252 个,其中目标区域注视点 140 个,占总数 55.56%;非目标区域注视点 112 个,占总数 44.44%。被试者眼动注视轨迹主要集中于目标信息源（AOI 1 和 AOI 2），但非目标信息源也获得一定比例的眼动注视。

（2）TEP 界面中 AOI 1 注视前有 29 个注视点，AOI 2 注视前有 145 个注视点；REA 界面 AOI 1 注视前有 30 个注视点，AOI 2 注视前有 155 个注视点；与 AOI 2 相比，AOI 1 位置固定明确，被试者的注视更容易到达 AOI 1 区域，因此，目标位置越明确，无效的眼动扫视或搜索就越少，目标信息被有效与快速注视或搜索到的机会就越高。

3）集簇图分析

集簇图显示了注视点比较集中的区域，可描述注视点的空间分布特征。TEP 和 REA 界面被试者注视不同区域的集簇图如图 13-12~图 13-17 所示，图中百分数代表注视某区域的人数占总人数的百分比。

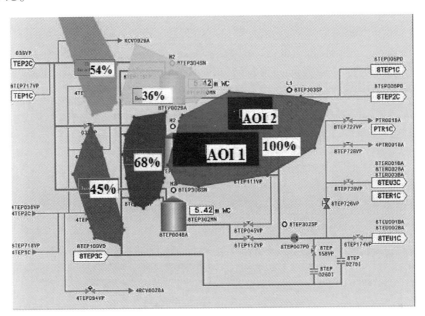

图 13-12　自动 TEP 界面集簇图

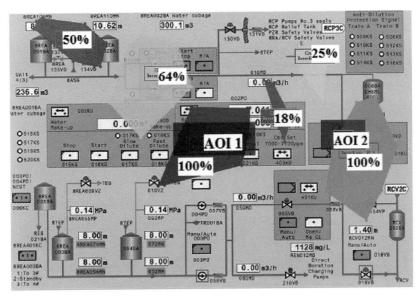

图 13-13　自动 REA 界面集簇图

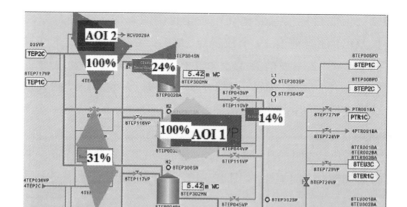

图 13-14　关闭 TEP 界面集簇图

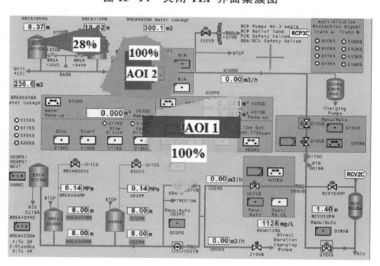

图 13-15　关闭 REA 界面集簇图

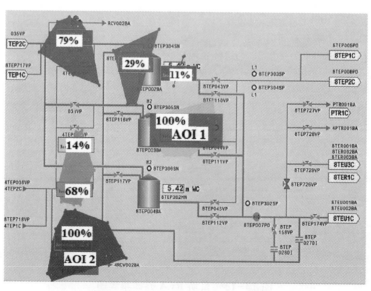

图 13-16　打开 TEP 界面集簇图

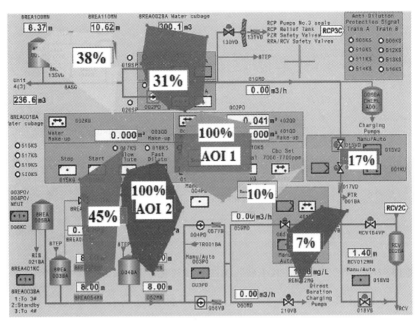

图 13-17 打开 REA 界面集簇图

4) 眼动时间分析

首次注视时间记录了从实验开始到第一个注视点进入兴趣区所用时间,反映搜索信息的难易程度,时间越长,被试者从显示区域搜索目标信息越困难,即被试者受其他信息源干扰越大。注视持续时间反映了被试者在兴趣区内注视时间的长短、提取信息的难易程度;时间越长,被试者从显示区域提取信息越困难。根据 TEP 和 REA 界面在自动、关闭与打开三种任务界面的特征,该实验选取较复杂的打开任务界面下 TEP 和 REA 界面时被试者的眼动时间为研究对象。不同界面中被试者目标信息源注视持续时间与总注视持续时间的百分比情况如表 13-3 所列。

表 13-3　被试者在不同界面中对目标信息源注视持续时间占总注视时间的百分数　%

| 被试者编号 | 1 | 2 | 3 | 4 | 5 | 6 | 7 |
|---|---|---|---|---|---|---|---|
| REA | 58.64 | 68.18 | 85.10 | 71.85 | 86.10 | 83.41 | 78.34 |
| TEP | 54.74 | 52.22 | 65.58 | 51.11 | 53.14 | 66.76 | 55.89 |
| 被试者编号 | 8 | 9 | 10 | 11 | 12 | 13 | 14 |
| REA | 93.77 | 85.74 | 81.93 | 82.43 | 69.62 | 65.43 | 68.13 |
| TEP | 75.87 | 65.73 | 64.03 | 80.32 | 66.32 | 59.03 | 71.94 |
| 被试者编号 | 15 | 16 | 17 | 18 | 19 | 20 | 21 |
| REA | 72.05 | 64.89 | 68.89 | 76.19 | 86.09 | 87.81 | 88.47 |
| TEP | 57.18 | 50.36 | 51.01 | 66.29 | 78.96 | 94.43 | 63.71 |
| 被试者编号 | 22 | 23 | 24 | 25 | 26 | 27 | 28 |
| REA | 83.82 | 79.58 | 76.81 | 78.09 | 85.23 | 91.02 | 73.78 |
| TEP | 51.42 | 74.38 | 68.11 | 72.17 | 64.92 | 58.13 | 51.57 |

导出眼动仪中界面 REA 与 TEP 的首次注视兴趣区的眼动数据,通过 SPSS 软件比较分析不同被试者(28 名)在不同界面对 AOI 1 和 AOI 2 首次注视时间和注视持续时间(图 13-18),可得

到以下结论。

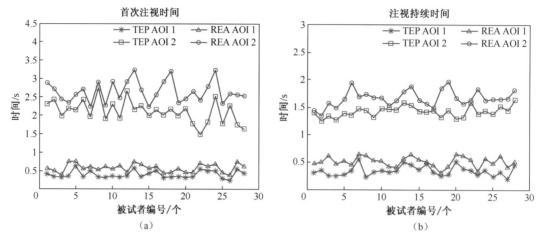

图13-18　不同界面对 AOI 1 和 AOI 2 首次注视时间(a)与注视持续时间(b)

（1）目标信息源所占百分数均大于50%,说明目标信息源搜索是主要的。AOI 2 首次注视时间比 AOI 1 要长,说明目标信息位置固定,信息源搜索所需时间较短;位置变动,则搜索时间需要花费更多,搜索难度增加。

（2）绝大部分被试者(共26名,除第14号与第20号被试者外)在 REA 界面的百分数均大于 TEP 界面。目标位置(图13-16与图13-17)分布显示 REA 界面中 AOI 2 与 AOI 1 同心圆距离小于 TEP 界面中的该距离,但图3-18表明 REA 界面被试者 AOI 1、AOI 2 首次注视时间和注视持续时间却均比 TEP 界面的长,说明被试者在 REA 界面受到其他信息干扰的严重程度高于 TEP 界面,目标信息搜索与获取的难度更大,REA 界面中主要受颜色特征显著的非信息源干扰,TEP 界面中主要受形状特征显著的非信息源干扰。

因此,在目标搜索过程中,被试者受搜索背景非目标信息源干扰,非目标信息源颜色特征的干扰程度大于形状特征的干扰程度;反之说明颜色属性比形状属性更容易被注视和获取,当非目标信息源颜色特征突出时将直接影响到目标信息的获取。

3. "颜色-形状"混合特征的眼动分析

实验中 RCP 和 RCV 界面包含了颜色与形状两种特征,且颜色和形状特征显著性相互比较均不明显占优,设定为"颜色-形状"混合特征界面。以打开 RCV 和 RCP 任务界面为例测试被试者目标搜索过程的眼动特征。RCP 界面中目标信息源 AOI 2 位于界面左上方,RCV 界面中目标信息源 AOI 2 位于右上方,具体如图13-19和图13-20中深色矩形所示。

1）眼动轨迹图分析

导出打开 RCV 和 RCP 任务操作界面的眼动轨迹图(图13-19与图13-20)与注视点数据。

由眼动轨迹图得知,被试者在进行目标搜索中,主要是以目标任务为中心,颜色或形状凸显的信息源获得更多的眼动轨迹,基于导出的眼动轨迹图与注视点数据分析可得到如下结论。

（1）RCP 界面总注视点224个,其中目标区域注视点129个,占总数57.59%;非目标区域注视点95个,占总数42.4%。RCV 界面总注视点225个,其中目标区域注视点130个,占总数57.78%;非目标区域注视点95个,占总数42.22%。被试者眼动注视轨迹主要集中于目标信息源(AOI 1 和 AOI 2),但非目标信息源也获得一定眼动注视。

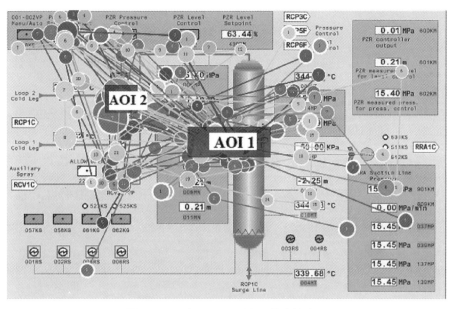

图 13-19 打开 RCP 界面眼动轨迹图

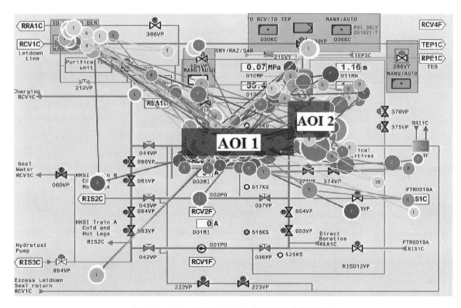

图 13-20 打开 RCV 界面眼动轨迹图

（2）RCP 界面中，眼动轨迹位于左上方有 120 个，右上方有 27 个，左下方 38 个，右下方 19 个；RCV 界面中眼动轨迹位于左上方 73 个，右上方 111 个，左下方 19 个，右下方 22 个；而 RCP 界面中的 AOI 2 位于界面左上方，RCV 界面中 AOI 2 位于右上方，说明眼动轨迹集中于目标所在的区域内，目标位置对眼动轨迹影响最大，即被试者受到目标驱动的影响显著。

2）集簇图分析

导出打开 RCV 和 RCP 任务操作界面的集簇图（图 13-21 与图 13-22），图中的百分数值是注视某个区域的人数与总人数的百分比，值越大说明参与该区域注视的人数越多，反之则越少。

RCP 界面左侧颜色特征凸显，右侧形状特征凸显，RCP 界面中的目标信息源位于左上方；RCV 界面上方颜色特征凸显，下方形状特征凸显，RCV 界面中的目标信息源位于右上方。RCP

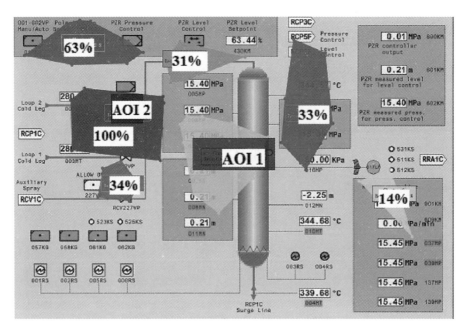

图 13-21　打开 RCP 界面眼动轨迹图

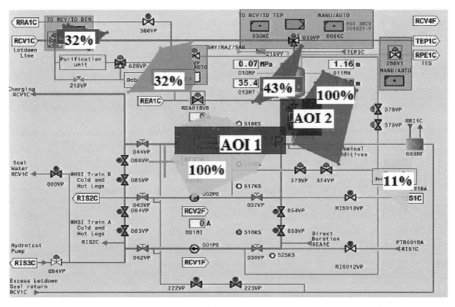

图 13-22　打开 RCV 界面眼动轨迹图

和 RCV 界面集簇图显示,被试者容易注视界面的左侧与上侧,说明在"颜色-形状"综合特征界面中,眼动注视主要受目标位置影响,且以目标信息源为中心,而与目标信息源无关的区域的眼动注视较少,如 RCP 和 RCV 界面中的下侧区域较少有眼动注视。

3）眼动时间分析

基于导出的注视时间数据,运用 SPSS 软件绘制 RCP 和 RCV 界面中被试者首次注视时间对比图,如图 13-23 所示。

对比 RCP 和 RCV 界面中 AOI 1 曲线,被试者在两个界面中的首次注视时间差异不大,说明被试者在不同界面背景中搜索位置固定的目标信息花费时间受到颜色和形状特征影响不大;但

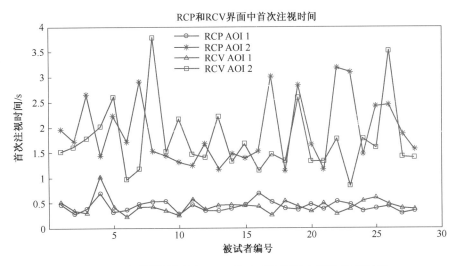

图 13-23　不同被试者在 RCP 和 RCV 界面中首次注视时间

界面中被试者搜索 AOI 2 花费时间较长,且被试者之间的差异较大,这可能是受到操作界面背景中颜色或形状特征的显著性程度、AOI 2 的位置情况,以及被试者心理等众多因素的影响,由于目前没有有效的检验颜色或形状特征显著性的工具,因此无法进行更深入的实验测试与分析。

上述实验测试与分析结果表明,被试者对目标信息搜索活动主要受到颜色、形状等图像特征与目标位置的影响。颜色或形状特征显著搜索背景的眼动数据分析表明,被试者在进行目标搜索过程中,会注视非目标信息源,若非目标信息源具有图像特征,则这些图像特征将对目标搜索产生吸引作用,且颜色特征相对形状特征更能引起视觉注意;在颜色显著的搜索背景下,被试者受到非目标信息源的颜色特征影响较大,会在非目标信息源上分配较多的注意,但是具有显著颜色特征的目标信息能够更快与更容易获得被试者的注视与识别;在形状特征显著的搜索背景下,被试者受到形状特征的影响较大,若目标信息源具有较显著的形状特征,则被试者能快速地注视和识别目标信息源。若拟提高被试者的目标搜索绩效,在搜索背景不变的情况下,可以强化目标信息源的颜色或形状特征;或者将搜索背景中非目标信息源的颜色和形状特征弱化,以扩大目标信息源和非目标信息源的差异,也可有效提高被试者目标搜索绩效。

被试者对非目标信息源的搜索与自动加工,总体上呈现出以目标信息源为中心,左侧优于右侧,上侧优于下侧的现象,这说明被试者在进行目标搜索时受目标位置的影响较大,且这种影响比颜色和形状特征更为显著。通过对比不同被试者对 AOI 1 和 AOI 2 的首次注视时间和注视持续时间表明,被试者搜索固定目标信息源所需时间较短,获取数据的时间也较短,视觉搜索受到了目标信息源位置状态(是否固定)的影响,一般来说目标信息源位置固定,被试者往往能更加快速和准确地搜索与获取目标信息,而对位置不固定的目标信息源的搜索绩效则较差。

具有"颜色-形状"混合特征的搜索背景中的眼动数据分析表明,不同被试者在"颜色-形状"混合特征界面进入 AOI 1 首次注视时间差异不大,即目标位置固定的信息源的搜索时间受"颜色-形状"特征影响不明显;但不同被试者在"颜色-形状"混合特征界面进入 AOI 2 首次注视时间存在较大差异。

受到目标位置影响,被试者在目标信息所在象限的注视持续时间最长,其次是与目标位置相邻的两个非目标象限,最后是另外一个象限。

**4. 实验结果对数字化核电厂操纵员监视绩效的影响**

该实验利用视线追踪系统进行目标搜索眼动实验,获得相关眼动数据,对注视轨迹图、集簇图、首次注视时间、注视持续时间等眼动指标进行分析,获得了目标信息搜索活动中被试者的视觉眼动规律及其影响因素和影响方式,对数字化核电厂主控室操纵员监视活动绩效(主要为目标信息源的搜索效率、信息获取可靠性等)改善具有一定指导意义。

1) 目标信息源位置对操纵员监视活动绩效影响

目标位置是影响视觉眼动特征的主要因素,目标信息搜索过程中,被试者视觉搜索绩效受到目标驱动和数据/环境驱动影响,目标驱动为主,环境驱动对目标信息搜索绩效或有阻碍或有促进作用。目标驱动下,被试者需要将注意力集中于目标信息搜索,目标信息位置越明确,无效视觉扫视就越少,有效注视能更快注视到目标信息,搜索时间就越少,视觉搜索绩效也就越高。

视觉系统搜索和获取非目标信息源时以目标位置为中心,左视野比右视野强,上视野比下视野强。在同一图像特征中,视觉受到目标位置的影响是最大的,操作员获得目标信息搜索指令后,以目标位置为搜索中心进行搜索,图像方面的影响较少,即内源性任务驱动影响大于外源性数据驱动影响。因此,在核电厂信息系统显示界面设计时,应把主要任务的信息源尽可能设计在视觉容易注视到的区域或位置,如操纵员工作站计算机显示屏的左侧和上侧等。

目标搜索是信息获取的基础,为了提高操纵员监视绩效,在信息显示设计时,应充分考虑有利于目标搜索,尽可能固定目标信息源位置,并将其更多地设计在操纵员的左视野与上视野区域界面上;强化目标信息颜色或形状特征,弱化非目标信息源的颜色及形状特征,以帮助操纵员快速获取目标信息。

与目标象限相邻的两个象限内的注视持续时间要比另外一个象限的更长,且非目标象限信息源视觉搜索和获取绩效与目标象限位置有关,一般情况下,与目标位置相邻,且位于上视野或左视野的非目标象限信息源所获注视及其持续时间较多,相比之下与非目标象限不相邻且位于下视野或右视野的信息源所获注视最少。因此,在核电厂信息系统显示界面设计时,要综合考虑合理安排不同重要度与性质的信息源位置布置,考虑信息源的相关性,结合界面空间进行布置。尽量将关键信息源安排在左上视野,相关信息源安排在与目标象限相邻的象限内,以尽可能提升操纵员对目标信息源的搜索/监视绩效。

2) 颜色或形状特征对操纵员监视活动绩效的影响

被试者在搜索目标信息时,视觉系统会无意识地对非目标信息源进行自动捕获和加工,特别是在颜色特征背景中,当图像(颜色或形状)特征存在于非目标信息源,会阻碍目标信息搜索,且非目标信息源颜色属性干扰作用强于形状属性,反之目标信息源的颜色或形状属性有助于目标信息搜索。因此,可通过强化目标信息的图像特征或弱化非目标信息源的图像特征来提升操纵员目标信息搜索与获取绩效,特别是颜色特征。如安全警示信息设计中利用颜色差异来区分,红色表示禁止与停止;黄色表示注意与警告;绿色表示通行、安全与提示信息。

此外,还可通过对比色来进一步强化目标信息源的颜色显著性,如选用黑色为黄色的对比色,白色为红、蓝、绿等安全色的对比色,让信息或标识更醒目。

人员执行目标信息搜索活动,受到目标位置、颜色特征、形状特征等因素影响,在核电厂主控室人-机界面、任务信息与警示信息(或安全标志)显示设计时,可综合运用上述研究结论来提升信息或标志的醒目性或显著性,以提升操纵员视觉信息搜索或获取等监视活动的绩效。

3）"颜色-形状"综合特征对操纵员监视活动绩效影响

在核电厂实际操作界面中,颜色和形状特征显著性不明显,视觉眼动注视时间差别不大。为了提升操纵员对目标信息源搜索与获取绩效,应将目标信息与关键信息尽可能布置操纵员在左视野和上视野范围,同时尽可能地弱化非目标信息源(或背景材料)的颜色或形状特征,以突出目标信息的颜色或形状特征。

### 13.2.4 研究结论

（1）目标信息源不是操作员视觉信息搜索与获取的唯一关注点。

目标任务信息不是被试者在目标搜索过程中唯一的关注点,被试者会对非目标信息源进行有意识或无意识的获取或加工。在搜索目标信息源的过程中,被试者需要对非目标信息源进行快速的排除,直到找到目标信息源。被试者监视活动的眼动特征与目标位置、颜色特征与形状特征等因素相关。

（2）操作员视觉信息搜索绩效受到目标位置、颜色特征和形状特征影响,但是三者影响程度存在显著差异,目标位置影响最为显著,颜色特征影响较形状特征又更为明显。

（3）被试者目标信息搜索与获取活动中,受目标任务驱动作用强于图像特征驱动。

被试者开展目标信息搜索活动,首先是受到目标任务驱动影响,一般更为关注与目标信息相关的信息源,主要注意力与时间花费在目标信息源所在的位置区域。图像特征是影响视觉搜索与注意力的又一重要因素,目标信息源具有较显著的图像特征有利于提升目标信息搜索绩效,反之,非目标信息源具有较显著的图像特征则降低目标信息搜索绩效。

## 13.3 操作员数字化目标信息识别实验

随着数字化控制技术在工业领域的不断推进,操作员对系统运行状态监视与设备信息获取等活动,必然是以对系统呈现的大量数字化目标信息的有效识别为基础,但也可能诱发操作员新的监视失误模式或路径。通过对国内某数字化核电厂全范围模拟机主控室操纵员监视行为的现场观察与分析,操纵员在监视过程中出现或可能出现的监视失误,主要包括信息定位错误、识别错误、读错、听错和信息搜集失误等。为了有效识别与预防数字化控制系统中操作员在监视活动中可能出现的失误风险,为监视行为可靠性与人因失误预防等相关研究提供支持,本节拟开展数字化目标识别实验,对操作员监视活动中的目标信息识别活动进行实验测试与分析,以验证数字化目标信息识别失误类型,并获得其相应失误基本概率。

目标识别失误是指操作员没有及时把监视目标信息同其他信息区别辨认开来,并准确地完成对目标信息加工获取,从而导致对相应设备系统的信息获取失败或操作失误,主要包括目标识别延迟、目标识别失败和目标识别错误等,该节实验只测试分析目标信息识别延迟和目标信息识别失败两种情况。

目标识别延迟是指操作员在规定时间内未能准确将需要监视的目标信息与其他非目标信息(如背景信息、干扰信息、相邻信息或相似信息等)区分辨认;目标识别失败是指操作员由于系统客观(如环境不良、系统信息显示设计缺陷、界面管理任务或操作任务设计不合理等)或个人主观(身体不适、心理压力、培训不足等)等因素干扰,未能在规定时间内完成对监视目标信息的识别。操作员对数字化目标信息识别失误可能的原因有以下5个方面。

(1)当操作员将注意力集中于界面管理任务时,可能导致视觉任务时间被延长,从而导致目标识别信息延迟。

(2)界面管理任务失败会直接导致监视目标信息识别的失败,因为操作员无法找到目标信息所在正确页码或位置。

(3)操作员在从人–机界面获取信息时,需要通过反复的导航来获取信息,会引起监视活动的"锁孔效应",直接影响到对目标信息搜索或定位,可能导致目标信息识别的延迟或失败。

(4)操作员在反复导航过程中进行信息搜索,在某个过程画面中,由于目标信息的识别受到其他非目标信息的干扰,容易产生"拥挤效应",从而导致监视过程中目标识别的延迟或失败。

(5)执行界面管理任务时,需要占用操作员更多的知识记忆,增加了操作员的脑力负荷,可能会影响到操作员对目标信息识别的延迟或辨认。

### 13.3.1 实验目的

通过数字化目标识别测试实验,获取被试者实验中对目标信息识别过程的反应时间和识别失败的错误次数,以验证目标识别延迟与目标识别失败两种监视失误形式,并获得目标信息识别失误的基本概率。

### 13.3.2 实验设计

**1. 被试者**

被试者为16名在校研究生(男生8名,女生8名)。年龄在23~28岁之间。视力或矫正视力正常,颜色知觉正常。

**2. 实验测试平台**

实验测试背景基于 Visual studio. net 2008 平台编写,显示设备为19英寸纯平显示器,分辨力为1280×800像素,屏幕显示器上的字符由程序自动控制,显示背景为灰色。实验中,在显示屏中央周围设置24块区域,这些区域呈现变化着的数字,数字字体为宋体4号(图13-24)。

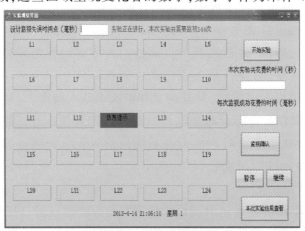

**图13-24　实验测试界面**

3. 实验变量与设计

实验自变量为数字的显示区位,一共有 24 个不同数字(数字类型为:ab.cd)和 24 个区域。因变量为被试者的反应时间和错误概率。实验采用单因素组内设计。

通过对国内某数字化核电厂全范围模拟机操纵员复训的监视活动长期现场观察与录像分析发现,操纵员在监视过程中正确目标识别反应时间都在 5000ms 以内。而心理学实验指出,在简单反应时间测定中,人的最大有效反应时间为 6s 左右[29]。因此,本实验将操作员监视过程中对目标信息识别的反应时间 $t$ 在(0ms,5000ms]范围内定义为有效监视,反应时间 $t$ 在(5000ms,6000ms]范围内定义为目标识别延迟,反应时间 $t>6000ms$ 定义为目标识别失败。

4. 实验程序与测试

实验过程由程序自动控制。实验分两天完成,第一天为培训练习,让被试者熟悉实验程序与过程;第二天为正式实验测试。实验前给被试者宣读实验指导语,然后让其练习 5min。正式实验测试开始前,被试者首先输入时间控制变量,然后点击"开始实验"按钮,把鼠标放在"监视确认"按钮上,正式实验时,被试者需高度集中注意屏幕的变化,然后根据屏幕中央的"信息数字"找到与之相同的数字,目标数字的出现位置都是随机的。当被试者根据"信息数字"搜索与辨认出与之匹配的目标数字时,被试者需要点击屏幕右方的"监视确认"键按钮,以示完成目标信息识别;然后中央区紧接着会出现新的信息数字,被试者根据信息提示进行下一次试验,以此类推。被试者需要在每个位置进行 6 次目标信息识别活动,每个被试者需要完成 144(6×24)次试验测试。实验需要 8min 左右,计算机自动记录被试者的反应时间和错误概率(图 13-24)。

### 13.3.3 实验结果与分析

该实验一共进行了 2304(6×24×16)次,总计目标识别失误 62 次,目标识别失误概率为 0.027($P=62/2304\approx0.027$);其中,目标识别延迟 39 次,失误概率为 0.017($P=39/2304\approx0.017$);目标识别失败 23 次,失误概率为 0.010($P=23/2304\approx0.010$)。

1. 不同位置影响分析

采用 SPSS 19.0 软件对实验获得数据进行分析与处理,不同位置被试者的反应时、失误概率和 $t$ 检验如表 13-4 所列。对 24 个位置被试者的反应时间采用重复测量方差分析的结果显示,被识别目标的显示区位的方差达到了显著水平(主效应 $F$ 统计量 $F=55.01$,显著性水平 $p<0.01$),即不同位置被试者的反应时间存在显著差异。

对 24 个位置被试者失误概率做 $t$ 检验,结果显示不同位置被试者的失误概率也达到了显著水平($t$ 统计量 $t=5.540$,自由度 $df=23$,$p<0.01$),即不同位置被试者的失误概率存在显著差异。

表 13-4 不同位置下被试者平均反应时间、失误概率和 $t$ 检验

| 位置 | 平均反应时间/ms | 失误概率/% | $t$ 检验 |
| --- | --- | --- | --- |
| $L_1$ | 2320 | 2.08 | 25.30[①] |
| $L_2$ | 2540 | 1.04 | 32.89[①] |
| $L_3$ | 2640 | 2.08 | 28.988[①] |
| $L_4$ | 2870 | 3.12 | 13.42[①] |
| $L_5$ | 2560 | 1.04 | 30.51[①] |

（续）

| 位置 | 平均反应时间/ms | 失误概率/% | $t$ 检验 |
|---|---|---|---|
| $L_6$ | 2170 | 2.08 | 22.64[①] |
| $L_7$ | 1450 | 0 | 27.35[①] |
| $L_8$ | 1500 | 0 | 26.74[①] |
| $L_9$ | 1740 | 0 | 23.07[①] |
| $L_{10}$ | 2210 | 1.04 | 23.82[①] |
| $L_{11}$ | 2280 | 2.08 | 21.39[①] |
| $L_{12}$ | 1560 | 1.04 | 21.95[①] |
| $L_{13}$ | 1900 | 1.04 | 22.19[①] |
| $L_{14}$ | 2830 | 3.12 | 27.78[①] |
| $L_{15}$ | 2790 | 3.12 | 23.47[①] |
| $L_{16}$ | 2300 | 1.04 | 23.91[①] |
| $L_{17}$ | 2420 | 2.08 | 25.48[①] |
| $L_{18}$ | 2630 | 3.12 | 24.21[①] |
| $L_{19}$ | 3160 | 2.08 | 32.03[①] |
| $L_{20}$ | 3610 | 6.25 | 35.07[①] |
| $L_{21}$ | 3810 | 6.25 | 39.40[①] |
| $L_{22}$ | 3550 | 5.21 | 33.06[①] |
| $L_{23}$ | 3760 | 6.25 | 38.98[①] |
| $L_{24}$ | 4030 | 9.37 | 36.18[①] |
| ①显著性水平 $p < 0.001$ | | | |

### 2. 不同视野影响分析

将 $L_1$、$L_2$、$L_3$、$L_4$、$L_5$、$L_6$、$L_7$、$L_8$、$L_9$、$L_{10}$ 划为上视野，$L_{15}$、$L_{16}$、$L_{17}$、$L_{18}$、$L_{19}$、$L_{20}$、$L_{21}$、$L_{22}$、$L_{23}$、$L_{24}$ 划为下视野；将 $L_1$、$L_2$、$L_6$、$L_7$、$L_{11}$、$L_{12}$、$L_{15}$、$L_{16}$、$L_{20}$、$L_{21}$ 划为左视野，$L_4$、$L_5$、$L_9$、$L_{10}$、$L_{13}$、$L_{14}$、$L_{18}$、$L_{19}$、$L_{23}$、$L_{24}$ 划为右视野。

重复测量方差分析结果表明，上、下、左与右视野的目标识别任务都达到了显著水平（其中 $F = 4.67$，$p = 0.009 < 0.01$），即不同视野被试者反应时间存在显著差异；不同视野被试者目标识别的反应时间两两对比结果表明，上视野目标识别速度最快，其次是左视野、右视野和下视野。

不同视野目标识别延迟失误概率、目标识别失败失误概率和总的目标识别失误概率如图 13-25 所示。

对不同视野被试者失误概率进行重复测量的方差分析，结果显示不同视野位置，被试者的失误概率达到了显著水平（表 13-5）。通过均值比较发现，上视野的失误概率最低（1.25%），其次是左视野（2.49%）、右视野（3.02%），失误概率最高的是下视野（4.48%），说明视野位置的不对称性造成被试者在监视过程中目标识别失误概率的差异。

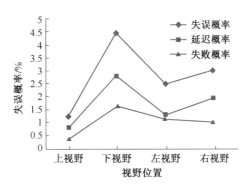

图 13-25　不同视野被试者失误概率汇总图

表 13-5　不同视野被试者失误概率差异的方差分析

| 方差来源 | Ⅲ型平方和 | df | 均方 | $F$ | 显著性 |
|---|---|---|---|---|---|
| 位置 | 53.92 | 3 | 17.94 | 4.67 | 0.009 |
| 误差 | 103.90 | 27 | 3.84 | | |

　　但是在上视野范围内,左上视野和右上视野反应时间和失误概率存在差异,左上视野被试者的反应时间比右上视野反应时间短,失误概率也相对低一些,这表明在上视野内,被试者的目标识别反应时间和失误概率均存在左偏效应。

　　3. 离心距影响分析

　　把 24 个不同的位置划分为 5 个不同的离心距,其中 R1(42mm):L8、L12、L13、L17 为最短距离,其次是 R2(52mm):L7、L9、L16、L18,R3(73mm):L3、L22、L11、L14,R4(85mm):L2、L4、L21、L23、L6、L10、L15、L19,R5(112mm):L1、L5、L20、L24,R1<R2<R3<R4<R5。对不同离心距被试者失误概率进行重复测量方差分析,结果显示不同离心距被试者的失误概率达到了显著水平(表 13-6),其中 $F(4,12)=5.22,p=0.011<0.05$,即不同离心距被试者错误概率存在显著差异。

表 13-6　不同离心距被试者失误概率差异的方差分析

| 方差来源 | Ⅲ型平方和 | df | 均方 | $F$ | 显著性 |
|---|---|---|---|---|---|
| 离心距 | 48.86 | 4 | 11.71 | 5.22 | 0.011 |
| 误差 | 26.90 | 12 | 2.24 | | |

　　不同离心距被试者目标识别延迟失误概率、目标识别失败失误概率和总的目标识别失误概率如图 13-26 所示。

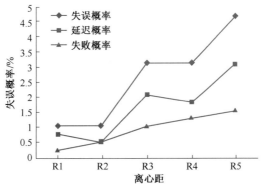

图 13-26　不同离心距被试者失误概率汇总图

被试者在监视过程中目标识别延迟失误概率高于监视失败失误概率,且随着离心距的增加,被试者的失误概率也随之增大。为了进一步分析离心距与总体失误概率之间的关系,对其进行曲线拟合,拟合结果如图 13-27 所示。

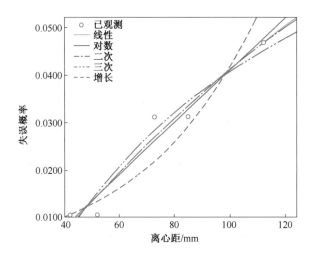

**图 13-27　不同离心距被试者总体失误概率拟合曲线比较**

表 13-7 曲线类型依次为线性、二次、三次多项式曲线、对数曲线和指数曲线,其中线性、二次、三次多项式曲线和指数曲线都没有全部通过 $F$ 检验、常数项 $t$ 检验和回归系数 $t$ 检验,只有对数曲线全部通过,表 13-8 是对数曲线系数表。

表 13-7　拟合模型与参数估计

| 方程 | 拟合模型 | | | | | 参数估计 | | | |
|---|---|---|---|---|---|---|---|---|---|
| | $R^2$ | $F$ | $df_1$ | $df_2$ | 显著性 | 常数 | $b_1$ | $b_2$ | $b_3$ |
| 线性 | 0.951 | 58.457 | 1 | 3 | 0.005 | -0.14 | 0.001[①] | | |
| 二次 | 0.954 | 20.581 | 2 | 2 | 0.046 | -0.021 | 0.001 | $-1.313 \times 10^{-6}$ | |
| 三次 | 0.954 | 20.694 | 2 | 2 | 0.046 | -0.019 | 0.001 | 排除 | $-5.911 \times 10^{-8}$ |
| 对数 | 0.888 | 23.728 | 1 | 3 | 0.017 | -5.550[①] | 0.024[①] | | |
| 指数 | 0.888 | 23.728 | 1 | 3 | 0.017 | 0.004 | 0.024[①] | | |
| ① $p < 0.05$ | | | | | | | | | |

表 13-7 中,对数曲线 $F = 23.728$,$p = 0.017$,表明 $x$ 对 $y$ 的影响是显著的(其中 $y$ 表示总体失误概率,$x$ 表示离心距)。

表 13-8　对数曲线系数[①]

| 模型 | 参数 | 未标准化系数 | | 标准化系数 | $t$ | 显著性 |
|---|---|---|---|---|---|---|
| | | 偏回归系数 $B$ | 标准误差 | 标准回归系数 $\beta$ | | |
| 1 | 离心距 | 0.024 | 0.005 | 0.942 | 4.87 | 0.017 |
| | 常数 | -5.550 | 0.374 | | -14.838 | 0.001 |
| ①因变量:ln(失误概率) | | | | | | |

从系数表 13-8 可得到理想的拟合函数:$\ln(\hat{y}) = -5.55 + 0.024x$。系数 $\beta$ 检验的 $t = 4.87$,$p = 0.017 < 0.05$,对常数项检验的 $t = -14.838$,$p = 0.001 < 0.05$,都达到了显著水平。因此,该拟

合方程是显著的。

### 13.3.4　研究结论

（1）操作员在监视数字化目标信息过程中会出现目标识别失误,实验验证了被试者对数字化目标信息的识别延迟和识别失败两种失误类型;目标识别失误概率近似为0.027,其中目标识别延迟概率约0.017,目标识别失败概率约0.010。

（2）操作员在监视过程中目标识别的反应时间具有视野不对称性,上、下、左、右四个视野被试者的反应时间都存在显著差异,上视野目标识别速度最快,其次是左视野、右视野和下视野;监视目标所处的视野位置不同,目标识别失误概率存在差异,其中上视野的失误概率最低,且存在左偏倾向,其次是左视野和右视野,失误概率最高的是下视野;被试者的目标识别反应时间和失误概率均存在左偏效应。

（3）监视目标的离心距与目标识别失误概率之间也存在差异,且随着离心距的增加,目标识别失误概率也随之增大,操作员目标信息识别总体失误概率 $y$ 与离心距 $x$ 关系的拟合曲线方程为: $\ln(\hat{y}) = -5.55 + 0.024x$ 。

## 13.4　操作员数字化信息搜集失误实验

信息搜集失误是指操作员没有及时、正确搜集到与系统状态有关的必要信息,导致没有完成对系统状态的有效监视。

通过对国内某数字化核电厂正常运行与异常运行状态下主控室操纵员的监视活动中信息搜集行为的长期观察与统计分析,以及与部分操纵员的访谈归纳,发现操纵员在进行信息搜集任务时存在信息搜集失误,主要包括搜集不到相关信息、搜集到不相关的干扰信息、信息搜集不充分与信息搜集超时四种失误形式[30]。

（1）搜集不到相关信息:操作员在监视过程中,在一定时间范围内(规定时间)未搜集到与当前系统状态相关的必要信息,未能对系统状态的判断提供信息支持。

（2）搜集到不相关的干扰信息:操作员在监视过程中,搜集与系统状态相关的必要信息时,未能对干扰信息进行过滤,搜集到多余的不相关的信息,导致不能正确判断当前系统状态,未完成对系统的有效监视。

（3）信息搜集不充分:操作员在执行视觉任务时,在信息搜集过程中遗漏了需要搜集的目标信息,导致信息搜集不完全。

（4）信息搜集超时:操作员在监视过程中,未能在规定时间范围内完成对目标信息的搜集任务。

### 13.4.1　实验目的

通过信息搜集模拟实验来验证数字化控制系统操作员在监视过程中存在信息搜集失误四种类型,并且获得其基本失误概率。

### 13.4.2　实验设计

**1. 被试者**

被试者为 14 名在校研究生(男生 7 名,女生 7 名),年龄均在 23~28 岁之间,视力或矫正视力正常,颜色知觉正常。

**2. 实验平台**

实验程序采用 Visual studio. net 2008 平台编写,显示设备为 19 英寸纯平显示器,分辨力为 1280×800 像素,屏幕显示器上的字符由程序自动控制,显示背景为灰色。实验中,在显示屏中央周围设置 24 块区域,用以显示动态变化的数字,数字字体为宋体 4 号,目标信息随机出现在 24 块区域内,实验采用的测试界面如图 13-28 所示。

**图 13-28　实验测试界面**

**3. 实验变量与设计**

实验自变量为信息搜集的数量,分为 5 种水平,目标信息数量依次为 1 个、2 个、3 个、4 个和 5 个。一共有 8 种不同的信息搜集任务。因变量为被试者的反应时间和错误率,反应时间是指从目标信息出现开始到被试者完成对目标信息的搜集并点击搜集个数按钮为止的时间。实验采用单因素组内设计。

通过对国内某数字化核电厂全范围模拟机操纵员监视行为的现场观察与录像分析研究发现,操纵员在监视过程中目标信息搜集任务(包括事故状态和正常状态下)的最大有效反应时间为 12000ms。因此,本实验将在监视过程中信息搜集反应时间 $t$ 在(12000ms,∞)范围内定义为信息搜集超时。

**4. 实验程序与测试**

实验过程由计算机程序自动控制。实验分两天完成,第一天为培训练习,让被试者熟悉实验程序与实验过程。第二天为正式实验,实验前给被试者宣读实验指导语,然后让被试者练习 5min。实验开始时,被试者点击"开始实验"按钮,屏幕界面开始出现一系列变化的数字,屏幕中央区的方格会出现信息提示,被试者根据信息提示的要求去搜集相关的信息。屏幕下方显示的是目标信息个数按钮,当被试者搜集到相关信息的数量时,用鼠标点击屏幕下方的个数按钮,例如,被试者搜集到相关信息数量为 1 个,被试者就点击下方的"1"按钮,依次类推。然后重复上面的程序。每位被试者需要做两次试验,完成 80(5×8×2)次信息搜集任务,试验一共进行 1120(80×14)次,测试界面如图 13-28 所示。

### 13.4.3　实验结果与分析

#### 1. 不同信息数量水平反应时间

采用 SPSS 软件对实验获得的数据进行分析。14 名被试者不同信息数量水平下的平均反应时间散点图如图 13-29 所示。

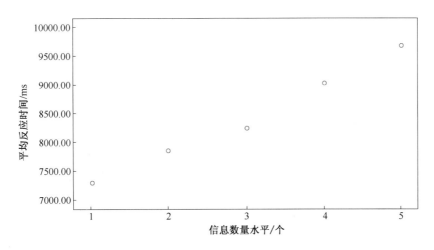

**图 13-29　不同信息数量水平下被试者平均反应时间散点图**

不同信息数量水平与被试者的反应时间相关性分析结果(表 13-9)表明,信息数量水平与平均反应时间存在正相关,当需要搜集的信息数量增加时,被试者的平均反应时间也随之增加。

表 13-9　信息数量水平与平均反应时间相关性分析结果

| 参　　数 | | 信息数量水平 | 平均反应时间 |
| --- | --- | --- | --- |
| 信息数量水平 | Pearson 相关系数 | 1 | 0.994[①] |
| | 显著性(双侧) | | 0.001 |
| | 信息数量 $N$ | 5 | 5 |
| 平均反应时间 | Pearson 相关系数 | 0.994[①] | 1 |
| | 显著性(双侧) | 0.001 | |
| | 信息数量 $N$ | 5 | 5 |
| ①$p < 0.01$ | | | |

对 5 个信息数量水平被试者的反应时间差异做多重比较分析结果(表 13-10)表明,信息数量为 1 时,反应时间最快,随着信息数量增加,其反应时间呈现递增趋势,且不同信息数量水平反应时间之间的均值差值也达到了显著水平。

表 13-10　不同信息数量水平下被试者反应时间差异多重比较分析

| 信息数量 $I$ | 信息数量 $J$ | 均值差值 $I-J$ | 标准误差 | 显著性 |
| --- | --- | --- | --- | --- |
| 1 | 2 | -557.541[①] | 104.203 | 0 |
| | 3 | -945.788[①] | 93.104 | 0 |
| | 4 | -1742.180[①] | 91.732 | 0 |
| | 5 | -2374.221[①] | 88.752 | 0 |

（续）

| 信息数量 I | 信息数量 J | 均值差值 I-J | 标准误差 | 显著性 |
|---|---|---|---|---|
| 2 | 1 | 557.514[①] | 104.203 | 0 |
| | 3 | -388.275[①] | 94.547 | 0 |
| | 4 | -1184.667[①] | 91.765 | 0 |
| | 5 | -1816.707[①] | 91.409 | 0 |
| 3 | 1 | 945.788[①] | 93.104 | 0 |
| | 2 | 388.275[①] | 94.547 | 0 |
| | 4 | -796.392[①] | 87.276 | 0 |
| | 5 | -1428.432[①] | 85.612 | 0 |
| 4 | 1 | 1742.180[①] | 91.732 | 0 |
| | 2 | 1184.667[①] | 91.765 | 0 |
| | 3 | 796.392[①] | 87.276 | 0 |
| | 5 | -632.041[①] | 74.476 | 0 |
| 5 | 1 | 2374.221[①] | 88.752 | 0 |
| | 2 | 1816.707[①] | 91.409 | 0 |
| | 3 | 1428.432[①] | 85.612 | 0 |
| | 4 | 632.041[①] | 74.476 | 0 |

①$p < 0.01$

假设信息数量水平与反应时间存在线性相关关系,对其进行回归统计分析,结果如表 13-11、表 13-12 与表 13-13 所列。

表 13-11　回归模型

| 模型 | $R$ | $R^2$ | 调整后 $R^2$ | 估计标准误差 |
|---|---|---|---|---|
| 1 | 0.994[①] | 0.988 | 0.985 | 116.99407 |

①预测(常量):目标信息数量

表 13-12　方差分析表(ANONA[①])

| 模型 | | 平方和 | 自由度 | 均值平方 | $F$ | 显著性 |
|---|---|---|---|---|---|---|
| 1 | 回归 | 3520179.427 | 1 | 3520179.427 | 257.180 | 0.001[①] |
| | 残差 | 41062.840 | 3 | 13687.613 | | |
| | 总计 | 3561242.267 | 4 | | | |

①预测(常量):目标信息数量;
②因变量:平均反应时间

表 13-13　系数表[①]

| 模型 | 参数 | 未标准化系数 | | 标准化系数 | $t$ | 显著性 |
|---|---|---|---|---|---|---|
| | | $B$ | 标准误差 | $\beta$ | | |
| 1 | 常量 | 6639.877 | 122.704 | 0.994 | 54.113 | 0.000 |
| | 信息数量水平 | 593.311 | 36.977 | | 16.037 | 0.001 |

①因变量为平均反应时间

回归模型表 13-11 显示,判定系数 $R^2 = 0.988$,调整后的 $R^2 = 0.985$,接近于 1,拟合优度较高。从相对水平看,回归方程能减少因变量 98.5% 的方差波动。方差分析表 13-12 显示,$F = 257.180$,$P = 0.001$,说明 $y$ 对 $x$ 的线性回归高度显著(其中 $y$ 表示平均反应时间,$x$ 表示信息数量水平),与相关性检验结果一致。从系数表 13-13 中可得到回归方程:$\hat{y} = 6639.87 + 593.31x$,回归系数 $\beta$ 检验的 $t = 16.037$,$P = 0.001 < 0.01$,对常数项检验的 $t = 54.113$,$P < 0.01$,都达到了显著水平,因此该回归方程是统计显著的。

2. 失误概率结果分析

1)信息搜集任务总失误概率分析

实验进行了 1120($5 \times 8 \times 2 \times 14$)次,总计失误次数 21 次,信息搜集失误概率约等于 0.0187($P = 21/1120 \approx 0.0187$)。其中,搜集不到相关信息 1 次,失误概率约等于 0.0009($P = 1/1120 \approx 0.0009$);搜集到不相关的干扰信息次数 3 次,失误概率约等于 0.0027($P = 3/1120 \approx 0.0027$);信息搜集不充分次数 8 次,失误概率约等于 0.0071($P = 8/1120 \approx 0.0071$);信息搜集超时次数 9 次,失误概率约等于 0.0080($P = 9/1120 \approx 0.0080$)。

2)不同信息数量水平的失误概率分析

不同信息数量水平下被试者的信息搜集失误概率统计分析结果如图 13-30 所示。

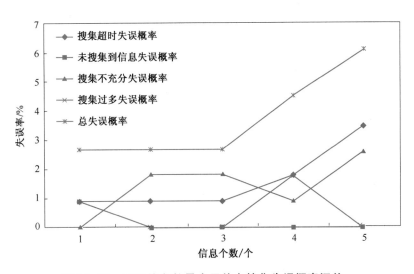

图 13-30  不同信息数量水平信息搜集失误概率汇总

当信息数量为 1 个、2 个、3 个、4 个和 5 个时,搜集超时、未搜集到相关信息、信息搜集不充分、搜集到不相关的干扰信息,以及总失误概率分别为 0.9‰、0.9‰、0、0.9‰ 和 2.7‰;0.9‰、0、1.8‰、0 和 2.7‰;0.9‰、0、1.8‰、0 和 2.7‰;1.8‰、0、0.9‰、1.8‰ 和 4.5‰;3.5‰、0、2.6‰、0 和 6.1‰。

当信息数量在 3 个或 3 个以下时,总的信息搜集失误概率都是 2.7‰,当信息数量超过 3 个时,总的信息搜集失误概率呈现明显上升趋势;信息搜集超时失误概率具有同样的变化趋势。其中,信息搜集超时失误概率和信息搜集不充分失误概率所占比重较高,未搜到相关信息失误概率占比最低。

对不同信息数量水平与被试者的失误概率做相关性分析,结果显示"信息数量水平"与"未搜集到信息失误概率""信息搜集不充分失误概率""不相关的干扰信息收集失误概率"和"信息搜集超时失误概率"的相关系数检验的 $t$ 统计量的显著性概率分别为 0.182、0.204、1.000 和 0.066,均大于 0.05,因此,信息数量水平与失误率之间没有显著的相关关系。

对不同信息数量水平与信息搜集任务被试者总体失误概率相关性分析结果表明,信息数量水平与总体失误概率存在显著相关性(表 13-14)。

表 13-14 信息数量水平与总体失误概率相关性分析结果

| 参　　数 | | 信息数量水平 | 失误概率 |
|---|---|---|---|
| 信息数量水平 | Pearson 相关系数 | 1 | 0.887[①] |
| | 显著性(双侧) | | 0.045 |
| | $N$ | 5 | 5 |
| 失误概率 | Pearson 相关系数 | 0.887[①] | 1 |
| | 显著性(双侧) | 0.045 | |
| | $N$ | 5 | 5 |
| ① $p < 0.05$ | | | |

假设信息数量水平与信息搜集任务被试者总体失误概率存在线性相关关系,对其进行回归统计分析,结果显示,对数曲线 $F = 11.926$,$p = 0.041$,表明 $x$ 对 $y$ 的影响是显著的(其中 $y$ 为总体失误概率,$x$ 为信息数量水平),与相关性检验相一致。可得到理想的拟合函数:$\ln(\hat{y}) = -6.292 + 0.214x$。系数 $\beta$ 检验的 $t = 3.453$,$p = 0.041 < 0.05$,对常数项检验的 $t = -30.599$,$p = 0.000 < 0.05$,都达到了显著水平。因此,该拟合方程是显著的。

### 13.4.4　研究结论

(1)数字化控制系统操作员在监视活动中存在信息搜集失误,主要为未搜集到相关信息、搜集到不相关的干扰信息、信息搜集不充分和信息搜集超时 4 种类型。

(2)数字化控制系统操作员监视过程中信息搜集失误概率为 0.0187,其中,未搜集到相关信息失误概率为 0.0009;搜集到多余信息失误概率为 0.0027;信息搜集不充分失误概率为 0.0071;信息搜集超时失误概率为 0.0080。

(3)信息数量水平与操作员信息收集平均反应时存在正相关,需要收集的信息数量越少,操作员信息收集速度越快,随着信息数量增加,信息收集速度逐渐下降;当信息数量不超过 3 个时,信息搜集总体失误概率基本不变(约为 2.7‰),当信息数量超过 3 个时,信息搜集总体失误概率呈现明显上升的趋势,并且信息搜集超时失误概率具有同样的变化趋势。这提示,在信息系统显示设计与操作规程编写时应该尽量将操作员同一时刻需要搜集(关注与获取)的信息数量控制在 1~3 个。

(4)数字化控制系统操作员监视过程中,信息搜集任务反应时 $y$ 与信息数量水平 $x$ 存在线性正相关关系,当需要搜集的信息数量增加时,被试者的平均反应时间也随之增加,其拟合回归方程为:$\hat{y} = 6639.87 + 599.311x$。

(5)数字化控制系统操作员监视过程中,信息搜集任务总体失误概率 $y$ 与信息数量水平 $x$ 之间存在相关关系,拟合方程为:$\ln(\hat{y}) = -6.292 + 0.214x$;但 4 种主要失误类型的失误概率和信息数量水平之间没有显著相关性。

## 13.5 操作员数字化目标信息定位实验

目标信息定位是指作业人员基于给定的目标信息大致位置,通过视觉系统快速搜索到预期(或系统要求规定)的目标信息的视觉活动。本实验中目标信息定位是指数字化控制系统操作员在监视过程中,通过视觉系统在显示屏幕上快速搜索到预期的数字化目标信息的视觉活动,其目标信息定位失误是指在该过程中操作员通过视觉系统在显示屏幕上没有准确地或在规定时间内搜索到预期或系统要求规定的数字化目标信息的行为,从而导致操作员无法实现对系统给定目标信息的有效获取或完成相应操作任务。

通过对国内某数字化核电厂正常运行与异常运行状态下操纵员监视过程中目标信息定位活动的现场观察与统计分析,以及与部分操纵员的访谈归纳,发现操纵员进行目标信息定位活动时可能出现目标信息定位失误,主要包括目标信息定位延迟、目标信息定位失败和目标信息定位错误三种失误类型。

1. 目标信息定位延迟

目标信息定位延迟是指操作员在监视过程中,未能在规定时间内搜索到预期的目标信息(压力值、温度值等),造成目标信息定位迟缓的行为。

2. 目标信息定位失败

目标信息定位失败是指操作员在监视过程中,未能搜索到预期的目标信息(压力值、温度值等),从而导致操作员不能精确地、及时地判断系统或设备的运行状态。

3. 目标信息定位错误

目标信息定位错误是指操作员在监视过程中,搜索到非预期的目标信息(压力值、温度值等),导致其失去对预期目标信息的准确搜索与识别,从而导致需要监视的目标没有得到有效的监视而造成监视失误的行为。

因前期现场观察统计及与操纵员访谈结果显示,目标信息定位错误发生的次数极少,且操作员能及时察觉搜索到非预期信息,并会立即主动重启对目标信息的搜索活动,该类行为从后果上来看,一般都自动演化为目标信息定位延迟,因此,本实验以目标信息定位延迟和目标信息定位失败为研究对象。

### 13.5.1 实验目的

通过目标信息定位模拟实验来验证操作员在监视过程中存在目标信息定位延迟与目标信息定位失败两种失误类型,并获得其失误基本概率。

### 13.5.2 实验设计

1. 被试者

被试者为在校本科学生或硕士研究生,男生15名,女生15名。年龄均在18~25岁之间,视力或矫正视力正常,颜色辨别能力正常,右利手。

## 2. 实验平台

实验仪器为由 19 英寸液晶显示屏和眼动仪(Tobbi X120)组成的桌面视线追踪系统。屏幕分辨率为 1280×1024 像素,显示背景为黑色,眼动仪通过图像传感器采集的角膜反射模式和其他信息,计算出眼球的位置和注视的方向。实验被试者人员距离显示器(65±10)cm,实验过程中头部基本保持不动,视线与显示器中央区域平行,视觉刺激均显示在显示器的中央视野范围内。实验记录被试者基本信息,包括姓名、性别和年龄,以及对目标信息区的首次进入所用时间及目标注视持续时间,实验测试界面如图 13-31 所示。

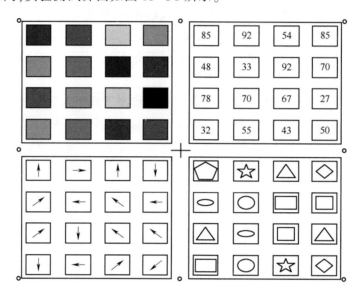

**图 13-31　目标信息定位模拟实验测试界面**

## 3. 实验设计与测试

在数字化控制系统中,操作员根据监视需要进行眼动扫视,并将眼睛视线定位到目标信息进行识别或判断。由于视觉刺激的位置(空间序列)在视觉的顺序性中具有强烈的效应[27],即人在进行眼动观察时,有一定的注视习惯,如大部分人浏览信息,习惯从上到下、从左至右浏览,为消除视觉刺激位置对视觉顺序性的影响,本实验将屏幕均分为四个象限:第一象限、第二象限、第三象限、第四象限,在四个象限中分别随机显示箭头、数字、图形和颜色。被试者需根据信息提示完成对目标信息的定位。实验自变量为四个象限随机呈现的目标信息,因变量为被试者对目标信息区的首次进入所用时间及对目标信息区注视持续时间。实验要求被试者在看到任务要求后,将眼睛定位到目标信息。

基于对国内某数字化核电厂全范围模拟机上操纵员复训的监视活动长期现场观察和录像分析发现,操纵员在对单个屏幕进行正确目标信息定位的反应时间都在 3000ms 以内,而心理学实验曾对简单的眼动搜索时间进行测定,发现被试者的最大有效反应时间在 4000ms 左右[1]。因此,本实验将目标图片显示时间设置为 4000ms,定义对目标信息首次进入所用时间在(0ms,3000ms]以内为有效目标信息定位,首次进入所用时间在(3000ms,4000ms]以内为目标信息定位延迟,超过 4000ms 则为目标信息定位失败。

实验分三天完成,第一天为培训练习,让被试者了解实验设备与过程。第 2 天、第 3 天正式实验测试。实验过程由眼动仪程序自动控制,实验时被试者需高度集中注意力,当实验指导语出现后,被试者需仔细阅读并记住,随后实验指导语在5s后消失,出现实验界面,实验界面由信息提示语与图片交替出现,信息提示语如:"将眼睛盯住黑色的方框",呈现的时间为1.5s,图片呈现的时间为4s,图片呈现界面见图13-31,被试者根据信息提示语在随后呈现的图片中将眼睛视线定位到目标信息。单次实验共呈现96张图片,被试者需对箭头、数字、图形和颜色四类目标信息分别定位24次,每名被试者每天做一次,每次实验需做10min左右。即30名被试者共完成箭头、数字、图形和颜色目标信息定位各1440次。眼动仪自动记录被试者对目标信息区的首次进入所用时间与注视持续时间。

### 13.5.3 实验结果与分析

本实验共进行了5760(96×30×2)次,其中箭头、数字、图形与颜色目标信息定位各1440次,实验结果统计分析如下。

(1)目标信息定位延迟共43次,失误概率约为0.75%,目标信息定位失败共26次,失误概率约为0.45%,总失误概率约为1.20%。

(2)箭头目标信息定位延迟18次,失误概率约为0.31%,箭头目标信息定位失败10次,失误概率约为0.17%,总失误概率约为0.49%,首次进入所用时间为1463ms,注视持续时间为880ms。

(3)数字目标信息定位延迟13次,失误概率约为0.23%,数字目标信息定位失败9次,失误概率约为0.16%,总失误概率约为0.38%,首次进入所用时间为1288ms,注视持续时间为1059ms。

(4)图形目标信息定位延迟8次,失误概率约为于0.14%,图形目标信息定位失败5次,失误概率约为0.09%,总失误概率约为0.23%,首次进入所用时间为916ms,注视持续时间为1184ms;

(5)颜色目标信息定位延迟4次,失误概率约为0.07%,颜色目标信息定位失败2次,失误概率约为0.03%,总失误概率约为0.10%,首次进入所用时间为779ms,注视持续时间为1557ms。

图13-32表明不同类型目标信息对目标信息定位总失误概率的影响程度不同,箭头目标信息定位总失误概率>数字目标信息定位总失误概率>图形目标信息定位总失误概率>颜色目标信息定位总失误概率;而不同类型目标信息的定位首次进入时间与注视持续时间呈反比。

#### 1. 不同类型目标信息的定位时间分析

目标信息定位时间由首次进入时间和注视持续时间两部分组成,首次进入时间是指被试者从实验开始到第一个注视点进入目标信息区所用的时间,其与目标信息空间布局的合理性及信息物理特征的显著性有一定关系。注视持续时间是表示被试者在目标信息区内所有注视点的注视时间之和,即被试者观察目标信息区共计花费的时间,该数据可在一定程度上衡量被试者提取目标信息的难易程度,注视持续时间越长,说明被试者从显示区域提取目标信息需要消耗认知资源越多,认知难度相对增加。本实验设置的观察时间为4s,且要求被试者在进入目标信息区后持续注视以表示对目标信息区的确认,所以本实验中注视持续时间仅表征被试者对目标信息区的确认状态。

采用SPSS统计软件对首次进入时间进行分析,不同目标信息类型的方差齐性检验值为

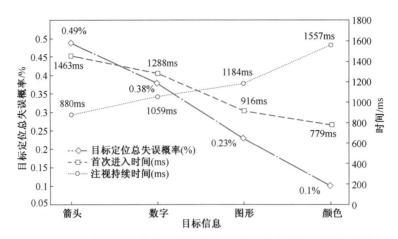

**图 13-32　不同类型目标信息与失误概率和目标信息定位时间的关系曲线**

0.410,概率值为 0.750,大于显著水平 0.05,表明不同类型目标信息被试者的首次进入时间的总体方差无显著差异,满足方差分析要求。

采用单因素方差分析法对不同类型目标信息被试者的首次进入时间的影响进行分析(表 13-15),结果表明不同类型目标信息对被试者在进行目标信息定位时的首次进入时间产生了显著影响。

表 13-15　目标信息类型对首次进入时间的单因素方差分析结果

| 参数 | 平方和 | 自由度 | 均值平方 | $F$ | 显著性 |
|---|---|---|---|---|---|
| 回归 | 910522.917 | 3 | 83.163 | 4.221 | 0.046 |
| 残差 | 75280.000 | 8 | 11.385 | | |
| 总计 | 1485802.917 | 11 | | | |
| 注:$p<0.05$ | | | | | |

同理,通过对注视持续时间进行单因素方差分析(表 13-16),结果表明不同类型目标信息对被试者在进行目标信息定位时的注视持续时间产生了显著影响。

表 13-16　不同类型目标信息对注视持续时间的单因素方差分析结果

| 参数 | 平方和 | 自由度 | 均值平方 | $F$ | 显著性 |
|---|---|---|---|---|---|
| 回归 | 738742.917 | 3 | 246247.639 | 4.525 | 0.039 |
| 残差 | 435364.000 | 8 | 54420.500 | | |
| 总计 | 1174106.917 | 11 | | | |
| 注:$p<0.05$ | | | | | |

**2. 不同类型目标信息的定位失误概率分析**

目标信息定位总失误概率是目标信息定位延迟概率与目标信息定位失败概率之和。不同类型目标信息对目标信息定位延迟概率单因素方差分析对应的概率值为 0.124,大于显著水平 0.05;不同类型目标信息对目标信息定位失败概率单因素方差分析对应的 $P$ 值为 0.175,也大于显著水平 0.05,由此可见,目标信息类型对目标信息定位失败概率与目标信息定位延迟概率均没有显著相关关系。

不同类型目标信息对目标信息定位总失误概率的单因素方差分析(表 13-17)结果表明,不同类型目标信息对被试者在进行目标信息定位时的总失误概率产生了显著影响。

表 13-17　不同类型目标信息对目标定位总失误概率的单因素方差分析结果

| 参数 | 平方和 | 自由度 | 均值平方 | $F$ | 显著性 |
|---|---|---|---|---|---|
| 回归 | 0.029 | 3 | 0.010 | 34.275 | 0 |
| 残差 | 0.002 | 8 | 0 | | |
| 总计 | 0.031 | 11 | | | |
| 注:$p<0.05$ | | | | | |

3. 目标信息定位时间对目标信息定位失误概率的影响分析

为分析目标信息定位总失误概率是否受到首次进入时间与注视持续时间的影响,采用 SPSS 软件计算 Pearson 简单相关系数来分析这三者之间的线性相关性,得出的矩阵散点图(图 13-33),由该图可知,目标信息定位总失误概率、首次进入时间以及注视持续时间之间都有较强的线性关系,且首次进入时间与注视持续时间之间的线性关系最强。

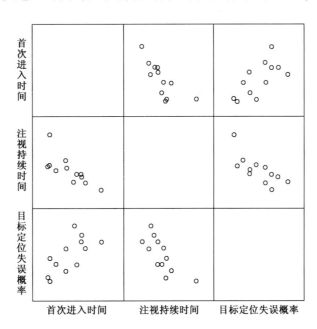

**图 13-33　目标定位总失误概率的矩阵散点图**

利用计算相关系数的方法对它们之间的线性相关性做进一步的分析,结果如表 13-18 所列。

表 13-18　目标定位总失误概率相关因素的简单相关系数矩阵

| 参数 | | 首次进入时间 | 注视持续时间 | 目标定位总失误概率 |
|---|---|---|---|---|
| 首次进入时间 | 相关系数 | 1 | -0.762[2] | 0.689[1] |
| | 显著性(双侧) | | 0.004 | 0.013 |
| 注视持续时间 | 相关系数 | -0.762[2] | 1 | -0.744[2] |
| | 显著性(双侧) | 0.004 | | 0.006 |
| 目标定位总失误概率 | 相关系数 | 0.689[1] | -0.744[2] | 1 |
| | 显著性(双侧) | 0.013 | 0.006 | |
| 注:①$p<0.05$;②$p<0.01$ | | | | |

由表13-18可知,目标定位总失误概率与首次进入时间的简单相关系数为0.689,与注视持续时间间的简单相关系数为-0.744;它们的相关系数检验的 $p$ 值都小于0.05,因此,目标定位总失误概率受首次进入时间正向影响,目标定位总失误概率受注视持续时间的反向影响。

### 13.5.4　研究结论

(1)箭头、数字、图形、颜色等四种类型的目标信息对目标信息定位时间产生了显著影响,包括被试者对目标信息定位的首次进入时间与注视持续时间。目标信息定位首次进入时间与目标注视持续时间呈反比关系,即首次进入时间短,则其注视持续时间长。箭头类信息操作员首次进入时间最长,这类目标信息不利于搜索;颜色类目标信息首次进入时间最短,这类目标信息对提升目标信息定位速度是有利的。

(2)目标信息类型与目标信息定位延迟概率及目标信息定位失败率都没有显著的相关关系,但对目标信息定位总失误概率产生了显著影响。

箭头类目标信息的定位失误概率最高,且操作员首次进入时间最长,这类目标信息要尽量避免使用;而颜色类目标信息发生定位失误概率最低,图形类目标信息定位时间最少,因此需要频繁使用或关键/重要信息可通过强化其颜色或图形特征来提升操作员信息定位绩效。

(3)目标信息定位总失误概率与被试者目标信息区的首次进入时间、注视持续时间存在线性相关关系,且受前者(首次进入时间)正向影响,受后者(注视持续时间)反向影响。

该实验研究了影响操作员目标信息定位活动绩效的影响因素及其影响方式,研究结论有助于数字化控制系统的信息显示界面优化与目标信息物理特征设计,以提升操作员的监视活动绩效。

## 13.6 操作员听觉实验

数字化控制系统操作员需要对控制室内出现的报警提示音及时、准确做出反应,以避免事故的发生或扩大;同时,其他班组成员的提醒,或与人员之间必要的交流,都需要操作员通过听觉系统接收信息,并进行正确的反馈,以弥补视觉监视的不足。听觉失误的发生可能导致系统存在安全隐患。

听觉失误是指操作员在监视过程中没有及时、准确地接收到声觉通道所传递的信息(如系统警报、提示音与异常故障声响等,以及班组其他成员的语音指令或语言提醒等),从而未能根据听觉通道所传递的信息进行正确的响应或反馈,导致监视行为失效。由于听觉响应具有很强个体主观性,难以直接观察与判断,因而一般是通过其后续操作动作来判断听觉信息接收个体是否及时准确地获得了听觉信息。

本实验的听觉失误是指被试者在进行视觉任务或手动操作过程中,当听觉刺激出现时,被试者未能根据听觉刺激的内容做出及时和正确的反应。

1. 听觉失误率

(1)数字干扰下的听觉失误概率是指操作员在监视数字化界面时,在有数字干扰的情况下的听觉失误概率。

（2）图形干扰下的听觉失误概率是指操作员在对数字化界面进行监视时,在有图形干扰的情况下的听觉失误概率。

（3）颜色干扰下的听觉失误概率是指操作员在对数字化界面进行监视时,在有颜色干扰的情况下的听觉失误概率。

（4）手动操作干扰下的听觉失误概率是指操作员在对数字化界面进行相关手动操作时听觉的失误概率。

### 2. 听觉失误研究假设

视觉与听觉之间相互影响这一结论已得到广泛的认同[31]。1997 年,McGurk 等首次描述了当视觉信息与听觉信息不一致的情况下人脑做出的判断,视觉信息影响了听觉判断,即 McGurk 效应[32]。Shams 的实验结果表明,当一个单独的视觉刺激伴随多个声音刺激同时出现时,被试者将一次听觉刺激误判为两次的概率达到 81%,证实了听觉频率刺激会影响视觉空间的感知判断[33]。这两项实验都证明了视听觉的相互作用,本实验在此基础上,研究视觉刺激和手动操作对听觉的影响。

由于在一般系统的运行监控中,操作员不仅要完成视觉任务的监视活动,还必须完成相应的手动操作活动,基于此提出研究假设一(H1):视觉任务干扰和手动操作干扰增加听觉失误。

Sanders 和 McCormick 认为不同的视觉编码维度对于不同作业活动或不同信息显示情况,它们的相关性也不同,编码的维度主要包括颜色、几何形状、视角(指针)、大小(如方形)、信息数量等[34]。数字化核电厂主控室操纵员在对人-机界面显示信息进行视觉监控时,主要的任务包括:观测界面主要指标是否在合理范围内;检测各个仪器开关位置是否正确(主要靠区分颜色);找出不同的设备(使用不同形状标识)在界面中的位置并根据显示信息进行判断。基于此提出研究假设二(H2):视觉任务干扰中,颜色干扰、数字干扰、图形干扰对听觉失误率都会造成影响。

反应时间是指人从接收外界刺激到做出反应的时间,由知觉时间和动作时间两部分组成。影响反应时的因素主要有感觉通道、运动器官、刺激性质、执行器官、刺激数目等。心理学实验研究中,观测反应一般都是通过刺激变量或被试者的机体变量作为自变量,因而,在反应时间作为反应变量的实验中,反应时间必会受刺激变量或被试者机体变量的影响。本实验主要考虑数字化控制系统操作员在执行系统监控活动时对听觉刺激的反应时间,而操作员在执行系统监控活动时,主要包括视觉任务和手动操作两部分。基于此提出研究假设三(H3):视觉任务干扰和手动操作干扰对听觉反应时间产生影响。

### 13.6.1 实验目的

通过听觉模拟实验来验证操作员在监视过程出现的听觉失误类型,获得视觉监视和手动操作过程中的听觉失误率和反应时间,并对上述 3 个假设(H1、H2 与 H3)进行验证。

### 13.6.2 实验设计

#### 1. 被试者

被试者 12 名,均为在校本科生或硕士研究生,年龄均在 17~25 岁之间,视力或矫正视力正常,颜色辨别能力正常,听力正常。

2. 实验平台

实验仪器为一台主机连接的两个 19 英寸液晶显示器,显示背景蓝色,其中 1 号显示器用于视觉监视和手动操作,2 号显示器用于被试者接收到听觉刺激后做出相应反应。1 号显示器置于被试者正前方 0.5m 处,2 号显示器紧邻 1 号显示器的左侧并排布置。使用 AKG 耳罩式二级放音,被试者距离显示器 0.5m,视线与显示器中央区域平行,视觉刺激均显示在显示器的中央视野范围内。实验在封闭隔音的录音间内进行,室内除了必要的实验装置,没有其他可能干扰被试者注意力的物体,录音间除了显示器光源,无其他干扰光源。

实验所用系统记录软件是采用 C 语言在 Visual studio 2012 平台上进行二次开发的,被试者通过键盘和鼠标进行操作,系统记录软件记录被试者基本信息(包括姓名、性别和年龄),测试类型,反应时间,答案正确与否,以及听觉刺激呈现时间。

3. 实验流程

听觉刺激呈现时间具有不确定性,为了模拟控制室系统随机出现的听觉刺激,实验设计听觉刺激每隔 10s、30s、45s、60s、70s、90s 或 110s 随机出现。本实验的平均反应时间是指所有被试者反应时间的平均值。

实验分为 3 个阶段,标准实验阶段(标准组)——无干扰信息,干扰实验阶段 1(干扰实验 1组)——视觉任务干扰,干扰实验阶段 2(干扰实验 2组)——手动操作干扰。标准组没有任何干扰信息,被试者只需在听到听觉刺激后,在 2 号屏幕中做出相应的选择或操作,以示准确听到了听觉刺激的内容。干扰实验的自变量为设定视觉任务和手动操作,因变量为被试者听觉的反应时间和失误概率。干扰实验 1 组,使用视觉任务干扰,被试者需根据 1 号屏幕上的视觉提示,选择正确的答案,完成相应的任务。干扰实验 2 组使用手动操作干扰,被试者需根据屏幕的提示,在下面方框中输入相应的字符完成操作任务。在进行视觉任务或手动操作时,都会随机出现听觉刺激,被试者在听到听觉刺激后,需根据听到的内容,在 2 号屏幕进行相应的操作,以示准确地听到了听觉刺激的内容。

实验过程中的测试界面如图 13-34 所示,图的中间界面为视觉监视界面,可以切换到手动操作界面(即右侧界面,两者可相互切换);图的左边为听觉测试界面,被试者在此界面需要根据出现的听觉刺激完成相应的操作。

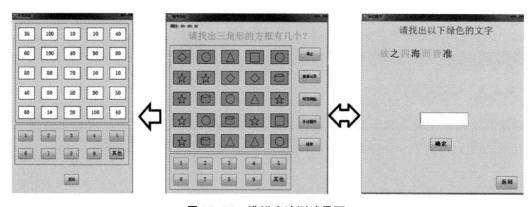

**图 13-34　模拟实验测试界面**

实验过程由计算机程序自动控制。实验分三个阶段共 19 天完成,第一天为培训练习,让被试者了解实验程序与实验过程;第2天到第7天为标准组实验;第8天到第13天为干扰实验1组的视觉任务干扰实验;第14天到19天为干扰实验2组的手动操作干扰实验。三个实验阶段,每个阶段由相同的12名被试者完成,每名被试者每次实验需要大约30min,每天做两次实验。由于听觉刺激间隔时间不一,因此,每次实验听觉刺激出现的次数为26~36次。经过18天的实验,标准组完成5128次听觉刺激;实验组中视觉任务干扰实验完成4815次听觉刺激,手动干扰实验完成5180次听觉刺激。

### 13.6.3 实验结果与分析

1. 视觉干扰结果分析

视觉任务干扰实验共进行了4815次,其中数字共干扰1525次,图形干扰1505次,颜色干扰1765次。听觉失误共25次,失误概率约为0.52%,其中数字干扰失误16次,失误概率约为0.33%,平均反应时间为14.81s;图形干扰失误7次,失误概率约为0.15%,平均反应时间为13.32s;颜色干扰失误2次,失误概率约为0.04%,平均反应时间为9.07s,具体如图13-35所示。

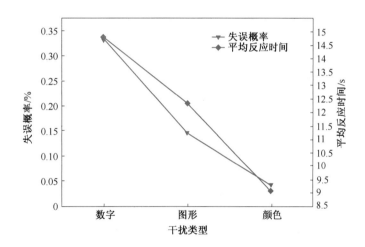

**图13-35 不同干扰类型与失误概率和平均反应时间的关系曲线图**

图13-35表明不同类型的视觉干扰对听觉失误的影响程度不同,其中数字类型的视觉干扰造成听觉失误的概率最大,同时其平均反应时间也是最长的,而颜色类型干扰对失误概率的影响最小,并且平均反应时间也是最短的。

采用SPSS统计分析软件对实验结果进行分析,单因素方差分析结果表明(表13-19):不同类型的视觉干扰对听觉失误产生了显著影响。

表13-19 视觉干扰类型对失误次数的单因素方差分析结果

| 参数 | 平方和 | 自由度 | 均值平方 | $F$ | 显著性 |
|---|---|---|---|---|---|
| 回归 | 16.095 | 2 | 8.048 | 4.971 | 0.019 |
| 残差 | 29.143 | 18 | 1.619 | | |
| 总计 | 45.238 | 20 | | | |
| 注:$p<0.05$ | | | | | |

**2. 手动操作干扰结果**

手动操作干扰实验共进行了 5180 次,出现 30 次失误,失误概率近似为 0.58%,平均反应时间为 12.07s。

**3. 标准组与实验组比较**

标准组共进行了 5128 次实验,仅出现 1 次失误,失误概率约为 0.02%,平均反应时间为 6.51s。通过对比干扰组与标准组的听觉失误(表 13-20)发现:视觉任务干扰下的听觉失误概率比手动操作干扰下的听觉失误概率低,但相差不大,而平均反应时间则比手动操作干扰长,这两组干扰的听觉失误概率和平均反应时间均明显高于标准组的听觉失误概率和平均反应时间,因此假设一(H1)成立。

表 13-20 实验组与标准组实验结果对比

| 干扰因素 | | | 实验次数/次 | 失误次数/次 | 失误概率/% | 平均反应时间/s |
|---|---|---|---|---|---|---|
| 干扰组 | 视觉任务干扰 | 数字干扰 | 1525 | 16 | 0.33 | 14.81 |
| | | 图形干扰 | 1505 | 7 | 0.15 | 13.32 |
| | | 颜色干扰 | 1765 | 2 | 0.04 | 9.07 |
| | | 合计 | 4815 | 25 | 0.52 | 12.07 |
| | 手动操作干扰 | | 5180 | 30 | 0.58 | 7.89 |
| 标准组 | | | 5128 | 1 | 0.02 | 6.51 |

视觉任务干扰听觉总失误概率为 0.52%,数字干扰、图形干扰与颜色干扰失误概率分别近似为 0.33%、0.15% 与 0.04%,均远高于标准组听觉失误概率 0.02%,再结合表 13-19 视觉干扰类型对失误次数的单因素方差分析结果,假设二(H2)成立。

利用 SPSS 软件对干扰组和标准组的反应时间进行单因素方差分析,分析结果表明,不同干扰类型下反应时间的方差齐性检验值为 2.035,概率 $p$ 值大于显著水平 0.05,即不同干扰类型下反应时间的总体方差无显著差异,满足方差分析的前体要求。

仅考虑干扰类型单个因素的影响,则反应时间总变差中,干扰类型可解释的变差为 332.651,抽样误差引起的变差为 341.560,它们的方差分别为 83.163 和 11.385,相除所得的 $F$ 统计量的观测值为 7.304,对应的概率 $P$ 值小于显著水平 0.05,即不同的干扰类型对反应时间产生了显著影响,假设三(H3)得到验证。

两两干扰类型下,反应时间均值检验结果表明:数字干扰与颜色干扰、数字干扰和手动操作干扰、图形干扰和手动干扰均有显著差异。

"数字干扰、颜色干扰、手动操作干扰、图形干扰和无干扰"5 种干扰类型对反应时间的影响水平均不同,平均反应时间中,数字干扰>图形干扰>颜色干扰>手动操作干扰>标准组。

### 13.6.4 研究结论

该研究主要针对操作员听觉失误形式进行实验测试与验证,通过模拟实验验证了听觉失误的存在,得到了听觉失误的失误概率及反应时间,主要结论如下。

(1)操作员在没有干扰的情况下,听觉失误近似于 0.02%,平均反应时间为 6.51;在有视觉任务干扰时,听觉失误概率近似于 0.52%,平均反应时间为 14.81s,在手动操作干扰时,失误概率近似于 0.58%,平均反应时间为 12.07s。说明控制室操作员在进行监视时,由于存在视觉任务和手动操作,会导致听觉失误概率的增加,以及反应时间的增加。

（2）在数字、图形、颜色三种视觉任务干扰中，颜色干扰下的听觉失误概率最低，反应时间也最短，数字干扰下的听觉失误概率最高，反应时间也最长。手动操作干扰下的听觉失误概率高于视觉任务干扰下的听觉失误概率，而反应时间则低于视觉任务干扰。

操作员对颜色的反应最快，失误概率也最低，而对数字的反应最慢，失误概率也最高，因此，当控制室操作员在进行视觉任务时，监视界面的设计应适当增加颜色区分，尽量减少数字对比，这样既能减少操作员的反应时间，又能降低失误概率。手动操作干扰与视觉任务干扰对听觉失误概率的影响不同，合理安排手动操作与视觉任务，可以减少操作员的反应时间，提升操纵员听觉效率。

（3）验证了 H1、H2 与 H3 三个假设成立，视觉任务与手动操作活动均对操纵员听觉信息获取造成显著干扰，如增加听觉失误概率与反应时间等，因此，在控制室人-机交互设计时建议强化系统语言（如警报声、提示语言等）设计，在操作员培训与实操中规范操作员交流方式与内容，采取一定听觉信息接收反馈确认措施（如重复交流内容等），以提升操作员听觉绩效。

## 13.7 本 章 小 结

随着数字化技术在核电厂全面应用，传统以模拟技术为基础的人-机交互界面发展为数字化人-机界面，核电厂信息呈现方式与媒介发生革命性变化，给操作员信息获取与认知带来较大影响，为了探究操作员获取视听觉信息的基本规律、特征属性与影响因素等，基于操作员对目标信息的获取过程中的搜索、定位与识别三种典型视觉信息获取活动，开展相应的数字化人-机界面目标搜索眼动实验、目标信息定位实验与目标识别实验，在此基础上，为了验证操作员信息搜集活动存在可能失误类型与进一步获得基础失误概率，开展了数字化人-机界面信息搜集失误专项实验，最后，鉴于听觉行为是操作员现场作业相互信息交流与信息获取的不可或缺的另一种方式，为了获取操作员听觉行为有效性（如影响因子、反应时间与可靠性等）相关特征与实验数据的影响因素，设计了数字化人-机面听觉测试实验，全面测试了操作员听觉信息获取过程相关特征属性、效率参数与可靠性参数。

通过对操作员数字化人-机界面获取信息的目标搜索眼动、目标信息定位、目标识别、信息搜集失误与听觉 5 项目实验测试，运用 SPSS 等软件对测试实验数据进行全面的统计分析与深入挖掘，获得以下 6 方面研究结论。

（1）数字化人-机界面目标搜索眼动实验分析结果表明，操纵对目标信息搜索过程中，目标位置、颜色特征、形状特征等因素会直接影响眼动特征数据，且目标信息不是操作员搜索过程中唯一的关注点；目标任务驱动影响大于图像特征驱动，与目标信息直接相关的信息源更容易受到操作员视觉注意，且具有显著图像特征目标信息源有助于信息搜索，但是具有显著图像特征非目标信息源也会干扰信息搜索；目标位置、颜色和形状特征对操作员搜索绩效影响依次减少，因此，在进行人-机界面设计时，可通过加强目标信息的颜色与形状要素特征增加操作员对目标信息搜索的注视程度，提高目标信息搜索效率与可靠性，减少非目标信息的干扰。

（2）数字化人-机界面目标识别实验分析结果表明，操作员视觉信息获取过程中主要存在目标识别延迟失误与目标识别失败两种失误类型,其中目标识别延迟与失败基础人因失误概率分别为1.7%于1%;目标识别失误率与目标所在视野位置直接相关,其中上视野范围目标识别失误率最低,其次为左视野和右视野,下视野失误率最高,且总体上存在左偏倾向;随着离心距的增加,操纵目标识别失误概率也随之有增大趋势,基本符合拟合曲线方程 $\ln(\hat{y}) = -5.55 + 0.024x$ 变化趋势。

(3)数字化人–机界面信息搜集失误测试实验分析结果表明,操作员信息搜集过程中主要存在搜集不到相关信息、搜集到多余信息、信息搜集不充分与信息搜集超时4种失误形式,其基础人因失误概率分别为0.09%、0.27%、0.71%与0.8%;信息搜集任务反应时间 $y$ 与信息数量水平 $x$ 存在线性正相关关系,当需要搜集的信息数量增加时,被试者的平均反应时间也随之增加,基本符合拟合曲线方程 $\hat{y} = 6639.87 + 599.311x$ 变化趋势;信息搜集任务总体失误概率 $y$ 与信息数量水平 $x$ 之间存在相关关系,基本符合拟合曲线方程 $\ln(\hat{y}) = -6.292 + 0.214x$ 变化趋势;但是上述4种失误类型的基础人因失误概率和信息数量水平之间没有显著相关性。

(4)数字化人–机界面目标信息定位实验分析结果表明,操作员对不同类型目标信息(箭头、数字、图形、颜色)的目标信息定位时间(目标信息定位时的首次进入时间与目标注视持续时间)存在显著差异,且目标信息定位首次进入时间与目标注视持续时间呈反比关系;目标信息定位延迟率与失败概率与定位目标类型没有直接关系,但是目标信息类型对目标信息定位总的基础人因失误概率有直接影响,操作员对箭头目标、数字目标、图形目标与颜色目标的定位总失误概率依次降低;目标信息定位总失误概率与目标信息区的首次进入时间、注视持续时间存在线性关系,受两者的反向影响。

(5)数字化人–机界面听觉实验分析结果表明,操作员听觉绩效受到视觉监视和手动操作任务的负面影响,操作员在没有干扰的情况下,听觉失误约为0.02%,平均反应时间为6.51s,但在存在视觉任务干扰时,听觉失误概率约为0.52%,平均反应时间为14.81s,在存在手动操作干扰时,失误概率约为0.58%,平均反应时间为12.07s;数字、图形、颜色三种视觉任务干扰对听觉绩效均有显著影响,其中操作员对颜色视觉任务反应最快,失误概率也最低,而对数字视觉任务反应最慢,失误概率也最高;手动操作干扰下的听觉失误概率高于视觉监视干扰下的听觉失误概率,而反应时间则低于视觉监视干扰;因此,合理分配与安排操作员手动操作与视觉任务,可减少操作员听觉反应时间与听觉失误概率。

(6)操作员对数字的辨别能力小于对图形和颜色的辨别能力,在对数字化界面进行设计时,需要考虑到被试者的视觉系统及听觉系统对数字、图形、颜色的反应时间及失误概率,合理利用界面中数字、图形、颜色的排列,尽量减少数字的判断,适当利用图形和颜色以帮助操作员对数字化系统进行有效的判断,这样既能增强操作员视觉绩效,又能有效利用操作员的听觉优势,减少失误的发生,降低操作员的反应时间以降低事故的严重程度。

# 参考文献

[1] 张力,杨大新,王以群.数字化控制室信息显示对人因可靠性的影响[J].中国安全科学报.2010,20(9):1-5.

［2］ O'Hara J，Brown W.Human-system interface management：Human factors review guidance［R］.New York：Brookhaven National Laboratory.2001.

［3］ 梁宁建.当代认知自理学［M］.上海：上海教育出版社，2003.

［4］ 单列.视觉注意机制的若干关键技术及应用研究［D］.合肥：中国科学技术大学，2008.

［5］ 扬华海，赵晨，张侃.内源性和外源性视觉空间选择注意［J］.心理科学，1998，21（2）：150-152.

［6］ Egeth H E，Yantis S.Visual attention：control，representation，and time course［J］.Annual Review of Psychology，1997（48）：269-297.

［7］ Chase R，Kalil R E.Suppression of visual evoked responses to flashes and pattern shifting during voluntary saccades［J］.Visual Research，1972（12）：215-220.

［8］ Moray N，Rotenberg I.Fault management in process control：eye movements and action［J］.Ergonomics，1989（32）：1319-1342.

［9］ Bellenkes A H，Wickens C D，Kramer A F.Visual scanning and pilot expertise：The role of attentional flexibility and mental model development［J］.Aviation，Space，and Environmental Medicine，1997（68）：569-579.

［10］ Megaw E D，Richardson J.Target uncertainty and visual scanning strategies［J］.Human Factors，1979（21）：303-316.

［11］ Posner M I.Chronometric explorations of mind［M］.New York：Oxford University Press，1986.

［12］ Wiener E L.Controlled flight into terrain accidents：System-induced errors［J］.Human Factors，1977（19）：171.

［13］ Yantis S.Stimulus-driven attentional capture［J］.Current Directions in Psychological Science，1993（2）：156-161.

［14］ Kahneman D.Attention and effort［M］.Englewood Cliffs：Prentice Hall，1973.

［15］ Neisser U.Cognitive psychology［M］.New York：Appleton-Century-Crofts，1967.

［16］ Teisman A.Properties，parts，and objects［M］//Handbook of perception and human performance.New York：wiley，1986.

［17］ 威肯斯 C D，霍兰兹 J G.工程心理学与人的作业［M］.朱祖祥，等译.上海：华东师范大学出版社，2003.

［18］ 邓铸.眼动心理学的理论、技术及应用研究［J］.南京师范大学学报（社会科学版），2005，1：90-95.

［19］ Bouma H，de Voogd A H.On the control of eye saccades in reading［J］.Vision Research，1974，14：273-284.

［20］ Just M A，Carpenter P A.A theory of reading：from eye fixation to comprehension［J］.Psychologica Review，1980，87（4）：329-354.

［21］ Morrison R.Manipulation of stimulus onset delay in reading：Evidence for parallel programming of saccades［J］.Journal of Experimental Psychology.1984，10（5）：667-682.

［22］ Fischer B，Weber H.Express saccades and visual attention［J］.Brain & Behavioral Sciences.1993，16：553-567.

［23］ 张丽川，李宏汀，葛列众.Tobii 眼动仪在人机交互中的应用［J］.人类工效学.2009，15（2）：67-69.

［24］ Kirk E.Studying Web Pages Using Eye Tracking［R］.Stockholm：Tobii Technology White paper，2005

［25］ 潘杨，孟子厚.视听双任务条件下注意对视觉和听觉掩蔽效应的影响［J］.声学学报，2013，38（2）：215-223.

［26］ 陈瑜，谢凌云.视觉提示刺激对听觉掩蔽效应的影响［J］.声学技术，2010，29（4）：400-405.

［27］ 黄希庭，郑云.时间判断的时间通道效应的实验研究［J］.心理学报，1993（3）：225-232.

［28］ Norman D A，Bobrow D G.On data-limited and resource-limited processes［J］.Cognitive Psychology，1975，7（1）：44-64.

［29］ Brain C J Moore.Hearing［M］.New York：Academic Press，1995.

［30］ 张力，韦海峰.数字化人机界面操作员监视过程中信息搜集失误试验研究［J］.安全与环境学报，2016，16（5）：191-195.

［31］ 蔡任艳.视觉刺激对听觉响度判断影响的研究［D］.上海：上海交通大学，2008.

［32］ McGurk H.MacDonald J.Hearing lips and seeing voices［J］.Nature，1976，264（5588）：746-748.

［33］ Shams L.Kamitani Y.Shimojo S.What you see is what you hear［J］.Nature，2000（11）：408.

［34］ Sanders M S，McCormick E J.工程和设计中的人因学［M］.于瑞峰，等译.北京：清华大学出版社，2009.

# 附录 被试者目标象限与非目标象限注视持续时间的 $t$ 检验

**1. 被试者目标象限注视持续时间的 $t$ 检验分析**

利用 SPSS 软件对被试者搜索 AOI 2 在不同象限内的注视持续时间 $t$ 检验。具体如下：

1）AOI 2 在第一象限内 $t$ 检验

根据 SPSS 软件，对 AOI 2 在第一象限内的被试者眼动注视持续时间进行 $t$ 检验如表 1 所列。

表 1 AOI 2 在第一象限内 $t$ 检验

| 单个样本统计量 | | | | |
|---|---|---|---|---|
| 参数 | $N$ | 均值 | 标准差 | 均值的标准误差 |
| 注视持续时间 | 16 | 35.0238 | 29.30518 | 7.32630 |

| 单个样本检验，检验值为 0 | | | | | | |
|---|---|---|---|---|---|---|
| 参数 | $t$ | df | 显著性（双侧） | 均值差值 | 差分的 95% 置信区间 | |
| | | | | | 下限 | 上限 |
| 注视持续时间 | 4.781 | 15 | 0.000 | 35.02375 | 19.4081 | 50.6394 |

第二列是 $t$ 统计量的观测值为 4.781，第三列是显示有 15 个自由度，第四列显示 $t$ 统计量观测值的双尾概率 $P$ 为 0，第五列显示样本均值与检验值的差为 35.02375，即 $t$ 统计量的分子部分，计算出总数均值 95% 的置信区间（19.4081，50.6394）。采用双尾检验，设定 $a = 0.05$，由于小于 $a$，因此，应拒绝原假设，认为目标位置在第一象限内时，被试者在四个象限内的注视持续时间均值呈显著差异。

2）AOI 2 在第二象限内 $t$ 检验

根据 SPSS 软件，对 AOI 2 在第二象限内的被试者眼动注视持续时间进行 $t$ 检验如表 2 所列。

表 2 AOI 2 在第二象限内 $t$ 检验

| 单个样本统计量 | | | | |
|---|---|---|---|---|
| 参数 | $N$ | 均值 | 标准差 | 均值的标准误差 |
| 注视持续时间 | 24 | 32.6488 | 38.34856 | 7.82787 |

| 单个样本检验，检验值为 0 | | | | | | |
|---|---|---|---|---|---|---|
| 参数 | $t$ | df | 显著性（双侧） | 均值差值 | 差分的 95% 置信区间 | |
| | | | | | 下限 | 上限 |
| 注视持续时间 | 4.171 | 23 | 0.000 | 32.64875 | 16.4556 | 48.8419 |

第二列是 $t$ 统计量的观测值为 4.171，第三列显示有 23 个自由度，第四列显示 $t$ 统计量观测值的双尾概率 $P$ 为 0，第五列显示样本均值与检验值的差为 32.64875，即 $t$ 统计量的分子部分，计算出总数均值 95% 的置信区间（16.4556，48.8419）本问题采用双尾检验，设定 $a = 0.05$，由于小于 $a$，因此，应拒绝原假设，认为目标位置在第二象限内时，被试者在四个象限内的注视持续时间均值呈显著差异。

3）AOI 2 在第三象限内 $t$ 检验

根据 SPSS 软件，对 AOI 2 在第三象限内的被试者眼动注视持续时间进行 $t$ 检验如表 3 所列。

表 3　AOI 2 在第三象限内 $t$ 检验

| 单个样本统计量 | | | | |
| --- | --- | --- | --- | --- |
| 参数 | $N$ | 均值 | 标准差 | 均值的标准误差 |
| 注视持续时间 | 16 | 36.4887 | 25.34948 | 6.33737 |

| 单个样本检验,检验值为 0 | | | | | |
| --- | --- | --- | --- | --- | --- |
| 参数 | $t$ | $df$ | 显著性(双侧) | 均值差值 | 差分的 95% 置信区间 | |
| | | | | | 下限 | 上限 |
| 注视持续时间 | 5.758 | 15 | 0.000 | 36.48875 | 22.9810 | 49.9965 |

　　第二列是 $t$ 统计量的观测值为 4.171,第三列显示有 15 个自由度,第四列显示了 $t$ 统计量观测值的双尾概率 $p$ 为 0,第五列显示的是样本均值与检验值之差为 36.48875,即 $t$ 统计量的分子部分,计算出总数均值 95% 的置信区间(16.4556,48.8419)本问题采用双尾检验,设定 $a = 0.05$,由于小于 $a$,因此,应拒绝原假设,认为目标信息源在第三象限内时,被试者在四个象限内的注视持续时间均值呈显著差异。

　　4)AOI 2 在第四象限内 $t$ 检验

　　根据 SPSS 软件,对 AOI 2 在第四象限内的被试者眼动注视持续时间进行 $t$ 检验如表 4 所列。

表 4　AOI 2 在第二象限内 $t$ 检验

| 单个样本统计量 | | | | |
| --- | --- | --- | --- | --- |
| 参数 | $N$ | 均值 | 标准差 | 均值的标准误差 |
| 注视持续时间 | 8 | 37.2716 | 24.99214 | 8.83606 |

| 单个样本检验,检验值为 0 | | | | | |
| --- | --- | --- | --- | --- | --- |
| 参数 | $t$ | $df$ | 显著性(双侧) | 均值差值 | 差分的 95% 置信区间 | |
| | | | | | 下限 | 上限 |
| 注视持续时间 | 4.218 | 7 | 0.004 | 37.27156 | 16.3776 | 58.1655 |

　　第二列是 $t$ 统计量的观测值为 4.218,第三列显示有 7 个自由度,第四列显示的是 $t$ 统计量观测值的双尾概率 $p$ 为 0.004,第五列显示样本均值与检验值的差为 37.27156,即 $t$ 统计量的分子部分,计算出总数均值 95% 的置信区间(16.3776,58.1655)本问题采用双尾检验,设定 $a = 0.05$,由于小于 $a$,因此,应拒绝原假设,认为目标信息源在第四个象限内,被试者在不同象限内的注视持续时间均值呈显著差异。

　　综上所示,目标在不同象限内的 $t$ 检验时,采用双尾检验发现,$p$ 小于 $a$,则在搜索不同象限内的目标信息源时,非目标象限内被试者在四个象限内的注视持续时间和具有显著性差异。

　　2. 被试者在非目标象限注视持续时间的 $t$ 检验

　　为了便于统计分析,将目标所在象限成为目标象限,其他三个象限则是非目标象限。被试者在非目标象限内所分配时间是有一定差异的,下面拟对非目标象限与目标象限都进行 $t$ 检验,进一步来探讨非目标象限与目标象限的关系。

　　1)目标象限为第一象限时四个象限注视持续时间 $t$ 检验

　　利用 SPSS 软件对目标信息源处于第一象限时,被试者在四个象限中的眼动注视持续时间和进行 $t$ 检验。具体情况如表 5 所列。

表 5　第一象限任务下四个象限注视时间 $t$ 检验

| 单个样本统计量 | | | | |
|---|---|---|---|---|
| 参数 | $N$ | 均值 | 标准差 | 均值的标准误差 |
| 第一象限 | 4 | 78.689375 | 16.9267700 | 8.4633850 |
| 第二象限 | 4 | 36.771875 | 7.0518725 | 3.5259362 |
| 第三象限 | 4 | 11.435625 | 2.3117800 | 1.1558900 |
| 第四象限 | 4 | 11.005625 | 6.8646044 | 3.4323022 |

| 单个样本检验,检验值为 0 | | | | | | |
|---|---|---|---|---|---|---|
| 参数 | $t$ | $df$ | 显著性(双侧) | 均值差值 | 差分的 95% 置信区间 | |
| | | | | | 下限 | 上限 |
| 第一象限 | 9.298 | 3 | 0.003 | 78.6893750 | 51.755107 | 105.623643 |
| 第二象限 | 10.429 | 3 | 0.002 | 36.7718750 | 25.550772 | 47.992978 |
| 第三象限 | 9.893 | 3 | 0.002 | 11.4356250 | 7.757067 | 15.114183 |
| 第四象限 | 3.206 | 3 | 0.049 | 11.0056250 | 0.082508 | 21.928742 |

目标位置在第一象限内被试者的注视持续时间和的均值、标准差、均值的标准误差都具有明显的优势。但其他三个非目标象限标准差、均值标准误差、$t$ 值、差分 95% 置信区间大小不同,第二象限较其他两个象限来说,这些值都偏大。第三象限比第四象限来说,有更多情况是有优势的。

2)目标象限为第二象限的四个象限注视持续时间 $t$ 检验

利用 SPSS 软件对目标信息源处于第二象限时,被试者在四个象限中的眼动注视持续时间和进行 $t$ 检验。具体情况如表 6 所列。

表 6　第二象限任务下四个象限注视持续时间 $t$ 检验

| 单个样本统计量 | | | | |
|---|---|---|---|---|
| 参数 | $N$ | 均值 | 标准差 | 均值的标准误差 |
| 第一象限 | 7 | 24.271786 | 21.0765482 | 7.9661864 |
| 第二象限 | 7 | 87.553214 | 26.4684208 | 10.0041227 |
| 第三象限 | 7 | 9.441786 | 1.4352212 | 0.5424626 |
| 第四象限 | 7 | 8.373214 | 1.1809078 | 0.4463412 |

| 单个样本检验,检验值为 0 | | | | | | |
|---|---|---|---|---|---|---|
| 参数 | $t$ | $df$ | 显著性(双侧) | 均值差值 | 差分的 95% 置信区间 | |
| | | | | | 下限 | 上限 |
| 第一象限 | 3.047 | 6 | 0.023 | 24.2717857 | 4.779230 | 43.764342 |
| 第二象限 | 8.752 | 6 | 0.000 | 87.5532143 | 63.074008 | 112.032421 |
| 第三象限 | 17.405 | 6 | 0.000 | 9.4417857 | 8.114428 | 10.769144 |
| 第四象限 | 18.760 | 6 | 0.000 | 8.3732143 | 7.281057 | 9.465372 |

目标位置在第二象限内时,被试者的注视持续时间和的均值、标准差、均值的标准误差都具有明显的优势,其他三个非目标象限中,第一象限各项指标都大于其他两个象限,第三象限内各项指标大于第四象限。

3) 目标象限为第三象限的四个象限注视持续时间 $t$ 检验

利用 SPSS 软件对目标信息源处于第三象限时,被试者在四个象限中的眼动注视持续时间和进行 $t$ 检验。具体情况如表 7 所列。

表 7　第三象限任务下四个象限注视持续时间 $t$ 检验

| 单个样本统计量 | | | | |
|---|---|---|---|---|
| 参数 | $N$ | 均值 | 标准差 | 均值的标准误差 |
| 第一象限 | 4 | 24.795625 | 6.6645162 | 3.3322581 |
| 第二象限 | 4 | 34.628125 | 2.7374923 | 1.3687461 |
| 第三象限 | 4 | 75.648125 | 7.2102067 | 3.6051034 |
| 第四象限 | 4 | 10.883125 | 1.8323452 | 0.9161726 |

| 单个样本检验,检验值为 0 | | | | | | |
|---|---|---|---|---|---|---|
| 参数 | $t$ | $df$ | 显著性(双侧) | 均值差值 | 差分的95%置信区间 | |
| | | | | | 下限 | 上限 |
| 第一象限 | 7.441 | 3 | 0.005 | 24.7956250 | 14.190892 | 35.400358 |
| 第二象限 | 25.299 | 3 | 0.000 | 34.6281250 | 30.272164 | 38.984086 |
| 第三象限 | 20.984 | 3 | 0.000 | 75.6481250 | 64.175077 | 87.121173 |
| 第四象限 | 11.879 | 3 | 0.001 | 10.8831250 | 7.967455 | 13.798795 |

7 目标位置在第三象限内时,被试者的注视持续时间和的均值、标准差、均值的标准误差都具有明显的优势,第二象限内各项指标优于第一象限内,最后是第四象限。

4) 目标象限为第四象限四个象限注视持续时间 $t$ 检验

利用 SPSS 软件对目标信息源处于第四象限时,被试者在四个象限中的眼动注视持续时间和进行 $t$ 检验。具体情况如表 8 所列。

表 8　第四象限任务下四个象限注视持续时间 $t$ 检验

| 单个样本统计量 | | | | |
|---|---|---|---|---|
| 参数 | $N$ | 均值 | 标准差 | 均值的标准误差 |
| 第一象限 | 2 | 33.967500 | 2.7258966 | 1.9275000 |
| 第二象限 | 2 | 27.038750 | 3.6928652 | 2.6112500 |
| 第三象限 | 2 | 13.117500 | 1.2409724 | 0.8775000 |
| 第四象限 | 2 | 74.962500 | 10.5040712 | 7.4275000 |

| 单个样本检验,检验值为 0 | | | | | | |
|---|---|---|---|---|---|---|
| 参数 | $t$ | $df$ | 显著性(双侧) | 均值差值 | 差分的95%置信区间 | |
| | | | | | 下限 | 上限 |
| 第一象限 | 17.623 | 1 | 0.036 | 33.9675000 | 9.476290 | 58.458710 |
| 第二象限 | 10.355 | 1 | 0.061 | 27.0387500 | -6.140327 | 60.217827 |
| 第三象限 | 14.949 | 1 | 0.043 | 13.1175000 | 1.967805 | 24.267195 |
| 第四象限 | 10.093 | 1 | 0.063 | 74.9625000 | -19.412836 | 169.337836 |

可以发现,目标位置在第四象限内时,被试者的注视持续时间和的均值、标准差、均值的标准误差都具有明显的优势,第一象限和第二象限内各项指标优于第四象限。

### 3. 目标象限与非目标象限被试者注视持续时间关系讨论

通过分别对目标位置在不同象限下被试者在四个象限内注视持续时间 $t$ 检验得知，目标位置处于不同象限内时，目标象限往往获得更多注视时间，非目标象限所获得注视持续时间是不同的：

目标象限为一象限时，三个非目标象限关系为：第二象限>第三象限>第四象限；目标象限第二象限内时，三个非目标象限关系为：第一象限>第三象限>第四象限；目标位置在第三象限内时，三个非目标象限关系为：第二象限>第一象限>第四象限；目标位置在第四象限内时，三个非目标象限关系为：第一象限>第二象限>第三象限。

为了更好地说明非目标象限与目标象限的关系，本附录假定位于界面上半部分为上视野，包括第一象限和第二象限；下半部分为下视野（第三象限和第四象限）；左半部分为左视野，包括第二象限和第三象限；右半部分为右视野，包括第一象限和第四象限。

目标位置位于上视野范围内时，三个非目标象限中，位于上视野且与目标象限相邻的非目标象限获得更多注视，其次是与目标象限相邻但不在上视野内的非目标象限，最后是与目标象限既不相邻也不在上视野内的非目标象限。

目标象限位于下视野范围内时，三个非目标象限中，与目标象限相邻且位于上视野内的非目标象限获得更多注视，其次是与目标象限不相邻且位于上视野范围内的非目标象限，最后是与目标相邻的位于下视野的非目标象限。

目标象限位于左和右视野范围内时，三个非目标象限中，与目标位置相邻且位于上视野范围内的非目标象限获得注视持续，其次是与目标象限相邻的且位于下视野的非目标象限，或与目标象限不相邻且位于上视野的非目标象限，最后是与目标象限无关的下视野位置的非目标象限。

# 第14章    数字化核电厂操纵员监视行为特征实验

核电厂主控室数字化以后,电厂系统信息显示由原来大量的模拟显示仪表为主改变为计算机屏幕为主,操纵员对系统运行状态的监视模式和行为特征、习惯均随之发生巨大变化。监视核电厂系统运行状态是主控室操纵员的主要工作内容之一,也是其正确操控电厂系统运行的基础。为了深入探究数字化核电厂操纵员监视行为特征与规律,系统识别其绩效影响因素,获取操纵员监视行为绩效(效率与可靠性)基础概率数据,本章拟基于岭澳二期核电厂虚拟仿真平台,运用现场观察、行为分析、眼动测量与统计分析等技术方法,结合作者编制的反应时间自动记录分析软件,开展操纵员监视行为转移类型验证、转移机制测试、注意力有效性测量,以及监视行为绩效四类基础科学实验研究,以期全面刻画出数字化核电厂操纵员监视行为特征与规律,并获取操纵员对不同类别信息获取的反应时间与基础失误率等基础概率数据,为数字化核电厂操纵员监视行为可靠性分析、绩效提升与人-机界面设计优化奠定基础。

## 14.1 监视行为相关理论与方法

监视行为是指操纵员从主控室环境获取信息的行为,其受到两类因素的作用或驱动,即数据驱动与知识驱动[1]。操纵员监视活动通常包含信息察觉与监视转移两个单元/阶段。信息察觉是指操纵员对锁定的监视目标进行信息认知加工的过程。监视转移是操纵员在目标间的观察点/关注点转移,以完成对信息搜索或监视路径转移的动态过程。信息察觉与监视转移常常是交互进行的。监视转移行为是操纵员正确察觉、获取目标信息的前提,根据本书4.1.4节可知,操纵员监视转移行为多为"知识-数据"混合驱动模式,加之监视转移活动的动态性与随机性使得监视活动的转移机制与特征属性具有很强的复杂性。

### 14.1.1 操纵员监视注意力转移机制及其马尔可夫模型

国内外部分学者在研究系统或人员监视活动中,从不同角度引入或涉及马尔可夫理论,如事件树/故障树模型[2,3],机器失败的监视[4,5],数字化控制系统建模[6],可靠性分析[7,8],可靠性模型等[9-12];此外,贺武正验证了数字化核电厂主控室操纵员的监视转移符合马尔可夫过程[13]。蒋建军建立了数字化核电厂主控室监视活动马尔可夫量化模型[14]。通过对岭澳二期核电厂全范围模拟机主控室操纵员复训现场观察与行为统计分析结果表明[15],核电厂处于事故工况时,操纵员通过执行 SOP 或 EOP 来处理事故与控制电厂,操纵员的监视活动主要基于规程引导来转移,因此可假定操纵员事故工况下执行规程时主要为基于规程的数据驱动监视转移。

基于文献[16]对驾驶员视觉注意力在各注视分区上的停留及偏离时间服从指数分布结论,结合文献[13]、文献[14]与文献[17]研究结果,主控室操纵员视觉注意力在各显示屏上的停留及转移时间也基本服从指数分布,且其转移具有马尔可夫性(具体见本书 4.1.5 节),可运用马尔可夫模型来求解操纵员在执行事故规程时的视觉注意力状态向量[13,14]。

**1. 操纵员执行事故规程期间监视转移的状态划分**

岭澳二期核电厂主控室中每个操纵员工作站配置了 6 个 VDU 显示屏,现场观察发现操纵员在执行事故规程过程中一般只需要对其中的四个显示屏进行重点监视(其他两个显示屏固定用于电厂系统整体趋势状态与报警信息显示),依次编号为 0、1、2、3 号屏幕(图 14-1),其中,一个屏幕用于显示操纵规程或指令,其余三个屏幕为相应的操纵屏幕,操纵员执行规程的信息主要来源于这四个显示屏。操纵员根据规程执行与操纵的需要在四个显示屏之间切换搜索定位目标信息,以完成对目标信息的有效监视。操纵员在四个显示屏间的切换搜索定位目标信息的活动即为操纵员的监视转移行为。

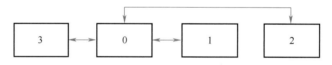

**图 14-1 操纵员屏幕间转移过程示意图**

根据操纵员操纵习惯假定/拟定操纵员选定 0 号屏幕显示规程,则其余屏幕为相应的操纵屏幕。由图 14-1 可构建操纵员屏幕间监视转移状态空间 $E = (0,1,2,3)$,其意义见表 14-1。根据观察和操纵员访谈,当转移时间充分小时,操纵员视觉注意力在任意两子域间的转移需以显示规程的屏幕为中心进行中转,即操纵员对下一个相邻目标信息的搜索定位等监视转移活动都是要基于操纵员从 0 号屏幕获取的规程指令来引导实现的,因此,当转移时间充分小时,操纵员的监视视觉注意力仅在显示规程的屏幕与其他操纵屏间转移,而非显示规程屏幕间的转移需以上述转移为基础在相对较长时间段内完成。

**表 14-1 操纵员屏幕间监视转移状态空间**

| 状态值 | 0 | 1 | 2 | 3 |
|---|---|---|---|---|
| 注意力分布区域 | 显示规程屏幕 | 操纵屏 1 | 操纵屏 2 | 操纵屏 3 |

设视觉注意力在 1 至 3 区(不包括显示规程屏幕)上离开第 $i$ 个子域的时间长 $T_i$ 分布函数为 $F_i(t)$,驻留于第 $i$ 个子域的时间长 $t_i$ 分布函数为 $G_j(t)$。借鉴文献[16]与[18]研究结论,结合文献[15]实验数据统计分析结果,可认为视觉注意力动态时间分布服从指数分布,其分布函数为:

(1) $F_i(t) = 1 - e^{-\lambda_i t}, i = 1,2,3$;

(2) $G_i(t) = 1 - e^{-\mu_i t}, i = 1,2,3$。

经过上述处理结合图 14-1 可表征 4 个态,即若注意力落到 1 至 3 区中第 $i$ 个子域,则认为监视转移到 $i$ 子域相应的态;若注意力未落到 1 至 3 区中任何一个子域,则认为注意力落入显示规程的屏幕中。

2. 转移概率矩阵的确定

转移概率矩阵中的转移率 $a_{ij}$ 的确定,可以基于事件概率运算关系分 4 种事件情景来予以确定:

（1）$t$ 时刻视觉注意力集中于规程屏,$t+\Delta t$ 在时刻仍处于规程屏。

$$
\begin{aligned}
P_{00}(\Delta t) &= P\{X(t+\Delta t)=0 \mid X(t)=0\} \\
&= P\{T_1 > \Delta t, T_2 > \Delta t, T_3 > \Delta t\} \\
&= P\{T_1 > \Delta t\} \times P\{T_2 > \Delta t\} \times \{T_3 > \Delta t\} \\
&= e^{-(\lambda_1+\lambda_2+\lambda_3)\Delta t} = 1 - \sum_{i=1}^{3} \lambda_i \Delta t + o(\Delta t)
\end{aligned}
\tag{14-1}
$$

（2）$t$ 时刻视觉注意力集中于规程屏,$t+\Delta t$ 时刻处于第 $i$ 区（$i=1,2,3$）。

$$
\begin{aligned}
P_{0i}(\Delta t) &= P\{X(t+\Delta t)=i \mid X(t)=0\} \\
&= P\{T_i \leqslant \Delta t\} = 1 - P\{t_i > \Delta t\} = 1 - e^{-\mu_i \Delta t} = \mu_i \Delta t + o(\Delta t)
\end{aligned}
\tag{14-2}
$$

（3）$t$ 时刻视觉注意力集中于第 $i$ 区,$t+\Delta t$ 时刻仍处于该区（$i=1,2,3$）。

$$
\begin{aligned}
P_{jj}(\Delta t) &= P\{X(t+\Delta t)=j \mid X(t)=j\} \\
&= P\{t_j > \Delta t\} = e^{-\mu_j \Delta t} = 1 - \mu_j \Delta t + o(\Delta t)
\end{aligned}
\tag{14-3}
$$

（4）$t$ 时刻视觉注意力集中于第 $i$ 区,$t+\Delta t$ 时刻处于第 $i$ 区（$i \neq j, i,j=1,2,3$）。

$$
\begin{aligned}
P_{ij}(\Delta t) &= P\{X(t+\Delta t)=j \mid X(t)=i\} \\
&= P\{T_i \leqslant \Delta t, t_i \leqslant \Delta t\} \\
&= P\{T_j \leqslant \Delta t\} \times P\{t_i \leqslant \Delta t\} \\
&= (1 - e^{-\lambda_j \Delta t}) \cdot (1 - e^{-\mu_i \Delta t}) = o(\Delta t)
\end{aligned}
\tag{14-4}
$$

根据上述分析求得转移概率矩阵:

$$
U = \begin{bmatrix}
-\lambda & \lambda_1 & \lambda_2 & \lambda_3 \\
\mu_1 & -\mu_1 & 0 & 0 \\
\mu_2 & 0 & -\mu_2 & 0 \\
\mu_3 & 0 & 0 & -\mu_3
\end{bmatrix}
$$

3. 监视行为的注意力状态向量计算

基于马尔可夫理论[14,16],建立微分方程求解注意力时刻状态向量:

$$
\begin{cases}
(p_0'(0), p_1'(t), p_2'(t), p_3'(t)) = (p_0(t), p_1(t), p_2(t), p_3(t)) U \\
\text{设定监视视觉注意力初始状态向量为：}(p_0(0), p_1(0), p_2(0), p_3(0))
\end{cases}
\tag{14-5}
$$

对式（14-5）两端做拉普拉斯变换得

$$
\begin{cases}
sP_0^*(s) - 1 = -\lambda P_0^*(s) + \sum_{i=1}^{n} \mu_i P_i^*(s) \\
sP_0^*(s) = \lambda_i P_i^*(s) - \mu_i P_i^*(s), \qquad i = 1,2,3
\end{cases}
\tag{14-6}
$$

解此线性方程组得

$$
\begin{cases}
P_0(s) = \dfrac{1}{s + s\displaystyle\sum_{i=1}^{n}\dfrac{\lambda_i}{s + \mu_i}} \\
P_i^* = \dfrac{\lambda_i}{s + \mu_i}P_0^*(s)
\end{cases}
\Rightarrow
\begin{cases}
P_0(t) = L^{-1}\left(\dfrac{1}{s + s\displaystyle\sum_{i=1}^{n}\dfrac{\lambda_i}{s + \mu_i}}\right) \\
P_i(t) = L^{-1}\left(\dfrac{\lambda_i}{s + \mu_i}P_0^*(s)\right)
\end{cases}
\tag{14-7}
$$

对式（14-7）做拉普拉斯反演求得监视注意力向量。由于反演过程需求解一元五次方程，故利用伽罗瓦（Galolis）理论可以证明五次方程不存在用根号表示根的一般公式，故不给出时刻 $t$ 状态向量的通解形式。实际使用中可根据实际 $\lambda_i$、$\mu_i$ 的取值通过编程求解。

由于 $\lim\limits_{t\to\infty}p_i(t) = p_i$，$\lim\limits_{t\to\infty}p_i'(t) = 0(i = 0,1,2,\cdots,n)$。故对式（14-5）两端做转置运算得

$$
\begin{bmatrix}
-\lambda & \lambda_1 & \lambda_2 & \lambda_3 \\
\mu & -\mu_1 & 0 & 0 \\
\mu_2 & 0 & -\mu_2 & 0 \\
\mu_3 & 0 & 0 & -\mu_3
\end{bmatrix}
\begin{bmatrix}
p_0 \\ p_1 \\ p_2 \\ p_3
\end{bmatrix}
=
\begin{bmatrix}
0 \\ 0 \\ 0 \\ 0
\end{bmatrix}
\tag{14-8}
$$

结合 $p_0 + p_1 + p_2 + p_3 = 1$，求得稳态监视视觉注意力状态向量通解为

$$
\begin{cases}
p_0 = \left(1 + \dfrac{\lambda_1}{\mu_1} + \dfrac{\lambda_2}{\mu_2} + \dfrac{\lambda_3}{\mu_3}\right)^{-1} \\
p_i = \dfrac{\lambda_i}{\mu_i}p_0, \qquad i = 1,2,3
\end{cases}
\tag{14-9}
$$

上述模型可为操纵员视觉监视注意力转移分配特征与每页规程对操纵员视觉监视注意力需求提供理论方法，通过上述模型所获得的每页规程下主控室操纵员稳态注意力状态向量，亦可获得在每页规程下操纵员在执行规程时对 4 个显示屏的视觉监视使用度，可为提高操纵员执行规程的效率提供支持。

### 14.1.2　监视行为注意力有效性及其检测方法

#### 1. 监视行为注意力有效性

数据驱动的监视行为主要受信息显示的显著性因素影响，而知识驱动的监视主要受操纵员心理电厂系统状态模型（操纵员对电厂当前状态的理解）的影响。当核电厂处于异常工况时，操纵员试图去理解电厂的当前状态，从主控室环境中（工作站显示屏幕、设备显示窗口或其他操纵员等）获取信息，并基于自己的心智模型处理信息以建立其心理电厂系统状态模型，如 O' Hara[19] 等指出状态模型是操纵员对特定情景的理解，并随着获取的新信息而不断地更新。心智模型是操纵员在长期学习、培训过程中积累的知识和经验并构成了较固定的体系框架，包含着对电厂系统在各种异常情景中将如何运行的理解及预测。例如，若发生 LOCA 时，稳压器的压力、温度和水位都要下降，安全壳辐射量会增加。这些规律构成了电厂的动态变化规则，而心智模型的形成就是基于这些规则。通过训练和经验，操纵员形成的心智模型应包含一些典型的动态规则（表 14-2），当电厂出现异常状态时，操纵员通常首先根据某些显著性特征，如警报或某些参数异常进行识别，然后基于自身的知识经验通过选择重要信息源形成情景意识或建立状态

模型,情景意识的维持或状态模型的确认需要通过不断重复选择分配注意力来实现。

表 14-2 典型事故动态规则表

| 状态 | PZR | | | SG1 | | | SG2 | | | 其他 |
| --- | --- | --- | --- | --- | --- | --- | --- | --- | --- | --- |
| | $L$ | $P$ | $T$ | $L$ | FF | SF | $L$ | FF | SF | --- |
| 正常 | --- | --- | --- | --- | --- | --- | --- | --- | --- | --- |
| LOCA | ↓ | ↓ | ↓ | --- | --- | --- | --- | --- | --- | --- |
| SGTR1 | ↓ | ↓ | ↓ | --- | ↓↓ | ↑ | --- | ↑ | ↓ | --- |
| SGTR2 | ↓ | ↓ | ↓ | --- | ↑ | ↓ | --- | ↓↓ | ↑ | --- |
| SLB1 | --- | --- | --- | ↑ | ↓↓ | ↑↑ | ↑ | ↓ | ↑ | --- |
| SLB2 | --- | --- | --- | ↑ | ↓ | ↑ | ↑ | ↓↓ | ↑↑ | --- |
| FLB1 | ↓* | ↓* | --- | ↓ | ↑↑ | ↓ | ↑ | ↓ | --- | --- |
| FLB2 | ↓* | ↓* | --- | ↑ | ↓ | ↑ | ↓ | ↑↑ | ↓ | --- |

注:$L$——水位;$P$——压力;$T$——温度;FF——给水流量;SF——蒸汽流量;↑——增加;↓——减少;↑↑——快速增加;↓↓——快速减少;*——变化量很小;----——无明显变化

操纵员信息搜索绩效主要受四个因素的影响:信息显著性特征、期望值、价值和心理努力。若操纵员得到了良好的训练或者具备了丰富的知识经验,其对各种信息源的期望和价值判断将会更加准确、清晰,这是经验丰富操纵员比新操纵员在信息搜索任务中表现更好的原因。另外,信息显著性特征和心理努力与人-机界面设计有关,关键信息的显示设计要突出信息自身显著性特征或者匹配操纵员某种心理期望,因为,若操纵员对关键信息源的寻找存在较大难度(如相似信息相邻近布置),其放弃信息源搜索的努力可能性增加,因此,操纵员监视行为绩效不良可能是由心智模型不完善或是人-机界面设计不佳导致的。在复杂系统中,系统呈现的信息比较多,且形式、特征各异,而操纵员注意力资源和记忆容量是有限的,因此,操纵员将借助心智模型来提升对目标信息或关键信息的搜索绩效。

监视行为是操纵员状态评估、计划响应与响应执行等后续活动的基础及前提,监视行为绩效高低对核电厂的安全运行具有极其重要的作用。本节提出监视行为注意力有效性的定量评估方法(即平衡注意力资源和信息源的价值),对监视行为绩效提升具有重要意义。根据成本-效益原理[20],监视行为注意力有效性可以表示为花费在某信息源/兴趣区(Area of Interest,AOI)的相对注意力资源除以该信息源的相对重要度。基于 Jun Su Ha 等的 DEMIS 模型[21],结合视线追踪相关文献研究结论[22-24],采用信息源的注视点个数、持续时间和观察次数来衡量视觉注意力资源,定义注意力重要度比率为

$$AOI(i) = \frac{AOI^N(i) + AOI^D(i) + AOI^C(i)}{3}$$

$$= \frac{N_i/\sum_{i=1}^{K} N_i + D_i/\sum_{i=1}^{3} D_i + C_i/\sum_{i=1}^{K} C_i}{3\omega_i/\sum_{i=1}^{K} \omega_i}$$

$$\left( AOI^N(i) = \frac{N_i/\sum_{i=1}^{k} N_i}{\omega_i/\sum_{i=1}^{k} \omega_i}; AOI^D(i) = \frac{D_i/\sum_{i=1}^{k} D_i}{\omega_i/\sum_{i=1}^{k} \omega_i}; AOI^C(i) = \frac{C_i/\sum_{i=1}^{k} C_i}{\omega_i/\sum_{i=1}^{k} \omega_i} \right)$$

式中　AOI——兴趣区域；

ω——重要度；

k——信息源总个数；

$N_i$——AOI 的注视点个数；

$D_i$——AOI 的注视持续时间；

$C_i$——AOI 的观察次数。

若要使监视的有效性最大化，则该信息源 AOI 的相对注意力资源应该与信息源 AOI 的相对重要度保持一致，即 $\mathrm{AOI}_{(i)}$ 应趋近于 1。基于统计学原理，监视注意有效性的总体函数（EOM）可表示为

$$\mathrm{EOM} = \frac{\sum_{i=1}^{k} | \mathrm{AOI}(i) - 1 |}{k} \qquad (14-10)$$

由式（14-10）可知，EOM 越趋近 0，说明操纵员依据信息的重要度分配注意力资源更为合理，从而能取得较高的监视注意力效率。当 EOM 为 0 时，监视注意力效率最大。

信息源的注视点个数、持续时间和观察次数可以通过相应眼动实验（参见本书 13.1.2 节）获得，而信息重要度 ω 则可采用层次分析法（Analytic Hierarchy Process，AHP）获取。

**2. AHP 与信息重要度层次结构模型**

AHP 是美国运筹学家沙旦（T. L. Saaty）于 20 世纪 70 年代提出的，是一种定性与定量分析相结合的多目标决策分析方法。特别是将决策者的经验判断给予量化，对目标（因素）结构复杂且缺乏必要数据情况下该方法更为实用[25]。

AHP 的分析步骤主要包括：建立层次结构模型、构造成对比较矩阵（判断矩阵）并确定层次单排序与层次总排序。采用层次分析法建立的信息重要度层次结构模型，可为本章 14.4 节的实验奠定理论基础。

**1）建立层次结构模型**

首先将包含的因素进行分组，每一组作为一个层次，并按照最高层、中间层和最低层的形式排列。对于决策问题而言，最高层表示解决问题的目的，即应用 AHP 要达到的目标；中间层表示采用某种措施和政策来实现预定目标所涉及的中间环节，一般又分为策略层、约束层与准则层等；最低层表示解决问题的措施或政策（即方案）。

操纵员信息处理受到心智模型和认知资源的直接影响，操纵员监视行为绩效在很大程度上取决于期望值、价值、显著性特征和努力四个要素[26]，但部分学者在 Senders 的原始扫描模型基础上，将带宽（信息的变化率）因素引入模型中[27,28]，并使之更加具体，带宽不但有助于操纵员有效定位有用的信息源，而且能在异常状态下诊断更多的细节，可以提升操纵员监视行为绩效。如若发生 LOCA 事件，操纵员会根据一系列症状的变化（如 PRZ-P、PRZ-T、PRZ-L 下降），假设发生了 LOCA 事件，进而会试图获取更细节的信息（如泄漏的位置、泄漏量等），这些信息都是通过一系列过程变量的变化而获取的。

一般而言，症状（Symptom）都具有诊断属性，可分为两类：一类代表变化部分的症状（如警报出现或与过程变量发生偏离）；另一类代表静态部分的症状（如正常状态下的过程变量）。例如，若发现 PRZ-P、PRZ-T 与 PRZ-L 数值下降，则有发生 LOCA 事件或 SGTR 事件两种可能，但若

安全壳辐射指示值没有变化,则可能是 SGTR 而不是 LOCA,安全壳辐射水平就是静态症状,具有区分 LOCA 和 SGTR 的功能;因此,若遇到这种症状,即使安全壳辐射水平未发生变化,操纵员也应分配注意力到这些静态症状上,为正确评估系统状态提供支持。所以,一系列的症状信息源(包括变化和不变的部分)和带宽就是操纵员视觉取样行为的决定因素。

"症状"即为信息期望(IE),"带宽"即为信息价值(IV)。在事故状态下,信息重要度最顶层可分解为信息的期望(IE)和信息的价值(IV);兴趣区(AOI)是包含了重要信息源的区域,AOI代表重要的组件,如稳压器和蒸汽发生器,位于第三层,第三层的"其他"表示除选定的重要信息源之外显示的信息;如果第三层 AOI 还包含了其他的指示器信息(如水位、流量或温度),可对其进行继续分解,得到的信息重要度的层次结构如图 14-2 所示。

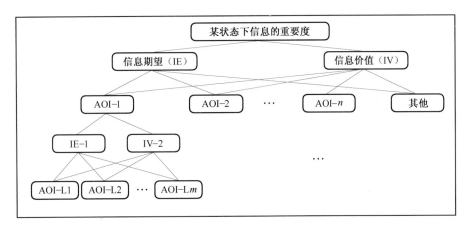

**图 14-2  信息重要度层次图**

以 SGTR 事件为例,信息重要度的层次划分如图 14-3 所示。根据典型事故动态规则表(表 14-2),组件 PRZ 包括 PRZ-L、PRZ-P、PRZ-T 三个指标,SG1 包括 SG1-L、SG1-FF、SG1-SF 三个指标,SG2 包括 SG2-L、SG2-FF、SG2-SF 三个指标,将所有指标分为组件级指标(PZR、SG1 和 SG2)和指示器级指标(PZR-L、PZR-P、PZR-T、SG1-L、SG1-FF、SG1-SF、SG2-L、SG2-FF、SG2-SF)两类。

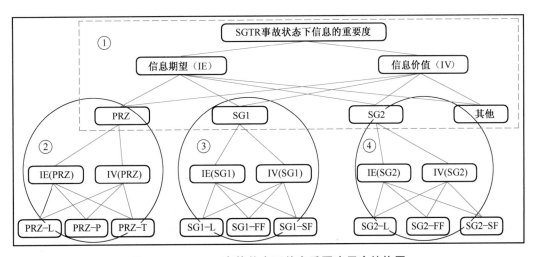

**图 14-3  SGTR 事故状态下信息重要度层次结构图**

2）构造成对比较矩阵（判断矩阵），确定层次单排序

用 $a_{ij}$ 表示第 $i$ 个因素相对于第 $j$ 个因素的比较结果，则 $a_{ij} = \frac{1}{a_{ij}}$，有

$$A = (a_{ij})_{n \times n} = \begin{pmatrix} a_{11} & a_{12} & a_{13} & a_{14} \\ a_{21} & a_{22} & a_{23} & a_{24} \\ \cdots & \cdots & \cdots & \cdots \\ a_{n1} & a_{n2} & a_{n3} & a_{n4} \end{pmatrix}$$

根据矩阵理论，$A$ 矩阵若有以下特征则为成对比较矩阵：
① $a_{ij} > 0$；② $a_{ij} = 1/a_{ji}(i, j = 1, 2, \cdots, n)$；③ $a_{ii} = 1$

为了使各因素之间进行两两比较得到量化的判断矩阵，引入 1~9 的标度（表 14-3），心理学家的研究表明：人区分信息等级极限能力为 7±2。

表 14-3　重要性判断标度

| 标度 $a_{ij}$ | 定　义 |
|---|---|
| 1 | $i$ 因素与 $j$ 因素相同重要 |
| 3 | $i$ 因素比 $j$ 因素略重要 |
| 5 | $i$ 因素比 $j$ 因素较重要 |
| 7 | $i$ 因素比 $j$ 因素较重要 |
| 9 | $i$ 因素比 $j$ 因素绝对重要 |
| 2,4,6,8 | 为以上两判断之间的中间状态对应的标度值 |
| 倒数 | 若 $j$ 因素与 $i$ 因素比较，得到判断值为 $a_{ji} = 1/a_{ij}, a_{ij} = 1$ |

引入一致性指标 $CI = \frac{\lambda_{max} - n}{n - 1}$，其中 $n$ 为 $A$ 的对角线元素之和，也为 $A$ 的特征根之和。

平均随机一致性指标：

$$RI = \frac{CI_1 + CI_2 + \cdots + CI_n}{n} = \frac{\frac{\lambda_1 + \lambda_2 + \cdots + \lambda_n}{n} - n}{n - 1}$$

平均随机一致性指标 RI 的数值（如表 14-4 所列）。

表 14-4　RI 值

| $n$ | 1 | 2 | 3 | 4 | 5 | 6 | 7 | 8 | 9 | 10 | 11 |
|---|---|---|---|---|---|---|---|---|---|---|---|
| RI | 0 | 0 | 0.58 | 0.90 | 1.12 | 1.24 | 1.32 | 1.41 | 1.45 | 1.49 | 1.51 |

当一致性比率 $CR = \frac{CI}{RI} < 0.1$ 时，认为 $A$ 的不一致程度在容许范围之内，可用归一化特征向量作为权向量，否则要重新构造成对比较矩阵，对 $A$ 加以调整。

信息重要度的第一级分解为两个部分：信息期望（IE）和信息价值（IV）。如果忽略 IE，带宽就是视觉扫描行为的主要影响因素，视觉扫描行为就是数据驱动的监视行为；如果忽略 IV，症状集（与系统状态事件相关）为主要影响因素，就是知识驱动的监视行为，鉴于这两种过程的密切相关性，本节将知识驱动的监视与数据驱动的监视视为同等重要，赋予 IE 和 IV 的权重都为

0.5。从 IE 方面考虑,PRZ、SG1 和 SG2 等 12 个指示具有相同的重要度,但是 PRZ、SG1 和 SG2 与其他指示器相比极其重要,所以判断矩阵中的值填 9。对 IV 带宽的评估可参照变化机制表(表 14-4)获得,比如,PRZ_L 的变化率是 PRZ_P 的 2 倍,是 PRZ_T 的 3 倍,则相应判断矩阵中的值填 1、2、3;且所有与 IV 相关的权重都能用这种方式确定,最终的信息重要度通过所有的判断矩阵的相关权重合并而成。

采用 yaahp 软件计算信息的重要度[29],对图 14-3 中①部分的判断矩阵构建及结果如表 14-5 所列。

表 14-5　SGTR 事件下组件级指标判断矩阵构建及结果

| SGTR 判断矩阵一致性比例:0;对 SGTR 的权重:1.0000 | | | |
| --- | --- | --- | --- |
| SGTR | IE | IV | 权重(Wi) |
| IE | 1.0000 | 1.0000 | 0.5000 |
| IV | 1.0000 | 1.0000 | 0.5000 |
| IE 判断矩阵一致性比例:0;对 SGTR 的权重:0.5000 | | | | |
| IE | PRZ | SG1 | SG2 | 其他 | Wi |
| PRZ | 1.0000 | 1.0000 | 1.0000 | 9.0000 | 0.3214 |
| SG1 | 1.0000 | 1.0000 | 1.0000 | 9.0000 | 0.3214 |
| SG2 | 1.0000 | 1.0000 | 1.0000 | 9.0000 | 0.3214 |
| 其他 | 0.1111 | 0.1111 | 0.1111 | 1.0000 | 0.0357 |
| IV 判断矩阵一致性比例:0.0006;对 SGTR 的权重:0.5000 | | | | |
| IV | PRZ | SG1 | SG2 | 其他 | Wi |
| PRZ | 1.0000 | 0.5000 | 2.0000 | 4.0000 | 0.2630 |
| SG1 | 2.0000 | 1.0000 | 4.0000 | 9.0000 | 0.5417 |
| SG2 | 0.5000 | 0.2500 | 1.0000 | 2.0000 | 0.1315 |
| 其他 | 0.2500 | 0.1111 | 0.5000 | 1.0000 | 0.0638 |
| 最终结果 | | | | |
| 备选方案 | 权重 | | | |
| PRZ | 0.2922 | | | |
| SG1 | 0.4316 | | | |
| SG2 | 0.2265 | | | |
| 其他 | 0.0498 | | | |

表 14-5 分析结果表明,所有判断矩阵一致性比率($CR_{IE}=0.0000$,$CR_{IV}=0.0006$)都小于 0.1,判断矩阵构造是合理的。结果说明若发生 SGTR 事件,PRZ、SG1、SG2 和其他部分的信息重要度分别为 0.2922、0.4316、0.2265 和 0.0498。

对于图 14-3 中②部分的判断矩阵构建及结果如表 14-6 所列。由表 14-6 可知,所有判断矩阵一致性比率($CR_{PRZ}=0$,$CR_{PRZ-IE}=0$,$CR_{PRZ-IV}=0.0088$)都小于 0.1,说明判断矩阵构造是合理的。

表 14-6  SGTR 事件下组件 PRZ 的指示器指标判断矩阵构建及结果

| PRZ 判断矩阵一致性比例:0;对 PRZ 的权重:1.0000 | | | |
|---|---|---|---|
| PRZ | IE | IV | Wi |
| IE | 1.0000 | 1.0000 | 0.5000 |
| IV | 1.0000 | 1.0000 | 0.5000 |
| IE 判断矩阵一致性比例:0;对 PRZ 的权重:0.5000 | | | |
| IE | PRZ_L | PRZ_T | PRZ_P | Wi |
| PRZ_L | 1.0000 | 1.0000 | 1.0000 | 0.3333 |
| PRZ_T | 1.0000 | 1.0000 | 1.0000 | 0.3333 |
| PRZ_P | 1.0000 | 1.0000 | 1.0000 | 0.3333 |

| IV 判断矩阵一致性比例:0.0088;对 PRZ 的权重:0.5000 | | | |
|---|---|---|---|
| IV | PRZ_L | PRZ_T | PRZ_P | Wi |
| PRZ_L | 1.0000 | 2.0000 | 3.0000 | 0.5396 |
| PRZ_T | 0.5000 | 1.0000 | 2.0000 | 0.2970 |
| PRZ_P | 0.3333 | 0.5000 | 1.0000 | 0.1634 |

| 最终结果 | |
|---|---|
| 备选方案 | 权重 |
| PRZ_L | 0.4365 |
| PRZ_T | 0.3151 |
| PRZ_P | 0.2484 |

表 14-6 分析结果表明,若发生 SGTR 事件,PRZ_L、PRZ_T、PRZ_P 指标信息对 PRZ 的重要度分别为 0.4365、0.3151 和 0.2484。

对于图 14-3 中③部分的判断矩阵构建及结果如表 14-7 所列。

表 14-7  SGTR 事件下组件 SG1 的指示器指标判断矩阵构建及结果

| SG1 判断矩阵一致性比例:0;对 SG1 的权重:1.0000 | | | |
|---|---|---|---|
| SG1 | IE | IV | Wi |
| IE | 1.0000 | 1.0000 | 0.5000 |
| IV | 1.0000 | 1.0000 | 0.5000 |
| IE 判断矩阵一致性比例:0;对 SG1 的权重:0.5000 | | | |
| IE | SG1_L | SG1_SF | SG1_FF | Wi |
| SG1_L | 1.0000 | 1.0000 | 1.0000 | 0.3333 |
| SG1_SF | 1.0000 | 1.0000 | 1.0000 | 0.3333 |
| SG1_FF | 1.0000 | 1.0000 | 1.0000 | 0.3333 |
| IV 判断矩阵一致性比例:0;对 SG1 的权重:0.5000 | | | |
| IV | SG1_L | SG1_SF | SG1_FF | Wi |
| SG1_L | 1.0000 | 0.1667 | 0.5000 | 0.1111 |
| SG1_SF | 6.0000 | 1.0000 | 3.0000 | 0.6667 |
| SG1_FF | 2.0000 | 0.3333 | 1.0000 | 0.2222 |

（续）

| 最终结果 | |
| --- | --- |
| 备选方案 | 权重 |
| SG1_L | 0.2222 |
| SG1_SF | 0.5000 |
| SG1_FF | 0.2778 |

由表 14-7 分析结果表明,所有判断矩阵一致性比率($CR_{SG1}=0$,$CR_{SG1-IE}=0$,$CR_{SG1-IV}=0$)都小于 0.1,说明判断矩阵构造是合理的。结果说明表示若发生 SGTR 事件,SG1_L、SG1_SF、SG1_FF 指标对 SG1 的重要度分别为 0.2222、0.5000 和 0.2778。

对于图 14-3 中④部分的判断矩阵构建及结果如表 14-8 所列。

表 14-8　SGTR 事件下组件 SG2 的指示器级指标判断矩阵构建及结果

| SG2 判断矩阵一致性比例:0;对总目标的权重:1.0000 | | | |
| --- | --- | --- | --- |
| SG2 | IE | IV | Wi |
| IE | 1.0000 | 1.0000 | 0.5000 |
| IV | 1.0000 | 1.0000 | 0.5000 |
| **IE 判断矩阵一致性比例:0;对总目标的权重:0.5000** | | | |
| IE | SG2_SF | SG2_FF | SG2_L | Wi |
| SG2_SF | 1.0000 | 1.0000 | 1.0000 | 0.3333 |
| SG2_FF | 1.0000 | 1.0000 | 1.0000 | 0.3333 |
| SG2_L | 1.0000 | 1.0000 | 1.0000 | 0.3333 |
| **IV 判断矩阵一致性比例:0;对总目标的权重:0.5000** | | | |
| IV | SG2_SF | SG2_FF | SG2_L | Wi |
| SG2_SF | 1.0000 | 0.3333 | 1.0000 | 0.2000 |
| SG2_FF | 3.0000 | 1.0000 | 3.0000 | 0.6000 |
| G2_L | 1.0000 | 0.3333 | 1.0000 | 0.2000 |

| 最终结果 | |
| --- | --- |
| 备选方案 | 权重 |
| SG2_SF | 0.2667 |
| SG2_FF | 0.4667 |
| SG2_L | 0.2667 |

表 14-8 分析结果表明,所有判断矩阵一致性比率($CR_{SG2}=0$,$CR_{SG2-IE}=0$,$CR_{SG2-IV}=0$)都小于 0.1,说明判断矩阵构造是合理的。结果说明表示若发生 SGTR 事件,SG2_SF、SG2_FF、SG2_L 指标对 SG2 的重要度分别为 0.2667、0.4667 和 0.2667。

所以,在 SGTR1 事件发生时,信息重要度通过所有的判断矩阵的相关权重合并得到表 14-9。

表14-9　SGTR事件下指示器级指标的信息重要度

| PZR_L | PZR_P | PZR_T | SG1_L | SG1_FF | SG1_SF | SG2_L | SG2_FF | SG2_SF |
|---|---|---|---|---|---|---|---|---|
| 0.1275 | 0.1331 | 0.0726 | 0.0959 | 0.2157 | 0.12 | 0.0604 | 0.1057 | 0.0604 |

3）层次总排序及其一致性检验

确定某层所有因素对于总目标相对重要性的排序权值过程,其他事件如LOCA、SLB1和FLB1的信息重要度也用相同的方式来评估,汇总组件级指标和指示器级指标的信息重要度如表14-10和表14-11所列。

表14-10　所有事件组件级指标的信息重要度

| 组件级指标 | PRZ | SG1 | SG2 |
|---|---|---|---|
| LOCA | 0.5357 | 0.2024 | 0.2024 |
| SGTR | 0.2921 | 0.4316 | 0.2265 |
| SLB | 0.1964 | 0.4822 | 0.2679 |
| FLB | 0.2122 | 0.4458 | 0.291 |

以LOCA事件为例,表14-10说明在组件级指标中,PRZ最为重要,其次是SG1和SG2。

表14-11　所有事件指示器级指标的信息重要度

| 指示器级指标 | PZR_L | PZR_P | PZR_T | SG1_L | SG1_FF | SG1_SF | SG2_L | SG2_FF | SG2_SF |
|---|---|---|---|---|---|---|---|---|---|
| LOCA | 0.2338 | 0.1688 | 0.133 | 0.0675 | 0.0675 | 0.068 | 0.0675 | 0.0675 | 0.0675 |
| SGTR | 0.1275 | 0.1331 | 0.073 | 0.0959 | 0.2157 | 0.12 | 0.0604 | 0.1057 | 0.0604 |
| SLB | 0.0655 | 0.0655 | 0.066 | 0.1148 | 0.2181 | 0.149 | 0.0581 | 0.125 | 0.0848 |
| FLB | 0.0707 | 0.0707 | 0.071 | 0.0907 | 0.2267 | 0.125 | 0.0491 | 0.1027 | 0.1027 |

### 14.1.3　操纵员监视行为可靠性基础理论

人因失误概率(HEP)是对人的可靠性的有效量化表征,如果能够获取操纵员(或被试者)作业活动中发生的失误次数及其对应的作业总样本次数,则可以采用以下公式对HEP进行量化[30]:

$$HEP = \frac{人因失误实际发生的次数}{人因失误可能发生的次数} \qquad (14-11)$$

在电厂实际运行过程中,因人因失误属于稀少事件,人因失误概率计算中的人因失误次数样本比较难以获取,需要大量事件样本。

执行时间是电厂日常事故处理过程中相对比较客观且容易收集的数据,这是衡量操纵员绩效水平的又一重要指标。在核电厂运行出现紧急状况时,延迟的决策或操纵,如同错误的决策或操纵一样,会带来核电厂潜在风险或事故后果。执行同一任务,在不发生失误的前提下,执行时间越长,说明操纵员绩效水平越低;反之,执行时间越短,说明操纵员绩效水平越高。操纵员绩效研究与实验测试结果对操纵员培训改进、规程改善、人-机界面优化等都重要的促进作用。

操纵员处理同一事故/事件,一般而言允许的执行时间越多,正确率越高[31](图14-4)。若追求过高的准确率,任务的执行时间将大大延长,电厂系统实际对所有操纵都是有时间限制或窗口的,因此操纵员在处理电厂事故/事件时,应该找到正确率与执行时间的平衡点,且不同的事故平衡点取舍原则会有差异,有些事故/事件的允许处理时间可以很长,但是如果操纵员发生了误操纵将带来不可估量的后果,操纵员则应更加注重执行任务的正确率;有些事故/事件的允许处理时间很少,因为操纵员若超出了允许时间,会造成难以估计的后果,那么操纵员则更要注意执行时间的重要性。

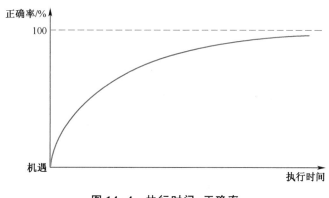

图 14-4　执行时间-正确率

## 14.2　数字化核电厂操纵员监视行为转移类型及特征实证研究

目前对主控室操纵员监视行为研究方法主要有两种:一是现场观察法,如 Kim 等[32]通过现场观察法建立了复杂能动状态下操纵员监视行为定性分析模型;二是利用眼动追踪技术开展研究,如贺雯[33]通过眼动实验对操纵员的注意力资源有效性定量分析方法的可靠性进行了验证。

### 14.2.1　实验目的

该实验拟以数字化核电厂操纵员监视转移活动为研究对象,通过对操纵员全范围模拟机复训现场观察,操纵视频、音频、录像的行为分析,以及监视转移行为统计分析,结合本书第 13 章数字化系统操纵员视听觉特性实验分析结论,验证操纵员监视转移类型,归纳监视转移活动特征,探究监视转移行为基本规律,为操纵员监视转移机制研究与转移失误预防提供支持。

### 14.2.2　实验设计

#### 1. 研究对象

实验观察地点为岭澳二期核电厂全范围模拟机主控室,观察对象是主控室操纵员,实验背景为操纵员的年度例行模拟机复训。

该实验共对 4 个班组的 16 名操纵员进行现场观察,每个班组由 4 名操纵员组成,其中一回路操纵员、二回路操纵员、协调员与值长各 1 名,操纵员为 30~45 岁的男性,均取得了操纵员执照,且不少于 5 年核电厂主控室操纵经验。

#### 2. 实验测试背景

数字化技术引入核电厂后,主控室人–系统界面由以常规模拟监控盘为主发展为以计算机工作站为主,计算机工作站从信息显示和信息处理能力来看具有显著的优越性,但也给操纵员带来了新的工作负荷,如新增加的界面管理任务(辅助信息管理、界面配置、窗口管理,以及页面导航等),给操纵员监视行为活动带来一些潜在不利影响,如增加监视负荷、引入新的干扰因素与带来认知模式变化[13,14,34]。

实验将所观察到的电厂状态分为正常运行、小故障下运行与复杂事故三类(对应 HAF-102 中的核电厂正常运行、预计运行事件与事故工况三种状态)。不同班次在操纵员复训任务与电厂运行场景中都会涉及上述三类状态,拟定其对应的操纵处理分别为常规操纵、小故障操纵和复杂事故操纵。常规操纵包括反应堆升功率、降功率、日常巡盘等;小故障操纵包括阀门、泵、仪表等设备失灵或偏离后,在未造成不可控制或不可恢复等情况下对应的电厂操纵;复杂事故操纵包括失水事故、蒸汽发生器传热管断裂事故、失去全部给水事故、失去外电源事故等需要基于状态导向法运行事故处理规程(SOP)下进行操纵的复杂事故状态。实验所观察的上述核电厂不同工况状态具有一定的代表性,可实现实验测试对电厂状态或工况的要求。

以往研究结论显示,影响监视行为的主要因素是视觉感知[32,35,36],现场观察与理论研究表明操纵员的听觉感知、交流能力等因素对其监视活动也有一定的影响[37],该实验对听觉感知、交流能力等因素对监视转移的影响也做了测试。

### 3. 研究方法与分析工具

实验主要研究方法为现场观察、操纵员访谈和行为数据分析。

#### 1) 主控室操纵员复训监视活动现场观察

某年 10 月 20 日至 11 月 21 日,对岭澳二期核电厂全范围模拟机主控室 4 个班组的 16 位操纵员的例行复训活动进行全过程现场观察,每班复训时长 3h,累计现场观察了 20 个班次,共计60h 的操纵员复训。现场观察包括研究人员现场视觉观察、对主控室实时全景录像录音(包含全体操纵员操纵与交流等活动),以及通过内置软件实时跟踪记录操纵员鼠标光标位置的方法,对一回路操纵员与二回路操纵员在工作站显示屏上的所有操纵活动(如点击鼠标、打开阀门、关闭界面等)进行录屏。观察方式采用无结构非参与的自然观察研究方法[38],以尽量减少现场观察非实验变量的干扰,且确保其是可描述的。

#### 2) 操纵员访谈

操纵员每次复训结束后,现场研究人员对该班组的一回路与二回路操纵员进行一对一的访谈,访谈主要是就观察到的现象与发现的问题进行提问,以及对某些操纵细节或决策过程进行确认或再描述,一方面可对现场观察结果进行补充及确认,另一方面可以帮助研究人员熟悉事件背景与了解操纵员决策过程,并有助于提高实验结论的信度。

#### 3) INTERACT 行为分析软件与操纵员监视行为视频音频数据分析

行为学研究的基本技术是记录谁在什么时候做了什么,可能还需要记录这些行为在哪里发生和如何发生的等信息。INTERACT 软件是德国 Mangold 公司研发的行为分析软件,其可以结合视频、生理参数、眼动数据等,对人的思维动态与行为过程进行科学的数据分析,有助于人类行为学研究模式由单纯的记录行为转向通过多种模式和数据的同步记录来开展综合分析。IN-TERACT 行为分析软件可兼容与整合各种不同类型或格式来源的行为数据,包括录像机、数据获得系统与事件记录工具等,所有的行为数据可追溯与对比,且可基于不同的研究目的实现对获得行为数据进行手动编码与处理分析。该软件已经广泛应用于儿童教育、犯罪心理与作业活动等心理认知与作业行为研究。

对主控室操纵员复训现场观察后,研究人员运用 INTERACT 行为分析软件对实时录制的操纵员复训录像中的监视转移活动行为数据进行提取与分析,基于现场观察与访谈的结果,结合提取的行为数据统计分析结论,归纳出操纵员监视转移的特征与基本规律,并将其量化表征。为提高归纳出的操纵员监视转移行为特征与规律的信度,研究人员对主控室全过程录像数据与一回路、二回路操纵员操纵屏幕的录屏行为数据进行同步比较分析,以确保行为分析数据的可靠性。

由于现场条件限制,该实验未能获得操纵员眼动数据,可能会在一定程度上降低基于行为分析软件获得监视转移相关数据的可信性;但监视行为是操纵员通过自身努力经由多种途径来获取信息的行为,其获取信息的手段不仅仅是通过视觉,监视行为的转移也不仅仅是视觉上的转移,因此,该实验通过主控室全景录像中操纵员肢体动作、语言交流音频信息,以及结合一回路、二回路操纵员屏幕操纵录屏录像中所包含的鼠标移动与点击情况,来综合判断监视转移行为是否发生,并对操纵员进行复训后一对一访谈来进行验证,从而可弥补缺少眼动数据的缺陷,使获得的行为数据满足信度要求。

### 14.2.3 实验结果与分析

#### 1. 转移类型统计分析

##### 1)监视转移类型

通过现场观察、操纵员访谈与行为分析,该实验共观察与统计了 13276 次有效的操纵员监视转移行为,主要有三种转移类型:规程转移、异常转移与交流转移,将其他不能归入前三种类型的转移行为称为其他转移,其中交流转移 3842 次,占比 29%,屏幕转移 4743 次,占比 36%,异常转移 1894 次,占比 14%,其他转移 2797 次,占比 21%,具体如表 14-12 所列;一回路操纵员与二回路操纵员的监视转移数据如表 14-13 与表 14-14 所列。

表 14-12 监视转移行为统计数据

| 类型 | 规程转移 | 异常转移 | 交流转移 | 其他 | 总计 |
|---|---|---|---|---|---|
| 正常运行与小故障运行状态 | 1023 | 1360 | 1820 | 2376 | 6579 |
| 复杂事故状态 | 3720 | 534 | 2022 | 421 | 6697 |
| 合计 | 4743 | 1894 | 3842 | 2797 | 13276 |
| 占比 | 36% | 14% | 29% | 21% | 100% |

表 14-13 一回路操纵员监视转移行为统计数据

| 类型 | 规程转移 | | 异常转移 | | 交流转移 | | 其他 | 总计 |
|---|---|---|---|---|---|---|---|---|
| | 屏幕内规程转移 | 屏幕外规程转移 | 参数异常转移 | 报警异常转移 | 场内交流转移 | 场外交流转移 | | |
| 正常运行与小故障运行状态 | 584 | 98 | 239 | 404 | 621 | 271 | 1045 | 3262 |
| 复杂事故进入紧急停堆状态 | 2147 | 399 | 49 | 85 | 716 | 229 | 198 | 3763 |
| 合计 | 3228 | | 777 | | 1837 | | 1243 | 7085 |

表 14-14　二回路操纵员监视转移行为统计数据

| 类型 | 规程转移 | | 异常转移 | | 交流转移 | | 其他 | 总计 |
|---|---|---|---|---|---|---|---|---|
| | 屏幕内规程转移 | 屏幕外规程转移 | 参数异常转移 | 报警异常转移 | 场内交流转移 | 场外交流转移 | | |
| 正常运行与小故障运行状态 | 302 | 39 | 348 | 369 | 742 | 186 | 1331 | 3317 |
| 复杂事故进入紧急停堆状态 | 1082 | 92 | 276 | 124 | 892 | 185 | 223 | 2874 |
| 合计 | 1515 | | 1117 | | 2005 | | 1554 | 6191 |

2）规程转移

数字化核电厂主控室操纵员对异常工况处理与执行瞬态任务时，一般要基于规程或指令来完成对电厂的操纵，操纵规程或指令既有基于电子信息（数字显示技术）显示的电子规程或任务单的，如 SOP、DOS、报警卡上的操纵指示等，也有基于传统媒介显示（非电子信息的）的规程或指令，如纸质规程、纸质任务单与操纵手册等。

上述现场观察数据分析表明，操纵员监视活动会基于规程引导而发生转移，如当报警显示屏出现重要的报警时，操纵员会关注报警信号，打开报警卡界面，获取报警信息与后续操纵指令，随后操纵员的监视活动会基于这些指令引导而发生监视转移活动。本节把这一类基于系统操纵规程或指令的监视转移活动称为规程转移，并将其进一步细分为屏幕外规程转移和屏幕内规程转移。屏幕外规程转移即操纵员基于传统媒介显示（非电子信息的）的规程或指令而发生的监视转移活动；屏幕内规程转移即操纵员基于电子信息（数字显示技术）显示规程或指令而发生的转移活动。

上述统计数据表明，规程转移发生次数最多、频率最高，数字化核电厂处于复杂事故状态之下时，操纵员执行 SOP，以屏幕内规程转移为主，而当电厂处于正常运行与小故障状态下，规程转移数量大幅减少，且屏幕外规程转移占比上升，总体来看，核电厂数字化后，操纵员屏幕内规程转移频率远远高于屏幕外规程转移，这是因为核电厂数字化后，大量操纵规程与指令直接嵌入系统，并由电子信息化媒体呈现，传统纸质规程大幅减少，只是作为电子规程的一种补充、临时应急或安全备用。

表 14-13 与表 14-14 对比分析表明，核电厂处于复杂事故工况时，一回路操纵员规程转移量远远大于二回路操纵员。现场观察发现，当系统进入复杂事故状态后，一回路操纵员、二回路操纵员都会进入 SOP，一般工况下一回路操纵员执行规程量大于二回路操纵员，而二回路操纵员相对一回路操纵员需要更多的监视系统压力、放射性水平、给水量与反应堆温度等系统状态变化。

3）异常转移

当核电厂出现异常时，异常信息或信号会通过指示器与传感器等设备传输反馈到主控室控制或显示终端，部分异常会以警报形式呈现，也有部分异常不会直接引发警报，需要操纵员在巡盘或持续观察参数变化趋势等方式来间接发现。

现场观察与行为分析表明，操纵员会因系统状态异常或设备组件故障而发生监视转移，如当警报信号出现时，操纵员会马上或完成当前操纵后把注意转移到报警屏或对应出现警报的设备/组件,随之做出忽略报警、打开报警卡,或持续关注警报变化等响应。本节将因系统异常、设备/组件故障后引发的报警信号或参数异常变化导致的操纵员监视转移称为异常转移,主要包括警报引发的异常转移(简称警报转移)与参数异常引发的异常转移(简称参数异常转移),警报转移,即因报警信号引发的监视转移;参数异常转移即因设备/组件参数异常而引发的监视转移。核电厂异常状态的出现具有一定的偶发性,异常转移更多地随机出现在操纵员监控活动中。上述实验数据统计表明,操纵员发生异常转移频率相对于其他转移并不高,这是由电厂运行异常状态属于小概率事件决定的,但异常监视转移是十分重要的。

表14-12与表14-14对比表明,不论电厂处于何种状态,一回路操纵员、二回路操纵员的报警异常转移量基本相近。现场观察发现,一回路与二回路操纵员几乎对警报都会主动关注。当电厂处于复杂事故工况时,二回路操纵员的参数异常转移量远高于一回路操纵员,因为复杂事故工况下,二回路操纵员相对一回路操纵员需要更多地监视系统压力与反应堆温度等变化,故其发现异常参数并引发参数异常转移频率相对一回路操纵员要高很多。

4）交流转移

核电厂主控室操纵员与主控室内外部其他人员的交流是必不可少的,操纵员班组需要相互协作,以提升操纵员获取与共享信息的能力。

现场观察发现操纵员之间交流频繁,如参数确认、指令确认、班组讨论、状态质疑与信息交换等,且操纵员交流一般都会伴随监视转移活动。基于现场观察与行为分析结果,形成了主控室操纵员交流结构示意图(图14-5)。

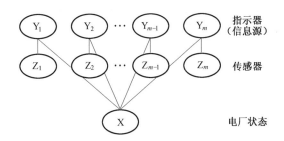

**图14-5 数字化核电厂主控室操纵员交流示意图**

由操纵员班组其他成员的提醒而引发的监视转移称为交流转移,主要包括主控室内的交流转移和主控室外的交流转移。主控室内交流转移即因主控室内操纵员之间的交流而引发的监视转移;主控室外的交流转移即因主控室内操纵员与主控室外的工作人员相互交流而发生的监视转移。现场观察结果显示,数字化核电厂主控室电厂监控与操纵过程中存在大量的交流转移,在电厂处于复杂事故工况时操纵员间的交流相比其他工况有所增加,其交流转移也会有所增加。

此外,通过现场观察发现操纵员间的交流对其监视行为存在以下影响。

（1）操纵员的交流转移优先于视觉监视转移。对于同一个人听觉响应一般要优于视觉,必要的听觉交流可以帮助操纵员及时获取被忽视或遗漏或错误识别的其他重要信息,促使其视觉监视行为发生转移。

（2）执行规程过程中,值长和协调员与操纵员间进行的交流对操纵员执行规程有较大影响。当操纵员在规程指引下进行操纵或监视时,值长或协调员对操纵员进行提示、纠正或发出新的指令,提出规程之外的操纵要求,操纵员必须根据电厂系统所处状态选择是否继续执行规程或按指令跳出规程,从而发生监视行为的转移,该情形是规程允许的,但可能会对操纵员执行当前规程或逻辑思路造成较大的干扰或影响。

5)其他转移

除了上述三类监视转移模式,还存在由其他因素而引发的监视转移,如:由操纵员的习惯性行为引发的转移,基于操纵员固有的电厂心智模型,程序化的监视转移等。现场观察与行为分析数据分析结果显示,这些转移大多发生在操纵员常规操纵或者小事故运行状态,虽然转移次数较多,但其对电厂状态和操纵员作业绩效的影响却远不及前三类监视转移类型。

2. 监视转移规律案例实证

为验证现场观察实验所获得的转移规律可信性,并有效描述操纵员的监视转移过程,从4个班组中随机挑选1个班组,对其1个班次3h的操纵录像进行详细的行为分析。该实验以0.5h分段录像记录了该班次中操纵员的操纵行为,该班次中电厂在前2h处于正常运行或小故障运行工况,后1h处于复杂事故工况下,该班组这次复训过程,操纵员先后历经了常规工况操纵,小故障工况操纵和复杂事故工况操纵,其操纵录像的行为分析结果如表14-15所列。

表14-15　某班次复训过程中操纵员监视转移活动的行为分析统计数据

| 类别 | 交流转移<br>(数量:153次,占比28%) | | 规程转移<br>(数量:202次,占比37%) | | 异常转移<br>(数量:68,占比12%) | | 其他<br>(数量:127,占比23%) |
|---|---|---|---|---|---|---|---|
| 子类别 | 场内交流转移 | 场外交流转移 | 屏幕内规程转移 | 屏幕外规程转移 | 参数异常转移 | 报警异常转移 | |
| 数量/次 | 126 | 27 | 168 | 34 | 25 | 43 | 127 |
| 0:00~0:30 | 11 | 2 | 2 | 2 | 0 | 4 | 13 |
| 0:30~1:00 | 20 | 6 | 5 | 4 | 8 | 6 | 24 |
| 1:00~1:30 | 20 | 1 | 15 | 0 | 4 | 10 | 37 |
| 1:30~2:00 | 13 | 7 | 4 | 3 | 2 | 13 | 30 |
| 2:00~2:30 | 34 | 6 | 97 | 11 | 5 | 9 | 13 |
| 2:30~3:00 | 28 | 5 | 45 | 14 | 6 | 1 | 10 |

表14-15表明,交流转移较均匀地分布在整个班次中,在电厂处于复杂事故紧急停堆工况时,操纵员执行SOP,交流转移的频率略有增加。

(1)规程转移主要集中在后1h即电厂处于复杂事故紧急停堆工况下,操纵员进入复杂事故操纵执行SOP这段时间内。

(2)异常转移的次数较少,随机地分布在整个复训过程中。

(3)其他形式的转移在前2h即电厂处于正常运行和小故障运行工况时次数较多,当电厂进入复杂事故紧急停堆工况后略有减少。

上述结论与现场观察、理论分析得到的转移规律趋势是一致的。

对比表14-12与表14-15,可以发现两张表中各类转移占总转移数的百分比近似一致,说明本节所做的大量的观察是可以有效地说明各个转移之间数量上的关系。

以下再给出某操纵班组在核电厂一次降功率过程中有关监视行为的实际记录。

（1）0:05:50，班组交接，核电厂机组处于满功率正常运行状态。

（2）0:09:49—0:12:30，主控室收到台风预警通知后准备执行机组降功率相关操纵，协调员（US）与一回路操纵员（RO1）和二回路操纵员（RO2）进行了交流，交流的主要内容如下：

由于台风将要到来，电厂需要降功率运行，使功率降到 500MW 并维持运行 9h，让 RO1 与 RO2 进行降功率操纵；与 US 交流之后，RO1、RO2 进行了主控室内的监视行为交流转移，使其监视行为转移到了降功率的操纵活动上；后续的一段时间里，RO1、RO2 一直在查询纸质与显示器上的相关降功率的操纵规范进行相关的降功率的操纵工作，其监视转移行为处于规程转移之下。

（3）0:18:50—0:48:53，电厂机组降功率的操纵监视，交流主要内容如下：

US 根据电厂机组状态告知 RO1 以 10MW/min 的速率进行降功率操纵，收到指令并与 US 交流后，RO1、RO2 便以主控室内的交流转移为主，将监视行为转移到设置电厂机组降功率速率的监视操纵行为当中。

（4）8:26:24—8:27:15，报警监视，交流主要内容如下：

操纵员工作站显示器的报警屏发出了 3SEC001PO 单泵运行流量报警，由于警报的发生，RO1 将其监视行为转移到报警屏上，并且打开报警卡，查看如何解决所发出的报警，按照报警卡中所给出的操纵规范，使操纵员以规程转移来转移其监视行为。

### 14.2.4　研究结论

运用现场观察法、访谈法与行为分析法对数字化核电厂主控室操纵员监视行为的转移类型及特征进行研究，以岭澳二期核电厂 4 个班组 16 名操纵员（每班 3h，20 个班次）60h 的复训活动为样本，对其在电厂处于正常运行状态、小故障运行状态、复杂事故状态下的操纵行为进行观察、访谈，总共观察到 13276 次监视转移，对所获得的数据进行分析、归纳，获得了数字化核电厂主控室操纵员监视行为转移规律及特征。

（1）监视行为转移类型及分布。操纵员的监视行为主要存在三种转移类型：规程转移、异常转移、交流转移。规程转移是指基于系统操作规程的转移，异常转移是指系统发生异常后报警信号或参数变化引起的监视转移，交流转移是指基于班组其他成员的提醒而发生的监视转移。这三种转移类型所占总转移次数的百分比分别为交流转移 29%、异常转移 14%、规程转移 36%，不能归入前三种类型的其他转移占 21%。

（2）四种转移类型具有以下规律及特征。

① 交流转移较为均匀地分布在整个班次运行过程中。当电厂处于复杂事故状态时操纵员进入复杂事故操纵而执行 SOP，此时主控室操纵员及主控室外工作人员需要进行更多的信息交换。因此，与电厂处于正常运行与小故障运行状态时相比，交流转移的次数略有增加。

② 规程转移占总转移量的比例最高，达 36%。电厂处于正常运行状态和小故障运行状态时，规程转移出现的次数较少；当电厂处于复杂事故状态时，主控室操纵员要执行大量有关 SOP 的工作，此时会出现大量的规程转移。

③ 异常转移的次数较少，仅占总转移量的 14%。异常转移随机分布在整个班次运行周期之内。异常转移虽然次数较少，但发现并解决异常状态是操纵员非常重要的工作，故异常转移在

监视转移类型中具有重要地位。

④ 其他形式的转移在电厂处于正常运行状态和小故障运行状态时次数较多,而在电厂处于复杂事故状态时略有减少。虽然其他形式的转移所占数量较多(21%),但其对操纵员与电厂的影响却远远不及规程转移、异常转移与交流转移。

⑤ 在数字化主控室中,由于纸质规程一般只是补充 DCS 中规程的不足或扩充 DCS 显示屏显示信息量,故屏幕内规程转移的次数远远高于屏幕外规程转移的次数。

⑥ 电厂处于复杂事故状态时,一回路操纵员、二回路操纵员都会执行 SOP。由于一回路操纵员在此期间执行规程的工作较二回路操纵员更为重要,而二回路操纵员较一回路操纵员需要更多的兼顾监视、稳定(压力、给水、温度等)系统状态的工作。故此时一回路操纵员的规程转移量高于二回路操纵员,二回路操纵员的异常转移量高于一回路操纵员。

## 14.3 数字化核电厂操纵员执行规程期间屏幕间监视注意力转移机制及其实验验证

数字化核电厂主控室的监视行为绩效依赖于操纵员视觉注意力的合理分配及其对目标信息的有效获取。通过本章 14.2 节中所获得的操纵员监视转移规律可知,在核电厂处于事故状态时,操纵员会执行 SOP,期间监视转移行为以规程转移为主,且在单纯执行规程时仅存在规程转移,故本节主要针对数字化核电厂操纵员执行规程期间的屏幕间监视的视觉注意力转移机制进行研究。

该实验拟以操纵员在其工作站 4 个数字化显示屏幕执行规程操纵时的监视活动为测试对象,对操纵员在执行规程时的监视转移行为进行定量分析与实证研究,以获得操纵员在执行规程时屏幕间监视注意力转移的状态空间、建立监视注意力转移率矩阵,并通过拉普拉斯变换结合监视注意力转移率矩阵实现监视注意力转移状态向量的求解。

### 14.3.1 实验目的

通过眼动实验获取操纵员注视点个数、持续时间和观察次数等数据,获得计算注意力参数 $\lambda$ 的基础数据,以验证操纵员监视注意转移机制。

### 14.3.2 实验设计

1. 实验背景

数字化主控室中操纵员获取信息主要为听觉和视觉,由于操纵员工作站主要依赖其 VDU 终端来呈现人-系统交互信息,听觉信息为辅,且声音信息难以定位,因此,本实验假设操纵员对核电厂人-系统界面或信息的监视活动主要是通过视觉通道来实现。

实验所应用的实例为数字化核电厂 SOP 中 DOS 的 PRE-ACT 规程及其界面。

2. 实验仪器

实验主要设备为由 ManGold 公司的 Tobii X120 型眼动仪、19 英寸戴尔计算机和投影仪组成的视线追踪系统。

3. 实验材料

以岭澳二期核电厂 SGTR 事件为原型的虚拟仿真场景为实验测试平台,以其 SOP 中 DOS 的 PRE－ACT 页规程为实验测试素材,实验用到的操纵界面主要包括 3TEP003YCD、3REA001YCD、3RCV002YCD、3KOO070YST、3RCP002YCD 与 3KOO900YMA(图 14－6~图 14－11),其中 3KOO070YST 界面分布于 3 号屏,3RCV002YCD 界面分布于 1 号屏,3TEP003YCD、3REA001YCD、3RCP002YCD 以及 3KOO900YMA 界面分布于 2 号屏,规程界面分布于 0 号屏。

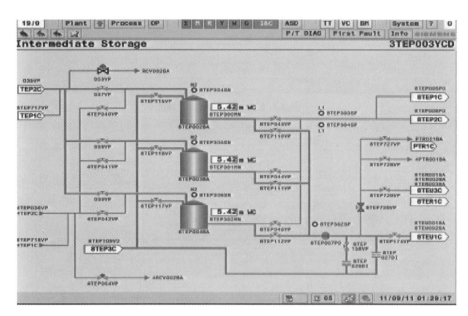

图 14－6　3TEP003YCD

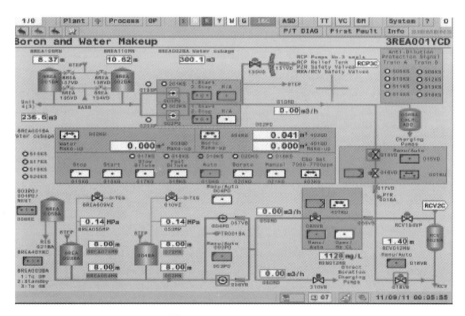

图 14－7　3REA001YCD

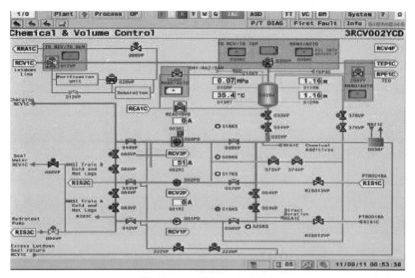

图 14-8　3RCV002YCD

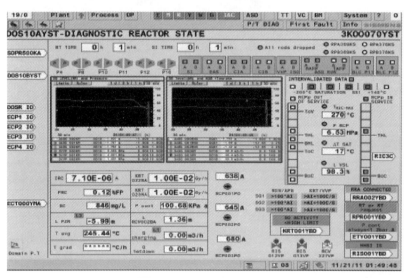

图 14-9　3KOO070YST

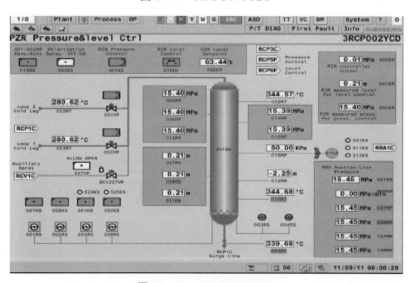

图 14-10　3RCP002YCD

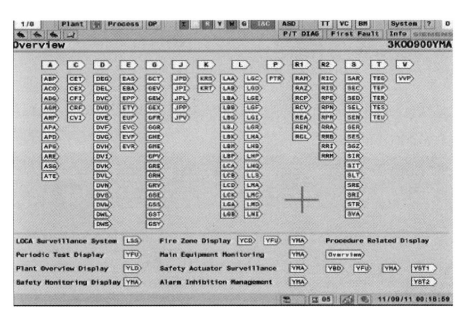

图 14-11　3KOO900YMA

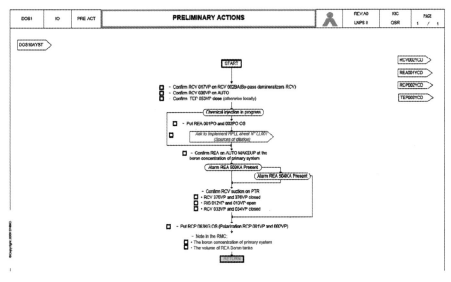

图 14-12　PRE-ACT 规程界面

4. 实验过程

（1）规程界面操纵培训：被试者进入仿真平台，在仿真平台上熟悉 PRE-ACT 规程界面（图 14-12）与执行流程（图 14-13），并熟悉实验测试相关注意事项。

（2）定标：被试者坐入实验椅，并告知放松，正对投影仪。调整眼动仪的目镜位置和焦距，使其能清晰捕捉到眼球的运动，保证双眼的运动并捕捉到。要求被试者"注视屏幕上会随机出现的五个红色圆点，直到消失。此过程中，身体和头部尽量保持不动"。

（3）实验测试：开启视线追踪系统，被试者进入 SGTR 事件虚拟仿真场景实验平台，执行 PRE-ACT 规程，视线追踪系统自动记录被试者的眼动信息。

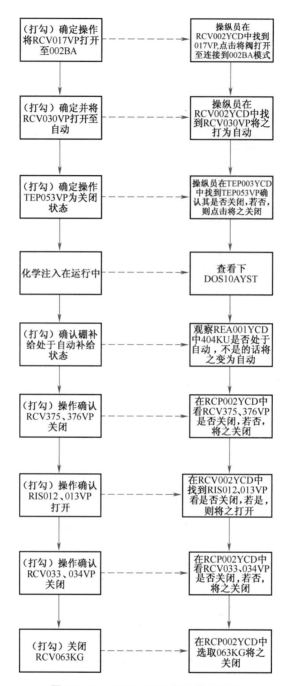

图 14-13　PRE-ACT 规程执行流程

### 14.3.3　实验结果与分析

该实验主要获取被试者在执行 PRE-ACT 规程界面时所要监视的 4 个显示屏的视觉注视时间,然后运用 SPSS 软件对数据整理后代入式(14-1)~式(14-4)中获得在执行 PRE-ACT 规程页面时的各个屏幕的视觉注意力参数,再运用视觉注意力参数并设定 $P(0)=(1,0,0,0,0)$ 代入式(14-7),通过 Matlab 编程做拉普拉斯反演计算求得各个屏幕状态函数以及状态向量。通过实验获得的各个屏幕注视时间数据列于表 14-16。

表 14-16　各个屏幕注视时间

| 序号 | 0 号屏 | 1 号屏 | 2 号屏 | 3 号屏 |
|---|---|---|---|---|
| 1 | 33.202 | 22.696 | 9.340 | 3.199 |
| 2 | 33.464 | 14.431 | 10.197 | 3.413 |
| 3 | 29.398 | 18.331 | 9.003 | 4.332 |
| 4 | 32.740 | 14.977 | 8.973 | 3.099 |
| 5 | 39.984 | 17.650 | 8.680 | 4.734 |
| 6 | 39.202 | 16.666 | 10.759 | 6.440 |
| 7 | 35.147 | 15.798 | 10.349 | 4.686 |
| 8 | 37.563 | 17.091 | 12.795 | 8.465 |
| 9 | 36.652 | 20.621 | 10.570 | 5.054 |
| 10 | 37.185 | 18.132 | 12.063 | 6.461 |
| 11 | 36.383 | 17.569 | 11.742 | 4.678 |
| 12 | 35.018 | 15.122 | 12.127 | 6.021 |
| 13 | 31.805 | 16.310 | 12.902 | 5.349 |
| 14 | 31.606 | 16.455 | 12.088 | 4.675 |
| 15 | 35.265 | 18.938 | 9.897 | 7.650 |
| 16 | 35.446 | 20.418 | 10.975 | 5.696 |
| 17 | 33.283 | 14.134 | 11.169 | 6.230 |
| 18 | 38.429 | 18.308 | 12.002 | 5.101 |
| 19 | 32.055 | 14.482 | 12.817 | 4.365 |
| 20 | 37.597 | 17.996 | 14.527 | 6.467 |
| 21 | 32.368 | 17.959 | 10.803 | 7.235 |
| 22 | 34.209 | 13.817 | 10.027 | 5.259 |
| 23 | 32.463 | 14.858 | 10.346 | 6.437 |
| 24 | 36.102 | 14.987 | 11.711 | 5.032 |
| 25 | 36.015 | 14.059 | 13.090 | 6.325 |
| 26 | 33.830 | 16.883 | 11.229 | 5.220 |
| 27 | 33.282 | 14.122 | 12.557 | 6.234 |
| 28 | 36.326 | 16.717 | 12.998 | 5.279 |
| 29 | 32.870 | 14.840 | 11.526 | 5.360 |
| 30 | 32.891 | 15.490 | 10.177 | 4.835 |
| 31 | 31.972 | 16.050 | 11.470 | 5.670 |
| 32 | 33.000 | 14.841 | 10.210 | 4.883 |
| 33 | 32.422 | 15.815 | 10.931 | 6.004 |
| 34 | 34.158 | 14.132 | 10.280 | 5.279 |
| 35 | 33.613 | 15.847 | 10.957 | 5.326 |
| 36 | 36.449 | 16.217 | 10.005 | 5.612 |
| 37 | 33.948 | 13.797 | 10.101 | 6.382 |
| 38 | 30.392 | 13.736 | 9.237 | 3.771 |
| 39 | 29.990 | 14.008 | 9.629 | 5.738 |
| 40 | 39.198 | 15.329 | 11.250 | 5.905 |
| 41 | 33.032 | 15.785 | 8.895 | 6.284 |
| 42 | 31.687 | 15.125 | 8.679 | 4.929 |
| 43 | 32.441 | 12.923 | 11.707 | 5.640 |
| 44 | 30.047 | 12.867 | 7.679 | 4.209 |
| 45 | 32.023 | 12.318 | 10.960 | 6.058 |

将之整理带入式(14-1)~式(14-4)中可获得各个屏幕的视觉注意力参数,见表14-17。

表 14-17　视觉注意力参数

| 参数 | 屏幕1 | 屏幕2 | 屏幕3 |
|---|---|---|---|
| $\lambda$ | 0.13 | 0.08 | 0.07 |
| $\mu$ | 0.33 | 0.50 | 0.50 |

运用以上数据,设定 $P(0)=(1,0,0,0,0)$ 带入式(14-7),通过 Matlab 编程做拉普拉斯反演计算求得 4 个屏幕状态函数:

$$p_t(0)=\frac{20}{27}+\frac{7}{20}\times e^{-\frac{27t}{40}};p_t(1)=\frac{15}{27}\times e^{-\frac{27t}{40}}\times \sinh\left(\frac{27}{40}t\right);$$

$$p_t(2)=\frac{16}{115}\times e^{-\frac{27t}{40}}\times \sinh\left(\frac{27}{40}t\right);p_t(3)=\frac{14}{115}\times e^{-\frac{27t}{40}}\times \sinh\left(\frac{27}{40}t\right)$$

再由式(14-9)获得各个屏幕的稳态视觉注意力向量,见表14-18。

表 14-18　稳态视觉注意力向量

| 规程页面 | 屏幕0 | 屏幕1 | 屏幕2 | 屏幕3 |
|---|---|---|---|---|
| PRE-ACT | 0.56 | 0.21 | 0.17 | 0.06 |

基于所构建的数字化核电厂操纵员视觉监视转移动态模型,以岭澳二期核电厂SOP中DOS下的RPE-ACT规程界面为对象,获得了该页规程下的操纵员视觉监视注意力状态向量函数以及操纵员稳态视觉监视注意力状态向量。同理运用该方法对该核电厂SOP中的每页规程进行应用,得到每页规程的操纵员视觉监视注意力状态向量函数以及操纵员稳态视觉监视注意力状态向量,可以获得操纵员在执行规程时对4个显示屏的视觉监视使用度。

### 14.3.4　研究结论

实验获得了岭澳二期核电厂SOP中DOS的RPE-ACT规程下的操纵员视觉监视注意力状态向量函数以及操纵员稳态视觉监视注意力状态向量,验证了本章14.1节中所建立的操纵员执行规程期间屏幕间监视视觉注意力转移模型。

## 14.4　数字化核电厂操纵员监视行为注意力有效性检测实验

核电厂操纵员的注意力和记忆力资源是有限的,但是在数字化核电厂运行过程中,系统呈现给操纵员的监视信息很多,操纵员难以监视到系统呈现的所有信息,因此操纵员需要根据操纵任务或规程指引等来分配注意力资源,选择监视目标。本实验拟从注意力理论角度出发,剖析数字化核电厂操纵员的监视行为过程,验证核电厂数字化特征对操纵员监视行为注意资源的影响,并结合人的信息处理模式和注意力资源理论,通过实验来剖析数字化核电厂操纵员监视行为注意认知机制(第4.1.3.2节),该机制阐述了监视行为与注意力资源三种形式之间的交互过程,有助于操纵员在电厂的实际运行过程对注意力资源进行合理选择与分配。此外,实验还可基于眼动技术验证操纵员监视行为注意力资源有效性测量方法的可行性。

根据成本-效益原理,基于 Jun Su Ha 等建立的 DEMIS 模型[21]中提出的评估监视行为注意力有效性的定量方法,并且采用信息源的注视点个数、持续时间和观察次数来衡量视觉注意力资源的分配。通过获取信息源的注视点个数、持续时间和观察次数,来验证监视行为注意力有效性测量方法的可行性。

### 14.4.1 实验目的

(1) 验证本章 14.1.2 节中建立的监视行为注意力有效性测量方法的可行性。
(2) 对比操纵员培训前后的其视觉搜索路径变化。

### 14.4.2 实验设计

#### 1. 实验仪器

实验采用德国 ManGold 公司生产的 Tobii X120 型眼动仪、19 英寸戴尔计算机和投影仪组成的视线追踪系统(图 14-14)。该眼动仪通过瞳孔反射原理采集眼动数据,左右 44cm、上下 22cm、前后 30cm(整个过程至少一只眼睛的眼动能够捕捉到)。投影屏幕的尺寸为 217cm×292cm,距离眼动仪的距离为 310cm。实验数据通过 Tobii Studio 记录获取。

**图 14-14 视线追踪系统**

#### 2. 实验材料

岭澳二期核电厂主控室操纵员经常调用的界面设计仿真图(图 14-15),共四张,分别表示 LOCA 事件、SGTR1 事件、SLB1 事件和 FLB1 事件发生(实验测试界面见图 14-16~图 14-19)。其无尺寸差,实验材料采用尺寸为 1024×271 像素的 JPG 图。

**图 14-15 实验仿真图**

图 14-16　LOCA 事件素材

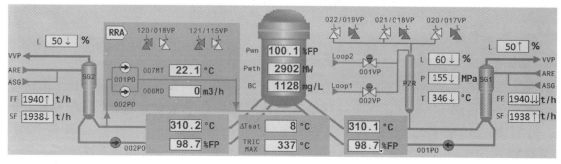

图 14-17　SGTR1 事件素材

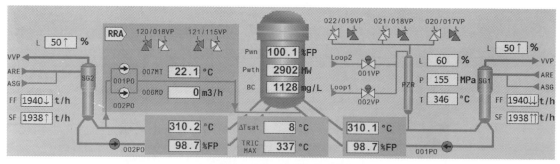

图 14-18　SLB1 事件素材

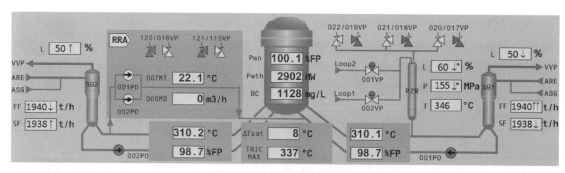

图 14-19　FLB1 事件素材

**3. 实验被试者**

实验招募被试者 31 人,其中男生 20 人,女生 11 人;年龄 20~26 岁;大学本科及以上学历;专业包括核工程与核技术、安全工程等。被试者裸眼视力或矫正视力正常,所有被试者都要接受相应的培训,包括对界面的认识和熟悉,实验操纵及实验注意事项。

4. 实验流程

(1) 主试者进行实验准备:首先,进入 Tobii Studio 主界面(图 14-20),创建项目名。然后,插入实验说明文字"请根据图片信息判断上一图片发生的事件名称";再次,将 LOCA 事件、SGTR1 事件、SLB1 事件和 FLB1 事件导入到主界面的中间位置,设置每个图片的显示时间是30s,要求被试者在该时间窗口内迅速判断出事件名称,以增加被试者时间负荷;最后,在每张图片后插入一个问卷,要求被试者进行选择(图 14-21)。

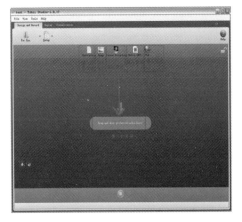

图 14-20　Tobii Studio 主界面

图 14-21　实验事故选择显示效果

(2) 被试者定标:被试者坐到实验座椅,正对投影仪,调整眼动仪的目镜位置和焦距,使其能清晰捕捉到眼球运动,保证双眼的运动被捕捉到。要求被试者"注视屏幕上会随机出现的五个红色圆点,直到消失。此过程中,身体和头部尽量保持不动"。定标完成后,若五个圆圈中都有绿色标记且甩尾不长则点击"Start Recording"。

(3) 典型事故动态规则表培训前对被试者进行第一次实验。要求被试者每看完一个图片后,要根据之前显示的图片选择发生的事故名称,被试者选择结果如表 14-19 所列,目的是在下面步骤(5)时,能对培训前后被试者的诊断失误概率进行对比,以验证操纵前的培训是有成效的。

表 14-19　被试事故选择结果

| 结果 | 培训前 | | | | 培训后 | | | |
|------|-----|-----|-----|-----|-----|-----|-----|-----|
| | Q01 | Q02 | Q03 | Q04 | Q01 | Q02 | Q03 | Q04 |
| P01 | SLB1 | SGTR2 | FLB1 | LOCA | LOCA | SGTR1 | SLB1 | FLB1 |
| P02 | LOCA | FLB2 | SGTR2 | SLB1 | LOCA | SGTR1 | SLB1 | FLB1 |
| P03 | LOCA | SGTR2 | FLB1 | SLB1 | LOCA | SGTR1 | SLB1 | FLB1 |
| P04 | SGTR1 | FLB1 | LOCA | SLB1 | LOCA | SGTR1 | SLB2 | FLB1 |
| P05 | LOCA | SGTR2 | FLB1 | SLB1 | LOCA | SGTR1 | SLB1 | FLB1 |
| P06 | LOCA | SGTR1 | SLB1 | FLB2 | LOCA | SGTR1 | SLB1 | FLB1 |
| P07 | FLB1 | SGTR2 | FLB2 | SLB1 | LOCA | SGTR2 | SLB1 | FLB1 |
| P08 | LOCA | SGTR1 | SLB1 | FLB1 | LOCA | SGTR1 | SLB1 | FLB1 |
| P09 | LOCA | FLB1 | FLB2 | SLB1 | LOCA | SGTR1 | SLB1 | FLB1 |

（续）

| 结果 | 培训前 | | | | 培训后 | | | |
|------|------|------|------|------|------|------|------|------|
| | Q01 | Q02 | Q03 | Q04 | Q01 | Q02 | Q03 | Q04 |
| P10 | LOCA | SGTR1 | FLB1 | FLB1 | LOCA | SGTR1 | SLB1 | FLB1 |
| P11 | LOCA | SGTR1 | SGTR2 | SLB1 | LOCA | SGTR1 | SLB1 | FLB1 |
| P12 | LOCA | FLB1 | SLB1 | SLB2 | LOCA | SGTR1 | SLB1 | FLB1 |
| P13 | LOCA | SLB1 | FLB1 | SLB1 | LOCA | SGTR1 | SLB1 | FLB1 |
| P16 | LOCA | SGTR1 | SLB1 | FLB1 | LOCA | SGTR1 | SLB1 | FLB1 |
| P17 | FLB2 | FLB1 | FLB1 | FLB1 | LOCA | SGTR1 | FLB1 | FLB1 |
| P18 | LOCA | FLB1 | SLB1 | SGTR2 | LOCA | SGTR1 | SLB2 | FLB1 |
| P19 | LOCA | FLB1 | FLB2 | SGTR2 | LOCA | SGTR1 | SLB1 | FLB1 |
| P20 | LOCA | SLB1 | SGTR2 | FLB1 | LOCA | SGTR1 | SLB1 | FLB1 |
| P21 | SGTR2 | LOCA | SLB1 | FLB2 | LOCA | SGTR1 | SLB1 | FLB1 |
| P22 | LOCA | SGTR1 | FLB1 | SLB1 | LOCA | SGTR1 | SLB2 | FLB1 |
| P23 | LOCA | SGTR1 | FLB2 | SLB2 | LOCA | SGTR1 | SLB1 | SLB1 |
| P24 | LOCA | SGTR2 | FLB1 | SLB2 | LOCA | SGTR1 | SLB1 | FLB1 |
| P25 | LOCA | SGTR2 | FLB1 | SLB1 | LOCA | SGTR1 | SLB1 | FLB2 |
| P26 | LOCA | FLB1 | SLB1 | FLB2 | LOCA | SGTR1 | FLB1 | FLB1 |
| P27 | SGTR2 | FLB1 | SLB1 | FLB2 | LOCA | SGTR1 | SLB1 | FLB1 |
| P28 | LOCA | FLB1 | LOCA | SLB2 | LOCA | SGTR2 | SLB1 | FLB1 |
| P29 | FLB2 | SGTR2 | LOCA | FLB1 | LOCA | SGTR1 | SLB1 | FLB1 |
| P30 | SGTR2 | FLB2 | LOCA | FLB2 | LOCA | SGTR1 | SLB1 | FLB1 |
| P31 | LOCA | SGTR2 | FLB1 | SLB1 | LOCA | SGTR1 | SLB1 | FLB2 |

（4）第一次实验后，对被试者进行典型事故动态规则表培训。假定对被试者就某项具体场景或状态诊断需要的心智模型是主要基于被试者操纵前的多次反复学习或训练（学习直到熟悉）形成的，使其最终能准确地根据指示器来判断事故。

（5）培训完成后，对被试者进行第二次实验。重复实验步骤（3）的过程，对比被试者培训前后的差异，与第一次实验相比，图片显示时间缩短为 20s。

### 14.4.3 实验结果与分析

本实验主要是对比被试者培训前后的监视行为注意力绩效和视觉搜索路径差异。信息的重要度和 AOI 的眼动指标是本章 14.1.2 节提出的注意力有效性测量方法的重要组成部分，本实验通过 Excel 汇总自 Tobii Studio 软件导出的眼动数据，然后运用 SPSS 软件对培训前后的监视行为注意力有效性进行显著性检验，以完成被试者培训前后的其视觉搜索路径差异性对比。

1. 监视行为注意力有效性

在 Tobii Studio 中对实验素材进行兴趣区（所有指标）划分，以获取各个兴趣区的注视点个数、持续时间和观察次数。所有事件的兴趣区分为组件级（包括 PZR、SG1 和 SG2）和指示器级（包括 PZR-L、PZR-P、PZR-T、SG1-L、SG1-FF、SG1-SF、SG2-L、SG2-FF、SG2-SF），如

图 14-22所示是以 SGTR1 事件为例。

图 14-22 兴趣区划分

根据眼动仪 Tobii Studio 获取的数据与本章 14.1.2 节中信息重要度层次结构模型所得到的信息重要度,借助 Excel 可得到所有被试者在组件级的监视注意力有效性(EOM)结果(表 14-20)。

表 14-20 监视注意力有效性(组件级指标)

| EOM | LOCA | | SGTR1 | | SLB1 | | FLB1 | |
|---|---|---|---|---|---|---|---|---|
| | 培训前 | 培训后 | 培训前 | 培训后 | 培训前 | 培训后 | 培训前 | 培训后 |
| P 1 | 0.5653 | 0.5599 | 0.6660 | 0.6378 | 0.5851 | 0.5771 | 0.5918 | 0.3738 |
| P 2 | 0.6032 | 0.5947 | 0.6102 | 0.6049 | 0.6405 | 0.5856 | 0.6177 | 0.5024 |
| P 3 | 0.6138 | 0.5929 | 0.6447 | 0.6256 | 0.6224 | 0.5803 | 0.5933 | 0.4558 |
| P 4 | 0.5858 | 0.5737 | 0.6175 | 0.6145 | 0.5682 | 0.5607 | 0.5734 | 0.5195 |
| P 5 | 0.6453 | 0.6137 | 0.6439 | 0.6322 | 0.5995 | 0.5583 | 0.7899 | 0.5974 |
| P 6 | 0.6767 | 0.5873 | 0.6541 | 0.6072 | 0.6444 | 0.5788 | 0.5993 | 0.4265 |
| P 7 | 0.7165 | 0.5978 | 0.6466 | 0.6134 | 0.6151 | 0.6030 | 0.6224 | 0.3363 |
| P 8 | 0.5765 | 0.5677 | 0.6342 | 0.6125 | 0.6696 | 0.6062 | 0.6136 | 0.2192 |
| P 9 | 0.6026 | 0.5661 | 0.6640 | 0.6237 | 0.6588 | 0.5823 | 0.6060 | 0.3215 |
| P 10 | 0.6896 | 0.5889 | 0.6309 | 0.6081 | 0.6246 | 0.6013 | 0.6383 | 0.5621 |
| P 11 | 0.6566 | 0.5521 | 0.6601 | 0.6371 | 0.6271 | 0.5717 | 0.6144 | 0.3142 |
| P 12 | 0.6604 | 0.5595 | 0.6591 | 0.6022 | 0.6481 | 0.5945 | 0.6200 | 0.4937 |
| P 13 | 0.6764 | 0.6551 | 0.6628 | 0.6335 | 0.6581 | 0.6372 | 0.6496 | 0.3858 |
| P 14 | 0.6435 | 0.5549 | 0.6442 | 0.6138 | 0.6592 | 0.5812 | 0.5977 | 0.5030 |
| P 15 | 0.7244 | 0.6151 | 0.6741 | 0.5869 | 0.6508 | 0.5620 | 0.6480 | 0.3935 |
| P 16 | 0.5865 | 0.5813 | 0.6164 | 0.6030 | 0.6320 | 0.5811 | 0.6163 | 0.4843 |
| P 17 | 0.6623 | 0.5838 | 0.6374 | 0.6216 | 0.6795 | 0.6095 | 0.6657 | 0.1506 |
| P 18 | 0.5991 | 0.5664 | 0.6451 | 0.6394 | 0.5868 | 0.5843 | 0.6563 | 0.3734 |
| P 19 | 0.6242 | 0.5413 | 0.6616 | 0.6216 | 0.6183 | 0.5864 | 0.6096 | 0.4400 |
| P 20 | 0.6848 | 0.5890 | 0.6542 | 0.6130 | 0.6513 | 0.6030 | 0.6337 | 0.4089 |
| P 21 | 0.6006 | 0.5463 | 0.6469 | 0.5946 | 0.6817 | 0.5730 | 0.5795 | 0.3662 |
| P 22 | 0.6801 | 0.6052 | 0.6535 | 0.5984 | 0.6008 | 0.5882 | 0.5999 | 0.2870 |
| P 23 | 0.7136 | 0.5892 | 0.6547 | 0.6368 | 0.6279 | 0.6054 | 0.6178 | 0.1740 |
| P 24 | 0.6972 | 0.5827 | 0.6670 | 0.6219 | 0.6174 | 0.5758 | 0.5919 | 0.1672 |

（续）

| EOM | LOCA | | SGTR1 | | SLB1 | | FLB1 | |
|---|---|---|---|---|---|---|---|---|
| | 培训前 | 培训后 | 培训前 | 培训后 | 培训前 | 培训后 | 培训前 | 培训后 |
| P 25 | 0.6584 | 0.5776 | 0.6846 | 0.6319 | 0.6374 | 0.5974 | 0.5996 | 0.4229 |
| P 26 | 0.6061 | 0.6033 | 0.6055 | 0.5792 | 0.6557 | 0.6445 | 0.6475 | 0.1023 |
| P 27 | 0.6941 | 0.6044 | 0.6841 | 0.6634 | 0.6326 | 0.6018 | 0.6683 | 0.4337 |
| P 28 | 0.6891 | 0.5458 | 0.6578 | 0.5609 | 0.6949 | 0.5701 | 0.6723 | 0.3046 |
| P 29 | 0.6111 | 0.6026 | 0.6470 | 0.6450 | 0.6655 | 0.6570 | 0.6097 | 0.5550 |
| P 30 | 0.6075 | 0.5962 | 0.6382 | 0.6074 | 0.6460 | 0.5348 | 0.6153 | 0.5267 |
| P 31 | 0.6600 | 0.5803 | 0.6594 | 0.6255 | 0.7122 | 0.6655 | 0.6389 | 0.2412 |

对于组件级指标（PZR、SG1 和 SG2），培训后的 EOM 越趋近于 0，说明被试者会依据信息的重要度来分配更为合适的注意力资源，有利于监视效率的提升。培训前后被试者的监视注意力有效性或监视绩效对比如图 14-23~图 14-26 所示。

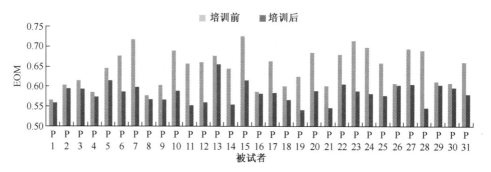

图 14-23　LOCA 事件下组件级监视绩效比较

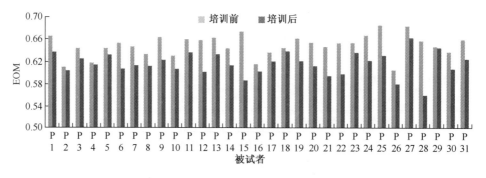

图 14-24　SGTR1 事件下组件级监视绩效比较

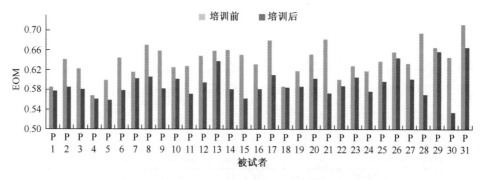

图 14-25　SLB1 事件下组件级监视绩效比较

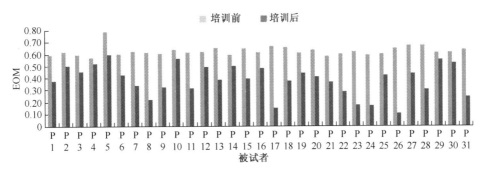

图 14-26　FLB1 事件下组件级监视绩效比较

为了验证被试者培训前后监视注意力有效性或绩效的差异性,对所有被试者进行配对 $t$ 检验,结果表明:对于组件级指标(PZR、SG1 和 SG2),被试者在 LOCA、SGTR1、SLB1 和 FLB1 ($p=0<0.05$)培训前后的监视行为注意力绩效存在显著差异,说明对被试者的事前培训活动可显著提高其监视绩效。

根据眼动仪 Tobii Studio 获取的数据及信息重要度,借助 Excel 可得到指示器级指标的监视注意力有效性(EOM)结果(表 14-21)。

表 14-21　监视注意力有效性(指示器级指标)

| EOM | LOCA | | SGTR1 | | SLB1 | | FLB1 | |
|---|---|---|---|---|---|---|---|---|
| | 培训前 | 培训后 | 培训前 | 培训后 | 培训前 | 培训后 | 培训前 | 培训后 |
| P 1 | 0.8943 | 0.8698 | 0.9060 | 0.8981 | 0.8536 | 0.8461 | 1.1852 | 0.8235 |
| P 2 | 0.8889 | 0.8874 | 0.8700 | 0.8568 | 0.8751 | 0.8466 | 1.3680 | 0.8647 |
| P 3 | 0.9003 | 0.8732 | 0.8972 | 0.8747 | 0.8585 | 0.8552 | 0.8441 | 0.8291 |
| P 4 | 0.8821 | 0.8790 | 0.8795 | 0.8540 | 0.8499 | 0.8413 | 0.8883 | 0.8297 |
| P 5 | 0.9037 | 0.8846 | 0.8989 | 0.8828 | 0.8560 | 0.8448 | 1.4930 | 0.8452 |
| P 6 | 0.9265 | 0.8807 | 0.8782 | 0.8966 | 0.8604 | 0.8547 | 1.2544 | 0.8617 |
| P 7 | 0.9015 | 0.8960 | 0.8826 | 0.8777 | 0.8676 | 0.8550 | 0.9543 | 0.8441 |
| P 8 | 0.8848 | 0.8606 | 0.8753 | 0.8671 | 0.8916 | 0.8305 | 0.8383 | 0.7133 |
| P 9 | 0.8757 | 0.8734 | 0.9000 | 0.8815 | 0.8881 | 0.8433 | 0.9394 | 0.8465 |
| P 10 | 0.9173 | 0.8937 | 0.8915 | 0.8642 | 0.8643 | 0.8337 | 0.8412 | 0.7612 |
| P 11 | 0.8895 | 0.8698 | 0.8655 | 0.8633 | 0.8699 | 0.8445 | 0.8544 | 0.7597 |
| P 12 | 0.8892 | 0.8811 | 0.8912 | 0.8515 | 0.8798 | 0.8329 | 0.8420 | 0.6718 |
| P 13 | 0.9198 | 0.8843 | 0.8803 | 0.8522 | 0.8999 | 0.8678 | 1.0334 | 0.8720 |
| P 14 | 0.8930 | 0.8778 | 0.8904 | 0.8884 | 0.8723 | 0.8392 | 0.8976 | 0.8392 |
| P 15 | 0.9076 | 0.8997 | 0.8827 | 0.8659 | 0.8732 | 0.8353 | 0.9669 | 0.8254 |
| P 16 | 0.8925 | 0.8573 | 0.8822 | 0.8719 | 0.9045 | 0.8340 | 1.1205 | 0.8560 |
| P 17 | 0.8964 | 0.8610 | 0.8817 | 0.8666 | 0.8870 | 0.8473 | 0.8427 | 0.6529 |
| P 18 | 0.8736 | 0.8689 | 0.8827 | 0.8664 | 0.8476 | 0.8401 | 0.9200 | 0.8721 |
| P 19 | 0.8831 | 0.8741 | 0.8975 | 0.8888 | 0.8670 | 0.8612 | 0.9621 | 0.8549 |
| P 20 | 0.9206 | 0.8901 | 0.8884 | 0.8784 | 0.8602 | 0.8412 | 1.1888 | 0.8385 |
| P 21 | 0.8767 | 0.8765 | 0.9021 | 0.8566 | 0.8899 | 0.8465 | 0.8400 | 0.4747 |

（续）

| EOM | LOCA | | SGTR1 | | SLB1 | | FLB1 | |
|---|---|---|---|---|---|---|---|---|
| | 培训前 | 培训后 | 培训前 | 培训后 | 培训前 | 培训后 | 培训前 | 培训后 |
| P 22 | 0.8931 | 0.8913 | 0.8799 | 0.8693 | 0.8665 | 0.8353 | 0.8480 | 0.7016 |
| P 23 | 0.9116 | 0.8824 | 0.8859 | 0.8832 | 0.8637 | 0.8621 | 0.8945 | 0.8527 |
| P 24 | 0.9322 | 0.8908 | 0.8999 | 0.8913 | 0.8484 | 0.8446 | 0.9681 | 0.8278 |
| P 25 | 0.8969 | 0.8724 | 0.9055 | 0.8802 | 0.8648 | 0.8508 | 0.8469 | 0.7594 |
| P 26 | 0.8939 | 0.8835 | 0.8803 | 0.8637 | 0.8625 | 0.8553 | 1.2752 | 0.8375 |
| P 27 | 0.9207 | 0.8664 | 0.8988 | 0.8989 | 0.8578 | 0.8476 | 1.2500 | 0.8537 |
| P 28 | 0.9009 | 0.8722 | 0.8848 | 0.8567 | 0.8742 | 0.8418 | 1.2893 | 0.8580 |
| P 29 | 0.8915 | 0.8529 | 0.9041 | 0.8796 | 0.8949 | 0.8803 | 1.3069 | 0.8338 |
| P 30 | 0.8769 | 0.8687 | 0.8695 | 0.8661 | 0.8787 | 0.8714 | 0.9602 | 0.8242 |
| P 31 | 0.9150 | 0.8586 | 0.8711 | 0.8708 | 0.8867 | 0.8705 | 1.0292 | 0.6727 |

对于指示器级指标（PZR-L、PZR-P、PZR-T、SG1-L、SG1-FF、SG1-SF、SG2-L、SG2-FF、SG2-SF），培训后的被试者的 EOM 也是趋近于 0，说明被试者会依据信息的重要度来分配更为合适的注意力资源，有利于监视绩效提升，培训前后被试者的监视注意力有效性或监视绩效对比如图 14-27~图 14-30 所示。

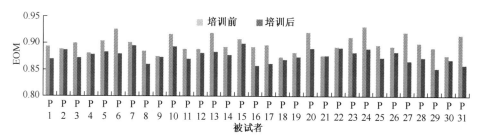

图 14-27　LOCA 事件下指标级监视绩效比较

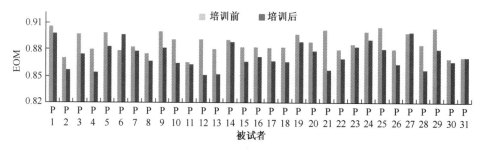

图 14-28　SGTR1 事件下指标级监视绩效比较

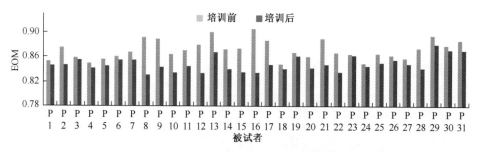

图 14-29　SLB1 事件下指标级监视绩效比较

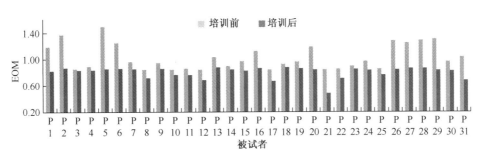

**图 14-30　FLB1 事件下指标级监视绩效比较**

为了验证被试者培训前后监视注意力有效性或绩效的差异性,对被试者进行配对 $t$ 检验的结果表明:对于指示器级指标(PZR、SG1 和 SG2),被试者在 LOCA、SGTR1、SLB1 和 FLB1(显著性水平 $p=0<0.05$)培训前后的监视行为注意力绩效存在显著差异,说明对被试者的事前培训活动可显著提高其监视绩效。

上述直方图显示和配对 $t$ 检验结果表明,各部分 AOI 培训前后存在显著性差异($p<0.05$),且培训后的 EOM 值小于培训前的 EOM 值,这验证了本章 14.1.2 节建立的监视行为注意力有效性测量方法是可行的。

**2. 视觉搜索路径**

采用注视点路径图(Gaze Plot)和热点图(Heat Map)来分析被试者注视序列及注视重点的区别,利用 Tobii Studio 获取的 SGTR 事件培训前后的注视点路径图如图 14-31 与图 14-32 所示。

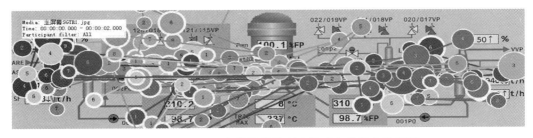

**图 14-31　SGTR1 事件培训前所有被试者注视点路径图**

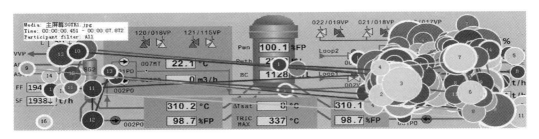

**图 14-32　SGTR1 事件培训后所有被试者注视点路径图**

图 14-31 显示培训前,被试者的注视点序列比较杂乱,无规律可循。图 14-32 显示培训后,被试者的注视点基本是从图片右边关注后再移向左边,这与一般的阅读从左到右的秩序相冲突,可能是因为被试者的学习动态机制的顺序是从 PZR 到 SG1 再到 SG2,导致被试者在熟悉的界面上可更加快速准确地进行 PZR-SG1-SG2 定位。

同样,被试者培训后其注视区域更加集中在能判断事件的有效指标上,表明被试者视觉搜索路径会受其培训知识与获得经验的影响。

实验中信息源的注视点个数、持续时间和观察次数可通过 Tobii 眼动仪获得,而重要度 $\omega$ 可采用 AHP 方法获取,把相关数据代入监视注意有效性函数,可以看到培训后的 EOM 要小于培训前的 EOM。采用配对 $t$ 检验显示所有被试者培训前后的绩效是存在显著性差异。由于 AHP 方法自身的一些局限性,在进行判断矩阵的构造时是具有较强的主观性,本章是将数据驱动与知识驱动放在同等重要地位。数字化核电厂主控室操纵员的知识驱动监视和数据驱动监视之间的交互关系还需进一步研究。对兴趣区的划分,各个事件存在微小的差异,可能对实验结论有一定的影响。但是,从实验结果来看,所有被试者的 EOM 值在培训后都是下降的,则表明该实验成功验证了监视行为注意力有效性测量方法的可行性和可靠性。

### 14.4.4 研究结论

(1) 从人的信息处理方式考虑,操纵员的监视行为由数据驱动或知识驱动触发。数据驱动的监视主要受到环境显著性的影响,如信息物理特征、信息带宽、信息变化率等;知识驱动的监视主要受到操纵员的知识/经验的影响,如对重要信息的期望值、对信息价值的判断、信息熟知程度、操纵经验等。

(2) 基于人的信息处理模型、注意力资源理论与操纵员监视行为特征剖析了操纵员监视行为注意机制。环境的显著性刺激(数据驱动)和操纵员的长期记忆(知识驱动)引导操纵员将注意力通过不同的通道(如视觉、听觉等)和不同的信息显示格式(如语言、文本或空间)影响监视行为,并在监视过程中时刻保持警惕,并采取恰当策略对注意力资源进行选择分配,有助于操纵员在监视电厂状态时对其注意资源进行合理选择与分配,可为操纵员后续信息认知奠定基础。

(3) 通过眼动实验验证了本章 14.1.2 节中建立的监视行为注意力有效性测量方法的可行性和有效性。

(4) 操纵员注意力有效性测试实验的眼动数据统计分析表明,组件级和部件级指示器的 EOM 进行配对 $t$ 检验的结果都小于 0.05,说明培训前后被试者的注意力绩效存在显著性差异,且培训后的 EOM 要小于培训前的 EOM,这表明培训后的监视行为注意力绩效优于培训前。

(5) 注视点路径图和注视点热点图表明,被试者的视觉搜索路径和注视区域在培训前后发生了变化,明显受到其培训、知识与经验的影响。

## 14.5 数字化核电厂操纵员监视行为绩效测试实验

核电厂数字化后,显示装置、操控方式、系统人-机交互界面、规程形式等均有改变,特别是系统信息呈现方式与规模发生较大变化,主控室操纵员对系统的监视任务和负荷增加,特别是电厂系统出现异常后,操纵员大部分时间都基于规程对系统参数或设备状态进行监视,相应监视行为的成功与否直接影响着后续活动,操纵员监视行为绩效对电厂控制十分关键。需要对数字化核电厂操纵员执行数字化规程(如 SOP)时,操纵员监视行为可靠性影响因素与绩效等问题进行研究,如操纵员监视行为绩效是否与监视目标类型、监视目标数量、界面管理任务复杂性等问题有关。

### 14.5.1 实验目的

测试在不同类型监视目标、不同监视目标数量、不同导航次数(用以表征界面管理任务的复杂度)下各自的监视失误概率及平均执行时间,并分析不同情况下操纵员监视行为绩效统计数据是否存在显著性差异。

### 14.5.2 实验设计

1. 实验测试平台

实验平台(图14-33)建立在 Visual Studio 2008 环境平台上,以岭澳二期核电厂 SGTR 事件为背景,基于电厂 SOP 中的 DOS 与其真实系统人-机交互界面开发计算机仿真实验软件。实验测试采用四个屏幕显示,其中,四块 19 英寸纯平显示屏(分辨率 1280×1024)从左至右按照 1 号、2 号、3 号与 4 号编号配置,四台显示屏通过一台主机控制,主机规格配置为 Windows XP 系统,2GB 内存,Matrox QID LP PCI 四屏显卡。实验过程中,被试者按照操纵规则配置屏幕,将不同的人-机界面配置于不同的显示器上,以支持被试者完成规程要求的监视任务。

**图 14-33 核电厂数字化主控室仿真平台**

实验平台的人-机界面主要包括以下几种:

1) 实验启动界面

被试者在图 14-34 所示的实验启动界面上输入个人基本信息,然后开始实验。

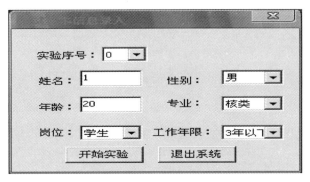

**图 14-34 实验启动界面**

2) 规程界面

规程界面显示在 3 号屏上,实验选取的是核电厂 SOP 中的 DOS,被试者在实验过程中需要完成的所有监视任务信息,都要通过读取 3 号屏上的规程信息来获得,且在规程显示界面的左右两边设有被试者要查看的参数所在信息显示界面的链接按钮,如图 14-35 所示。

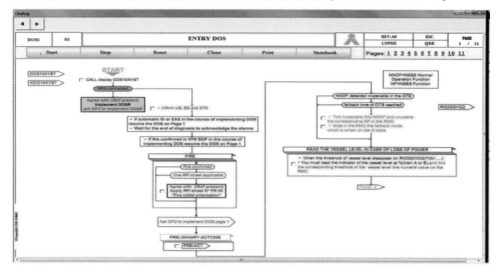

图 14-35　规程界面

3）信息显示界面

实验的信息显示界面主要用于显示主要系统状态、设备参数或辅助系统功参数等,被试者通过页面配置将不同种类的信息显示界面调用到不同的显示屏上查看,其中系统主界面(图 14-36)用于显示被试者经常要查看的一些系统重要参数(如蒸汽发生器水位、压力容器水位等),该界面固定显示在最左边的 1 号屏;信息显示界面还包括 YST、YCD 及 YFU 界面,用于显示一些辅助系统的信息参数(图 14-37),被试者将基于实验测试要求,将 YST 界面配置到 2 号屏,将 YCD 和 YFU 界面配置到最右边的 4 号屏,以显示规程要求监视的参数。

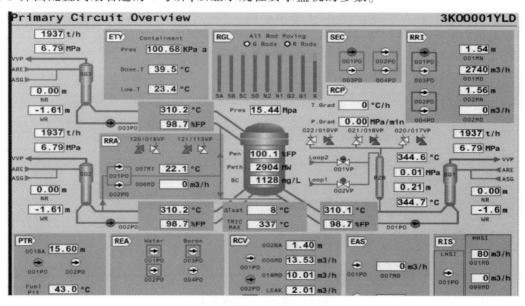

图 14-36　系统主界面

4）问卷调查界面

问卷调查界面即被试者每执行完一次监视任务,都要按下键盘上的空格键,系统在对应信息显示界面屏上自动弹出一个与监视任务直接相关的测试问题(图 14-38),调查被试者刚才获取

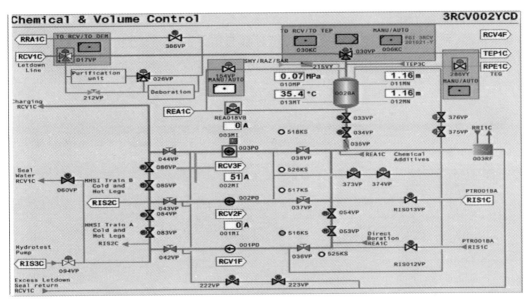

图 14-37 其他信息显示界面

的参数信息准确性,系统会自动记录被试者回答问题的结果。

图 14-38 问卷调查界面

5) 实验结束界面

当被试者执行 DOS 结束,选择了需要执行的 ECPi 规程时,监视实验结束。实验结束界面如图 14-39 所示。

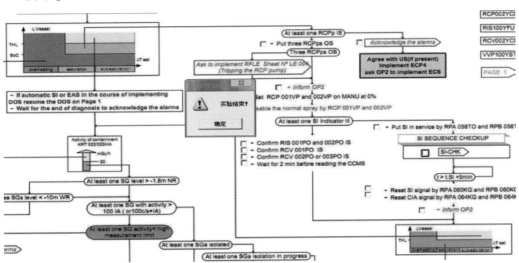

图 14-39 实验结束界面

6）实验数据生成界面

实验结束后，系统将自动生成一个实验测试过程与结果的 Excel 表格，记录被试者执行一系列动作的时间节点及完成监视任务的成功与否，并会记录每次监视任务的任务类型、导航次数及监视目标数量（图 14-40）。

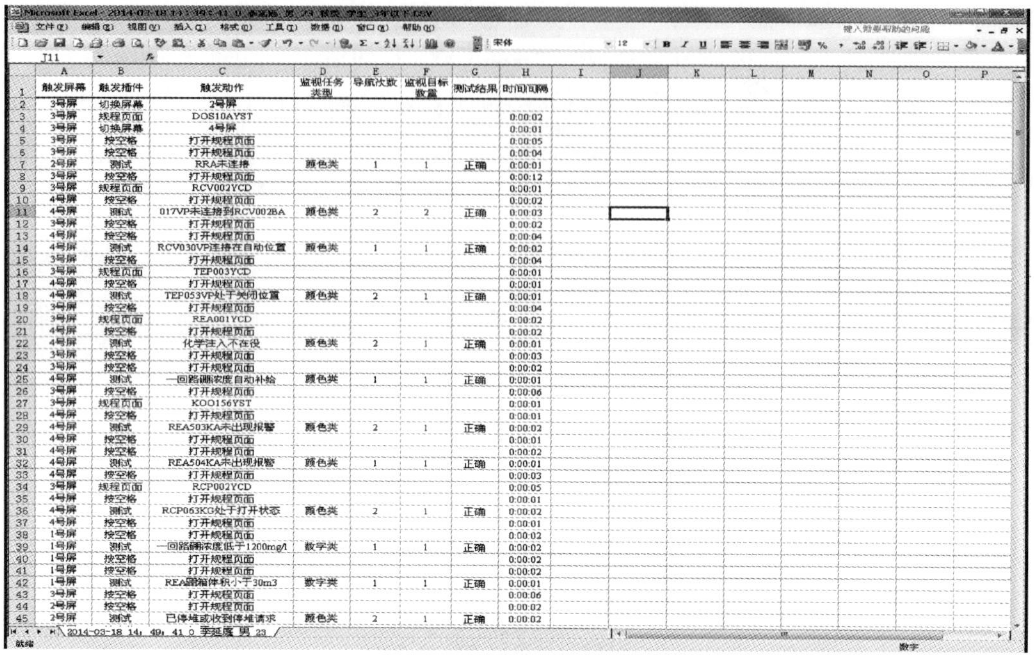

| 触发屏幕 | 触发插件 | 触发动作 | 监视任务类型 | 导航次数 | 监视目标数量 | 测试结果 | 时间间隔 |
|---|---|---|---|---|---|---|---|
| 3号屏 | 切换屏幕 | 2号屏 | | | | | |
| 3号屏 | 规程页面 | DOS10AYST | | | | | 0:00:02 |
| 3号屏 | 切换屏幕 | 4号屏 | | | | | 0:00:01 |
| 3号屏 | 按空格 | 打开规程页面 | | | | | 0:00:05 |
| 3号屏 | 按空格 | 打开规程页面 | | | | | 0:00:04 |
| 2号屏 | 测试 | RRA未连接 | 颜色类 | 1 | 1 | 正确 | 0:00:01 |
| 3号屏 | 按空格 | 打开规程页面 | | | | | 0:00:12 |
| 3号屏 | 规程页面 | RCV002YCD | | | | | 0:00:01 |
| 4号屏 | 按空格 | 打开规程页面 | | | | | 0:00:02 |
| 4号屏 | 测试 | 017VP未连接到RCV002BA | 颜色类 | 2 | 2 | 正确 | 0:00:03 |
| 3号屏 | 按空格 | 打开规程页面 | | | | | 0:00:02 |
| 4号屏 | 按空格 | 打开规程页面 | | | | | 0:00:04 |
| 4号屏 | 测试 | RCV030VP连接在自动位置 | 颜色类 | 1 | 1 | 正确 | 0:00:02 |
| 3号屏 | 按空格 | 打开规程页面 | | | | | 0:00:04 |
| 3号屏 | 规程页面 | TEP003YCD | | | | | 0:00:01 |
| 4号屏 | 按空格 | 打开规程页面 | | | | | 0:00:01 |
| 4号屏 | 测试 | TEP053VP处于关闭位置 | 颜色类 | 2 | 1 | 正确 | 0:00:01 |
| 3号屏 | 按空格 | 打开规程页面 | | | | | 0:00:04 |
| 3号屏 | 规程页面 | REA001YCD | | | | | 0:00:02 |
| 4号屏 | 按空格 | 打开规程页面 | | | | | 0:00:02 |
| 4号屏 | 测试 | 化学注入不在役 | 颜色类 | 2 | 1 | 正确 | 0:00:01 |
| 3号屏 | 按空格 | 打开规程页面 | | | | | 0:00:03 |
| 3号屏 | 按空格 | 打开规程页面 | | | | | 0:00:02 |
| 4号屏 | 测试 | 一回路硼浓度自动补给 | 颜色类 | 1 | 1 | 正确 | 0:00:01 |
| 3号屏 | 按空格 | 打开规程页面 | | | | | 0:00:06 |
| 3号屏 | 规程页面 | KOO156YST | | | | | 0:00:01 |
| 4号屏 | 按空格 | 打开规程页面 | | | | | 0:00:01 |
| 4号屏 | 测试 | REA503KA未出现报警 | 颜色类 | 2 | 1 | 正确 | 0:00:02 |
| 4号屏 | 按空格 | 打开规程页面 | | | | | 0:00:01 |
| 4号屏 | 按空格 | 打开规程页面 | | | | | 0:00:02 |
| 4号屏 | 测试 | REA504KA未出现报警 | 颜色类 | 1 | 1 | 正确 | 0:00:01 |
| 4号屏 | 按空格 | 打开规程页面 | | | | | 0:00:03 |
| 3号屏 | 规程页面 | RCP002YCD | | | | | 0:00:05 |
| 4号屏 | 按空格 | 打开规程页面 | | | | | 0:00:01 |
| 4号屏 | 测试 | RCP063KG处于打开状态 | 颜色类 | 2 | 1 | 正确 | 0:00:02 |
| 4号屏 | 按空格 | 打开规程页面 | | | | | 0:00:01 |
| 1号屏 | 按空格 | 打开规程页面 | | | | | 0:00:02 |
| 1号屏 | 测试 | 一回路硼浓度低于1200mg/l | 数字类 | 1 | 1 | 正确 | 0:00:02 |
| 1号屏 | 按空格 | 打开规程页面 | | | | | 0:00:02 |
| 1号屏 | 按空格 | 打开规程页面 | | | | | 0:00:02 |
| 1号屏 | 测试 | REA硼箱体积小于30m3 | 数字类 | 1 | 1 | 正确 | 0:00:01 |
| 3号屏 | 按空格 | 打开规程页面 | | | | | 0:00:06 |
| 2号屏 | 按空格 | 打开规程页面 | | | | | 0:00:02 |
| 2号屏 | 测试 | 已停堆或收到停堆请求 | 颜色类 | 2 | 1 | 正确 | 0:00:02 |

**图 14-40　实验数据生成界面**

## 2. 实验流程

实验采用无分组重复实验。被试者为 12 名在校研究生，其中男女生各 6 名，年龄均在 22~26 岁之间。实验分 45 天完成，前 15 天为被试者培训，主要让被试者熟悉实验测试平台、事件背景与信息界面等，包括对规程、系统界面及相关控件在系统界面中的位置等；后 30 天为正式实验测试，要求每个被试者重复执行 100 次 DOS。根据岭澳二期核电厂主控室模拟机培训观察结果与教员访谈可知，一般情况下，操纵员执行 DOS 所需时间为 12min，因此，该实验要求被试者每次在 12min 内完成对 DOS 全部任务的操纵。

实验流程与实际主控室操纵员处理事故的流程基本一致，首先，被试者在 3 号屏规程界面（图 14-35）上读取规程信息，获取到规程要求完成的任务后随即按下空格键，系统将自动记录其时间节点；然后，通过界面管理，如配置界面、点击链接等导航动作调用相关系统界面至 1 号、2 号、4 号屏幕上，在调用的界面上找到规程要求监视的参数或控件，并获得其参数值或状态信息，完成该任务后立刻在此随即按下空格键，系统会再次记录该时间节点，与此同时，系统界面上会自动弹出一个与刚执行完监视任务内容直接相关的问题供被试者回答，被试者通过鼠标点击选择自己认为正确的答案，系统会自动记录被试者回答问题的正误情况；最后，被试者根据获取的状态信息回到规程界面选择下一步要执行的规程指令或信息，依次往复循环，直到跳出规程。

被试者每完成一次实验测试,系统都会根据被试者的实验结果自动生成一个 Excel 文档,文档记录了被试者每一次监视任务的内容,主要包括被试者执行成功或失败的结果,以及每个监视任务被试者执行的时间等。

3. 实验相关说明

(1) 数字化核电厂操纵员监视目标的物理形态主要为数字类或图标类,其中数字类监视目标主要是观察其数值大小,如水位高低、放射性大小等;图标类监视目标主要观察其颜色,如阀门打开状态为绿色,阀门关闭状态为白色等,本实验只研究了数字和颜色这两大类使用最广泛的监视目标物理形态。

(2) 实验过程中,被试者在寻找某参数或控件时,需要完成界面管理任务(即界面配置、链接、关闭与打开等导航活动),该次实验过程中的界面管理任务中,被试者需要执行的导航次数包括了 1 次、2 次与 3 次。

(3) 基于获取的规程信息,该实验中被试者需要监视的目标包括 1 个、2 个,与 3 个参数(控件)三种情形。

## 14.5.3 实验结果与分析

1. 监视不同类型目标的监视失误概率

12 名被试者各执行 DOS100 次,每次执行 DOS 过程中包含了 51 次监视任务,其中 42 次颜色类监视任务,9 次数字类监视任务(这是自然执行规程的结果),实验结果如表 14-22 所列(被试者对不同类型监视目标的监视失误概率的结果为各自执行相对应的监视任务类型的失误次数与执行监视任务的总次数之比,平均执行时间即为执行相应监视任务的总时间与执行相应监视任务的次数之比)。

利用 SPSS 软件对实验结果统计表明:颜色类目标的监视失误概率约为 $1.71 \times 10^{-3}$,平均执行时间为 6.78s;数字类目标的监视失误概率约为 $1.57 \times 10^{-3}$,平均执行时间为 7.04s。

平均失误概率 Leneve 方差齐性检验结果表明:颜色类与数字类两种监视目标类型的监视失误概率没有显著差异。平均执行时间 Leneve 方差齐性检验结果表明:这两种类型的监视目标的平均执行时间存在显著差异。

表 14-22 监视目标不同物理形态下的监视失误概率及平均执行时间

| 被试者序号 | 颜色类 | | 数字类 | |
| --- | --- | --- | --- | --- |
| | 监视失误概率 | 平均执行时间/s | 监视失误概率 | 平均执行时间/s |
| 1 | $1.90 \times 10^{-3}$ | 6.74 | 0 | 7.02 |
| 2 | $4.76 \times 10^{-4}$ | 6.68 | $1.11 \times 10^{-3}$ | 6.79 |
| 3 | $4.29 \times 10^{-3}$ | 7.14 | 0 | 7.25 |
| 4 | $1.90 \times 10^{-3}$ | 6.32 | $1.00 \times 10^{-2}$ | 6.71 |
| 5 | $1.90 \times 10^{-3}$ | 7.36 | $1.11 \times 10^{-3}$ | 7.47 |
| 6 | $2.38 \times 10^{-3}$ | 6.98 | 0 | 7.26 |
| 7 | $4.76 \times 10^{-4}$ | 6.50 | $2.22 \times 10^{-3}$ | 6.92 |
| 8 | $1.19 \times 10^{-3}$ | 6.73 | $2.22 \times 10^{-3}$ | 7.01 |
| 9 | $2.38 \times 10^{-4}$ | 6.33 | 0 | 6.67 |

（续）

| 被试者序号 | 颜色类 | | 数字类 | |
| --- | --- | --- | --- | --- |
| | 监视失误概率 | 平均执行时间/s | 监视失误概率 | 平均执行时间/s |
| 10 | $4.76 \times 10^{-4}$ | 6.70 | 0 | 6.99 |
| 11 | $2.14 \times 10^{-3}$ | 7.03 | 0 | 7.26 |
| 12 | $3.10 \times 10^{-3}$ | 6.83 | $2.22 \times 10^{-3}$ | 7.10 |

2. 不同导航次数下的监视失误概率及平均执行时间

被试者在不同导航次数下各自的监视失误概率及平均执行时间实验结果如表 14-23 所列。

计算可得：导航次数为 1 次时，监视失误概率为 $1.56 \times 10^{-3}$，平均执行时间为 5.34s；导航次数为 2 次时，监视失误概率为 $2.13 \times 10^{-3}$，平均执行时间为 9.18s；导航次数为 3 次时，监视失误概率为 0，平均执行时间为 10.64s。

导航次数的两两比较分析结果显示，导航次数为 1 次和 2 次时，监视失误概率没有显著性差异；但是导航次数为 3 时，其监视失误概率较导航 1 次与 2 次具有显著性差异，且其失误概率趋于 0。导航次数对平均执行时间结果影响显著，导航次数越多，平均执行时间越大。

表 14-23    不同导航次数下的监视失误概率及平均执行时间

| 被试者序号 | 导航次数为 1 | | 导航次数为 2 | | 导航次数为 3 | |
| --- | --- | --- | --- | --- | --- | --- |
| | 监视失误概率 | 平均执行时间/s | 监视失误概率 | 平均执行时间/s | 监视失误概率 | 平均执行时间/s |
| 1 | $1.34 \times 10^{-3}$ | 5.42 | $2.45 \times 10^{-3}$ | 9.34 | 0 | 10.87 |
| 2 | $7.74 \times 10^{-4}$ | 5.12 | 0 | 8.89 | 0 | 10.32 |
| 3 | $2.27 \times 10^{-3}$ | 5.02 | $6.63 \times 10^{-3}$ | 8.63 | 0 | 10.04 |
| 4 | $3.69 \times 10^{-3}$ | 5.56 | $2.80 \times 10^{-3}$ | 9.57 | 0 | 10.93 |
| 5 | $1.34 \times 10^{-3}$ | 5.15 | $3.06 \times 10^{-3}$ | 9.04 | 0 | 10.44 |
| 6 | $1.61 \times 10^{-3}$ | 5.48 | $2.94 \times 10^{-3}$ | 9.42 | 0 | 11.05 |
| 7 | $1.23 \times 10^{-3}$ | 5.32 | 0 | 8.76 | 0 | 10.24 |
| 8 | $1.99 \times 10^{-3}$ | 5.34 | 0 | 8.86 | 0 | 10.57 |
| 9 | $2.54 \times 10^{-4}$ | 5.89 | 0 | 10.22 | 0 | 11.07 |
| 10 | 0 | 5.23 | $9.19 \times 10^{-4}$ | 9.06 | 0 | 10.67 |
| 11 | $2.38 \times 10^{-3}$ | 5.24 | $1.24 \times 10^{-3}$ | 8.97 | 0 | 10.75 |
| 12 | $1.83 \times 10^{-3}$ | 5.32 | $5.55 \times 10^{-3}$ | 9.73 | 0 | 10.78 |

3. 不同监视目标数量下的监视失误概率及平均执行时间

被试者在不同监视目标数量下各自的监视失误概率及平均执行时间实验结果如表 14-24 所列。

计算结果显示：监视目标数量为 1 个时，监视失误概率为 $1.54 \times 10^{-3}$，平均执行时间为 6.93s；监视目标数量为 2 个时，监视失误概率为 $3.85 \times 10^{-3}$，平均执行时间为 7.97s；监视目标数量为 3 个时，监视失误概率为 $6.35 \times 10^{-3}$，平均执行时间为 9.23s。

监视目标数量的两两比较分析结果显示：监视目标为 1、2、3 个时，其监视失误概率及平均执行时间均差异显著，显著性水平 $p$ 均小于 0.05。

表 14-24　不同监视目标数量下的监视失误概率及平均执行时间

| 被试者序号 | 监视目标数量为1 | | 监视目标数量为2 | | 监视目标数量为3 | |
|---|---|---|---|---|---|---|
| | 监视失误概率 | 平均执行时间/s | 监视失误概率 | 平均执行时间/s | 监视失误概率 | 平均执行时间/s |
| 1 | $1.34 \times 10^{-3}$ | 6.80 | $4.21 \times 10^{-3}$ | 6.52 | $7.33 \times 10^{-3}$ | 6.99 |
| 2 | $5.16 \times 10^{-4}$ | 7.24 | $9.15 \times 10^{-4}$ | 7.36 | $2.92 \times 10^{-3}$ | 7.67 |
| 3 | $2.27 \times 10^{-3}$ | 6.95 | $6.67 \times 10^{-3}$ | 6.68 | $9.42 \times 10^{-3}$ | 7.12 |
| 4 | $3.69 \times 10^{-3}$ | 6.63 | $7.12 \times 10^{-3}$ | 6.73 | $9.83 \times 10^{-3}$ | 6.96 |
| 5 | $2.35 \times 10^{-3}$ | 6.83 | $5.67 \times 10^{-3}$ | 6.91 | $8.62 \times 10^{-3}$ | 7.00 |
| 6 | 0 | 6.65 | $7.69 \times 10^{-4}$ | 6.72 | $3.35 \times 10^{-3}$ | 6.94 |
| 7 | $6.14 \times 10^{-4}$ | 7.14 | $1.93 \times 10^{-3}$ | 7.02 | $4.36 \times 10^{-3}$ | 7.17 |
| 8 | $9.93 \times 10^{-4}$ | 6.79 | $3.37 \times 10^{-3}$ | 6.97 | $7.19 \times 10^{-3}$ | 7.28 |
| 9 | $3.27 \times 10^{-4}$ | 7.07 | $7.06 \times 10^{-4}$ | 6.92 | $2.83 \times 10^{-3}$ | 7.36 |
| 10 | $1.01 \times 10^{-4}$ | 7.23 | $5.20 \times 10^{-4}$ | 6.68 | $9.13 \times 10^{-3}$ | 7.41 |
| 11 | $2.04 \times 10^{-3}$ | 6.87 | $6.43 \times 10^{-3}$ | 6.82 | $9.57 \times 10^{-3}$ | 7.04 |
| 12 | $4.26 \times 10^{-3}$ | 6.92 | $7.87 \times 10^{-3}$ | 6.73 | $9.92 \times 10^{-3}$ | 7.14 |

### 14.5.4　研究结论

（1）操纵员执行 SOP 任务时,其颜色类目标的监视失误概率约为 $1.71 \times 10^{-3}$,平均执行时间为 6.78s;数字类监视目标的失误概率约为 $1.57 \times 10^{-3}$,平均执行时间为 7.04s。统计检验结果显示,监视目标的类别对监视失误概率的影响并不显著,即操纵员获取不同类型目标时,其监视失误概率基本一致,因此,在数字化核电厂的 HRA 中,建议取两者的中间近似值 $1.6 \times 10^{-3}$ 进行计算。

（2）监视目标不同类型对平均执行时间影响显著,数字类目标的监视平均执行时间略大于颜色类目标的平均执行时间,因此,操纵员执行数字类的监视任务可能要占用更多的认知资源,颜色类目标对提升操纵员监视效率有益。

（3）导航次数为 1 时,监视失误概率为 $1.56 \times 10^{-3}$,平均执行时间为 5.34s;导航次数为 2 时,监视失误概率为 $2.13 \times 10^{-3}$,平均执行时间为 9.18s;导航次数为 3 时,监视失误概率几乎为 0,平均执行时间为 10.64s。

导航次数为 1 次或 2 次时,监视失误概率没有显著差异。但导航次数为 3 时,监视失误概率为 0,这可能是由于实验误差或样本数量造成的,因为无论人从事任何活动,失误概率都不可能为 0,但是却能反映导航次数为 3 时的监视活动趋于稳定可靠,显著小于导航次数为 1 次或 2 次时的监视失误概率。导航次数对平均执行时间具有显著的影响,导航次数越多,监视的平均执行时间越长。

上述结果表明,当界面管理任务越复杂,操纵员认知负荷也随之增加,被试者需要更多的执行时间,但是当导航次数达到 3 次时,随着认知负荷增加操纵员的注意力也会更加集中,从而有利于监视行为可靠性的提升。

（4）监视目标数量为 1 时,监视失误概率为 $1.54 \times 10^{-3}$,平均执行时间为 6.93s;监视目标数量为 2 时,监视失误概率为 $3.85 \times 10^{-3}$,平均执行时间为 7.97s;监视目标数量为 3 时,监视

失误概率为 $6.35 \times 10^{-3}$ ,平均执行时间为 $9.23\mathrm{s}$ 。

上述结果表明,监视目标数量越多,监视失误概率越大,平均执行时间越长。当监视目标数量增多时,其监视认知过程就会越复杂,信息认知负荷也会相应增加,监视时间会随之增加,操纵员若没有分配更多的注意力资源,或经过更多的培训,其监视可靠性必定会降低。

## 14.6 本 章 小 结

操纵员对电厂系统运行状态的监视是其获取电厂信息的最主要方式,随着核电厂数字化人-机界面的广泛应用,核电厂信息呈现趋于数字化显示,给操纵员信息获取与认知带来很大影响。为了验证数字化核电厂操纵员监视行为转移规律、注意力分配机制,以及获得操纵员监视行为失误概率与信息获取时间等绩效数据,本章基于数字化核电厂虚拟仿真实验测试平台,借助眼动仪与行为分析软件等设备,开展了操纵员监视行为转移类型分析、转移机制验证、注意力有效性测量方法验证,以及监视行为绩效(可靠性与反应时间)四类测试实验,并运用 SPSS 软件对实验获得的数据进行统计分析,得到以下五方面研究结论,可为数字化核电厂操纵员监视行为绩效提升培训、监视行为失误预防策略制定,以及数字化人-机界面设计优化提供支持。

(1)运用现场观察、访谈与视频音频录像行为分析对数字化核电厂主控室操纵员的监视行为转移类型及特征进行实证研究,验证了操纵员监视转移行为主要包括规程转移、交流转移与异常转移三种类型,以及不能划归这三种类型的其他类转移,这四种转移类型次数百分比分别为 36%、29%、14% 与 21%。

操纵员规程转移最多,当核电厂处于复杂事故状态时其转移频率明显增加,屏幕内规程转移频率远高于屏幕外,且一回路操纵员转移频率高于二回路操纵员;交流转移稳定均衡分布于电厂运行周期内,当电厂处于复杂事故状态时交流转移频率略有增加;异常转移随机分布于电厂运行周期内,但其对发现与解决电厂异常有着非重要的作用,当电厂处于复杂事故状态时二回路操纵员异常转移频率高于一回路操纵员;其他形式转移主要存在于电厂正常和小故障运行状态,对操纵员与电厂的影响远不及前三类转移。

(2)通过对数字化核电厂操纵员注意子域划分,获得了数字化核电厂操纵员视觉监视转移状态空间,基于操纵员执行规程期间屏幕间监视注意力转移眼动实验获得的其监视转移活动的注视点个数、持续时间和观察次数等实验统计数据,推导出计算注意力参数 $\lambda$ 的基础数据,在此实验结果基础上,通过视觉监视转移时间关系分析,建立了操纵员监视转移率矩阵,并通过拉普拉斯变换反演,结合监视转移率矩阵实现对操纵员监视注意力状态向量的求解,同时通过极限运算求得了稳态注意力状态向量,有效验证了操纵员执行规程期间屏幕间监视的视觉注意力转移机制及其分析模型。

(3)数字化核电厂操纵员监视行为注意力有效性眼动测试实验表明,操纵员接受培训前后的监视行为注意力绩效存在显著差异,培训后绩效明显优于培训前;操纵员视觉搜索路径受到其培训知识和使用经验的影响;操纵员的监视行为由数据驱动或知识驱动触发,前者受环境显著性影响较大,后者受操纵员心智模型(包括信息的期望值或信息的价值判断等)影响较大;环境的显著性刺激和操纵员的长期记忆,会引起操纵员将其注意力通过不同的感觉通道和不同信息类型来干预其监视行为注意力资源的选择性分配;基于成本-效益原理、注意力有效性眼动测试实验,建立并验证了评估监视行为注意力资源有效性的测试方法。

(4)通过数字化核电厂主控室操纵员监视行为绩效测试实验获得操纵员监视行为失误概率与执行效率等基础数据。监视目标类型对监视失误概率的影响并不显著,在HRA应用中监视失误标称概率建议取值$1.6 \times 10^{-3}$;监视目标类型对平均执行时间影响显著,数字类略大于颜色类平均执行时间;操纵员执行界面导航次数对监视行为可靠性影响没有显著性差异,但是随着导航次数增加其平均执行时间越长;操纵员监视目标数量增多时,监视失误概率及平均执行时间差异显著,随着监视目标数量越多,监视失误概率越大,平均执行时间越长。

(5)当操纵员监视目标数量越多时,其监视认识过程就会越复杂,认知负荷也会增加,如果操纵员不能分配更多的注意力资源或经过更多的培训,其监视可靠性会下降。

# 参考文献

[1] 威肯斯,霍兰兹. 工程心理学与人的作业[M]. 上海:华东师范大学出版社,2003.

[2] Bucci P,Kirschenbaum J,Mangan L A,et al. Construction of enent-tree/fault-tree models from a Markov approach to dynamic system[J]. Reliability Engineering & System Safety,2008,93(11):1616-1627.

[3] Devooght J,Smidts C. Probabilistic dynamic as a tool for dynamic PSA[J]. Rel Eng Syst Saf,1996(52):185-196.

[4] Tai A H,Ching W K,Chan L Y. Detection of machine failure:Hidden Markov Model approach[J]. Computers & Industrial Engineering,2009(57):608-619.

[5] Aldemir T,Miller D W,Stovsky M,et al. Current state of reliability modeling methodologies for digital systems and their acceptance criteria for nuclear power plant assessments[R]. NUREG/CR-6901.Washington D.C:U.S.Nuclear Regulatory Commission:2006.

[6] Chinga J,Aub S K,Beckc J L. Reliability estimation for dynamical systems subject to stochastic excitation using subset simulation with splitting[J]. Computer Methods in Applied Mechanics and Engineering,2005,194:(12-16):1557-1579.

[7] Wang Jin-Long. Markov-chain based reliability analysis for distributed systems[J].Computers & Electrical Engineering,2004,30(3):183-205.

[8] Koeppel G,Andersson G. Reliability modeling of multi-carrier energy systems[J]. Energy,2009,34(3):235-244.

[9] Tanrioven M,Alam M S. Reliability modeling and assessment of grid-connected PEM fuel cell power plants[J]. Journal of Power Sources,2005,142(1-2):264-278.

[10] Prowell S J,Poore J H. Computing system reliability using Markov chain usage models[J].Journal of Systems and Software,2004,73(2):219-225.

[11] Guo Haitao,Yang Xianhui. Automatic creation of Markov models for reliability assessment of safety instrumented systems[J].Reliability Engineering & System Safety,2008,93(6):829-837.

[12] Many D,Trivedi K S. An algorithm for reliability analysis of phased-mission systems[J]. IEEE Transactions on Reliability,2007,56(3):540-551.

[13] 贺武正. 数字化系统中操纵员的监视模型——以数字化核电厂为例[D]. 衡阳:南华大学,2010.

[14] Jiang Jian-jun,Zhang Li,Wang Yi-qun,et al. Markov reliability model research of monitoring process in digital main control room of nuclear power plant[J].Safety Science,2011,49:843-851.

[15] 张力,李林峰,卢长申,等. 数字化核电厂主控室操纵员监视行为转移规律研究[J].核动力工程,2013,34(6):

92-96.

[16] 郭孜政,陈崇双,陈亚青,等.基于马尔可夫过程的驾驶员视觉注意力转移模型研究[J].公路交通科技,2009,26(12):116-119.

[17] Boudali H,Dugan J B. A discrete-time Bayesian network reliability modeling and analysis framework[J].IEEE Transactions on Reliability,2006,55(1):86-97.

[18] Senders J W,Elkind J E,Grignetti M C,et al. An investigation of the visual sampling behavior of human observers[R]. NASA-CR-434. Cambridge,Mass.:Bolt,Beranek,and Newman,1964.

[19] O'Hara J M,Higgins J C,Stubler W F,et al. Computer-based procedure systems:technical basis and human factors review guidance[R].NUREG/CR- 6634.Washington D.C.:U.S.Nuclear Regulatory Commission,2002.

[20] 托马斯,莫瑞斯.管理经济学[M].北京:机械工业出版社,2009.

[21] Ha Jun Su,Seong Poong Hyun.A human—machine interface evaluation method a difficulty evaluation method in information searching(DEMIS)[J].Reliability Engineering and system safety,2009,94(10):1557-1567.

[22] Jacob Robert J K,Karn Keith S. Eye tracking in human computer interaction and usability research:Ready to deliver the pormises[J]. Computer Vision and Image Understanding,2003:2(3):573-605.

[23] Young L,Sheena D. Methods & designs:survey of eye movement recording methods[J].Behavior Research Methods,Instruments & Computers,1975(5):397-224.

[24] Wickens Christopher D,Xu Xidong. The allocation of visual attentionfor aircraft traffic monitoring and avoidance:Baseline Measures andimplications for freeflight[C]//Proceedings of the 48th Annual Conference of Ergonomics Society,2000.

[25] 李维铮,顾基发,等.运筹学[M].北京:清华大学出版社,2005.

[26] Wickens C D,Alexander A L. Attentional tunneling and task management in synthetic vision displays[J]. International Journal of Aviation Psychology,2009,19(2):182-199.

[27] Senders J W.The human operator as a monitor and controller ofmultidegree of freedom systems[J].IEEE Transactions on Human Factors in Electronics,1964,5(1):2- 5.

[28] Carbonell JR.A queueing model of many-instrument visual sampling[J].IEEE Transactions on Human Factors in Electronics,1966,7(4):157-164.

[29] 刘育欣,杜呈欣,张彦.基于层次分析法的铁路信息系统软件产品易用性的研究[J].铁路计算机应用,2015(4):14-18.

[30] Kirwan B. A guide to practical human reliability assessment[M]. London:Taylor and Francis,1994.

[31] Pachella R G. The interpretation of reaction time in information processing research[R].Michigan univ ann Arbor Human Performance Center,1973.

[32] Vicente K J,Roth E M,Mumaw R J. How do operators monitor a complex,dynamic work domain? The impact of control room technology[J]. International Journal of Human-Computer Studies,2001,54(6):831-856.

[33] 贺雯.数字化核电厂操纵员监视行为注意机制及其有效性实验研究[D].衡阳:南华大学,2012.

[34] 张力,杨大新,王以群.数字化控制室信息显示对人因可靠性的影响[J].中国安全科学报,2010,20(9):1-5.

[35] Woods D D. Coping with complexity:The psychology of human behaviour in complex systems[M].London:Taylor & Francis,1988.

[36] Xiao Y,Milgram P,Doyle D J. Planning behavior and its functional roles in the interaction with complex systems,IEEE Transactions on Systems,Man,and Cybernetics[J].Systems and Humans,1997,27:313-324.

[37] 张力,彭汇莲.数字化人机界面操纵员听觉失误实验验证研究[J].工业工程与管理,2015,20(3):103-108.

[38] 杨国枢,文崇一,吴聪贤,等.社会及行为科学研究法[M].重庆:重庆大学出版社,2006.

# 第15章 数字化人–机界面信息显示特征对操纵员认知行为影响的实验研究

第14章实验研究了数字化核电厂操纵员监视行为特征和规律,本章基于信息熵理论,对数字化控制系统的人–机交互复杂性度量进行研究,然后分析信息显示特征对操纵员认知行为的影响。

## 15.1 数字化控制系统人–机交互复杂性度量研究

人–机交互(Human-Machine Interaction)研究与很多学科都有密切关系。在机器方面,侧重于计算机图形学、操作系统、编程语言和开发环境等方面;在人的方面,需要考虑通信理论、工业设计、语言学、社会科学、认知心理学、社会心理学等因素[1-5]。

本节针对数字化控制系统人–机交互的复杂性度量展开研究,研究目标如下:

(1)确定人–机交互复杂性的关键度量指标;

(2)确定度量指标权重;

(3)对人–机交互任务进行分析,绘制表示度量指标的图形,计算信息熵。

### 15.1.1 相关基础理论

1865 年,德国物理学家克劳修斯提出了熵的概念。熵用于表示能量在空间分布的均匀程度,能量分布得越均匀,熵就越大,当系统内能量完全均匀分布时,这个系统的熵就达到最大值。这就是熵增加原理,也即是热力学第二定律。在物理学上熵表示热量转化为功的程度,用热量除以温度来计算。用公式表示为

$$dS = \frac{dQ}{T} \tag{15-1}$$

式中  $S$——热力学熵,用来表示分子状态的杂乱程度;

$dS$ ——熵的增量;

$dQ$ ——系统吸收的热量;

$T$ ——系统的温度。

熵是一个状态函数,克劳修斯提出的熵没有能够涉及物质的微观结构,而物理学家玻耳兹曼

用统计学方法将熵定义为一种特殊状态的概率,他在研究分子运动统计现象的基础上,构建了玻耳兹曼熵,用来描述系统的宏观物理量与微观物理量。用公式表示为

$$S = k \times \ln\Omega \qquad (15-2)$$

式中　$S$——熵;

　　　$\Omega$——系统分子的状态数;

　　　$k$——玻耳兹曼常数。

根据熵和热力学概率的关系可知,系统的熵值反映了系统的状态是否均匀。熵值越小,系统的状态越有序,越不均匀;反之,它系统的状态越无序,越均匀[6]。

1948年,信息论的创始人香农(Shannon)在《通信的数学理论》一文中首次将熵概念引入信息论中。香农提出了概率统计意义的信息熵公式:

$$H = -\sum_{i=1}^{N} P(A_i) \log_2 P(A_i) \qquad (15-3)$$

式中　$H$——信息熵;

　　　$N$——信息源的个数;

　　　$A_i$——第 $i$ 个信息源;

　$P(A_i)$——第 $i$ 个信息源出现的概率。

由于 $0 \leq P(A_i) \leq 1$, $\log_2 P(A_i)$ 为负数,式(15-3)在 $\Sigma$ 之前加一负号,表示信息熵为正值。式(15-3)表明:变量的不确定性越大,弄清楚变量所需要的信息量也越大,熵也就越大;一个系统越是有序,信息熵就越低,反之,一个系统越混乱,信息熵就越高。

在软件复杂度的评价中,熵的应用比较广泛。软件工程中的信息大部分都以图形的形式呈现出来,通过图形表示的结构和信息来计算熵值,便可得出复杂度,而图形的计算问题需要用到信息熵中的一阶熵和二阶熵来解决[7]。一阶熵常用来表示系统逻辑结构的复杂度,把图形中具有相同输入数和输出数的节点作为同类节点,并且分为一组,如果图中同类节点越多,那么组数就会越少,表示图形的逻辑结构就更加规范,从而一阶熵就越小。比较图 15-1 中的 G1 和 G2,根据一阶熵的分组原则进行分组,参见表 15-1,根据组内节点数与节点总数的比值计算每组出现的概率。对 G1 和 G2 的一阶熵的计算分析如下:

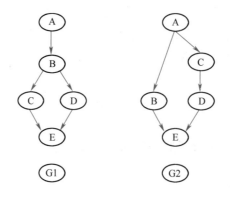

图 15-1　G1 和 G2

表 15-1 G1 和 G2 的一阶熵分组

| G1 | | | 分组 | G2 | | |
|---|---|---|---|---|---|---|
| 输入数 | 节点 | 输出数 | | 输入数 | 节点 | 输出数 |
| 0 | A | 1 | I | 0 | A | 2 |
| 1 | B | 2 | II | 1 | B,C,D | 1 |
| 1 | C,D | 1 | III | 2 | E | 0 |
| 2 | E | 0 | IV | | | |

在 G1 中,节点数按照输入输出数可以分成 4 组,分别是{A}、{B}、{C,D}、{E}。由于 A~E 共有 5 个元素,所以每组的概率分别是 1/5、1/5、2/5、1/5。同理 G2 中可以分成 3 组,每组的概率分别是 1/5、3/5、1/5。

G1 的一阶熵:

$$H_{1G1} = -\sum_{i=1}^{4} P(A_i) \log_2 P(A_i)$$
$$= -\left[\left(\frac{1}{5}\log_2\frac{1}{5}\right) + \left(\frac{1}{5}\log_2\frac{1}{5}\right) + \left(\frac{2}{5}\log_2\frac{2}{5}\right) + \left(\frac{1}{5}\log_2\frac{1}{5}\right)\right] = 1.92$$

G2 的一阶熵:

$$H_{1G2} = -\sum_{i=1}^{3} P(A_i) \log_2 P(A_i)$$
$$= -\left[\left(\frac{1}{5}\log_2\frac{1}{5}\right) + \left(\frac{3}{5}\log_2\frac{3}{5}\right) + \left(\frac{1}{5}\log_2\frac{1}{5}\right)\right] = 1.18$$

可以看出,G2 的一阶熵小于 G1 的一阶熵,这是因为 G2 的分组少,逻辑上要比 G1 更规范。

不同于一阶熵,二阶熵则用来表示所需要的信息量的大小。其计算与一阶熵的区别是分组方式不同。二阶熵的分组是把图形中具有相同种类和数目的相邻节点的这类节点作为同类节点,并且分成一组,图中同类的节点越多,那么分组数越少,表示图形的对称性就越好,从而二阶熵就越小。图 15-1 的二阶熵分组见表 15-2。

表 15-2 G1 和 G2 的二阶熵分组

| G1 | | 分组 | G2 | |
|---|---|---|---|---|
| 节点 | 相邻节点 | | 节点 | 相邻节点 |
| A | B | I | A | B,C |
| B | A,C,D | II | B | A,E |
| C,D | B,E | III | C | A,D |
| E | C,D | IV | D | C,E |
| | | V | E | B,D |

在 G1 中,所有的节点根据相邻节点的种类和数量的不同可以分成 4 组,分别是{A}、{B}、{C,D}、{E},相邻节点分别是{B}、{A,C,D}、{B,E}、{C,D}。A~E 共有 5 个元素,各组的概率分别是 1/5、1/5、2/5、1/5。同理,G2 可以分成 5 组,概率分别是 1/5、1/5、1/5、1/5、1/5。

G1 的二阶熵:

$$H_{2G1} = \sum_{i=1}^{4} P(A_i) \log_2 P(A_i)$$

$$= -\left[ \left( \frac{1}{5}\log_2\frac{1}{5} \right) + \left( \frac{1}{5}\log_2\frac{1}{5} \right) + \left( \frac{2}{5}\log_2\frac{2}{5} \right) + \left( \frac{1}{5}\log_2\frac{1}{5} \right) \right] = 1.92$$

G2 的二阶熵：

$$H_{2G2} = -\sum_{i=1}^{5} P(A_i) \log_2 P(A_i)$$

$$= -\left[ \left( \frac{1}{5}\log_2\frac{1}{5} \right) + \left( \frac{1}{5}\log_2\frac{1}{5} \right) + \left( \frac{1}{5}\log_2\frac{1}{5} \right) + \left( \frac{1}{5}\log_2\frac{1}{5} \right) + \left( \frac{1}{5}\log_2\frac{1}{5} \right) \right] = 2.32$$

可以看出，G1 的二阶熵比 G2 的二阶熵要小，这是因为 G1 的分组少，形状上要更对称些。

### 15.1.2 基于熵的数字化控制系统人-机交互复杂性度量方法

对于复杂性科学的研究，目前分为两大学派：组织行为科学学派和自然科学学派[8]。两大学派根据结构复杂性理论、非线性动力学、混沌理论、自适应系统理论、系统理论等对复杂性度量进行了大量研究，提出了一些定性和定量的度量方法，包括米勒指数、亚里士多德指数、正的李亚普诺夫（Lyapunov）指数等方法。米勒指数和亚里士多德指数强调的是复杂性的相对性，通过改进和提高人类组织的认知水平来管理复杂性，是一种主观认知的方法，对复杂性的认识不够精确。正的李亚普诺夫指数方法需要大量的数据，并且对环境条件有较高的要求，在实际应用中受到限制。

从目前研究成果来看，熵反映的是系统内部混乱程度的强弱。系统的演化可以统一用熵的减少或增加来表示系统走向有序还是无序，是进化还是退化。克劳修斯提出的熵概念，其应用已经远远超越了原来热力学的范畴，并拓展到信息论、概率论、控制论等不同学科领域。熵概念的逐渐扩大和泛化，显示了其所具有的重要意义。

将系统热力学概率扩展为信号源，再将信号源扩展为一组随机事件的集合，而随机事件集合的不确定性就可以用信息熵来描述[9]。近代科学的发展使人们不仅关心系统内物质、能量的变化规律，而且更加重视信息的作用。香农在信息论中引入的信息熵是对信息源不确定性程度的度量，大大加强了人们利用熵或信息来衡量系统演化的信念。信息熵用来度量信息含量的大小，信息量越大，不确定性越小，信息熵也就越小，反之，信息熵就越大。人-机交互的复杂性表示的就是一种不确定性程度，人-机交互越复杂，不确定性、无序性、混乱程度就越会增加。因此，可以采用熵理论来描述、分析数字化控制系统中人-机交互的复杂性。

图 15-2 为作者建立的数字化控制系统人-机交互复杂性度量流程。

以下就复杂性对人-机交互的影响及度量做进一步分析。

1. **复杂性对数字化人-机交互的影响**

数字化人-机交互复杂性可定义为：数字化控制系统中操纵员从计算机中获取信息，通过认知、分析、判断并进行决策，把信息反馈给计算机的难易程度的属性。

影响人-机交互复杂性的因素非常多，如操纵员自身原因、信息因素、人-机界面情况、环境不确定性以及组织管理等因素，这些因素都有可能会增加人-机交互的复杂性。考虑到环境的不确定性难以界定，故在本研究中不予以考虑。以下主要从人-机系统方面来考虑数字化控制

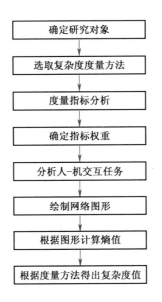

图 15-2 数字化控制系统人-机交互复杂性度量流程

系统复杂性的增加对人-机交互的影响,具体体现在以下 6 个方面。

1）情景意识水平降低

数字化控制系统中计算机工作站代替了传统的控制盘台,报警信息显示灯、压力读数表等通过人-机界面中的符号、数值来表示,不再显得直观,且同时可见的信号减少,降低了操纵员的情景意识水平。

2）时间压力大

数字化后,当操纵员不确定该怎样达成目标时,可以利用导航搜索所需要的信息或者使用 SOP 来完成任务,但是这增加了任务本身结构的复杂性,如果没有足够的知识解决这种复杂任务,就会给操纵员带来时间压力。

3）界面管理任务加重了认知资源消耗

在数字化控制系统中,操纵员需要同时完成监控系统运行的任务和界面管理任务。界面管理任务是为了保证第一类任务更加有效、可靠的完成。界面管理需要消耗大量的认知资源,而人的认知资源是有限的。

4）巨量信息有限显示

数字化人-机界面信息显示既有大屏幕显示全厂概况,也有计算机工作站的小屏幕显示部分画面信息。基于计算机信息显示全面且可靠,但是巨量的信息必须通过下拉滚动条、打开重叠的画面或者导航显示,操纵员就要对大量的信息进行过滤、筛选、重组、整合等,增加了操纵员的认知负荷,可能造成信息的误判断,或者信息缺失[10]。

5）操作控制多样性

需要打开设备操作窗口、点击操作指令、确认操作指令、执行操作指令、关闭操作窗口等。频繁的操作增加操纵人员的认知负荷和时间压力,在紧急情况下操纵员容易产生错误操作。另外,鼠标的定位速度和精确度有待提高,在进行软控制操作时,可能会覆盖一些重要的信息,进而影响操控的准确性和速度[11]。

6）规程系统电子化

数字化控制系统的规程基于计算机软件,代替了传统控制系统中的纸质规程,便于操纵员快速调用与阅读,但是也存在许多不足,如操作规程使用英文,而不是汉语,不便于操纵员认读;规程在执行过程中可以在计算机上通过打勾来确认规程执行的具体步骤,但是在紧急情况下,容易出现遗漏项。

通过对复杂性给数字化控制系统人–机交互带来的影响分析发现,这些影响主要集中于操纵员、任务、人–机界面以及操作方面。而这些因素又会受操纵员的知识、经验以及软件、设备等条件的影响,可以通过图15–3来反映复杂性的影响机制。

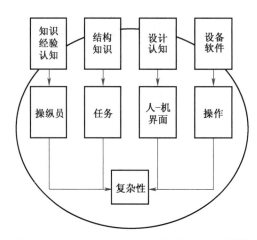

图15-3　人–机交互的复杂性影响机制模型

**2. 数字化人–机交互复杂性指标**

有研究认为人的因素和人–机界面等因素在数字化核电厂人–机交互中起着关键性作用[12]。与传统模拟式控制系统相比,数字化控制系统中的人–机交互存在以下主要差异:操纵员角色发生了改变(以操作为主转变为以监视为主)、认知负荷增大、硬控制向软控制转变,以及人–机界面交互更加丰富/复杂。由于数字化下人–机界面更加丰富/复杂,巨量信息有限显示的矛盾突出,需要整合、管理更多的信息,从而增加了操纵员的认知负荷[13]。通过对人–机交互复杂性影响机制模型的研究发现,任务、操纵员、操作过程以及人–机界面因素是影响人–机交互复杂性的关键因素。而这些关键因素可以为选取数字化人–机交互复杂性指标提供参考,在对相关研究[14-16]进行分析比较的基础上,根据人–机交互中人的因素、交互设备、交互软件以及连接人和机器的任务因素四个方面分析人–机交互过程,并依据真实反映研究对象内容的客观性原则、反映研究对象特征的代表性原则以及易于操作的可行性等原则,确定了影响人–机交互复杂性的四个关键因素:任务自身因素、操纵员因素、操作过程因素以及人–机界面因素。为了对上述影响因素进行度量,进行综合分析后,最终确定以下四个主要度量指标[17-21]:

（1）任务逻辑复杂度（Task Logic Complexity, TC）:任务本身逻辑结构的复杂程度。一方面,任务自身的特征决定了任务的复杂性,例如,任务本身包含多个要素,这些要素之间的关系又复杂,并且在具有不确定性的时候,任务表现得更加复杂;另一方面,人的认知水平的局限性也会影响任务的复杂性,例如,当人所具备的知识经验、能力不能充分认识任务的属性或者与该项任务需求不相匹配的时候,作业者将会认为任务变得更加复杂。在数字化控制系统中,操纵员需要完成的任务有监视、状态评估、计划和执行等一类任务,还有配置、导航、画面调整、查询等二类任务。这两类任务在数字化控制系统中越复杂,时间压力也就会越大,从而会大幅降低人员绩效。

（2）操作步骤复杂度（Operation Step Complexity,OC）:完成人-机交互所需的动作数量。数字化控制系统中有大量的运行画面需要监视、确认与控制,数字化设备和软件的使用需要操纵员提高注意力,确保操作正确无误。鼠标、键盘的精确定位是操纵员执行操作的关键,如果不能快速、准确地找到定位点,可能会增加操作时间,甚至可能造成误操作,影响绩效水平。而应用软件在计算机上的大量使用,使得操纵员需要掌握各种软件的使用方法,增加了操纵员认知上的困难,特别是在应急状态下,操纵员的负荷更大,对人-机界面进行操作时也就越复杂,对系统的可靠性影响也就越大。

（3）信息复杂度（Information Complexity,IC）:人-机交互过程中管理界面任务信息的复杂程度。数字化控制系统中存在着大量的人-机界面,其信息系统可能同时包含上千幅的显示画面,信息量巨大,同时在显示和控制上也带来了更多的复杂性。如果人-机界面设计得好,会降低操纵员认知疲劳,而如果不符合人因工程学原则,那么在面对大量信息的情况下,人-机界面管理任务就会增大,从而导致操纵员需要消耗更多的注意力资源,进而增加人-机交互的复杂性,降低人员绩效。

（4）知识水平复杂度（Knowledge Complexity,KC）:人-机交互过程中所需要的认知量。操纵员的知识经验、能力和心理素质都将影响到人-机交互的绩效,在紧急状态下尤其突出。数字化控制系统出现异常之后,如果操纵员具有较高的知识水平和经验水平,就有可能在人-机交互过程中降低知识水平复杂度,取得较高的绩效水平。若操纵员的经验和知识积累不足,很容易出现偏差或进入盲区,影响操纵员在有效时间内做出正确的判断。在面对压力的时候,心理素质好的操纵员能有条不紊地处理异常状况,降低知识水平复杂度,从而降低其发生人因失误的概率。

3. 复杂性变量

人对事物的认知都是先从简单再到复杂、从具体再到抽象[20],因此人对事物的认知可以分为四个级别,如表15-3表示对知识层次的描述。元件级表示单一元件操作,认知层次属于最低级别,系统级高于元件级,过程级高于系统级,抽象级则要掌握更多的知识,是认知的最高级别。

表 15-3　知识层次描述

| 级　别 | 意　义 |
| --- | --- |
| CL（元件级） | 单一元件的操作,如打开阀,关闭泵 |
| SL（系统级） | 基于两个及以上元件的系统操作 |
| PL（过程级） | 基于两个及以上系统的过程操作 |
| AL（抽象级） | 基于两个及以上过程的操作 |

确定度量指标后,用什么方式对指标进行度量呢？由于在程序控制图的情况下,一阶熵可以评价程序控制逻辑的规范性,而二阶熵可以评价给定程序控制图的层次数量[22]。根据图熵原理以及数字化控制系统中的人-机交互过程,绘制行为控制图、信息流图和知识层次图。其中行为控制图（用流程图的形式表示）用来描述操纵员的行为及行为之间的逻辑顺序,表示逻辑结

构,其一阶熵用来计算任务逻辑复杂度,二阶熵计算操作步骤复杂度。信息流图(用数据结构信息图的形式表示)用来描述操纵员需要处理信息的种类和数量,由过程信息(如温度、压力)和控制信息(开/关)两部分组成,其二阶熵计算信息复杂度。知识层次图用数据结构信息图的形式表示,其二阶熵计算知识水平复杂度。指标、度量指标以及度量方式之间的关系如表15-4所列。

表 15-4  指标的度量方式

| 影响因素 | 度量指标 | 度量方式 |
| --- | --- | --- |
| 任务因素 | 任务逻辑复杂度 | 流程图的一阶熵 |
| 操作因素 | 操作步骤复杂度 | 流程图的二阶熵 |
| 人-机界面因素 | 信息复杂度 | 数据结构信息图二阶熵 |
| 操纵员因素 | 知识水平复杂度 | 知识层次图二阶熵 |

指标权重是指各指标在人-机交互复杂度中所占的比例。它表示某被测对象各个考察指标在整体中价值的高低和相对重要程度以及所占比例的大小量化值。

有多种方法可以用于确定指标的权重,如专家调查法、层次分析法等方法。专家调查法是专家依据知识和经验对调查研究的问题做出评估、判断和决策,根据专家认为指标的重要程度来评分,最终确定权重,评分越高,权重越大。该方法可以集中各方面专家的理论知识和实践经验,适用于研究资料少、数据缺乏和新技术评估的情况,但是依据打分所给出的各指标权重的合理性难以得到保证。层次分析法是一种多目标、多准则的决策方法,在一个复杂的多目标决策系统中,将目标分解为多个目标或准则,然后再分解为这些指标的若干层次,就每一层中各因素的相对重要性给出判断。这种方法思路清晰,不需要很多数据,综合比较每一层因素的重要程度,从而使各指标权重更加合理。但是该方法缺乏动态性,例如,如果一个评价指标非常重要,但评价人员对该指标的评价分值相差不大,则认为该指标在评价中起到的作用就不大,应该在总体评价结果的基础上适当调小权重;然而,如果某项指标的评价值相差较大,则说明该指标对评价人员有重要影响,应调大权重使其处于一个合适的值。因此,采用单一的专家调查法或层次分析法,都不能较准确地反应指标的重要程度。

熵值法可以对指标权重调整,实现静态赋权和动态赋权相结合,从而提高评价的科学性、合理性。由于人-机交互复杂性数据的获得比较困难,而通过专家判断能够获得较可靠的数据。因此,选取专家调查法和熵值法相结合的方法,对任务逻辑复杂度、操作步骤复杂度、信息复杂度以及知识水平复杂度四个指标进行两两比较其对人-机交互复杂性的影响作用,依据指标的重要性程度给出相对的权重。

首先采用专家调查法制订权值调查表格(见本章附录),根据研究问题的具体内容,邀请专业知识丰富并有实际工作经验的专家按照1~10级评分值就各因素的重要程度给出意见,填写调查表,汇总得到评价指标矩阵,用简单算术平均法计算出原始指标权重,最后根据打分值用熵值法对各项指标的权重进行调整。设因素集 $U = \{u_1, u_2, \cdots, u_m\}$,$m$ 个专家对 $n$ 个指标给出的打分( $a_{i1}, a_{i2}, \cdots, a_{in}$ ),其中 $i = 1, 2, \cdots, m$。然后根据每一个专家分别对因素 $U$ 给出分值,得到评价指标矩阵 $\boldsymbol{A}$ 为

$$A = \begin{bmatrix} a_{01} & a_{02} & \cdots & a_{0n} \\ a_{11} & a_{12} & \cdots & a_{1n} \\ \cdots & \cdots & \cdots & \cdots \\ a_{m1} & a_{m2} & \cdots & a_{mn} \end{bmatrix} \quad (15-4)$$

$A_{ij}$ 在指标 $j$ 下的权重为

$$P(a_{ij}) = a_{ij} / \sum_{i=1}^{m} a_{ij} \quad (15-5)$$

熵值为

$$e_j = -K \sum_{i=1}^{m} P(a_{ij}) \ln P(a_{ij}) \quad (15-6)$$

式中 $K$——常数，$K = \dfrac{1}{\ln m}$，满足 $e_j \geq 0$。

指标 $j$，$a_{ij}$ 的差异性越小，则 $e_j$ 越大；当 $a_{ij}$ 全部相等时，$e_j = e_{max} = 1$，说明此时指标 $j$ 没有起作用；当各指标值差别越大时，$e_j$ 越小，说明该指标发挥的作用就越大。定义 $D = (d_1, d_2, \cdots, d_n)$ 为差异性因数向量，其中

$$d_j = 1 - e_j \quad (15-7)$$

$d_j$ 越大，说明该指标越重要。

利用差异性因数 $d_j$ 对原始指标权重进行调整，调整后的权重：

$$a_j = b_j \times d_j, j = 1, 2, \cdots, n \quad (15-8)$$

式中 $b_j$——专家给的原始指标权重。

最后对权重进行归一化处理，得到最终调整后的权重：

$$w_j = a_j / \sum_{i=1}^{n} a_j, j = 1, 2, \cdots, m \quad (15-9)$$

根据前述一阶熵和二阶熵理论可以来分析任务并绘制网络图形[23]，然后将计算的熵值作为各指标的复杂度。但是简单的直接加权不能体现指标体系的多维性，而欧几里得范数能解决度量方法的多指标性[21]，获得一个总体值。因此，定义数字化控制系统人-机交互复杂度值（Human-Machine Interaction Complexity, HMIC）为

$$\text{HMIC} = \sqrt{(w_1 H_{TC})^2 + (w_2 H_{OC})^2 + (w_3 H_{IC})^2 + (w_4 H_{KC})^2} \quad (15-10)$$

式中 $w_1$、$w_2$、$w_3$、$w_4$——任务逻辑复杂度、操作步骤复杂度、信息复杂度和知识水平复杂度的权重；

$H_{TC}$、$H_{OC}$、$H_{IC}$、$H_{KC}$——任务逻辑复杂度、操作步骤复杂度、信息复杂度和知识水平复杂度的熵。

依据张进武等人对航天操作任务复杂度水平的界定[24]，可把 HMI 复杂度水平分为三个层次，如果 HMIC ≥ 2.0 认为是高复杂度水平；如果 1.5 ≤ HMIC < 2.0 认为是中复杂度水平；如果 HMIC < 1.5 认为是低复杂度水平。

### 15.1.3 实例分析

为验证上面提出的度量方法的可行性和有效性，选取某核电厂的事故规程对其进行验证，并

对实际应用结果进行分析和讨论。通过横向和纵向比较,发现该度量方法和度量过程是可行的、有效的,可以用于规程等数字化人-机系统方案的选择、设计和优化,也有助于操纵员合理分配时间和认知资源。具体分析过程如下。

### 15.1.3.1 度量过程

在核电厂中,操纵员处理事故是重要的人-机交互活动。以核电厂中发生概率较高的 SGTR 事故处理为例来研究人-机交互的复杂度,验证相关方法。SGTR 事故发生后,如果操纵员能及时识别并隔离破管的蒸汽发生器,降温降压,事故有可能缓解,但如果操纵员不能根据规程做出正确响应,带有放射性的反应堆冷却剂可能通过二次侧汽轮机旁路阀排向环境,造成严重后果。

**1. 确定指标权重**

心理学上通常将评价等级划分为 5~9 级[25]。在此,将复杂性重要程度分为 5 级,建立 5 个评价等级的评价集 $V = \{v_1, v_2, v_3, v_4, v_5\}$,$v_1 = \{$非常重要$\}$($8 < v_1 \leq 10$)、$v_2 = \{$重要$\}$($6 < v_1 \leq 8$)、$v_3 = \{$一般$\}$($4 < v_1 \leq 6$)、$v_4 = \{$不重要$\}$($2 < v_1 \leq 4$)、$v_5 = \{$非常不重要$\}$($v_1 \leq 2$)。

本实验选取的对象是操作经验丰富、熟悉数字化控制系统人-机界面的核电厂操纵员作为专家。通过向这 10 位专家发放 10 份权值调查表(见本章附录),对 HMI 复杂性的四个关键指标进行打分,时间间隔为 2 周,进行 2 次相同的调查,并全部回收,根据专家打分的平均值得出评分结果,汇总后如表 15-5 所列。

表 15-5 指标打分汇总

| 关键指标 | A1 | A2 | A3 | A4 | A5 | A6 | A7 | A8 | A9 | A10 |
|---|---|---|---|---|---|---|---|---|---|---|
| U1(TC) | 7 | 8 | 7 | 8 | 7 | 8 | 7 | 8 | 6 | 6 |
| U2(OC) | 6 | 7 | 6 | 8 | 7 | 7 | 6 | 8 | 6 | 6 |
| U3(IC) | 9 | 8 | 8 | 10 | 9 | 9 | 8 | 10 | 7 | 7 |
| U4(KC) | 9 | 10 | 9 | 10 | 9 | 10 | 9 | 10 | 9 | 8 |

效度分析是对数据有效性的分析,即对它反映的客观事实的程度的检验。专家依据理论分析、实践经验以及参照国内外同行的标准经过认真分析、反复斟酌打分,因此数据具有较好的效度。

为了进一步验证量表的可靠性和有效性,不仅要做效度检验还要做信度检验。采用克朗巴哈(Cronbach)$\alpha$ 系数对信度进行测量,克朗巴哈 $\alpha$ 系数在 0 和 1 之间,值越大,信度越高,量表内部的一致性越好,一般地,若 $\alpha \geq 0.9$,表明量表的内在信度很高;若 $0.8 \leq \alpha < 0.9$ 则说明内在信度还不错;若 $0.7 < \alpha < 0.8$ 则表明量表内在信度不太好,但仍有一定的参考价值;若 $\alpha \leq 0.7$,则表示量表内在一致性很差,需要重新考虑设计量表。本部分通过可靠性分析结果如表 15-6 和表 15-7 所列,可知 $\alpha$ 系数值为 0.926,因此,可以说明量表的内在信度很高。

表 15-6 样本信度检测表

| 克朗巴哈 $\alpha$ 系数 | 基于标准化后的克朗巴哈 $\alpha$ 系数 | 结点数 |
|---|---|---|
| 0.926 | 0.939 | 4 |

表 15-7 总统计量

| 序号 | 平均得分 | 方差 | 相关系数 | 多重相关系数平方 | 平均克朗巴哈 $\alpha$ 系数 |
|---|---|---|---|---|---|
| 1 | 24.500 | 5.611 | 0.892 | 0.888 | 0.885 |

（续）

| 序号 | 平均得分 | 方差 | 相关系数 | 多重相关系数平方 | 平均克朗巴哈 $\alpha$ 系数 |
|---|---|---|---|---|---|
| 2 | 25.000 | 5.556 | 0.895 | 0.754 | 0.894 |
| 3 | 23.200 | 4.622 | 0.813 | 0.740 | 0.930 |
| 4 | 22.400 | 6.267 | 0.842 | 0.865 | 0.910 |

通过上述分析可知,数据具有很好的效度和信度,说明数据的真实、可靠、有效,可以用于权重的分析与计算。

然后汇总得到评价指标矩阵 $A$,如式(15-11)所示。根据打分值计算每一个指标所占的比例作为指标的初始权重,如表15-8所列。

然后利用熵值法对指标的初始权重进行调整,根据式(15-5),可以得到 $P(A_{ij})$,如式(15-11)所示。

$$A = \begin{bmatrix} 7 & 6 & 9 & 9 \\ 8 & 7 & 8 & 10 \\ 7 & 6 & 8 & 9 \\ 8 & 8 & 10 & 10 \\ 7 & 7 & 9 & 9 \\ 8 & 7 & 9 & 10 \\ 7 & 6 & 8 & 9 \\ 8 & 8 & 10 & 10 \\ 6 & 6 & 7 & 9 \\ 6 & 6 & 7 & 8 \end{bmatrix} \quad P(A_{ij}) = \begin{bmatrix} 0.0972 & 0.0896 & 0.1059 & 0.0968 \\ 0.1111 & 0.1045 & 0.0941 & 0.1075 \\ 0.0972 & 0.0896 & 0.0941 & 0.0968 \\ 0.1111 & 0.1194 & 0.1176 & 0.1075 \\ 0.0972 & 0.1045 & 0.1059 & 0.0968 \\ 0.1111 & 0.1045 & 0.1059 & 0.1075 \\ 0.0972 & 0.0896 & 0.0941 & 0.0968 \\ 0.1111 & 0.1194 & 0.1176 & 0.1075 \\ 0.0833 & 0.0896 & 0.0824 & 0.0968 \\ 0.0833 & 0.0896 & 0.0824 & 0.0860 \end{bmatrix} \quad (15-11)$$

表15-8 指标权重

| 关键指数 | $A_1$ | $A_2$ | $A_3$ | $A_4$ | $A_5$ | $A_6$ | $A_7$ | $A_8$ | $A_9$ | $A_{10}$ | 平均值 |
|---|---|---|---|---|---|---|---|---|---|---|---|
| U1(TC) | 0.23 | 0.24 | 0.23 | 0.22 | 0.22 | 0.24 | 0.23 | 0.22 | 0.21 | 0.22 | 0.23 |
| U2(OC) | 0.19 | 0.21 | 0.20 | 0.22 | 0.21 | 0.20 | 0.22 | 0.21 | 0.22 | 0.21 | 0.21 |
| U3(IC) | 0.29 | 0.24 | 0.27 | 0.28 | 0.28 | 0.26 | 0.27 | 0.28 | 0.25 | 0.26 | 0.27 |
| U4(KC) | 0.29 | 0.30 | 0.30 | 0.28 | 0.28 | 0.29 | 0.30 | 0.28 | 0.32 | 0.30 | 0.29 |

此时 $m=10$,因此取 $K=1/\ln10$,根据式(15-6)、式(15-7)、式(15-8)、式(15-9)分别求出指标熵值 $e_j = (0.9976,0.9971,0.9968,0.990)$,差异性因数 $d_j = (0.0024,0.0029,0.0032,0.0010)$,原始权重调整 $a_{ij} = (0.00054,0.00061,0.00085,0.00031)$,调整后得到的 TC、OC、IC、KC 的权重分别是 $w_j = (0.23,0.27,0.37,0.13)$。

调整前权重分布矩阵为 $w = (w_1,w_2,w_3,w_4) = (0.23,0.21,0.27,0.29)$,调整后权重分布矩阵变为 $w = (w_1,w_2,w_3,w_4) = (0.23,0.27,0.37,0.13)$。调整前后 TC 权重没有什么变化,维持在 0.23,说明专家对其的意见比较一致,其重要性比较稳定。OC、IC 权重都有不同程度的上升,OC 从 0.21 增加到 0.27,IC 从 0.27 增加到 0.37,而 KC 下降幅度比较大,从 0.35 下降到 0.13。专家普遍认为操作步骤复杂度(OC)与信息复杂度(IC)的重要性要高于任务逻辑复杂度(TC)与知识水平复杂度(KC),在人-机交互复杂度评价中占主导因素。知识水平复杂度

（KC）的主观权值较大，因为专家一致认为 KC 的重要性很大，所以评分差别不大，其权重值调整后降低到 0.13；信息复杂度（IC）由于专家对其重要性的评分差别较大，其权重调升至 0.37，占有的权重最大。可见，人-机界面设计的优良与否对人-机交互的复杂性有重要的影响。同时操作步骤复杂度也由 0.21 增加到 0.27，有些专家认为数字化使操作更加方便，而有些专家认为大量的信息获取方式给操作带来了不便，不能满足操纵员的需求，因此在操作复杂度的评分上存在意见不统一的现象。综上所述，采用熵值法来调整初始静态权重，实现动态赋权，从而得到准确的评价结果。

2. 分析人-机交互任务

本实验选取 SGTR 事故规程中 Step 18 和 Step 19 说明熵值法在人-机交互的复杂度计算中的应用。利用操作规程步骤来对任务进行分析，图 15-4 表示 Step18 和 Step19 的操作步骤。

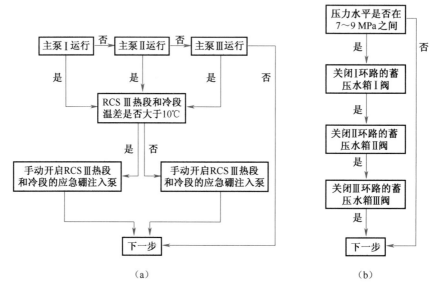

（a）                                （b）

**图 15-4  SGTR 规程中 Step18 和 Step19 的操作步骤**

（1）Step18；（2）Step19。

3. 绘制网络图形：行为控制图、信息流图与知识层次图

首先根据 Step18 的操作步骤分析，绘制行为控制图（图 15-5）。

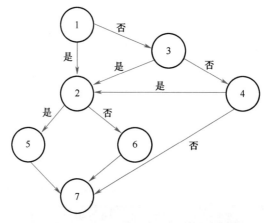

**图 15-5  SGTR 规程 Step18 行为控制图**

然后根据操作步骤的分析可知,需要的仪器信息如表 15-9 所列,并据此表绘制信息流图(图 15-6)。

表 15-9  仪器信息表

| 行为 | 仪器 | 单位 |
|---|---|---|
| 检查主泵 I 是否运行 | 主泵 I,显示状态 1 | T/B,显示形式为文字的布尔量 |
| 检查主泵 II 是否运行 | 主泵 II,显示状态 2 | T/B,显示形式为文字的布尔量 |
| 检查主泵 III 是否运行 | 主泵 III,显示状态 3 | T/B,显示形式为文字的布尔量 |
| RCSIII 热段和冷段温差是否大于 10℃ | RCSIII 热段温度 | K |
| | RCSIII 冷段温度 | K |
| | RCSIII 压力 | P |
| | RCSIII 热段应急硼注入泵 | T/B,显示形式为文字的布尔量 |
| | RCSIII 冷段应急硼注入泵 | T/B,显示形式为文字的布尔量 |
| 手动开启 RCSIII 热段和冷段的应急硼注入泵 | RCSIII 热段开/关 | 1 个按键,B |
| 手动开启 RCSIII 冷段应急硼注入泵 | RCSIII 冷段开/关 | 1 个按键,B |

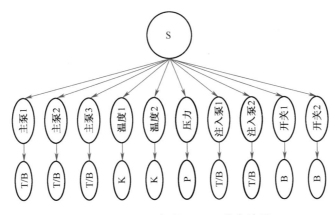

图 15-6  SGTR 规程 Step18 信息流图

依据知识层次的描述,检查主泵 I 是否运行,检查主泵 II 是否运行,检查主泵 III 是否运行以及 RCSIII 热段和冷段温差是否大于 10℃,对这四个步骤的认知分析,需要 SL 的知识水平,而手动开启 RCSIII 热段和冷段的应急硼注入泵和手动开启 RCSIII 冷段应急硼注入泵需要的知识水平是 CL 级。从而绘制出知识层次图(图 15-7)。

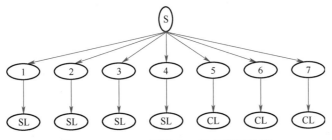

图 15-7  SGTR 规程 Step18 知识层次图

对 Step19 的分析,同 Step18,首先要依据操作步骤的分析,绘制行为控制图(图 15-8)。

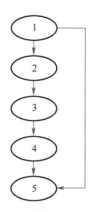

图 15-8　SGTR 规程 Step19 行为控制图

由 Step19 的操作步骤分析可知,需要的仪器信息如表 15-10 所列,并绘制信息流图(图 15-9)。

表 15-10　仪器信息表

| 动　作 | 仪器/单位 |
|---|---|
| 检查压力水平是否在 7~9MPa 之间 | P |
| 关闭 I 环路的蓄压水箱 I 阀 | B |
| 关闭 II 环路的蓄压水箱 II 阀 | B |
| 关闭 III 环路的蓄压水箱 III 阀 | B |

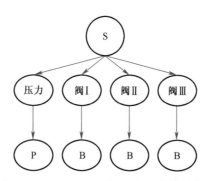

图 15-9　SGTR 规程 Step19 信息流图

依据知识层次的描述,检查压力水平是否在 7~9MPa 之间需要 SL 级的知识水平,而关闭 I 回路的蓄压水箱 I 阀、关闭 II 回路的蓄压水箱 II 阀以及关闭 III 回路的蓄压水箱 III 阀需要的知识水平是 CL 级,从而绘制出知识层次图(图 15-10)。

**4. 根据网络图形计算熵值**

Step18 中,根据图 15-5 的一阶熵绘制一阶熵表,如表 15-11 所列。根据图 15-5 的二阶熵绘制二阶熵表,如表 15-12 所列。根据图 15-6 的二阶熵绘制二阶熵表,如表 15-13 所列,为了便于表示,节点 S 设为 1,依次为 2~21,其中节点 12、13、14、18、19 都表示单位 T/B,节点 15、16 都表示单位 K,节点 20、21 表示单位 B,因此单位相同可以认为表示相同的节点。根据图 15-7 的二阶熵绘制二阶熵表,如表 15-14 所列,其中知识层次的节点分别用 6~10 表示,其中节点 6、

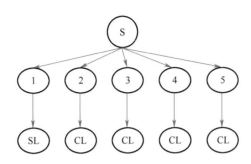

图 15-10 SGTR 规程 Step19 知识层次图

7、9 表示知识层次 CL,节点 8、10 表示知识层次 SL,因此相同知识层次可以认为表示相同节点。

表 15-11 图 15-5 对应的一阶熵表

| 输入数 | 节点 | 输出数 | 分组 |
|---|---|---|---|
| 0 | 1 | 2 | I |
| 3 | 2 | 1 | II |
| 1 | 3、4 | 2 | III |
| 1 | 5、6 | 1 | IV |
| 3 | 7 | 0 | V |

表 15-12 图 15-5 对应的二阶熵表

| 节点 | 相邻节点 | 分组 |
|---|---|---|
| 1 | 2、3 | I |
| 2 | 1、3、4、5、6 | II |
| 3 | 1、2、4 | III |
| 4 | 2、3、7 | IV |
| 5、6 | 2、7 | V |
| 7 | 4、5、6 | VI |

表 15-13 图 15-6 对应的二阶熵表

| 节点 | 相邻节点 | 分组 |
|---|---|---|
| 1 | 2、3、4、5、6、7、8、9、10、11 | I |
| 2、3、4、8、9 | 1、12 | II |
| 5、6 | 1、15 | III |
| 10、11 | 1、20 | IV |
| 7 | 1、17 | V |
| 12 | 2 | VI |
| 13 | 3 | VII |
| 14 | 4 | VIII |
| 15 | 5 | IX |
| 16 | 6 | X |

(续)

| 节点 | 相邻节点 | 分组 |
|------|----------|------|
| 17 | 7 | XI |
| 18 | 8 | XII |
| 19 | 9 | XIII |
| 20 | 10 | XIV |
| 21 | 11 | XV |

表 15-14　图 15-7 对应的二阶熵表

| 节　点 | 相邻节点 | 分组 |
|--------|----------|------|
| S | 1、2、3、4、5、6、7 | I |
| 1、2、3、4 | S、8 | II |
| 5、6、7 | S、12 | III |
| 8 | 1 | IV |
| 9 | 2 | V |
| 10 | 3 | VI |
| 11 | 4 | VII |
| 12 | 5 | VIII |
| 13 | 6 | IX |
| 14 | 7 | X |

Step19 中,根据图 15-8 的一阶熵绘制一阶熵表,如表 15-15 所列。根据图 15-8 的二阶熵绘制二阶熵表,如表 15-16 所列。根据图 15-9 的二阶熵绘制二阶熵表,如表 15-17 所列,为了便于表示,节点 S 设为 1,依次为 2~9,其中节点 7、8、9 都表示单位 B,因此单位相同可以认为表示相同的节点。根据图 15-10 的二阶熵绘制二阶熵表,如表 15-18 所列,其中知识层次的节点分别用 6~10 表示,其中节点 6 表示知识层次 SL,节点 7、8、9、10 表示知识层次 CL,因此相同知识层次可以认为表示相同节点。

表 15-15　图 15-8 对应的一阶熵表

| 输入数 | 节点 | 输出数 | 分组 |
|--------|------|--------|------|
| 0 | 1 | 2 | I |
| 1 | 2、3、4 | 1 | II |
| 2 | 5 | 0 | III |

表 15-16　图 15-8 对应的二阶熵表

| 节点 | 相邻节点 | 分组 |
|------|----------|------|
| 1 | 2、5 | I |
| 2 | 1、3 | II |
| 3 | 2、4 | III |
| 4 | 3、5 | IV |
| 5 | 1、4 | V |

表 15-17  图 15-9 对应的二阶熵表

| 节点 | 相邻节点 | 分组 |
|---|---|---|
| 1 | 2、3、4、5 | Ⅰ |
| 2 | 1、6 | Ⅱ |
| 3、4、5 | 1、7 | Ⅲ |
| 6 | 2 | Ⅳ |
| 7 | 3 | Ⅴ |
| 8 | 4 | Ⅵ |
| 9 | 5 | Ⅶ |

表 15-18  图 15-10 对应的二阶熵表

| 节点 | 相邻节点 | 分组 |
|---|---|---|
| S | 1、2、3、4、5 | Ⅰ |
| 1 | S、6 | Ⅱ |
| 2、3、4、5 | S、7 | Ⅲ |
| 6 | 1 | Ⅳ |
| 7 | 2 | Ⅴ |
| 8 | 3 | Ⅵ |
| 9 | 4 | Ⅶ |
| 10 | 5 | Ⅷ |

**5. 根据度量方法得出复杂度值**

Step18 中,图 15-5、图 15-6、图 15-7 分别是行为控制图、信息流图和知识层次图。依据前面介绍的一阶熵和二阶熵的计算方法,计算行为控制图的一阶熵和二阶熵、信息结构图的二阶熵和知识层次图的二阶熵,我们可以得到任务逻辑复杂度、操作步骤复杂度、信息复杂度和知识水平复杂度。

其中,行为控制图的一阶熵的计算中,按照节点数的输入输出数的不同可以分成 5 组,分别是{1}、{2}、{3,4}、{5,6}、{7}。由于 1~7 共有 7 个元素,所以每组的概率分别是 1/7、1/7、2/7、2/7、1/7。行为控制图的二阶熵的计算中,根据每个节点相邻节点的种类和数量的不同可以分成 6 组,分别是{1}、{2}、{3}、{4}、{5,6}、{7},相邻节点分别是{2,3}、{1,3,4,5,6}、{1,2,4}、{2,3,7}、{2,7}、{4,5,6}。1~7 共有 7 个元素,各组的概率分别是 1/7、1/7、1/7、1/7、2/7、1/7。同理,信息流图的二阶熵的计算中,节点可以分成 15 组,各组的概率分别是 1/21、5/21、2/21、2/21、1/21、1/21、1/21、1/21、1/21、1/21、1/21、1/21、1/21、1/21、1/21。知识层次图的二阶熵的计算中,节点可以分成 10 组,各组的概率分别是 1/15、4/15、3/15、1/15、1/15、1/15、1/15、1/15、1/15、1/15。计算结果如下:

$$H_{TC} = -\sum_{i=1}^{5} P(A_i) \log_2 P(A_i) = -\left[ 3 \times \left( \frac{1}{7} \log_2 \frac{1}{7} \right) + 2 \times \left( \frac{2}{7} \log_2 \frac{2}{7} \right) \right] = 2.236$$

$$H_{OC} = -\sum_{i=1}^{6} P(A_i)\log_2 P(A_i) = -\left[5\times\left(\frac{1}{7}\log_2\frac{1}{7}\right)+\left(\frac{2}{7}\log_2\frac{2}{7}\right)\right] = 3.812$$

$$H_{IC} = -\sum_{i=1}^{15} P(A_i)\log_2 P(A_i)$$
$$= -\left[12\times\left(\frac{1}{21}\log_2\frac{1}{21}\right)+\left(\frac{5}{21}\log_2\frac{5}{21}\right)+2\times\left(\frac{2}{21}\log_2\frac{2}{21}\right)\right] = 3.649$$

$$H_{KC} = -\sum_{i=1}^{10} P(A_i)\log_2 P(A_i) = -\left[8\times\left(\frac{1}{15}\log_2\frac{1}{15}\right)+\left(\frac{4}{15}\log_2\frac{4}{15}\right)+\left(\frac{3}{15}\log_2\frac{3}{15}\right)\right] = 3.057$$

同理,Step19 中,依据规程操作步骤的分析,首先绘制行为控制图(图 15-8)、信息流图(图 15-9)和知识层次图(图 15-10)。根据前述一阶熵和二阶熵的计算方法,计算行为控制图的一阶熵和二阶熵、信息结构图的二阶熵和知识层次图的二阶熵,我们可以得到任务逻辑复杂度、操作步骤复杂度、信息复杂度和知识水平复杂度。

其中,行为控制图的一阶熵的计算中,按照节点数的输入输出数的不同可以分成 3 组,分别是{1}、{2,3,4}、{5}。由于 1~5 共有 5 个元素,所以每组的概率分别是 1/5、3/5、1/5。行为控制图的二阶熵的计算中,依据每一个节点相邻节点的种类和数量的不同分成 5 组,分别是{1}、{2}、{3}、{4}、{5},相邻节点分别是{2,5}、{1,3}、{2,4}、{3,5}、{1,4}。1~5 共有 5 个元素,各组的概率分别是 1/5、1/5、1/5、1/5、1/5。同理,信息流图的二阶熵的计算中,节点可以分成 7 组,由于 1~9 共有 9 个元素,各组的概率分别是 1/9、1/9、3/9、1/9、1/9、1/9、1/9。知识层次图的二阶熵的计算中,节点可以分成 8 组,由于 S~10 共有 11 个元素,各组的概率分别是 1/11、1/11、4/11、1/11、1/11、1/11、1/11、1/11。计算结果如下:

$$H_{TC} = -\sum_{i=1}^{3} P(A_i)\log_2 P(A_i) = -\left[\left(\frac{1}{5}\log_2\frac{1}{5}\right)+\left(\frac{3}{5}\log_2\frac{3}{5}\right)+\left(\frac{1}{5}\log_2\frac{1}{5}\right)\right] = 1.371$$

$$H_{OC} = -\sum_{i=1}^{5} P(A_i)\log_2 P(A_i) = -5\times\left(\frac{1}{5}\log_2\frac{1}{5}\right) = 2.322$$

$$H_{IC} = -\sum_{i=1}^{7} P(A_i)\log_2 P(A_i) = -\left[6\times\left(\frac{1}{9}\log_2\frac{1}{9}\right)+\left(\frac{3}{9}\log_2\frac{3}{9}\right)\right] = 2.642$$

$$H_{KC} = -\sum_{i=1}^{8} P(A_i)\log_2 P(A_i) = -\left[7\times\left(\frac{1}{11}\log_2\frac{1}{11}\right)+\left(\frac{4}{11}\log_2\frac{4}{11}\right)\right] = 2.732$$

由于前述任务逻辑复杂度、操作步骤复杂度、信息复杂度以及知识水平复杂度的权重分别是 0.23、0.27、0.37 与 0.13,Step18 中,熵值分别是 2.236、3.812、3.649 和 3.057,Step19 中,熵值分别是 1.371、2.322、2.28 和 2.732。从而得出人-机交互复杂度分别为

$$HMIC_{Step18} = \sqrt{(0.23\times2.236)^2+(0.27\times3.812)^2+(0.37\times3.649)^2+(0.13\times3.057)^2}$$
$$= 1.818$$

$$HMIC_{Step19} = \sqrt{(0.23\times1.371)^2+(0.27\times2.322)^2+(0.37\times2.28)^2+(0.13\times2.732)^2}$$
$$= 1.153$$

#### 15.1.3.2 结果分析

将 15.1.3.1 节 Step18 与 Step19 计算所得的四个复杂度指标及其原始权重与调整后的权重值进行汇总、列表,如表 15-19 所列。

表 15-19　人-机交互复杂度指标权重以及复杂度值对比表

| 复杂度指标 | 原始权重 | 调整后权重 | Step18 | Step19 |
|---|---|---|---|---|
| TC | 0.23 | 0.23 | 2.236 | 1.371 |
| OC | 0.21 | 0.27 | 3.812 | 2.322 |
| IC | 0.27 | 0.37 | 3.649 | 2.28 |
| KC | 0.29 | 0.13 | 3.057 | 2.732 |
| HMIC | | | 1.818 | 1.153 |

通过表 15-19 可以看出，就各个复杂度指标权重而言，原始权重中 KC 最大，IC、TC、OC 依次次之，根据熵值法调整权重之后，IC 的权重最大，OC、TC、KC 依次次之，这是因为数字化控制系统中，信息显示的复杂多样化，需要更多地对人-机界面进行二类任务管理，所以对人-机交互的复杂性影响最大。由于操作方式计算机化，整个工作系统所涉及的操作全部集成于计算机屏幕上，操纵员所进行的操作的成败对系统的安全起着关键的作用，因此对人-机交互也有着非常大的影响。人的认知水平调整后的权重小了，是由于大家都强调经验的重要性，意见比较统一，对评价的影响不大，因此要适当调小。但是认知水平在人-机交互中的作用也非常重要，认知水平比较高，就能更加迅速敏捷地解决问题，特别是在紧急情况下，需要能做到准确无误的判断。而数字化控制系统中任务逻辑结构的重要性几乎没有变化，比较稳定。

依据复杂度水平的划分，从表 15-19 中可以看出 SGTR 规程中 Step18 的复杂度属于高复杂度，Step19 的复杂度属于低复杂度。而 Step18 中各指标的复杂度均属于高复杂度，Step19 中只有 TC 的复杂度属于低水平，其余也都是高水平复杂度。可见，复杂度水平对 SGTR 规程有非常大的影响。另外，从组间比较可知，Step18 无论从各项复杂度指标还是 HMIC 均大于 Step19，这是因为 Step18 从规则性与对称性上均大于 Step19，故其各项熵值均较大。HMIC 越大，操纵员的认知负荷越大，人-机交互过程中需要的时间会更多，潜在的人因失误会更大。从组内比较可知，在 Step18 中，OC 与 IC 值偏高，说明操作步骤复杂而且对于信息量的要求较大，并且需要很大的认知需求。OC 复杂度值最大，可以通过简化操作步骤的繁杂来降低复杂度；IC 的复杂度次之，可以适当增强人-机交互时管理界面任务信息的规则性与对称性来降低 IC 复杂度。TC 复杂度可以通过任务逻辑结构的优化来降低。在 Step19 中，由于该操作规程简单，故其 TC 值仅有 1.371，远低于其他复杂度指标，KC 的值最大，说明该步骤中操纵员的认知情况在其复杂度评价中占主导地位。分析可知，Step19 中可以通过提高认知水平、简化操作步骤的繁杂、增强界面信息的规则与对称性来降低复杂度。通过该种度量方法的分析，可以根据每个指标的重要程度和复杂度值，针对每个影响因素采用适当的方法降低复杂性。适用于多种方案的优化和选择、规程和界面的设计以及合理分配操纵员的时间和认知资源。

通过实地访谈核电厂多名操纵员，对 Step18 和 Step19 各项复杂度指标以及 HMIC 的判断与上述计算结果一致。在对 SGTR 规程人-机交互任务的分析中发现，任务逻辑复杂度、操作步骤复杂度、信息复杂度和认知水平复杂度对 SGTR 规程步骤有不同程度的影响，总体上比较显著，因而它们所指代的任务因素、操作因素、人-机界面因素和操纵员因素也会对人-机交互复杂性产生影响。

为了预防、减少人-机交互的复杂性，从提高操纵员的认知水平、优化逻辑结构、简化操作步骤、优化界面信息等方面提出了以下建议：

### 1. 人员培训

培训是为了使操纵员能有持续性的知识、经验和情景意识妥善地处理人-机交互中复杂性的问题,这样才能避免人因失误,从而提高操纵员的认知水平和系统的可靠性。

### 2. 加强交流与合作

传统控制系统中操纵员通过交流获取信息并进行探讨来共同完成任务,而数字化控制系统中,操纵员根据数字化规程进行操作,就可以独立完成任务。但正是由于这种独立性,造成信息延迟或不能共享,可能造成严重的人因失误。因此在数字化控制系统中要建立交流与合作机制,鼓励操纵员之间加强交流,特别是在异常情况下,更要及时反馈信息。

### 3. 规程设计规范化

规程设计要保证技术的正确性,要保证规程语言描述简单详尽、易于理解、易于执行,而且也应该符合我国操纵员的认知习惯。目前我国数字化控制系统中采用的 EOP 规程(事件导向规程)必需要事先准确地判断始发事件才采取相应的事故规程,但是这样浪费了太多的时间,特别是在出现紧急事故的情况下,因此采用 SOP 规程(状态导向规程),根据征兆来处置事故状态,就可以避免可能会出现的严重后果。

### 4. 优化界面设计

数字化控制系统中,对人-机界面的设计是人-机交互的主要部分。只有人-机界面设计得当,才能有效发挥优势,如果设计不合理,会对操纵员的效能带来负面影响,甚至影响整个系统的安全运行。为了满足任务所要求的功能和性能,以及为了减少界面管理任务,就要对人-机界面进行优化设计,特别是在高负荷的情况下,人-机界面的设计要遵循人因工程学原则,设计应符合操纵员的认知特性和生理特性,以详细、规范、完整的设计标准作为指导来优化人-机界面。

本节针对数字化控制系统人-机交互的复杂性度量进行研究,为预防人因失误、减少人-机交互复杂性,从提高操纵员的认知水平、优化逻辑结构、简化操作步骤、优化界面信息等方面提出了建议,为下面 15.2 节研究人-机界面信息显示特征打下了基础。

## 15.2 核电厂数字化主控室人-机界面信息显示特征对操纵员认知行为的影响

本节针对核电厂数字化控制系统信息显示界面中的信息显示率、信息提供率、数据更新率三个方面的内容进行研究,探究这三者对操纵员信息捕获绩效的影响并寻求这三者之间的最佳组合,为数字化控制系统信息显示界面的设计提供理论基础。

### 15.2.1 基于信息熵表征的数字化控制系统信息提供率

#### 1. 实验背景

通过前面的研究阐述,可以发现,核电厂数字化人-机界面信息显示特征对操纵员的认知行为影响较大,"信息显示率""信息提供率""数据更新率"这几个科学概念为解决"巨量信息与有限显示"的矛盾提供了思路[13,26]。基于上述问题,本部分采用心理学中变化察觉范式[27],通过实验探究数据更新率和不同信息量大小对信息提供率的影响。

2. 实验设计

1）实验目的

探究数据更新速度和信息量大小对信息提供率的影响；获得在不同数据更新速度条件下，操纵员能有效捕捉到的基于信息熵理论表征的信息量的大小（即信息提供率的大小）。

2）实验方法

（1）被试者。

被试者为 20 名在校研究生，年龄在 22~26 岁之间，视力或矫正后视力正常，颜色辨认正常。将被试者分为实验组和对照组两组（每组 10 人）进行对比实验，实验前对实验组被试者进行充分培训，而对照组被试者不经过任何相关培训，以此模拟"受不同培训程度"的操纵员。

（2）自变量。

一是目标数量（分为 4 个水平），程序设定每个水平上红色方格里面字母出现的概率为 1/26（即一个方格里面 26 个阿拉伯字母呈现的可能性都是相同的），由于人的短时记忆容量最多为（7±2）个[37]，实验中取目标数量的水平为 2、4、6、8 个方格，对应的信息量由公式 $H = -\sum_{i=1}^{N} P(A_i) \log_2 P(A_i)$ 计算出为 9.4bit、18.8bit、28.2bit、37.6bit，为了减少由于区位因素造成的误差，取中间或者左上的方格；另一个自变量为数据的更新时间，包括 1s、2s 和 3s 三个水平。

（3）因变量。

被试者判断探测信息界面刺激与初始信息界面刺激是否一致的正确率与反应时间。

3）实验器材

实验仪器为戴尔计算机一台，显示器为 20 寸液晶显示器，分辨率为 1366×768 像素，实验在安静的环境下进行，足够的照明，屏幕无反光现象，实验程序由 E-Prime2.0 软件编写，被试者通过鼠标和键盘操纵即可，实验程序自动记录实验判断的正误与反应时间。

3. 实验流程

被试者就位后，双眼正对计算机显示屏，视距保持在 65±10cm。被试者阅读完指导语后实验正式开始。屏幕正中央呈现注视点"+"2s 后显示初始界面。之后呈现 2s 的空白界面，接着呈现探测刺激信息界面（在一半测试中，探测刺激界面与初始刺激界面相同，另一半则改变探测刺激中的一个字母），要求被试者判断探测刺激是否与初始刺激一致，如果探测刺激与初始刺激一致，在键盘上面按"J"键，反之按"F"键。被试者做出按键反应后，屏幕再次呈现注视点"+"号，继续下一试次。依此循环，直至实验结束。每一个被试者需要完成 44 个试次。

实验过程如图 15-11 所示：（a）初始刺激界面→（b）空白界面→（c）探测刺激界面。与原始刺激界面相比，带有阴影的红色方格中的字母 V 发生了改变，被试者按键盘"J"键表示"否"为正确的反应，证明被试者有效地捕捉到了初始界面的信息。红色方框方格、字体（六个红色方格为例）作为一个简单的模型，每个红色方格都是组成这个简单模型的一个元素，这个模型里给定26 个字母进入方格的可能性都是一样的，所以每个方格都有 26 种可能性，字母之间的组合没有特定的含义且没有产生语法效应。随着红色方格数量的增加，模型的复杂性也会随之增加。

4. 实验结果与分析

实验结果所得到的数据采用 SPSS19.0 和 Excel 进行整理、分析，得到关于正确率和反应时

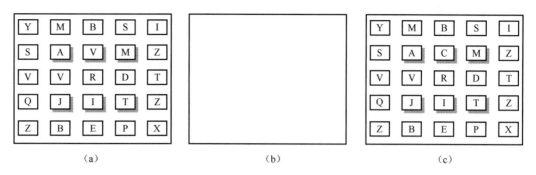

**图 15-11　实验基本流程(显示顺序( a )→( b )→( c ))**

的描述性统计量表,见表 15-20 和表 15-21。

表 15-20　描述性统计量( 正确率)

| 信息量 | 数据更新时间/s | 正确率均值/% | 标准偏差 | 信息数量 N |
|---|---|---|---|---|
| 9.4bit | 1 | 98 | 0.142 | 880 |
| | 2 | 99 | 0.116 | 880 |
| | 3 | 99 | 0.101 | 880 |
| | 总计 | 99 | 0.121 | 2640 |
| 18.8bit | 1 | 97 | 0.176 | 880 |
| | 2 | 98 | 0.149 | 880 |
| | 3 | 99 | 0.116 | 880 |
| | 总计 | 98 | 0.149 | 2640 |
| 28.2bit | 1 | 82 | 0.386 | 880 |
| | 2 | 93 | 0.254 | 880 |
| | 3 | 97 | 0.160 | 880 |
| | 总计 | 91 | 0.290 | 2640 |
| 37.6bit | 1 | 73 | 0.443 | 880 |
| | 2 | 78 | 0.417 | 880 |
| | 3 | 78 | 0.412 | 879 |
| | 总计 | 76 | 0.425 | 2639 |
| 总计 | 1 | 87 | 0.331 | 3520 |
| | 2 | 92 | 0.275 | 3520 |
| | 3 | 93 | 0.249 | 3519 |
| | 总计 | 91 | 0.288 | 10559 |

表 15-21　描述性统计量( 反应时间)

| 信息量 | 数据更新时间/s | 平均反应时间/ms | 标准偏差 | 信息数量 N |
|---|---|---|---|---|
| 9.4bit | 1 | 1022.37 | 337.189 | 880 |
| | 2 | 777.69 | 226.285 | 880 |
| | 3 | 949.67 | 341.462 | 880 |
| | 总计 | 916.58 | 322.941 | 2640 |

（续）

| 信息量 | 数据更新时间/s | 平均反应时间/ms | 标准偏差 | 信息数量 N |
|---|---|---|---|---|
| 18.8bit | 1 | 1461.71 | 404.245 | 880 |
| | 2 | 1296.10 | 360.331 | 880 |
| | 3 | 1479.89 | 450.359 | 880 |
| | 总计 | 1412.56 | 414.817 | 2640 |
| 28.2bit | 1 | 1925.29 | 763.516 | 880 |
| | 2 | 1696.55 | 532.637 | 880 |
| | 3 | 1684.93 | 512.639 | 880 |
| | 总计 | 1768.92 | 623.260 | 2640 |
| 37.6bit | 1 | 2202.56 | 624.679 | 880 |
| | 2 | 2314.36 | 814.552 | 880 |
| | 3 | 2552.33 | 972.219 | 879 |
| | 总计 | 2356.34 | 828.839 | 2639 |
| 总计 | 1 | 1652.98 | 717.617 | 3520 |
| | 2 | 1521.17 | 773.137 | 3520 |
| | 3 | 1666.45 | 845.437 | 3519 |
| | 总计 | 1613.53 | 783.154 | 10559 |

从表15-20中可以看出,信息量在较低水平时,被试者反应的正确率均可保持在较高水平,如信息量为9.4bit时,信息显示时间在每个水平上的正确率均值都达到98%以上,随着信息量的增大,被试者反应的正确率逐渐降低,信息量为37.6bit时,信息显示时间三个水平上的正确率均值只有77%左右,数据更新时间为1s的正确率均值为87%,数据更新时间为2s时的正确率均值为92%,数据更新时间为3s时正确率均值为93%,不难看出,随着信息显示时间的增加,被试者反应的正确率也随之增加。

由表15-21可知,在信息量较小的情况下,被试者的反应时间也相对较小,信息量为9.4bit的时候被试者的平均反应时间约为900ms,而信息量为37.6bit时,被试者的平均反应时间约为2300ms,具有一定的差异。数据更新时间为1s时的平均反应时间为1653ms,数据更新时间为2s时的平均反应时间约为1521ms,数据更新时间为3s时的平均反应时间约为1666ms,并没有呈现出一定的规律性,数据更新时间为2s时的反应时间较少,原因可能在于在数据更新时间为1s时,被试者还来不及捕获界面上的信息,需要更多的反应时间,而数据更新时间为3s时,被试者拥有更多的时间去捕获界面上的信息,但是却容易造成疲劳,降低效率,容易使被试者放松警惕。

实验组与对照组的正确率均值和平均反应时间在不同信息量水平、数据更新时间下的结果如图15-12所示。

为了探究数据更新时间、不同信息量大小对被试者认知行为的影响,采用多因素方差分析进行研究[28],得到其描述性统计量和主体间效应检验表(表15-22)。

从表15-22可以看出,信息量的正确率检验统计量($F = 370.32, p < 0.05$)、反应时检验统计量($F = 2905.96, p < 0.05$),说明不同信息量间正确率、反应时间差异显著,信息量为9.4bit、

18.8bit、28.2bit、37.6bit 的正确率均值分别为 98.52%、97.72%、90.75%、76.43%,对应的平均反应时间分别为 916.57ms、1412.56ms、1768.92ms、2356.36ms,说明随着信息量的增大,被试者的正确率逐渐降低、反应时间相应增加。数据更新时间的正确率检验统计量($F = 43.57, p < 0.05$)、反应时间检验统计量($F = 68.08, p < 0.05$),说明不同数据更新时间的正确率、反应时间上存在显著差异,数据更新时间为 1s、2s、3s 时的正确率均值为 87.47%、91.76%、93.34%,反应时间均值为 1652.98ms、1521.17ms、1666.66ms,这说明信息显示时间越长,被试者做出判断的正确率越高,但被试者做出的反应时间不呈现递减的关系,原因可能在于数据更新时间为 3s 时,被试者有充裕的时间获取低信息量水平的信息,从而放松警惕。

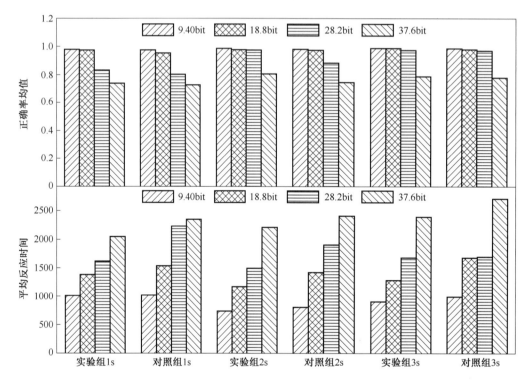

图 15-12　不同组别、信息量水平、数据更新时间下的正确率均值和平均反应时间

表 15-22　主体间效应的检验

| 源 | 因变量 | Ⅲ型平方和 | df | 均方 | F | 显著性 |
|---|---|---|---|---|---|---|
| 信息量 | 正确率 | 82.89 | 3 | 27.63 | 370.32 | 0.001 |
| | 反应时间 | 2908932384.47 | 3 | 969644128.16 | 2905.96 | 0 |
| 数据更新时间 | 正确率 | 6.50 | 2 | 3.25 | 43.57 | 0 |
| | 反应时间 | 45436395.68 | 2 | 22718197.84 | 68.08 | 0.0018 |

1）实验组与对照组的正确率与反应时间分析

用 SPSS19.0 对两组进行统计分析,得出实验组和对照组的均值、标准差,实验组的正确率均值为 92.00%,对照组的正确率均值为 90.00%,两者之间存在一定的差距;实验组的反应时间为 1496.34ms,对照组的反应时间为 1730.74ms,两者之间也存在一定的差距。对实验组、对比组的正确率、反应时间进行单因素方差分析,结果如表 15-23 所列。

表 15-23　实验组与对照组的反应时间和正确率独立样本检验结果

| | | 方差方程的 Levene 检验 | | | 均值方差的 t 检验 | | | | | 95%置信区间 | |
|---|---|---|---|---|---|---|---|---|---|---|---|
| | 样本 | F | 显著性 | t | df | 显著性 | 均值差值 | 标准误差值 | 下限 | 上限 | |
| 正确率 | 假设方差相等 | 58.700 | 0.000 | 3.822 | 10557 | 0.023 | 0.021 | 0.006 | 0.010 | 0.032 | |
| | 假设方差不相等 | — | — | 3.821 | 10440.272 | 0.000 | 0.021 | 0.006 | 0.010 | 0.032 | |
| 反应时间 | 假设方差相等 | 25.273 | 0.000 | −15.552 | 10557 | 0.004 | −234.39 | 15.072 | −263.93 | −204.85 | |
| | 假设方差不相等 | — | — | −15.552 | 10492.619 | 0.000 | −234.39 | 15.072 | −263.93 | −204.80 | |

从表 15-23 可以看出,对于两组正确率检验统计量($F=58.700,p<0.05$),两个总体的方差存在显著性差异,由于两个总体的方差存在显著性差异,所以 $t$ 检验结果应该在方差不相等的情况下做出,故检验结果在"假设方差不相等"行中可以得到 $t=3.821$,且 $p<0.05$,因此认为两个总体的正确率存在显著差异,即实验组和对照组的均值存在显著差异;对于两组的反应时间,检验统计量($F=25.273,p<0.05$),两个总体的方差存在显著性差异,所以 $t$ 检验结果应该在方差不相等的情况下做出,故检验结果在"假设方差不相等"行中可以得到,$t=-15.552$,且 $p<0.05$,故拒绝零假设,因此认为两个总体的反应时间存在显著差异,即实验组和对照组的反应时间也存在显著差异。

表 15-24(不同信息量 LSD 法多重比较检验)和表 15-25(不同数据更新时间 LSD 法多重比较检验)显示了不同信息量之间、不同数据更新时间之间正确率均值相比较的结果。可以看出,除信息量为 9.4bit 和 18.8bit 正确率均值差异不明显之外,其他信息量之间的正确率均值相比差异明显,而不同数据更新时间之间正确率均值相比都存在显著差异。

表 15-24　不同信息量 LSD 法多重比较检验

| 因变量 | 信息量 I/bit | 信息量 J/bit | 均值差值 (I−J) | 标准误差 | 显著性 | 95%置信区间 | |
|---|---|---|---|---|---|---|---|
| | | | | | | 下限 | 上限 |
| 正确率均值 | 18.8 | 28.2 | 0.07[①] | 0.008 | 0.009 | 0.05 | 0.08 |
| | | 37.6 | 0.21[①] | 0.008 | 0.000 | 0.20 | 0.23 |
| | | 9.4 | −0.01 | 0.008 | 0.290 | −0.02 | 0.01 |
| | 28.2 | 18.8 | −0.07[①] | 0.008 | 0.000 | −0.08 | −0.05 |
| | | 37.6 | 0.14[①] | 0.008 | 0.013 | 0.13 | 0.16 |
| | | 9.4 | −0.08[①] | 0.008 | 0.000 | −0.09 | −0.06 |
| | 37.6 | 18.8 | −0.21[①] | 0.008 | 0.000 | −0.23 | −0.20 |
| | | 28.2 | −0.14[①] | 0.008 | 0.022 | −0.16 | −0.13 |
| | | 9.4 | −0.22[①] | 0.008 | 0.000 | −0.24 | −0.21 |
| | 9.4 | 18.8 | 0.01 | 0.008 | 0.290 | −0.01 | 0.02 |
| | | 28.2 | 0.08[①] | 0.008 | 0.000 | 0.06 | 0.09 |
| | | 37.6 | 0.22[①] | 0.008 | 0.000 | 0.21 | 0.24 |
| ①均值差值在 0.05 级别上较显著 | | | | | | | |

表 15-25　不同数据更新时间 LSD 法多重比较检验

| 因变量 | 时间数据更新 I /s | 时间数据更新 J /s | 均值差值 (I−J) | 标准误差 | 显著性 | 95%置信区间 | |
|---|---|---|---|---|---|---|---|
| | | | | | | 下限 | 上限 |
| 正确率均值 | 1 | 2 | −0.04① | 0.007 | 0.000 | −0.06 | −0.03 |
| | | 3 | −0.06① | 0.007 | 0.000 | −0.07 | −0.05 |
| | 2 | 1 | 0.04① | 0.007 | 0.000 | 0.03 | 0.06 |
| | | 3 | −0.02① | 0.007 | 0.015 | −0.03 | 0.00 |
| | 3 | 1 | 0.06① | 0.007 | 0.000 | 0.05 | 0.07 |
| | | 2 | 0.02① | 0.007 | 0.015 | 0.00 | 0.03 |
| ①均值差值在 0.05 级别上较显著 | | | | | | | |

2）信息提供率结果分析

在数据更新时间为 1s 的水平下,实验组在四个信息量水平上的正确率分别为 98.18%、97.80%、83.41%、73.86%,由此可见信息量为 28.2bit 的水平下正确率变化较大,且对四个信息量水平上的正确率进行独立样本检测的结果表明,信息量为 9.4bit 和 18.8bit 之间的正确率并不显著($F = 0.875$,$p = 0.807 > 0.05$),并且都保持在较高的正确率水平,而信息量为 18.8bit 和 28.2bit 之间被试者的正确率相比差异显著($F = 360.613$,$p = 0.000 < 0.05$),且在 28.2bit 的水平下正确率下降到了 83.41%,由此可以得到实验组操纵员在数据更新时间为 1s 时能够有效地获取信息界面提供的信息量约为 18.8bit,即信息提供率为 18.8bit;按照同样的方法,可以得到:实验组在数据更新时间为 2s 时的信息提供率为 28.2bit,数据更新时间为 3s 时的结果也为 28.2bit,表明随着信息量的增大,操纵员在短时间内能有效捕捉到的信息量水平也是有限的;对于对照组,操纵员在 1s 内能够有效地捕捉到信息界面提供的信息量也为 18.8bit;在数据更新时间为 2s 时的信息提供率,实验组与对照组产生了差异,对照组的信息提供率仅为 18.8bit,数据更新时间为 3s 时的信息提供率为 28.2bit。

5. 研究结论

在核电厂等复杂工业系统中,不恰当的显示设计是造成严重安全问题的主要原因之一[27]。信息提供率是表征系统信息显示界面优劣的一个重要指标。本研究结果表明,数据的更新速率和信息量大小对操纵员有效获取界面上的信息具有显著的影响。考虑到人的认知资源存在有限性,DCS 信息界面提供过多的信息量和数据更新速度过快不仅容易导致操纵员不能有效捕捉到界面的信息,而且会造成操纵员情绪上的紧张,引发人因失误。因此,核电厂 DCS 信息显示界面的设计要以信息提供率为基础,并且要加强操纵员的培训,这对于减少数字化控制系统中出现的人因失误具有重要的作用。除了本部分所研究的信息量、信息显示时间之外,影响信息提供率的因素可能还有很多,如界面的显示方位差异、信息的物理显示差异等。综上所述实验,可得出如下结论:

（1）数据更新时间和界面提供信息量的大小对操纵员能否有效获取到界面的信息都存在显著的影响,数据更新时间在 1s、2s、3s 的水平下被试者反应正确率之间相比较差异都比较明显,在信息量相同的条件下,数据更新时间越长、信息量越小更有利于操纵员有效地捕捉到界面上的信息,从而提高操纵员完成任务的可靠性;随着信息量的增大,由于人的认知资源的有限性,即使数据更新时间增长也很难提高正确率,如信息为37.6bit时,数据显示时间为1s、2s、3s时的正确率都处于一个比较低的水平。

(2)实验组与对照组差异显著,实验组的正确率为92.00%,对照组的正确率为90.00%,实验组的反应时间为1496.34ms,对照组的反应时间为1730.74ms,实验组不论在反应的正确率和反应时间上都具有优势,相比而言,对比组实验结果存在一定的差距。这说明充分的培训很重要。

(3)信息提供率在数据更新时间为1s时实验组与对照组都为18.8bit;在数据更新时间为2s时,实验组为28.2bit,对照组为18.8bit,差异较为明显;数据更新时间为3s时两组都为28.2bit。

### 15.2.2 数字化控制系统信息显示特征对操纵员信息捕获绩效的影响及优化

**1. 实验背景**

"巨量信息与有限显示"的矛盾对数字化人-机界面的布局提出了更高的要求,特别是在事故工况条件下,操纵员的精神处于高度紧张的状态,数字化人-机界面中的每一个信息设计的维度,如信息方位、信息颜色等是否符合操纵员的认知规律,都可能对操纵员信息捕捉绩效产生一定的影响。在前面部分中,介绍了信息提供率的定义及其内涵,并且通过实验对信息提供率进行了研究,在接下来的部分中,将进一步研究数字化人机-界面信息显示率、信息提供率、数据更新时间对操纵员信息捕捉绩效的影响,通过三因素三水平的实验[29]得到数字化人-机界面信息显示的最佳匹配组合,实验的主要指标为操纵员完成任务的正确率,正确率越高表明在相应实验条件下,影响操纵员信息捕捉的几个因素在相应的水平下操纵员的绩效越好。

**2. 实验设计**

1)实验目的

研究信息显示率、信息提供率、数据更新时间对操纵员信息捕获绩效的影响,寻求这三者之间的最佳匹配。

2)实验方法:

(1)被试者。

被试者为20名在校研究生,其中男性10人,女性10人,年龄在22~26岁之间,所有被试者双眼视力正常或矫正后视力正常,颜色辨认正常。

(2)自变量。

实验按照三因素三水平的正交实验设计,自变量包含三个因素:①信息显示率,参考文献[28]信息显示密度的表示方法,按照48个信息区域的25%、50%、75%三个水平(48个信息区域的25%、50%、75%分别为12、24、36个信息区域,每个信息区域随机呈现英文字母,信息提供率由公式 $H(x) = -\sum P(x_i)\log_a P(x_i)$ 计算其信息量分别为12×4.7bit=56.4bit、24×4.7bit=112.8bit、36×4.7bit=169.2bit呈现于信息界面,在本实验界面中为带有明显红色阴影的红色方框信息区域(如图15-13所示,信息提供率的第二个水平即界面显示了24个带有明显红色阴影的红色方框的信息区域);②信息提供率,在信息显示率所显示的信息区域中由实验程序软件自动选取其中的2、3、4三个水平的信息区域(所选取的信息区域随机呈现英文字母,即假设提的能被被试者有效获取的信息量三个水平分别为 2×4.7bit＝9.4bit、3×4.7bit＝14.1bit、4×4.7bit＝18.8bit），在实验中为带有明显红色阴影的红色方框中的红色字母信息区域，即这部分信息是界面提供给操纵员并且要求其有效捕捉到的关键信息；③数据更新率，分为 2s、3s、4s 三个不同的水平。实验设计的因素水平如表 15-26 所列。

（3）因变量。

被试者"察觉到探测刺激与初始刺激的信息是否发生了变化"的正确率。

（4）实验器材。

实验仪器为戴尔计算机一台，20 英寸液晶显示器，屏幕分辨率为 1366×768 像素，实验程序由 E-Prime2.0 软件编写，程序自动记录实验判断的正误与反应时间。

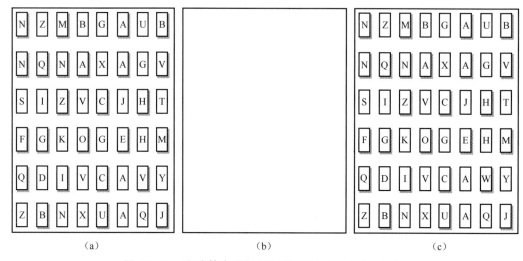

（a）                              （b）                              （c）

**图 15-13　实验基本流程（显示顺序（a）→（b）→（c））**

（a）初始刺激界面；（b）空白界面；（c）探测刺激界面。

表 15-26　实验设计的因素水平表

| 水平/因素 | A<br>信息显示率 | B<br>信息提供率 | C<br>数据更新时间 |
|---|---|---|---|
| 1 | A1：56.4bit | B1：9.4bit | C1：2s |
| 2 | A2：112.8bit | B2：14.1bit | C2：3s |
| 3 | A3：169.2bit | B3：18.8bit | C3：4s |

3. 实验过程

实验前被试者进行适当练习，了解有关规则，熟悉实验操作平台，实验采用变化察觉范式，要求被试者记忆初始界面的信息，然后进行检测再认测试。

实验正式开始前，被试者阅读屏幕上实验指导语，然后被试者双眼正对显示屏，实验正式开始。屏幕正中央呈现注视点"+"2s 后显示初始刺激信息界面，要求被试者有效捕捉到红色方框中的红色字体的字母信息，所有界面显示的信息对被试者的干扰有：①信息区域是否出现警报的红色方框；②出现警报的红色方框里的字母是否为红色。之后呈现 2s 的空白界面，接着呈现探测刺激信息界面（在一半测试中，探测刺激信息界面与初始刺激信息界面相同，另一半则改变探测刺激中的一个字母或者红色方框的位置），要求被试者判断探测刺激界面信息与初始刺激界面信息完全一致,如果探测刺激信息界面与初始刺激信息界面完全一致,在键盘上按"J"键,反之按"F"键,以此来检测被试者是否观察到了界面信息发生变化,通过判断的正确率来衡量被试者对信息的捕捉绩效。被试者做出按键反应后,屏幕再次呈现注视点"+"号,继续下一试次。依此循环,直至实验结束。9个实验里每个实验要进行30个试次,需做三轮重复的实验,即每个被试者需要完成9×30×3=810个试次,选取20名被试者,即本实验需要810×20=16200次实验测试,考虑到实验时间较长,容易造成被试者疲劳,影响实验的可靠性,每个被试者完成一个实验后都有充分的休息时间。

为了更好地说明实验过程,如图15–13所示(本例中信息显示率为112.8bit,信息提供率为14.1bit):(a)→(b)→(c)。与初始刺激(a)界面相比,探测刺激(c)界面中红色方格中的红色字母 V 发生了改变(变成了 W),被试者按键盘"F"键表示"否"为正确的反应,即被试者察觉/捕捉到初始刺激界面的信息已经发生了变化。

4. 实验结果与分析

本部分选用L9($3^4$)K = 3重复正交实验设计和分析用表,每个被试者每一轮需要完成 9 个实验(试验号如表15–27所列),为了提高实验的可靠性与减小实验误差,取 K = 3 即每个被试者在同样的实验条件下做 3 轮重复的实验,一共收集到9×3 = 27组实验的数据。通过实验数据来分析各因素的变化对被试者信息捕捉绩效的影响。原始数据由 Excel 2007 整理,得到实验的正确率结果如表15–27所列,对实验结果的分析主要为极差分析和方差分析。

计算正交实验结果的极差可以确定因素的主次顺序,由表15–27可知,A 列极差 R 为 0.9249,B 列极差为 0.735,C 列极差为 0.6985,由此可以得出极差 R 由大到小的顺序为 A>B>C,说明影响被试者实验结果最主要的因素是 A 信息显示率,其次是 B 信息提供率,最后是 C 数据更新率。

表 15–27　L9($3^4$)K = 3 正交实验设计及结果

| 试验号 | A 信息显示率 | B 信息提供率 | C 数据更新率 | D 空白列 | 正确率 | | |
|---|---|---|---|---|---|---|---|
| | | | | | 结果一 | 结果二 | 结果三 |
| 1 | A1 | B1 | C1 | D1 | 0.9383 | 0.9617 | 0.9583 |
| 2 | A1 | B2 | C2 | D2 | 0.9783 | 0.9567 | 0.9650 |
| 3 | A1 | B3 | C3 | D3 | 0.9700 | 0.9650 | 0.9617 |
| 4 | A2 | B1 | C2 | D3 | 0.9467 | 0.9467 | 0.9433 |
| 5 | A2 | B2 | C3 | D1 | 0.9550 | 0.9417 | 0.9467 |
| 6 | A2 | B3 | C1 | D2 | 0.8117 | 0.8033 | 0.8083 |
| 7 | A3 | B1 | C3 | D2 | 0.9233 | 0.9317 | 0.9217 |
| 8 | A3 | B2 | C1 | D3 | 0.8500 | 0.8367 | 0.8500 |
| 9 | A3 | B3 | C2 | D1 | 0.7950 | 0.8150 | 0.8067 |
| K1 | 8.6550 | 8.4717 | 7.8183 | 8.1184 | — | — | — |
| K2 | 8.1034 | 8.2801 | 8.1534 | 8.1000 | — | — | — |
| K3 | 7.7301 | 7.7367 | 8.5168 | 8.2701 | — | — | — |
| 极差 R | 0.9249 | 0.735 | 0.6985 | 0.1701 | — | — | — |
| 最优水平 | A1 | B1 | C3 | D3 | — | — | — |

通过比较各列 $K$ 值可以得到各组合的最优方案,本实验的指标为被试者反应的正确率,正确率越高表明被试者捕捉信息的绩效越好,所以 $K$ 值越大越好,在 A 列中,K1(8.6550)>K2(8.1034)>K3(7.7301),最优水平为 A1,同理,B 列中,K1>K2>K3,最优水平为 B1,C 列中 K3>K2>K1,最优水平为 C3,所以在不考虑其他因素的情况下,可得最优水平为 A1B1C3,即信息显示率为 56.4bit,信息提供率为 9.4bit,数据更新时间为 4s 时的绩效最佳。

将实验数据输入到 SPSS 19.0 软件中进行方差分析,结果见表 15-28。A 与 B 的 $p$ 值均小于 0.005,说明因素 A、B 对实验的正确率有统计学意义,而 C 因素的 $p$ 值为 0.515,无统计学意义,说明信息显示率与信息提供率三个不同水平的改变对被试者的绩效影响极为显著,数据更新率的三个水平的不同对实验结果无统计学意义。从表 15-28 中的 $F$ 值的大小也可以看出因素的主次顺序为 A、B、C,这与极差分析的结果是一致的。

表 15-28 方差分析结果

| 来源 | Ⅲ型平方和 | 自由度 | 均方 | $F$ | 显著性 |
|---|---|---|---|---|---|
| A | 0.48 | 2 | 0.24 | 17.047 | 0 |
| B | 0.32 | 2 | 0.16 | 11.446 | 0 |
| C | 0.02 | 2 | 0.01 | 0.686 | 0.515 |
| 误差 | 0.28 | 20 | 0.01 | | |

综合极差分析与方差分析的结果,信息显示率对被试者信息捕捉绩效的影响较为显著,数字化控制系统的操纵员在界面上获取相关信息的过程中,在单位时间内显示的信息量越少,对操纵员有效获取信息越有利,操纵员的信息捕获绩效就越好。信息提供率是系统界面一个较为重要的特征,其重要程度主要体现在操纵员当前所能有效捕获的信息量,对目前系统运行状态的理解以及对即将执行任务的计划,甚至可以理解为信息提供率提供的是关键的目标信息点,最急需解决的状态信息,信息提供率在短时间内是一个有限值,其影响因素也很多,有待于进一步深入进行研究,应该以具体的某一个安全值作为上限进行设计。由于方差分析中数据更新率对被试者信息捕获绩效的影响并不显著,说明该因素所选取的几个水平对整体的绩效并无显著的影响,但是,并不能得出其他水平对操纵员信息捕捉绩效也无影响。在本部分研究中,数据更新率可根据实际情况予以考虑取最优值。工作负荷和作业绩效的关系是非线性的,负荷过高或过低都会在不同程度上降低工效,只有适当范围的工作负荷,才能使人发挥出最大的工作效能,而将作业绩效保持在较高水平上,在信息显示率、信息提供率的基础上,既能有效捕捉到界面信息,又能充分提高任务完成的效率,所以本研究中的数据更新率的最优水平为 C2(3s)。

5. 研究结论

核电厂运行时,系统的状态处于变化的过程,操纵员需要处理数字化人-机界面上巨量的动态信息,保持良好的情景意识才能正常完成相关的任务。巨量信息对操纵员会造成较大干扰,要减少核电厂主控室数字化后带来的一系列人因问题,设计出友好的人-机界面,信息显示方式对操纵员保持良好的情景意识具有重要作用。信息显示率、信息提供率、数据更新率是数字化人-机界面信息显示的几个重要特征,对操纵员的信息捕捉绩效具有重要影响,除了上述几个信息显示特征以外,也可能存在其他对操纵员信息捕获绩效产生影响的因素。通过实验对实测的 27 组数据进行统计、分析,获得了信息显示率、信息提供率、数据更新率这三者对操纵员信息捕

捉绩效的影响,所得结论如下:

(1)对操纵员信息捕捉绩效影响最大的因素是信息显示率,信息显示率越大,界面无关信息对被试者的干扰程度就越大,操纵员信息捕捉绩效越差;其次是信息提供率,界面提供的能被被试者有效捕捉到的信息量在较小的情况下,操纵员的认知任务较小,绩效越好;最后是数据更新率,在理想状态下,提供的数据更新时间越充裕,越利于被试者充分捕捉到界面的信息。

(2)信息提供率(A因素三水平)、信息提供率(B因素三水平)的改变对实验正确率具有极为显著的影响($p=0$),数据更新率的三个水平(2s、3s、4s)的不同对实验正确率的影响无统计学意义($p=0.515$)。

(3)A因素三水平(56.4bit、112.8bit、169.2bit)以A1最佳,B因素三水平(9.4bit、14.1bit、18.8bit)以B1最佳,C因素三水平对被试者信息捕获绩效的影响并不显著,本实验综合考虑其他因素下的最优匹配为A1B1C3,即信息显示率为56.4bit,信息提供率为9.4bit,数据更新率为3s时,为实验的最优组合。

## 15.3 本 章 小 结

本章首先对数字化控制系统人-机交互的复杂性度量进行了研究,建立了基于熵的数字化控制系统人-机交互复杂性度量方法,并通过实例验证了其可行性和合理性,为定量研究人-机界面信息显示特征奠定了基础。然后,对数字化控制系统信息显示界面中的信息显示率、信息提供率、数据更新率进行了研究,探讨了它们对操纵员信息捕捉绩效的影响。从研究结论可知,核电厂DCS信息显示界面的设计要优先以信息提供率为基础,并且要加强操纵员的培训,这对于减少数字化控制系统中新出现的人因失误具有重要的作用。

# 参考文献

[1] Weiser M. The computer of the 21st century[J].Scientific American,1991,265(30):94-104.

[2] Shackel B. Skin-Drilling: A method of diminishing galvanic skin-potentials[J].American Journal of Psychology,1959,72(1):114.

[3] Sutherland I E. Sketch pad a man-machine graphical communication system[J].Proceeding,1964,6(6):329-346.

[4] 汪正刚,任宏. 人机交互和用户界面演变史及其未来展望[J].辽宁经济职业技术学院学报,2017(1):64-66.

[5] Alan Kav,Goldberg A. Personal dynamic media[J].Computer,1997,10(3):31-41.

[6] 王西明,邢佳. 熵驱动下的有序性[J]. 中国高新技术企业,2007,(6):60-79.

[7] 魏巍,程长建. 基于图形熵的化工应急响应预案复杂度评价[J]. 中国安全生产科学技术,2011,7(2):67-72.

[8] 宋学峰. 系统复杂性的度量方法[J]. 系统工程理论与实践,2002,(1):9-15.

[9] 何西培,何坤振. 信息熵辨析与熵的泛化[J]. 情报杂志,2006,(12):109-112.

[10] 姜千,熊立新,周全,等. 核电站应急操作规程复杂度的计算方法与应用[J]. 电力设备,2008,9(7):13-17.

[11] 邹萍萍,张力,蒋建军. 数字化控制系统人机交互的复杂性对人因失误的影响研究[J]. 南华大学学报,2013,14(5):

78-81.

[12] Park J, Jung W, Ha J. Development of the step complexity measure for emergency operating procedures using entropy concepts[J]. Reliability Engineering &System Safety, 2001,71(2):115-130.

[13] 张力,杨大新,王以群. 数字化控制室信息显示对人因可靠性的影响[J]. 中国安全科学学报,2010,20(9):81-85.

[14] 李鹏程,张力,戴立操,等. 核电厂数字化人-机界面特征对人因失误的影响研究[J]. 核动力工程,2011,32(1):48-52.

[15] Zhang Yijing, Li Zhizhong, Wu Bin, et al. A spaceflight operation complexity measure and its experimental validation[J]. International Journal of Industrial Ergonomics, 2009,39(5):756-765.

[16] Rasmussen J. Information processing and human - machine interaction: an approach to cognitive engineering[M]. New York: North-Holland,1986.

[17] Wickens C D. Engineering psychology and human performance[M]. 2nd ed. New York: Harper Collins Publishers,1992.

[18] Grozdanovic M, Jankovic Z. Interaction between human factors and the automatization[J]. Working and Living Environment Protection,2002, 2(2): 101- 113.

[19] 许百华,傅亚强,梁赫. 监控作业中信号检察反应时间和信源数量关系的研究[J]. 人类工效学, 2000,6(4):12-18.

[20] 李鹏程,张力,戴立操,等. 核电厂数字化主控室操纵员的情景意识可靠性模型[J].系统工程理论与实践,2016,36(1):243-252.

[21] 汤可宗,柳炳祥,徐洪焱,等. 一种基于遗传算法的最小交叉熵阈值选择方法[J].控制与决策,2013(12):1805-1810.

[22] 龙海燕. 浅谈熵模型的意义及在精度分析中的应用[J].信息系统工程,2011(12):130-131.

[23] 吴斌,张宜静,施镠佳,等. 航天操作复杂度度量方法比较研究[C]// 中国空间科学学会第七次学术年会会议手册及文集,2009.

[24] 张进武,张宜静,张相,等. 训练对航天操作任务复杂度与操作时间相关性的影响[J].航天医学与医学工程,2012, 25(2):98-101.

[25] 周云,熊丽. 基于集对分析的道路运输企业安全评价[J].现代商贸工业,2017(4):188-189.

[26] 周易川. 核电厂数字化主控室人机界面信息显示特征对操纵员认知行为影响的研究[D]. 衡阳:南华大学,2016.

[27] 崔剑霞,吴艳红,刘艳芳. 短时记忆容量的重新思考[J].北京大学学报(自然科学版),2004,40(4):676-682.

[28] 龚江,石培春,李春燕. 使用SPSS软件进行多因素方差分析[J].农业网络信息,2012(4):31-33.

[29] 吴亮亮. 材料呈现方式和知识类型对多媒体学习的影响[D]. 杭州:杭州师范大学,2011.

# 附录1 专家调查表

专家调查表

尊敬的各位专家：

您好！非常感谢您在百忙之中给这套指标打分。

为方便您的回答，以下的原理和具体做法仅供参考。

原理如下：

（1）专家打分法是指通过匿名方式征询有关专家的意见，对专家的意见进行统计、处理、分析和归纳，客观地综合多数专家的经验与主观判断，对大量难以采用技术方法进行定量分析的因素做出合理估算，经过多轮意见征询、反馈和调整后，对各项指标重要程度进行分析的方法。

（2）人-机交互是操纵员从数字化控制系统中获取信息、对信息进行决策及执行相关动作的过程。操纵员在主控室执行一切行为活动都是通过人-机交互这个过程来实现的，而人-机交互的复杂性直接决定着数字化控制系统的复杂性。通过对数字化控制系统人-机交互的复杂性度量研究，得到人-机交互复杂性的关键因子主要有4个：操纵员因素、任务因素、界面管理因素以及操作因素。这4种因素分别通过知识水平复杂度（KC）、任务逻辑复杂度（TC）、信息复杂度（IC）以及操作步骤复杂度（OC）来表示。其中，KC用来表示人-机交互中所需要的认知量；TC用来表示任务本身的逻辑结构的复杂程度；IC用来表示人-机交互时管理界面任务信息的复杂程度；OC用来表示人-机交互所需要的动作数量。

具体做法：按照重要程度划分为4个等级，以10分为满分制，9~10分表示"很重要"，7~8分表示"重要"，5~6分表示"一般"，3~4分表示"不重要"，1~2分表示"非常不重要"。根据对指标的熟悉程度（表1）和打分依据（表2），对复杂度指标打分，填入打分表（表3）。

表1 人-机交互复杂性度量指标熟悉程度

| | 熟悉 | 一般 | 不熟悉 |
|---|---|---|---|
| 您对上述指标的熟悉程度 | | | |

表2 人-机交互复杂性度量指标打分依据

| | 依据 | 对专家的影响 | | |
|---|---|---|---|---|
| | | 大 | 中 | 小 |
| 您对上述指标评价的依据 | 理论分析 | | | |
| | 实践经验 | | | |
| | 国内同行 | | | |
| | 直觉 | | | |

表 3　人-机交互的复杂性度量指标打分表

| 指　　标 | 分　　值 |
|---|---|
| TC | |
| OC | |
| IC | |
| KC | |

# 第16章　数字化人–机界面信息显示布局优化实验

数字化人–机界面信息显示改变了操纵员获取核电厂信息的方式[1]。本章设计了两个实验,指点定位实验和界面布局优化实验,拟通过对数字化人–机界面布局进行优化来减少不良信息显示对操纵员的影响。数字化主控室人–机界面操作任务是依靠鼠标在屏幕上进行操作,指点定位实验是探索鼠标的操作规律,界面布局优化实验则是根据指点定位实验得出的规律对任务型画面进行布局改进,以达到减少操作时间、提高绩效的目的。实验设计考虑了目标的特性,特别是目标方向对操作时间的影响。界面布局优化实验亦是对指点定位的实验结论进行验证。

## 16.1　相关理论知识

### 16.1.1　费茨定律

费茨定律是保罗·费茨在1954年用铁笔移动方式研究手定位如何运动时得出的[2]。该定律指出,移动点或者鼠标光标到达目标的时间与移动距离的对数成正比。图16-1为费茨定律示意图。由该定律可知,影响光标从起点到达目标的操作时间(MT)包含两个因素:

**图16-1　费茨定律示意图**

(1) $D$:光标当前的位置与目标的距离;

(2) $S$:目标的大小。

该定律可用以下公式表示:

$$MT = a + b\,ID, ID = \log_2(2D/S))$$

式中　$a$、$b$——经验常量,它们依赖于具体的指点设备的物理特性,以及操作人员和环境等因素, $a$、$b$ 可以以实验测得数据进行线性拟合的方式取得;

　　　　ID——运动难度指数。

从费茨定律可以得出:指点设备的当前位置和目标位置相距越远,就需要越多的时间来移动;目标的大小又会限制移动的速度。即:定位一个目标的时间不仅取决于目标的大小还要考虑目标与当前位置的距离(在特定场景下,可能还会有其他的因素)。从以上分析可知,费茨定律没有考虑方向存在的影响。而经过对现有研究结论的分析发现,除了受操作人员和环境等因素的影响外,界面元件间的方向对操作时间也存在一定的影响,亦即,$a$、$b$不仅与目标的大小和距离有关,而且可能与移动的方向有关,本章拟对此做进一步探讨。

基于费茨定律可定义人的信息处理能力(绩效水平):IP = ID / MT[3]。

### 16.1.2 费茨定律的有效性

研究者在研究鼠标驱动光标的定位运动时,发现可以采用费茨定律来研究,可将其作为建立人-机交互模型的一个重要参数[4-7]。可以用 MT 与 ID 的决定系数 $R^2$ 来表示费茨模型的有效性,部分研究所建费茨模型的有效性见表 16-1。

表 16-1  费茨定律有效性研究

| 研究者 | 时间/年 | 指点定位 | $R^2$ |
|---|---|---|---|
| Card[3] | 1978 | 鼠标 | 0.66 |
| Boritz[4] | 1991 | 鼠标 | 0.97 |
| Gillan[5] | 1992 | 鼠标 | 0.83 |
| 张彤、杨文虎、郑锡宁[6] | 2003 | 鼠标 | 0.88~0.95 |
| | | 食指操作追踪球 | 0.90~0.96 |
| | | 拇指操作追踪球 | 0.88~0.95 |

从表 16-1 中可以看出,研究中所建立的费茨模型是有效的,可以用费茨模型预测指点定位的 MT。同时 $R^2$ 不完全相同,有一定的差异。本作者认为,$R^2$ 存在的这种差异是由于环境、设备的不同导致的,是合理的。

### 16.1.3 数字化人-机界面的布局原则

数字化人-机界面设计的关键之一是如何将显示、控制装置进行合理的布局。一般要符合两个方面的要求:①要符合系统功能的需要;②设计要符合人的认知特点。主要包括以下设计原则[3,8]。

1. 功能性分组原则

功能性分组是指将显示、控制元件按照不同的功能、不同的用途对其进行分类,将界面分成几个或者多个功能模块。

2. 显控协调原则

信息的显示和控制要遵循显控协调原则,如:显示器件的标识是中文,则控制器件的标识也是中文;元件布局要整齐、不凌乱和空间对齐;习惯模式是其中一种重要的原则。

3. 元件相关性原则

元件的相对位置取决于元件间的关联程度,关联程度大的元件位置距视线相对较近。

4. 重要度原则

重要度是反应系统中各个显示和控制元件的重要程度的一种表示。在数字化人-机界面中重要度则是指操纵员用更多的精力或时间监控某一个元件或某个功能模块。

5. 操作顺序原则

操作顺序原则是指为了准确快速地完成操作,将任务中的所有元件按照操作顺序进行合理布局。

## 16.2 指点定位实验

### 16.2.1 实验设计

1. 实验目的

本实验着重探讨数字化人–机界面信息显示中目标大小、距离和方向对特定任务的操作时间 MT 的综合影响,以便为界面布局优化实验提供工效学依据。

(1) 探讨目标的大小、目标间的距离对鼠标操作时间 MT 的影响;

(2) 探讨不同角度是否对操作时间 MT 存在影响。

2. 实验假设

假设1:在距离相同、目标直径一致的情况下不同的目标方向会影响 MT 的大小。

假设2:在相同的目标方向与目标直径一致的情况下不同的目标距离会影响 MT 的大小。

假设3:相同的方向、相同的距离条件下,目标的大小会影响 MT 的大小。

3. 被试者

(1) 本实验共有 5 名被试者,均为湖南工学院安全工程专业大三学生,熟悉计算机基本操作。

(2) 所有被试者均为右利手,裸眼视力或矫正视力在 1.0 以上,被试者不戴眼镜或使用隐形眼镜。

(3) 被试者为网龄/计算机使用 4~7 年的中间用户。

为防止出现天花板效应或地板效应[9],选择了网龄 4~7 年的中间用户。

大多数用户既不是新手,也不是专家,而是中间用户。进行某种活动的不同经验层次人数分布会遵循经典的正态分布曲线[10]。随着产品的升级,专家要维持高水平技术状态很困难,因此中间用户大量存在。

4. 实验材料与装置

1) 实验材料

实验材料的主体是 18 张图片。目标形状为圆形和正方形,根据目标的形状分为两组实验进行。实验/测试的起点是直径为 5mm 的圆形。被试者每次操作都要从起点开始。目标直径分别为 10mm、15mm、20mm 的圆和边长分别为 10mm、15mm、20mm 的正方形。目标方向是位于起点周围的八个方向,分别是 0°(正上方)、45°、90°(水平右侧)、135°、180°(正下方)、225°、270°(水平左侧)、315°。距离是指起点到目标最近边缘的长度,分别是 20mm、40mm、80mm。

每张图片以起点为准显示八个方向。八个方向上的目标是相同的,且起点到目标的距离也是相同的。如第一张图片上显示上述八个方向,目标是直径大小为 10mm 的圆,起点到目标圆的距离为 20mm,如图 16-2 所示。

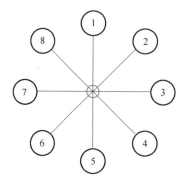

图 16-2 直径 10mm、距离 20mm

每张图片随机出现,且圆圈中的数字也不是以固定顺序出现的,如图 16-2 是以 1、2、3、4、5、6、7、8 顺序出现的,下张图片可能就是 2、5、3、8、6、1、4、7 顺序,目的是防止被试者有模式效应,以便获取更加符合实验条件的数据。实验一使用到的所有实验材料详见本章附录。

2)实验装置

实验装置主要为 Tobii X120 眼动仪,惠普笔记本。图 16-3 是 Tobii X120 眼动仪的设置。

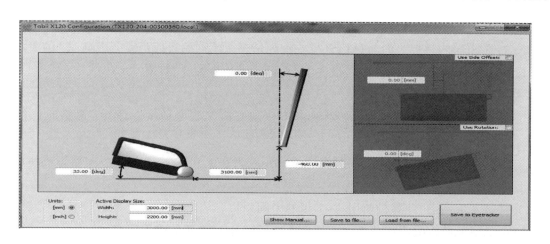

图 16-3 Tobii X120 眼动仪的设置

Tobii X120 眼动仪是一体式组合设计,不会因为移动"追踪装置"而影响使用者。它允许较大的头动范围(大约 70cm),被测者可以随意移动。被试者可以在长时间进行操作而不会感到疲劳,同时附带的测试程序可以收集眼球注视点数据。

5. 实验环境

(1)温度:空气质量根据研究室内人数多少调节通风,保持空气清新。实验室内温度为25°,相对湿度保持在 50%~60%。

(2)噪声:被试者正式实验时保持安静。

所有被试者都接受主试者的相应的培训和对实验的讲解,包括对画面的认识、了解,被试者反复训练以达到熟练程度之后才可正式实验。

6. 实验程序

1）实验过程

被试者被告知操作流程,然后打开实验材料。被试者用每张图片做 8 个任务。为消除顺序效应,当所有的被试者完成第一张图片的 8 个任务之后再做第二张图片的 8 个任务,依此类推。目的是使得被试者不会因为对前一个实验材料的记忆而对当前实验材料的操作产生影响。被试者在正式操作前要由主试者讲解操作步骤和注意事项,还要经过数次操作以熟悉材料,之后再进行正式操作。被试者正式操作之前的数据不记录在内,只记录被试者正式开始实验的数据。在被试者进行正式操作时,周围环境要保持安静,由被试者独自完成实验。实验一共获得 5 名被试者 18 张图片的 18×8×5 = 720 个数据。具体实验过程如下。

（1）主试者向被试者讲述实验流程,并在实验开始前让被试者练习操作到一定的熟练程度。被试者熟练之后针对该名被试者校准眼动仪,然后该名被试者开始实验。

（2）追踪状态指示窗会显示定标过程,可以检测出被试者在眼动仪前的位置是否适合使得实验可以顺利完成。当在黑色的背景窗口中呈现 2 个白色圆点,且底部指示条变成绿色和右部指示针定位在绿色区域时,便可开始定标,如图 16-4 所示。当出现图 16-5 时,定标结束,显示的是定标结果。若在图 16-5 中"Left Eye"和"Right Eye"分别出现 3 个或 3 个以上定标点呈现短波,说明定标结果较好。否则单击"Recalibration",重新进行定标,直到出现上述结果。

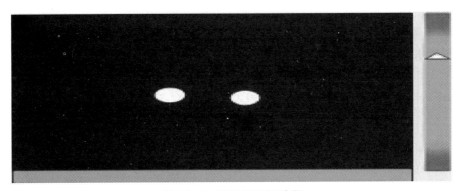

图 16-4 开始校准眼动仪

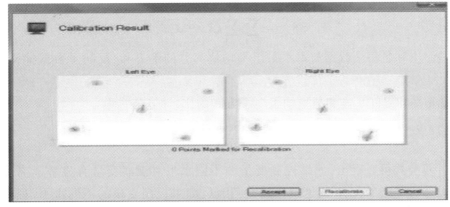

图 16-5 校准结果

（3）定标过程之后便可正式操作,被试者要按照指导语进行操作。

（4）测试开始,屏幕出现起点、目标和箭头光标,被试者首先用鼠标将箭头光标移至起点内,调整好鼠标位置后单击鼠标左键(箭头光标变成手指光标),然后立即移动光标,将光标移向目标,当手指进入目标内,被试者立即单击鼠标左键,此时完成一个任务。然后被试者将光标再次移至起点内,完成下一个任务,依此类推。每张图片出现 8 个任务,共计 18 张图片。

(5)当出现指导语"实验完成谢谢合作!"时,被试者便可离开。一名被试者的所有任务都结束,下一名被试者才开始实验。

2)数据获取

(1)数据指标。

① 自变量。

目标大小 $S$:5mm、10mm、15mm;

目标距离 $D$:10mm、15mm、20mm;

难度系数 $ID = \log_2(2D/S)$。

② 因变量:MT,计算机后台获取。

(2)数据处理。

本实验为了验证上述单一控制变量的不同水平是否具有显著差异和变动(如在目标直径 10mm,距离 20mm 下,不同角度的 MT 是否具有显著性差异),采用 SPSS 17.0 数据处理软件对上述数据指标进行单因素方差分析。

单因素方差分析采用的统计推断方法是计算 $F$ 统计量,进行 $F$ 检验。总的变异平方和记为 $SS_T$,分解为两个部分:一部分是由控制变量引起的离差,记为 $SS_A$(组间离差平方和);另一部分是由随机变量引起的 $SS_E$(组内离差平方和)。于是有

$$SS_T = SS_A + SS_E$$

其中

$$SS_A = \sum_{i=1}^{r} \sum_{j=1}^{n_i} (\overline{X_i} - \overline{X})^2 \qquad (16-1)$$

式中　$r$——水平数;

　　　$n_i$——第 $i$ 个水平下的样本容量。

可见,组间离差平方和是各水平组均值和总体均值离差的平方和,反映了控制变量的影响。

$$SS_E = \sum_{i=1}^{r} \sum_{j=1}^{n_i} (X_{ij} - \overline{X_i})^2 \qquad (16-2)$$

组内离差平方和是每个数据与本水平组平均值离差的平方和,反映了数据抽样误差的大小程度。

$F$ 统计量是平均组间平方和与平均组内平方和的比,计算公式为

$$F = \frac{SS_E / df_A}{SS_E / df_E} \qquad (16-3)$$

从 $F$ 值计算公式可以看出,如果控制变量的不同水平对观察变量有显著影响,那么观察变量的组间离差平方和必然大,$F$ 值也就比较大;相反,如果控制变量的不同水平没有对观察变量造成显著影响,那么,组内离差平方和影响就会比较大,$F$ 值就比较小。

SPSS17.0 依据 $F$ 分布表给出相应的概率值。如果概率值小于显著性水平 $p$($p = 0.05$),表示不同水平的数据不具有方差齐性,则拒绝原假设,认为控制变量不同水平下总体均值有显著

差异,在多重比较结果中应读取 Tamhane T2 的 $t$ 检验结果;反之,概率值大于显著性水平 $p$,表示不同水平的数据具有方差齐性,则接受原假设,认为控制变量不同水平下各总体均值没有显著差异,在多重比较结果中应读取 LSD-$t$ 检验结果。

## 16.2.2 实验结果与分析

### 1. 控制目标直径、距离,研究不同角度的 MT 差异

**1)目标直径 10mm、距离 20mm**

在控制目标直径 10mm、距离 20mm 的情况下,利用 SPSS 17.0 软件对不同角度的 MT 进行方差分析,结果列于表 16-2。

表 16-2　目标直径 10mm、距离 20mm 时,不同角度的 MT 方差分析结果

| 参数 | | 平方和 | df | 均方 | F | 显著性 |
|---|---|---|---|---|---|---|
| MT | 组间 | 1201965.775 | 7 | 171709.396 | 30.400 | 0 |
| | 组内 | 180747.200 | 32 | 5648.350 | | |
| | 总数 | 1382712.975 | 39 | | | |

方差分析的结果表明,在目标直径 10mm、距离 20mm 的条件下,不同角度的 MT 具有显著性差异。在方差分析的基础上,对不同角度的 MT 进行方差齐次性检验(Levene 检验),结果列于表 16-3。

表 16-3　方差齐次性检验

| 参数 | Levene 统计量 | $df_1$ | $df_2$ | 显著性 |
|---|---|---|---|---|
| MT | 3.084 | 7 | 32 | 0.013 |

从 Levene 检验的结果可以看出,$p=0.013<0.05$,即不同角度的 MT 不具有方差齐性。因此,在方差分析的多重比较中,应采用 Tamhane T2 的 $t$ 检验结果。具体结论见表 16-4。

表 16-4　目标直径 10mm、距离 20mm 时,不同角度的 MT 比较

| 角度 $I$/(°) | 角度 $J$/(°) | 均值差($I$-$J$)/(°) | $p$ 值 | 下限 | 上限 |
|---|---|---|---|---|---|
| 0 | 90 | 194.00000[①] | 0 | 97.1794 | 290.8206 |
| 0 | 135 | 107.60000[①] | 0.031 | 10.7794 | 204.4206 |
| 0 | 180 | 309.20000[①] | 0 | 212.3794 | 406.0206 |
| 0 | 315 | -327.60000[①] | 0 | -424.4206 | -230.7794 |
| 45 | 135 | 12.40000[①] | 0.046 | 1.9794 | 195.6206 |
| 45 | 225 | -2.80000[①] | 0 | 117.1794 | 310.8206 |
| 90 | 180 | 115.20000[①] | 0.021 | 18.3794 | 212.0206 |
| 90 | 225 | -101.60000[①] | 0.040 | -198.4206 | -4.7794 |
| 90 | 270 | -178.20000[①] | 0.001 | -275.0206 | -81.3794 |

(续)

| 角度 $I$/(°) | 角度 $J$/(°) | 均值差($I$-$J$)/(°) | $p$ 值 | 下限 | 上限 |
|---|---|---|---|---|---|
| 90 | 315 | -521.60000[①] | 0 | -618.4206 | -424.7794 |
| 135 | 180 | 201.60000[①] | 0 | 104.7794 | 298.4206 |
| 135 | 270 | -91.80000 | 0.062 | -188.6206 | 5.0206 |
| 135 | 315 | -435.20000[①] | 0 | -532.0206 | -338.3794 |
| 180 | 225 | -216.80000[①] | 0 | -313.6206 | -119.9794 |
| 180 | 270 | -293.40000[①] | 0 | -390.2206 | -196.5794 |
| 180 | 315 | -636.80000[①] | 0 | -733.6206 | -539.9794 |
| 225 | 315 | -420.00000[①] | 0 | -516.8206 | -323.1794 |
| 270 | 315 | -420.00000[①] | 0 | -516.8206 | -323.1794 |
| [①]$p < 0.05$ | | | | | |

结果讨论：

（1）0°与90°、135°、180°、315°的MT在显著性水平0.05的条件下具有显著性差异,且0°比90°、135°、180°的MT较长,比315°的MT较短。

（2）45°与135°、225°的MT在显著性水平0.05的条件下具有显著性差异,且45°比135°的MT较长,比225°的MT较短。

（3）90°与180°、225°、270°、315°的MT在显著性水平0.05的条件下具有显著差异,且90°比180°的MT较长,比225°、270°、315°的MT较短。

（4）135°与180°、315°的MT在显著性水平0.05的条件下具有显著性差异,且135°比180°的MT较长,比315°的MT较短。

（5）180°与225°、270°、315°的MT在显著性水平0.05的条件下具有显著性差异,且180°比225°、270°、315°的MT较短。

（6）225°与315°的MT在显著性水平0.05的条件下具有显著性差异,且225°比315°的MT较短。

（7）270°与315°的MT在显著性水平0.05的条件下具有显著性差异,且270°比315°的MT较短。

2）目标直径10mm、距离40mm

在控制目标直径、距离的情况下,利用SPSS 17.0软件对不同角度的MT进行方差分析,结果列于表16-5。

表16-5　目标直径10mm、距离40mm时,不同角度的MT方差分析结果

| 参　数 | | 平方和 | $df$ | 均方 | $F$ | 显著性 |
|---|---|---|---|---|---|---|
| MT | 组间 | 1714393.575 | 7 | 244913.368 | 31.912 | 0 |
| | 组内 | 245587.200 | 32 | 7674.600 | | |
| | 总数 | 1959980.775 | 39 | | | |

方差分析的结果表明,在目标直径 10mm、距离 40mm 的条件下,不同角度的 MT 具有显著性差异。在方差分析的基础上,对不同角度的 MT 进行方差齐次性检验(Levene 检验),结果如表 16-6 所列。

表 16-6  方差齐次性检验

| 参　数 | Levene 统计量 | df$_1$ | df$_2$ | 显著性 |
|---|---|---|---|---|
| MT | 1.352 | 7 | 32 | 0.259 |

从 Levene 检验的结果可以看出,$p = 0.259 > 0.05$,即不同角度的 MT 具有方差齐性。因此,在方差分析的多重比较中,应采用 LSD-t 检验结果。具体结论列于表 16-7。

表 16-7  目标直径 10mm、距离 40mm 时,不同角度的 MT 比较

| 角度 I/(°) | 角度 J/(°) | 均值差(I−J)/(°) | p 值 | 下限 | 上限 |
|---|---|---|---|---|---|
| 0 | 90 | 162.00000① | 0.006 | 49.1414 | 274.8586 |
| 0 | 180 | 263.20000① | 0 | 150.3414 | 376.0586 |
| 0 | 315 | −479.40000① | 0 | −592.2586 | −366.5414 |
| 45 | 180 | 173.40000① | 0.004 | 60.5414 | 286.2586 |
| 45 | 270 | −137.60000① | 0.018 | −250.4586 | −24.7414 |
| 45 | 315 | −569.20000① | 0 | −682.0586 | −456.3414 |
| 90 | 225 | −113.20000① | 0.049 | −226.0586 | −0.3414 |
| 90 | 270 | −209.80000① | 0.001 | −322.6586 | −96.9414 |
| 90 | 315 | −641.40000① | 0 | −754.2586 | −528.5414 |
| 135 | 180 | 182.40000① | 0.002 | 69.5414 | 295.2586 |
| 135 | 270 | −128.60000① | 0.027 | −241.4586 | −15.7414 |
| 135 | 315 | −560.20000① | 0 | −673.0586 | −447.3414 |
| 180 | 225 | −214.40000① | 0.001 | −327.2586 | −101.5414 |
| 180 | 270 | −311.00000① | 0 | −423.8586 | −198.1414 |
| 180 | 315 | −742.60000① | 0 | −855.4586 | −629.7414 |
| 225 | 315 | −528.20000① | 0 | −641.0586 | −415.3414 |
| 270 | 315 | −431.60000① | 0 | −544.4586 | −318.7414 |
| ①$p < 0.05$ | | | | | |

结果讨论:

(1) 0°与 90°、180°、315°的 MT 在显著性水平 0.05 的条件下具有显著性差异,且 0°比 90°、180°的 MT 较长,但比 315°的 MT 较短。

(2) 45°与 180°、270°、315°的 MT 在显著性水平 0.05 的条件下具有显著性差异,且 45°比

180°的 MT 较长,比 270°、315°的 MT 较短。

(3)90°与 225°、270°、315°的 MT 在显著性水平 0.05 的条件下具有显著性差异,且相比三者,90°的 MT 较短。

(4)135°与 180°、270°、315°的 MT 在显著性水平 0.05 的条件下具有显著性差异,且 135°比 180°的 MT 较长,比 270°、315°的 MT 较短。

(5)180°与 225°、270°、315°的 MT 在显著性水平 0.05 的条件下具有显著性差异,且 180°的 MT 最短。

(6)225°与 315°、270°与 315°的 MT 在显著性水平 0.05 的条件下具有显著性差异,且 225°比 315°的 MT 较短,270°比 315°的 MT 较短。

3)目标直径 10mm、距离 80mm

在控制目标直径、距离的情况下,利用 SPSS 17.0 软件对不同角度的 MT 进行方差分析,结果列于表 16-8。

表 16-8　目标直径 10mm、距离 80mm 时,不同角度的 MT 方差分析结果

| 参数 | | 平方和 | df | 均方 | F | 显著性 |
|---|---|---|---|---|---|---|
| MT | 组间 | 1738280.300 | 7 | 248325.757 | 54.158 | 0 |
| | 组内 | 146725.600 | 32 | 4585.175 | | |
| | 总数 | 1885005.900 | 39 | | | |

方差分析的结果表明,在目标直径 10mm、距离 80mm 的条件下,不同角度的 MT 具有显著性差异。在方差分析的基础上,对不同角度的 MT 进行方差齐次性检验(Levene 检验),结果列于表 16-9。

表 16-9　方差齐次性检验

| 参数 | Levene 统计量 | df₁ | df₂ | 显著性 |
|---|---|---|---|---|
| MT | 1.446 | 7 | 32 | 0.222 |

从 Levene 检验的结果可以看出,$p=0.222>0.05$,即不同角度的 MT 具有方差齐性。因此,在方差分析的多重比较中,应采用 LSD-$t$ 检验结果。具体结论列于表 16-10。

表 16-10　目标直径 10mm、距离 80mm,不同角度的 MT 比较

| 角度 I/(°) | 角度 J/(°) | 均值差(I-J)/(°) | p 值 | 下限 | 上限 |
|---|---|---|---|---|---|
| 0 | 45 | 96.80000① | 0.031 | 9.5662 | 184.0338 |
| 0 | 90 | 179.60000① | 0 | 92.3662 | 266.8338 |
| 0 | 135 | 96.80000① | 0.031 | 9.5662 | 184.0338 |
| 0 | 180 | 284.40000① | 0 | 197.1662 | 371.6338 |
| 0 | 315 | -467.00000① | 0 | -554.2338 | -379.7662 |
| 45 | 180 | 187.60000① | 0 | 100.3662 | 274.8338 |
| 45 | 270 | -120.00000① | 0.009 | -207.2338 | -32.7662 |
| 45 | 315 | -563.80000① | 0 | -651.0338 | -476.5662 |
| 90 | 180 | 104.80000① | 0.020 | 17.5662 | 192.0338 |

(续)

| 角度 $I$/(°) | 角度 $J$/(°) | 均值差($I-J$)/(°) | $p$ 值 | 下限 | 上限 |
|---|---|---|---|---|---|
| 90 | 225 | −119.40000① | 0.009 | −206.6338 | −32.1662 |
| 90 | 270 | −202.80000① | 0 | −290.0338 | −115.5662 |
| 90 | 315 | −646.60000① | 0 | −733.8338 | −559.3662 |
| 135 | 180 | 187.60000① | 0 | 100.3662 | 274.8338 |
| 135 | 270 | −120.00000① | 0.009 | −207.2338 | −32.7662 |
| 135 | 315 | −563.80000① | 0 | −651.0338 | −476.5662 |
| 180 | 225 | −224.20000① | 0 | −311.4338 | −136.9662 |
| 180 | 270 | −307.60000① | 0 | −394.8338 | −220.3662 |
| 180 | 315 | −751.40000① | 0 | −838.6338 | −664.1662 |
| 225 | 315 | −527.20000① | 0 | −614.4338 | −439.9662 |
| 270 | 315 | −443.80000① | 0 | −531.0338 | −356.5662 |
| ①$p<0.05$ | | | | | |

结果讨论：

（1）0°与45°、90°、135°、180°、315°的 MT 在显著性水平 0.05 的条件下具有显著性差异，且 0°比 45°、90°、135°、180°的 MT 较长，比 315°较短。

（2）45°与 180°、270°、315°的 MT 在显著性水平 0.05 的条件下具有显著性差异，且 45°比 180°的 MT 较长，比 270°、315°的 MT 较短。

（3）90°与 180°、225°、270°、315°的 MT 在显著性水平 0.05 的条件下具有显著性差异，且 90°比 180°的 MT 较长，比 225°、270°、315°的 MT 较短。

（4）135°与 180°、270°、315°的 MT 在显著性水平 0.05 的条件下具有显著性差异，且 135°比 180°的 MT 较长，比 270°、315°的 MT 较短。

（5）180°与 225°、270°、315°的 MT 在显著性水平 0.05 的条件下具有显著性差异，且 180°的 MT 最短。

（6）225°、270°与 315°的 MT 在显著性水平 0.05 的条件下具有显著性差异，且 225°、270°的 MT 都比 315°较短。

4）目标直径 15mm、距离 20mm

在控制目标直径、距离的情况下，利用 SPSS 17.0 软件对不同角度的 MT 进行方差分析，结果如表 16-11 所示。

表 16-11 目标直径 15mm、距离 20mm 时，不同角度的 MT 方差分析结果

| 参数 | | 平方和 | df | 均方 | $F$ | 显著性 |
|---|---|---|---|---|---|---|
| MT | 组间 | 992911.975 | 7 | 141844.568 | 23.369 | 0 |
| | 组内 | 194236.000 | 32 | 6069.875 | | |
| | 总数 | 1187147.975 | 39 | | | |

方差分析的结果表明，在目标直径 15mm、距离 20mm 的条件下，不同角度的 MT 具有显著性差异。在方差分析的基础上，对不同角度的 MT 进行方差齐次性检验（Levene 检验），结果列于

表 16-12。

表 16-12　方差齐次性检验

| 参数 | Levene 统计量 | $df_1$ | $df_2$ | 显著性 |
|---|---|---|---|---|
| MT | 2.358 | 7 | 32 | 0.046 |

从 Levene 检验的结果可以看出，$p=0.046<0.05$，即不同角度的 MT 不具有方差齐性。因此，在方差分析的多重比较中，应采用 Tamhane T2 的 $t$ 检验结果。具体结论列于表 16-13。

表 16-13　目标直径 15mm、距离 20mm 时，不同角度的 MT 比较

| 角度 $I/(°)$ | 角度 $J/(°)$ | 均值差 $(I-J)/(°)$ | $p$ 值 | 下限 | 上限 |
|---|---|---|---|---|---|
| 0 | 45 | 245.20000[①] | 0 | 144.8317 | 345.5683 |
| 0 | 90 | 261.20000[①] | 0 | 160.8317 | 361.5683 |
| 0 | 135 | 179.80000[①] | 0.001 | 79.4317 | 280.1683 |
| 0 | 180 | 379.40000[①] | 0 | 279.0317 | 479.7683 |
| 0 | 225 | 129.20000[①] | 0.013 | 28.8317 | 229.5683 |
| 0 | 315 | -150.20000[①] | 0.005 | -250.5683 | -49.8317 |
| 45 | 180 | 134.20000[①] | 0.010 | 33.8317 | 234.5683 |
| 45 | 225 | -116.00000[①] | 0.025 | -216.3683 | -15.6317 |
| 45 | 270 | -206.00000[①] | 0 | -306.3683 | -105.6317 |
| 45 | 315 | -395.40000[①] | 0 | -495.7683 | -295.0317 |
| 90 | 180 | 118.20000[①] | 0.022 | 17.8317 | 218.5683 |
| 90 | 225 | -132.00000[①] | 0.012 | -232.3683 | -31.6317 |
| 90 | 270 | -222.00000[①] | 0 | -322.3683 | -121.6317 |
| 90 | 315 | -411.40000[①] | 0 | -511.7683 | -311.0317 |
| 135 | 180 | 199.60000[①] | 0 | 99.2317 | 299.9683 |
| 135 | 270 | -140.60000[①] | 0.008 | -240.9683 | -40.2317 |
| 135 | 315 | -330.00000[①] | 0 | -430.3683 | -229.6317 |
| 135 | 225 | -250.20000[①] | 0 | -350.5683 | -149.8317 |
| 180 | 270 | -340.20000[①] | 0 | -440.5683 | -239.8317 |
| 180 | 315 | -529.60000[①] | 0 | -629.9683 | -429.2317 |
| 180 | 270 | -90.00000 | 0.077 | -190.3683 | 10.3683 |
| 225 | 315 | -279.40000[①] | 0 | -379.7683 | -179.0317 |
| 270 | 315 | -189.40000 | 0.001 | -289.7683 | -89.0317 |
| ① $p<0.05$ | | | | | |

结果讨论：

（1）0° 与 45°、90°、135°、180°、225°、315° 的 MT 在显著性水平 0.05 的条件下具有显著性差异，且 0° 比 45°、90°、135°、180°、225° 的 MT 较长，比 315° 较短。

（2）45° 与 180°、225°、270°、315° 的 MT 在显著性水平 0.05 的条件下具有显著性差异，且 45° 比 180° 的 MT 较长，比 225°、270°、315° 的 MT 较短。

（3）90°与180°、225°、270°、315°的 MT 在显著性水平 0.05 的条件下具有显著性差异,且 90°比 180°的 MT 较长,比 225°、270°、315°的 MT 较短。

（4）135°与180°、270°、315°的 MT 在显著性水平 0.05 的条件下具有显著性差异,且 135°比 180°的 MT 较长,比 270°、315°的 MT 较短。

（5）180°与225°、270°、315°的 MT 在显著性水平 0.05 的条件下具有显著性差异,且 180°的 MT 最短。

（6）225°、270°与 315°的 MT 在显著性水平 0.05 的条件下具有显著性差异,且 225°、270°的 MT 都比 315°较短。

5）目标直径 15mm、距离 40mm

在控制目标直径、距离的情况下,利用 SPSS 17.0 软件对不同角度的 MT 进行方差分析,结果列于表 16-14。

表 16-14　目标直径 15mm、距离 40mm 时,不同角度的 MT 方差分析结果

| 参数 | | 平方和 | $df$ | 均方 | $F$ | 显著性 |
| --- | --- | --- | --- | --- | --- | --- |
| MT | 组间 | 1151468.375 | 7 | 164495.482 | 17.844 | 0 |
| | 组内 | 294994.400 | 32 | 9218.575 | | |
| | 总数 | 1446462.775 | 39 | | | |

方差分析的结果表明,在目标直径 15mm、距离 40mm 的条件下,不同角度的 MT 具有显著性差异。在方差分析的基础上,对不同角度的 MT 进行方差齐次性检验（Levene 检验）,结果列于表 16-15。

表 16-15　方差齐次性检验

| 参数 | Levene 统计量 | $df_1$ | $df_2$ | 显著性 |
| --- | --- | --- | --- | --- |
| MT | 1.268 | 7 | 32 | 0.297 |

从 Levene 检验的结果可以看出,$p=0.297>0.05$,即不同角度的 MT 具有方差齐性。因此,在方差分析的多重比较中,应采用 LSD-$t$ 检验结果。具体结论列于表 16-16。

表 16-16　目标直径 15mm,距离 40mm,不同角度的 MT 比较

| 角度 $I$/(°) | 角度 $J$/(°) | 均值差($I-J$)/(°) | $p$ 值 | 下 | 上 |
| --- | --- | --- | --- | --- | --- |
| 0 | 45 | 207.00000[①] | 0.002 | 83.3088 | 330.6912 |
| 0 | 90 | 332.40000[①] | 0 | 208.7088 | 456.0912 |
| 0 | 135 | 201.80000[①] | 0.002 | 78.1088 | 325.4912 |
| 0 | 180 | 395.00000[①] | 0 | 271.3088 | 518.6912 |
| 0 | 225 | 191.80000[①] | 0.003 | 68.1088 | 315.4912 |
| 0 | 270 | 188.80000[①] | 0.004 | 65.1088 | 312.4912 |
| 0 | 315 | -178.20000[①] | 0.006 | -301.8912 | -54.5088 |
| 45 | 90 | 125.40000[①] | 0.047 | 1.7088 | 249.0912 |
| 45 | 180 | 188.00000[①] | 0.004 | 64.3088 | 311.6912 |

（续）

| 角度 I/(°) | 角度 J/(°) | 均值差 (I-J)/(°) | p 值 | 下 | 上 |
|---|---|---|---|---|---|
| 45 | 315 | -385.20000① | 0 | -508.8912 | -261.5088 |
| 90 | 135 | -130.60000① | 0.039 | -254.2912 | -6.9088 |
| 90 | 225 | -140.60000① | 0.027 | -264.2912 | -16.9088 |
| 90 | 270 | -143.60000① | 0.024 | -267.2912 | -19.9088 |
| 90 | 315 | -510.60000① | 0 | -634.2912 | -386.9088 |
| 135 | 180 | 193.20000① | 0.003 | 69.5088 | 316.8912 |
| 135 | 315 | -380.00000① | 0 | -503.6912 | -256.3088 |
| 180 | 225 | -203.20000① | 0.002 | -326.8912 | -79.5088 |
| 180 | 270 | -206.20000① | 0.002 | -329.8912 | -82.5088 |
| 180 | 315 | -573.20000① | 0 | -696.8912 | -449.5088 |
| 225 | 315 | -370.00000① | 0 | -493.6912 | -246.3088 |
| 270 | 315 | -367.00000① | 0 | -490.6912 | -243.3088 |
| ①$p<0.05$ | | | | | |

结果讨论：

（1）0°与45°、90°、135°、180°、225°、270°、315°的 MT 在显著性水平 0.05 的条件下具有显著性差异，且 0°比 45°、90°、135°、180°、225°、270°的 MT 较长，比 315°较短。

（2）45°与 90°、180°、315°的 MT 在显著性水平 0.05 的条件下具有显著性差异，且 45°比 90°、180°的 MT 较长，比 315°的 MT 较短。

（3）90°与 135°、225°、270°、315°的 MT 在显著性水平 0.05 的条件下具有显著性差异，且 90°的 MT 最短。

（4）135°与 180°、315°的 MT 在显著性水平 0.05 的条件下具有显著性差异，且 135°比 180°的 MT 较长，比 315°的 MT 较短。

（5）180°与 225°、270°、315°的 MT 在显著性水平 0.05 的条件下具有显著性差异，且 180°的 MT 最短。

（6）225°、270°与 315°的 MT 在显著性水平 0.05 的条件下具有显著性差异，且 225°、270°的 MT 都比 315°较短。

6）目标直径 15mm、距离 80mm

在控制目标直径、距离的情况下，利用 SPSS 17.0 软件对不同角度的 MT 进行方差分析，结果列于表 16-17。

表 16-17　目标直径 15mm、距离 80mm 时，不同角度的 MT 方差分析结果

| 参数 | | 平方和 | df | 均方 | F | 显著性 |
|---|---|---|---|---|---|---|
| MT | 组间 | 1815644.300 | 7 | 259377.757 | 22.088 | 0 |
| | 组内 | 375771.600 | 32 | 11742.863 | | |
| | 总数 | 2191415.900 | 39 | | | |

方差分析的结果表明，在目标直径 15mm、距离 80mm 的条件下，不同角度的 MT 具有显著性

差异。在方差分析的基础上,对不同角度的 MT 进行方差齐次性检验(Levene 检验),结果列于表 16-18。

表 16-18　方差齐次性检验

| 参数 | Levene 统计量 | df$_1$ | df$_2$ | 显著性 |
| --- | --- | --- | --- | --- |
| MT | 1.490 | 7 | 32 | 0.206 |

从 Levene 检验的结果可以看出,$p = 0.206 > 0.05$,即不同角度的 MT 具有方差齐性。因此,在方差分析的多重比较中,应采用 LSD-$t$ 检验结果。具体结论列于表 16-19。

表 16-19　目标直径 15mm、距离 80mm 时,不同角度的 MT 比较

| 角度 I/(°) | 角度/J/(°) | 均值差(I−J)/(°) | p 值 | 下限 | 上限 |
| --- | --- | --- | --- | --- | --- |
| 0 | 45 | 186.40000[①] | 0.010 | 46.7973 | 326.0027 |
| 0 | 90 | 323.60000[①] | 0 | 183.9973 | 463.2027 |
| 0 | 135 | 209.80000[①] | 0.004 | 70.1973 | 349.4027 |
| 0 | 180 | 365.60000[①] | 0 | 225.9973 | 505.2027 |
| 0 | 225 | 195.20000[①] | 0.008 | 55.5973 | 334.8027 |
| 0 | 270 | 167.60000[①] | 0.020 | 27.9973 | 307.2027 |
| 0 | 315 | −358.20000[①] | 0 | −497.8027 | −218.5973 |
| 45 | 90 | 137.20000 | 0.054 | −2.4027 | 276.8027 |
| 45 | 180 | 179.20000[①] | 0.014 | 39.5973 | 318.8027 |
| 45 | 315 | −544.60000[①] | 0 | −684.2027 | −404.9973 |
| 90 | 270 | −156.00000[①] | 0.030 | −295.6027 | −16.3973 |
| 90 | 315 | −681.80000[①] | 0 | −821.4027 | −542.1973 |
| 135 | 180 | 155.80000[①] | 0.030 | 16.1973 | 295.4027 |
| 135 | 315 | −568.00000[①] | 0 | −707.6027 | −428.3973 |
| 180 | 225 | −170.40000[①] | 0.018 | −310.0027 | −30.7973 |
| 180 | 270 | −198.00000[①] | 0.007 | −337.6027 | −58.3973 |
| 180 | 315 | −723.80000[①] | 0 | −863.4027 | −584.1973 |
| 225 | 315 | −553.40000[①] | 0 | −693.0027 | −413.7973 |
| 270 | 315 | −525.80000[①] | 0 | −665.4027 | −386.1973 |
| ①$p<0.05$ | | | | | |

结果讨论:

(1)0°与 45°、90°、135°、180°、225°、270°、315°的 MT 在显著性水平 0.05 的条件下具有显著性差异,且 0°比 45°、90°、135°、180°、225°、270°的 MT 较长,比 315°较短。

(2)45°与 180°、315°的 MT 在显著性水平 0.05 的条件下具有显著性差异,且 45°比 180°的 MT 较长,比 315°的 MT 较短。

(3)90°与 270°、315°的 MT 在显著性水平 0.05 的条件下具有显著性差异,且 90°的 MT 最短。

(4)135°与 180°、315°的 MT 在显著性水平 0.05 的条件下具有显著性差异,且 135°比 180°

的 MT 较长,比 315°的 MT 较短。

(5) 180°与 225°、270°、315°的 MT 在显著性水平 0.05 的条件下具有显著性差异,且 180°的 MT 最短。

(6) 225°、270°与 315°的 MT 在显著性水平 0.05 的条件下具有显著性差异,且 225°、270°的 MT 都比 315°较短。

7) 目标直径 20mm、距离 20mm

在控制目标直径、距离的情况下,利用 SPSS 17.0 软件对不同角度的 MT 进行方差分析,结果列于表 16-20。

表 16-20 目标直径 20mm、距离 20mm 时,不同角度的 MT 方差分析结果

| 参数 | | 平方和 | $df$ | 均方 | $F$ | 显著性 |
|---|---|---|---|---|---|---|
| MT | 组间 | 518271.200 | 7 | 74038.743 | 12.963 | 0 |
| | 组内 | 182770.400 | 32 | 5711.575 | | |
| | 总数 | 701041.600 | 39 | | | |

方差分析的结果表明,在目标直径 20mm、距离 20mm 的条件下,不同角度的 MT 具有显著性差异。在方差分析的基础上,对不同角度的 MT 进行方差齐次性检验(Levene 检验),结果列于表 16-21。

表 16-21 方差齐次性检验

| 参数 | Levene 统计量 | $df_1$ | $df_2$ | 显著性 |
|---|---|---|---|---|
| MT | 1.910 | 7 | 32 | 0.101 |

Levene 检验的结果可以看出,$p=0.101>0.05$,即不同角度的 MT 具有方差齐性。因此,在方差分析的多重比较中,应采用 LSD-$t$ 检验结果。具体结论列于表 16-22。

表 16-22 目标直径 20mm、距离 20mm 时,不同角度的 MT 比较

| 角度 $I$/(°) | 角度 $J$/(°) | 均值差($I-J$)/(°) | $p$ 值 | 上限 | 下限 |
|---|---|---|---|---|---|
| 0 | 45 | 133.20000[①] | 0.049 | 0.7819 | 265.6181 |
| 0 | 90 | 164.40000[①] | 0.017 | 31.9819 | 296.8181 |
| 0 | 135 | 161.80000[①] | 0.018 | 29.3819 | 294.2181 |
| 0 | 180 | 316.60000[①] | 0 | 184.1819 | 449.0181 |
| 0 | 315 | -155.00000[①] | 0.023 | -287.4181 | -22.5819 |
| 45 | 180 | 183.40000[①] | 0.008 | 50.9819 | 315.8181 |
| 45 | 315 | -288.20000[①] | 0 | -420.6181 | -155.7819 |
| 90 | 180 | 152.20000[①] | 0.026 | 19.7819 | 284.6181 |
| 90 | 315 | -319.40000[①] | 0 | -451.8181 | -186.9819 |
| 135 | 180 | 154.80000[①] | 0.023 | 22.3819 | 287.2181 |
| 135 | 315 | -316.80000[①] | 0 | -449.2181 | -184.3819 |
| 180 | 225 | -199.40000[①] | 0.004 | -331.8181 | -66.9819 |
| 180 | 270 | -216.00000[①] | 0.002 | -348.4181 | -83.5819 |

（续）

| 角度 $I$/(°) | 角度 $J$/(°) | 均值差($I$-$J$)/(°) | $p$ 值 | 上限 | 下限 |
|---|---|---|---|---|---|
| 180 | 315 | −471.60000① | 0 | −604.0181 | −339.1819 |
| 225 | 315 | −272.20000① | 0 | −404.6181 | −139.7819 |
| 270 | 315 | −255.60000① | 0 | −388.0181 | −123.1819 |
| ①$p < 0.05$ | | | | | |

结果讨论：

（1）0°与45°、90°、135°、180°、315°的MT在显著性水平0.05的条件下具有显著性差异，且0°比45°、90°、135°、180°的MT较长，比315°较短。

（2）45°与180°、315°的MT在显著性水平0.05的条件下具有显著性差异，且45°比180°的MT较长，比315°的MT较短。

（3）90°与180°、315°的MT在显著性水平0.05的条件下具有显著性差异，且90°比180°的MT较短，比315°的MT较长。

（4）135°与180°、315°的MT在显著性水平0.05的条件下具有显著性差异，且135°比180°的MT较长，比315°的MT较短。

（5）180°与225°、270°、315°的MT在显著性水平0.05的条件下具有显著性差异，且180°的MT最短。

（6）225°、270°与315°的MT在显著性水平0.05的条件下具有显著性差异，且225°、270°的MT都比315°较短。

8）目标直径20mm、距离40mm

在控制目标直径、距离的情况下，利用SPSS 17.0软件对不同角度的MT进行方差分析，结果列于表16-23。

表16-23 目标直径20mm、距离40mm时，不同角度的MT方差分析结果

| 参数 | | 平方和 | df | 均方 | $F$ | 显著性 |
|---|---|---|---|---|---|---|
| MT | 组间 | 657196.000 | 7 | 93885.143 | 15.429 | 0 |
| | 组内 | 194722.000 | 32 | 6085.063 | | |
| | 总数 | 851918.000 | 39 | | | |

方差分析的结果表明，在目标直径20mm、距离40mm的条件下，不同角度的MT具有显著性差异。在方差分析的基础上，对不同角度的MT进行方差齐次性检验（Levene检验），结果列于表16-24。

表16-24 方差齐次性检验

| 参数 | Levene 统计量 | $df_1$ | $df_2$ | 显著性 |
|---|---|---|---|---|
| MT | 1.771 | 7 | 32 | 0.128 |

从Levene检验的结果可以看出，$p = 0.128 > 0.05$，即不同角度的MT具有方差齐性。因此，在方差分析的多重比较中，应采用LSD-$t$检验结果。具体结论列于表16-25。

表 16-25　目标直径 20mm、距离 40mm 时，不同角度的 MT 比较

| 角度 I/(°) | 角度 J/(°) | 均值差 (I-J)/(°) | p 值 | 上限 | 下限 |
|---|---|---|---|---|---|
| 0 | 45 | 144.00000[①] | 0.006 | 43.5062 | 244.4938 |
| 0 | 90 | 227.80000[①] | 0 | 127.3062 | 328.2938 |
| 0 | 180 | 271.80000[①] | 0 | 171.3062 | 372.2938 |
| 0 | 315 | -154.00000[①] | 0.004 | -254.4938 | -53.5062 |
| 45 | 180 | 127.80000[①] | 0.014 | 27.3062 | 228.2938 |
| 45 | 225 | -121.80000[①] | 0.019 | -222.2938 | -21.3062 |
| 45 | 270 | -129.80000[①] | 0.013 | -230.2938 | -29.3062 |
| 45 | 315 | -298.00000[①] | 0 | -398.4938 | -197.5062 |
| 90 | 135 | -160.20000[①] | 0.003 | -260.6938 | -59.7062 |
| 90 | 225 | -205.60000[①] | 0 | -306.0938 | -105.1062 |
| 90 | 270 | -213.60000[①] | 0 | -314.0938 | -113.1062 |
| 90 | 315 | -381.80000[①] | 0 | -482.2938 | -281.3062 |
| 135 | 180 | 204.20000[①] | 0 | 103.7062 | 304.6938 |
| 135 | 315 | -221.60000[①] | 0 | -322.0938 | -121.1062 |
| 180 | 225 | -249.60000[①] | 0 | -350.0938 | -149.1062 |
| 180 | 270 | -257.60000[①] | 0 | -358.0938 | -157.1062 |
| 180 | 315 | -425.80000[①] | 0 | -526.2938 | -325.3062 |
| 225 | 315 | -176.20000[①] | 0.001 | -276.6938 | -75.7062 |
| 225 | 315 | -168.20000 | 0.002 | -268.6938 | -67.7062 |
| [①]p<0.05 | | | | | |

结果讨论：

（1）0°与 45°、90°、180°、315°的 MT 在显著性水平 0.05 的条件下具有显著性差异，且 0°比 45°、90°、180°的 MT 较长，比 315°较短。

（2）45°与 315°的 MT 在显著性水平 0.05 的条件下具有显著性差异，且 45°比 315°的 MT 较短。

（3）90°与 135°、225°、270°、315°的 MT 在显著性水平 0.05 的条件下具有显著性差异，且 90°的 MT 最短。

（4）135°与 180°、315°的 MT 在显著性水平 0.05 的条件下具有显著性差异，且 135°比 180°的 MT 较长，比 315°的 MT 较短。

（5）180°与 225°、270°、315°的 MT 在显著性水平 0.05 的条件下具有显著性差异，且 180°的 MT 最短。

（6）225°、270°与 315°的 MT 在显著性水平 0.05 的条件下具有显著性差异，且 225°、270°的 MT 都比 315°较短。

9）目标直径 20mm、距离 80mm

在控制目标直径、距离的情况下，利用 SPSS 17.0 对不同角度的 MT 进行方差分析，结果列于表 16-26。

表 16-26　不同角度的 MT 方差分析结果

| 参数 | | 平方和 | df | 均方 | F | 显著性 |
|---|---|---|---|---|---|---|
| MT | 组间 | 490431.900 | 7 | 70061.700 | 2.421 | 0.041 |
| | 组内 | 926051.600 | 32 | 28939.113 | | |
| | 总数 | 1416483.500 | 39 | | | |

从方差分析的结果表明在目标直径 20mm、距离 80mm 的条件下,不同角度的 MT 具有显著性差异。

在方差分析的基础上,对不同角度的 MT 进行方差齐次性检验(Levene 检验),结果列于表 16-27。

表 16-27　方差齐次性检验

| 参数 | Levene 统计量 | $df_1$ | $df_2$ | 显著性 |
|---|---|---|---|---|
| MT | 2.321 | 7 | 32 | 0.049 |

从 Levene 检验的结果可以看出,$p = 0.049 < 0.05$,即不同角度的 MT 不具有方差齐性。因此,在方差分析的多重比较中,应采用 Tamhane T2 的 $t$ 检验结果。具体结论列于表 16-28。

表 16-28　不同角度的 MT 比较

| 角度 $I$/(°) | 角度 $J$/(°) | 均值差($I-J$)/(°) | $p$ 值 | 上限 | 下限 |
|---|---|---|---|---|---|
| 0 | 180 | 258.00000[①] | 0 | 126.5145 | 389.4855 |
| 0 | 315 | −213.80000[①] | 0.002 | −345.2855 | −82.3145 |
| 45 | 180 | 245.40000[①] | 0.001 | 113.9145 | 376.8855 |
| 45 | 315 | −226.40000[①] | 0.001 | −357.8855 | −94.9145 |
| 90 | 180 | 194.20000[①] | 0.005 | 62.7145 | 325.6855 |
| 90 | 315 | −277.60000[①] | 0 | −409.0855 | −146.1145 |
| 135 | 180 | 205.40000[①] | 0.003 | 73.9145 | 336.8855 |
| 135 | 315 | −266.40000[①] | 0 | −397.8855 | −134.9145 |
| 180 | 225 | −260.0000[①] | 0 | −391.4855 | −128.5145 |
| 180 | 270 | −288.40000[①] | 0 | −419.8855 | −156.9145 |
| 180 | 315 | −471.80000[①] | 0 | −693.2855 | −340.3145 |
| 225 | 315 | −211.80000[①] | 0.003 | −343.2855 | −80.3145 |
| 270 | 315 | −183.40000[①] | 0.008 | −314.8855 | −51.9145 |
| [①]$p < 0.05$ | | | | | |

结果讨论:

(1)0°与180°、315°的 MT 在显著性水平 0.05 的条件下具有显著性差异,且 0°比 180°的 MT 较长,比 315°较短。

(2)45°与180°、315°的 MT 在显著性水平 0.05 的条件下具有显著性差异,且 45°比 180°的 MT 较长,比 315°的 MT 较短。

(3)90°与180°、315°的 MT 在显著性水平 0.05 的条件下具有显著性差异,且 90°比 180°的 MT 较长,比 315°的 MT 较短。

(4)135°与180°、315°的 MT 在显著性水平 0.05 的条件下具有显著性差异,且 135°比 180°

的 MT 较长,比 315°的 MT 较短。

(5)180°与 225°、270°、315°的 MT 在显著性水平 0.05 的条件下具有显著性差异,且 180°的 MT 最短。

(6)225°、270°与 315°的 MT 在显著性水平 0.05 的条件下具有显著性差异,且 225°、270°的 MT 都比 315°较短。

总结:根据上述结论,可以得出在目标直径相同和距离一致的情况下,不同角度的 MT 是有差异的,即证明上述假设一成立。通过上述结论还得出:

(1)在控制目标距离、大小的条件下,315°相对于其他方向而言,由起点到目标所需要的 MT 相对较长;

(2)在 180°方向上控制目标距离、大小,所需要的 MT 相对较短的,且 0°与 315°、135°与 180°的 MT 在显著性水平上具有显著性差异;

(3)在控制目标距离、大小的条件下,90°方向要比 0°方向的 MT 要短,比 180°方向时间要长,但与其他方向相比,90°方向的 MT 较短。

**2. 控制目标直径、角度,研究不同距离的 MT 差异**

1)目标 10mm

在控制目标直径、角度的情况下,利用 SPSS 17.0 软件对不同距离的 MT 进行方差分析,结果列于表 16-29。

表 16-29　不同距离的 MT 方差分析结果

| MT | | 平方和 | df | 均方 | $F$ | 显著性 |
|---|---|---|---|---|---|---|
| MT0 | 组间 | 83860.933 | 2 | 41930.467 | 8.889 | 0.004 |
| | 组内 | 56606.000 | 12 | 4717.167 | | |
| | 总数 | 140466.933 | 14 | | | |
| MT45 | 组间 | 82032.533 | 2 | 41016.267 | 2.983 | 0.089 |
| | 组内 | 164988.800 | 12 | 13749.067 | | |
| | 总数 | 247021.333 | 14 | | | |
| MT90 | 组间 | 88360.133 | 2 | 44180.067 | 63.208 | 0 |
| | 组内 | 8387.600 | 12 | 698.967 | | |
| | 总数 | 96747.733 | 14 | | | |
| MT135 | 组间 | 92546.533 | 2 | 46273.267 | 15.299 | 0 |
| | 组内 | 36294.800 | 12 | 3024.567 | | |
| | 总数 | 128841.333 | 14 | | | |
| MT180 | 组间 | 107065.733 | 2 | 53532.867 | 34.345 | 0 |
| | 组内 | 18704.000 | 12 | 1558.667 | | |
| | 总数 | 125769.733 | 14 | | | |
| MT225 | 组间 | 114434.800 | 2 | 57217.400 | 5.691 | 0.018 |
| | 组内 | 120646.800 | 12 | 10053.900 | | |
| | 总数 | 235081.600 | 14 | | | |
| MT270 | 组间 | 123501.733 | 2 | 61750.867 | 10.512 | 0.002 |
| | 组内 | 70490.000 | 12 | 5874.167 | | |
| | 总数 | 193991.733 | 14 | | | |

（续）

| MT | | 平方和 | df | 均方 | F | 显著性 |
|---|---|---|---|---|---|---|
| MT315 | 组间 | 270210.000 | 2 | 135105.000 | 16.856 | 0 |
| | 组内 | 96183.600 | 12 | 8015.300 | | |
| | 总数 | 366393.600 | 14 | | | |

方差分析的结果表明,在目标直径 10mm,角度 0°、90°、135°、180°、225°、270°、315°的条件下,不同距离的 MT 具有显著性差异。在方差分析的基础上,对不同距离的 MT 进行方差齐次性检验(Levene 检验),结果列于表 16-30。

表 16-30  方差齐次性检验

| MT | Levene 统计量 | $df_1$ | $df_2$ | 显著性 |
|---|---|---|---|---|
| MT0 | 0.026 | 2 | 12 | 0.974 |
| MT45 | 0.171 | 2 | 12 | 0.845 |
| MT90 | 0.314 | 2 | 12 | 0.736 |
| MT135 | 0.216 | 2 | 12 | 0.809 |
| MT180 | 1.773 | 2 | 12 | 0.212 |
| MT225 | 0.135 | 2 | 12 | 0.875 |
| MT270 | 1.097 | 2 | 12 | 0.365 |
| MT315 | 2.999 | 2 | 12 | 0.088 |

从 Levene 检验的结果可以看出,显著性概率 P 分别为 0.974、0.845、0.736、0.809、0.212、0.875、0.365、0.088,均大于 0.05,即不同角度的 MT 具有方差齐性。因此,在方差分析的多重比较中,应采用 LSD-$t$ 检验结果。具体结论列于表 16-31。

表 16-31  目标直径 10mm 时,不同角度下不同距离的 MT 比较

| MT | 距离 I/mm | 距离 J/mm | 均值差(I-J)/mm | 显著性 | 下限 | 上限 |
|---|---|---|---|---|---|---|
| MT0 | 20.000 | 80.000 | -181.600000[①] | 0.001 | -276.24344 | -86.95656 |
| | 40.000 | 80.000 | -111.400000[①] | 0.025 | -206.04344 | -16.75656 |
| MT45 | 20.000 | 80.000 | -180.400000[①] | 0.032 | -341.97960 | -18.82040 |
| MT90 | 20.000 | 40.000 | -94.200000[①] | 0 | -130.63159 | -57.76841 |
| | | 80.000 | -188.000000[①] | 0 | -224.43159 | -151.56841 |
| | 40.000 | 80.000 | -93.800000[①] | 0 | -130.23159 | -57.36841 |
| MT135 | 20.000 | 40.000 | -97.000000[①] | 0.016 | -172.78469 | -21.21531 |
| | | 80.000 | -192.400000[①] | 0 | -268.18469 | -116.61531 |
| | 40.000 | 80.000 | -95.400000[①] | 0.018 | -171.18469 | -19.61531 |
| MT180 | 20.000 | 40.000 | -116.200000[①] | 0.001 | -170.60346 | -61.79654 |
| | | 80.000 | -206.400000[①] | 0 | -260.80346 | -151.99654 |
| | 40.000 | 80.000 | -90.200000[①] | 0.004 | -144.60346 | -35.79654 |
| MT225 | 20.000 | 80.000 | -213.800000[①] | 0.006 | -351.97110 | -75.62890 |
| MT270 | 20.000 | 40.000 | -133.800000[①] | 0.017 | -239.41438 | -28.18562 |
| | | 80.000 | -220.600000[①] | 0.001 | -326.21438 | -114.98562 |

（续）

| MT | 距离 $I$/mm | 距离 $J$/mm | 均值差（$I-J$）/mm | 显著性 | 下限 | 上限 |
|---|---|---|---|---|---|---|
| MT315 | 20.000 | 40.000 | -222.000000[①] | 0.002 | -345.37007 | -98.62993 |
| | | 80.000 | -321.000000[①] | 0 | -444.37007 | -197.62993 |
| ① $p<0.05$ | | | | | | |

结果讨论：

（1）90°、135°、180°方向上，目标距离 20mm、40mm、80mm 两两之间的 MT 在显著性 0.05 的水平上具有显著性差异。

（2）在 0°方向上，目标距离 20mm 与 80mm，40mm 与 80mm 的 MT 在显著性 0.05 的水平上具有显著性差异。

（3）在 45°、225°方向上，目标距离 20mm 与 80mm 的 MT 在显著性 0.05 的水平上具有显著性差异，且均值差均为负值。

（4）在 270°、315°方向上，目标距离 20mm 与 40mm，20mm 与 80mm 的 MT 在显著性 0.05 的水平上具有显著性差异，且均值差均为负值。

2）目标 15mm

在控制目标直径、角度的情况下，利用 SPSS 17.0 软件对不同距离的 MT 进行方差分析，结果列于表 16-32。

表 16-32　不同距离的 MT 方差分析结果

| MT | | 平方和 | df | 均方 | $F$ | 显著性 |
|---|---|---|---|---|---|---|
| MT0 | 组间 | 81096.133 | 2 | 40548.067 | 18.869 | 0 |
| | 组内 | 25786.800 | 12 | 2148.900 | | |
| | 总数 | 106882.933 | 14 | | | |
| MT45 | 组间 | 187142.933 | 2 | 93571.467 | 7.195 | 0.009 |
| | 组内 | 156066.000 | 12 | 13005.500 | | |
| | 总数 | 343208.933 | 14 | | | |
| MT90 | 组间 | 37639.600 | 2 | 18819.800 | 4.106 | 0.044 |
| | 组内 | 54998.800 | 12 | 4583.233 | | |
| | 总数 | 92638.400 | 14 | | | |
| MT135 | 组间 | 56114.800 | 2 | 28057.400 | 4.583 | 0.033 |
| | 组内 | 73461.600 | 12 | 6121.800 | | |
| | 总数 | 129576.400 | 14 | | | |
| MT180 | 组间 | 92488.933 | 2 | 46244.467 | 15.329 | 0 |
| | 组内 | 36202.400 | 12 | 3016.867 | | |
| | 总数 | 128691.333 | 14 | | | |
| MT225 | 组间 | 33776.933 | 2 | 16888.467 | 0.721 | 0.506 |
| | 组内 | 281194.800 | 12 | 23432.900 | | |
| | 总数 | 314971.733 | 14 | | | |

（续）

| MT | | 平方和 | df | 均方 | F | 显著性 |
|---|---|---|---|---|---|---|
| MT270 | 组间 | 26010.533 | 2 | 13005.267 | 0.647 | 0.541 |
| | 组内 | 241366.400 | 12 | 20113.867 | | |
| | 总数 | 267376.933 | 14 | | | |
| MT315 | 组间 | 390890.800 | 2 | 195445.400 | 41.651 | 0 |
| | 组内 | 56309.600 | 12 | 4692.467 | | |
| | 总数 | 447200.400 | 14 | | | |

方差分析的结果表明,在目标直径 15mm,角度 0°、45°、90°、135°、180°、315° 的条件下,不同距离的 MT 具有显著性差异。在方差分析的基础上,对不同距离的 MT 进行方差齐次性检验,结果列于表 16-33。

表 16-33 方差齐次性检验

| MT | Levene 统计量 | df$_1$ | df$_2$ | 显著性 |
|---|---|---|---|---|
| MT0 | 8.380 | 2 | 12 | 0.005 |
| MT45 | 0.732 | 2 | 12 | 0.501 |
| MT90 | 0.195 | 2 | 12 | 0.826 |
| MT135 | 0.232 | 2 | 12 | 0.796 |
| MT180 | 0.395 | 2 | 12 | 0.682 |
| MT225 | 0.081 | 2 | 12 | 0.922 |
| MT270 | 1.560 | 2 | 12 | 0.250 |
| MT315 | 5.516 | 2 | 12 | 0.020 |

从 Levene 检验的结果可以看出,45°、90°、135°、180°、225°、270° 显著性概率 $P$ 分别为 0.501、0.826、0.796、0.682、0.922、0.250,均大于 0.05,即在上述角度下的 MT 具有方差齐性。因此,在方差分析的多重比较中,应采用 LSD-$t$ 检验结果。在 0°、315° 显著性概率为 0.005、0.02,均小于 0.05,即在 0°、315° 方向上的 MT 不具有方差齐性,在方差分析的多重比较中,应采用 Tamhane T2 的 $t$ 检验结果。具体结论列于表 16-34。

表 16-34 目标直径 15mm,不同角度下不同距离的 MT 比较

| MT | | 距离 $I$/mm | 距离 $J$/mm | 均值差($I-J$)/mm | 显著性 | 下限 | 上限 |
|---|---|---|---|---|---|---|---|
| MT0 | Tamhane | 20.000 | 40.000 | -99.000000[①] | 0.011 | -166.64315 | -31.35685 |
| | | | 80.000 | -179.800000[①] | 0.010 | -295.79758 | -63.80242 |
| MT45 | LSD | 20.000 | 80.000 | -273.600000[①] | 0.003 | -430.74966 | -116.45034 |
| | | 40.000 | 80.000 | -136.400000 | 0.083 | -293.54966 | 20.74966 |
| MT90 | LSD | 20.000 | 80.000 | -117.400000[①] | 0.018 | -210.69017 | -24.10983 |
| | | 40.000 | 80.000 | -89.600000 | 0.058 | -182.89017 | 3.69017 |
| MT135 | LSD | 20.000 | 80.000 | -149.800000[①] | 0.011 | -257.61756 | -41.98244 |
| MT180 | LSD | 20.000 | 40.000 | -83.400000[①] | 0.033 | -159.08817 | -7.71183 |
| | | | 80.000 | -191.800000[①] | 0 | -267.48817 | -116.11183 |
| | | 40.000 | 80.000 | -108.400000[①] | 0.009 | -184.08817 | -32.71183 |

（续）

| MT | | 距离 I/mm | 距离 J/mm | 均值差(I-J)/mm | 显著性 | 下限 | 上限 |
|---|---|---|---|---|---|---|---|
| MT315 | Tamhane | 20.000 | 40.000 | -127.000000① | 0.024 | -231.56661 | -22.43339 |
| | | | 80.000 | -387.800000① | 0.002 | -557.94248 | -217.65752 |
| | | 40.000 | 80.000 | -260.800000① | 0.005 | -425.50783 | -96.09217 |
| ①$p<0.05$ | | | | | | | |

结果讨论：

（1）180°、315°方向上，目标距离 20mm、40mm、80mm 两两之间的 MT 在显著性 0.05 的水平上具有显著性差异。

（2）在 45°、90°方向上，目标距离 20mm 与 80mm，40mm 与 80mm 的 MT 在显著性 0.05 的水平上具有显著性差异。

（3）在 135°方向上，目标距离 20mm 与 80mm 的 MT 在显著性 0.05 的水平上具有显著性差异。

（4）在 0°方向上，20mm 与 40mm，20mm 与 80mm 的 MT 在显著性 0.05 的水平上具有显著性差异，且均值差均为负值。

3）目标 20mm

在控制目标直径、角度的情况下，利用 SPSS 17.0 软件对不同距离的 MT 进行方差分析，结果列于表 16-35。

表 16-35　不同距离的 MT 方差分析结果

| MT | | 平方和 | df | 均方 | F | 显著性 |
|---|---|---|---|---|---|---|
| MT0 | 组间 | 26396.933 | 2 | 13198.467 | 1.200 | 0.335 |
| | 组内 | 131950.000 | 12 | 10995.833 | | |
| | 总数 | 158346.933 | 14 | | | |
| MT45 | 组间 | 369066.133 | 2 | 184533.067 | 12.521 | 0.001 |
| | 组内 | 176849.600 | 12 | 14737.467 | | |
| | 总数 | 545915.733 | 14 | | | |
| MT90 | 组间 | 249130.533 | 2 | 124565.267 | 11.709 | 0.002 |
| | 组内 | 127656.800 | 12 | 10638.067 | | |
| | 总数 | 376787.333 | 14 | | | |
| MT135 | 组间 | 141941.200 | 2 | 70970.600 | 8.876 | 0.004 |
| | 组内 | 95946.400 | 12 | 7995.533 | | |
| | 总数 | 237887.600 | 14 | | | |
| MT180 | 组间 | 103139.733 | 2 | 51569.867 | 29.453 | 0 |
| | 组内 | 21011.200 | 12 | 1750.933 | | |
| | 总数 | 124150.933 | 14 | | | |
| MT225 | 组间 | 238507.600 | 2 | 119253.800 | 4.632 | 0.032 |
| | 组内 | 308938.000 | 12 | 25744.833 | | |
| | 总数 | 547445.600 | 14 | | | |

（续）

| MT | | 平方和 | df | 均方 | F | 显著性 |
|---|---|---|---|---|---|---|
| MT270 | 组间 | 237890.800 | 2 | 118945.400 | 3.384 | 0.068 |
| | 组内 | 421774.800 | 12 | 35147.900 | | |
| | 总数 | 659665.600 | 14 | | | |
| MT315 | 组间 | 61436.133 | 2 | 30718.067 | 18.984 | 0 |
| | 组内 | 19417.200 | 12 | 1618.100 | | |
| | 总数 | 80853.333 | 14 | | | |

方差分析的结果表明，在目标直径 20mm，角度 45°、90°、135°、180°、225°、315° 的条件下，不同距离的 MT 具有显著性差异。在角度为 0°、270° 条件下，不同距离的 MT 不具有显著性差异。在方差分析的基础上，对不同距离的 MT 进行方差齐次性检验（Levene 检验），结果列于表 16-36。

表 16-36　方差齐次性检验

| MT | Levene 统计量 | $df_1$ | $df_2$ | 显著性 |
|---|---|---|---|---|
| MT0 | 0.319 | 2 | 12 | 0.733 |
| MT45 | 4.729 | 2 | 12 | 0.031 |
| MT90 | 4.703 | 2 | 12 | 0.031 |
| MT135 | 0.498 | 2 | 12 | 0.620 |
| MT180 | 9.677 | 2 | 12 | 0.003 |
| MT225 | 1.493 | 2 | 12 | 0.264 |
| MT270 | 4.023 | 2 | 12 | 0.046 |
| MT315 | 1.568 | 2 | 12 | 0.248 |

从 Levene 检验的结果可以看出，0°、135°、225°、315° 的显著性概率 $P$ 分别为 0.733、0.620、0.264、0.248，均大于 0.05，即以上角度的 MT 具有方差齐性。因此，在方差分析的多重比较中，应采用 LSD-t 检验结果。而 45°、90°、180°、270° 的显著性概率 $P$ 分别为 0.031、0.031、0.003、0.046，均小于 0.05，不具有方差齐性，因此，在方差分析的多重比较中采用 Tamhane T2 的 $t$ 检验结果。具体结论列于表 16-37。

表 16-37　目标直径 20mm 时，不同角度下不同距离的 MT 比较

| MT | | 距离 I/mm | 距离 J/mm | 均值差(I-J)/mm | 显著性 | 下限 | 上限 |
|---|---|---|---|---|---|---|---|
| MT45 | Tamhane | 20.000 | 80.000 | -360.800000[①] | 0.027 | -667.93839 | -53.66161 |
| MT90 | Tamhane | 20.000 | 80.000 | -279.000000[①] | 0.026 | -520.15043 | -37.84957 |
| | | 40.000 | 80.000 | -267.400000[①] | 0.035 | -509.46004 | -25.33996 |
| MT135 | LSD | 20.000 | 80.000 | -237.400000[①] | 0.001 | -360.61785 | -114.18215 |
| | | 40.000 | 80.000 | -136.400000[①] | 0.033 | -259.61785 | -13.18215 |
| MT180 | Tamhane | 20.000 | 40.000 | -91.600000[①] | 0 | -130.63003 | -52.56997 |
| | | | 80.000 | -202.800000[①] | 0.005 | -314.57490 | -91.02510 |
| | | 40.000 | 80.000 | -111.200000 | 0.051 | -223.12356 | 0.72356 |

（续）

| MT | | 距离 $I$/mm | 距离 $J$/mm | 均值差（$I-J$）/mm | 显著性 | 下限 | 上限 |
|---|---|---|---|---|---|---|---|
| MT225 | LSD | 20.000 | 80.000 | -307.400000[①] | 0.010 | -528.50317 | -86.29683 |
| MT315 | LSD | 20.000 | 40.000 | -97.800000[①] | 0.002 | -153.23099 | -42.36901 |
| | | | 80.000 | -155.000000[①] | 0 | -210.43099 | -99.56901 |
| | | 40.000 | 80.000 | -57.200000[①] | 0.044 | -112.63099 | -1.76901 |
| ① $p<0.05$ | | | | | | | |

结果讨论：

（1）180°、315°方向上，目标距离 20mm、40mm、80mm 两两之间的 MT 在显著性 0.05 的水平上具有显著性差异。

（2）在 45°和 225°方向上，目标距离 20mm 与 80mm 的 MT 在显著性 0.05 的水平上具有显著性差异。

（3）在 90°、135°方向上，20mm 与 80mm，40mm 与 80mm 的 MT 在显著性 0.05 的水平上具有显著性差异，且均值差均为负值。

总结：根据上述结论可得出在目标直径一致和角度相同的情况下，不同距离的 MT 具有显著性差异，即距离会影响所需要的操作时间，从而证明假设二是成立的。还可总结出：在直径为 10mm、15mm、20mm 的情况下，随着距离的增大，所需要的 MT 在不断增多。

3. 控制目标距离、角度，研究不同目标直径的 MT 差异

1）距离 20mm

在控制目标距离、角度的情况下，利用 SPSS 17.0 软件对不同距离的 MT 进行方差分析，结果列于表 16-38。

表 16-38  不同距离的 MT 方差分析结果

| MT | | 平方和 | df | 均方 | F | 显著性 |
|---|---|---|---|---|---|---|
| MT0 | 组间 | 124042.133 | 2 | 62021.067 | 14.897 | 0.001 |
| | 组内 | 49960.800 | 12 | 4163.400 | | |
| | 总数 | 174002.933 | 14 | | | |
| MT45 | 组间 | 57664.533 | 2 | 28832.267 | 2.522 | 0.122 |
| | 组内 | 137178.400 | 12 | 11431.533 | | |
| | 总数 | 194842.933 | 14 | | | |
| MT90 | 组间 | 33670.000 | 2 | 16835.000 | 3.171 | 0.078 |
| | 组内 | 63706.400 | 12 | 5308.867 | | |
| | 总数 | 97376.400 | 14 | | | |
| MT135 | 组间 | 40274.533 | 2 | 20137.267 | 5.004 | 0.026 |
| | 组内 | 48292.800 | 12 | 4024.400 | 48292.800 | |
| | 总数 | 88567.333 | 14 | | 88567.333 | |
| MT180 | 组间 | 36446.800 | 2 | 18223.400 | 23.031 | 0 |
| | 组内 | 9495.200 | 12 | 791.267 | | |
| | 总数 | 45942.000 | 14 | | | |

（续）

| MT | | 平方和 | df | 均方 | F | 显著性 |
|---|---|---|---|---|---|---|
| MT225 | 组间 | 109910.933 | 2 | 54955.467 | 4.667 | 0.032 |
| | 组内 | 141316.800 | 12 | 11776.400 | | |
| | 总数 | 251227.733 | 14 | | | |
| MT270 | 组间 | 130325.733 | 2 | 65162.867 | 7.640 | 0.007 |
| | 组内 | 102343.600 | 12 | 8528.633 | | |
| | 总数 | 232669.333 | 14 | | | |
| MT315 | 组间 | 252568.133 | 2 | 126284.067 | 322.345 | 0 |
| | 组内 | 4701.200 | 12 | 391.767 | | |
| | 总数 | 257269.333 | 14 | | | |

方差分析的结果表明，在距离 20mm，角度 0°、135°、180°、225°、270°、315°的条件下，不同目标直径的 MT 具有显著性差异。在角度 45°、90°条件下，不同目标直径的 MT 不具有显著性差异。在方差分析的基础上，对不同距离的 MT 进行方差齐次性检验（Levene 检验），结果列于表 16-39。

表 16-39　方差齐次性检验

| MT | Levene 统计量 | $df_1$ | $df_2$ | 显著性 |
|---|---|---|---|---|
| MT0 | 2.708 | 2 | 12 | 0.107 |
| MT45 | 1.252 | 2 | 12 | 0.321 |
| MT90 | 1.623 | 2 | 12 | 0.238 |
| MT135 | 1.685 | 2 | 12 | 0.226 |
| MT180 | 2.413 | 2 | 12 | 0.132 |
| MT225 | 0.303 | 2 | 12 | 0.744 |
| MT270 | 1.098 | 2 | 12 | 0.365 |
| MT315 | 1.908 | 2 | 12 | 0.191 |

从 Levene 检验的结果可以看出，显著性概率 $P$ 分别为 0.107、0.321、0.238、0.226、0.132、0.744、0.365、0.191，均大于 0.05，即不同角度的 MT 具有方差齐性。因此，在方差分析的多重比较中，应采用 LSD-$t$ 检验结果。具体结论列于表 16-40。

表 16-40　距离 20mm 时，不同角度下目标直径的 MT 比较

| MT | 直径 I/mm | 直径 J/mm | 均值差(I-J)/mm | 显著性 | 下限 | 上限 |
|---|---|---|---|---|---|---|
| MT0 | 10.00 | 15.00 | -95.20000[①] | 0.038 | -184.1148 | -6.2852 |
| | | 20.00 | 126.80000[①] | 0.009 | 37.8852 | 215.7148 |
| | 15.00 | 20.00 | 222.00000[①] | 0 | 133.0852 | 310.9148 |
| MT45 | 10.00 | 20.00 | 150.00000[①] | 0.047 | 2.6663 | 297.3337 |
| | 15.00 | 20.00 | 109.00000[①] | 0.036 | 8.5960 | 209.4040 |
| MT135 | 10.00 | 20.00 | 96.60000[①] | 0.033 | 9.1821 | 184.0179 |
| | 15.00 | 20.00 | 119.60000[①] | 0.011 | 32.1821 | 207.0179 |

(续)

| MT | 直径 $I$/mm | 直径 $J$/mm | 均值差$(I-J)$/mm | 显著性 | 下限 | 上限 |
|---|---|---|---|---|---|---|
| MT180 | 10.00 | 20.00 | 89.80000[①] | 0 | 51.0375 | 128.5625 |
| | 15.00 | 20.00 | 114.80000[①] | 0 | 76.0375 | 153.5625 |
| MT225 | 10.00 | 20.00 | 145.20000 | 0.056 | -4.3396 | 294.7396 |
| | 15.00 | 20.00 | 203.60000[①] | 0.012 | 54.0604 | 353.1396 |
| MT270 | 10.00 | 20.00 | 151.80000[①] | 0.023 | 24.5407 | 279.0593 |
| | 15.00 | 20.00 | 223.60000[①] | 0.002 | 96.3407 | 350.8593 |
| MT315 | 10.00 | 15.00 | 82.20000[①] | 0 | 54.9251 | 109.4749 |
| | | 20.00 | 307.00000[①] | 0 | 279.7251 | 334.2749 |
| | 15.00 | 20.00 | 224.80000[①] | 0 | 197.5251 | 252.0749 |
| [①]$p<0.05$ | | | | | | |

结果讨论:

(1) 在 0°、315°方向上,目标直径 10mm 与 15mm,10mm 与 20mm,15mm 与 20mm 的 MT 在显著性水平上具有显著性差异。

(2) 在 45°、135°、180°、225°、270°方向上,目标直径 10mm 与 20mm,15mm 与 20mm 的 MT 在显著性水平上具有显著性差异。

2) 距离 40mm

在控制目标距离、角度的情况下,对不同距离的 MT 进行方差分析,结果列于表 16-41。

表 16-41 不同距离的 MT 方差分析结果

| MT | | 平方和 | $df$ | 均方 | $F$ | 显著性 |
|---|---|---|---|---|---|---|
| MT0 | 组间 | 132296.133 | 2 | 66148.067 | 14.091 | 0.001 |
| | 组内 | 56330.800 | 12 | 4694.233 | | |
| | 总数 | 188626.933 | 14 | | | |
| MT45 | 组间 | 89114.133 | 2 | 44557.067 | 6.118 | 0.015 |
| | 组内 | 87397.600 | 12 | 7283.133 | | |
| | 总数 | 176511.733 | 14 | | | |
| MT90 | 组间 | 78790.933 | 2 | 39395.467 | 20.052 | 0 |
| | 组内 | 23576.400 | 12 | 1964.700 | | |
| | 总数 | 102367.333 | 14 | | | |
| MT135 | 组间 | 29538.533 | 2 | 14769.267 | 2.445 | 0.129 |
| | 组内 | 72472.800 | 12 | 6039.400 | | |
| | 总数 | 102011.333 | 14 | | | |
| MT180 | 组间 | 40852.933 | 2 | 20426.467 | 11.999 | 0.001 |
| | 组内 | 20428.000 | 12 | 1702.333 | | |
| | 总数 | 61280.933 | 14 | | | |
| MT225 | 组间 | 17096.133 | 2 | 8548.067 | 0.429 | 0.661 |
| | 组内 | 239015.600 | 12 | 19917.967 | | |
| | 总数 | 256111.733 | 14 | | | |

（续）

| MT | | 平方和 | df | 均方 | F | 显著性 |
|---|---|---|---|---|---|---|
| MT270 | 组间 | 73137.733 | 2 | 36568.867 | 3.136 | 0.080 |
| | 组内 | 139927.600 | 12 | 11660.633 | | |
| MT315 | 组间 | 411722.133 | 2 | 205861.067 | 28.189 | 0 |
| | 组内 | 96154.800 | 12 | 8012.900 | | |
| | 总数 | 565903.600 | 14 | | | |

方差分析的结果表明,在目标距离 20mm,角度 0°、45°、90°、180°、315°的条件下,不同目标直径的 MT 具有显著性差异。在角度 135°、225°、270°的条件下,不同目标直径的 MT 不具有显著性差异。在方差分析的基础上,对不同距离的 MT 进行方差齐次性检验,结果列于表 16–42。

表 16–42　方差齐次性检验

| MT | Levene 统计量 | $df_1$ | $df_2$ | 显著性 |
|---|---|---|---|---|
| MT0 | 1.112 | 2 | 12 | 0.361 |
| MT45 | 1.304 | 2 | 12 | 0.307 |
| MT90 | 3.479 | 2 | 12 | 0.064 |
| MT135 | 0.212 | 2 | 12 | 0.812 |
| MT180 | 1.755 | 2 | 12 | 0.215 |
| MT225 | 0.251 | 2 | 12 | 0.782 |
| MT270 | 0.373 | 2 | 12 | 0.696 |
| MT315 | 1.785 | 2 | 12 | 0.210 |

从 Levene 检验的结果可以看出,不同角度的显著性概率 $P$ 分别为 0.361、0.307、0.064、0.812、0.215、0.782、0.696、0.210,均大于 0.05,即不同角度的 MT 具有方差齐性。因此,在方差分析的多重比较中,应采用 LSD–$t$ 检验结果。具体结论列于表 16–43。

表 16–43　距离 40mm 时,不同角度下不同目标直径的 MT 比较

| MT | 直径 $I$/mm | 直径 $J$/mm | 均值差($I$–$J$)/mm | 显著性 | 下限 | 上限 |
|---|---|---|---|---|---|---|
| MT0 | 10.00 | 15.00 | 124.00000[1] | 0.014 | 29.5869 | 218.4131 |
| | | 20.00 | 105.80000[1] | 0.031 | 11.3869 | 200.2131 |
| | 15.00 | 20.00 | 229.80000[1] | 0 | 135.3869 | 324.2131 |
| MT45 | 10.00 | 20.00 | 160.00000[1] | 0.012 | 42.3995 | 277.6005 |
| | 15.00 | 20.00 | 166.80000[1] | 0.009 | 49.1995 | 284.4005 |
| MT90 | 10.00 | 20.00 | 171.60000[1] | 0 | 110.5201 | 232.6799 |
| | 15.00 | 20.00 | 125.20000[1] | 0.001 | 64.1201 | 186.2799 |
| MT180 | 10.00 | 20.00 | 114.40000[1] | 0.001 | 57.5445 | 171.2555 |
| | 15.00 | 20.00 | 106.60000[1] | 0.002 | 49.7445 | 163.4555 |
| MT270 | 10.00 | 20.00 | 167.80000[1] | 0.030 | 18.9972 | 316.6028 |
| MT315 | 10.00 | 15.00 | 177.20000[1] | 0.009 | 53.8484 | 300.5516 |
| | | 20.00 | 431.20000[1] | 0 | 307.8484 | 554.5516 |
| | 15.00 | 20.00 | 254.00000[1] | 0.001 | 130.6484 | 377.3516 |
| [1]$p<0.05$ | | | | | | |

结果讨论：

（1）在 0°、315°方向上，目标直径 10mm、15mm、20mm 的 MT 两两之间在显著性水平 0.05 上具有显著性差异。

（2）在 45°、90°、180°方向上，目标直径 10mm 与 20mm、15mm 与 20mm 的 MT 在显著性水平 0.05 上具有显著性差异。

（3）在 270°方向上，目标直径 10mm 与 20mm 的 MT 在显著性水平 0.05 上具有显著性差异。

3）距离 80mm

在控制目标距离、角度的情况下，利用 SPSS 17.0 软件对不同目标直径的 MT 进行方差分析，结果列于表 16-44。

表 16-44　不同距离的 MT 方差分析结果

| MT | | 平方和 | df | 均方 | F | 显著性 |
|---|---|---|---|---|---|---|
| MT0 | 组间 | 262116.400 | 2 | 131058.200 | 14.555 | 0.001 |
| | 组内 | 108051.200 | 12 | 9004.267 | | |
| | 总数 | 370167.600 | 14 | | | |
| MT45 | 组间 | 4166.933 | 2 | 2083.467 | 0.091 | 0.913 |
| | 组内 | 273328.400 | 12 | 22777.367 | | |
| | 总数 | 277495.333 | 14 | | | |
| MT90 | 组间 | 8885.200 | 2 | 4442.600 | 0.514 | 0.011 |
| | 组内 | 103760.400 | 12 | 8646.700 | | |
| | 总数 | 112645.600 | 14 | | | |
| MT135 | 组间 | 6784.533 | 2 | 3392.267 | 0.479 | 0.631 |
| | 组内 | 84937.200 | 12 | 7078.100 | | |
| | 总数 | 91721.733 | 14 | | | |
| MT180 | 组间 | 32676.933 | 2 | 16338.467 | 4.263 | 0.040 |
| | 组内 | 45994.400 | 12 | 3832.867 | | |
| | 总数 | 78671.333 | 14 | | | |
| MT225 | 组间 | 7488.533 | 2 | 3744.267 | 0.136 | 0.874 |
| | 组内 | 330447.200 | 12 | 27537.267 | | |
| | 总数 | 337935.733 | 14 | | | |
| MT270 | 组间 | 24784.933 | 2 | 12392.467 | 0.303 | 0.744 |
| | 组内 | 491360.000 | 12 | 40946.667 | | |
| | 总数 | 516144.933 | 14 | | | |
| MT315 | 组间 | 722273.200 | 2 | 361136.600 | 60.990 | 0 |
| | 组内 | 71054.400 | 12 | 5921.200 | | |
| | 总数 | 793327.600 | 14 | | | |

方差分析的结果表明，在目标距离 80mm，角度 0°、90°、180°、315°的条件下，不同距离的 MT 具有显著性差异。在角度 45°、135°、225°、315°条件下，不同距离的 MT 不具有显著性差异。在

方差分析的基础上,对不同距离的 MT 进行方差齐次性检验(Levene 检验),结果列于表 16-45。

表 16-45　方差齐次性检验

| MT | Levene 统计量 | $df_1$ | $df_2$ | 显著性 |
|---|---|---|---|---|
| MT0 | 0.846 | 2 | 12 | 0.453 |
| MT45 | 0.765 | 2 | 12 | 0.487 |
| MT90 | 13.316 | 2 | 12 | 0.001 |
| MT135 | 2.128 | 2 | 12 | 0.162 |
| MT180 | 0.609 | 2 | 12 | 0.560 |
| MT225 | 1.423 | 2 | 12 | 0.279 |
| MT270 | 3.769 | 2 | 12 | 0.054 |
| MT315 | 1.762 | 2 | 12 | 0.213 |

从 Levene 检验的结果可以看出,角度 0°、45°、135°、180°、225°、270°、315°的显著性概率 $P$ 分别为 0.453、0.487、0.162、0.560、0.279、0.054、0.213,均大于 0.05,即不同角度的 MT 具有方差齐性。因此,在方差分析的多重比较中,应采用 LSD-$t$ 检验结果。角度 90°的显著性概率为 0.001,不具有方差齐性,应采用 Tamhane T2 的 $t$ 检验结果。具体结论列于表 16-46。

表 16-46　距离 80mm 时,不同角度下不同目标直径的 MT 比较

| MT | | 直径 $I$/mm | 直径 $J$/mm | 均值差$(I-J)$/mm | 显著性 | 下限 | 上限 |
|---|---|---|---|---|---|---|---|
| MT0 | LSD | 10.00 | 20.00 | 221.80000① | 0.003 | 91.0402 | 352.5598 |
| | | 15.00 | 20.00 | 315.20000① | 0 | 184.4402 | 445.9598 |
| MT180 | LSD | 10.00 | 20.00 | 93.40000① | 0.034 | 8.0877 | 178.7123 |
| | | 15.00 | 20.00 | 103.80000① | 0.021 | 18.4877 | 189.1123 |
| MT315 | LSD | 10.00 | 20.00 | 473.00000① | 0 | 366.9636 | 579.0364 |
| | | 15.00 | 20.00 | 457.60000① | 0 | 351.5636 | 563.6364 |
| ①$p<0.05$ | | | | | | | |

结果讨论:

在 0°、180°、315°方向上,目标直径 10mm 与 20mm、15mm 与 20mm 的 MT 在显著性水平 0.05 上具有显著性差异。

总结:根据上述结论可知:假设三成立。即:在相同方向、相同距离条件下,目标的大小对移动时间具有显著性影响(除了在 180°方向上),即除了在 180°方向上,目标的大小不会影响操作时间 MT 之外,在其他方向上,目标的大小会影响操作时间 MT。并且,0°与 315°相比,目标的大小对 315°的影响较大。

4. 回归模型

为进一步探讨目标大小、目标间距离、角度对 MT 的影响,设立七个虚拟变量,以零度为基础类别,设模型为

$$MT = \beta_0 + \beta_1 D + \beta_2 S + \beta_3 A_1 + \beta_4 A_2 + \beta_5 A_3 + \beta_6 A_4 + \beta_7 A_5 + \beta_8 A_6 + \beta_9 A_7 + \mu$$

利用 SPSS 17.0 软件做回归分析,具体结果如表 16-47 所列。

表 16-47　回归分析

| 变量 | 回归系数 | 标准误差 | 标准系数 | $t$ | 显著性 |
|---|---|---|---|---|---|
| 常量 | 847.914[①] | 30.091 | | 28.178 | 0 |
| $D$ | 3.468[①] | 0.241 | 0.394 | 14.374 | 0 |
| $S$ | -14.185[①] | 1.474 | -0.263 | -9.622 | 0 |
| 45° | -110.356[①] | 24.073 | -0.166 | -4.584 | 0 |
| 90° | -197.400[①] | 24.073 | -0.297 | -8.200 | 0 |
| 135° | -105.356[①] | 24.073 | -0.159 | -4.376 | 0 |
| 180° | -299.844[①] | 24.073 | -0.451 | -12.456 | 0 |
| 225° | -82.289[①] | 24.073 | -0.124 | -3.418 | 0.001 |
| 270° | -24.111[①] | 24.073 | -0.036 | -1.002 | 0.317 |
| 315° | 275.311[①] | 24.073 | 0.414 | 11.436 | 0 |
| $R^2$ | 0.859 | | | | |
| $F$ | 109.286[①] | | | | |

①$p<0.001$

根据回归结果,整理回归模型为

$$MT = 847.91 + 3.47D - 14.19S - 110.356(45°) - 197.40(90°) - 105.356(135°) - 299.844(180°) - 82.289(225°) - 24.111(270°) + 275.311(315°)$$

$$R^2 = 0.859, \qquad F = 109.286(p<0.01)$$

从回归结果看,回归方程是显著的。在 95% 的置信区间下,270° 没有通过显著性检验,说明 270° 没有单独分类的必要,并将其和 0° 统一纳为基础类别。进一步探讨 MT 与各角度的关系,去掉 $A_5$ 再做回归,结果如表 16-48 所列。

表 16-48　二次回归分析

| 变量 | 回归系数 | 标准误差 | 标准系数 | $t$ | 显著性 |
|---|---|---|---|---|---|
| 常量 | 835.858 | 27.579 | | 30.307 | 0 |
| $D$ | 3.468 | 0.241 | 0.394 | 14.374 | 0 |
| $S$ | -14.185 | 1.474 | -0.263 | -9.622 | 0 |
| 45° | -98.300 | 20.848 | -0.148 | -4.715 | 0 |
| 90° | -185.344 | 20.848 | -0.279 | -8.890 | 0 |
| 135° | -93.300 | 20.848 | -0.140 | -4.475 | 0 |
| 180° | -287.789 | 20.848 | -0.433 | -13.804 | 0 |
| 225° | -70.233 | 20.848 | -0.106 | -3.369 | 0.001 |
| 315° | 287.367 | 20.848 | 0.432 | 13.784 | 0 |
| $R^2$ | 0.858 | | | | |
| $F$ | 122.82[①] | | | | |

①$p<0.001$

根据回归结果,整理回归模型为

$$MT = 853.858 + 3.468D - 14.185S - 98.3(45°) - 185.34(90°) - 93.3(135°)$$
$$- 287.789(180°) - 70.233(225°) + 287.367(315°)$$

$$R^2 = 0.858, \qquad F = 122.82(p<0.01)$$

从回归结果看,回归方程是显著的。在99%的置信区间下,所有变量均通过显著性检验。进一步根据上述模型进行分析:

(1)在对实验对象、实验环境进行控制的条件下,由回归模型可以看出,随着目标间距离的增大,MT显著性增加($3.468, p<0.01$)。该结论同上文的规律探讨保持一致性。

(2)在对实验对象、实验环境进行控制的条件下,由回归模型可以看出,随着目标大小的增大,MT显著性减小($-14.185, p<0.01$)。该结论同上文的规律探讨保持一致性。

(3)在对实验对象、实验环境进行控制的条件下,由回归模型可以看出,在目标大小、目标间距离相同的条件下,90°比270°方向上的MT要短($668.518 < 853.858$)。该结论同上文的规律探讨保持一致性。

(4)在对实验对象、实验环境进行控制的条件下,由回归模型可以看出,在目标大小、目标间距离相同的条件下,315°比其他各角度的MT均要长,其中在相同条件下,315°方向上的MT是180°的2.05倍。

为分析各个角度具体的费茨模型,作者以ID为自变量,利用SPSS 17.0软件对实验数据进行回归分析,结果如表16-49所列。

表16-49　角度回归模型汇总

| 变量 | 0° | 45° | 90° | 135° | 180° | 225° | 270° | 315° |
|---|---|---|---|---|---|---|---|---|
| 常量 | 584.95[①]<br>(51.83) | 375.07[①]<br>(51.76) | 365.8[①]<br>(35.23) | 463.74[①]<br>(32.33) | 253.79[①]<br>(2.98) | 462.96[①]<br>(58.34) | 520.32[①]<br>(60.67) | 595.13[①]<br>(60.03) |
| ID | 85.79[①]<br>(19.67) | 126.05[①]<br>(19.66) | 94.58[①]<br>(13.37) | 92.20[①]<br>(12.27) | 98.45[①]<br>(8.72) | 101.85[①]<br>(22.14) | 102.18[①]<br>(23.02) | 193.05[①]<br>(22.78) |
| $R^2$ | 0.554 | 0.489 | 0.538 | 0.568 | 0.748 | 0.574 | 0.560 | 0.626 |
| $F$ | 19.022[①] | 41.175[①] | 50.041[①] | 56.491[①] | 127.51[①] | 21.165[①] | 19.694[①] | 71.826[①] |
| ①$p<0.001$ | | | | | | | | |

根据回归结果,得出各角度的费茨模型,如表16-50所列。

表16-50　不同角度费茨模型汇总

| 角度 | 费茨模型 |
|---|---|
| 0° | MT = 584.945 + 85.79ID |
| 45° | MT = 375.07 + 126.05ID |
| 90° | MT = 365.8 + 94.58ID |
| 135° | MT = 463.74 + 92.20ID |
| 180° | MT = 253.79 + 98.45ID |
| 225° | MT = 462.96 + 101.85ID |
| 270° | MT = 520.32 + 102.18ID |
| 315° | MT = 595.13 + 193.05ID |

### 16.2.3 研究结论

本实验所提出的3个假设均成立,即:①在距离相同、目标直径一致的情况下不同的目标方向会影响MT的大小;②在相同的目标方向与目标直径一致的情况下不同的目标距离会影响MT的大小;③相同的方向、相同的距离条件下,目标的大小会影响MT的大小。并且有:

(1)在目标距离为20mm、40mm、80mm的条件下,目标大小10mm与15mm,10mm与20mm,15mm与20mm的MT的均值差均为正值。即MT随着目标的增大而减少。

(2)在目标大小为10mm、15mm、20mm的条件下,目标距离20mm、40mm、80mm的MT两两之间的均值差均为负值。即MT随着距离的增大而增加。

(3)在目标大小相同、目标距离一样的条件下,角度90°与270°的MT的均值差均为负值,即,在水平向右方向用鼠标驱动光标运动时间要比水平向左方向更快。

(4)在目标大小相同、目标距离一样的条件下,方向0°、45°、90°、135°、180°、225°、270°与315°MT的均值差均为负值。即在操作鼠标时,315°比其他各角度的MT均要长,向左上方移动是最困难的。

(5)在目标大小相同、目标距离一样的情况下,315°方向上的MT最长,180°方向上的MT最短,其余方向处在两者之间。

(6)在目标大小相同、目标距离一样的情况下,每个角度的操作时间不同,说明角度对MT的影响具有主效应。

(7)各典型角度的费茨模型如表16-50所列。

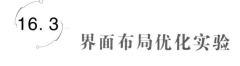

# 16.3 界面布局优化实验

拟基于16.2节的研究结论,对数字化核电厂事故处理规程界面布局进行优化。本节以国内某数字化核电厂规程中常用的任务型画面为例,介绍优化的过程。

### 16.3.1 实验设计

1. 实验目标

(1)针对实验的界面布局,提出两个改进方案;

(2)根据16.2节建立的费茨模型分别计算改进两个方案的每一步操作时间和总的操作时间,从中选取最优方案;

(3)根据操作时间和绩效水平通过实验验证最优方案。

2. 数据获取

1)指标

(1)自变量:目标宽度$S$,目标距离$D$,难度系数ID。

(2)因变量:MT。

(3)绩效水平:IP$=$ID/MT。

2）测量

（1）目标宽度 $S$ 是指每一步骤的目标的最大宽度，在 1024×768 像素的图片上可采用屏幕尺进行测量。

（2）目标距离 $D$ 是指鼠标移动到每一步骤目标的距离，根据眼动仪轨迹图记录的数据以及行为分析软件来测量。

（3）难度系数 ID 是通过计算得出来的。在使用 SPSS 软件处理数据时根据目标宽度和目标距离直接计算得出。

3. 被试者

本实验选择湖南工学院 20 名大三安全工程专业学生作为被试者，其中男生 12 名，女生 8 名，年龄在 20~22 岁之间，矫正视力在 1.0~1.5 之间，熟悉计算机操作。

被试者人数在同类研究中基本处在中间位置。Jacob Nielsen 在 2006 年 4 月发表的 *F-Shaped Pattern For Reading Web Content* 的实验中[11]，共有 232 名被试者，查看了上千张网页，最后得出被试者浏览 Web 页时符合 F 型阅读模式的结论。但在本研究中受被试者、材料等条件限制很难做到如此大规模的测试，只能尽可能充分利用现有条件，严格控制变量，让被试者多重复练习达到熟练状态，争取在有限的条件下得到尽可能准确的实验数据，这样在数据处理的时候才能更可信，也能更有效和准确地反应自变量的变化对因变量产生的影响。

4. 实验材料与装置

选取国内某数字化核电厂规程中常用的任务型画面，如图 16-6 所示。

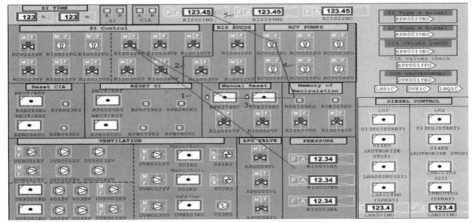

图 16-6　任务型原画面

之所以选择该画面是出于以下原因：

（1）经过对操纵员的访谈得知该画面使用频率较高。

（2）整个任务在这一张画面上可以全部实现，具体按照 RIS032VP→RPAA374KC→RPA369KS→RCV001PO→RIS001MD 的点击顺序完成。

（3）湖南工学院人因研究所已具备完成该实验的设备。

（4）据某核电厂模拟机培训数据统计，该任务易出现点击失误，且比率较高。

本任务共有五步操作步骤。在图 16-6 中已标出操作顺序，下面是原画面每一步的操作距离、目标大小及方向。

第一步：距离 149mm，RIS0032VP 宽度（直径）5.5mm，方向 313°；

第二步：距离 55mm，PRA374KC 宽度（直径）12mm，方向 135°；

第三步：距离 36mm，PRA369KS 宽度（直径）3.5mm，方向 94°；

第四步：距离 44mm，RCV001PO 宽度（直径）5.5mm，方向 344°；

第五步距离：36.5mm，RIS001MD 宽度（直径）17mm，方向 309°。

实验装置与 16.2 节实验相同。

5. 实验程序

1）实验步骤

被试者分两次进行试验，为了排除学习效应，两次试验有一定的时间间隔。两组实验单独进行，且这 20 名被试者进行实验的顺序不变。第一次 20 名被试者是在原画面下操作；第二次 20 名被试者是在改进的画面下操作。原画面与改进画面大小都为 1024×768 像素。除操作步骤不同以外，所有的其他控制条件都相同。实验流程如下：

（1）熟悉实验材料和理解实验目的阶段。

由主试人员为被试者分发相关操作流程与画面纸质材料，并对整个操作流程讲解。然后，对所有被试者进行培训，让其扮演操纵员的角色，尽量使其对操作流程达到一定的熟练水平。

（2）正式实验阶段。

① 被试者坐入实验椅，并告知被试者放松，正对显示屏。调整眼动仪的目镜位置和焦距，使其能清晰捕捉到眼球的运动，并保证双眼的运动能捕捉到。

② 眼球定标。要求被试者"注视屏幕上会随机出现的红色圆点直到消失。此过程中，身体和头部尽量保持不动"。定标完成后，如果定标效果为佳则点击开始按钮。

③ 点击开始按钮之后实验就正式开始，在实验过程中被试者尽量保持头部、身体不要移动和注意力集中。在实验正式开始时，周围环境要保持安静，由被试者独立完成操作，其他人员不得喧嚣和提示。被试者要按照上述步骤进行操作。

④ 当出现第十三步骤时，被试者方可离开，下一个被试者开始实验，重复上述步骤。实验对象具体操作步骤如下：

第一步：提示语提示被试者要按照操作步骤操作；

第二步：显示原画面（改进的画面）；

第三步：提示语提示请点击 RIS032VP；

第四步：由被试者按照第三步的提示语在原画面（改进的画面）上操作；

第五步：提示语提示请点击 RPAA374KC；

第六步：由被试者按照第五步的提示语在原画面（改进的画面）上操作；

第七步：提示语提示请点击 RPA369KS；

第八步：由被试者按照第七步的提示语在原画面（改进的画面）上操作；

第九步：instruction 提示请点击 RCV001PO；

第十步：由被试者按照第九步的 instruction 在原画面（改进的画面）上操作；

第十一步：提示语提示请查看 RIS001MD；

第十二步：由被试者按照第十一步的提示语在原画面（改进的画面）上操作；

第十三步：提示语提示被试者"实验完成，谢谢配合"。到此整个实验全部结束。被试者可以离开。

## 16.3.2  实验结果与分析

### 1．界面布局改进方案

1）改进方案一

根据16.2节的下列结论，优化布局详见表16-51。

（1）在相同目标和角度一致的情况下距离越短，所需要的 MT 就越短。

（2）在相同目标和相同距离的情况下，方向315°要比方向345°所需要的操作时间长。

（3）在相同目标和相同距离的情况下，135°与180°相比所需要的 MT 长。

（4）在相同目标和相同距离的情况下，0°与315°相比所需要的 MT 短。

（5）在控制目标距离、大小的条件下，90°方向比180°方向 MT 要长，但与其他方向相比，90°方向的 MT 短。

（6）在目标大小相同的情况下，0°方向要比315°、180°方向比135°方向的 MT 要短，且不受距离影响。

表 16-51　界面调整参考结论表

| 直径/mm | 距离/mm | 角度 $I$/(°) | 角度 $J$/(°) | 均值差($I-J$)/(°) | 显著性 |
|---|---|---|---|---|---|
| 10 | 20 | 0 | 315 | −327.6 | 0 |
| | 40 | 0 | 315 | −479.4 | 0 |
| | 80 | 0 | 315 | −467.0 | 0 |
| 15 | 20 | 0 | 315 | −150.2 | 0.005 |
| | 40 | 0 | 315 | −178.2 | 0.006 |
| | 80 | 0 | 315 | −358.2 | 0 |
| 20 | 20 | 0 | 315 | −155.0 | 0.023 |
| | 40 | 0 | 315 | −154.0 | 0.004 |
| | 80 | 0 | 315 | −213.8 | 0.002 |
| 10 | 20 | 135 | 180 | 201.6 | 0 |
| | 40 | 135 | 180 | 182.4 | 0.002 |
| | 80 | 135 | 180 | 187.6 | 0 |
| 15 | 20 | 135 | 180 | 199.6 | 0 |
| | 40 | 135 | 180 | 193.2 | 0.003 |
| | 80 | 135 | 180 | 155.8 | 0.030 |
| 20 | 20 | 135 | 180 | 154.8 | 0.023 |
| | 40 | 135 | 180 | 204.2 | 0 |
| | 80 | 135 | 180 | 205.4 | 0.003 |

根据上述(1)~(6)的结论以及主控室人-机界面信息显示布局原则中的功能性分组原则、显控协调原则和元件相关性原则对原画面操作中的第一步、第二步、第五步进行改进，第三步、第四步保持不变。由于第四步方向处在344°接近0°，若改为操作时间较短的90°或180°会影响下一步的操作，且会打乱按照功能性原则设计的人-机界面布局，因此任务中的第三步和第四步保持不变。原画面改进如图16-7所示。

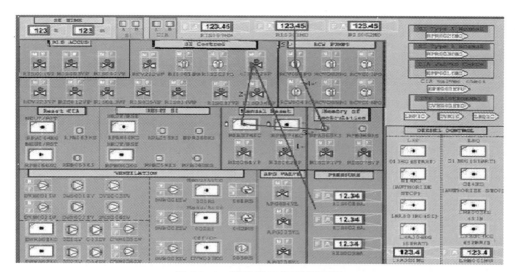

图 16-7　某特定任务型新画面

方案一新画面与原画面的操作步骤相同,目标位置有所变化。下面列出的是方案一新画面的每一步的操作距离和目标方向,每一步的目标大小不变。

第一步:距离 115mm,RIS0032VP 宽度(直径)5.5mm,方向 343°;

第二步:距离 37mm,PRA374KC 宽度(直径)12mm,方向 188°;

第三步:距离 36mm,PRA369KS 宽度(直径)3.5mm,方向 94°;

第四步:距离 44mm,RCV001PO 宽度(直径)5.5mm,方向 344°;

第五步:距离 28.5mm,RIS001MD 宽度(直径)17mm,方向 0°。

2)改进方案二

根据 16.2.3 节研究结论,设计第二改进方案。MT 随着目标距离的增大而增加,因此将 RIS032VP 调到 RIS036VP 位置,同时调整好此功能块的各个元件的位置。这样第一步和第二步的距离将同时减少;将 RCV001PO 调到 RCV004PO 位置,同时调整此功能块的其他元件位置;由于在 315°方向上较难移动,因此将 RIS001MD 调到 RIS099MD 位置。原画面改进如图 16-8 所示。

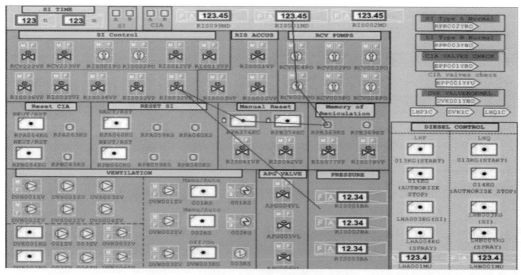

图 16-8　改进画面

方案二改进画面与原画面操作步骤相同,目标位置有所变化。下面列出的是方案二改进画面的每一步的目标距离和目标方向,目标大小不变。

第一步:距离116cm,RIS0032VP 宽度(直径)5.5mm,方向313°;

第二步:距离35mm,PRA374KC 宽度(直径)12mm,方向135°;

第三步:距离36mm,PRA369KS 宽度(直径)3.5mm,方向94°;

第四步:距离28mm,RCV001PO 宽度(直径)5.5mm,方向342°;

第五步:距离45mm,RIS001MD 宽度(直径)17mm,方向0°。

2. 方案比较

根据16.2节所建立的各角度费茨模型,计算得出原画面、改进方案一、改进方案二每步的操作时间和任务总时间,结果如表16-52所列。

表 16-52  MT 汇总　　　　　　　　　　　　　　　　　(mm)

| 步骤 | 原画面 | 方案一 | 方案二 |
|---|---|---|---|
| 第一步 | 1707.099 | 1047.326 | 1637.601 |
| 第二步 | 758.772 | 521.813 | 697.921 |
| 第三步 | 778.181 | 778.181 | 778.181 |
| 第四步 | 927.885 | 927.888 | 872.325 |
| 第五步 | 1000.536 | 734.211 | 790.829 |
| 总计 | 5172.473 | 4009.419 | 4776.857 |

可以看出,方案一和方案二中改进的步骤所需要的 MT 都比原画面中的 MT 要短,且总时间均比原画面的总时间要短。方案一和方案二比较,可以看出,方案二中除了第四步的 MT 比方案一的第四步的 MT 要短,其余步骤的 MT 都要比方案一的 MT 长,且方案一的总时间要比方案二的总时间短。因此最终选择方案一,对画面进行布局优化,并采用实验进行验证。

### 16.3.3　研究结论

1. 配对样本 $t$ 检验结论

从表16-53中可以看出:

(1)步骤1、2、5的MT均值的 $p$ 值分别为0.006、0.014、0.039,均小于显著性水平0.05,即新画面与原画面均存在显著性差异。且从 MT 原–MT 新差值看,三个步骤的差值均为正值,分别为772.444、531.864、337.870,即对步骤1、2、5的 MT 而言,原画面的 MT 要比新画面的 MT 长。

(2)步骤3、4的MT均值的 $p$ 值分别为0.161、0.212,均大于显著性水平0.05,即新画面与原画面不存在显著性差异。即对于原画面、新画面而言,步骤3、4的 MT 在统计学意义上并没有差异。结论符合预期,因为在该实验中,步骤3、4并没有做调整。

表 16-53　配对样本 $t$ 检验

| 配对 | MT 原 – MT 新 | 配对差值 | | | 显著性 |
|---|---|---|---|---|---|
| | | 均值 | 差值95%置信区间 | | |
| | | | 下限 | 上限 | |
| 配对 1 | MT1 原 – MT1 新 | 772.444 | 251.462407 | 1293.425593 | 0.006 |
| 配对 2 | MT2 原 – MT2 新 | 531.864 | 121.277993 | 942.450007 | 0.014 |

(续)

| 配对 | MT 原 – MT 新 | 配对差值 | | | 显著性 |
|---|---|---|---|---|---|
| | | 差值95%置信区间 | | | |
| | | 均值 | 下限 | 上限 | |
| 配对 3 | MT3 原 – MT3 新 | 265.804 | -115.813938 | 647.421938 | 0.161 |
| 配对 4 | MT4 原 – MT4 新 | 140.056 | -86.653713 | 366.765713 | 0.212 |
| 配对 5 | MT5 原 – MT5 新 | 337.870 | 19.593840 | 656.146160 | 0.039 |

### 2. 绩效水平(IP)比较

根据 16.1 节中 IP 计算公式,可以分别计算出每一步骤的 IP 值。进一步通过配对样本 $t$ 检验判断每一步的 IP 值是否具有显著性差异,结果如表 16-54 所列。

表 16-54 IP 配对样本 $t$ 检验

| 配对 | IP 原–IP 新 | 配对差值 | | | 显著性 |
|---|---|---|---|---|---|
| | | 差值95%置信区间 | | | |
| | | 均值 | 下限 | 上限 | |
| 配对 1 | IP1 原 – IP1 新 | -0.735701 | -1.327268 | -0.144134 | 0.017 |
| 配对 2 | IP2 原 – IP2 新 | -0.289921 | -0.530245 | -0.049597 | 0.021 |
| 配比 5 | IP5 原 – IP5 新 | -0.231440 | -0.436048 | -0.026833 | 0.029 |

根据表 16-54,显著性 = 0.017、0.021、0.029,均小于 0.05,说明每一步的 IP 在 0.05 的情况下具有显著性差异。

通过以上结果的分析,新画面的第一步、第二步、第五步的 IP 要比原画面的 IP 大。即经过实验二的改进,被试者的 IP(绩效水平)得到显著提高。

经过实验论证,得出:方案一总的任务完成时间要小于原画面的任务总时间,且绩效水平得到提高。同时也验证了 16.2 节所建立的费茨模型是有效的。

## 16.4 本章小结

本章基于费茨定律设计了指点定位和界面布局优化两个实验。其中指点定位实验用于研究数字化人-机界面中信息显示目标大小、目标距离和目标角度对操作时间的影响;界面布局实验则根据指点定位实验的结论对任务型画面进行信息显示布局优化研究。

指点定位实验获得了以下主要结论:

(1)在一定的目标距离和目标直径的情况下,不同的角度对 MT 的影响具有显著性差异;

(2)在目标直径一致和角度相同的情况下,不同距离的 MT 具有显著性差异,即距离会影响所需要的 MT;

(3)在同一距离和角度条件下,除了在 180°方向上外,目标的大小对 MT 均具有显著性

影响;

（4）在目标大小相同、目标距离一致的情况下,315°方向上的 MT 最长,180°方向上的 MT 最短,其余方向处在两者之间;

（5）采用二次回归分析方法建立各个角度费茨模型。界面布局优化实验验证了可以基于本章 16.2 节的研究结论对人-机交互界面布局进行有效优化,也验证了 16.2 节所建立的费茨模型是有效的。

# 参考文献

[1] 阎国利. 眼动分析法在广告心理学研究中的应用[J]. 心理学动态,1999,4(7):50-53.

[2] 王碧英. 计算机指点装置的操作可控性和稳定性分析[D]. 杭州:浙江大学,2005.

[3] 顾玲玲. 基于费茨定律的数字化人机界面信息显示布局优化研究[D].衡阳:南华大学, 2012.

[4] Card S K, English W K , Burr B J . Evaluation of mouse, rate-controlled isometric joystick, step keys , and text keys for text selection on a CRT[J] . Ergonomics , 1978, 21(8):601- 613.

[5] Boritz J , Booth K S , Cowan W B. Fitts' law studies of directional mouse movement [C]//Proceedings of the Graphics Interface' 91 , Toronto :CIPS , 1991.

[6] Gilla Douglas J,Holden Kritina, Adam Susan,et al. How should fitts' law be applied to human-computer interaction? [ J].Interacting with Computers, 1992, 4(3):291-313.

[7] 张彤,杨文虎,郑锡宁. 图形用户界面环境中的鼠标操作活动分析[J]. 应用心理学,2003,9(3):14-19.

[8] 颜弘扬. 基于 HRA 的核电厂主控室数字化人机界面布局优化研究[D].衡阳:南华大学,2016.

[9] 莫文. 心理学实验中的各种效应及解决办法[J].实验科学与技术, 2008, 6(6):118-121.

[10] 刘浩. 苹果应用软件交互行为研究[D]. 上海:上海交通大学,2009.

[11] N Jakob ielsen. F-shaped pattern for reading web content[Z]. Jakob Nielsen's Alertbox, 2006.

# 附录 实验—材料

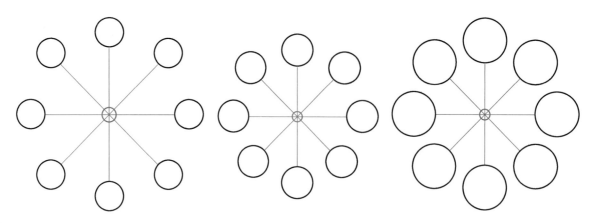

图 1　目标大小 10mm、距离 20mm　图 2　目标大小 15mm、距离 20mm　图 3　目标大小 20mm、距离 20mm

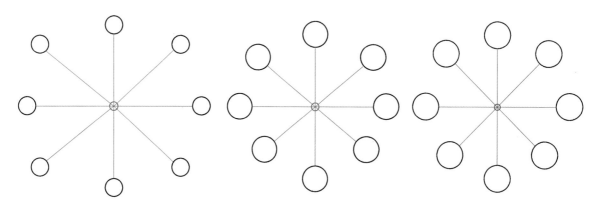

图 4　目标大小 10mm、距离 40mm　图 5　目标大小 15mm、距离 40mm　图 6　目标大小 20mm、距离 40mm

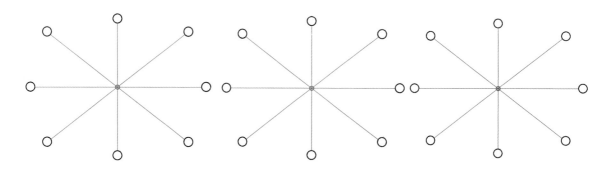

图 7　目标大小 10mm、距离 80mm　图 8　目标大小 15mm、距离 80mm　图 9　目标大小 20mm、距离 80mm

# 第17章 数字化主控室操纵员心理负荷影响因素实验

本章首先通过测量操纵员在任务情景下的生理反应与主观感觉所承受的压力,探讨在特定实验环境下,不同倾向人格特质操纵员在完成不同类型操作任务时心理负荷的差异性;然后通过实验研究操纵员监视行为中认知负荷,探讨操纵员在不同行为任务类型下其认知负荷有无差异和时间压力对操纵员监视行为认知负荷的影响。

## 17.1 数字化主控室操纵员人格特质与心理负荷关系实证研究

通过实证,探讨不同倾向人格特质操纵员在完成不同类型操作任务时心理负荷的差异性,为数字化主控室操纵员培训和选拔提供参考。

### 17.1.1 实验设计

#### 17.1.1.1 研究框架与假设

1. 研究框架

人-机系统中,操纵员心理压力与外在环境和个人因素有关[1]。在数字化主控室中,复杂的工作任务和操作界面会引发操纵员紧张,使其心理负荷加剧,并产生生理反应,个人对心理负荷的感知来自于外在环境变化,且受其经验、能力和人格影响较大[2]。

实验目的旨在探讨在数字化主控室,不同人格特质操纵员在操作过程中的心理负荷。心理负荷形成因素可分为外在因素与内在因素两部分,可以通过生理测量(心率)及主观测评(NASA-TLX)二种指标衡量心理负荷程度[3],研究框架如图17-1所示。

2. 研究假设

人格特质是指一个人的反应方式,以及在与他人交往时所表现出来的害羞、懒惰、忠诚、情绪激动、进取心、心平气和等持久稳定的行为特征[2]。

假设一($H_1$):不同人格特质倾向的操纵员在完成操作任务过程中心理负荷反应无显著差异。

假设二($H_2$):不同人格特质倾向的操纵员在完成不同类型操作任务过程中心理负荷反应无显著差异。

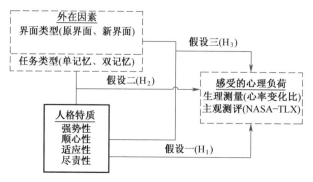

图 17-1 研究框架

假设三($H_3$):不同人格特质倾向的操纵员在完成操作任务过程中,面对不同的操作环境时(任务类型、界面类型)心理负荷反应无显著差异。

#### 17.1.1.2 实验方案

**1. 被试者**

Huang 在报警装置人-机界面评估的实验研究中指出[4],就该类计算机操作而言,初学者与专家之间的结果并没有显著差异。因此,以本科生 30 人,研究生 6 人,合计 36 人为实验对象。其中男生 28 名,女生 8 名,年龄在 20~26 岁,其裸眼或矫正视力均在 0.8 以上,且无色盲或者其他眼疾,习惯用手为右手。在实验开始之前接受充足数字化核电厂人-机界面操作教育培训,以确保实验的有效性。

**2. 实验变量**

实验采用 2 2因子设计,以心率变化比与 NASA-TLX 量表为指标,探讨操纵员心理负荷情况。其次,根据被试者所填写人格特质问卷,归纳人格倾向,探讨人格差异与心理负荷的关系。

1)自变量

(1)人格特质。

采用 Lussier & Achua 定义的五大人格特质区分人格倾向(本章附录 1)[5],并使用其问卷内容。问卷题目共计 25 题,各题衡量方式以七点量表衡量,被试者根据量表上的提示"非常同意"至"非常不同意"共七个尺度勾选填答,由 7~1 分量化指标评分,用来解释人格特质倾向。问卷变项衡量如表 17-1 所列。

表 17-1 人格特质衡量变项

| 因素 | 衡量变项 |
|---|---|
| 强势性(Surgency) | 没有领导在的情形下,我依然能够努力工作。 |
| | 我喜爱竞争和胜利,而在其他方面有时会迷失自我。 |
| | 我愿意在冲突时面对问题。 |
| | 我会竭尽所能地提升个人在组织中的管理地位。 |
| | 我努力影响其他人,使他们依照我的模式做事。 |
| 顺心性(Agreeableness) | 我会在意与其他人是否相处和睦。 |
| | 我希望有很多朋友,并参加他们的聚会。 |
| | 我会尝试站在他人的角度看待问题。 |
| | 我想要别人喜欢我,并能友善地对待我。 |
| | 比起单独工作,我更喜欢与许多人一起工作。 |

（续）

| 因　素 | 衡　量　变　项 |
|---|---|
| 适应性（Adjustment） | 我有良好的自制能力,不感情用事、生气和吼叫。 |
| | 我在有压力的情况下,表现得更好。 |
| | 我会乐观地看待现实中所遭遇的逆境。 |
| | 我会给人许多的赞扬和鼓励,不批评和不使他人消沉。 |
| | 我会轻松、稳当地审视自己,而不是害怕或没有把握地评价自己。 |
| 尽责性（Conscientiousness） | 我是可信任的,承诺的事情,能准时做好。 |
| | 我会为了成功而不断努力奋斗。 |
| | 我是一个有良好组织能力的人。 |
| | 我会遵循组织、团体的规章制度。 |
| | 我被认为是可信的,因为我工作做得很好且被其他人所公认。 |
| 开放性（Openess to Experience） | 我会尝试不能的事物,以改善我的绩效。 |
| | 我会去新的地方并且喜爱旅行。 |
| | 当我去新的餐厅时,我会尝试从未体验过的食物。 |
| | 我会自愿、率先地从事新的学习或工作任务。 |
| | 当其他人提出不同支持事物时,我支持他们并给予帮助,从不做出如下声明:它行不通、我们从未这样做、从未有人这样做或我们不能这样做。 |

（2）外在因素。

根据数字化主控室操纵员操作过程中会遇到的两类影响因素作为研究因子,即任务类型和界面类型。根据实验任务中记忆负荷的不同将任务类型分为"单记忆负荷"和"双记忆负荷"。在单记忆负荷中,通过眼动仪导入材料,在显示屏中央出现命令导语,该导语中只有一个操作指令,界面持续显示数秒后,自动进入调用界面,被试者根据导语做相应操作。在双记忆负荷中,显示屏中央出现含有两个操作指令的命令导语,并在进入调用界面后必须按导语的先后顺序进行操作。

界面类型分为原界面与新界面,原界面是我国某核电厂主控室操纵员较常调用的画面原图(下称原画面,见本章附录2),杨大新对该画面的信息布局进行了深入研究,对整个画面进行了相应的优化(下称新画面,见本章附录3)[6]。与原画面相比,新画面的优点在于:元件或控制图标排列更加有序且均匀分布;画面信息组织结构清晰;提供可见的提示以辅助操纵员区分多层标题的层次级别等。

2）因变量

数字化主控室操纵员在完成操作任务时所感受的心理负荷程度,由心率变化比与NASA-TLX量表二项指标显示。

（1）心率。

由于心率受性别和身体素质等因素影响,为了尽量减少这些因素带来的影响,大多数研究者都是以心率的变化程度来表征作业人员的心理负荷[3]。因此以心率变化比来反映操纵员的心理负荷,即被试者实验心率与基础心率的差同基础心率的比值,该方法曾被许炎泉用来研究飞行员飞行降落阶段的心理负荷[7]。

实验采用多导仪(NeXus-10)及其配套软件 BioTrace+,监测被试者在实验操作过程中的平均心率值与休息状态时平均心率值的差异。在实验正式开始前,测量被试者在休息状态下的平均心率,在实验开始以后,再测量被试者的心率直到实验结束。被试者休息状态下 3 min 的平均心率做基础心率,实验操作阶段的心率与基础心率之差,同基础心率的比值即为心率变化比。其计算公式如下:

$$心率变化比 = \frac{实验心率 - 基础心率}{基础心率} \quad (17-1)$$

(2) NASA-TLX。

NASA-TLX 是主观评价心理负荷方法中一致性较高且应用最广泛的一种测量方法[8],因此以 NASA-TLX 作为实验的主观评价法。NASA-TLX 由 Hart 于 1988 年提出,根据六个向度的加权平均来评估心理负荷,这六个向度分别为心智需求(Mental Demand, MD)、体能需求(Physical Demand, PD)、时间需求(Temporal Demand, TD)、努力程度(Effort, E)、自我表现(Performance, P)和挫折程度(Frustration Level, FL)[9]。各向度负荷评分由低至高为 0~100,每一刻度间距为 5 个单位,共分为 21 个层级。其测量公式为

$$ML_{NASA-TLX} = W_1 \times L_{MD} + W_2 \times L_{PD} + W_3 \times L_{TD} + W_4 \times L_{OP} + W_5 \times L_E + W_6 \times L_{FL}$$
$$(17-2)$$

式中　$ML_{NASA-TLX}$——被试者在受测作业中所感受到心理负荷的程度;

$L_{MD}$、$L_{PD}$、$L_{TD}$、$L_{OP}$、$L_E$、$L_{FL}$——此六个评比向度的个别负荷;

$W_1$、$W_2$、$W_3$、$W_4$、$W_5$、$W_6$——此六个评比向度的个别权数。

NASA-TLX 的六个评比向度的内容以及受测结束后让被试者填写的问卷量表如本章附录 4 所示,其心理负荷值评估运算的范例则如本章附录 5 所示。各向度定义如表 17-2 所列。

表 17-2　NASA-TLX 衡量定义

| 向度 | 程度 | 定义 |
|---|---|---|
| 心智需求 | 低/高 | 本次操作任务,需动用多少心智及知觉活动(例如思考、决定、计算、记忆、观察、搜索等)? 本任务是容易的或是苛求的、简单的或是复杂的、严格的还是容许失误的? |
| 体能需求 | 低/高 | 本次操作任务,需动用多少体能活动的需求(例如推、拉、转动、控制、行动等)? 本任务是容易的或是苛求的、节奏慢或是快、轻松或是费力的、悠闲或是吃力的? |
| 时间需求 | 低/高 | 本次操作任务,任务进行的步调让您感觉到多少时间压力? 本任务步调是缓慢还是急速? 是从容还是忙乱? 步伐缓慢的或是急促的、从容的或是紧急的? |
| 努力程度 | 低/高 | 本次操作任务,你满意自己在完成本次任务时的表现吗? |
| 自我表现 | 低/高 | 本次操作任务,需要尽多大的努力程度(心智上和体能上)才能达到你期望的绩效水平? |
| 挫折程度 | 低/高 | 本次操作任务,在任务进行的过程中,你感到没有把握、气馁、烦燥、紧张、气恼,或是有把握、成就感、满意、悠闲、满足? |

### 17.1.1.3　实验设备

1. 视线追踪系统

视线追踪系统是由 19 英寸液晶显示器、光电鼠标和主机组成的戴尔计算机,德国 ManGold 公司生产的 Tobii X120 型眼动仪,以及投影仪组成(图 17-2)。

2. 心率测试仪(NeXus-10)

实验采用 NeXus-10 测试仪、BVP 传感器和 BioTrace+软件监测被试者的心率,通过无线蓝

图 17-2　实验示意图

牙技术把它们与计算机连为一体,测试时传感器夹在被试者的无名指上,在 BioTrace 软件上获取心率数据,如本章附录 6 所示。

#### 17.1.1.4　实验流程

实验将 2 个外在因素进行组合,共有 4 种不同实验环境,由 36 位被试者参与实验,每个实验组合分别由 9 名被试者执行,在 2 个工作日内完成。实验前所有被试者都要接受主试人员主持的相应培训,包括画面的认识、熟练、实验操作、实验注意事项和实验的流程等。用 36 张外观相同的卡片,依次编 1 至 36 号,让每位被试者进行抽签决定实验外在因素组合条件,每次实验约需 25min。实验流程和实验顺序如下:

准备阶段(约 10min):

(1)给被试者说明实验的目的与测量项目,被试者抽签决定实验的环境组合因子,实验顺序如表 17-3 所列。

表 17-3　实验顺序

| 实验日 | 编　号 | 任务类型 | 界面类型 |
|---|---|---|---|
| 第一天上午 | 1～9 | 单记忆负荷 | 原画面 |
| 第一天下午 | 10～18 | 单记忆负荷 | 新画面 |
| 第二天上午 | 19～27 | 双记忆负荷 | 原画面 |
| 第二天下午 | 28～36 | 双记忆负荷 | 新画面 |

(2)被试者坐到实验座位,佩戴心电图仪器,提醒保持轻松,测量实验前的心率值作为心率变化的基础心率值,测试时间为 3min。

(3)调整眼动仪的目镜位置和焦距,使其能清晰捕捉到眼球运动,并保证双眼的运动能被捕捉到。

实验阶段(约 5min):

(1)被试者根据实验导语进行操作。在单记忆负荷中,通过眼动仪导入的材料,在显示屏中央会出现命令导语(如请找到并点击 RCV003PO),该界面持续显示 5s 后,自动进入调用界面,被试者根据导语做相应鼠标点击操作,该界面持续显示 15s。在双记忆负荷中,在显示屏中央会出现命令导语(如请找到 RPB369KS 和 DVS003ZV 并依次点击),导语界面持续显示 8s 后,进入调用界面,被试者按导语指令进行操作,界面显示时间为 20s。

(2)用 NeXus-10 测量被试者在实验过程中的心率变化。

实验结束后阶段(约 10min):

(1)完成实验操作,拆除心电图仪器。

（2）被试者根据实验操作过程中实际感受填写 NASA-TLX 问卷。

（3）填写人格特质问卷。

### 17.1.1.5 数据分析方法

使用 SPSS 19.0 对实验操作期间获得的被试者心率变化值、实验结束后被试者填写的心理负荷程度和人格特质量表等统计资料进行统计分析。

## 17.1.2 实验结果与分析

### 17.1.2.1 描述性统计

实验针对两种不同环境条件，由 36 位在校大学生在两个测试日完成四种不同组合实验条件的操作任务。在心率测试仪测量数据的过程中，发现有三组数据因传感器没有配戴好，或者是被试者在实验过程中因手的移动而使传感器松动，导致三组数据失效。因此，实验最终得到有效数据为 33 组。由五大人格特质问卷中各变项的得分，统计各人人格特质变项的平均值，得分最高者即为该被试者的主要人格特质倾向，统计显示 33 位被试者中，适应性人格特质占 46%，尽责性占 42%，其特征描述如图 17-3 所示。

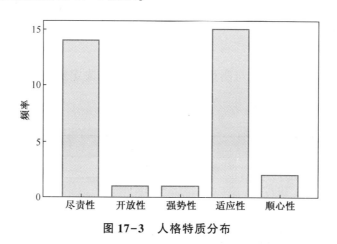

**图 17-3　人格特质分布**

实验中被试者的心理负荷是以被试者在实验时的心率变化比及主观心智负荷评估值两项指标进行表示。完成实验操作后，由被试者就此次操作的实际感受填写 NASA-TLX 心理负荷主观测评量表，经测算 33 名被试者平均心理负荷值为 63.48，其中心智需求所占比例最大，约占 28.96%，各负荷因子的统计值如表 17-4 所列。比较被试者选择的各评量向度的重要性，各向度的得分均介于 0 ~ 5，分析平均表现（图 17-4）可得，心智需求（MD）3.76、时间需求（TD）3.03、努力（E）2.7 是比较重要的测量向度。

表 17-4　NASA-TLX 量表及其负荷因子统计表（有效样本为 33）

| 统计参数 | 样本 | 最小值 | 最大值 | 和 | 均值 | 标准差 |
|---|---|---|---|---|---|---|
| NASA-TLX | 33 | 45.000 | 76.000 | 2095.000 | 63.48486 | 8.469756 |
| 心智需求 | 33 | 10.000 | 30.000 | 606.667 | 18.38384 | 4.596286 |
| 体能需求 | 33 | 1.667 | 10.000 | 158.000 | 4.78788 | 2.882922 |
| 时间需求 | 33 | 3.000 | 28.333 | 420.000 | 12.72727 | 6.019906 |
| 自我表现 | 33 | 3.333 | 22.667 | 314.667 | 9.53535 | 4.588587 |

（续）

| 统计参数 | 样本 | 最小值 | 最大值 | 和 | 均值 | 标准差 |
|---|---|---|---|---|---|---|
| 努力程度 | 33 | 3.667 | 21.333 | 405.333 | 12.28283 | 4.563686 |
| 挫折程度 | 33 | 1.333 | 14.667 | 190.333 | 5.76768 | 3.619474 |

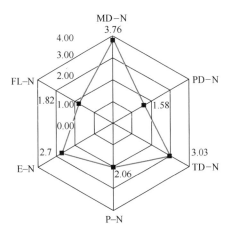

图17-4　NASA-TLX量表负荷因子重要性比较

以实验前3min被试者休息状态下所记录的稳定心率值作为基础心率，平均为73.59次/min；自被试者坐于实验桌前正式开始实验至实验操作结束，平均使用4min12s，平均心率值为84.51次/min；由基础心率和实验心率计算心率变化比，平均为14.85%（表17-5）。由此可得，被试者于实验阶段的心率明显要高于休息状态下心率，即实验操作会增加被试者的心理负荷。

表17-5　被试者心率统计表（有效样本为33）

| 统计参数 | 样本数 | 范围 | 最小值 | 最大值 | 均值 | 标准差 |
|---|---|---|---|---|---|---|
| 基础心率 | 33 | 4.77 | 71.23 | 76.00 | 73.5891 | 1.18480 |
| 实验心率 | 33 | 14.00 | 78.70 | 92.70 | 84.5142 | 3.41875 |
| 心率变化比 | 33 | 18.35 | 5.58 | 23.93 | 14.8521 | 4.42212 |

综合样本的人格特质与心理负荷，对NASA-TLX主观测量、心率值和心率变化比的综合描述如表17-6所列。

表17-6　综合样本特质的心理负荷统计

| 人格特质 | 样本 | NASA-TLX | | 基础心率/(次/min) | | 实验心率/(次/min) | | 心率变化比/% | |
|---|---|---|---|---|---|---|---|---|---|
| | | 均值 | 标准差 | 均值 | 标准差 | 均值 | 标准差 | 均值 | 标准差 |
| 强势性 | 1 | — | — | — | — | — | — | — | — |
| 顺心性 | 2 | 54.83 | 13.91 | 73.48 | 0.21 | 82.58 | 3.01 | 12.39 | 3.78 |
| 适应性 | 15 | 61.36 | 8.00 | 73.21 | 1.15 | 84.06 | 3.27 | 14.83 | 4.53 |
| 尽责性 | 14 | 67.31 | 7.65 | 73.95 | 1.03 | 85.43 | 3.52 | 15.53 | 4.70 |
| 开放性 | 1 | — | — | — | — | — | — | — | — |

#### 17.1.2.2　信度分析

在人格特质问卷量表中，量表题项共25题，包括强势性、顺心性、适应性、尽责性和开放性5

种特质,每种特质各有 5 个衡量题项。经克朗巴哈 α 系数内部信度检验为 0.912,各因素克朗巴哈 α 系数为 0.732~0.782,各指标系数值均在可信范围。人格特质信度检测结果如表 17-7 所列。

表 17-7 人格特质量表信度检验

| 人格特质 | 题号 | 均值 | 删除后的克朗巴哈 α 系数 | 克朗巴哈 α 系数 | 量表克朗巴哈 α 系数 |
|---|---|---|---|---|---|
| 强势性 | 1 | 4.48 | 0.580 | | |
| | 6 | 5.79 | 0.899 | | |
| | 11 | 5.09 | 0.555 | 0.749 | |
| | 17 | 5.33 | 0.692 | | |
| | 21 | 5.21 | 0.620 | | |
| 顺心性 | 2 | 5.82 | 0.901 | | |
| | 7 | 4.55 | 0.590 | | |
| | 12 | 5.21 | 0.570 | 0.756 | |
| | 17 | 5.18 | 0.625 | | |
| | 22 | 5.48 | 0.705 | | |
| 适应性 | 3 | 4.61 | 0.533 | | 0.912 |
| | 8 | 5.94 | 0.872 | | |
| | 13 | 5.48 | 0.662 | 0.732 | |
| | 18 | 5.52 | 0.594 | | |
| | 23 | 5.45 | 0.605 | | |
| 尽责性 | 4 | 5.73 | 0.900 | | |
| | 9 | 5.30 | 0.621 | | |
| | 14 | 5.21 | 0.651 | 0.782 | |
| | 19 | 5.55 | 0.744 | | |
| | 24 | 5.06 | 0.658 | | |
| 开放性 | 5 | 5.21 | 0.594 | | |
| | 10 | 5.45 | 0.729 | | |
| | 15 | 5.82 | 0.895 | 0.769 | |
| | 20 | 5.21 | 0.647 | | |
| | 25 | 4.58 | 0.618 | | |

### 17.1.2.3 假设检验

由于强势性、顺心性和开放性人格特质样本数不足,无法进行资料分析,删除强势性、顺心性和开放性人格特质样本资料后,假设检验的样本数为 29 组。

**1. 假设 1($H_1$)检验**

采用 Levene 检验法对样本数据进行方差齐次性检验,针对人格特质的检验结果显示,NASA-TLX 主观测评满足变量的方差同质性假设($F_{(1,27)} = 0.036, p = 0.852$);心率变化比的方差同质性检验结果($F_{(1,27)} = 0.147, p = 0.704$)说明心率变化比也满足方差齐性。因此,两项指标的样本数据都满足方差齐性的基本假设,可以对变量进行方差分析。

假设检验采用单因素方差分析(Analysis of Variance, AV)(表17-8):

NASA-TLX:被试者实验过程中的心理负荷($F_{(1,28)} = 4.185$, $p = 0.051$)无显著性差异,无须进一步做事后比较。

心率变化比:被试者实验过程中的心理负荷($F_{(1,28)} = 0.166$, $p = 0.687$)无显著性差异,无须进一步做事后比较。

表 17-8 不同人格特质心理负荷 AV 结果

| 统计参数 | | 平方和 | 自由度 | 均方 | $F$ 值 | $p$ 值 |
|---|---|---|---|---|---|---|
| NASA-TLX | 组间 | 256.705 | 1 | 256.705 | 4.185 | 0.051 |
| | 组内 | 1656.207 | 27 | 61.341 | | |
| | 总和 | 1912.912 | 28 | | | |
| 心率变化比 /% | 组间 | 3.540 | 1 | 3.540 | 0.166 | 0.687 |
| | 组内 | 574.910 | 27 | 21.293 | | |
| | 总和 | 578.450 | 28 | | | |

结果显示,假设一($H_1$)成立,不同人格特质的被试者,由于实验操作过程中,在 NASA-TLX 和心率变化比两项指标均无显著性差异,又因强势性、顺心性和开放性人格特质未纳入资料分析,因此假设一($H_1$)部分不显著。

2. 假设二($H_2$)检验

不同人格特质的被试者完成不同类型操作任务时心理负荷的统计样本结构如表17-9所列。

表 17-9 不同人格特质被试者完成不同任务时的心理负荷

| 人格特质 | 任务类型 | NASA-TLX | | 心率变化比 M/% | | 样本 |
|---|---|---|---|---|---|---|
| | | 均值 | 标准差 | 均值 | 标准差 | |
| 适应性 | 单记忆负荷 | 57.667 | 7.468 | 11.958 | 3.641 | 8 |
| | 双记忆负荷 | 65.571 | 6.729 | 18.116 | 2.971 | 7 |
| | 总和 | 61.356 | 7.997 | 14.832 | 4.530 | 15 |
| 尽责性 | 单记忆负荷 | 60.667 | 6.769 | 11.943 | 3.401 | 6 |
| | 双记忆负荷 | 72.292 | 3.124 | 18.222 | 3.676 | 8 |
| | 总和 | 67.310 | 7.650 | 15.531 | 4.703 | 14 |
| 总和 | 单记忆负荷 | 58.952 | 7.073 | 11.952 | 3.404 | 14 |
| | 双记忆负荷 | 69.156 | 6.028 | 18.173 | 3.247 | 15 |
| | 总和 | 64.230 | 8.265 | 15.169 | 4.545 | 29 |

采用 Levene 检验法对样本数据进行方差齐次性检验,针对人格特质与任务类型二因素的检验结果显示,NASA-TLX 主观测评满足变量的方差同质性假设($F_{(3,25)} = 0.995$, $p = 0.411$);心率变化比的方差同质性检验结果($F_{(3,25)} = 0.296$, $p = 0.828$)说明心率变化比也满足方差齐性。因此,两项指标的样本数据都满足方差齐性的基本假设,可以对变量进行方差分析。假设检验采用双因素方差分析,分别就 NASA-TLX 与心率变化比进行方差分析。

NASA-TLX:首先执行独立样本双因素方差分析,结果显示被试者人格特质与任务类型交互作用下,NASA-TLX($F_{(1,25)}=0.644$,$p=0.430$)无显著性差异(表17-10)。

表 17-10　二因素交互作用心理负荷方差分析(NASA-TLX)

| 变异来源 | 平方和 | 自由度 | 均方 | F 值 | p 值 |
|---|---|---|---|---|---|
| 人格特质 | 168.863 | 1 | 168.863 | 4.399 | 0.046 |
| 任务类型 | 681.672 | 1 | 681.672 | 17.759 | 0 |
| 人格特质 * 任务类型 | 24.736 | 1 | 24.736 | 0.644 | 0.430 |
| 误差 | 959.589 | 25 | 38.384 | | |
| 合计 | 121551.778 | 29 | | | |
| 修正合计 | 1912.912 | 28 | | | |
| 注:决定系数 = 0.498(修正决定系数 = 0.438);"人格特质 * 任务类型"表示人格特质与任务类型交互作用 | | | | | |

因人格特质与任务类型交互作用在统计上无显著差异,故无需针对该交互作用做进一步单纯主效果分析。而任务类型具有显著性($F_{(1,28)}=17.579$,$p=0.000$)差异,说明不论在哪一种人格特质条件下,任务类型均会造成 NASA-TLX 心理负荷的变化。实验资料显示,执行双记忆负荷任务的被试者心率变化比显著高于执行单记忆负荷任务的被试者($M=69.156\%>58.952\%$,$F_{(1,28)}=17.561$,$p=0.000$)。

心率变化比:对被试者心率变化比做独立样本双因素方差分析,结果显示被试者人格特质与任务类型的交互作用($F_{(1,25)}=0.002$,$p=0.963$)无显著性差异(表17-11)。

表 17-11　二因素交互作用心理负荷方差分析(心率变化比 M)

| 变异来源 | 平方和 | 自由度 | 均方 | F 值 | p 值 |
|---|---|---|---|---|---|
| 人格特质 | 0.015 | 1 | 0.015 | 0.001 | 0.972 |
| 任务类型 | 276.444 | 1 | 276.444 | 23.179 | 0.000 |
| 人格特质 * 任务类型 | 0.026 | 1 | 0.026 | 0.002 | 0.963 |
| 误差 | 298.168 | 25 | 11.927 | | |
| 合计 | 7251.532 | 29 | | | |
| 修正合计 | 578.450 | 28 | | | |
| 注:决定系数 = 0.455(修正决定系数 = 0.390) | | | | | |

因人格特质与任务类型交互作用在统计上无显著差异,故无需针对该交互作用做进一步单纯主效果分析。而任务类型具有显著性($F_{(1,28)}=23.179$,$p=0.000$)差异,说明不论在哪一种人格特质条件下,任务类型均会造成心率变化比的变化,实验资料显示,执行双记忆负荷任务的被试者心率变化比显著高于执行单记忆负荷任务的被试者($M=18.173\%>11.952\%$,$F_{(1,28)}=25.373$,$p=0.000$)。

结果显示,假设二($H_2$)不成立,被试者在完成不同类型的操作任务时,心理负荷有显著差异,且双记忆负荷下被试者的 NASA-TLX 和心率变化比都要显著高于单记忆负荷下的,故两项心理负荷指标都说明双记忆负荷下的心理负荷要显著高于单记忆负荷下。而在探讨人格倾向方面,适应性和尽责性人格特质的被试者,在 NASA-TLX 及心率变化比二项指标均无显著性差异。另因强势性、顺心性和开放性人格特质资料未纳入分析,因此,假设二($H_2$)部分不显著。

3. 假设三($H_3$)检验

不同人格特质被试者在完成操作任务过程中,面对不同的操作环境时(任务类型、界面类型)心理负荷的统计样本结构如表17-12所列。

表 17-12  人格特质与外在环境交互作用心理负荷

| 人格特质 | 界面类型 | 任务类型 | NASA-TLX | | 心率变化比/% | | 样本 |
|---|---|---|---|---|---|---|---|
| | | | 均值 | 标准差 | 均值 | 标准差 | |
| 适应性 | 原界面 | 单记忆负荷 | 60.250 | 4.795 | 10.100 | 3.284 | 4 |
| | | 双记忆负荷 | 68.333 | 4.509 | 19.455 | 2.180 | 5 |
| | | 总和 | 64.741 | 6.078 | 15.297 | 5.544 | 9 |
| | 新界面 | 单记忆负荷 | 55.083 | 9.453 | 13.817 | 3.306 | 8 |
| | | 双记忆负荷 | 58.667 | 7.542 | 14.768 | 1.604 | 7 |
| | | 总和 | 56.278 | 8.272 | 14.134 | 2.705 | 15 |
| | 总和 | 单记忆负荷 | 57.667 | 7.468 | 11.959 | 3.641 | 8 |
| | | 双记忆负荷 | 65.571 | 6.729 | 18.116 | 2.971 | 7 |
| | | 总和 | 61.356 | 7.997 | 14.832 | 4.530 | 15 |
| 尽责性 | 原界面 | 单记忆负荷 | 58.167 | 5.474 | 11.251 | 4.159 | 4 |
| | | 双记忆负荷 | 71.750 | 4.176 | 19.620 | 3.716 | 4 |
| | | 总和 | 64.958 | 8.546 | 15.435 | 5.774 | 8 |
| | 新界面 | 单记忆负荷 | 65.667 | 8.014 | 13.326 | 0.471 | 2 |
| | | 双记忆负荷 | 72.833 | 2.134 | 16.824 | 3.537 | 4 |
| | | 总和 | 70.444 | 5.411 | 15.658 | 3.288 | 6 |
| | 总和 | 单记忆负荷 | 60.667 | 6.769 | 11.943 | 3.401 | 6 |
| | | 双记忆负荷 | 72.292 | 3.124 | 18.222 | 3.676 | 8 |
| | | 总和 | 67.310 | 7.6410 | 15.531 | 4.703 | 14 |
| 总和 | 原界面 | 单记忆负荷 | 59.208 | 4.892 | 10.675 | 3.523 | 8 |
| | | 双记忆负荷 | 69.852 | 4.466 | 19.528 | 2.750 | 9 |
| | | 总和 | 64.843 | 7.102 | 15.362 | 5.473 | 17 |
| | 新界面 | 单记忆负荷 | 58.611 | 9.815 | 13.653 | 2.582 | 6 |
| | | 双记忆负荷 | 68.111 | 8.224 | 16.139 | 3.024 | 6 |
| | | 总和 | 63.361 | 9.957 | 14.896 | 2.979 | 12 |
| | 总和 | 单记忆负荷 | 58.952 | 7.073 | 11.952 | 3.404 | 14 |
| | | 双记忆负荷 | 69.156 | 6.028 | 18.173 | 3.247 | 15 |
| | | 总和 | 64.230 | 8.265 | 15.169 | 4.545 | 29 |

采用 Levene 检验法对样本数据进行方差齐次性检验,针对人格特质、界面类型与任务类型三因素的检验结果显示,NASA-TLX 主观测评满足变量的方差同质性假设($F_{(7,21)} = 1.557, p = 0.203$);心率变化比的方差同质性检验结果($F_{(7,21)} = 0.800, p = 0.596$)说明心率变化比也满足方差齐性。因此,两项指标的样本数据都满足方差齐性的基本假设,可以对变量进行方差分析。假设检验采用多因素方差分析,分别就 NASA-TLX 与心率变化比进行方差分析。

NASA-TLX:首先执行独立样本多因素方差分析(表17-13),检定人格特质 ∗ 界面类型 ∗ 任务类型三因素交互作用下,NASA-TLX($F_{(1,21)} = 0.045, p = 0.834$)无显著性差异;人格特质 ∗ 任务类型($F_{(1,21)} = 1.017, p = 0.325$)及界面类型 ∗ 任务类型($F_{(1,21)} = 1.469, p = 0.239$)组合

交互作用也未达显著性水平,而人格特质 * 界面类型($F_{(1,21)}=6.759,p=0.017$)组合交互作用水平达显著水平。

表 17-13　三因素交互作用心理负荷方差分析(NASA-TLX)

| 变异来源 | 平方和 | 自由度 | 均方 | F 值 | p 值 |
|---|---|---|---|---|---|
| 人格特质 | 277.690 | 1 | 277.690 | 8.386 | 0.009 |
| 任务类型 | 428.914 | 1 | 428.914 | 12.953 | 0.002 |
| 界面类型 | 15.944 | 1 | 15.944 | 0.482 | 0.495 |
| 人格特质 * 任务类型 | 33.676 | 1 | 33.676 | 1.017 | 0.325 |
| 人格特质 * 界面类型 | 223.812 | 1 | 223.812 | 6.759 | 0.017 |
| 任务类型 * 界面类型 | 48.642 | 1 | 48.642 | 1.469 | 0.239 |
| 人格特质 * 任务类型 * 界面类型 | 1.499 | 1 | 1.499 | 0.045 | 0.834 |
| 误差 | 695.361 | 21 | 33.112 | | |
| 合计 | 121551.778 | 29 | | | |
| 修正合计 | 1912.912 | 28 | | | |

注:决定系数 = 0.636(修正决定系数 = 0.515)

其次进行单纯主效果检定,检定的项目包括人格特质 * 界面类型在任务类型各水平的单纯主效果检定(表 17-14),人格特质 * 界面类型在单记忆负荷下($F_{(1,21)}=2.613,p=0.137$)无显著性差异,人格特质 * 界面类型在双记忆负荷下($F_{(1,21)}=8.210,p=0.015$)达显著性水平,须进一步做单纯主效果检定,检定项目共 4 项(表 17-15)。

表 17-14　单纯主效果检定(NASA-TLX)

| 检定项目 | 具体检定项目 | 平方和 | 自由度 | 均方和 | F 值 | p 值 |
|---|---|---|---|---|---|---|
| 人格特质 * 界面类型 | 人格特质 * 界面类型在单记忆负荷环境下 | 128.356 | 1 | 128.356 | 2.613 | 0.137 |
| | 人格特质 * 界面类型在双记忆负荷环境下 | 189.589 | 1 | 189.589 | 5.188 | 0.044[①] |

① $p<0.05$

表 17-15　进一步单纯主效果检定项目

| 单纯主效果显著项目 | 进一步单纯主效果检定项目 |
|---|---|
| 人格特质 * 界面类型在双记忆负荷环境下 | 人格特质在原界面及双记忆负荷环境下 |
| | 人格特质在新界面及双记忆负荷环境下 |
| | 界面类型在适应性及双记忆负荷环境下 |
| | 界面类型在尽责性及双记忆负荷环境下 |

进一步单纯主效果检定结果(表 17-16)如下:

(1)被试者在新界面上执行双记忆负荷时,不同人格特质($F_{(1,21)}=15.171,p=0.018$)被试者之间的心理负荷有显著性差异,事后比较得知,适应性人格特质($M=58.66\%$)被试者心理负荷显著低于尽责性人格特质($M=72.83\%$)被试者。而在原界面上执行双记忆负荷时,适应性人格特质被试者($M=68.33\%$)与尽责性人格特质被试者($M=71.75\%$)心理负荷($F_{(1,21)}=$

$1.359$，$p=0.282$）无显著性差异。

（2）适应性人格的被试者在执行双记负荷时，界面类型（$F_{(1,21)}=10.813$，$p=0.022$）对心理负荷有显著性影响，经事后比较得知，在原界面（$M=68.33\%$）上操作的被试者其心理负荷显著高于在新界面（$M=58.67\%$）上操作的被试者。而尽责性人格特质的被试者在原界面（$M=71.75\%$）和新界面（$M=72.83\%$）上执行双记忆负荷，心理负荷（$F_{(1,21)}=0.213$，$p=0.660$）的差异性很小。

表 17-16 在双记忆负荷时，单纯主效果分析摘要表（NASA-TLX）

| 检定项目 | | 平方和 | 自由度 | $F$ 值 | $p$ 值 | 事后平均数比较 |
|---|---|---|---|---|---|---|
| 人格特质 | 原界面 | 25.941 | 1 | 1.359 | 0.282 | |
| | 新界面 | 267.593 | 1 | 15.171 | 0.018① | 适（$M=58.66\%$）<尽（$M=72.83\%$） |
| 界面类型 | 适应性 | 201.168 | 1 | 10.813 | 0.022① | 原（$M=68.33\%$）>新（$M=58.67\%$） |
| | 尽责性 | 2.347 | 1 | 0.213 | 0.660 | |
| ①$p<0.05$ | | | | | | |

心率变化比：首先执行独立样本多因素方差分析（表 17-17），检定人格特质 * 界面类型 * 任务类型三因素交互作用下，心率变化比（$F_{(1,21)}=0.491$，$p=0.491$）无显著性差异；人格特质 * 任务类型（$F_{(1,21)}=0.096$，$p=0.760$）及人格特质 * 界面类型（$F_{(1,21)}=0.002$，$p=0.961$）组合交互作用也未达显著性水平，而任务类型 * 界面类型（$F_{(1,21)}=6.935$，$p=0.016$）组合交互作用达显著性水平。

表 17-17 三因素交互作用心理负荷方差分析（心率变化比 $M$）

| 变异来源 | 平方和 | 自由度 | 均方 | $F$ 值 | $p$ 值 |
|---|---|---|---|---|---|
| 人格特质 | 3.390 | 1 | 3.390 | 0.327 | 0.574 |
| 任务类型 | 200.680 | 1 | 200.680 | 19.351 | 0 |
| 界面类型 | 1.165 | 1 | 1.165 | 0.112 | 0.741 |
| 人格特质 * 任务类型 | 0.992 | 1 | 0.992 | 0.096 | 0.760 |
| 人格特质 * 界面类型 | 0.025 | 1 | 0.025 | 0.002 | 0.961 |
| 任务类型 * 界面类型 | 71.922 | 1 | 71.922 | 6.935 | 0.016 |
| 人格特质 * 任务类型 * 界面类型 | 5.096 | 1 | 5.096 | 0.491 | 0.491 |
| 误差 | 217.785 | 21 | 10.371 | | |
| 合计 | 7251.532 | 29 | | | |
| 修正合计 | 578.450 | 28 | | | |
| 注：决定系数 =0.624（修正决定系数 =0.498） | | | | | |

其次进行单纯主效果检定，检定的项目包括不同人格特质被试者在任务类型 * 界面类型组合环境下的单纯主效果检定（表 17-18），尽责性人格特质在任务类型 * 界面类型组合环境下（$F_{(1,21)}=1.448$，$p=0.257$）无显著性差异；而适应性人格特质的被试者在任务类型 * 界面类型组合环境下（$F_{(1,21)}=7.464$，$p=0.020$）达显著性水平，须进一步做单纯主效果检定，检定项目共 4 项（表 17-19）。

表 17-18　单纯主效果检定(心率变化比 $M$)

| 检定项目 | 具体检定项目 | 平方和 | 自由度 | 均方和 | $F$ 值 | $p$ 值 |
|---|---|---|---|---|---|---|
| 任务类型 * 界面类型 | 适应性在任务类型 * 界面类型环境下 | 58.856 | 1 | 58.856 | 7.464 | 0.020[①] |
|  | 尽责性在任务类型 * 界面类型环境下 | 18.976 | 1 | 18.976 | 1.448 | 0.257 |
| ① $p < 0.05$ | | | | | | |

表 17-19　进一步单纯主效果检定项目

| 单纯主效果显著项目 | 进一步单纯主效果检定项目 |
|---|---|
| 适应性在任务类型 * 界面类型环境下 | 适应性在原界面及双记忆负荷环境下 |
|  | 适应性在新界面及双记忆负荷环境下 |
|  | 适应性在原界面及单记忆负荷环境下 |
|  | 适应性在新界面及单记忆负荷环境下 |

进一步单纯主效果检定结果(表 17-20)如下:

(1) 适应性人格特质被试者在原界面上执行操作任务时,不同记忆负荷的任务($F_{(1,21)} = 27.706, p = 0.001$)对被试者的心理负荷影响显著,事后比较得知,被试者在执行单记忆负荷($M = 10.10\%$)时的心理负荷显著低于双记忆负荷时($M = 19.45\%$)。而在新界面上进行操作时,不同记忆负荷的任务对($F_{(1,21)} = 0.137, p = 0.730$)被试者的心率变化比无显著性差异。

(2) 适应性人格的被试者在执行双记负荷操作任务时,界面类型($F_{(1,21)} = 7.270, p = 0.043$)对心理负荷有显著性影响,经事后比较得知,在原界面($M = 19.46\%$)上操作的被试者其心理负荷显著高于在新界面($M = 14.77\%$)上操作的被试者。而在执行单记忆负荷操作任务时,心率变化比($F_{(1,21)} = 2.545, p = 0.162$)差异性不显著。

表 17-20　单纯主效果分析摘要表(心率变化比 $M$)

| 检定项目 | | 平方和 | 自由度 | $F$ 值 | $p$ 值 | 事后平均数比较 |
|---|---|---|---|---|---|---|
| 适应性 | 原界面 | 194.503 | 1 | 26.706 | 0.001[①] | 单($M = 10.10\%$) < 双($M = 19.45\%$) |
|  | 新界面 | 1.207 | 1 | 0.137 | 0.730 | |
| 适应性 | 单记忆负荷 | 27.635 | 1 | 2.545 | 0.162 | |
|  | 双记忆负荷 | 31.380 | 1 | 7.270 | 0.043[①] | 原($M = 19.46\%$) > 新($M = 14.77\%$) |
| ① $p < 0.05$ | | | | | | |

综上所述假设 3($H_3$)不成立,通过 NASA-TLX 主观测评发现,对于六个负荷因子的比较,被试者普遍认同心理负荷主要来源于心智需求、时间需求、努力程度三个因子。从心率测试中发现,被试者于实验阶段的心率值明显升高,显示实验任务操作增加了被试者的心理负荷。人格特质及任务类型的交互作用下,被试者在执行实验操作时,NASA-TLX 与心率变化比二项指标检定均无显著差异,但总体而言不同任务类型的操作任务对被试者的心理负荷有显著影响,并且两项心理负荷指标都显示在双记忆负荷下的心理负荷要明显高于单记忆负荷下。从 NASA-TLX 主观评估及心率变化比二项指标,探讨人格特质、任务类型及界面类型三因素交互作用时的心理负荷差异,显示出二项指标的检定结果基本上一致(表 17-21),但在尽责性-新界

面-双记忆负荷,NASA-TLX 的检定是显著的而心率变化比的检定却是不显著的。

表 17-21  三因素交互检定结果

| 组　　合 | NASA-TLX | 心率变化比 |
|---|---|---|
| 适应性-原界面-单记忆负荷 | 不显著 | 不显著 |
| 适应性-新界面-双记忆负荷 | 不显著 | 不显著 |
| 尽责性-原界面-单记忆负荷 | 不显著 | 不显著 |
| 适应性-原界面-双记忆负荷 | 显著 | 显著 |
| 尽责性-新界面-单记忆负荷 | 不显著 | 不显著 |
| 适应性-新界面-单记忆负荷 | 不显著 | 不显著 |
| 尽责性-原界面-双记忆负荷 | 不显著 | 不显著 |
| 尽责性-新界面-双记忆负荷 | 显著 | 不显著 |

### 17.1.3  研究结论

(1)假设一($H_1$)成立,即不同人格特质的被试者,在完成操作任务过程中心理负荷反应没有表现出显著性差异。

(2)假设二($H_2$)不成立,即不同人格特质的被试者在完成不同类型的操作任务时心理负荷反应具有显著性差异,且双记忆负荷下的心理负荷要显著高于单记忆负荷下的心理负荷。但强势性、顺心性和开放性人格特质资料未纳入分析。

(3)假设三($H_3$)不成立,即不同人格特质的被试者在完成操作任务过程中,面对不同的任务类型和界面类型时心理负荷具有显著性差异。

## 17.2  基于事件相关电位技术对数字化主控室操纵员监视行为认知负荷研究

认知负荷(Cognitive Load,CL)的理论研究主要源于脑力负荷或心理负荷(Mental Workload, MW)。美国心理学家 Miller 早在 1956 年就开始了对心理负荷的研究[10]。心理负荷在人因失误上的研究很多,如 Pedersen 实验验证得出人在既定的任务模式下心理负荷的大小是影响失误的主要因素[11]。Tuovinen 通过监控大脑神经网络变化发现,心理负荷过高时发生人因失误的概率增加,并且大脑应对高脑力负荷启动"安眠模式"[12]。廖建桥等人研究得出,脑力负荷与任务绩效关系呈现一定的线性关系,当脑力负荷变高并超出一定"阈值"时,人的任务绩效会急剧下降,意味着人在高脑力负荷下人因失误的可能性大大提高[13]。肖元梅等人对中小学教师的脑力负荷进行主观测量,采用 NASA-TLX 量表测量评估发现中小学教师工作的脑力负荷处于不同负荷水平[14]。

认知负荷正式使用是在 20 世纪 70 年代,澳大利亚认知心理学家 JohnSweller 明确提出认知负荷是指在一个特定的作业时间内施加于个体认知系统的心理活动总量,并在此基础上进行实验研究[15],此外,他还在2010年结合资源有限理论和图式理论从资源分配的角度来研究认知负荷,较为完整、系统地论述了认知负荷理论(Cognitive Load Theory,CLT)[16]。认知负荷理论在认知心理学和教育心理学等领域产生了广泛的影响。例如:孙崇勇对多媒体学习中的认知负荷研究发现自我归纳对降低学习者的认知负荷有显著影响[17]。认知负荷在教育心理学领域和医学领域发展成熟后,逐步向其他领域发展,例如:Freeman测试了不同视线条件下驾驶员认知负荷变化,认为无论是单独使用生理指标测量或行为测量都不足以评价不同驾驶情境中的认知负荷,需要多种测量手段结合[18]。康卫勇等人则研究飞机座舱内视觉显示界面的认知负荷研究,采用综合评价方法评价飞行员观察界面的认知负荷,根据综合评价获得结论:界面越小则其认知负荷越小[19]。

"事件相关电位"(Event Related Potentials,ERP)是生理学/心理学常用的一种研究手段,其有狭义和广义之分。其狭义定义为:凡是外加一种特定的刺激作用于感觉系统或脑的某一部位,在给予刺激或撤销刺激时,在脑区所引起的电位变化。ERP广义定义为:凡是外加一种特定的刺激作用于机体,在给予或撤销刺激时,在神经系统任何部位所引起的电位变化[20]。科学家通常把从事心理活动的大脑比喻为一个黑匣子,脑电研究在探索这个黑匣子的奥秘中起了不可或缺的重要作用。研究者通过ERP方法开始对如注意、记忆、思维等大脑高级认知活动的研究,随着一系列突破性发现的诞生,ERP被称为"观察大脑高级功能的窗口"。而ERP在认知神经学以及心理学领域能迅速发展主要由于ERP技术具有独特的优势:

(1)时间分辨率高,认知分为认知过程和认知状态,认知过程就是时间过程。ERP的高时间分辨率是进行认知神经学研究的得力方法。

(2)ERP能测量刺激到反应的连续过程,能对复杂人-机系统中人的行为进行分析和研究。

(3)ERP可以测量没有行为反应的认知加工。

(4)具有脑自动加工的指标。

(5)与PET、fMRI、脑磁等相比,ERP价位低,设备相对简单,对环境要求不高。

(6)ERP对人完全无创伤。

ERP的缺点主要是空间分辨率不高,主要原因是个体差异以及容积导体效应[21]。

P300是ERP波形的第三个正波P3,因为最早发现它以正波形式出现在300ms左右,所以称其为P300。P300的波幅一般为$5\sim20\mu V$,有时可高达$40\mu V$,在所有成分中属高者。P300被发现后,众多研究者对其进行了大量研究,目前已成为研究中数量最大、持续时间最长、应用最广的成分。研究发现P300的波幅对诱发电位刺激呈现的概率非常敏感[20]。Magliero发现增加识别目标刺激的难度会增加P300波形的潜伏期,而增加反应选择的难度则不会影响P300的潜伏期[22];Kramer等证明P300波幅可作为与直觉或认知加工相联系的资源分配的可靠指标[23]。Schultheis和Jameson[24]做了关于超媒体系统中呈现文本难度的研究,目的是看能否根据用户的认知负荷而自适应调节文本难度,他们发现P300的波幅与其他测量手段可以整合用以评估不同媒体系统的相对难易程度。

为研究数字化主控室操纵员监视行为过程中的认知负荷,本节设计了2项实验,分别采用主观评价方法和ERP方法。

## 17.2.1 认知负荷下任务绩效水平测量与主观评价实验

### 1. 实验方案

本部分通过 E-prime2.0 软件设计实验,模拟数字化核电厂操纵员监视行为的操作模式,通过任务绩效水平评估和主观评价方法测量被试者的认知负荷,其中任务绩效水平采用记录的反应时间和正确率进行测量,主观评价方法采用美国 NASA 的 NASA-TLX 量表。

采用主任务作业实验范式,主任务为模拟核电厂事故工况下主控室操纵员执行 SOP 规程中的监视任务。每次实验时,共出现三幅图片,第一幅图为规程图,呈现搜索信息指令(如"RT 或 RT 接收"),如图 17-5 所示;第二幅为系统组件图,包括 KOO、DOS、RIS、REST 等四张系统图,其主要为核电厂设备的模拟控件,如阀门开关、控件状态参数等,如图 17-6 所示;第三幅图为主任务问题,询问关于指令目标信息的问题(如"是否收到 RT 请求")。告知被试者需记忆各指令信息对应的正确系统组件图,4 张组件图对应 1、2、3、4 四个反应键;第三幅图的问题使用鼠标进行回答,若肯定则单击鼠标左键,若否定则单击鼠标右键。其中对 4 张组件图的选择为界面管理任务,对主任务问题回答为监视任务。

实验自变量为监视行为类型和时间,因变量为被试者的反应时和正确率,实验采用双因素组间设计。

认知行为模型一般将操纵员监视任务的认知行为分为技能型、规则型和知识型三种类型,实验主要研究技能型和规则型监视行为。通过对国内某数字化核电厂主控室操纵员监视行为的现场观察以及录像分析研究发现,操纵员监视过程中对监视目标识别反应时在 5000ms 内,并且心理学实验中测定人的有效反应时在 6s 左右[25],实验将设置无时间限制和 6s 时间限制。

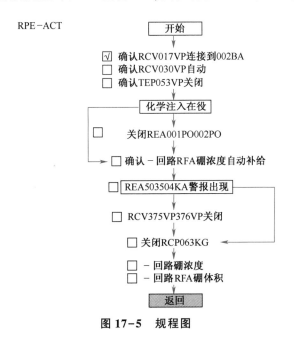

图 17-5 规程图

被试者为 33 名大学生和研究生,其中男生 22 名,女生 11 名,都有一定核专业基础。被试者年龄在 20~26 岁之间,平均年龄 22.9 岁,矫正视力正常。

实验在计算机上进行,实验主试者设备采用戴尔商用台式机,置于被试者实验室外。被试者

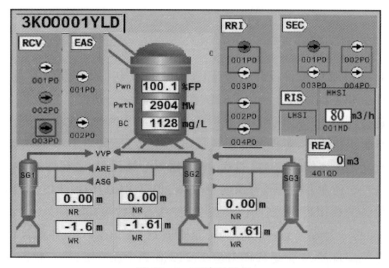

图 17-6　系统组件图

监视显示器采用戴尔 19 英寸宽屏液晶显示器,分辨率 1024×768,刷新频率 120Hz。实验程序采用 E-prime2.0 编写,实现主任务时间控制以及相应反应时测量。

认知负荷主观评定采用 17.1 节所述 NASA-TLX 量表。

实验前,对被试者在核电厂主控室操纵员工作站模拟平台上进行培训。培训分为两个阶段:第一阶段为使被试者对操作平台有初步掌握,其中包括对核电厂 SGTR 事故以及小 LOCA 事故有初步了解,能基本记忆操作流程以及规程图等,并能基本掌握操作流程;第二阶段为使被试者对操作平台熟练掌握,其中包括对核电厂 SGTR 事故以及小 LOCA 事故十分熟悉,对操作流程以及规程图等能熟练记忆,且能熟练操作平台,具体判定标准以平台上操作过程正确率作为条件。以 SGTR 事故为例,平台上操作过程共有 84 个监视信息,能完整操作整个流程为初步掌握(错误率不计),完整操作流程且平均错误率为 0～1 个为熟练掌握。其中被试者初步掌握表征为规则型行为,被试者熟练掌握表征为技能型行为。

被试者完成第一阶段培训后开始第一次实验(无时间限制),在计算机屏幕上随机出现规程图,被试者根据规程图上指令选择与指令相应 4 张图片(KOO、DOS、RIS、REST)中正确的图片并进行按键反应,并在图片中找到指令需要的目标信息,目标信息可能为阀门开关、数值大小、图片颜色以及图片区域等,找到目标信息后按空格键,出现关于目标信息的问题,被试者根据观察回答问题,若肯定点击鼠标左键,若否定点击鼠标右键,回答完成后自动跳转规程图进行下一步指令。实验共有 55 个监视信息,每个监视信息记录三个反应时间(画面选择、信息寻找、问题回答),两个正确率(界面管理任务、监视任务)。实验完成后休息 5min 开始第二次实验(6s 时间限制),实验过程同上所述,不同的是每个操作时间限制为 6s,超过 6s 则此监视信息点失误,自动跳转下一监视信息。实验完成后,被试者进行 NASA-TLX 量表填写。

被试者完成上述实验后开始进行第二阶段培训,培训达到要求后进行第二阶段实验,实验流程同上所述,实验完成后进行 NASA-TLX 量表填写。

每位被试者实验完成后,收集整理数据:

任务过程正确率以及反应时间:利用 E-prime2.0 编制的实验程序自动记录每次实验中的按键反应时间、正确率。认知负荷主观评价:每次被试者在不同实验条件下完成实验后进行

NASA-TLX量表填写,分别整理不同实验条件下 NASA-TLX 量表中6种向度的评估值。

对收集的数据利用 SPSS19.0 软件进行分类汇总并进行分析。

2．实验结果

1）NASA-TLX 量表的描述性统计

经测算,NASA-TLX 量表结果中技能型操作认知负荷均值为 33.5161,规则型操作认知负荷均值为 56.7742,两者都是心理需求(MD)所占比例最大,分别约为 23.68%、24.66%,后续则为努力程度(E)和时间需求(TD)分别为 21.27%、21.76% 和 19.69%、19.60%,其余各负荷向度的统计值如表 17-22 和表 17-23 所列。

表 17-22 规则型 NASA-TLX 量表及其向度统计表

| 向度 | MD | PD | TD | E | P | FL | 总 |
|---|---|---|---|---|---|---|---|
| $N$ | 31 | 31 | 31 | 31 | 31 | 31 | 31 |
| 合计 | 434.00 | 120.00 | 345.00 | 383.00 | 213.00 | 265.00 | 1643.00 |
| 极小值 | 10.00 | 2.00 | 6.00 | 10.00 | 3.00 | 5.00 | 36.00 |
| 极大值 | 17.00 | 10.00 | 15.00 | 17.00 | 10.00 | 12.00 | 69.00 |
| 均值 | 14.0000 | 3.8710 | 11.1290 | 12.3548 | 6.8710 | 8.5484 | 56.7742 |
| 标准差 | 2.19089 | 1.76526 | 2.21723 | 2.07442 | 1.66817 | 1.60911 | 6.14660 |

表 17-23 技能型 NASA-TLX 量表及其向度统计表

| 向度 | MD | PD | TD | E | P | FL | 总 |
|---|---|---|---|---|---|---|---|
| $N$ | 31 | 31 | 31 | 31 | 31 | 31 | 31 |
| 合计 | 246.00 | 71.00 | 188.00 | 221.00 | 108.00 | 205.00 | 1039.00 |
| 极小值 | 5.00 | 1.00 | 4.00 | 5.00 | 2.00 | 4.00 | 28.00 |
| 极大值 | 10.00 | 3.00 | 9.00 | 9.00 | 5.00 | 8.00 | 37.00 |
| 均值 | 7.9355 | 2.2903 | 6.60645 | 7.1290 | 3.4839 | 6.6129 | 33.5161 |
| 标准差 | 1.38890 | 0.64258 | 1.34004 | 0.99136 | 0.76902 | 1.20215 | 2.75525 |

2）NASA-TLX 量表权重因子

NASA-TLX 量表中6个向度的权重值如图 17-7 所示,心理需求(MD)分别为 3.81/3.87;体力需求分别为 1.19/1.16;时间需求(TD)分别为 3.32/2.90;努力程度(E)分别为 2.84/3.19;绩效水平都为 1.55;受挫程度(FL)分别为 2.19/2.26。其中占重比例和总负荷相比一样都是心理需求、时间需求和努力程度占较大比重。

3）主任务测量结果

表 17-24 中,规则型、技能型第1行为被试者进行无时间限制操作,第2行为有时间限制操作。规则型操作中,无时间限制的平均反应时在 2800~4500ms 间,而有时间限制的平均反应时在 2000~3000ms 间;技能型操作中,无时间限制和有时间限制的平均反应时均在 1300~1600ms 间。由实验数据统计分析还知,有无时间限制技能型操作正确率为 97.82% 和 98.54%,而有无时间限制的规则型操作正确率为 87.03% 和 95.94%。有时间限制规则型操作中失误次数较高,其中界面管理任务失误次数为 196 次,监视任务失误次数为 216 次,由于界面任务失误导致主任务失误的次数占主任务失误的 44%。

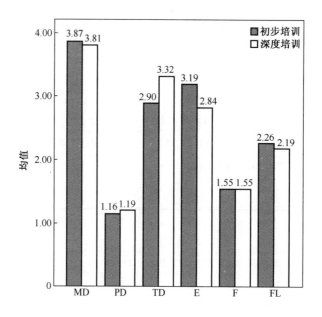

图 17-7　技能型和规则型操作权重值比较

表 17-24　技能型、规则型操作数据统计表

| 统计参数 | | N | 均值 | 标准差 | 标准误差 | 均值的95%置信区间 | | 极小值 | 极大值 |
|---|---|---|---|---|---|---|---|---|---|
| | | | | | | 下限 | 上限 | | |
| 画面选择 | 规则型（无时间限制） | 1650 | 4377.4879 | 1971.41650 | 48.53292 | 4282.2952 | 4472.6805 | 1034.00 | 12476.00 |
| | 规则型（有时间限制） | 1650 | 3065.1830 | 1398.26729 | 34.42296 | 2997.6657 | 3132.7004 | 1754.00 | 5962.00 |
| | 技能型（无时间限制） | 1650 | 1752.2236 | 658.55632 | 24.32556 | 1687.2365 | 1908.6584 | 718.00 | 7548.00 |
| | 技能型（有时间限制） | 1650 | 1484.3218 | 435.36537 | 10.71795 | 1463.2996 | 1505.3441 | 661.00 | 4103.00 |
| 信息寻找 | 规则型（无时间限制） | 1650 | 4373.9164 | 2129.14325 | 52.41588 | 4271.1077 | 4476.7251 | 1025.00 | 18722.00 |
| | 规则型（有时间限制） | 1650 | 2934.5248 | 1484.95505 | 36.55707 | 2862.8217 | 3006.2280 | 854.00 | 7478.00 |
| | 技能型（无时间限制） | 1650 | 1958.5623 | 953.65485 | 27.25691 | 1908.2563 | 2015.2635 | 952.00 | 6589.00 |
| | 技能型（有时间限制） | 1650 | 1599.8297 | 710.24425 | 17.48500 | 1565.5345 | 1634.1248 | 675.00 | 5496.00 |

（续）

| 统计参数 | | N | 均值 | 标准差 | 标准误差 | 均值的95%置信区间 | | 极小值 | 极大值 |
|---|---|---|---|---|---|---|---|---|---|
| | | | | | | 下限 | 上限 | | |
| 问题回答 | 规则型（无时间限制） | 1650 | 2719.1545 | 1408.05114 | 34.66382 | 2651.1648 | 2787.1443 | 889.00 | 9732.00 |
| | 规则型（有时间限制） | 1650 | 2181.1236 | 1199.98651 | 29.54163 | 2123.1806 | 2239.0667 | 954.00 | 5964.00 |
| | 技能型（无时间限制） | 1650 | 1546.5325 | 688.23365 | 18.62365 | 1485.2536 | 1654.2365 | 746.00 | 5416.00 |
| | 技能型（有时间限制） | 1650 | 1405.8782 | 518.10671 | 12.75491 | 1380.8607 | 1430.8957 | 632.00 | 4441.00 |
| 界面任务 | 规则型（无时间限制） | 1650 | 0.9455 | 0.22716 | 0.00559 | 0.9345 | 0.9564 | 0.00 | 1.00 |
| | 规则型（有时间限制） | 1650 | 0.8812 | 0.32364 | 0.00797 | 0.8656 | 0.8968 | 0.00 | 1.00 |
| | 技能型（无时间限制） | 1650 | 0.9913 | 0.08426 | 0.00185 | 0.9889 | 0.9924 | 0.00 | 1.00 |
| | 技能型（有时间限制） | 1650 | 0.9879 | 0.10946 | 0.00269 | 0.9826 | 0.9932 | 0.00 | 1.00 |
| 主任务 | 规则型（无时间限制） | 1650 | 0.9594 | 0.19744 | 0.00486 | 0.9499 | 0.9689 | 0.00 | 1.00 |
| | 规则型（有时间限制） | 1650 | 0.8703 | 0.33607 | 0.00827 | 0.8541 | 0.8865 | 0.00 | 1.00 |
| | 技能型（无时间限制） | 1650 | 0.9854 | 0.12456 | 0.00256 | 0.9778 | 0.9895 | 0.00 | 1.00 |
| | 技能型（有时间限制） | 1650 | 0.9782 | 0.14613 | 0.00360 | 0.9711 | 0.9852 | 0.00 | 1.00 |

3. 实验数据分析

1）相关性分析

NASA-TLX量表各向度与总分的相关系数为0.386～0.893,均>0.50（除体力需求外）,且差异性均具有统计学意义（$p<0.001$）,表明量表各向度测定内容与量表整体测定内容具有较好的一致性,但是表中体力需求予以修订或删除。

2）因素分析

NASA-TLX量表因素分析也是它的结构效度分析,KMO抽样适度检验和Bartjett球形检验结果显示,KMO值为0.888,Bartjett球形检验差异具有统计学意义（$p<0.01$）,此结果表示量表适宜进行因子分析。将量表各向度得分作为变量建立相关矩阵,采用主成分分析方法,通过4次

最大正交旋转提取公因子,选择两个特征根,对量表各向度进行因子分析,验证量表的结构效度。如表17-2所列,结果显示 NASA-TLX 量表提取两个公因子1和2,心理需求、时间需求、努力程度、绩效水平和受挫程度5个向度对公因子1具有较大因子负荷(0.748~0.885),而体力需求在公因子2上有较大因子负荷(0.736),2个公因子的累积贡献率为78.098%;各向度的公因子方差为0.408~0.594,均大于0.40。

表 17-25　NASA-TLX 量表各向度因子负荷

| 参　数 | 因子负荷 | | 公因子方差 |
|---|---|---|---|
| | 1 | 2 | |
| MD | 0.845 | -0.242 | 0.583 |
| PD | 0.652 | 0.736 | 0.408 |
| TD | 0.862 | 0.110 | 0.481 |
| E | 0.880 | -0.208 | 0.594 |
| P | 0.885 | -0.078 | 0.461 |
| FL | 0.748 | -0.158 | 0.414 |
| 特征根 | 4.000 | 0.686 | |
| 贡献率/% | 66.664 | 11.433 | |
| 累积贡献率/% | 66.664 | 78.098 | |

3）任务绩效分析

对任务绩效进行 t 检验,检测被试者进行不同类型监视任务时任务绩效的变化。如表17-26所示,结合表17-24可知,被试者在进行规则型操作时,无时间限制和有时间限制操作的正确率有明显下降,反应时间也有明显差异;而被试者在进行技能型操作时,对比有时间限制规则型操作,其反应时间明显下降,正确率也明显升高。

表 17-26　任务绩效 t 检验

| 参　数 | 培训程度 | | t | p |
|---|---|---|---|---|
| | 规则型 | 技能型 | | |
| 画面选择 RT | 4377.4879 | 1484.3194 | 43.931 | 0 |
| 信息搜寻 RT | 7373.9164 | 1592.9935 | 33.024 | 0 |
| 问题回答 RT | 2719.1545 | 1405.8774 | 24.093 | 0 |
| 界面任务正确率 | 0.9455 | 0.9824 | -12.682 | 0 |
| 主任务正确率 | 0.9594 | 0.8777 | -13.736 | 0 |

4. 实验结论

根据数据分析可以得出下面的结论。

1）NASA-TLX 量表结果

研究结果显示,NASA-TLX 量表的 Cronbach 系数、向度与总分的相关性及系数都符合上述要求(体力需求除外),所以 NASA-TLX 量表在对核电厂操纵员监视行为的评估结果具有良好的内在一致性。而量表因素分析,也是量表效度分析,是指量表鉴别不同水平评定内容的能力,一般按实验不同组别,分析量表及其各向度在组别间的差异,如有统计学意义则该量表及其向度具有良好的区分效度;结构效度指观测的变量对量表理论结构正确反映的程度,比如量表的公因子累积贡献率>50%;公因子方差>0.40;每向度在相应因子上的因子负荷>0.40,则该量表具有较好的结构效度。结果显示,NASA-TLX 量表具有较好的结构效度且各条目能鉴别不同认知负荷水平。其中心理需求、时间需求、努力程度、绩效水平和受挫程度对被试者认知负荷的影响明显,能真实反映操纵员监视行为认知负荷水平,但需要根据具体情况对体力需求予以修订。

本部分实验中两次 NASA-TLX 量表测量的权重因子-时间需求所占据的比重值有明显区别,规则型操作中时间需求权重因子仅次于心理需求(MD>TD>E),而技能型操作中时间需求权重因子虽然也占较大比重,但要少于心理需求和努力程度(MD>E>TD),所以时间因素在不同类型操作中的影响不同。

NASA-TLX 量表对技能型操作和规则型操作的监视行为认知负荷评估测量结果具有明显差异,监视行为中技能型操作认知负荷为 33.5161,规则型操作认知负荷为 56.7742,而任务绩效分析结果中规则型操作正确率低于技能型操作,同时规则型操作反应时间比技能型操作反应时间长,由此得出被试者监视行为存在不同认知负荷水平,并且认知负荷增加时,被试者的监视任务绩效将下降。

2) 任务绩效结果

主任务评定法是通过对主任务绩效的测量来评估认知负荷,其理论基础是,随着认知负荷的增加,由于信息处理所需要的认知资源也要增加,导致任务绩效质量改变。即当任务难度增加时,需要更多的资源处理信息,此时绩效降低[26]。本部分研究中任务绩效结果显示,针对于技能型操作和规则型操作其绩效水平有显著差异,认知负荷在不同任务间存在差异。

有无时间限制的规则型操作任务绩效变化以及 NASA-TLX 量表的权重因子比较结果得出:时间压力对被试者不同类型监视行为的认知负荷影响程度不同。

### 17.2.2　ERP 技术测量认知负荷实验

通过 E-prime 软件设计实验,模拟核电厂操纵员监视行为任务模式,测量操纵员脑电 P300 成分,并对行为数据和脑电数据进行处理,分析操纵员在不同操作任务类型过程中认知负荷的变化,并分析时间压力对监视行为认知负荷的影响。

#### 1. 实验方案

实验采用主任务作业实验范式,主任务为模拟核电厂事故工况下主控室操纵员执行 SOP 规程中的监视任务。每次实验时,共出现三幅图片,第一幅图为规程图,呈现搜索信息指令(如"RT 或 RT 接收"),如图 17-5 所示;第二幅为系统组件图,包括 KOO、DOS、RIS、REST 等四张系统图,其主要为核电厂设备的模拟控件,如阀门开关、控件状态参数等,如图 17-6 所示;第三幅图为主任务问题,询问关于指令目标信息的问题(如"是否收到 RT 请求")。告知被试者需记忆各指令信息对应的正确系统组件图,四张组件图对应 1、2、3、4 四个反应键;第三幅图问题使用鼠标进行回答,若肯定则单击鼠标左键,若否定则单击鼠标右键。其中对四张组件图的选择为界面管理任务,对主任务问题回答为监视任务。

实验自变量为监视行为类型和时间,因变量为被试者的反应时间和正确率,实验采用双因素组间设计。

选取 16 名大学生和研究生参加实验,其中男生 12 名,女生 4 名,都有一定核专业基础,被试者年龄在 20~26 岁之间,平均年龄 22.5 岁,矫正视力正常。

实验主试者设备采用两台戴尔商用台式机,置于被试者实验室外。被试者监视显示器采用戴尔 19 英寸宽屏液晶显示器,分辨率 1024×768,刷新频率 120Hz。实验程序采用 E-prime2.0 编写,实现主任务时间控制以及相应反应时间测量。

脑电信号的采集使用 BP 公司的 64 导脑电仪,电极放置方式采用 10~20 国际脑电记录系统安装电极,并记录垂直眼电(用作脑电伪迹去除),使用头部两侧乳突作为参考电极。增强头皮导电性能的导电膏一罐。

实验步骤:

(1)提前一天告知被试者正式实验前须充分休息,保持精神饱满。

(2)鉴于绝大多数被试者不了解脑电实验,向被试者阐明脑电的原理,消除其恐惧心理,且要求被试者将头皮清洗干净,头发头皮保持干爽,确保头皮导电性。

(3)实验开始前,调试好仪器、软件,并且给被试者戴好电极帽,快速在电极和头皮接触处涂导电膏,直至头皮阻抗电阻值下降至小于 5Ω。降电阻完成后,调整被试者坐姿,使其平视视线与显示器中央水平重合,眼睛与显示器之间的距离保持在适当距离,双手自然放置于键盘与鼠标上。准备工作完成,开始实验。

(4)实验操作流程同 17.2.1.1 实验流程。

数据收集与整理:每位被试者实验完成后,收集整理数据。

任务过程正确率以及反应时间:利用 E-prime2.0 编制的实验程序自动记录每次实验中的按键反应时间、正确率。

脑电数据:利用 BP 脑电仪器记录被试者进行实验时进行按键反应以及注意监视信息时的波动信息。

对收集的数据利用 SPSS19.0 软件以及脑电分析软件进行分类汇总并分析,去除其中奇异值。

2. 实验结果

1)操作数据

表 17-27 中,各部分规则型、技能型的第 1 行为被试者进行无时间限制操作,第 2 行为有时间限制操作。规则型操作中,无时间限制的平均反应时间在 3000~5500ms 间,而有时间限制的平均反应时间在 2200~3500ms 间,技能型操作中,无时间限制和有时间限制的平均反应时间均在 1500~2500ms 间。有无时间限制技能型操作正确率分别为 98.54% 和 97.82%,而有无时间限制的规则型操作正确率为 87.03% 和 95.94%。有时间限制规则型操作失误次数较高,其中界面管理任务失误次数为 110 次,监视任务失误次数为 114 次,由于界面管理任务失误导致主任务失误的次数占主任务失误的 38%。

2)脑电数据

采用系统自带的软件 Analyzer 分析脑电数据。由于脑电信号的敏感性,需要对即时采集到的脑电数据进行预处理,包括以下操作:参考电极变更、眼电纠正、伪迹去除、滤波、分段、基线校正等。实验脑电数据分析的主要目的是考察不同操作任务类型下,被试者的 P300 是否会有差异等。

表 17-27 技能型、规则型操作数据统计表

| 统计参数 | | N | 均值 | 标准差 | 标准误差 | 均值的95%置信区间 | | 极小值 | 极大值 |
|---|---|---|---|---|---|---|---|---|---|
| | | | | | | 下限 | 上限 | | |
| 画面选择 | 规则型（无时间限制） | 880 | 5217.4879 | 1884.41350 | 43.53292 | 5162.2952 | 5282.6805 | 1358.00 | 13576.00 |
| | 规则型（有时间限制） | 880 | 3259.7687 | 1464.26629 | 40.42596 | 3207.6657 | 3342.7004 | 1985.00 | 4662.00 |
| | 技能型（无时间限制） | 880 | 2752.2856 | 686.55652 | 26.52556 | 2667.2365 | 2838.6584 | 658.00 | 8548.00 |
| | 技能型（有时间限制） | 880 | 2488.8011 | 537.36527 | 15.78895 | 2403.2996 | 2555.3441 | 756.00 | 5603.00 |
| 信息寻找 | 规则型（无时间限制） | 880 | 4673.9164 | 2222.14325 | 54.47538 | 4481.1667 | 5376.7861 | 1101.00 | 17852.00 |
| | 规则型（有时间限制） | 880 | 3234.5298 | 1584.94555 | 38.55787 | 3172.8527 | 3406.2358 | 898.00 | 8428.00 |
| | 技能型（无时间限制） | 880 | 2258.5683 | 1023.66485 | 29.25571 | 2188.2653 | 2325.2587 | 998.00 | 7549.00 |
| | 技能型（有时间限制） | 880 | 2199.8277 | 845.24425 | 16.48520 | 2085.5355 | 2334.1232 | 754.00 | 5256.00 |
| 问题回答 | 规则型（无时间限制） | 880 | 3119.1545 | 1348.05114 | 32.66882 | 2991.1588 | 3287.1584 | 895.00 | 8562.00 |
| | 规则型（有时间限制） | 880 | 2281.1236 | 1253.98571 | 30.54453 | 2053.8206 | 2339.0357 | 1053.00 | 5654.00 |
| | 技能型（无时间限制） | 880 | 1746.5355 | 688.23665 | 16.62855 | 1685.6336 | 1784.2354 | 758.00 | 5386.00 |
| | 技能型（有时间限制） | 880 | 1605.8782 | 718.12471 | 10.75451 | 1580.8807 | 1630.8958 | 668.00 | 3851.00 |
| 界面任务 | 规则型（无时间限制） | 880 | 0.9455 | 0.25616 | 0.00359 | 0.9435 | 0.9664 | 0 | 1.00 |
| | 规则型（有时间限制） | 880 | 0.8753 | 0.35864 | 0.00857 | 0.8656 | 0.8868 | 0 | 1.00 |
| | 技能型（无时间限制） | 880 | 0.9913 | 0.09626 | 0.00215 | 0.9869 | 0.9924 | 0 | 1.00 |
| | 技能型（有时间限制） | 880 | 0.9875 | 0.11246 | 0.00329 | 0.9866 | 0.9892 | 0 | 1.00 |
| 主任务 | 规则型（无时间限制） | 880 | 0.9594 | 0.18644 | 0.00546 | 0.9389 | 0.9719 | 0 | 1.00 |
| | 规则型（有时间限制） | 880 | 0.8703 | 0.36507 | 0.00957 | 0.8641 | 0.8825 | 0 | 1.00 |
| | 技能型（无时间限制） | 880 | 0.9854 | 0.15656 | 0.00316 | 0.9808 | 0.9905 | 0 | 1.00 |
| | 技能型（有时间限制） | 880 | 0.9915 | 0.15613 | 0.00350 | 0.9851 | 0.9922 | 0 | 1.00 |

脑电数据经过预处理后,在数据上有预先设置的 Maker(反应按键标记)——对前 200ms 和后 800ms 的脑电波进行分析,即分析时长为 1000ms。首先分别将单个被试者在单任务中的预警点附近的波形进行叠加平均(共 55 次叠加),而后将 16 名被试者的波形进行叠加平均,得到监

视任务 Maker 附近的总平均波形(共 55×16 = 880 次叠加)。

通过调研以往研究发现,ERP 中 P300 成分主要在 Cz、Fz 以及 Pz 三点较为明显,其中以 Pz 的波幅最大。本实验 Fz、Cz、Pz 三电极点的波形图如图 17-8 所示。图形曲线表示 Pz、Cz 和 Fz 在监视任务中 Marker 附近的脑电波形。可以明显看出,Pz 波幅大于 Cz 和 Fz 波幅。图 17-9 则表示被试者进行实验时 Marker 点的脑电分布,图中最中央为 Cz 电极点,向下一点为 Pz 电极点,而脑电活动主要覆盖区域就是 Pz 所在区域。所以后续实验主要研究 Pz 的数据。

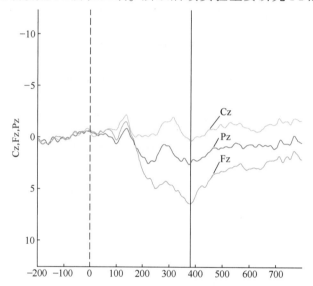

图 17-8 监视任务中 Fz、Cz、Pz 三个电极点脑电平均波形对比

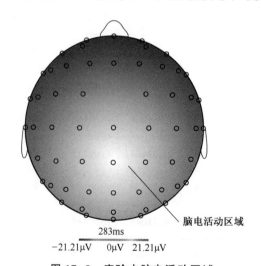

图 17-9 实验中脑电活动区域

实验中 Marker 点所在附近 Pz 电极点的 P300 的潜伏期以及波幅的均值等数据见表 17-28,Pz 电极点 P300 潜伏期、波幅的配对独立样本 $t$ 检验结果见表 17-29~表 17-32。

表 17-28 Pz 电极潜伏期、波幅均值级标准差

| 参数 | 规则(无) | | 规则(有) | | 技能(无) | | 技能(有) | |
|------|------|--------|------|--------|------|--------|------|--------|
| | 均值 | 标准差 | 均值 | 标准差 | 均值 | 标准差 | 均值 | 标准差 |
| 潜伏期 | 349.8750 | 25.23985 | 350.6250 | 25.80665 | 249.500 | 19.69772 | 302.1250 | 13.2012 |
| 波幅 | 10.5403 | 4.86578 | 15.5462 | 5.22560 | 11.5889 | 4.22722 | 13.2012 | 5.07450 |

表 17-29 规则型操作不同时间压力下 Pz 电极点 P300 潜伏期、波幅 t 检验

| 检验方法 参数 | | 方差方程的 Levene 检验 | | 均值方程的 t 检验 | | | | | 差分的 95% 置信区间 | |
|---|---|---|---|---|---|---|---|---|---|---|
| | | F | 显著性 | t | df | 显著性(双侧) | 均值差值 | 标准误差值 | 下限 | 上限 |
| 潜伏期 | 假设方差相等 | 0.038 | 0.847 | -0.083 | 30 | 0.934 | -0.75000 | 9.02439 | -19.18026 | 17.68026 |
| | 假设方差不相等 | | | -0.083 | 29.985 | 0.934 | -0.75000 | 9.02439 | -19.18064 | 17.68064 |
| 波幅 | 假设方差相等 | 0.331 | 0.570 | -3.175 | 30 | 0.003 | -5.00033 | 1.57492 | -8.21674 | -1.78392 |
| | 假设方差不相等 | | | -3.175 | 28.921 | 0.004 | -5.00033 | 1.57492 | -8.22178 | -1.77888 |

表 17-30 技能型操作在不同时间压力下 Pz 电极点 P300 潜伏期、波幅 t 检验

| 检验方法 参数 | | 方差方程的 Levene 检验 | | 均值方程的 t 检验 | | | | | 差分的 95% 置信区间 | |
|---|---|---|---|---|---|---|---|---|---|---|
| | | F | 显著性 | t | df | 显著性(双侧) | 均值差值 | 标准误差值 | 下限 | 上限 |
| 潜伏期 | 假设方差相等 | 0.790 | 0.381 | 1.375 | 30 | 0.179 | 9.00000 | 6.54472 | -4.36610 | 22.36610 |
| | 假设方差不相等 | | | 1.375 | 29.484 | 0.179 | 9.00000 | 6.54472 | -4.37591 | 22.37591 |
| 波幅 | 假设方差相等 | 0.419 | 0.522 | -0.979 | 30 | 0.335 | -1.54633 | 1.57918 | -4.77145 | 1.67879 |
| | 假设方差不相等 | | | -0.979 | 29.363 | 0.335 | -1.54633 | 1.57918 | -4.77439 | 1.68172 |

表 17-31 无时间压力下规则型和技能型操作 $P_z$ 电极点 P300 潜伏期、波幅 $t$ 检验

| 检验方法 | 参数 | 方差方程的 Levene 检验 | | 均值方程的 $t$ 检验 | | | | | 差分的 95% 置信区间 | |
| | | $F$ | 显著性 | $t$ | $df$ | 显著性（双侧） | 均值差值 | 标准误差值 | 下限 | 上限 |
| --- | --- | --- | --- | --- | --- | --- | --- | --- | --- | --- |
| 潜伏期 | 假设方差相等 | 4.455 | 0.043 | 11.957 | 30 | 0 | 91.37500 | 7.64192 | 75.76811 | 106.98189 |
| | 假设方差不相等 | | | 11.957 | 26.497 | 0 | 91.37500 | 7.64192 | 75.68115 | 107.06885 |
| 波幅 | 假设方差相等 | 0.007 | 0.936 | -0.615 | 30 | 0.543 | -1.04864 | 1.70596 | -4.53268 | 2.43540 |
| | 假设方差不相等 | | | -0.615 | 29.991 | 0.543 | -1.04864 | 1.70596 | -4.53272 | 2.43544 |

表 17-32 有时间压力下规则型和技能型操作 $P_z$ 电极点 P300 潜伏期、波幅 $t$ 检验

| 检验方法 | 参数 | 方差方程的 Levene 检验 | | 均值方程的 $t$ 检验 | | | | | 差分的 95% 置信区间 | |
| | | $F$ | 显著性 | $t$ | $df$ | 显著性（双侧） | 均值差值 | 标准误差值 | 下限 | 上限 |
| --- | --- | --- | --- | --- | --- | --- | --- | --- | --- | --- |
| 潜伏期 | 假设方差相等 | 0.923 | 0.344 | 12.460 | 30 | 0 | 101.12500 | 8.11628 | 84.54935 | 117.70065 |
| | 假设方差不相等 | | | 12.460 | 28.049 | 0 | 101.12500 | 8.11628 | 84.50086 | 117.74914 |
| 波幅 | 假设方差相等 | 0.054 | 0.817 | 1.674 | 30 | 0.104 | 2.40536 | 1.43662 | -0.52861 | 5.33932 |
| | 假设方差不相等 | | | 1.674 | 29.972 | 0.104 | 2.40536 | 1.43662 | -0.52873 | 5.33944 |

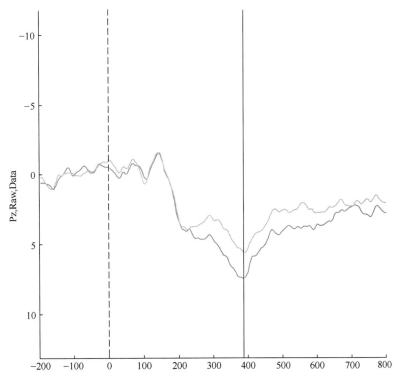

**图 17-10　规则型操作不同时间压力下的潜伏期、波幅比较**

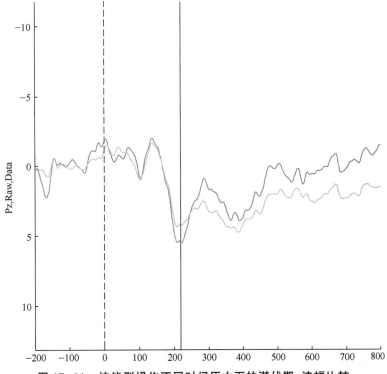

**图 17-11　技能型操作不同时间压力下的潜伏期、波幅比较**

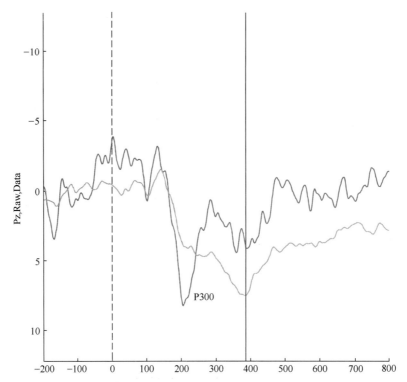

图 17-12　有时间压力下不同任务类型操作的潜伏期、波幅比较

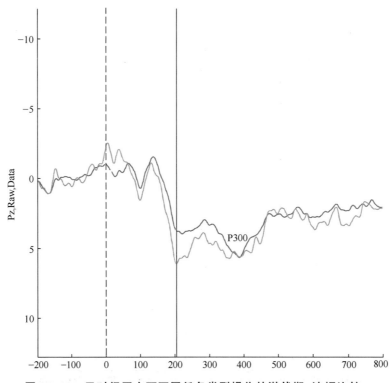

图 17-13　无时间压力下不同任务类型操作的潜伏期、波幅比较

表 17-27 中规则(无)表示被试者进行无时间限制的规则型监视行为操作;规则(有)表示被试者进行有时间限制的规则型监视行为操作。同理可知技能(无)以及技能(有)的表征含义

为被试者进行有无时间限制的技能型监视行为操作。

由表17-28以及表17-29可知,时间压力下规则型操作P300的潜伏期差异不明显($t$检验$p=0.934>0.05$),但波幅差异明显($t$检验$p=0.03<0.05$),对比图17-10可以看出有时间压力和无时间压力下波幅差异明显,潜伏期大致相同。

由表17-28和表17-31可知,同时间压力下技能型操作P300的潜伏期差异不明显($t$检验$p=0.179>0.05$),波幅差异不明显($t$检验$p=0.335>0.05$),同时对比图17-11可看出时间压力下潜伏期都在同一坐标上,波幅有一定差别但$t$检验不显著。

由表17-28和表17-31可知,无时间压力下规则型操作与技能型操作的P300波形潜伏期差异明显($t$检验$p=0.00<0.05$),波幅差异不明显($t$检验$p=0.709>0.05$),结合图17-12可以看出无时间压力下规则型操作与技能型操作的潜伏期差异明显,波幅差异不明显。

由表17-28和表17-32可知,有时间压力下规则型操作和技能型操作的P300潜伏期差异明显($t$检验$p=0.00<0.05$),波幅差异不明显($t$检验$p=0.983>0.05$),结合图17-13可以看出有时间压力下规则型操作与技能型操作的潜伏期差异明显,波幅差异不明显。

实验结果显示不同任务类型操作的P300潜伏期具有显著差异,表明不同任务难度的操作其认知负荷处于不同负荷水平,且不同时间压力下规则型操作的波幅差异明显,而技能型操作的波幅差异不明显,说明时间压力对被试者执行操作的影响在任务难度大时较为显著。

3. 实验结果分析

1)任务绩效结果分析

对任务绩效进行$t$检验,检测被试者进行不同类型监视任务时任务绩效的变化。如表17-33所示,结合表17-27可知,被试者在进行规则型操作时,无时间限制和有时间限制操作的正确率有明显下降,反应时间也有明显差异;而被试者在进行技能型操作时,有时间限制和无时间限制的反应时间有差别,相比较规则型操作而言,其差异性较小,同时有时间限制和无时间限制下的规则型操作和技能型操作中反应时间明显下降,正确率也明显升高。

表17-33 任务绩效$t$检验

| 参数 | 培训程度 | | $t$ | $p$ |
|---|---|---|---|---|
| | 规则型 | 技能型 | | |
| 画面选择RT | 4435.1254 | 2568.5214 | 35.861 | 0 |
| 信息搜寻RT | 3965.4511 | 2185.2254 | 27.544 | 0 |
| 问题回答RT | 2868.3521 | 1685.2541 | 22.663 | 0 |
| 界面任务正确率 | 0.8958 | 0.9847 | -10.254 | 0 |
| 主任务正确率 | 0.9248 | 0.9858 | -11.456 | 0 |

2)脑电波P300结果分析

通过对脑电数据的处理以及用SPSS 19.0软件对Pz点不同任务类型和时间压力下P300的潜伏期、波幅的分析,我们发现P300波形中规则型操作的潜伏期在同样的时间压力下长于技能型操作的潜伏期,同时规则型操作的潜伏期与技能型操作的潜伏期的$t$检验差异显著,说明被试者在执行不同任务类型操作时的认知负荷是处于不同负荷水平;且同等时间压力下技能型操作的P300潜伏期较短,可发现技能型操作的认知负荷处于较低水平,而规则型操作的认知负荷水平较高。

在时间压力下规则型操作和技能型操作 P300 的潜伏期具有一定差异,但 P300 的波幅差异却不显著,并且在规则型操作中 P300 的潜伏期差异不明显而波幅差异明显,此结果可能是由于任务难度的不同对 P300 潜伏期的影响不同,但增加对反应选择的难度不会影响 P300 的潜伏期,此结论与以往研究者的研究成果相一致。

规则型操作在不同时间压力下 P300 波幅差异明显,而技能型操作在不同时间压力下 P300 波幅差异不明显,此结果具有一定的争议性,由于 P300 的波幅与任务分配的注意力资源有关,在技能型操作中,由于被试者对操作的熟悉程度高,所以注意资源多在对监视信息与记忆信息比对,而规则型操作中被试者则需要对信息进行搜索以及寻找,所以规则型操作的波幅差异较大。

### 17.2.3　研究结论

通过实验一和实验二的任务绩效数据以及主观测量数据和脑电数据分析可获得如下结论。

(1)实验二中使用 ERP 技术测量 P300 发现:P300 波形中规则型操作的潜伏期在同样的时间压力下长于技能型操作的潜伏期,同时规则型操作与技能型操作的潜伏期的 $t$ 检验差异显著,说明被试者在执行不同任务类型操作时的认知负荷是处于不同负荷水平;同等时间压力下技能型操作的 P300 潜伏期较短,所以技能型操作的认知负荷处于较低水平。被试者在技能型操作与规则型操作的认知负荷处于不同认知负荷水平,与实验一中结论相同,而 ERP 技术作为生理测量方法,则是客观地验证了这一结论,同时任务绩效数据中显示,技能型操作的正确率、反应时间等均优于规则型操作,所以可以得出操作中的认知负荷对被试者在执行监视行为任务的绩效水平有影响,随着认知负荷的增加,被试者的绩效水平下降。

2)实验二中发现同等时间压力下规则型操作的 P300 波幅差异显著而技能型操作的 P300 波幅差异不显著,而实验一中由 NASA-TLX 量表的权重因子分析结果以及任务绩效分析结果可知时间压力对被试者不同任务类型监视行为的影响不同,这说明时间压力对于技能型监视行为的影响不明显,而对于规则型操作的影响较明显,在技能型操作中,由于被试者对操作的熟悉程度高,所以注意资源多在对监视信息与记忆信息比对,而规则型操作中被试者需要时间对信息进行搜索以及寻找,若处于正常工况下,规则型操作的时间压力不明显,当处于事故工况下时,时间压力对于被试者的影响会十分显著。

总的来说,系统的自动化水平并不是越高越好,应分清哪些任务适合人来完成哪些适合机器完成;人-机系统的交互界面的信息量不宜过大也不能太少,否则都会引起心理负荷的增加;一定的人格特质应与一定的工作相匹配;不适当的团队沟通方式会增加操作人员的生理心理负荷;随着认知负荷的增加,被试者的绩效水平下降。

## 17.3　本 章 小 结

本章模拟数字化主控室运行任务,在综合人格特质和心理负荷的研究基础上,分析被试者心理负荷的影响因素,并通过实验,从操作环境及个人差异两方面设计,探讨个体差异与作业环境对被试者心理负荷的影响;通过实验研究被试者监视行为中认知负荷,探讨被试者在不同行为任务类型下其认知负荷有无差异,探讨时间压力对被试者监视行为认知负荷的影响。主要结论包括:

(1)心理负荷的影响因素非常多,既有内部的因素也有外部的因素。系统的自动化水平并不是越高越好,应分清哪些任务适合人来完成哪些适合机器完成;人-机系统的交互界面的信息量不宜过大也不能太少,否则都会引起心理负荷的增加;一定的人格特质应与一定的工作相匹配;不适当的团队沟通方式会增加操作人员的生理心理负荷。

(2)运用心理负荷量表,由被试者的主观评估反应工作负荷,通过 NASA-TLX 量表,研究结果显示被试者完成操作任务期间,心智需求、时间需求、努力程度三个向度为较重要的需求。

(3)在复杂的任务环境作业时,从生理的指标衡量心理负荷,能可持续、客观地观察被试者投入心力所衍生的生理反映,其结果较具敏感性。运用 NeXus-10 测试仪监测被试者的心率变化,分析操作阶段的心理负荷程度,具有较佳的显著性。

(4)针对个体差异部分,就人格特质探讨心理负荷的差异性,结果显示,适应性与尽责性人格特质在完成操作任务时,心理负荷无显著差异。其原因可能在于,本研究对象都是在校大学生,且所学专业十分相似,成长经历也存在共性,从而改善了因人格特质带来的差异性。因此,后续的研究者应针对某一特定行业的特定人群进行人格特质与心理负荷关系的研究,所得结果才能真实反应人格特质对心理负荷的影响。研究也受限于实验搜集的样本数和实验方式的影响,目前还不能对这一观点做进一步说明,可供后续研究者参考。

(5)人格特质及任务类型的交互作用下,被试者在执行实验操作时,NASA-TLX 与心率变化比二项指标检定均无显著差异,但总体而言不同任务类型的操作任务对被试者的心理负荷有显著影响,并且两项心理负荷指标都显示在双记忆负荷下的心理负荷要明显高于单记忆负荷下的。人格特质、任务类型及界面类型三因素交互作用下,显示二项指标的检定结果基本上一致,但在尽责性 新界面 双记忆负荷,NASA-TLX 的检定是显著的而心率变化比的检定却是不显著。

(6)不同任务类型操作的认知负荷水平不同,规则型操作认知负荷水平较高,技能型操作认知负荷水平较低。

(7)时间压力下规则型操作的波幅差异明显,而技能型操作波幅差异不明显,表明时间压力对被试者的认知负荷具有区别影响。

# 参考文献

[1]唐志勇,张力. 数字化控制系统中操纵员心理负荷及其影响因素分析[J].价值工程,2012,31(1):10-11.

[2]唐志勇. 数字化控制系统中操纵员人格特质与心理负荷关系的实证分析[D].衡阳:南华大学,2012.

[3]孙璐. 时间压力对数字化核电厂操纵员心理负荷和作业绩效的影响[D].衡阳:南华大学,2016.

[4]Huang F H,Lee Y L,Hwang S L,et al. Experimental evaluation of human-system interaction on alarm design[J].Nuclear Engineer-

ing and Design,2007,237(3),308-315.

[5] Lussier R N, Achua C F. Leadership: theory, application, skill development[M]. Minnesota: Pre-Press Co., 2004.

[6] 杨大新. 核电厂主控室数字化人机界面中信息显示对人因失误的影响及信息布局的实验优化[D]. 衡阳:南华大学,2011.

[7] 许炎泉. 以模拟机探讨飞行员于飞行降落阶段之压力负荷与人格特质之差异研究[D]. 台湾:成功大学,2006.

[8] 靳慧斌,洪远,蔡亚敏. 基于交互指标的空中交通管制员工作负荷实时测量方法研究[J].安全与环境工程, 2015, 22(3):147-150.

[9] 杨玚,邓赐平. NASA-TLX量表作为电脑作业主观疲劳感评估工具的信度、效度研究[J].心理研究, 2010, 03(3):36-41.

[10] Miller G A. The magical number seven, plus or minus two: Some limits on our capacity for processing information[J].Psychological review, 1956, 63(2): 81.

[11] Torp-Pedersen C, Møller M, Bloch-Thomsen P E, et al. Dofetilide in patients with congestive heart failure and left ventricular dysfunction[J].New England Journal of Medicine, 1999, 341(12): 857-865.

[12] Tuovinen J E, Paas F. Exploring multidimensional approaches to the efficiency of instructional conditions[J].Instructional science, 2004, 32(1-2): 133-152.

[13] 廖建桥. 脑力负荷及其测量[J].系统工程学报,1995(3):119-123.

[14] 肖元梅. 脑力劳动者脑力负荷评价及其应用研究[D].成都:四川大学, 2005.

[15] Sweller J. Cognitive load during problem solving: Effects on learning[J].Cognitive science, 1988, 12(2): 257-285.

[16] Sweller J. Element interactivity and intrinsic, extraneous, and germane cognitive load[J].Educational psychology review, 2010, 22(2): 123-138.

[17] 孙崇勇. 认知负荷的测量及其在多媒体学习中的应用[D].苏州:苏州大学, 2012.

[18] Baldwin C L, Freeman F G, Coyne J T. Mental workload as a function of road type and visibility: Comparison of neurophysiological, behavioral, and subjective indices[C]//Proceedings of the Human Factors and Ergonomics Society Annual Meeting, Los Angeles,2004.

[19] 康卫勇,袁修干,柳忠起,等. 飞机座舱视觉显示界面脑力负荷综合评价方法[J].航天医学与医学工程, 2008, 21(2): 103-107.

[20] 魏景汉,罗跃嘉. 事件相关电位原理与技术[M].北京:科学出版社, 2010.

[21] 帕拉休拉曼. 神经人因学[M].南京:东南大学出版社, 2012.

[22] Magliero A, Bashore T R, Coles M G H, et al. On the Dependence of P300 Latency on Stimulus Evaluation Processes[J]. Psychophysiology, 1984, 21(2):171 - 186.

[23] Kramer A F, Weber T. Applications of psychophysiology to human factors [J]. Handbook of psychophysiology, 2000, 2: 794-814.

[24] Schultheis H, Jameson A. Assessing cognitive load in adaptive hypermedia systems: Physiological and behavioral methods[C]. International Conference on Adaptive Hypermedia and Adaptive Web-Based Systems,Berlin, 2004.

[25] 韦海峰. 数字化人机界面操纵员监视过程中目标识别失误和信息搜集失误实验验证研究[D].衡阳:南华大学, 2014.

[26] 朱祖祥,葛列众,张智君. 工程心理学[M].北京:人民教育出版社, 2000.

# 附录1 人格特质问卷

您好：

本问卷调查为学术性实证研究,问卷内容仅供学术研究参考,绝不对外公开,敬请放心。本问卷问项主要探讨个人人格特质,请仔细阅读各项描述,并根据实际感受在相应的选项上打勾,诚挚感谢您的配合!

| | 非常同意 | 同意 | 稍微同意 | 普通 | 稍稍不同意 | 不同意 | 非常不同意 |
|---|---|---|---|---|---|---|---|
| 1. 没有领导在的情形下,我依然能够努力工作。 | ⑦ | ⑥ | ⑤ | ④ | ③ | ② | ① |
| 2. 我会在意与其他人是否相处和睦。 | ⑦ | ⑥ | ⑤ | ④ | ③ | ② | ① |
| 3. 我有良好的自制能力,不感情用事、生气和吼叫。 | ⑦ | ⑥ | ⑤ | ④ | ③ | ② | ① |
| 4. 我是可信任的,承诺的事情能准时做好。 | ⑦ | ⑥ | ⑤ | ④ | ③ | ② | ① |
| 5. 我会尝试不能的事物,以改善我的绩效。 | ⑦ | ⑥ | ⑤ | ④ | ③ | ② | ① |
| 6. 我喜爱竞争和胜利,而在其他方面有时会迷失自我。 | ⑦ | ⑥ | ⑤ | ④ | ③ | ② | ① |
| 7. 我希望有很多朋友,并参加他们的聚会。 | ⑦ | ⑥ | ⑤ | ④ | ③ | ② | ① |
| 8. 我在有压力的情况下,表现得更好。 | ⑦ | ⑥ | ⑤ | ④ | ③ | ② | ① |
| 9. 我会为了成功而不断努力奋斗。 | ⑦ | ⑥ | ⑤ | ④ | ③ | ② | ① |
| 10. 我会去新的地方并且喜爱旅行。 | ⑦ | ⑥ | ⑤ | ④ | ③ | ② | ① |
| 11. 我愿意在冲突时面对问题。 | ⑦ | ⑥ | ⑤ | ④ | ③ | ② | ① |
| 12. 我会尝试站在他人的角度看待问题。 | ⑦ | ⑥ | ⑤ | ④ | ③ | ② | ① |
| 13. 我会乐观地看待现实中所遭遇的逆境。 | ⑦ | ⑥ | ⑤ | ④ | ③ | ② | ① |
| 14. 我是一个有良好组织能力的人。 | ⑦ | ⑥ | ⑤ | ④ | ③ | ② | ① |
| 15. 当我去新的餐厅时,我会尝试从未体验过的食物。 | ⑦ | ⑥ | ⑤ | ④ | ③ | ② | ① |
| 16. 我会竭尽所能地提升个人在组织中的管理地位。 | ⑦ | ⑥ | ⑤ | ④ | ③ | ② | ① |
| 17. 我想要别人喜欢我,并能友善地对待我。 | ⑦ | ⑥ | ⑤ | ④ | ③ | ② | ① |
| 18. 我会给人许多的赞扬和鼓励,不批评和不使他人消沉。 | ⑦ | ⑥ | ⑤ | ④ | ③ | ② | ① |
| 19. 我会遵循组织、团体的规章制度。 | ⑦ | ⑥ | ⑤ | ④ | ③ | ② | ① |
| 20. 我会自愿地、率先地从事新的学习或工作任务。 | ⑦ | ⑥ | ⑤ | ④ | ③ | ② | ① |
| 21. 我会努力影响其他人,使他们依照我的模式做事。 | ⑦ | ⑥ | ⑤ | ④ | ③ | ② | ① |
| 22. 比起单独工作,我更喜欢与许多人一起工作。 | ⑦ | ⑥ | ⑤ | ④ | ③ | ② | ① |
| 23. 我会轻松稳当地审视自己,而不是害怕或没有把握地评价自己。 | ⑦ | ⑥ | ⑤ | ④ | ③ | ② | ① |
| 24. 我被认为是可信的,因为我工作做得很好且被其他人所公认。 | ⑦ | ⑥ | ⑤ | ④ | ③ | ② | ① |
| 25. 当其他人提出不同支持事物时,我支持他们并给予帮助,从不做出如下声明:它行不通、我们从未这样做、从未有人这样做或我们不能这样做。 | ⑦ | ⑥ | ⑤ | ④ | ③ | ② | ① |

# 附录 2 原 画 面

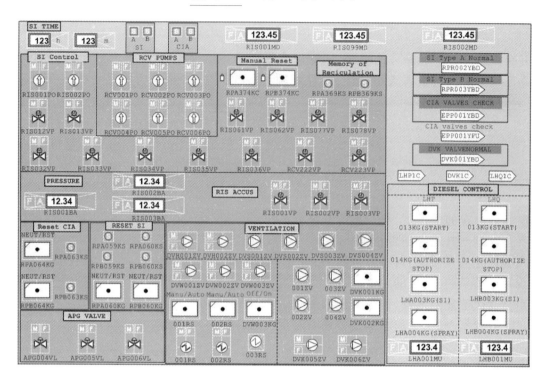

# 附录 3 新 画 面

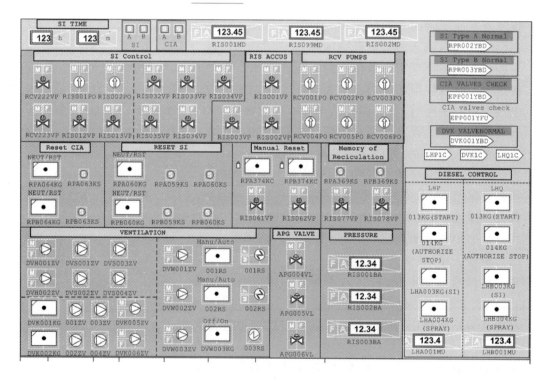

# 附录4 NASA-TLX量表

## NASA-TLX量表

任务内容:请勾选您本次实验所抽的实验编号。

| 实验抽签编号 | | | | | | | | |
|---|---|---|---|---|---|---|---|---|
| □01 | □02 | □03 | □04 | □05 | □06 | □07 | □08 | □09 |
| □10 | □11 | □12 | □13 | □14 | □15 | □16 | □17 | □18 |
| □19 | □20 | □21 | □22 | □23 | □22 | □25 | □26 | □27 |
| □28 | □29 | □30 | □31 | □32 | □33 | □34 | □35 | □36 |

1. 性别:A. 男　　B. 女

2. 年龄:(　　　)岁

3. 裸眼(或矫正)视力:(　　　)

4. 教育程度:A. 专科　　B. 本科　　C. 研究生　　D. 博士

第一阶段:负荷测评

填答说明:以下均为影响心理负荷的因素,先阅读下列名词解释,然后对本次实验任务操作过程,在程度主题尺上圈选相应的负荷程度,评量程度由低至高,其评分为0~100,每一刻度间距为5,共有21个层级。

※范例

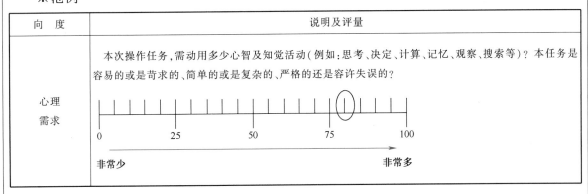

※正式填答

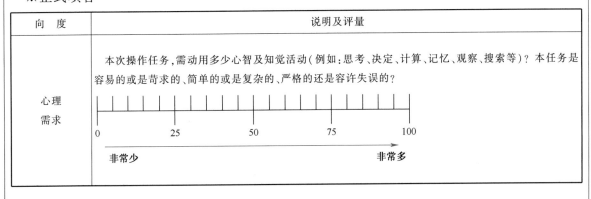

| 向　度 | 说明及评量 |
|---|---|
| 体能<br>需求 | 本次操作任务,需动用多少体能活动的需求(例如:推、拉、转动、控制、行动等)? 本任务是容易的或是苛求的、节奏慢或是快、轻松或是费力的、悠闲或是吃力的?<br>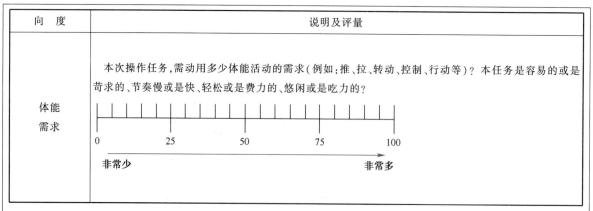 |

| 向　度 | 说明及评量 |
|---|---|
| 时间<br>需求 | 本次操作任务,任务进行的步调让您感觉到多少时间压力? 本任务步调是缓慢还是急速? 是从容还是忙乱? 步伐缓慢的或是急促的、从容的或是紧急的?<br>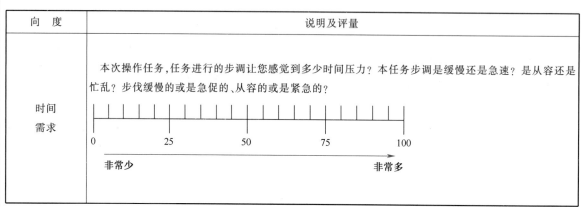 |

| 向　度 | 说明及评量 |
|---|---|
| 自我<br>表现 | 本次操作任务,你满意自己在完成本次任务时的表现吗?<br>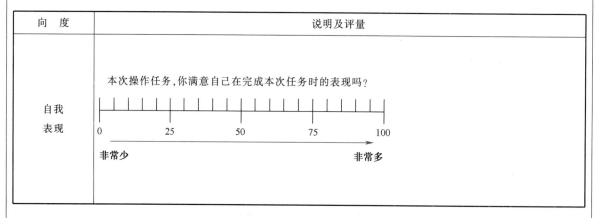 |

| 向　度 | 说明及评量 |
|---|---|
| 努力<br>程度 | 本次操作任务,需要尽多大的努力程度(心智上和体能上),才能达到你期望的绩效水平?<br>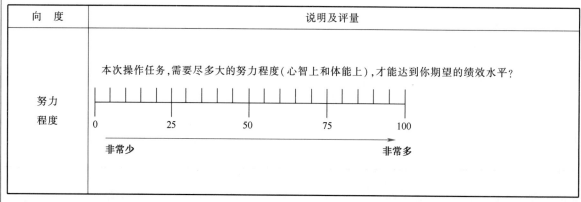 |

| 向　度 | 说明及评量 |
|---|---|
| 挫折<br>程度 | 本次操作任务,在任务进行的过程中,你感到没有把握、气馁、烦燥、紧张、气恼,或是有把握、成绩感、满意、悠闲、满足?<br><br>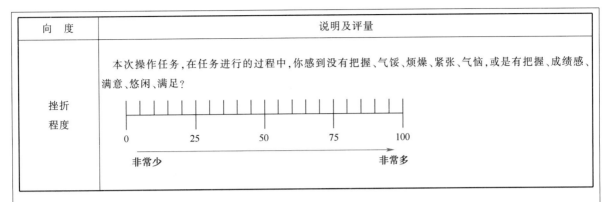 |

第二阶段:影响因素重要性比较

填答说明:以下分为 15 组两因素进行比较,请回忆自己在实验操作时的感受,在每组的两个因素中,勾选你认为比较重要的一个因素,每题都必须勾选。

※范例:☑时间需求　vs.　□体力需求

※正式填答:

1.　②体力需求(PD) vs.　①心智需求(MD)

2.　③时间需求(TD) vs.　①心智需求(MD)

3.　④自我表现(P) vs.　①心智需求(MD)

4.　⑥挫折程度(FL) vs.　①心智需求(MD)

5.　⑤努力程度(E) vs.　①心智需求(MD)

6.　③时间需求(TD) vs.　②体力需求(PD)

7.　④自我表现(P) vs.　②体力需求(PD)

8.　⑥挫折程度(FL) vs.　②体力需求(PD)

9.　⑤努力程度(E) vs.　②体力需求(PD)

10.　③时间需求(TD) vs.　④自我表现(P)

11.　③时间需求(TD) vs.　⑥挫折程度(FL)

12.　③时间需求(TD) vs.　⑤努力程度(E)

13.　④自我表现(P) vs.　⑥挫折程度(FL)

14.　④自我表现(P) vs.　⑤努力程度(E)

15.　⑤努力程度(E) vs.　⑥挫折程度(FL)

非常感谢您的协助配合!

# 附录5　心理负荷值评估运算范例

## 心理负荷评估值

由本章附录4的问卷我们可能得到六个因子的权数和各因子的主观评估值,假如:

圈选次数

心智需求 4　　　　　体能需求　1　　　　　时间需求　3

自我表现 2　　　　　努　　力　3　　　　　挫折程度　2

负荷程度

心智需求 85　　　　　体能需求　75　　　　　时间需求　70

自我表现 60　　　　　努　　力　70　　　　　挫折程度　65

则:

心理负荷评估值:

$$\text{ML}_{\text{NASA-TLX}} = W_1 \times L_{\text{MD}} + W_2 \times L_{\text{PD}} + W_3 \times L_{\text{TD}} + W_4 \times L_{\text{OP}} + W_5 \times L_{\text{E}} + W_6 \times L_{\text{FL}}$$

= 心智需求评估值+体能需求评估值+时间需求评估值+自我表现
评估值+努力程度评估值+挫折程度评估值

$$= 85 \times 4/15 + 75 \times 1/15 + 70 \times 3/15 + 60 \times 2/15 + 70 \times 3/15 + 65 \times 2/15$$

$$= 72.33$$

# 附录6　心率数据获取

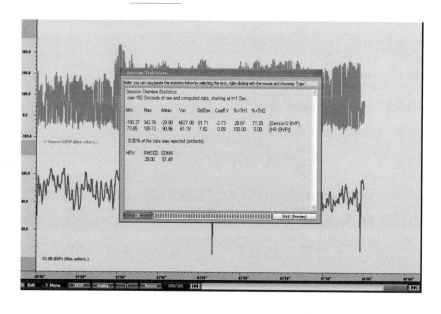

# 附录7 实验设计界面图

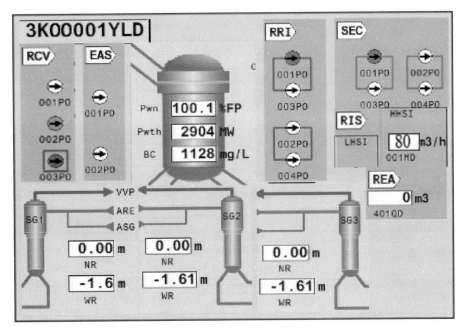

图1 KOO

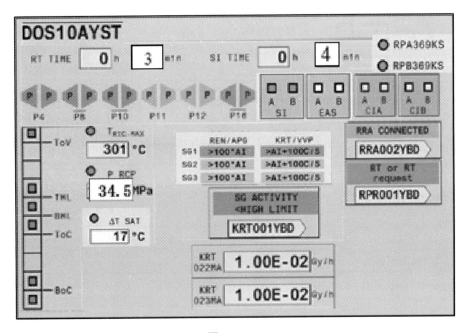

图2 DOS

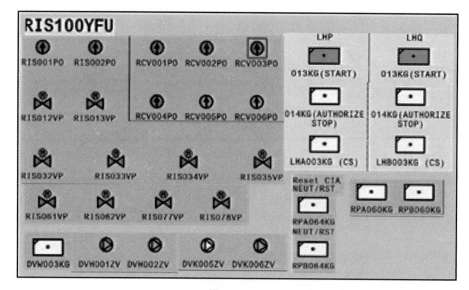

图 3　RIS

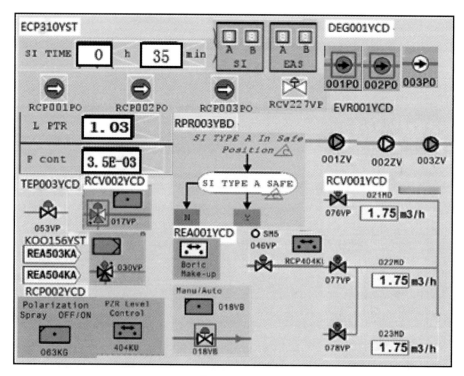

图 4　REST

# 附录 8　实验设计实验规程

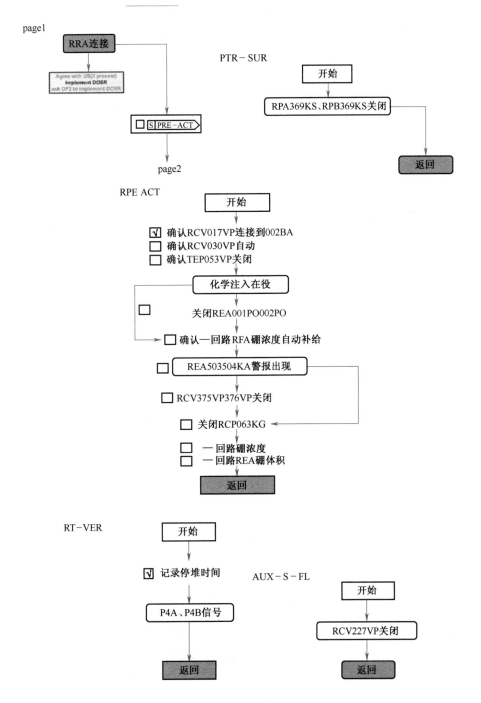

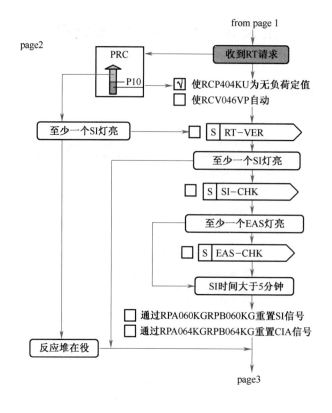

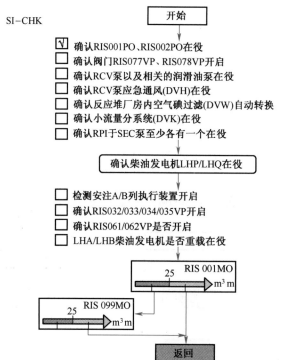

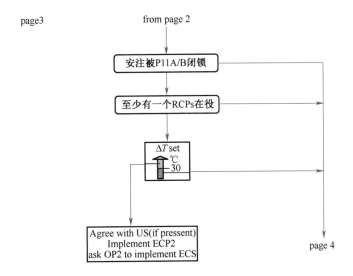

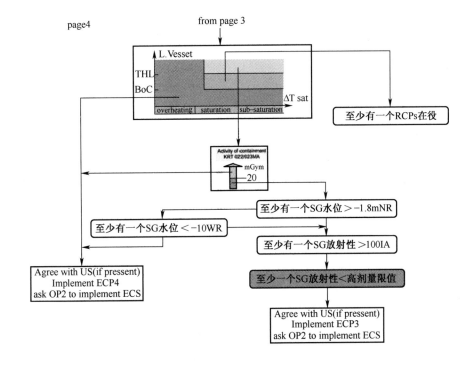

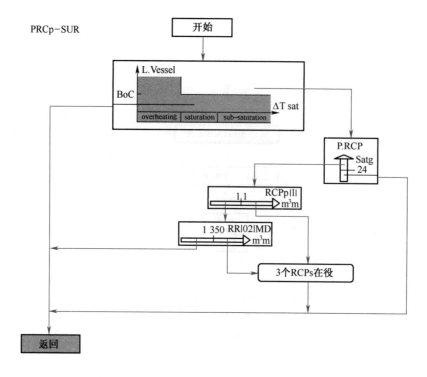

PRCp-SUR

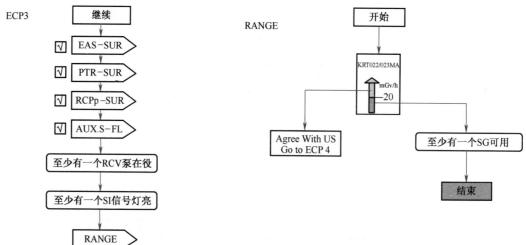

ECP3

RANGE

# 附录9 实验主要问题

- ☐ RRA 已连接 1
- ☐ RRA 未连接 2
- ☐ 阀门 RCV017VP 与 RCV002BA 连接 1
- ☐ 阀门 RCV017VP 未与 RCV002BA 连接 2
- ☐ 阀门 RCV030VP 自动连接 1
- ☐ 阀门 RCV030VP 未自动连接 2
- ☐ 阀门 TEP053VP 关闭 1
- ☐ 阀门 TEP053VP 开启 2
- ☐ 化学注入在役 1
- ☐ 化学注入不在役 2
- ☐ REA 硼浓度自动补给 1
- ☐ REA 硼浓度未自动补给 2
- ☐ REA503KA、REA504KA 报警信号出现 1
- ☐ REA503KA、REA504KA 报警信号未出现 2
- ☐ 阀门 RCP063KG 关闭 1
- ☐ 阀门 RCP063KG 开启 2
- ☐ 一回路硼浓度大于 1200mg/L 1
- ☐ 一回路硼浓度小于 1200mg/L 2
- ☐ REA 硼体积大于 30m$^3$ 1
- ☐ REA 硼体积小于 30m$^3$ 2
- ☐ 收到 RT 请求 1
- ☐ 未收到 RT 请求 2
- ☐ RCP404KU 为无负荷定值 1
- ☐ RCP404KU 不为无负荷定值 2
- ☐ RCV046VP 自动 1
- ☐ RCV046VP 未开启自动 2
- ☐ 停堆时间大于 5min 1
- ☐ 停堆时间小于 5min 2
- ☐ 信号 P4A、P4B 出现 1
- ☐ 信号 P4A、P4B 未出现 2
- ☐ 至少有一个 SI 灯亮 1
- ☐ 没有一个 SI 灯亮 2
- ☐ RIS001PO、RIS002PO 在役 1
- ☐ RIS001PO、RIS002PO 不在役 2
- ☐ 阀门 RIS077VP\RIS078VP 开启 1
- ☐ 阀门 RIS077VP\RIS078VP 关闭 2

- [ ] RCV 泵以及相关的润滑油泵在役 ................................................. 1
- [ ] RCV 泵以及相关的润滑油泵不在役 .......................................... 2
- [ ] RCV 泵应急通风在役 ................................................................ 1
- [ ] RCV 泵应急通风不在役 ........................................................... 2
- [ ] 反应堆厂房内空气碘过滤自动转换 ........................................ 1
- [ ] 反应堆厂房内空气碘过滤未自动转换 ..................................... 2
- [ ] 小流量分系统在役 .................................................................... 1
- [ ] 小流量分系统不在役 ............................................................... 2
- [ ] RRI 于 SEC 泵至少各有一个在役 ............................................ 1
- [ ] RRI 于 SEC 泵没有一个在役 ................................................... 2
- [ ] 柴油发电机 LHP/LHQ 在役 ..................................................... 1
- [ ] 柴油发电机 LHP/LHQ 不在役 ................................................. 2
- [ ] 安注 A/B 列执行装置开启 ....................................................... 1
- [ ] 安注 A/B 列执行装置关闭 ....................................................... 2
- [ ] RIS032/033/034/035VP 开启 ..................................................... 1
- [ ] RIS032/033/034/035VP 关闭 ..................................................... 2
- [ ] RIS061/062VP 开启 .................................................................. 1
- [ ] RIS061/062VP 关闭 .................................................................. 2
- [ ] LHA/LHB 柴油发电机重载在役 ............................................. 1
- [ ] LHA/LHB 柴油发电机未重载在役 .......................................... 2
- [ ] RIS001MD 流量大于 $25\text{m}^3/\text{h}$ .................................................. 1
- [ ] RIS001MD 流量小于 $25\text{m}^3/\text{h}$ .................................................. 2
- [ ] 至少有一个 EAS 灯亮 ............................................................. 1
- [ ] 没有一个 EAS 灯亮 ................................................................. 2
- [ ] 安注时间大于 5h ..................................................................... 1
- [ ] 安注时间小于 5h ..................................................................... 2
- [ ] RPA060KG/RPB060KG 开启 ..................................................... 1
- [ ] RPA060KG/RPB060KG 关闭 ..................................................... 2
- [ ] RPA064KG/RPB064KG 开启 ..................................................... 1
- [ ] RPA064KG/RPB064KG 关闭 ..................................................... 2
- [ ] 安注被 P11A/B 闭锁 ............................................................... 1
- [ ] 安注未被 P11A/B 闭锁 ........................................................... 2
- [ ] 压力容器水位>THL 且 $\Delta T_{\text{sat}}<25℃$ ....................................... 1
- [ ] 压力容器水位<THL 或 $\Delta T_{\text{sat}}>25℃$ ....................................... 2
- [ ] 安全壳放射性低于 20mGy/h ................................................... 1
- [ ] 安全壳放射性高于 20mGy/h ................................................... 2
- [ ] 至少有一个 SG 水位大于−1.8mNR .......................................... 1
- [ ] 没有一个 SG 水位大于−1.8mNR .............................................. 2
- [ ] 至少有一个 SG 的放射性大于初始放射性的 100 倍 ................ 1

| | | |
|---|---|---|
| ☐ | 没有一个 SG 的放射性大于初始放射性的 100 倍 | 2 |
| ☐ | SG 的放射性小于高剂量限值 | 1 |
| ☐ | SG 的放射性大于高剂量限值 | 2 |
| ☐ | 至少有一个 EAS 灯亮 | 1 |
| ☐ | 没有一个 EAS 灯亮 | 2 |
| ☐ | 停堆时间超过 5h | 1 |
| ☐ | 停堆时间未超过 5h | 2 |
| ☐ | 安全壳压力小于 $2.4 \times 10^5 Pa$ | 1 |
| ☐ | 安全壳压力大于 $2.4 \times 10^5 Pa$ | 2 |
| ☐ | 至少有一个 EAS 泵在役 | 1 |
| ☐ | 没有一个 EAS 泵在役 | 2 |
| ☐ | 投运 EVR 在役 | 1 |
| ☐ | 投运 EVR 不在役 | 2 |
| ☐ | 两台 DEG 在役 | 1 |
| ☐ | 两台 DEG 不在役 | 2 |
| ☐ | RPA369KS/RPB369KS 关闭 | 1 |
| ☐ | RPA369KS/RPB369KS 开启 | 2 |
| ☐ | 压力容器水位>THL 且 $\Delta T_{sat}<25℃$ | 1 |
| ☐ | 压力容器水位<THL 或 $\Delta T_{sat}>25℃$ | 2 |
| ☐ | 一回路压力高于 24MPa | 1 |
| ☐ | 一回路压力低高于 24MPa | 2 |
| ☐ | 主泵轴封流量大于 $1.1 m^3/h$ | 1 |
| ☐ | 主泵轴封流量小于 $1.1 m^3/h$ | 2 |
| ☐ | 至少有一台主泵在役 | 1 |
| ☐ | 没有一台主泵在役 | 2 |
| ☐ | 阀门 RCV227VP 关闭 | 1 |
| ☐ | 阀门 RCV227VP 开启 | 2 |
| ☐ | 至少有一台 RCV 主泵在役 | 1 |
| ☐ | 没有一台 RCV 主泵在役 | 2 |
| ☐ | 至少有一个安注信号灯亮 | 1 |
| ☐ | 没有一个安注信号灯亮 | 2 |
| ☐ | 安全壳放射性低于 20mGy/h | 1 |
| ☐ | 安全壳放射性高于 20mGy/h | 2 |
| ☐ | 至少有一个 SG 水位>-10mWR | 1 |
| ☐ | 至少有一个 SG 水位<-10mWR | 2 |

# 第18章　核电厂数字化主控室界面管理任务相关实验

核电厂主控室采用数字化控制系统后比以往采用模拟仪控系统时,增加了界面管理任务,包括信息导航、信息调用、数据搜索、页面配置与管理等。界面管理任务支持和保障操纵员完成其作业的主任务,同时也与主任务产生交互。本书第 2 章等中已经阐述,界面管理任务是数字化系统操纵员和系统信息之间的一道屏障,对操纵员完成其主任务有极大的影响,本章进一步以实验方式研究相关问题,包括事故规程自动化水平对人员心智负荷和作业绩效的影响,界面管理任务信息导航调度算法研究等。

## 18.1　核电厂事故规程自动化水平对操纵员心智负荷和作业绩效的影响

核电厂采用事故规程来指导操纵员执行事故处理操作。经验丰富的操纵员在没有规程指引时也能执行一般的任务,但面对稍复杂的任务,例如机组的正常启/停堆,大多数操纵员都表示具有较大的认知负荷[1]。因此,在紧急情况下操纵员必须根据事故规程的指引进行操作。根据呈现媒介的不同对规程进行分类,可分为纸质规程(Paper-Based Procedure,PBP)和数字化规程(Computerized Procedure,CP)两大类[2]。

在传统的模拟控制系统中,事故规程一般是纸质的,研究发现纸质规程系统存在诸多可能导致人因失误的因素,如:

(1)操纵员需要手动在不同的规程中来回切换,增加了工作负荷[3],尤其是当出现叠加事故时,很多操纵员都会感觉思维混乱[4]。

(2)操纵员执行规程中需要在不同载体中监视相关参数变化情况[5]。

(3)信息显示是静态的,有时不能反映出电厂当前的真实状态[3]。

(4)规程难以更新、升级[5]。

随着计算机技术的快速发展和自动化水平的提高,事故规程也实现了数字化,在国际上,数字化规程的应用已成为先进主控室的重要标志之一[6]。数字化规程代表了纸质规程和先进人-系统界面的结合。借助相应的数字化控制系统,数字化规程还能为操纵员提供以下支持[7,8]:

(1)点击导航链接即可完成程序切换,大大降低了紧急情况下的工作负荷。

(2)可实现对参数的跟踪监视和动态跟踪电厂状态信息。

（3）对规程中要求操纵员监视的相关参数集中显示,降低信息搜索的难度。

（4）易于更新和升级。

由于数字化规程的先进性,通常认为在规程执行过程中能显著提高操作绩效[9]。但是,数字化规程改变了操纵员的角色和所处的工作环境,数字化规程在带来自动化的同时也可能产生新的降低人员绩效的因素,如数字化显示界面的覆盖易使操纵员丧失对电厂状态的情景意识,降低操纵班组对电厂状态的理解[10]。

不同自动化水平的规程在界面管理任务中占有不同份额,有着不同作用。本节通过实验研究不同自动化程度事故规程对人员心智负荷、作业绩效的影响,以期为核电厂事故规程的自动化设计提供参考。

### 18.1.1 自动化水平

自动化可应用在人员信息处理的四个阶段:监视、状态评估、响应计划、响应执行。根据在四个认知阶段不同程度的应用,自动化水平有不同程度的区分。最低水平的自动化,通常只整合信息以便于人员进行状态监视,而不提供其他任何形式的支持,而高水平的自动化则几乎不需人的任何干预。

数字化规程由于提供的功能不同,可划分为不同的自动化水平,EPRI 定义了数字化规程的三种自动化水平[2]:

（1）电子规程（Electronic Procedure,EP）:以计算机显示屏呈现图像和文字,基本上是把纸质规程复制到计算机屏幕上,能提供最基本的支持,如能提供链接在相关规程中切换。

（2）基于计算机的规程（Computer-Based Procedure,CBP）:能够提供以下方面的支持:自动检索和显示完成当前规程步骤所需的具体信息;在规程界面或其他界面直接显示相关信息;关注电厂状态并追踪重要参数变化趋势;对紧急操作提供优先处理建议,但需操纵员最终决策。

（3）基于规程的自动化（CBP with Procedure-Based Automation,CBP with PBA）:操纵员可以对一系列规程步骤进行授权,由系统根据规程自动执行相关决策、操作（表 18-1）。

表 18-1　规程的自动化水平划分[2]

| 功　　能 | PBP | CP | | |
| --- | --- | --- | --- | --- |
| | | EP | CBP | PBA |
| 媒介 | 纸质 | 计算机屏幕 | | |
| 计算机屏幕上呈现规程 | | 是 | 是 | 是 |
| 规程间的导航链接 | | 可能 | 是 | 是 |
| 自动显示规程执行所需信息 | | | 是 | 是 |
| 自动选择规程逻辑并呈现结果 | | | 可能 | 是 |
| 能通过完整的软控制系统操作设备 | | | 可能 | 是 |
| 操纵员授权下自动执行规程步骤 | | | | 是 |

### 18.1.2 实验设计

1. 实验被试者

本实验被试者全部为核工程相关专业在校高年级本科生和研究生,年龄在 20～27 岁间,含

14 名男性及 6 名女性,均熟悉基本的计算机操作,但均无核电厂控制系统操作经验。

2. 实验设备

实验采用湖南工学院自主研发的核电厂控制系统仿真平台(图 18-1),该平台完全参照某核电厂数字化主控室操纵员控制平台和人-机界面,实验用规程也采用该核电厂真实的状态导向法事故处理规程(SOP)。仿真平台硬件由四台 19 英寸彩色液晶屏组成,从左至右分别编号为 1 号、2 号、3 号、4 号屏,实验中只有规程作不同自动化水平上的区分,具体操作均在该数字化平台上执行。

**图 18-1 实验平台**

实验选用蒸汽发生器传热管断裂(SGTR)事故为实验场景。SGTR 事故在核电历史上已发生过多次,且该事故中操纵员的及时正确干预非常重要,相关操作规程步骤较多,具有代表性。SGTR 事故中,如果操纵员及时按照规程做出正确响应,及时识别破管的蒸汽发生器并将其隔离,对反应堆降温降压,终止高压安全注入并实现破口两侧压力平衡从而终止泄漏,就可能不会有太严重后果,但如果操纵员不能及时做出正确响应,一回路冷却剂则可能通过二次侧卸压阀、安全阀直接排放到环境中,并且破损的蒸汽发生器可能满溢,大大加剧事故的放射性后果。

3. 实验变量

实验自变量为事故规程最常用的三种自动化水平:纸质规程(PBP)、电子规程(EP)、基于计算机的规程(CBP)。每名被试者都需完成三种自动化水平规程的实验,三种自动化水平说明如下。

(1)PBP:将实验所需的操作流程以纸质形式呈现,规程本身完全独立于计算机。

(2)EP:将纸质规程以图片形式呈现于计算机屏幕,在相关联的规程间、规程与操作界面间提供链接。

(3)CBP:在 EP 的基础上,还能自动显示正在执行的规程步骤需监视及操作的参数、系统。

实验的因变量为:人员心智负荷、作业绩效。测量方法如下。

1)心智负荷

实验采用 NASA Task-Load-Index(NASA-TLX)量表[11]测量被试者的心智负荷水平。NASA-TLX 是一种一致性较高且被广泛使用的主观测量方法,有六项代表性指标:心智需求、体力需求、时间需求、自我绩效、努力程度、挫折程度。被试者在每次实验结束后根据其在实验中的主观体验对各项指标进行评分,并通过两两对比的方法定义各项指标权重。

2)作业绩效

实验以被试者在规定时间内执行规程的步骤数量作为其作业绩效指标。

4.实验流程

实验开始前给每位被试者一份实验手册,并进行了3h的培训,其内容包括:本研究的目的;核电厂主要系统知识;仿真平台操作方法和规程使用方法。培训完后每名被试者执行不低于三次的操作练习。

20位实验被试者采取随机抽取顺序分别完成前述三种自动化水平规程的执行,在SGTR事故处理过程中,被试者还需关注状态显示界面上的各项电厂状态信息,如设备状态、参数趋势等。在每次实验操作完成后,被试者根据该自动化水平规程操作过程中的主观感受填写NASA-TLX问卷,填写完后休息10min,继续进行下一个自动化水平的规程作业实验。

### 18.1.3 实验结果与分析

采用SPSS 19软件作为统计工具对实验中获取的数据进行分析,探讨不同自动化水平规程对人员绩效的影响。

1.心智负荷

对NASA-TLX中的六个维度进行维度间相关性比较(表18-2),数据显示,六维度间均为无相关或弱相关,说明采用NASA-TLX量表作为实验的心智负荷测量工具是合适的。

表 18-2 NASA-TLX 六维度相关性比较

| 指 标 | | 时间需求 | 体力需求 | 自我绩效 | 努力程度 | 挫折程度 | 心智需求 |
|---|---|---|---|---|---|---|---|
| 心智需求 | Pearson 相关性 | 1 | −0.050 | 0.016 | −0.152 | −0.045 | −0.236 |
| | 显著性(双侧) | | 0.705 | 0.906 | 0.246 | 0.733 | 0.069 |
| | N | 60 | 60 | 60 | 60 | 60 | 60 |
| 时间需求 | Pearson 相关性 | −0.050 | 1 | −0.004 | −0.179 | −0.253 | −0.194 |
| | 显著性(双侧) | 0.705 | | 0.977 | 0.171 | 0.051 | 0.138 |
| | N | 60 | 60 | 60 | 60 | 60 | 60 |
| 体力需求 | Pearson 相关性 | 0.016 | −0.004 | 1 | −0.246 | −0.419 | 0.014 |
| | 显著性(双侧) | 0.906 | 0.977 | | 0.058 | 0.001 | 0.915 |
| | N | 60 | 60 | 60 | 60 | 60 | 60 |
| 自我绩效 | Pearson 相关性 | −0.152 | −0.179 | −0.246 | 1 | −0.043 | −0.352 |
| | 显著性(双侧) | 0.246 | 0.171 | 0.058 | | 0.747 | 0.006 |
| | N | 60 | 60 | 60 | 60 | 60 | 60 |
| 努力程度 | Pearson 相关性 | −0.045 | −0.253 | −0.419 | −0.043 | 1 | 0.026 |
| | 显著性(双侧) | 0.733 | 0.051 | 0.001 | 0.747 | | 0.845 |
| | N | 60 | 60 | 60 | 60 | 60 | 60 |
| 挫折程度 | Pearson 相关性 | −0.236 | −0.194 | 0.014 | −0.352 | 0.026 | 1 |
| | 显著性(双侧) | 0.069 | 0.138 | 0.915 | 0.006 | 0.845 | |
| | N | 60 | 60 | 60 | 60 | 60 | 60 |

三种自动化水平规程下人员心智负荷得分如图 18-2 所示,可见随着规程自动化水平的提高,人员的心智负荷水平呈不断降低的趋势。

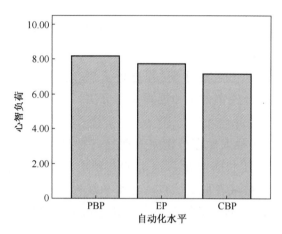

**图 18-2 三种自动化水平上人员心智负荷得分**

对三个自动化水平上人员心智负荷分数作单因素方差分析,可知自变量在三个水平上对人员心智负荷水平有显著影响($F=24.083,p=0<0.05$)。对不同自动化水平上人员心智负荷分数做 LSD 多重比较,由数据(表 18-3)可知,不同自动化水平规程间的心智负荷均有显著差异,使用 PBP 时心智负荷显著高于使用 EP 和 CBP 时,使用 EP 的心智负荷显著高于 CBP。可能原因是,使用 PBP 时,人员需要手动在不同规程间切换,且在搜寻界面以及寻找参数、设备上消耗较高的注意力资源,从而导致人员较高的心智负荷;使用 EP 时,降低了人员切换规程和寻找界面的难度,但界面管理任务对注意力资源的消耗也给人员带来较高的心智负荷。

**表 18-3 心智负荷得分 LSD 多重比较**

| 自动化水平 I | 自动化水平 J | 均值差($I-J$) | 标准误差 | 显著性 | 95%置信区间 下限 | 95%置信区间 上限 |
|---|---|---|---|---|---|---|
| PBP | EP | 0.44800[1] | 0.15304 | 0.005 | 0.1415 | 0.7545 |
| | CBP | 1.05800[1] | 0.15304 | 0 | 0.7515 | 1.3645 |
| EP | PBP | -0.44800[1] | 0.15304 | 0.005 | -0.7545 | -0.1415 |
| | CBP | 0.61000[1] | 0.15304 | 0 | 0.3035 | 0.9165 |
| CBP | PBP | -1.05800[1] | 0.15304 | 0 | -1.3645 | -0.7515 |
| | EP | -0.61000[1] | 0.15304 | 0 | -0.9165 | -0.3035 |
| [1]均值差的显著性水平为 0.05 | | | | | | |

对三个自动化水平上 NASA-TLX 量表中六项指标分别作单因素方差分析,发现只有体力需求在不同自动化水平上存在显著差异($F=20.079,p=0<0.05$),且随着规程自动化水平的升高有不断降低的趋势(图 18-3)。

对不同自动化水平上人员体力需求分数做 LSD 多重比较,由数据(表 18-4)可知,被试者执行不同自动化水平规程时的体力需求均有显著差异,使用 PBP 时体力需求显著高于使用 EP 和 CBP 时,使用 EP 的体力需求显著高于 CBP。说明自动化的提高将由人执行的动作更多交由计算机完成,有效降低了人员体能上的负荷,人员可将分配到操作动作上的注意力资源更多地分

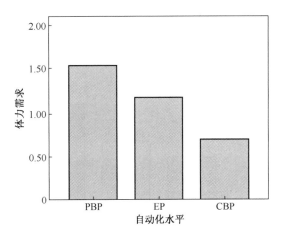

图 18-3 三种自动化水平上人员体力需求得分

配到对系统和参数的分析上来。

表 18-4 体力需求得分 LSD 多重比较

| 自动化水平 I | 自动化水平 J | 均值差(I-J) | 标准误差 | 显著性 | 95%置信区间 | |
|---|---|---|---|---|---|---|
| | | | | | 下限 | 上限 |
| PBP | EP | 0.36300[①] | 0.13198 | 0.008 | 0.0987 | 0.6273 |
| | CBP | 0.83400[①] | 0.13198 | 0 | 0.5697 | 1.0983 |
| EP | PBP | -0.36300[①] | 0.13198 | 0.008 | -0.6273 | -0.0987 |
| | CBP | 0.47100[①] | 0.13198 | 0.001 | 0.2067 | 0.7353 |
| CBP | PBP | -0.83400[①] | 0.13198 | 0 | -1.0983 | -0.5697 |
| | EP | -0.47100[①] | 0.13198 | 0.001 | -0.7353 | -0.2067 |
| ①均值差的显著性水平为 0.05 | | | | | | |

　　对 NASA-TLX 量表中六项指标得分均值做比较(图 18-4),发现在六项指标中,心智需求得分最高,可能原因是在 SGTR 事故过程中,系统状态快速变化,需要被试者进行大量的分析与决策;时间需求得分最低,可能原因是,在仿真平台上的操作均不会造成后果,因此对被试者难以形成时间压力。

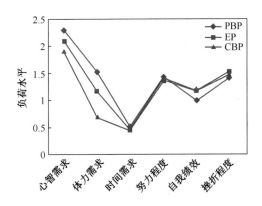

图 18-4 主观负荷六项指标均值比较

### 2. 作业绩效

三种自动化水平规程下人员作业绩效如图18-5所示,由该图可知,随着规程自动化水平的提高,人员作业绩效也呈不断提升的趋势。

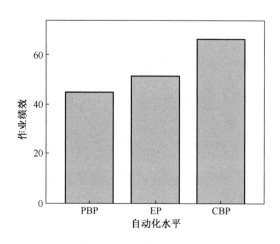

**图 18-5　三种自动化水平上人员作业绩效**

对三个自动化水平上人员作业绩效作单因素方差分析,可知自变量在三个水平上对人员作业绩效有显著影响($F = 47.501, p = 0 < 0.05$)。对不同自动化水平上人员作业绩效做 LSD 多重比较,由数据(表18-5)可知,不同自动化水平规程间的人员作业绩效均有显著差异,使用 CBP 时作业绩效显著高于使用 EP 和 PBP 时,使用 EP 的作业绩效显著高于 PBP。原因主要在于,自动化程度的变化带来了任务的重新分配,使用 CBP 时,将 PBP 和 EP 下由人执行的切换规程以及界面管理任务等工作分配给计算机执行,因此提升了人执行主任务的绩效水平。

**表 18-5　作业绩效 LSD 多重比较**

| 自动化水平 I | 自动化水平 J | 均值差(I-J) | 标准误差 | 显著性 | 95%置信区间 | |
|---|---|---|---|---|---|---|
| | | | | | 下限 | 上限 |
| PBP | EP | −6.600[①] | 2.305 | 0.006 | −11.22 | −1.98 |
| | CBP | −21.900[①] | 2.305 | 0 | −26.52 | −17.28 |
| EP | PBP | 6.600[①] | 2.305 | 0.006 | 1.98 | 11.22 |
| | CBP | −15.300[①] | 2.305 | 0 | −19.92 | −10.68 |
| CBP | PBP | 21.900[①] | 2.305 | 0 | 17.28 | 26.52 |
| | EP | 15.300[①] | 2.305 | 0 | 10.68 | 19.92 |
| ①均值差的显著性水平为0.05 | | | | | | |

以上讨论表明,事故规程自动化水平的提升,对人员心智负荷、作业绩效等方面均有良性影响。但值得注意的是,当自动化水平较高时,有可能导致人员过度依赖自动化控制系统而产生松懈,降低其情景意识,在电厂状态演变与预期不符时,则可能大大增加操纵员的心智负荷,而作业绩效也可能显著降低,这一点尤其值得重视。

### 3. 心智负荷与作业绩效的相关性

对实验获得的心智负荷和作业绩效数据作相关性分析,数据($r = -0.652, p = 0 < 0.05$)显示,心智负荷与作业绩效呈现中度负相关,即在实验中被试者承受的心智负荷范围内,随着心智负

荷的升高,人员作业绩效有降低的趋势(图18-6)。因此在事故规程的自动化设计中,应当充分考虑对系统对人员心智负荷的影响,尽量避免让人员产生过高的心智负荷,以提高人员作业绩效。

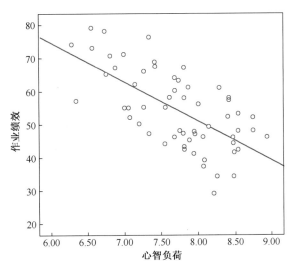

图18-6 心智负荷与作业绩效的关系散点图

### 18.1.4 研究结论

本节通过实验研究了不同自动化程度事故规程对人员绩效的影响,由实验结果与讨论可知,规程的自动化给人员的操作带来了诸多益处,如随着自动化水平的提高,提升了人员作业绩效,降低了人员的心智负荷水平,特别是降低了人员的体力需求水平,表明计算机的辅助能将人从繁琐的操作动作中解放出来,操作者可将更多的注意力资源分配至执行主任务。

在核电厂事故工况下,事故规程的可靠性将显著影响操纵员对系统状态的评估和决策,本研究结果可为核电厂操纵员培训及事故规程的自动化设计提供参考。本研究的限制在于,真实核电厂中是由操作班组执行事故处理,本研究只以单一人员绩效作为研究对象,且研究中仅考虑自动化水平对心智负荷与作业绩效的影响,而规程自动化对于情景意识、人因可靠性的影响也是极为重要的课题,这都是后续研究中需要考虑的问题;此外,操纵员在执行事故处理的不同阶段心智负荷与作业绩效的变化也是非常值得研究的议题。

## 18.2 数字化核电厂主控室界面管理任务信息导航调度算法

核电厂事故工况下,操纵员除了完成第一类任务/主任务外,还需要完成第二类任务/界面管理任务[12]。国内外学者对二类任务的研究并不多见,其成果主要集中在人-机界面方面,例如:人-机界面设计理论[13-15]、人-机界面的布局优化设计[16-18]、以人因工程学为基础的人-机界面优化设计[19-21]等。相比之下,界面管理任务的研究成果较少,目前主要为:验证界面管理任务是否对第一类任务存在影响[22,23]及如何减少界面管理任务对操纵员影响的策略等[24]。数字化人-机界面提供的大量信息和参数会增加操纵员的认知负荷、干扰注意力资源和产生"锁孔效应"[25]。实践表明,操纵员的认知资源是有限度的[26],为减少核电厂数字化人-机界面二类任务导航信息配置给操纵员带来的工作负荷,本节提出二类任务中信息导航路的调度算法,以减少操纵员对信息导航配置所花费的认知资源,从而有效地减少操纵员的认知负荷和处理事故的时间。

## 18.2.1 调度模型

### 1. 调度过程的系统模型

调度算法的运行流程主要包括优先级的获取、缓冲池中导航信息的数据结构、信息序列的动态变化过程、缓冲池中信息的置换算法。图 18-7 显示了信息导航调度算法执行的系统模型。

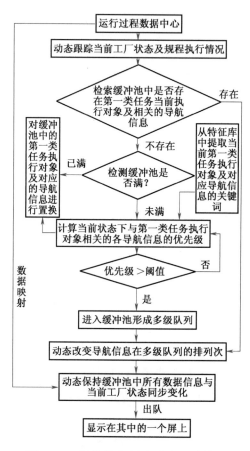

**图 18-7 导航信息调度过程系统模型**

### 2. 数学模型

1)变量定义

为方便数学模型及调度算法的描述,对所采用的变量进行说明如下:

Suffer:缓冲池;

$Task\_f_i$:第 $i$ 个一类任务的执行对象;

$K\_time\_long\_task$:最近最久未访问的执行对象;

$task\_s_{ij}$:第 $i$ 个一类任务执行对象相应的第 $j$ 个导航信息;

size( cur_task )：当前第一类任务执行对象的大小；

size( task_s$_{ij}$ )：第$i$个一类任务执行对象相应的第$j$个导航信息大小；

size( cur_sec_task )：当前执行对象相应的所有导航信息的大小；

cur_sec_task：当前执行对象相应的所有的导航信息；

v_time( task_f$_i$ )：第$i$个一类任务执行对象最近访问的时间；

cur_task：当前第一类任务执行对象；

cur_f：当前的导航信息；

Suff_size：缓冲池大小；

F_t_size$_i$：第$i$个一类任务执行对象存取大小；

G_inf_size$_{ij}$：第$i$个一类任务执行对象相关的第$j$个导航信息的存储大小；

M：　缓冲池中第一类任务执行对象的数量；

N$_{ij}$：第$i$个一类任务执行对象相关的第$j$个导航信息的数量；

U_sum$_{ij}$：第$i$个一类任务执行对象相关的第$j$个信息的访问次数；

S_f_sum$_i$：第$i$个一类任务执行对象的访问次数；

Ft$_i$：第$i$个一类任务执行对象的访问频率；

mt$_i$：第$i$个一类任务执行对象的重要度；

Fg$_{ij}$：第$i$个一类任务执行对象相关的第$j$个信息的使用频率；

gm$_{ij}$：第$i$个一类任务执行对象相关的第$j$个信息的重要度；

pri_w$_{ij}$：第$i$个一类任务执行对象相关的第$j$个信息的优先级；

fp$_i$：第$i$个一类任务执行对象的权值；

w_f：一类任务执行对象权值的阈值；

k_w_f$_i$：第$i$个一类任务执行对象提取的关键字向量空间；

s( k_w_f$_i$ )：第$i$个一类任务执行对象提取关键字的个数；

k_w_s$_{ij}$：第$i$个一类任务执行对象相关的第$j$个信息提取的关键字向量空间；

s( k_w_s$_{ij}$ )：第$i$个一类任务执行对象相关的第$j$个信息提取关键字的个数；

sim( k_w_f$_i$，k_w_s$_{ij}$ )：第$i$个一类任务执行对象与相应的第$j$个信息的相似度；

vf$_{ik}$：第$i$个一类任务执行对象提取的第$k$个关键字；

vs$_{ijp}$：第$i$个一类任务执行对象相关的第$j$个信息中的第$p$个关键字；

pri_f：优先级阈值；

f_c：　特征库；

c_sum：特征库中关键词的个数；

f_s_p_s$_{ij}$：第$i$个一类任务执行对象关键字与其相关的第$j$个信息关键字相同的个数；

f( cur_inf)$_{ij}$：工厂当前状态下，第$i$个一类任务执行对象相关的第$j$个信息的最新数据；

t_s_inf$_{ij}$：缓冲池中第$i$个一类任务执行对象相关的第$j$个信息的当前数据；

flag：当前执行的第一类任务执行对象是否发生变化；

change$_{ij}$：运行过程中，第$i$个一类任务相关的第$j$个信息是否发生改变。

2）模型表达

（1）缓冲池的容量应大于或等于第一类任务执行对象与导航信息的大小：

$$\text{suff\_size} \geq \sum_{i=1}^{m} \text{f\_t\_size}_i + \sum_{i=1}^{m} \sum_{j=1}^{n_{ij}} \text{g\_inf\_size}_{ij} \tag{18-1}$$

（2）第 $i$ 个一类任务执行对象相关的第 $j$ 个导航信息的访问频率为

$$\text{fg}_{ij} = \frac{\text{u\_sum}_{ij}}{\sum_{i=1}^{n_{ij}} \text{u\_sum}_{ij}} \tag{18-2}$$

同理,第 $i$ 个一类任务执行对象的访问频率为

$$\text{ft}_i = \frac{\text{s\_f\_sum}_i}{\sum_{i=1}^{n_{ij}} \text{s\_f\_sum}_i} \tag{18-3}$$

（3）第 $i$ 个一类任务执行对象的权值定义为

$$\text{fp}_i = \text{ft}_i \cdot \text{mt}_i \tag{18-4}$$

（4）初始化缓冲池时,哪些第一类任务执行对象需放入缓冲池应满足:

$$\text{fp}_i \geq \text{w\_f} \tag{18-5}$$

（5）第一类任务执行对象与其相应信息的相似度为

$$\text{sim}(\text{k\_w\_f}_i, \text{k\_w\_s}_{ij}) = \frac{\text{f\_s\_p\_s}_{ij}}{\text{s}(\text{k\_w\_f}_i) + \text{s}(\text{k\_w\_s}_{ij})} \tag{18-6}$$

式中 $\text{s}(\text{k\_w\_f}_i) + \text{s}(\text{k\_w\_s}_{ij})$——第 $i$ 个执行对象与其相关的第 $j$ 个信息关键字个数之和。

（6）优先级计算式为

$$\text{pri\_w}_{ij} = 0.7\text{sim}(\text{k\_w\_f}_i, \text{k\_w\_s}_{ij}) + 0.2\text{fg}_{ij} + 0.1\text{gm}_{ij} \tag{18-7}$$

其中,$\text{gm}_{ij} \in [0,1]$。

（7）当前需调入的执行对象及对应的所有导航信息的大小与缓冲池中已存在的所有执行对象及相关的导航信息的大小之和应该小于或等于缓冲区的大小:

$$\text{size}(\text{cur\_task}) + \text{size}(\text{cur\_sec\_task}) + \sum_{i=1}^{m} \text{task\_f}_i + \sum_{i=1}^{m} \sum_{j=1}^{N_{ij}} \text{size}(\text{task\_s}_{ij}) \leq \text{suff\_size}$$

$$\tag{18-8}$$

（8）缓冲池中信息的变化依据为:若 $\text{pri\_w}_{ij} < \text{pri\_f}$,则第 $\text{task\_s}_{ij}$ 从缓冲池中删除;若 $\text{pri\_w}_{ij} \geq \text{pri\_f}$,则对 $\text{Task\_f}_i$ 队列按优先级大小重新排列。

### 18.2.2　调度算法

#### 1. 导航信息优先级的确定

调度过程中,重点是如何获得各相关导航信息的优先级。从数学模型定义中看出,式（18-7）用来计算导航信息的优先级。该方法主要由 3 个部分构成:第一类任务执行对象与相关导航信息的相似度、信息的使用频率及重要度。

导航信息的使用频率可通过式（18-2）获得;重要度可通过操纵员访谈、专家判断获得;相似度可通过式（18-6）获得。对式（18-6）来说,先从特征库中提取当前第一类任务执行对象及对应导航信息的关键词,然后统计相同关键词的个数。特征库的建立应根据电厂具体事件的运行过程,事先由领域专家、值长及高级操纵员等确定及不断完善。从特征库提取关键字及相同关

键字的统计可以分别设计一个程序实现,程序算法的伪代码可分别表示如下。

（1）特征提取算法描述如下：

```
Feature_extract_algorithm()
begin
i = 1;
while(i<=c_sum) begin if(task_f_i=cur_task)
while(k<= s(k_w_f_i)) begin K_w_f_i←vf_ik; k = k+1; end;
else i = i+1;   end;m=1;p=1;
while(m<=c_sum)begin   if(task_ij=cur_f)
while(p<= s(k_w_s_ij)) begin k_w_s_ij←vs_ijp; P=p+1; end;
else m=m+1; end;
end.
```

（2）相同关键字统计算法描述如下：

```
Calculate_key_sum()
begin
k = 1; p = 1;
Locate(k_w_f_i); //定位到第 i 个执行对象的关键字向量空间
Locate(k_w_s_ij); //定位到第 i 个执行对象第 j 个导航信息的关键字向量空间
while(k<= s(k_w_f_i))
begin
while(p<= s(k_w_s_ij))
begin if(k_w_f_i[vf_ik]=k_w_s_ij[vs_ijp])
f_s_p_s_ij = f_s_p_s_ij+1;   p=p+1;
end;
k = k+1;
end;
end.
```

### 2. 二类任务导航信息调度算法描述

根据前文的论述,调度算法描述为：

```
Scheduling_Algorithm_Secondary_Task()
begin
```

（1）初始化。

```
W_f←an initial value; pri_f←an initial value;
repeat
for i = 1 to quantity of all objects executed do
begin
mt_i←give a value; fg_ij←according to 式(18-3);fp_i←according to 式(18-4);
if [式(18-5)]then
puttask_f_i into suffer bool;
for j = 1 to N_ij do
begin
```

```
call the function of Feature_extract_algorithm() proposed in this paper;
call the function of Claculate_key_sum() proposed in this paper;
sim(k_w_f_i,k_w_s_ij)←according to 式(18-6);pri_w_ij←according to 式(18-7);
if [式(18-1)]then
continue;
else
break;
end if
puttask_s_ij into suffer to form a navigation path;
end if; end;  end; until[! 式(18-8)]
```

（2）运行过程中的实现代码。

```
Check plant current status and regulation
for i = 1 to m do
begin
if( cur_task = task_f_i) then
for j = 1 to n_ij do
begin
if( cur_f = task_s_ij )then
if(pri_w_ij<pri_f) then
delete( suffer,task_f_ij) ; //把导航信息 task_f_ij 从缓存池中删除
else
re_order( suffer,task_s_ij) ; //对 task_f_i 相应的所有导航信息动态重新按优先级排序
else
break;
end; end for; end for
if not exist(suffer,cur_task) then; //判断缓冲池中是否存在当前的执行对象
if not 式(18-8)then
put current task into suffer bool and removed one of tasks from suffer bool
end if
L1:call the function of Feature_extract_algorithm() proposed in this paper;
call the function of Claculate_key_sum() proposed in this paper;
sim(k_w_f_i,k_w_s_ij)←according to 式(18-6);pri_w_ij←according to 式(18-7);
end L1;
if(pri_w_ij)>pri_f then
putcur_f into suffer;  re_order(suffer,task_s_ij);
else
goto L1;
end if;
fori = 1 to m do
begin
for j = 1 to n_ij do
```

```
begin
if chang e_{ij} = 1 then
update(task_sij);  mapping(plant_data←task_s_{ij});
end if;
end; end;
end
```

### 18.2.3 实验验证

**1. 实验环境的选取**

本实验以核电厂蒸汽传热管断裂(SGTR)事故为背景,选取处理该事故的导向和稳定规程(DOS)中的部分序列进行模拟,且在事故实验过程中只选取了 20 个任务点及对应的 15 个导航信息画面。因知识产权原因,本实验使用的 20 个任务点界面及 15 个导航信息画面这里不予列出。

**2. 实验设备及人员**

根据本研究的特点,仿真实验只涉及一回路和二回路的模拟人员(未考虑协调员、值长和安全工程师),每个回路 6 个显示屏(共 12 个显示屏),模拟人员需在 6 个显示屏之间来回移动视线、依次完成主规程分支流程、画面切换、导航信息配置等来处理事故。

**3. 实验描述**

实验人员在操作过程中,需要先获取信息,评估电厂运行状态,根据导航信息中的参数信息,决定如何对事故的处理与恢复,之后进入事故规程的不同分支,此过程中的导航信息用算法来实现。选取 10 名在校硕士研究生参与实验模拟操作,2 人 1 组,每组实验 2 次,共 10 次。

实验中,算法的一些参数需要赋予初值(如 $N_{ij}$, $U\_sum_{ij}$, $S\_f\_sum_{ij}$, $Ft_i$, $Fg_{ij}$, $mt_i$, $gm_{ij}$),这些初始值通过预先模拟实验获得。另外,有几个参数需直接赋初值,该模拟实验假定这几个参数的值为:$w\_f = 0.5$, $suff\_size = 15$, $pri\_f = 0.3$。其他参数在实验过程中,根据事故处理过程由算法动态获取及改变。实验流程以图 18-7 为依据。

**4. 实验结果与算法性能分析**

根据实验得到的数据,分别从如下几个方面对算法性能进行分析。

(1)调度画面的平均周转时间,如图 18-8 所示。从图 18-8 看出,每次实验的平均周转时间在 20ms 左右,花费的时间相对较少。

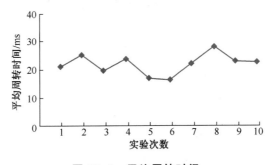

**图 18-8 平均周转时间**

(2)信息导航过程中,人工方式花费的时间与算法调度平均周转时间的性能对比见

图 18-9。从图 18-9 可见,利用算法进行信息导航花费的时间比人工方式所花费的时间要少得多。

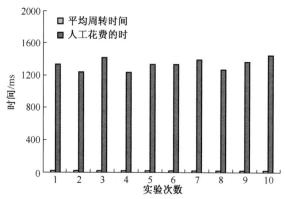

**图 18-9　人工方式与算法方式配置导航信息花费时间对比**

(3)调度算法对信息导航的正确性。从图 18-10 看出,每次实验中调度算法对信息导航的正确率大致在 90% 左右,这说明该调度算法的效率较高。

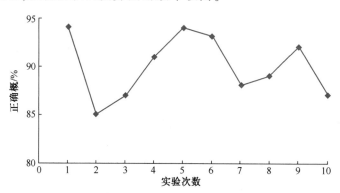

**图 18-10　调度算法对信息导航的正确率**

## 18.2.4　研究结论

通过对核电厂数字化人-机界面导航信息的研究发现导航信息对操纵员存在影响,因此,希望通过对导航信息的调度减少这一影响。研究中获得了导航信息调度中具约束性的调度数学模型及导航信息调度算法,且通过实验表明该导航信息调度算法较人工方式所花费的时间要少得多,且具有很高的正确性,可以应用于导航信息的调度。

本实验同时存在不足,如:实验数据是通过仿真获得,绝大部分数据能反映出算法的性能,但实验人员为在校研究生,人工方式信息导航的操作时间可能会存在偏差,但这一偏差对分析算法性能并没有太大的影响,因为人工方式与利用算法进行信息导航花费的时间相差太大,而一点差异并不会对整个性能比较产生明显的影响。

# 18.3　本　章　小　结

对界面管理任务完成产生影响的因素有许多,本章从事故规程自动化水平对人员心智负荷和作业绩效影响的角度和二类任务信息导航调度算法的角度做了探讨。第一项研究发现,使用纸质规程时的心智负荷显著高于使用电子规程和基于计算机的规程时,使用电子规程时的心智负荷显著高于使用基于计算机的规程时,作业绩效也呈现出同样趋势,即当自动化水平越高,人员作业绩效越好、心智负荷越低。第二项研究发现,通过建立的二类任务信息导航的调度算法可以较好地解决导航信息画面的配置,减少操纵员对导航所消耗的认知资源,从而减少操纵员处理事故时的心理负荷及作业时间。

# 参考文献

[1] Liu Peng, Li Zhizhong. Comparison of task complexity measures for emergency operating procedures: Convergent validity and predictive validity[J]. Reliability Engineering & System Safety, 2014, 127:97.

[2] Electric Power Research Institute(EPRI). Computerized procedures design and implementation guidance for procedures, associated automation and soft controls(EPRI TR-1015313)[R]. Palo Alto: Electric Power Research Institute, 2009.

[3] Fink R, Killian C, Hanes L. Guidelines for the design and implementation of computerized procedures[J]. Nuclear News, 2009, 52(3):85-88.

[4] Converse. Evaluation of the Computerized Procedure Manual Ⅱ(COPMA Ⅱ)[R]. NUREG/CR-6398. Washington D.C.: U.S. Nuclear Regulatory Commission, 1995.

[5] Niwa Y, Erik H, Mark G. Guidelines for computerized presentation of emergency operating procedures. Nuclear Engineer and Design[J]. 1996, 167(2):113-127.

[6] Niwa Y, Takahashi M, Kitamura M, The Design of Human-Machine Interface for Accident Support in Nuclear Power Plants[J]. Cognition, Technology & Work, 2001(3):161-176.

[7] 李鹏程,张力,戴立操. 核电厂数字化人-机界面特征对人因失误的影响研究[J]. 核动力工程,2011,32(1):48-51.

[8] Lin Chiuhsiang Joe, Hsieh Tsung-Ling, Yang Chih-Wei, et al. The impact of computer-based procedures on team performance, communication, and situation awareness[J]. International Journal of Industrial Ergonomics, 2016, 51:21-29.

[9] 刘飞,张志俭,彭敏俊. 核电站计算机化规程显示技术分析[J]. 核科学与工程,2007,27(2):120-125.

[10] Kawai K, Takizawa Y, Watanabe S. Advanced automation for power-generation plants-past, present and future[J]. Control Engineering Practice, 1999, 7(11):1405-1411.

[11] Hart S G, Staveland L E. Development of NASA-TLX(Task Load Index): results of empirical and theoretical research[J]// Hancock P A, Meshkati N. Human mental workload. Elsevier Science Publishers, 1988, 52:138-183.

[12] 张力,杨大新,王以群. 数字化控制室信息显示对人因可靠性的影响[J]. 中国安全科学学报,2010,20(9):81-85.

[13] Danilo Avola, Matteo Spezialetti, Giuseppe Placidi. Design of an efficient framework for fast prototyping of customized human-computer interfaces and virtual environments for rehabilitation[J]. Computer Methods and Programs in Biomedicine, 2013, 110(3):490-502.

[14] Luigi Troiano, Cosimo Birtolo. Genetic algorithms supporting generative design of user interfaces: examples[J]. Information Sciences, 2014, 259(20):433-451.

[15] Nuraslinda Anuar, Jonghyun Kim. A direct methodology to establish design requirements for human-system interface(HSI) of automatic systems in nuclear power plants[J]. Annals of Nuclear Energy, 2014, 63:326-338.

[16] 张娜,王家民,杨延璞. 人机界面形态元素布局设计美度意象的评价方法[J]. 机械科学与技术,2015,34(10):1-5.

[17] Zhang Qiao, Zhang Weihong, Zhu Jihong, et al. Layout optimization of multi-component structures under static loads and random excitations[J]. Engineering Structures, 2012, 43:120-128.

［18］Xia Liang,Zhu Jihong,Zhang Weihong,et al.An implicit model for the integrated optimization of component layout and structure to-pology［J］.Computer Methods in Applied Mechanics and Engineering,2013,257:87-102.

［19］蒋建军,张力,王以群,等.基于人因可靠性的核电厂数字化人机界面功能单元数量优化方法［J］.原子能科学技术,2015,49(10):1876-1881.

［20］Leva M C,Naghdali F,Ciarapica A C.Human factors engineering in system design:a Roadmap for Improvement［J］.Procedia CIRP,2015,38:94-99.

［21］Kate Dobson.Human factors and ergonomics in transportation control systems［J］.Procedia Manufa- cturing,2015,3:2913-2920.

［22］Kantowitz B,Hanowski R,Tijeina L.Simulator evaluation of heavy-vehicle workload:Ⅱ:Complex secondary tasks［C］//Proceedings of the Human Factors Society-40th Annual Meeting,Santa Monca:Human Factors Society,1996.

［23］Tijerina L,Kigr S,Rockweel T,et al.Workload assessment of in-cab test message system and cellular phone use by heavy vehicle drivers the road［C］//proceeding of the Human Factors Society-39th Annual Meeting,Santa Moncia:Human Factors Society,1995.

［24］Cook R,Woods D.Adapting to new technology in the operating room［J］.Human Factors,1995,38:593-613.

［25］Seong P H.Reliability and risk issues in large scale safety-critical digital control systems［M］.New York:Springer,2009.

［26］Wickens C.Processing resources and attention［M］//Multiple task performance.London:Taylor & Francis,1991.

# 第19章 数字化核电厂主控室操纵班组沟通模式实验研究

在岭澳二期核电厂中,主控室数字化的状态导向法事故处理规程(SOP)的应用改变了主控室操纵班组事故处理的运行环境和任务模式。操作班组的沟通模式(频率、内容与方式)也随之发生新的变化,这一变化可能会引发新的人因失误,对核电厂运行安全带来新的影响。因此,为了预防新的沟通模式可能造成的人因失误,有必要对操纵班组的沟通模式进行研究,识别数字化主控室班组沟通模式对人因失误的影响。

1. 沟通模式研究方法

Bales 于 1950 年提出一种言语行为编码方案来识别群体的沟通模式,称为互动过程分析(Interaction Process Analysis,IPA)。根据群体沟通内容的功能或目的,IPA 从任务和社会心理两个维度将沟通信息分为 12 类,其社会性质的信息包含六种表达类型,三种正面的,三种负面的[1]。为了分析机组成员间的沟通行为,Kanki 和 Foushee 在 1989 年提出的言语行为编码方案扩展为包含 20 种类别元素的方案[2]。2000 年,Kettunen 和 Pyy 提出的言语行为编码方案包含 11 种沟通类别[3]。2002 年,Chung 等使用言语行为编码方案研究了核电厂传统主控室与数字化主控室操纵班组沟通模式的变化[4]。2004 年,Min 在 Kettunen 和 Pyy 编码方案的基础上提出了一种扩展的言语行为编码方案对 Chung 的相关工作进行了进一步研究[5]。2008 年,Chung 提出了一种对核电厂团队沟通进行分析的模型框架,突破了传统的人–机界面研究,将人–机界面、人与人间沟通的研究结合起来,提出了人–人–机的三角框架模式[6]。2010 年,Kim 对前人提出的言语行为编码方案进行了更细化的分类,对异常工况下的沟通模式特征进行了分析,并与前人的关于紧急工况下的研究结果进行了比较分析[7]。2012 年 Yochan 在对值长的问询类别分类的基础上,对核电厂紧急工况下操纵班组使用计算机规程时值长的问询模式进行了研究[8]。上述团队沟通模式的研究方法基本都是基于实验的统计分析。在 2012 年 Park 的工作中,其认为基于实验的统计分析没有坚实的理论基础,因而提出了一种基于社会网络分析(Social Network Analysis,SNA)理论的分析框架,在这一框架下,收集了班组的沟通特征数据,对言语行为编码方案的类别及其在操纵班组中的分布进行了分析,并与前人的部分研究结果加以比较,验证了该框架的适用性[9]。

2. 数字化主控室操纵班组沟通研究前期相关结果

1999 年,Roth 和 O'Hara 讨论了先进主控制室中操纵员的行为和沟通特征,在对操纵班组操作绩效的分析后指出:值长和操纵员间沟通的重要性增加了,当计算机化规程错误信息或误导信息出现时,操纵员对错误规程的恢复需求增加了[10]。2002 年,Chung 等使用言语行为编码方案对核电厂传统与数字化的控制室中操纵班组沟通模式的对比分析研究发现,与传统主控室相比较,在数字化主控制室使用计算机规程系统时,操纵班组的沟通量变少了。沟通类别也发生了变化,"证实"和"确认"类别的沟通增加,"命令"类别的沟通减少[4]。2004年,在 Kettunen 和 Pyy 编码方案的基础上,Min 通过提出更为细化的言语行为编码方案(增加言语行为的分类类别和对言语行为类别进行下一级分类。如加入"呼叫""判断"的言语行为分类,将"命令""问询""回复"类型进行了下一级分类)证实了 Chung 等的前述研究结论[5]。2008年,Chung 就核电厂数字化特征提出:由于数字化系统在信息呈现和处理方面的进步,数字化主控室中操作人员在信息获取和决策认知方面发生了变化,有必要将人与人的沟通和人-机交互结合研究,并提出了人-人-机的三角框架模式,通过对该模式的实验验证发现:尽管先进的数字化主控室提供了更好的工作环境,但先进的数字化系统将部分信息处理后以显示的方式提供给相关操作人员,改变了传统控制室人员间的部分沟通需求,影响了操纵员间的沟通内容和沟通模式,并且可能使操纵班组的沟通结构发生变化[6]。2012年,Yochan 对核电厂紧急工况下使用计算机规程时值长的问询模式特征进行了研究,认为数字化主控制室操纵班组有必要减少值长认知负荷的需求,有必要建立沟通标准,并给出了相关建议[8]。2012年,台湾的研究人员对核电厂数字化主控室使用计算机化规程对操纵班组心理负荷和情景意识影响的研究提出:计算机化的规程较纸质规程提供了更小的视野,班组的沟通可能减少,班组成员对电厂状态和进程的情景意识水平可能会下降[11]。

国外对核电厂主控室操纵班组的沟通研究相当重视,运用言语行为编码方案对言语行为涉及的沟通进行分类和统计分析是主要的研究方法。为了对操纵班组的沟通模式进行评价,试验班组的操作绩效是重要的参考对象。本章主要识别操纵班组在数字化主控室使用 SOP 处理事故的沟通模式,并分析其对人因失误的影响。

# 19.1 数字化主控室操纵班组言语行为编码方案

沟通是核电厂主控室成员间互动过程的主要方式之一[12]。为了对核电厂主控室操纵班组的沟通模式进行研究,大量研究人员使用言语行为编码方案对沟通进行了统计分析。其主要步骤如下:

(1)使用音频、视频设备对操纵班组的互动过程进行记录;

(2)具有相关专业背景知识的人员将音频记录中人员的沟通信息转录为文档形式的言语记录;

(3)使用言语行为编码方案对文档化的言语记录进行类别上的编码;

(4)结合操作绩效对编码的沟通类别进行言语记录的统计分析。

言语行为编码方案的编码基础是 Bales 及其助手们提出的互动过程分析(IPA)系统的观察类别分类。

## 19.1.1 Bales 的互动过程分析

### 1. Bales 互动过程分析的理论观点

Bales 的互动过程分析基本理论观点如下[1]:团体在解决问题的互动过程中不断面临着截

然不同但相关的两个焦点:基于团队任务的导向焦点,与团队成员相互关系相关的社会心理焦点。当团队的注意力和努力仅仅致力于其中之一时,这两方面的焦点就可能会相互限制。在互动过程中的不同时刻会有不同的重视程度。在 Bales 的理论结构中,团队在任务焦点导向的互动过程中按顺序包含三个任务阶段:导向(收集信息),对信息的评估,决策和控制。任务导向的互动过程可能对社会心理方面的互动造成限制。专注于任务的互动行为将对团队社会心理方面产生压力。于此同时,对社会心理方面的补偿的努力也增加了。因此,随着任务阶段的进行,团队社会心理方面积极和消极方面的行为也增加了。

2. Bales 互动过程分析对沟通行为的分类

为了对团队互动过程直接进行观察分析,在其互动过程理论观点的基础上,Bales 及其助手们第一次针对互动过程提出了系统的观察类别。在 Bales 等发展的互动过程分析(IPA)系统中,包含了对互动过程的观察类别结构,并建立了与这些类别相对应的理论概念。互动过程分析系统将互动过程中的沟通信息从任务和社会心理两方面进行功能性类别划分。Bales 建立的观察系统包含了 12 种具有复杂的相互关联的功能性表达类别,如表 19-1 所列。

表 19-1 Bales 互动过程分析观察系统的分类

| 社 会 心 理 | | 任 务 | |
|---|---|---|---|
| 积极 | 消极 | 主动 | 被动 |
| 显示团结 | 显示对抗 | 提供意见 | 请求意见 |
| 显示压力释放 | 显示紧张 | 提供方向 | 请求方向 |
| 表示同意 | 表示不同意 | 提供建议 | 请求建议 |

3. Bales 互动过程分析对沟通行为分类的优缺点

Bales 对团体交互过程的沟通行为是从任务和社会心理两个维度、基于其功能进行类别划分的,其也可以对这些类别按功能进行更详细的划分,如对沟通中的每一条信息进行分类,但其忽视了具有语义和主题的沟通内容。也正因为 Bales 的分类方案不考虑沟通内容的主题,因而该方案有较好的通用性和扩展性,可以用于分析各种不同行业背景下团体在执行各种任务下的互动沟通过程。在 Bales 沟通分类方案思想的基础上,许多专家发展了多种不同领域的沟通分类方案,并最终形成言语行为编码方案(如航空业、核能工业)。但正是由于其按功能分类的思想,不同行业的专家在对其扩展时主要是从沟通功能的分类细化出发,没有从沟通内容出发。这造成了对沟通模式的研究大部分始终停留在对沟通类别的统计分析上,如沟通类别的频次,沟通类别在团体沟通中的分布等。不同的沟通功能对不同的沟通内容会产生不同的影响,在数字化核电厂主控室采用 SOP 处理事故的背景下,操纵班组沟通模式不但应该包括沟通的功能,还应该包含班组沟通的主要内容或沟通主题。通过对沟通内容和沟通功能特征的综合分类编码,更能体现数字化核电厂主控室采用 SOP 后操纵班组的沟通模式的新特点,从而为沟通模式对人因失误的影响研究提供帮助。

### 19.1.2 数字化主控室结合 SOP 背景下班组沟通的内容特征

采用数字化仪控技术是先进核电厂的一个显著特征。在核电厂数字化主控室中,操纵班组具有新的运行环境和任务要求。

在同一核电厂,不同操纵班组具有一致的组织结构和主控室运行环境。因此,在同一事故背景的任务需求下,主控室操纵班组间的差异(操纵班组人员的运行经验,专业知识能力,团队的合作、管理等)可能导致操纵班组间沟通模式(沟通频率,沟通网络,沟通方式,沟通内容等)不完全一致;在不同事故背景的任务需求下,同一操纵班组能力支持度和主控室具体的控制要求也不会完全一致,其沟通模式也可能发生变化。针对沟通模式的一般性描述难以适用于所有操纵班组。尽管如此,在同一主控室中,操纵班组的组织结构和运行环境具有一致性,数字化主控室特征和 SOP 的引入改变了操纵班组的运行环境和任务要求,操纵班组的行为(认知和动作)受到了影响。操纵班组的任务要求是在一定的目标和硬件背景下而言的,操纵班组的运行环境主要是受系统硬件背景影响。因此利用工作域分析对操纵班组的主控室运行的硬件背景-数字化特征和目标背景-SOP 特征对事故处理中操纵班组行为的影响进行分析,获得操纵班组互动过程中的沟通内容特征。

### 1. 工作域分析

工作域是一确切的环境,其意图是满足已经确定的需求或目的。在一定工作域内,工作系统的目标(必须实现的目标和功能)和可用条件(系统中可用的部件及其使用条件,系统实现某一功能的能力)约束了工作人员的行为,定义了工作人员基本的工作和问题空间,形成了工作域的控制要求和控制技术。在处理难以预料的工况或稀有事故时,有关工作系统约束条件(目标和硬件)的知识有助于工作人员在工作系统可接受的界限内采取各种方法。

工作域分析(Work Domain Analysis,WDA)是认知分析的一种[13]。通过 WDA 对工作系统的目标和可用条件建立层次分解空间(ADS),可明确工作域的控制要求和控制技术,建立工作人员行为的约束条件,如表 19-2 所列。

表 19-2　层次分解空间

| 层次 | 系统 | 子系统 | 部件 |
|---|---|---|---|
| 目标层 | | | |
| 价值标准层 | | | |
| 功能层 | | | |
| 实体能力层 | | | |
| 实体层 | | | |

ADS 包括横向和纵向两个维度,横向的分解维度为整体与部分的关系,其关系较简单。纵向的层次维度包括:

(1)目标层,工作系统的目标和外部对其的约束条件;
(2)价值标准层,目标实现的评价标准;
(3)功能层,实现目标层的系统功能;
(4)实体能力层,实现功能层的实体单元能力及其限制条件;
(5)实体层,系统的实体部件。

纵向的层次维度从上至下说明上一层次是如何通过下一层次来实现的,从下到上则说明为何下一层次能提供对上一层次的支持。这种途径-目的关系间的多种映射方式(一对一、一对多、多对一、多对多)形成了工作人员的认知推理空间。层次维度的上三层形成了该空间的目的性特征,下两层形成该空间的物理层特征。工作人员间的沟通是其行为之一,系统的目标和可用条件是其行为的约束条件,工作人员间沟通的内容应与 ADS 的元素特征存在联系。

核电厂主控室工作系统的目标和硬件背景形成了核电厂主控室的任务控制要求与运行环境。工作域的控制要求、运行环境与工作人员的能力决定了人员沟通网络的结构、沟通的内容以及实际的工作组织。当工作系统是功能系统时,工作人员的能力、工作域内的技术将会引导人员的分工和工作组织的发展,并会一直决定人员的沟通内容。系统的目标和硬件背景是操纵班组行为的约束条件,班组成员间沟通互动内容与 ADS 的元素特征存在联系。

由于 SOP 不同于基于设计基准事故分析的事件导向法事故处理规程(EOP),事故状态下,操纵班组主要是在规程引导下进行监视和探测、状态评估、响应计划和响应执行。因此 SOP 的特点将会对操纵班组的行为产生巨大影响。本章将从核电厂数字化主控室结合 SOP 对操纵班组行为的约束条件进行分析,以获得操纵班组交流互动过程的内容特征。

2. SOP 特征分析

SOP 不同于 EOP,操纵班组能够使用 SOP 处理叠加事故。EOP 是以设计基准事故的发展进程分析为基础来编制的,所以其只能针对单一的、预期的事故提出策略支持。为了保证对事故的成功处理,在 EOP 可用时,操纵班组的认知和决策起到了相当重要的作用,对事故的成功诊断是操纵班组选取可用 EOP 的前提,因此可能产生的人的诊断失误对事故的处理会造成严重的后果。然而核电厂可能出现预期与非预期、单一与叠加的事故。当非预期的或者叠加事故出现时,EOP 显得可用性不足。基于事故多样,而电厂的物理状态边界是有限的特点,为了对各种事故进行可控的处理,SOP 将核电厂的安全运行目标表征为对描述核电机组运行状态的 6 个基本状态及其特性参数(表 19-3)的诊断和控制。

表 19-3 核电站 6 个基本状态及其特性参数

| 状 态 | 特性参数 |
|---|---|
| 次临界度 | 中间量程中子注量 |
| 一回路压力和温度 | 一回路饱和裕度 |
| 一回路水装量 | 压力容器水位 |
| 二回路水装量 | SG 宽量程水位 |
| 二回路完整性 | 主蒸汽压力,SG 二次侧水、气的放射性 |
| 安全壳完整性 | 安全壳压力和放射性 |

在事故工况下,反映机组状态的 6 个状态功能参数的实际值与边界值的比较成为了规程策略选择的重要依据。为了选取适当的策略来控制机组以保证堆芯的安全,在执行 SOP 的过程中,主控室操纵班组对机组整体状态的监视、事故程度的状态评估、针对事故的响应计划和响应执行均围绕这 6 个基本状态及其特性参数展开。在相应的参数判据以及控制方案的引导下,操纵班组采取措施(如监视某些参数、评估电厂事故的严重程度、在规程提供的多种方案中选取可用的响应计划,启用某些功能、停运某些设备来进行响应执行)使机组的状态恢复或者维持在可接受的状态内,以实现对事故的缓解并最终实现核电厂的安全目标。如在事故发生、核电厂紧急停堆后,操纵班组根据停堆信号进入规程。在以状态导向为特征的 SOP 中,一回路操纵员的规程执行模块大致有:进入 DOS,进行初始诊断,其中包含了对电厂状态的边界把握,即对电厂的核应急水平进行了分级。在完成一系列固化于 DOS 的步骤后,一回路操纵员根据电厂的信息完成对规程判据的判断,从而形成一条初步诊断路径进入相应的事故处理规程(ECPi)。在进入 ECPi 后,一回路操纵员需要进一步根据其初始导向(IO)规程选择特定的事故处理序列对电厂

事故进行缓解。在从 DOS 进入 ECPi 序列的过程中,操纵员的主要行为模式有监视、状态评估、计划响应、响应执行。

SOP 从电厂系统安全目标层出发,对主控室工作域关于核电厂系统安全目标的价值标准层、功能层以及实体层的元素和各个层次之间的关系进行表征,而主控室数字化仪控系统这一硬件背景构成了主控室工作域关于核电厂系统 ADS 实体能力层(表 19 - 4)。

表 19-4 主控室工作域关于核电厂系统的层次分解空间

| 层次 | 系统 | 子系统 | 部件 |
|---|---|---|---|
| 目标层 | 六个基本状态及其特性参数 | | |
| 价值标准层 | 六个基本状态和参数的安全要求边界范围 | | |
| 功能层 | 基本状态参数控制的相关功能 | | |
| 实体的能力层 | 数字化仪控系统 | | |
| 实体层 | | | 参数控制涉及的设备和部件 |

### 3. 沟通内容特征

SOP 对 6 个基本状态及其特性参数的相关表征确定了系统与操纵班组的目标背景和控制要求,构成了操纵班组行为的约束条件。在执行 SOP 处理事故的过程中,SOP 主导了操纵班组的任务需求及实现途径。操纵班组的认知和动作是基于规程的规则型行为,当操纵班组进行监视、状态评估与响应计划时,操纵班组的认知任务与 ADS 中的目标层、价值标准层与功能层紧密联系。操纵班组的沟通会反映其认知任务需求。因此,操纵班组沟通的主要内容包括:①核电厂的 6 个基本状态及其特性参数;②参数控制涉及的系统功能与设备。

SOP 表征的目标层、价值标准层、功能层以及实体层的元素和各个层次之间的关系最终是通过数字化显示与控制系统实现的。在数字化主控室中,数字化显示与控制系统主要包括基于计算机的显示系统、软控制系统与先进的报警系统。个人工作站的软控制功能使得操纵班组在规程执行的过程中对功能、设备的操控变得容易、迅速。但个人工作站空间上的相对独立与规程的计算机化显示使操纵班组成员在 SOP 执行中的相互监督、配合变得困难。因此,为了实现操纵班组行动的协同,SOP 对关键规程步骤的配合执行增加了沟通需求的说明,如一回路操纵员按规程的提示告诉二回路操纵员自己即将执行 ECP2 规程,进入序列 3 等。因此,在 SOP 的执行中,关于规程执行配合的沟通是操纵员的沟通内容之一,即关于规程的沟通。

综上可知,操纵班组沟通的内容主要涉及三个方面:关于系统 6 个基本状态及其特性参数的沟通,关于规程的沟通,以及系统功能与设备的沟通,它们代表了数字化主控室操纵班组在执行 SOP 时沟通内容的特征。作者在前期的一项实验研究中也证实了该结论[14]。

## 19.1.3 言语行为编码方案

在数字化主控室中,为了更好地研究操纵班组使用 SOP 处理事故时的沟通模式,在已有的核电厂言语行为编码方案的基础上,对其内容进行扩展,即编码方案中的言语行为不但考虑沟通的功能(以何种方式沟通),还包括沟通涉及的主要内容(主题),编码方案如表 19-5 所列。

表 19-5　言语行为编码方案

| 类别 | 定　义 | 实　例 | 沟通主题 | | | |
|---|---|---|---|---|---|---|
| | | | a | b | c | d |
| 呼叫 | 对人员的呼叫,唤起信息接收者的注意,以便顺利地建立沟通 | "一回路操纵员" | | | | + |
| 问询 | 详细而明确的信息请求获取信息接收者的支持 | "现在安注控制结束了吗?" | | + | | |
| 命令 | 指示某人执行某一行为 | "执行 DOS 第一页" | | | + | |
| 建议 | 推荐某项行动或提出观点 | "1 号主泵振动高,停运吧" | | + | | |
| 判断 | 对状况判断的表达 | "SG 的流量没有了,因为水侧隔离错了" | | + | | |
| 观察 | 对正在发生状况的陈述 | "现在一回路温度正在往上涨" | + | | | |
| 声明 | 对已经发生的或将发生事件的陈述 | "3RIS078VP 无法开启" | | + | | |
| 回复 | 对各种沟通类型的响应 | "好,隔离中压安注罐" | | + | | |

注:a——6 个基本状态及其特性参数的沟通;b——系统功能和设备;c——规程;d——其他

## 19.2　操纵班组沟通模式实验研究

为了研究操纵班组沟通模式对人因失误的可能影响,本章以新言语行为编码方案为工具,就核电厂数字化主控室结合 SOP 背景下操纵班组沟通模式进行了实验研究。

### 19.2.1　实验方案

本实验的主要目的是对数字化主控室结合 SOP 背景下操纵班组的沟通模式对人因失误的影响进行研究。以岭澳二期核电厂培训中心 900MW 全尺寸模拟机的数字化主控室作为操纵班组实验的模拟运行环境,为了体现 SOP 覆盖叠加事故的特点,选取对电厂安全具有代表性意义的两个叠加事故场景作为操纵班组的模拟事故工况。在模拟机数字化主控室设置先进视频录像设备和音频采集设备,对模拟事故工况下操纵班组的行为和沟通过程进行全程记录;对采集到的操纵班组沟通内容进行文档化,在文档化言语记录的基础上,应用本书 9.1 节的言语行为编码方案对文档化的沟通过程进行功能和主题的分析,主要包括沟通类别的总分布和沟通主题的类别分布。结合操纵班组实验过程的行为分析和实验后对教员与操纵班组的访谈,得到实验操纵班组沟通模式对人因失误的影响。需要说明的是,鉴于本实验涉及的操纵班组均为核电厂在职人员,其需要履行正常的核电厂主控室运行职责,所以实验的时间选择度较小,每次实验仅安排在 1h 内。

### 19.2.2 实验设计

模拟的 A 事故工况:启堆过程中发生安全壳外主蒸汽管道破裂叠加蒸汽发生器传热管破裂事故。

模拟的 B 事故工况:反应堆燃料元件包壳破损叠加丧失厂外电源事故。

实验对象:15 名已经取得了初级操纵员资格的核电厂运行人员,分为 5 个操纵班组,每组 3 人,分别为一回路操纵员(RO1)、二回路操纵员(RO2)、协调员(US)。其中 3 个组响应 A 事故工况,分别编号为 A1、A2、A3;2 个组响应 B 事故工况,对应编号为 B1、B2。

实验过程:在 DOS 报警信号的作用下,操纵班组进入 SOP 对事故进行缓解处理,执行 SOP 40min。

实验记录:用音频和录像设备对模拟事故场景下操纵班组执行 SOP 的过程进行全程记录,并对每个操纵班组成员间的沟通内容进行文档化(示例见表 19-6)。

表 19-6 沟通文档

| 开始时间 | 结束时间 | 人员身份 | 沟通内容 1 | 沟通内容 2 | 备注 |
|---|---|---|---|---|---|
| 00:00:37 | 00:00:39 | RO1-US | 肖工,我们现在开始走 DOS 了。 | 好 | |
| 00:01:41 | 00:01:46 | RO1-RO2 | 二回路,执行 DOS 第一页。 | 好,执行 DOS 第一页。 | |
| 00:02:01 | 00:02:05 | RO1-US | 协调员,我现在重新进 DOS? | 好,重新执行。 | 未完整复述"重新执行 DOS" |
| 00:03:46 | 00:03:52 | RO2-US | 协调员,那个 CET 没法切换到 SV 控件,SV 控件点不了。 | | 无应答! |
| 00:04:53 | 00:05:00 | US-RO2 | CET 是吧? 行。 | 对,要求切换到辅助蒸汽控制键。现在还是 VVP? | |
| 00:05:06 | 00:05:12 | RO1-RO2 | 二回路,打开汽机。对。 | 确认汽机跳闸,是吧? 已经确认了。 | |
| 00:05:18 | 00:05:22 | RO1-US | 协调员,通知值长进行电厂应急等级分级。 | 好。 | |

注:表中时间刻度:h/min/s

沟通文档主要包含:沟通开始时间,沟通结束时间;沟通的人员(沟通发起者、沟通接受者);沟通内容 1(沟通发起者的谈话内容),沟通内容 2(沟通接受者的谈话内容);备注(便于结合视频进行分析沟通过程)。

数据获取:使用言语编码方案对文档化的沟通内容进行类别和内容主题的分类编码和统计分析。

### 19.2.3 实验结果与分析

本研究根据言语协议编码方案对文档化的言语记录进行分类编码后,首先采用 Excel 汇总整理每个小组关于沟通类别和沟通主题的数据,然后用 SPSS 19.0 进行统计分析。

#### 19.2.3.1 A 事故工况下各操纵班组沟通模式

**1. 各组沟通类别的总分布结果**

从图 19-1 可以看到,在模拟的 A 事故工况下使用 SOP 时,A1、A2 与 A3 各组关于沟通的功能类别分布趋势具有相似性。"问询""建议""声明"与"回复"是各组主要的沟通类别,"命令""判断"与"观察"类别在各组中的分布比例较低。

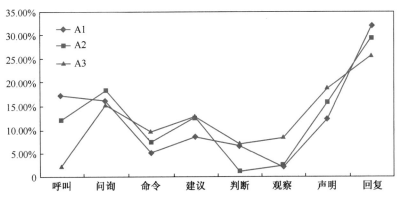

图 19-1　三组沟通类别的总分布

2. 各组沟通主题的类别分布结果

从图 19-2 可以看到,A1 组在某些特定的沟通类别分布与沟通主题具有一定的关系。在三个主题中,参数体现了"判断"和"观察"类别特征;系统功能和设备体现了"问询"类别特征;规程体现了"声明"类别特征。

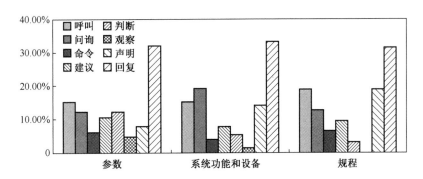

图 19-2　A1 组沟通主题的类别分布

从图 19-3 可以看到,在 A2 组关于三个沟通主题的沟通类别分布中,参数主题体现了"建议"与"判断"类别的特征;系统功能和设备体现了"命令"与"观察"类别的特征;规程则体现了"问询"与"声明"类别的特征。

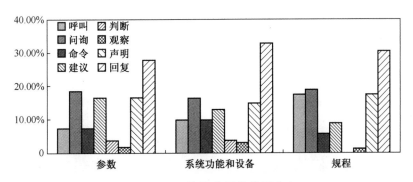

图 19-3　A2 组沟通主题的类别分布

从图19-4可以看到,在A3组,参数的"命令""建议""判断"和"观察"特征明显;系统功能和设备的"问询""观察"和"声明"特征明显;在规程主题中,"建议"和"声明"类别特性明显。

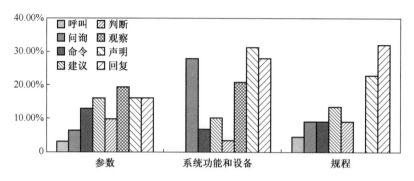

**图 19-4　A3 组沟通主题的类别分布**

从 A1、A2 与 A3 的沟通主题分布特征中:参数的沟通类别特征主要表现为"建议""判断"和"观察";而对于系统功能和设备,规程的沟通类别特征主要体现在"问询"和"声明"。

### 19.2.3.2　B 事故工况下各操纵班组沟通模式

**1. 各组沟通类别的总分布结果**

从图19-5可以看到,在模拟的B事故工况(反应堆燃料元件包壳破损叠加丧失厂外电源)背景下,B1与B2组沟通类别的分布趋势相似。"呼叫""问询""命令""建议""声明"与"回复"是两个小组主要的表达方式,"判断"与"观察"的比例均较低。

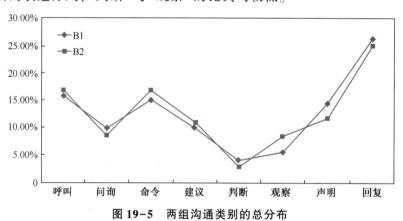

**图 19-5　两组沟通类别的总分布**

**2. 各组沟通的类别分布结果**

在 B1 组(图 19-6)中可以看到,"呼叫""建议"与"回复"在各个主题的分布比例中差别不

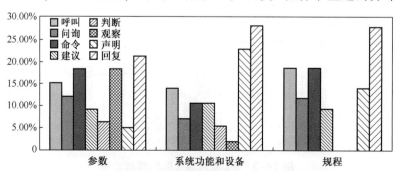

**图 19-6　B1 组沟通主题的类别分布**

大。在三个沟通主题中,参数主题体现了"命令""判断"和"观察"类别的特征;系统功能、设备与规程体现了"命令""建议"和"声明"类别的特征。

在 B2 组(图 19-7)同一沟通类别中,"呼叫"和"建议"在各个主题中分布较差别不大,参数体现了"命令""判断"和"观察"特征,系统功能和设备体现了"命令""建议"和"声明"类别特征,规程体现了"问询"和"声明"特征。

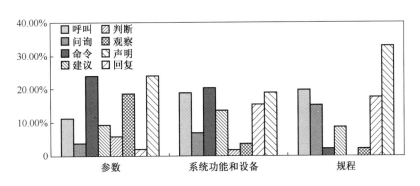

图 19-7　B2 组沟通主题的类别分布

从 B1 和 B2 组关于沟通主题的类别分布图中可以发现,B 事故工况下,两个小组依然呈现出组内沟通主题的不同类别分布和组间差异。在 B 实验组中,两个小组的"呼叫"类别分布差异不大。关于参数主题的类别分布中,B1 与 B2 中体现了"命令""判断"和"观察"特征;在系统功能和设备的类别分布中体现"命令""建议"和"声明"特征。在规程中共同体现了"声明"特征。

## 19.2.4　操纵班组沟通模式

从 A 与 B 工况下各组关于沟通主题的分布中得知:同一操纵班组对不同沟通主题具有沟通类别的差异。对于"呼叫"类别,A 与 B 工况下"呼叫"沟通的整体比例在15%左右。A 工况下的分布中差异明显,A1 比例最高,A3 比例最低。"建议"类别在 A1 组的比例最低,A2 与 A3 的差异不明显。对于"判断"类别,A2 的比例最低。"观察"和"声明"类别在 A3 组最高。"命令"类别在 B 工况下的分布比例较高。

"问询""建议"和"声明"沟通方式在数字化主控室操纵班组的沟通类别中起到了重要作用,但操纵班组沟通中的"判断"与"观察"性的沟通比例较低,且主要集中在参数主题。对同一沟通主题,不同操纵班组之间的沟通特征也不同,A1、A2、A3、B1 与 B2 关于同一主题的类别分布差异说明 5 个操纵班组对不同的主题具有不同的沟通策略和沟通模式,A3、B1 与 B2 组关于参数的"观察"类别特征明显。

为了分析不同沟通类别与沟通主题之间的关系,从沟通主题的分布比例出发,根据参数、系统功能和设备、规程在沟通类别的分布情况,列出各实验小组在同一沟通类别中的最重要相关主题,得到数字化主控室操纵班组的沟通模式(表 19-7)。

从表 19-7 可以获知,在数字化主控室使用 SOP 处理事故时,"呼叫"与规程的相关性最大。"问询"则更多地与规程以及系统功能和设备相关。"命令"与参数和规程的相关性较大。"建议""判断"和"观察"主要与参数相关。"声明"与"回复"的主要涉及主题为规程以及系统功能和设备。

表 19-7　数字化主控室操纵班组的沟通模式

| 组别 | 呼叫 | 问询 | 命令 | 建议 | 判断 | 观察 | 声明 | 回复 |
|------|------|------|------|------|------|------|------|------|
| A1 | C | B | C | A | A | A | C | B |
| A2 | C | C | B | A | A | B | C | B |
| A3 | C | B | A | A | A | B | B | C |
| B1 | C | A | C | B | A | A | B | B |
| B2 | C | C | A | B | A | A | C | C |

注:A——6个基本状态及其特性参数的沟通;B——系统功能和设备;C——规程

## 19.3　操纵班组沟通模式对人因失误的影响

本节在已获得的实验操纵班组沟通模式讨论的基础上,从沟通对人因失误的可能影响出发,结合视频行为分析、教员与操纵班组访谈,分析操纵班组沟通模式对人因失误的影响。

### 19.3.1　沟通模式讨论

(1) 从 5 个操纵班组的沟通模式看,在对规程沟通时,"呼叫"比例均最高,这说明在规程的指引下,操纵班组成员间的信息接收者是明确的。根据沟通类别的功能定义,"呼叫"是指对信息接收者的沟通提示,对于信息发送者而言,通过"呼叫"能够明确信息的传递,接收者也能更容易地注意到信息发送者的相关沟通请求。信息接收者有意识地对沟通请求分配注意力可以在两种情况下产生,一是听到对自己的"呼叫",二是信息具有明显的岗位背景,如一回路操纵员大声地说:"控制蒸汽发生器的水位",此时尽管一回路操纵员没有通过"呼叫"明确信息接收者,但沟通内信息本身与二回路操纵员的岗位职责密切相关,此时,二回路操纵员在无其他干扰(如正与他人沟通)时,二回路操纵员也能很明确地知道信息发送者的沟通指向。但在沟通信息内容不具有明确岗位背景或表达不清晰的情况下,如协调员本意是控制一回路的水位,却未通过"呼叫"一回路直接表达成"控制水位",此时可以是指控制一回路压力容器水位,也可以是控制二回路蒸汽发生器水位。信息内容容易引起歧义,一、二回路操纵员并不能明确该指令是下达给谁的,此时会影响沟通的效果并延迟任务的执行。因此,操纵员通过"呼叫"发起沟通有利于沟通路径的建立,在信息接收者忙于其他任务(如执行规程的操作单,与其他人沟通中)时,通过"呼叫"引起信息接收者注意力的分配,减少了信息接收者对沟通请求忽视的可能性,从而减少重复沟通的次数,有利于节约沟通时间。但是操纵班组对参数、系统功能和设备进行沟通时,"呼叫"比例存在差异,这说明操纵班组对其他主题沟通时,没有建立统一的沟通模式,也没有严格执行电厂程序要求的"三段式沟通"。因此,为了避免因信息内容表达不清晰或其他干扰对信息接收者的影响,操纵班组应该建立"呼叫"沟通的良好习惯。

(2) 5 个操纵班组的"问询"和"声明"主要集中在规程以及系统功能和设备。在 SOP 执行的过程中,因为一、二回路操纵员需要对大量设备和系统功能的自动动作进行监视和确认,同时要在规程的指引下协同执行相应的操作单,操纵员的任务比较繁杂;而系统功能和设备的状态信息具有离散的特点,如阀门的"开"和"关",功能的"投运"和"未启动"。操纵班组不能通过连续跟踪这些离散信息来确认设备的状态变化,因此,操纵班组需要通过"问询"及时地了解系统功能和设备的状态。由于数字化主控室操纵员个人工作站空间上的相对独立,操纵班组成员间规程执行、系统功能和设备操作行为的监视和协同变得困难,因此操纵员会以"问询"方式及时获取规程执行的进度信息。同时,在执行系统功能和设备的相关操作时,操纵员更倾向于通过"声明"来快速实现规程、系统功能和设备的信息共享。因此通过"问询"和"声明"两类主要的沟通方式,操纵班组能够实现系统功能和设备、规程信息的及时共享。但个人工作站信息加工及显示能力的提高改变了操纵班组的信息获取途径(通过监视大屏幕和计算机显示屏直接获取和通过沟通从其他人员处获取),操纵班组的人员个体特征(如信息获取方式的偏好,个人的专业知识和技能水平,注意力资源分配能力等)和信息特征影响了操纵员的信息获取倾向。由于参数信息具有连续的特征(如一回路温度的连续变化,蒸汽发生器水位的连续变化等),操纵员对参数信息倾向于通过显示屏独立地跟踪获取,而不是通过"问询"其他成员获取。当多个参数状态同时变化时或单个参数状态快速变化时,由于操纵员个人工作记忆和注意力资源的限制,操纵员可能会漏掉对重要参数的监视,也可能对快速变化的参数状态未能及时跟踪监视和评估。同时关于参数的"声明"性表达较少,这也说明操纵班组个体成员更关注自己职责范围内的参数信息,忽视了通过"声明"来进行参数信息的班组共享。当个人对参数的监视遗漏加之班组的参数信息共享不足时,操纵班组对电厂状态的及时监视和决策可能会受到影响。

(3)从"命令"类别看,操纵班组对参数和规程的"指令"较多,而对系统功能和设备的"指令"较少。电厂参数状态是操纵班组执行SOP进行状态评估的主要出发点,在紧急状态时,通过对参数和规程下达指令,操纵班组能更快地进行状态评估和选择相应的响应计划(规程路径的选择),从而快速地响应执行。但在数字化主控室中,操纵员在SOP引导下自主地进行系统功能和设备的软操控,操纵班组对系统功能和设备的"命令"性表达较少,在这种情况下,操纵班组成员间对系统功能和设备的状态评估可能造成差异。在面对报警信号时,操纵员需要在报警信号和规程引导下对功能和设备的控制进行选择和讨论。如果直接通过"命令"的方式进行控制目标的选择,这有可能对操纵员的自主操控造成影响。操纵班组应该谨慎地下达指令,以免"命令"性指令与操纵员自主操控过程发生冲突。同时在下达指令时应该通过"判断"类别的表达说明"命令"的原因,命令的接收者应当适当地提出"建议"来避免因盲从"命令"引发不当操作。在对系统功能和设备下达"命令"性指令时,当"建议"和"判断"较少时,有可能会引发人因失误。5个操纵班组对系统功能和设备的"判断"性表达均较少,可能引起人因失误。

(4)在操纵班组沟通类别的主题分布中,"建议""判断"和"观察"类别主要与系统功能和设备以及参数相关。但"判断"和"观察"的总体分布比例较低,参数的"声明"比例也不是最高。在状态评估和响应计划的过程中,操纵班组成员对参数、系统功能和设备的诊断比较独立,不经常将诊断的过程与他人分析,只有在讨论时才提出建议,发表自己的看法。同时,操纵班组对参数的"观察"性表达很少,说明操纵班组对参数变化过程的跟踪和监视的信息共享不足。通过视频分析和访谈,由于"观察"和"判断"性表达较少,操纵班组存在对参数变化过程的关注度不足,甚至漏掉对重要参数变化过程的监视遗漏。当对参数的"声明"性表达不足以提供足够信息时,操纵班组甚至会漏掉对关键参数的及时观察和信息共享,这影响了操纵班组对电厂状态的情景意识,对操纵班组的决策造成负面影响。关于规程的"判断"性表达很少,在数字化主控室使用 SOP 的过程中,操纵班组主要是遵循规程操作,很少对规程的可用性进行判断性表达。但规程并不能覆盖所有重要的信息,操纵班组可能对规程外的其他重要信息产生忽视并造成人因失误。如在 A3 组,尽管呼叫比例最低,但在沟通中,操纵班组成员在沟通之前一般会通过对其他成员的行为观察,来选择恰当的沟通时机,在排除其他干扰的情况下,他们往往通过明确的沟通信息来建立有效的沟通。在其他成员正相互沟通时,另一位成员会在其他成员沟通完毕后再沟通,除非是信息需求特别紧急的情况下,他们才会通过"呼叫"迅速地建立沟通;同时,他们更倾向于将自己通过屏幕监视获取信息的过程以"观察"的表达方式来实现信息的及时共享,其也通过"声明"表达自己的下一步行为意图。通过"观察"和"声明"来实现信息的及时共享,表达行为意图,对于 A3 建立良好的共享情景意识起到了重要作用;另外,"建议"和"判断"性表达比例高说明 A3 操纵班组的成员不但实现了信息的共享,还能够有效地利用个人工作站和墙面大屏幕信息显示屏对信息进行积极的认知加工活动。

(5)"声明"和"回复"的主要主题是系统功能和设备、规程,说明操纵班组更关注系统功能和设备以及规程的执行情况。当对参数的"声明"和"回复"不足时,操纵班组可能不能及时地对电厂的状态和规程的响应计划效果进行评估,从而可能影响操纵班组对下一步工作目标的规划和重要步骤的协同一致。

### 19.3.2 沟通模式对人因失误的影响

在沟通模式讨论的基础上,结合视频行为分析、与操纵班组和教员访谈,发现沟通模式对人因失误存在如下的影响:

(1)在"呼叫"缺失的情况下,沟通存在重复的情况,这造成了操纵班组任务执行的延迟。如在 A1 组,当一回路操纵员进入 DOS 规程后,由于安注的自动启动,一回路操纵员按规程的指示应该在取得协调员同意的情况下重新执行 DOS。一回路操纵员第一次沟通如下:"重新执行 DOS,是吧?"。在等待了近 20s 后,一回路操纵员没有收到相关回复,于是他又再次沟通,表达如下:"协调员,我现在重新进 DOS?",协调员回答:"好,重新进 DOS。"。在第一次沟通时,由于操纵员和协调员个人工作站前后的空间布局,一回路操纵员看不见协调员在工作站的行为,因而他不知道此时协调员正在个人工作站忙于对电厂状态参数的全面查看,因此,协调员对一回路操纵员的沟通请求并没有给予足够的注意。在 A2 组中,当一回路操纵员没有通过"呼叫"直接问询二回路蒸汽发生器隔离情况时,表达如下:"蒸汽发生器都没隔离吧?",此时二回路操纵员无响应。二回路操纵员正忙于蒸汽发生器隔离的相关操作,其未能给出及时的回复;一回路操纵员没能及时地获取相关的信息,造成了响应计划的的延误。

(2)对参数"问询"的不足增加了操纵员的注意力资源负担。在 A2 组中,当一回路操纵员在执行一回路有无破口的状态评估时,出现了一回路操纵员试图独立地获取二回路放射性信息却不通过"问询"二回路操纵员获取,而二回路操纵员也不主动地通过"声明"进行二回路放射性信息的共享,导致了一回路操纵员对放射性状态信息的获取延迟并最终导致规程步骤的延时执行后果。

(3)对参数"判断"与"观察"性沟通的不足导致操纵班组对电厂情景意识的不足,影响了操纵班组的决策。如在 A2 操纵班组,协调员不是经常坐在个人工作站结合协调员规程实施对一、二回路操纵员工作的监督和协同,而是脱离个人工作站,位于一、二回路后面利用纸质规程来实施监督和协调;同时班组成员间的"观察"和"判断"性表达比例低,操纵班组对电厂信息的获取主要是"问询"来实现的,因此其"问询"的比例最高,班组情景意识的共享较差。

(4)对系统功能和设备的"判断性"沟通不足造成"命令"性指令的目标冲突并影响操纵员的自主操控过程。如在 A 工况进行降温降压的过程中,由于出现一回路主泵振动报警信号,协调员直接以命令的方式让一回路操纵员执行主泵监测任务,却未了解一回路操纵员对系统功能和设备的操作情况,当一回路操纵员提出质疑:应当先执行中压安注罐的隔离,否则随着降温降压的进行,中压安注有被触发的危险。最终,协调员否定了自己的主泵监测指令。因此,当操纵员能通过"问询"获取参数信息时,可以通过"问询"结合自己的监视实现信息的快速获取和确认,同时,其他操纵员应该主动地通过"声明"实现参数信息的班组共享,尽管参数信息可以通过连续监视获取。

综上所述,沟通模式对人因失误的影响主要包括:因"呼叫"的缺失导致沟通的重复和信息接收者对沟通请求的忽视,增加了操纵员的认知负担,造成任务执行的延迟;对参数"问询"和"声明"的不足,对系统功能和设备的"判断"性不足导致"命令"性指令的目标冲突并影响操纵员的自主操控过程;对参数"判断""观察"性沟通的不足导致操纵班组对电厂情景意识的不足,影响了操纵班组的决策;对参数的"声明"和"回复"不足可能影响操纵班组对电厂控制目标的及时评价并最终影响操纵班组对下一步工作目标的规划和重要步骤的协同一致。

## 19.4 本 章 小 结

本章以工作域分析和言语行为编码方案为工具研究了 DCS + SOP 背景下操纵班组沟通的内容特征和沟通模式,并探讨了不同沟通模式对人因失误的影响,获得了以下主要结论:

(1)在数字化主控室结合 SOP 背景下,操纵班组沟通的主题主要为参数、系统功能和设备以及规程。

(2)操纵班组使用 SOP 处理事故的沟通过程中,"呼叫""问询""建议""声明"与"回复"是主要的沟通类别,"命令""判断"和"观察"类别沟通较少。在同一操纵班组的沟通中,不同沟通主题具有不同的沟通类别分布;在对同一沟通主题的沟通中,不同操纵班组间也存在差异。"建议""判断"与"观察"类别主要与参数相关,且沟通比例均较低,其他沟通类别主要集中在系统功能和设备以及规程主题。

(3)沟通模式对人因失误的影响主要包括:因"呼叫"的缺失导致信息接收者对沟通请求的忽视,沟通请求的重复造成任务执行的延迟;对参数"问询"的不足增加了操纵员的注意力资源负担,对参数"判断"与"观察"性沟通的不足导致操纵班组对电厂情景意识的不足,影响了操纵班组的决策;对参数的"声明"和"回复"不足可能影响操纵班组的响应计划和执行;对系统功能和设备的"判断性"沟通不足造成"命令"性指令的目标冲突并影响操纵员的自主操控过程。

# 参考文献

［1］ Bales R F.Interaction process analysis:theory,research,and application［M］.Cambridge:MIT Press,1950.

［2］ Kanki B G,Foushee H C.Communication as group process mediator of aircrew performance［J］.Aviation,Space and Environmental Medicine,1989,60(5):402-410.

［3］ Kettunen J,Pyy P.Assessing communication practices and crew performance in a NPP control room environment-A prestudy［Z］. TAU-001/00,2000.

［4］ Chung Y H,Min D,Kim B R.Observations on emergency operations using computerized procedure system［C］.IEEE 7h Human Factors Meeting,Scottsdale,2002.

［5］ Min D H ,Chung Y H,YoonW C.Comparative analysis of communication at main control rooms of nuclear power plants［C］//Proceedings of IFAC/IFIP /IFORS/IEA symposium,Atlanta,2004.

［6］ Chung Y H,Yoon W C,Min D.A model-based framework for the analysis of team communication in nuclear power plants［J］.Reliability Engineering and System Safety,2009,94 :1030-1040.

［7］ Kim S,Park J,Han S,et al.Development of extended speech act coding scheme to observe communication characteristics of human operators of nuclear power plants under abnormal conditions［J］.Journal of Loss Prevention in the Process Industries,2010,23: 539-548.

［8］ Kim Y,Kim J,Jang E.Empirical investigation of communication characteristics under a computer-based procedure in an advanced control room［J］.Nuclear Science and Technology,2012,49(10):988-998.

［9］ Park J,Jung W,Yang J E.Investigating the effect of communication characteristics on crew performance under the simulated emergency condition of nuclear power plants［J］.Reliability Engineering and System,Safety,2012,101:1-13.

［10］ Roth E M,O' Hara J M.Exploring the impact of Advanced alarms,displays,and computerized procedures on teams［C］//Proceedings of the Human Factors and Ergonomics Society 43rd Annual Meeting,1999.

［11］ Yang C W,Yang L C,Cheng T C,et al.Assessing mental workload and situation awareness in the evaluation of computerized procedures in the main control room［J］.Nuclear Engineering and Design,2012,250:713-719.

［12］ Edward M J.Groups:interaction and performance［M］.NewJersey:Prentice-Hall,1984.

［13］ Naikar N,Hopcroft R,Moylan A.Work domain analysis:Theoretical concepts and methodology［R］.Australia:Defense Science and Technology Organisation,2005.

［14］ 张力,叶海峰,李鹏程,等.核电厂数字化主控室操纵班组沟通内容特征的研究［J］.原子能科学技术,2015,49(4): 750-754.

# 第20章 信息模型在数字化SOP信息量研究中的应用

信息加工过程体现为将一组输入数据映射为一组输出数据,操纵员执行某项任务时所需进行的信息加工总量可用来表征操纵员任务量。信息理论把人作为一种定量信息处理模型来描述信息流的属性,或信息转换的属性[1]。研究表明,信息理论的缺点之一是在计算绝对的判断任务时并非十分有效[2]。因此,对于核电厂操纵员的主要基于规程的诊断行为,仅用信息理论难以充分描述。

作为工程心理学的一部分,以往的信息模型主要把人的信息处理过程看作一系列线性的、模块化的处理阶段,很多学者从定性的角度研究了操纵员的认知行为[3,4]。对于核电厂这类高度复杂且具有放射性风险的工业系统,几乎所有任务都基于操作规程来执行,本书第8章提到,SOP 的应用相较于以往技术带来诸多先进性的同时,也带来了很多新的人因问题,如在数字化的 SOP 中,主体程序和数字化操作单分离,增加了程序调用的次数和层级,从某一规程进入另一规程的路径缺乏清楚的描述,不断更换程序易使操纵员丧失情景意识,甚至不知道当前已执行到规程中的具体阶段,并且容易出现程序跳项或者使用了错误的操作单或程序等。SOP 是否能够准确执行,对操纵员的事故处理可靠性影响极大,本章借鉴一种可对诊断任务中的认知信息流进行量化的方法[5],以信息流理论的信息定性模型和信息定量模型为基础,分析核电厂数字化 SOP,首先以图形化的方式直观呈现其流程,然后计算规程的信息量;最后通过眼动实验验证信息定量模型的适用性。

## 20.1 信息定量模型在数字化 SOP 中应用分析

定性的信息模型把人的信息加工过程看作一系列模块化的信息处理过程。很多学者对操纵员认知行为做了定性研究,如 Wickens 提出的信息处理模型[6],将信息处理过程分为三个阶段:感知阶段、判断阶段、响应阶段,以帮助人们理解数字化人–机界面上人的认知活动。然而,目前为止,这种定性的模型尚不能对信息流提供有效的定量计算方法。Conant[5] 提出了一种信息定量模型,由一个阶段模型(定性方法)和信息理论模型(定量方法)组成。该方法有两个侧重点:用阶段模型对诊断任务进行描述;信息流的量化。该模型用于分析操纵员行为时,可量化操作过程中用于诊断的信息量;如果将它用于任务分析,可测量操纵员完成任务的认知需求或认知负荷。本章将基于 Conant 信息定量模型(以下简称 Conant 模型)对 SOP 中信息流处理过程做定量分析。

### 20.1.1 Conant 信息定量模型

熵被广泛应用于许多不确定领域的量化,包括热力学、信息论、生物学、决策理论和社会学等[7]。Conant 模型利用熵的概念对信息进行量化[5],如果当前系统状态的复杂性取决于不确定性与识别的准确性,则可以用熵来测量系统的信息量,以反映系统的复杂性。Conant 模型把操纵员的任务以层次化的结构表示,操纵员信息加工过程比分层模型更加复杂,因为包含了其他影响因素,如操纵员的经验、技能、时间压力甚至家庭因素等,这些因素都会影响操纵员对信息流的加工。但由于对信息流的诊断任务是相对静态的,因此 Conant 模型也被视为用于描述人类信息处理的一个有效工具。

Conant 模型的基本公式为

$$H_i = \log_2 \frac{1}{p_i} \tag{20-1}$$

式中　$H_i$——信息量;

　　　$p_i$——发生事件 $i$ 的概率。

而一系列不同概率的事件平均输送的信息为

$$H = \sum_{i=1}^{n} p_i \log_2 \frac{1}{p_i} \tag{20-2}$$

式中　$\sum_{i=1}^{n} p_i = 1$,$n$ 是可能事件的全部数量。

设 $H(X_1, X_2)$ 为 $X_1$ 和 $X_2$ 同时出现时的总信息,则

$$H(X_1, X_2) = H(X_1) + H_{X_1}(X_2) \tag{20-3}$$

式中　$H_{X_1}(X_2)$——在 $X_1$ 已知的条件下 $X_2$ 所具有的信息量。

设 $T(X_1 : X_2)$ 为两个信息变量之间相关的信息量,则

$$T(X_1 : X_2) = H(X_1) + H(X_2) - H(X_1, X_2) \tag{20-4}$$

$T(X_1 : X_2)$ 的值处于 $[0, \min\{H(X_1), H(X_2)\}]$ 之间,当两个变量相互独立时,其值为 0,当一个变量完全决定另一个变量时,其值最大。

Conant 认为一个系统 $S$ 可由一组有序的变量 $S = \{X_1, X_2, \cdots, X_n\}$ 构成。在 $S$ 中,可直接从环境中观察到的变量构成系统 $S$ 的输出变量。这组输出变量可表示为 $S_0 = \{X_1, X_2, \cdots, X_k\}$,$1 \leq k \leq n$。$S_{\text{int}}$ 定义为 $S$ 中剩余的变量,称为内部变量。$S = \{S_{\text{int}}, S_0\}$。$E$ 定义为 $S$ 的外部所有相关的变量,即环境。用信息率 $F$(bit/s)来测量 $S$ 内所有信息处理活动:

$$F = \sum_{j=1}^{n} H(X_j) = F_t + F_b + F_c + F_n \tag{20-5}$$

式中　$F_t$——传送率(Throughput Rate),$F_t = T(E : S_0)$;

　　　$F_b$——阻塞率(Blockage Rate),$F_b = T_{s_0}(E : S_{\text{int}}) = T(E : S) - T(E : S_0)$;

　　　$F_c$——协同率(Coordination Rate),$F_c = T(X_1 : X_2 : \cdots : X_n) = \sum_{j=1}^{n} H(X_j) - H(X_1, X_2, \cdots,$

$X_n$）；

　　　　$F_n$——噪声率（Noise Rate），$F_n = H_E(S) = H(E,S) - H(E)$。

　　系统总的信息流表示为

$$F = \sum_{i=1}^{n} F_i \tag{20-6}$$

式中　$n$——系统 $S$ 的子系统总数。

　　系统 $S$ 的总信息流表示为所有子系统概率相加。当 $S$ 间的关系被忽略，则总概率 $F$ 是所有单独概率相加。

　　经典的信息理论用单信道模型来衡量人的能力。如上所述，经典方法对操纵员响应针对离散刺激的绝对判断是很有用的。该方法可以描述不同的信息流和提取各种特征，如处理信息、阻塞和噪声之间的关联。

　　传送率 $F_t$ 计算输入与输出之间的关联，在单信道模型中，通常用经典信息理论方法来衡量人的能力；阻塞率 $F_b$ 代表操纵员对 $S$ 所做的减少无关信息量的努力程度，代表没有转移到下一道工序的信息量，可通过多对一的映射分类减少操纵员信息加工中的无关信息，无关信息指操纵员阻塞的信息，主要包含不必要的、无需进一步处理的信息；协同率 $F_c$ 表示测量 $S$ 中所有变量之间的相关性，它衡量变量间是如何紧密耦合的，协同率代表需要获得系统变量 $S$ 之间的协调行动的信息处理量；噪声率 $F_n$ 表示在过程中由内部产生的信息量，是"自由意志"（Free Will）的率，指部分响应行为没有明确的原因，噪声率在人类行为研究中发挥着重要作用，因为许多人因失误由噪声引起，表示操纵员对当前独立状态的应答或误解。可以说，信息流量化的是施加给操纵员的认知任务负荷。变量间的联系越复杂，信息流量越大。信息流表示：①操纵员应从HMI收到多少种类的信息；②操纵员由接收到的信息如何识别电厂状态；③信息之间关系的复杂程度。HMI输入的不确定性也会影响信息量。

　　如上所述，信息流 $F$ 代表 $S$ 中所有活动，因此，信息处理量与信息处理任务中操纵员做的努力密切相关。此外，在这种方法中每个术语（传送率、阻塞率、协同率和噪声率）均可被解释为在信息处理中付出的努力：

　　（1）传送率，操纵员把输入信息转变到下一阶段的努力；

　　（2）阻塞率，减少无关信息量的努力；

　　（3）协同率，找到输入变量之间关联的努力；

　　（4）噪声率，减少无关输入的努力。

## 20.1.2　Conant 信息定量模型在 SOP 中的应用

　　同本书18.1节，本章选取报警信号产生后操纵员执行 SOP 对 SGTR 事故的诊断过程为研究内容。

　　以下首先对 SGTR 事故诊断程序进行信息定量分析，得出操纵员在该过程中信息量的分配。在规程选择时，选用在诊断 SGTR 事故时较有代表性的规程，如图20-1所示。

　　此处对规程的步骤给予适当解释说明：

　　（1）判断压力容器水位和一回路冷却剂欠饱和度在矩形区域所在的位置。在规程中是一个有横坐标和纵坐标的矩形区域，一回路冷却剂欠饱和度 $\Delta T_{sat}$ 有 3 个状态：sub-saturation（欠饱

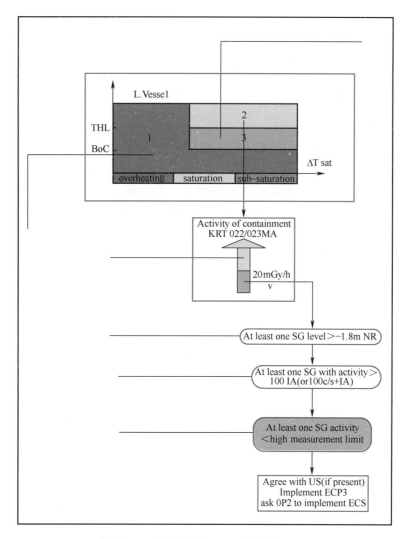

**图 20-1　初始诊断 SGTR 事故的 SOP**

和)、saturation(饱和)、overheating(过热),在矩形中为横坐标;压力容器水位有 3 个状态:高于热段顶部(Top of Hot Leg,THL)、低于 THL 高于堆芯底部(Bottle of Core,BoC)、低于 BoC,在矩形中为纵坐标。在矩形区域中共分 3 个区域(为了便于说明,这里对 3 个区域分别标号,如图 20-2 所示),操纵员根据这两个参数值在矩形区域中的位置,确认规程的下一步走向。

(2)判断 KRT 022/023MA 放射性水平。在规程中为一矩形区域,为大于 20mGy/h,或小于 20mGy/h。

(3)判断是否至少有一个 SG 水位高于−1.8m NR(窄量程水位)。在规程中为一个选择项。

(4)判断是否至少有一个 SG 放射性大于 100 IA (或 100c/s+IA)(IA:初始放射性),在规程中是一个选择项。规程执行到该步骤,操纵员则判断所发生事故为 SGTR 事故。

(5)确认至少有一个 SG 放射性小于最高测量值。因为当 SG 放射性大于最高测量值时,会显示为"＊＊＊"。这样操纵员在执行该步骤时,只要看到监测到的值为非"＊＊＊",即认为小于最高测量值。

通过以上步骤,操纵员可以基本确认机组异常为 SGTR 事故。

以下对规程进行的信息映射,如图 20-2 所示。映射基于 Kim 对信息加工过程 4 个阶段的划分[6]:

(1)感知:这个阶段所有信息状态从信息产生,输入源转换成输出的变量,对应操纵员获取规程信息;

(2)识别:这个阶段通常说明从以前阶段得到的标记和产生症状,目的是去验证它们,对应从监视界面获取信息;

(3)诊断:这个阶段通常包括从以前阶段得到的症状和造成位置及异常的原因,对应状态信息与规程的匹配;

(4)计划:按照诊断结果执行响应动作,对应下一步规程的选择。

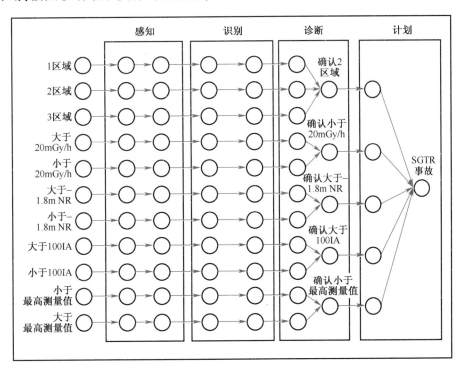

图 20-2　以信息流的方式表示初始诊断 SGTR 事故的 SOP

使用 Conant 信息定量公式,对规程中的每个步骤在每个阶段的信息流进行定量分析。由计算得出,感知和识别阶段的信息量相同,故在一张表上显示,如表 20-1 所列。

表 20-1　感知和识别阶段规程中每步的信息量

| 信息流 | $F_t$ | $F_b$ | $F_c$ | $F_n$ | $F$ |
|---|---|---|---|---|---|
| 第一步 | 3 | 0 | 3 | 0 | 6 |
| 第二步 | 2 | 0 | 2 | 0 | 4 |
| 第三步 | 2 | 0 | 2 | 0 | 4 |
| 第四步 | 2 | 0 | 2 | 0 | 4 |
| 第五步 | 2 | 0 | 2 | 0 | 4 |

由表 20-1 可知,在感知和识别阶段,信息流中阻塞率和噪声率为 0,操纵员要监测所有的信息,且信息中没有无关信息量,信号之间没有产生内部信息。

对诊断阶段进行定量分析,如表 20-2 所列。

表 20-2  诊断阶段每步的信息量

| 信息流 | $F_t$ | $F_b$ | $F_c$ | $F_n$ | $F$ |
|---|---|---|---|---|---|
| 第一步 | 0.54 | 2.46 | 0.54 | 0 | 3.54 |
| 第二步 | 0.81 | 1.19 | 0.81 | 0 | 2.81 |
| 第三步 | 0.81 | 1.19 | 0.81 | 0 | 2.81 |
| 第四步 | 0.81 | 1.19 | 0.81 | 0 | 2.81 |
| 第五步 | 0.81 | 1.19 | 0.81 | 0 | 2.81 |

由表 20-2 可知,在诊断阶段过程中,操纵员要对所获得的信息进行排除与整合,什么是有用信息,什么是无用信息,随之产生信息的阻塞。可获得以下判断:1) 可以看出在第一步中,无用信息量较大,这是因为操纵员对该步骤的判断需要在特定区域进行 2 或 3 次判断(即在矩形图中操纵员要判断横坐标和纵坐标的参数值来选择定位,确定下一步的路径),增加了无关信息量,也增加了操纵员的认知负荷;2) 虽然第二步到第五步中的信息阻塞率相同,但其产生方式并不完全相同:在第二步中,规程中是以矩形方式显示,操纵员需根据其纵坐标的参数值进行判断定位;在第三、第四步中,操纵员是对特定仪表的特定参数值进行判断;在第五步中,核电厂 SG 放射性大于最高测量值的事件几乎很少发生,操纵员只需确认其值不为"***"即可,消耗的认知资源相对较少。

计划阶段是对前五步信息流的整合,结果如表 20-3 所列。

表 20-3  计划阶段的信息量

| 信息流 | $F_t$ | $F_b$ | $F_c$ | $F_n$ | $F$ |
|---|---|---|---|---|---|
| 计划 | 0.2 | 4.8 | 0.2 | 0 | 5.2 |

由表 20-3 可知,计划阶段产生了更多的无关信息量,但不能简单这样理解,计划阶段是根据前 3 个阶段的结果来执行相应的操作,尽管在规程执行过程中操纵员可以按照流程图的方式确认规程执行的具体步骤,规程中没有相应的步骤对于规程执行进度的提示(本章举例的规程中没有涉及"打勾"的方式),在紧急情况下,规程的确容易漏项。对于最后的相应结果,需要所有前面规程执行的结果,所以阻塞率是操纵员易遗漏的信息量。

把所有的信息量进行总和,结果见表 20-4。

表 20-4  信息量总和

| 信息流 | $F_t$ | $F_b$ | $F_c$ | $F_n$ | $F$ |
|---|---|---|---|---|---|
| 感知 | 11 | 0 | 11 | 0 | 22 |
| 识别 | 11 | 0 | 11 | 0 | 22 |
| 诊断 | 3.78 | 7.22 | 3.78 | 0 | 14.78 |
| 计划 | 0.2 | 4.8 | 0.2 | 0 | 5.2 |
| 总信息流 | 25.98 | 12.02 | 25.98 | 0 | 63.98 |

由表 20-4 可知,在规程执行的所有步骤中,噪声率均为 0,表示规程不会指导操纵员执行错误的操作,这也是规程设计的基本准则。假设传送率、协同率是操纵员进行信息搜索过程中有益的信息量,而阻塞率、噪声率是增加操纵员负荷的无益信息量(计划阶段除外)。对于无益的

信息量,电厂可以通过加强班组之间的交流与合作(如三段式交流)、培训等方式,使操纵员的认知资源集中到有益信息,减少操纵员的认知负荷。在规程设计时,应尽量减少无益信息量,以减少人因失误。计划阶段,电厂需要对操纵员开展执行规程处理事故的培训,培养操纵员相应的心智模型,在实际操作中对其进行监督,防止操纵员对于规程执行的疏漏。

## 20.2 信息定量模型眼动验证实验

本节通过设计眼动实验,让实验被试者执行 SOP 中的 SGTR 事故诊断程序,通过对注视持续时间、注视点路径、注视点热点分布的分析验证 20.1.2 节中基于信息定量模型得出的结论。

### 20.2.1 实验设计

1. 实验目的

(1)验证 20.1.2 节中基于信息定量模型所得的结论。

(2)比较规程的不同步骤与执行时间的关系。

(3)比较信息量与执行时间的关系。

2. 实验仪器

实验采用德国 ManGold 公司生产的 Tobii X120 型眼动仪、19 英寸戴尔计算机和投影仪组成的视线追踪系统(图 20-3)。Tobii X120 型眼动仪通过瞳孔反射原理采集眼动数据,左右 44cm、上下 22cm、前后 30cm(整个过程至少一只眼睛的眼动能捕捉到)。投影屏幕的尺寸为 217cm×292cm,与眼动仪的距离为 310cm。实验数据通过软件 Tobii Studio 获取,该软件是瑞典 Tobii 公司研发的眼动仪配套软件。

常用的眼动指标包括注视总持续时间、注视点个数、注视次数、首次进入时间等。

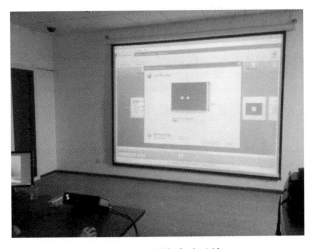

图 20-3 视线追踪系统

3. 实验材料

实验以国内某核电厂数字化主控室中的人-机界面为背景,依旧以 20.1.2 节中执行 SGTR

事故诊断的 SOP 步骤为例。选用的界面共两张(图 20-4 和图 20-5),分别为规程界面和监视界面。其无尺寸差,实验材料采用尺寸为 1024×768 像素的 JPG 图。

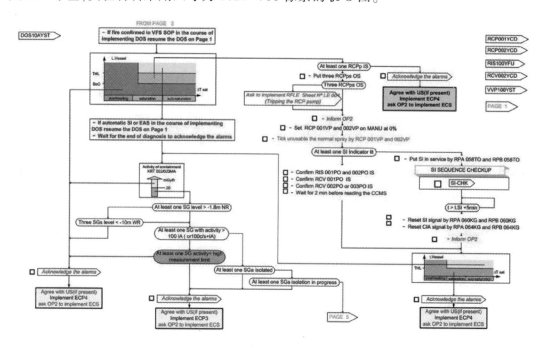

图 20-4　规程界面图

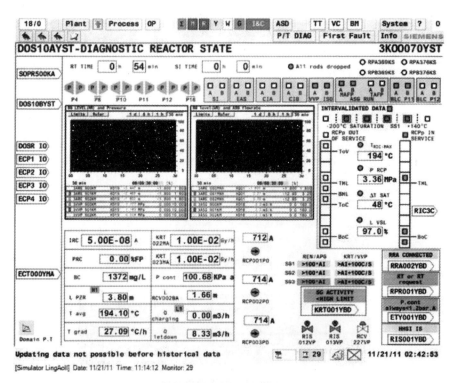

图 20-5　监视界面图

4. 实验被试者

被试者共 27 人,其中男性 16 人,女性 11 人;年龄 20~28 岁;大学本科及以上学历;专业涉及计算机应用技术、核技术专业等。所有被试者裸眼视力或矫正视力正常。所有被试者都要接受主试者实施的相关培训,包括核电厂系统设备基础、实验界面的认识和熟悉,实验操作方式及注意事项。

### 5. 实验流程

被试者首先进行眼动仪定标,定标完成后,按照规程在操作界面上完成相应的操作。过程中要求被试者集中注意,身体和头部尽量不要随意移动,不要提问、说话。每完成一步操作后点击鼠标,自动切换到下个界面,直到实验结束。

## 20.2.2 实验数据处理与分析

本实验旨在比较信息定量模型得出的数据(20.1.2 节由 Conant 模型计算得出的 SOP 的信息量)与被试者在实际操作过程中的关系。本研究首先采用 Excel 汇总整理 Tobii Studio 获取的眼动数据,然后采用 SPSS 17.0 进行统计分析。

### 1. 规程执行与界面持续时间的关系

依照 20.1.2 节对于感知、识别、诊断、计划几阶段的划分,通过眼动实验,得到各规程步骤及各认知阶段平均时间,见表 20-5。

表 20-5 各规程步骤及各认知阶段平均时间

| 规程步数 | 感知 | 识别 | 诊断 | 计划 | 单步总时间 |
|---|---|---|---|---|---|
| 1 | 1.325 | 1.388 | 1.026 | 0.724 | 4.463 |
| 2 | 1.278 | 0.903 | 0.942 | 0.551 | 3.674 |
| 3 | 1.123 | 0.872 | 0.738 | 0.511 | 3.244 |
| 4 | 1.035 | 1.083 | 0.694 | 0.344 | 3.244 |
| 5 | 1.172 | 0.458 | 0.476 | 0.512 | 2.618 |
| 平均时间 | 1.187 | 0.941 | 0.775 | 0.528 | 3.431 |

### 2. 实验数据分析

由图 20-5 可知,第一步的平均持续时间明显高于其他四步,第二步的平均持续时间略高于第三、第四步的平均持续时间,且远远高于第五步的平均持续时间。平均持续时间可以表示信息源价值的大小,间接表明了操纵员认知负荷的大小。因此可得出结论:在第一步中,操纵员的认知负荷较大;第二步中操纵员的认知负荷略大于第三、第四步的;第三、第四步操纵员的认知负荷基本相等;第五步中,操纵员的认知负荷较小。根据 Conant 模型,在诊断阶段第一步中,信息阻塞率 $F_b$ 较大,无用信息量较大,因为操纵员执行该步骤需要在特定区域进行 2 次或 3 次判断(即在矩形图中操纵员要判断横坐标和纵坐标的参数值来选择定位,确定下一步的路径),增加了无关信息量,也增加了操纵员的认知负荷,这与实验得出的第一步平均持续时间相符;在诊断阶段第二步到第五步中的信息阻塞率相同,经过规程分析,在第二步中,规程中是以矩形方式显示,操纵员需对根据其纵坐标的参数值进行判断定位,在第三、第四步中,操纵员是对特定仪表的特定参数值进行判断,在第五步中,核电厂 SG 放射性大于最高测量值的事件几乎很少发生,且对于操纵员的认知来说,操纵员只需确认其值不为"＊＊＊"即可,操纵员消耗的认知相对较少,这与实验得出的(第二步的平均持续时间略高于第三、第四的平均持续时间,远高于第五步的平均时间)结果相符。

由图 20-6 可以看出,20.1.2 节量化得到的各阶段信息量与眼动实验得到的各步骤平均执行时间呈一致趋势,说明信息模型能够有效预测 SOP 中对操纵员注意力资源的消耗情况。

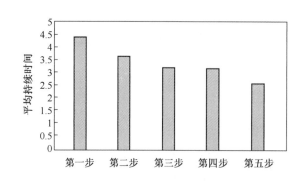

图 20-6　被试者各步骤平均持续时间

3. 视觉搜索路径

本节采用注视点路径图(Gaze Plot)和热点图(Heat Map)来分析被试者注视序列及注视重点的区别。图 20-7 和图 20-8 分别为 Tobii Studio 获取的实验中第一步的规程界面和操作界面的注视点路径图,其他步骤注视点路径图见本章附录 1。

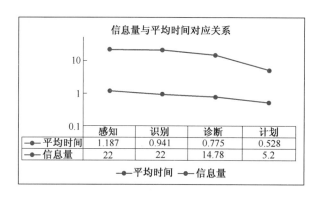

图 20-7　信息量与平均时间对应关系

从图 20-7 和图 20-8 可以看到,被试者按照要求,在监测到规程页面中的第一步后,在操作界面中监测压力容器水位和一回路冷却剂欠饱和度。图 20-9 与图 20-10 为 Tobii Studio 获取实验中第一步的规程界面和操作界面的的热点图,其他步骤注视点热点图见本章附录 2。

同样,可以看到,被试者按照要求,在监测到规程页面中的第一步后,在操作界面中监测压力容器水位和一回路冷却剂欠饱和度(图 2-11)。

## 20.2.3　实验结论

通过比较分析操纵员在规程执行过程中在不同操作界面上注视持续时间的不同,与 20.1.2 节根据 Conant 模型得到的量化数据进行了对比,结果显示,定量模型能够有效预测操纵员在 SOP 执行过程中的注意力资源的消耗情况。

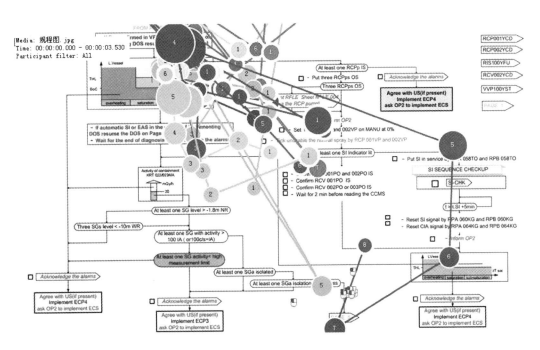

**图 20-8　被试者执行第一步规程的注视点路径图**

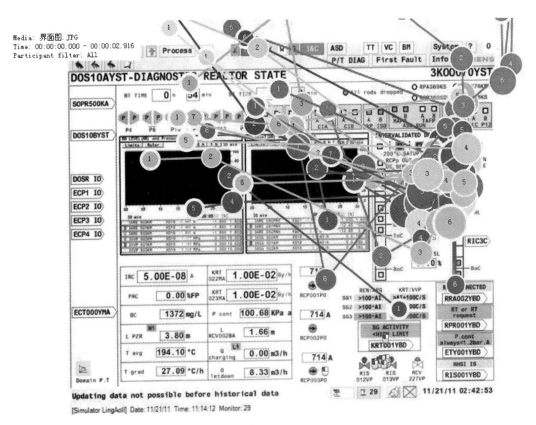

**图 20-9　被试者执行第一步时在操作界面中的注视点路径图**

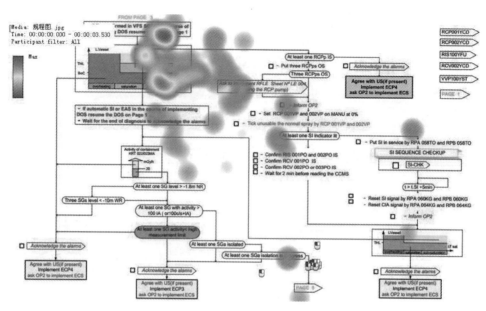

图 20-10 被试者执行第一步规程的注视点热点图

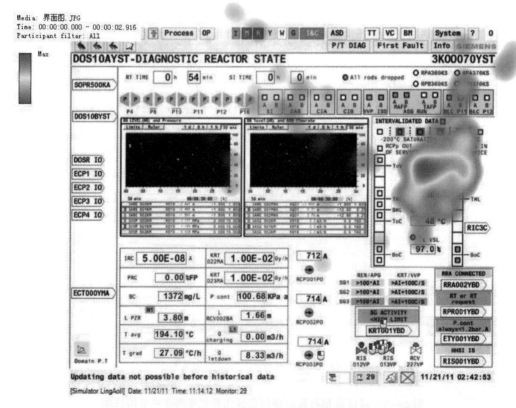

图 20-11 被试者执行第一步时在操作界面中的注视点热点图

## 20.3 本章小结

本章基于信息定量模型,对核电厂数字化 SOP 进行了信息定量分析,给出了 SOP 信息流测量方法和信息量计算模型,并通过眼动实验验证了该方法。

本章的主要结论如下:

(1)定量模型能够有效预测操纵员在 SOP 执行过程中注意力资源的消耗情况,研究结果可用于设计阶段的人因预测分析、优化规程和人-机界面设计,也可用于对 SOP 执行过程中可能的风险进行预测,在潜在可能消耗较高注意力资源的步骤加强培训,构建有效的心智模型,提升操作可靠性。

(2)在感知和识别阶段,信息流中阻塞和噪声率为 0,操纵员要监测任务的所有信息,且信息中没有无关信息量,信号之间没有产生内部信息。

(3)在诊断阶段,第一步的阻塞率明显大于其他步的,说明操纵员在执行矩形图的规程时,要判断横坐标和纵坐标的参数值来选择定位,确定下一步路径,增加了无关信息量,也增加了操纵员的认知负荷。

(4)在诊断阶段,多个步骤的阻塞率相同,但通过规程分析发现操纵员在执行这些步骤时,所需的认知资源不同,所以,在利用 Conant 模型进行信息计算时,对于计算得出的信息量,要结合规程的实际步骤,对规程进行分析。

(5)在计划阶段,需要根据前 3 个阶段的结果来执行下一步的操作,但是由计算得出的阻塞率却很大,阻塞率的产生是因为数字化规程中没有对规程执行进度的提示,在应急情况下,规程的执行容易疏漏某些操作。

本章的研究,可为探明数字化 SOP 的人因失误机理提供参考,为核电厂数字化 SOP 的评估与优化设计提供决策支持,为提升主控室数字化人-机界面的人-机适配水平提供理论支持。同时,信息定量模型也有不足之处,还有许多问题值得深入研究,如该模型是用苛刻数学约束来表现现实世界的平稳性和遍历性,但在现实世界中并没有受到这些抑制。在以后的研究工作中,有待对其进一步完善和改进。

## 参考文献

[1] Sheridan T B, Ferrell W R. Man-machine systems: Information, control and decision models of human performance[M]. Cambridge: MIT Press, 1974.

[2] Moray N. Models and measures of mental workload[C]//Mental Workload: Its Theory and Measurement, New York: Plenum Press, 1979.

[3] Goldberg T E, Berman K F, Fleming K, et al. Uncoupling cognitive workload and prefrontal cortical physiology: a PET rCBF study[J]. Neuroimage, 1998, 7(4): 296-303.

［4］ Takano K,Sasou K,Yoshimura S.Structure of operators´ mental models in coping with anomalies occurring in nuclear power plants ［J］.International journal of human-computer studies,1997,47(6):767-789.

［5］ Conant R C.Laws of information which govern systems［J］.Systems,Man and Cybernetics,IEEE Transactions on,1976(4): 240-255.

［6］ Wickens C D,Helleberg J,Goh J,et al.Pilot task management:Testing an attentional expected value model of visual scanning［J］. Savoy,University of Illinois Institute of Aviation,2001.

［7］ Son H S,Seong P H.Quantitative evaluation of safety-critical software at the early development stage:an interposing logic system software example［J］.Reliability Engineering & System Safety,1995,50(3):261-269.

［8］ Kim J H,Seong P H.An information theory-based approach to modeling the information processing of NPP operators［J］.Journal-Korean Nuclear Society,2002,34(4):301-313.

# 附录 1 注视点路径对比图

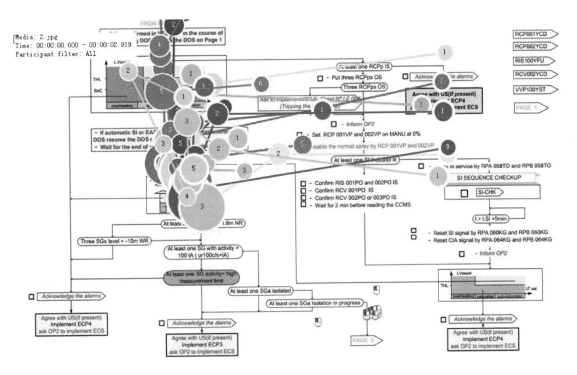

图 1 实验规程界面第二步中被试者注视点路径图

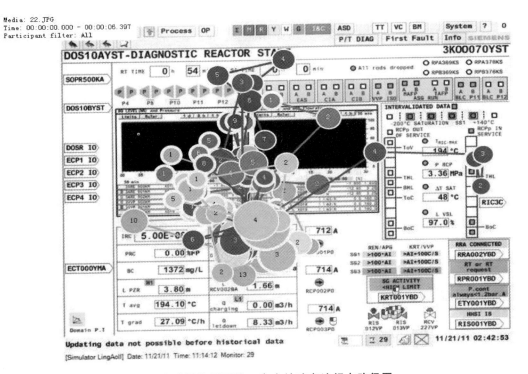

图 2 实验操作界面第二步中被试者注视点路径图

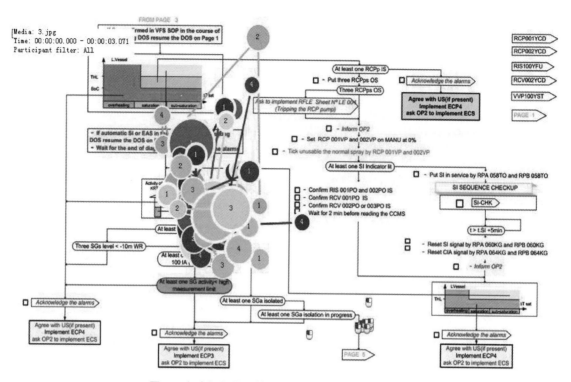

图 3　实验规程界面第三步中被试者注视点路径图

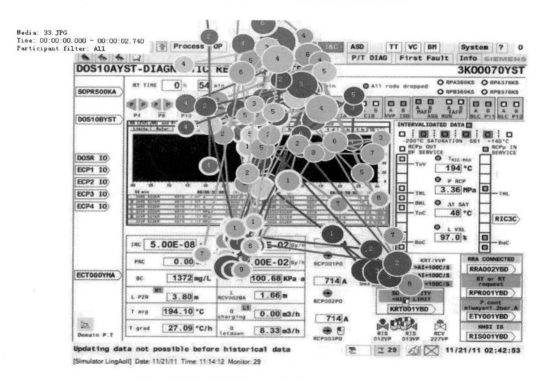

图 4　实验操作界面第三步中被试者注视点路径图

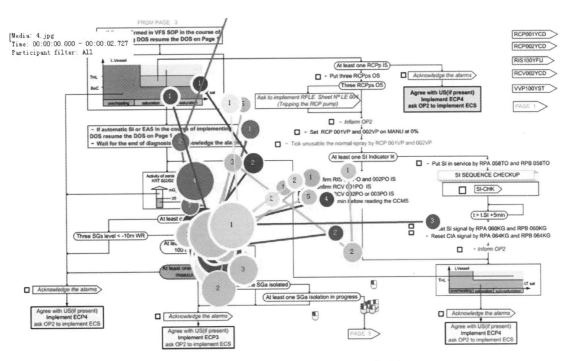

图 5　实验规程界面第四步中被试者注视点路径图

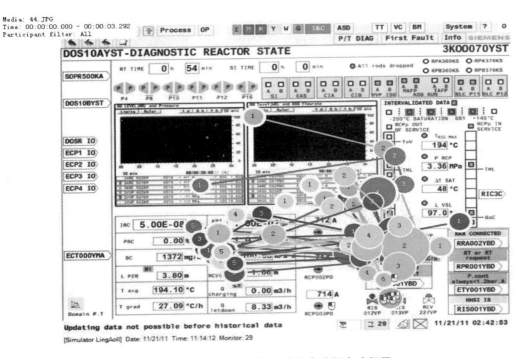

图 6　实验操作界面第四步中被试者注视点路径图

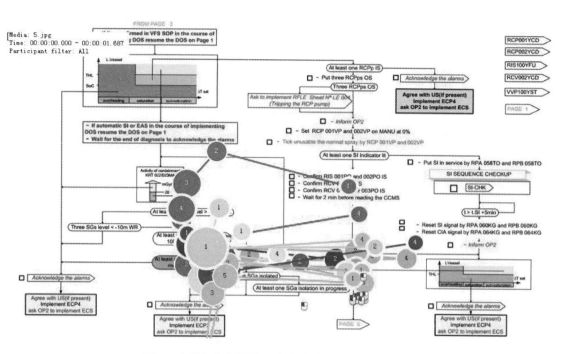

图 7　实验规程界面第五步中被试者注视点路径图

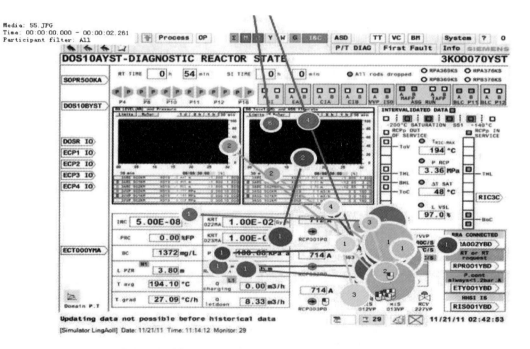

图 8　实验操作界面第五步中被试者注视点路径图

# 附录 2　注视点热点对比图

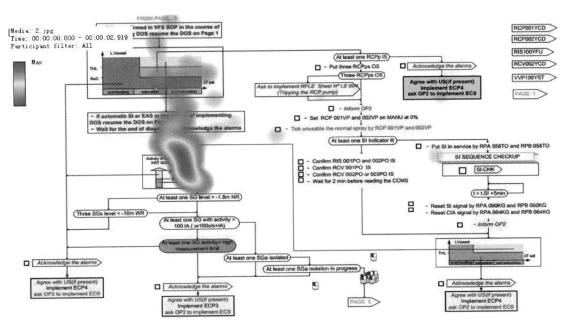

**图 1　实验规程界面第二步中被试者注视点热点图**

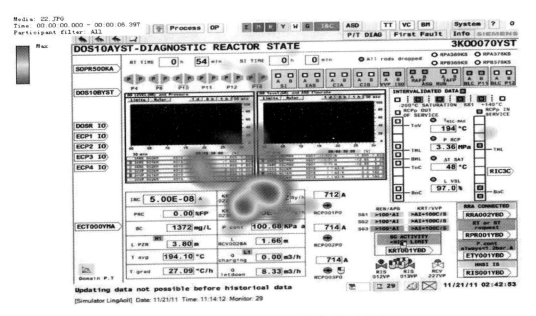

**图 2　实验操作界面第二步中被试者注视点热点图**

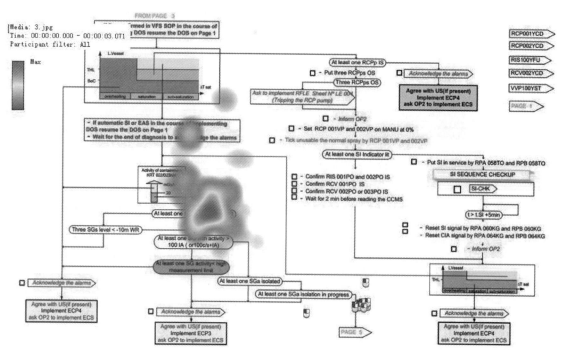

图 3　实验规程界面第三步中被试者注视点热点图

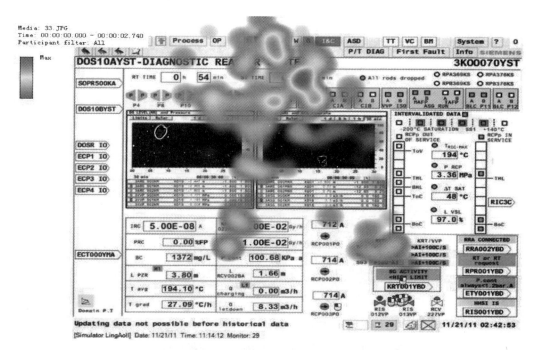

图 4　实验操作界面第三步中被试者注视点热点图

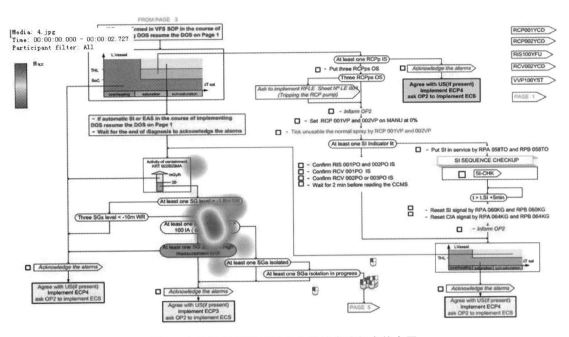

图 5　实验规程界面第四步中被试者注视点热点图

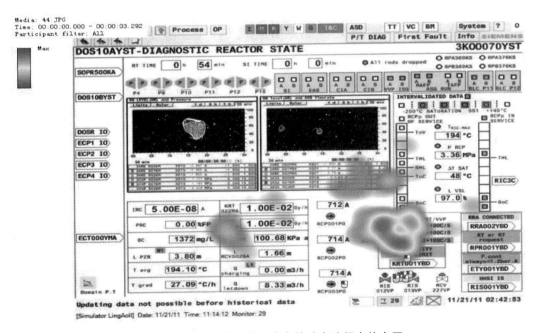

图 6　实验操作界面第四步中被试者注视点热点图

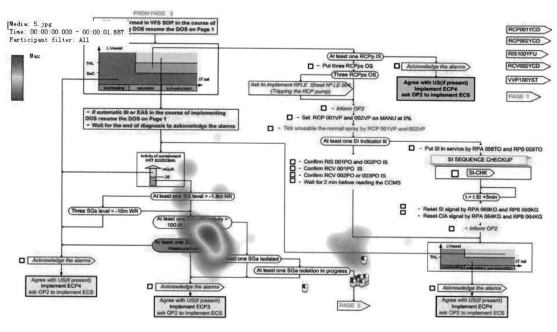

图 7 实验规程界面第五步中被试者注视点热点图

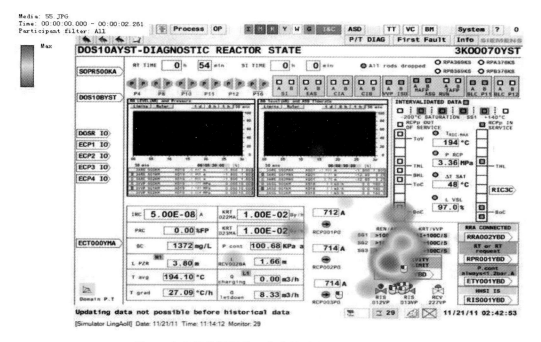

图 8 实验操作界面第五步中被试者注视点热点图

# 第21章　数字化核电厂操纵员鼠标操作模拟实验

人因可靠性数据是指在特定条件下,人员完成某种认知、动作任务的可能性,包括定性数据和定量数据两个方面。根据不同的应用需要,人因可靠性数据可以用不同的度量指标来表征,如作业绩效和人因失误概率。经典的人因可靠性数据库包括 Swain 等出版的 THERP 手册中的数据库、英国的 CORE-DATA、日本的 IHF 和 HFC 库、法国电力公司 M310 的人因数据子库、法国的 CONFUCIOUS 数据库及美国的 NUCLARR 数据库等。这些数据库存在两方面待解决的问题:①数据的可靠性。上述数据库中,来源于实际的原始数据并不多,更多是专家判断的数据或依据原始数据外推得到的数据,专家判断的主观性和外推法的合理性给这些数据的可靠性带来疑问。②这些数据都是在采用模拟控制技术的传统核电厂得到的,是否适用于近年来新型的数字化核电厂尚需进一步验证。因此迫切需要对人因可靠性数据做进一步研究和补充。

伯明翰大学 Gurpreet 收集了大量沿海核电厂的人因可靠性数据,通过这些数据分析电厂的人因失误以及失误概率[1],但是这些数据基本也是基于传统核电厂获得的,对数字化核电厂只有参考意义。Yves 通过模拟机实验观察提出计算机下操纵员行为变化特征,并用隐马尔可夫模型来预测计算机系统中操纵员行为[2]。韩国 Seung 分析了数字化核电厂主控室与传统主控室的差异,结合以前 HRA 量化方法,提出一种 d-HRA 量化方法,但是其采用的量化参数均使用专家判断[3]。Rantanen 采集大量航空人因数据,利用这些数据寻找新的人因失误类型,分析其产生原因并提出解决措施[4]。Shen 用分类方法,采用 IDA 模型把操纵员操作过程分为四个阶段:信息收集、诊断、决策和执行,采集操纵员绩效数据、统计人因失误概率并分析其根原因[5]。Sträter 研究了怎样采集人因数据以及相关问题[6]。韩国原子能研究院(KAERI)努力开发了自主的 OPERA 数据库[7]。近年美国核管理委员会(USNRC)正在研发 SACADA 数据库[8]。

在数字化核电厂主控室,操纵员对电厂系统的操纵主要通过计算机鼠标操作来实施。本章拟以数字化核电厂操纵员鼠标操作常见的两种形式——切屏和阀门点击为例,介绍如何通过实验获得操纵员操作类人因可靠性数据。

## 21.1　鼠标操作作业绩效测试理论基础

### 1. 费茨定律

费茨定律是用来预测从任意一点到目标中心位置所需时间的数学模型,在人-机交互领域

有广泛和深远的影响。该定律指出,使用指点设备到达一个目标的时间同以下两个因素有关:

(1)设备当前位置和目标位置的距离 $D$:距离越长,所用时间越长。

(2)目标大小 $W$:目标越大,所用时间越短。

该定律可用以下公式表示:操作时间 $MT = a + b\log_2(2D/W)$ 或 $MT = a + bID$,其中 $a$、$b$ 是经验参数,它们依赖于具体指点设备的物理特性,以及操作人员和环境等因素,通过特定环境的实验数据收集可计算得到 $a$、$b$ 数值。ID(Index of Difficulty)为运动难度指数,表示操纵员某种操作行为的困难,用于衡量困难的量度,$ID = \log_2(2D/W)$。

该定律常用于计算机界面操作中预测鼠标从点 $A$ 到点 $B$ 的运动时间,或者对一些操作方式的效率进行比较[10-12],此时 $D$ 是从光标(指示位置)到目标中心的距离,$W$ 是点击目标的宽度,同时 $W$ 也是容许用户犯错的最后边界。

2. 香农定理

香农定理被广泛应用于信号处理和信息论相关领域,常用于研究信号在传输一段距离后如何衰减或是一个给定信号能加载多大容量的数据。香农定理公式如下:$C = B \times \log_2(1 + S/N)$,其中 $C$ 是链路速度,$B$ 是链路带宽,$S$ 是平均信号功率,$N$ 是平均噪声功率,信噪比($S/N$)通常用分贝(dB)表示,分贝数 $= 10 \times \lg(S/N)$。

3. 操纵员作业绩效指数

结合费茨定律和香农定理,给出以下定义:

(1)作业绩效指数 IP(Index of Performance),用来衡量操纵员某种操作行为完成情况的量度,类似于香农定理中的 $C$(bit/s)。

(2)运动难度指数 ID,用来衡量操纵员某种操作行为的困难程度的量度,相当于香农定理中链路信噪比 $S/N$(bit)。

(3)操作时间 MT,表示操纵员进行某种操作行为时使用指点设备到达一个目标的移动时间,对应于香农定理中的 $1/B$,$B$ 表示带宽。

故可以有,$IP = ID/MT$         (21-1)

费茨认为电子信号类似于移动距离或幅度 $D$ 及目标宽度 $W$,故

$$ID = \log_2(2D/W) \qquad (21-2)$$

将式(21-1)变动得到一种更有用的形式:

$$MT = ID/IP \qquad (21-3)$$

通过实验可以控制 ID($D$ 和 $W$),测量每次 MT,计算得到 IP。经过多次实验数据收集,再利用线性回归函数得到 $MT = a + bID$。

$IP = ID/MT$ 是描述作业绩效的指标,也可视为描述任务复杂性的指标,是难度指数增量与相对应运动时间增量的比值,常包括指点定位操作的速度、正确率和总绩效(有效运动难度指数与指点定位操作时间的比值),此值越大表示任务总绩效越好。

## 21.2 主控室操纵员操作模拟实验方案

1. 实验设计

实验主要模拟数字化核电厂操纵员作业中的切屏和阀门点击两大类作业。通过实验测出核

电厂操纵员利用鼠标操作的 MT,得到 MT 后,利用费茨定律算出操纵员作业绩效数据,并统计其失误概率。

2. 实验材料及被试者

Huang[11]在报警装置人-机界面评估的实验研究中指出,就该类计算机操作实验而言,初学者与专家之间的实验结果并没有显著差异。因此,本实验以 33 名本科生作为被试者对象,其中男生 22 人,女生 11 人,被试者年龄在 20~28 岁之间,平均年龄为 22 岁。每位被试者均具有计算机操作的基本能力,其裸眼或矫正视力均在 0.8 以上,且无色盲或者其他眼疾。在实验开始之前接受充足数字化核电厂人-机界面操作教育培训,以确保实验的有效性,包括对画面的认识、熟悉、识别数字化报警、如何导航、如何控制阀门及告知实验注意事项,从而符合该实验被试者的基本条件。

实验设备包括:19 英寸液晶显示器、光电鼠标和主机组成的戴尔计算机,德国 ManGold 公司生产的 Tobii X120 型眼动仪,以及戴尔计算机和投影仪组成视线追踪系统,实验设备布局如图 17-2。实验时计算机显示国内某数字化核电厂作业画面,被试者用鼠标执行操作,通过该系统中对点击鼠标时间的记录获得 MT 数据,其精度为 1ms。头部允许移动范围:左右 44cm、上下 22cm、前后 30cm(整个过程至少一只眼睛的眼动能捕捉到,主要是为了说明被试者眼睛在屏幕上)。

采用的作业画面为我国某数字化核电厂主控室操纵员较常调用的画面原图:切屏实验包括两张图,蒸汽发生器传热管破裂(SGTR)事故中常用的某 DOS 规程图(图 21-1)和电厂设备系统软控制导航图(Overview 3KOO900YMA)(图 21-2);阀门点击实验中采用安全注入系统的控制画面(RIS100YFU - SI SEQUEN CE VERIFICATION 3KOO071YFU)和燃料棒控制系统画面(Power Banks 3RGL004YCD)。

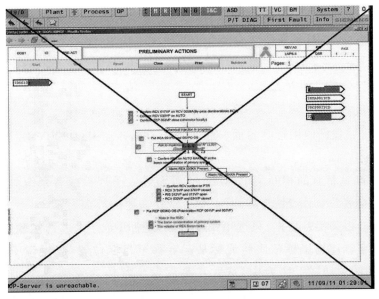

图 21-1 切屏 1 画面

3. 实验环境

(1)温度:空气质量根据室内人数多少调节通风,保持空气清新,其他设备器材暂且搬离该

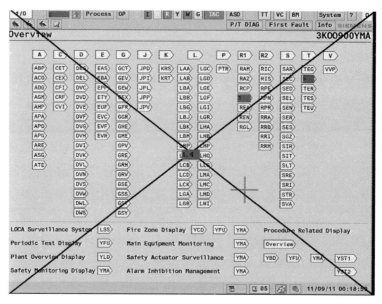

图 21-2　切屏 2 画面

实验室,实验室内温度达到 25℃,相对湿度保持在 50% ~ 60%。

（2）噪声:在被试者正式实验时要保持安静,不得喧哗。

4. 实验程序

1）实验程序介绍

实验测试基本过程如下:测试开始,屏幕呈现测试画面、起点、目标和箭头光标,被试者点击鼠标左键,将光标移向目标内,然后被试者立即点击鼠标左键,鼠标光标变成手指形。实验起点图表是一直径为 2mm 的圆,位于计算机屏幕中心。目标是数字化核电厂操作界面上各种控制按钮,两次按键之间的时间即为 MT。每次实验开始前,被试者将鼠标光标移入起点内再按键,否则光标不会变成手指形,计时不开始。实验分为两组无干扰组（A 组）和有干扰组（B 组）。

（1）切屏实验。

数字化核电厂切屏有三种方式:

① 点击界面上的超链接,例如: **SOPR500KA** 。

② 点击地址栏,寻找已使用过的界面,例如:点击 Overview 3k00900YMA 就可以出现一个下拉框选择已出现过的界面。

③ 通过每个屏幕上都有的相同菜单 overview 画面进入子规程或者系统画面。比如,点击界面顶端 Plant 按钮,会弹出如图 21-2 的画面,然后选择需要的界面。

为了更便于测得相关实验数据,只选用第①和第③种切屏方式进行实验。实验时要求被试者按显示图片上数字顺序用鼠标依次将光标从起点移至目标位置:起点位于计算机屏幕中心,是一直径为 2mm 的圆。切屏 1 实验中,选取在蒸汽发生器传热管破裂（SGTR）事故中操纵员 DOS 规程中常用的 3DOS10AYST 界面、化学和容积控制系统（Chemical and Volume Control, RCV）及硼回收系统（Boron Recycle, TEP）切屏,测量被试者 MT。切屏 2 实验时被试者从屏幕中心开始依次点击左上方的 Plant 和 RCV,测出 MT。每位被试者实验 5 次,中间给予适当休息,求平均值获得每位被试者的 MT。

（2）不同距离不同方向阀门点击实验。

实验模拟数字化核电厂主控室界面中的鼠标指点定位作业,即要求被试者用鼠标将光标从起点移至目标位置。起点位于计算机屏幕中心,是一直径为 2mm 的圆。测出位于不同方向、不同距离时的 MT。选用安全注入系统的画面( RIS100YFU - SI SEQUENCE VERIFICATION 3KOO071YFU,如图 21 - 3 所示),图片中阀门选择安全壳外贯穿件房间通风系统阀门 DVW003KG,和余热排出系统阀门 RRA064KG,以及 6.6kV 交流应急电源系统—系列 A( 6.6kV AC Emergency Power Supply-Train A,LHP) 阀门 013KG( START)。每位被试者实验 5 次,中间给予适当休息,求平均值获得每位被试者的 MT。

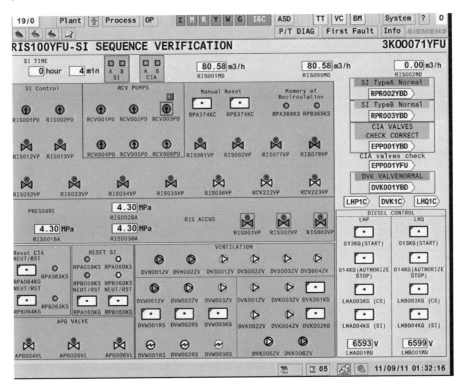

图 21-3　不同距离不同方向阀门点击画面

（3）相似阀门点击实验。

实验模拟数字化核电厂主控室界面中的鼠标指点定位作业,即要求被试者用鼠标将光标从起点移至目标位置。采用图 21-4 和图 21-5 作为测试画面,测出位于相同方向、相同目标距离时不同类型阀门(阀门 1 和阀门 2)操作的 MT。阀门 1 是数字化下单向开关阀门,阀门 2 是常用的可调节阀门。实验是为比较不同阀门之间操纵员作业绩效,所以假设操纵员已做出第一步,即已点击阀门弹出阀门操作窗口,此时实验把阀门操作窗口中第一步设为点击的原点,然后根据不同的阀门依次点击不同的按钮,测出 MT。利用 IP = ID/MT 计算出被试者作业绩效数据,并根据实验统计失误概率。每位被试者测试 5 次,中间给予适当休息,求平均值获得每位被试者的 MT。

2）实验流程

实验分为两个阶段／两组,一组在被试者无干扰状态下进行(A 组),另一组在被试者实验时给予一定干扰或是增加次要任务(B 组)。所有 33 名被试者均参加这两个阶段／两组的

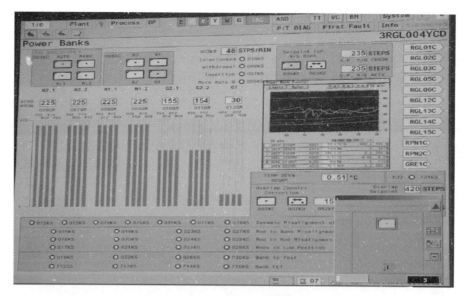

图 21-4　阀门 1 画面

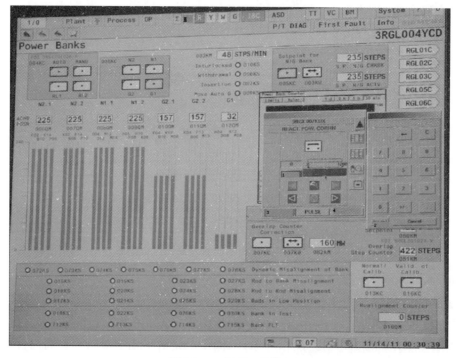

图 21-5　阀门 2 画面

实验。

实验准备阶段:约 10min。

在实验进行之前,实验员会先让各被试者彻底放松,于 5min 后开始测量被试者。

(1) 被试者坐入实验椅,并告知其放松,正对屏幕,保持眼睛到大屏幕距离(310±10)cm,投影仪角度 35°。

(2) 调整座椅使被试者眼睛到眼动仪的位置和焦距改变,使其能清楚捕捉到眼球运动,并保证双眼运动能被捕捉到,这个过程主要是查看被试者眼睛注意力是否在屏幕上。

实验阶段:约 8min。

A 组实验过程:

(1)眼球定标。要求被试者注视屏幕上出现的红点,红点由大变小直至消失,此过程中,被试者身体和头尽量保持不动。这个过程主要是在实验中给被试者一个好的注视范围,能够清楚地观察屏幕上的东西。

(2)定标完成后,屏幕上出现实验指导语:"屏幕上将依次出现 5 张画面,每张画面上相应位置有数字标号,请依次按顺序点击相应位置,例如:先点 1,而后点 2,依次类推,每个位置点击一次。每张画面点击完后会自动切换,在实验过程中,请尽量放松!有什么不明白的地方,请提出!如无,请点击空格开始实验。"

B 组实验基本与 A 组相同,不同之处在于当被试者点击鼠标作业时,会给被试者增加干扰(次要任务),次要任务主要是主控室操纵员之间的交流或者空间指向任务,比如:"提出问题让其回答图上带标号的按钮是什么颜色?图上有无紫色报警?您点击的阀门名称是什么?您所点击的第几个按钮是什么形状?您打开的画面是什么?"等在数字化核电厂中操纵员之间交流的相关问题。

## 21.3 操纵员操作模拟实验

### 21.3.1 无干扰时(A 组)数字化核电厂主控室操纵员操作模拟实验

33 名被试者进行实验,但在实验过程中发现 3 名被试者由于仪器问题或坐姿问题,导致数据录入不全,实验最终有效被试者为 30 名。30 名被试者每人每项实验做 5 次,每项实验获得 150 个有效数据。

1. A 组操纵员切屏模拟实验

1)A 组切屏 1 实验

如图 21-1 和图 21-2 所示,被试者依次点击图片上的超链接方式,实现切屏。切屏 1 实验中,选取在蒸汽发生器传热管破裂(SGTR)事故中操纵员 DOS 规程中常用的 3DOS10AYST 界面(设为目标 b)、化学和容积控制系统(设为目标 c)和硼回收系统(设为目标 d)切屏。测出被试者从起点(屏幕中心,设为目标 a)到按钮鼠标点击的时间(MT)。统计被试者切屏 1 实验的鼠标点击时间。实验数据如表 21-1 所列。

表 21-1 切屏 1 被试者点击鼠标时间间隔 MT

| 切屏 1MT /s | 距离 D/mm | 数据个数 | 极小值 /s | 极大值 /s | 均值/s | 显著性 | 方差 |
|---|---|---|---|---|---|---|---|
| a 到 b | 1137.2 | 150 | 1.032 | 2.184 | 1.579 | 0.063 | 0.114 |
| a 到 c | 1002.8 | 150 | 0.768 | 2.448 | 1.332 | 0.112 | 0.131 |
| a 到 d | 935.1 | 150 | 0.824 | 1.520 | 1.068 | 0.223 | 0.027 |

操作目标 b、c 和 d 的宽度 W 均为 312.5mm,根据费茨定律和香农定理可得无干扰下切屏 1,

a 到 b 的运动难度指数 $ID_{ab}=2.864$，a 到 c 的运动难度指数 $ID_{ac}=2.682$，a 到 d 的运动难度指数 $ID_{ad}=2.581$，则切屏 1A 组被试者的作业绩效数据 IP 列于表 21-2。

表 21-2　切屏 1 被试者点击鼠标的绩效 IP

| 切屏 1IP | 数据个数 | 极小值 | 极大值 | 均值 | 方差 | 显著性 |
|---|---|---|---|---|---|---|
| a 到 b | 30 | 1.311 | 2.775 | 1.891 | 0.151 | 0.218 |
| a 到 c | 30 | 1.096 | 3.492 | 2.159 | 0.274 | 0.274 |
| a 到 d | 30 | 1.698 | 3.133 | 2.471 | 0.132 | 0.81 |

2）A 组切屏 2 实验

数字化核电厂发生 SGTR 事故时，主控室操纵员需要打开 RCV 界面。打开 RCV 界面操纵员除了切屏 1 利用 DOS 中快速链接方式外，还可以通过 Plant 按钮，弹出 Plant 界面，再点击 RCV 界面。切屏 2 实验时被试者从屏幕中心开始依次点击左上方的 Plant 按钮（设为目标 b）和 RCV 按钮（设为目标 c）。测出两步鼠标点击时间 MT，测量 Plant 和 RCV 按钮的宽度，得出切屏 2 的 IP 绩效数据。实验数据列于表 21-3。

表 21-3　切屏 2 被试者鼠标点击时间间隔 MT

| 切屏 2 MT /s | 距离 $D$/mm | 数据个数 | 极小值 /s | 极大值 /s | 均值/s | 显著性 | 方差 |
|---|---|---|---|---|---|---|---|
| a 到 b | 1283.5 | 150 | 0.736 | 2.168 | 1.366 | 0.382 | 0.110 |
| b 到 c | 1389.9 | 150 | 0.848 | 2.208 | 1.379 | 0.084 | 0.136 |

操作目标 b 和 c 的宽度 $W$ 分别为 121.1mm 和 99.8mm，根据费茨定律和香农定理可得无干扰下切屏 2，a 到 b 的运动难度指数 $ID_{ab}=4.406$，b 到 c 的运动难度指数 $ID_{bc}=4.800$。切屏 2 操纵员的绩效数据 IP 列于表 21-4。

表 21-4　被试者切屏 2 绩效 IP

| 切屏 2IP | 数据个数 | 极小值 | 极大值 | 均值 | 方差 | 显著性 |
|---|---|---|---|---|---|---|
| a 到 b | 30 | 2.214 | 6.521 | 3.718 | 0.844 | 0.208 |
| b 到 c | 30 | 2.174 | 5.660 | 3.716 | 0.886 | 0.596 |
| a 到 b 到 c | 30 | 4.499 | 10.575 | 7.434 | 2.142 | 0.975 |

3）切屏 1 实验结果与切屏 2 实验结果比较分析

主控室计算机屏幕中，操纵员在相同条件下打开 RCV 操作画面操作，其采用第二种切屏方式的绩效要比第一种切屏方式好，其原因可能主要是操纵员作业绩效与目标的大小和距离相关。目标大小又会限制作业者移动的速度，因为如果移动得太快，到达目标时就会停不住，因此作业者不得不根据目标的大小提前减速，这就会减缓到达目标的速度，延长到达目标的时间，并且目标越小，就需要越早减速，从而花费的时间就越多。

2. A 组操纵员不同方向不同距离阀门点击模拟实验

不同方向不同距离阀门点击实验采用核电厂事故规程中安全注入系统的画面（RIS100YFU-SI SEQUENCE VERIFICATION 3KOO071YFU，见图 21-3）。图片中阀门选择安全壳外贯穿件房间通风系统（DVW）阀门 DVW003KG（设为目标 b）、余热排出系统（RRA）阀门 RRA064KG（设为目标 c)以及 6.6kV 交流应急电源系统——系列 A(LHP)阀门 013KG(START)(设为目标 d)。鼠标点击时间列于表 21-5。

表 21-5 不同方向不同距离阀门点击时间间隔 MT

| 阀门 MT /s | 距离 $D$/mm | 数据个数 | 极小值 /s | 极大值 /s | 均值/s | 显著性 | 方差 |
|---|---|---|---|---|---|---|---|
| a 到 b | 618.5 | 150 | 0.904 | 1.984 | 1.478 | 0.684 | 0.066 |
| a 到 c | 1239.6 | 150 | 0.832 | 1.736 | 1.202 | 0.083 | 0.052 |
| a 到 d | 764.8 | 150 | 0.808 | 1.284 | 1.029 | 0.121 | 0.021 |

操作目标 b、c、d 的宽度 $W$ 均为 130.3mm,则 $ID_{ab}=3.247$,$ID_{ac}=4.250$,$ID_{ad}=3.553$,可以得到被试者点击阀门 b、c、d 的作业绩效数据,如表 21-6 所列。

表 21-6 A 组被试者不同方向不同距离阀门点击绩效 IP

| 阀门 IP | 数据个数 | 极小值 | 极大值 | 均值 | 方差 | 显著性 |
|---|---|---|---|---|---|---|
| a 到 b | 30 | 1.637 | 3.592 | 2.865 | 0.173 | 0.067 |
| a 到 c | 30 | 2.448 | 4.108 | 2.654 | 0.448 | 0.25 |
| a 到 d | 30 | 2.767 | 4.398 | 3.520 | 0.255 | 0.068 |

结合表 21-6 和图 21-3,可以发现从 a 点到 b、c、d 三点的距离不一样,随着距离增加,被试者作业绩效数据也随着增加。在图 21-3 中,阀门 b 在界面正下方,而阀门 d 在界面正右方,从起点到 b 和 c 距离相差不大,但是绩效 $IP_{ab}$ 与 $IP_{ad}$ 却相差很大。浙江大学张彤教授根据费茨定律研究了不同方向不同距离人员绩效,表明水平方向(90°)上人员绩效最高,垂直向下(180°)方向其次,而左下方(225°)阀门 c 的绩效最差[12]。

3. A 组相似阀门点击实验

1)A 组数字化核电厂阀门 1 点击绩效模拟实验

阀门 1 是数字化核电厂常用阀门类型,形状如不同距离阀门实验中阀门 b 所示,点击阀门 b 会弹出一个阀门 1 的操作窗口(图 21-4)。操纵员点击按钮 0/1 按钮(设为起点 a)打开或者关闭阀门,再点击"执行"按钮(设为目标 b),然后点击"Close"(设为目标 c)关闭窗口。实验所用界面为棒控系统(Full Length Rod Control,RGL)界面 Power Banks 3RGL004YCD。阀门 1 被试者点击鼠标时间 MT 列于表 21-7。

表 21-7 A 组阀门 1 被试者点击鼠标时间间隔 MT

| 阀门 1 MT /s | 距离 $D$/mm | 数据个数 | 极小值 /s | 极大值 /s | 均值/s | 显著性 | 方差 |
|---|---|---|---|---|---|---|---|
| a 到 b | 199.5 | 30 | 0.568 | 1.184 | 0.787 | 0.316 | 0.023 |
| b 到 c | 538.7 | 30 | 0.528 | 1.280 | 0.826 | 0.446 | 0.038 |

操作目标 b、c 的宽度 $W$ 均为 153.1mm,则 $ID_{ab}=1.381$,$ID_{bc}=2.815$。得到被试者点击阀门 1 绩效数据,如表 21-8 所列。

表 21-8　A 组被试者点击阀门 1 绩效 IP

| 阀门 1IP | 数据个数 | 极小值 | 极大值 | 均值 | 显著性 | 方差 |
|---|---|---|---|---|---|---|
| a 到 b | 30 | 1.167 | 2.433 | 1.816 | 0.825 | 0.112 |
| b 到 c | 30 | 2.199 | 5.331 | 3.597 | 0.215 | 0.732 |
| a 到 b 到 c | 30 | 3.366 | 7.532 | 5.413 | 0.465 | 1.113 |

从 a 到 b 虽然距离短，但是由于方向的影响，使得 $IP_{ab}$ 值最小，而 $IP_{bc}$ 绩效数据高。进一步表明方向有时对操纵员的影响大于距离对操纵员的影响。操纵员点击阀门 1 总绩效 $IP_{abc} = IP_{ab} + IP_{bc}$。

2）A 组数字化核电厂阀门 2 点击绩效模拟实验

阀门 2（图 21-5）是数字化核电厂中常用的可调节阀门，比如调节泵流量、调节水位等。点击双向阀门按钮，弹出一个正方形的小窗口，操纵员可以点击阀门蓝色按钮（设为目标 a），弹出右边的小窗口，操纵员选择点击其中数字输入数据，然后点击"接受"（设为目标 b）按钮，再点击"execute"（设为目标 c），即可完成调节任务。再关闭（设为目标 d）小窗口。阀门 2 点击时间列于表 21-9。

表 21-9　阀门 2 鼠标点击时间间隔 MT

| 阀门 2MT /s | 距离 D /mm | 数据个数 | 极小值 /s | 极大值 /s | 均值/s | 显著性 | 方差 |
|---|---|---|---|---|---|---|---|
| a 到 b | 573.2 | 150 | 0.776 | 2.024 | 1.356 | 0.155 | 0.133 |
| b 到 c | 618.5 | 150 | 0.560 | 1.568 | 0.934 | 0.367 | 0.046 |
| c 到 d | 472.2 | 150 | 0.512 | 1.072 | 0.773 | 0.501 | 0.024 |

操作目标 b、c、d 的宽度 $W$ 分别为 128.3mm、206.2mm、206.2mm，则 $ID_{ab} = 3.159$，$ID_{bc} = 2.585$，$ID_{cd} = 2.195$。阀门 2 的绩效数据如表 21-10 所列。

表 21-10　A 组被试者阀门 2 绩效 IP

| 阀门 2IP | 数据个数 | 极小值 | 极大值 | 均值 | 显著性 | 方差 |
|---|---|---|---|---|---|---|
| a 到 b | 30 | 1.561 | 4.072 | 2.528 | 0.053 | 0.501 |
| b 到 c | 30 | 1.648 | 4.616 | 2.867 | 0.329 | 0.448 |
| c 到 d | 30 | 2.048 | 4.288 | 2.932 | 0.139 | 0.389 |
| a 到 b 到 c 到 d | 30 | 5.257 | 11.242 | 8.277 | 0.089 | 2.299 |

从上表可以看出 $IP_{abcd} = 8.277$，说明操纵员的绩效数据较高，由 $IP = ID/MT$ 可知，当 IP 增大时，ID 增大得多，MT 增大得少，这说明任务作业困难，但操纵员所用时间反而少，操作速度快，效率高，但相应出错率也会上升，这点可以从后面失误概率统计表格中得到验证。

## 21.3.2　有干扰时（B 组）数字化核电厂主控室操纵员操作模拟实验

B 组实验和 A 组实验基本类似，不同之处在于 B 组实验在进行相同于 A 组实验的同时添加了数字化核电厂操纵员的常规交流模式和交流话题，对被试者在操作时产生一定干扰。33 名被试者进行实验，但在实验过程中发现 3 名被试者由于仪器问题或坐姿问题，导致数据录入不全，实验最终有效被试者为 30 名。30 名被试者每人每项实验做 5 次,每项实验获得 150 个有效数据。

1.B 组操纵员切屏模拟实验

1)B 组切屏 1 实验

在切屏 1 实验中,会问被试者画面上有没有紫色报警?目标 b 按钮打开的是什么系统画面?其中目标 a、b、c、d 和无干扰情况下切屏 1 所指一样分别指鼠标点击起点、3DOS10AYST 界面、化学和容积控制系统和硼回收系统。B 组实验切屏 1 点击鼠标时间列于表 21-11。

表 21-11　B 组切屏 1 被试者点击鼠标时间间隔 MT

| 切屏 1MT /s | 距离 D/mm | 数据个数 | 极小值 /s | 极大值 /s | 均值/s | 显著性 | 方差 |
|---|---|---|---|---|---|---|---|
| a 到 b | 1137.2 | 150 | 1.172 | 2.888 | 1.837 | 0.234 | 0.226 |
| a 到 c | 1002.8 | 150 | 0.840 | 3.216 | 1.668 | 0.080 | 0.391 |
| a 到 d | 935.1 | 150 | 0.88 | 2.596 | 1.583 | 0.147 | 0.236 |

与无干扰情况相比,MT 值均值增加,说明被试者在完成任务时,速度减慢,是由于干扰问题分散了被试者注意力,使其工作负荷增加。ID 值与无干扰下一样,继而算出干扰下被试者绩效数据,如表 21-12 所列。

表 21-12　B 组被试者切屏 1 绩效 IP

| 切屏 1IP | 数据个数 | 极小值 | 极大值 | 均值 | 方差 | 显著性 |
|---|---|---|---|---|---|---|
| a 到 b | 30 | 0.991 | 2.443 | 1.665 | 0.185 | 0.181 |
| a 到 c | 30 | 0.834 | 3.193 | 1.846 | 0.188 | 0.448 |
| a 到 d | 30 | 0.994 | 2.933 | 1.797 | 0.113 | 0.305 |

由表 21-12 可得,在完成次要任务时,被试者的绩效明显比无干扰下小很多,说明在干扰情况下被试者的绩效明显下降,但是这种下降也会因作业距离的增加而有所放缓。

2)B 组切屏 2 实验

B 组切屏 2 实验和 B 组切屏 1 实验相似,均是在被试者完成主任务同时增加次要任务。其目标 a、b、c 与无干扰情况下 A 组所指一样分别代表鼠标点击起点、Plant 以及 RCV 控制按钮。其次要任务主要是"图片上有几个报警信号?有几个紫色的控制按钮(包括紫色报警)?"等。MT 时间如表 21-13 所列。

表 21-13　B 组切屏 2 被试者点击鼠标时间间隔 MT

| 切屏 2 MT /s | 距离 D/mm | 数据个数 | 极小值 /s | 极大值 /s | 均值/s | 显著性 | 方差 |
|---|---|---|---|---|---|---|---|
| a 到 b | 1283.5 | 150 | 1.160 | 5.244 | 2.734 | 0.106 | 1.085 |
| b 到 c | 1389.9 | 150 | 1.256 | 3.472 | 2.128 | 0.104 | 0.312 |

继而可得 B 组切屏 2 的被试者绩效数据,如表 21-14 所列。

表 21-14　B 组被试者切屏 2 绩效 IP

| 切屏 2IP | 数据个数 | 极小值 | 极大值 | 均值 | 显著性 | 方差 |
|---|---|---|---|---|---|---|
| a 到 b | 30 | 0.840 | 3.798 | 1.880 | 0.115 | 0.498 |
| b 到 c | 30 | 1.382 | 3.821 | 2.373 | 0.302 | 0.381 |
| a 到 b 到 c | 30 | 2.223 | 6.881 | 4.419 | 0.073 | 0.972 |

有干扰情况下实验（B 组）与无干扰实验（A 组）比较，$IP_{ab}$，$IP_{bc}$，$IP_{abc}$ 均有显著下降。B 组中切屏 2 的绩效值仍然比切屏 1 的绩效值高，说明切屏 2 任务难度要比切屏 1 任务难度高，A 组实验切屏 2 绩效是切屏 1 绩效的 3.44 倍，而 B 组实验切屏 2 的绩效是切屏 1 绩效的 2.39 倍。由上可见，在有干扰情况下，干扰对被试者影响大于任务难度对被试者影响。

2. B 组操纵员不同方向不同距离阀门点击模拟实验

与 A 组实验使用相同的数字化界面，主任务也相同即按顺序点击阀门，B 组在此基础上增加次要任务。被试者完成主要任务同时，需回答问题，比如"您点的第三个阀门将打开什么系统的控制界面？""图片上有几个紫色按钮？"或者"第二个阀门的形状是什么？"。不同距离阀门 B 组实验 MT 如表 21-15 所列。

表 21-15　B 组不同方向不同距离阀门点击实验时间间隔 MT

| 不同距离阀门 MT/s | 距离 D/mm | 数据个数 | 极小值 /s | 极大值 /s | 均值/s | 显著性 | 方差 |
|---|---|---|---|---|---|---|---|
| a 到 b | 618.5 | 150 | 0.928 | 3.960 | 2.165 | 0.081 | 0.710 |
| a 到 c | 1239.6 | 150 | 0.792 | 2.264 | 1.517 | 0.145 | 0.178 |
| a 到 d | 764.8 | 150 | 0.912 | 1.880 | 1.294 | 0.071 | 0.085 |

可得 B 组实验不同距离不同方向阀门绩效数据，如表 21-16 所列。

表 21-16　B 组被试者不同方向不同距离阀门点击绩效 IP

| 不同距离阀门 IP | 数据个数 | 极小值 | 极大值 | 均值 | 显著性 | 方差 |
|---|---|---|---|---|---|---|
| a 到 b | 30 | 0.820 | 3.499 | 1.735 | 0.120 | 0.457 |
| a 到 c | 30 | 1.877 | 5.366 | 3.062 | 0.113 | 0.803 |
| a 到 d | 30 | 1.890 | 3.896 | 2.877 | 0.137 | 0.377 |

与 A 组实验相比 B 组实验绩效数据均显著减小，其原因是增加了次要任务，使得被试者认知负荷增加，完成主任务时间 MT 增加所致。

3. B 组相似阀门点击实验

1）B 组数字化核电厂阀门 1 点击实验

阀门 1 作业难度相对较低，B 组实验时添加次要任务（干扰任务），使得 B 组绩效比 A 组阀门 1 的绩效低很多。阀门 1 鼠标点击实验时间如表 21-17 所列。

表 21-17　B 组阀门 1 鼠标点击实验时间间隔 MT

| 阀门 1MT /s | 距离 D/mm | 数据个数 | 极小值 /s | 极大值 /s | 均值/s | 显著性 | 方差 |
|---|---|---|---|---|---|---|---|
| a 到 b | 199.5 | 30 | 0.551 | 1.769 | 1.094 | 0.640 | 0.097 |
| b 到 c | 538.7 | 30 | 0.601 | 1.416 | 0.955 | 0.528 | 0.052 |

其绩效数据列于表21-18。

表 21-18　B 组被试者点击阀门 1 绩效 IP

| 阀门 1IP | 数据个数 | 极小值 | 极大值 | 均值 | 显著性 | 方差 |
|---|---|---|---|---|---|---|
| a 到 b | 30 | 0.781 | 2.508 | 1.304 | 0.561 | 0.168 |
| b 到 c | 30 | 1.988 | 4.684 | 3.248 | 0.623 | 0.599 |
| a 到 b 到 c | 30 | 2.927 | 7.192 | 4.552 | 0.911 | 1.076 |

2）B 组数字化核电厂阀门 2 点击实验

在完成 B 组阀门 2 实验时,需要被试者同时回答"当前核功率是多少?""复述您所点击阀门的标号。"等问题。其点击时间如表21-19所列。

表 21-19　B 组阀门 2 点击时间间隔 MT

| 阀门 2MT /s | 距离 D/mm | 数据个数 | 极小值 /s | 极大值 /s | 均值/s | 显著性 | 方差 |
|---|---|---|---|---|---|---|---|
| a 到 b | 573.2 | 150 | 1.160 | 3.880 | 2.238 | 0.058 | 0.615 |
| b 到 c | 618.5 | 150 | 0.680 | 1.704 | 1.164 | 0.074 | 0.087 |
| c 到 d | 472.2 | 150 | 0.464 | 1.695 | 0.941 | 0.438 | 0.094 |

则 B 组阀门 2 绩效数据列于表21-20。

表 21-20　B 组被试者点击阀门 2 绩效 IP

| 阀门 2IP | 数据个数 | 极小值 | 极大值 | 均值 | 显著性 | 方差 |
|---|---|---|---|---|---|---|
| a 到 b | 30 | 0.814 | 2.724 | 1.585 | 0.087 | 0.299 |
| b 到 c | 30 | 1.517 | 3.801 | 2.363 | 0.083 | 0.366 |
| c 到 d | 30 | 1.295 | 4.731 | 2.586 | 0.074 | 0.763 |
| a 到 b 到 c 到 d | 30 | 3.648 | 10.051 | 6.535 | 0.114 | 1.915 |

通过表21-20可以看出,在有干扰情况下,阀门1与阀门2绩效数据均有较大幅度下降,其比值为1:1.436,在无干扰下阀门1与阀门2绩效数据比值为1:1.533。可以看出干扰对阀门2影响要大于对阀门1影响,这主要是因为:阀门1任务难度指数 ID 要比阀门2任务难度指数 ID 小,使得被试者完成主任务时所需时间阀门1比阀门2短,以至于干扰对阀门1影响略小于阀门2。

### 21.3.3　A 组与 B 组绩效数据对比

A 组切屏 1 与 B 组切屏 1 绩效数据用 $t$ 检验后,IP(ab)$F$ 统计量值为 0.852,$p=0.033<0.05$,说明两者差异显著;IP(ac)$F$ 统计量的值为 2.898,$p=0.040<0.05$,说明两者差异显著;IP(ad)$F$ 统计量值为 5.135,$p=0<0.05$,差异显著。A 组实验绩效都比 B 组绩效数据大,说明当被试者之间交流时,被试者绩效会受到影响。

A 组切屏 2 与 B 组切屏 2 绩效数据比较,$t$ 检验后 IP(abc)$F$ 统计量值为 4.660,$p=0<0.05$,说明交流对被试者绩效有影响,且影响较显著。

不同距离不同方向阀门绩效实验,A 组与 B 组用 $t$ 检验后,IP(ab)$F$ 统计值为 7.621,$p=$

$0.001<0.05$，IP(ac)$F$ 统计值为 $3.954$，$p=0.005<0.05$，IP(ad)$F$ 统计值为 $0.778$，$p=0<0.05$。被试者受干扰影响较大，且效果显著。

A 组阀门 1 与 B 组阀门 1 比较，其 $F$ 统计值为 $0.007$，$p=0.002<0.05$。阀门 2A 组实验与 B 组实验比较，$F$ 统计值为 $1.01$，$p=0<0.05$。

A 组与 B 组实验不同 MT 对应不同 ID，相关数据列于表 21-21。

表 21-21　A 组、B 组 MT 与 ID 对应表格

| 距离 $D$/mm | 无干扰 ID | 无干扰 MT/s | 干扰 ID | 干扰 MT/s |
|---|---|---|---|---|
| 1137.2 | 2.864 | 1.779 | 2.864 | 1.837 |
| 1002.8 | 2.682 | 1.323 | 2.682 | 1.801 |
| 935.1 | 2.581 | 1.068 | 2.581 | 1.480 |
| 1283.5 | 4.406 | 1.366 | 4.406 | 2.694 |
| 1389.9 | 4.800 | 1.379 | 4.800 | 2.133 |
| 199.5 | 1.382 | 0.803 | 1.382 | 1.127 |
| 538.7 | 2.815 | 0.826 | 2.815 | 0.981 |
| 573.2 | 3.160 | 1.394 | 3.160 | 2.136 |
| 618.5 | 2.585 | 0.934 | 2.585 | 1.230 |
| 472.2 | 2.195 | 0.773 | 2.195 | 0.971 |
| 618.5 | 3.247 | 1.508 | 3.247 | 2.135 |
| 1239.6 | 4.250 | 1.227 | 4.250 | 1.362 |
| 764.8 | 3.553 | 1.038 | 3.553 | 1.339 |

A 组无干扰情况下回归方程：$MT = 0.685 + 0.495ID$；B 组干扰情况下回归方程：$MT = 0.345ID$。

图 21-6 为 A 组回归分析的残差累计概率图，图 21-7 为 B 组回归分析的残差累计概率图，它们说明了模型的拟合效果较理想。

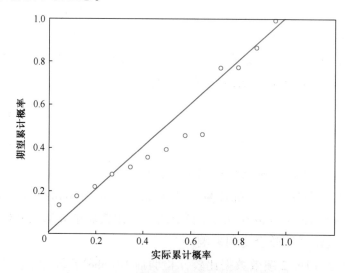

图 21-6　A 组回归分析的残差累计概率图

B 组回归曲线如图 21-7 所示。

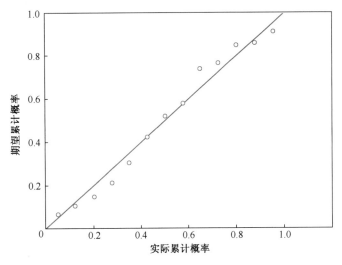

图 21-7　B 组回归分析的残差累计概率图

### 21.3.4　A、B 两组失误概率统计

每人进行 5 次实验,对 A 组和 B 组实验分别统计失误概率,得出数字化下每一种作业的失误概率,列于表 21-22。

表 21-22　作业失误概率

| 作业 | 失误概率/% | |
|---|---|---|
| | A 组 | B 组 |
| 切屏 1 打开 RCV | 1.22 | 1.22 |
| 切屏 2 打开 RCV | 4.58 | 5.49 |
| 打开阀门 DVW003KG | 1.53 | 2.00 |
| 打开阀门 RRA064KG | 2.14 | 2.75 |
| 打开阀门 013KG(START) | 1.83 | 2.44 |
| 阀门 1 操作 | 1.53 | 2.14 |
| 阀门 2 操作 | 3.97 | 4.75 |

IP＝ID/MT,从这个公式可以看出,IP 受 ID 和 MT 影响,一般 ID 越大,MT 也会增加。ID 越小,MT 也会减少。IP 大,说明 ID 增大多时,MT 增大少,这说明困难了,用的时间反而少,代表的是操作速度快,效率高,但一般相应出错率也会上升;IP 小,说明 ID 增大多时,MT 增得更多,这说明困难了,用的时间也更多,代表的是操作速度慢,效率低。但是干扰情况下,干扰对 IP 影响比 ID 大,所以 ID 增加的时候,IP 却反而降低。

从表 21-21 和表 21-22 可以看出,无论是无干扰组(A 组)还是干扰组(B 组),随着 ID 增加,总体来说人因失误概率也呈现增加趋势。但在干扰情况下,失误概率受到两方面影响:一方面其受到 ID 影响,ID 增加,失误概率基本也随之增加;另一方面,操纵员之间交流对操纵员行为上造成干扰,使得失误概率比无干扰情况下增加。这主要是干扰分散了操纵员认知注意力,当任务难度增加或多个任务同时进行时,会产生认知资源竞争,导致注意力资源短缺,人员失误概率就会上升,人员绩效也会下降。操纵员在某个信息耗费较多注意力资源时,将减少另一些信息所需注意力资源,使得失误概率增加。无论是实验时还是核电厂现场统计,均会发现当操纵员交流时,常常忘记自己的作业进度,而放弃某些信息或者对重要信息给予忽略,从而使得人因失误概率增加,数字化核电厂主控室操纵员 IP 就验证了这一点。

其次,从 B 组失误概率统计可以看出:一组 ID = 4.250、MT = 1.517 与另一组 ID = 4.406、MT = 2.734 对应的失误概率分别为 2.75、2.44,当 ID 增加同时,MT 也有所增加,但 ID 增加幅度没有 MT 增加多,这说明了任务难度增加,但操纵员执行任务所用时间反而减少,即效率高对应高的失误次数。

## 21.4 本 章 小 结

基于费茨定律与香农定理,本章针对数字化核电厂操纵员鼠标操作常见的两种形式——切屏和阀门点击为例,设计了操纵员切屏实验和阀门点击实验,获得了操纵员鼠标操作作业的绩效数据和失误概率,可用作 DCS-HRA 参考数据。

# 参考文献

[1] Gurpreet Basra, Barry Kirwan. Collection of offshore human error probability data[J]. Reliability Engineering and System Safety, 1998,61(1-2):77-93.

[2] Yves Boussemart. Procedural human supervisory control behavior[J]. Massachusetts Institute of Technology, 2011:3-6.

[3] Seung Jun Lee, Jaewhan Kim, Seung-Cheol Jang. Control Error Analysis of Computerized Operational Environment in Nuclear Power Plants[J]. Human-Computer Interaction, 2011(4):360-367.

[4] Rantanen Esa M, Wiegmann Doyglas A, Palmer Brent O, et al. A human factors database for matching human errors and technological interventions[C]. Human Factors and Ergonomics Society Meeting, 2003.

[5] Shen S-H, Smidts C, Mosleh A. A methodology for collection and analysis of human error data based on a cognitive model: IDA[J]. Nuclear Engineering and Design, 1997(172):157-186.

[6] Sträter O. Human reliability analysis: data issues and errors of commission[J]. Reliability Engineering and System Safety, 2004 (83):127.

[7] Park J, Jung W. OPERA——a human performance data-base under simulated emergencies of nuclear power plants[J]. Reliability Engineering and System Safety, 2007,92:503-519.

[8] Chang Y J, Bley D, Criscione L, et al. The SACADA database for human reliability and human performance[J]. Reliability Engineering and System Safety, 2014,125:117-133.

[9] 邹正宇. 基于人员绩效理论的秦山第三核电厂人员绩效管理与持续改进[D]. 上海:复旦大学,2010.

[10] Scott Mac Kenzie I. Fitts law as a performance model in human-computer ineraction[D]. Toronto: University of Toronto, 1992.

[11] Huang F H, Lee Y L, Hwang S L, et al. Experimental evaluation of human-system interaction on alarm design[J]. Nuclear Engineering and Design, 2007,237(3):308-315.

[12] 张彤,杨文虎,郑锡宁. 图形用户界面环境中的鼠标操作活动分析[J]. 应用心理学,2003,9(3):14-19.

[13] 姜丹,钱玉美. 信息论与编码基础[M]. 北京:电子工业出版社,2013.

# 第五篇

# 人因可靠性在数字化核电厂的应用研究

　　将前述研究成果应用于岭澳二期核电厂工程和运行实践，主要包括岭澳二期核电厂人因可靠性分析，数字化核电厂人因可靠性改进，核电厂主控室数字化人-机界面评价与优化，核电厂数字化报警系统评价模型等。本篇介绍这些应用，共7章内容。

# 第22章　岭澳二期核电厂人因可靠性分析

人因可靠性分析(HRA)是概率安全评价(PSA)的重要组成部分[1]。PSA模型中,故障树分析的对象主要是有关系统、设备的失效,人的因素可能纠正这种失效,缓解因此导致的后果,但也可能导致这种失效;同时,在事件树中各种设备、系统以及人员行为响应构成了不同的事故进程。与核电厂运行安全性和风险性有关的人因因素,需要运用HRA方法来确定人的因素对系统风险的贡献,为核电厂PSA提供人因事件定量化分析结论,并找出对系统风险存在重要贡献的人因失误相关的技术、管理、规程等电厂的薄弱环节,为电厂系统分析、预防人因失误和提高系统安全水平提供有效的技术支持。针对系统的可靠性分析,需要收集有关设备的数据、系统运行的情况,选择一定的失效模式进行评价。人因可靠性分析也有类似的工作过程,需要收集历史数据、分析人员行为特征,然后选取适当的分析方法对其进行评价。

岭澳二期核电厂主控室中采用了最新的数字化控制系统,事故处理规程也由以往的事件导向法事故处理规程(EOP)变为状态导向法事故处理规程(SOP),事故后人员行为过程和特征相比以往发生了显著变化,本章采用本书第8章中建立的DCS+SOP-HRA方法对岭澳二期核电厂的C类人因失误事件开展HRA分析,并将所得数据与SPAR-H[2]数据进行对比。

## 22.1　岭澳二期核电厂HRA实施程序

HRA作为风险管理的工具,它应达到三个基本目标:辨识什么失误可能发生;这些失误发生的概率;如何减少失误和/或减轻其影响。因此,岭澳二期核电厂人因可靠性分析分为基本情况调查、定性评价、定量评价、综合评价四个阶段(图22-1)。

基于本书第8章建立的DCS+SOP-HRA方法构建岭澳二期核电厂HRA定量分析流程,如图10-1所示。

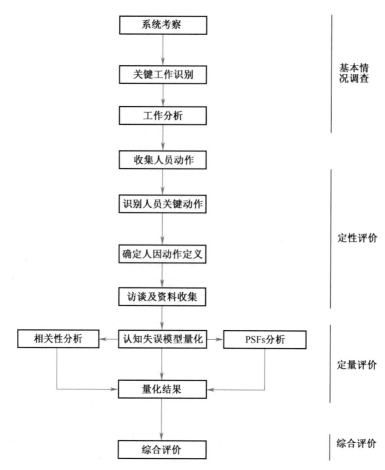

图 22-1　岭澳二期核电厂人因可靠性分析程序

## 22.2　电厂情况与特征

岭澳二期核电厂主控室是基于 DCS 的数字化主控室,事故处理规程采用 SOP,主控室中基本人员配置情况如下(图 22-2)。

(1) 正常运行工况下每台机组当班值的基本人员配置为:

主控室:机组长 1 名,一回路操纵员(RO1)1 名,二回路操纵员(RO2)1 名。

值长值班室:值长(SS)1 名。

现场:副值长 1 名,现场操作员若干。

安全工程师值班室:安全工程师(STA)1 名。

(2) 事故处理时,值长和安全工程师会到主控室,主控室人员配置分为两个层次:

第一个层次为执行层:包括协调员(机组长在事故处理过程中转变为协调员(US)角色)1 名,一回路操纵员 1 名,二回路操纵员 1 名,协调员对操纵员的事故处理进行监督,但不执行具体操作。

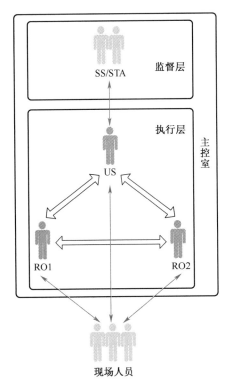

图 22-2  事故后主控室人员配置

第二个层次为监督层:包括值长 1 名,安全工程师 1 名。值长和安全工程师的指令和要求只能发送给协调员,不能直接发送给操纵员。

## 22.3  假设与边界

由于人员动作的不确定性以及人与人的差异,不同人员在相同环境下执行同一任务时的行为特征可能存在差异,因此确定一些基本假设与边界是十分必要的。根据对岭澳二期核电厂实际情况的调查以及与运行人员、模拟机培训教员访谈,得到电厂的平均假设与边界,对电厂系统和人员行为做出以下一般性假设。

(1)事故后,主控室运行值在接到第一个 DOS 报警后立即进入 DOS 开始事故诊断。

(2)事故后,主控室内有五名成员:值长、安全工程师、协调员、一回路操纵员、二回路操纵员。

(3)在安全工程师到场前,由值长执行 SPE 规程,当安全工程师到场后,接替值长执行 SPE 规程,值长不再执行规程。

(4)一回路操纵员、二回路操纵员根据过程信息处理与控制系统(KIC)读取信息,分别执行 ECPi 和 ECS 规程进行响应,协调员执行与一回路操纵员相对应的 ECTi 规程对一回路操纵员、二回路操纵员的响应进行监督,但协调员需随时与一回路操纵员保持在同一规程序列内。协调员可根据后备盘(BUP)或 KIC 获取信息。安全工程师执行 SPE 规程,根据 KIC 或 BUP 读取信息进行独立诊断。

（5）事故后,具体的事故处理操作由操纵员执行,协调员只进行独立诊断、监护,不执行具体操作。

（6）操纵员进入 DOS 执行事故诊断需要 8min,协调员使用 ECT 规程中的 DOS 需要 3min。

（7）全厂断电时,操纵员使用指引程序 IKIC 从 KIC 切换至 BUP 需要 5min。

（8）根据岭澳二期核电厂运行人员行为规范和相关培训,事故后操纵员应当严格依照 SOP 进行响应,故此次 HRA 中所评估的人因失误事件是指操纵员未能成功执行规程要求的响应,不考虑操纵员因认识或其他原因而执行规程中没有要求的响应。

（9）不考虑自动启动系统的手动操作后续支持。

（10）如果某项安全功能可以通过至少两个安全等级系统自动提供,则不考虑作为后备的人员行为失效。

（11）如果某项人员动作的失效后果在很长时间之后(24h)才有可能导致堆芯损害,并且存在可靠的恢复路径,则 HRA 中不需要考虑这类人员动作的失效。

（12）只考虑值长/安全工程师对协调员的恢复,而不考虑其对操纵员的恢复。

（13）一回路操纵员、二回路操纵员之间不考虑对对方操作或指令的监督作用,只考虑协调员对两名操纵员的监督作用,且操纵员与协调员的相关度低。值长与协调员相关性高。

（14）由于岭澳二期核电厂拥有清晰的事故报警系统,操纵员不能有效察觉需要引入 SOP 的报警/显示信号,从而导致事故后人因事件的可能性极小,故将其失误概率统一取 $P_1 = 1 \times 10^{-5}$;对于事件树中建立在前一人因事件成功基础上考虑的后续人因事件,后一人因事件始于执行 SOP 过程中协调员察觉到新的报警/显示信号,而非 DOS 相关的报警/显示信号,但即使一回路操纵员/协调员未能觉察到后一人因事件的报警/显示信号,之后也会根据规程的指引在 ECPi 程序的再定向部分发现该新的事故,对这一类人因事件,不考虑其未能察觉到新的报警/显示信号,即 $P_1 = 0$。

（15）通过考察主控室人-机界面与规程的实际状况,均取其人-机界面状况为良好。

（16）对于涉及多种操作的操作任务或在 *NUREG/CR-1278*[3] 中未明确给出相应失效数据的操作,其失效概率均按 *NUREG/CR-1278* 第 20-3 页取 0.003。

（17）对于其他数据,在人员可靠性分析中根据系统分析人员提供的资料及访谈、问卷结果作为依据。

（18）依据 HRA 的基本原则,考虑到部分操作动作的失误概率非常小,但也不排除失误的可能,本章取 $10^{-5}$ 作为人因失误概率的最小截断值。如果任意一个计算结果大于1,则使用1作为人因事件的总失误概率。

（19）对于监视部分,若相邻监视步骤非同一参数,由于没有动作惯性,视其为零相关,在计算中不考虑相关性;若相邻监视步骤为同一参数,由于观察的参数位置、数值均相同,视其为完全相关,在计算模型中仅考虑第一步监视的失误。对于操作部分,由于操纵员存在动作惯性,所有步骤间均考虑相关性。

（20）对于需要对几组并列设备进行操作的人因事件,经热工水力计算,若其成功准则仅需对并列设备中的一部分操作成功则人因事件成功的,作为适当保守,本分析中认为需要把该并列设备完全操作成功才能算为成功。

## 22.4 文档模式

根据 HRA 分析要求,确定 HRA 文档格式如下。

1. 事件过程描述

事故工况下,当值人员根据规程对与事故相关的关键系统或设备的状态进行判断以及根据这些判断而进行的相应操作行为和事故演进及处理过程。

2. 事件分析/操纵员行为分析

事件分析包括:①事件过程分析,即根据事件进程将事件划分为相应的四个阶段;②建模分析,即对每一阶段的人员行为进行初步分析,同时决定采用何种模式计算其失误概率。

3. 事件成功准则

为确保事件成功处置所进行的相应关键性操作成功的判据。

4. 调查与访谈结论

通过调查、访谈,对事件进程、任务分析、系统状态、人员每一动作的意义、动作目的、所用规程,事件进程中所需的操作步骤、条件及关系,操作现场的人-机-系统环境状况,人员间相关性,事故可能造成的后果及运行人员对其严重程度的理解(心理压力),运行人员的心理状况,允许时间、实际执行时间等 DCS+SOP-HRA 模型所需的各类信息和数据有一个明确的结论。

5. 建模与计算

建立事件定量分析模型并进行有关数学计算,获得该人因事件的失败概率。

6. 本事件人员失误概率

根据上述"5. 建模与计算"计算得到本事件人员失误概率。

## 22.5 人因事件分析举例

通过关键人员行为分析、关键人员行为筛选,最终确定岭澳二期核电厂需要分析的事故后人因事件共37件。使用本书第8章建立的 DCS+SOP-HRA 方法对这37件人因事件进行了定性、定量分析,为体现该方法将操纵员事故处理过程划分为觉察、诊断、决策、操作4阶段后在 PSA 事件树中反映出的特征,本节选取其中3件人因事件的详细分析过程示例如下。3个案例中,案例1包含了所有认知阶段;案例2结合事件树后,HRA 分析时只考虑操作阶段,不考虑觉察、诊断和决策;案例3结合事故进程,只需考虑觉察、诊断和操作,不需考虑决策阶段。3个案例有效地证明了 DCS+SOP-HRA 方法模型在工程应用中的可行性、有效性和对客观的真实反映性。

**案例1**:一回路中破口,完全丧失高压安全注入时未能及时进入 ECP4 规程对一回路进行快速降温降压。

1. 事件过程描述

(1) 功率工况,发生一回路中破口,安全壳压力高引起高压安全注入系统启动,进入 DOS,

确认停堆、安全注入和安全壳喷淋动作后,操纵员根据一回路水装量过少或者安全壳反应性过高(KRT022MA/023MA>20mGy/h),判断进入 ECP4 规程。

(2)一回路操纵员进入 ECP4 后,由于高压安全注入系统不可用,根据堆芯过热和水装量不足信号,进入 S08 序列执行终极冷却。

(3)一回路操纵员根据 S08 序列要求二回路操纵员最大速率冷却一回路。

(4)同时,二回路操纵员执行 ECS 规程,判断进入 S03 序列处理事故,根据一回路操纵员要求,采用极限冷却,全开全部可用蒸汽发生器(只要放射性没有超过量程极限都算是可用蒸汽发生器,如果之前隔离了,此处先解除隔离,再使用)的 GCTa 阀门对一回路冷却。

(5)协调员执行 ECT4 规程监督以上过程。

2. 操纵员行为分析

该事件中操纵员行为主要可分为四个阶段:

(1)第一阶段,RO1 根据安全注入信号进入 DOS。

(2)第二阶段,RO1 根据 DOS 对系统状态进行持续的判断和监视;与此同时,协调员同样执行 DOS,诊断电厂状态,并通过自身知识经验,对 RO1 进入 ECP4 请求进行确认并对可能发生的失误进行恢复。此时,操纵员的主要行为是对状态功能降级水平进行诊断。

(3)第三阶段,ECP4-IO 中 RO1 根据规程指引继续监视系统参数,进入 S08 序列;协调员执行 ECT4 规程,进一步确认电厂状态并做出缓解电厂故障的决策措施,并通过自身知识经验,对操纵员选择的 S08 序列进行确认并对可能发生的失误进行恢复。此时,操纵员的主要行为是做出决策。

(4)第四阶段,进入 ECP4 的 S08 序列后,RO2 根据 RO1 要求,执行 ECS 规程 S03 序列进行极限冷却降温,全开全部可用蒸汽发生器的 GCTa 阀门;RO1 打开稳压器安全阀和保护阀进行降压操作。

3. 事件成功准则

操纵员在 25min 内进入 ECP4 规程,并完成对一回路实施快速降温降压操作。

4. 调查与访谈结论

(1)根据热工水力计算,对于一回路中破口事故,实施相关操作的允许时间是 25min。根据访谈,RO1 执行 DOS 时间需要 8min;执行 ECP3-IO 到进入 S08 序列时间需要 3min;一回路操纵员根据 S08 序列要求二回路操纵员打开三个 GCTa 阀进行极限冷却,该过程的时间估计为 5min。因此:诊断、决策所需时间:8+3=11(min);诊断、决策的可用时间:25-5=20(min);操作所需时间:5(min);操作的可用时间:25-11=14(min)。

(2)根据访谈,操纵员诊断阶段心理压力高;决策阶段心理压力极高;操作阶段心理压力极高。

(3)根据调查,该任务诊断阶段的复杂度为中等复杂,决策阶段为正常复杂度。

(4)根据访谈,该事件培训水平为一般。

(5)根据调查,规程为状态导向法事故处理规程。

(6)根据系统假设,人-机界面水平为一般。

5. 建模与计算

事件失误概率:

$$P = P_1 + P_2 + P_3 + P_4$$

式中　$P_1$——操纵员未能觉察到该事件的概率;

$P_2$——诊断失误概率;

$P_3$——决策失误概率;

$P_4$——操作失误概率。

(1) 根据系统假设与边界(22.3 节(14)), $P_1 = 1.0 \times 10^{-5}$。

(2) 诊断阶段。

① 对于操纵员,诊断失误概率为

$$P_{\mathrm{diag}} = \left[ 1 - \prod_{i=1}^{n} (1 - 0.003K'_i) \right] K_1 K_2 \tag{1}$$

诊断阶段操纵员监视节点见表22-1。

表22-1　诊断阶段操纵员监视节点列表

| 序号 $i$ | 1 | 2 | 3 |
|---|---|---|---|
| 监视节点 | 压力容器水位 | $\Delta T_{\mathrm{sat}}$ | 安全壳放射性 |
| $K'$ | 1 | 1 | 1 |

$K_1 = 1$(名义时间);$K_2 = 2$(心理压力高);代入式(1),得 $P_{\mathrm{diag}} = 1.8 \times 10^{-2}$。

② 对于协调员,诊断失误概率为

$$P'_{\mathrm{diag}} = 0.01 K_1 \cdot K_2 \cdot K_3 \cdot K_4 \cdot K_5 \cdot K_6 \tag{2}$$

其中,$K_1 = 1$(名义时间);$K_2 = 2$(心理压力高);$K_3 = 2$(中等复杂度);$K_4 = 1$(一般培训水平);$K_5 = 0.5$(状态导向法事故处理规程);$K_6 = 1$(一般水平的人-机界面);代入式(2),得 $P'_{\mathrm{diag}} = 2.0 \times 10^{-2}$。

③ 协调员未能成功恢复 RO1 诊断失误的概率:

$$P_{\mathrm{rec}} = \frac{1 + 19 P'_{\mathrm{diag}}}{20} = 7.0 \times 10^{-2} \text{(人员低相关性水平)}$$

④ 班组诊断失误概率:

$$P_2 = P_{\mathrm{diag}} \cdot P_{\mathrm{rec}} = 1.3 \times 10^{-3}$$

(3) 决策阶段。

① 对于操纵员,决策失误概率为

$$P_{\mathrm{dec}} = \left[ 1 - \prod_{i=1}^{n} (1 - 0.003K'_i) \right] K_1 K_2 \tag{3}$$

决策阶段操纵员监视节点见表22-2。

表22-2　决策阶段操纵员监视节点列表

| 序号 $i$ | 1 | 2 | 3 |
|---|---|---|---|
| 监视节点 | 主泵状态 | $\Delta T_{\mathrm{sat}}$ | 压力容器水位 |
| $K'$ | 1 | 1 | 1 |

$K_1 = 1$(名义时间);$K_2 = 5$(心理压力极高);代入式(3),得 $P_{\mathrm{dec}} = 4.5 \times 10^{-2}$。

② 对于协调员,决策失误概率为

$$P'_{\text{dec}} = 0.001K_1 \cdot K_2 \cdot K_3 \cdot K_4 \cdot K_5 \cdot K_6 \tag{4}$$

其中,$K_1 = 1$(名义时间);$K_2 = 5$(心理压力极高);$K_3 = 2$(中等复杂度);$K_4 = 1$(一般培训水平);$K_5 = 0.5$(状态导向法事故处理规程);$K_6 = 1$(一般水平的人-机界面);代入式(4),得 $P'_{\text{dec}} = 5.0 \times 10^{-3}$。

③ 协调员未能成功恢复 RO1 决策失误的概率:

$$P'_{\text{rec}} = \frac{1 + 19P'_{\text{dec}}}{20} = 5.0 \times 10^{-2} \text{(人员低相关性水平)}$$

④ 班组决策失误概率:

$$P_3 = P_{\text{dec}} \cdot P'_{\text{rec}} = 2.5 \times 10^{-3}$$

(4)操作阶段。

操纵员操作失误概率为

$$P_4 = P'_4 \cdot K_1 \cdot K_2 \cdot P''_{\text{rec}} \tag{5}$$

操纵员操作动作及考虑成功路径和相关性的失误概率见表 22-3。

表 22-3  操纵员操作动作及考虑成功路径和相关性的失误概率列表

| 功能 | 操作动作 | BHEP | 来源 | 相关性等级 | HEP |
|------|---------|------|------|-----------|-----|
| 极限冷却 | 通过 403ku 控制 SG1 的 GCTa 阀 131VV 为手动 100% | 0.0080 | 表 8-15(5) | — | 0.0080 |
| | 通过 406ku 控制 SG2 的 GCTa 阀 132VV 为手动 100% | 0.0080 | 表 8-15(5) | 完全相关 | 0 |
| | 通过 409ku 控制 SG2 的 GCTa 阀 133VV 为手动 100% | 0.0080 | 表 8-15(5) | 完全相关 | 0 |
| | 打开 RCP020VP | 0.0041 | 表 8-16(1) | 零相关 | 0.0041 |
| | 打开 RCP021VP | 0.0041 | 表 8-16(1) | 完全相关 | 0 |
| | 打开 RCP022VP | 0.0041 | 表 8-16(1) | 完全相关 | 0 |

根据成功准则,有操作基本失误概率:$P'_4 = 0.0080 + 0.0041 = 1.2 \times 10^{-2}$,又 $K_1 = 1$(名义时间);$K_2 = 5$(心理压力极高)。由 22.3 节假设与边界(16),设协调员未能察觉操纵员操作失误的概率 $P_{\text{det}} = 0.003$,则协调员未能成功恢复操纵员操作失误的概率:

$$P''_{\text{rec}} = \frac{1 + 19P_{\text{det}}}{20} = 5.3 \times 10^{-2}$$

代入式(5),得

$$P_4 = P'_4 \cdot K_1 \cdot K_2 \cdot P''_{\text{rec}} = 6.4 \times 10^{-4}$$

6. 本事件人因失误概率

本事件人因失误概率为

$$P = P_1 + P_2 + P_3 + P_4 = 4.5 \times 10^{-3}$$

**案例 2:**蒸汽发生器传热管断裂,未及时向辅助给水箱补水。

**1. 事件过程描述**

(1)对于要求补水的情形,操纵员均已成功进入 ECS 规程。

（2）ASG 水箱水位高高信号出现后，二回路操纵员根据 ECS 初始定向或序列中 ASG 水箱监督进入 RCE N16 判断如何进行 ASG 补水，并向现场发出 RFLL 工作单，对于 SGTR 情况，判断采用 RFLL N'LL 191 工作单用另一机组 CEX 系统进行补水。

（3）协调员执行 ECT3 规程监督以上过程。

2. 操纵员行为分析

该事件中操纵员行为主要可分为四个阶段：

（1）第一阶段，操纵员根据安全注入信号进入 DOS。

（2）第二阶段，RO1 根据 DOS 对系统状态进行持续的判断和监视；与此同时，协调员同样执行 DOS，诊断电厂状态，并通过自身知识经验，对 RO1 进入 ECP3 请求进行确认或可能发生的失误进行恢复。因本人因事件是在 GRAH2\GRAH3 人因事件执行成功的前提下考虑的后续人因，故不考虑前两阶段失误。

（3）第三阶段，进入 ECP3 后，RO2 根据 RO1 要求执行 ECS 规程处理事故，此时，操纵员的主要行为是做出决策，在该事件下，后续操作动作比较直接，无需查看系统关键状态参数，故不考虑其决策失误。

（4）第四阶段，RO2 进入 ECS 后，进入 S04 序列，要求现场操纵员对 ASG 水箱进行补水操作。此时，操纵员主要行为是操作动作的执行。

3. 事件成功准则

操纵员在辅助给水箱用完之前（保守估计为 4h）补水操作成功。

4. 调查与访谈结论

（1）根据热工水力计算，对于 SG 传热管断裂，实施给辅助给水箱补水操作的允许时间是 4h。根据访谈，RO1 执行 DOS 时间为 8min；RO2 从进入 ECS 到确定 ASG 水箱补水以及采取何种方式补水需要 10min，现场执行补水需要 10min。因此，操作所需时间：10（min）；操作的可用时间：240-10-8=222（min）。

（2）根据访谈，操纵员操作阶段心理压力高。

5. 建模与计算

事件失误概率：

$$P = P_1 + P_2 + P_3 + P_4$$

式中　$P_1$——操纵员未能觉察到该事件的概率；

　　　$P_2$——诊断失误概率；

　　　$P_3$——决策失误概率；

　　　$P_4$——操作失误概率。

（1）根据操纵员行为分析可知，$P_1 = 0$。

（2）诊断阶段。

根据操纵员行为分析可知，$P_2 = 0$。

（3）决策阶段。

根据操纵员行为分析可知，$P_3 = 0$。

（4）操作阶段。

操纵员操作失误概率为

$$P_4 = P'_4 \cdot K_1 \cdot K_2 \cdot P''_{rec} \tag{1}$$

操纵员操作动作及考虑成功路径和相关性的失误概率见表 22-4。

表 22-4　操纵员操作动作及考虑成功路径和相关性的失误概率列表

| 功能 | 操作动作 | BHEP | 来源 | 相关性等级 | HEP |
|---|---|---|---|---|---|
| 补水操作 | 关闭阀门 4ASG 114 VD | 0.0041 | 表 8-16(1) | — | 0.0041 |
| | 关闭阀门 4ASG 113 VD | 0.0041 | 表 8-16(1) | 完全相关 | 0 |
| | 开启阀门 3ASG 113 VD | 0.0041 | 表 8-16(1) | 完全相关 | 0 |
| | 开启 4CEX 自动供水隔离阀 162 VD | 0.0041 | 表 8-16(1) | 零相关 | 0.0041 |
| | 开启阀门 ASG 804TL(8CEX162VD) | 0.0041 | 表 8-16(1) | 完全相关 | 0 |

根据成功准则,有操作基本失误概率:$P'_4 = 0.0041 \times 2 = 8.2 \times 10^{-3}$,又 $K_1 = 0.1$(可用时间大于等于 5 倍所需时间);$K_2 = 2$(心理压力高)。由 22.3 节假设与边界(16),设协调员未能察觉操纵员操作失误的概率 $P_{det} = 0.003$,则协调员未能成功恢复操纵员操作失误的概率:

$$P''_{rec} = \frac{1 + 19P_{det}}{20} = 5.3 \times 10^{-2}$$

代入式(1),得

$$P_4 = P'_4 \cdot K_1 \cdot K_2 \cdot P''_{rec} = 8.7 \times 10^{-5}$$

**6. 本事件人因失误概率**

本事件人因失误概率为

$$P = P_1 + P_2 + P_3 + P_4 = 8.7 \times 10^{-5}$$

**案例 3:**二回路大破口叠加 1 和 2 根 SGTR 传热管断裂,未及时进入 ECS 规程隔离事故蒸汽发生器。

**1. 事件过程描述**

(1)蒸汽发生器传热管断裂事故发生后,操纵员由二次侧放射性高的一系列信号进入 DOS。

(2)DOS 引导操纵员进入 ECP3 事故规程处理事故。

(3)二回路操纵员根据 ECS 初始定向要求,采用 RCE N07 操作票隔离 SGa。

(4)协调员执行 ECT3 规程监督以上过程。

**2. 操纵员行为分析**

该事件中操纵员行为主要可分为四个阶段:

(1)第一阶段,操纵员根据安全注入信号进入 DOS。

(2)第二阶段,RO1 根据 DOS 规程对系统状态进行持续的判断和监视。此时操纵员的主要行为是对事件进行诊断。与此同时,协调员同样执行 DOS,诊断电厂状态,并通过自身知识经验,对 RO1 进入 ECP3 请求进行确认或可能发生的失误进行恢复。

(3)第三阶段,进入 ECP3 后,RO2 根据 RO1 要求执行 ECS 规程处理事故,此时,操纵员的主要行为是做出决策,在该事件下,后续操作动作比较直接,无需查看系统关键状态参数,故不考虑其决策失误。

(4)第四阶段,RO2 进入 ECS 后,根据 ECS 初始定向要求,采用 RCE N07 操作票汽侧和水侧隔离 SGa。此时,操纵员主要行为是操作动作的执行。

**3. 事件成功准则**

操纵员在60min内根据ECS规程完成对事故蒸汽发生器的隔离。

**4. 调查与访谈结论**

（1）根据热工水力计算,对于二回路大破口叠加1和2根SGTR传热管断裂事故,实施隔离受损SG的允许时间是60min。根据访谈,RO1执行DOS时间为8min;RO2执行ECS规程到隔离SG需要1min,执行隔离事故蒸汽发生器需要5min。因此,诊断、决策所需时间:8+1=9(min);诊断、决策的可用时间:60-5=55(min);操作所需时间:5min;操作的可用时间:60-9=51(min)。

（2）根据访谈,操纵员诊断阶段心理压力高;操作阶段心理压力高。

（3）根据调查,该任务诊断阶段的复杂度为中等。

（4）根据访谈,操纵员对该事件培训水平为一般。

（5）根据调查,规程为状态导向法事故处理规程。

（6）根据系统假设,人-机界面水平为一般。

**5. 建模与计算**

事件失误概率:

$$P = P_1 + P_2 + P_3 + P_4$$

式中　$P_1$——操纵员未能觉察到该事件的概率;

　　　$P_2$——诊断失误概率;

　　　$P_3$——决策失误概率;

　　　$P_4$——操作失误概率。

（1）根据操纵员行为分析可知,$P_1 = 1.0 \times 10^{-5}$。

（2）诊断阶段。

① 对于操纵员,诊断失误概率为

$$P_{\text{diag}} = \left[ 1 - \prod_{i=1}^{n} (1 - 0.003 K_i^!) \right] K_1 K_2 \tag{1}$$

诊断阶段操纵员监视节点见表22-5。

表22-5　诊断阶段操纵员监视节点列表

| 序号 $i$ | 1 | 2 | 3 | 4 | 5 |
|---|---|---|---|---|---|
| 监视节点 | 压力容器水位 | $\Delta T_{\text{sat}}$ | 安全壳放射性 | SG水位 | SG放射性 |
| $K'$ | 1 | 1 | 1 | 1 | 1 |

$K_1 = 0.1$(有多余时间);$K_2 = 2$（心理压力高）;代入式（1）,得$P_{\text{diag}} = 3.0 \times 10^{-3}$。

② 对于协调员,诊断失误概率为

$$P_{\text{diag}}' = 0.01 \cdot K_1 \cdot K_2 \cdot K_3 \cdot K_4 \cdot K_5 \cdot K_6 \tag{2}$$

其中,$K_1 = 0.1$（有多余时间）;$K_2 = 2$(心理压力高);$K_3 = 2$(中等复杂度);$K_4 = 1$(一般培训水平);$K_5 = 0.5$(状态导向法事故处理规程);$K_6 = 1$(一般水平的人-机界面);代入式（2）,得$P_{\text{diag}}' = 2.0 \times 10^{-3}$。

③ 协调员未能成功恢复 RO1 诊断失误的概率:

$$P_{\text{rec}} = \frac{1 + 19P'_{\text{diag}}}{20} = 5.2 \times 10^{-2}\,(\text{人员低相关性水平})$$

④ 班组诊断失误概率:

$$P_2 = P_{\text{diag}} \cdot P_{\text{rec}} = 1.6 \times 10^{-4}$$

(3)决策阶段。

根据操纵员行为分析可知:$P_3 = 0$。

(4)操作阶段。

操纵员操作失误概率为

$$P_4 = P'_4 \cdot K_1 \cdot K_2 \cdot P''_{\text{rec}} \tag{3}$$

操纵员操作动作及考虑成功路径和相关性的失误概率见表 22-6。

表 22-6　操纵员操作动作及考虑成功路径和相关性的失误概率列表

| 功能 | 操作动作 | BHEP | 来源 | 相关性等级 | HEP |
|---|---|---|---|---|---|
| 汽侧隔离 | 关闭 VVP001VV | 0.0026 | 表 8-15(2) | — | 0.0026 |
| | 将 GCT 404KU 设置为 EXTERNAL | 0.0080 | 表 8-15(5) | 零相关 | 0.0080 |
| | 将 GCT 403KU 设置为 自动(GCT 131VV) | 0.0080 | 表 8-15(5) | 完全相关 | 0 |
| | 打开 GCT 128VV | 0.0026 | 表 8-15(2) | 零相关 | 0.0026 |
| | 关闭 VVP 130VV | 0.0026 | 表 8-15(2) | 完全相关 | 0 |
| | 关闭 VVP 127VV (TAFP steam) | 0.0026 | 表 8-15(2) | 完全相关 | 0 |
| | 关闭 VVP 140VV | 0.0026 | 表 8-15(2) | 完全相关 | 0 |
| 水侧隔离 | 通过 ASG001KG 和 002KG 重置 ASG 值 | 0.0080 | 表 8-15(5) | 零相关 | 0.0080 |
| | 关闭 ASG 012VD | 0.0026 | 表 8-15(2) | 零相关 | 0.0026 |
| | 关闭 ASG 013VD | 0.0026 | 表 8-15(2) | 完全相关 | 0 |
| | 将电动主给水泵(MFP) 关闭(实体操作) | 0.0041 | 表 8-16(1) | 零相关 | 0.0041 |
| | 关闭 ARE 052VL | 0.0026 | 表 8-15(2) | 零相关 | 0.0026 |
| | 关闭 ARE 054VL | 0.0026 | 表 8-15(2) | 完全相关 | 0 |

根据成功准则,有操作基本失误概率:$P'_4 = 0.0026 \times 4 + 0.0041 + 0.0080 \times 2 = 3.1 \times 10^{-2}$,又 $K_1 = 0.1$(可用时间大于等于 5 倍所需时间);$K_2 = 2$(心理压力高)。由本章 22.3

节假设与边界(16),设协调员未能察觉操纵员操作失误的概率 $P_{det} = 0.003$,则协调员未能成功恢复操纵员操作失误的概率:

$$P''_{rec} = \frac{1 + 19 \times P_{det}}{20} = 5.3 \times 10^{-2}$$

代入式(3),得

$$P_4 = P'_4 \cdot K_1 \cdot K_2 \cdot P''_{rec} = 3.3 \times 10^{-4}$$

6. 本事件人因失误概率

本事件人因失误概率为

$$P = P_1 + P_2 + P_3 + P_4 = 5.0 \times 10^{-4}$$

## 22.6 岭澳二期核电厂 HRA 结论数据及讨论

### 22.6.1 岭澳二期核电厂 HRA 数据汇总

基于本书第8章建立的 DCS+SOP-HRA 方法,以及相关模型、数据来源与假设,作者对采用 DCS+SOP 技术的岭澳二期核电厂 C 类人因事件做了详细分析,事件清单见表22-7,分析结论见表22-8。

表 22-7    岭澳二期核电厂 C 类人因事件清单

| 序号 | 事 件 描 述 |
|------|------------|
| 1 | 一回路小破口,完全丧失高压安全注入时未能及时进入 ECP4 规程对一回路进行快速降温降压 |
| 2 | 一回路小破口,二次侧不可用,未能及时进入 ECP4 规程建立一回路充排 |
| 3 | 一回路小破口,操纵员未能按照 ECP2 规程的要求完成一回路降温降压 |
| 4 | 一回路中破口,完全丧失高压安全注入时未能及时进入 ECP4 规程对一回路进行快速降温降压 |
| 5 | 丧失取水口事故,操纵员未能及时进入 ECP1 规程并成功实施反冷 |
| 6 | 丧失取水口事故,反冷操作失败,操纵员未认识到需要实施保护 RCV 泵的两项措施或未成功实施有关操作 |
| 7 | 丧失热阱,二次侧不可用,未及时进入 ECP4 规程实施充排 |
| 8 | RRI 列间阀门关闭,操纵员未及时手动开启或切至另一列运行 |
| 9 | 丧失主给水,并随之丧失辅助给水,操纵员未能及时进入 ECP4 规程执行充排操作 |
| 10 | 丧失厂外电,柴油机可用,二次侧失效,未及时执行 ECP4 规程进入充排 |
| 11 | 全厂断电,未能进入 ECP1 规程实现从相邻机组提供控制电源 |
| 12 | 全厂断电,且二次侧失效,恢复电源后,操纵员未及时使用 ASG 电动泵冷却 |
| 13 | 主给水管道小破口,操纵员未能及时隔离蒸汽发生器及向辅助给水箱补水 |

（续）

| 序号 | 事 件 描 述 |
|------|------------|
| 14 | 主给水管道小破口,二次侧冷却丧失,未及时执行 ECP4 规程进行充排 |
| 15 | 主给水管道大破口,操纵员未能及时隔离蒸汽发生器及向辅助给水箱补水 |
| 16 | 主给水管道大破口,二次侧冷却丧失,未及时执行 ECP4 规程进行充排 |
| 17 | 蒸汽管道小破口,操纵员未能及时隔离蒸汽发生器及向辅助给水箱补水 |
| 18 | 蒸汽管道小破口,二次侧冷却丧失,未及时执行 ECP4 规程进行充排 |
| 19 | 蒸汽管道大破口,二次侧冷却丧失,未及时执行 ECP4 规程进行充排 |
| 20 | 蒸汽管道大破口,操纵员未能及时隔离蒸汽发生器及向辅助给水箱补水 |
| 21 | 失去主给水,反应堆未紧急停堆,操纵员未能在 75min 内向 ASG 水箱补水 |
| 22 | 失去主给水,反应堆未停堆,操纵员未在 85min 内使反应堆重返次临界 |
| 23 | 丧失直流电,二次侧失去给水不可用,未及时进入 ECP4 规程实施充排 |
| 24 | 蒸汽发生器 1 根传热管断裂,二次侧失效,未及时进入 ECP4 规程实施充排 |
| 25 | 蒸汽发生器 1 根传热管断裂,操纵员未及时进入 ECP3 规程,在破损蒸汽发生器充满前降压到 GCTa 排放阀整定压力之下 |
| 26 | 蒸汽发生器 1 根传热管断裂,操纵员未及时进入 ECP3 规程,在换料水箱水位降至再循环水位前将一回路压力降压到 GCTa 排放阀整定压力之下 |
| 27 | 蒸汽发生器 1 根传热管断裂,操纵员未及时进入 ECS 规程,隔离受损蒸汽发生器 |
| 28 | 蒸汽发生器传热管断裂,未及时实现用完好蒸汽发生器将堆芯冷却至 RRA 连接 |
| 29 | 蒸汽发生器传热管断裂,未及时向辅助给水箱补水 |
| 30 | 蒸汽发生器 2 根传热管断裂,二次侧失效,未及时进入 ECP4 规程实施充排 |
| 31 | 蒸汽发生器 2 根传热管断裂,在破损蒸汽发生器充满前降压到 GCTa 排放阀整定压力之下 |
| 32 | 蒸汽发生器 2 根传热管断裂,操纵员未及时进入 ECP3 规程,在换料水箱水位降至再循环水位前将一回路压力降压到 GCTa 排放阀整定压力之下 |
| 33 | 蒸汽发生器 2 根传热管断裂,操纵员未及时进入 ECS 规程,隔离受损蒸汽发生器 |
| 34 | 二回路小破口叠加 1 根和 2 根 SGTR 传热管,未及时重新投入安全注入系统 |
| 35 | 二回路小破口叠加 10 根 SGTR 传热管,未及时重新投入安全注入系统 |
| 36 | 二回路小破口叠加 SGTR,未及时进入 ECP3 规程对一回路实施快速冷却 |
| 37 | 二回路大破口叠加 1 根和 2 根 SGTR 传热管断裂,未及时进入 ECS 规程隔离事故蒸汽发生器 |

表22-8 岭澳二期核电厂C类人因事件DCS+SOP-HRA分析结论数据

| 事件序号 | 觉察 | 诊断 | | | 决策 | | | 操作 | | $P$ |
|---|---|---|---|---|---|---|---|---|---|---|
| | | RO | US | 诊断 | RO | US | 决策 | RO | 操作 | |
| 1 | 0 | $1.2\times10^{-3}$ | $1.0\times10^{-3}$ | $6.1\times10^{-5}$ | $3.0\times10^{-3}$ | $2.5\times10^{-4}$ | $1.5\times10^{-4}$ | $1.2\times10^{-2}$ | $3.2\times10^{-4}$ | $5.3\times10^{-4}$ |
| 2 | 0 | $3.0\times10^{-3}$ | $2.0\times10^{-3}$ | $1.6\times10^{-4}$ | $7.5\times10^{-3}$ | $5.0\times10^{-4}$ | $3.8\times10^{-4}$ | $8.2\times10^{-3}$ | $2.2\times10^{-4}$ | $7.6\times10^{-4}$ |
| 3 | $1.0\times10^{-5}$ | $1.2\times10^{-3}$ | $2.0\times10^{-3}$ | $6.2\times10^{-5}$ | $2.4\times10^{-3}$ | $2.0\times10^{-4}$ | $1.2\times10^{-4}$ | $3.7\times10^{-2}$ | $4.0\times10^{-4}$ | $6.0\times10^{-4}$ |
| 4 | $1.0\times10^{-5}$ | $1.8\times10^{-2}$ | $2.0\times10^{-2}$ | $1.3\times10^{-3}$ | $4.5\times10^{-2}$ | $5.0\times10^{-3}$ | $2.5\times10^{-3}$ | $1.2\times10^{-2}$ | $6.4\times10^{-4}$ | $4.5\times10^{-3}$ |
| 5 | 0 | 0 | 0 | 0 | 0 | 0 | 0 | 0 | 0 | 1 |
| 6 | $1.0\times10^{-5}$ | $9.4\times10^{-3}$ | $5.0\times10^{-3}$ | $5.1\times10^{-4}$ | $5.9\times10^{-3}$ | $2.0\times10^{-4}$ | $3.0\times10^{-4}$ | $9.5\times10^{-3}$ | $1.0\times10^{-4}$ | $9.2\times10^{-4}$ |
| 7 | 0 | $2.4\times10^{-3}$ | $2.0\times10^{-3}$ | $1.2\times10^{-4}$ | $7.5\times10^{-3}$ | $5.0\times10^{-4}$ | $3.8\times10^{-4}$ | $8.2\times10^{-3}$ | $2.2\times10^{-4}$ | $7.2\times10^{-4}$ |
| 8 | $1.0\times10^{-5}$ | $9.4\times10^{-3}$ | $5.0\times10^{-3}$ | $5.1\times10^{-4}$ | $5.9\times10^{-3}$ | $2.0\times10^{-4}$ | $3.0\times10^{-4}$ | $3.9\times10^{-3}$ | $4.1\times10^{-5}$ | $8.6\times10^{-4}$ |
| 9 | 0 | $2.4\times10^{-3}$ | $2.0\times10^{-3}$ | $1.2\times10^{-4}$ | $7.5\times10^{-3}$ | $5.0\times10^{-4}$ | $3.8\times10^{-4}$ | $8.2\times10^{-3}$ | $2.2\times10^{-4}$ | $7.2\times10^{-4}$ |
| 10 | 0 | $2.4\times10^{-3}$ | $2.0\times10^{-3}$ | $1.2\times10^{-4}$ | $7.5\times10^{-3}$ | $5.0\times10^{-4}$ | $3.8\times10^{-4}$ | $8.2\times10^{-3}$ | $2.2\times10^{-4}$ | $7.2\times10^{-4}$ |
| 11 | $1.0\times10^{-5}$ | $4.7\times10^{-3}$ | $2.0\times10^{-3}$ | $2.4\times10^{-4}$ | $1.8\times10^{-3}$ | $2.0\times10^{-4}$ | $9.0\times10^{-5}$ | $1.0\times10^{-5}$ | $1.0\times10^{-5}$ | $3.5\times10^{-4}$ |
| 12 | $1.0\times10^{-5}$ | 0 | 0 | 0 | 0 | 0 | 0 | $4.1\times10^{-3}$ | $2.1\times10^{-4}$ | $2.2\times10^{-4}$ |
| 13 | $1.0\times10^{-5}$ | $5.3\times10^{-3}$ | $2.0\times10^{-3}$ | $2.8\times10^{-4}$ | 0 | 0 | 0 | $3.9\times10^{-2}$ | $4.1\times10^{-4}$ | $7.0\times10^{-4}$ |
| 14 | 0 | $3.0\times10^{-3}$ | $2.0\times10^{-3}$ | $1.6\times10^{-4}$ | $7.5\times10^{-3}$ | $5.0\times10^{-4}$ | $3.8\times10^{-4}$ | $8.2\times10^{-3}$ | $2.2\times10^{-4}$ | $7.6\times10^{-4}$ |
| 15 | $1.0\times10^{-5}$ | $5.3\times10^{-3}$ | $2.0\times10^{-3}$ | $2.8\times10^{-4}$ | 0 | 0 | 0 | $3.9\times10^{-3}$ | $4.1\times10^{-4}$ | $7.0\times10^{-4}$ |
| 16 | 0 | $3.0\times10^{-3}$ | $2.0\times10^{-3}$ | $1.6\times10^{-4}$ | $7.5\times10^{-3}$ | $5.0\times10^{-4}$ | $3.8\times10^{-4}$ | $8.2\times10^{-3}$ | $2.2\times10^{-4}$ | $7.6\times10^{-4}$ |
| 17 | $1.0\times10^{-5}$ | $5.3\times10^{-3}$ | $2.0\times10^{-3}$ | $2.8\times10^{-4}$ | 0 | 0 | 0 | $3.9\times10^{-2}$ | $4.1\times10^{-4}$ | $7.0\times10^{-4}$ |
| 18 | 0 | $3.0\times10^{-3}$ | $2.0\times10^{-3}$ | $1.6\times10^{-4}$ | $7.5\times10^{-3}$ | $5.0\times10^{-4}$ | $3.8\times10^{-4}$ | $8.2\times10^{-3}$ | $2.2\times10^{-4}$ | $7.6\times10^{-4}$ |
| 19 | 0 | $3.0\times10^{-3}$ | $2.0\times10^{-3}$ | $1.6\times10^{-4}$ | $7.5\times10^{-3}$ | $5.0\times10^{-4}$ | $3.8\times10^{-4}$ | $8.2\times10^{-3}$ | $2.2\times10^{-4}$ | $7.6\times10^{-4}$ |
| 20 | $1.0\times10^{-5}$ | $5.3\times10^{-3}$ | $2.0\times10^{-3}$ | $2.8\times10^{-4}$ | 0 | 0 | 0 | $3.9\times10^{-2}$ | $4.1\times10^{-4}$ | $7.0\times10^{-4}$ |

（续）

| 事件序号 | 觉察 | 诊断 | | | 决策 | | | 操作 | | P |
|---|---|---|---|---|---|---|---|---|---|---|
| | | RO | US | 诊断 | RO | US | 决策 | RO | 操作 | |
| 21 | 0 | 0 | 0 | 0 | 0 | 0 | 0 | $8.2\times10^{-3}$ | $8.7\times10^{-5}$ | $8.7\times10^{-5}$ |
| 22 | $1.0\times10^{-5}$ | $3.6\times10^{-3}$ | $2.0\times10^{-3}$ | $1.9\times10^{-4}$ | $2.4\times10^{-3}$ | $2.0\times10^{-4}$ | $1.2\times10^{-4}$ | $5.1\times10^{-3}$ | $5.4\times10^{-5}$ | $3.7\times10^{-4}$ |
| 23 | 0 | $2.4\times10^{-3}$ | $2.0\times10^{-3}$ | $1.2\times10^{-4}$ | $7.5\times10^{-3}$ | $5.0\times10^{-4}$ | $3.8\times10^{-4}$ | $8.2\times10^{-3}$ | $2.2\times10^{-4}$ | $7.2\times10^{-4}$ |
| 24 | 0 | $2.4\times10^{-3}$ | $2.0\times10^{-3}$ | $1.2\times10^{-4}$ | $7.5\times10^{-3}$ | $5.0\times10^{-4}$ | $3.8\times10^{-4}$ | $8.2\times10^{-3}$ | $2.2\times10^{-4}$ | $7.2\times10^{-4}$ |
| 25 | $1.0\times10^{-5}$ | $3.0\times10^{-2}$ | $2.0\times10^{-3}$ | $2.1\times10^{-3}$ | $1.8\times10^{-2}$ | $2.0\times10^{-3}$ | $9.4\times10^{-4}$ | $3.4\times10^{-2}$ | $3.6\times10^{-3}$ | $6.7\times10^{-3}$ |
| 26 | 0 | $3.0\times10^{-3}$ | $2.0\times10^{-3}$ | $1.6\times10^{-4}$ | $1.8\times10^{-3}$ | $2.0\times10^{-4}$ | $9.0\times10^{-5}$ | $2.6\times10^{-2}$ | $2.8\times10^{-5}$ | $2.9\times10^{-4}$ |
| 27 | 0 | 0 | 0 | 0 | 0 | 0 | 0 | $3.1\times10^{-2}$ | $3.3\times10^{-5}$ | $3.3\times10^{-5}$ |
| 28 | 0 | 0 | 0 | 0 | $1.8\times10^{-3}$ | $2.0\times10^{-4}$ | $9.0\times10^{-5}$ | $3.7\times10^{-2}$ | $2.0\times10^{-5}$ | $1.1\times10^{-4}$ |
| 29 | 0 | 0 | 0 | 0 | 0 | 0 | 0 | $8.2\times10^{-3}$ | $8.7\times10^{-5}$ | $8.7\times10^{-5}$ |
| 30 | 0 | $2.4\times10^{-3}$ | $2.0\times10^{-3}$ | $1.2\times10^{-4}$ | $7.5\times10^{-3}$ | $5.0\times10^{-4}$ | $3.8\times10^{-4}$ | $8.2\times10^{-3}$ | $2.2\times10^{-4}$ | $7.2\times10^{-4}$ |
| 31 | $1.0\times10^{-5}$ | $3.0\times10^{-2}$ | $2.0\times10^{-2}$ | $2.1\times10^{-3}$ | $1.8\times10^{-2}$ | $2.0\times10^{-3}$ | $9.4\times10^{-4}$ | $3.4\times10^{-2}$ | $3.6\times10^{-3}$ | $6.7\times10^{-3}$ |
| 32 | 0 | $3.0\times10^{-3}$ | $2.0\times10^{-3}$ | $1.6\times10^{-4}$ | $1.8\times10^{-3}$ | $2.0\times10^{-4}$ | $9.0\times10^{-5}$ | $2.6\times10^{-2}$ | $2.8\times10^{-5}$ | $2.9\times10^{-4}$ |
| 33 | 0 | 0 | 0 | 0 | 0 | 0 | 0 | $3.1\times10^{-2}$ | $3.3\times10^{-5}$ | $3.3\times10^{-5}$ |
| 34 | 0 | $2.4\times10^{-3}$ | $2.0\times10^{-3}$ | $1.2\times10^{-4}$ | 0 | 0 | 0 | $4.1\times10^{-3}$ | $4.3\times10^{-6}$ | $1.2\times10^{-4}$ |
| 35 | 0 | $2.4\times10^{-2}$ | $2.0\times10^{-3}$ | $1.7\times10^{-3}$ | 0 | 0 | 0 | $4.1\times10^{-3}$ | $4.3\times10^{-5}$ | $1.7\times10^{-3}$ |
| 36 | 0 | $2.4\times10^{-3}$ | $2.0\times10^{-3}$ | $1.2\times10^{-4}$ | $1.8\times10^{-3}$ | $2.0\times10^{-4}$ | $9.0\times10^{-5}$ | $8.0\times10^{-3}$ | $8.5\times10^{-5}$ | $3.0\times10^{-4}$ |
| 37 | $1.0\times10^{-5}$ | $3.0\times10^{-3}$ | $2.0\times10^{-3}$ | $1.6\times10^{-4}$ | 0 | 0 | 0 | $3.1\times10^{-2}$ | $3.3\times10^{-4}$ | $5.0\times10^{-4}$ |

## 22.6.2　数据分析与讨论

### 1. 不同班组成员诊断失误概率比较

诊断阶段不同班组成员人因失误概率对比如图 22-3 所示。

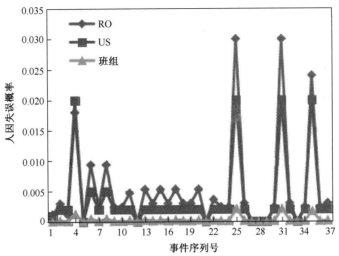

图 22-3　诊断阶段不同班组成员人因失误概率

由图 22-3 可知,在绝大多数人因事件中,反应堆操纵员的诊断失误概率均高于协调员,可能原因在于,事故后,反应堆操纵员在较高心理压力下,主要行为为规则型行为,导致其较低的情景意识水平,规则型诊断难以得到心智模型的可靠支持,从而导致较高的诊断失误概率。相比之下,协调员少了繁琐的控制动作,将其从操作中解放出来,其知识型行为加上有规程辅助,因此其诊断失误概率相对操纵员更低。因此,需要更高程度保证在诊断过程中协调员这道人员屏障的独立性。

### 2. 决策阶段不同班组成员失误概率比较

决策阶段不同班组成员人因失误概率对比如图 22-4 所示。

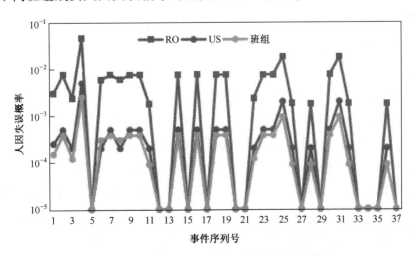

图 22-4　决策阶段不同班组成员人因失误概率

由图 22-4 可知,在几乎所有人因事件中,反应堆操纵员的决策失误概率均高于协调员,可能原因一方面与诊断阶段类似,另一方面则可能由于在决策后将会有直接产生控制后果的操作动作,决策将更加谨慎,而协调员在决策过程中能够获取更多外部技术支持(如 SS/STA 的技术支持),降低了其决策失误概率。

3. 反应堆操纵员各认知阶段失误概率比较

反应堆操纵员(RO)各认知阶段失误概率如图 22-5 所示。

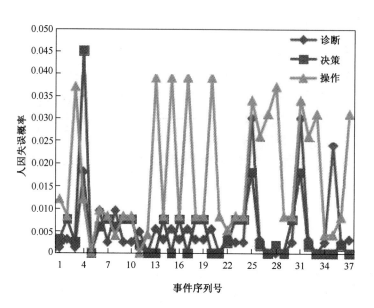

图 22-5    RO 各认知阶段失误概率

由图 22-5 可知,在整个事故处理过程中,反应堆操纵员操作阶段的失误概率总体上高于诊断和决策阶段,主要原因可能在于,SOP 的应用降低了诊断与决策的复杂度,操纵员分析过程中逻辑更加清晰,降低了其诊断和决策失误概率,而由于 DCS 下增加了界面管理任务,大大增加了操纵员操作动作,从而导致操作阶段较高的失误概率。从图 22-5 中还能看出,相当多的人因事件中,RO 的诊断、操作失误概率均达到 $10^{-2}$ 量级以上,这类事件是操纵员模拟机培训和系统后续优化改进中需要重点分析的。

4. 协调员各认知阶段失误概率比较

协调员(US)各认知阶段失误概率见图 22-6。

由图 22-6 可知,几乎所有事故后人因事件中,协调员的诊断失误概率均高于决策失误概率,分析其主要原因可能在于,同前面所述,由于在决策后将会有直接产生控制后果的操作动作,决策将更加谨慎,因而协调员能够获取更多外部技术支持(如 SS/STA 的技术支持);另外,根据 SOP 的逻辑,在诊断完成后,会有与诊断结果相对的决策行为作为指引,因此其决策失误概率相对较低。需要注意的是,在 4 个事件中协调员的诊断失误概率都达到了 $2 \times 10^{-2}$,核电厂在培训中需要针对这几个事件做重点分析研究,降低协调员诊断失误概率。

5. 班组各认知阶段失误概率比较

整个操作班组各认知阶段失误概率见图 22-7。

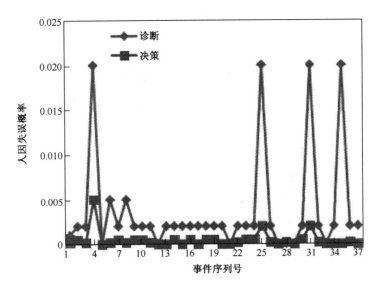

图 22-6  US 各认知阶段失误概率

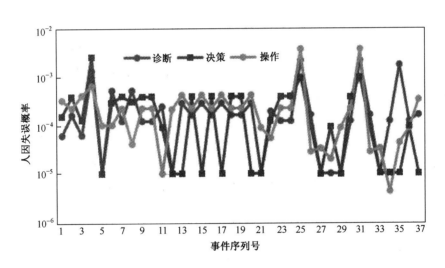

图 22-7  班组各认知阶段失误概率

由图 22-7 可知,对于整个班组而言,诊断与操作失误概率相较于决策失误概率更大,但对于部分人因事件,决策失误概率却最大,需要给予特别注意。对于部分人因事件各认知阶段失误概率较为一致,而另一部分人因事件在不同认知阶段的班组失误概率差异较大,需要分析产生这种现象的原因,开展有针对性的应对措施。

6. 综合数据对比

操作班组及其各成员各认知阶段失误概率平均值比较见图 22-8。

由图 22-8 可知,总体上看,在各认知阶段操纵员的失误概率均高于协调员,可能原因在于,事故后协调员维持着较高的情景意识水平,且得到多方面的支持,因此各阶段可靠性均较高。这表明,由于人员屏障的独立性,协调员从监护上的恢复作用大大降低了操纵员失误带来的后果,因此整体来说班组失误概率相对较低。

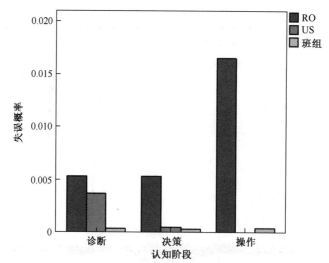

图 22-8　班组及各成员各认知阶段失误概率均值

## 22.7　DCS+SOP-HRA 方法与 SPAR-H 方法数据对比分析

SPAR-H 方法[2]自 2005 年问世以来已在美国和我国核电厂工程实践中获得了广泛应用。该方法认为情境环境通过影响人在完成任务时的诊断和执行功能而决定行为的成败,因而其将人员行为仅划分为两个部分:诊断和操作,对于诊断取基本失误概率 0.01,操作取基本失误概率 0.001,使用 8 个 PSF 做适当调整。这使得其分析程序简洁易用,但其定量分析结果过于保守。

为讨论 DCS+SOP-HRA 方法的合理性,作者对 22.6 节的所有人因事件同时采用 SPAR-H 进行了分析,并将其结果与 DCS+SOP-HRA 方法所得数据进行对比,见表 22-9。

图 22-9 展示了 DCS+SOP-HRA 方法与 SPAR-H 方法关于表 22-9 中 37 个人因事件人因失误率的对比。

1. 总体比较

作为经典的 HRA 分析方法,美国数十座核电厂采用了 SPAR-H 方法对核电厂进行人因可靠性分析。由图 22-9 可知,总体上看,DCS+SOP-HRA 方法与 SPAR-H 方法分析的结论数据趋势一致,说明了 DCS+SOP-HRA 方法在定性方面能够正确反映人员行为特征,定量结论也具有相当的可信度。

另外,由图 22-9 可见,DCS+SOP-HRA 方法结论数据总体上要小于 SPAR-H 方法的结论数据,原因在于,SPAR-H 是一种极为简化的 HRA 方法,在不能详细量化人员行为特征时,采用保守的人因分析策略。DCS+SOP-HRA 则克服了 SPAR-H 方法的过度保守,使 HRA 量化结果更能反映核电厂的实际情况。

2. 案例详细比较

此外,由于不同 HRA 方法在人因事件分析时会表现出不同特征,部分特征在分析不同类型人因事件时会明确体现出来,本节选取 22.6 节中三个较为典型的人因事件(人因事件 4、28、17)讨论 DCS+SOP-HRA 与 SPAR-H 两种方法在分析过程和结果上的异同,以及造成这种异同的原因。

表22-9 岭澳二期核电厂C类人因事件 DCS+SOP-HRA 与 SPAR-H 分析结论数据比较

| 事件序号 | 觉察 | 诊断 | | | 决策 | | | 操作 | | P | 诊断 | 操作 | P' |
| | | RO | US | 诊断 | RO | US | 决策 | RO | 操作 | | | | |
|---|---|---|---|---|---|---|---|---|---|---|---|---|---|
| | | | | | DCS+SOP-HRA方法 | | | | | | SPAR-H方法 | | |
| 1 | 0 | $1.2\times10^{-3}$ | $1.0\times10^{-3}$ | $6.1\times10^{-5}$ | $3.0\times10^{-3}$ | $2.5\times10^{-4}$ | $1.5\times10^{-4}$ | $1.2\times10^{-2}$ | $3.2\times10^{-4}$ | $5.3\times10^{-3}$ | $4.00\times10^{-4}$ | $5.00\times10^{-4}$ | $9.0\times10^{-4}$ |
| 2 | 0 | $3.0\times10^{-3}$ | $2.0\times10^{-3}$ | $1.6\times10^{-4}$ | $7.5\times10^{-3}$ | $5.0\times10^{-4}$ | $3.8\times10^{-4}$ | $8.2\times10^{-3}$ | $2.2\times10^{-4}$ | $7.6\times10^{-4}$ | $1.00\times10^{-3}$ | 0 | $1.0\times10^{-3}$ |
| 3 | $1.0\times10^{-5}$ | $1.2\times10^{-3}$ | $2.0\times10^{-3}$ | $6.2\times10^{-5}$ | $2.4\times10^{-3}$ | $2.0\times10^{-4}$ | $1.2\times10^{-4}$ | $3.7\times10^{-2}$ | $4.0\times10^{-4}$ | $6.0\times10^{-4}$ | $2.00\times10^{-4}$ | $1.00\times10^{-4}$ | $3.0\times10^{-4}$ |
| 4 | $1.0\times10^{-5}$ | $1.8\times10^{-2}$ | $2.0\times10^{-2}$ | $1.3\times10^{-3}$ | $4.5\times10^{-2}$ | $4.0\times10^{-3}$ | $2.5\times10^{-3}$ | $1.2\times10^{-2}$ | $6.4\times10^{-4}$ | $4.5\times10^{-3}$ | $4.00\times10^{-2}$ | $5.00\times10^{-3}$ | $4.5\times10^{-2}$ |
| 5 | 0 | 0 | 0 | 0 | 0 | 0 | 0 | 0 | 0 | 1 | 0 | 0 | 1 |
| 6 | $1.0\times10^{-5}$ | $9.4\times10^{-3}$ | $5.0\times10^{-3}$ | $5.1\times10^{-4}$ | $5.9\times10^{-3}$ | $2.0\times10^{-4}$ | $3.0\times10^{-4}$ | $9.5\times10^{-3}$ | $1.0\times10^{-4}$ | $9.2\times10^{-4}$ | $5.00\times10^{-4}$ | $1.00\times10^{-3}$ | $1.5\times10^{-3}$ |
| 7 | 0 | $2.4\times10^{-3}$ | $2.0\times10^{-3}$ | $1.2\times10^{-4}$ | $7.5\times10^{-3}$ | $5.0\times10^{-4}$ | $3.8\times10^{-4}$ | $8.2\times10^{-3}$ | $2.2\times10^{-4}$ | $7.2\times10^{-4}$ | $1.00\times10^{-3}$ | 0 | $1.0\times10^{-3}$ |
| 8 | $1.0\times10^{-5}$ | $9.4\times10^{-3}$ | $5.0\times10^{-3}$ | $5.1\times10^{-4}$ | $5.9\times10^{-3}$ | $2.0\times10^{-4}$ | $3.0\times10^{-4}$ | $3.9\times10^{-3}$ | $4.1\times10^{-5}$ | $8.6\times10^{-4}$ | $1.00\times10^{-4}$ | $1.00\times10^{-4}$ | $1.1\times10^{-3}$ |
| 9 | 0 | $2.4\times10^{-3}$ | $2.0\times10^{-3}$ | $1.2\times10^{-4}$ | $7.5\times10^{-3}$ | $5.0\times10^{-4}$ | $3.8\times10^{-4}$ | $8.2\times10^{-3}$ | $2.2\times10^{-4}$ | $7.2\times10^{-4}$ | $1.00\times10^{-3}$ | 0 | $1.0\times10^{-3}$ |
| 10 | 0 | $2.4\times10^{-3}$ | $2.0\times10^{-3}$ | $1.2\times10^{-4}$ | $7.5\times10^{-3}$ | $5.0\times10^{-4}$ | $3.8\times10^{-4}$ | $8.2\times10^{-3}$ | $2.2\times10^{-4}$ | $7.2\times10^{-4}$ | $1.00\times10^{-3}$ | 0 | $1.0\times10^{-3}$ |
| 11 | $1.0\times10^{-5}$ | $4.7\times10^{-3}$ | $2.0\times10^{-3}$ | $2.4\times10^{-4}$ | $1.8\times10^{-3}$ | $2.0\times10^{-4}$ | $9.0\times10^{-5}$ | $1.0\times10^{-5}$ | $1.0\times10^{-5}$ | $3.5\times10^{-4}$ | $5.00\times10^{-4}$ | 0 | $5.0\times10^{-4}$ |
| 12 | $1.0\times10^{-5}$ | 0 | 0 | 0 | 0 | 0 | 0 | $4.1\times10^{-3}$ | $2.1\times10^{-4}$ | $2.2\times10^{-4}$ | 0 | $1.00\times10^{-2}$ | $1.0\times10^{-2}$ |
| 13 | $1.0\times10^{-5}$ | $5.3\times10^{-3}$ | $2.0\times10^{-3}$ | $2.8\times10^{-4}$ | 0 | 0 | 0 | $3.9\times10^{-2}$ | $4.1\times10^{-4}$ | $7.0\times10^{-4}$ | $1.60\times10^{-4}$ | $5.00\times10^{-4}$ | $6.6\times10^{-4}$ |
| 14 | 0 | $3.0\times10^{-3}$ | $2.0\times10^{-3}$ | $1.6\times10^{-4}$ | $7.5\times10^{-3}$ | $5.0\times10^{-4}$ | $3.8\times10^{-4}$ | $8.2\times10^{-3}$ | $2.2\times10^{-4}$ | $7.6\times10^{-4}$ | $1.00\times10^{-3}$ | 0 | $1.0\times10^{-3}$ |
| 15 | $1.0\times10^{-5}$ | $5.3\times10^{-3}$ | $2.0\times10^{-3}$ | $2.8\times10^{-4}$ | 0 | 0 | 0 | $3.9\times10^{-2}$ | $4.1\times10^{-4}$ | $7.0\times10^{-4}$ | $1.60\times10^{-4}$ | $5.00\times10^{-4}$ | $6.6\times10^{-4}$ |
| 16 | 0 | $3.0\times10^{-3}$ | $2.0\times10^{-3}$ | $1.6\times10^{-4}$ | $7.5\times10^{-3}$ | $5.0\times10^{-4}$ | $3.8\times10^{-4}$ | $8.2\times10^{-3}$ | $2.2\times10^{-4}$ | $7.6\times10^{-4}$ | $1.00\times10^{-3}$ | 0 | $1.0\times10^{-3}$ |
| 17 | $1.0\times10^{-5}$ | $5.3\times10^{-3}$ | $2.0\times10^{-3}$ | $2.8\times10^{-4}$ | 0 | 0 | 0 | $3.9\times10^{-2}$ | $4.1\times10^{-4}$ | $7.0\times10^{-4}$ | $1.60\times10^{-4}$ | $5.00\times10^{-4}$ | $6.6\times10^{-4}$ |
| 18 | 0 | $3.0\times10^{-3}$ | $2.0\times10^{-3}$ | $1.6\times10^{-4}$ | $7.5\times10^{-3}$ | $5.0\times10^{-4}$ | $3.8\times10^{-4}$ | $8.2\times10^{-3}$ | $2.2\times10^{-4}$ | $7.6\times10^{-4}$ | $1.00\times10^{-3}$ | 0 | $1.0\times10^{-3}$ |
| 19 | 0 | $3.0\times10^{-3}$ | $2.0\times10^{-3}$ | $1.6\times10^{-4}$ | $7.5\times10^{-3}$ | $5.0\times10^{-4}$ | $3.8\times10^{-4}$ | $8.2\times10^{-3}$ | $2.2\times10^{-4}$ | $7.6\times10^{-4}$ | $1.00\times10^{-3}$ | 0 | $1.0\times10^{-3}$ |

（续）

| 事件序号 | DCS+SOP-HRA 方法 | | | | | | | | | | SPAR-H 方法 | | |
| --- | --- | --- | --- | --- | --- | --- | --- | --- | --- | --- | --- | --- | --- |
| | 观察 | 诊断 | | | 决策 | | | 操作 | | $P$ | 诊断 | 操作 | $P'$ |
| | | RO | US | 诊断 | RO | US | 决策 | RO | 操作 | | | | |
| 20 | $1.0 \times 10^{-5}$ | $5.3 \times 10^{-3}$ | $2.0 \times 10^{-3}$ | $2.8 \times 10^{-4}$ | 0 | 0 | 0 | $3.9 \times 10^{-2}$ | $4.1 \times 10^{-4}$ | $7.0 \times 10^{-4}$ | $1.60 \times 10^{-4}$ | $5.00 \times 10^{-4}$ | $6.6 \times 10^{-4}$ |
| 21 | 0 | 0 | 0 | 0 | 0 | 0 | 0 | $8.2 \times 10^{-3}$ | $8.7 \times 10^{-5}$ | $8.7 \times 10^{-5}$ | 0 | $5.00 \times 10^{-4}$ | $5.0 \times 10^{-4}$ |
| 22 | $1.0 \times 10^{-5}$ | $3.6 \times 10^{-3}$ | $2.0 \times 10^{-3}$ | $1.9 \times 10^{-4}$ | $2.4 \times 10^{-3}$ | $2.0 \times 10^{-4}$ | $1.2 \times 10^{-4}$ | $5.1 \times 10^{-3}$ | $5.4 \times 10^{-5}$ | $3.7 \times 10^{-4}$ | $1.60 \times 10^{-4}$ | $4.00 \times 10^{-4}$ | $5.6 \times 10^{-4}$ |
| 23 | 0 | $2.4 \times 10^{-3}$ | $2.0 \times 10^{-3}$ | $1.2 \times 10^{-4}$ | $7.5 \times 10^{-3}$ | $5.0 \times 10^{-4}$ | $3.8 \times 10^{-4}$ | $8.2 \times 10^{-3}$ | $2.2 \times 10^{-4}$ | $7.2 \times 10^{-4}$ | $1.00 \times 10^{-3}$ | 0 | $1.0 \times 10^{-3}$ |
| 24 | 0 | $2.4 \times 10^{-3}$ | $2.0 \times 10^{-3}$ | $1.2 \times 10^{-4}$ | $7.5 \times 10^{-3}$ | $5.0 \times 10^{-4}$ | $3.8 \times 10^{-4}$ | $8.2 \times 10^{-3}$ | $2.2 \times 10^{-4}$ | $7.2 \times 10^{-4}$ | $1.00 \times 10^{-3}$ | 0 | $1.0 \times 10^{-3}$ |
| 25 | $1.0 \times 10^{-5}$ | $3.0 \times 10^{-2}$ | $2.0 \times 10^{-2}$ | $2.1 \times 10^{-3}$ | $1.8 \times 10^{-2}$ | $2.0 \times 10^{-3}$ | $9.4 \times 10^{-4}$ | $3.4 \times 10^{-2}$ | $3.6 \times 10^{-3}$ | $6.7 \times 10^{-3}$ | $2.00 \times 10^{-2}$ | $1.00 \times 10^{-2}$ | $3.0 \times 10^{-2}$ |
| 26 | 0 | $3.0 \times 10^{-3}$ | $2.0 \times 10^{-3}$ | $1.6 \times 10^{-4}$ | $1.8 \times 10^{-3}$ | $2.0 \times 10^{-4}$ | $9.0 \times 10^{-5}$ | $2.6 \times 10^{-2}$ | $2.8 \times 10^{-5}$ | $2.9 \times 10^{-4}$ | $1.60 \times 10^{-4}$ | $5.00 \times 10^{-5}$ | $2.1 \times 10^{-4}$ |
| 27 | 0 | 0 | 0 | 0 | 0 | 0 | 0 | $3.1 \times 10^{-2}$ | $3.3 \times 10^{-5}$ | $3.3 \times 10^{-5}$ | 0 | $5.00 \times 10^{-5}$ | $1.0 \times 10^{-4}$ |
| 28 | 0 | 0 | 0 | 0 | $1.8 \times 10^{-3}$ | $2.0 \times 10^{-4}$ | $9.0 \times 10^{-5}$ | $3.7 \times 10^{-2}$ | $2.0 \times 10^{-5}$ | $1.1 \times 10^{-4}$ | 0 | $5.00 \times 10^{-5}$ | $1.0 \times 10^{-4}$ |
| 29 | 0 | 0 | 0 | 0 | 0 | 0 | 0 | $8.2 \times 10^{-3}$ | $8.7 \times 10^{-5}$ | $8.7 \times 10^{-5}$ | 0 | $5.00 \times 10^{-4}$ | $5.0 \times 10^{-4}$ |
| 30 | 0 | $2.4 \times 10^{-3}$ | $2.0 \times 10^{-3}$ | $1.2 \times 10^{-4}$ | $7.5 \times 10^{-3}$ | $5.0 \times 10^{-4}$ | $3.8 \times 10^{-4}$ | $8.2 \times 10^{-3}$ | $2.2 \times 10^{-4}$ | $7.2 \times 10^{-4}$ | $1.00 \times 10^{-3}$ | 0 | $1.0 \times 10^{-3}$ |
| 31 | $1.0 \times 10^{-5}$ | $3.0 \times 10^{-2}$ | $2.0 \times 10^{-2}$ | $2.1 \times 10^{-3}$ | $1.8 \times 10^{-2}$ | $2.0 \times 10^{-3}$ | $9.4 \times 10^{-4}$ | $3.4 \times 10^{-2}$ | $3.6 \times 10^{-3}$ | $6.7 \times 10^{-3}$ | $5.00 \times 10^{-2}$ | $2.50 \times 10^{-2}$ | $7.5 \times 10^{-2}$ |
| 32 | 0 | $3.0 \times 10^{-3}$ | $2.0 \times 10^{-3}$ | $1.6 \times 10^{-4}$ | $1.8 \times 10^{-3}$ | $2.0 \times 10^{-4}$ | $9.0 \times 10^{-5}$ | $2.6 \times 10^{-2}$ | $2.8 \times 10^{-5}$ | $2.9 \times 10^{-4}$ | $1.60 \times 10^{-4}$ | $5.00 \times 10^{-5}$ | $2.1 \times 10^{-4}$ |
| 33 | 0 | 0 | 0 | 0 | 0 | 0 | 0 | $3.1 \times 10^{-2}$ | $3.3 \times 10^{-5}$ | $3.3 \times 10^{-5}$ | 0 | $5.00 \times 10^{-5}$ | $1.0 \times 10^{-4}$ |
| 34 | 0 | $2.4 \times 10^{-3}$ | $2.0 \times 10^{-3}$ | $1.2 \times 10^{-4}$ | 0 | 0 | 0 | $4.1 \times 10^{-3}$ | $4.3 \times 10^{-6}$ | $1.2 \times 10^{-4}$ | $4.00 \times 10^{-4}$ | $5.00 \times 10^{-5}$ | $4.5 \times 10^{-4}$ |
| 35 | 0 | $2.4 \times 10^{-2}$ | $2.0 \times 10^{-2}$ | $1.7 \times 10^{-3}$ | 0 | 0 | 0 | $4.1 \times 10^{-3}$ | $4.3 \times 10^{-5}$ | $1.7 \times 10^{-3}$ | $4.00 \times 10^{-2}$ | $2.50 \times 10^{-4}$ | $4.0 \times 10^{-2}$ |
| 36 | 0 | $2.4 \times 10^{-3}$ | $2.0 \times 10^{-3}$ | $1.2 \times 10^{-4}$ | $1.8 \times 10^{-3}$ | $2.0 \times 10^{-4}$ | $9.0 \times 10^{-5}$ | $8.0 \times 10^{-3}$ | $8.5 \times 10^{-5}$ | $3.0 \times 10^{-4}$ | $1.60 \times 10^{-4}$ | $5.00 \times 10^{-4}$ | $6.6 \times 10^{-4}$ |
| 37 | $1.0 \times 10^{-5}$ | $3.0 \times 10^{-3}$ | $2.0 \times 10^{-3}$ | $1.6 \times 10^{-4}$ | 0 | 0 | 0 | $3.1 \times 10^{-2}$ | $3.3 \times 10^{-4}$ | $5.0 \times 10^{-4}$ | $1.60 \times 10^{-4}$ | $5.00 \times 10^{-4}$ | $6.6 \times 10^{-4}$ |

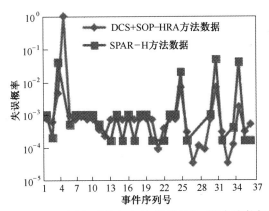

图22-9 DCS+SOP-HRA方法与SPAR-H方法数据对比

**人因事件4**：一回路中破口，完全丧失高压安全注入时未能及时进入ECP4规程对一回路进行快速降温降压。

人因事件4失误概率见表22-10。

表22-10 人因事件4失误概率

| DCS+SOP-HRA 方法 | | | | | SPAR-H 方法 | | |
| --- | --- | --- | --- | --- | --- | --- | --- |
| 觉察 | 诊断 | 决策 | 操作 | $P$ | 诊断 | 操作 | $P'$ |
| $1.0 \times 10^{-5}$ | $1.3 \times 10^{-3}$ | $2.5 \times 10^{-3}$ | $6.4 \times 10^{-4}$ | $4.5 \times 10^{-3}$ | $4.00 \times 10^{-2}$ | $5.00 \times 10^{-3}$ | $4.5 \times 10^{-2}$ |

由表22-10可知，该事件的分析结果中，DCS+SOP-HRA方法的最终数值较SPAR-H小一个量级，经分析，SPAR-H的事件失误概率主要由诊断失误贡献。而事实上，基于SOP的逻辑及操纵员访谈，对于人因事件4这类状态功能降级特别严重的事故，其事故特征很明显，其诊断过程相对容易，诊断失误概率也应越低；由于事故越严重，决策则较为困难。从分析数据上看，DCS+SOP-HRA更能反映核电厂实际情况。

**人因事件28**：蒸汽发生器传热管断裂，未及时实现用完好蒸汽发生器将堆芯冷却至RRA连接。

人因事件28失误概率见表22-11。

表22-11 人因事件28失误概率

| DCS+SOP-HRA 方法 | | | | | SPAR-H 方法 | | |
| --- | --- | --- | --- | --- | --- | --- | --- |
| 觉察 | 诊断 | 决策 | 操作 | $P$ | 诊断 | 操作 | $P'$ |
| 0 | 0 | $9.0 \times 10^{-5}$ | $2.0 \times 10^{-5}$ | $1.1 \times 10^{-4}$ | 0 | $5.00 \times 10^{-5}$ | $1.0 \times 10^{-4}$ |

由于SPAR-H只把任务分为诊断与操作两阶段，在该事件中，考虑事件相关性后，SPAR-H的数值完全由操作失误概率贡献，而DCS+SOP-HRA更详细分为四阶段后，发现由于事件相关性，虽然该事件分析中可不用考虑觉察和诊断失误，但不能忽略决策失误。SPAR-H由于方法本身的简化，对决策的分析被忽略掉，在HRA分析人员使用该方法做类似的事件分析时，对于是否应当考虑诊断阶段变得较为难以取舍，而DCS+SOP-HRA方法则避免了这种可能因为HRA分析人员主观原因导致的结论差异，因而具有更好的一致性。

**人因事件17**：蒸汽管道小破口，操纵员未能及时隔离蒸汽发生器及向辅助给水箱补水。

人因事件17失误概率见表22-12。

表 22-12　人因事件 17 失误概率

| DCS+SOP-HRA 方法 | | | | | SPAR-H 方法 | | |
|---|---|---|---|---|---|---|---|
| 觉察 | 诊断 | 决策 | 操作 | $P$ | 诊断 | 操作 | $P'$ |
| $1.0 \times 10^{-5}$ | $2.8 \times 10^{-4}$ | 0 | $4.1 \times 10^{-4}$ | $7.0 \times 10^{-4}$ | $1.60 \times 10^{-4}$ | $5.00 \times 10^{-4}$ | $6.6 \times 10^{-4}$ |

该事件中,SPAR-H 与 DCS+SOP-HRA 的值近似相等,该事件主要为操作动作,操作之前的认知过程对事件人因失误概率影响不大,因此即使基于 DCS+SOP 背景,二者数值也无明显差异。

### 3. DCS+SOP-HRA 方法与 SPAR-H 方法比较结论

SPAR-H 是一种简化的 HRA 方法,其采用保守的人因分析策略,定性分析和量化过程均大为简化,但未能反映 DCS 和 SOP 技术带来的新的系统特征和人员行为特征,不能准确反映任务的具体特征和操纵员的响应,以及班组行为特点。DCS+SOP-HRA 方法建立在充分研究岭澳二期核电厂实际的基础上,充分考虑了 DCS + SOP 特征,以及在新系统下人员行为的变化,能够详细描述人员认知过程,刻画认知薄弱环节。

从整体上看,DCS+SOP-HRA 相对于 SPAR-H,计算出的人因失误概率要偏小,反映出 DCS+SOP-HRA 克服了 SPAR-H 作为简化方法过度保守的缺点,数据上更接近核电厂实际情况。DCS+SOP-HRA 能够反映出不同事故背景下相同人因事件失误率存在的差异,如:不同事故背景下的充排操作,由于人员在诊断阶段存在不同的心理压力水平,使得这些事件间人因失误概率有所不同。相对于 SPAR-H 方法不考虑其事故背景,DCS+SOP-HRA 在这方面的考虑更加合理。

因此,DCS+SOP-HRA 比 SPAR-H 更适合用于数字化核电厂人因可靠性分析,特别是采用 DCS+SOP 的核电厂。

## 22.8　本 章 小 结

本章采用本书第 8 章建立的 DCS+SOP-HRA 模型,完成了岭澳二期核电厂的事故后人因可靠性分析,并通过数据分析及与 SPAR-H 数据对比,验证了 DCS-HRA 模型的可扩展性,同时证实了工程化的 DCS+SOP-HRA 模型的可行性,满足 PSA 对 HRA 的本质需求。

## 参考文献

[1] IAEA. Human reliability analysis in probabilistic safety assessment for nuclear power plants[R]. Safety Series No. 50-P-10, Vienna, 1995.

[2] Gertman D, Blackman H, Marble J, et al. The SPAR-HHuman reliability analysis method[R]. NUREG/CR-6883, US Nuclear Regulatory Commission, 2005.

[3] Swain A D, Guttmann H E. A handbook of human reliability analysis with emphasis on nuclear power plant applications[R]. NUREG/CR-1278, Washington D. C. : U. S. Nuclear Regulatory Commission, 1983.

# 第23章 数字化核电厂人因可靠性改进

作者采用第 8 章建立的 DCS+SOP-HRA 方法、第 11 章建立的数字化核电厂人因失误分析技术，以及第 3 章、第 7 章、第 22 章等的工作对岭澳二期核电厂运行进行了完整的人因可靠性分析，在此过程中发现参考核电厂在诸多方面存在值得改进之处，这些或许亦是数字化核电厂初期设计和运行的共性问题。

## 23.1 基于 HRA 分析的改进建议

改进主要包括 5 个方面：SOP、人-机界面、主控室现场管理、事故管理和操纵员培训，其中所举案例仅为 HRA 过程中发现的部分典型问题和相应的改进建议。

### 23.1.1 SOP 改进

在分析过程中，发现电厂的 SOP 能够覆盖所有始发事件及事故进展，且规程逻辑明确。但以下三个方面需要完善，以便更有力地指导操纵员完成事故响应。

（1）基本表述方面，由于参考核电厂采用的 SOP 规程为英文，在规程中需要判断的逻辑节点出现较多的否定表述，如 DOS 第一页中"NNOF detected inoperable in the OTS"的"inoperable"，增加操纵员执行规程过程中消耗的注意力资源，成为操纵员容易犯错的地方，建议审核规程逻辑判断中的否定表述，并原则上全部改为肯定表述。

（2）丧失取水口事故中，操纵员需要进入 ECP1 规程实施反冷操作，根据现场调查后形成的基本假设，操纵员在时间窗口内无法完成相关操作，建议针对该特定事故优化事故规程，节省不必要的操作步骤。更一般地，建议对事故处理过程中的关键操作的时间窗口进行普查，改进相关问题。

（3）规程中存在部分链接错误，高心理压力下可能导致操纵员进入错误的操作单执行错误的操作。建议对运行规程和事故规程作进一步的审核和校对，纠正存在的表述错误、引导不当以及打印错误，以避免运行人员由此引起误解。

### 23.1.2 人-机界面改进

（1）此次 HRA 的结果显示，操纵员执行操作时的失误率相对高于事故诊断失误率，其中一个重要原因是数字化人-机界面中的界面管理任务。

EPRI 将 DCS 的自动化水平分为四个等级[1]，参考核电厂属于第二等，操纵员在执行主任务的同时，还需通过执行界面管理任务来辅助主任务的完成。界面管理任务主要包括画面的配置、导航、画面调整、查询和快捷方式等。增加的界面管理任务给操纵员带来了额外的工作负荷，在某些情况下，界面管理任务可能使操纵员负荷过重。

建议适当改进自动化水平，通过系统完成界面管理任务，减少界面管理任务数量，有效减少主控室操纵员执行操作过程中可能的失误。

（2）在 DCS 画面中，存在一类开度控制阀门（例如 RCV046VP），它们的状态显示不是与阀门当前真实状态一致，而是与主控室操纵员给其设定的需求开度有关。正常情况下，当需求开度设定为 0% 时，阀门填充色立即变为空白；当需求开度设定为 100% 时，阀门立即变为填满的管道颜色（蓝色）；当设置为 1%~99% 时，阀门立即变为半填充的管道颜色（蓝色）。但实际上，设置一个需求开度后，阀门的开度/流量是由当前开度/流量向需求开度/流量慢慢变化的。那么，在操纵员处理电厂事故的过程中，特别是心理压力大、时间紧迫的情况下，操纵员可能将类似 RCV046VP 这类阀门当作两状态显示阀门处理，而实际该阀门的显示颜色只与需求开度有关，而与当前阀门的实际开度/流量是没有联系的。例如，当操纵员设置 RCV046VP 需求开度为 100% 时，阀门立即显示全填充的蓝色，但如果这时出现卡阀现象，操纵员又未查看各管道流量大小，则很有可能误认为当前阀门为全开状态，这将导致操纵员对上充流量大小的误判断。

如上所述，RCV046VP 大小形状和两状态显示阀门基本相同，但是其显示方式却与两状态显示阀门不一样，这可能导致操纵员的失误。建议全面审查操作界面中所有 RCV046VP 这类阀门，改为固定的填充色（例如黄色）来与其他两状态显示阀门区分，而无需显示其需求开度相对应的颜色多少，以防止操纵员错误地识别开关状态；同时设置一个参数框用于显示阀门的需求开度，操纵员就无需点开阀门来查看阀门的需求开度，而可以直接通过参数框查看，节省操纵员的操作时间，减少认知资源消耗。

（3）在 GCT-c 模式降压操纵的过程中，操纵员需参照 VVP024MP、VVP025MP 两者的低选值。但在实际处理电厂事故的过程中，操纵员可能会根据 VVP925KM（VVP024MP 和 VVP025MP 经过有效性处理后的平均值）显示的值的大小，来调节 GCT-c 阀开度进行降压操作，因为在 GCT 命令控制画面 GCT002YCD 中，代表 VVP 母管压力的只有 VVP925KM 这个值，而操纵员真正需要查看的 VVP024MP 和 VVP025MP 值在 GCT004YFU 画面中，需要操纵员切换屏幕才能查看，所以容易造成操纵员误将 VVP925KM 当作 VVP024MP 和 VVP025MP 值来进行降压操作。所以建议将该界面中的 VVP925KM 去除，而添加 VVP024MP 和 VVP025MP 参数框。

改进后能够有效防止在 VVP024MP 和 VVP025MP 故障时操纵员参照 VVP925KM 进行错误的判断和操作，且能更方便快捷地查看到需要关注的参数，有效减少操纵员的操作时间。

（4）RGL004YCD 是反应堆控制棒系统主要的命令控制画面之一，C22 信号灯 RGL721KS 在该画面上，而 RGL519KS 信号灯在 RGL005YCD 画面上。当出现一回路过冷情况时，C22 信号触发，RGL721KS 灯亮，并随之触发 C22 记忆信号，即 RGL519KS 亮，并闭锁 G 棒整定值使 G 棒不下插，从而达到缓解过冷现象的功能。当过冷现象成功缓解之后，C22 信号会立即消失，即 RGL721KS 立即熄灭，但 C22 记忆信号 RGL519KS 需要操纵员复位后才消失，否者 G 棒一直处于闭锁状态，也即真正反映 G 棒整定值闭锁情况的是 C22 记忆信号 RGL519KS，而不是 C22 信号 RGL721KS。

操纵员在处理电厂事故过程中,当已经发生过过冷现象,即 C22 信号(RGL721KS)、记忆信号(RGL519KS)出现,G 棒整定值被闭锁,之后如果成功缓解了过冷信号,按上文描述,C22 信号消失(RGL721KS 灯灭),但是 C22 记忆信号并没有消失(RGL519KS 灯依然亮),G 棒也依然处于闭锁状态。如果这时操纵员要查看 G 棒闭锁状态,需要查看 C22 记忆信号是否存在,即查看 RGL519KS 灯是否为亮,但是在 RGL004YCD 画面中,只有 C22 信号灯 RGL721KS,而没有 C22 记忆信号灯 RGL519KS,操纵员很可能在心理压力高的情况下误将 RGL721KS 当成 RGL519KS,而认为 G 棒处于未闭锁状态,造成判断失误。

如上所述,建议将 RGL004YCD 画面上的 C22 信号灯 RGL721KS 换成 C22 记忆信号灯 RGL519KS,改进后,操纵员能在同一画面上准确快速地查看到 G 棒异常状态,方便操纵员在巡盘时快速发现异常,不至于导致更严重的后果。

### 22.1.3 主控室现场管理改进

(1)电厂可通过适当的工程改造来降低人因事件的发生频率从而提高电厂的安全性。

(2)本次 HRA 分析中心理压力和允许时间对于结果的影响较大。心理压力较难控制,但允许时间则能通过多种措施改善,如改善人-机界面水平,方便操纵员迅速查找相关信息,进一步研制有效的操作员辅助支持系统等。

(3)在对班组成员的负荷分析中发现,操纵员主要为规则型行为,主要行为为执行规程,较大程度上丧失了主动思考能力,相当于操纵员这道人员屏障并不一定可靠,建议合理精简规程步骤,或增加诊断支持系统,以将操纵员从繁杂的规程中解放出来;数字化后,协调员在班组中起到更为核心的作用,其主要为知识型行为,且事故后协调员具有较高的心理压力,应从班组结构的角度优化人员配置。

### 23.1.4 电厂事故管理及经验反馈改进

电厂特定的 HRA 严重人因事故序列分析能够提供事故序列清单,将事故序列按照一定规则归组,是电厂操纵员响应描述和电厂响应过程中薄弱环节描述的最好来源,可用于严重事故管理导则(Severe Accident Management Guidance,SAMG)的开发。

(1)建议建立参考核电厂人因数据库,以全面、及时掌握核电厂系统人因的有关状态,为提高核电厂运行可靠性与安全性服务。

(2)加大推行良好工作实践的力度。在 A 类人因失误中,操作人员的不恰当行为很多是由于人员工作实践不良所引起,主要表现在:没有严格按规程和制度操作,没有对每一步操作进行自检等。

(3)提高电厂经验反馈工作的有效性。充分利用外部经验,如电厂之间的经验交流,WANO 数据库,在事件分析中采用规范化的根本原因分析。

(4)对计划和组织管理工作进行改进。完善领导层管理巡视制度,管理层在负责制度制订同时,还应当详细了解政策的执行情况,加强运行、维修、培训的现场巡视和技术巡视,及时发现问题、解决问题,并完善试验计划,加强风险分析,消除隐患。

### 23.1.5 操纵员培训改进

（1）HRA能够支持操纵员培训是由于它提供支配性事故序列、事故进程和操纵员干预行动等信息。

在对模拟机事故场景培训计划的调查中发现，核电厂针对系统状态严重降级的事故（如需进入 ECP4 的事故）培训频率较低，操纵员对这部分的规程熟悉程度较低。但从 HRA 的结果来看，这类事故对堆芯损伤概率的贡献并不低，支配性事故序列可以被挑选出来作为重点培训用的事故情景，建议核电厂根据 HRA 结果适当增加支配性事故序列的培训。

在严重事故分析中特别关键和频繁出现的操纵员行动，可以转换成操纵员模拟机培训内容的一部分，通过有针对性地模拟培训，在操纵员头脑中建立严重事故发生、演变的图像，提高操纵员对严重事故的辨识和响应能力。对于重要人因事件，核电厂应安排操纵员重点演练，并使相应的操作规程更加完善，以提高操纵员行动的可靠性。

（2）操纵员人员素质水平不均衡，部分操纵员甚至对培训频率较高的规程不熟悉，反映了对操纵员的模拟机事故场景培训较为欠缺。受培训场所限制，虽然核电厂要求培训课程之外操纵员需要自主学习，但调查结果显示，相当一部分人未按照要求执行或未能达到相应的效果，建议采取额外的考核制度提升操纵员培训水平。

（3）进一步强化自觉遵守行为规范的培训。操纵员的不恰当行为很多表现为没有严格按照行为规范操作，如：在模拟机培训和主控室运行中都发现部分操纵员未及时按照规程要求在规程界面上对当前操作进行确认/打钩，而是执行多步后一次性打钩，导致遗漏规程步骤；在现场调查中发现，部分操纵员传达信息时未按照规范使用三段式沟通，易导致沟通失误。建议模拟机教员在日常培训中更加强调培养行为规范的重要性。

## 23.2 人因失误预防建议

### 23.2.1 预防组织风险

核电厂组织有两个目标：①保证安全；②促进生产。核电厂由于其特有的运行特征，相比之下具有与其他工业组织不同的组织设计和组织运行特点。核电厂的各级管理层要确保与生产相关的要素（使命、目标、流程）和与安全相关的要素（愿景、信仰、价值观等）等并行不悖，确保生产相关要素和安全相关要素的一致性和同向性。从已经获得的失误数据和研究小组相关的研究，提出与组织因素相关的建议如下。

（1）建立良好的组织流程，有序开展工作。如果工作缺乏有效的计划常常会导致员工失误的增多。制订工作计划（工作准备）时应考虑优先次序，强调预防错误的重要性。计划拟定时，一定要考虑时间压力对于人员工作的不利影响。例如，某项工作因为出现意外情况而延迟，被安排从事该项工作的人员不应为了赶时间而具有某种压力，无论这种压力是有形的还是无形的。

（2）加强文件管理和工作实践工作。文件管理工作可以促进人员形成良好的工作习惯和加强具体实践的工作。文件管理同时能使得人员行为处于良好的监督之下。

（3）避免长期依赖"人工干预模式"。核电厂运行中产生的设备问题往往需要人员进行干预。而手动干预的过程中人员出错的可能性会增大，同时削弱了核电厂对异常情况及时快速地做出响应的能力。管理者应避免长期依赖手动干预，应建立适合核电厂的系统化的方法来识别和减少对人工干预模式的依赖。

（4）对于不常进行的定期试验要有充分的计划。管理者应该做到：

① 执行这类试验时管理者要建立明确的授权和责任制度；

② 要准备充分的技术程序和指南；

③ 要认真执行工前会和工后会，确保对重要设备状态的跟踪；

④ 对在试验中可能出现的异常或意外准备充分的应对方案。

### 23.2.2 减少失误后果

采取行动预防、减少失误风险以及发生失误后果。这些措施包括：

（1）促进信息在班组和员工间的交流。前面章节分析表明，有效的沟通（口头和书面的）是一种有效的预防事件的方法，管理者的目标是消除沟通中的障碍，加强操纵员在任务执行的过程中共享的情景意识。

（2）减少多级审核和多级批准。多级审核和批准会削弱任务执行者的主动性，产生依赖性，弱化责任心。

（3）人-机接口管理。设备的设计或变更应尽量避免或减少由于人员疏忽对设备造成的影响。当事件重复发生在某设备上时，管理者应考虑对设备进行变更，以降低设备操作出现错误的概率。例如，对于 DCS 中操纵员经常出现的问题，应该让计算机操作系统通过提问的方式提醒用户注意。

（4）编制的程序应该清楚，逻辑顺序合理并易于理解。程序为任务执行人员提供了必要的信息。

① 除运行经验之外，程序的编制还要考虑使用者的培训、经历、经验、局限性和管理上的关系；

② 程序中对于使用条件要详细说明；

③ 应该尽可能降低程序的复杂性，程序中尽可能是基于技能（SB）的行为和基于规则（RB）的行为；

④ 程序中应该突出对核电厂安全性和可靠性具有重要意义的部分；

⑤ 程序的审查过程能够真正提高程序的准确性；

⑥ 负责文件变更的人员应根据员工的反馈意见迅速准确地纠正程序的缺陷；

⑦ 程序的使用指南中应该明确程序的使用范围，要考虑不正确执行的后果，任务复杂性，任务执行人员的能力，任务执行人员的局限性和执行频率等因素；

⑧ 程序的执行应有利于操纵员保持良好的情景意识。

（5）确认防御屏障的完整性，尤其是执行有可能影响核安全的任务时。防御屏障的数量和强度，例如多重保护设备、联动设置、实体屏障、监督和程序，应根据潜在安全相关事件的后果而有针对性地进行设计。管理者应该审查特定任务的防御屏障,检查其预防错误或者人因事件发生的能力。不能依赖个人的行为作为唯一屏障,应保证设备的冗余度和避免人为解除防御屏障。

### 23.2.3 减少失误诱发环境

(1) 对工作人员、监督者和管理者进行培训,使其能够识别诱发人因失误的场景。管理者应采取切实的措施来培养人员识别诱发人因失误的场景。例如,对各值交班进行疲劳的不利影响的培训,并建议如何避免和减少这样的影响。

(2) 提醒操纵人员和监督者对关键任务及决策保持警觉。管理者应当在程序中与核安全相关的步骤上,特别是对任务中包含不可逆操作步骤时,应特别强调操纵员注意警示和注释,以提高员工的注意力。例如,某些程序的步骤,一旦执行不可逆操作时,应要求人员注意自检,在DCS中或通过计算机程序来自动避免输入潜在风险的指令。

(3) 减轻操纵员的负担。人因失误的可能性随着操纵员执行任务时间的延长而增加,例如DCS中,让自动控制系统运行在手动模式下。为了提高注意力集中度,应对单调任务执行的人员提供合适间隔的休息。对于要求高精度、高速度和高度注意力的重复性任务,最好是由机器来执行;而对于要求判断力、灵活性来解决问题的任务,更适合于由人来执行。

(4) 确认操纵员受到合适的培训,能够对异常的系统或设备状况做出诊断。例如,反应堆操纵员应反复接受堆芯物理和热力学方面的培训,以确保能够对反应堆运行的异常情况做出诊断和响应。同时,管理者应该提供合适的培训,让操纵员们面对不熟悉的状况时,知道如何协作和采用系统化解决问题的方法。

(5) 对于很少执行的任务开始前安排并组织特殊培训。例如,在大修计划的某一任务开始前,应明确哪些不常执行的任务,安排适当的培训或任务模拟。

(6) 了解操纵员过分自信或缺乏经验的情况。个人或团队应意识到自负或缺乏经验所带来的风险并确定个人或团队是否需要额外的支持或培训。

### 23.2.4 创建学习型组织

(1) 开展自我评估,评价并改进组织业绩,发现与自我评估大纲中存在的差距。学习型组织善于利用自我评估活动,将实际业绩与优秀的行业标准和管理期望相比较,识别组织的薄弱环节或程序缺陷。组织内可以使用正式的和非正式的评估方法。自评估活动至少应该包括下列内容:
① 自评估小组的日常活动;
② 事件调查;
③ 与其他组织良好实践进行比较;
④ 小偏差和未遂事件的报告制度;
⑤ 工后总结。

(2) 从小偏差和未遂事件中学习。关于运行经验的报告,管理者应强调他人的错误同样可能在这里发生。为降低事件的数量,应该分析和确定事件的根本原因,并进行趋势分析。通过对自己和他人错误的学习,员工能够得到正面的强化。应及时交流所学的经验教训及其在特定任务中的应用。对运行经验反馈学习应该包括以下各方面：

① 报告小偏差和未遂事件；

② 使用各种根本原因分析技术；

③ 纠正行动的实施；

④ 分析事件和未遂事件的原因和趋势；

⑤ 纠正行动的有效性。

提倡并使电厂人员充分理解"无责备文化"，这样才能使员工自愿报告事件而不会担心受到处罚，除事件涉及的员工之外，事件调查可能还包括管理人员、监督人员、受影响的班组和培训人员。

（3）纠正措施程序应该具有以下特征：

① 纠正事件的根本原因，不分大小，无后果事件的原因和有后果事件的原因通常是一样的；

② 将纠正措施与根本原因对应，确定错误是否由于技能不足、违反程序或者知识不足；

③ 审查纠正措施，防止由于疏忽造成新的可能错误状况或者不完善屏障；

④ 重视重发事件的纠正措施，事件的重复发生表明组织缺陷具有一定的顽固性。

（4）运用事前分析和事后回顾的方法促进人因管理。管理者应鼓励通过事件前分析和事故后回顾这两种方法来提高预防人因事件的能力。事前分析包括定期检查防御屏障、现场工作条件、组织流程和价值观，事后回顾包括数据趋势、事件和未遂事件的分析。分析结果应该在核电厂员工中得到共享和理解，鼓励员工积极参与制订纠正措施。

### 23.2.5 加强班组情景意识

作为核电厂组织的核心部分，主控室中的操纵员班组直接影响核电厂的安全。前面章节分析已得出结论：由于 DCS 的特点，电厂事故后，RO1 & RO2 更加可能陷于程序的执行，而无法保持对核电厂状态的把握。DCS 中，RO1 & RO2 执行的绝大部分 SOP 任务是 SB 和 RB 行为，其失误的形式主要是偏离和遗漏。由于 DCS+SOP 的特点，偏离和遗漏存在两种较大的恢复可能性：①人员的自行恢复；②后续行为（SOP 循环执行）的恢复。由于存在第①种恢复，偏离和遗漏随后被纠正；第②种恢复可能会延长操纵员处理事故的时间，除了在某些事故场景下，根据 SOP 的设计特点，后果一般不严重。

操纵员行为所导致的"错误"会对核电厂的安全造成很大的后果。"错误"是基于知识（KB）的行为的后果。操纵员的"错误"是基于机组目前状态对未来状态的判断和决策错误，恢复的可能性小且恢复的时间长。为防止"错误"的发生，整个班组必须保持良好的情景意识，从更高的意识水平上防范失误的发生。

### 23.2.6 加强人-机界面设计

从人-机界面设计的角度对人因失误预防，其主要目标是防止基于计算机的软控制操作的人因失误，重点包括两个方面：软控制操作的信息显示和人-系统交互[2]。

软控制操作的信息显示的人-机界面设计需要满足以下几个目标：

（1）由于 DCS 中是多个操纵员协调操作，所以基于计算机界面的操作必须允许操纵员保持对他人操作的情景意识，以保证各个操纵员之间不会互相干扰。

（2）对于就地现场及其他特定场合，界面设计必须能够满足操纵员在某种特定环境下对于信息的阅读和输入，例如，操纵员带手套或操纵员穿辐射防护服的情况。

（3）信息显示必须使得操纵能够迅速评价控制系统中的单个部件的状态，以及单个部件与其他部件之间的关系。由于 DCS 中计算机界面显示面有限，不是所有的控制系统的部件都能同时显示给操纵员，那么操纵员必须能够在界面中迅速判定该部件与其他功能相关部件之间的联系。

（4）操纵员必须能够清楚地辨识所操作的对象，包括其位置、大小、颜色、标识。

（5）操纵员能够从控制输入区域获得所输入的控制操作在系统中的反馈显示。

人-系统交互的人-机界面设计需要满足以下几个目标：

（1）操纵员能够清楚地选定和判断所操作的区域和对象。

（2）操纵员能够实时地获得其操作的系统反馈，包括指令是否已经发出，系统是否在执行发出的指令，系统接受了指令是否响应，是否达到了操作的预期目标。

（3）系统响应时间。总的系统响应时间是指提交一个输入指令到获得系统反馈之间的时间。系统响应时间的设计会影响操纵员对电厂的控制能力。

由于操纵员在计算机界面上的操作绝大多数是一种技能型（SB）行为，所以操纵员的注意力和记忆力对失误的产生会有很大影响。另外，基于计算机的人-机界面显示狭窄，操纵员对计算机信息阅读和输入的空间维度单一，而核电厂本身需要显示的信息或需要输入的操作类型复杂；除此之外，计算机界面的信息显示结构相对传统控制室复杂，信息获得更多的是模型驱动的，因此，在传统控制室人-机界面中是属于低意识水平的技能型（SB）和规则型（RB）行为，例如，按键、旋钮或者移动调节点等，在 DCS 中有可能会转变成知识型（KB）行为。由此而言，人-机界面设计的总的原则应该是尽量使得在 DCS 界面中的人员行为变成技能型和规则型行为，这就包括例如控件的布置，控件的大小设置，控件操作的反馈等的数量要小，布局要符合人员的习惯特征等。

### 23.2.7　加强界面管理任务管理

操纵员执行界面管理任务的行为属于技能型或者规则型行为，行为中的失误类型为偏离或者遗漏，行为失误的原因是操纵员在执行界面管理任务过程中注意失误或者记忆失误。DCS 中基于计算机界面的操作，操纵员对于界面管理任务执行的方式或者执行的过程都非常熟悉，失误往往发生在操纵员处于高工作负荷的情况下，例如，工作计划安排过紧或者在 DCS 执行事故处理[3]。

界面管理的一个主要任务是屏幕选择和导航。操纵员应该对屏幕选择和导航所在的数据空间的位置随时都有一个清楚的判断，操纵员计算机屏幕必须清楚标识（例如，用数字进行编号）。

### 23.2.8　加强程序执行培训

DCS 可以以与传统的控制室不同的信息显示方式显示，包括：①能实时提供电厂参数信息的数字过程显示；②关键核电厂参数的预定义趋势显示；③操纵员定义的参数趋势显示。对于核电厂事故诊断而言，核电厂状态参数的趋势显示非常重要。DCS 中所提供的趋势显示能够让操纵员在一眼之内发觉参数是保持恒定还是发生了变化，变化的方向和速度以及是否达到限值等。这些核电厂状态参数的趋势显示对于保持操纵员的情景意识非常重要。

事故诊断和处理主要是对 SOP 程序的执行,为预防人因失误,对于操纵员执行 SOP 提出以下几点建议:

(1)控制室中操纵员须使用独立的信息源(报警、数字和图表显示、盘台指示等)对于程序中的信息参数进行比对;

(2)操纵员需建立相对应设备或系统状态的趋势曲线;

(3)需要培养操纵员班组良好的通信交流技能以确保事故后操纵员班组共同对核电厂当前状态、操纵目标和目前程序所执行的状态有一个较好的理解;

(4)对程序的目标和响应策略清楚地了解;

(5)要熟练掌握规程执行过程中人-机界面的变化情况,人-机界面是如何工作的,以及在不同情境下应该采取的界面管理策略;

(6)掌握纸质程序的使用以及如何从计算机屏幕转换到纸质程序。

### 23.2.9 提高培训水平

根据前述研究,基于 DCS 人-机界面的特点,对人因失误预防的培训提出三大目标:①提高操纵员的基本技能,即前述研究中的技能型(SB)和规则型(RB)行为;②提高操纵员对于事故的处理能力,即培养操纵员如何使用好现有的人-机界面系统来对事故进行处理;③培养操纵员班组各个成员保持共享情景意识的能力,即培养操纵员班组的交流通信技能。

#### 1. 提高基本技能

DCS 中,操纵员的基本技能与传统控制室发生了一些变化,这些变化主要是由于控制室 DCS 以后人-机界面的变化带来的。在传统控制室中操纵员的基本技能例如按钮、读表、调节等,在数字化控制室中变成了导航、选屏、控件操作等。传统控制室中固定的物理布局可以形成固定而且稳定的心智模型,而 DCS 中导航、选屏以及控件位置在计算机屏幕上灵活布置,这样不但所执行任务的控件位置也就是操纵员所执行的一类任务目标,而且所能实现达到控件位置的手段,包括导航、选屏等二类任务都不能形成稳定的心智模型。如果事故状态下,操纵员处在较高工作负荷的情况下,操纵员的人因失误发生的可能性要增大。

#### 2. 提高事故处理能力

对于操纵员来说,需要特别培养他们在 DCS 事故状况下的响应能力。事故状况下,操纵员将有可能产生很高的工作负荷从而使得 DCS 的缺陷放大而导致失误,例如,界面管理任务。同时,极限事故基本只在模拟机上进行培训,事故复训的周期较长(一年),导致操纵员对事故处理特别是对有些界面和控件的操作不熟悉。

#### 3. 培养情景意识

无论是正常运行还是事故状况下,操纵员保持对机组状态共同的情景意识非常重要。根据前述的研究和 DCS 目前的状况,为防止操纵员人因失误,培训中需要注意:

(1)事故状态下,操纵员(RO1、RO2)可能陷于程序的执行,而对机组的状态失去判断。培训中,要特别注意 US/SS 或者 STA 在保持整个运行班组情景意识方面的作用。对于机组关键的状态、状态的变化、变化的趋势要知悉整个运行班组。这个过程中需要重点培训操纵员的交流技能,包括交流时机、交流手段、交流反馈等。

（2）可以针对不同的操纵员班组培养各自合适的交流技能和交流策略,以保持较好的班组情景意识。

（3）在培训中采用操纵员角色互换,以了解 DCS 中操纵员各自的交流需求和交流负担。

（4）从模拟机观察来看,参考核电厂 SOP 程序中已经标识的需要交流的部分尚不能满足整个操纵员班组保持情景意识的需要,需要对操纵员班组的交流做一个更加深入的研究,提出改进方法。

# 参考文献

［1］Electric Power Research Institute(EPRI). Computerized procedures design and implementation guidance for procedures,asociated automation and soft controls［R］. EPRI TR-1015313,Palo Alto:Electric Power Research Institute,2009.

［2］Stubler W F,O'Hara J M,Kramer J. Soft controls:technical basis and human factors review guidance［R］. NUREG/CR-6635,Washington D. C. :U. S. Nuclear Regulatory Commission,2000.

［3］O'Hara J M,Brown W S,Lewis P M,et al. The effects of interface management tasks on crew performance and safety in complex,computer-based systems:overview and main findings［R］. NUREG/CR-6690,Washington D. C. :U. S. Nuclear Regulatory Commission,2002.

# 第24章　基于人因可靠性的数字化人–机界面优化模型

核电厂主控室数字化人–机界面是操纵员与电厂系统交互的重要载体,如:电厂状态信息的获取、事故规程的执行等均需通过人–机界面实现。经访谈、调研表明,人–机界面设计的优劣对操纵员的信息获取、判断等一系列行为带来影响。

本章主要包括以下研究内容:

(1)对数字化人–机界面影响因子提出优化原则;

(2)提出数字化人–机界面监视单元布局优化方法,优化依据以人因可靠性为准则;

(3)基于模糊免疫方法建立数字化人–机界面优化模型,用于对数字化人–机界面参数数量进行优化;

(4)建立事故下规程在屏之间自动布局最短移动路径算法的神经网络优化模型;

(5)利用建立的数字化人–机界面优化模型对核电厂误发安全注入(简称安注)事故进行应用性分析。

## 24.1 数字化人–机界面相关因子优化原则

通过问卷调查、访谈及已有经验,数字化人–机界面主要优化因子及原则如下。

1. 警告

部分警告因子的优化原则如表24-1所列。

表 24-1　警告因子优化原则

| 因　　子 | 优　化　原　则 |
| --- | --- |
| 警告过滤 | 对操作人员的监视、诊断、决策、程序执行等行为,如果警告没有重要的意义,这时警告应进行过滤 |
| 警告状态表示 | 为使操作人员快速辨别警告信息,显示的警告状态应表现出独一无二性 |
| 警告返回 | 警告参数从一个异常范围返回到正常状态时,应通过可视化和声音的方式进行指示 |
| 警告系统相关性设计 | 警告系统处理会影响操作人员理解警告过程的效率,如果操作人员没有意识到警告之间存在相关及这些相关性如何依赖应用中的过程,那么操作人员就可能对系统状态或警告可靠性得出错误结论 |

（续）

| 因　　子 | 优化原则 |
|---|---|
| 共享警告的最小化 | 由任意单个隔离的警告触发的警告及需要操作人执行附加行为应该要进行限制 |
| 警告标题 | 警告标题应清晰易理解,应使用标准术语,明确定义参数和状态 |
| 警告信息 | 在警告标题或类似标题显示器中,信息格式应该连续 |
| 警告源 | 每条信息内容应提供警告来源 |
| 程序参考 | 当显示器上呈现警告信息时,应提供对警告处理的相应程序流程 |
| 标题及警告的分隔控制 | 如果警告系统包括警告标题和警告显示,每个警告应有其自身的一系列控制 |
| 优先级编码 | 可采用目前成熟的颜色编码 |

### 2. 参数

参数在整个核电厂的监视中起到决定性作用,对参数进行优化至关重要,表24-2给出了部分参数的优化原则。

表24-2　参数因子优化原则

| 因　　子 | 优化原则 |
|---|---|
| 重要安全功能显示可见性 | 重要安全函数功能显示在操作人员工作站应该是可读的 |
| 重要变量和参数 | 重要工厂变量和参数显示应帮助操作人员评价工厂状态;显示系统应给操作人员提供如下的重要安全功能:反应度控制,堆芯冷却,余热去除,辐射控制,防漏条件等 |
| 安全状态快速变化的认知 | 重要安全功能显示应使操作人员理解安全状态改变,因此这些显示应包含确定用户性能的HFE原则 |
| 连续显示 | 安全参数和功能的显示应连续显示 |
| 工厂模式分离显示页 | 工厂操作模式强加不同要求时,对每个模式应提供不同的显示页面,显示页面应包含评价工厂的最少数据 |
| 重要参数的监视支持 | 系统应有支持用户监视重要参数的辅助帮助,特别是改变很快或很慢的参数 |
| 重要工厂变量的数据可靠性及认证的显示 | 对操作人员来说,数据状态应有一个合适数据质量指示器 |
| 标识 | 对监视工厂状态的安全参数和功能的显示应该被标识以与其他显示区分 |

### 3. 信息显示因子

信息显示的部分定性因子优化原则如表24-3所列。

表24-3　信息显示因子优化原则

| 因　　子 | 优化原则 |
|---|---|
| 显示格式的考虑 | 显示格式应考虑多样性,如表、连续文本、图表、模拟图等 |
| 高级信息的操作人员认证 | 操作人员应该能访问链接到参数和图形特征的原则及产生高级信息的解释 |

（续）

| 因　　子 | 优化原则 |
|---|---|
| 全局状态显示 | 信息系统应该提供全局状态提示及提供当前的详细信息 |
| 将来状态显示 | 信息系统应该支持用户理解将来状态 |
| 参考范围 | 应提供重要信息和一般信息值的参考范围 |
| 相关信息显示 | 操作人员完成任务相关信息应分组 |
| 显示的其他因素 | 一致性、抽象性、文本的简洁性 |

### 4. 简写和缩写

简写和缩写因子优化原则如表 24-4 所列。

表 24-4　简写和缩写因子优化原则

| 因　　子 | 优化原则 |
|---|---|
| 避免缩写 | 在使用中应尽量避免使用缩写，如果显示时由于空间关系需要使用缩写，那么也应该使用操作人员通常知道的缩写 |
| 缩写规则 | 当定义的缩写不是操作人员所共识时，应使用操作人员理解和认知的规则 |
| 缩写标点 | 简写和缩写不要包括标点 |
| 在任意代码中避免 O 和 I | 字母 O 和 I 的使用应尽量避免，因为他们很容易与数字 0 和 1 混淆 |
| 代码中的字母和数字 | 当代码中混有字母和数字时，字母和数字应尽量分别分组在一起，而不是对其进行解释 |

### 5. 数字数据

数字数据因子优化原则如表 24-5 所列。

表 24-5　数字数据因子优化原则

| 因　　子 | 优化原则 |
|---|---|
| 数值系统 | 数字值一般以十进制显示，但在故障排除或架构任务中也可使用其他数字系统，如二进制、十六进制、八进制 |
| 零开头 | 在数字化数据中开头应加零作为开头，如 24 应显示为 0024 |
| 显示范围 | 在任务显示的任何条件下应显示变量的最大值和最小值 |
| 显示变化率 | 数字化显示变化速度应足够让操作人员可读 |
| 差异显示 | 如果数据之间差异对操作人员的监视是重要的，那么应该显示他们之间的不同性 |
| 数字定位 | 数字应该垂直显示 |

### 6. 显示页面因子

显示页面因子优化原则如表 24-6 所列。

表 24-6　显示页面因子优化原则

| 因　　子 | 优 化 原 则 |
|---|---|
| 不同人-机交互功能<br>组织及元素显示 | 人-机交互功能区域和显示特征应与其他有明显区别,特别是命令和控制部分元素 |
| 显示标题 | 每个显示应以一个简单描述显示内容或目的标题 |
| 显示标识 | 每个显示页都应该设计唯一的标识以提供显示页面请求参考。这个页面的标识可以是其标题,<br>或字母编码,或是一个长期显示的一个简写 |
| 显示的简单性 | 显示应呈现与功能相一致的最简化的信息及与该信息相关的内容 |
| 多页的数字编号 | 每页应该标有编号,在编号中最好不要把零作为编码 |
| 数据覆盖 | 临时覆盖的数据不应擦除。显示过程中如果产生覆盖数据应考虑提供其附加信息,当帮助操作<br>人员对显示数据解释时,数据覆盖是完全可以的 |

由于影响操纵员人-机交互的界面因子较多,作者在结合数字化核电厂人-机界面自身特点基础上,本章主要对表 24-7 所示因子进行优化分析。

表 24-7　核电厂数字化人-机界面定量分析

| 因　　子 | 优 化 因 子 描 述 |
|---|---|
| 布局 | 界面中各功能块之间的布局优化 |
| 警告 | 数量的取值 |
| 参数 | 参数显示数量 |
| 每行字符数量 | 数量的取值 |
| 移动路径规划 | 事件过程中的每个规程及相关界面如何自动显示在显示屏上 |

## 24.2 数字化人-机界面监视单元布局优化模型

长期以来,用于设计复杂的、动态的工作域(如核电、航空、制造、医药、石油化工)的界面技术不断发展。目前关于复杂和动态区域的信息大多是通过数字的、基于计算机的指标来管理和显示。数据可以在多个显示器中显示,这种功能满足了操作者的信息需要,而且操作者可以更加方便地理解工作域的变量。采用基于计算机的数字化人-机界面对操作者在复杂的、动态工作域条件下监视的安全性将发生改变,核电企业界一直寻求如何减少监视失误的方法和措施。数字化人-机界面的构件位置对操作人员的视觉区域、触及区域及操作顺序均产生一定影响,所以人-机界面布局及设计特征对操纵员获取界面信息产生影响。目前界面优化的方法有许多,如数学法、列举法、搜索法、模糊法、图论法等。本节采用贝叶斯方法与遗传算法相结合的建模方法,建立以人因可靠性为准则的布局优化模型。

### 24.2.1 基于改进遗传算法的数字化人–机界面监视布局优化方法

遗传算法提供了求解复杂系统优化问题的常用框架。对于各种领域的研究都具有较好的鲁棒性。遗传算法在函数优化、组合优化、自动控制、机器人、图像处理、机器学习等方面有广泛的应用。其应用过程一般需经过如下几个步骤:

(1) 选择编码方案;

(2) 寻求适应值函数;

(3) 选择遗传方案,主要包括群体大小、选择、杂交、变异及确定杂交概率 $p_c$、变异概率 $p_m$ 等遗传参数;

(4) 随机初始化生成群体 $P$;

(5) 计算群体中个体位串解码后的适应值;

(6) 根据遗传方案,进行选择、杂交和变异,产生下一代个体;

(7) 判断结果是否满足所设定的值,或者已经完成预定迭代次数,不满足则返回(6)。

本节采用改进的遗传算法对数字化人–机界面布局进行优化,其优化过程如图24–1所示。

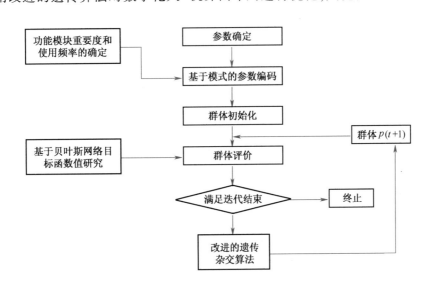

**图 24–1 用于人–机界面布局优化的改进遗传算法**

#### 24.2.1.1 基于模式编码原则

算法分析之前,应对人–机界面进行位置分区,并把功能相同的看作在一个区域。为帮助问题的理解,假设开始的功能布局分区如图24–2所示。

| 功能区 1 | | | |
|---|---|---|---|
| 功能区 2 | 功能区 3 | | 功能区 6 |
| 功能区 7 | 功能区 4 | 功能区 5 | …… |
| | | | 功能区 $n$ |

**图 24–2 假定的人–机界面功能模块布局**

目前的编码方式有多种,常用的是二进制编码,因为二进制通常具有直接的语义,能够将问题空间的特征与位串的基因相对应。此外,还有实数编码、树编码、自适应编码、乱序编码等。考虑到本研究对象的特点,本节采用序列编码。根据图24-2,可以设初始布局序列为

$$\text{os(original\_sequence)} = A_1 A_2 A_3 \cdots A_n \qquad (24-1)$$

遗传算法通过串的群体来演化搜索,用 os($t$) 表示时刻 $t$ 的群体,其中包含 $n$ 个串 os$_j$,$j=1$,2,3,$\cdots$,$n$。本节的布局编码采用模式的方法,此处模式是指在编码过程中某些特定位置的布局基本不变,而只在其他位置进行选择和交叉等组合优化。那么哪些应该作为位置比较固定的功能区呢? 有研究认为[1]:重要度与使用频率对决定功能模块在人-机界面中的位置起到重要作用。链值高的功能表示重要度和使用频率高,须布置在最佳区域,此处把重要度高的功能布局在视线中央。

假设第 $i$ 块的链值用 $p_i$ 表示,可以得到:

$$p_i = I_i \cdot F_i \qquad (24-2)$$

式中   $I_i$——功能块 $i$ 的重要度;

$F_i$——功能块 $i$ 的使用频率。

在重要度和使用频率分析过程中,为确定功能块的相对重要度和使用频率,可采用问卷调查统计方式或现场观察的方式获取相关数据。

现假定图24-2中功能块3、4、5的链值较高,因此 $A_3 A_4 A_5 \cdots$ 这几个位置不参与选择和交叉,这就是一个模式编码方式,为更能体现模式位置,用粗斜体表示,即

$$\text{os(original\_sequence)} = A_1 A_2 \boldsymbol{A_3 A_4 A_5} A_6 A_7 \cdots A_{n-2} A_{n-1} A_n \qquad (24-3)$$

这样采用模式编码,能极大减少杂交的次数,从而降低算法的复杂度。

### 24.2.1.2 用于数字化人-机界面布局优化的改进模式线性逆向杂交方法

本部分主要解决人-机界面模式串如何寻找杂交点位置,然后进行杂交。人-机界面模式串寻找杂交点位置问题是在一个序列中不断搜索位置的杂交过程,与数值计算或连续函数求最优解的杂交过程有所不同,主要体现在:①数值计算或连续函数求最优解过程在数学上是一个连续数值计算问题,而人-机界面模式串序列是一个非数值计算问题;②数值计算问题每次在进化时需要对优化解进行变异再杂交,而非数值问题不是通过变异,而是每次通过寻找杂交点再进行杂交。以下详细介绍本部分提出的杂交方法。

#### 1. 杂交流程

杂交过程是遗传算法中具备的原始独有特征。遗传算法杂交算子是模仿自然界有性繁殖的基因重组过程,其目的在于将原有的优良基因遗传给下一代个体,并生成更优的基因个体。其杂交过程如下所示:

若原模式序列为

$$L_1 = A_1 A_2 \boldsymbol{A_3 A_4 A_5} A_6 A_7 A_8 A_9 \cdots A_{n-2} A_{n-1} A_n$$

$$L_2 = A_1 A_2 \boldsymbol{A_3 A_4 A_5} A_6 A_7 A_8 A_9 \cdots A_{n-2} A_{n-1} A_n$$

然后分别计算 $L_1$ 和 $L_2$ 的适应函数值。现将该序列进行杂交,在杂交前一般先要确定杂交位置,假设杂交位置用"|"表示,如:

$$L_1 = A_1 A_2 | \boldsymbol{A_3 A_4 A_5} A_6 A_7 A_8 A_9 \cdots A_{n-2} A_{n-1} A_n$$

$$L_2 = A_1 A_2 \boldsymbol{A_3 A_4 A_5} A_6 A_7 A_8 A_9 \cdots A_{n-2} | A_{n-1} A_n$$

于是得到第一代个体为

$$G_1 = A_{n-1}A_n \mid A_3A_4A_5A_6A_7A_8A_9 \cdots A_{n-2}A_1A_2$$

之后计算 $G_1$ 的人因失误适应函数值,淘汰适应函数值最差的个体,如此循环直到结束。

2. 改进杂交算法

目前常使用的杂交算子主要有:一点杂交、两点杂交、多点杂交、一致杂交、启发式杂交、轮盘赌杂交方法等[2]。其中,一点杂交、多点杂交、一致杂交等方法主要适用连续函数的优化数值计算,对非数值问题显得无能为力;启发式杂交方法处理问题的效果差异性很大[33],如对某一问题可能最优,而对另一问题则可能最差,这样该方法在非数值搜索中收敛性及稳定性比较差;轮盘赌杂交方法具有很大的随意性,收敛性及稳定性也较差。在非数值计算中,为克服寻求杂交点的问题,本部分采用线性逆向杂交方法。该方法在寻找杂交位置时可通过如下所示的线性函数来实现。

$$p'_{l_1} = \mathrm{Int}[(v_1 + v_1 \cdot \lambda_1)] \bmod \quad n \qquad (24-4)$$

$$p'_{l_2} = \mathrm{Int}[(v_2 + v_2 \cdot \lambda_2)] \bmod \quad n \qquad (24-5)$$

式中　$p'_{l_1}$——$L_1$ 串的杂交点位置值;

　　$v_1$——$L_1$ 串初始点位置值;

　　$v_2$——$L_2$ 串初始点位置值;

　　$\lambda_1$——$L_1$ 串的步长;

　　$\lambda_2$——$L_2$ 串的步长;

　　$n$——串的总长度;

　　$\bmod$——求余;

　　$\mathrm{Int}[x]$——取大于或等于 $x$ 的最小整数。

该算法在运用时需遵循 4 条规范:

(1) 在寻找杂交点位置时,若找到的位置为模式点则要继续寻找杂交点,这样可以减少遗传杂交次数;

(2) 若从某点位置往前相邻的基因位不包含模式位,则以该杂交点及其后面基因位为杂交点;

(3) 若杂交位置计算为 0,则重新置杂交位为 1;

(4) 为计算方便,模式位置一般采用连续排列的方式。

杂交过程中,本方法采用逆转的杂交布局形式,例如:

$$L_1 = A_1A_2A_3A_4A_5A_6 \mid A_7A_8A_9 \cdots A_{n-2} \mid A_{n-1}A_n$$

那么采用逆转方式得到第一代杂交个体为

$$G_1 = A_1A_2A_3A_4A_5A_6A_nA_{n-1}A_9 \cdots A_{n-2}A_8A_7 \qquad (24-6)$$

从式(24-6)中不难看出,采用逆转杂交方式排列的过程中产生了变异过程,这就可以减少单独变异过程的耗费。

从杂交过程可以看出,该方法的优点有两点:①搜索能力强;②具有较好的收缩性。

下面讨论参数 $\lambda$ 及其他参数的取值问题。总的来讲,当处理对象的规模增大时,$\lambda$ 的值会随着相应增大。为得到相对准确的参数值,取不同规模的串进行了相应的模拟试验,试验的流程见图 24-3。试验工具使用 VC++与 Visual studio basic. net 结合的试验方式,平台为 Celeron(R) Dual-Core 1. 80GHz,RAM 1. 00G,Windows 7,实验结果见表 24-8。

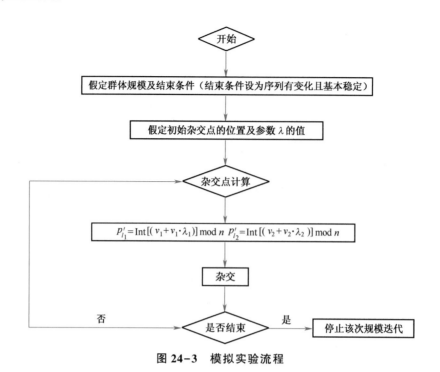

图 24-3  模拟实验流程

表 24-8  模式线性逆向杂交方法规模与 λ 的关系及迭代性能情况

| 规模及参数 | 性能情况 | 收敛性 | 退化次数 |
|---|---|---|---|
| $N=10$<br>迭代次数 $=20$ | $\lambda_1=0.3,\lambda_2=0.7$ | 基本收敛 | 9 |
| | $\lambda_1=0.2,\lambda_2=0.8$ | 基本收敛 | 6 |
| | $\lambda_1=0.5,\lambda_2=0.5$ | 收敛 | 6 |
| | $\lambda_1=0.4,\lambda_2=0.6$ | 收敛 | 6 |
| $N=20$<br>迭代次数 $=40$ | $\lambda_1=1,\lambda_2=4$ | 收敛 | 22 |
| | $\lambda_1=2,\lambda_2=0.3$ | 收敛 | 5 |
| | $\lambda_1=2,\lambda_2=0.8$ | 基本收敛 | 4 |
| | $\lambda_1=3,\lambda_2=0.7$ | 基本收敛 | 3 |
| | $\lambda_1=0.4,\lambda_2=6$ | 收敛 | 2 |
| | $\lambda_1=0.5,\lambda_2=5$ | 不收敛 | 6 |
| $N=30$<br>迭代次数 $=40$ | $\lambda_1=0.3,\lambda_2=0.7$ | 基本收敛 | 5 |
| | $\lambda_1=2.0,\lambda_2=0.8$ | 收敛 | 3 |
| | $\lambda_1=2.0,\lambda_2=0.5$ | 基本收敛 | 2 |

从表 24-8 中可以看出：①迭代收敛性较好；②增量一般与规模成正比；③回退现象与迭代规模成反比；④增量的取值应偏少。

### 24.2.1.3  人–机界面布局优化下监视过程时间 $T$ 的确定

时间 $T$(代表所有监视功能块时间的总和)与监视功能块之间的布局直接相关,可以设每功能块的时间分别为 $t_1,t_2,t_3,\cdots,t_n$,因此有 $T=t_1+t_2+t_3+\cdots+t_n$。由于每个功能块的人因失误概率与其对应的时间 $t_i$ 有关,所以需要求出每个功能块的总时间 $t_i$,即

$$t_i = t_{i1} + t_{i2} + \cdots + t_{in} \tag{24-7}$$

$s_i$表示目光从另一监视功能开始移动到当前目标之间所经历的时间，$m_i$表示该功能监视时间，因此对一次监视完成功能布局时间为

$$t_j = s_j + m_j \tag{24-8}$$

该部分研究先是通过对布局的优化，优化之后的结果又影响监视过程中从一个目标移动到另一目标的移动时间，从而影响监视过程的总的时间花费，总的监视时间变化又导致人因失误的不断变化，这样的一个过程就达到了界面优化的目的。

#### 24.2.1.4　遗传算法终止条件

根据已有研究，遗传算法一般采用如下方法终止迭代过程：①事先设定最大迭代数的方法；②根据群体收敛程度来判断，通过适应值的稳定性来判断；③根据算法的离线性能和在线性能的变化进行判断；④采用精英保留选择方式，按每代最佳个体的适应值的变化情况确定。对于本部分，根据实际情况，采用类似第二种方式，即：当适应值基本趋于稳定时就终止该算法流程。

### 24.2.2　人-机界面布局调整下监视过程的人因可靠性函数

本部分主要用贝叶斯网络来解决数字化人-机界面布局的人因可靠性定量化问题。由于传统的故障树（FAT）的二值状态，不适应人因可靠性分析过程的多态性，同时，FAT缺乏推理直观性，同层节点的关联性，因此，许多研究人员开始把FAT转换为BN。如：Sankaran[4]提出贝叶斯网络与FAT的关系及转化。Boudali[5]提出了FT中的与门、或门及FT与BN的转化过程。遗憾的是在论述FT及FAT向BN转化过程中所建立的可靠性模型过于单一：①只对某一片断进行建模；②建模时考虑的监视过程及因素过于简单；③均只考虑因素之间的关联，忽略了各因素内部的相关性。针对这些问题，本书建立的基于贝叶斯监视过程的人因可靠性分析模型既考虑各因素之间的依赖关系，也考虑各因素内在联系；既考虑整体情景，又针对不同特定情景进行监视可靠性分析。同时一方面考虑了监视时间 $t_i$ 对各功能模块之间及功能模型内部的影响；另一方面也考虑了人本身由于自身的失误对可靠性的影响，见图24-4。

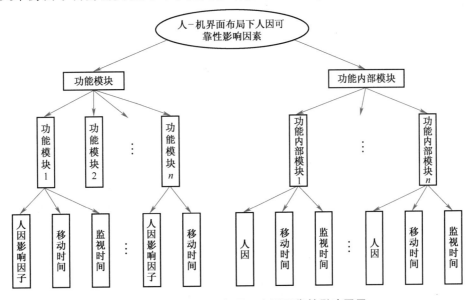

图 24-4　人-机界面布局下人因可靠性影响因子

### 24.2.2.1 基于界面优化的监视过程计算方法推导

在 Chang[6] 研究基础上，根据本部分研究的实际情况，人-机界面监视过程中人的基本影响因子如表 24-9 所列。

表 24-9 人-机界面监视过程中人的基本影响因子

| 类别 | 人因 | 描述 | 变量表示 |
|---|---|---|---|
| 监视过程 | 偏见 | 人们习惯注重他们流行的假设，忽略其他重要信息 | $H_1$ |
| | 压力 | 对监视目标的心理状况 | $H_2$ |
| | 时间限制负荷 | 在时间压力下，许多信息的使用处于更肤浅的状态 | $H_3$ |
| | 注意力 | 注意力会影响重要信息的监视 | $H_4$ |
| | 知识/经验 | 有经验的操纵员更容易注意到信息的改变 | $H_5$ |
| | 疲劳 | 包括遗忘，很慢的作用时间，低效率通信，坏的心情 | $H_6$ |
| | 态度 | 属人本身的重视性问题 | $H_7$ |

另外，本部分考虑了某些硬件因子对监视过程的影响，如表 24-10 所列。

表 24-10 物理影响因子

| 类别 | 物理设计因子 | 变量表示 | 失误概率 |
|---|---|---|---|
| 监视过程 | 对话框指示器[7] | $W_1$ | 0.003 |
| | 数字指示器[7] | $W_2$ | 0.001 |
| | 硬件[8] | $W_3$ | 0.004 |
| | 正确解释恢复[8] | $W_4$ | 0.009 |

除了上述两大因子外，还应有一个重要因子，那就是时间因子，即是通过界面优化来调整的移动时间与监视时间之和。因为在事故后，完成整个规程的时间是有限的。这里需说明一点，表 24-9 和表 24-10 所考虑的因子仅仅对优化模型人因可靠性计算结果产生影响，并未对这些因子进行优化。

对监视过程的人因可靠性失误概率计算，采用动态贝叶斯网络（Dynamic Bayesian Network，DBN）方法。在一个 DBN 中，应定义随机变量 $X_t = (X_{1,t}, X_{2,t}, \cdots, X_{d,t})$ 集合的概率分布（$t$ 表示离散时间索引）。本书假定变量过程当前状态相互独立，根据贝叶斯理论[9] 有

$$P(X_k) = P(X_{k,1}, \cdots, X_{k,D}) = \prod_{t=1}^{T} \sum_{d=1}^{D} P(X_k / X_{pa_{d,k}}) \qquad (24-9)$$

式中 $P(X_k)$——第 $k$ 个因子节点的失误概率；

$X_{pa_{d,k}}$——节点 $X_k$ 的第 $d$ 个父结点；

$X_k$——第 $k$ 个节点因子。

当 $X_{pa_{d,k}}$ 是 $X_k$ 父节点时，$X_k$ 边缘分布为 $P(X_k) = \sum p_a(x_k)$，其中 $p_a(x_k)$ 表示节点 $X_k$ 的父节点。

根据式（24-9）得到时刻 $t$ 过程 $n$ 个节点的联合分布为

$$P(X_{0 \leqslant t \leqslant T}) = \sum_{i=1}^{n} \prod_{t=0}^{T} P(X / X_i) \sum_{d=1}^{D} P(X_{w,t} / X_{pa_{w_i} t}) \qquad (24-10)$$

式中　$P(X_{0 \leqslant t \leqslant T})$——在 $[0, T]$ 时间段节点 $X$ 的失误概率；

　　　$P(X/X_i)$——在 $X_i$ 因子条件下节点 $X$ 的失误概率。

根据式（24-10）及本部分的实际情况，下面可以得到整个监视过程 $\mu_1$ 的计算式为

$$\mu_1(1 \leqslant t \leqslant T) = \sum_{i=1}^{i=n} \left[ \prod_{t=0}^{T} P_i(t_i/h, t_{i-1}) \sum_{k=1}^{m} P(M_t/W_{k,t}) \right] \tag{24-11}$$

式中　$P_i(t_i/h, t_{i-1})$——在时刻 $t-1$ 到时刻 $t$，在人因因子影响下，监视目前功能块 $i$ 的人因失误概率；

　　　$P(M_t/W_{k,t})$——在时刻 $t$，物理设计影响因子对监视的失误概率；

　　　$k$——物理影响因子个数；

　　　$t$——在同一性能功能块内，从某块到另一块的时间段数；

　　　$i$——在整个监视过程中所转移的完全不同的功能块数。

从表24-10得知，监视过程的物理影响因子有4个，因此可以进一步把式（24-11）简化，得到整个监视过程 $\mu_1$ 的大致计算法则：

$$\mu_1(1 \leqslant t \leqslant T) = \sum_{i=1}^{i=n} \left\{ \prod_{t=0}^{T} P_i(t_i/h, t_{i-1}) [P(M_t/W_{1,t}) + P(M_t/W_{2,t}) + \cdots + P(M_t/W_{4,t})] \right\}$$

$$\tag{24-12}$$

为表示方便，从式（24-12）可以看出，监视某一个功能过程的失误概率计算方法为

$$P(M_{S_i}(t)) = P_i(t_i/H, t_{i-1}) \cdot \left[ P(M_t/W_{1,t}) + P(M_t/W_{2,t}) + \cdots + P(M_t/W_{4,t}) \right]$$

$$\tag{24-13}$$

### 24.2.2.2　监视过程人因失误概率的计算方法

在分析监视节点可靠性时，应把影响该节点的所有因子看成是动态的。下面利用离散时间动态贝叶斯网络来分析每个因子在不同时间段的可靠性。在动态贝叶斯网络中，因子 $X$ 表示监视节点 $M$ 中一个基本的组成，或者称为组成监视节点 $M$ 的基本事件。如果把时间因子 $t$ 的时间分成 $n$ 个间隔，则因子 $t$ 有 $n+1$ 个状态。前 $n$ 个状态把时间 $[0, t]$ 分成了 $n$ 个间隔，最后的第 $n+1$ 个状态的时间间隔为 $[T, +\infty]$。

在时间 $t$ 内监视过程的失误密度分布为[8]

$$R(t) = e^{-\lambda t} \tag{24-14}$$

式中　$\lambda$——参数。

根据式（24-14），执行任务 $j$ 的时间间隔的长度在 $t_j$ 内，人的影响因子 $H_1$ 失败的概率为

$$\text{HEP}\{H_1 \times \text{Failure}(\text{In}[t-1]\Delta, t\Delta)\}$$

$$= \int_{(t-1)\Delta}^{t\Delta} f(t) \, dt = \int_{(t-1)\Delta}^{t\Delta} \frac{dF(t)}{dt} dt = \lambda \int_{(t-1)\Delta}^{t\Delta} e^{-\lambda t} dt = [e^{\lambda\Delta} - 1] e^{-\lambda t\Delta} \tag{24-15}$$

式中　$\Delta = t/n$，$n$ 表示时间段数量，$t$ 实际就是移动时间与监视时间之和。

从式（24-15）可以看出，要得到在每个动态因子及时间 $t$ 的影响下，计算失误概率，关键问题在于要得到每个因子的参数 $\lambda$。如果知道每个因子的基本失误概率，就可以根据式（24-15）分别算出每个因子的参数 $\lambda$。一旦得到每个因子的参数 $\lambda$，就可以根据实际情况算出在每个因子及时间 $t$ 的影响下，监视第 $j$ 个节点的失误概率。

一般地可取 $t=1,n=2$[8]，这时根据式（24-15）及每个因子的基本平均失误概率[9-12]，得到每个因子的 $\lambda$，见表24-11。

表 24-11　监视过程中每个因子的参数 $\lambda$

| 条件因子 | $\lambda_1 \mid H_1$ | $\lambda_2 \mid H_2$ | $\lambda_3 \mid H_3$ | $\lambda_4 \mid H_4$ | $\lambda_5 \mid H_5$ | $\lambda_6 \mid H_6$ | $\lambda_7 \mid H_7$ |
|---|---|---|---|---|---|---|---|
| 概率 | 0.1 | 0.01 | 0.1 | 0.11 | 0.12 | 0.2 | 0.16 |
| 参数因子 | $\lambda_1$ | $\lambda_2$ | $\lambda_3$ | $\lambda_4$ | $\lambda_5$ | $\lambda_6$ | $\lambda_7$ |
| 参数取值 | 0.0527 | 0.05 | 0.0527 | 0.0472 | 0.0639 | 0.1116 | 0.0872 |

现再根据式（24-15），在每个因子及时间影响下，得到 $P_i(t_i/H,t_{i-1})$ 的计算方法如下：

$$P_i(t_i/H,t_{i-1}) = \sum_{j=1}^{7} \left[ \prod_{k=1}^{n} (e^{\lambda_j \Delta_i} - 1) \cdot e^{-\lambda_j t \Delta_i} \right] \tag{24-16}$$

式中　$i$——监视第 $i$ 个节点；

　　　$j$——人的7个影响因子对应的 $\lambda$ 值；

　　　$k$——时间 $t_i$ 的分段数；

　　　$n$——时间段数如何划分，若 $n=2$，那么就分为3段。之所以进行分段，因为在监视某个节点时，整体过程应该是离散的，但在某个很小的时间段又是连续的，所以本部分用到的是积分法与分段法相结合，这样既体现了离散性又体现了连续性，符合实际情况。

为确定 $n$ 取什么值比较合适，进行了实验分析，实验过程如下：先假定时间点个数，这里取时间 $t=1,2,\cdots,999,1000$。对这1000个时间点分别计算，当 $n=0$、$n=1$、$n=2$、$n=3$、$n=4$（即分成1段、2段、3段、4段、5段，说明一点，当 $n$ 取值大于或等于5时，偏差太大，所以大于等于5不予考虑）的失误概率，然后对这些实验结果进行分析，分析依据人因可靠性分析经验及评估经验，来确定时间段 $n$ 的取值。通过对实验数据的分析，可以得到如下结论：

（1）分1段及5段以上，数据偏差太大，因此不能取 $n=0$，$n \geqslant 5$；

（2）时间范围在 $1 \sim 300$ 之间，$n=2$ 比较合适；

（3）时间范围在 $300 \sim 400$ 之间，$n=1$ 比较合适；

（4）时间范围在 $400 \sim 600$，$n=3$ 比较合适；

（5）时间范围在 $600 \sim 1000$，$n=4$ 比较合适。

24.2.2.3　监视过程人因失误概率计算举例

以核电厂蒸汽发生器传热管断裂（SGTR）事故为例进行监视节点的认知可靠性分析。根据相关研究，事故发生到事故第一个信号触发的可用监视时间为4s[13]。根据实验结论取 $n=2$，于是得到 $\Delta=4/2$，时间间隔为 $[0,2]$、$[2,4]$、$[4,\infty]$。在时间间隔 $[0,2]$ 中 $t\Delta$ 为2；在时间间隔 $[2,4]$ 中 $t\Delta$ 为4；在时间间隔 $[4,\infty]$ 中 $t\Delta$ 为4。根据式（24-16）有

$\mathrm{HEP}\{M/M_1, 第1个区间内\} = [e^{\lambda_1 \Delta} - 1]e^{-\lambda_1 t\Delta} = [e^{0.0527 \times 2} - 1]e^{-0.0527 \times 2} = 0.09999$

$\mathrm{HEP}\{M/M_1, 第2个区间内\} = [e^{\lambda_2 \Delta} - 1]e^{-\lambda_2 t\Delta} = [e^{0.0527 \times 2} - 1]e^{-0.0527 \times 4} = 0.08998$

$\mathrm{HEP}(M/M_1, 第3个区间内) = \lambda \int_T^{\infty} e^{-\lambda t} dt = -[(\lim_{t \to \infty} e^{-\lambda t}) - e^{-\lambda t}] = e^{-\lambda T}$

$$= e^{-4 \times \lambda} = e^{-0.0527 \times 4} = 0.08099$$

因此在SGTR事故中，当监视时间为4s时因子 $M_1$ 对监视过程的失误概率为

$$\mathrm{HEP}(M/M_1) = 0.0999 \times 0.08998 \times 0.08099 = 0.0007286$$

同理,可以得到其他因子对监视节点的失误概率,由此得到监视节点在 SGTR 事故中总的失误概率,见表 24-12。

表 24-12　各因子对监视过程的失误概率及整个监视过程失误概率

| 因　子 | $M_1$ | $M_2$ | $M_3$ | $M_4$ | $M_5$ | $M_6$ | $M_7$ |
|---|---|---|---|---|---|---|---|
| 失误概率 | 0.0007286 | 0.0067 | 0.00072 | 0.0061 | 0.0098 | 0.00205 | 0.00152 |

再由式(24-16),得到 $P_i(t_i/H, t_{i-1}) = 0.0275$。

#### 24.2.2.4　人-机界面布局调整下监视过程的人因可靠性最终计算方法

到目前为止,可以容易根据式(24-13)和式(24-16)得到人-机界面某一优化布局在事故整个监视过程的失误概率:

$$P(M_{S_i}(t)) = \left\{ \sum_{j=1}^{7} \left[ \prod_{k=1}^{n} (e^{\lambda_j \Delta_i} - 1) \cdot e^{-\lambda_j t \Delta_i} \right] \right\} \cdot \left[ P(M_t/W_{1,t}) + P(M_t/W_{2,t}) + \cdots + P(M_t/W_{4,t}) \right]$$

$$(24-17)$$

## 24.3 基于模糊免疫的数字化人-机界面功能单元数量优化方法

优化方法是基于某种思路和机理,通过一些方式寻求问题的最优解。近年来,免疫理论在优化计算领域已成为国内外新的研究热点,因为免疫算法本身在解决许多领域难题上有其独有的优势,正因如此,本节提出基于免疫进化理论的人因可靠性函数作为优化过程的基础判断条件。优化过程为:先对功能单元数量确定一个范围,之后在确定的范围内对数量区间不断改变,每改变一次,计算出相应场景下对应的人因可靠性,反复循环,从而找到一种最优的数量段情况,图 24-5 展示了该优化过程。

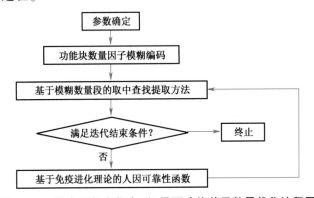

图 24-5　核电厂数字化人-机界面功能单元数量优化流程图

### 24.3.1　功能块数量因子模糊编码

本研究在编码过程中没有采用传统的编码方式,而是采用基于模糊方法的编码方式。模糊逻辑理论[14]主要用于研究现实世界中一些模糊不清的问题,并使之清晰化。人-机界面的某些因子正是这样无法进行精确描述的复杂问题,模糊集合理论为解决这类问题提供有用的工具。

为使因子优化更具体,优化因子采用动态模糊分段法。在使用动态模糊法前,先应该假设因子的取值范围,之后对这些范围进行均匀模糊分段。假设对每个功能模块作一些划分:警告信息量取值范围:[1,9],参数量:[1,100],字符行数量:[1,50],这时可以得到如下的模糊分段:

1. A_inf=(A_i_seg1,A_i_seg2,A_i_seg3,A_i_seg4)

其中:0<A_i_seg1<=3,3<A_i_seg2<=6,6<A_i_seg3<=9,A_i_seg4>9。

A_inf 表示警告信息量。

2. p_quan=(p_quan_seg1,p_quan_seg2,p_quan_seg3,p_quan_seg4,p_quan_seg5,p_quan_seg6)

其中:0<p_quan_seg1<=20,20<p_quan_seg2<=40,40<p_quan_seg3<=60,60<p_quan_seg4<=80,80<p_quan_seg5<=100,p_quan_seg6>100。

p_quan 表示参数数量。

3. Char_line_quan=(c_l_q_seg1,c_l_q_seg2,c_l_q_seg3,c_l_q_seg4,c_l_q_seg5,
c_l_q_seg6,c_l_q_seg7,c_l_q_seg8,c_l_q_seg9,
c_l_q_seg10,c_l_q_seg11)

其中:0<c_l_q_seg1<=5,5<c_l_q_seg2<=10,10<c_l_q_seg3<=15,15<c_l_q_seg4<=20,20<c_l_q_seg5<=25,25<c_l_q_seg6<30,30<c_l_q_seg7<=35,35<c_l_q_seg8<=40,40<c_l_q_seg9<45,45<c_l_q_seg10<=50,c_l_q_seg11>50。

Char_line_quan 表示字符行数量。

### 24.3.2 基于模糊数量段的取中查找提取方法

该方法描述为:先对模糊优化因子模糊段由小到大进行排列,分别对队列 Q1、Q2 进行初始化,之后取模糊段当中的中间段 d_m1(假设为 d_m1)进队列 Q1,对 Q1 进行出队操作,这时把由模糊段 d_m1 为中心分成的左右两个部分,再分别把这两个部分的中间模糊段再次进队列 Q1,接下来把 Q1 刚出队的模糊段按步长为 n,段数 m 再分段,依次把这些段进入队列 Q2,直到该模糊段完成,对 Q2 进行出队操作,对出队的每一个因子段值根据实际场景进行人因可靠性计算,并把计算结果保存起来,直到 Q2 队列为空,这时 Q1 出队,再次取出队的模糊段 d_m2(假设为 d_m2),对 d_m2 段同样按步长为 n,段数 m 再分段,按顺序进 Q2 队列,那么 d_m2 段又把刚出队列的模糊段分成 2 个段,对这 2 个模糊段进队列 Q1,这样不断重复上述过程,直到人因可靠性基本稳定或队列 Q1 为空就停止整个过程。该方法实施主要过程如图 24-6 所示。

取中查找提取方法代码描述如下:Begin

```
Initialize(sort about factors and build a adaptive value y₀);
Initialize(Q1);Initialize(Q2);
Enqueue(Q1,middle_fuzzy_segment);
Cycle:While(Q1 is not empty)
Bengin
GetHead(Q1,e);
While(the other two fuzzy_segment is finished)
Begin
```

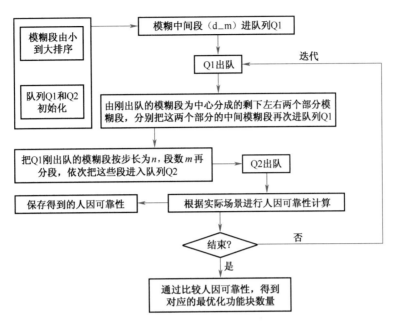

图 24-6 模糊数量段的取中查找提取方法流程图

```
        Enqueue(Q1,The other two uzzy_segment);
    End;
While(The every element of middle_fuzzy_segment is finished)
  Begin
        Enqueue(Q2,The every element of middle_fuzzy_segment);
  End while
While(Q2 is not empty)
Begin
GetHead(Q2,e);
Computing the probability of mapping function(e);
Computer the human error probability(e) by markov model;
    If(stable or end) then
      Obtain every factors optimizing value;
      Break;
    Else
      Goto cycle;
    End if
    End while
End while
End
```

### 24.3.3 基于免疫进化理论的人因可靠性函数

#### 24.3.3.1 免疫进化理论的人因可靠性函数

根据免疫算法的亲和力原理,本节将失误亲和率函数定义为

$$P_{ij} = \left(\frac{1}{1 + H_{ij}}\right) \cdot \eta \qquad (24-18)$$

式中  $\eta$ ——一个常量因子;

$P_{ij}$ ——第 $i$ 个抗原因子中的第 $j$ 个模糊段优化因子的人因失误概率;

$H_{ij}$ ——抗体与抗原之间的亲和度,当数字化人-机界面优化因子取不同模糊段时,得到的 $H_{ij}$ 会不同,可通过对 $H_{ij}$ 的调整来达到对人-机界面功能块数量因子的优化,从式(24-18)可以看出数字化人-机界面参数数量设计的亲和力越好,其人因失误概率 $P_{ij}$ 就越小;

$i$ ——优化目标因子类别,例如,假设 $i=1$ 表示警告信息量,$i=2$ 表示参数数量,$i=3$ 表示字符行数量;

$j$ ——在第 $i$ 个抗原优化因子中的第 $j$ 个模糊段因子。

对 $H_{ij}$ 来说,根据亲和力原则,定义为

$$H_{ij} = e^{\lambda_{ij}} \qquad (24-19)$$

式中  $\lambda_{ij}$ ——第 $i$ 个抗原因子中的第 $j$ 个模糊段优化因子与操作人员的匹配度,$\lambda$ 越小表示匹配度越好,从而得到的失误亲和率也会越小。$\lambda$ 的取值与监视功能块数量及所需要的时间直接相关,因此,可定义为

$$\lambda_{ij} = \delta \cdot \frac{q}{t_{ij}} \qquad (24-20)$$

式中  $t_{ij}$ ——在第 $i$ 个抗原因子中的第 $j$ 个模糊段优化因子的条件下,监视所需的时间;

$q$ ——在 $t_{ij}$ 条件下数字化人-机界面功能块中的构件数量;

$\delta$ ——平衡因子。

#### 24.3.3.2  失误亲和率函数中参数 $\eta$ 及 $\lambda$ 的确定

从某核电厂数字化人-机界面选取一些操作过程界面及事故场景进行试验,由于界面较多,这里不予列出。试验主要通过以下2个步骤来完成。

1. 监视过程中构件数量与所需时间的获取

为实现人-机界面监视过程中数量与时间的关系,使用了真实的数字化人-机界面和眼动仪。监视的构件数量有些只取整个数字化人-机界面的一部分,且构件数量相同的均执行10次实验,结果取其平均值,实验结果如表24-13所列。

表 24-13  监视过程中元件数量与时间关系表

| 编 号 | 构件数量/个 | 平均时间/s | 编 号 | 构件数量/个 | 时间/s |
|---|---|---|---|---|---|
| 1 | 5 | 18 | 8 | 14 | 56 |
| 2 | 6 | 12 | 9 | 26 | 55 |
| 3 | 7 | 16 | 10 | 30 | 84 |
| 4 | 8 | 18 | 11 | 37 | 104 |
| 5 | 10 | 26 | 12 | 38 | 42 |
| 6 | 11 | 30 | 13 | 40 | 56 |
| 7 | 12 | 55 | 14 | 60 | 148 |

2. 免疫亲和力中 $\eta$ 及 $\delta$ 参数的推导

通过表24-13中的数据,利用式(24-18)~式(24-20),再假定参数 $\eta$ 及 $\delta$ 的取值,算出免

疫亲和失误概率。根据人–机界面的情况及表达式特点,对参数 $\eta$ 及 $\delta$ 进行取值假定,得到 $P_{ij}$ 的值应在 $0\sim1$ 之间,在这个范围内,值越小表明失误亲和力越好。计算平台使用 VC++,下面为模拟计算案例之一:

```
C:\  "D:\新建文件夹\Debug\g.exe"
取参数δ和η的不同值亲和力失误率情况编号为0的结果
p[k]的值为
0.043100 0.086200 0.129300 0.172399 0.215499
p[k]的值为
0.036458 0.072915 0.109373 0.145831 0.182288
p[k]的值为
0.030294 0.060588 0.090882 0.121176 0.151470
p[k]的值为
0.024766 0.049533 0.074299 0.099066 0.123832
p[k]的值为
0.019959 0.039917 0.059876 0.079834 0.099793

编号为1的结果
p[k]的值为
0.037754 0.075508 0.113262 0.151016 0.188770
p[k]的值为
0.026894 0.053788 0.080682 0.107577 0.134471
p[k]的值为
0.018243 0.036485 0.054728 0.072970 0.091213
p[k]的值为
0.011920 0.023841 0.035761 0.047681 0.059601
p[k]的值为
0.007586 0.015172 0.022757 0.030343 0.037929

编号为2的结果
```

```
C:\  "D:\新建文件夹\Debug\g.exe"
0.000437 0.000874 0.001311 0.001748 0.002185
p[k]的值为
0.000177 0.000355 0.000532 0.000709 0.000886
p[k]的值为
0.000072 0.000144 0.000215 0.000287 0.000359
p[k]的值为
0.000029 0.000058 0.000087 0.000116 0.000145
p[k]的值为
0.000012 0.000024 0.000035 0.000047 0.000059

编号为12的结果
p[k]的值为
0.001358 0.002715 0.004073 0.005431 0.006788
p[k]的值为
0.000669 0.001339 0.002008 0.002677 0.003346
p[k]的值为
0.000329 0.000658 0.000986 0.001315 0.001644
p[k]的值为
0.000161 0.000322 0.000484 0.000645 0.000806
p[k]的值为
0.000079 0.000158 0.000237 0.000316 0.000395

编号为13的结果
p[k]的值为
0.008073 0.016147 0.024220 0.032293 0.040366
p[k]的值为
0.005531 0.011063 0.016594 0.022125 0.027657
p[k]的值为
0.003757 0.007514 0.011271 0.015028 0.018785
p[k]的值为
0.002537 0.005073 0.007610 0.010146 0.012683
p[k]的值为
0.001706 0.003411 0.005117 0.006822 0.008528

Press any key to continue
```

作者基于模拟计算结果,参考作者团队多年积累的人因可靠性数据,最终选取 $\eta=0.1,\delta=2$。

## 24.4 规程在屏之间自动布局最短移动路径优化模型

本节研究如何从减少人因事件角度,对规程在屏之间的布局进行优化。根据事故情况下操纵员响应的具体执行情况,该过程主要的人因诱发因子是规程所显示的信息如何自动布局,也就是各个规程在某一时间如何自动显示在某个显示屏上,使操纵员以最短移动距离完成规程任务,以减少执行时间。当信息分布在不同的显示屏时,操作人员就相应需要在这些显示屏之间进行视线位置和注意力等的转移。转移之间的导航路径变化主要受下列情况影响:导航距离(两个位置之间的显示器)、组织距离(开始位置及目标位置的定位)等。在一些研究中[15]发现:①导航距离在信息访问代价中占决定性作用,访问信息所需要的时间会随着导航距离的增加而增加;②通过相似性兼容原则预测,发现导航距离与信息整合之间是相互影响的,当导航距离减少时,任务整合的精确度就上升;③当源数据的结构形式与操作人员心理模型不一致时,信息访问时间将会减少;④当开始和最后显示页处在一个显示页的同一主分支时,信息访问时间会减少。为此,在该部分中,以神经网络为优化框架,以人因可靠性为优化准则/判据,研究最短路径优化算法来解决这个难题,以达到减少人因事故的目的。

拟建立人-机界面事故规程自动布局下的人因可靠性三层神经网络模型。第一层为输入层,包括所有人的行为影响因子和每个规程的优化执行时间;第二层为隐含层,该层包括一系列函数和人因可靠性评价计算模型;第三层为输出层,主要输出规程执行自动布局优化的人因可靠性概率。输入数据流来源于人的行为影响因子及规程自动布局优化时间。图 24-7 显示了本部分的规程优化流程结构图。

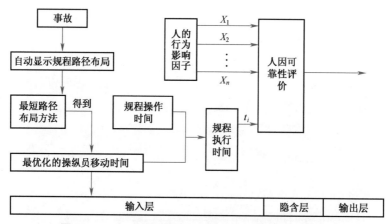

**图 24-7 人-机界面规程在屏之间布局的优化流程**

### 24.4.1 动态标识的邻域最短路径搜索算法的提出

目前,最短路径算法研究主要方法有[16]:宽度优先搜索、启发式搜索、等代价搜索、宽度优先搜索+剪枝、迭代法、动态规划、标号法、Dijkstra 算法、Floyd 算法等。

本部分在 Floyd 算法基础上提出了事故下基于动态标识的邻域最短路径搜索法,以下对该方法进行阐述。

1. 问题描述

已知有 $n$ 个显示屏,当出现事故时,操作人员须按照相应规程一步一步完成任务。这些规程是动态出现在显示屏上的,只要操作人员进行正确操作,就能完成规程要求的任务。这就牵涉到操作人员需要在不同显示屏之间进行移动才能完成任务,这里所完成的每一步规程执行时间实际上包括两个部分:移动时间和操作时间。优化过程应使每一步移动时间最小,即规程如何自动布局在显示屏的问题。这个过程需要注意三点:①显示屏是固定的,信息是动态分配的;②某些显示屏上的规程信息在某时刻是可以覆盖,有些不能覆盖,必须保留;③有些信息可以暂时覆盖,之后再进行恢复。

要解决这样的问题,其实就是最短路径的动态规划过程。当规程执行到某个显示屏并完成相应规程任务时,就要寻求下一规程应自动布局在哪个显示屏上才能使操纵员移动距离最短,移动距离最短即移动时间最小。这一变化其实就是信息显示自动布局影响移动时间,移动时间又影响人因事件的可靠性,所以该问题就转化为求解动态过程中的最短路径问题。

2. 动态标识的邻域最短路径搜索法

首先,把每个显示屏看作图中的节点,对每个节点进行标识,若为"true",则说明该节点不能再从其他节点到达,若为"false",则可以再次从其他节点到达该节点或从该节点自身到达自身,每个节点为"true"或"false"是动态改变的,每执行一次,就要决定节点标识是否改变,这个改变完全由节点的信息决定;其次,把所有节点分成两组,一组用来保存标识为"true"的节点,另一组保存标识为"false"的节点;最后,节点与节点之间的联接权重为距离权重,距离权重可以用 $W_{ij}$ 表示,若是同一节点,则 $W_{ij}=0$,每一个 $W_{ij}$ 就是所要得到的每一规程最后优化结果。

具体执行过程为:刚开始,可以任意设计一个节点为"true",这里假设为 $v_0$。那么第一组只包含节点 $v_0$,用 vex1 $=\{v_0\}$ 表示(其实刚开始的初始节点也可以为 false,那么这时 vex1 $=\{\ \}$),其余的节点属于第二组,用 vex2 $=\{v_1,v_2,\cdots,v_n\}$ 表示(若第一组为空,那么初始时的全部节点都属于第二组),用 Dis$[v_i,v_j]$ 表示从节点 $v_i$ 到 $v_j$ 的距离。这时从第二组中选择一个从 $v_0$ 出发最近的邻域其距离值最小的节点(假设为 $v_3$)作为到达节点,满足 Dis$[v_0,v_3]=$ Min(Dis$[v_0,v_j]$),这时要动态生成到达权重 $W_{ij}$,还需要查看 $v_3$ 节点信息,决定是否改变 $v_3$ 标识,若改变为 true,则 $v_3$ 加入第一组,同时从第二组删除节点 $v_3$,否则仍留在第二组(若是这样的话下一次转移就是其本身节点 $v_3$);同时需查看第一组中已有节点,决定是否改变其他节点标识,若第一组中某个节点标识改变,则该节点进入第二组,同时从第一组中删除;第二次循环同样从第二组中选择一个 Dis$[v_i,v_j]$ 最小的,如果前一次节点仍为 false,那么该次规程自动布局就为同一节点,有 Dis$[v_i,v_j]=0$,$W_{ij}=0$,否则,若前一次节点为 true,则用同样的方法继续下去,这样如此循环下去,直到所有的步骤完成。

## 24.4.2 动态标识的邻域最短路径算法的求解

假使存在 6 个节点,每对节点的路径值用数组 set 存放,并假设顶点用 $v$ 表示,标识用 flag 表示,距离用 $dis_{ij}$ 表示,执行次数为 5 次,为表示方便,顶点之间的距离用间距数表示,具体过程如表 24-14 所列。

通过表 24-14，可看出最终得到的优化自动布局产生的优化最短距离分别为 0、3、2、0、3、3，这就是要得到的优化路径信息如何自动布局在显示屏上的最终结果；同时，可以看出，事件出现后，规程信息显示在第 1 号屏，以后在执行 5 个规程过程中，信息应依次分别显示在第 3、第 5、第 5、第 2、第 5 号显示屏上。

表 24-14　动态标识的邻域最短路径搜索法的求解过程

| (a) 初始情况 | | | |
| --- | --- | --- | --- |
| | flag | $dis_{ij}$ | $Min = \{dis_{ij}\}$ |
| $V_1$ | False | 0 | |
| $V_2$ | True | ∞ | |
| $V_3$ | True | ∞ | 0 |
| $V_4$ | True | ∞ | |
| $V_5$ | True | ∞ | |
| $V_6$ | true | ∞ | |

| (b) $V_3$,$V_5$,$V_6$ 被声明为 false | | | |
| --- | --- | --- | --- |
| | flag | $dis_{ij}$ | $Min = \{dis_{ij}\}$ |
| $V_1$ | True | ∞ | |
| $V_2$ | True | ∞ | |
| $V_3$ | False | 3 | 3 |
| $V_4$ | True | ∞ | |
| $V_5$ | False | 4 | |
| $V_6$ | False | 5 | |

| (c) 假设 $V_5$,$V_6$ 被声明为 false | | | |
| --- | --- | --- | --- |
| | flag | $dis_{ij}$ | $Min = \{dis_{ij}\}$ |
| $V_1$ | True | 0 | |
| $V_2$ | True | ∞ | |
| $V_3$ | true | ∞ | 2 |
| $V_4$ | True | ∞ | |
| $V_5$ | False | 2 | |
| $V_6$ | False | 3 | |

| (d) 假设 $V_4$,$V_5$ 声明为 false | | | |
| --- | --- | --- | --- |
| | flag | $dis_{ij}$ | $Min = \{dis_{ij}\}$ |
| $V_1$ | True | ∞ | |
| $V_2$ | True | ∞ | |
| $V_3$ | true | ∞ | 0 |
| $V_4$ | False | 1 | |
| $V_5$ | False | 0 | |
| $V_6$ | true | ∞ | |

| (e) 假设 $V_2$ 声明改变为 false | | | |
| --- | --- | --- | --- |
| | flag | $dis_{ij}$ | $Min = \{dis_{ij}\}$ |
| $V_1$ | true | ∞ | |
| $V_2$ | False | 3 | |
| $V_3$ | true | ∞ | 3 |
| $V_4$ | true | ∞ | |
| $V_5$ | true | ∞ | |
| $V_6$ | true | ∞ | |

| (f) 假设 $V_5$,$V_6$ 声明为 false | | | |
| --- | --- | --- | --- |
| | flag | $dis_{ij}$ | $Min = \{dis_{ij}\}$ |
| $V_1$ | true | ∞ | |
| $V_2$ | true | ∞ | |
| $V_3$ | true | ∞ | 3 |
| $V_4$ | true | ∞ | |
| $V_5$ | False | 3 | |
| $V_6$ | False | 4 | |

注：$V_1$——第 1 号屏；$V_2$——第 2 号屏；$V_3$——第 3 号屏；$V_4$——第 4 号屏；$V_5$——第 5 号屏；$V_6$——第 6 号屏

### 24.4.3　算法性能分析及代码描述

假设需要执行 $n$ 步，节点个数为 $v$，边的条数为 $e$。一方面，该算法的复杂度主要是用于扫描顶点数组以找出顶点之间的最短距离。那么每一步寻找顶点最短距离的循环次数为 $v$，这样执

行 $n$ 步的循环次数就为 $n \cdot v$，从而整个算法将花费 $O(|V \cdot N|)$ 代价去查找最小值。另一方面，在开始之前，要给所有节点与节点之间的边赋权重值，这时的循环次数为 $O(|e^2|)$。因此，该算法总的运行时间为 $O(|V \cdot N| + |e^2|)$。

下面给出程序代码描述：

（1）将节点初始化分为两个数组

```
Set:vex1={v1};
Set:vex2={v2,v3,··,vn};
```

或

```
Set:vex1={};
Set:vex2={v1,v2,v3,··,vn};
```

（2）对边的权重初始化，循环

```
For(int i=1,i<=|e|;i++)
  For(int j=1,j<=|e|;j++)
Dis[i,j].weight=adjacent[i,j];
```

（3）$\mathrm{flag}_{V1}$ = true; i = 1;

（4）循环，直到执行 $n$ 步完成

```
For(k=1;k<=n;k++)
    {
min=赋值;
            查看信息决定是否改变 flag_vi 的标识
        If(flag_vi=false)
          Min(dis[i,j])=0;
    Else
{
            For(j=1;j<=v;j++)
            { If(dis[i,j]<min)
                  Min=dis[i,j];
                    转移到节点 V_j;
                  T[i,j]=动态获取时间;
                    i=j;
                    If(v_i==true)
                {
                  Vex1_nodes=vex1_nodes+{v_i};
                  Vex2=all_nodes-vex1_noses;
                }
                Else
                v_i ∈ vex2;
            //对第一组的每个节点进行分析,看节点的标识是否改变
            for(i=1;i<=vex1_nodes;i++)
                if(v_i==false)
```

```
{  vex1_nodes = vex1_nodes - {v_i};
   Vex2_nodes = vex2_nodes + {v_i};
}
             }
             }
```

### 24.4.4  基于人–机界面规程自动布局的人因可靠性评价模型

本节使用带时间参数的神经网络理论来分析人因可靠性。考虑事故发生后,操纵员规程执行时间的非线性人因可靠性模型:

$$y_A(t)_{\text{output}} = g(u(x)) \tag{24-21}$$

$$u(x) = \left(\frac{1}{n}\sum_{i=1}^{n} p_i w_i\right) \cdot \left\{\frac{1}{m}\sum_{j=1}^{m}\left[(p(A_j \mid x) + y(t + \Gamma(t)))\right]\right\} \tag{24-22}$$

式中　$y_A(t)_{\text{output}}$——某事故下的人因失误概率;

$w_i$——神经网络对应的连接权重;

$p_i$——人因失误概率;

$y(t + \Gamma(t))$——在完成整个规程下所花费时间的失误概率;

$t + \Gamma(t)$——事故下第 $j$ 次训练过程的执行时间;

$t$——移动时间,即前面所说的优化时间因子总和,它的值要通过前面介绍的算法得到;

$\Gamma(t)$——操作人员完成第 $j$ 次训练的操作时间;

$n$——人的行为影响因子个数。

**定义 1**　由于 $n$ 维高斯概率密度分布在工程上有着广泛的应用,这里同样利用它来作为 $p(A \mid x_i)$ 的计算方法,那么可以得到 $p(A \mid x_i)$ 为[17]

$$p(A_j \mid x) = \frac{1}{\sqrt{2\pi}}e^{-\frac{1}{2}(x-\mu)\Omega_j(x-m_j)} \tag{24-23}$$

式中　$\mu$——某个事故的人因失误概率均值;

$x$——第 $j$ 次训练的人因失误概率;

$\Omega_j(x - m_j)$——某个事故的协方差。

下面分别定义 $x - \mu$ 和 $\Omega_j(x - m_j)$ 如下:

$$x - \mu = |x_j - \mu| \tag{24-24}$$

$$\Omega_j(x - m_j) = |x_j - \mu| \cdot |x_j - \sigma| \tag{24-25}$$

式中　$\sigma$——某个事故的失误方差;

$x_j$——第 $j$ 次训练的人因失误概率。

**定义 2**　一般情况下,对 $x_j$、$\sigma$、$\mu$、$y(t + \Gamma(t))$ 来说,人因可靠性分析评价使用第 3 部分讲述的计算方法,即

$$\text{HEP}\{H_1 \times \text{Failure}(\text{In}(t-1)\Delta, t\Delta)\} =$$

$$\int_{(t-1)\Delta}^{t\Delta} f(t)\,dt = \int_{(t-1)\Delta}^{t\Delta}\frac{dF(t)}{dt}dt = \lambda\int_{(t-1)\Delta}^{t\Delta}e^{-\lambda t}\,dt = (e^{\lambda\Delta} - 1)e^{-\lambda t\Delta} \tag{24-26}$$

**定义 3**　设 $g(x) = [g_1(x_1), g_2(x_2), \cdots, g_n(x_n)]^T, x \in \text{factors}, g \in F^n$。假设对任意的 $x_i, x_j$

$\in$ factors,存在常量 $c_1>0$,有 $|g_i(x_i) - g_i(x_j)| \leqslant c1|x_i - x_j|$;假设又存在 $c_2>0$,一个混合的单调性函数 $\zeta_k(x,y)$[18]以及常量 $c_3>0$,$g \in af^n \in F^n$,且对任意的 $x_i, x_j \in$ factors,$x_i \neq x_j$ 有

$$0 \leqslant \frac{g_i(x_i) - g_i(x_j)}{x_i - x_j} \leqslant c_2$$

$$-c_3 \leqslant \frac{\zeta_i(.,x_i) - \zeta_i(.,x_j)}{x_i - x_j} \leqslant 0$$

那么,$\zeta_k(x,y)$ 看成是函数 $g(x)$ 的 semi-Lischitz 的混合单调表示。

到目前为止,$g(x)$ 已存在许多神经网络的激活函数。对于这方面的应用,作者曾做过实验[19],$g(x)$ 取如下 2 个激活函数,即:$g_1 = \arctan(x)$,$g_2(x) = [\exp(x) - \exp(-x)] / [\exp(x) + \exp(-x)]$,计算结果比较精确,合理。

### 24.4.5 人员行为影响因子及权重

以下是核电厂部分人的行为影响因子及相关数据,这些数据来自许多研究人员的相关试验[20-23],如表 24-15 所列。

表 24-15 人的行为影响因子

| 行为影响因子 | 失误概率 | 均值 $\mu$ | 行为影响因子 | 失误概率 | 均值 $\mu$ |
|---|---|---|---|---|---|
| 人–机界面(优秀) | 0.001 | 0.0047 | 警告系统 | 0.077 | 0.053 |
| 工具质量(优秀) | 0.08 | 0.10 | 导航系统 | 0.013897 | 0.024 |
| 工作条件 | 0.001 | 0.001 | LED 指示器 | 0.7003 | 0.65 |
| 压力(高) | 0.05 | 0.027 | 职业适应性 | 0.001 | 0.0502 |
| 复杂相关性(中等) | 0.02 | 0.026 | 过程控制 | 0.005 | 0.021 |
| 经验/培训(好) | 0.001 | 0.176 | 注意力 | 0.1 | 0.03 |
| 规范说明 | 0.05 | 0.06 | 疲劳 | 0.2 | 0.026 |
| 显示系统 | 0.014512 | 0.01451 | 态度 | 0.16 | 0.31 |

对权重因子,将其分为 6 类,见表 24-16[20]。

表 24-16 权重因子分类

| 类别 | 诊断过程 | 处理水平 | 时间压力 | 结果影响 | 复杂性 | 群工作 |
|---|---|---|---|---|---|---|
| 权重 | 0.25 | 0.16 | 0.21 | 0.10 | 0.24 | 0.04 |

根据式(24-22)、表 24-15 和表 24-16 得到:

$$\frac{1}{16}\sum_{i=0}^{n} p_i w_i = \frac{1}{16}[0.001 \times 0.24 + 0.08 \times 0.1 + 0.001 \times 0.1 + 0.05 \times 0.21 + 0.02 \times 0.24 +$$

$0.001 \times 0.16 + 0.05 \times 0.25 + 0.014512 \times 0.24 + 0.077 \times 0.24 + 0.013879 \times 0.24 +$

$0.7003 \times 0.24 + 0.001 \times 0.1 + 0.005 \times 0.25 + 0.1 \times 0.25 + 0.2 \times 0.25 +$

$0.16 \times 0.25] = 0.02163$

## 24.5 数字化人-机界面优化模型应用举例

### 24.5.1 应用实例一:数字化人-机界面监视单元布局优化

#### 24.5.1.1 实验设计

**1. 实验目的**

对画面的布局进行优化以达到减少人因失误的目的。

**2. 被试者**

南华大学研究生10人,其中男生8人,女生2人,年龄为23~35岁。专业为核技术及应用、辐射防护、管理科学。所有被试者裸眼视力或矫正视力正常。

**3. 实验材料与装置**

**1)实验材料**

选取在蒸汽发生器传热管断裂(SGTR)事故处理过程中的误发安全注入事故中能总体反映工厂状态的画面来进行布局优化。根据核电厂操纵员监视实际情况,这一画面在事故过程中,一般不进行切换和覆盖,因为该画面呈现了整个事故的状况进程,在事故过程中起到很重要的作用。为简化布局计算,在开发该界面时对功能块进行了分区,该界面如图24-8所示。

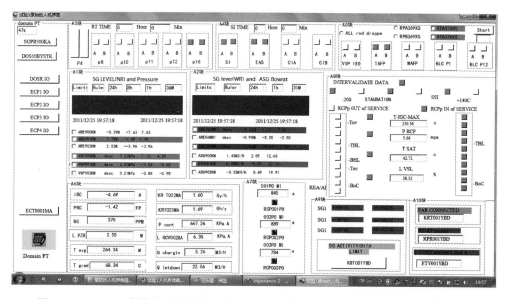

图24-8 SGTR事故处理过程中误发安全注入事故时反映整体状态的原始布局图

24.2节提出的优化模型不仅可以对功能模块之间进行优化,还可以对功能模型内部的构件进行布局优化,但该部分为简单起见,主要考虑功能块之间的布局优化实验。

在实验过程中,除了主界面外,还需辅助的警告界面,事件规程界面,规程过程中需调用的参数人-机界面及主界面在进化过程中呈现不同布局的界面,这一实验用到的模拟界面共48

个,这些人-机界面均通过 Visual studio. net 语言平台开发出来,由于界面较多,这里不予列出,具体见本章附录部分。

2）实验仪器

主实验设备使用的是德国 ManGold 公司的 MangoldVision MV1 型眼动仪与 19 英寸一体联想计算机组成的桌面视线追踪系统。该眼动仪通过瞳孔反射原理采集眼动数据,其精度为 0.1°,头部允许移动范围:左右 22cm、上下 11cm、前后 15cm（整个过程至少一只眼睛的眼动能捕捉到）。除眼动仪外,实验过程还使用了另外 5 台计算机,共构成 6 个显示屏;最后使用了作者们开发出来的模拟界面软件平台。

4. 实验程序

所有被试者都要接受相应的培训,包括对画面的认识、熟练、实验操作、实验注意事项。

（1）编码模式的确定。

从对核电厂操纵员访谈得知,A3、A4、A5 块符合操作人员的习惯,可以作为编码中的模式,因此界面布局最原始的模式编码设为:L1 =　A1A2*A3A4A5*A6A7A8A9A10, 也即是原始的布局方式。

（2）本实验将要使用 24.2 节中相关计算模型,大致有

① 改进杂交算法如式（24-4）和式（24-5）所示。

② 失误计算模型如式（24-15）和式（24-17）所示。

（3）本实验要得到的重要参数及要做的工作。

根据 24.2 节的论述,本部分关键应得到每种布局下监视某些功能块的移动时间和监视时间,可以通过人行为分析仪器及眼动仪得到时间参数 $t$,最后计算出每种布局情况总的失误概率。

本部分需要做的一个大量基础工作是针对进化过程中产生的不同编码,以获得不同界面布局,除此之外还需警告、规程等人-机界面,这些界面就是操纵员监视的数字化界面,采用 Visual Studio Basic. net 语言平台编写相应的虚拟数字化人-机界面（该虚拟人-机界面见本章附录）。实验的主要工作是需得到在事件过程中不同布局主界面所花费的平均时间 $t$,一般来说监视不同布局主界面时间不同体现在寻找目标块的时间不同,监视相同目标块时间是一致的;在得到时间后,取平均时间,再计算失误概率,这里采用 MATLAB 来完成最终失误概率数据的计算工作。

24.5.1.2　实验结果与分析

1. 实验结果

实验前,假设原始模式串为

$$L1 =　A1A2\boldsymbol{A3A4A5}A6A7A8A9A10$$

通过模拟实验及眼动仪得到时间参数,之后根据相关公式计算得到该试验的所有结果。本次实验分别进行了 10 次模拟过程,时间参数取平均值,经过统计和计算得到原始界面的花费平均时间及失误概率,列于表 24-17。

表 24-17　原始界面各功能块参数 $t$ 的值及失误概率

| 原始界面序列 | 监视功能模块及相应的时间参数：$t_j = s_j + m$ | | | | | | | | | |
|---|---|---|---|---|---|---|---|---|---|---|
| | A1 | A2 | A3 | A4 | A5 | A6 | A7 | A8 | A9 | A10 |
| A1A2*A3A4A5* | 72.144 | 73.565 | 26.198 | | | 29.658 | 8.021 | 16.878 | 0.497 | 7.807 |
| A6A7A8A9A10 | 花费总时间为 234.768 | | | | | | | | | |
| | 失误概率为 $3.9523 \times 10^{-8}$ | | | | | | | | | |

在计算进化时要考虑一个问题,如果实验过程中操作人员在这个事故中不需要对某些模块功能监视,那么该块监视时间用 0 表示,显然失误概率为 0。通过虚拟数字化人-机界面模拟实验及眼动仪可以得到表 24-18 监视功能块的时间(由于实验得到的时间表太多,这里不列出,具体见本章附录部分),得到监视平均时间之后,根据式(24-28)、式(24-29)及 24.2 节有关知识,通过 MATLAB 计算得到监视过程每种布局模式下的总体失误概率,结果见表 24-18。

表 24-18　实验步骤演示及试验参数 $t$ 的值

| 进化次数 | 优化得到的串 | 初始值：$v_1 = 1$，$v_2 = 2$，$\lambda_1 = 0.4$，$\lambda_2 = 0.6$。遗传杂交得到的新串 | 监视的功能模块及相应的时间参数：$t_j = s_j + m$ | | | | | | | | | |
|---|---|---|---|---|---|---|---|---|---|---|---|---|
| | | | A1 | A2 | A3 | A4 | A5 | A6 | A7 | A8 | A9 | A10 |
| 1 | A1A2\|*A3A4A5* A6A7\|A8A9A10 | A7A6*A3A4A5* A2A1A8A9A10 | 28.999 | 140.009 | 71.550 | | | 119.857 | 5.792 | 47.43 | 1.055 | 1.069 |
| | | | 花费总时间为 415.624 | | | | | | | | | |
| | | | 失误概率为 $5.1262 \times 10^{-16}$ | | | | | | | | | |
| 2 | A7A6\|*A3A4A5* A2A1\|A8A9A10 | A1A2*A3A4A5* A6A7A8A9A10 | 72.144 | 73.565 | 26.198 | | | 29.658 | 8.021 | 16.878 | 0.417 | 7.807 |
| | | | 花费总时间为 234.768 | | | | | | | | | |
| | | | 失误概率为 $3.9523 \times 10^{-8}$ | | | | | | | | | |
| 3 | A1A2*A3A4A5* A6A7\|A8A9A10\| | A1A2*A3A4A5* A10A9A8A7A6 | 48.865 | 55.624 | 47.315 | | | 10.272 | 8.009 | 30.658 | 0.136 | 1.486 |
| | | | 花费总时间为 202.365 | | | | | | | | | |
| | | | 失误概率为 $9.1389 \times 10^{-7}$ | | | | | | | | | |
| 4 | A1A2\|*A3A4A5*\| A10A9A8A7A6 | A9A10*A3A4A5* A2A1A8A7A6 | 42.916 | 26.709 | 23.706 | | | 62.853 | 1.586 | 39.573 | 8.473 | 40.834 |
| | | | 花费总时间为 246.65 | | | | | | | | | |
| | | | 失误概率为 $1.0960 \times 10^{-8}$ | | | | | | | | | |
| 5 | A9A10*A3A4A5* A2A1\|A8A7\|A6 | A9A10*A3A4A5* A7A8A1A2A6 | 72.510 | 61.576 | 29.311 | | | 58.163 | 0.631 | 32.882 | 12.689 | 22.614 |
| | | | 花费总时间为 290.37 | | | | | | | | | |
| | | | 失误概率为 $1.3889 \times 10^{-10}$ | | | | | | | | | |

（续）

| 进化次数 | 优化得到的串 | 初始值：$v_1=1$，$v_2=2$，$\lambda_1=0.4$，$\lambda_2=0.6$。遗传杂交得到的新串 | 监视的功能模块及相应的时间参数：$t_j=s_j+m$ | | | | | | | | | |
|---|---|---|---|---|---|---|---|---|---|---|---|---|
| | | | A1 | A2 | A3 | A4 | A5 | A6 | A7 | A8 | A9 | A10 |
| 6 | A9A10\|*A3A4A5* A7A8\|A1A2A6 | A8A7*A3A4A5* A10A9A1A2A6 | 134.944 | 41.634 | | 33.666 | | 37.968 | 9.551 | 27.755 | 1.912 | 9.378 |
| | | | 花费总时间为296.808 | | | | | | | | | |
| | | | 失误概率为$7.2996\times10^{-11}$ | | | | | | | | | |
| 7 | \|A8A7*A3A4A5* A10A9\|A1A2A6 | A9A10*A3A4A5* A7A8A1A2A6 | 72.510 | 61.576 | | 29.311 | | 58.163 | 0.631 | 32.882 | 12.689 | 22.614 |
| | | | 花费总时间为290.37 | | | | | | | | | |
| | | | 失误概率为$1.3889\times10^{-10}$ | | | | | | | | | |
| 8 | A9A10\|\|*A3A4A5* A7A8A1A2A6 | A9A10*A3A4A5* A7A8A1A2A6 | 72.510 | 61.576 | | 29.311 | | 58.163 | 0.631 | 32.882 | 12.689 | 2.614 |
| | | | 花费总时间为290.37 | | | | | | | | | |
| | | | 失误概率为$1.3889\times10^{-10}$ | | | | | | | | | |
| 9 | \|A1A2*A3A4A5* A6A7A8\|A9A10 | 改变变量值初始杂交点为：$v_1=7$，$v_2=9$，$\lambda_1=0.4$，$\lambda_2=0.6$ | 55.233 | 58.895 | | 33.781 | | 6.428 | 6.683 | 57.370 | 3.036 | 4.261 |
| | | A8A7*A3A4A5* A6A2A1A9A10 | 花费总时间为225.687 | | | | | | | | | |
| | | | 失误概率为$8.8992\times10^{-8}$ | | | | | | | | | |
| 10 | A8A7\|*A3A4A5* A6A2A1\|A9A10 | A1A2*A3A4A5* A6A7A8A9A10 | 72.144 | 73.565 | | 26.198 | | 29.658 | 8.021 | 16.878 | 0.497 | 7.807 |
| | | | 花费总时间为234.768 | | | | | | | | | |
| | | | 失误概率为$3.9523\times10^{-8}$ | | | | | | | | | |
| 11 | A1A2*A3A4A5*\| A6A7\|A8A9A10 | A1A2*A3A4A5* A9A8A7A6A10 | 21.258 | 81.763 | | 32.810 | | 9.426 | 10.359 | 25.914 | 7.659 | 21.326 |
| | | | 花费总时间为210.551 | | | | | | | | | |
| | | | 失误概率为$4.0355\times10^{-7}$ | | | | | | | | | |
| 12 | A1A2*A3A4A5*A9 A8\|\|A7A6A10 | A1A2*A3A4A5* A9A8A7A6A10 | 21.258 | 81.763 | | 32.810 | | 9.426 | 10.359 | 25.914 | 7.659 | 21.326 |
| | | | 花费总时间为210.551 | | | | | | | | | |
| | | | 失误概率为$4.0355\times10^{-7}$ | | | | | | | | | |

从表24-18看出，当迭代到12次时，进化过程比较稳定，可以结束循环迭代。

**2. 实验结果分析**

前面已提到,不同界面的花费时间包括两个部分,监视时间和移动时间。界面布局虽然不同,但监视时间是一致的,因为规程在执行过程中是一致的,是按特定的步骤完成;区别在于整个规程过程中查看主界面功能块的移动时间不同。所以,花费时间越大,说明移动的时间越多,界面布局越糟糕。该失误概率公式表明监视某块时间越多,失误概率越少;但本试验在计算时是用总共花费的时间进行计算,而总共花费的时间越多,表示移动时间多,所以得到结果表明失误小的反而布局较差,因此从表 24-18 中得到该主界面比较好的布局是第 3 次进化得到的优化界面,从而可以得到原始界面及优化界面如图 24-9 所示。

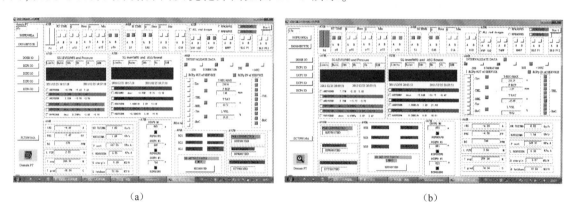

(a)                                (b)

**图 24-9 原始界面与优化后的界面**

(a)原始误发安全注入事故主界面;(b)优化后的误发安全注入事故主界面。

## 24.5.2 应用实例二:基于模糊免疫的数字化人-机界面功能单元数量优化

### 24.5.2.1 实验设计

**1. 实验目的**

分别对主画面中功能分区块中的警告、参数数量、信息量进行优化以达到减少人因失误的目的。

**2. 被试者**

与本章实验一相同。

**3. 实验材料与装置**

**1)实验材料**

同样选取在 SGTR 事故处理过程中的误发安全注入事故时能总体反映工厂状态的画面来进行因子数量的优化。实验过程先需对该数字化人-机界面进行分区,针对每个功能分区中的警告因子、参数因子及信息显示因子的数量进行优化。根据实际情况,将该主界面分区,如图 24-10 所示。

与实验一相同的是该部分试验也需要辅助的警告界面,事件过程的规程界面,规程执行过程中调用的参数界面及主界面在进化过程中各功能块参数呈现不同数量的界面,本实验用到的模拟界面共 46 个,其中 35 个辅助界面与实验一相同,另外 11 个界面是原始界面及各功能块参数数量变化过程中的演化界面,是优化的对象。这些人-机界面均通过 Visual Studio Basic. net 语言平台开发出来,由于界面较多,这里不予列出,具体见本章附录部分。与实验一主要区别是该部

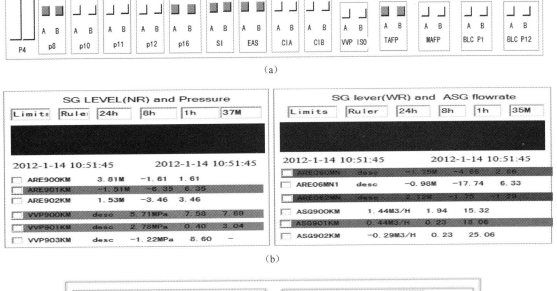

(a)

(b)

(c)

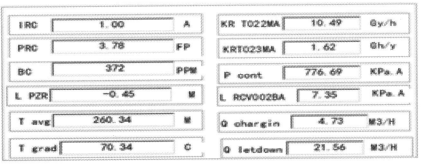

(d)

**图24-10 主界面中将分别对其优化的功能分块**

(a) B1 功能块;(b) B2 功能块;(c) B3 功能块;(d) B4 功能块。

分是对主界面中功能块参数、信息数量等进行优化。

2)实验装置

该部分实验中使用的仪器与实验一相同。

4. 实验程序

所有被试者都要接受相应的培训,包括对各种信息、警告、参数的认识程度、熟练程度、诊断能力、实验操作能力及实验注意事项。

1）因子的动态模糊生成

先对每个功能块的因子设定一个范围及分段数，根据24.3节的知识，模糊段取范围区间的平均分段值，在免疫进化过程中，可以动态改变因子的取值范围和模糊分段数。

2）需要用到的计算模型

根据24.3节的思路，本实验需要使用的计算模型和方法主要如式（24-18）、式（24-19）和式（24-20）所示。除了式（24-18）~式（24-20）外，还需要使用24.3节其他相关的公式和整个知识体系。

3）本实验拟得到的重要参数及要做的工作

本实验主要是拟通过核电站模拟机试验操作过程及相关研究仪器设备获得不同功能块中的不同因子逻辑分段后的监视所花的平均时间，也需要得到每段的模糊数量。实验思路是：获得每次实验时间参数 $t$；取时间平均值，计算失误概率。该实验进行了10次模拟。

由于每次免疫进化得到的逻辑分段不同，每段的取值也不同，因此应设计出相应的人-机界面及辅助的警告、规程界面。本试验也使用 Visual Studio Basic. net 语言平台编写相应的虚拟数字化人-机界面（见本章附录）。

#### 24.5.2.2 实验结果与分析

1）原始界面优化因子与结果

对每个功能块中的因子在计算过程中只考虑优化过程所考虑的因子情况，但对这些功能块没有考虑的因子在模拟的界面中仍显示出来，试验结果如表24-19所列。

表 24-19　原始界面所考虑因子的失误情况

| 功能块 | 优化因子免疫分段搜索取值 | $P_{ij}$ | 功能块 | 优化因子免疫分段搜索取值 | $P_{ij}$ |
|---|---|---|---|---|---|
| B1 | A_inf = 20 | 0.0025 | B3 | p_quan = 12 | $2.3278 \times 10^{-4}$ |
| | p_quan = 4 | 0.0032 | | A_inf = 33 | 0.0011 |
| B2 | p_quan = 8 | $8.0267 \times 10^{-13}$ | B4 | p_quan = 4 | $5.3970 \times 10^{-4}$ |
| | char_line_quan = 18：25 | $3.2761 \times 10^{-4}$ | | char_line_quan = 16. 17 | 0.0084 |

注：A_inf 表示警告数量；p_quan 表示参数量；char_line_quan 表示行字符数。

2）进化过程实验步骤与结果

实验遵循了4条规范：①如果某功能块某个优化因子不予考虑，该因子的数量则只在模拟数字化界面中用原界面中因子的实际情况表示，但在实验数据获取中及表24-20中不考虑；②如果某功能块模糊段已经查找提取完，这时的模糊因子为原界面的因子数，而原有因子数失误概率实验在原始界面中已经得到，所以在如下的优化过程中不再考虑；③每个优化因子都有一个模糊区域，但在模拟人-机界面中这些因子的数量是在其对应的模糊区域内选取一个具体的值为代表，在计算失误概率中也是以选取的值进行计算；④对B2功能块来说，对两个相似的图形分别进行考虑，对B4功能块，在考虑行字符时只考虑三行数据字符的优化。实验过程及结果见表24-20。

表 24-20　各功能块试验步骤演示及试验结果

说明：

对功能块 B1，因子的模糊分段为：A_inf：最大值 30，分 3 段，每段内再平均分为 3 段；p_quan：最大值 15，分 3 段，每段内再平均分为 2 段（功能块 B1 不考虑 char_line_quan 因子的优化）。

对功能块 B2，因子的模糊分段为：p_quan：最大值 12，分 3 段，每段内再平均分为 2 段；char_line_quan：最大值取 50，分 5 段，每段内再平均分为 2 段（功能块 B2 不考虑 A_Speed，A_inf 因子的优化；在功能块 2 中 2 个相似的图形界面是分别考虑的）。

对功能块 B3，因子的模糊分段为：p_quan：最大值 20，分 5 段，每段内再平均分为 2 段（功能块 B3 不考虑 A_Speed，A_inf，Char_Line_qunan 因子的优化）。

对功能块 B4，因子的模糊分段为：A_inf：最大值 40，分 4 段，每段内再平均分为 2 段；p_quan：最大值 8，分 4 段，每段内再平均分为 2 段；char_line_quan：最大值取 20，分 4 段，每段内再平均分为 2 段。

| 第 1 次查找提取 | | | | | |
|---|---|---|---|---|---|
| 功能块 | 功能模糊数量段取中查找提取 | $P_{ij}$ | 功能块 | 功能模糊数量段取中查找提取 | $P_{ij}$ |
| B1 | A_inf = 11,12,13 | 0.007 | B3 | p_quan = [9,10] | $5.3179 \times 10^{-5}$ |
| | p_quan = 6,7 | 0.0126 | B4 | A_inf = 15,16,…,20 | $3.4774 \times 10^{-4}$ |
| B2 | p_quan = 4,5,6 | 0.0475 | | p_quan = 4 | $2.4915 \times 10^{-6}$ |
| | char_line_quan = 21,22,23,24,25 | $3.9888 \times 10^{-4}$ | | char_line_quan = 6,7 | 0.0163 |

| 第 2 次查找提取 | | | | | |
|---|---|---|---|---|---|
| 功能块 | 功能模糊数量段取中查找提取 | $P_{ij}$ | 功能块 | 功能模糊数量段取中查找提取 | $P_{ij}$ |
| B1 | A_inf = 14,15,16 | $1.8405 \times 10^{-5}$ | B3 | p_quan = 11,12 | $2.3278 \times 10^{-4}$ |
| | p_quan = 8,9,10 | 0.0296 | B4 | A_inf = 5,6,…,10 | 0.001 |
| B2 | p_quan = 1,2 | $3.0946 \times 10^{-4}$ | | p_quan = 2 | $5.3970 \times 10^{-4}$ |
| | char_line_quan = 26,27,28,29,30 | $4.0443 \times 10^{-5}$ | | char_line_quan = 8,9,10 | 0.0053 |

| 第 3 次查找提取 | | | | | |
|---|---|---|---|---|---|
| 功能块 | 功能模糊数量段取中查找提取 | $P_{ij}$ | 功能块 | 功能模糊数量段取中查找提取 | $P_{ij}$ |
| B1 | A_inf = 17,18,19,20 | 0.0075 | B3 | p_quan = 1,2 | 0.0012 |
| | p_quan = 1,2 | $7.9626 \times 10^{-4}$ | B4 | A_inf = 0,1,…,5 | $5.2169 \times 10^{-4}$ |
| B2 | p_quan = 2,3,4 | 0.0389 | | p_quan = 1 | $2.01 \times 10^{-5}$ |
| | char_line_quan = 1,2,3,4,5 | $9.4065 \times 10^{-5}$ | | char_line_quan = 1,2 | 0.0143 |

（续）

| | 第4次查找提取 | | | | |
|---|---|---|---|---|---|
| 功能块 | 功能模糊数量段<br>取中查找提取 | $P_{ij}$ | 功能块 | 功能模糊数量段<br>取中查找提取 | $P_{ij}$ |
| B1 | A_inf = 1,2,3 | $1.3592 \times 10^{-4}$ | B3 | p_quan = 3,4 | 0.0094 |
| | p_quan = 3,4,5 | 0.0488 | B4 | A_inf = 10,11,…,15 | 0.0084 |
| B2 | p_quan = 8,9,10 | 0.0420 | | p_quan = 3 | $1.9682 \times 10^{-5}$ |
| | char_line_quan = 6,7,8,9,10 | 0.0014 | | char_line_quan = 3,4,5 | $3.3598 \times 10^{-4}$ |

| | 第5次查找提取 | | | | |
|---|---|---|---|---|---|
| 功能块 | 功能模糊数量段<br>取中查找提取 | $P_{ij}$ | 功能块 | 功能模糊数量段<br>取中查找提取 | $P_{ij}$ |
| B1 | A_inf = 4,5,6 | $2.799 \times 10^{-4}$ | B3 | p_quan = 5,6 | 0.0084 |
| | p_quan = 11,12 | 0.0448 | B4 | A_inf = 30,31,…,35 | 0.0093 |
| B2 | p_quan = 6,7,8 | 0.0448 | | p_quan = 6 | $2.6722 \times 10^{-6}$ |
| | char_line_quan = 11,12,13,<br>14,15 | 0.0019 | | char_line_quan = 13,14,15 | 0.0262 |

| | 第6次查找提取 | | | | |
|---|---|---|---|---|---|
| 功能块 | 功能模糊数量段<br>取中查找提取 | $P_{ij}$ | 功能块 | 功能模糊数量段<br>取中查找提取 | $P_{ij}$ |
| B1 | A_inf = 7,8,9,10 | $2.3813 \times 10^{-4}$ | B3 | p_quan = 7,8 | 0.0102 |
| | p_quan = 13,14,15 | 0.0292 | B4 | A_inf = 20,21,…,25 | 0.0071 |
| B2 | p_quan = 10,11,12 | 0.0404 | | p_quan = 5 | $1.7419 \times 10^{-5}$ |
| | char_line_quan = 16,17,<br>18,19,20 | 0.0191 | | char_line_quan = 11,12 | 0.0117 |

| | 第7次查找提取 | | | | |
|---|---|---|---|---|---|
| 功能块 | 功能模糊数量段<br>取中查找提取 | $P_{ij}$ | 功能块 | 功能模糊数量段<br>取中查找提取 | $P_{ij}$ |
| B1 | A_inf = 24,25,26 | $3.4118 \times 10^{-4}$ | B4 | A_inf = 25,26,…,30 | 0.0250 |
| B2 | char_line_quan = 36,37,<br>38,39,40 | $1.4805 \times 10^{-4}$ | | p_quan = 7 | $3.9138 \times 10^{-5}$ |
| B3 | p_quan = 15,16 | 0.0036 | | char_line_quan = 16,17 | 0.0237 |

（续）

| 第 8 次查找提取 | | | | | | |
|---|---|---|---|---|---|---|
| 功能块 | 功能模糊数量段取中查找提取 | $P_{ij}$ | 功能块 | | 功能模糊数量段取中查找提取 | $P_{ij}$ |
| B1 | A_inf = 21,22,23 | 0.0065 | | | A_inf = 35,36,…,40 | $8.8043 \times 10^{-4}$ |
| B2 | char_line_quan = 31,32,33,34,35 | $1.6460 \times 10^{-4}$ | B4 | | p_quan = 8 | $8.1786 \times 10^{-5}$ |
| B3 | p_quan = 13,14 | $6.2123 \times 10^{-4}$ | | | char_line_quan = 18,19,20 | 0.0264 |

| 第 9 次查找提取 | | | | | |
|---|---|---|---|---|---|
| 功能块 | 功能模糊数量段取中查找提取 | $P_{ij}$ | 功能块 | 功能模糊数量段取中查找提取 | $P_{ij}$ |
| B1 | A_inf = 27,28,29,30 | 0.0045 | B3 | p_quan = 17,18 | 0.0076 |
| B2 | char_line_quan = 41,42,43,44,45 | 0.0031 | | | |

| 第 10 次查找提取 | | | | | |
|---|---|---|---|---|---|
| 功能块 | 功能模糊数量段取中查找提取 | $P_{ij}$ | 功能块 | 功能模糊数量段取中查找提取 | $P_{ij}$ |
| B2 | char_line_quan = 46,47,48,49,50 | 0.0024 | B3 | p_quan = 19,20 | 0.0071 |

3）实验结果分析

根据理论研究,一般来说,当监视特定功能块内参数时,产生的人因失误概率越少,表示该功能具备的参数数量设计越好,实验结果列于表 24-21。

从实验结果中可以得到 B1、B2、B3、B4 功能块中各个优化因子的最优化取值,列于表 24-21。

表 24-21　B1、B2、B3、B4 功能块中各个优化因子的最优化取值

| 功能块 | 因　子 | 最优化模糊数取值 | 功能块 | 因　　子 | 最优化模糊数取值 |
|---|---|---|---|---|---|
| B1 | A_inf | 14,15,16 | B3 | p_quan | 9,10 |
| | p_quan | 1,2 | | A_inf | 15,16,17,18,19,20 |
| B2 | p_quan | 8 | B4 | p_quan | 4 |
| | char_line_quan | 26,27,28,29,30 | | char_line_quan | 3,4,5 |

从表 24-20 可分析得到核电厂误发安全注入事故人-机界面每个功能块参数因子进化过程与其对应的失误概率;还可以得到:当参数因子数量达到最优化解时,基于模糊数量段的取中查找提取方法及顺序查找提取方法的进化次数,从而可以分析出基于模糊数量段的取中查找提取

方法及顺序提取两种方法找到最优解的快慢及收敛性。

以表 24-20 中的数据为基础,可以用一个图来表示这两种方法找到最优解的进化次数与最优解对应的失误概率的关系。实验结果如图 24-11 所示。

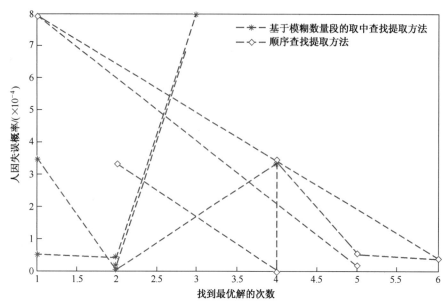

图 24-11　基于模糊数量段的取中查找提取方法及顺序查找提取方法的性能比较

从图 24-11 可以看出顺序提取方法的坐标点基本上在取中查找提取方法坐标点的右边,越往右,说明找到同一最优解的进化次数越多,因此取中查找提取方法性能比顺序提取方法性能优越,具有更好的查找次数与收敛性。

根据表 24-20,可以得到核电厂误发安全注入事故主人-机界面 B1、B2、B3、B4 功能块查找提取过程亲和力失误概率情况变化图,如图 24-12 所示。

从图 24-12 可以看出:①亲和力失误概率具有好的灵敏度;②虽然在进化过程中每条亲和力失误概率曲线均发生了跳跃,但变化的幅度不是太大。因此亲和力失误概率函数具有较好的稳定性。

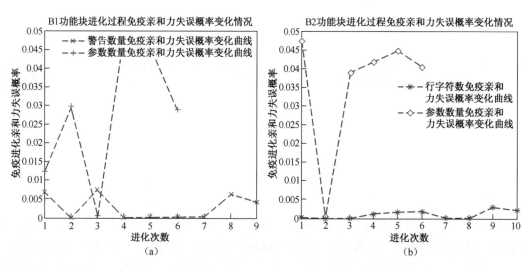

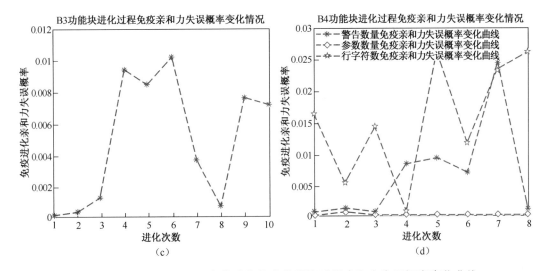

图 24-12 误发安全注入事故功能块查找提取过程亲和力失误概率变化曲线

（a）B1 功能块亲和力失误概率变化曲线；（b）B2 功能块亲和力失误概率变化曲线；

（c）B3 功能块亲和力失误概率变化曲线；（d）B4 功能块亲和力失误概率变化曲线。

## 24.5.3 应用实例三：规程在屏之间自动布局最短移动路径优化

### 24.5.3.1 实验设计

**1. 实验目的**

误发安全注入事故时参数画面如何自动最优化显示在 6 个显示屏中的其中一个屏上,达到减少人因失误的目的。

**2. 被试者**

与本章实验一相同。

**3. 实验材料与装置**

1）实验材料

本实验使用的模拟事件、人–机界面与前面两个实验基本相同,但存在区别:①反映事件的总体画面在该实验过程中是作为辅助画面;②优化目标是事件操作规程界面及规程过程调用的参数界面如何最优自动布局显示。该实验过程模拟界面为 36 个,其中主界面 1 个,警告界面 1 个,作为优化对象的规程界面及规程操作过程调用的界面 34 个。

2）实验仪器

该实验需要的仪器与前两项实验相同,但增加了一个计时软件,用来计算整个操作过程所需要的时间。

**4. 实验程序**

所有被试者都要接受相应的培训,包括对规程的认识,熟练操作程度,认知能力,决策能力,实验注意事项。

1）显示屏布局

一般一回路操纵员工作站包括六个计算机屏,根据屏的特定设计,从左边开始第三个屏是一回路 SGTR 中的安全注入事故总体画面,它承载着 SOP 总体监视画面,非常重要,因此第三个屏在一般情况下不允许被覆盖,另外第 1 屏和第 5 屏可以临时覆盖,第 4 屏和第 6 屏可以覆盖,第 2 屏最好不要覆盖。该实验首先根据事故规程,结合 24.4 节提出的算法,设计规程自动布局在某个屏上。如果下一规程能够继续覆盖当前显示屏,那么移动时间就为 0,这样的路径是最好的。

2)需要使用的计算模型

根据 24.4 节的思路,本实验需要使用的主要计算模型和方法如式(24-21)~式(24-26)所示。

根据神经网络的研究成果,对 $u(x)$ 可取:$g1 = \arctan(x)$ 或 $g2(x) = (e^x - e^{-x})/(e^x + e^{-x})$ 作为激励函数。

3)本实验拟得到的重要参数及要做的工作

本实验主要拟通过研究设备得到每个规程执行所用的时间,包括实验人员在屏之间的移动时间和操作时间;优化目的是如何布局使移动时间最少。

### 24.5.3.2 实验结果与分析

(1)通过 24.4 节提出的动态标识邻域最短路径搜索算法对规程显示所用屏幕进行分配和优化,并得到整体事件时间参数 $t$。实验最开始操作屏是第 4 屏,表中参数 $dis_{ij}$ 表示当前屏与能显示下一规程显示屏之间的距离,为简单起见,此距离用屏之间的间距来表示,$Min\{dis_{ij}\}$ 取 $dis_{ij}$ 的最小值。如果当 $dis_{ij}$ 距离存在相同时,根据核电厂实际情况,应取从当前显示屏出发往右方向的屏作为下一个操作规程或规程调用的参数界面。该实验所用界面与本章前两个实验一致,区别在于前两个实验使用的主界面在这里作为辅助界面,警告界面也是作为辅助界面,不是优化对象,规程界面作为本实验的优化对象。该实验过程经过 34 次画面调用,规程用 g1,g2,…,g19 表示,执行过程需调用的参数界面用 m1,m2,…,m15 表示,该实验过程如表 24-22 所列。

表 24-22 规程自动显示布局优化动态标识的邻域最短路径搜索法实验过程分析表

| 参数变化 / 事件过程 | | flag | $dis_{ij}$ | $Min\{dis_{ij}\}$ | 参数变化 / 事件过程 | | flag | $dis_{ij}$ | $Min\{dis_{ij}\}$ |
|---|---|---|---|---|---|---|---|---|---|
| 第1次(操作界面:g1) | $V_1$ | true | ∞ | 0 | 第3次(操作界面:m2;最近时刻路径:$V_5 \to V_6$) | $V_1$ | true | ∞ | 1 |
| | $V_2$ | true | ∞ | | | $V_2$ | true | ∞ | |
| | $V_3$ | true | ∞ | | | $V_3$ | true | ∞ | |
| | $V_4$ | false | 0 | | | $V_4$ | true | ∞ | |
| | $V_5$ | true | ∞ | | | $V_5$ | true | ∞ | |
| | $V_6$ | true | ∞ | | | $V_6$ | false | 1 | |
| 第2次(操作界面:m1;最近时刻路径:$V_5 \to V_6$) | $V_1$ | true | ∞ | 1 | 第4次(操作界面:m3;最近时刻路径:$V_6 \to V_4$) | $V_1$ | true | ∞ | 2 |
| | $V_2$ | true | ∞ | | | $V_2$ | true | ∞ | |
| | $V_3$ | true | ∞ | | | $V_3$ | true | ∞ | |
| | $V_4$ | true | ∞ | | | $V_4$ | false | 2 | |
| | $V_5$ | true | ∞ | | | $V_5$ | true | ∞ | |
| | $V_6$ | false | 1 | | | $V_6$ | true | ∞ | |

（续）

| 事件过程＼参数变化 | | flag | $dis_{ij}$ | $Min\{dis_{ij}\}$ |
|---|---|---|---|---|
| 第5次（操作界面：m4；最近时刻路径：$V_5{\to}V_6$） | $V_1$ | true | $\infty$ | |
| | $V_2$ | true | $\infty$ | |
| | $V_3$ | true | $\infty$ | 1 |
| | $V_4$ | true | $\infty$ | |
| | $V_5$ | true | $\infty$ | |
| | $V_6$ | false | 1 | |
| 第6次（操作界面：m5；最近时刻路径：$V_4{\to}V_6$） | $V_1$ | true | $\infty$ | |
| | $V_2$ | true | $\infty$ | |
| | $V_3$ | true | $\infty$ | 2 |
| | $V_4$ | true | $\infty$ | |
| | $V_5$ | true | $\infty$ | |
| | $V_6$ | false | 2 | |
| 第7次（操作界面：g3；最近时刻路径：$V_6{\to}V_4$） | $V_1$ | true | $\infty$ | |
| | $V_2$ | true | $\infty$ | |
| | $V_3$ | true | $\infty$ | 2 |
| | $V_4$ | false | 2 | |
| | $V_5$ | true | $\infty$ | |
| | $V_6$ | true | $\infty$ | |
| 第8次（操作界面：g4；最近时刻路径：$V_4{\to}V_5$） | $V_1$ | true | $\infty$ | |
| | $V_2$ | true | $\infty$ | |
| | $V_3$ | true | $\infty$ | 1 |
| | $V_4$ | true | $\infty$ | |
| | $V_5$ | false | 1 | |
| | $V_6$ | true | $\infty$ | |
| 第9次（操作界面：g5；最近时刻路径：$V_4{\to}V_5$） | $V_1$ | true | $\infty$ | |
| | $V_2$ | true | $\infty$ | |
| | $V_3$ | true | $\infty$ | 1 |
| | $V_4$ | true | $\infty$ | |
| | $V_5$ | false | 1 | |
| | $V_6$ | true | $\infty$ | |
| 第10次（操作界面：m6；最近时刻路径：$V_5{\to}V_6$） | $V_1$ | true | $\infty$ | |
| | $V_2$ | true | $\infty$ | |
| | $V_3$ | true | $\infty$ | 1 |
| | $V_4$ | true | $\infty$ | |
| | $V_5$ | true | $\infty$ | |
| | $V_6$ | false | 1 | |

| 事件过程＼参数变化 | | flag | $dis_{ij}$ | $Min\{dis_{ij}\}$ |
|---|---|---|---|---|
| 第11次（操作界面：m7；最近时刻路径：$V_5{\to}V_6$） | $V_1$ | true | $\infty$ | |
| | $V_2$ | true | $\infty$ | |
| | $V_3$ | true | $\infty$ | 1 |
| | $V_4$ | true | $\infty$ | |
| | $V_5$ | true | $\infty$ | |
| | $V_6$ | false | 1 | |
| 第12次（操作界面：m3；最近时刻路径：$V_4{\to}V_4$，$V_4{\to}V_6$） | $V_1$ | true | $\infty$ | |
| | $V_2$ | true | $\infty$ | |
| | $V_3$ | true | $\infty$ | 0 |
| | $V_4$ | false | 0 | |
| | $V_5$ | true | $\infty$ | |
| | $V_6$ | false | 2 | |
| 第13次（操作界面：m8；最近时刻路径：$V_4{\to}V_5$，$V_4{\to}V_6$） | $V_1$ | true | $\infty$ | |
| | $V_2$ | true | $\infty$ | |
| | $V_3$ | true | $\infty$ | 1 |
| | $V_4$ | true | $\infty$ | |
| | $V_5$ | false | 1 | |
| | $V_6$ | false | 2 | |
| 第14次（操作界面：m9；最近时刻路径：$V_4{\to}V_5$，$V_4{\to}V_6$） | $V_1$ | true | $\infty$ | |
| | $V_2$ | true | $\infty$ | |
| | $V_3$ | true | $\infty$ | 1 |
| | $V_4$ | true | $\infty$ | |
| | $V_5$ | false | 1 | |
| | $V_6$ | false | 2 | |
| 第15次（操作界面：g6；最近时刻路径：$V_6{\to}V_3$） | $V_1$ | true | $\infty$ | |
| | $V_2$ | true | $\infty$ | |
| | $V_3$ | false | 3 | 3 |
| | $V_4$ | true | $\infty$ | |
| | $V_5$ | true | $\infty$ | |
| | $V_6$ | true | $\infty$ | |
| 第16次（操作界面：m10；最近时刻路径：$V_4{\to}V_6$） | $V_1$ | true | $\infty$ | |
| | $V_2$ | false | $\infty$ | |
| | $V_3$ | true | $\infty$ | 2 |
| | $V_4$ | true | $\infty$ | |
| | $V_5$ | true | $\infty$ | |
| | $V_6$ | false | 2 | |

（续）

| 参数变化 / 事件过程 | | flag | $dis_{ij}$ | $Min\{dis_{ij}\}$ | 参数变化 / 事件过程 | | flag | $dis_{ij}$ | $Min\{dis_{ij}\}$ |
|---|---|---|---|---|---|---|---|---|---|
| 第17次（操作界面:g7;最近时刻路径:$V_6 \rightarrow V_4$) | $V_1$ | true | ∞ | 2 | 第23次（操作界面:g11;最近时刻路径:$V_4 \rightarrow V_5$) | $V_1$ | true | ∞ | 1 |
| | $V_2$ | true | ∞ | | | $V_2$ | true | ∞ | |
| | $V_3$ | true | ∞ | | | $V_3$ | true | ∞ | |
| | $V_4$ | false | 2 | | | $V_4$ | true | ∞ | |
| | $V_5$ | true | ∞ | | | $V_5$ | false | 1 | |
| | $V_6$ | true | ∞ | | | $V_6$ | false | 2 | |
| 第18次（操作界面:g8;最近时刻路径:$V_4 \rightarrow V_5$,$V_4 \rightarrow V_6$) | $V_1$ | true | ∞ | 1 | 第24次（操作界面:g12;最近时刻路径:$V_4 \rightarrow V_5$) | $V_1$ | true | ∞ | 1 |
| | $V_2$ | true | ∞ | | | $V_2$ | true | ∞ | |
| | $V_3$ | true | ∞ | | | $V_3$ | true | ∞ | |
| | $V_4$ | true | ∞ | | | $V_4$ | true | ∞ | |
| | $V_5$ | false | 1 | | | $V_5$ | false | 1 | |
| | $V_6$ | false | 2 | | | $V_6$ | false | 2 | |
| 第19次（操作界面:g9;最近时刻路径:$V_4 \rightarrow V_4$) | $V_1$ | true | ∞ | 0 | 第25次（操作界面:m6;最近时刻路径:$V_5 \rightarrow V_6$) | $V_1$ | true | ∞ | 1 |
| | $V_2$ | true | ∞ | | | $V_2$ | true | ∞ | |
| | $V_3$ | true | ∞ | | | $V_3$ | true | ∞ | |
| | $V_4$ | false | 0 | | | $V_4$ | true | ∞ | |
| | $V_5$ | false | 1 | | | $V_5$ | true | ∞ | |
| | $V_6$ | false | 2 | | | $V_6$ | false | 1 | |
| 第20次（操作界面:g10;最近时刻路径:$V_4 \rightarrow V_4$) | $V_1$ | true | ∞ | 0 | 第26次（操作界面:m12;最近时刻路径:$V_6 \rightarrow V_6$) | $V_1$ | true | ∞ | 0 |
| | $V_2$ | true | ∞ | | | $V_2$ | true | ∞ | |
| | $V_3$ | true | ∞ | | | $V_3$ | true | ∞ | |
| | $V_4$ | false | 0 | | | $V_4$ | true | ∞ | |
| | $V_5$ | false | 1 | | | $V_5$ | false | 1 | |
| | $V_6$ | false | 2 | | | $V_6$ | false | 0 | |
| 第21次（操作界面:m11;最近时刻路径:$V_4 \rightarrow V_5$) | $V_1$ | true | ∞ | 1 | 第27次（操作界面:g13;最近时刻路径:$V_5 \rightarrow V_5$) | $V_1$ | true | ∞ | 0 |
| | $V_2$ | true | ∞ | | | $V_2$ | true | ∞ | |
| | $V_3$ | true | ∞ | | | $V_3$ | true | ∞ | |
| | $V_4$ | true | ∞ | | | $V_4$ | true | ∞ | |
| | $V_5$ | false | 1 | | | $V_5$ | false | 0 | |
| | $V_6$ | false | 2 | | | $V_6$ | false | 1 | |
| 第22次（操作界面:g10;最近时刻路径:$V_4 \rightarrow V_4$) | $V_1$ | true | ∞ | 0 | 第28次（操作界面:g14;最近时刻路径:$V_5 \rightarrow V_2$) | $V_1$ | true | ∞ | 3 |
| | $V_2$ | true | ∞ | | | $V_2$ | false | 3 | |
| | $V_3$ | true | ∞ | | | $V_3$ | true | ∞ | |
| | $V_4$ | false | 0 | | | $V_4$ | true | ∞ | |
| | $V_5$ | false | 1 | | | $V_5$ | true | ∞ | |
| | $V_6$ | false | 2 | | | $V_6$ | true | ∞ | |

（续）

| 事件过程 / 参数变化 | | flag | $dis_{ij}$ | $Min\{dis_{ij}\}$ | 事件过程 / 参数变化 | | flag | $dis_{ij}$ | $Min\{dis_{ij}\}$ |
|---|---|---|---|---|---|---|---|---|---|
| 第29次（操作界面：m13；最近时刻路径：$V_3 \to V_5$） | $V_1$ | true | ∞ | 2 | 第33次（操作界面：g16；最近时刻路径：$V_1 \to V_2$） | $V_1$ | true | ∞ | 1 |
| | $V_2$ | true | ∞ | | | $V_2$ | false | 1 | |
| | $V_3$ | true | ∞ | | | $V_3$ | true | ∞ | |
| | $V_4$ | true | ∞ | | | $V_4$ | true | ∞ | |
| | $V_5$ | false | 2 | | | $V_5$ | true | ∞ | |
| | $V_6$ | false | 3 | | | $V_6$ | false | 4 | |
| 第30次（操作界面：m14；最近时刻路径：$V_5 \to V_2$） | $V_1$ | true | ∞ | 3 | 第34次（操作界面：g17；最近时刻路径：$V_1 \to V_5$） | $V_1$ | true | ∞ | 4 |
| | $V_2$ | false | 3 | | | $V_2$ | true | ∞ | |
| | $V_3$ | true | ∞ | | | $V_3$ | true | ∞ | |
| | $V_4$ | true | ∞ | | | $V_4$ | true | ∞ | |
| | $V_5$ | true | ∞ | | | $V_5$ | false | 4 | |
| | $V_6$ | true | ∞ | | | $V_6$ | false | 5 | |
| 第31次（操作界面：m15；最近时刻路径：$V_2 \to V_1$） | $V_1$ | false | 1 | 1 | 第35次（操作界面：g18；最近时刻路径：$V_2 \to V_4$） | $V_1$ | true | ∞ | 2 |
| | $V_2$ | true | ∞ | | | $V_2$ | true | ∞ | |
| | $V_3$ | true | ∞ | | | $V_3$ | true | ∞ | |
| | $V_4$ | true | ∞ | | | $V_4$ | false | 2 | |
| | $V_5$ | true | ∞ | | | $V_5$ | true | ∞ | |
| | $V_6$ | false | 4 | | | $V_6$ | true | ∞ | |
| 第32次（操作界面：g15；最近时刻路径：$V_1 \to V_1$） | $V_1$ | false | 0 | 0 | 第36次（操作界面：g19；最近时刻路径：$V_5 \to V_6$） | $V_1$ | true | ∞ | 1 |
| | $V_2$ | true | ∞ | | | $V_2$ | true | ∞ | |
| | $V_3$ | true | ∞ | | | $V_3$ | true | ∞ | |
| | $V_4$ | true | ∞ | | | $V_4$ | true | ∞ | |
| | $V_5$ | false | 4 | | | $V_5$ | true | ∞ | |
| | $V_6$ | true | ∞ | | | $V_6$ | false | 1 | |

通过该实验过程，可以看出，事件出现后，需36个步骤，34个界面可以依次按下列顺序自动切换显示在这6个屏中，自动切换显示顺序为：$V_4$，$V_6$，$V_6$，$V_4$，$V_6$，$V_6$，$V_4$，$V_5$，$V_5$，$V_6$，$V_6$，$V_4$，$V_5$，$V_5$，$V_3$，$V_6$，$V_4$，$V_5$，$V_4$，$V_4$，$V_5$，$V_4$，$V_5$，$V_5$，$V_6$，$V_6$，$V_5$，$V_2$，$V_5$，$V_2$，$V_1$，$V_1$，$V_2$，$V_5$，$V_4$，$V_6$。

（2）每次训练过程失误概率的计算。

表24-22只是得到训练一次的总时间参数 $t$，该次时间为23min。根据研究的实际情况，不管训练多少次其规程自动优化布局基本上是一样的，因此在以下训练中，动态标识邻域最短路径搜索算法对规程显示也基本一样，因为只有按这样的顺序显示在屏上，操作人员的移动路径才会最少，下面不再重复表24-22这一过程。在10次训练中由于操纵员的执行时间是不一样的，这样根据相关计算公式及知识体系，采用MATLAB方法计算得到最优化规程失误概率见表24-23。

表 24-23　SGTR 中的误发安全注入系统事故模拟训练过程的失误概率

| 训练次数 | $T$ | $\Omega_j(x-m_j)$ | $p(A_j\mid x)$ | $u(x)$ | $y_A(t)_{\text{output}}=g(u(x))$ | |
|---|---|---|---|---|---|---|
| | | | | | $g1(x)$ | $g2(x)$ |
| 训练 1 | 23 | 0.0385 | 0.3975 | 0.0128 | 0.0128 | 0.0128 |
| 训练 2 | 28 | 0.0272 | 0.3981 | 0.0122 | 0.0122 | 0.0122 |
| 训练 3 | 32 | 0.0194 | 0.3985 | 0.0116 | 0.0116 | 0.0116 |
| 训练 4 | 22 | 0.0407 | 0.3974 | 0.0130 | 0.0130 | 0.0130 |
| 训练 5 | 32 | 0.0194 | 0.3985 | 0.0116 | 0.0116 | 0.0116 |
| 训练 6 | 26 | 0.0316 | 0.3979 | 0.0125 | 0.0125 | 0.0125 |
| 训练 7 | 29 | 0.0251 | 0.3983 | 0.0120 | 0.0120 | 0.0120 |
| 训练 8 | 31 | 0.0212 | 0.3984 | 0.0118 | 0.0118 | 0.0118 |
| 训练 9 | 24 | 0.0362 | 0.3977 | 0.0127 | 0.0127 | 0.0127 |
| 训练 10 | 25 | 0.0339 | 0.3978 | 0.0126 | 0.0126 | 0.0126 |

从表 24-23 可以看出,只要按同一自动优化显示布局进化规程显示,最后得到的失误概率之间相差很小。这说明只要规程自动布局确定,且在规定时间内完成任务,不管是同一操作人员重复完成该过程,还是其他操纵员完成该过程,最终的失误概率相差无几。

## 24.6　本章小结

本章对核电站数字化人-机界面的优化进行研究并建立了相应的优化算法与模型,通过实验分析,验证了相关的优化结果。本章的主要结论有:

(1)针对数字化人-机界面的布局优化,建立了基于改进遗传算法的数字化人-机界面监视布局优化模型。该模型中,采用改进的杂交遗传算法进行布局组合,适应函数采用贝叶斯方法,优化依据以人因可靠性为准则,在人因可靠性计算中设计动态函数进行模拟。

(2)对警告、参数、信息这几个重要因子提出了模糊免疫分段进化算法数字化人-机界面功能单元数量优化模型。在这个优化过程中,提出了动态模糊方法产生模糊段;提出了免疫分段进化方法;对优化因子数量设计了一个合适的动态亲和力模型,并经过实验得到该动态模型中两个平衡因子参数值;对优化因子的人因可靠性计算提出了带条件的监视转移马尔可夫模型,该模型经实验验证具有很好的精确性及稳定性。

(3)提出了基于数字化人-机界面事故下规程自动布局最短移动路径方法的神经网络人因可靠性优化模型。建立了一种新的动态标识的邻域最短路径算法,并对该算法性能及实现过程进行了详细分析。

(4)以核电站 SGTR 事故为例对前述所建的 3 个模型进行验证,结果表明本章所建立的 3 个模型是可行的和合理的。验证过程中还获得了:①误发安全注入事故处理主界面最优的布局方式;②误发安全注入事故处理中主界面参数、警告、行字符的数量优化结论;③误发安全注入事故规程执行显示画面最优化自动布局。

# 参考文献

［1］张福勇. 汽车驾驶室显控系统的人-机界面的评价研究［D］. 哈尔滨：哈尔滨工程大学机电工程学院，2007.

［2］韩瑞锋. 遗传算法原理与应用实例［M］. 北京：兵器工业出版社，2009.

［3］白思俊. 资源有限网络计划启发式方法的评价（中）——启发式方法的综合比较和评价［J］. 运筹与管理，1999，8（3）：51-56.

［4］Sankaran Mahadevan，Ruoxue Ehang，Natasha Smith. Bayesian networks for system reliability reassessment［J］. Structural safety，2001，23：231-251.

［5］Boudali H，Dugan J B. Adiscrete-time Bayesian network reliability modeling and analysis framework［J］. Reliability Engineering and System Safety，2005，87：337-349.

［6］Chang Y H J，Mosleh A. Cognitive modeling and dynamic probabilistic simulation of operating crew response to complex system accidents. Part 4：IDAC causal model of operator problem-solving response［J］. Reliability Engineering & System Safety，2007，92（8）：1061-1075.

［7］Seung Jun Lee，Man Cheol Kim，Poong Hyun Seong. An analytical approach to quantitative effect estimation of operation advisory system based on human cognitive process using the bayesian belief network［J］. Reliability Engineering and System Safety，2008，93：567-577.

［8］Trucco P，Leva M C. A probabilistic cognitive simulator for HRA studies［J］. Reliability Engineering and System Safety，2007，92：1117-1130.

［9］Boudali H，Dugan J B. A Discrete-time Bayesian Network Reliability Modeling and Analysis Framework［J］. Reliability Engineering and System Safety，2005，87：337-349.

［10］Kwaisang Chin，Da Wei Tang，Jian Bo Yang，et al. Assesing new product development project risk by bayesian network with a systematic probility generation methodoloty［J］. Expert System With Application，2009，36（6）：9879-9890.

［11］Shen S H，Smidts C，Mosleh A. A Methodology for collection and analysis of human error data based on a cognitive model：IDA［J］. Nuclear Engineering and Design，1997，172：157-186.

［12］Massimo Bertolini. Assessment of human reliability factors：a fuzzy cognitive maps approach［J］. International of Industrial Ergonomics，2007，37：405-413.

［13］张力. 概率安全评价中人因可靠性分析技术［M］. 北京：原子能出版社，2006.

［14］王琰，郭忠印. 基于模糊逻辑理论的道路交通安全评价方法［J］. 同济大学学报（自然科学版），2008，36（1）：47-51.

［15］Seidler K，Wickens C. Distance and organization in multifunction displays［J］. Human Factros，1992，34：555-569.

［16］张建军，杜莉. 最短路径算法的分析与优化［J］. 北京工业职业技术学院学报，2009，8（3）：26-31.

［17］Ken-ichi Funahashi. Multilayer neural networks and Bayes decision theory［J］. Neural Networks，1998，11：209-213.

［18］Boshan Chen，Jun Wang. Global exponential periodicity and global exponential stability of a class of recurrent neural networks with various activation functions and time-varying delays［J］. Neural Networks，2007，20：1067-1080.

［19］Zhang Li，Jiang Jian-jun，Wang Yi-qun，et al. Reliability estimation of neural networks with Human factors under emergency of nuclear power plant［C］. 2011 IEEE International Conference on Computer Science and Automation Engineering，ShangHai，2011.

［20］何旭洪，黄祥瑞. 工业系统中人的可靠性分析：原理、方法与应用［M］. 北京：清华大学出版社，2007.

［21］Massimo Bertolini. Assessment of human reliability factors：a fuzzy cognitive maps approach［J］. International of Industrial Ergonomics，2007，37：405-413.

［22］Shen S-H，Smidts C，Mosleh A A Methodology for collection and analysis of human error data based on a cognitive model：IDA［J］. Nuclear Engineering and Design，1997，172：157-186.

［23］Li Jing-An，Wu Yue，Lai Kin Keung. et al. Reliability estimation and prediction of multi-state components and coherent systems［J］. Reliability Engineering and System Safety，2005，88（1）：93-98.

# 附录  模  拟  界  面

（1）改进遗传算法数字化人–机界面监视布局的贝叶斯人因可靠性优化模型模拟界面如图1~图13所示。

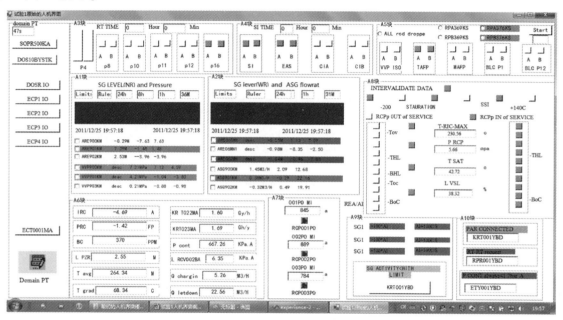

**图 1  原始虚拟数字化人–机界面**

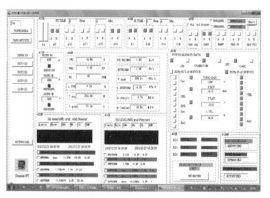

**图 2  第 1 次杂交进化虚拟数字化人–机界面**

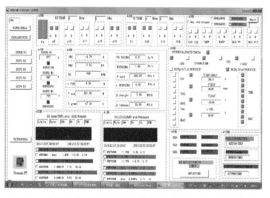

**图 3  第 2 次杂交进化虚拟数字化人–机界面**

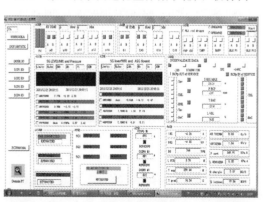

**图 4  第 3 次杂交进化虚拟数字化人–机界面**

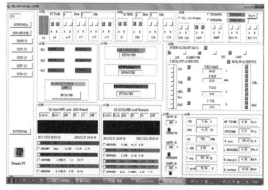

**图 5  第 4 次杂交进化虚拟数字化人–机界面**

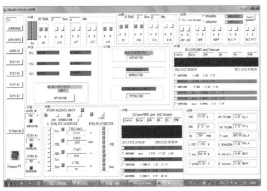

图 6 第 5 次杂交进化虚拟数字化人–机界面

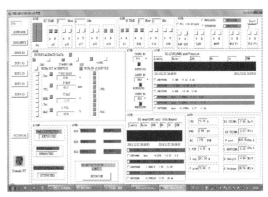

图 7 第 6 次杂交进化虚拟数字化人–机界面

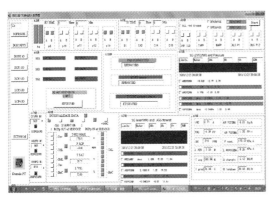

图 8 第 7 次杂交进化虚拟数字化人–机界面

图 9 第 8 次杂交进化虚拟数字化人–机界面

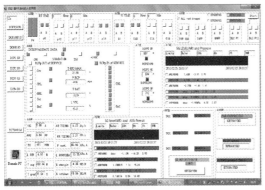

图 10 第 9 次杂交进化虚拟数字化人–机界面

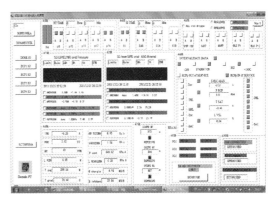

图 11 第 10 次杂交进化虚拟数字化人–机界面

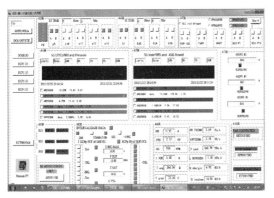

图 12 第 11 次杂交进化虚拟数字化人–机界面

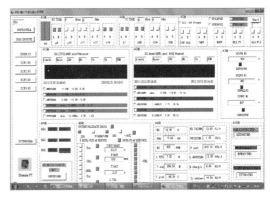

图 13 第 12 次杂交进化虚拟数字化人–机界面

（2）基于模糊免疫方法的数字化人–机界面功能单元数量优化方法模拟界面如图14~图24所示。

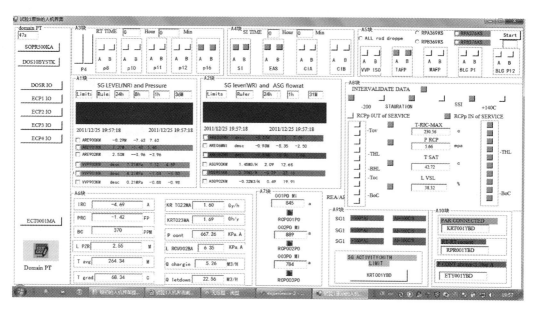

图14　原始模拟数字化人–机界面

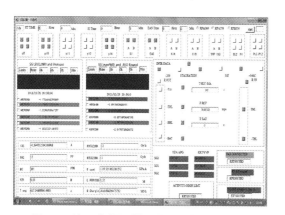

图15　第1次提取模拟数字化人–机界面

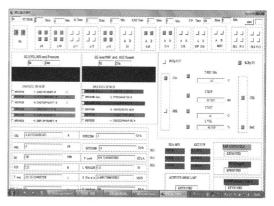

图16　第2次提取模拟数字化人–机界面

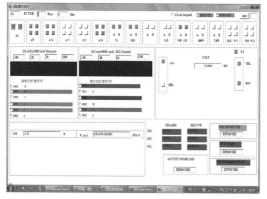

图17　第3次提取模拟数字化人–机界面

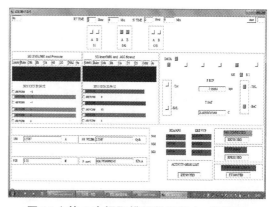

图18　第4次提取模拟数字化人–机界面

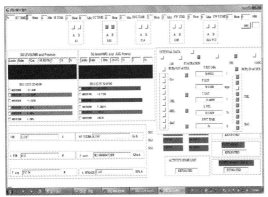

图 19　第 5 次提取模拟数字化人–机界面

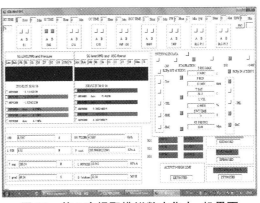

图 20　第 6 次提取模拟数字化人–机界面

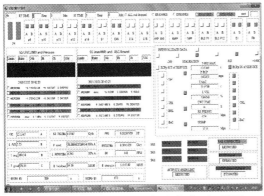

图 21　第 7 次提取模拟数字化人–机界面

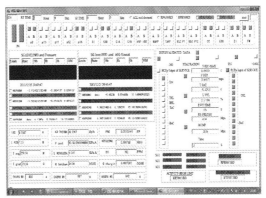

图 22　第 8 次提取模拟数字化人–机界面

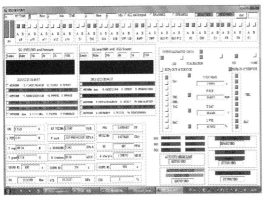

图 23　第 9 次提取模拟数字化人–机界面

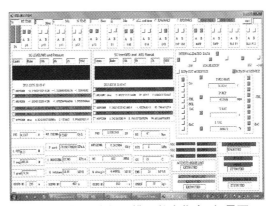

图 24　第 10 次提取模拟数字化人–机界面

（3）警告模拟界面如图 25 所示。

图 25　警告模拟界面

（4）规程操作计时模拟界面如图 26 所示。

**图 26　规程操作计时模拟界面**

# 第25章 数字化核电厂报警系统评价

报警系统是核电厂主控室重要系统之一,它能够及时提醒操纵员注意核电厂状态变化,使操纵员及时采取适当行动或纠正措施来阻止事故的发生,如紧急停堆等[1]。核电厂报警系统的发展分为以下几个阶段[2]。

(1) 最初,大部分核电厂主控室使用的是常规报警系统,它主要由控制装置、音响装置以及报警窗等设备组成。系统采用直接输入和输出的方式,即点对点方式。这段时期主控室内报警窗数量通常有一千多个。

(2) 20世纪80年代,核电厂主控室报警系统以常规系统为主,再加上基于计算机电子射线管(Cathode Ray Tube,CRT)的报警显示为辅,这段时期报警窗数量也有一千多个。

(3) 20世纪90年代,随着计算机软、硬件技术的发展,核电运行经验的积累,报警逻辑处理技术与方法的不断加强,逐步发展到以计算机化的报警为主,常规系统为辅(保留几十个至100个左右的电厂级或系统级的硬接线的重要报警灯窗)。

(4) 当前,新建核电厂基本采用大屏幕显示和CRT显示相结合的完全基于计算机的先进智能报警系统(有时应业主要求,核电厂的设计中仍保留几十个最重要的常规报警窗作后备)。

NUREG-0700文件中,对报警系统功能、作用、设计原则以及注意事项等进行了详细介绍,对核电厂主控室报警系统也做了相关研究[3];Naser对报警系统做了非常详细的介绍,提出报警系统的功能、计划、设计、试验和操作维护等指导方针,具有重要参考价值[4];Liu使用虚拟主体行为仿真评价报警系统,构建一个模拟操纵员基本认知和操作能力的故障检测识别行为的虚拟主体模型,对报警系统性能进行评估[5];Kimura等提出了一个定量评估报警系统的方法,使用一个双层因果模型的三率作为指数,即有效率、召回率和及时率,并用实例证明所建方法是可行有效的[6]。

国内对报警系统的研究也非常多,例如郑明光等认为数字化核电厂报警系统应能及时提醒操纵员,使操纵员在采取纠正措施或动作之前有足够的时间理解和判断核电厂目前的状况,同时指出报警系统应具有智能处理警报信息、确认输入信号和数字化的可视报警指导系统等基本功能[1]。周玲指出数字化报警系统是数字化主控室中主要系统之一,介绍了数字化主控室报警系统的功能、特点以及主要作用,并详细分析了报警信号处理以及报警的显示,并指出报警系统的作业大概分为以下三类:保持正常运行状态,防止事件和事故的发生以及事故的控制与缓解[7]。陈浩等分析了三种诊断系统(基于故障树的诊断系统、基于知识库的专家系统和基于神经网络的诊断系统)在数字化核电厂报警系统中的应用前景[2]。周春娟研究了基于故障树的核

<< 数字化核电厂人因可靠性
Human Reliability of Digitalized Nuclear Power Plants

反应堆故障诊断技术在报警系统中的应用,并对核反应堆报警系统进行设计[8]。吴娟娟等基于数字化核电厂仪控系统的报警系统,在开放的 Windows 平台上,利用 SQL 数据库管理、JavaScript 和 Visual C++编程技术及 ADO 数据访问技术等,以报警序列显示为仿真对象,开发了一套 TXP 虚拟机报警系统,该系统为核电厂运行人员培训而设计,完整再现了一个真实的报警系统[9]。

早期的人-机界面评价主要考虑人和机的物理相适应性,常用方法是利用二维或三维的物理人体模型来核实产品尺寸与人体尺度的相合性[10]。随着数字化技术的不断发展,一些基于计算机的三维人体模型不断被建立起来,模型包括人体尺寸等物理变量,实现了虚拟环境下的人-机界面评价。但基于人-机界面物理特性的评价方法并不适用于报警系统的评价,因为报警系统人-机界面需要着重考虑的是人的认知特性。报警系统的设计是否恰当需要有合理的评价手段。美国能源部(U. S. Department of Energy)[4]制定了设计、评价和改进数字化报警系统的原则及方针,但其中并没有提出一个综合定量与定性分析的评价方法。国内外有许多专家学者对人-系统界面提出了新的理论和评价方法,但针对人-系统界面中的报警系统,却缺乏有效的评价方法对其进行系统和具体的评价。

我国很早就开始报警系统评价方法的研究,内容涉及核电厂主控室报警系统、火灾报警系统和安防报警系统等。例如,赵海荣应用系统安全及可靠性理论,以某宾馆的火灾自动报警系统为例进行了综合评价,为消防部门检查和火灾自动报警系统评价提供了理论依据[11]。王钊利用软件开发环境 Keil 工具,设计开发了一个智能型火灾报警系统,它具有实时监控和报警功能,具有很强的实用性[12]。

综上所述,最初的界面系统评价方法是实物校核,后过渡到利用计算机模拟技术进行评价。国内外大量研究数据和经验发现现有评价方法在实际应用中的问题表现为:一方面,尽管数字化人体模型软件为报警系统评价提供了有效的分析手段和方法,具有强大的设计和评价功能,然而它们一般没有充分考虑人的认知特性,而人的认知特性在报警系统人-机界面的评价中是必须考虑的;另一方面,虽有对火灾报警系统的评价研究,但专门针对数字化核电厂主控室报警系统评价方法的研究相对较少,缺少针对数字化核电厂主控室报警系统的比较完整的评价指标体系,并且多数的评价指标体系主要考虑客观因素,无法对主观因素和客观因素进行综合评价。因此,需要根据数字化核电厂主控室报警系统的特点,建立一套符合人的认知特性的数字化核电厂主控室报警系统评价指标体系以及评价方法。

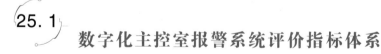

# 25.1 数字化主控室报警系统评价指标体系

## 25.1.1 数字化报警系统评价标准

### 1. 国外的相关标准

#### 1) USNRC 的相关标准

美国核管理委员会(USNRC)制定了相关的指导性文件 *NUREG-0700*[3],它从人-机学的角度详细阐述了核电厂主控室报警系统设计和评价的指导原则,是针对主控室报警系统设计和评

706

价影响因素较为全面的评价标准。

2）ISO 的相关标准

国际标准化组织（International Organization for Standardization,ISO）是世界上最大的非政府性标准化专门机构,是国际标准化领域中一个非常重要的核心组织,国际人类工效学标准化技术委员会就隶属于 ISO。

ISO 6385:1981 是 ISO/TC 159 颁布最早的人-机工程学标准,后修订为 ISO 6385:2004,规定了系统设计时应满足的人-机工程学原则,不仅针对工业系统,还包括人类活动等其他领域;ISO 9241 是关于交互式计算机系统的人类工效学国际标准,共有 17 个部分,主要是针对办公室环境,基于人类工效学对各种硬件和软件界面的设计问题分别作了详细的论述和建议[13]。

2. 国内的相关标准

我国各行业在参考国外和现有标准的同时,制定了符合中国国情,基于人-机工程的设计标准。其中包括与核电厂报警系统评价相关的现行标准,例如 NB/T 20027—2010《核电厂主控制室报警功能与显示》[14],确立了核电厂主控室报警系统设计的基本原则,适用于核电厂主控室报警功能、显示的设计。还包括一些与核电厂主控室人-机界面评价相关的标准,如 NB/T 20059—2012《核电厂控制室操纵员控制器》[15] 和 GB/T 16251—2008《工作系统设计的人类工效学原则》[16] 等标准。

综上所述,国内外在核电厂报警系统相关方面制定了标准和规范,这些标准和规范为数字化核电厂主控室报警系统设计和评价提供了参考依据。NUREG-0700 详细地对主控室报警系统的功能、作用和设计原则作了有针对性的规定,可作为报警系统评价的主要参考标准。而国内现有相关标准涉及的内容不够具体和全面。构建评价指标体系应综合考虑国内外的相关标准,针对数字化核电厂报警系统的特征,科学合理地确定评价指标,建立评估方法。

## 25.1.2 数字化主控室报警系统评价指标体系构建方法

科学有效的指标筛选方法是建立评价指标体系的重要前提。经过分析和对比,本章采用聚类-灰色关联分析法作为筛选评价指标、构建评价体系的方法[17]。

1）数据标准化预处理

对原始指标数据进行标准化处理,其目的是:消除各指标数据的单位、量纲、数量级等对指标筛选的影响。对原始数据进行标准化处理后,所有原始指标数据都将转换为区间[0,1]的数。本章采用离差标准化对原始指标进行预处理,正向型指标标准化公式为

$$x_{ij}^{\text{New}} = \frac{x_{ij} - \min(x_{ij})}{\max(x_{ij}) - \min(x_{ij})} \tag{25-1}$$

负向型指标标准化公式为

$$X_{ij}^{\text{New}} = \frac{\max(X_{ij}) - X_{ij}}{\max(X_{ij}) - \min(X_{ij})} \tag{25-2}$$

其中,正向型指标是指对评价目标有正向关系的指标,指标数值越大越好;负向型指标是指对评价目标有负向关系的指标,指标数值越小越好。

2）聚类分析

在实际应用中,需要根据具体的评价问题、评价目的和指标的实际意义等角度选择聚类数[18]。

3）计算灰色关联度

经过上述聚类分析步骤可得到各类内部指标相关性强的指标类,然后依次以各类内部的指标为参考序列和比较序列,计算比较序列与参考序列之间的灰色关联度[19,20]。

（1）各序列无量纲化(标准化)。

根据具体评价问题求得初始像、均值像或区间值像 $X_i D$ ,令

$$X_i D = X_i' = \{X_i'(1), X_i'(2), \cdots, X_i'(n)\}, \qquad i = 1, 2, \cdots, m$$

（2）确定比较序列和参考序列。

比较序列又称为"系统相关因素行为序列",记为 $X_i(k)$ 。其中, $k = 1, 2, \cdots, n; i = 1, 2, \cdots, m - 1; m$ 为序列个数减去 1 。

参考序列一般是由最优目标优化值构成,记为 $X_0(k)$ ,其中 $k = 1, 2, \cdots, n$ 。

（3）求差序列:

$$\Delta_i(k) = |X_0'(k) - X_i'(k)|, \Delta_i = \{\Delta_i(1), \Delta_i(2), \cdots, \Delta_i(n)\}, \qquad i = 1, 2, \cdots, n$$

（4）求最大差与最小差,也就是差序列中的最大、最小值,分别用 Max 和 Min 表示,定义 $\text{Max} = \max_i \max_k \Delta_i(k), \text{Min} = \min_i \min_k \Delta_i(k)$ 。

（5）计算关联系数:

$$\gamma_{0i}(k) = \frac{\text{Min} + \rho \text{Max}}{\Delta_i(k) + \rho \text{Max}} \qquad (25-3)$$

式中 $\rho$ ——分辨系数,由于计算需要通常取 $\rho = 0.5$ 。

（6）计算关联度:

$$\gamma_{0i} = \frac{1}{n} \sum_{k=1}^{n} \gamma_{0i}(k), i = 1, 2, \cdots, m \qquad (25-4)$$

4）根据灰色关联度进行指标筛选

首先根据各类内部指标的灰色关联度对各指标的重要程度进行排序,然后挑选出重要的指标,删去其他指标,完成指标筛选。

5）指标的有效性检验

对于同一个评价问题或对象,构建的评价指标体系会因所站角度的不同而不同,所构建的评价指标体系所选指标的有效性大小以及是否能全面和有效地反应评价对象的本质,对评价结果的客观性会产生很大影响。因此,对评价指标体系进行有效性检验是十分必要的,可以首先根据专家对所构建评价指标体系进行打分,然后应用 SPSS 19.0 统计软件对所选评价指标进行信度和效度检验。其原理是当不同专家用同一评价指标体系对同一评价问题进行评价时,如果评价信息或结果相差较小,则表明该评价指标体系可以相对真实、准确地反映评价问题的本质,即有效性较高。

### 25.1.3 数字化报警系统评价指标体系构建

#### 1. 数字化报警系统原始评价指标体系

初步建立由报警定义、报警处理、报警优先级、报警显示、报警控制及管理和报警响应程序 6

大关键维度组成的共37个评价指标的原始评价指标体系,如表25-1所列[4]。在该评价指标体系的最终建立和确认过程中,咨询了三轮专家意见,相关咨询意见表见本章附录1~附录3。

表 25-1  原始评价指标体系

| | 指标 | 编号 | | 指标 | 编号 |
|---|---|---|---|---|---|
| 警报定义 | 控制量设置的标准 | $X_1$ | 警报处理 | 警报条件处理复杂程度 | $X_5$ |
| | 警报类别合理性 | $X_2$ | | 警报信号处理合适性 | $X_6$ |
| | 警报设置点的合理性 | $X_3$ | | 显示信息数量 | $X_{12}$ |
| | 警报信息可用性技术 | $X_4$ | | 信息显示的充分性 | $X_{13}$ |
| 警报优先级 | 警报信号验证的准确性 | $X_7$ | 警报显示 | 信息显示形式 | $X_{14}$ |
| | 警报优先级编码技术 | $X_8$ | | 显示内容是否提供来源 | $X_{15}$ |
| | 最高优先级警报数目 | $X_9$ | | 显示状态 | $X_{16}$ |
| | 虚假和干扰报警率大小 | $X_{10}$ | | 信息持续时间 | $X_{17}$ |
| | 警报优先级编码是否合理 | $X_{11}$ | | 指示灯 | $X_{18}$ |
| 警报控制与管理 | 对话框格式合理性 | $X_{28}$ | | 数字读出器 | $X_{19}$ |
| | 对话框 | $X_{29}$ | | 警报优先级编码合理性 | $X_{20}$ |
| | 操纵员自定义 | $X_{30}$ | | 显示位置 | $X_{21}$ |
| | 控制器 | $X_{31}$ | | 显示内容 | $X_{22}$ |
| | 同功能控制器外形状态是否一致 | $X_{32}$ | | 显示编码符合标准 | $X_{23}$ |
| | 组织、布局合理性 | $X_{33}$ | | 听觉显示格式与人听觉特征一致性 | $X_{24}$ |
| 响应程序 | ARP 信息内容 | $X_{34}$ | | 重要信息的突出性 | $X_{25}$ |
| | ARP 格式 | $X_{35}$ | | 色彩搭配的美观性 | $X_{26}$ |
| | ARP 位置 | $X_{36}$ | | 警报信息组合是否合理 | $X_{27}$ |
| | 响应程序合适度 | $X_{37}$ | | | |

2. 基于离差平方和的聚类分析

1)数据预处理

这里以报警定义和报警处理两大部分 $X_1$ ~ $X_6$ 共6个指标为例,进行聚类分析,原始数据如表25-2所列。

经过数据预处理后,所有指标无量纲化,各指标值都属于[0,1]区间,并且指标都转成正向型的。

表 25-2　原始数据

| 指标<br>专家编号 | $X_1$ | $X_2$ | $X_3$ | $X_4$ | $X_5$ | $X_6$ |
|---|---|---|---|---|---|---|
| 1 | 8.5 | 8.4 | 8.5 | 7.7 | 7.7 | 9.1 |
| 2 | 8.9 | 8.7 | 8.8 | 8.2 | 8.2 | 8.8 |
| 3 | 7.6 | 7.5 | 7.6 | 6.7 | 6.7 | 8.5 |
| 4 | 8.0 | 8.0 | 8.1 | 8.2 | 9.1 | 9.0 |
| 5 | 7.5 | 7.3 | 7.4 | 7.8 | 7.9 | 7.8 |

2）横向聚类

上述 6 个评价指标的整体聚类分析使用的是 SPSS 19.0 软件中系统聚类,其中采用欧氏距离计算样品间距离,得到软件聚类结果,根据指标的具体意义得到聚类结果,如表 25-3 所列。

表 25-3　聚类结果

| 指　标 | 3 群集 | 指　标 | 3 群集 |
|---|---|---|---|
| $X_1$ | 1 | $X_4$ | 2 |
| $X_2$ | 1 | $X_5$ | 3 |
| $X_3$ | 1 | $X_6$ | 3 |

表 25-3 中,3 群集代表将指标分为 3 类,1、2、3 各代表一类,第一类有指标 $X_1$、$X_2$ 和 $X_3$,第二类有指标 $X_4$,第三类有指标 $X_5$ 和 $X_6$。

按照相同的方法,对其余所有指标进行聚类,得到的结果如表 25-4 所列。

表 25-4　所有指标聚类结果

| 类数 | 各类指标 |
|---|---|
| 18 | $\{X_1,X_2,X_3\}$、$\{X_4\}$、$\{X_5,X_6\}$、$\{X_8,X_{11}\}$、$\{X_7\}$、$\{X_9\}$、<br>$\{X_{20},X_{23}\}$、$\{X_{12}\}$、$\{X_{13},X_{15},X_{22},X_{25}\}$、<br>$\{X_{17}\}$、$\{X_{14},X_{24},X_{26},X_{27}\}$、$\{X_{16}\}$、$\{X_{31},X_{32}\}$、<br>$\{X_{18},X_{19},X_{21}\}$、$\{X_{30}\}$、$\{X_{28},X_{29},X_{33}\}$、<br>$\{X_{34},X_{35},X_{36},X_{37}\}$、$\{X_{10}\}$ |

3. 基于灰色关联分析方法的指标筛选

按照上述分析,按分类结果计算指标的灰色关联度,根据灰色关联度结果筛选指标,其中 $\{X_4\}$、$\{X_7\}$、$\{X_9\}$、$\{X_{10}\}$、$\{X_{12}\}$、$\{X_{16}\}$、$\{X_{17}\}$ 和 $\{X_{30}\}$ 类中只有一个评价指标,故不需进行后续筛选并保留。因此,只需对 10 类指标计算灰色关联度,进行筛选。

下面以第一组分类为例，即 $\{X_1, X_2, X_3\}$，依次以 $X_1$、$X_2$、$X_3$ 为参考序列，其他两个指标为比较序列计算灰色关联度。初始指标值如表 25-5 所列，其计算过程如下：

（1）因为这三个指标都为正向指标，无需进行变换。

（2）无量纲化：均值为 $\overline{X}_i$，均值像 $X_i'(k) = \dfrac{X_i(k)}{\overline{X}_i}$ $(i = 1, 2, 3; k = 1, 2, 3, 4)$。均值化后各指标均值像值如表 25-6 所列。

（3）求差序列，所得结果如表 25-7 所列。

$$\Delta_{ij}(k) = |X_i'(k) - X_j'(k)|, \quad i, j = 1, 2, 3, \quad i \neq j, \quad k = 1, 2, 3, 4$$
$$\Delta_{ij} = \{\Delta_{ij}(1), \Delta_{ij}(2), \Delta_{ij}(3), \Delta_{ij}(4)\}$$

（4）求最大差与最小差。

$$\text{Max} = \max_i \max_k \Delta_{ij}(k) = 0.246$$
$$\text{Min} = \min_i \min_k \Delta_{ij}(k) = 0.0079$$

表 25-5 指标的取值

| $k$ 值 | $X_1$ | $X_2$ | $X_3$ |
|---|---|---|---|
| 1 | 7 | 8 | 9 |
| 2 | 8 | 7 | 8 |
| 3 | 7 | 9 | 8 |
| 4 | 8 | 7 | 9 |

表 25-6 均值化后的结果

| $k$ 值 | $X_1'$ | $X_2'$ | $X_3'$ |
|---|---|---|---|
| 1 | 0.9333 | 1.0324 | 1.0589 |
| 2 | 1.1429 | 0.9032 | 0.9412 |
| 3 | 0.9333 | 1.1613 | 0.9412 |
| 4 | 1.1429 | 0.9032 | 1.0589 |

表 25-7 差序列

| $k$ 值 | $\Delta_{12}$ | $\Delta_{13}$ | $\Delta_{23}$ |
|---|---|---|---|
| 1 | 0.0991 | 0.1256 | 0.0265 |
| 2 | 0.2460 | 0.2017 | 0.0380 |
| 3 | 0.2280 | 0.0079 | 0.2201 |
| 4 | 0.2397 | 0.0840 | 0.1557 |

（5）计算关联系数和关联度。按式（25-3）和式（25-4）分别求 $\gamma$ 得关联系数和关联度，依次以每个指标为参考序列得到的各个指标的关联度矩阵如下：

$$\begin{bmatrix} \gamma_{11} & \gamma_{12} & \gamma_{13} \\ \gamma_{21} & \gamma_{22} & \gamma_{23} \\ \gamma_{31} & \gamma_{32} & \gamma_{33} \end{bmatrix} = \begin{bmatrix} 1.0000 & 0.4194 & 0.6405 \\ 0.4195 & 1.0000 & 0.6350 \\ 0.6405 & 0.6350 & 1.0000 \end{bmatrix}$$

（6）计算矩阵每一行的均值 $\bar{\gamma} = \frac{1}{3}\sum_i \gamma_{ij}(j = 1,2,3)$，得到 $\bar{\gamma}_1 = \frac{1}{3}\times(1.0000 + 0.4195 + 0.6405) = 0.6867$，$\bar{\gamma}_2 = \frac{1}{3}\times(0.4195 + 1.0000 + 0.6350) = 0.6848$，$\bar{\gamma}_3 = \frac{1}{3}\times(0.6405 + 0.6350 + 1.0000) = 0.7585$。

其他各类所有指标都按照相同的步骤计算,得到的结果如表 25-8 所列。

表 25-8　灰色关联分析对所有指标的筛选结果

| 指标 | 重要度 | 选择指标 | 指标 | 重要度 | 选择指标 | 指标 | 重要度 | 选择指标 |
|---|---|---|---|---|---|---|---|---|
| $X_1$ | 0.6867 |  | $X_{12}$ | — | $X_{12}$ | $X_{18}$ | 0.7865 |  |
| $X_2$ | 0.6848 | $X_3$ | $X_{13}$ | 0.7136 |  | $X_{19}$ | 0.8046 | $X_{21}$ |
| $X_3$ | 0.7585 |  | $X_{15}$ | 0.8021 |  | $X_{21}$ | 0.8330 |  |
| $X_4$ | — | $X_4$ | $X_{22}$ | 0.8478 | $X_{22}$ | $X_{30}$ | — | $X_{30}$ |
| $X_5$ | 0.7888 |  | $X_{25}$ | 0.7809 |  | $X_{28}$ | 0.7968 |  |
| $X_6$ | 0.7867 | $X_5$ | $X_{17}$ | — | $X_{17}$ | $X_{29}$ | 0.8079 | $X_{29}$ |
| $X_8$ | 0.7390 |  | $X_{14}$ | 0.8502 |  | $X_{33}$ | 0.7892 |  |
| $X_{11}$ | 0.6378 | $X_8$ | $X_{24}$ | 0.7999 |  | $X_{34}$ | 0.6979 |  |
| $X_7$ | — | $X_7$ | $X_{26}$ | 0.7484 | $X_{14}$ | $X_{35}$ | 0.7946 | $X_{37}$ |
| $X_9$ | — | $X_9$ | $X_{27}$ | 0.8100 |  | $X_{36}$ | 0.8000 |  |
| $X_{10}$ | — | $X_{10}$ | $X_{16}$ | — | $X_{16}$ | $X_{37}$ | 0.8162 |  |
| $X_{20}$ | 0.7959 |  | $X_{31}$ | 0.7884 | $X_{31}$ |  |  |  |
| $X_{23}$ | 0.7851 | $X_{20}$ | $X_{32}$ | 0.6869 |  |  |  |  |

根据表 25-8 进行指标筛选,得到考虑了相关性和重要性的最终指标体系,为 3 个层次共 18 个指标,如图 25-1 所示。

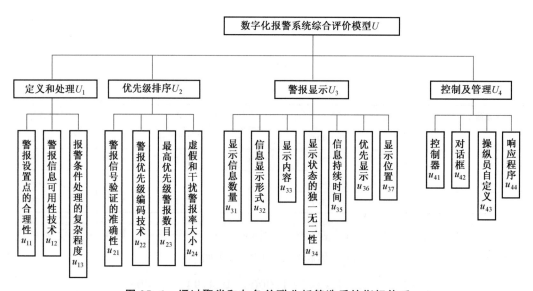

图 25-1　通过聚类和灰色关联分析筛选后的指标体系

由上述分析可以看出,在聚类消除指标相关性后,采用灰色关联分析维持了各指标的重要度,从而完成了37个原始报警系统指标的筛选,最终形成了3个层次,定义和处理、优先级排序、警报显示和控制及管理4个2级指标,18个3级指标组成的数字化主控室报警系统评价指标体系。

## 25.2 数字化报警系统评价模型

### 25.2.1 系统评价方法

可用于系统评价的方法有多种,以下是几种较经典的方法。

**1. 人工神经网络**

人工神经网络(ANN)是模仿生物大脑神经元活动机理,对某种功能进行抽象刻画的数学模型。

1) 人工神经网络模型

人工神经网络的基本元素是神经元,神经元具有以下几个显著特征[21]:

(1) 能接受多个神经元的传导信息。

(2) 能综合分析所接受的传导信息。

(3) 能释放传导信息给下一个神经元。

因此,模仿动物神经元的运作方式是模仿动物神经系统运作方式的前提。目前为止,人们已经提出了多种人工神经元模型,当中影响比较大的是1943年的M-P模型[22]。图25-2是一种简化的动物神经元模型。

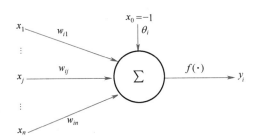

**图25-2 神经元模型**

图25-2中,$x_j$是指$j$神经元的输入信息;$w_{ij}$是$i$神经元对$x_j$的权系数,$j=1,2,\cdots,n$;$\theta_i$是$i$神经元的阈值;$y_i$是$i$的输出信息;$f(\cdot)$是决定神经元综合分析以及判断能力的激发函数。

从图25-2中可以得出神经元的数学模型关系式为

$$u_i = \sum_{j=1}^{n} w_{ij}x_j - \theta_i y_i = f(u_i) \tag{25-5}$$

为了分析简单可行,常把$\theta_i$看成是传导信息始终为-1的阈值,因而式(25-5)化简为

$$y_i = f(u_i) \tag{25-6}$$

式中 $u_i = \sum_{j=0}^{n} w_{ij}x_j, w_{i0} = \theta_i, x_0 = -1$。

$f(\cdot)$ 有多种形式,常用的激活函数有阶跃型、线性型和 S 型,如图 25-3 所示。

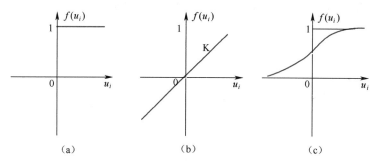

**图 25-3　典型激发函数**

(a)阶跃型;(b)线性型;(c)S 型。

从图 25-3 可以看出,阶跃函数:

$$f(u_i) = \begin{cases} 1, & u_i > 0 \\ 0, & u_i \le 0 \end{cases} \qquad (25-7)$$

线性恒等函数:

$$f(u_i) = K \cdot u_i \qquad (25-8)$$

S 型曲线函数:

$$f(u_i) = \frac{1}{1 + e^{-u_i}} \qquad (25-9)$$

2)人工神经网络的基本特点

人工神经网络与生物大脑神经系统有很多相似的特点,具体体现在以下几方面[23]:

(1)具有很强的自学习和信息记忆功能。人工神经网络模型的有效信息并不是存储在某几个或某一些神经元中,而是存储在整个系统中。并且,每两个神经元之间的作用强度都用来表示部分信息。如果要存储一个完整的信息,就需要整个系统参与到学习和记忆中。

(2)具有联想存储功能。生物大脑神经系统是有联想存储功能的。如果有人和你说下雪了,你就会联想起自己曾经看到过的下雪情景,以及下雪玩耍的情景。这种联想就是通过其反馈网络来实现的。

(3)具有很强的容错能力。人工神经网络模型的有效信息并不是存储在单独某些神经元中,而是存储在整个系统中,因此部分神经元暂停工作甚至损坏,并不会影响神经网络的运行。换言之,数据部分属性丢失损坏不会影响系统的正常工作。

(4)具有快速得出优化解功能。利用人工神经网络,针对复杂问题设计反馈型网络,充分利用计算机的高速运算能力,快速找出复杂问题的优化解。

2. 模糊综合评判

1965 年美国 L. A. Zadeh 教授创建了模糊理论(Fuzzy Theory, FT),其中,隶属度函数是模糊理论的理论依据,凭经验给出的隶属度函数的构造需要无穷多的经验数据[24]。模糊理论是模拟人的思维和语言对模糊信息进行处理的方式,可以用来处理不确定问题。

模糊综合评判(Fuzzy Comprehensive Evaluation, FCE)[25]是模糊数学理论中的重要分支之一,模糊理论可以定量化模糊和不确定的事物,即应用模糊变换原理对带有模糊不确定性的具体实际问题做出综合评价。模糊综合评判方法中,首先对单个因素进行评价,然后对所有因素进行综合评价,最终得到对该评判问题的综合评判结果。

模糊综合评判法采用模糊变换原理对评价对象做出综合评价,它主要分为以下步骤:①单独评价单个因素;②综合评价所有因素。具体步骤如下:

(1) 确定评语集。评语集用 $V = (v_1, v_2, \cdots, v_m)$ 表示,其中 $v_j$ 表示第 $j$ 等评价级别;$m$ 表示评价等级数。结合所有因素的影响,从评语集中得出最佳的评判结果,这也就是此评判的目的。

(2) 构建评判对象因素集。评判对象因素集用 $U = (u_1, u_2, \cdots, u_n)$ 表示。因素即对象的各种属性或性能,有时也被称为参数指标,可以用它们评价对象。

(3) 进行单因素评判。首先是对 $U$ 中单个因素进行评判,从而确定单个因素对于评语集中各元素的隶属程度。设从第 $i$ 个因素 $u_i(i = 1, 2, \cdots, n)$ 进行评判,它对评语集的第 $j$ 个元素 $v_j$ 的隶属程度为 $r_{ij}(j = 1, 2, \cdots, m)$,$R_i$ 是 $V$ 上的一个模糊集合,那么 $n$ 个因素的评判集得到一个总的评价矩阵为

$$R = \begin{bmatrix} R_1 \\ R_2 \\ \cdots \\ R_n \end{bmatrix} = \begin{bmatrix} r_{11} & r_{12} & \cdots & r_{1m} \\ r_{21} & r_{22} & \cdots & r_{2m} \\ \cdots & \cdots & \cdots & \cdots \\ r_{n1} & r_{n2} & \cdots & r_{nm} \end{bmatrix} \tag{25-10}$$

显然 $R$ 是模糊矩阵,称为单因素评判矩阵。

(4) 建立权重集。因每一因素的重要程度是不一样的,因此要对各个因素 $u_i$ 给出相应的权重数 $w_i$,用来反映每个因素的重要程度,从而可以得到因素的权重集:

$$W = (w_1, w_2, \cdots, w_n) \tag{25-11}$$

同时,各权重数要满足非负和归一的条件,即

$$w_i \geq 0, \qquad \sum_{i=1}^{n} w_i = 1$$

(5) 模糊综合评判。若权重集 $W$ 和单因素评判矩阵 $R$ 已计算出,则可利用模糊变换来进行综合评判。

综上所述,单因素评判矩阵和权重集的建立是关键点,且都和需要无穷多经验数据的隶属度函数密切相关,而对于核电厂报警系统来说是不太现实的。

3. 灰色系统理论

1982 年,邓聚龙教授创立了灰色系统理论,简称为灰理论(Grey Theory, GT),它适合研究数据偏少、经验缺乏的不确定性问题[26]。信息覆盖是灰色系统理论的主要依据,主要体现在:不确定信息、不完全信息和解的非唯一性的集合,以及白化的意义等。

"灰"即"信息不完全";灰元是指不确定、不完全的信息元及信息表现元;灰数是指具有数字内涵的灰元;灰关系是指机制不明确或信息不完全的关系。

灰数的表达:记灰数 $\otimes$ 的灰域为 $a$,$\otimes$ 的白化 $\bar{a}$ 值为 $\widetilde{\otimes}$,定义 $a$ 的上、下确界分别为 $\bar{a}$ 和 $\underline{a}$,即 $\bar{a} = \inf a$ 和 $\underline{a} = \inf a$,记 $(\underline{a}, \bar{a})$、$[\bar{a}, \underline{a}]$ 为开区间、闭区间。$[\underline{a}, \bar{a})$、$(\bar{a}, \underline{a}]$ 为半开(闭)区间,定义:

$\forall \underset{\sim}{\widetilde{\otimes}} \in \widetilde{\otimes} \Rightarrow \widetilde{\otimes} \in [\underline{a}, \bar{a}]$，则称 $\otimes$ 为 $a$ 的灰数，称 $a$ 为 $\otimes$ 的域。

灰色系统理论的基本原理主要体现在：差异信息原理；解的非唯一性原理；最少信息原理；灰性的不灭原理；认知根据原理；新信息优先原理。

1）数据生成

灰色系统理论中，一切随机量都是灰色数，通过处理数列中的数据而形成新的数列，从而寻找出数据中的隐含规律和信息。一般来讲，数据生成有累加生成、累减生成两种方法[27]。

（1）累加生成。

设原始数列为

$$x^{(0)} = \{x^{(0)}(k) \mid k = 1, 2, \cdots, n\} \tag{25-12}$$

对原始数列作一次累加，记为 1-AGO，即令

$$x^{(1)}(k) = \sum_{i=1}^{k} x^{(0)}(i) \tag{25-13}$$

一次累加后形成的新数列为

$$x^{(1)} = \{x^{(1)}(k) \mid k = 1, 2, \cdots, n\} \tag{25-14}$$

如果对原始数列作 $t$ 次累加生成（记为 $t$-AGO），则生成的数列为

$$x^{(m)}(k) = \sum_{i=1}^{k} x^{(m-1)}(i) \tag{25-15}$$

一般情况下，非负数列的累加生成次数与数列的随机性弱化程度成正比。当累加次数过多会导致数列转为非随机的。在 GM 模型中，只需对数列进行一次累加。

（2）累减生成。

设原始数列为

$$x^{(0)} = \{x^{(0)}(k) \mid k = 1, 2, \cdots, n\} \tag{25-16}$$

一次累减生成后形成的新数列为

$$x^{(1)} = \{x^{(0)}(k) \mid k = 1, 2, \cdots, n\} \tag{25-17}$$

则可以得出

$$x^{(0)}(k) = x^{(1)}(k) - x^{(1)}(k-1) \tag{25-18}$$

即有

$$x^{(m-1)}(k) = x^{(m)}(k) - x^{(m-1)}(k-1) \tag{25-19}$$

累加生成与累减生成是一对互逆的数列算子。

2）GM(1,1)模型

灰微分方程模型用 GM 表示，目前最常见的灰色预测模型是 GM(1,1)。GM(1,1)模型的步骤总结为：①一次累加；②曲线拟合；③一次累减。图 25-4 是 GM(1,1)模型建模的框图。

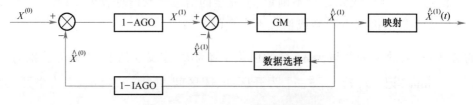

图 25-4　GM(1,1)模型建模框图

GM(1,1)模型建立步骤如下：

（1）假设原始数列为

$$X^{(0)} = \{x^{(0)}(t_1), x^{(0)}(t_2), \cdots, x^{(0)}(t_n)\}$$

式中　$n$——样本数。

（2）对原始数列作一次累加生成：

$$x^{(1)}(t_k) = \sum_{p=1}^{k} x^{(0)}(t_p) \tag{25-20}$$

$$x^{(1)} = \{x^{(1)}(t_1), x^{(1)}(t_2), \cdots, x^{(1)}(t_n)\} \tag{25-21}$$

（3）对 $X^{(1)}$ 建立白化微分方程：

$$\frac{dX^{(1)}}{dt} + aX^{(1)} = u \tag{25-22}$$

式中　$a$、$u$——未知参数。

将式（25-22）表示的微分方程离散化

$$dX^{(1)} = x^{(1)}(k+1) - x^{(1)}(k) \tag{25-23}$$

$$dt = k+1-k = 1$$

取 $x^{(1)} = \frac{1}{2}[x^{(1)}(k) + x^{(1)}(k+1)]$，结合式（25-24）得到

$$x^{(0)}(k+1) + a\left\{\frac{1}{2}[x^{(1)}(k) + x^{(1)}(k+1)]\right\} = u \tag{25-24}$$

（4）D 求和 $u$。

式（25-24）变形：

$$x^{(0)}(k+1) = a\left\{-\frac{1}{2}[x^{(1)}(k) + x^{(1)}(k+1)]\right\} + u \tag{25-25}$$

设 $k = 1, 2, \cdots, n-1$，则有

$$
\begin{bmatrix} x^{(0)}(2) \\ x^{(0)}(3) \\ \vdots \\ x^{(0)}(n) \end{bmatrix} =
\begin{bmatrix} a\left\{-\frac{1}{2}[x^{(1)}(1) + x^{(1)}(2)]\right\} + u \\ a\left\{-\frac{1}{2}[x^{(1)}(2) + x^{(1)}(3)]\right\} + u \\ \vdots \\ a\left\{-\frac{1}{2}[x^{(1)}(n-1) + x^{(1)}(n)]\right\} + u \end{bmatrix} =
a\begin{bmatrix} -\frac{1}{2}[x^{(1)}(1) + x^{(1)}(2)] \\ -\frac{1}{2}[x^{(1)}(2) + x^{(1)}(3)] \\ \vdots \\ -\frac{1}{2}[x^{(1)}(n-1) + x^{(1)}(n)] \end{bmatrix} + u\begin{bmatrix} 1 \\ 1 \\ \vdots \\ 1 \end{bmatrix}
$$

$$\tag{25-26}$$

已知 $\boldsymbol{Z}^{(1)} = \begin{bmatrix} -\frac{1}{2}[x^{(1)}(1) + x^{(1)}(2)] \\ -\frac{1}{2}[x^{(1)}(2) + x^{(1)}(3)] \\ \vdots \\ -\frac{1}{2}[x^{(1)}(n-1) + x^{(1)}(n)] \end{bmatrix}$，$\boldsymbol{B} = [\boldsymbol{Z}^{(1)} \quad \boldsymbol{E}]$，$\boldsymbol{E} = \begin{bmatrix} 1 \\ 1 \\ \vdots \\ 1 \end{bmatrix}$

则有

$$Y_n = aZ^{(1)} + uE = [Z^{(1)} \quad E] \begin{bmatrix} a \\ u \end{bmatrix} \qquad (25-27)$$

令

$$B = [Z^{(1)} \quad E] = \begin{bmatrix} -\frac{1}{2}[x^{(1)}(1) + x^{(1)}(2)] & 1 \\ -\frac{1}{2}[x^{(1)}(2) + x^{(1)}(3)] & 1 \\ \vdots & \vdots \\ -\frac{1}{2}[x^{(1)}(n-1) + x^{(1)}(n)] & 1 \end{bmatrix}, \hat{\alpha} = \begin{bmatrix} a \\ u \end{bmatrix} \qquad (25-28)$$

则式(25-27)变为

$$Y_n = B\hat{\alpha} \qquad (25-29)$$

在两边依次左乘 $B^T$ 和 $(B^T B)^{-1}$,化简成:

$$\hat{\alpha} = \begin{bmatrix} a \\ u \end{bmatrix} = (B^T B)^{-1} B^T T_n \qquad (25-30)$$

(5)求解白化微分方程:

$$\frac{dX^{(1)}}{dt} + aX^{(1)} = u \qquad (25-31)$$

设 $x^{(1)}(0) = x^{(1)}(1)$,求出微分方程的解为

$$\hat{x}^{(1)}(k+1) = \left[ x^{(0)}(1) - \frac{u}{a} \right] e^{-ak} + \frac{u}{a} \qquad (25-32)$$

式中    $a$——发展灰数;

    $u$——内生控制灰数。

数据还原:

$$\hat{x}^{(0)}(k+1) = \left[ x^{(0)}(1) - \frac{u}{a} \right] e^{-ak}(1 - e^a) \qquad (25-33)$$

由以上分析可知,上述三种研究方法有各自不同的特点和局限性,具体总结为以下几点:

① 人工神经网络是一种不同于计算机网络的非线性处理单元,输出信号的前提是神经元对全部输入信息综合处理后结果超过设定的限值。由于人工神经网络法主要针对具有模糊性和不确定性的问题,它要求研究对象的评价因素和因素间有相对固定的重要性,以易于机器的学习,而数字化主控室报警系统是有人的主观意识参与的,并且相对开放和复杂,利用此方法分配因素权重系数没有太大的实用价值。

② 模糊综合评判步骤中最关键的两个问题是与隶属度函数相关的评判矩阵的建立和权重的分配,而隶属度函数是凭经验给出的,需要大量的数据和经验,对于数字化主控室报警系统取得大量数据是比较困难的,因此运用模糊综合评判方法对数字化报警系统进行综合评价的难点是寻找一个合适的方法建立评判矩阵和进行权重分配。

③ 灰色系统理论是以信息覆盖为基础的,以较少数据和贫经验系统为主要研究对象,通过对有限的、不完全的已知数据进行综合分析和处理挖掘出隐含信息。灰色系统理论主要考虑主

观评价指标本身的变化而不是引起其变化的内在因素,将未知或不确定的影响因素转化成特定的、可定量化的评价指标,从而可以解决复杂对象。因此,灰色系统理论对具有明显灰色特征的数字化报警系统或许是一个有效的方法。

### 25.2.2　基于灰色理论的模糊综合评价模型

结合前面对几种常见评价方法的分析和比较,以及核电厂报警系统的功能和特点,采用基于灰色理论和模糊数学相结合的综合评价方法对数字化报警系统进行评价。评价过程采用灰色统计计算模糊评判矩阵,计算灰色关联度确定指标权重。

下面具体介绍基于灰色理论的模糊综合评价模型的基本原理。

**1. 灰色模糊评判矩阵**

**1）建立样本矩阵**

设有 $s$ 位专家对数字化报警系统的 $m$ 个指标进行评价。把第 $k$ 位专家对第 $i$ 个评价指标的原始评价数据样本记为 $c_{ki}$ , $s$ 位专家的原始评价数据样本矩阵为

$$
C = \begin{bmatrix}
c_{11} & c_{12} & \cdots & c_{1m} \\
c_{21} & c_{22} & \cdots & c_{2m} \\
\cdots & \cdots & \cdots & \cdots \\
c_{s1} & c_{s2} & \cdots & c_{sm}
\end{bmatrix}
$$

**2）利用灰色统计法确定模糊评判矩阵**

根据数字化报警系统的实际评价需要和统计计算方便,采用以下三种白化权函数[19,28]进行灰数模糊评判矩阵的确定。

（1）上类形态灰数,即 $\overset{\cap}{\otimes} \in [c_1, \infty]$ ,定义如下：

$$
f_1(c_{ki}) = \begin{cases}
1, & c_{ki} \in [c_1, \infty) \\
\dfrac{c_{ki}}{c_1}, & c_{ki} \in [0, c_1] \\
0, & c_{ki} \in (-\infty, 0)
\end{cases}
$$

（2）中类形态灰数,即 $\overset{\cap}{\otimes} \in [0, c_1, 2c_1]$ ,定义如下：

$$
f_2(c_{ki}) = \begin{cases}
\dfrac{c_{ki}}{c_1}, & c_{ki} \in [0, c_1] \\
0, & c_{ki} \notin (0, 2c_1] \\
2 - \dfrac{c_{ki}}{c_1}, & c_{ki} \in [c_1, 2c_1]
\end{cases}
$$

（3）下类形态灰数,即 $\overset{\cap}{\otimes} \in [0, c_1, c_2]$ ,定义如下：

$$
f_3(c_{ki}) = \begin{cases}
1, & c_{ki} \in [0, c_1] \\
\dfrac{c_2 - c_{ki}}{c_2 - c_1}, & c_{ki} \in [c_1, c_2] \\
0, & c_{ki} \notin (0, c_2]
\end{cases}
$$

式中  $c_1$ 、$c_2$——白化权函数的阈值,也就是转折点的值。

白化权函数阈值的确定方法有两种:①通过类比方法并依照标准规定或经验得到,这种阈值称为客观阈值;②从数据样本矩阵中找出最大、最小和中等值,分别作为上限、下限和中等值,这种阈值称为相对阈值。

确定白化权函数后,运用灰色统计法,求出评判矩阵的灰色统计数 $n_{ij}$ 和总灰色统计数 $n_i$,即

$$n_{ij} = \sum_{k=1}^{s} f_i(c_{ki}) \ , \quad n_i = \sum_{j=1}^{m} n_{ij}$$

结合 $s$ 位专家给出的第 $i$ 个评价因素第 $j$ 等评价级别的灰色权值 $r_{ij} = n_{ij}/n_i$,从而由 $r_{ij}$ 构成的矩阵为

$$\mathbf{R} = \begin{bmatrix} r_{11} & r_{12} & \cdots & r_{1m} \\ r_{21} & r_{22} & \cdots & r_{2m} \\ \cdots & \cdots & \cdots & \cdots \\ r_{n1} & r_{n2} & \cdots & r_{nm} \end{bmatrix}$$

2. 指标权重的确定

用 $W = (w_1, w_2, \cdots, w_n)$ 表示,且 $\sum_{i=1}^{n} w_i = 1$。其中,$w_i$ 表示第 $i$ 项指标的权重。本章指标权重的确定是通过计算灰色关联度得到的。

$s$ 位专家对每个指标进行评价,$\lambda_{ij}$ 表示第 $t$ 位专家赋予第 $i$ 个指标的值。设 $0 \leq \lambda_{ij} \leq 10$,即满分为 10 分。

(1) 选择参考因素数列。

(2) 计算关联度系数及其关联度。

计算 $U_i$ 对 $U_0$ 在第 $t$ 位专家上的关联系数,计算公式为

$$\xi_i(t) = \frac{\min\limits_{i} \min\limits_{t} |U_0(t) - U_i(t)| + \rho \max\limits_{i} \max\limits_{t} |U_0(t) - U_i(t)|}{|U_0(t) - U_i(t)| + \rho \max\limits_{i} \max\limits_{t} |U_0(t) - U_i(t)|} \tag{25-34}$$

$$i = 1, 2, \cdots, n, \quad t = 1, 2, \cdots, s$$

式中  $\rho$ ——分辨系数,且 $\rho \in [0,1]$,本书中为了减少极值对计算结果的影响,取 $\rho = 0.5$。

关联度可以直接反映出比较序列对于参考序列的优劣关系,其计算公式为

$$s_i = \frac{1}{s} \sum_{t=1}^{s} \xi_i(t) , \quad i = 1, 2, \cdots, n \tag{25-35}$$

(3) 计算权重。

对求出来的关联度进行归一化处理求指标权重集,归一化处理公式用 $W = (w_1, w_2, \cdots, w_n)$ 表示。

3. 综合运算

利用公式 $B = W \cdot R = (b_1, b_2, \cdots, b_m)$ 可计算出数字化报警系统的相关隶属度,根据最大隶属度原则[29],可以得出该报警系统所处的评价等级。但若计算出的各隶属度区别不明显,则使用最大隶属度原则并不能准确反映出数字化报警系统的隶属关系,因此需计算其具体得分。

为了更加准确、清晰地表示出对象的评价等级,以及与其他对象进行比较更加方便,这里不

使用最大隶属度来评判数字化报警系统的隶属等级,而是使用对其进行打分的方法,采用 Delphi 评分方法[30],即 $A = (a_1, a_2, a_3, a_4)$,其中各评价等级的分值为 $a_i$,因为采用的是 4 级评判方法,所以假定 $A = (a_1, a_2, a_3, a_4) = (10, 7, 5, 2)$,计算 $Z = B \cdot A^T$ 的值,$Z$ 为数字化报警系统的相应分值,按照所述评价准则,即可得出数字化报警系统所处的评价等级。运用这种方法对数字化核电厂报警系统进行综合评价简单易行,灵活性很强,特别利用灰色统计方法计算模糊评判矩阵、计算灰色关联度确定指标权重,增强了可信度的同时又弥补了其他方法的缺陷和不足。

## 25.3 数字化核电厂报警系统评价实例

为验证提出的基于灰色理论的模糊综合评价方法的可行性,现以评价数字化核电厂主控室报警系统为例。

### 1. 信度效度检验

聘请 10 位相关专家,采用图 25-1 所示的评价指标体系,对某数字化核电厂主控室报警系统的质量进行问卷调查。为了便于评定,设定打分范围为 0~10 分,其中优秀(10~9)、良好(8~7)、中等(6~5)、差(4~0),得到专家评价样本数据如表 25-9 所列。

表 25-9 评价样本矩阵

| 专家编号\指标 | $u_{11}$ | $u_{12}$ | $u_{13}$ | $u_{21}$ | $u_{22}$ | $u_{23}$ | $u_{24}$ | $u_{31}$ | $u_{32}$ | $u_{33}$ | $u_{34}$ | $u_{35}$ | $u_{36}$ | $u_{37}$ | $u_{41}$ | $u_{42}$ | $u_{43}$ | $u_{44}$ |
|---|---|---|---|---|---|---|---|---|---|---|---|---|---|---|---|---|---|---|
| 1 | 9 | 9 | 10 | 10 | 9 | 9 | 10 | 10 | 7 | 9 | 7 | 9 | 9 | 7 | 7 | 7 | 8 | 10 |
| 2 | 9 | 10 | 8 | 9 | 8 | 9 | 8 | 10 | 10 | 9 | 10 | 10 | 9 | 9 | 9 | 9 | 6 | 10 |
| 3 | 9 | 7 | 8 | 9 | 9 | 9 | 9 | 9 | 9 | 8 | 8 | 9 | 8 | 8 | 8 | 8 | 8 | 8 |
| 4 | 7 | 8 | 6 | 8 | 8 | 8 | 6 | 6 | 7 | 6 | 8 | 8 | 9 | 9 | 9 | 8 | 7 | 8 |
| 5 | 8 | 9 | 9 | 10 | 8 | 10 | 9 | 10 | 7 | 9 | 7 | 9 | 9 | 9 | 7 | 9 | 8 | 9 |
| 6 | 9 | 9 | 8 | 9 | 9 | 9 | 9 | 9 | 9 | 8 | 8 | 10 | 9 | 9 | 9 | 9 | 7 | 10 |
| 7 | 8 | 8 | 7 | 9 | 9 | 9 | 9 | 10 | 7 | 9 | 7 | 7 | 9 | 9 | 8 | 9 | 9 | 9 |
| 8 | 7 | 8 | 7 | 8 | 8 | 7 | 6 | 7 | 8 | 7 | 8 | 9 | 9 | 9 | 9 | 8 | 7 | 9 |
| 9 | 9 | 9 | 8 | 10 | 9 | 9 | 8 | 9 | 8 | 9 | 8 | 9 | 9 | 9 | 9 | 8 | 8 | 10 |
| 10 | 8 | 9 | 7 | 8 | 9 | 8 | 7 | 9 | 7 | 8 | 8 | 9 | 9 | 9 | 8 | 9 | 7 | 7 |

#### 1)信度检验

信度分析是一种检验综合评价体系是否具有一定的稳定性和可靠性的有效分析方法。本书中使用克朗巴哈 $\alpha$ 系数进行考察,通常 $\alpha$ 系数的值在区间 $[0, 1]$ 之间。如果 $\alpha < 0.6$,则认为问卷一致信度还不足;当 $\alpha \in [0.7, 0.8]$ 时表示问卷具有较好的信度,当 $\alpha \in (0.8, 0.9]$ 时表示问卷的信度非常好。全量表总的克朗巴哈 $\alpha$ 系数为 0.778,说明问卷具有较好的信度,如表 25-10 所列。

表 25-10 评价指标信度分析

| 克朗巴哈 $\alpha$ 系数 | 基于标准化项的克朗巴哈 $\alpha$ 系数 | 项数 |
|---|---|---|
| 0.778 | 0.752 | 18 |

2）效度检验

一般来说，样本量与指标数的比例在 5∶1 以上才适合因子分析，总样本量需大于 100，且一般来说数量越多越好[31]。本研究样本量 180，二级指标 18 项，样本量与指标数目的比例为 10∶1，符合样本量的要求。问卷的结构效度应用主成分分析法（即最大方差旋转）进行计算，纳入标准为特征根大于 1。本研究数据适当性检验 KMO 值为 0.813，Bartlett 球形检验 $p < 0.01$。经主成分因素分析提取 4 个公因子，其累计方差贡献率为 86.328%（表 25-11）。由此可知，问卷结构效度达到要求。

表 25-11　总方差

| 因子编号 | 提取平方和载入 | | | 旋转平方和载入 | | |
|---|---|---|---|---|---|---|
| | 特征值 | 方差贡献率/% | 累积方差贡献率/% | 特征值 | 方差贡献率/% | 累积方差贡献率/% |
| 1 | 7.785 | 43.249 | 43.249 | 6.921 | 38.450 | 38.450 |
| 2 | 4.380 | 24.335 | 67.584 | 4.972 | 27.622 | 66.072 |
| 3 | 1.794 | 9.964 | 77.549 | 2.031 | 11.285 | 77.357 |
| 4 | 1.580 | 8.779 | 86.328 | 1.615 | 8.970 | 86.328 |

由以上分析可知，信度、结构效度的检验结果都达到要求，说明专家所给信息具有可靠性和一致性，表明此问卷可信、稳定，同时也可以说明整个指标体系的效度满足有效性的要求，此评价指标体系是有效的。

2. 灰色统计法确定模糊评判矩阵

1）确定评价等级

结合数字化核电厂报警系统模糊和不确定的特点，将其评价等级划分为优、良、中、差四级。设定评分范围为 0～10，笔者采用的是 4 级评判方法，所以 $m = 4$，$V = \{v_1, v_2, v_3, v_4\} = \{$优，良，中，差$\}$。

2）取得评价样本量矩阵

根据前面分析可知，评价样本矩阵如图 25-5 所示。

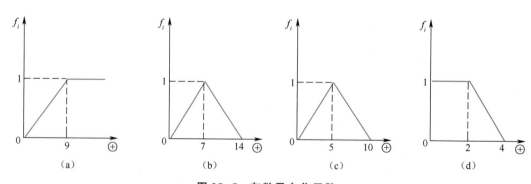

图 25-5　灰数及白化函数
（a）优；（b）良；（c）中；（d）差。

3）确定评估灰类

根据上述优、良、中、差四个评价等级，确定四类灰类以及灰类所对应的白化函数，如图 25-5

所示。

4）计算灰色模糊评判矩阵

根据上述计算步骤确定模糊评判矩阵。下面以 $u_{11}$ 为例,计算其灰色统计数、总灰色统计数以及灰类评估数。

$$n_{11} = \sum_{k=1}^{10} f_1(c_{k1})$$
$$= f_1(9) + f_1(9) + f_1(9) + f_1(7) + f_1(8) + f_1(9) + f_1(8) + f_1(7) + f_1(9) + f_1(8)$$
$$= 5 + 38/9 = 9.2222$$

$$n_{12} = 20 - 83/7 = 8.1429$$

$$n_{13} = 20 - 83/5 = 3.4$$

$$n_{14} = 0$$

$$n_1 = n_{11} + n_{12} + n_{13} + n_{14} = 20.7651$$

$$r_{11} = n_{11}/n_1 = 0.4441 \qquad r_{12} = n_{12}/n_1 = 0.3921$$

$$r_{13} = n_{13}/n_1 = 0.1637 \qquad r_{14} = n_{14}/n_1 = 0$$

根据上述相同计算步骤可以求得其余各评价指标的灰色统计数和总灰色统计数,从而得到灰色模糊评判矩阵为

$$R =$$
$$\begin{bmatrix} 0.4441 & 0.4732 & 0.3974 & 0.5138 & 0.4773 & 0.4844 & 0.4369 & 0.4868 & 0.4381 & 0.4381 & 0.4016 & 0.5291 & 0.4873 & 0.4142 & 0.4545 & 0.4047 & 0.3558 & 0.5572 \\ 0.3921 & 0.3865 & 0.3982 & 0.3796 & 0.3853 & 0.3838 & 0.3883 & 0.3771 & 0.3964 & 0.3864 & 0.3244 & 0.3746 & 0.3817 & 0.3994 & 0.3896 & 0.4017 & 0.4073 & 0.3745 \\ 0.1637 & 0.1403 & 0.2044 & 0.1063 & 0.1399 & 0.1320 & 0.1748 & 0.1478 & 0.1623 & 0.1623 & 0.1946 & 0.0963 & 0.1311 & 0.1864 & 0.1558 & 0.1936 & 0.2369 & 0.0684 \\ 0 & 0 & 0 & 0 & 0 & 0 & 0 & 0 & 0 & 0 & 0 & 0 & 0 & 0 & 0 & 0 & 0 & 0 \end{bmatrix}^T$$

3. 确定评价指标权重

由表 25-9 可得参考因素数列 $U_0 = (10,10,9,9,10,10,10,9,10,9)$。对于 $i = 1,2,\cdots,18; s = 1,2,\cdots,10$,可得出

$$\min_i \min_s |U_0(s) - U_i(s)| = 0$$
$$\max_i \max_s |U_0(s) - U_i(s)| = 4$$

取 $\rho = 0.5$,按式(25-34)求得各指标关联系数(表 25-12)。

表 25-12 各指标关联系数

| 指标<br>关联<br>系数 | 1 | 2 | 3 | 4 | 5 | 6 | 7 | 8 | 9 | 10 |
|---|---|---|---|---|---|---|---|---|---|---|
| $\xi_1(s)$ | 0.6667 | 0.6667 | 1.0000 | 0.5000 | 0.5000 | 0.6667 | 0.5000 | 0.5000 | 0.6667 | 0.6667 |
| $\xi_2(s)$ | 0.6667 | 1.0000 | 0.5000 | 0.6667 | 0.6667 | 0.6667 | 0.5000 | 0.6667 | 0.6667 | 1.0000 |
| $\xi_3(s)$ | 1.0000 | 0.5000 | 0.6667 | 0.4000 | 0.6667 | 0.5000 | 0.4000 | 0.5000 | 0.5000 | 0.5000 |
| $\xi_4(s)$ | 1.0000 | 0.6667 | 1.0000 | 0.6667 | 1.0000 | 0.6667 | 0.6667 | 0.6667 | 1.0000 | 0.6667 |
| $\xi_5(s)$ | 0.6667 | 0.5000 | 1.0000 | 0.6667 | 0.5000 | 0.6667 | 0.5000 | 1.0000 | 0.6667 | 1.0000 |
| $\xi_6(s)$ | 0.6667 | 0.6667 | 1.0000 | 0.6667 | 1.0000 | 0.5000 | 0.6667 | 0.6667 | 0.6667 | 0.6667 |
| $\xi_8(s)$ | 1.0000 | 0.5000 | 1.0000 | 0.4000 | 0.6667 | 0.4000 | 0.6667 | 0.5000 | 0.6667 | 0.6667 |

（续）

| 指标<br>关联<br>系数 | 1 | 2 | 3 | 4 | 5 | 6 | 7 | 8 | 9 | 10 |
|---|---|---|---|---|---|---|---|---|---|---|
| $\xi_7(s)$ | 1.0000 | 1.0000 | 1.0000 | 0.4000 | 1.0000 | 0.6667 | 0.6667 | 0.4000 | 0.6667 | 0.5000 |
| $\xi_9(s)$ | 0.4000 | 1.0000 | 1.0000 | 0.5000 | 0.4000 | 0.6667 | 1.0000 | 0.5000 | 0.5000 | 1.0000 |
| $\xi_{10}(s)$ | 0.6667 | 0.6667 | 0.6667 | 0.4000 | 0.6667 | 0.5000 | 0.5000 | 0.6667 | 0.5000 | 0.6667 |
| $\xi_{11}(s)$ | 0.4000 | 1.0000 | 0.6667 | 0.6667 | 0.4000 | 0.5000 | 0.4000 | 0.6667 | 0.5000 | 0.6667 |
| $\xi_{12}(s)$ | 0.6667 | 1.0000 | 1.0000 | 0.6667 | 0.6667 | 0.1000 | 0.6667 | 1.0000 | 0.6667 | 1.0000 |
| $\xi_{13}(s)$ | 0.6667 | 0.6667 | 0.6667 | 1.0000 | 0.6667 | 0.6667 | 0.5000 | 0.6667 | 0.6667 | 1.0000 |
| $\xi_{14}(s)$ | 0.4000 | 0.6667 | 0.6667 | 1.0000 | 0.4000 | 0.6667 | 0.4000 | 1.0000 | 0.4000 | 0.6667 |
| $\xi_{15}(s)$ | 0.4000 | 0.6667 | 0.6667 | 1.0000 | 0.5000 | 0.6667 | 0.5000 | 1.0000 | 0.5000 | 1.0000 |
| $\xi_{16}(s)$ | 0.4000 | 0.6667 | 0.6667 | 0.6667 | 0.4000 | 0.6667 | 0.5000 | 0.6667 | 0.4000 | 0.6667 |
| $\xi_{17}(s)$ | 0.5000 | 0.3333 | 0.6667 | 0.5000 | 0.5000 | 0.4000 | 0.4000 | 0.5000 | 0.5000 | 0.5000 |
| $\xi_{18}(s)$ | 1.0000 | 1.0000 | 0.6667 | 0.6667 | 1.0000 | 1.0000 | 1.0000 | 1.0000 | 1.0000 | 1.0000 |

利用式（25-35）可求出关联度，即

$$s = (0.6334, 0.7000, 0.7333, 0.8000, 0.7176, 0.6467, 0.6900, 0.6967, 0.5900, 0.5867,$$
$$0.8334, 0.7176, 0.6667, 0.6900, 0.5700, 0.4800, 0.9333)$$

关联度归一化后得到指标的权重集合为

$$W = (0.0511, 0.0565, 0.0591, 0.0645, 0.0578, 0.0578, 0.0522, 0.0556, 0.0562, 0.0476,$$
$$0.0473, 0.0672, 0.0578, 0.0538, 0.0556, 0.0460, 0.0387, 0.0753)$$

**4. 结果分析**

把前面计算出的 $R$ 和 $W$ 代入上述公式 $B = W \cdot R$，可得出模糊评价矩阵 $B = W \cdot R = (0.4617, 0.3841, 0.1457, 0)$。根据最大隶属度原则，结果属于优。但是属于优的隶属度与属于良的隶属度相差不大，所以，根据最大隶属度原则并不能准确反映出该数字化报警系统的等级隶属关系。因此，需要计算其具体得分，按上述分析可知 $A = (a_1, a_2, a_3, a_4) = (10, 7, 5, 2)$，计算 $Z = B \cdot A^T = 8.0342$，得到报警系统的相应分值为 8.0342。按照前面所述评价准则，该报警系统等级属于良好，离优秀还有很大的提高空间。

最后，对数字化报警系统质量进行专家问卷调查结果，结果显示与评价结果一致，进一步说明此评价手段具有可行性和科学性。

# 25.4 本章小结

报警系统是主控室重要的系统之一，设计合理的数字化报警系统是预防人因失误的有效保障。本章在综合数字化报警系统关键维度、评价标准和评价方法理论的基础上，建立了数字化报警系统评价指标体系和评价模型,并给出了应用实例。

(1)基于数字化核电厂主控室报警系统关键维度建立了数字化核电厂报警系统评价指标体系,包括3个层次,定义和处理、优先级排序、警报显示和控制及管理4个2级指标,18个3级指标。

(2)基于灰色理论和模糊数学建立了数字化核电厂主控室报警系统模糊综合评价模型。该模型能充分利用专家评判信息的模糊性与灰性,使数字化报警系统的综合评价更为科学有效,且易于接受和推广。研究实例和结果分析表明,运用此方法对核电厂数字化主控室报警系统进行评价具有科学性及可行性。

# 参考文献

[1] 郑明光,张琴舜,等. 核电厂先进控制室报警系统[J].核动力工程,2001,22(4):354-358.

[2] 陈浩,郑光明. 核电厂故障检测与报警系统的发展概况[J].原子能科学技术,2000,34(6):565-568.

[3] US Nuclear Regulatory Commission. Human-system interface design review guidelines[R].NUREG-0700, Rev, 2002.

[4] Naser J. Human factors guidance for control room and digital human-system interface design and modification[J]. U. S. Department of Energy 1000 Independence Avenue,2007,23(6):301-340.

[5] Liu Xiwei, Noda Masaru, Nishitani Hirokazu. Evaluation of plant alarm systems by behavior simulation using a virtual subject[J]. Computers and Chemical Engineering,2010(34):374-386.

[6] Kimura Naoki, Takeda Kazuhiro, Noda Masaru,et al. An evaluation method for plant alarm system based on a two-layer cause-effect model[J]. European Symposium on Computer Aided Process Engineering,2011(21):1065-1069.

[7] 周玲. 先进的控制报警系统研究[J].核动力工程,2002,4(7):97-99.

[8] 周春娟. 基于故障树的反应堆故障诊断及在报警系统中的应用[D].上海:上海交通大学,2009.

[9] 吴娟娟,冷杉,张才科,等. TXP 虚拟机的报警系统实现[J].电力自动化设备,2010,30(9):118-121.

[10] Society of Automotive Engineers. Recommended Practice J826,Devices for Use in Defining and Measuring Vehicle Seating Accommodation[S]. Society of Automotive Engineers, Inc. , Warrendale, PA.

[11] 赵海荣. 火灾自动报警系统可靠性分析及应用效能评价[D].沈阳:东北大学,2009.

[12] 王钊. 智能型火灾报警系统的设计与研究[D].西安:西安理工大学,2009.

[13] 赵朝义. 人类工效学标准化现状[J].质量与认证,2011(3):40-41.

[14] 国家能源局. NB/T 20027—2010 核电厂主控制室的报警功能与显示[S]. 北京:中国标准出版社,2010.

[15] 国家能源局. NB/T 20059—2012 核电厂控制室操纵员控制器[S]. 北京:中国标准出版社,2012.

[16] 国家标准化管理委员会. GB/T 16251—2008 工作系统设计的人类工效学原则[S]. 北京:中国标准出版社,2008.

[17] 迟国泰,王卫. 基于科学发展的综合评价理论、方法与应用[M].北京:科学出版社,2009.

[18] 李琼,张力,方小勇. 基于聚类-灰色关联分析的数字化报警系统评价指标体系构建[J].南华大学学报(自然科学版),2014(2):11-16.

[19] 邓聚龙. 灰理论基础[M].武汉:华中科技大学出版社,2002.

[20] 王先甲,张熠. 基于 AHP 和 DEA 的非均一化灰色关联方法[J].系统工程理论与实践,2011,31(7):1222-1229.

[21] 王立威. 人工神经网络隐层神经元数的确定[D].重庆:重庆大学,2012.

[22] 张铃,张钹. M-P 神经元模型的几何意义及其应用[J].软件学报, 1998,9(5):334-338.

[23] 徐振东. 人工神经网络的数学模型建立及成矿预测 BP 网络的实现[D].长春:吉林大学, 2004.

[24] 温丽华. 灰色系统理论及其应用[D].哈尔滨:哈尔滨工程大学,2003.

[25] 吴昌钱，郑宗汉．基于信息熵的模糊综合评价算法研究[J].计算机科学，2013，40(1):208-210.

[26] 陈佳佳．灰色系统理论在工程建筑物变形分析中的应用研究[D].桂林:桂林理工大学，2011.

[27] 李晓蕾．基于灰色系统理论的变形分析与预报模型应用研究[D]．西安:长安大学,2008.

[28] 徐维祥,张全寿．一种基于灰色理论和模糊数学的综合集成算法[J].系统工程理论与实践，2001,21(4):114-119.

[29] 贾鑫,卢昱．模糊信息处理[M].长沙:国防科学技术大学出版社,1996.

[30] 袁小珂．基于 A-Delphi 方法的信息系统安全评价模型研究[J].微型机与应用，2012，31(8):54-57.

[31] 张文彤．世界优秀统计工具 SPSS11.0 统计分析教程(高级篇)[M]．北京:希望电子出版社,2002.

# 附录1 评价指标体系构建咨询表

数字化核电厂报警系统原始评价指标聚类

填表说明:请各位专家对表1、表2中各项指标的重要程度进行判断,将判断的结果以及意见填写在每项指标后相应空格内。评分规则为:满分为10分,(9~10)为优,(8~9)为良,(7~8)为中,(6~7)为差,为更精确区分重要程度大小,介意使用一位小数。

表1 一级指标评分表

| 一级指标 | 评分 | 建议 |
| --- | --- | --- |
| 报警定义 | | |
| 报警处理 | | |
| 报警优先级 | | |
| 报警显示 | | |
| 报警控制及管理 | | |
| 报警响应程序 | | |

表2 二级指标评分表

| 一级指标 | 二级指标 | 评分 | 建议 |
| --- | --- | --- | --- |
| 报警定义 | 控制量设置的标准 | | |
| | 警报类别合理性 | | |
| | 警报设置点的合理性 | | |
| | 警报信息可用性技术 | | |
| 报警优先级 | 报警信号验证的准确性 | | |
| | 警报优先级编码技术 | | |
| | 最高优先级警报数目 | | |
| | 警报优先级编码是否合理 | | |
| | 虚假和干扰报警率大小 | | |
| 报警控制及管理 | 对话框格式合理性 | | |
| | 对话框内容、形式 | | |
| | 操纵员自定义 | | |
| | 控制器 | | |
| | 同功能控制器外形状态是否一致 | | |
| | 组织、布局合理性 | | |

（续）

| 一级指标 | 二级指标 | 评分 | 建议 |
|---|---|---|---|
| 报警处理 | 警报条件处理复杂程度 | | |
| | 警报信号处理合适性 | | |
| 报警显示 | 显示信息数量 | | |
| | 信息显示的充分性 | | |
| | 信息显示形式 | | |
| | 显示内容是否提供来源 | | |
| | 显示状态 | | |
| | 信息持续时间 | | |
| | 指示灯 | | |
| | 数字读出器 | | |
| | 警报优先级编码合理性 | | |
| | 显示装置 | | |
| | 显示内容 | | |
| | 显示编码符合标准 | | |
| | 听觉显示格式与人听觉特征一致性 | | |
| | 重要信息的突出性 | | |
| | 色彩搭配的美观性 | | |
| | 警报信息组合是否合理 | | |
| 报警响应程序 | ARP 信息内容 | | |
| | ARP 格式 | | |
| | ARP 位置 | | |
| | 响应程序合适度 | | |

# 附录2 第二轮专家咨询表

数字化核电厂报警系统原始评价指标筛选

填表说明:请各位专家对表1中各项指标的重要程度进行判断,将判断的结果以及意见填写在每项指标后相应空格内。评分规则为:分值为1~10分。满分为10分,9分为优,7分为良,5分为中,2分为差,8分、6分、4分、3分、1分为两相邻程度的中间值,分值为整数。

表1 各类指标评分表

| 分类 | 指标 | 评分 | 建议 |
|---|---|---|---|
| 1 | 控制量设置的标准 | | |
| | 警报类别合理性 | | |
| | 警报设置点的合理性 | | |
| 2 | 警报优先级编码技术 | | |
| | 警报优先级编码是否合理 | | |
| 3 | 控制器 | | |
| | 同功能控制器外形状态是否一致 | | |
| 4 | 组织、布局合理性 | | |
| | 对话框内容、形式 | | |
| | 对话框格式合理性 | | |
| 5 | 警报条件处理复杂程度 | | |
| | 警报信号处理合适性 | | |
| 6 | 信息显示的充分性 | | |
| | 显示内容是否提供来源 | | |
| | 显示内容 | | |
| | 重要信息的突出性 | | |
| 7 | 数字读出器 | | |
| | 指示灯 | | |
| | 显示装置 | | |
| 8 | 信息显示形式 | | |
| | 色彩搭配的美观性 | | |
| | 听觉显示格式与人听觉特征一致性 | | |
| | 警报信息组合是否合理 | | |

（续）

| 分类 | 指标 | 评分 | 建议 |
|---|---|---|---|
| 9 | 显示编码符合标准 | | |
| | 警报优先级编码合理性 | | |
| 10 | ARP 信息内容 | | |
| | ARP 格式 | | |
| | ARP 位置 | | |
| | 响应程序合适度 | | |

# 附录3 第三轮专家咨询表

## 核电厂数字化报警系统评价咨询表

填表说明:请各位专家对表1、表2中各项指标的满意程度进行判断,将判断的结果以及意见填写在每项指标后相应空格内。评分规则为:满分为10分,9分为优,7分为良,5分为中,2分为差,8分、6分、4分、3分、1分为两相邻程度的中间值,分值为整数。

### 表1 一级指标评分表

| 一级指标 | 评分 | 建议 |
|---|---|---|
| 警报定义和处理 | | |
| 警报优先级排序 | | |
| 警报显示 | | |
| 警报控制及管理 | | |

### 表2 二级指标评分表

| 一级指标 | 二级指标 | 评分 | 建议 |
|---|---|---|---|
| 警报定义和处理 | 警报设置点的合理性 | | |
| | 报警信息可用性技术 | | |
| | 报警条件处理的复杂程度 | | |
| 警报优先级排序 | 报警信号验证的准确性 | | |
| | 警报优先级编码技术 | | |
| | 最高优先级警报数目 | | |
| | 虚假和干扰报警技术 | | |
| 警报显示 | 显示信息数量 | | |
| | 信息显示形式 | | |
| | 显示内容 | | |
| | 显示状态的独一无二性 | | |
| | 信息持续时间 | | |
| | 优先显示 | | |
| | 显示位置 | | |
| 警报控制及管理 | 控制器 | | |
| | 对话框 | | |
| | 操纵员自定义 | | |
| | 响应程序 | | |

# 第26章 基于神经网络的数字化核电厂操纵员应急行为可靠性预测分析

核电厂数字化控制系统中,事故发生之后,操纵员通过计算机或大屏幕获取电厂状态信息,进行认知行为响应,对事故进行处理。在事故处置过程中,由于操纵员的可用时间有限,因而发生人因失误的风险会增大。基于此,本章对核电厂操纵员事故下应急行为的可靠性进行预测分析,为改善操纵员应急行为提供理论和方法指导。本章主要包含以下内容:①分析事故下操纵员应急行为可靠性的影响因素,为从源头上提高操纵员行为的可靠性提供支持;②构建应急行为可靠性预测的人工神经网络模型,并对该模型进行可行性分析与仿真,仿真过程采用反向传播(Back Propagation,BP)神经网络及改进后的 BP 神经网络。结果表明:BP 神经网络可进行可靠性估计,基本满足应急行为可靠性的预测分析,改进后的 BP 神经网络对操纵员应急行为可靠性预测的精确性更高。

## 26.1 数字化控制系统操纵员应急行为可靠性主要影响因素分析

事故后,处于紧急状态下操纵员应急行为的主要影响因素有:

(1)系统动态信息量。数字化控制系统出现异常之后,短时间内可能出现来自于警报器、指示灯、显示屏等的大量信息,且各类信息频跳不稳定。动态信息的数量对操纵员获取信息的准确度与应急行为关系密切。

(2)系统允许响应的有效时间。系统事故之后,操纵员面对多目标与多任务,且应急事故处理需按规程执行一系列操作,操纵员对系统的响应需在规定的有效响应时间内完成,这必然增加操纵员的压力,使操纵员的应急行为可能出现偏差。

(3)系统状态稳定性。核电厂复杂且多层次的系统对于操纵员的心理状态和应急认知行为都有很大的影响。

(4)多目标与多任务。数字化控制系统实现了管理集中化和控制自动化,事故状态下操作者对各类参数的调整和对各类设备的控制都将在主控室人-机界面实现,操纵员能否执行对各目标与任务的协调、有序操纵等应急行为对事故的缓解非常关键。

(5)人-机界面的人-机工程学。数字化控制系统人-机界面信息量庞大且显示方式不同,信息显示是否简化且易识别,信息动态变动是否规则,是否方便操纵员进行响应执行等人-机工程学因素对于操纵员的应急行为有直接关系。

（6）物理环境的动态不规则变化。事故发生后,物理环境可能会受到影响而动态不规则地发生变化,加剧操作者的应激水平,影响操纵员对事故的分析及响应行为。

（7）组织管理水平。事故发生后,事故处理最需要整体/内部团队的合作和决策,它比正常操作下需要一个更高水平的组织支持。往往在紧急事故发生之后操纵团队结构和各操纵员的职责都会相应变化,指令的有效性、责任安排的合理性等对于操纵员在有效时间内完成应急操纵非常关键。

（8）班组信息交流状态。紧急事故的处理离不开操纵员对各类信息的搜集和团队成员间的有效信息流通。应急状态下,操纵员若不能及时有效地将准确信息传达至各需要此信息的操纵员,将对操纵员应急行为可靠性有直接影响。

（9）工作任务的熟悉程度。一旦发生紧急事故,操纵员的正常工作任务必然受到干扰或中断,这时候操纵员的工作重心将集中于事故的排除。操纵员是否具有事故排除经验、与熟悉任务的相似度等对于操纵员在有效时间内完成事故的处理关系密切。

（10）操纵员的应激水平。紧急状态下,操纵员条件反应,心理状态发生变化,对于操纵员信息获取、信息处理及执行等认知行为都有直接影响。

（11）操纵员的经验与知识积累。数字化控制系统出现异常之后,操纵员的经验和知识积累对于操纵员应急行为执行有直接影响,若操纵员的经验和知识积累不丰富,对于各类应急事故的反应很容易出现偏差或进入盲区,影响操纵员的事故处理绩效。

（12）操纵员的培训水平。数字化控制系统中操纵员在上岗之前都会进行培训,个人的操纵职责、个人能力培养等内容与操纵员应急行为执行有直接影响,会影响事故缓解的进程和操纵员的应急行为可靠性。

上述描述的操纵员应急行为影响因子可归纳于图26-1。

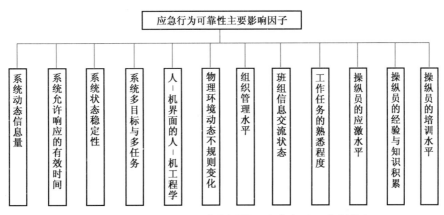

图26-1　数字化控制系统中操纵员应急行为可靠性指标

## 26.2　用于操纵员应急行为可靠性预测的神经网络模型构建

从本质上讲,人工神经网络是一种学习方式,它通过对大量实例的反复学习,由内部自适应过程不断修改各神经元之间互联的权值,最终使神经网络的权值分布收敛于一个稳定的范围。神经网络的互联结构及各联接权值稳定分布就表示了经过学习获得的知识[1]。BP 神经网络作为人工神经网络中的一种,其结构简单,易于实现,具有很强的非线性映射能力,适用于函数逼近和模型识别,成为使用最为广泛的神经网络技术[2]。

操纵员行为可靠性预测选用前馈型 BP 神经网络,其原因如下:

首先,前馈网络和反馈网络在作用效果上有所不同。前馈型网络主要是函数映射,可用于函数逼近、模式识别和评判决策。而反馈型网络则主要用于求解能量函数的局部最小点或全局极小点,常用于做各种联想存储器和求解优化问题等。应急行为可靠性研究实质上是探求、逼近各因素和应急行为可靠性水平之间的映射关系。

其次,三层 BP 神经网络已具有令人满意的对连续映射的逼近能力,可以满足本章问题要求。并且 BP 神经网络也是人们研究最多、认识最清楚的一类网络,这为进一步研究和改进建立的模型奠定了基础。

### 26.2.1　神经网络应用于应急行为可靠性预测的可行性分析

数字化控制系统操纵员应急行为可靠性预测是一种非线性问题,常有许多因素穿插交融在复杂的问题之中,既包含确定因素,又包含不确定因素,要求人们凭借经验、知识和智慧参与评判。

主要存在的问题有:目标属性间的关系绝大多数为非线性关系,一般的方法很难反映这种关系;许多问题的信息来源既不完整又含有假象;人们通常难以准确地描述各种结果与各种影响因素之间的相互关系,更无法用定量关系式来表达它们之间的权重分配,所能准确提供的只是各目标的属性特征。

人工神经网络有以下特点:

(1) 在处理方法上,由于其非线性动力学的特性,使人工神经网络更适于处理联想记忆、经验推理和模糊推理,适用于系统多因素共同作用下应急行为可靠性水平预测。

(2) 神经网络的特性决定于各节点网络的连接权值及其互联模式上,其过程是输入到网络内传播、调整至平衡的过程,这样有利于各指标的简化和运行效率的提高。

(3) 神经网络具有自组织和自学习的能力,通过有导师和无导师的学习,可以方便地记忆有关的知识,这样利于结果的获取和表达。

(4) 由于神经网络表现出良好的容错性,即使对某一指标的描述有所偏差或错误,对最终结果的影响较小。

数字化控制系统中操纵员应急行为可靠性研究,实际上就是要建立应急人因失误因子(即应急行为可靠性影响因子)和操纵员应急行为可靠性水平的映射关系。从实际经验可知,如果因子指标体系值和适宜程度都用连续实数来表示,则该映射是连续变化的,但不一定是线性的。多层前馈网络可实现从输入到输出的非线性映射,或者说可以逼近任何非线性函数[3]。从几何意义上看,相当于根据稀疏的给定数据(样本)点恢复一个超曲面,在给定点处曲面的值要满足样本值,推断出相当于估计其间未知的值(内插)。网络的输入输出节点数分别取决于输入和输出向量的维数。那么怎样的网络结构才能逼近任意非线性函数呢?

从数学上可以证明下面的结论[1,2]：

令 $\varphi(\cdot)$ 为非常数、有界、单调增、连续函数，$I_p$ 表示 $p$ 维空间的单位立方体 $[0,1]^p$，$C(I_p)$ 表示 $I_p$ 上的连续函数构成的集合。则给定一函数 $f \in C(I_p)$ 及 $\varepsilon > 0$，存在一个整数 $M$ 和一组实常数 $a_i, s_i$ 和 $w_{ij}(i=1,2,\cdots,M; j=1,2,\cdots,p)$，使得函数

$$F(x_1, x_2, L, x_p) = \sum_{i=1}^{M} a_i \phi(\sum_{j=1}^{p} w_{ji} x_i - s_i) \tag{26-1}$$

可一致逼近连续函数 $f(\cdot)$，即

$$|F(x_1, x_2, L, x_p) - f(x_1, x_2, L, x_p)| < \varepsilon, \{x_1, x_2, L, x_p\} \in I_p \tag{26-2}$$

与多层前馈层网络对照，如果网络隐含层作用函数采用 tansig 函数，它满足非常数、有界、连续、单调增的条件，输出采用线性单元，且网络只有一个隐含层(允许隐单元足够多)，则该网络的一次前向计算可用函数 $F(x_1, x_2, L, x_p)$ 的表达式表示。根据上述结论，该网络可实现对任意连续函数的逼近。因此，任意一个连续函数可用如图 26-2 所示的三层前馈网络来逼近。

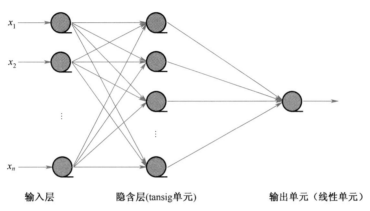

**图 26-2　三层前馈网络模型**

量化的人因失误因子和操纵员应急行为可靠性水平之间是某种连续变化的映射关系。由神经网络的函数逼近性可知，只要选择合适的网络结构，是可以逼近上述关系的。因此，采用神经网络进行应急行为可靠性水平预测在理论上是可行的。

### 26.2.2　应急行为可靠性预测的人工神经网络模型结构

建立 BP 神经网络模型的过程：首先建立神经网络结构，即确定输入结点个数、输出结点个数、隐含层层数和每层的结点数。调整 BP 神经网络结构并确立初始网络参数，神经网络的训练学习开始。当网络经过学习趋于稳定，实际输出达到指定误差要求或迭代训练次数达到了规定的最大值，则训练结束。用测试数据集来评估训练好的神经网络，如果达到规定的准确性，就说明建立了一个 BP 神经网络模型。

神经网络的输入层和输出层一般与具体问题关联，代表一定的实际意义。隐含层主要是根据模型要求和问题的复杂程度设置。必须首先确定输入层和输出层，然后再确定隐含层。

1. 输入层的确定

应急行为可靠性研究是针对数字化核电厂操纵员应急行为影响因子来预测操纵员应急行为

的可靠性水平。在传统的评价方法中,必须确定各影响因子及其权重。由于神经网络具有自学习性,因此,从理论上讲,应用神经网络方法进行应急行为可靠性研究不需要确定适用范围。各因子对操纵员应急行为可靠性水平的影响规律由神经网络模型通过对样本的学习而取得。由于存在多个无关因子,模型的准确程度受到影响,因此,在应用神经网络方法进行预测时,应先选取适当的应急行为可靠性的影响因子(不需要确定权重),再建立相应的模型。

本章根据调查数据建立神经网络模型,输入参数为应急行为可靠性主要影响因素(图 26-1),具体有:系统动态信息量 $x_1$,系统允许响应的有效时间 $x_2$,系统状态稳定性 $x_3$,系统多目标与多任务 $x_4$,人-机界面的人-机工程学 $x_5$,物理环境的动态不规则变化 $x_6$,组织管理水平 $x_7$,班组信息交流状态 $x_8$,工作任务的熟悉程度 $x_9$,操纵员的应激水平 $x_{10}$,操纵员的经验与知识积累 $x_{11}$,操纵员的培训水平 $x_{12}$。这 12 项因素,基本上可体现操纵员应急失误的各影响因素,因此,神经网络输入节点为 12 个。

**2. 输出层的确定**

应急行为可靠性研究的结果是操纵员应急行为可靠性水平,故各系统的输出响应应该反映这一结果。输出层神经元个数依模型设计思想的不同而不同。本章将操纵员应急行为可靠性水平分为五个等级,用"差(很不可靠)""不好(不可靠)""一般(可靠性一般)""较好(较可靠)""好(可靠)"描述。各等级的输出值范围见表 26-1。

表 26-1　等级标准与神经网络输出值的对应表

| 等级标准 | 神经网络输出值 |
| --- | --- |
| 可靠 | 1.00~0.90 |
| 较可靠 | 0.89~0.80 |
| 可靠性一般 | 0.79~0.70 |
| 不可靠 | 0.69~0.60 |
| 很不可靠 | 0.59 以下 |

由此可见,神经网络结构是一个三层的 BP 神经网络,其输入层节点数为 12 个,输出层只设为 1 个输出节点,取值范围定为 [0,1]。

一般来说,一定范围内连续变化的实数代表操纵员应急行为可靠性水平的量化,故对于神经网络输出可用一个神经元来表示。本章选择电厂的调查数据专家评估值作为模型的训练样本。

**3. 隐含层的确定**

到目前为止,如何选定最佳的隐含层节点个数仍是一个急待解决的问题。理论上来讲如果选择的隐含层节点数太少,则会使整个神经网络的收敛速度变慢,不易收敛,相反如果选择的隐含层节点数太多,则会引起神经网络的拓扑结构复杂、网络训练时间急剧增加,误差也不一定最佳等问题。目前,确定最佳隐含层节点数的一个常见方法是试凑法,可以用一些确定隐含层节点数量的经验公式,常见的有

$$m = \sqrt{n + l} + a \qquad\qquad (26-3)$$

式中　$m$——隐含层节点数；

　　　$n$——输入层节点数；

　　　$l$——输出层节点数；

　　　$a$——1~10 之间的常数。

$$m = \log_2 n \tag{26-4}$$

$$m = \sqrt{nl} \tag{26-5}$$

根据公式得出隐含层节点个数为 5~14 个,逐一进行试验得到最佳隐含层节点数为 7。

**4. 激活函数的确定**

隐含层单元上的激活函数,选取双曲正切函数。由于在训练数据样本集中,评估结果的期望输出值经过归一化处理后均落于 [0,1] 区间内,因此,输出层单元上的激活函数都取为 Sigmoid 函数,函数形式为

$$f(x) = \frac{1}{1 + e^{-z}} \tag{26-6}$$

**5. 模型的确立**

综合上述分析,确定的 BP 神经网络结构如图 26-3 所示。

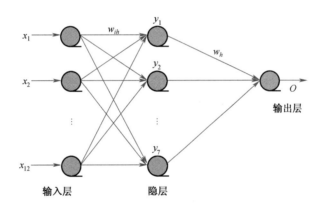

**图 26-3　系统的 BP 神经网络模型图**

在这个网络结构中,输入向量 $\boldsymbol{X} = (x_1, x_2, \cdots, x_{12})^{\mathrm{T}}$,输入层单元到隐含层单元的权值 $W = (w_{i1}, w_{i2}, \cdots, w_{i7})(i = 1, 2, \cdots, 12)$；隐含层输出 $Y = (y_1, y_2, \cdots, y_7)$,隐含层到输出层的权重 $W = (w_1, w_2, \cdots, w_7)$,网络实际输出 $O = \mathrm{net}(Y)$,$T = (t)$ 表示训练样本期望输出；根据前面公式可得,隐含层节点的输出和输出层节点的输出分别为

$$y_h^k = f\left(\sum_{i=1}^{12} w_{ih} x_i^k + \theta_h\right) \tag{26-7}$$

$$o_s^k = g\left(\sum_{h=1}^{7} w_h y_h^k + \theta\right) \tag{26-8}$$

### 6. 权值和阀值初始设置

对于非线性系统来讲,BP 神经网络连接权值和阀值的初始取值,对在网络学习过程中网络是否到达局部最小和是否能收敛有很大关系。一个重要的要求是希望初始权值在输入累加时使每个神经元的状态值接近于零,这样可保证一开始时不落在那些平坦区上。权值一般取随机数,而且权值要比较小,这样可以保证每个神经元一开始是在它们转换函数最大的地方进行。

因此,合理设置 BP 神经网络连接权值和阀值的初始取值范围,将有效缩短网络的学习时间。联接权值和阀值的取值范围通常是 $[-1,1]$ 或 $[-2/n, +2/n]$($n$ 为网络输入层节点数)[4]。通过试验比较,本章将网络的连接权值和阀值的初始取值范围设为 $[-1/n, +1/n]$。

### 7. 网络学习算法选择

BP 神经网络常采用梯度下降法来修正网络节点的连接权值和阀值[5]。方法是网络在训练时从某一起点沿误差函数的斜面逐渐达到最小点使误差为零,但这种学习方法存在训练过程中易陷入局部最小等缺陷。LMBP(Levenberg-Marquardt Back Propagation)优化算法等是对传统学习算法的改进,LMBP 优化算法的收敛速度和精确度都比较好,本节将其用于 BP 神经网络的自适应学习。

LMBP 优化算法,其基本思路是使其每次迭代不再沿着单一的负梯度方向,而是允许误差沿着恶化的方向进行搜索,同时通过在最速梯度下降法和高斯-牛顿法之间自适应调整来优化网络权值,使网络能够有效收敛,大大提高网络的收敛速度和泛化能力。

## 26.2.3 学习算法

LMBP 算法的训练过程如下:训练开始时,学习速率 $\mu$ 取较小值 $\mu=0.001$,如果某一步不能减小误差 $E$,则将 $\mu$ 乘以 10 后重复这步,直到 $E$ 值下降。如果某一步产生了更小的 $E$,则将 $\mu$ 乘以 0.1,继续运行,算法的执行步骤如下:

(1)确定网络结构,初始化各层权值,将各连接权系数 $W$ 和阀值 $\theta$ 赋予 $[-1/n, 1/n]$ 之间的随机值,设置误差目标 $E$ 值,给定迭代次数 $T=2000$。

(2)令 $\mu=0.001$,输入一个学习样本 $X_p=(x_1, x_2, \cdots, x_{12})^T$,取其对应的期望输出。

(3)根据公式计算各层的实际输出值及输出误差 $E_k$。

(4)计算雅可比矩阵 $J$;

(5)根据公式 $W_{k+1}=W_k-[J^T(W_k)J(W_k)+\mu_k I]^{-1}J^T(W_k)e(W_k)$ 计算并修改权值 $W_{k-1}$。

(6)计算误差 $E_{k+1}$。

(7)如果 $E_{k+1}>E_k$,则 $\mu=\mu\times10$ 转到(6)步。

(8)如果误差 $E_{k+1}$ 值小于误差目标,跳到(10)步。

(9)$\mu=\mu\times0.1$,$W_k=W_{k+1}$ 转到(4)步。

(10)通过迭代计算,达到误差的允许值或训练学习次数达到规定的最大值,再选取第二对样本进行训练,重复以上算法,直至所有样本全部训练结束。

以上的计算过程,可以用图 26-4 来描述。

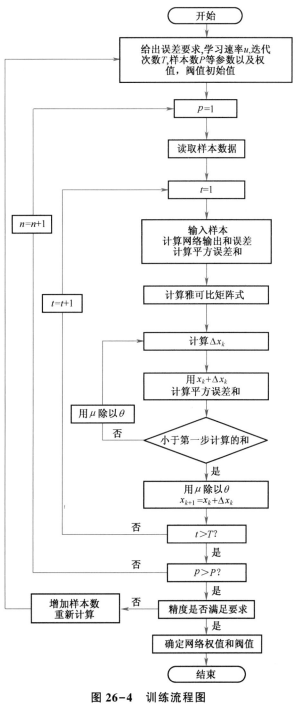

图 26-4　训练流程图

# 26.3　数据采集与预处理

在人工神经网络中,网络训练的最终结果好坏,也就是网络的性能,与训练的样本密切相

关。设计一个好的训练样本,既要注意样本规模,又要注意样本的质量,通常样本的选取要遵循以下规则:

(1)尽可能多的样本。选取出来的样本要有一定的数量,以保证训练的效果。

(2)代表性。样本中必须包括全部模式。

(3)均衡性。尽量使每个类别的样本数量大致相等。

(4)科学分布。按照"平均主义"原则进行分布,也可以从训练集中随机选择样本。

(5)剔除不合格(奇异)样本。

(6)在以上原则基础上,进行样本的采集和处理。

**1. 样本数据的采集**

样本数据信息采集采用现场调查的方法。其采集过程为:首先基于本章26.1节提出的12项影响因素制作调查问卷(见本章附录);其次根据电厂运行/事故记录本,选取最近发生的2次或3次事故作为研究对象,并记录每次事故发生时的当班班组人员;然后有序地针对每次事故对当班的各职位现场人员进行问卷调查;最后回收调查问卷并整理。在填写调查问卷的过程中,要求每个操纵员的评估都是独自进行的。同时操纵员除了参与评估以外,还可以针对某些因素输入自己的看法或者意见。这种信息获取方式,具有较强的交互性、广泛的传播性、时空的开放性、数据收集管理的方便性,以及个性化的信息交流、方便的数据统计和分析功能。在所采集的数据中选择具有代表性的数据作为网络输入样本。

期望输出指标采用专家对操纵员事故处理综合分析后的评估值(根据事故处理结果记录),采用这样的样本数据来训练网络,其意义在于数据的客观性较高。

**2. 样本数据的处理**

本次数据采集在电厂共发放100份调查问卷,共收回86份(回收率为86%)。得到样本数据后,对数据进行了如下的处理:

(1)对样本数据进行筛选。由于问卷填写者包含各类现场人员,而每个人的职位、认知水平及对每次事故的认知均有差异,因此对事故影响因素及事故结论的评估也不尽一致。所以,需要将对现场人员每次事故应急行为可靠性水平评估值与专家评估值差值较大的及事故调查结果个别差异较大的样本剔除,然后根据调查问卷的个人基本信息,针对同批次事故调查平均选择各类职位,尽量选择被调查人员从业时间长,且参与应急事故处理次数多且事故处理中所起作用较大的人员的调查问卷。最后剔除一些有问题的调查问卷,诸如信息不完整,或信息矛盾等。通过以上筛选过程后,最终剩余61组有效样本数据。

(2)选择了合适样本后,在样本数据输入到BP神经网络之前,还必须进行归一化处理,因为采集到的数据,样本输入的各项指标的值有大有小,数值相差甚远,所以必须将各指标进行归一化处理,以防止小数值信息被大数值信息所淹没。归一化的方法有很多,一般是将输入量归一化至[0,1]之间,常用的有指数函数法、最大最小值法等。本章采用最大最小值法进行归一化处理,因为该方法对数据的处理是一种线性的变换,能够较好地保留其原始的意义,不会造成信息的丢失。

将输入输出数据变换为[0,1]区间的值,变化式如下:

$$x_i = \frac{x_i - x_{min}}{x_{max} - x_{min}} \tag{26-9}$$

式中　$x_i$——输入数据；

　　　$x_{min}$——输入数据中的最小值；

　　　$x_{max}$——输入数据中的最大值。

MATLAB 中提供了归一化处理方法，所涉及的函数有 premnmx、tramnmx、postmnmx，其中 premnmx 用于对原始数据的归一化处理，tramnmx 用于对预测数据的归一化处理，而仿真结果要用 postmnmx 进行反归一。

将异常数据剔除后选取 61 组典型数据样本，对数据进行归一化处理，即得到全部变量在 $[0,1]$ 区间内的数据。归一化后数据形式见表 26-2（此处只选取其中的部分样本），表中分析的影响因素有：系统动态信息量 $x_1$，系统允许响应的有效时间 $x_2$，系统状态稳定性 $x_3$，系统多目标与多任务 $x_4$，人-机界面的人-机工程学 $x_5$，物理环境的动态不规则变化 $x_6$，组织管理水平 $x_7$，班组信息交流状态 $x_8$，工作任务的熟悉程度 $x_9$，操纵员的应激水平 $x_{10}$，操纵员的经验和知识积累 $x_{11}$，操纵员的培训水平 $x_{12}$。

表 26-2　归一化的数据

| $x_1$ | $x_2$ | $x_3$ | $x_4$ | $x_5$ | $x_6$ | $x_7$ | $x_8$ | $x_9$ | $x_{10}$ | $x_{11}$ | $x_{12}$ | 专家值 |
|---|---|---|---|---|---|---|---|---|---|---|---|---|
| 0.24 | 0.48 | 0.37 | 0.57 | 0.15 | 0.36 | 0.53 | 0.49 | 0.54 | 0.21 | 0.62 | 0.83 | 0.72 |
| 0.24 | 0.78 | 0.66 | 0.71 | 0.64 | 0.42 | 0.90 | 0.31 | 0.32 | 0.78 | 0.88 | 0.82 | 0.52 |
| 0.90 | 0.59 | 0.57 | 0.84 | 0.63 | 0.09 | 0.32 | 0.44 | 0.83 | 0.52 | 0.72 | 0.89 | 0.61 |
| 0.28 | 0.01 | 0.31 | 0.21 | 0.57 | 0.88 | 0.50 | 0.53 | 0.73 | 0.27 | 0.72 | 0.78 | 0.84 |
| 0.51 | 0.71 | 0.70 | 0.87 | 0.45 | 0.86 | 0.70 | 0.36 | 0.38 | 0.69 | 0.62 | 0.59 | 0.51 |
| 0.24 | 0.27 | 0.43 | 0.91 | 0.56 | 0.18 | 0.56 | 0.62 | 0.17 | 0.72 | 0.90 | 0.71 | 0.77 |
| 0.15 | 0.73 | 0.42 | 0.42 | 0.38 | 0.77 | 0.92 | 0.85 | 0.94 | 0.70 | 0.87 | 0.67 | 0.68 |
| 0.73 | 0.56 | 0.31 | 0.42 | 0.57 | 0.86 | 0.57 | 0.90 | 0.63 | 0.82 | 0.54 | 0.84 | 0.60 |
| 0.91 | 0.50 | 0.72 | 0.69 | 0.77 | 0.64 | 0.69 | 0.67 | 0.81 | 0.28 | 0.73 | 0.65 | 0.82 |
| 0.10 | 0.54 | 0.46 | 0.26 | 0.49 | 0.04 | 0.63 | 0.88 | 0.16 | 0.27 | 0.79 | 0.82 | 0.55 |
| 0.29 | 0.45 | 0.70 | 0.14 | 0.43 | 0.51 | 0.52 | 0.40 | 0.40 | 0.82 | 0.81 | 0.61 | 0.81 |
| 0.76 | 0.52 | 0.11 | 0.64 | 0.50 | 0.42 | 0.69 | 0.39 | 0.60 | 0.91 | 0.71 | 0.78 | 0.62 |
| 0.30 | 0.98 | 0.30 | 0.37 | 0.62 | 0.05 | 0.73 | 0.80 | 0.91 | 0.83 | 0.66 | 0.86 | 0.58 |
| 0.28 | 0.50 | 0.25 | 0.13 | 0.85 | 0.32 | 0.81 | 0.16 | 0.78 | 0.24 | 0.93 | 0.75 | 0.91 |

# 26.4　模型仿真与结果分析

将 61 组样本数据划分为三部分，前 2/3（41 组）的数据用来分析安全特性和训练网络，其他数据用来验证和测试。

## 26.4.1　基于基本反向传播（SDBP）算法操纵员应急行为可靠性水平预测

使用 MATLAB 中的 SDBP 算法来仿真操纵员应急行为可靠性水平变化。在 MATLAB 神经

网络工具箱内进行系统仿真,需要完成以下四个基本步骤:

(1)网络建立:通过函数 newff 实现,它根据样本数据自动确定输出层的神经元数目;隐含层神经元数目以及隐含层的层数、隐含层和输出层的变换函数、训练算法函数需由用户确定。

(2)初始化:通过函数 init 实现,当 newff 在创建网络对象的同时调动初始化函数 init,使用 init( )命令格式为

$$NET = init(net)$$

式中  NET——返回函数,表示已经初始化后的神经网络;

net——待初始化的神经网络。

函数 init( ) 会根据默认的参数对网络进行连接权值和阀值初始化,它们分别由参数 net. intFcn 和 net. intParam 表示。

(3)网络训练:通过函数 trainlm 实现。它是训练函数,它根据样本的输入矢量 $P$、目标矢量 $T$ 和预先已设置好的训练函数的参数,对网络进行训练。

(4)网络仿真:通过函数 Sim 实现,它根据已训练好的网络,对测试数据进行仿真计算。

仿真的过程是:读入训练数据和训练目标数据,根据提出的神经网络模型结构生成对应的网络模型,设定学习速率、学习次数和误差精度,开始模型训练。训练结束后,生成相应的神经网络模型,读入测试数据,通过网络计算,输出预测值。

本节选择归一化后样本中前 41 个数据作为训练数据,取后 20 个数据作为测试数据。

具体的 MATLAB 代码如下:

```
P=load('datrain.txt');                    (读入训练数据文件)
T=load('agoal.txt');                      (读入训练目标数据)
threshold=[0 1;0 1;0 1;0 1;0 1;0 1;0 1;0 1;01;0 1;0 1];
net=newff(threshold,[7,1],{'tansig','logsig'});  (创建一个 BP 网络)
net.trainparam.epochs=2000;               (设定最大训练次数为 2000)
net.trainparam.goal=0.001;                (设定误差精度)
net=train(net,P,T)                        (调用相应算法训练 BP 网络)
A=sim(net,P)                              (对 BP 网络进行仿真)
E=T-A;
res=norm(E);
plot(E)                                   (绘制误差曲线)
MSE=mse(E);
Q=load('datest.txt');                     (打开测试数据)
B=sim(net,Q)                              (计算网络仿真输出)
End
```

网络训练超过 300 步循环步数,网络达到误差要求,训练用时超过 25min。训练仿真结果和测试仿真结果如图 26-5 和图 26-6 所示。

由图可以看出采用 BP 神经网络可以有效地进行函数估计,基本满足实际所需的预测要求。但其训练的最大绝对误差可达到将近 0.16,对模型的验证误差也是在 [-0.1,0.1] 区间内,且每次的仿真结果不太一致,系统的稳定性较差,有待改进。下面将用 LMBP 神经网络进行仿真。

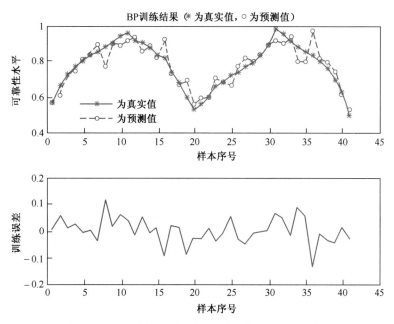

图 26-5　训练拟合结果及训练误差（SDBP 算法）

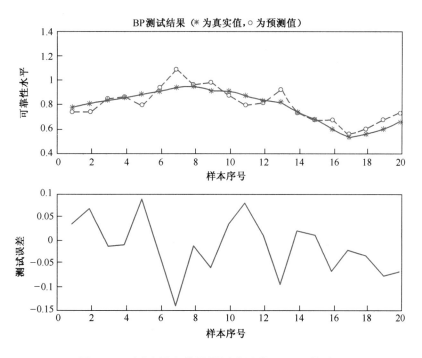

图 26-6　测试拟合结果及测试误差（SDBP 算法）

## 26.4.2　基于改进反向传播（LMBP）算法操纵员应急行为可靠性水平预测

基于 BP 神经网络可以简单实现操纵员应急行为可靠性的预测，但 BP 神经网络固有的缺点是系统不稳定、易陷入局部最优、收敛速度慢，为了改善这种情况，需要对 BP 网络进行优化。在此采用改进反向传播（LMBP）算法对模型进行优化，仿真结果如图 26-7 所示。

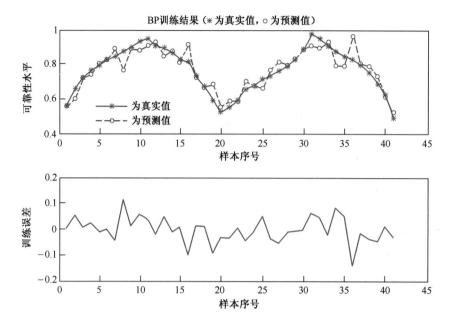

图 26-7　训练拟合结果及训练误差（LMBP算法）

由以上预测曲线图可以看出，仿真的结果和专家给出的评估结果比较接近。用于预测的改进 BP 神经网络，训练结束后，误差达到精度要求，训练循环步数为 32，用时不到 4min。为了验证模型的预测效果，将预先准备的 20 组测试数据，输入训练好的神经网络，通过仿真得到的结果如图 26-8 所示。仿真的结果和专家给出的评价结果也非常接近。

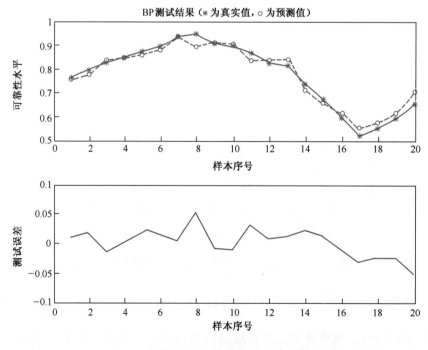

图 26-8　测试拟合结果及测试误差（LMBP算法）

通过以上分析,应用基本BP神经网络和改进BP神经网络预测的误差对比如表26-3所列。

表26-3　应用基本BP神经网络和改进BP神经网络预测的误差对比表

| 网络模型 | | MSE | 最大误差 | MAE |
|---|---|---|---|---|
| BP神经网络 | 训练集 | 0.0012 | 0.1511 | 0.0271 |
| | 测试集 | 0.0038 | 0.1134 | 0.0504 |
| 改进BP神经网络 | 训练集 | $9.9994 \times 10^{-4}$ | 0.1001 | 0.0248 |
| | 测试集 | 0.0013 | 0.0560 | 0.0260 |

典型的性能函数是网络均方差MSE,即

$$MSE = \frac{1}{N}\sum_{i=1}^{N}(e_i)^2$$

式中　MAE——平均绝对误差值。

由结果可以知道,与基本BP神经网络相比,改进后的BP神经网络训练拟合效果明显提高,预测误差控制在[-0.05,0.05]之间,精度高,且每次的仿真结果好,系统的稳定性和泛化能力明显增强。通过以上对比分析可知,LMBP神经网络预测结果不仅仅预测精度完全在可以接受的范围内,而且测试样本的误差非常接近于检验样本的误差。因此基于BP神经网络的应急行为可靠性水平预测模型是一个合理的、可行的模型。

## 26.5 本章小结

由于数字化控制系统操纵员的应急行为涉及诸多因素,且受随机性因素的影响,为此构建了数字化控制系统中操纵员应急行为BP神经网络,并利用LM算法优化该网络的连接权和网络结构,建立了基于LMBP算法的操纵员应急行为可靠性BP神经网络预测模型。仿真结果表明该模型的拟合结果较为准确,误差检验后也表明训练结果与专家评估值之间差异性在误差许可范围内。

## 参考文献

[1] 韩立群. 人工神经网络教程[M]. 北京:北京邮电大学出版社,2007.

[2] 李学桥,马莉. 神经网络工程应用[M]. 重庆:重庆大学出版社,1996.

[3] 张立毅,等.神经网络盲均衡理论、算法与应用[M]. 北京:清华大学出版社,2013.

[4] 蔡章利,陈小林,石为人. 基于BP神经网络的学习效果综合评价方法改进[J]. 重庆大学学报(自然科学版),2007,30(7):96-99.

[5] 袁莺楹,刘红梅. 高校教学质量评价的BP神经网络模型[J].计算机与数字工程,2010,38(5):16-18.

# 附录 数字化控制系统中操纵员应急行为可靠性影响因素调查问卷

问卷编号：

数字化控制系统中操纵员应急行为可靠性影响因素调查

姓名： 联系电话：

您好！为了解数字化控制系统出现异常之后各人因失误因素对操纵员应急行为可靠性的影响，为工业系统的安全提供更好的保障，我们拟定了旨在减少二次事故的发生及提高操纵员应急行为可靠性的调查问卷，希望记录您对数字化控制系统异常事故的认识及实践操作做出最准确的选择。敬请您给予配合并认真填写，非常感谢您的支持与合作！请根据问卷提示进行填写。

## 第一部分 基本信息（请在选项上打"√"）

1. 您的性别：□男 □女
2. 您的职位：□现场操纵人员 □班组负责人 □现场维护人员 □工程师 □其他_____
3. 您在应急事故处理中所起的作用：□很小 □一般 □重要 □非常重要
4. 您从事该职业的年限：□1年以下 □1~5年 □5~10年 □10年以上
5. 您参与过应急事故处理的次数：□无 □1~3次 □3~5次 □5次以上
6. 您此次问卷回答针对的是哪一次事故（请注明日期与事故类型）_____

## 第二部分 请您选择您认为最合理的（请在选项上打"√"）

以下是对具体事故处理，数字化控制系统操纵员应急行为失误因素（可靠性影响因素）对操纵员应急行为可靠性的影响调查，我们将每种因素度的增大描述为标尺方式，依次为：1,2,3,4,5,6,7,8,9,10。

请您根据具体事故处理中的实际情况，对当次事故发生后各影响因素的实际状态作出评估结果。

| 数字化控制系统操纵员应急行为可靠性影响因素 | 度的增大 |
|---|---|
| 系统动态信息量（小→大） | 1 2 3 4 5 6 7 8 9 10 |
| 系统允许响应的有效时间（短→长） | 1 2 3 4 5 6 7 8 9 10 |
| 系统状态稳定性（不稳定→稳定） | 1 2 3 4 5 6 7 8 9 10 |
| 系统多目标与多任务（少→多） | 1 2 3 4 5 6 7 8 9 10 |
| 人-机界面的人-机工程学（不合理→合理） | 1 2 3 4 5 6 7 8 9 10 |
| 物理环境动态不规则变化（频率低→频率高） | 1 2 3 4 5 6 7 8 9 10 |
| 组织管理水平（不合理→合理） | 1 2 3 4 5 6 7 8 9 10 |
| 班组信息交流状态（差→好） | 1 2 3 4 5 6 7 8 9 10 |
| 工作任务的熟悉程度（熟悉度低→熟悉度高） | 1 2 3 4 5 6 7 8 9 10 |
| 操纵员的应激水平（低→高） | 1 2 3 4 5 6 7 8 9 10 |
| 操纵员的经验与知识积累（贫乏→丰富） | 1 2 3 4 5 6 7 8 9 10 |
| 操纵员的培训水平（低→高） | 1 2 3 4 5 6 7 8 9 10 |

**第三部分 请您选择您认为最合理的**（请在选项上打"√"）

1. 请根据您以上填写的操纵员应急行为可靠性各影响因素的状态及实际事故处理结果，评估各影响因素共同作用下的应急行为可靠性水平（对照事故最终处理结果）。可靠性水平描述为：可靠 [1,0.9]；较可靠(0.9,0.8]；可靠性一般(0.8,0.7]；不可靠(0.7,0.6]；很不可靠(0.6,0)。

在下面的表格中，我们将以上可靠性水平等级度描述为标尺方式，并将很不可靠标为6~1的6个等级，依次为：10,9,8,7,6,5,4,3,2,1。

| 操纵员应急行为可靠性水平 | 10 9 8 7 6 5 4 3 2 1 |
|---|---|

2. 您认为遗漏或忽略的影响因素有那些？可能会对应急行为产生什么影响？

**第四部分 请您选择您认为最合理的**（请在选项上打"√"）

此部分为专家评估部分，请您不要填写此表，谢谢！

专家姓名：　　　　　职位：　　　　　联系电话：

1. 请您根据事故处理记录，依据操纵员对各影响因素共同作用下的应急行为可靠性水平（对照事故最终处理结果）的评估结果，对当次事故下各影响因素共同作用下的应急行为可靠性水平评估作出实际评估结果。可靠性水平描述为：可靠 [1,0.9]；较可靠(0.9,0.8]；可靠性一般(0.8,0.7]；不可靠(0.7,0.6]；很不可靠(0.6,0]。

在下面的表格中，我们将以上可靠性水平等级度描述为标尺方式，并将很不可靠标为6~1的6个等级，依次为：10,9,8,7,6,5,4,3,2,1。

| 操纵员应急行为可靠性水平 | 10 9 8 7 6 5 4 3 2 1 |
|---|---|

2. 您认为遗漏或忽略的影响因素有那些？可能会对应急行为产生什么影响？

WANO 事件报告已经成为人因失误研究重要的数据来源。该事件报告是基于 WANO 自定义的编码体系进行数据收集和整理。本章目的在于构建一个分析系统对 WANO 事故报告中的核心数据进行 ETL( Extract-Transform-Load) 操作,实现对获取的数据有效的组织和管理,能够进行基础的数据统计和分析功能,并按照应用需求快速简捷地按特定数据格式输出数据。

## 27.1 WANO 事件报告

WANO 事件报告是一个报告系列,包括运行事件分析报告( Event Analysis Report, EAR )、事件通知报告( Event Notification Report, ENR )、事件主题报告( Event Topic Report, ETR )和其他事件报告 ( Miscellaneous Event Report, MER )。其中,EAR 对核电厂事件进行了较深入的分析,包含事件的根原因分析,具有一定的研究深度,是核电厂之间经验交流和信息反馈的重要部分。而 ENR、ETR 和 EMR 这 3 类报告则由于各自侧重点的不同与 EAR 所描述的事件有所重复,但这些报告对 EAR 报告的统计分析研究具有补充、印证和支持的作用。

数据获取是研究工作的重要组成部分。多数 WANO 事件报告是 HTML 格式的报告,是一种非格式化文本文档。传统 WANO 事件报告人因失误研究是基于人工对照 WANO 事件报告编码体系对事件报告进行解析,从而获取统计分析所需的数据存储到 EXCEL 格式文档中。对于WANO 事件报告每年发布的近千份事件报告而言,这种处理方式效率较低。本章实现了 HTML文档解析功能,很大程度上提高了数据收集效率。同时还基于系统平台对传统人工数据收集提供了支持。对于 WANO 事件报告数据,提供了数据导入功能,从而实现各种格式历史数据与系统的无缝对接。针对数据准确性和可靠性方面的问题实现了一套基于 WANO 事件报告编码体系的数据校验功能,能自动标识出可能存在问题的部分,交由研究人员处理,在兼顾效率的同时满足了研究对数据准确性的需求。

## 27.2 WANO 事件报告人因失误数据研究

人因失误事件的根原因指的是引发人因失误事件的最基本层次的原因,如若这些原因得以发现和纠正,就可以在很大程度上防止运行事件的发生或重现。WANO 事件报告编码体系中列举的核电厂人因事件的根原因有:口头交流、个人工作实践、个人工作安排、环境条件、人-机接口、培训制授权、工作程序或文件、管理方法、工作组织、人的因素、管理方向、交流协作、管理巡视和评估、决策过程、资源分配、变化管理、组织安全文化、偶然事件的管理、结构配置设计和分析等。

WANO 事件报告编码体系中将人因失误行为后果对系统造成的影响表征为:电厂运行条件降级、电厂瞬态、设备损坏、安全系统降级、放射性失控排放、没有预见到的个人受照、人身伤害、安全屏障降级、其他以及无后果 10 个部分。人因失误引发的各种事件后果的分布情况的统计分析结果,对于核电厂设计、制造、建造、安装、运行、配置管理、人-机接口、试验、维修、程序和培训等工作很具指导意义,同时对于制定事件防范措施抑或是应急措施都显得尤为重要。

由于不确定性的存在,很多时候事件的因果之间并没有形成明确的对应关系,要找出数据之间存在的关联或模式只能通过大量的数据分析实现。随着数据挖掘技术被大量应用到数据分析研究工作中,数据的收集和处理能力得到了很大的提升。

## 27.3 WANO 事件报告人因失误统计分析系统需求分析与设计

WANO 事件报告人因失误统计分析的实现目标在于为 WANO 事件报告人因失误研究工作提供一个集数据收集、维护、准备和应用等功能于一身的平台。在 WANO 事件报告人因失误数据收集方面,系统目标是提高数据收集效率,降低由于人为出错的概率,提供一个高度格式化的数据存储和分析方法。

### 27.3.1 系统功能需求特征

通过获取和分析用户需求,拟建的 WANO 事件报告人因失误统计分析系统的功能需求特征为:

(1)系统用户群体明确,易于组织培训和管理。因此在简单性和系统可扩展性方面本系统更加倾向于高可扩展性的支持,从最大程度上满足用户的多维可定制化需求,提高系统的适应性和可用性。

(2)针对 WANO 事件报告统计分析工作的特殊性,WANO 事件报告人因失误统计分析系统必须满足用户对统计分析功能的定制化需求。

(3)系统构建的重点应放在对非结构化或半结构化数据的 ETL 操作、统计分析流程的设计、统计分析组件模板和接口层的设计这几个方面。

(4)由于 WANO 事件报告中的内容是基于 WANO 事件报告编码体系的,为了无损地以结构化的方式保存 WANO 事件报告的数据信息,系统后台数据库需以 WANO 事件报告编码体系为基准进行设计,并对数据库元数据进行适当扩展,以支持统计分析和规则挖掘。

### 27.3.2 系统性能需求分析

软件在系统性能方面的需求是系统在正常运行时必须满足的一些约束条件,如瞬时的访问人数、任务时间的限制、可操作性、数据安全性要求等。根据应用需求,WANO事件报告人因失误统计分析系统在性能方面应该满足以下几点要求:

(1)系统应该能够在互联网和局域网两种网络模式下正常运行,同时应该具备支持多用户同时访问的能力。

(2)系统应具备对用户操作的实时响应能力,能够在用户感觉到的时间差内向用户提供最新的数据信息。

(3)在可操作性方面,系统应该能支持一定程度的容错能力,即使在出错的情况下也能及时向用户反馈操作信息。同时操作界面应该具备简洁、美观的特征,不会影响到用户的工作效率和心情。

(4)在数据安全性方面,系统应该提供分级的访问权限功能。不同的用户只具备工作需求内对数据访问(增加、删除、修改、查看、数据导出)的权限,不会因为权限混乱而对系统数据的安全性和可靠性造成威胁。

### 27.3.3 系统体系架构设计

由于客户机/服务器体系结构的广泛使用,使得应用系统越来越复杂化。有些问题在二层结构中不好解决,如服务器负担过重、客户机异地操作不易、不便于在互联网上输入输出信息。为解决这些问题,在保留一层结构集中处理和二层结构分布处理的优点的前提下,满足高内聚、低耦合的原则通过对原有结构的功能进行一定程度的分离,形成与之相应的三层结构方案,这样能显著地提高程序的可读性、可扩展性、可维护性并降低代码的冗余程度[1]。该方案得到了广泛的认可和应用,成为微软首推的系统架构[2]。结合系统构建需求和三层架构的优缺点,本研究选用数据层驱动模式即数据层构建为中心的模式,构建了如下的系统框架结构(图27-1)。

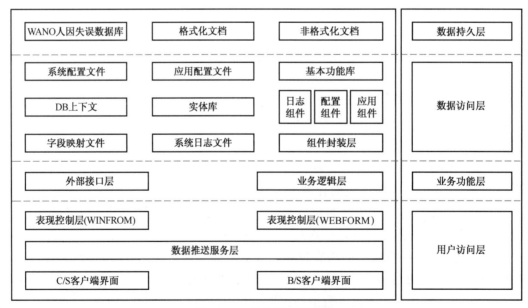

**图27-1 系统框架结构图**

数据持久层是系统三层架构之外的数据支持层,用于对系统数据进行持久保存。在本系统中,主要有三种方式向系统提供数据存取支持,分别是高度结构化的WANO事件报告人因失误数据库,Word、Excel、TXT 等提供半结构化数据的文本文档和提供非结构化数据的 HTML 文档。

数据访问层是系统三层架构的底层,通过数据访问层向下可以对数据持久层的数据进行操作,向上可以向业务功能层的业务逻辑实现和外部接口提供数据支持。在本系统中,数据访问层是三层架构中结构最为复杂的层级,其中系统配置文件、应用配置文件、字段映射文件这三个格式化的 XML 文件用于存取系统和各种应用的配置信息。系统日志文件能提供除系统数据库之外,以 TXT 文档格式记录系统运行状态,并将其保存于客户端的服务。数据库上下文提供对系统数据库服务器和数据库连接信息的存取。实体库是数据访问层的关键,基于面向对象的技术,通过对实体库 Model 的实例化,系统将 WANO 事件报告人因失误数据库的二维表信息转换为对象实体信息,以支持上层面向对象技术的需要。基本功能库提供系统所需的所有数据访问方法类,如 SQLHelper、WordHelper、ExcelHelper 等数据访问基础类。日志组件、配置组件提供对系统操作日志和系统配置进行操作的方法。应用组件则是系统功能扩展的关键,通过对应用组件程序集的增减可以对系统功能的扩展提供支持。组件封装层可以提供各组件方法的封装,从而降低代码的复杂度,提高代码的可读性和可扩展性。

业务功能层在三层架构中起到承上启下的作用,是系统功能和服务提供平台,通过业务功能层用户可以基于数据访问层构建符合自己应用需求的功能和服务。在本系统中业务功能层主要由两部分组成,业务逻辑层提供了许多系统内置的功能和服务,如一些简单的统计分析功能、数据挖掘功能、数据可视化功能等。外部接口层主要是提供了一些访问其他一些应用程序如 SPSS、SAS、EXCEL 等,从而借用其他应用程序一些强大的功能实现系统功能的扩展。

用户访问层提供给用户访问系统服务,调用系统功能的 UI 接口,其建立在业务功能层的基础之上,可以向用户提供体验良好的界面和筛选后的功能与服务视图。基于实际应用的需要,本系统力求在数据访问层和业务功能层的基础上,向用户提供 B/S 和 C/S 两种用户访问方式,这是因为 B/S 结构适用于多平台部署和远程访问且易于维护。由于 B/S 结构不能满足系统在统计分析方面功能的需要,必须引入 C/S 架构来完成系统的统计分析功能。因此在本系统中 B/S 客户端将主要用于数据显示,而 C/S 客户端主要用于系统功能和服务的调用。如图 27-1 所示,由 WEBFORM 和 WINFORM 两种表现控制层在服务器端进行服务调用以及对页面进行实例化和初始化,再通过数据推送服务层与客户端进行通信,最后把结果呈现给用户,实现系统与用户的交互。

### 27.3.4　系统功能模块概述

从系统需求出发,确定了系统需要实现的业务功能,并使用 UC 矩阵从数据 Use(使用)和 Create(产生)二维视角,根据高内聚低耦合的原则将这些业务功能划分为 7 个主要功能模块,如图 27-2 所示。

上述 7 个功能模块各司其职,每个功能模块负责系统运行的一个部分,共同支撑起系统正常运行环境。按照它们对业务目标的贡献度的大小,大体上可以分为辅助支持模块(窗口管理模块、编码维护模块、系统管理模块以及视图管理模块)和业务功能模块(数据准备模块、数据源管理模块以及数据应用模块)。以下对各个功能模块的主体功能做详细介绍。

数据准备模块对进入系统的数据进行管理。其数据收集子模块提供了三种把非结构化数据转换为系统可以使用的结构化数据的方法,其中 API 接口挖掘是指通过系统提供的数据访问接

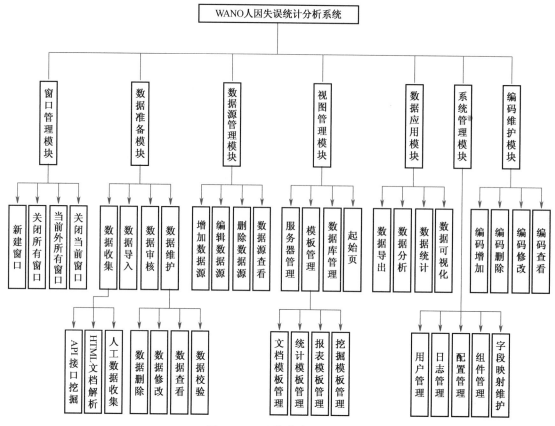

图 27-2　系统功能模块图

口进行数据收集,HTML 文档解析是指通过对 WANO 发布的 HTML 格式事件报告进行解析从而获得数据,人工数据收集是指以人工处理的方式对事件报告进行分析从而得到数据。数据导入子模块提供从半格式化、格式化文档中批量导入数据到系统的方法。数据维护子模块主要用于对系统内的格式化数据进行增加、删除、修改、查看和数据校验操作。数据审核子模块提供对数据库数据进行可用性审核功能,防止数据污染,提供数据安全保障。

视图管理模块提供系统功能多维视图,其中服务器管理器提供对系统可用数据库服务器的管理,数据库管理器提供对服务器下所有数据库及其内部子对象的管理,模板管理器是提供系统功能扩展的关键。通过视图管理模块可以对针对系统接口开发的各种应用模板和组件进行管理,从而实现系统功能的扩展和用户定制化需求的满足和实现。

数据源管理模块用于对数据指标进行操作和管理,其本质是一种元数据管理。通过这些元数据系统应用可以从数据库得到定制化的数据视图,在其基础上对系统数据进行操作。系统中将其表述为数据源管理主要是因为其是统计分析、数据挖掘、数据可视化等应用模板的数据来源。

数据应用模块可以在数据源和应用组件及模板的支持下对系统数据进行各种操作,包括数据统计分析、数据格式化导出、数据可视化等操作。

编码维护模块主要用于对 WANO 事件报告编码系统的数据库实现及其他辅助编码进行维护操作。

系统管理模块用于对系统操作配置进行维护,其用户管理子模块实现对系统用户的授权和管理。日志管理子模块实现系统操作日志的查看和操作功能,组件管理子模块实现对系统外来组件的管理。针对数据库编码字段可读性和可理解性差的特点,系统管理模块还提供字段映射维护功能,从而使系统数据的可读性和可理解性得到提高。

### 27.3.5　系统业务流程设计

通过对原有业务流程进行一定的优化,本研究以数据录入、数据校验和审核、数据维护与准备以及数据应用这四个系统数据状态为主线,形成了 WANO 事件报告人因失误统计分析系统的系统业务流程图,如图 27-3 所示。

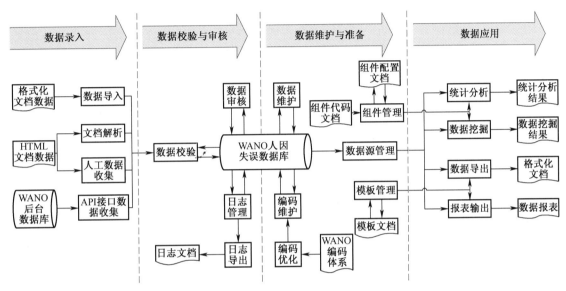

**图 27-3　系统全局业务流程图**

数据录入状态描述的是 WANO 事件报告人因失误研究工作中的数据采集流程。基于对实际研究工作需求的分析,系统提供了三种数据来源,它们分别是:

(1) 格式化文档,针对的是经过规范化处理,能够满足数据库格式化要求的数据。主要表现形式是 Excel 文档,同时为满足系统功能扩展的需要还提供了 TXT 文档、WORD 文档等类型文本文档的数据导入功能。

(2) HTML 文档数据,针对的是 WANO 事件报告在其官网发布的 HTML 网页格式的事件报告。由于 HTML 文档格式缺乏规范性且其内部数据也以非格式化形式呈现,为此系统提供了两种方式对其内部数据进行收集。文档识别解析是一种基于 HTML 文档数据挖掘技术的自动数据收集和处理方式,可以在很大程度上减少数据收集的工作量,提高数据的准确性(技术实现见 HTML 页面解析功能实现部分)。

(3) WANO 后台数据库 API 接口数据收集的方式,针对的是通过 WANO 事件报告开发的其后台数据库 API 访问接口,从而达到数据收集的目的。目前为此,WANO 数据库的 API 接口还未向外部授权,所以这种方式留待条件成熟时使用。

数据校验与审核状态,描述的是系统内部数据的校验与审核流程。系统通过校验和审核两个处理过程为数据的安全性及可靠性提供保障。其中,数据校验流程是把前期收集得到的数据同 WANO 事件报告编码体系进行匹配,并标识出匹配成果的数据项,为数据处理提供支持。只有校验通过的数据才能存入 WANO 事件报告人因失误数据库。数据审核流程对系统数据变化(包括数据维护、数据录入)进行监督,只有审核通过的数据变化才能被存储和使用。日志管理定义了对系统日志的查看和删除操作流程,日志导出定义了用户根据自身需要将日志导出系统的功能。

数据维护与准备状态,对应的是数据在系统内部的维护与应用准备操作。系统数据以关系型二维表形成存储于数据库中,并不能直接为研究应用提供合理格式的数据支持,需要通过系统的预处理,才能满足应用需求。数据维护与准备由以下 5 个具体的子流程组成。

(1)数据维护,描述对 WANO 事件报告人因失误数据库中存储的事件报告数据进行修改、查看和软删除(只是在逻辑上进行删除)的流程。

(2)编码维护,描述对 WANO 事件报告数据库事件编码进行增加、查看、修改和软删除的流程。

(3)数据源管理,主要描述系统的数据视图管理。基于 WANO 事件报告数据库事件编码取得元数据,再对其进行编辑加工,形成对数据库事实表的查询语句,供数据应用模块使用。

(4)组件管理,描述对系统的各种应用组件信息进行增加、查看、修改和删除的流程。由于本系统的应用功能都是基于组件技术来完成的,所以组件管理至关重要(具体实现方法见系统组件管理功能的实现)。

(5)模板管理,描述对应用模板进行管理的流程,主要包括对系统应用模板进行增加、查看、修改和删除操作(具体实现方法和组件管理功能相似)。

数据应用状态,描述了基于 WANO 事件报告人因失误统计分析系统提供的应用研究平台进行 WANO 事件报告人因失误研究的流程。其中数据统计和数据分析是结合统计分析组件,实现对于系统数据的人因失误研究操作。数据的格式化导出指的是根据系统外部统计分析软件的格式化需要,将系统数据转换为特定格式导出,是借助外部条件实现系统统计分析功能和实现系统扩展的关键所在。

### 27.3.6 WANO 事件报告人因失误数据库设计

数据库结构的好坏直接对应用系统的效率及实现的效果产生影响。合理的数据库结构设计可以提高数据存储的效率,保证数据的完整性、一致性和安全性,并降低系统应用、开发以及维护工作的难度。从 WANO 事件报告编码体系出发,在尽量保持原有信息含量的同时,对其进行了一定的优化处理使其适合数据库实现。同时在 Sybase 公司开发的辅助设计软件 Power Designer 的支持下,基于 WANO 事件报告编码体系和需求特征完成数据的建模工作。

#### 1. 数据库编码体系设计

数据库编码体系的核心是 WANO 事件报告编码体系,是 WANO 事件报告在工作中用来对事件相关要素进行描述并形成事件报告的编码规则,目的是用来规范 WANO 事件报告在世界范围内交流和合作的介质(事件报告)。由于顾及的方面太多,又经过数次未经充分论证的扩展,该编码体系编码之间存在着一定的表示重复,如果直接将不同层次的编码拼接起来并实现到数据库将会造成数据冗余、更新不完全、删除异常等问题。因此从 WANO 事件报告人因失误数据库实现需求的出发,基于 WANO 事件报告编码体系本研究做了一系列的优化和扩充工作,最终形成了数据库编码体系。这些工作包括：

（1）WANO事件报告编码体系的优化：归纳梳理了编码体系，去除了重复部分，并将原编码体系重新组合修订为适合于数据库实现的三层编码体系。

（2）编码体系的扩充：在WANO事件报告编码体系的基础上添加了一些数据实体，如：全面反映事件报告信息的事实表、表示电厂信息的电厂信息表、表示事件发生国别的国别表、表示事件报告状态的状态表、表示事件相关人员的人员表、表示事件相关设备的设备表等。通过这些实体的扩充最终形成了WANO事件报告人因失误数据库的编码体系。

2．**WANO事件报告数据库实体关系建模**

本研究中对数据库的建模分为三个阶段，首先基于WANO事件报告编码体系和实际的应用需要构建起概念模型，其定义了实体（数据库中的二维表）的属性字段、实体之间的关系（数据库中的表关系）以及实体的标识字段（数据表中的主键）。其次在概念模型的基础上通过Power Designer导出其对应的逻辑模型，在逻辑模型中对概念模型中的实体定义及实体关系定义进行细化。再通过辅助设计软件把构架模型与具体的数据库（本研究选用的是SQL2008）结合起来，形成对应的物理模型（图27-4）。最后在物理模型的基础上自动导出数据库的构建脚本，用配置好的账户登录DBMS，在查询分析器中执行上述脚本，就可完成WANO事件报告人因失误数据库的基本设计工作。

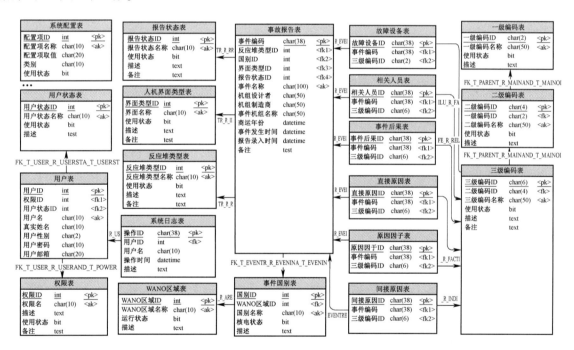

图 27-4　WANO事件报告人因失误数据库物理（数据）模型

## 27.3.7　系统实现方案

系统实现方案主要涉及到以下三个具体的方面：

1．**系统配置方案**

（1）开发环境配置：华硕 A43S 笔记本电脑（2.4GHz 主频，4GB 内存，500GB 硬盘，无线网卡),Windows7 旗舰版操作系统,IIS WEB 服务器,SQL2008 数据库服务器,VS2010 集成开发环境,IE6.0 浏览器。服务器端配置:

① 硬件部分:最低配置应符合 IBM 硬件系统规范中的小型商用服务器标准,单 CPU 主频不低于 3.0GHz,内存不应低于 4GB,并拥有 500GB 以上存储容量的硬盘,数据库服务和应用服务置于同一台服务器上。

② 软件部分:装有 Windows NT Server 4.0 SP3 以上操作系统,MS SQL2008 数据库服务器,Microsoft Office Web Component 插件。

(2)客户端配置:对于计算机性能并无特殊要求,但应具有上网能力且装有 IE6.0 以上浏览器(B/S 环境)或者 Windows 操作系统,装有 .NET Framework 4.0 以及 Microsoft Office Web Component 插件(C/S 环境)。

2. 系统开发平台选择

本研究选用 VS(Visual Studio)平台作为实现平台,具体基于以下几个方面考虑:

(1)就系统开发的成本效率方面来说,研究要求以较低的成本,快速开发出能应用于 WANO 事件报告研究工作的原型系统,VS 是最优选择。

(2)就用使用习惯方面来说,VS 能开发出与普通 Windows 应用程序界面无异的应用,对于已经习惯于 Windows 界面风格的用户来说,VS 显然是最佳选择。

(3)就应用环境来说,WANO 事件报告人因失误研究需要诸如 Office、Word、Notebook 等 Windows 应用的支持,因而对于本系统来说需要支持这些应用。而 .NET 提供了对这些应用的调用接口,故而应该选用 VS。

(4)就开发技术方面来说,VS 平台下的 C 语言正好是作者掌握最好的语言,这也成为选用 VS 开发平台的原因之一。

3. 系统数据库管理系统选择

数据库管理系统(Data Base Management System, DBMS)是一种操纵和管理数据库的大型软件,用于建立、使用和维护数据库。它提供对数据库的统一管理和控制功能,以保证数据库的安全性和完整性。用户(应用程序)可以通过 DBMS 访问数据库中的数据,而数据库管理员也可以通过 DBMS 实现数据库的维护工作。它提供多用户以同步或异步方式建立、修改和访问数据库的操作[3]。目前主流的 DBMS 可以分为大、中、小三种类型多达上百种数据库,但是出于最佳匹配开发平台的需要,本研究只考虑微软旗下的 DBMS,这主要涉及到:

(1)Microsoft Office Access 是微软发布的小型关系型桌面数据库管理系统。它结合了 Microsoft Jet Database Engine 和图形用户管理界面两项特点。它是作为微软的 Office 办公组件的一部分打包发布的 Assess 能够存取 Microsoft SQL server、Access/Jet、Oracle 或者其他任何兼容 ODBC 模式的数据库内的数据。对于熟练的开发人员来说,Access 由于运行成本低、易于搭建等原因它经常被用于开发测试,一些开发人员或非开发人员经过简单的培训或自学则能使用它来开发简单的应用软件。但是由于它是小型桌面数据库,Access 无论是管理功能还是应用支持功能都十分有限,目前虽然它支持部分面向对象技术,但是还未能成为一种完整的面向对象开发工具,这对于全面采用面向对象技术的本系统的开发来说显然不够。

(2)Microsoft SQL Server 是由微软所推出的中型关系数据库解决方案。在功能方面 Microsoft SQL Server 数据库全面支持了美国标准局(ANSI)和国际标准组织(ISO)所定义的 SQL

语言,微软在其基础上对它进行了部分扩充而成为商用 SQL( Transaction-SQL) 。在用户界面方面,Microsoft SQL Server 拥有简洁美观的 Microsoft SQL Server Management Studio ,大大简化了数据库管理工作。虽然 Microsoft SQL Server 几个初始版本仅仅适用于中小型应用开发,但是随着微软对其技术的升级,它的应用范围得到了扩展,目前已经被用于大型、跨国企业的数据库管理工作中。因此无论是在性能方面还是在管理可行性方面 MSSQL 完全能满足本研究的所有需要。

## 27.4 WANO 事件报告人因失误统计分析系统实现

系统的实现工作建立在系统分析的基础之上,系统分析有两方面思路,其一是面向对象思想,其二是原型法实现。

(1)面向对象的思想是把客观世界从概念上看成是一个个相互配合协作的对象所组成的系统。系统开发的面向对象方法的兴起是系统开发方法发展的必然趋势。面向对象的分析方法是利用面向对象的信息建模概念,如实体、关系、属性等,同时运用封装、继承、多态等机制来构造模拟现实系统的方法。面向对象方法目前已经成为主流的开发方法,融入到了系统开发工作的方方面面(开发语言,系统架构),本系统所选用的 C 语言是纯粹的面向对象开发语言,所选系统架构——三层架构也是基于面向对象思想而搭建的。

(2)原型法指的是一种从用户的需求出发,利用系统开发工具,快速地建立一个具备核心功能的系统原型并展示给用户,在此基础上与用户沟通交流,最终实现用户需求的确定以及信息系统快速实现的迭代开发方法。原型法具有开发周期短、见效快、与系统用户交流充分的优点,特别适用于那些用户需求模糊、结构性比较差的系统的开发[4]。由于这些特征与本系统的开发情境极为匹配,因此在整个系统的开发周期中引入了原型法思想。

### 27.4.1 WANO 事件报告人因失误数据库实现

WANO 事件报告人因失误数据库设计阶段由 Power Designer 所构建的物理模型实现。具体的实现工作由以下几个部分组成:

(1)进入 MS SQL2008 Management Studio 通过图形化操作或借助数据库创建脚本创建好一个空的数据库框架,同时完成数据库角色创立及其权限分配工作。

(2)进入 Power Designer 操作面板,配置好数据库连接信息,调用 Power Designer 提供的数据库脚本自动生成功能,由数据库物理模型导出数据库生成脚本文件或是直接生成数据库实体。

(3)基于构建需求对生成的数据库脚本(具体脚本可向作者要求)进行一定的修改和格式验证,再把脚本导入到数据库查询分析器中执行,生成数据库实体。

(4)在数据库实体的基础上,从简化数据访问以及保证数据安全的角度入手,完成了数据库视图和存储过程的创建。以事件报告主表视图和数据分页存储过程为例,其中事件报告主表视图提供了一个从整体层次上对事件报告进行信息浏览的视角。之所以会有如此需要,是因为在数据库中考虑到数据冗余等问题,会把一个信息主体拆分为相互关联的几个关系表,但是对于应用来说,这会造成数据访问难度的增加,而视图就能解决这个问题。

存储过程作为存储在数据库中的 SQL 语句和可选控制流语句的预编译集合,使用存储过程可以显著提高数据库执行速度,减少数据库开发人员的工作量,提供事务支持并简化数据操作的复杂度。对于本系统开发来说,分页存储过程就是一个典型。

### 27.4.2 基础工具类库开发

基础操作类库是一个应用系统的底层,它为整个系统提供公共的最基底的服务、基本的应用程序域、数据类型、IO 操作以及访问其他类库的基础。诚然,. NET 框架为开发人员提供了丰富的基础类,它们几乎覆盖了系统开发方方面面的需要,而且第三方插件开发人员也从各自应用领域出发,开发了海量的操作类库。但是这并不意味着开发人员可以在其基础上直接进行应用开发,这是因为这些类库更多考虑的是通用性,因而其在很大程度上不能满足具体应用领域的需要,而且存在结构臃肿、缺乏弹性的特征。针对上述问题,本研究从系统开发需求出发对这些基础类进行了重构和二次封装,形成了满足研究需要的工具类库。类库结构图如图 27-5 所示。

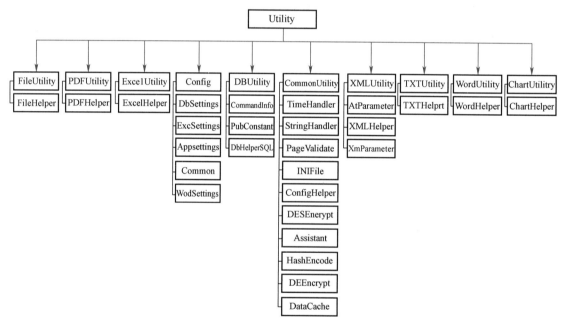

**图 27-5 工具类库结构图**

如图 27-5 所示,研究为系统的开发提供了丰富而且具有高可扩展性的工具类库,同时由于 WANO 事件报告人因失误研究应用需求的特殊性,类库搭建的很大一部分工作集中在了数据访问工具类(如 DBUtility、ExcelUtility、TXTUtility、WordUtility 等)的开发上,形成了较为完善的数据访问支持体系,在此基础上可以实现对目前主流数据文档的访问能力。

#### 1. 数据库操作类

本系统的应用数据基础建立在 MS SQL2008 数据库之上,由数据库对所有应用数据提供支持。其他的数据来源(如 TXT 文档、EXCEL 文档、WORD 文档等)要在本系统得到应用,必须先转换为数据库数据表现形式,因此从应用需求出发对数据库数据的高效访问显得至关重要,而数据库操作类正是提供这些访问功能的基础。系统中 DBUtility 类库主要由三部分组成,分别是:

（1）PubConstant 类，提供了两种从系统配置文件中获取加密的数据库连接字符串的方式。

（2）CommandInfo 类，提供对 SQL 命令参数的二次封装，提供了在事务方面的支持。

（3）DBHelperSQL 类，作为一个方法封装类，提供了从各个方面对 SQL 数据库进行数据操作的方法，包括普通的 SQL 语句、带参数的 SQL 语句以及存储过程支持。

### 2. 文件操作类

对于 WANO 事件报告人因失误统计分析系统来说，最为频繁的应用是对系统边界外的数据文件进行操作，这其中包括对系统边界外的各种数据文档、数据模板以及所属目录的增加、删减、修改、查看操作，复制、粘贴操作等。这些操作都要透过系统的文件操作类-File Operation 来实现。

### 3. 数据文档操作类

数据是 WANO 事件报告人因失误统计分析系统的基础，系统必须具备处理各种格式数据的能力。系统的应用数据直接来自于 WANO 事件报告数据库，但是对于 WANO 事件报告人因失误研究来说，仅仅支持对数据库数据的访问是远远不够的。从数据来源角度来说，系统应该具备从多种格式文档中获取数据的能力。从数据应用角度来说，系统的数据不应该只是能够在本系统中得到应用。相反，出于对系统功能边界扩展的考虑，系统应该具备按照应用特征或模板定义导出各种形式数据的能力。数据文档操作类按照对不同格式文档的支持可分为以下几个部分：

（1）TXT 文档支持类-TXTHelper，实现了对 TXT 文档的创建、添加、覆盖、选择、复制、粘贴等众多功能。

（2）Word 文档操作类，Word 文档是实际应用中出现频度最高的数据保存格式，因此对 Word 文档格式的支持是研究中的重点。传统的 Word 文档产生环境-MS Office 办公组件是一个功能极为强大组成也极为复杂的软件，完全模仿其所有功能不现实，所以重点从数据的操作入手，在保持其数据操作功能的前提下，对 Word 操作类进行了大量简化，去除了大量不必要的格式操作功能，形成了一个能同时支持模板数据操作和普通模式操作的工具类。

（3）Excel 文档操作类，Excel 作为一个集数据保存和数据分析功能于一体的强大研究工具，可用于创建各种格式的电子表格，分析和共享数据信息以做出全面的决策和分析。使用简洁大方的 Microsoft Office Fluent 用户界面可以得到丰富的直观数据以及数据透视表视图，也可以轻松简便地创建和使用达到专业水准的图表。无论是过去还是将来 Excel 使用将会得到一直延续，对于 WANO 事件报告人因失误研究工作也是如此。因此实现系统与 Excel 的数据共享也是本研究的重点之一，而研究中的 Excel 文档操作类-ExcelHelper 在很大程度上帮助我们达成了这一目标。

### 4. NET 图表操作类

WANO 事件报告人因失误研究的一项重要工作就是对 WANO 事件报告数据进行统计分析，所以必须生成一些报表统计图（如柱形图、饼图、曲线图等）。.NET 平台自身在这一方面做的比较欠缺。通过对所有开源的第三方组件的分析和评估，本研究最终选择使用 DotNetCharting 控件来实现。DotNetCharting 是一个十分优秀的 .NET 图表控件，对中文支持非常好，而且操作方便，开发快速，既能在 WebForm 也能在 WinForm 环境下使用。通过在系统引用第三方组件-dot-netCHARTING，并配合本部分实现的 DotNetChartingHelper 操作类，以比较简洁的方式满足了研究工作中对数据可视化的需求。

5. 其他辅助类

工具类库中除了上述一些功能目标比较具体的操作类以外,还有许多其他从整体层级上对系统功能实现起到支撑和辅助作用的操作类,它们也是系统不可或缺一部分。例如:

(1) CommonUtility 类库整合了一些最为基础的操作类,如加密类的 DEEncrypt、解密类的 DESEncrypt、配置文件操作类的 ConfigHelper、初始化文件操作类的 INIHelper、页面验证类的 PageValidate 等。

(2) 系统全局配置类库则包含一系列在整体层级上对系统运行环境变量进行配置的操作类,如主程序配置类的 AppSettings、文档格式配置类的 Common、数据库配置类的 DBSettings、Word 文档配置类、Excel 文档配置类等。

(3) XML 文档操作类,XML 作为一种纯文本的格式化数据近年来在各个领域得到了广泛的应用,特别是在系统开发领域,它早已经成为了异构系统信息交流的标准,对 WANO 事件报告人因失误研究来说,提供对 XML 文档操作的支持也是必要的。

### 27.4.3 系统主窗体开发

系统主窗体是用户访问系统的主入口,是用户对系统的第一映像。交互良好的主窗体能显著降低系统的使用难度,提高系统的整体效能。多文档界面(Multiple Document Interface, MDI)可以同时打开多个文档,每个文档都出现在自己的窗体中,文档窗口包含在父窗体内,主窗体为所有的子窗口提供操作功能以及操作空间,子窗体被限制在窗体的作用域内,多文档界面应用程序的一个重要标志就是设有"窗口"菜单。一个应用程序可以包含多个类似或者不同样式的 MDI 子窗体,在程序设计阶段,各个子窗体是独立的,并不被限制在 MDI 父窗体的区域内,可以为每个子窗体单独增加控件、设置属性、编写代码。换句话说,在设计阶段 MDI 子窗体和 MDI 父窗体同标准窗体相比并没有区别(区别在于 MDI 子窗体需要设置 MDIChild 属性为 True,MDI 父窗体需要设置 IsMdiContainer 属性为 True)。对于本系统来说基于对用户使用习惯以及系统功能组织的问题的全面考虑,采用了仿 Microsoft Excel 程序的 MDI 来实现系统主窗体。

主操作界面主要由三部分组成,分别是控制区、停靠管理对象以及工作区。其中控制区由系统菜单栏和快捷工具栏组成,能够针对应用对象的不同菜单对象显示。停靠管理对象提供对主窗体中所有停靠对象的管理,如数据库视图、模板管理器等。工作区中加载了一个页面管理对象,它提供显示区域和统一管理,是各种工作窗体的载体,每个工作窗体在工作区都显示为一个 Tab 页。

### 27.4.4 系统安全模块开发

系统安全是任何系统开发工作中不可忽视的一个要点。用户作为系统不可或缺的一个组成部分,同时也是对系统安全挑战性最大的不确定因素,如何准确高效地识别用户,确定好系统的访问边界是应用程序开发过程中至关重要的一环。对于本系统来说,系统安全模块包含用户注册功能、用户登录功能、用户管理功能以及系统权限管理功能。其中用户注册功能和用户登录功能面向每一个系统潜在用户。用户管理功能面向系统中具备一定权限的用户群体,借助其可以实现系统注册用户角色的创建、审核、删除、禁用等操作(对于本系统来说,这一功能实现是基于 ListView 对象,不涉及复杂逻辑,所以不在这部分进行说明)。系统权限管理功能提供对成功登录系统的用户进行权限分配与监控,使用户在各自的权限范围内,各司其职,不会发生越界访问,危害系统安全。系统安全模块的总体数据流程图如图 27-6 所示。

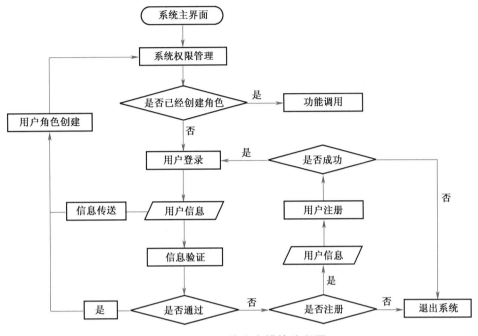

图 27-6　系统安全模块流程图

### 1. 用户登录及注册功能实现

用户注册和登录功能是界定系统安全边界的一种有效手段,它要求所有潜在系统用户向系统提供一定的身份信息,以便确定用户身份,进而创建系统用户角色,实现系统的安全访问。其中用户登录功能要求输入一部分个人信息(通常是用户名和用户密码),系统通过将这些信息与内部用户信息进行比对,实现用户身份识别,提取足够信息进行用户角色创建。用户注册功能要求用户输入能够代表自身状态的信息(如姓名、性别、手机等),以便提交系统审核,通过审核被系统纳入边界后,下次访问时就能被系统所识别了。对于本系统来说,考虑到简洁性的问题,把用户登录和注册功能整合到一个窗体中实现。

### 2. 系统权限管理功能的实现

权限管理指的是根据系统所设置的安全规则,当用户登录系统后,只能访问自己被授权的资源。权限管理在任何系统里都是必不可少的,区别只是在于实现方式的繁琐程度不同而已。权限管理具体可分为"认证"与"授权"两部分工作,其中认证(Authentication)指的是"判断用户是否已经登录系统?",如在 Windows 系统中,如果没登录就无法使用(无论你是管理员(Administrator)还是访客(Guest)用户,也就是说要进入系统桌面你首先要正确登录)。而授权指的是"用户登录系统后的身份/角色识别",如以"管理员"身份登录 Windows 后,用户就拥有安装软件、配置 Windows 等所有操作权限,而以"访客"身份登录,则只拥有有限的操作权限(如安装软件的操作就会被系统禁用)。基于对数据安全重要性的充分认识,本书从系统开发需求出发,选用了开源的统一认证程序集——CG. Security 实现了一套适用于本系统的认证授权机制。主要做了以下

工作:

（1）在数据库中构建用户权限信息表（这一部分工作在前期的 WANO 事件报告人因失误数据库构建工作中已经完成），然后在项目配置文件中添加配置信息：

```
<? xml version = "1.0" encoding = "utf-8" ? >
<configuration>
  <configSections>
    <sectionGroup name = "CG.Security.Data">
      <section name = "runtimeSetup" type = "CG.Security.Data.Configuration.DataSettingsHandler,
CG.Security" />
    </sectionGroup>
  </configSections>
  <CG.Security.Data>
    <runtimeSetup defaultSection = "mssql">
      <installedAssembly>
        <add sectionName = "mssql"
targetAssembly = "CG.Security"
targetNamespace = "CG.Security.Data.Access"
connectionString = "server = localhost;database = WANO 事件报告 DB;Trusted_Connection
= SSPI" />
      </installedAssembly>
    </runtimeSetup>
  </CG.Security.Data>
</configuration>
```

（2）项目分别构建实现了 System. Security. Principal. IPrincipal 接口的 CustomIdentity 的用户标识类和实现了 System. Security. Principal. IIdentity 接口的 CustomPrincipal 的权限规则类。每个类在具有接口所定义的方法和属性的同时又能够拥有自己特有的属性和字段。

（3）在执行权限限定的动作之前，基于登录时候生成的用户标识对用户的权限进行检查。这一部分可以在 B/S 和 C/S 两种不同环境下实现。

（4）在 WinForm 或是 WebForm 登录环境里进行登录判断，核心代码如下：

```
if(loginOK)
{
    System.AppDomain.CurrentDomain.SetThreadPrincipal(new CustomPrincipal
        (new CustomIderitity("某某登录名")));
}
```

### 27.4.5　组件模板管理模块实现

组件（Component）是能够完成某种功能并且向外提供若干个使用这种功能的接口的可重用代码集。表现形式为常见的库/包，组件将一些类和接口组织起来，对外暴露一个或多个接口，供外界调用。每个组件会提供一些标准且简单的应用接口，允许使用者设置和调整参数和属性。通过组件技术，用户可以将不同来源的多个组件有机地结合在一起，快速构成一个符合实际需要(而且价格相对低廉)的复杂(大型)应用程序。组件区别于一般软件的主要特点,是其重用性(公用/通用),可定制性(设置参数和属性、实现定义功能),自包容性(模块相对独立、功能相对完整)和互操作性(多个组件可协同工作)。可以简单方便地利用可视化工具来实现组件的集成,也是组件技术一个重要优点。正是基于组件的上述优点,本系统的统计分析和数据挖掘模块的开发将主要基于组件技术来实现,最大程度提高系统功能的可定制性和适应性。基于系统组件管理的需要,开发了下述的组件管理控件,实现了对系统组件的全面操作,控件界面如图 27-7 所示。

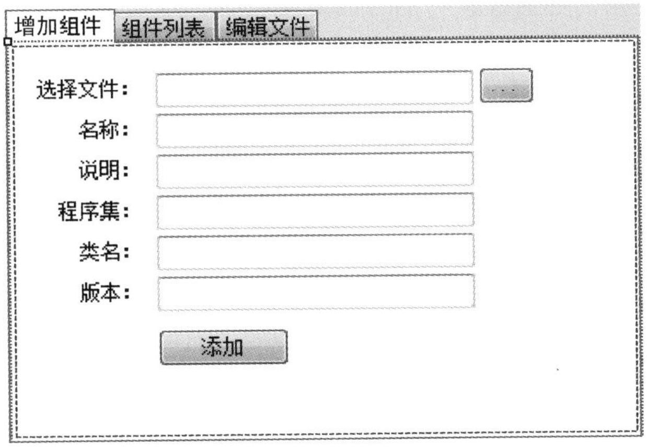

图 27-7　组件管理界面(一)

其界面主要由三个 Tab 页组成,其中增加组件 Tab 页主要用于向系统组件配置文件(在本系统中采用 XML 文档保存配置信息)中增加组件信息。组件列表 Tab 页可以列表的方式浏览已经添加的组件信息,可通过其删除组件信息。编辑文件 Tab 页以 XML 文档格式显示组件信息,通过其可以更大程度地编辑修改配置信息,如图 27-8 所示。

```xml
<?xml version="1.0" encoding="gb2312"?>
<Builders>
 <Builder>
  <Guid>94F2CF68-CECB-47b5-81D9-68BF5806ACF2</Guid>
  <Name>DataMining_RelevancyAlgorithm</Name>
  <Decription>关联算法</Decription>
  <Assembly>WANO.DataMinning</Assembly>
  <Classname>WANO.DataMining.RelevancyAlgorithm</Classname>
  <Version>2.5.0</Version>
 </Builder>
 <Builder>
  <Guid>94F2CF68-CECB-47b5-81D9-68BF5806ACF5</Guid>
  <Name>DataMining_ClusteringAlgorithm</Name>
  <Decription>聚类算法</Decription>
  <Assembly>WANO.DataMinning</Assembly>
  <Classname>WANO.DataMining.ClusteringAlgorithm</Classname>
  <Version>2.1.0</Version>
 </Builder>
</Builders>
```

图 27-8　组件管理界面(二)

## 27.4.6　数据收集模块实现

数据收集模块是系统的数据入口。本研究基于方便实际应用的考虑,为系统设计了三种数据收集方式,分别是人工数据录入、HTML 文档解析以及数据导入,这三种方式基本上可以覆盖到应用中所有的数据来源。

1. 人工数据录入功能实现

人工数据录入是通过比对事件报告与 WANO 事件报告编码表而收集数据的方式,这种数据收集方式可控性好,适应面广。系统中这个功能的实现,可以使这种数据收集方式的效率和可靠性得到显著提高。从效率上来说,系统整合了传统的数据收集流程,把所有数据收集所需的次数都加载到了一个界面上,能在很大程度上提升数据收集的效率。就数据可靠性来说,基于 WANO 事件报告编码体系的数据校验功能可以方便快捷地完成数据匹配工作,并向操作人员给出必要提示。具体的操作界面如图 27-9 所示。

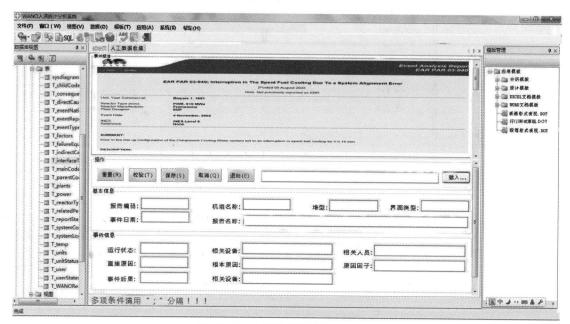

**图 27-9　人工数据录入操作界面**

2. HTML 文档解析功能实现

WANO 事件报告人因失误统计分析系统的原始数据来源——WANO 事件报告发布在其官方网站的 HTML 网页格式的事件报告,如何从这种格式的文件中提取格式化数据是本研究的重点。但是通过研究发现,运用 .NET Framework 类来解析 HTML 文件、读取数据并不容易。虽然可以用 .NET Framework 中的许多类(如 StreamReader)来逐行解析文件,但 XmlReader 提供的 API 并不是"取出即可用(out of the box)"的,这是因为 HTML 的格式不足够规范。通过研究,最终选用了由 Microsoft 的 XML 大师 Chris Lovett 发布的一个 SGML 解析器——SgmlReader,通过它可以解析 HTML 文件,甚至将它们转换成一个格式规范的结构。SgmlReader 本身派生于 .NET Framework 中的 XmlReader 类,也就是说,可以像运用诸如 XmlTextReader 这样的类来解析 XML 文件那样来解析 HTML 文件并生成格式规范的 HTML,从而可以运用 XPath 语句来读取数据。可以通过如下步骤通过一个 URL(统一资源定位符)实现对一个远程 HTML 文件的解析:

(1)通过实例化 HttpWebRequest 和 HttpWebResponse 对象来访问一个远程的 HTML 文件:

```
HttpWebRequest req =(HttpWebRequest)WebRequest.Create(uri);
HttpWebResponse res =(HttpWebResponse)req.GetResponse();
```

```
StreamReader sReader = new StreamReader (res.GetResponseStream ());
```

（2）创建一个 SgmlReader 类，并把它的 DocType 属性设置为"HTML"：

```
SgmlReader reader = new SgmlReader ();
reader.DocType = "HTML";
```

（3）把前面加载有 HTML 文件响应流的 sReader 对象赋值给 SgmlReader 类的 InputStream 属性，从而把 HTML 文件流加载到 SgmlReader 对象：

```
reader.InputStream = new StringReader (sReader.ReadToEnd ());
```

（4）然后就可以通过调用 SgmlReader 的 Read( )方法来解析 HTML 文件并创建格式规范的 HTML 文档：

```
Sw = new StringWriter();
Writer = newXmlTextWriter (sw);
Writer. Formatting = Formatting. Indented;
while (reader.Read()) {
if (reader.NodeType ! = XmlNodeType.Whitespace) {
writer.WriteNode(reader, true);
}}
```

（5）最后就可以用 Xpath 语句来读取 HTML 文档中不同的节点，从而实现 HTML 文档的数据读取，下面的代码示例了如何将 SgmlReader 生成的输出结果加载到一个 XpathNavigator，然后使用 Xpath 语句来查询 HTML 文件结构：

```
StringBuilder sb = new StringBuilder ();
XpathDocument doc = new XpathDocument(new StringReader(sw.ToString()));
XpathNavigator nav = doc.CreateNavigator();
XpathNodeIterator nodes = nav.Select(xpath);
while (nodes.MoveNext()) {
sb.Append(nodes.Current.Value);}
return sb.ToString();
```

如图 27-10 所示的 HTML 文档解析界面主要由三大功能区组成。最顶端是解析结果展示

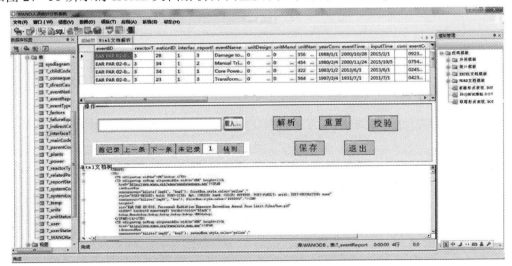

图 27-10　HTML 文档解析操作界面

765

及编辑区,它是 HTML 文档对应事件记录(经过解析后)在 WANO 事件报告人因失误数据库中存储的表现形式,基于校验操作给出的提示,操作人员可以对其做出相应的更正操作。操作区是一些基本操作命令的聚焦区,可以完成一些基本的文档解析相关的操作。HTML 文档树可以将 HTML 事件报告文档以文档树的形式向操作人员作直观展示。

### 3. 数据导入功能实现

数据导入功能是为导入长期的 WANO 事件报告人因失误研究工作中积累的,经过规范化处理,能够满足数据库格式化要求的数据。主要表现形式是 Excel 文档,同时为满足系统功能扩展的需要还提供了 TXT 文档、Word 文档等类型文本文档的数据导入功能。对于 MS Office 所生成的文档的操作,本研究选用了第三方插件——NPOI 实现,而 TXT 文档的操作则是基于基础的 System. Text 程序集实现的。

如图 27-11 所示,数据导入功能的实现主要由两部分组成。界面上半部分的数据表部分是对文档进行导入并匹配之后的结果,下半部分则集中罗列了数据导入功能实现所需要的一些操作按钮。

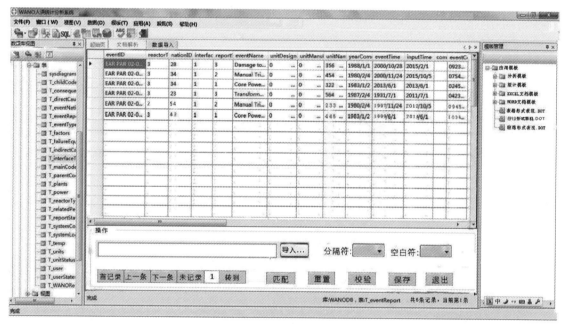

图 27-11 数据导入操作界面

## 27. 4. 7 数据审核功能实现

数据的安全性和可靠性是 WANO 事件报告人因失误统计分析系统的基石,是得出正确的统计分析结果的关键。为此本系统特别实现了基于 WANO 事件报告编码体系的数据审核功能实现,为系统数据安全性和可靠性提供必要保障。数据审核模块面向特定权限(1——超级管理员、2——管理员)系统用户提供了 WANO 事件报告在数据库中的最终表现形式,数据审核操作的实现其实是基于对事件主表(T_eventReport)中的 reportStatusID 这个字段值(三种状态:1——已删除、2——待审核、3——完备)的修改实现的。

如图 27-12 所示的数据审核操作界面由四个主要部分组成。最上面一部分是数据筛选功能,提供了关键字查询和日期查询两种方式。第二部分是以 DataList 列表形式表示的可编辑的数据区域,对数据的维护与审核工作将主要集中在这个数据列表中进行。第三部分是数据操作区,由数据导航按钮以及基础操作按钮组成。第四部分则是单记录操作区域,与 DataList 相似,这一部分提供更为细致的数据更新操作。

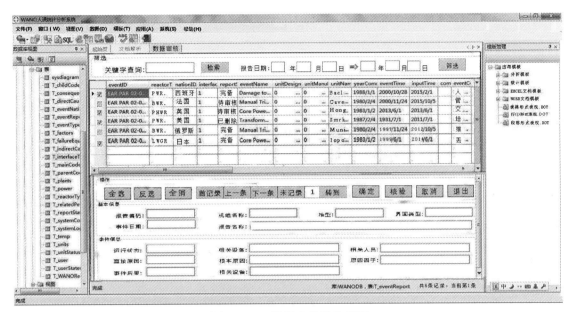

图 27-12　数据审核操作界面

### 27.4.8　数据源管理模块实现

数据源本质上是连接 WANO 事件报告人因失误数据库与实际应用的一座桥梁,这是因为 WANO 事件报告人因失误数据库中的数据表现形式是固定结构的关系型二维表记录,并不能直接适用于数据统计分析操作。因此需要通过数据源管理模块首先完成数据映射处理,同时基于这个处理模块用户还能够完成数据视图创建,完成用户应用数据的定制工作,这就是数据源管理模块的实现初衷。其处理流程如图 27-13 所示。首先在数据源管理模块中完成数据源的项目创建并设置为当前数据源,然后将数据项(WAON 人因失误数据库表字段)添加到当前数据源中,接着回到数据源管理模块对当前数据源中的数据项进行编辑并映射为 SQL 语句,再保存数据源,在数据应用操作中就可以直接调用数据源了。

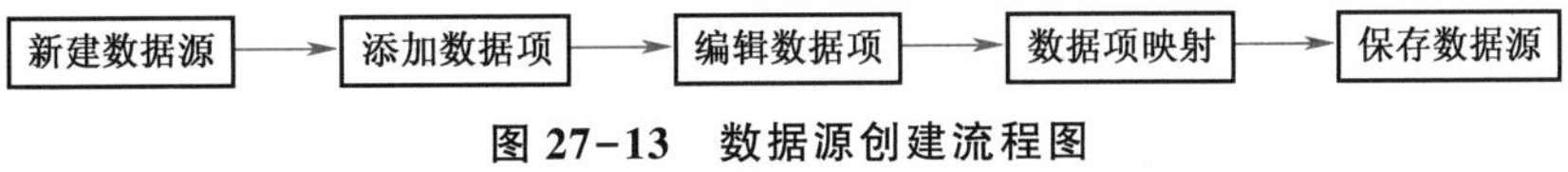

新建数据源 → 添加数据项 → 编辑数据项 → 数据项映射 → 保存数据源

图 27-13　数据源创建流程图

数据源管理模块实现的重点之一在于集合运算功能的实现,这是因为数据源中的数据项本质上是一个个的数据集合,最终映射为数据库中的 SQL 查询语句。但是 SQL 查询语句并不为大多数的非计算机专业人士所熟知。因此选用一种通俗易懂、易于操作的集合运算符显得尤为重要。基于上述问题的考虑,本研究选用了本章附录中操作集合。借助这些操作符可以完成针对数据集合的大部分基本操作[1]。

数据源管理操作界面主要由三个操作区和一个显示区组成,其中数据源管理区集成了对数据源的一些操作指令(创建新的数据源,设置当前数据源等)。字段操作区集中了对数据字段操作的命令,如字段导航、字段选取等。数据项操作区则是数据项操作命令聚集区,主要由数据项导航、选取、创建、编辑以及集合操作指令区几大部分组成。其最终效果如图 27-14 所示。

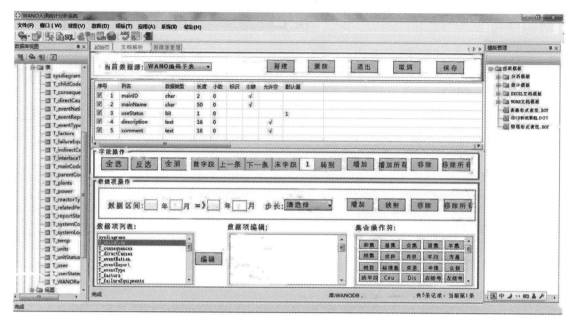

**图 27-14 数据源管理操作界面**

### 27.4.9 数据应用模块实现

数据应用模块可以说是一个功能集成平台,其是整个 WANO 事件报告人因失误统计分析系统的数据出口,基于数据应用模块可以实现对各种功能组件和应用模块的调用,从而将系统中单一形式的关系型数据表示为满足特定应用需要的多种形式的数据,如 Word 文档数据、Excel文档数据、统计图表数据、分析结果等。从总体上来说,这个模块的实现主要体现在统计分析功能以及数据导出功能两部分功能的实现。

1. 统计分析功能的实现

如图 27-15 所示,统计分析操作界面由四大部分组成,右上部分是样本数据(对应于相应的数据源)显示区,左上部分则是全局配置区。样本操作区针对的是右上部分样本数据的基本操作,主要涉及到数据导航以及选取两大部分操作。结果显示区则是统计分析结果的集中显示环境,系统中的所有统计分析相关的结果都将在这一框架中得到展示。

2. 数据导出功能的实现

与数据统计分析界面类似,数据导出操作界面也是一个功能集成界面。如图 27-16 所示,该界面也由四大部分组成,与统计分析界面不同的是在数据导出界面中由模板填充操作界面替代了统计分析界面中的结果显示界面。在模板填充界面中可以根据所选的数据导出模板动态生成模板内容填充树,基于填充树可以完成对模板中每一部分的内容进行填充的操作,从而将填充操作细化,提高了模板的可操作性。

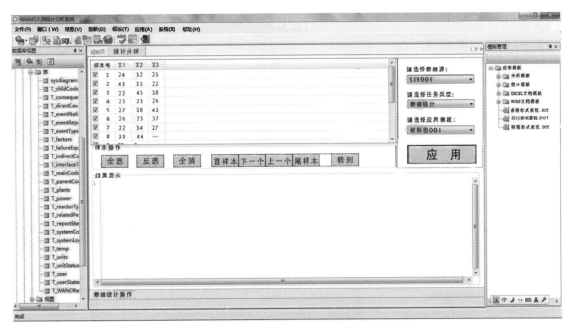

图 27-15　统计分析操作界面

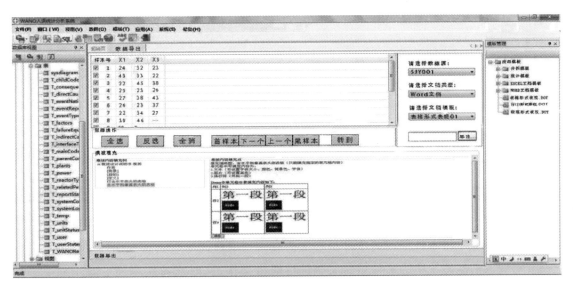

图 27-16　数据导出操作界面

## 27.5　系 统 应 用

　　检验一个系统的开发能否达到预期目标的最佳方式就是应用实践。接下来,本章从人因失误研究工作实际应用需求出发,选取了数据的录入、数据的维护、数据的准备(数据源管理)、数据的统计(以人因事件影响及后果分布统计为例)以及数据的分析(以人因失误与根原因之间的关联性分析为例)这几个 WANO 事件报告人因失误研究工作中的典型动作进行介绍,体现

WANO 事件报告人因失误统计分析研究工作的应用。

### 27.5.1　数据录入

从实际应用需求出发,系统一共提供了三种不同的数据录入方式,它们各具特征,接下来对通过文档解析实现数据收集的操作方式进行应用举例。

预设场景:从 WANO 事件报告官网发布的大量的 HTML 格式事件报告中收集数据。

解决方案:

(1) 将 HTML 文档格式以年份作为分类依据保存到本地磁盘。

(2) 以适当的操作权限登入到 WANO 事件报告人因失误统计分析系统,并进入文档解析操作界面,如图 27-17 所示。

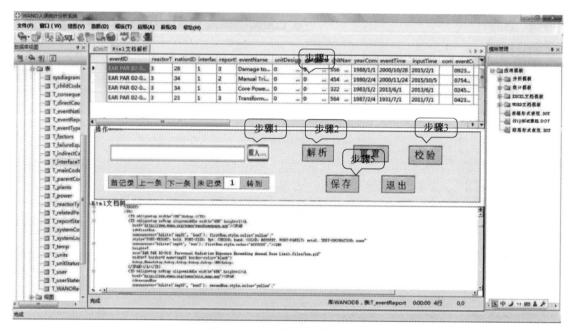

图 27-17　文档解析操作示例

(3) 通过步骤 1 将本地保存的事件报告文档载入到本系统中。

(4) 对载入到本系统中的事件报告文档进行解析操作,此时解析结果将会显示到上面的表格之中。

(5) 通过步骤 3 完成对解析得到的事件数据进行 WANO 事件报告编码校验,对于不符合 WANO 事件报告编码规范的数据在表格中以红色突出显示。

(6) 根据步骤 3 中的提示对数据进行更正。

(7) 保存当前所有数据到数据库中。

### 27.5.2　数据维护

WANO 事件报告数据库中的数据并不是一成不变的,任何存储于数据库的数据必须进行维护,保持数据的状态最新以反映事件报告的最新状态。对于本系统来说,数据的维护主要涉及到数据的更新以及数据的审核操作,这些操作都将在同一个界面中完成。

预设场景:对最近一个月以来新录入到数据库中的事件报告数据进行审核,将表述合理的数据状态变为可用,同时因为数据过期的原因将编码为 EAR ATL 00-017 的事件报告数据从数据库中删除(软删除)。

解决方案:数据的维护操作可以基于数据审核操作界面完成,具体的操作步骤如下。

(1) 以系统管理员权限登入到 WANO 事件报告人因失误统计分析系统,并进入到数据审核操作界面。

(2) 在关键字查询框中输入要查询记录的关键字,本例中以事件报告编码(EAL ATL 00-17)作为查询的关键字,然后单击检索按钮。

(3) 在检索得到的表格中将记录的 reportStatus 字段的值改为已删除(只是记录中的状态字段被设置为已删除状态,而不是真正的将记录从磁盘中删除)。

(4) 然后回到筛选操作区设置筛选日期区间为 2015-1-10 到 2015-2-10,按步骤(3)进行记录筛选。

(5) 进行步骤 4 完成对记录合理性的校验并根据提示完成数据的修正。

(6) 转到步骤 2 修改记录的 reportStatus 字段的值为完备,使记录可用。

(7) 保存当前所有数据到数据库中。

### 27.5.3　数据准备

数据的准备工作其实就是数据源的管理工作,这部分工作之所以成为必需是因为原始的事件报告是以事件记录的方式并列存储于数据库二维关系表中,并不能支持直接的统计分析或是按需输出。因此需要数据准备工作将数据库中的事件记录通过基于 SQL 语句的查询统计转换为可用的数据格式。下面部分将展示这一部分的工作在 WANO 事件报告人因失误统计分析系统中的完成方式。

预设场景:出于进行"人因事件影响及后果分布统计"工作的应用需要,需要准备一份数据能够反应 2001—2010 年十年期间所发生的各项人因事件所造成的事件后果(共分为 10 大类)的统计数据。

解决方案:以适当的身份角色登入系统,进入到数据源管理界面,创建一个新的数据源,命名后设置为当前数据源,然后将系统联接到 WANO 事件报告人因失误数据库,从数据库的数据表中取得合适的记录作为元数据加入到新创建的数据源中。此后进入数据源管理界面创建具体的数据项并以元数据为基础对数据项进行编辑,完成数据项的创建工作同时保存到当前数据源中。具体步骤如图 27-18 和图 27-19 所示。

(1) 以操作员的身份角色登入系统,进入到数据源管理界面,如数据准备操作示例(1)所示,创建一个新的数据源(步骤 1)取名为"2001—2010 年事件后果统计数据"并设置为当前数据源(步骤 2)。

(2) 进入系统主界面,如数据准备操作示例(2)所示,将系统连接到 WANO 事件报告人因失误数据库(步骤 0),从数据库(WANO 事件报告数据库)的 T_parentCode 表(步骤 1)中取得 parentID 为 0201~0210 的十条记录(步骤 2)作为元数据加入到当前数据源中(步骤 3)。

(3) 回到数据源管理界面,为当前数据源增加十个所需的数据项(步骤 3),在当前数据源的数据项列表中分别选中每一个数据项进行编辑(步骤 4~10),数据项编辑完成后对数据项进行

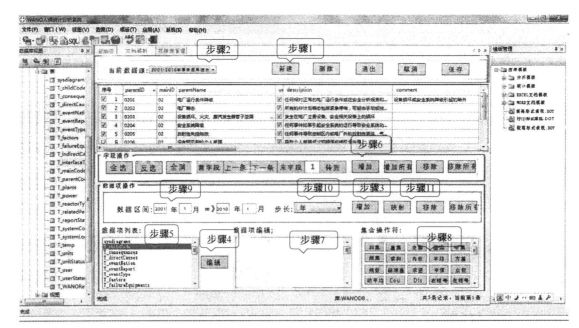

图 27-18　数据准备操作示例(1)

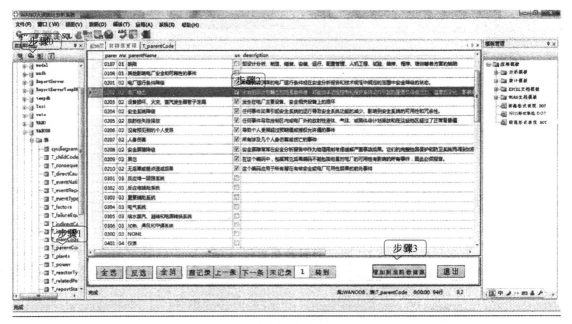

图 27-19　数据准备操作示例(2)

映射(生成对应的 SQL 语句并保存,步骤 11),完成当前数据项的编辑。如此重复即可完成当前数据源的创建及编辑工作。

### 27.5.4　人因事件影响及后果分布统计

预设场景:基本的数据统计及数据可视化是 WANO 事件报告人因失误研究工作不可或缺的一部分,方便易扩展且可视化效果良好对于数据规则的探索至关重要。下面对 WANO 事件报告人因失误研究中一个最基本统计操作(人因事件影响及后果分布统计)在 WANO 事件报告人因失误统计分析系统中的实现思想及步骤进行介绍。

解决方案:首先以合适的身份权限登入系统,进入系统统计分析操作界面后选中操作所需的数据源,然后对数据源中的数据项进行筛选。根据任务需要准备好应用模板并设置好模板相应的属性,即可完成数据统计任务。具体步骤如下。

(1)以合适的身份权限登入系统,如图27-20所示,进入系统统计分析操作界面后选中操作所需的数据源(这里选前面已经准备好数据源"2001—2010年事件后果统计数据",步骤1),在数据表中对数据源中的数据项进行一定的筛选(去除干扰项或是不相关的项,步骤2)。

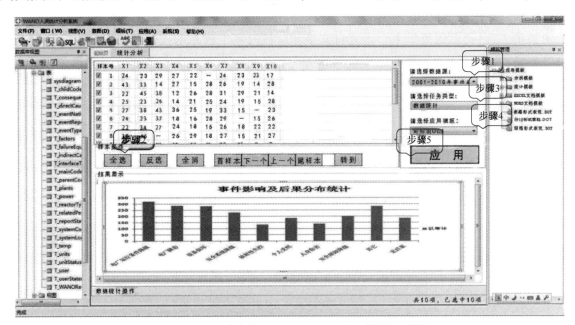

图27-20 人因事件影响及后果分布统计操作示例图

(2)确定任务的类型(这里选"数据统计",步骤3),然后准备并且选择相应的应用模板(这里选择系统集成的测试模板"矩形图001",步骤4),同时在弹出的窗体中设置好应用模板的属性,即可得到数据分布统计图表。

(3)基于统计图表进行数据分析(系统支持实时的数据可视化,即修改上方表格中的数据可以实时反映到当前的统计图表中)。

### 27.5.5 事件相关人员关联规则分析

预设场景:关联规则挖掘作为 DM 技术的一项核心应用近年来得到了广泛的应用,这是因为关联规则作为一种事物之间存在的隐性关系很多时候不能通过传统的因果分析或推理得到证明,但是这种关系规则却客观存在而且对我们的生活工作产生不容忽视的影响(这方面的典型应用有购物篮分析、顾客忠诚性分析等)[2]。同样关联规则分析作为一种实用技术也可为WANO 事件报告人因失误研究做出贡献,事件相关人员之间的关联规则的挖掘对于指导核电厂人员培训、管理以提高人员协作效率,降低人因失误发生概率有着重要的指导意义,研究的这一部分将以事件相关人员关联规则的分析工作做介绍以示例基于 WANO 事件报告人因失误统计分析系统的数据分析工作操作步骤。

解决方案:基于 WANO 事件报告人因失误统计分析系统的数据分析工作一般涉及三个方面

核心内容:①数据挖掘算法的选择以及实现,这一部分的操作需要在系统之外完成,对于本系统来说算法的实现(应用模板的生成)需要借助于 VS 开发平台(最佳配置是 VS 2010,.NET4.0 版本)的程序集技术实现。②数据源的准备,这一部分操作前面已有介绍,具体操作类似,这里略过。③应用模板与系统的整合,应用模板的调用以及参数配置。具体的操作步骤如下:

(1) 算法的评估、选择及分析(本研究基于熟悉程度以及易实现的考虑,选用 Apriori 这一经典的关联规则挖掘算法作为示例)[3]。在现存的诸种关联规则算法中,Apriori 算法是其中影响最为广泛、最为基础的布尔型关联规则频繁集挖掘算法,其他关联规则算法大多衍生于 Apriori 算法。其核心理念在于从候选集 $C_{k-1}$ 中通过扫描事务集 $T$,找出不小于最小支持度的项目集 $I_1$,称为频繁集 $F_{k-1}$;再以频繁集 $F_{k-1}$ 通过自连接和剪枝运算生成新的候选集 $C_k$,候选集 $C_k$ 再通过扫描事务集找出频繁集 $L_k$,如此循环直到无法在事务集中找到频繁集为止。其内部处理流程如图 27-21 所示。

图 27-21　Apriori 算法流程图

如图 27-21 所示,整个流程由五部分组成,其中,输入:事务集 $T$,最小支持度 Min。输出:事务集 $T$ 中存在的频繁集 $L$。处理一:发现并生成事物集中的频繁集(首先产生频繁集 $L_1$,然后产生 $L_2$,如此循环直到 $L_k$ 中不再包含了项为止)。处理二:生成候选集(调用处理三,通过对 $L_{k-1}$ 频繁集的自连接产生候选集并进行剪枝。因为据 Agrawal 的项目集理论,频繁项目集不可能是非频繁项目集的子集)。处理三:连接和剪枝。

通过算法描述我们可以发现 Apriori 算法的实现两个关键步骤分别是联接和剪枝。其中连接操作的步骤是指通过 $L_{k-1}$ 的自连接产生候选集 $C_k$。具体规则是:假设 $L_{k-1}$ 中包含有 $l_1$ 和 $l_2$ 两个项集,它们的前 $n$ 项相同且项集 $I_1$ 的第 $n+1$ 项大于 $I_2$,则两个项集可以合并到一起。剪枝操作则是针对连接操作所产生的候选集 $C_k$,再次扫描事务集,得到 $C_k$ 中每一个项集的支持度,去除那些不满足支持度限制的项集,从而得到频繁集 $F_k$。

(2) 应用模板的生成,即在 VS 开发平台下的应用程序集开发(C 语言实现 Apriori 算法),与代码分析结果相对应,其核心代码也由频繁项集生成、候选项集生成以及关联规则生成三个主要的处理方法组成。

(3) 以合适的身份权限(系统管理员)进入系统组件管理模块,将应用模板加载到系统环境中。如图 27-22 所示,选中上一步骤生成的程序集(步骤 1),依次完善描述信息后添加(步骤 2),然后退出管理模块(步骤 3)。

(4) 数据源准备,取 2013 全年事件报告中的事件相关人员字段的前五项命名为 SJY001(具体步骤前面已有介绍这里不再累赘)。

(5) 进入系统统计分析操作界面,如图 27-23 所示,选中操作所需的数据源(这里选择数据

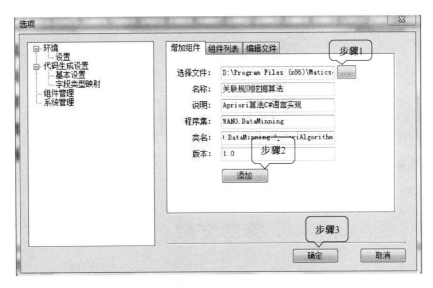

图 27-22　组件添加步骤示例图

源"SJY001",步骤 1),在数据表中对数据源中的数据项进行一定的筛选(去除干扰项或是不相关的项,步骤 2)。

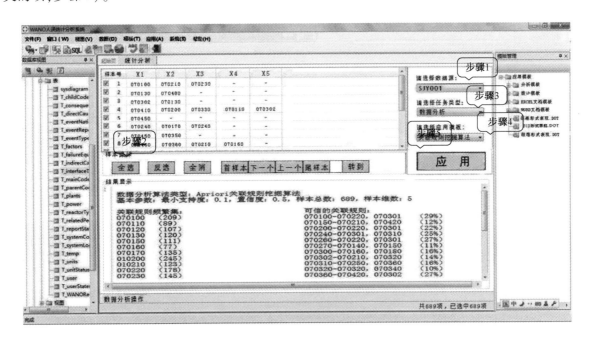

图 27-23　事件相关人员关联规则分析操作示例图

(6) 确定任务的类型(这里选"数据分析",步骤 3),然后准备并且选择相应的应用模板(这里选则系统集成的测试模板"关联规则挖掘算法",步骤 4),在弹出的窗体中设置好相应的属性,即可在显示区得到相应的分析结果。

(7) 基于显示区的分析结果作相应的解释工作。

### 27.6 本 章 小 结

本章基于 WANO 事件报告人因失误研究工作的实际需求,综合运用 . NET 软件工程技术,完成了 WANO 事件报告人因失误统计分析系统的设计与实现,给出了应用示例,该系统能有效辅助 WANO 事件报告人因失误研究工作。

## 参考文献

[1] 高扬 . 基于 . NET 平台的三层架构软件框架的设计与实现[J].计算机技术与发展,2011,02:77-80.

[2] 王海燕 . C#. NET 下三层架构数据库应用系统开发[J].计算机技术与发展,2012,06:78-81.

[3] 林乐杰 . 科研管理信息系统中数据库的设计与实现[D]. 北京:北京化工大学,2006.

[4] 俞金康 . 信息系统开发方法的评述[C]//中国优选法统筹法与经济数学研究会,中科院科技政策与管理科学研究所.
2001 年中国管理科学学术会议论文集 . 北京,2001.

# 附录　集合操作符定义

★ 符号名称:和集〔&〕

符号解释:两个或两个以上的集合的所有元素组成一个新的集合。

使用示例:双目运算符(1,2,3)〔&〕(1,3,4)=(1 ,2 ,3 ,1 ,3 ,4)。

★ 符号名称:并集〔+〕

符号解释:两个或两个以上集合合并去除其中重复元素的集合。

使用示例:双目运算符(1,2,3,5,9)〔+〕(1,3,4)=(1, 2, 3, 5, 9 ,4)。

★ 符号名称:差集〔−〕

符号解释:第一个集合减去第二个集合所包含的元素。

使用示例:(1) 双目运算符(1,2,3,5,9)〔−〕(1,3,4)=(2 ,5 ,9);

　　　　　(2) 单目运算符(去除重复的元素)(1,2,3,1,4,2,5)〔−〕=(1 ,2, 3,4 ,5)。

★ 符号名称:交集〔*〕

符号解释:两个集合中都含有的元素。

使用示例:(1,2,3)〔*〕(1,3,4)=(1 ,3)。

★ 符号名称:补集(反交集)〔/〕

符号解释:两个集中非共同元素组成的集合。

使用示例:(1,2,3)〔/〕(1,3,4)=(2 ,4)。

★ 符号名称:逆集〔\〕

符号解释:第二个集合减去第一个集合所包含的元素。

使用示例:(1,2,3)〔\〕(1,3,4)=(4)。

★ 符号名称:平集〔!〕

符号解释:两个集合的和集中,只出现一次的元素组成的集合。

使用示例:(1,2,3,2,5,6,2,1,4,3,2)〔!〕(4,5,9,2,3,5,1,7)=(6, 9 ,7)。

★ 符号名称:频集〔!!〕

符号解释:两个集合的和集中,出现两次以上的元素组成的集合。

使用示例:(1,2,3,2,5,6,2,1,4,3,2)〔!!〕(4,5,9,2,3,5,1,7)=(1, 2 ,3, 5 ,4)。

★ 符号名称:求和运算符〔++〕

符号解释:集合中所有元素的总和。

使用示例:单目运算符, 可放在操作数前, 也可放在操作数后面。

（1）前置式［++］（1,2,3,5,9）=20；

（2）后置式（1,4,7）［++］=12。

★ 符号名称:内积［＊＊］

符号解释:集合中所有元素的乘积。

使用示例:［＊＊］（2,5;4,2;5,4）=1600。

★ 符号名称:算术平均值［~］

符号解释:集合中所有元素的总和并除以元素的个数所得的值。

使用示例:此运算符是单目运算符,可放在操作数前,也可放在操作数后面。

（1）前置式［~］（1,2,3）=2；

（2）后置式（2.5,3,9）［~］=4.8333。

★ 符号名称:标准方差［~~］

符号解释:样本方差的算术平方根。

使用示例:单目运算符,可放在操作数前,也可放在操作数后面。

（1）前置式（1,5,3;6,8,2;9,1,6）［~~］=2.9627；

（2）后置式［~~］（1,5,3;6,8,2;9,1,6）=2.9627。

★ 符号名称:$n$ 项移动平均［~n］

符号解释:对数集进行 $n$ 项移动平均。

使用示例:单目运算符,可放在操作数前,也可放在操作数后面。

（1）2 项移动平均 ［~2］（1,2,3,2,4,2,5）=（1.5, 2.5, 2.5 ,3 ,3 ,3.5 ）；

（2）3 项移动平均 （1,2,3,2,4,2,5）［~3］=（2 ,2.3333 ,3 ,2.6667, 3.6667）。

★ 符号名称:方差［~^］

符号解释:样本中各数据与样本平均数的差的平方和的平均数。

使用示例:单目运算符,可放在操作数前,也可放在操作数后面。

（1）前置式（1,5,3;6,8,2;9,1,6）［~^］=8.7778；

（2）后置式［~^］（1,5,3;6,8,2;9,1,6）=8.7778。

★ 符号名称:频数表［^］

符号解释:列出数集中元素出现的次数。

使用示例:单目运算符有四种表现形式。

（1）［^］或［^1］按出现次数降序排列；

（2）［^2］按出现次数升序排列；

（3）［^3］按元素从大到小排列；

（4）［^4］按元素从小到大排列。

★ 符号名称:矩阵求逆 $[-1]$

符号解释:$N$ 阶方阵 $A$、$B$,若有 $AB=1$ 则称 $B$ 是 $A$ 的逆矩。

使用示例:单目运算符,可放在操作数前,也可放在操作数后面,如 $(1,5,3;6,8,2;9,1,6)[-1]=(-0.1901,0.1116,0.0579)$。

★ 符号名称:中值(中间值)$[|]$

符号解释:把集合从小到大排序,处在中间的值。

使用示例:(1) 前置式 $(1,2,3,2,5,6,2,1,4,3,2)[|]=3.5$;

　　　　　(2) 后置式 $[|](1,2,3,2,4,2,5)=3$。

★ 符号名称:众数(典型值)$[||]$

符号解释:在集合中出现次数最多的数称为众数。

使用示例:(1) 前置式 $[||](1,2,3,2,1,3,6,5,2,4,8,5,6,9,5,4,2)=2,4$(出现次数);

　　　　　(2)后置式 $(1,2,3,2,1,3,6,5,2,4,8,5,6,9,5,4,2,5)[||]=2,4,5,4$。

★ 符号名称:累加数列 $[\&+]$

符号解释:通过数列间各数据的依个累加得到新的数据与数列。

使用示例:单目运算符,可放在操作数前,也可放在操作数后面。

(1) 前置式 $[\&+](2,5,1,6,4,3)=(2,7,8,14,18,21)$;

(2)后置式 $(2,5,1,6,4,3)[\&+]=2,7,8,14,18,21)$。

★ 符号名称:累减数列 $[\&-]$

符号解释:数列中后一个数减前一个数组成的新数列(累加数列的逆运算)。

使用示例:$(1,2,3,4,5,6,7,8,9)[\&-]=(1,1,1,1,1,1,1,1,1)$。

★ 符号名称:倒数数列 $[\&/]$

符号解释:取得数集所有元素的倒数组成的集合。

使用示例:单目运算符,可放在操作数前,也可放在操作数后面。

(1) 前置式:$(2,5,1,6,4,3)[\&/]=(0.5,0.2,1,0.1667,0.25,0.3333)$;

(2) 后置式:$[\&/](2,5,1,6,4,3)=(0.5,0.2,1,0.1667,0.25,0.3333)$。

★ 符号名称:倒数和 $[/+]$

符号解释:数集中所有元素的倒数的总和。

使用示例:$[/+](1,2,3,5,4)=2.2833$。

★ 符号名称:几何平均值(级均值)$[*\sim]$

符号解释:集合的内积的元素个数的倒数次方。

使用示例:单目运算符,可放在操作数前,也可放在操作数后面。

(1) 前置式$(1,4,7)[*\sim]=3.0366$;

(2) 后置式$[*\sim](1,2,3,5,9)=3.0639$。

★ 符号名称:调和平均值(谐均值)$[/\sim]$

符号解释:集合中所有元素的倒数的平均数的倒数。

使用示例:单目运算符,可放在操作数前,也可放在操作数后面。

(1) 前置式$(1,4,7)[/\sim]=2.1538$;

(2) 后置式$[/\sim](1,2,3,5,9)=2.3316$。

★ 符号名称:最小值 $[<]$

符号解释:集合中最小的数。

使用示例:单目运算符,可放在操作数前,也可放在操作数后面。

(1) 前置式$[>](2,6,4,5)=2$;

(2) 后置式$(9,5,18,2,6)[>]=2$。

★ 符号名称:最大值 $[>]$

符号解释:集合中最大的数。

使用示例:单目运算符,可放在操作数前,也可放在操作数后面。

(1) 前置式$[>](2,6,4,5)=6$;

(2) 后置式$(9,5,18,2,6)[>]=18$。

★ 符号名称:从大到小排列 $[>>]$

符号解释:把数集按照从大到小的顺序排列。

使用示例:单目运算符,可放在操作数前,也可放在操作数后面。

(1) 前置式$(2,5,1,6,4,3)[>>]=(6,5,4,3,2,1)$;

(2) 后置式$[>>](2,5,1,6,4,3)=(6,5,4,3,2,1)$。

★ 符号名称:从小到大排列 $[<<]$

符号解释:把数集按照从小到大的顺序排列。

使用示例:单目运算符,可放在操作数前,也可放在操作数后面。

(1) 前置式$(2,5,1,6,4,3)[<<]=(1,2,3,4,5,6)$;

(2) 后置式$[<<](2,5,1,6,4,3)=(1,2,3,4,5,6)$。

★ 符号名称:反转 $[<>]$

符号解释:把数集所有元素前后倒转。

使用示例:此运算符是单目运算符,可放在操作数前,也可放在操作数后面。

(1) 前置式$(1,2,3)[<>]=(3,2,1)$;

（2）后置式[<>]（1,2,3)=(3,2,1)。


★ 符号名称:极差[><]

符号解释:集合中最大数与最小数之间的差值。

使用示例:[><](2,5;4,2;5,4)=3。


★ 符号名称:转置[T]

符号解释:对数列或矩阵转置（注与反转的区别）。

使用示例:(1) 转置数列(1,2,3)[t]=(1;2;3);

（2）转置矩阵(1,2;3,4)[t]=(1,3;2,4)。


★ 符号名称:数据个数[N]

符号解释:获取数集中元素的个数。

使用示例:(1) 前置式(1,2,3,4,5)[N]=5;

（2）后置式[N](1,2,3,5,4)=5。


★ 符号名称:第 $n$ 个元素值[n]

符号解释:取出数列中第 $n$ 个元素的值。

使用示例:(1,2,5,3,6)[3]=5。


★ 符号名称:第 $i$ 行第 $j$ 列值[i,j]

符号解释:取得矩阵中位置 $(i,j)$ 处的元素值。

使用示例:(1,5,3;6,8,2;9,1,6)[2,2]=8。


★ 符号名称:行数[R]

符号解释:取得矩阵的行数。

使用示例:(1,5,3;6,8,2;9,1,6)[R]=3。


★ 符号名称:取出行[Ri]

符号解释:取得矩阵中第 $i$ 行。

使用示例:(4,5;6,7;5,2)[r2]=6 7。


★ 符号名称:取出部分行[Ri,j]

符号解释:从矩阵第 $i$ 行开始取 $j$ 行。

使用示例:(4,5;6,7;5,2)[r2,2]=(6,7;5,2)。


★ 符号名称:添加行[+R]

符号解释:把第二个矩阵的所有行加到第一个矩阵的后面。

使用示例：(1)$(1,2,3)[+r](4,5,6)=(1,2,3;4,5,6)$；

(2)$(1,2,3;7,8,9)[+r](4,5,6)=(1,2,3;7,8,9;4,5,6)$。

★ 符号名称：添加一行 $[+Ri]$

符号解释：把第二个矩阵的第 $i$ 行加到第一个矩阵的后面。

使用示例：$(4,5,6;7,5,2)[+r2](1,1,1;2,2,2)=(4,6;7,5,2;2,2,2)$。

★ 符号名称：行交换或替换 $[Ri=Rj]$

符号解释：(1)第 $i$ 行与第 $j$ 行交换；

(2)第一个矩阵 $i$ 行替换成第二个矩阵的 $j$ 行。

使用示例：(1)单目运算：行交换 $(4,5,6;7,5,2)[r1=r2]=(7,5,2;4,5,6)$。

(2)双目运算：行替换$(4,5,6;7,5,2)[r1=r1](1,1,1;2,2,2)=(1,1,1;7,5,2)$。

★ 符号名称：列数 $[C]$

符号解释：取得矩阵的列数。

使用示例：$(1,5,3;6,8,2;9,1,6)[C]=3$。

★ 符号名称：取出列 $[Ci]$

符号解释：取得矩阵中第 $i$ 列。

使用示例：$(4,5,6;7,5,2)[c2]=(5;5)$。

★ 符号名称：取出部分列 $[Ci,j]$。

符号解释：从矩阵第 $i$ 列开始取 $j$ 列。

使用示例：$(4,5,6;7,5,2)[c2,2]=(5,6;5,2)$。

★ 符号名称：添加列 $[+C]$

符号解释：把第二个矩阵的所有列加到第一个矩阵的后面。

使用示例：$(1;2;3)[+c](4;5;6)=(1,4;2,5;3,6;)$。

★ 符号名称：添加一列 $[+Ci]$

符号解释：把第二个矩阵的第 $i$ 列加到第一个矩阵的后面。

使用示例：$(1;2;3)[+c2](4,5;6,7;5,2)=(1,5;2,7;3,2)$。

★ 符号名称：列交换或替换 $[Ci=Cj]$

符号解释：(1)第 $i$ 列与第 $j$ 列交换；

(2)第一个矩阵 $i$ 列替换成第二个矩阵的 $j$ 列。

使用示例：(1)单目运算：列交换$(4,5,6;7,5,2)[c1=c3]=(6,5,4;2,5,7)$；

(2)双目运算：列替换$(4,5,6;7,5,2)[c1=c1](1,1;2,2)=(1,5,6;2,5,2)$。

# 第28章 Apriori算法在核电厂人因数据挖掘中的应用

核电厂的人因可靠性数据通常可以通过运行经验反馈、事件和事故报告、模拟机实验、文献资料、专家判断等方式获得。其范围不仅包括核电厂的运行数据、环境数据、人员行为数据,还包括心理、安全、工程、人因等各领域专家学者对核电厂研究的科学数据。

核电厂人因数据处理是提升人因可靠性分析的基础,在大数据背景下数据挖掘是数据处理的重要手段。Apriori 算法是经典的数据挖掘算法,主要用于挖掘事物组合的支持度和其联系的紧密度,利用事物组合的关联度来发现事物之间的关联关系。其常用于商业运营中的顾客购买行为分析,发现顾客的需求及购买习惯等,为商业决策提供了重要依据。它不仅是一种高效的数据挖掘算法,还是一种不需要事先进行模型学习的自动化机器学习算法。利用 Apriori 算法对数据进行挖掘,发现事件报告中相关数据信息的规律,作为验证人因失误方法模型的正确性和可靠性,本章就是要建立这个工作框架,并以 WANO 运行事件报告为实例对该工作框架进行说明。

## 28.1 大数据与人因安全

从大数据的概念和特性角度来说,早期的 3"V"和 4"V"概念逐渐转变发展到现在的 5"V"概念[1]。大数据的 5 个"V",业界将其归纳为 Volume、Variety、Value、Velocity 和 Veracity[2],前三者(海量、异构、低价值密度)是对大数据的属性特征的描述,后两者是对大数据的需求特征的描述。从理论上只要是满足了前三者特征的数据都可以采用大数据技术进行处理,但是还必须要同时满足后两者(高速处理、准确性)的数据处理需求。首先,由于社会进步科技日新月异,人因研究覆盖的行业越来越多,研究领域覆盖的面也越来越广,产生的人因数据越来越多。虽然对于单个企业人因数据体量小,但整个行业数据体量大,随着时间的日积月累,行业数据的体量呈现出海量化趋势。其次,因数据从采集而言包括事件报告、访谈、问卷分析等,因此人因数据中很大比例的数据是传统的纸质文档,有的图片、录像或者录音,不是数字化格式的数据,此外,即便采用技术手段将各种数据数字化,对信息的描述结构和框架也不尽统一,因此数据异构性强。行业人因数据存量大,各种数据的采集由于应用不同描述角度不同,一些具体信息的存储需要大量其他数据作为支撑或背景,尤其还包括图片、录像、录音等非结构化数据,从中准确查找有价值的信息较难,价值密度不高。综上所述,人因数据具备大数据的属性特征,可应用大数据方法对其进行数据处理。

在核电厂人因安全领域,对发生的单个人因事件的分析一般采用 HRA 法等,这样可以回溯事件发生的过程,并找出失误因素、失误模式、失误机理等,进而对人因事件进行评价、指导生产和决策,避免相同或类似事件再次发生,降低人因事故概率。但对于大规模的海量人因数据,有很多数据之间的关联,单纯用人工进行分析效率低下。并且这些海量数据蕴藏着很多潜在的数据价值,如果能够有效挖掘,有助于发现人因安全更深层次的规律。

数据挖掘能利用计算机的高速并行的计算能力发现数据中隐藏的价值。它可以对数据进行自动分类,发现数据间存在的联系,发现事物发展趋势、发展规律以及模型。而数据挖掘中的关联规则分析就是一个热门的研究重点。这对海量人因数据的分析带来极大的方便,因为人因分析中最重要且用得最多的就是发现事故中人、机器/系统、环境之间的关联和联系,以及各影响因素之间相互作用的模型和机理。因此,对于人因数据的数据挖掘,数据关联分析是人因大数据分析和处理的必要途径和重要工具。

## 28.2 核电厂人因数据挖掘处理系统框架

人因数据缺乏是人因可靠性研究领域一直以来存在的问题。本章针对 WANO 所收集的事件报告构建数据挖掘处理系统,有助于挖掘更多人因可靠性方面的数据。

### 28.2.1 系统框架

为解决前面提到的问题和挑战,针对人因数据的特性,建立了核电安全人因数据采集、存储、分析与处理系统框架,框架结构如图 28-1 所示。

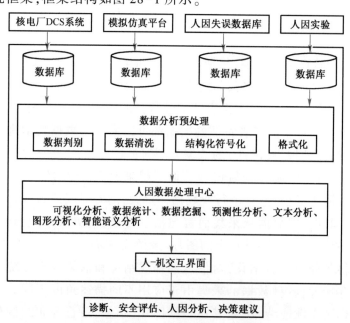

图 28-1 核电厂人因数据挖掘处理系统架构

该系统框架主要包括:

(1) 数据源层:主要包括核电厂运行数据(系统值班日志、设备记录、维修报告等),模拟仿真平台数据,人因失误数据库以及人因实验等数据采集。尽可能包含多的人因数据采集途径。数据包括结构化和非结构化存储。在大数据应用中,需要用分布式架构完成对海量人因大数据的存储和数据管理。

(2) 数据预处理层:主要完成对人因大数据的真实性、完整性判别,数据清洗过滤,数据结构化处理和索引标记,格式化分类处理等,以便于深度数据处理和快速计算,建立多源、异构、非完整、非一致、非准确数据的集成与接口。

(3) 人因数据处理中心:利用可视化分析、数据统计、数据挖掘、文本分析、图形分析、空间信息分析、智能语义分析等技术对数据进行处理,满足各领域专家和 HRA 研究模型对人因数据的多样化需求。

(4) 大数据交互系统:为用户提供统一访问接口,完成核能安全人因研究。

### 28.2.2　数据源层

人因数据的来源是多方面的,主要来源于核电厂 DCS、模拟仿真平台、人因失误数据库以及人因实验。新技术可能带来获取人因数据的新的途径,如眼动仪、脑电仪、多道生理仪、行为捕捉系统、全过程行为监控系统。通过这些仪器和系统可以观察和分析 DCS 操纵员的行为、身体状态(如疲劳度)、心理状态(如心理压力)等人因数据。

### 28.2.3　数据预处理

人因大数据是建立在多数据来源的基础上的,不同数据来源有不同的表达方式,不同的研究角度也产生了不同的人因数据结构。为解决人因大数据多源、异构、非完整、非一致、非准确数据的集成、分析和解释问题,为此,需要对数据进行数据判别、数据清洗、结构化、符号化和格式化[3,4]等相关预处理。处理流程如图 28-2 所示。

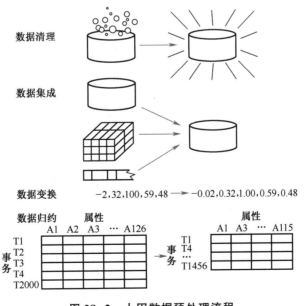

图 28-2　人因数据预处理流程

步骤1：数据清理。运用人因知识理论设置过滤规则,过滤错误的数据和无效的数据。如在分析事件报告时,需要按照THERP+HCR模型收集模型中指定的数据参数,并对数据进行量化,在这种情况下只需要事件中的异常数据及参数,可以按照模型要求设置过滤条件,把模型中用不到的数据过滤掉。

步骤2：数据集成。利用JDBC等方法实现异构系统与异构数据对接。由于人因大数据是多来源的,可能存在于不同的数据库或数据仓库中,而在人因分析中需要访问不同数据源,如在使用THERP+HCR模型分析数据时,同时需要调用储存在核电厂DCS中的事件描述数据和存储在人因失误数据库中的人因失误参数数据对事件进行定量分析。这样就要求提供访问不同数据库的接口,并形成数据库对接,最后进行数据集成。

步骤3：数据变换。在不同数据库中的相同数据可能存在不同的表述,如单位不统一、格式不统一等问题。那么就需要通过相关职能分析技术如XML技术和智能语义分析技术,结合人因知识和模型对数据进行处理和标记,采用索引建立方法如H-Tree方法建立索引服务体系,实现批量化的数据统一,便于数据处理和分析。如在事件描述中,在操作规程中描述压强使用的单位是MPa,而在系统界面中的数据描述单位是Pa,这样就必须使用XML技术把两者对应起来,统一数据单位并整合。

步骤4：数据归约。按照事务属性对数据进行融合、整理,按照人因数据的要求简化数据表。如对于人因事件中组织交流的描述数据可以规整为交流失误、信息出错两个类型。

## 28.2.4　人因数据处理中心

人因数据处理中心的主要任务是根据人因分析技术进行数据处理、挖掘和分析。由于数据面涉及广,数据量大,类型繁多,数据的价值密度不高,因此如何发现数据之间的关联,挖掘和发现数据背后的价值尤为重要。为此,针对人因数据基于Apriori算法进行关联规则自动提取,对于时间序列数据进行时序规则提取,建立关联规则库。根据建立的人因失误模型提取关联规则,设计关联规则集优化算法,消除关联规则集中的不一致。

步骤1：分析逻辑设置。根据分析对象的不同选择不同的HRA模型和分析方法。如对核电厂复杂人-机系统进行综合评价时,可以使用CREAM模型并使用层次分析法建立人因分析指标体系,建立人因分析逻辑。

步骤2：选择分析工具。根据对象选择合适的分析工具,如统计分析、语义分析、数据挖掘等。如在使用CREAM模型时需要对人因失误建立分类,这就可以采用聚类分析和语义分析工具,利用人因分类体系把相同或类似的对象描述数据进行聚集归类,不仅可以完成对事件进行诊断分析的任务,还可以完善人因失误分类体系,为发现新的人因失误类型提供可能。

步骤3：参数配置。根据分析对象和模型,对分析过程进行参数配置。如在THERP模型和HCR模型中有很多行业测量数据标准,利用这些标准数据可以对定性数据进行定量分析,并根据分析对象的特点进行参数配置和参数修正,减少计算结果的偏差。

步骤4：执行功能。根据提示按步骤执行分析。如在关联分析时,应该按照提示选择分析工具、分析对象(数据字段配置)、确认执行等操作。

步骤5：结果分析。将获得的结果按照失误模型和机理进行提取和分析。如在关系分析后所得到的数据结果有很多条关联规则,然而由于数据量不足或者其他原因造成有些关联规则是与人因理论不一致的或者是无用的,那么就应该按照失误模型和机理对关联规则进行提取和分析,消除不一致或者无用的关联规则。

### 28.2.4.1　人因数据关联规则挖掘

人因数据量大且是异构的,但是不同数据中都存在着一定的联系。各类型数据都是围绕着核电厂复杂人–机系统来进行描述,描述对象基本统一,各自存在交叉的内容,可互为补充,因而可按照一定的规律来整合这些数据。

从事件角度而言,人因数据所描述的是事件发生时的人–机系统各方面的总体情况。而从人员和设备角度而言,人因数据记录的是事件发生时人员和设备的具体数据描述。人因数据应用于人因分析时,是以事件为基本单元对数据进行抽取,并从中分析出事件的影响因素和规律,如图28–3所示。

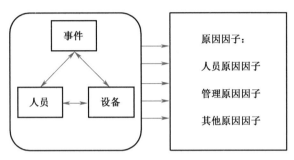

**图28–3　人因数据关系**

通过关联规则挖掘可以从数据中分析得到影响核电厂安全的原因因子和HRA模型的配置参数。如李玲玲、仇蕾[5]中,在海事事故人因分析使用Apriori算法确定影响因素的权重。图28–4为关联规则挖掘在人因数据数据采集与处理平台中的挖掘结构示意图。

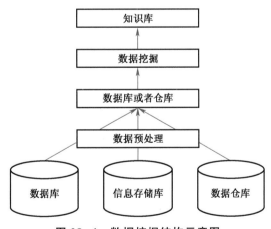

**图28–4　数据挖掘结构示意图**

关联规则数据挖掘结构主要由数据源(主要有数据库、信息存储库、数据仓库等形式)、数据预处理、数据库或数据仓库、数据挖掘、知识库等组成。数据挖掘主要进行数据查找和关联分析。例如,从人因数据系统的数据库中,可以找到一些非常典型的关联规则,如发生口头交流失误会同时发生操作失误。根据人因失误涉及的人–机环境各部分内容的不同和联系,我们可从中发现一些类似的规律。数据挖掘充分利用核电厂所得到的全部信息,发现数据关联,从中挖掘出核电厂运作和发生人因事故的规律。

### 28.2.4.2　人因数据挖掘过程

数据挖掘是目前分析和处理大规模数据的重要工具和有效方法,可以从核能安全人因数据中发现人的行为模式和规律,并探索降低核电厂的人因安全风险的方法。

人因数据具有行业特点和领域性特点,具有其多样性和复杂性,这决定了人因数据挖掘手段既要能够有效分析人因数据,又要符合大数据处理框架。如前所述,大数据背景下人因数据分析和处理需要基于数据关联规则的处理和分析,因此人因数据挖掘要根据建立的人因失误模型和机理提取关联规则,设计和建立关联规则库。

对大数据进行数据挖掘,在这个整个过程包括了数据采集与存储、数据筛选过滤处理与数据分析、数据融合、数据可视化等方面。数据挖掘主要利用人工神经网络算法、贝叶斯算法、遗传算法、深度学习等方法,对经过分析和处理过的人因数据进行数据挖掘分析,探索和发现人因数据所代表的事物间的内在联系、隐藏信息、关系模型、事情发展变化模式等人因知识。人因数据的数据挖掘具体流程设计如图28-5所示。

**图28-5　人因数据挖掘过程**

## 28.2.5　人-机交互界面

为增加系统易用性和满足应对不同领域专家需求,构建符合人的认知特征的人-机交互界面[3,6]尤为重要。因此,必须建立统一的、标准化的数据访问接口,实现数据可视化,便于数据分析与处理。

# 28.3 基于 Apriori 算法的 WANO 事件报告数据挖掘

WANO 在 1999—2011 年间搜集了 1475 份运行分析报告(EAR),其中包括核电运行国家如美国、法国、日本以及俄罗斯等的核电厂各种运行人因事件。WANO 事件报告是人因数据中的重要数据来源,属于事件报告类型。WANO 的 EAR 中提供了根原因分析,是各电厂吸收外部经验反馈信息极为重要的来源,它反映了该年度 WANO 运行事件的整体状况,这些运行事件报告在人因安全研究领域有着重要的研究价值[7]。

数据挖掘研究中,关联规则挖掘能够较好地捕捉数据间的重要关系,并且发现的规则形式简洁易于理解。WANO 的运行事件分析报告中人因失误模式主要包括:组织管理不当、没有发现报警或者事故征兆、操作失误、对事故征兆或事故判断失误、人员之间交流不足或者交流不当等[2]。这些人因失误模式与根本原因之间具有高度的关联性,而这种关联性为数据挖掘提供了良好的数据属性。为深层次地挖掘人因数据,本节结合 WANO 运行事件数据采用经典的数据挖掘方法——Apriori 算法对数据进行挖掘分析。

### 28.3.1　数据获取与存储

首先把 WANO 事件报告直接存储到 MapReduce 框架下的分布式文件系统 HDFS 中。WANO 事件报告数据大都是以 Web 文本的格式存储的,因此获取 WANO 事件报告须使用 XML 技术对信息进行匹配提取。WANO 事件报告的文本格式中不同年份和国家可能存在不同的风格和文本格式,但是重要信息的主要字段名和位置还是比较规范的。因此,可以利用这一点,本章将使用 table 标签来对信息进行定位和匹配提取。利用 MapReduce 的并行处理能力,能快速利用 XML 技术提取数据信息。为了能够存储和处理这些提取的数据,采用 HBase——一个分布式的、面向列的开源数据库来进行存储和管理。HBase 针对的是结构化的大数据的分布式存储方案,在 HBase 中,主要存储的 WANO 事件数据项可以归纳为:事件时间、反应堆类型、类别、后果、系统、设备、状态、活动、人员、直接原因、根本原因、原因因素等 12 项。在 WANO 编码系统中这 12 个字段分别代表的意义如表 28-1 所列,并且在 WANO 编码系统中,除"反应堆类型"外,这些内容情况的描述都是以数字编码的形式记录的。如"反应堆类型:BWR,类别:1,后果:02,系统:725,设备:000,状态:120,活动:99,人员:220,直接原因:0802,根本原因:0503,原因因素:0102,1310"。

表 28-1　WANO 编码系统各字段的含义

| 名称 | 字段 | 描述 |
|---|---|---|
| 事件时间 | Event Date | 事件发生的时间 |
| 反应堆类型 | Reactor Type( Sizes) | 事件涉及的反应堆类型 |
| 类别 | Category | 事件报告的准则 |
| 后果 | Consequence( s) | 事件的后果 |
| 系统 | System( s) | 故障、失效、影响或降级的系统 |
| 设备 | Component( s) | 故障、失效、影响或降级的设备 |
| 状态 | Status | 事件发生或被探测到时的机组状态 |
| 活动 | Activity | 事件发生或被探测到时正在执行的活动 |
| 人员 | Group( s) | 事件涉及或可能从事件学习到某些东西的人员 |
| 直接原因 | Direct Cause | 直接导致事件发生的失效、活动、疏忽或条件 |
| 根本原因 | Root Cause( s) | 基础原因,如被纠正就能预防异常或不利条件的重发 |
| 原因因素 | Causal Factor( s) | 如被纠正了本身不能预防事件的重发,但为了提高过程或产品的质量而需要纠正的那些原因 |

### 28.3.2　数据处理与分析

#### 1. 确定挖掘对象和目标

WANO 事件报告中储存了事件时间、反应堆类型、类别、后果、系统、设备、状态、活动、人员班组、直接原因、根本原因、原因因素等方面的内容,这些内容之间是否相互影响和联系无法直接看出和用统计结果得到,因此希望能够根据这些 WANO 事件报告挖掘出在人因事件中各内容之间的联系。

## 2. 模型的选定

分析人因因素的影响下各内容之间的联系就是找出类似特征,如某人因事件发生后一回路系统受影响→核装置也同时会受到影响的关系。这在数据挖掘中有专门的一套数据挖掘模型——关联规则,在此采用的 Apriori 算法。算法的主要思想是:首先找出所有的频繁项集,这些项集出现的频繁性至少和预定义的最小支持度一样。然后由频繁项集产生强关联规则,这些规则必须满足最小支持度和最小置信度。

为了提高算法效率,必须选定合适的最小支持度和最小置信度。下面将通过数据统计来获得。

WANO 事件报告编码系统主要可以从核电厂事故的影响和后果对 WANO 事件报告进行划分。从核电厂事故的影响和后果的角度出发,把运行事件分为了 8 类,并以此作为事件报告的准则。这 8 类编码和描述分别为:

第一类,严重或不寻常的电厂瞬态;

第二类,安全系统误动作或运行错误;

第三类,比较大的设备损坏;

第四类,放射性超标或严重的人员人身伤害;

第五类,放射性非预期或失控的排放释放超过电站内、外的规定限值;

第六类,燃料处理或储存发生的事件;

第七类,设计分析、制造、组装、安装、运行、配置管理、人-机工程、试验、维修、程序、培训等各方面的缺陷;

第八类,其他影响电厂安全和可靠性的事件。

人因事件中 8 类事件所占比例如图 28-6 所示。

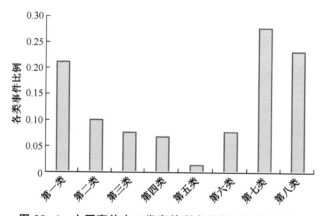

图 28-6　人因事件中 8 类事件所占比例(分类不独立)

由图 28-6 可知,各类事件除第一类、第七类、第八类事件比例在 20% 以上,其他事件类型均在 10% 左右。因此可以把最小支持度和最小置信度分别设为 10%、5%。这样就可以过滤小概率事件并囊括大部分的主要事件类型,提高算法效率。

## 3. 数据分析和预处理

WANO 事件报告将影响核电厂的根本原因和原因因子分为了人员相关因子、管理相关因子,以及设备相关因子三个大类[6,8](见本书第 6 章)。本章对 WANO 报告分析中把人因事件定义为根本原因和原因因子中含有与人员相关因子或与管理相关的因子的运行事件。根据这个定义,对 WANO 的 1475 份 EAR 报告进行筛选,获得人因事件 686 件。表 28-2 给出了部分 WANO 事件报告表,共有 686 条记录。

表 28-2　在数据库中的 WANO 事件报告表

| 事件时间 | 反应堆类型 | 类别 | 后果 | 系统 | 设备 |
|---|---|---|---|---|---|
| 1999 | BWR | 1 | 02 | 725 | 000 |
| 1999 | PWR | 1 | 09 | 230 | 230 |
| 2000 | PWR | 2 | 04 | 230 | 210 |
| 2000 | PWR | 1,3 | 02,08 | 150 | 240,260 |
| 2000 | PWR | 1 | 08 | 230 | 230 |
| 1998 | PWR | 2 | 04 | 350 | 210,280 |
| 1999 | PWR | 7 | 02 | 410,440 | 410,420 |
| 1999 | PWR | 2 | 04,08 | 340,240 | 230 |
| 1999 | PWR | 3,6 | 03 | 850 | 500 |
| … | … | … | … | … | … |

| 状态 | 活动 | 人员 | 直接原因 | 根本原因 | 原因因子 |
|---|---|---|---|---|---|
| 120 | 99 | 220 | 0802 | 0503 | 0102,1310 |
| 150 | 08 | 210 | 0202 | 0502 | 2305 |
| 150 | 06 | 301 | 0108 | 0502 | 0703 |
| 110 | 05 | 210,230 | 0106 | 601 | 0703 |
| 155 | 06 | 210 | 0401 | 0704 | 1640 |
| 160 | 25 | 301 | 0107 | 2102,0701 | 1470,2217,0703 |
| 110 | 05 | 210,350,360 | 0700,0108 | 1830,0608 | 2214 |
| 155 | 10 | 300 | 0402 | 1640 | 0703,2206 |
| 160 | 60 | 240,300,330 | 0802 | 0400,0500,0600 | 0700 |
| … | … | … | … | … | … |

表 28-2 给出的是一个普通的 WANO 事件报告二维表,在表中可以看出,反应堆类型、类别、后果、系统、设备、状态、活动、人员、直接原因、根本原因、原因因子中均含有多个数据元素。为了方便挖掘关联规则和适应 Apriori 算法的挖掘方式和特点,应该将多值属性进行处理,以满足 Apriori 关联规则分析的要求。对 WANO 事件报告做以下处理操作:

(1)对所收集到的信息进行如去噪、筛选等处理,确保数据能够反映将要研究分析和挖掘的对象真实情况。类别是事故的主要判别依据,一般情况只有一个值,因此可以删除含有多个“类别”的数据。筛选后得到数据 656 条。

(2)在事件后果编码中,事件被分为 10 个等级,这些等级分别被定义(表 28-3),这里按照事件后果编码排序,多后果级别的数据按照最高级别处理。

表 28-3　事件后果编码

| 事故后果编码 | 描述 |
|---|---|
| 01 | 电厂运行条件降级 |
| 02 | 电厂瞬态 |
| 03 | 设备损坏、火灾、蒸汽发生气管子泄漏 |
| 04 | 安全系统降级 |
| 05 | 放射性失控排放 |
| 06 | 没有预见到的个人受照 |
| 07 | 人身伤害 |
| 08 | 安全屏障降级 |
| 09 | 其他 |
| 10 | 无不良后果或差点造成不良后果 |

（3）对 WANO 事件报告进行分析，发现原因因子这一项经常为空或者"未知"，且原因因子常和根本原因因子的值一致，这可能是数据不规范所致，因此删除原因因子字段。

（4）对其他多值属性进行拆分，利用 HBase 的数据储存特性，分别存储表示为多个 Value，视作数据集。

### 28.3.3　WANO 事件报告数据挖掘

在人因事件分析中最终要的就是关联规则的挖掘和提取，在 WANO 事件报告经过这些年的发展和运用，累积了大量的核电厂数据可供分析和使用。在 WANO 事件报告中包含了大量的人因数据，可以从中发现反应堆类型、事件类别，后果，事故所涉及或受影响的系统，事故所涉及或受影响的设备，核电厂状态，事件发生时或被探测到时正在执行的活动，事情涉及的人员，直接导致事件发生的失效、活动、疏忽或条件之间的关系，从而为人因分析提供决策支持信息，促使更好地开展研究工作，提高核电厂的人因可靠性。

1. WANO 事件报告挖掘过程

在 MapReduce 框架下建立数据挖掘工具包，编写 Apriori 算法，并建立数据挖掘算法与数据库的访问接口。当把数据准备好以后，利用 Apriori 算法来对处理好的数据表进行关联规则挖掘，找出 WANO 事件报告中各属性值之间的关系。

把前述 Apriori 算法 MapReduce 方法配置到系统中去。这里，设 minsupport = 10%，minconfidence = 5%。使用 Apriori 算法对原始数据库进行搜索和分析，然后对候选集进行选择过滤后可以得到满足最小支持度（Minsupport）和最小置信度（Minconfidence）的强关联规则。

2. WANO 事件报告挖掘结果

运行 Apriori 算法程序后，对 WANO 事件报告进行统计计数得到的频繁项集如图 28-7 所示。

根据公式 confidence(X⇒Y) = support(X⇒Y)/support(X) 对频繁项集进行计算，得出 WANO 中潜在的关联规则如图 28-8 所示。

图 28-7　WANO 事件报告的频繁项集

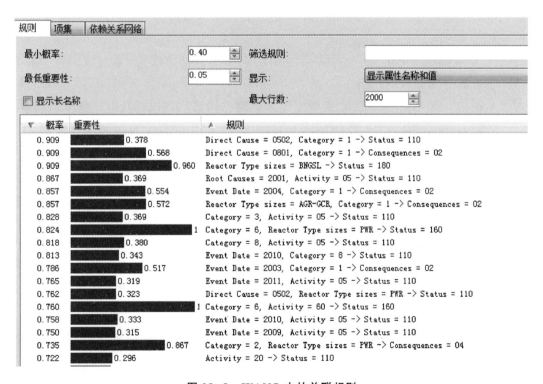

图 28-8　WANO 中的关联规则

### 28.3.4  WANO 事件报告数据挖掘结果处理和分析

从上述运行结果来看,可以得到下面潜在的关联:

(1)"Status = 110"与多个属性存在关联,其中:

从事件时间来看,"EventDate = 2003""EventDate = 2010""EventDate = 2011"都与其存在关联关系,这表明在 2003 年、2010 年与 2011 年核电厂在稳态功率运行状态下发生人因事故最为频繁。

从反应堆类型来看,"Reactor Type Size(s)= PWR-> status = 110"表明 PWR(压水堆)易在稳态功率状态下发生人因事故。

从类别来看,"Category = 1""Category = 2""Category = 3""Category = 7""Category = 8"都与其存在依赖关系,这表明在稳态功率状态下易发生第一、二、三、七类事故。

从活动来看,"Activity = 00""Activity = 05""Activity = 20""Activity = 25"都与其存在依赖关系,这表明在稳态功率状态下并且进行不相关、正常操作、修理、定期试验等活动时易发生人因事故。

从人员来看,"Group = 120""Group = 200""Group = 210""Group = 220"都与其存在依赖关系,这表明电气、运行、主控室操作人员、现场操作员均在稳态功率状态下易发生人因事故。

(2)"Category = 2->Consequences = 04"表明第二类事故易导致安全系统降级。

"Category = 3->Consequences = 03"表明第三类事故易导致设备损坏、火灾、蒸汽发生气管子泄漏。"Category = 1->Consequences = 02"表明第一类事故易导致电厂瞬态。"Category = 4-> Consequences = 07"表明第四类事故易导致人身伤害。

(3)"Root Causes = 2001-> Consequences = 02"表明根本原因为"原始设计不适当"易导致电厂瞬态。

(4)"Direct Causes = 0502-> Consequences = 02"表明直接原因为"系统误响应、信号失去、错误信号"很容易直接导致电厂瞬态。

(5)"Activity = 08->Status = 120"表明发生事故时,进行设备启动,且电厂处于启动状态。

(6)"Reactor Type Size(s)= BNGSL-> status = 180"表明 BNGSL 反应堆发生事故与电厂状态不相关。

可以看出,反应堆类型、类别、后果、系统、设备、状态、活动、人员班组、直接原因间存在一些联系,它们是相互影响的。为了进一步进行分析研究,应该采用人因技术对得到的关联结果进行筛选过滤,去掉与人因知识和技术不一致的关联规则。

(1)从数据表可以直观地看出在事件中使用 PWR 反应堆所占的比例很大,同样的稳态功率下发生人因事故的概率也很大,且人因研究表明反应堆类型和人因事件没有关系,因此可以过滤规则"Reactor Type Size(s)-> status = 110"和"Reactor Type Size(s)-> status = 180"。

(2)由类别和事故后果存在多个依赖关系,可以推知类别和事故后果相关。但是这并没有很大的意义。

(3)电厂进行设备启动活动时电厂处于启动状态,因此删除规则"Activity = 08-> Status = 120"。

结合人因知识的结果分析：

（1）在2003年、2010年、2011年，核电厂在稳态功率状态下发生的事故最为频繁。这表明2003—2010年期间核电厂针对稳态功率状态的人因事故做了相关研究，并采取了相应的措施，取得了一定的效果，但是稳态功率状态下的人因事故防范仍旧是人因研究的重点，应加强防范。

（2）稳态功率下易发生第一类、第二类、第三类和第七类事故，且在这个情况下电气、运行、主控室操作人员、现场操作员应更加注意不相关、正常操作、修理和定期试验等活动。这表明核电厂在电气维修、运行、主控室等方面的组织管理必须要有严格规范的操作流程和管理考核制度，即使在核电厂正常运行的情况下也不能过分放松警惕。

（3）"原始设计不适当"易导致电厂瞬态，这表明核电厂的安全等级在设计阶段尤为重要，应该从设计时就全面考虑核电厂的安全性，研究人因失误，把缺陷和隐患降至最低。这同样适用于任何行业。

（4）系统误响应、信号失去、错误信号会直接导致电厂瞬态。"系统误响应、信号失去、错误信号"属于设备故障，这表明设备故障是导致人因事故和严重核电厂事故的主要原因，核电厂应该有完善的设备定期检测和维护的措施。

以上四个方面也是导致人因失误的主要方面，人因研究工作应该着重从这三个方面展开，考虑人因事故发展的特点和趋势，把握事物发展的联系，从而制定较优化的人因安全解决方案。

数据结果表明WANO事件报告大数据中记录的反应堆类型、类别、后果、系统、设备、状态、活动、人员班组、直接原因等内容间确实存在一定的关联，他们之间相互影响。把这些关联规则结合人因知识可以获得以下结论：

（1）稳态功率状态下的人因研究和防范仍旧有待加强，不可忽视。

（2）核电厂在电气维修、运行、主控室等方面的组织管理必须要有严格规范的操作流程和管理考核制度，特别要注意稳态功率状态下的活动。核电厂这一方面的管理制度仍旧存在安全隐患，有待完善。

（3）系统和设备的设计存在的缺陷是导致人因事故的主要原因，会给核电厂造成严重的损失。应当把重点放在系统和设备的设计，从一开始就全面考虑人因失误因素和人-机环境，而不是事后补救、完善，这样可以把人因安全风险控制在最低范围。

（4）核电厂必须加强和完善设备定期检测和维护的措施，重点要检查系统信号响应是否正常。这是导致人因事故的重要因素，并且极有可能造成严重的核电厂事故。

## 28.4　本　章　小　结

本章描述了大数据背景下Apriori算法在核电厂人因数据挖掘中的应用。阐述了大数据与安全管理的关系，构建了核电厂人因数据挖掘处理系统框架，并给出了基于Apriori算法的WANO事件报告数据挖掘方法。该方法可为其他人因数据挖掘研究提供参考。

# 参考文献

[1] 李德仁,张良培,夏桂松. 遥感大数据自动分析与数据挖掘[J]. 测绘学报,2014,(12):1211-1216.

[2] White House Executive Office of the President. Big Data across the Federal Government [EB/OL]. [2012-03-29]. http://www.whitehouse.gov/site/default/files/ microsites/ostp/big_data_fact_sheet.pdf.

[3] 白如江,冷伏海. "大数据"时代科学数据整合研究[J]. 情报理论与实践,2014,37(1):94-99.

[4] 李维,陈祁,张晨,等. 基于大数据技术的临床数据中心与智能分析应用平台构建[J]. 医学信息学杂志,2014,35(6):13-17.

[5] 李铃铃,仇蕾. 基于Apriori算法的海事事故中人为失误致因分析[J]. 交通信息与安全,2014(2):110-114.

[6] 李佳玮,郝悍勇,李宁辉. 电网企业大数据技术应用研究[J]. 电力信息与通信技术,2014(12):20-25.

[7] 张力,赵明. WANO人因事件统计及分析[J]. 核动力工程,2005,26(3):291-296.

[8] 姜国华,王宏志,李建中. 基于聚类的非清洁数据库的聚集查询处理算法[J]. 计算机研究与发展,2009,46(s2):515-521.